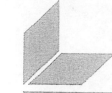

第三版 修訂版
THIRD EDITION

物理冶金

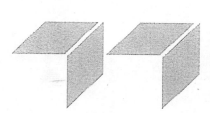

PHYSICAL METALLURGY PRINCIPLES

劉偉隆、林淳杰 編譯
曾春風、陳文照

Robert E. Reed-Hill
Reza Abbaschian

全華科技圖書股份有限公司 印行

PHYSICAL
METALLURGY
PRINCIPLES

Third Edition

ROBERT E. REED-HILL

REZA ABBASCHIAN
University of Florida

International Thomson Publishing Asia
An International Thomson Publishing Company

Singapore · Bonn · Albany · Belmont · Boston · Cincinnati · Detroit · London
Madrid · Melbourne · Mexico City · New York · Paris · Tokyo

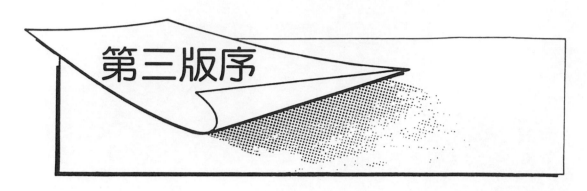

第三版序

　　在第三版中，我們除了延續本書先前編輯的哲理外，另外加了一些明顯的增訂。整個內文及問題現已全部使用國際系統單位，同時增加專門討論一些重要非鐵金屬的章節，另分離出一章用以對破斷力學做更深及更廣的討論，凝固學的處理則更新及更廣泛，且含蓋了更廣的液態金屬如Scheil方程式及共晶凝固等等。有關穿透式電子顯微鏡的部分則加以擴充，掃描式電子顯微鏡的一些細節討論亦已加入，晶界部分則出現在一獨立的章節中，並包含有整合型位置晶界。另亦重新整理並組合有關差排方面的主題。第4章是考慮有關差排的幾何型態，而第5章則處理差排與塑性變形間的關係。內文中的相圖業已更新。在有關鋼鐵方面的章節上，沃斯田鐵對波來鐵，變韌鐵及麻田散鐵的變態以及麻田散鐵的回火等也都有所更新。在變形雙晶及麻田散鐵反應章節上，不再過度強調雙晶現象，而新增一些雙晶在多晶金屬的塑性變形中的角色主題。在麻田散鐵一節中，則新增加熱彈性變形及形狀記憶效應。

　　作者相當感謝密西根大學的William C. Leslie教授及哥倫比亞大學的Daniel N. Beshers教授，感謝他們在第三版增訂中對相關問題提出廣泛而富建設性的意見。

　　作者亦對佛羅里達大學的Paul C. Holloway及Rolf N. Hummel教授的協助致上深深的謝意，同時我們亦對以下諸位在第三版初稿中提供具體的覆審意見致謝，他們是：維琴尼亞大學的William A. Jesser教授，羅斯虎門(Rose-Holman)技術學院的William G. Ovens教授，南伊利諾大學的Dale E. Wittmer教授，魯徹斯特大學的James C.M. Li教授，Notre-Dame大學的Alan R. Relton教授以及普渡大學的Samuel J. Hruska教授。

譯者序

　　本書"物理冶金"係Robert E. Reed-Hill教授所著，在國內、外都是材料科系物理冶金這一門課中，最廣爲使用的教科書，其內容包含廣泛，說明深入淺出，對於材料中的各種典型現象及行爲，有最爲大家所接受的解釋說明和引導作用，是一本冶金的理論寶鑑，也是所有材料科系學生不應錯過的經典之作。

　　本書雖名爲"物理冶金"，然而隨著材料的發展，事實上，本書所含蓋的內容，已不只上游的冶金，它還包含有各式材料及其二次處理的種種相關現象及行爲，其用以描述及解釋的範疇亦從物理延展到化學、數學、熱力學及動力學。本書在第三版修訂後，雖然仍以金屬材料爲基本素材，但其論述架構則合於廣義的各式材料，因而本書不只是材料科系學生的教科書，同時也適合於其他相關領域的學生及研究發展人員研讀。

　　過去本書在第二版時，國內一直有多種譯本，但都在著作權法實施之前所譯，此外，在第三版中有著相當程度的修訂，因而對本書重新翻譯實有其必要。譯者等相信，這些翻譯工作對於材料科學工程在國內的生根，以及對本書的研讀者有著相當程度的正面意義，因此不揣疏淺斗膽提筆，其中或有錯誤不適之處，尚請各界先進不吝指正。

譯者　劉偉隆，林淳杰
　　　曾春風，陳文照

編輯部序

　　「系統編輯」是我們的編輯方針，我們所提供給您的，絕不只是一本書，而是關於這門學問的所有知識，它們由淺入深，循序漸進。

　　本書譯自Robert E. Reed-Hill 所著之「物理冶金」，內容相當豐富，有金屬構造、非鐵金屬、固體及液態金屬的詳細介紹，尚有差排與塑性變形間的關係以及鋼鐵方面的說明，同時將各種材料開發的方法，作一系列的整理，對於製造、分佈、成型、燒結、及成品之應用，均有詳細的剖析。再加上譯者流暢的筆法，更將本書的精華發揮的淋漓盡致，適合各大專院校機械科系之「物理冶金」課程使用。

　　同時，為了使您能有系統且循序漸進研習相關方面的叢書，我們以流程圖方式，列出各有關圖書的閱讀順序，以減少您研習此門學問的摸索時間，並能對這門學問有完整的知識。若您在這方面有任何問題，歡迎來函連繫，我們將竭誠為您服務。

相關叢書介紹

書號：0350703
書名：非破壞檢測(第四版)
編著：陳永增、鄧惠源
16K/376 頁/450 元

書號：0544603
書名：奈米科技導論(第四版)
編著：羅吉宗、戴明鳳、林鴻明
　　　鄭振宗、蘇程裕、吳育民
16K/300 頁/400 元

書號：05867
書名：圖解高分子材料最前線
日譯：黃振球
20K/336 頁/380 元

書號：0546502
書名：奈米材料科技原理與應用
　　　(第三版)
編著：馬振基
16K/576 頁/570 元

書號：0539903
書名：奈米工程概論(第四版)
編著：馮榮豐、陳錫添
20K/272 頁/300 元

書號：10360
書名：奈米檢測技術
編著：國研院精密儀器中心
16K/654 頁/800 元

◎上列書價若有變動，請以
　最新定價為準。

流程圖

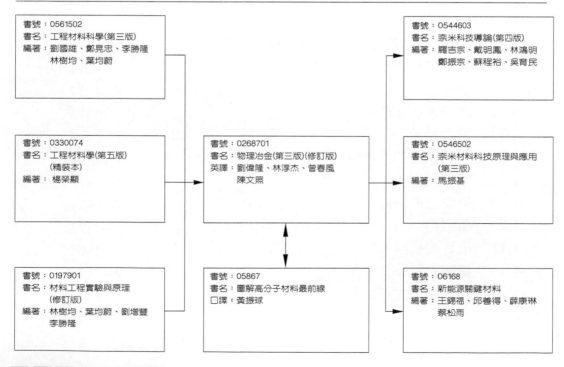

書號：0561502
書名：工程材料科學(第三版)
編著：劉國雄、鄭晃忠、李勝隆
　　　林樹均、葉均蔚

書號：0544603
書名：奈米科技導論(第四版)
編著：羅吉宗、戴明鳳、林鴻明
　　　鄭振宗、蘇程裕、吳育民

書號：0330074
書名：工程材料學(第五版)
　　　(精裝本)
編著：楊榮顯

書號：0268701
書名：物理冶金(第三版)(修訂版)
英譯：劉偉隆、林淳杰、曾春風
　　　陳文照

書號：0546502
書名：奈米材料科技原理與應用
　　　(第三版)
編著：馬振基

書號：0197901
書名：材料工程實驗與原理
　　　(修訂版)
編著：林樹均、葉均蔚、劉增豐
　　　李勝隆

書號：05867
書名：圖解高分子材料最前線
口譯：黃振球

書號：06168
書名：新能源關鍵材料
編著：王錫福、邱善得、薛康琳
　　　蔡松雨

CHWA TECHNOLOGY

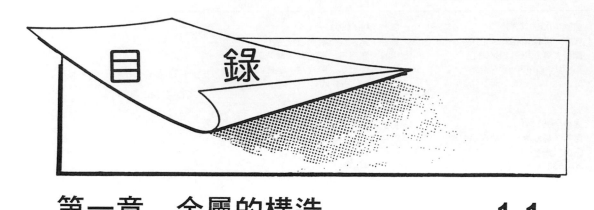

第一章　金屬的構造　　1-1

第二章　分析方法 **2-1**

第三章　晶體結合 **3-1**

第四章 差排導論   **4-1**

第五章 差排與塑性變形   **5-1**

第六章　晶界的要素　　6-1

第七章　空孔 　　7-1

第八章　退火 　　8-1

第九章　固溶體　　　9-1

第十二章　置換型固溶體的擴散 12-1

第十三章　格隙原子擴散 13-1

第十四章　金屬的固化 14-1

第十五章　孕核與成長動力學　15-1

第十六章　析出硬化　　16-1

第十七章　變形孿晶與麻田散體反應　　17-1

第十八章　鐵-碳合金系統　18-1

第十九章　　鋼之硬化　　19-1

第二十章　　特選之非鐵合金系統 20-1

第二十一章　破裂 21-1

第二十二章　破壞力學　**22-1**

第二十三章　熱激活的塑性變形 23-1

附　錄　　　　　　　　　附-1

第一章
金屬的構造

(The Structure
of Metals)

　　工程材料最重要的一面就是它的構造，因為它的性質與此有緊密的關係。一個成功的材料工程師必需很了解構造與性質之間的關係。比如說，木材是一種很簡單的材料可讓人看出其構造與性質之間的緊密關係。例如像南方的黃松木是一種典型的結構用木材，它基本上是長且中空的細胞或是纖維的排列。這些纖維主要係由纖維素所形成與木紋排列成行，並且被另一種被稱為木質的較弱的有機性質黏結在一起。木材的構造類似於一束的吸管。它容易沿著其紋路裂開；亦即平行於細胞裂開。木材在平行於其紋路的抗壓(或抗張)強度遠大於其紋路的垂直方向。故木材是優良的柱與樑，但實際上它不適合當做大負荷的抗張構件，因為木材對於平行其紋路的剪力僅具很小的阻力，使得它難於連結端扣件而不被拉開。因此，木造橋樑及其它大的木造結構通常均會有連結鋼棒，用來支撐拉伸的負荷。

1.1　金屬的構造
(The Structure of Metals)

　　金屬的構造其重要性類似於木材的，雖然其方式更為微妙。金屬在固態時通常呈現結晶態。雖然非常大的單晶可被製備，但一般的金屬物體均由很多非常小的晶體所組成，金屬因此是多晶的(polycrystalline)。這些材料中的晶體通常被稱做晶粒。因為它們非常小，光學顯微鏡一般以100到1000倍的放大率來觀測它們的構造特徵。需要此範圍的放大率來觀測的構造被稱為顯微組織(microstructures)。像鑄件這類的金屬物體有時候具有非常大的晶體，可用肉眼辨識，或易於用低倍率的顯微鏡分辨。這類的構造被稱為巨觀組織(macrostructure)。最後，在晶粒裡面存有基本的構造：即是晶體內部的原子排列。這種構造被稱為晶體結構(crystal structure)。

　　在各種不同的構造中，對於冶金家而言，顯微組織(在光學顯微鏡下可辨識)最有用處與興趣。因為冶金用的顯微鏡在一般的操作倍率下，其景深很淺，所以金屬表面必需非常平才能觀測到。同時，它必需實際顯示金屬內部組織的本性。所以要準備非常平且未變形的表面絕非一件容易的事。金相試片製備就提供了達成此目的的過程。

1.2　金相試片製備(Metallographic Specimen Preparation)

　　大體而言，金相試片製備是一種技藝。各實驗室所用的技巧均有所不同。過程的改變決定於所要觀察之金屬的特性，因為金屬的硬度與結構變化很大。然而，基本的操作總是一樣的。為了說明金相試片製備的特性，茲考慮適用於鋼鐵的技術。下面所述僅是一個簡單的輪廓，更進一步的細節應參考適當的資料[1]。

　　假設一小試片取自一鋼件，其一面經過研磨之後變成一適度平坦的表面。將此試片鑲埋在一小塑膠塊[直徑約1吋(25mm)而厚度約1/2吋(12.5mm)]上，露出塑膠塊之一面的試片表面再被拋光，如圖1.1所示。形成此圓盤的過程首先是將試片放入一環形模具內，其次是將液態的環氧樹脂倒入模具內並充滿它。幾小時之後樹脂硬化了就可得到握持試片的手柄，以進行下面這四個基本操作：(1)細研磨，(2)粗拋光，(3)最後拋光，及(4)浸蝕。在前面三個步驟中，其主要目的是要減少試片表面下面變形層的厚度。所有的切割與研磨均會使表面附近的金屬嚴重變形。僅在完成去除這變形層之後，才能看到金屬的真正構造。因為製備試片的每一個步驟均會使表面變形，所以需要使用愈來愈細小的研磨劑。每一種研磨劑可去除前面步驟較粗研磨劑所留下來的變形層，同時它也造成較淺的變形層。

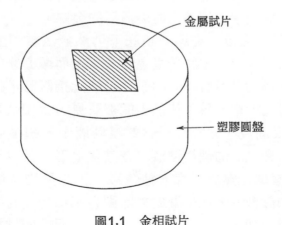

金屬試片

塑膠圓盤

圖**1.1**　金相試片

1. Louthan, M. R., Jr. ASM *Metals Handbook* Vol. 10, p. 299, American Society for Materials, Metals Park, Ohio (1986).

細研磨　在此步驟中，利用黏有碳化矽粉末之特製紙來研磨試片表面。試片可用手拿抵著研磨紙，後者係置放在像平玻璃板類的表面上。或者研磨紙也可安裝在平的且水平轉動的輪子上，而金相試片則按壓其上。不論那一種情形，表面通常均用水來潤滑，以將表面切離的粒子沖掉。有三種等級的研磨劑常被使用：320粒號、400粒號，及600粒號。其對應的碳化矽顆粒大小分別是33，23及17微米，一微米等於10^{-3}毫米。在每一道細研磨步驟中，試片的移動及其表面的刮痕僅在一個方向上。由一張研磨紙轉到下一張研磨紙時，試片要旋轉45°的角度，所以新的刮痕就會與前面步驟所留下來的刮痕交叉成一角度。研磨繼續進行，直到前面步驟所留下來的刮痕通通被去除為止。

粗拋光　這步驟是最關鍵性的。此時所用的研磨劑是鑽石粉末，其顆粒大小約為6微米。鑽石粉末被混入可溶於油中的糊漿。只需非常少量的這種糊漿，將它放在蓋在轉輪上面的尼隆布表面上。在拋光操作中所使用的潤滑劑是一種特製的油。以相當的壓力將試片按壓在轉輪的布上。在拋光過程中，試片不可固定在轉輪的一個位置上，而應沿著輪子旋轉的反方向移動。如此可確保拋光更為均勻。鑽石粒具有很強的切割力，可有效地去除細研磨步驟所留下來的深的變形層。6微米的鑽石粒可以去除在最後細研磨步驟中17微米碳化矽研磨劑所造成的效果。

最後拋光　此步驟可去除粗拋光步驟所留下來的細小刮痕及非常淺的變形層。一般所用的拋光劑是氧化鋁(Al_2O_3)粉末(γ型)，其顆粒大小約0.05微米。拋光劑放在布輪上，而潤滑劑則使用蒸餾水。在粗拋光時所使用的尼隆布是沒有絨毛的，而在此步驟則使用有絨毛的布。如果小心進行此步驟及前面的步驟，則可得到沒有刮痕的表面及幾乎測不出的變形層的金屬。

浸蝕　在做完最後拋光之後，在顯微鏡底下仍然無法看到金相試片的粒狀結構。金屬晶界的厚度最大有幾個原子直徑的大小，而顯微鏡的解析能力太小無法看到它們。僅當金屬的晶體有不同的顏色且彼此接觸時，邊界才能被看到。對於純金屬此乃不可能的事。為了使晶界能被看見，金相試片通常需要浸蝕。一般係將已拋光的表面浸入弱酸或弱鹼的浸蝕液中。鋼鐵最常用的蝕液稱為nital，其係硝酸佔百分之二的酒精溶液。在某些情形，係以棉花沾濕蝕液然後在試片表面上輕輕擦拭。無論是那一種情形，其結果均會溶掉試片表面的金屬。若是選用合適的蝕液，表面金屬的去除則會不均勻，有時候蝕液腐蝕晶界比腐蝕晶粒表面更為迅速。另一些蝕液會因晶粒表面面向蝕液的方位不同而對不同的晶粒有不同的溶解速率。此特性顯示於圖1.2中。在試片表面上，晶界像是淺的階梯，所以能被看見。那些幾乎垂直的表面無法像水平的晶面那樣將光線反射到顯微鏡的物鏡，所以晶界的位置可在顯微鏡下被看到。

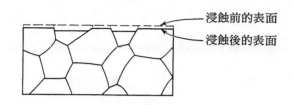

圖**1.2**　浸蝕液顯露晶界

　　電拋光與電蝕刻　有些金屬像不銹鋼、鈦，及鋯等很難去除它們的變形表面層。對於這些金屬，機械拋光的效果不是很好。所以，在最後的拋光步驟它們通常利用電拋光技術而被拋光。在此情況下，試片在合適的電解浴中當做陽極，而陰極係採用不溶的材料。如果電流密度適當，則有可能溶掉試片表面而產生良好的表面拋光。在電拋光中，小心控制電解浴及電流可得到平坦而不會凹凸起伏的表面。另一方面，亦可改變電解浴的組成及電流密度而得到所要的凹凸起伏的表面，後者之過程被稱為電蝕刻。

1.3　金屬的晶體構造 (The Crystal Structure of Metals)

　　晶體(crystal)被定義為原子在空間的有序排列。有許多不同型式的晶體構造，其中有些構造是非常複雜的。慶幸的是，大多數金屬的晶體構造均屬於三種較簡單的：面心立方、體心立方，及緊密堆積六方等構造。

1.4　單位晶胞(Unit Cells)

　　晶體結構的單位晶胞(unit cell)是具有晶體對稱的最小群的原子，當其往所有方向重複時將發展出晶體格子。圖1.3(a)顯示體心立方晶格的單位晶胞，其名稱係由其形狀而來。圖1.3(b)中的八個單位晶胞係為了顯示單位晶胞如何配置入完整的晶格中。應注意圖1.3(b)中的原子a並不屬於單獨的單位晶胞，而是它周圍的八個單位晶胞的一部分。因此，可以說此角落原子的八分之一屬於任一單位晶胞。可利用此事實來計算體心立方晶體內每一單位晶胞所含有的原子個數，縱使是一小晶體也含有數十億的單位晶胞，而且晶體內部的晶胞數目遠大於表面的晶胞數目。因此在計算晶胞數目時可忽略掉表面的。在晶體內部中，單位晶胞的每一個角落原子相等於圖1.3(b)中的原子a，因而屬於一單位晶胞的只有八分之一個原子，另外，每一個晶胞中心均含有一個原子，其並不屬於任何其它晶胞。所以體心立方晶格的每一單位晶胞含有二個原子；其中一個來自角落原子，另一個則來自晶胞的中心原子。

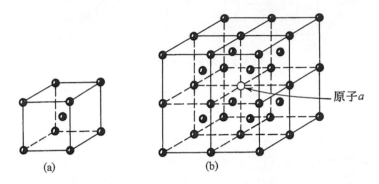

原子a

圖1.3 (a)體心立方單位晶胞；(b)體心立方晶格的八個單位晶胞

面心立方晶格的單位晶胞顯示於圖1.4中。在單位晶胞的每一個面的中心均有一個原子。面心立方晶格中每一個單位晶胞所含有的原子數，可利用計算體心立方晶格的同樣方法來計算。八個角落原子共貢獻一個原子給晶胞。另有六個面心原子要考慮，其中每一個均是二個單位晶胞的一部份，所以它們共貢獻了六倍的二分之一，即三個原子。面心立方晶格的每一個單位晶胞共含有四個原子，其是體心立方晶格的二倍。

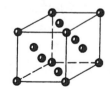

圖1.4 面心立方單位晶胞

1.5 體心立方結構(The Body-Centered Cubic Structure)

以硬球堆積一起所形成的結構來考慮金屬晶體通常是適宜的。這就是所謂的晶格的硬球模型(hard ball model)。球的半徑等於最靠近之原子的中心距離的一半。

　　圖1.5顯示體心立方單位晶胞的硬球模型。由圖可看出立方體中心的原子均與各角落原子共線；亦即，在立方體對角線上的原子形成一直線，每一原子彼此接觸。這些線狀排列並不終止於單位晶胞的角落上，而是繼續貫穿整個晶體，很像是穿在一條線上的一列珠子(參看圖1.3(b))。這四個立方體對角線係體心立方晶體中最緊密堆積的方向，它們連續穿過整個晶格，在其線上的原子盡可能地靠在一起。

圖1.5　體心立方單位晶胞的硬球模型

　　進一步考慮圖1.5及1.3(b)，可看出體心立方晶體的所有原子均是相等的。因此圖1.5之立方體的中心原子並不比角落原子來得重要。角落的每一個原子均可被選做單位晶胞的中心，使得圖1.3(b)中的所有角落原子均變成晶胞的中心，而所有晶胞的中心原子均變成角落原子。

1.6　體心立方晶格的配位數(Coordination Number of the Body-Centered Cubic Lattice)

　　一晶體結構的配位數等於一原子在晶格中所擁有的最鄰近的原子的數目。在體心立方單位晶胞中，中心原子有八個鄰近原子接觸全到它(參看圖1.5)。我們已經知道在此晶格中的所有原子都是相等的。因此，體心立方結構的每一個原子只要不是位於最外邊的表面就具有八個最鄰近的原子，此種晶格的配位數等於八。

1.7 面心立方晶格(The Face-Centered Cubic Lattice)

硬球模型對於面心立方晶體特別重要,因為在此結構中原子或球儘可能地被堆積在一起。圖1.6(a)顯示完整的面心立方晶胞。圖1.6(b)顯示相同的單位晶胞,但其角落原子已被移動,以便露出原子儘可能堆積在一起的緊密堆積平面(八面體平面)。圖1.7顯示這種緊密堆積面的較大區域。在八面體面上有三個緊密堆積方向(方向aa,bb,及cc)。沿著這些方向,球彼此接觸且共線。

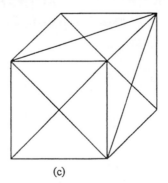

圖1.6　(a)面心立方單位晶胞(硬球模型);(b)移動晶胞的角落原子以顯示八面
體平面;(c)六個面的對角線

回到圖1.6(a)上,其立方體之面上的對角線相當於圖1.7的緊密堆積方向。在面心立方晶格中有六種這種緊密堆積方向,如圖1.6(c)之所示。位於立方體之反面的對角線不能計算在內,因為它們均平行於位於可見面上的方向,就金相上有意義之方向而言,平行方向是相同的。也應指出,面心立方結構有四個緊密堆積或八面體的面。其推證如下述，此類似圖1.6(b)之方式，將單位晶胞各角落之原子移去，則可顯露出八面體面。總共有八個這樣的面，但因對角上之相對平面係相互平行，它們在金相學上係相等的，所以不同的八面體面只有四個。只有面心立方晶格才含有四個緊密堆積平面，而且各面均含有三個緊密堆積方向。沒有其它的晶格具有這麼多的緊密堆積面及緊密堆積方向。該點十分重要，因為其給予了面心立方晶體不同於其它金屬的物理性質，例如，面心立方晶體金屬可以承受嚴重的塑性變形。

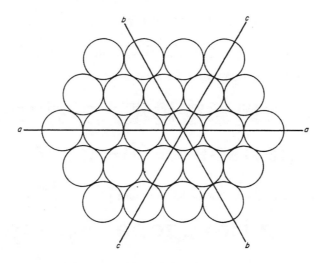

圖1.7　面心立方金屬之八面球面上的原子排列。注意到原子係最緊密的堆積。這種原子排列也可在緊密堆積六方金屬的基底面上看到。緊密堆積方向是*aa*，*bb*，及*cc*

1.8　緊密堆積六方晶格的單位晶胞 (The Unit Cell of the Closed-Packed Hexagonal Lattice)

最常用來表示緊密堆積六方構造的原子排列顯示於圖1.8中。這些原子的個數多於這種晶格之基本建築方塊所需的最小值；所以它不是真正的單位晶胞。但圖1.8之排列可顯示出重要的金相特徵，包括六重的晶格對稱性，所以就被用來當做緊密堆積六方構造的單位晶胞。比較圖1.8與圖1.7可以看出單位晶胞之頂面、底面、中心面之原子均屬於緊密堆積面或晶體之基底面。圖形也顯示這些基底面上的原子具有獨特的堆疊順序，對於六方緊密堆積晶格而言其係ABA……；晶胞頂面上之原子位在底面原子之正上方，而中心面原子則有不同的位置。

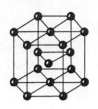

圖1.8　緊密堆積六方單位晶胞

　　六方金屬的基底面像面心立方金屬之八面體面一樣，具有三個緊密堆積方向。這些方向相當於圖1.7中的線aa，bb，cc。

1.9　面心立方與緊密堆積六方結構的比較 (Comparison of the Face-Centered Cubic and Close-Packed Hexagonal Structures)

　　面心立方晶格的建立，首先把原子排成許多的緊密堆積面，如圖1.7之所示，而後以正確的順序將這些平面堆疊在一起。堆疊這些最密堆積面的方式有多種，其中一種之順序可造出緊密堆積六方晶格，另一種則是面心立方晶格。堆疊最密堆積面之方式多於一種之原因在於任何一個面放置在其下之面的方式有二種。例如，考慮圖1.9之原子的緊密堆積面。圖上各原子之中心標有記號A。現在若將一原子放在圖1.9之排列的上面，則其會受到原子間的力量，而被吸到由三個鄰接原子所形成的自然凹穴。假設它落入圖之左上方標有B_1的凹穴；那麼第二個原子就無法落入C_1或C_2，因為B_1處之原子阻擋到了這二處的凹穴。然而，第二個原子可以落入B_2或B_3，則佔據所有B位置之原子就形成了第二層緊密堆積面。另外亦可將第二層面擺在C的位置上。因此如果第一層緊密堆積面佔據A之位置，則第二層面可佔據B或C之位置。現在讓我們假設第二層面具有B的位置，則第二層面的凹穴有一半位在第一層面(A位置)原子中心的上面，而亦有一半位在第一層面之C凹穴的上面。故第三層面可放在第二層面上面的A或C位置上。如果放在A位置上，則第三層原子就在第一層原子的正上方。此非面心立方的順序，而是緊密堆積六方結構的順序。面心立方的堆疊順序是：第一層為A，第二層為B，而第三層為C，它們可寫成ABC。面心立方晶格之第四層應落在A位置上，第五層在B，而第六層在C，所以面心立方晶體之堆疊順序是$ABCABCABC$等。在緊密堆積六方結構中，每隔一層的原子位在彼此的正上方，其堆疊順序為$ABABAB\cdots\cdots$。

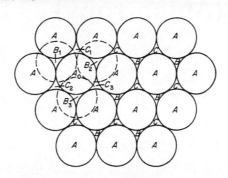

圖**1.9**　緊密堆積晶體結構的堆疊順序

　　面心立方或緊密堆積六方的堆積並無基本的不同，因為它們都是理想的緊密堆積結構。但六方緊密堆積金屬(像鎘、鋅，及鎂)與面心立方金屬(像鋁、銅，及鎳)的物理性質就有顯著的不同，它們直接關係到其晶質結構的不同。最顯著的差異是緊密堆積面的個數。面心立方晶格有四個最密堆積面，八面體面(octahedral planes)；而緊密堆積六方晶格只有一個，基底面(basal plane)，其相當於八面體面。六方晶格只有一個緊密堆積面所造成的效果之一是：其塑性變形較立方晶體較具方向性。

1.10 緊密堆積系統的配位數 (Coordination Number of the Systems of Closest Packing)

　　晶體中原子的配位數(coordination number)定義為原子所具有的最鄰近原子的數目，借助圖1.9可證明面心立方及緊密堆積六方晶體的配位數均為12。考慮在實線圓之原子面上的原子A_0。在相同之緊密堆積面上其最鄰近之原子有六個，在上方之面上另有三個原子與A_0接觸。這三個原子可以佔據B位置，如繞凹穴B_1、B_2，及B_3之虛線圖之所示，或者它們亦可佔據位置C_1，C_2，及C_3。不論那一種情形，在A_0上方之面上的最鄰近原子均為3個。同樣地，亦可證明在A_0下方之面上的最鄰近原子亦是3個。所以原子A_0之最鄰近原子共有12個：六個在其本身之平面上，三個在上方之平面，而三個在下方之平面上。在原子

A_0上方或下方之緊密堆積面上的原子不論是在B或C位置上，這種推論都是正確的，其均適合面心立方及緊密堆積六方的堆疊順序。因此我們可下結論說，這些晶格的配位數是12。

1.11 異向性(Anisotropy)

若物質的性質與方向無關，則稱此物質是等向性。故我們可對等向性之物質預期，在所有方向上其強度均一樣。或者，由許多相同之材料所切下的試片，它們被測得的電阻係數都會一樣。晶體之物性一般均與所測量之方向有關。基本上晶體不是等向性，而是異向性。在此方面，考慮體心立方晶體的鐵。在此晶體中最重要的三個方向是圖1.10上的a，b及c。這些方向是不等價的，因為沿著此三方向的原子間隔不相同，若以晶格參數a(單位晶胞之邊長)來表示，它們分別為a，$\sqrt{2}a$，及$\sqrt{\frac{3}{2}}a$。沿著這三方向所測得的鐵之物性也會有所不同。例如，考慮鐵晶體之磁化的B-H曲線。由圖1.11可看出，磁感應B隨著磁場強度H而變化，沿著方向a上升最快，沿著b方向居次，而沿著c方向最慢。以不同方向來解釋，我們可以說，a是最容易磁化的方向，而c是最困難的磁化方向。

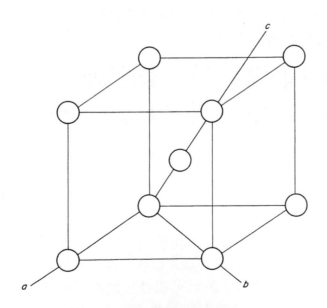

圖1.10 體心立方晶體中最重要的方向

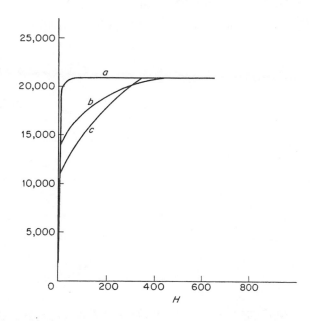

圖**1.11**　鐵晶體沿著圖1.10之*a*方向比沿著*b*或*c*之方向更容易磁化(After Barrett, C. S., Structure of Metals, p.453. New York:McGraw-Hill Book Co., 1943. Used by permission.)

　　理想上，如果多晶質試片之晶體的方位是隨意的，則可預期它是等向性的，因爲由顯微鏡之觀點來看，晶體的異向性會被平均掉。然而，真正隨意排列的晶體是很少見到的，因爲在製造過程中會使金屬晶粒的方位無法均勻分佈。這種結果被稱爲織構(texture)或是較優取向(preferred orientation)。因爲大部份多晶質金屬具有較優之取向，所以成爲異方向性，其程度則依晶體排列之程度而定。

1.12　織構或較優取向(Textures or Preferred Orientations)

　　線係由棒經由愈來愈小的模具抽拉而成。對於鐵，這種變形會使每一晶體之*b*方向平行於線軸。晶體一般被認爲係對此方向任意排列。鋼鐵線的這種較優排列相當常見。甚至金屬經過熱處理[2]。熱處理一般會完全改造晶體的結構，晶體也傾向保持*b*方向平行線軸。因爲板片之成型其變形基本上是二維

---

2. Recrystallization following cold work is discussed in Chapter 8.

的,故其內之較優取向比線的更受限制。如圖1.12(a)之所示,其不僅只有b方向平行滾壓方向或板之長度,而且其立方體面或單位晶胞之面也傾向平行於滾壓面或板片之表面。

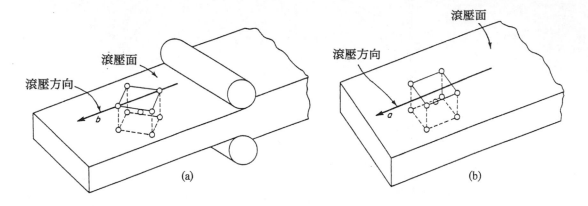

圖1.12 二個基本的晶體的取向,其得自被滾壓的體心立方金屬板

　　為何了解晶體性質對冶金學家是重要的,其原因有很多種。其一是晶質材料的基本異向性被反映在商業的多晶物體。也應注意到此並非總是不好的。較優取向經常會使材料具有較優良之性質。一個有趣的例子是含4個百分比矽的鐵合金,其被用來製造變壓器線圈。在此例中,經由複雜的滾壓與熱處理之過程,可得到一很好的較優取向,其晶體之a方向平行於滾壓方向,而立方體面或單位晶胞之面亦保持平行滾壓面。此平均的方向顯示於圖1.12(b)中。此織構的重要特徵是其易磁化方向與板片之長度平行。在製造變壓器時,要使此方向平行磁通量之方向係簡易之事,因而使其磁滯損失變得非常小。

1.13 密勒指標(Miller Indices)

　　想要進一步研究晶體,則需要記號用來描述重要金相方向與平面在空間中的方位。因此,雖然體心立方晶格之最密堆積的方向可被描述成橫過單位晶胞的對角線,而面心立方晶格之對應方向可被描述成橫過立心體面的對角線,但若以幾個簡單的整數來確定這些方向則更為便利。密勒系統的指標廣為世人接受用來描述金相平面與方向。在隨後的討論中,將考慮立方與六方晶體的密勒指標。對於其它晶體結構的指標其推導並非難事。

立方晶格的方向指標　取直角座標系統之軸與立方晶體之單位晶胞的邊相互平行(參閱圖1.13)。在此座標系統中,沿三軸之測量單位等於單位晶胞之邊長,圖中以記號a標示。借助幾個簡單例子來說明密勒指標。圖1.13中之立方體對角線m與向量t同向，後者之長度等於橫過晶胞的對角距離。向量t在各座標軸之分量均等於a。因爲沿各軸之測量單位等於a，所以向量在x，y，及z軸上之分量各爲1，1，及1。因此方向m之密勒指標可寫成[111]。依此方式，橫過單位晶胞面的對角方向n，其方向相同於向量s，後者之長度等於單位晶胞面之對角距離，其在x，y，及z軸上之分量是1，0，及1，故對應之密勒指標是[101]。x軸的指標是[100]，y軸是[010]，而z軸則爲[001]。

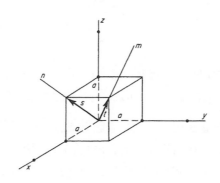

圖1.13　立方晶體之[111]及[101]方向分別爲m及n

　　找出金相方向之密勒指標的一般方法可述之如下，由原點畫一條向量使之平行於要找出指標之方向，且取向量之大小使其在三軸之分量長度爲簡單之整數。這些整數必需是最小的整數。因此，整數1，1，及1，與2，2，及2均代表空間相同的方向，但傳統上，密勒指標是[111]而非[222]。

　　利用上述之規則來決定第二種的立方體對角線的密勒指標，在圖1.14中其係記號p所標示之直線。向量q(其始自圖1.14(b)之原點)平行於方向p。q之分量是1，-1，及1，而依上面之定義，p所對應之密勒指標是[1$\bar{1}$1]，其中y指標之負號係以整數上面之一劃來表示。圖1.14(a)之對角線m的指標已被顯示爲[111]，而亦可顯示對角線u及v之指標分別是[11$\bar{1}$]及[$\bar{1}$11]。因此四個立方體對角線之指標分別是[111]，[$\bar{1}$11]，[1$\bar{1}$1]，及[11$\bar{1}$]。

　　當考慮特定的金相方向時，密勒指標係用方括弧表示。然而有時候要考慮相同形式的所有方向。此時密勒指標就用尖括弧<111>表示，此記號用來表示全部四個方向([111]，[$\bar{1}$11]，[1$\bar{1}$1]，及[11$\bar{1}$])，它們被認爲係同一種類。因此，體心立方晶格之緊密堆積方向是<111>方向，而一特殊晶體可能在[111]方向上受到拉張應力，同時在[1$\bar{1}$1]方向受到壓縮。

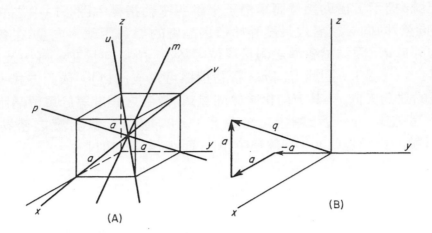

圖**1.14** (a)立方晶格之四個立方體對角線，*m*，*n*，*u*及*v*。(b)平行立方體對角線
*p*之向量*q*，其分量是*a*，−*a*，及*a*，因此*q*之指標是[1$\bar{1}$1]

平面的立方指標 金相平面也可用一組整數來表示。它們係由平面與座標軸的
截距來決定。圖1.15所示之平面與*x*，*y*及*z*軸分別交與1，3，及2倍單位晶胞的
距離。密勒指標並非正比於這截距，而是正比於它們的倒數$\frac{1}{1}$，$\frac{1}{3}$，及$\frac{1}{2}$。依
照定義，密勒指標是與這些倒數成相同比例的最小整數。故所要之整數是6，
2，3。平面之密勒指標係由小括弧來表示，而非方括弧，例如(623)。如此可
區別平面與方向。

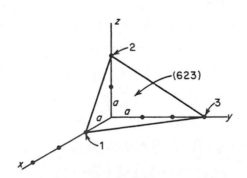

圖**1.15** (623)面與座標軸的截距

現在考慮幾個重要的立方晶體面的密勒指標。圖1.16(a)所示立方體的*a*面
平行於*y*軸及*z*軸，因此可說是交這二軸於無窮遠的地方。但*x*軸之截距是1，故
此三截距的倒數是$\frac{1}{1}$，$\frac{1}{\infty}$，$\frac{1}{\infty}$。對應之密勒指標是(100)。*b*面的指標是
(010)，而*c*面之指標是(001)。圖1.16(b)所示之平面的指標是(011)，而

圖1.16(c)的面是(111)。(111)面是八面體面,可參考圖1.7看出。其它的八面體面具有的指標是($\bar{1}$11),(1$\bar{1}$1),及(11$\bar{1}$),其中數目上的一劃表示負的截距。例如,圖1.17所示之平面($\bar{1}$11),其x截距是負的,而y及z之截距是正的。此圖也顯示(1$\bar{1}\bar{1}$)面與($\bar{1}$11)面平行,因此是相同的金相面。同樣地,指標($\bar{1}$1$\bar{1}$)及($\bar{1}\bar{1}$1)分別與平面(1$\bar{1}$1)及(11$\bar{1}$)相同。

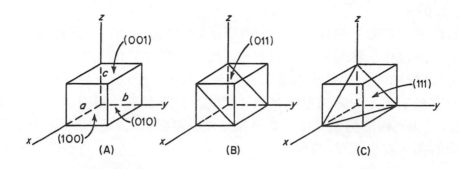

圖1.16　(a)立方晶體的立方體面:a(100)b(010);c(001)。(b)(011)面;(c)(111)面

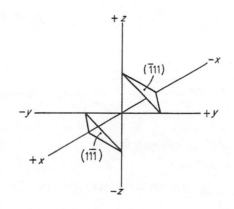

圖1.17　($\bar{1}$11) 與 (1$\bar{1}\bar{1}$)面彼此平行,故代表相同的金相平面

　　一特定形式的平面組,像四個八面體面(111),(1$\bar{1}$1),($\bar{1}$11),及(11$\bar{1}$),可用大括弧之指標來表示,即{111}。因此,想要表示已知方位之晶體的一特定平面則使用小括弧,但要表示一種類的平面則需使用大括弧。

　　立方晶體之密勒指標的一重要特徵是,一平面之指標的整數與垂直此面之方向的指標相同。故圖1.16(a)之立方體面a有(100)之指標,而垂直此面之x軸有[100]之指標。同樣地,圖1.16(c)之八面體面與其垂線,立方體對角線,之指標分別為(111)及[111]。對於非立方晶體而言，其面之指標與面之垂線的指標就沒有相同的數目。金相面間的距離將在2.4節中討論。

六方晶體之密勒指標　六方金屬的平面與方向幾乎都以四個數字的密勒指標來界定。四個數字之系統的使用使得相同型式之平面具有相似之指標。在四個數字系統中，平面$(11\bar{2}0)$與$(1\bar{2}10)$是等價的平面。另一方面，三個數字的系統其等價平面的指標並不相似。上述之二個平面在三個數字之系統中的指標是(110)及$(1\bar{2}0)$。

四個數字的六方指標係建立在含有四個軸的座標系統。三個軸對應於緊密堆積的方向而位在晶體的基底平面上，且彼此互成120°的角度。第四軸垂直基底面而被稱為c軸，位於基底面之三個軸被記為a_1，a_2，及a_3軸。圖1.18顯示重疊在四軸座標系統上的六方單位晶胞。習慣上，取緊密堆積方向之原子間距離做為a_1，a_2，及a_3軸的測量單位。此單位之大小以記號a表示。c軸的測量單位是單位晶胞的高，其以記號c表示。

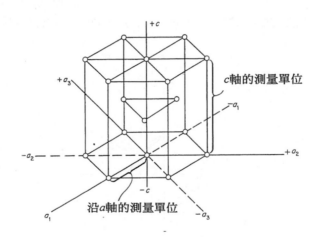

圖1.18　六方晶體的四個座標軸

現在考慮幾個重要的緊密堆積六方晶格面的密勒指標。圖1.19之單位晶胞的最上表面相當於晶體的基底面，因為它平行a_1，a_2，及a_3軸，故與這些軸交於無限遠處。其c軸之截距等於1。這些截距的倒數是$\frac{1}{\infty}$，$\frac{1}{\infty}$，$\frac{1}{\infty}$，$\frac{1}{1}$。因此基底面的密勒指標是(0001)。單位晶胞的六個垂直面被稱為1型的稜柱面(prism)。現在考慮形成晶胞前面的稜柱面，它們與，a_1，a_2，a_3，及c軸之截距各為1，∞，−1，及∞。故其密勒指標為$(10\bar{1}0)$。六方晶格之另一重要的平面顯示於圖1.19。其在a_1，a_2，a_3，及c軸之截距分別為1，∞，−1，及$\frac{1}{2}$。故其密勒指標為$(10\bar{1}2)$。

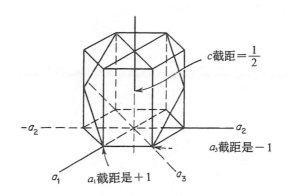

c截距$=\frac{1}{2}$

a_3截距是-1

a_1截距是$+1$

$-a_2$

a_2

a_1

a_3

圖1.19　六方金屬的$(10\bar{1}2)$面)

　　方向之密勒指標亦由四個數字來表示。在寫方向指標時，第三個數字必需等於前二個數字的負總和。如前二個數字是3及1，則第三個必需是-4，即$[31\bar{4}0]$。

　　現在研究基底面上的方向，因其較簡單。若方向在基底面上，則其沒有c軸的成份，故密勒指標之第四個數字爲0。

　　第一個例子是a_1軸的指標。此軸之方向相同於三個向量的向量和(圖1.20)，沿a_1軸之一的長度是$+2$，另一平行a_2軸的長度是-1，而第三個平行a_3軸的長度是-1。因此，該方向之指標是$[2\bar{1}\bar{1}0]$。爲了上述之前二個數字與第三個數字之間的關係，必須採用這種不方便的方法。a_2及a_3的對應指標是$[\bar{1}2\bar{1}0]$及$[\bar{1}\bar{1}20]$。此三方向被稱爲Ⅰ型的對角軸。基底面上另一重要方向是Ⅱ型的對角軸；它們與Ⅰ型之對角軸相互垂直。圖1.21顯示Ⅱ型軸之一及其方向指標的決定方法。圖中向量s決定了所要的方向，其等於a_1上之單位向量及另一平行a_3的單位向量的向量和。因此Ⅱ型之對角軸的指標是$[10\bar{1}0]$。其中，第二個數字是0，因向量s在a_2軸的投影是零。

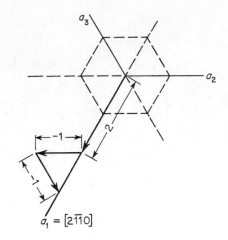

圖1.20 Ⅰ型之對角軸的指標——[2$\overline{1}\overline{1}$0]

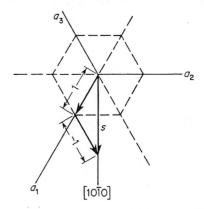

圖1.21 Ⅱ型之對角軸的指標——[10$\overline{1}$0]

1.14 金屬元素的晶體結構(Crystal Structures of The Metallic Elements)

一些最重要的金屬其晶體結構分類於表1.1中。

表1.1 一些較重要的金屬元素的晶體結構

面 心 立 方	緊密堆積六方	體 心 立 方
鐵(911.5到1396℃)	鎂	鐵(911.5以下，1396到1538℃)
銅	鋅	鈦(882℃到1670℃)
銀	鈦(882℃以下)	鋯(863℃到1855℃)
金	鋯(863℃以下)	鎢
鋁	鈹	釩
鎳	鎘	鉬
鉛		鹼金屬(Li，Na，K，Rb，Ca)
白金		

許多金屬是多型體，亦即，它們有一種以上的晶體結構。其中最重要的是鐵，它在不同的溫度範圍分別結晶爲體心立方或面心立方。在911.5℃以下的溫度，以及在1396℃以上到熔點之間，其晶體結構是體心立方，而在911.5℃到1396℃之間的結構是面心立方。由表1.1亦可看到，鈦及鋯也是多型體，在較高溫時是體心立方，而在較低溫時是緊密六方堆積。

1.15 立體投影 (The Stereographic Projection)

立體投影是一種有用的冶金工具，因爲其可依一合宜且直接的方式，將金相面及方向映繪在二維之圖上。其真正價值於此，可直接由立體投影看出金相的特徵。本節之目的在於討論金相平面及方向與立體投影間的幾何對應。將各金相特徵在單位晶胞之位置的圖形與其對應的立體投影相互比較。

現在考慮幾個簡單的例子，但在此之前，應注意到幾個有關的事實。立體投影是三維資料的二維圖形。所有的金相面及方向的幾何均減少了一維、平面被劃成了大圓，而方向被劃成了點。且平面之垂線可完全描述平面之方位。

首先考慮幾個重要的立方晶格面：特別是(100)，(110)，及(111)面。這三個面分別在圖1.22中之三部份處理。注意各面之立體投影可表示爲一大圓，或是顯示面之垂線方向的一點。

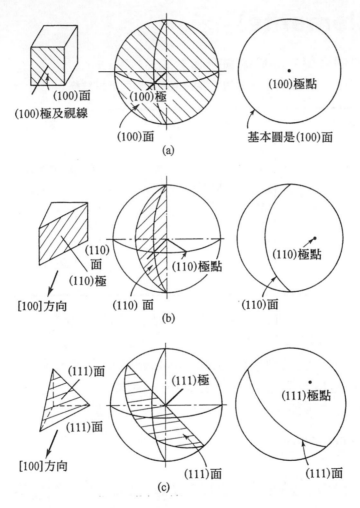

圖1.22　幾個重要的立方晶體面的立體投影。(a)(100)面，沿[100]方向的視線。
　　　　(b)(110)面，沿[100]方向的視線。(c)(111)面，沿[100]方向的視線

考慮面及方向在單一半球的立體投影，可解決許多金相的問題，該半球一般係指紙張平面前面的半球。圖1.22之三個例子均依此方式劃成。但如果需要，在後面半球的立體投影亦可被劃在同一圖上。然而此二半球上的投影必需能彼此被分辨。其做法是，前半球之面與方向的立體投影，以實線及點來表示，而後半球的則以虛線及圓點來表示。例如，考慮圖1.23，其顯示單一平面在二個半球上的投影。在此例中所用的是立方晶格的(120)面。

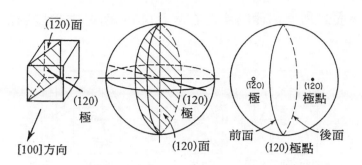

圖**1.23** 立方系統，(120)面，顯示二個半球的立體投影，沿[100]方向之視線

1.16 平面上的方向
(Directions That Lie in a Plane)

經常需要顯示一些重要的金相方向在晶體內特定平面上的位置。如，體心立方晶體中較重要的平面是{110}，而在這些平面上均有二個緊密堆積的<111>方向。位在(101)面上的此二方向顯示於圖1.24中，它們在表示(101)面之大圓上係二個點。

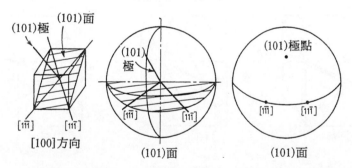

圖**1.24** 立方系統，(101)面及此面上的二個<111>方向，沿[100]之視線

1.17 晶帶面(Planes of a Zone)

沿一共同方向相互交叉的平面構成晶帶面，其交叉線被稱為晶帶軸(zone axis)。有關此方面，考慮晶帶軸為[111]方向的情形。圖1.25顯示通過[111]方向的三個{110}面。另有三個{112}面及六個{123}面，以及許多更高指標的面，它們均有相同的晶帶軸。有關的{112}及{123}面顯示於圖1.26中，而這些面及前述的{110}面的立體投影顯示於圖1.27中。注意到，在後面的圖中僅劃

出平面的極點，而且所有的極點均落在表示(111)面之立體投影的大圓上，這是很有意義的。

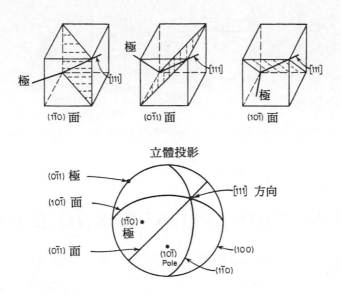

圖1.25 立方系統，晶軸為[111]之晶帶。圖中顯示屬於此帶的三個{110}面

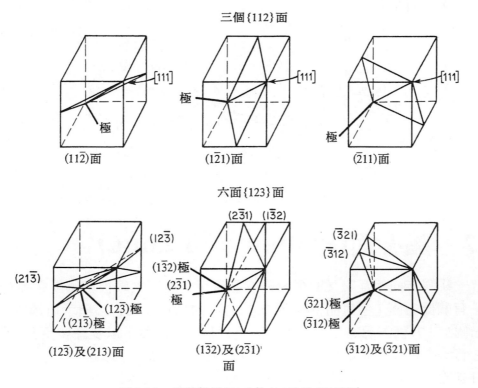

圖1.26 晶帶軸為[111]的{112}及{123}面

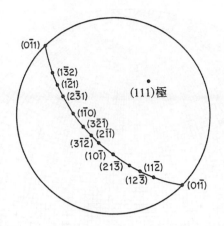

圖**1.27**　含有圖1.25及1.26所示之12個平面的晶帶的立體投影。僅劃出平面的
　　　　極點。注意，所有平面的極均位於(111)面上

1.18　伍耳夫網圈(The Wulff Net)

　　伍耳夫網圈是緯線與經線的立體投影，其中，南北軸平行紙面。伍耳夫網圈的緯線與經線具有與地理投影或地圖之對應線相同的作用；即是，它們可做圖形測量。然而，立體投影主要是測量角度，而對地理而言，距離通常較重要。圖1.28是一典型的伍耳夫或子午線的網圈，其以2°之間隔劃成。

　　應注意幾個有關的伍耳夫網圈之事實。首先，所有的子午線(經線)，包括基本圓，均是大圓。其次，赤道是大圓。所有其它緯線是小圓。第三，表示空間方向之點間的角度大小可在伍耳夫網圈上被測量，但其僅在點與網圈之大圓重合時才能做到。

　　在處理許多金相問題時，經常需要將特定之晶體方向所對應的立體投影轉到不同的方向。其原因有多個。其中最重要的是要將實驗所測量的數據帶到標準的投影，其中的基本圓是像(100)或(111)之簡單的緊密堆積面。變形記號或其它實驗所觀測的金相現象若以標準投影來研究，通常會更容易被解釋。

　　借助伍耳夫網圈來解決問題時，通常都用一張描圖紙蓋在上面。而後以一隻大頭針穿過描圖紙而釘在網圈的正中央。將金相的資料劃在描圖紙上。被記上的資料可有下述二種型式的旋轉。

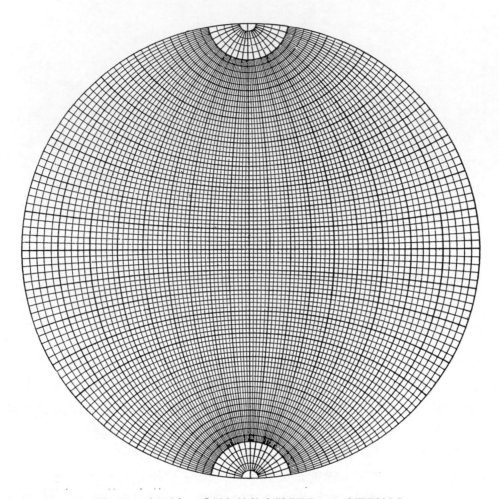

圖1.28　伍耳夫，或子午線的立體網圈，以2°間隔劃成

對視線軸的旋轉　此種旋轉非常容易，其僅需將描圖紙繞著大頭針而相對於網圈做旋轉。例如，將立方晶格繞[100]方向之軸而順時旋轉45°。旋轉之結果，可將(111)面之極點，如圖1.22(c)之所示，帶到伍耳夫網圈之赤道上。圖1.29(a)顯示立方單位晶胞之方位被旋轉的效果，其中晶胞係沿[100]方向被觀看。注意到，因為基本圓表示(100)面，描圖紙對大頭針做簡單的45°旋轉，就可在立體投影上產生所要的旋轉。

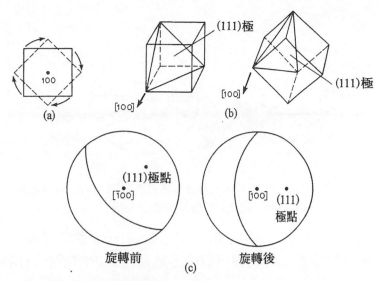

圖**1.29**　伍耳夫網圈中心的旋轉。(a)立方單位晶胞所要旋轉的效果，視線
　　　　　[100]。(b)旋轉前後(111)面的透視圖。(c)旋轉前後(111)面及其極點
　　　　　的立體投影，對[100]方向順時旋轉45°

對伍耳夫網圈之南北軸的旋轉　此種旋轉不像上述之旋轉那麼簡單，後者僅需
將工作紙對大頭針旋轉即可。而此第二種的旋轉需利用製圖的方法。首先將資
料依立體畫法劃上，而後沿緯線旋轉，且將每一點在緯線上做同樣的改變。考
慮圖1.30的繪製，此方法即變成十分清楚。在本例中，假設單位晶胞前向的面
(100)對[001]方向旋轉到左邊。現在考慮此旋轉對($1\bar{1}0$)面的空間方位及立體投
影的影響。在圖1.30(a)中，右邊及左邊之圖分別表示旋轉前後的立方單位晶
胞。此旋轉對($1\bar{1}0$)面之立體投影的影響顯示於圖1.30(b)中。圖上之各曲線箭
頭表示改變了90°的緯度。在這些圖中，為了清晰起見，並未劃出($1\bar{1}0$)面的
極。而在圖1.31上則顯示了(110)極點的旋轉。

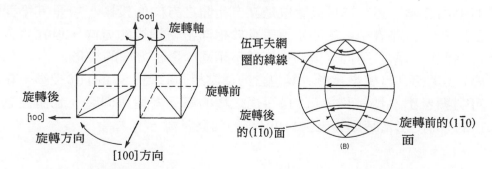

圖**1.30**　伍耳夫網圈的南北軸旋轉。(a)單位晶胞在旋轉前後的透視圖，顯示
　　　　　($1\bar{1}0$)面的方位。(b)顯示上述旋轉的立體投影，為清晰起見，僅顯示
　　　　　($1\bar{1}0$)面，並未顯示極之旋轉，而且也省略了伍耳夫網圈的子午線

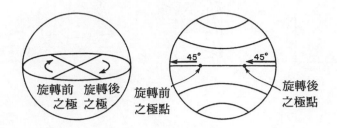

圖**1.31**　顯示$(1\bar{1}0)$面之極的旋轉。左圖是旋轉的透視圖，而右圖是極點沿立體
　　　　　投影之緯線的移動，此地之緯線是赤道

　　上面已藉著簡單的例子來顯示出，利用伍耳夫網圈可實施二種基本的旋轉。利用這些在立體投影上的旋轉可製造出晶體在三維的所有可能的旋轉。

1.19　標準投影(Standard Projections)

　　若重要的金相方向或重要的面的極點位於投影的中心，則稱此立體投影為標準的立體投影。立方晶體的這種投影顯示於圖1.32中，其中(100)極垂直於紙面。此圖正確的名稱是標準的立方晶體的100投影。在此圖中，注意到，所有{100}，{110}，及{111}平面的極點均被劃在它們正確的方位上。這些基本的金相方向均以特定的記號來表示。{100}極是方形，其表示這些極是四重對稱軸。若晶體對這些方向任何一個旋轉90°，則其會回到與原來方位等價的地方。對{100}極旋轉360°，則晶體會有四次機會回到原來的方位上。同樣地，<111>方向相當於三重對稱軸，在立體投影中以三角形表示這些方向。最後，用小橢圓形來表示<110>方向的二重對稱。

　　圖1.33顯示更完整的立方晶體的100標準投影。其包含了其它更高的密勒指標的平面之極。圖1.33可被看做是立方晶體之方向的投影，或是其平面的極點。因為在立方晶體中，平面永遠垂直於相同密勒指標的方向。但在六方緊密堆積之晶體中，顯示平面之極的投影並不相同於金相方向的投影。

　　圖1.34顯示111標準投影，其包含的極點相同於圖1.33的100投影。在此圖中，可明顯看出晶體結構對{111}平面之極的三重對稱。同時，也請注意到，圖1.33的100投影清楚顯露出對{100}極的四重對稱。

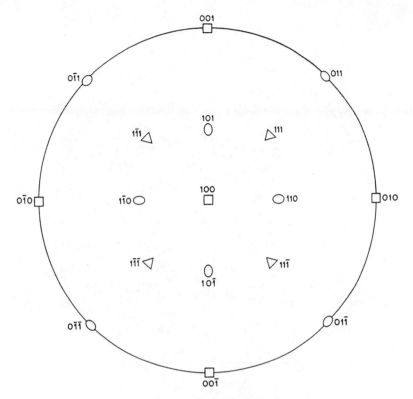

圖1.32　立方晶體的100標準立體投影

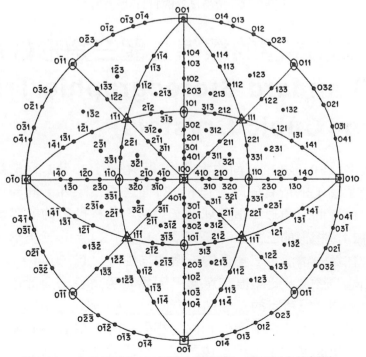

圖1.33　立方晶體的100標準立體投影，顯示更多的極點

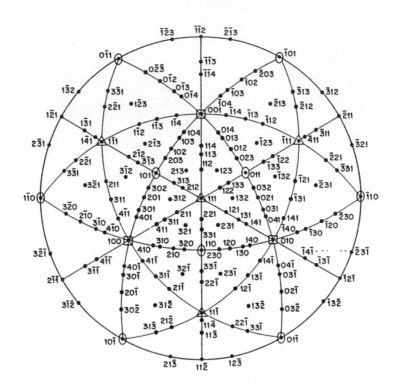

圖1.34 立方晶體的111標準投影

1.20 立方晶體的標準立體三角形(The Standard Stereographic Triangle for Cubic Crystals)

　　立方晶體之{100}及{110}面的大圓也顯示在圖1.33及1.34的標準投影中。這些大圓通過了圖上的所有極點,但{123}面之極點除外。同時,它們將標準投影分割成24個球面三角形。這些球面三角形均位在投影的前半球上。在後半球上當然也有24個相似的三角形。研究圖1.33及1.34上的三角形,顯示出一個有趣的事實:在每一情況,三角形的三個角均由<111>方向,<110>方向,及<100>方向所形成。此點很有意義,因為其意謂各三角形所對應的晶體區域都是等價的。圖1.35所示的三個晶格方向a_1,a_2,及a_3在金相學上是等價的,因為它們位在三個立體三角形內的相同的相對位置。為說明此點,讓我們假設由一塊非常大的單晶體切下三個拉伸試片,它們的軸分別平行a_1,a_2,及a_3。對這三塊小試片實施拉伸試驗，則可預期這三塊試片具有同樣的應力應變曲線。另外，若沿此三方向測量其它的物理性質，例如電阻係數，則也會得到相同的結果。因爲立體三角形的等價性，故簡化了金相資料的繪圖。例如，若有許多長的圓柱晶體要繪各晶體軸的方位，則可在一立體三角形內進行，如圖1.36之所示。

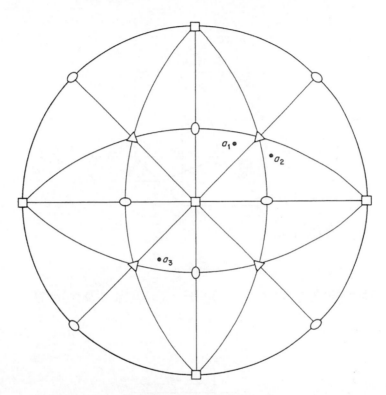

圖1.35 此標準投影上面的金相方向a_1，a_2及a_3是等價的，因爲它們位在各別標準立體三角形內的相似位置

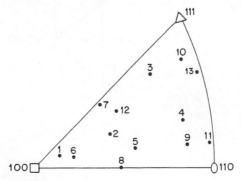

圖1.36 若需比較許多晶體之方位時，則可方便地在一立體三角形內繪晶體軸來達成，如此圖之所示

問題一

1.1 試求立方單位晶胞之下列各線的方向指標，(a)*om*線，(b)*on*線，及(c)*op*線。

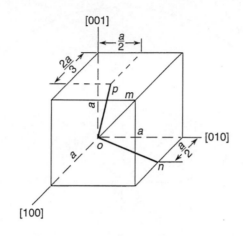

圖1

1.2 試求圖2中各線之方向指標，(a)*qr*線，(b)*qs*線，及(c)*qt*線。

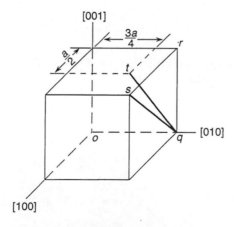

圖2

1.3　在圖3中，平面pqr在x，y，及z軸上的交點已被標示出，求此平面的密勒指標。

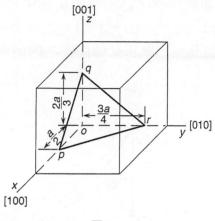

圖3

1.4　試求圖4中stu平面的密勒指標。

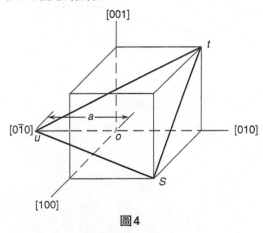

圖4

1.5　試求圖5中vwx平面的密勒指標。

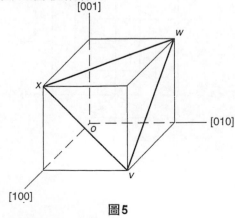

圖5

1.6 圖6顯示Thompson四面體，其由四個立方{111}面所形成。它對面心立方金屬的塑性變形有很重要的關係。四面體的角標示有字母A，B，C，及D。四面體的四個表面由三角形ABC，ABD，ACD，及BCD等所界定。假設此圖的立方體相當於面心立方單位晶胞，試求此四面體之四個表面的密勒指標。

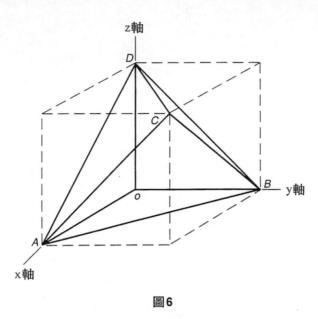

圖6

1.7 圖7一般用來表示緊密堆積六方金屬的單位晶胞。試求圖中二個平面defg，及edhj的密勒指標。

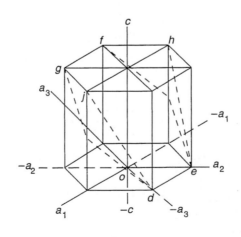

圖7

1.8　試求圖8中的二個平面$klmn$及$klpq$的密勒指標。

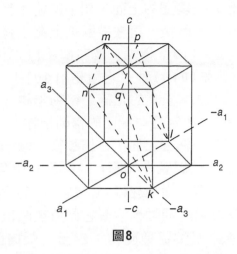

圖8

1.9　試求圖9中的線rt，ut，及uv的方向指標。其步驟，首先決定線在基底面上的向量投影，而後，再與線之c軸投影相加。注意，c軸的方向指標是[0001]，若將[0001]當做是一向量，則其大小等於單位晶胞的高度。沿Ⅰ型的對角軸的單位距離，像距離or，其等於圖1.20中$[2\bar{1}\bar{1}0]$之長度的三分之一。因此，此單位距離的大小等於$\frac{1}{3}[2\bar{1}\bar{1}0]$。將這二個量結合起來可得到各線的方向指標。

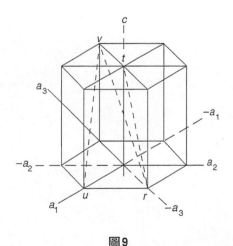

圖9

立體投影　下列問題涉及到立體投影的繪製，其需要利用到圖1.28所示的伍耳夫網圈，及一張描圖紙。在各問題中，首先將描圖紙放在伍耳夫網圈的上面，而後，將一隻大頭針穿過描圖紙且釘在網圈的中心，使得描圖紙可繞網圈之中心轉動。再來是在描圖紙上描繪基本圓的輪廓，且放一小垂直記號在此圓的頂端，當做一指標。

1.10　放一張描圖紙在伍耳夫網圈的上面，如上所述，且畫一指標記號在描圖紙上的伍耳夫網圈的北極上。而後，再在描圖紙上劃上適當的符號，表示三個＜100＞立方體極點，六個＜110＞極點，及四個＜111＞八面體的極點，如圖1.35之所示。假設基本圓是(010)面，北極是[100]，在描圖紙上標記所有＜100＞，＜110＞，及＜111＞極點的正確之密勒指標。劃下對應極點之平面的大圓(參看圖1.35)。最後，決定這些平面的密勒指標。

1.11　放一張描圖紙在伍耳夫網圈上面，在描圖紙上劃一記號在網圈及基本圓的北極上。在此描圖紙上，做記號在如圖1.32所示的所有極點上，而得到100標準投影。將此標準投影繞南北極軸旋轉45°，使(110)極點移到立體投影的中心。在這個轉動中，所有其它的極點也沿著它們所在的伍耳夫網圈之小圓移動了45°。可用下述之步驟來幫忙這種旋轉：放另一張描圖紙在第一張描圖紙上，且將被旋轉的資料劃在這張紙上。此種練習顯示出利用立體投影可實施基本旋轉中的一種，而另一基本的旋轉係關於描圖紙繞大頭針的簡單旋轉，該大頭針穿過描圖紙及伍耳夫網圈的中心。

第二章
分析方法
(Analytical
Methods)

　　晶體係對稱排列的原子，含有高原子密度的列與平面，它們就像三維的繞射柵。光線如要被柵有效繞射，柵的間隔(規則性柵線間的距離)必需相當於光波的波長。以可見光爲例，線間距離在1000到2000nm之間的柵可用來繞射由400到800nm範圍的光波。晶體內平行的原子列或原子平面間的距離比可見光之波長小很多，大約只有幾個埃。幸好低電壓X光具有適當之波長，可被晶體繞射；亦即，由20,000到50,000伏之間所產生的X光可被繞射。醫學上所用的X光則超過100,000伏。

　　當一特定頻率的X光射到原子時，會與原子之電子交互作用，使得電子以X光之頻率振動起來。振動的電子會輻射相同頻率的X光。這些反射光會由任何方向離開原子。換言之，原子的電子在所有方向"散射"X光。

　　當規則性間隔排列之原子被X光束照射時，其所散射之輻射會彼此干涉，在某個方向會有建設性的干涉；而在其它方向則爲破壞性干涉。例如，一單原子平面被一平行X光束照射時，在入射角等於反射角的地方會有建設性的干涉。在圖2.1中，a_1到a_3之線代表平行的X光束，線AA表示光束之波前，它們均爲同相。線BB垂直原子所反射之光束，後者之方向係在反射角等於入射角的地方。沿著任何光線測量時，線BB到波前AA均有同樣的距離，所以線BB上的所有點均爲同相，因此它也是波前，反射線之方向就是建設性干涉的方向。

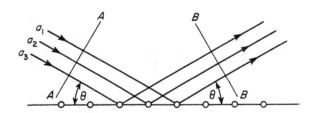

圖2.1　當入射角等於反射角時X光束呈建設性干涉而被反射

2.1　布拉格定律(The Bragg Law)

　　上面的論述無關於輻射的頻率。但是，X光並非由單一平面上的原子所反射，而是由許許多多相同間隔之平行面，如晶體中的平面所反射，所以建設性干涉僅發生於非常嚴格之條件下。有關這種條件的定律就是布拉格定律(Bragg's law)。現在我們來推導此重要的關係式。爲此目的，將晶體中每一原子面當做是一半透鏡；亦即，每一平面反射X光束的一部份，同時也讓光束的一部份穿過。當X光照射晶體時，光束不僅由表面層之原子反射，而且也從相當深之原子層反射。圖2.2顯示同時由二個平行晶格面所反射之X光束。實際上，光束不只由二個晶格面反射，而是從非常多之平行面反射。晶格間隔，或是平面間之距離在圖2.2中是以d表示，線oA_i垂直入射線，因此是一波前。在此波前上面之點o及m必需是同相。線oA_r垂直反射線a_1及a_2，使oA_r成爲波前之條件是反射線上之點o及n必需是同相。此條件僅在距離mpn等於波長之倍數時才能滿足；亦即，它必需等於λ或2λ或3λ或nλ，λ是X光之波長，n是任何整數。

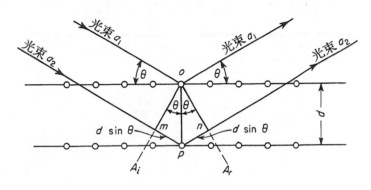

圖2.2　布拉格(Bragg)定律

由圖2.2可看出距離mp及pn均等於$d\sin\theta$。故距離mpn等於$2d\sin\theta$。如果此量等於nλ，我們就可得到布拉格(Bragg)定律：

$$n\lambda = 2d\sin\theta$$
2.1

其中　　　$n = 1，2，3，……$

λ＝以nm做單位之波長

d＝以nm做單位之平面間距離

θ＝X光束之入射角或反射角

當此關係被滿足時，反射線a_1及a_2爲同相，因而產生了建設性干涉。進一步說，當一束細窄之X光照射未變形之晶體時，產生建設性干涉之角度非常明確，因爲反射係源自於千萬個平行的晶格面。在此情況下，縱使稍微偏離滿足關係式之角度，也會引起反射光的破壞性干涉。因此，離開晶體的反射光束非常細窄，可以在感光片上造成明確的影像。

現在考慮一個簡單的布拉格(Bragg)方程式的應用例子。體心立方晶體的{110}平面具有0.1181nm之間隔。這些平面波來自於銅靶之X光所照射，其中最強的線K_{α_1}之波長是0.1541nm，第一階(n＝1)反射之角度爲

$$\theta = \sin^{-1}\left(\frac{n\lambda}{2d}\right) = \sin^{-1}\frac{(1)\,0.1541}{2(0.1181)} = 40.7°$$

來自這些平面之{110}的第二階反射是不可能的，因為arc sin($n\lambda/2d$)等於

$$\frac{2(0.1541)}{2(0.1181)} = 1.305$$

該值大於1，因此無解。另一方面，X線管中之鎢靶其$K_{\alpha 1}$線具有0.02090nm之波長，其第11階之反射也是可能。表2.1列了一些反射角，而圖2.3顯示了這些反射。

表2.1

反射的階數	入射或反射角，θ
1	5° 5′
2	10° 20′
5	26° 40′
11	80°

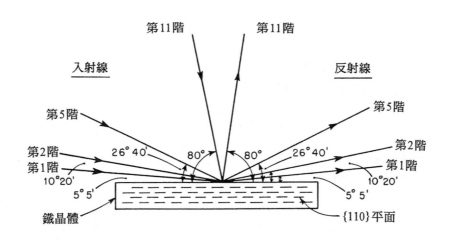

圖2.3 平面間隔0.1181nm之晶體與0.02090nm波長之X線($WK_{\alpha 1}$)所造成布拉格反射中的四個角度

在考慮前面的例子時，要注意到，雖然0.02090nm波長之光束由{110}平面建設性干涉反射回來的有11個角度，但只要偏離這11個角度非常微小的量，就會引起破壞性干涉，而消除了反射光束。一束X光是否能被一組結晶平面反射非常敏感於X光入射到平面的角度。所以，一單色光束照射在晶體上時不能希望每一次都能得到建設性反射。

如果晶體相對於X光束的方位維持不變，而且此光束並非單色光，其含有大於一最小值λ_0的所有波長，這種X光束被稱為白的(white)X光束，因為它類

似於含有可見光譜中所有波長的白光。因為光束相對於晶體中任一一組特定平面的角度保持固定，所以布拉格(Bragg)定律中的角度 θ 是一常數，但X光束是連續的，故所有平面均能造成反射。此論點可借助一簡單立方晶格予以說明。

　　茲假設X光束有一最小波長0.05nm，而且與晶體表面成60°，換句話說，晶體表面被假設與{100}平面平行。另外假設{100}平面之間隔為0.1nm。將這些值代入布拉格(Bragg)方程式中

$$n\lambda = 2d \sin \theta$$

或是

$$n\lambda = 2(0.1) \sin 60° = 0.1732$$

因此，由{100}平面反射的光其波長為

0.1732nm	第一階反射
0.0866nm	第二階反射
0.0546nm	第三階反射

其它所有的波長均受到破壞性干涉。

　　在前面的例子中，反射平面被假設與晶體表面平行。對於反射這並不是必需的條件；與表面成任何角度之平面均有可能造成反射。因此，在圖2.4中，所顯示之入射光束垂直於表面及(001)平面，而與二組{210}面——(012)及($0\bar{1}2$)成 θ 角度。由這二組平面的反射也畫於圖2.4中。因此，結論是：當一束白的X光照射一晶體時，許多反射線將由晶體射出，每一道反射線對應著一組不同晶體平面的反射。而且，不同於波長連續之入射光束，每一道反射線只有一個不連續的波長，該波長則由布拉格(Bragg)方程式所決定。

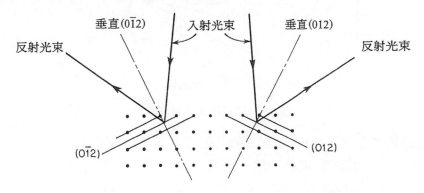

圖2.4　不平行於樣品表面之平面所造成之反射

2.2 勞厄技術(Laue Techniques)

　　勞厄X光繞射法所使用之晶體,其相對於連續X光束之方位被固定不變,如上一節所描述的。有二種基本的勞厄技術:其一:研究由接近入射X光束之方向反射回來的光束;另一,研究穿過晶體的反射光束。明顯地後者不能應用於具相當厚度(1mm或更厚)之晶體,因為金屬之吸收會損失X光之強度。第一種方法被稱為後向反射勞厄技術(back reflection Laue technique);後一種方法則稱為穿透勞厄技術(transmission Laue technique)。

　　當晶體較大而無法被X光穿透時,後向反射勞厄法用來決定晶格之方位特別有用。許多物理的與機械的性質隨晶體之方向改變而改變。這種異向性的晶體性質,其研究需要晶格方位的了解。

　　圖2.5顯示典型的勞厄後向反射相機的安置。由X光放射管之靶出來的X光被一調直管調直成一細窄之光束,該調直管有幾吋長而其內部直徑約1mm。細窄之X光束打在圖右邊之晶體上,數道反射光束則打在含有照相底片的匣子上。匣子前面蓋有一張像黑紙之類的東西,可見光不能穿透它,但反射X光束則能。依此方式,反射光束之位置可被記錄在照相底片上,它們呈現一些小黑點的排列。

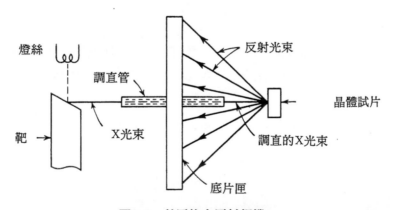

圖2.5　勞厄後向反射相機

　　圖2.6(a)是鎂晶體的後向反射X光之圖案,其中入射之X光束垂直於鎂晶體的基底平面。每一個點對應於一單一金相平面的反射,而且由垂直基底面之方向來看的話,可明顯看出晶格的六重對稱。如果將晶體之方向轉離給予圖2.6(a)之圖案的方向,則點之花樣會隨之改變(圖2.6(b));然而它仍然界定出晶格在空間的方向。因此,晶體之方向可由勞厄相片來決定。

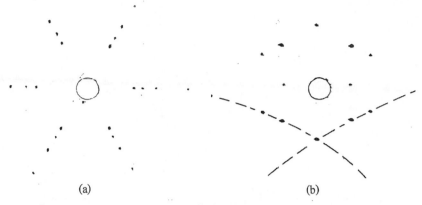

圖2.6　　勞厄後向反射像片。(a)X光束垂直基底平面(0001)之像片。(b)X光束垂直
稜柱面(1$\overline{1}$20)之像片。像片上之虛線顯示出後向反射點位於雙曲線上

　　穿透勞厄圖案可利用類似於後向反射圖案之實驗安排來取得，但是其底片
係放在試片離開X光放射管的相反一端。試片可以是棒狀或板狀，但是其在垂
直於X光束的厚度必需足夠小。後向反射技術所反射的X光束係由幾乎垂直於
光束的平面所造成，而穿透技術所記錄的反射光束則由幾乎平行於光束的面所
造成，如圖2.7之所示。

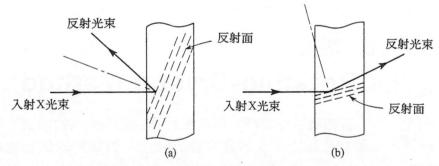

圖2.7　　(a)由幾乎垂直入射X光束之平面所造成的勞厄後向反射照相。(b)由幾
乎平行入射X光束之平面所造成的勞厄穿透照相

　　穿透勞厄式相片像後向反射相片一樣，包含了點陣。然而，這二種方法所
得到的點的排列是不相同的：穿透式的點一般係落在橢圓上，而後向反射則落
在雙曲線上(參閱圖2.6(b))。

　　勞厄穿透技術像後向反射技術一樣也利用來發現晶格的方位。這二種方法
亦可被用來研究星芒(asterism)的現象。受彎曲或其它扭變的晶體會含有彎曲
的晶格面，它們像彎曲的鏡子一樣會形成扭曲的或拉長的X光束影像點，而非
小圓狀。一典型的受扭變晶體的勞厄圖案顯示於圖2.8中。在許多情形下，分
析勞厄相片之點的星芒或扭曲，可獲得有關於塑性變形機構的有用資訊。

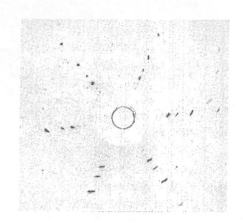

圖2.8　勞厄後向反射相片上的星芒，由扭變彎曲的晶體面所造成的反射形成
　　　　拉長的點

在前述的例子(勞厄法)中，晶體相對於X光束之方位被保持固定。由於光
束是連續的所以可以得到反射；亦即，波長是可變的。現在將考慮幾個使用單
一頻率或波長之X光的重要的X光繞射技術。在這些方法中，因為 λ 不再可
變，所以必須變化角度 θ 以便能得到反射。

2.3　旋轉晶體法
(The Rotating-Crystal Method)

在旋轉晶體中，晶體繞著軸旋轉，同時受到單色的X光束的照射，晶體之
金相面被轉到可反射的位置上。反射通常被記錄在圍繞試片的照相底片上。
(參看圖2.9)。

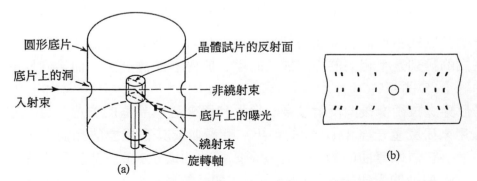

圖2.9　(a)旋轉單晶之相機的示意圖。(b)旋轉晶體相機所得到的繞射圖案。反
　　　　射束所形成之點落在水平線上

2.4　狄拜-薛勒或粉末法(The Debye-Scherrer or Powder Method)

在此方法中，應注意到試片不只包含一個晶體，而是超過數百的且方位不定的晶體。試片可以是一小的多晶金屬線，或是放在塑膠、纖維素，或玻璃管內的細研磨過的金屬粉末。在任一情形下，結晶的集團係直徑等於或小於0.1mm之晶體所形成的直徑約0.5mm的圓柱。在Debye-Scherrer方法中，其角度 θ 是可變的，但波長 λ 維持不變，就如同旋轉單晶的方法。在粉末法中，θ 的改變並非來自單晶對軸的旋轉，而是來自試片內小晶體之方位在空間呈雜亂的分佈。包含在Debye-Scherrer法中的原理可借助例子來說明。

為簡便計，假設圖2.10中之結晶構造是簡單的立方晶格，而且{100}面之間隔等於0.1nm。可以容易推導出{110}平面間的距離是{100}平面間的距離除以$\sqrt{2}$，因而等於0.0707nm(參閱圖2.10)。{110}之間隔小於{100}之間隔。事實上，簡單立方晶格之所有其它的平面，其面間距離均小於立方體的邊長，或{100}面之間隔。下列方程式顯示立方晶格之金相平面的間隔，其中h，k，l係晶體內平面的三個米勒(Miller)指標；d_{hkl}表示平面間的距離；而a是單位晶胞之邊長。

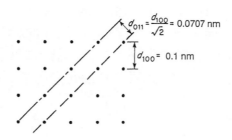

$$d_{011} = \frac{d_{100}}{\sqrt{2}} = 0.0707 \text{ nm}$$
$$d_{100} = 0.1 \text{ nm}$$

圖2.10　簡單的立方晶格。{100}及{110}平面間之距離。注意此晶格之單位晶胞係一立方體其八個角落各有一個原子

$$d_{hkl} = \frac{a}{\sqrt{h^2 + k^2 + l^2}}$$

2.2

在簡單立方結構中，立方體面之間的距離，d_{100}等於a。因此上式可寫成

$$d_{hkl} = \frac{d_{100}}{\sqrt{h^2 + k^2 + l^2}}$$

2.3

依照布拉格(Bragg)方程式(Eq.2.1)

$$n\lambda = 2d \sin \theta$$

對第一階反射而言，其n等於1，所以得到

$$\theta = \sin^{-1}\left(\frac{\lambda}{2d}\right)$$

2.4

此方程式告訴我們，具最大間隔的平面將以最小的角度θ反射。茲隨意假設X光束之波長為0.04nm，則由{100}平面(假設間隔為0.1nm)造成的第一階反射，其發生角度

$$\theta = \sin^{-1}\frac{0.04}{2(0.1)} = \sin^{-1}\frac{1}{5} = 11° \, 30'$$

另一方面，間隔0.0707nm之{110}面之反射角度為

$$\theta = \sin^{-1}\frac{0.04}{2(0.0707)} = 16° \, 28'$$

所有其它較大指標之平面(如{111}，{234}等)將在較大之角度反射。

　　圖2.11顯示如何找出Debye-Scherrer的反射。由圖左邊來的單色X光之平行光束照射在結晶的集團上。因為在入射X光束所照射的試片區域內含有數百的方位不定的晶體，其部份晶體的{100}面會位於正確的Bragg角度11°30′之上。這些晶體的每一個均反射一部份的入射輻射，其反射方向與原來的入射束夾二倍的11°13′的角度。然而，因為晶體在空間之方位是隨意不定的，所以所有的反射不會落在相同的方向上，它們會形成一頂角23°的圓錐。此圓錐會以入射束之線呈對稱。依同樣之方式，可顯示來自{110}面的第一階反射亦形成一圓錐，其錐面與原來光束之方向成16°28′的二倍，或是32°56′的角度。指標更大的平面所形成的反射光錐，其與原來光束的方向所夾的角度會愈來愈大。

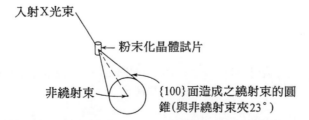

圖2.11 由假想的簡單立方晶格之{100}面所造成的第一階反射。粉末化晶體試片

　　最廣為人們使用的粉末相機係利用一長條狀底片，其可形成一圓筒而環繞著試片，如圖2.12之所示。在圖2.13中顯示一經曝光與顯影之後的Debye-Scherrer軟片的示意圖。

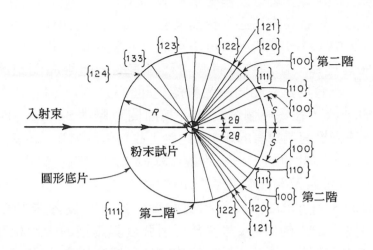

圖2.12　Debye或粉末相機的示意圖。試片被假設是簡單立方晶格。注意所有的反射均被顯示

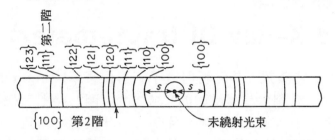

圖2.13　粉末相機之相片。相當於圖2.12所示之反射的繞射線

　　在Debye-Scherrer軟片上，{100}錐之二段部分圓之間的距離2S與圓錐角的張開有關，因而亦與反射面與入射光束之間的Bragg角度 θ 有關。因此，圓錐表面與X光束間之角度(以徑度做單位)等於S/R，R是軟片所形成之圓的半徑。但此角度也等於2θ，故

$$2\theta = \frac{S}{R} \tag{2.5}$$

或是

$$\theta = \frac{S}{2R} \tag{2.6}$$

最後的式子是重要的，因爲它可測得Bragg角度 θ。在上例中，假設平行之晶面間的距離爲已知。此假設係爲了解釋Debye-Scherrer法的原理。然而，在許多情況下，晶體的平面間隔係未知的，故Bragg角度的測得可被用來決定這些

量。因此，粉末法係決定金屬之晶體結構的有力工具。在複雜的晶體中，要完全確定晶體之結構，除了粉末法之外另需其它方法。無論如何，在所有用來決定晶體結構的方法中，Debye-Scherrer法可能是最重要的。粉末法之另一非常重要的應用，係基於每一結晶物質有其自己獨有的一組平面間距的事實。因此，雖然銅、銀，及金均具有相同的晶體結構(面心立方)，但它們的單位晶胞的大小是不同的，故，在每一個情況下，其面間距離與Bragg角度都不會相同。因爲每一結晶物質有其獨有的Bragg角度，故可借助其Bragg反射來確認金屬中未知的結晶相。爲此目的，一卡片檔系統(X光繞射資料索引)已被出版，其上列了近千種的元素及結晶質化合物的數據，包括每一條重要的Debye-Scherrer繞射線的Bragg角度，及其相對強度。確認金屬內未知結晶相的方法，係將未知物質之粉末的Bragg角度及反射強度與索引的卡片相互比對。此方法類似於指紋確認系統，其係一種重要的定性化學分析方法。

2.5 X光繞射儀
(The X-Ray Diffractometer)

X光繞射儀是一種裝置，其係利用電子儀器像蓋革(Geiger)計數管或離子化室取代照相軟片，來測量晶體反射的X光強度。圖2.14顯示繞射儀之基本的元件——晶質試片，平行的X光強度，及Geiger計數管。裝置內之晶體及強度量側儀器(Geiger計數管)均可旋轉。但計數管之旋轉速率是試片的二倍，藉此使強度記錄儀器在晶體旋轉時均能保持在適當的角度上，以便能記錄每一次所發生的Bragg反射。最近這種裝置其強度量測儀器均以一合適之放大系統連接到一圖型記錄器，反射之強度可被筆記錄在圖上。用此方法可獲得強度對Bragg角度的精確描繪。一典型的X光繞射儀其描繪圖形顯示於圖2.15中。

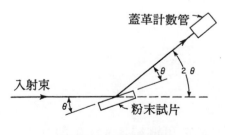

圖2.14 X光繞射儀

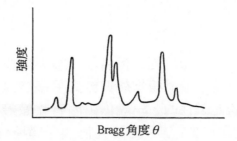

圖2.15 X光繞射儀所記錄的反射強度隨Bragg角度變化的圖。每一強度峰對應
於處在反射位置上的金相面

　　X光繞射儀最常使用粉末之試片，其試片形狀係長25mm，寬12.5mm的長
方形板片。試片可以是多晶金屬的樣品，應注意到繞射儀樣品具有一有限的大
小，而Debye-Scherrer方法中的試片係一細線(直徑約0.5mm)。所以繞射儀之
試片較容易製備且較有利。因為X光繞射儀可以精確地量測Bragg反射的強
度，所以其可做定性的及定量的化學分析。

2.6　穿透電子顯微鏡(The Transmission Electron Microscope)

　　二十年來冶金學者已可利用一非常有力之技術，其包括使用電子顯微鏡來
研究晶質薄片或膜的內部構造。這些薄片片可由塊樣品切割而成，其厚度一般
僅為數百nm。該厚度係由顯微鏡的操作電壓大小來決定。電壓一般在100及
400kV之間，電子受此電壓的加速，如果薄片之厚度不大於所指定之數值，則
可得到合意之影像。另一方面，如果薄片厚度太小了，則不利於金屬結構之特
性的顯露。有些儀器可在更高的電壓(百萬伏特之大小)操作，則薄片的厚度可
以成比例地增大。但設備之費用也就更高，故這種儀器很少被利用。

　　對於使用於穿透電子顯微鏡(TEM)中的薄試片，其製備技術應有所描述。
此包括切取一薄片的要被檢測的金屬。在製備過程中要十分小心，不可讓試片
受到變形。因為塑性變形會在顯微構造中造成不想要的結構缺陷，此在TEM影
像中可被看到。火花切割機被設計來切割取薄片的金屬，它在製備試片時非常
有用且合適，因為它造成的金屬變形最小。在此情形下，利用導線與試片間的
放電來切割金屬，當導線切進試片時，可由試片表面去除小顆粒的金屬。所得
到的切片其表面僅有一層很淺的變形層，後者再用化學的或電化學的手段將其
拋光掉。利用這種火花切割所得的典型的切片其厚度約為200μm。這個厚度
太厚了TEM無法穿透它。因此，必需利用化學的、電化學的，或離子研磨機的
技術將試片的厚度減小到所要的數百nm。這種製程的細節可參考有關電子顯

微鏡的標準教科書。

在穿透電子顯微鏡內，影像的細節係由電子被要研究之物體的金相面的繞射所造成。在許多方面，電子顯微鏡均類似於光學顯微鏡。但其發射源是電子槍而非光的燈絲。其透鏡是磁性的，一般係由圍有軟鐵殼之線圈所組成。透鏡係被直流電活化而有作用。在金屬手冊第九冊[1]中，對於電子顯微鏡有一易讀的很好的描述。爲了目前之目的，我們僅將注意集中在有關試片及物鏡這部份。此部份被顯示於圖2.16中。在此圖中，電子束由上方射入試片。此電子束來自電子槍，在其抵達試片之前已經通過了一組的聚焦透鏡。當電子束由試片出來後，通過儀器後面元件的物鏡。在此透鏡元件之後，電子束在平面I_1上聚焦成一點a。此點係電子束源的影像。超過此點之後，試片的影像被形成在平面I_2上。在簡單的光學儀器上也有類似的雙重影像效應，其在一個地方形成光源的影像，而在另一個地方形成幻燈片或其它物體的影像。

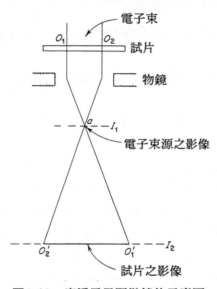

圖2.16　穿透電子顯微鏡的示意圖

因爲穿透電子顯微鏡的影像形成係基於電子的繞射，故需要考慮一些有關這種繞射的基本事實。如第三章之所述，電子不僅具有一些粒子的特性，其也具有波動的性質。電子的波長與其速度v的關係如下式所示

$$\lambda = \frac{h}{mv}$$

2.7

其中 λ 是電子的波長，m是其質量，而h是普蘭克(Plank)常數等於6.626×10^{-34}J/Hz。此關係式顯示出電子的波長與其速度成反比。速度愈高，其波長就愈短。

1. Romig, A. D., Jr., *ASM Metals Handbook*, Vol. 9, p. 429, American Society for Materials, Metals Park, Ohio, 1986.

茲考慮一電子被一100kV之電位加速。此將使電子之速度達到2×10^8m/s，而依上面之方程式，其波長約4×10^{-12}m，或約4×10^{-3}nm，此小於研究金屬晶體所用的X光繞射的平均波長約二個次方。依Bragg定律之推論，此在繞射的特徵上將造成相當的不同。茲考慮第一階繞射，其$n=1$。那麼依Bragg定律，Eq.2.1，可得到

$$\lambda = 2d \sin \theta$$

如果反射電子之平行面間的距離d假設為0.2nm，可得

$$\theta \approx \sin \theta = 0.01$$

繞射束的反射或入射之角度因此只有10^{-2}弧度，或30′左右。此謂著當電子束通過一薄層之晶質材料時，唯有幾乎平行電子束的平面才對繞射圖案有所貢獻。

茲考慮在電子顯微鏡內影像如何因繞射而形成。參看圖2.17。其中假設有一些電子在穿過試片時，被試片之一組平面繞射。一般而言，只有一部份電子被繞射，其餘的則直接通過試片而未被繞射。後者會在位置a處形成一點，而在平面I_2上形成試片之影像($O_2' - O_1'$)，如圖2.16之所示。另一方面，繞射電子會以稍微不同之角度進入物鏡，且在點b處形成一點。通過點b之電子束亦會在I_2形成試片之影像，而與直接電子束所形成之影像重疊。在上面之所述中，晶體之方位已被假設成電子主要係由單一金相面所反射。此將造成在點b處因繞射而形成顯著的單一點。也有可能同時由許多平面造成反射。在此情形下，在平面I上將形成一典型的點之陣列或繞射圖案，而非在I_1上點b處的單一點。茲將描述特有的繞射圖案。

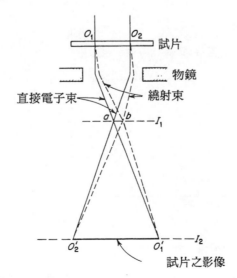

圖2.17 在穿透電子顯微鏡內影像可依直接電子束或繞射束而形成。（亦可由多於一繞射束來形成影像。）

　　電子顯微鏡之設計使其能在螢光幕上看到二種影像，其一是在I_1處的繞射圖案影像，另一是在I_2處之試片的細節影像。而此二影像均可被照在一軟片上，因為顯微鏡在圖2.16所示之儀器部分底下設有投射透鏡系統(未顯示)。可調整此系統來投射I_1面之繞射圖案影像，或I_2面之試片影像到螢光幕或相片之感光乳劑上。

　　將儀器當做顯微鏡操作時，可選擇由直接束所形成之影像，或是由特殊面之繞射所形成之影像。圖2.18顯示I_1面處之孔口隔板可讓二電子束之一通過，而阻擋另一電子束。在本圖中所顯示的是繞射束被隔板阻擋，而直接束穿過孔口。依此方式看試片，則形成亮視野影像。晶體中的缺陷在此影像中呈現為暗部。這些缺陷可能是小的夾雜物，其透光性不同於母晶體，因此較不透光的粒子會損失電子束的強度而能在影像中被看到。但是有益處的是晶格本身的缺陷。與下面章節很有關係的非常重要的缺陷是差排。在此不涉及差排的特性，僅需指出差排係有關於晶體面的扭曲排列。這種局部的扭曲會影響電子的繞射，因為在差排四周的晶格面與電子束的入射角度會有所改變。在某些情況下，繞射電子之數量會增加，而在另一些情況下則會減少。因為直接束可被認為是入射束減去繞射束，所以試片之繞射情況的局部改變均會造成試片影像之強度的改變。差排因影響了電子的繞射，所以可以在影像中被看到。在明視野影像中，差排一般係呈現為暗線。一典型的明視野照片顯示於圖4.9中。

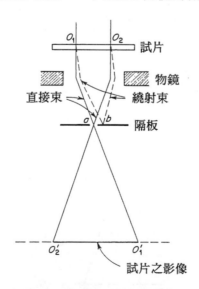

圖2.18　利用隔板來選擇所要之影像

　　使用電子顯微鏡的另一個方法係改變孔口之位置，讓繞射束通過而阻隔直接束。如此所形成的試片影像為暗視野。其中差排在黑暗的背景下呈現為白線。

　　穿透電子顯微鏡的重要特徵之一是其試片夾持台。如前面所述，為了使晶體結構中之缺陷能在影像中被看到，繞射扮演了非常重要的角色。為了使試片能夠被調準，以便將合適之金相面帶到反射之位置上，需要將試片對電子束旋轉。一般電子顯微鏡的夾持台均能使試片旋轉或傾斜。

　　對於可在顯微鏡中觀看到的繞射圖案，當試片在夾持台被傾斜而使得其中一重要帶軸平行於顯微鏡軸時，可得到有趣的繞射圖案，圖案之點對應於帶之平面。例如，假設試片之＜100＞方向平行於儀器軸。圖2.19顯示一立體投影，其中帶軸位於投影之中心。屬於此帶之平面的極點位於立體投影的基本圓上。在圖中，僅顯示低指標之平面。對應於此帶的繞射圖案顯示於圖2.20。點的旁邊標示有對應平面的指標。

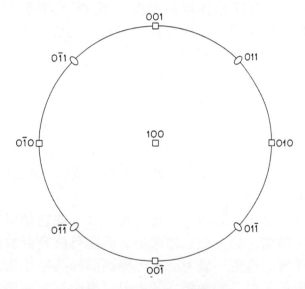

圖2.19　立方晶體之立體投影顯示帶軸為[100]之主要平面

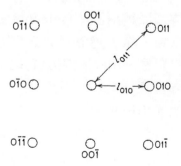

圖2.20　對應於沿著立方晶體[100]方向之電子束的繞射圖案

圖2.20之繞射圖案的最重要特徵是所有點均對應著平行於電子束的平面。另外亦可由圖2.20看出，點係在100及$\overline{1}$00二處被標示。此暗示著電子係由相同平面之二邊被反射。顯然地，顯示於圖2.2之簡單的Bragg圖，其入射角等於反射角，並不能應用於此情形，其原因不易了解。但無疑地包含了幾個因素。其中相當重要的是Bragg角度θ很小，約10^{-2}弧度。另一因素是試片很薄，使得電子在穿過試片時，僅看到近乎二維的晶格。此因素使得繞射條件變得較不嚴格。最後，試片位於透鏡系統之內的電子顯微鏡，其並非一種單純的繞射裝置。對我們目前之目的而言，去注意繞射圖案之特性比去注意其原因更重要。

現在注意到圖2.20之繞射圖案上諸點的距離。在此圖中，l010表示由對應直接束之點到{100}面反射之點的距離，而l_{011}表示{110}反射的對應距離。由圖可推導出，$l_{011} = \sqrt{2} l_{010}$。現在將注意轉到圖2.10，其顯示各別平面間的距離以$\sqrt{2}$成反比。以顯示出繞射圖案諸點的距離反比於平面間之距離。此結果與Bragg定律非常一致，而不同於入射束對反射面之關係。在本例中，角度θ非常小，所以$\sin\theta \approx \theta$，Bragg定律變成：

$$n\lambda = 2d\theta \tag{2.8}$$

或是

$$\theta = \frac{n\lambda}{2d} \tag{2.9}$$

因為角度θ非常小，故$\tan\theta$也約等於θ，我們可預期，繞射點被偏離之距離反比於平面間之間隔d。

由上述明顯知道，電子顯微鏡有二種用途，其一把它當做顯微鏡而可研究晶質試片之內部缺陷結構。另一把它當做繞射儀而可決定關於試片之金相特性的重要資料。關於後者之應用，繞射圖案可得到關於晶體結構之本性及關於晶體之方向的資料。另外，電子顯微鏡在其光學路徑中具有一隔板，可控制範圍之大小來造成繞射圖案。結果，有能力得到半徑小到0.5μ之試片範圍的資料。此繞射圖案被稱為選擇區域繞射圖案(selected area diffraction patterns)。

再次研究圖2.20。注意到，除了繞射圖案之中心點外，每一點均代表一組晶體面。因此，左上角之點對應Miller指標(011)之平行面。另外，由圖之中心到此點之向量l011，其方向垂直這些(011)面，而且其長度正比於(011)面之面間距離。此外，在前面之論述中已推導出$l_{001} = \sqrt{2} l_{011}$。而在簡單立方晶格中，晶格參數$a$等於$l_{100}$，所以$l_{011} = a/\sqrt{2}$。此可借助圖2.2來加以證明。事實上，圖2.20繞射圖案相當於反商格子(reciprocal lattice)之二維切面圖。如金屬手冊中之定義"反商格子係點之格子，其每一點均代表晶格中之一組平面，由反商格子之原點到任一點之向量垂直於晶體平面，而其長度等於平面間距離的倒數"，更詳細之資料請參考Battett及 Massalski所寫之書[2]。

2.7　電子束之電子與金屬試片間的交互作用 (Interactions Between the Electrons in an Electron Beam and a Metallic Specimen)

　　在對於穿透電子顯微鏡之討論中，要指出電子可能穿過薄的試片而形成直接束，或是被它們所經過之晶體的某些平面所繞射。這是當高速電子打擊一晶體表面時，所發生的二種可能。其它的也是重要的。首先，需注意到，電子與試片中之原子的交互作用可能是彈性的或非彈性的作用。

2.8　彈性散射(Elastic Scattering)

　　在此情形下，電子的路徑或軌道被改變，但其能量或速度則不變。例如，電子被TEM薄試片之平面的繞射可被歸類為彈性散射。入射束電子與沒有被束縛電子完全遮蔽的試片原子核之間，或是入射束電子與緊束縛的核心電子之間的碰撞也可能發生彈性散射。這些散射可使電子的軌道改變任何角度，甚至是180°。但對單一的碰撞，軌道方向的改變一般均少於5°。如果方向改變超過90°，而且電子離開試片，則被稱為彈性後向散射(elastically backscattered)。

2.9　非彈性散射(Inelastic Scattering)

　　當電子與試片交互作用之後，其動能有部分損失時，則發生了非彈性散射。此能量損失可以許多不同之方式發生。經常繼續發生數次的交互作用，而每一次的損失一小部分的能量。

　　大部份的入射電子能量消耗於製造聲子或原子晶格震動；亦即加熱試片。束中電子也可能把能量消耗在產生金屬電子氣的震動，此被稱為電漿子激發(plasmon excitation)。能量損失的另一個可能係用來產生勒致輻射或是連續X

---

2. Barrett, C. S., and Massalski, T. B., *Structure of Metals*, p. 84, McGraw-Hill, Inc., New York, 1980.

光輻射,其係由於束電子在原子之庫侖場中減速所造成。

在束電子與試片之間,另有幾種其它的交互作用對於試片之顯微結構的分析非常有用。束電子可將束縛不緊的導帶電子由試片表面擊出。這些被擊出的電子被稱為二次電子(secondary electrons),它們具有的能量一般都較小;即<50eV。圖2.21(a)顯示二次電子的強度是其動能的函數。二次電子之強度的最高值位於3及5eV之間。

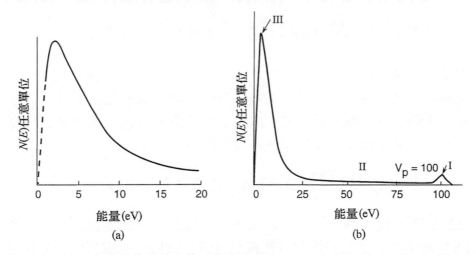

圖2.21 (a)二次電子的能量分佈,取自Koshikawa and Shimizu, J.Appl. Phys., 71303(1974)。(b)垂直試片表面的電子通量,其是射出電子之能量的函數。入射束與表面成45°。取自Harrower, G. A., Phys.Rev., 104 52(1956)

如果入射電子具充足之能量,它們亦會使原子內層之電子射出,此將使原子游離且在激化狀態,而外層之電子將落入內層之空位,同時伴隨有能量之釋出,其方式可為(1)特性X光子的射出,或是(2)原子外層電子的射出。後者之電子被稱為歐傑電子(Auger electrons)。此二種方式的發射均伴隨著固定量的能量對各原子成份該能量的大小是特定的,因此是試片中化學元素的特徵。所以,測量特性X光的波長或歐傑電子的能量,可得到關於電子顯微鏡內之試片的化學性質的有用資料。後面將對此做更詳細的討論。

2.10 電子能譜(Electron Spectrum)

圖2.21(b)顯示一電子能譜,其係得自純金屬鉬(原子序47)受100keV之電子的轟擊的結果。其縱軸正比於單位能量的後向散射之電子數,而水平軸代表各別後向散射之電子的能量(E),後者已對束電子之能量(E_0)正規化。圖中之數

據的取得係利用45°角的入射束,而測量射出電子的偵測器係垂直於試片表面。應注意到,標有記號I之地方的後向散射電子通量為一很小的極大值,其能量接近於入射電子的能量E_o。能量E_o的後向散射電子相當於彈性後向散射者。試片的原子序愈大,該極大值的射出電子通量也就愈多,且愈狹窄而接近於E_o。在較低能量標有II的區域,其代表的後向散射電子因各種不同的非彈性過程而損失了一部份入射時的能量。在區域III,非常接近能譜之零點處,所測得之通量幾乎完全由二次電子所造成,一般認為二次電子之最大能量約50eV。應注意到,最大之二次電子通量係在3及5eV之間。

2.11 掃描電子顯微鏡(The Scanning Electron Microscope)

將掃描電子顯微鏡(SEM)當做是,可以加強研究試片的光學顯微鏡,這種看法是有幫助的,其放大倍率與景深均較高。許多SEM之試片其拋光與浸蝕均類似於光學顯微鏡之試片。因此SEM試片之製備過程就不需像TEM之薄試片之製備那樣繁瑣。掃描電子顯微鏡可大大增加光學顯微鏡的放大極限,即由1,500X增加到50,000X。另外,SEM可得到有用的試片之影像,其影像具有很大的表面起伏,如有深度蝕刻之試片或破斷表面之所示。SEM之景深可大到光學顯微鏡的300倍。此種特徵使得SEM特別有用於斷口之分析。

另一方面,在低於300到400X之低倍率,SEM所形成之影像一般均較劣於光學顯微鏡。因此光學與掃描顯微鏡可被看成互為補充。光學顯微鏡在低倍時之表面較平坦所以較好,而掃描顯微鏡在高倍時之表面較起伏所以較佳。

掃描電子顯微鏡與穿透電子顯微鏡最為不同的地方在於形成試片之影像的方法。首先,TEM試片的視野均被入射束之高速電子均勻照射。這些電子穿過薄試片之後,被磁物鏡聚焦形成試片之影像,其類似於薄片結構的光學淺像。影像之對比係電子穿過試片時被繞射的不同程度所造成。因此影像大致類似光學幻燈片投影機所形成的。另一方面,SEM之影像類似電視影像之形成。尖銳之電子束在試片表面掃描,被掃描之區域稱為屏面(raster)。尖銳的電子束與試片表面之間的交互作用引起幾種型式的發射,其包括後向散射電子、二次電子、歐傑電子(特別型式的電子)、連續X光,及特徵X光。這些發射大都能提供關於試片之性質的有用訊息。在一標準的掃描電子顯微鏡中,一般係利用二次電子來成像。其原因在於二次電子之信號主要來自電子束下面的區域,因此提供非常高解析的影像,或是較能分辨細節的影像。在圖2.22中,二次電子被顯示在電子束之右邊。偵測器之前面有一偏壓＋200V之濾網，因為大多數二次電子的能量只有3到5eV，故這些低能量的電子才能容易地被偵測器的200V偏壓所吸引。

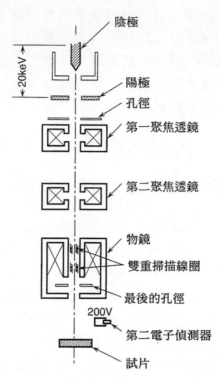

陰極

20keV

陽極
孔徑

第一聚焦透鏡

第二聚焦透鏡

物鏡
雙重掃描線圈

最後的孔徑

200V
第二電子偵測器

試片

圖2.22　掃描電子顯微鏡(SEM)的示意圖

　　在用來形成影像的試片表面部份，即屏面，電子束沿著直線掃過整個屏面的寬度，如圖1.23之所示。當電子束沿線移動時，利用偵測器量測由表面射出的二次電子的強度，該強度被用來控制陰極射線管上之同步點的亮度，陰極射線管可用來觀看或記錄影像。當電子束在屏面之遠端完成其線掃描時，即迅速回到屏面之另一邊，且正好回到第一條線之始點的正下方。在電子束回程的時候，陰極射線管的電子束被關掉。重覆這種線的掃描過程，可視察屏面的全部表面。典型的SEM使用1000條線掃描來形成10×10cm的影像。CRT的螢幕使用持久性的磷光體，故其影像會維持足夠的時間，使眼睛能看到完整的像，而不會有衰減的問題發生。每三十之一秒就重覆一次完整的掃描過程，其非常適應二十四之一秒的動劃劃面時間。另一方面，為了得到影像的永久的攝影記錄，則使用具有短的停留時間的磷光體。此可避免相鄰線之影像的重疊。

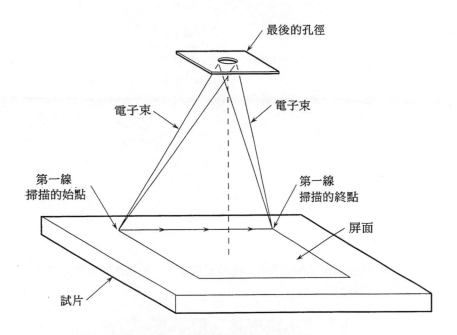

圖2.23　SEM之電子束在試片表面移動的方式

2.12　地形的對比
(Topographic Contrast)

　　茲將簡要討論，爲何SEM能夠顯露金屬表面的地形特徵。在圖2.24中，假設二次電子被用來研究金屬試片的斷口表面，而且有高速電子(20kV)的入射束來自正上方。束中電子會引起試片表面發射低能量的二次電子的發射。因爲位在電子束右邊的偵測器上有200V的正偏壓，所以二次電子會被吸引到偵測器。到達偵測器的電子數目決定於幾個因素。其中之一是，表面對於偵測器的傾斜程度。例如，有一個表面向右傾斜如圖2.24(a)之所示，而另一表面向左傾斜如圖2.24(b)之所示，則當入射束依序掃過這些表面時，由傾斜向右的表面出來而到達偵測器的二次電子會多於傾斜向左的表面。其結果會使表面A在CRT螢幕上所顯現的亮度大於表面B。圖2.25顯示SEM能夠產生好的對比與特優的焦深的影像。此相片係顯示銅-4.9 at.%錫之試片的斷口表面。此試片的破壞大部分係屬沿晶粒邊界的破裂，但另有一些晶粒係屬穿晶的破裂。

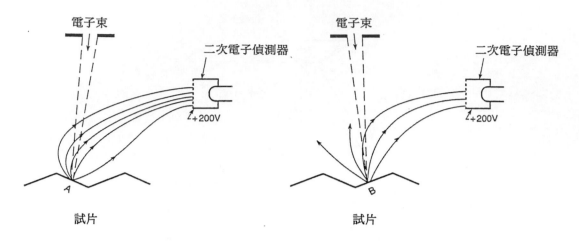

圖2.24　說明為何掃描電子顯微鏡與二次電子偵測器一起使用時能夠顯露表面
　　　　之凹凸起伏的原因

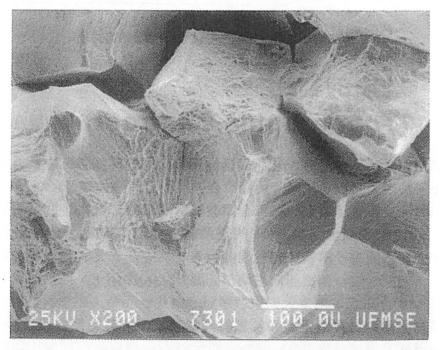

圖2.25　Cu-4.6 at.%Sn試片之斷面的SEM相片。注意相圖所表現的大的景深，
　　　　其顯示出試片的斷裂係由穿晶及晶間之破裂所造成

　　後向散射之電子亦可被用來當做信號的來源，其係由試片表面被送至CRT
螢幕。考慮圖2.26，其中偵測器之濾網被假設有負的偏壓(−50V)。負偏壓已
足夠來阻止二次電子到達偵測器，但都不會阻擋後向散射電子(16到18keV)。

後向散射電子以直線移動，所以只有當它們的移動路徑在入射束打擊試片之點與偵測器開口之間時，才能被偵測器有效收集。此地所用之偵測器對其相對於試片表面之方位的敏感性，尤勝於二次電子所用之偵測器。此意謂使用後向散射電子得到的地形對比，更優於利用二次電子所得到者。例如，考慮圖2.26，請注意到，該偵測器被調整來接收來自表面A的一些後向散射電子，而對於表面B而言，該調整則太差了，故在CRT螢幕上，表面B與表面A比起來就顯得格外暗。所造成的對比事實上可能會太大，所以，偵測器最好能夠收集後向散射及二次的電子二種，如此方是較好的折衷。

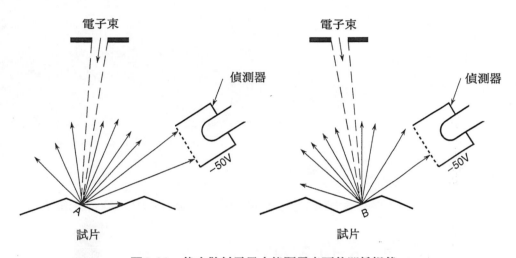

圖2.26 後向散射電子亦能顯露表面的凹低起伏

後向散射之另一重要特徵，係其散射係數，η，隨原子序之增加而增加[3]

$$\eta = -0.0254 + 0.016Z - 1.86 \times 10^{-4}Z^2 + 8.3 \times 10^{-7}Z^3 \qquad \textbf{2.10}$$

其中Z是原子序，η被定義為後向散射電子的數目與入射到靶上之電子數的比值。因此，後向散射可被用來區別試片各區域間的原子序的差異。注意到，當靶是幾種元素的均勻混合物時，係數η將決定於成份的重量比例。

圖2.27之A與B部分分別顯示了由二次電子及後向散射電子所造成的影像。該成份為Nb-20 at.%Si之試片含有三種相：Nb_5Si_3，Nb_3Si，及富Nb之固溶體。第一相具有低於其它二相的原子序，在圖2.27(b)中，其後向散射的影像係島嶼形狀的黑暗部分。而Nb固溶體則顯得較白，Nb_3Si則為灰色部份。金屬的固化將在第十四章討論，此處先固化的是Nb_5Si_3，其次是Nb_3Si的包晶相，

---

3. Goldstein, J. I., et al., *Scanning Electron Microscopy and X-ray Microanalysis*, p. 76, Plenum, New York, 1981.

再來則是Nb₃Si及富Nb固溶體的混合物(共晶體)。注意名詞包晶(peritectic)及共晶(eutectic)將在第十一章之二成分相圖中定義。

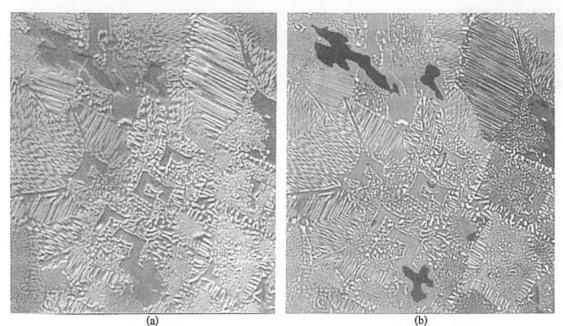

(a)   (b)

圖2.27 試片表面相同區域之影像的比較。得自(a)二次電子,與(b)後向散射電子

2.13 圖像元素的大小
(The Picture Element Size)

圖像元素的大小也被稱為像點(picture point),在了解SEM時其是一個重要的參數。它是屏面表面的一區域,對CRT螢幕上單一點提供訊息。為方便計,茲考慮數位化的線掃描,亦即,當電子束沿線掃描時,係以相等間隔的步伐前進。有些掃描顯微鏡其實已經如此運作。若在10×10cmCRT螢幕上有1000條線掃描,則沿一條10cm的線一般有1000步。則每一點應有100μm的直徑。將此直徑除以儀器的放大倍率M,則得到圖像元素大小(PES),其亦等於電子束沿屏面移動時每一步的距離。

$$PES = 100 \ \mu m/M$$ 2.11

圖像元素的大小對提供訊息給CRT螢幕點的電子束下方之面積的比值是重要的。該面積通常大於電子束在表面上的面積,此是由於入射束電子在穿透表面時會造成散射的原故。亦應指出,電子束在表面上係具有一大小的範圍,它並非是沒有直徑的一點。利用特殊的設備並且格外小心，例如所使用的掃描顯微鏡其內的試片被放入物鏡之內，則可得到約2mm的探測直徑。但一般SEM其最小的電子束直徑約5mm，而這些儀器更常以10nm的電子束直徑被使用。為目前之討論計，假設提供訊息之有效面積具有12.5nm的直徑，如果該面積小於圖像元素，則試片表面在CRT螢幕上的影像就會明銳的焦點。借助方程式2.11，可導出，產生12.5nm直徑的圖像元素其放大倍率為8000X。當然，放大倍率若大於8000X，其產生的圖像元素會小於提供訊息於CRT螢幕點的區域大小。因此送到螢幕點上的訊息會重疊。簡言之，放大倍率大於8000X，其影像所包含的訊息並不多於8000X的影像。另一方面，放大倍率小於8000X會產生明銳焦點的影像。

2.14　焦點的深度(The Depth of Focus)

　　借助圖像元素大小的觀念，則易於了解SEM具有非常大之焦點深度的特性。掃描試片表面的入射電子束通常具有非常小的發散角度。利用圖2.28可估計出此角度。在此圖中，最後孔徑與最佳焦點面之間的距離記為WD，其表顯微鏡的工作距離。如果孔徑之打開半徑R除以工作距離WD，則可得到電子束的發散，亦即入射束之半錐角度，$\alpha = R/WD$。典型的例子，R可能是$100\mu m$，而WD是10mm，故α是0.01弧度。

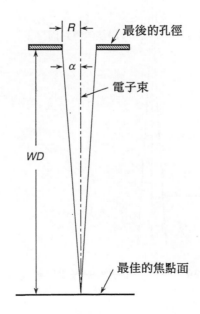

圖2.28　計算電子束之發散角所用的參數

　　當掃描電子顯微鏡在工作距離WD處之提供訊息的區域(在此假設等於電子束的大小)遠小於圖像元素的大小時,可得到景深很大的影像。一般因為電子束的發散很小,故在最佳焦點面的上下區域其電子束的大小亦小於圖像元素的大小。在此範圍內,物體會在明銳的焦點上。此顯示於圖2.29中,其中在電子束之切面上劃有二條平行的垂線,其代表PES之直徑。在此圖中,焦點的深度等於垂直距離D,或是在最佳焦點面之上下的距離,其內電子束之直徑小於圖像元素的大小。在D界定的範圍的上面或下面,其電子束直徑大於圖像元素的直徑,故聚焦不再明銳。

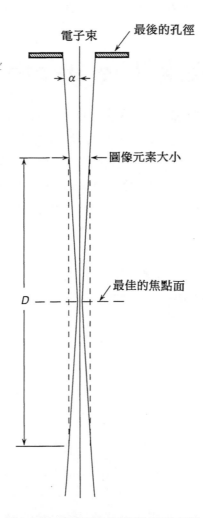

電子束

最後的孔徑

α

圖像元素大小

最佳的焦點面

D

圖2.29　決定SEM景深的重要參數

2.15　試片的顯微分析
(Microanalysis of Specimens)

　　掃描電子顯微鏡易於轉變成對試片做化學顯微分析的儀器。現在將討論二種重要的顯微分析技術。它們是電子探針X光顯微分析，及歐傑電子能譜。

2.16　電子探針X光顯微分析(Electron
Probe X-Ray Microanalysis)

　　電子探針顯微分析儀利用X光譜的峰值，此X光譜是由電子束轟擊試片所產生。這些峰值的波長及強度可產生有關試片之化學成分的有用訊息。電子探針顯微分析儀基本上是裝有X光偵測器的SEM。有二種基本型式的偵測器被使用。在能散X光譜儀中，固態偵測器可發展出一梯級頻率分佈圖，以顯示X光光子隨其能量而變的相對頻率。波長散佈分析儀利用X光繞射，將X光輻射分開成爲其成份波長。因篇幅關係，不能再進一步討論這些裝置；細節的描述可參看有關顯微分析的書籍[4]。

2.17　特徵X光
(The Characteristic X-Rays)

　　由典型的金屬元素如鉬的X光譜，可看出特徵X光線的性質。元素最重要的特徵線是K_α及K_β線。如果以20,000V電壓加速的電子轟擊鉬試片的表面，則只有連續的X光譜射出，如圖2.30(a)所示，其中X光強度係對波長劃圖，波長有一個極小值。請注意到，在光譜之短波長邊有一明顯的界限，而X光強度之極大值靠近短波長之極限處。當施加電壓增加到25,000V時會引起另外一些事情發生，如圖2.30(b)之所示。其短波長極限及最大值移向更短的波長，所有波長的強度均增加，而且有二個尖銳的峰值出現在連續的X光光譜上。這二條峰是K_α及K_β特徵X光線。最後，當電壓增加到35,000V時，如圖2.30(c)之所示，所有波長的強度再次增加。K_α及K_β峰之強度也增加，而且變得更突出。K_α及

---

　　4. *Metals Handbook*, Vol. 10 Metals Characterization, American Society for Metals, Metals Park, Ohio, 1986.

K_β的波長是固定的,現在這二條線的位置是在連續光譜之最大值的右邊,而非圖2.30(b)的左邊。

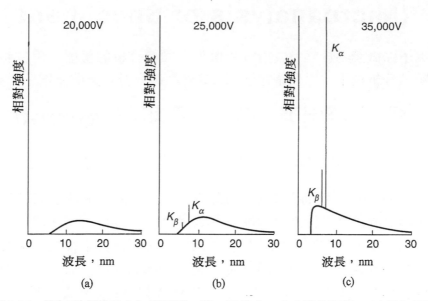

圖2.30 施加到束電子之加速電壓,對 試片之X光光譜的影響。(a)當加速電壓為20,000伏特時,只得到連續的X光光譜。(b)當電壓升到25,000伏特時,有二個小特徵峰重疊在連續光譜上。(c)當電壓增加到35,000伏特,大大地提高了特徵線的大小

　　圖2.30之X光譜的連續部分是入射電子與試片之離子的交互作用所造成,亦即當電子經過離子之庫侖力場時被減速而產生。電子在這種非彈性碰撞過程中的能量損失部份轉變成X光子的能量。因這些碰撞可以許多不同之方式發生,故會形成連續的X光帶或是軔致輻射。另一方面,電子束與試片之原子碰撞時,原子之內層電子被打出,可能會產生特徵線。當內層電子射出時,原子外層之電子立即會掉入內層的電子空位,同時伴隨射出特徵X光子或歐傑電子。對於前者,所發的X光子就是K_α線,實際上該線係由二條波長非常靠近的K_{α_1}及K_{α_2}線所組成。在圖2.31(a)中,鉬原子的K及L層能量被劃成水平線,鉬原子當然也包含M及N層的電子,但為了簡化圖形,故並未劃出這些層的能階。在圖2.31(a)中,已假設束電子與鉬原子間的非彈性碰撞將K層的一個電子移走,而後,如圖2.31(b)之所示,K層之電子空位被L_3層之電子填入。L_3層電子的躍入產生了X光子,其能量等於

$$hv = E_K - E_{L_3}$$ 　　　　2.12

其中,h是普蘭克(Plank)常數, v是X光子之頻率,而E_K及E_{L3}分別是K及L_3層的

游離能。以 λ/c 替代 ν，λ 是X光之波長，而 c 是光速。將Eq.2.12重排得到

$$\lambda_{K_{\alpha_1}} = 1.2398/(E_K - E_{L_3}) \qquad \text{2.13}$$

其中 λ 與 E_K，E_{L_3} 的單位分別爲nm及keV。對於鉬，E_K 是19.9995keV，而 E_L 是2.6251keV，所以 $\lambda_{K_{\alpha_1}} = 0.07093$nm。$K_{\alpha_2}$ 線是 L_2 層之電子躍入K層所造成，其波長爲0.07136nm。因爲 K_{α_1} 線的強度一般是 K_{α_2} 線的二倍，故可利用加權平均來估計未分解的 K_α 線的波長，其結果是 $\lambda_{K_\alpha} = 0.07107$nm。若想用電子探針來做化學分析，則一般需要將 K_α 線分解成二個成份；一般則使用對應於 K_α 雙重線的波長(或能量)。請注意到，由 L_1 能階躍入K能階是不會發生的。

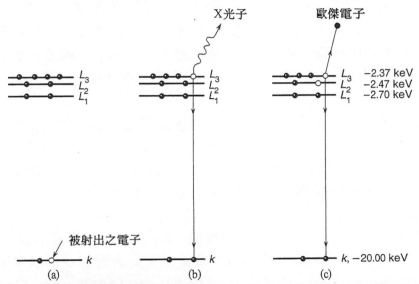

圖2.31 說明 K_α 輻射及歐傑電子如何形成。(a)電子由K層射出是第一步。(b)若原子之L層電子掉入K層，則可能釋放出 K_α 光子。(c)也可能，當L層電子掉入K層時產生由L層射出歐傑電子

　　對於電子探針X光顯微分析儀的使用，有一重要的考慮：當電子束打擊試片表面時雖然其直徑小到10nm，但發出X光的試片表面區域通常具有1μm的直徑，此是電子束的100倍大。甚者，X光亦可由表面下1μm之深度發出。事實上，此意謂著，利用EMPA對毫米大的金屬試片做化學成像時，其空間解析度約1μm，而偵測之極限約100ppm。此技術無法施用於硼(原子序5)以下的元素，且對硼到氖(原子序10)的元素只能做定性分析。但對Na(原子序11)及更大原子序之元素則可做定量分析。對於金屬試片中的各種相，包括非金屬夾雜物的測定，電子顯微探針是一有用的工具。此種儀器可利用上的另一領域是擴散的研究，其可得到有關成份變化的資料，其亦可被用來檢驗金屬合金之成份是否均勻。

2.18　歐傑*電子能譜學(Auger Electron Spectroscopy, AES)

在上一節中，已假設在束電子將原子內層(K層)之電子打掉後，外層(L層)之電子躍入內層之電子空位，同時有X光子釋出。其實，外層電子的躍入也有可能射出第二個外層電子(歐傑電子)，如圖2.31(c)之所示。因此，當外層電子掉入內層之電子空位時，會發生這二種事件中的一種。對於原子序小於15的元素，較易發生歐傑電子的釋出，而對於較大之原子序的元素，若所研究之能量轉移較小(ΔE≦2000eV)時，也較易發生歐傑電子的釋出。但當原子序愈大時，或是ΔE≧2000eV時，X光的釋出也就愈可能。所以，雖然歐傑電子能譜學的應用偏於低原子序的元素，但對於所有元素，甚至由金到更高原子序的元素亦可利用到。

當歐傑電子由原子射出時，它擁有一固定的動能。若歐傑電子係來自表面下較深之處，則其大部分之動能會喪失。但，如果原子係在非常靠近表面之處(約2～3n m)，則離開表面之電子仍擁有其特定的能量。利用合適之偵測器可量測該能量。偵測器所測得之歐傑電子的能量，可借助下面之方程式來計算：

$$E_{ke} = E_K - 2E_L - \phi$$

2.14

其中，E_{ke}是偵測器所測得的歐傑電子的動能，E_K是K層電子的游離能，E_L是L電子的游離能，而φ是偵測器的功函數(此功是電子要通過靜電的或電磁的偏向分析儀所需的能量)。例如，如果試片是鋁，則$E_K = 1559eV$，$E_L = 73eV$，而φ則假設為5eV，E_{ke}為1408eV。

歐傑反應的一個重要特徵是，其牽涉到三個電子：內層被打出之電子，躍入內層電子空位之電子，及外層射出之電子。描述一特別的歐傑反應的一般方法是，用三個字母來表示牽涉到躍遷之電子的能階。像上面所提之例子則以KLL表示。

對一歐傑躍遷需要三個電子，所以電子少於三個的元素無法實施歐傑分析。故氫與氦就被排除在外。歐傑分析一般係基於測量圖上歐傑峰值的強度，該圖係每單位能量間隔的後向散射的電子能量，ξ，對電子的能量，E，所畫出的。此能量通量等於電子能量乘上每單位能量間隔的電子個數；亦即，$\xi = E \times f$。這種能譜顯示於圖2.32中之最下面的曲線，其係純銀之試片被

---

* Pronounced as (Ōzhā) after Pierre V. Auger, a French physicist.

1000V之電子打擊所產生之結果。請注意,在這曲線上要分辨歐傑峰值非常困難,因為它們很小而且與後向散射之電子所造成的強烈背景信號相重疊。如果將ξ乘上10而重新劃圖,就得到圖上的中間的那條曲線。現在歐傑峰值較明顯了,但仍不易分辨。此問題的解決之道是,劃ξ的導數對E的圖形,如圖2.32中最上面的曲線。所得$d\xi/dE$之曲線明顯地顯示出幾個峰值,它們係在240及360eV的能量範圍內。這些峰值係MNN歐傑躍遷所造成。KLL及LMM之峰值沒有出現,因為1,000eV之束電子無法擊出銀的K及L層的電子,這些電子的游離能分別是25,000及3,500V。

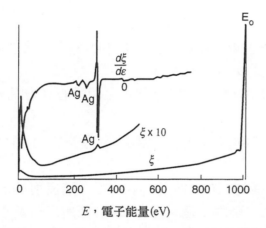

圖2.32 銀的歐傑電子能譜。入射束具1keV之能量。比較微分及積分之能譜(取自N. C. MacDonald)

　　總之,歐傑電子能譜可用來決定,約2nm深度之表面層的組成(He以上之元素),其具有≧100nm的空間解析度,大約是電子探針X光顯微分析儀的十分之一。該技術適合於金屬與金屬的晶界的研究,尤其是適合於易發生晶界脆性破裂的試片。它也可用來研究與應力腐蝕問題有關的表面偏析。

2.19 掃描穿透電子顯微鏡 (The Scanning Transmission Electron Microscope, STEM)

　　若穿透電子顯微鏡中的電子束被聚焦形成探針,如在SEM中的一樣,而後掃描TEM薄試片的表面,則可對試片做局部性小區域的分析。另外亦可實施小區域的繞射研究,因此,可對試片中之小粒子或夾雜物做化學分析。此技術也利用了發出信號到偵測器的體積係非常小的這個事實。換言之，STEM係一種非常高解析的儀器。其原因在於其試片通常都是非常薄，所以不會使電子由試片中之束中心散射掉。因此，在電子探針X光顯微分析儀中，其信號係來自一球泡狀之區域，大約有$1\mu m$深，$1\mu m$之直徑。而在STEM中，其對應之體積大約有試片厚度的深度及2到3n m的直徑(當試片放在透鏡內時)，或是5～30nm的直徑(當試片係以傳統之方式放在透鏡下方時)。

問題二

2.1　體心立方結構的鈮(Nb)受到銅之K_{a1}輻射線($\lambda = 0.1541$nm)照射時，由110面造成的第一階繞射線，其Bragg角度為41.31°，試求此金屬之{110}面的面間距離是多少？(鈮的$a = 0.3301$nm)

2.2　利用類似圖2.10中之簡單立方晶格，證明體心立方晶格之{100}面的面間距離也是等於$a/\sqrt{2}$。

2.3　利用類似問題2.2的幾何推論，顯示bcc晶格的{100}面的面間距離是$a/2$而非a。

2.4　考慮關於bcc金屬的{100}面所造成的第一階反射的布拉格方程式。若取面間距離d為a而非$a/2$，則由二個相鄰的{100}面所反射路徑長度差應等於多少波長？此可解釋為何在附錄C中{100}面沒有被列入bcc的反射平面嗎？請解釋之。

2.5　利用方程式2.2，計算列在附錄C的所有fcc反射平面的d_{hkl}，利用銅的$a = 0.1541$nm。

2.6　在一勞厄後向反射相機(參看圖2.5及2.7)中，軟片到相機之距離是5cm，圓形軟片之直徑是10cm，銅晶體之(100)面垂直X光束。

(a)在銅晶體之平面中，能將入射束反射到相機軟片上之所有平面中，與(100)面形成的交叉角度最大是多少？

(b)利用附錄A之數據來決定，那些平面(它們的極點劃在圖1.33之100標準投影上)會在相機軟片上產生反射點？

2.7　決定金粉末前四個反射面(列於附錄C中)的粉末圖案，S之值。設使用Cu　K_{a1}輻射線($\lambda = 0.1541$nm)，金晶體之晶格參數是0.4078nm。

2.8　若穿透電子顯微鏡之電子受到80,000伏之電壓加速，試求：

(a)電子的速度是多少？設電子經由電壓差所獲得之動能等於其電位能差。

(b)電子的有效波長。

(c)電子受到bcc釩金屬之{100}面的第一階反射的布拉格角度。釩之晶格參數是0.3039nm。

注意，解答本題所需之常數請參閱附錄D。

2.9　將圖1.32之100立方標準投影對其南北極軸旋轉，此得到110標準投影，劃一類示圖2.19之圖形，以顯示[110]晶帶軸的主要平面的極點。假設電子顯微鏡之電子束平行[110]，照比例尺畫一類似圖2.20(其電子束平行[100])的電子繞射圖樣。

2.10　在電子顯微鏡中，提供訊息給CRT的試片屏面其有效面積具有5nm之直徑。電子束之半錐角 α 是0.01弧度。

(a)若CRT螢幕之數位的點有100 μ m的直徑，則顯微鏡可用的最大放大倍率是多少？

(b)在此放大倍率下景深是多少？

(c)若顯微鏡以2000X之倍率運作，其景深是多少？

MEMO

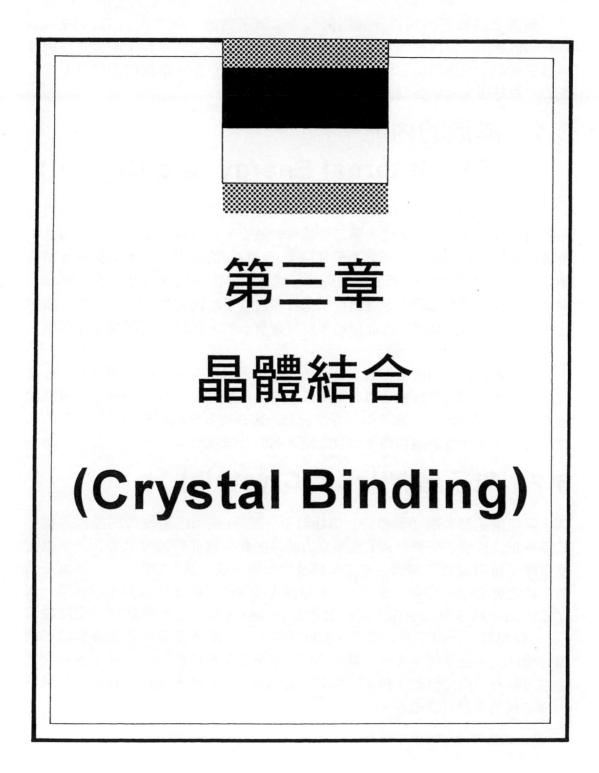

第三章

晶體結合

(Crystal Binding)

晶質固體依經驗可被分成四種類：(1)離子固體，(2)凡得瓦耳(Van der Waals)固體，(3)共價固體，及(4)金屬固體。這種分類並非一定，因為許多固體具有中間的性質而無法被歸屬於任一特定的種類。然而，這樣的分類是非常方便的，可被用來指示各種固體的一般性質。

3.1 晶體的內能
(The Internal Energy of a Crystal)

晶體的內能由二部份構成，第一是晶格能U，其被定義為原子彼此間的靜電吸引與排斥所造成的位能。第二是晶體的熱能，其有關於原子對其平衡晶格位置的振動，其包括各原子之振動能(動能及位能)的總合。為了方便研究結合晶體之力量(晶格能U)的特性，最好儘可能省去熱能的複雜考慮。此可將所有凝聚的計算均假設在絕對零度溫度來進行。由量子理論可知，在這溫度下原子均在其最低的振動能態，而此態的零點能是很小的。目前我們將忽略零點能，而且所有的計算均在0K進行。

為了求出表示固體凝聚的定量關係，一般係考慮凝聚能而非凝聚力。能量的觀念較好，因為它較適合與實驗數據比較。昇華熱及／或化合物的形成熱與凝聚能有關。事實上，0K時的昇華熱係把一莫耳物質分離成自由原子所需的能量，其特別是像金屬這種簡單固體之凝聚能的一種量測。

3.2 離子晶體(Ionic Crystals)

氯化鈉晶體是離子固體的一個好例子。圖3.1顯示這種鹽類的晶格結構，其係被正及負離子交替佔據的簡單立方晶格。此晶格亦可被看做是，分別由正及負離子所構成的二種面心立方晶格彼此交織而成。圖3.2顯示另一種離子晶格：氯化銫結構。其中，每一個離子均被八個異性電荷之鄰近離子所包圍。而在氯化鈉之晶格中，各離子之配位數為6。圖3.3所示之晶格其離子配位數為4。一般而言，上面所提之三種結構均為雙原子的離子晶體，其正與負離子的攜帶相同大小之電荷，亦即，構成晶體之原子具有相同的價數。離子晶體之原子亦可具有不同之價數，例如，CaF_2及TiO_2。當然它們形成的晶體格子也就不一樣。我們不想討論這些。

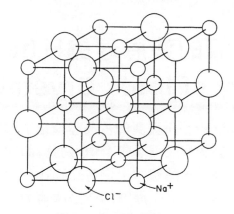

圖3.1 氯化鈉晶格

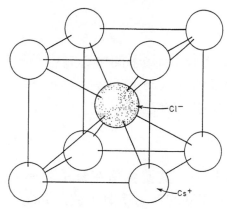

圖3.2 氯化銫晶格

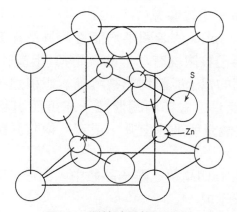

圖3.3 閃鋅礦晶格，ZnS

離子晶體係結合高正電性之金屬元素與高負電性之元素而形成，後者是像鹵素、氧或硫之類的元素。這種固體中的一些具有非常有趣的物性，對冶金學者而言有很大的重要性。尤其是，對LiF，AgCl，及MgO之類的離子晶體的塑性變形機構所做的研究，已經大大增加了我們對金屬之類似過程的了解。

3.3 離子晶體的波恩理論(The Born Theory of lonic Crystals)

波恩及馬德隆(Madelung)所發展的古典理論給了離子晶體之凝聚力的性質一幅簡單清晰的圖像。首先假設離子帶有球形對稱的電荷，而且彼此依簡單的中心力定律相互作用。在離子晶體中，這些交互作用有二種，其一是長程的，而另一是短程的。長程的作用就是靜電的或是庫侖力，其大小反比於離子間距離的平方，即

$$f = \frac{ke_1e_2}{(r_{12})^2} \qquad\qquad \textbf{3.1}$$

其中，e_1及e_2是離子的電量，r_{12}是離子間中心到中心的距離，而k是常數。若採用cgs單位，則$k = 1\,dyne(cm)^2/(stat\text{-}c)^2$，若採用mks單位，則$k = 9 \times 10^9 Nm/C^2$。所對應的庫侖位能是

$$\phi = \frac{ke_1e_2}{r_{12}} \qquad\qquad \textbf{3.2}$$

另一交互作用是短程排斥力，其發生係在離子靠得太近而外電子層開始重疊時。當此發生時，就會有很強的斥力使離子彼此分開。在典型的離子像NaCl之類的之中，其正及負離子均具有惰性氣體填滿的電子層。鈉在丟掉一個電子之後，變成正離子，其電子組態像氖($1s^2$, $2s^2$, $2p^6$)，而得到一個電子的氯則像氬($1s^2$, $2s^2$, $2p^6$, $3s^2$, $3p^6$)。依時間平均而言，具惰性氣體之電子組態的原子可被看做是帶正電的原子核圍繞有球形的負電荷(相當於電子)。在此負電區域之邊界之內，所有可用的電子能態均已被填滿。想引進另一電子到此區域內，一定強烈改變原子的能量。當二個閉層離子靠近而引起電子層重疊時，系統(二個在一起之離子)之能量就迅速上升，或者，換句話說，原子以大力量彼此互相排斥。

依據波恩理論，在NaCl晶型之離子晶體中，由於所有其它離子的作用，單一離子的總位能可被表示成

$$\phi = \phi_M + \phi_R \qquad\qquad \textbf{3.3}$$

其中，φ是離子之總位能，φ_M是該離子與晶體中所有其它離子的庫侖作用所造成的能量，而φ_R是排斥能。若採用cgs單位系統，在Eqs.3.1及3.2中之$k = 1$，則上式可寫成

$$\phi = -\frac{Az^2e^2}{r} + \frac{Be^2}{r^n} \qquad\qquad \textbf{3.4}$$

其中，e是電子電量，z是離子的電荷數，r是相鄰正及負離子之中心間距離 (圖3.4)，n是大的指數，通常是9，而A與B是常數。茲考慮含一莫耳NaCl之晶體的位能：

$$U = -\frac{ANz^2e^2}{r} + \frac{NBe^2}{r^n}$$

3.5

其中，N是亞佛加厥(Avogadro)數，而U是總晶格位能。此方程式右邊之第一項是離子間庫侖力所造成的靜電能，而第二項是離子靠得太近引起排斥作用的能量。波恩理論假設排斥能反比於離子間距離的乘方。雖然量子理論說排斥能Be^2/r^n是不正確的，但對於偏離原子間平衡距離r_0的小變化r時，Be^2/r^n仍是很合理的近似。

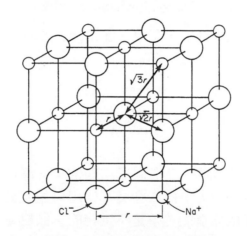

圖3.4　氯化鈉晶格的離子間距離

現在將更詳細考慮波恩方程式的各項，但做此之前，先探討晶格能隨離子間距離r的變化。此可將方程式右邊的二項分別畫圖，而後再將此二曲線加起來，如此可得到凝聚能U隨r變化的圖形。其結果如圖3.5之所示，其中，指數n被假設為9。注意其中之排斥項，由於指數的大數目，其決定了總能量曲線在短距離時的形狀，而庫侖能量與r的關係程度較小，故其控制了大距離時的形狀。此總曲線的一個重要特徵是，凝聚能在離子間距離r_0處有一最小值U_0，r_0是0K時離子間的平衡間隔。如果使離子間之距離增加或減小，均會使晶體之總能上昇。由於能量的上昇，會產生一回復力使離子回到原來的平衡距離r_0。

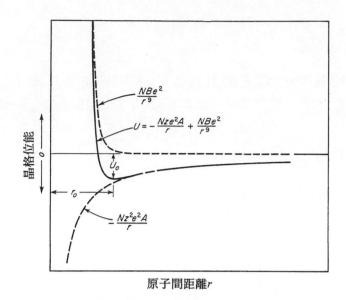

圖3.5 離子晶體之晶格能隨離子間距離而變化

茲考慮波恩方程式之庫侖能，對單一離子而言其為：

$$\phi_M = -\frac{z^2 e^2 A}{r}$$ 　　3.6

或是

$$\phi_M = -\frac{e^2 A}{r}$$ 　　3.7

上式是對氯化鈉晶體而成立的，其各離子均攜帶單一電荷，故$z^2=1$。因為庫侖能反比於離子間距離的一次方，故庫侖交互作用可達遠距離，因此若僅考慮一離子與其最鄰近之離子的庫侖能，這是不足夠的。該點事實亦可由下述看出。在距離r處而圍在負氯離子四周的有六個正鈉離子。此可由圖3.4中看出。氯離子與鈉離子之間的吸引能是$-e^2/r$，故總共有$-6e^2/r$的吸引能。該氯離子之第二最近的離子是12個負氯離子，它們相距$\sqrt{2}r$。該指定的負氯離子與這12個負氯離子之間的交互作用能是$12e^2/\sqrt{2}r$。接下去是在$\sqrt{3}r$的距離有8個鈉離子，在$\sqrt{4}r$的距離有6個氯離子，在$\sqrt{5}r$的距離有24個鈉離子，等等。因此，單一離子的庫侖能可寫成：

$$\phi_M = -\frac{6e^2}{\sqrt{1}r} + \frac{12e^2}{\sqrt{2}r} - \frac{8e^2}{\sqrt{3}r} + \frac{6e^2}{\sqrt{4}r} - \frac{24e^2}{\sqrt{5}r} \cdots$$ 　　3.8

或是

$$\phi_M = -\frac{Ae^2}{r} = -\frac{e^2}{r}[6 - 8.45 + 4.62 - 3.00 + 10.7 \ldots]$$ 　　3.9

庫侖能之常數A當然等於上式中括弧內的各項總和。此級數無法收斂，因爲當離子間距離愈大時，其對應項的大小並不是愈小。求離子間的交互作用另有其它的數學方法[2,3]，其可用來估算常數A，常數A被稱爲馬德隆數（madelung number）。氯化鈉之馬德隆數是1.7476，因此，晶體內一個離子的庫侖能，或馬德隆能是：

$$\phi_M = -\frac{1.7476e^2}{r}$$

3.10

而單一離子的排斥能是

$$\phi_R = \frac{Be^2}{r^n}$$

3.11

上式中B及n需要被估算。其可借助二個實驗數據：0K時離子間的平衡間隔r_0，及0K時固體的壓縮係數K_0。在r_0處，一個離子受到其它離子的淨力等於零，故總位能對距離的第一階導數也等於零，即：

$$\left(\frac{d\phi}{dr}\right)_{r=r_0} = \frac{d}{dr}\left(-\frac{Ae^2}{r} + \frac{Be^2}{r^n}\right) = 0$$

3.12

因爲A已知，上式就成爲n與B的關係式。第二個關係式可得自下述之事實：壓縮係數係凝聚能在r_0處之第二階導數$(d^2\phi/dr^2)_{r=r_0}$的函數。進行這些計算時，離子的平衡間隔r_0可利用晶格常數之X光繞射測定且外插到0K而獲得。NaCl晶體之r_0等於0.282nm。

壓縮係數由下式定義：

$$K_0 = \frac{1}{V}\left(\frac{\partial V}{\partial p}\right)_T$$

3.13

其中K_0是壓縮係數，V是晶體的體積，而$(\partial V/\partial P)_T$是晶體體積在定溫下對壓力的變化率。壓縮係數可由實驗測定並外插到0K而得到。

利用上述之方法來計算[4]，可得氯化鈉晶格之波恩指數爲8.0。而每莫耳之凝聚能爲180.4Kcal（7.56×10^5J）。後者實際上就是由一莫耳氣態Na$^+$離子與一莫耳氣態Cl$^-$離子形成一莫耳固體NaCl的能量。要直接由實驗來測量這個量是

2. Kittel, C., *Introduction to Solid State Physics*, fifth edition, John Wiley and Sons, New York, 1976.

3. Hummel, R. E., *Electronic Properties of Materials*, Springer-Verlag New York, Inc., New York, 1985.

4. Seitz, F., *Modern Theory of Solids*, McGraw-Hill Book Co., Inc., New York, 1940, p. 80.

不可能的，但它可由NaCl金屬Na及氣態Cl_2所結合而成的形成熱，鈉的昇華熱，鈉的離子化能，分子氯變成原子氯的分解能，及氯的離子化能等來計算。考慮了這些值，NaCl晶格之實驗值U就變成每莫耳182千卡(7.62×10^5J)。

　　NaCl凝聚能的測量值與利用Born方程式計算所得的值相當一致。這顯示了Born方程式對於一般的離子固體的凝聚能提供了很好的初步近似。

3.4 凡得瓦耳晶體 (Van der Waals Crystals)

　　在最後的分析中，離子晶體的凝聚是由於其組成離子所帶電荷所造成，在形成晶體過程中，原子會安排自己，使得異性電荷之離子間的吸引能大於同性電荷離子間的排斥能。現在我們考慮另一種結合，該晶體中的原子或分子係電中性的且具有惰氣的電子組態。使這類固體結合的力量通常都很小，而且作用距離很短。它們被稱為凡得瓦耳力(Van der Waals forces)，其來自於不對稱的電荷分佈。這些力量中最重要的成分係電偶極的交互作用。

3.5 偶極(Dipoles)

　　電偶極係由一對分開一小距離之異性電荷粒子($+e_1$及$-e_1$)所組成。茲令此距離為a。因電荷並未同一中心，故它們會產生一靜電場施力於其它電荷上。在圖3.6中，空間一點距偶極之中點為r，且距偶極之二電荷分別為l_1及l_2。若r比a大很多，則該點之電位(用cgs單位)為：

$$V = \frac{e_1}{l_1} - \frac{e_2}{l_2} = \frac{e_1}{r - (a/2)\cos\theta} - \frac{e_1}{r + (a/2)\cos\theta} \qquad \textbf{3.14}$$

或是

$$V = \frac{e_1}{r}\left(\frac{1 + (a/2r)\cos\theta - 1 + (a/2r)\cos\theta}{1 - [(a/2r)\cos\theta]^2}\right) \qquad \textbf{3.15}$$

可得

$$V = \frac{e_1}{r}\left(\frac{(a/r)\cos\theta}{1 - [(a/2r)\cos\theta]^2}\right) \qquad \textbf{3.16}$$

因為$(a/2r) < 1$，上式可簡化成

$$V = \frac{e_1 a \cos\theta}{r^2} \qquad \textbf{3.17}$$

電場強度之徑向及模向分量為：

$$\mathbf{E}_r = -\frac{\partial V}{\partial r} = \frac{2e_1 a \cos \theta}{r^3}$$

$$\mathbf{E}_\theta = -\frac{\partial V}{r \, \partial \theta} = \frac{e_1 a \sin \theta}{r^3}$$

3.18

在這些方程式中，r是偶極到點p的距離，θ是偶極軸與方向r間的夾角。習慣上，偶極之一電荷與偶極電荷間距離之乘積，ea，被稱為偶極矩。其記號為μ。因此，作用在點p處電荷e之力量分量為

$$F_r = \frac{2\mu e \cos \theta}{r^3}, \qquad F_\theta = \frac{\mu e \sin \theta}{r^3}$$

3.19

使用mks單位，$k = 9 \times 10^9 \mathrm{Nm^2/c^2}$

$$F_r = \frac{2k\mu e \cos \theta}{r^3}, \qquad F_\theta = \frac{k\mu e \sin \theta}{r^3}$$

3.20

請注意：在cgs單位系統中，$k = 1 \mathrm{dyne(cm^2)/(statcoulomb)^2}$。

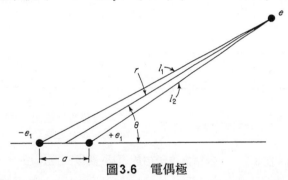

圖3.6　電偶極

　　　也請注意：偶極電場強度係隨距離的三次方成反比，而單電荷之場則與距離之平方成反比。

3.6　惰性氣體(Inert Gases)

　　　茲考慮氖或氬之類的惰性氣體。這些元素所形成的固體是Van Der Walls晶體的典型，正如鹵化鹼(NaCl等)的晶體是離子晶體的典型。它們在低溫下結晶成面心立方晶系。在這些原子中，有一正電荷之原子核，其周圍有電子環繞運行。因它們具有閉殼結構，我們可認為在一周期內電子之負電荷係對核呈完全球形對稱分佈。因此負電荷之時間平均的重心會與原子核之正電荷中心重疊，亦即，惰氣原子不具有平均偶極矩。但，它們確有瞬間的偶極矩，因為它們的電子在圍繞原子核運轉時，其重心不會與核之中心瞬時地重疊。

3.7 感應偶極(Induced Dipoles)

當原子放在外面電場時，一般而言，其電子會移動離開其原子核。此電荷再分佈可被想成在原子內形成偶極。在限制內，感應偶極的大小正比於施加電場的大小，所以

$$\mu_I = \alpha \mathbf{E} \qquad\qquad\qquad 3.21$$

上式中，μ_I是感應偶極矩，E是電場強度，而α是一常數稱爲極化率(polarizability)。

當二個惰氣原子靠近時，一原子的瞬時偶極(由於電子的運轉)會使另一原子感應一偶極。此原子間的相互作用會在原子間產生一吸引力。圖3.7表示分開r距離的這類惰氣原子(可以是氫原子)。茲假定左邊的原子由於其繞核運轉之電子的移動產生了瞬時偶極矩μ。此矩會在第二個原子處產生一電場E，而使後者感應出一偶極矩，如3.21式之所示。此式中之E是由於左邊原子之偶極矩在右邊原子處之電場。

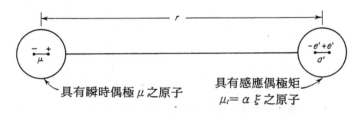

圖3.7　一對惰氣原子中的偶極-偶極交互作用

首先，考慮左邊偶極作用在右邊偶極的力量，其計算如下。如圖3.7之所示，假定右邊原子之感應偶極相當於分開距離a'之一對電荷$-e'$及$+e'$。依此，感應偶極矩等於$e'a'$。由左邊原子之瞬時偶極所產生之電場強度在感應偶極之負電荷$(-e')$處是E，而在感應偶極之正電荷$(+e')$處之電場是$E + \dfrac{dE}{dr} \cdot a'$。故作用在感應偶極之總力量等於：

$$f = -e'\mathbf{E} + e'\left(\mathbf{E} + \frac{d\mathbf{E}}{dr}a'\right) = e'a'\frac{d\mathbf{E}}{dr} = \mu_I \frac{d\mathbf{E}}{dr} \qquad\qquad 3.22$$

此3.21式之μ_2代入，可得：

$$f = \alpha\mathbf{E}\frac{d\mathbf{E}}{dr} \qquad\qquad\qquad 3.23$$

因偶極之場一般係反比於距離之三次方，或是

$$\mathbf{E} \simeq \frac{\mu}{r^3}$$

3.24

導致得到

$$f \simeq \alpha \frac{\mu}{r^3} \frac{d}{dr} \frac{\mu}{r^3} \simeq \alpha \frac{\mu^2}{r^7}$$

3.25

由於偶極之交互作用所造成之一對惰氣原子的能量可估計如下：

$$\phi \simeq \int_\infty^r \alpha \frac{\mu^2}{r^7} dr \simeq \alpha \frac{\mu^2}{r^6}$$

3.26

因此可看出，一對惰氣原子由於偶極之交互作用所造成的Van der Waals能係正比於偶極矩的平方，而反比於距離的六次方。對一周期時間而言，惰氣原子之平均偶極等於零。此量的平方並不等於零，故惰氣原子可交互作用。

3.8 惰氣固體的晶格能(The Lattice Energy of an Inert-Gas Solid)

當稀有氣體固體之原子處於平衡位置時，Van der Waals吸力被排斥力所抵消。後者之性質相同於離子晶體者，其係在閉殼之電子開始重疊時所產生。因此惰氣固體之凝聚能可表示為：

$$U = -\frac{A}{r^6} + \frac{B}{r^n}$$

3.27

上式中A，B及n是常數。50年前已顯示[5]。若n等於12，則上式與所觀測之稀有氣體固體的性質相一致。該式右邊第一項表示一莫耳晶體因原子間偶極對偶極的交互作用所引起的總能。其計算首先要考慮單一原子受其鄰近原子之交互作用所引起之能量，而後再將晶體之所有原子的該能量加起來。因計算過程冗長，故在此不予討論。上式之第二項是莫耳排斥能。

由Van der Waals交互作用之二階性質可估計出，惰氣固體之凝結能非常小，大約是離子晶體的1/100。因凝結能小，故可預期稀有氣體具有很低的熔點及沸點。表3.1列了惰氣元素(氡除外)的一些性質。

---

5. Lennard-Jones, J. E., *Physica*, **4** 941 (1937).

表3.1 惰氣元素的實驗凝結能[6]，熔點，及沸點

元素	凝結能		熔點	沸點
	Kcal/mol	KJ/mol	°C	°C
Ne	0.450	1.88	−248.6	−246.0
A	1.850	7.74	−189.4	−185.8
Kr	2.590	10.84	−157	−152
Xe	3.830	16.03	−112	−108

3.9 德拜頻率(The Debye Frequency)

　　晶體之零點能是原子在最低能態振動的熱能。當理論與實驗的凝結能在0K時做比較時，應考慮此零點能。在晶質固體中，每一原子具有三個振動自由度。此即，一原子可在三個垂直的方向上自由振動。若考慮原子位於垂直座標系的中心，該原子可沿x軸振動而不引起沿y軸或z軸的振動。相同地，其亦可沿y或z軸做獨立的振動。對於每一自由度均有一振動模式，故每一原子有三個模式，N個原子之晶體則可被認為相當於具有各種頻率ν的$3N$個振盪子。

　　由Debye想出的這些結果其基本推理過程如下述。首先，他假設鄰旁原子對之間的交互作用力相當於一線性彈簧。將原子推擠在一起會有壓縮彈簧之效應，且會產生一回復力來使原子回到其靜止位置。將原子拉開則產生相反之效果。依此，Debye認為全部之晶格係一由彈簧連接的三度空間的質點排列。例如，一簡單立方晶體之原子係被一組三對的彈簧支持在空間，如圖3.8(a)之所示。其次，他考慮這種排列如何振動。為了簡便計，茲考慮一度空間的晶體，如圖3.8(b)之所示。依隨Debye之觀點，縱向之晶格振動可被忽略，因為它們較不重要。這種排列的振動模式類似於弦上之駐波。在一簡單的弦上，可能的諧波數目在理論上是無限的，而且對於波長並無下限。依照Debye，對一串由彈簧所連接之質點被引起振動時，這是不對的。如圖3.9之所示，當鄰旁原子彼此反向振動時，可得最小波長或最大頻率之模式。可由圖中看出，最小波長是原子間隔的二倍，或是$\lambda_{min} = 2a$，其中a是原子間間隔，此波長的振動頻率(最大值)是

$$v_m = \frac{v}{\lambda} \tag{3.28}$$

---

6. Dobbs, E. R., and Jones, G. O., *Reports on Prog. in Phys.*, **20** 516 (1957).

其中ν是最短的聲波速度。一般而言其大約是5×10^3m/s。而金屬的原子間隔約0.25nm，所以

$$\nu_m = \frac{5 \times 10^3}{2(0.25 \times 10^{-9})} = 10^{13} \text{ Hz}$$ **3.29**

在簡單的計算中，經常使用$\nu_m = 10^{13}$Hz當做晶體中原子的振動頻率。因為這些計算原本之精確度僅為一次方左右(10的因數)，將最大振動頻率當做平均振動頻率並不會引起嚴重的問題。

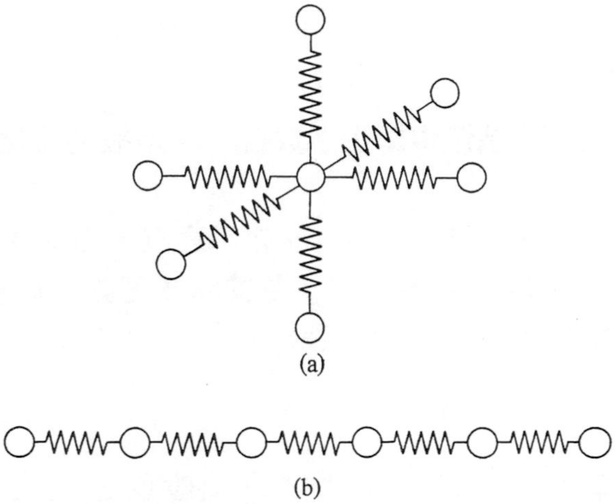

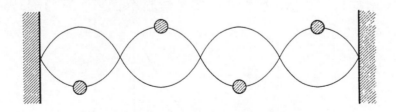

圖3.8　(a)簡單立方晶體的德拜模型。其中一原子以彈簧與其鄰近原子相連接。(b)一度空間的晶體模型

圖3.9　四個質點排列的最高頻率振動模式

3.10　零點能量(The Zero Point Energy)

在駐波中，諧波的階次相當於駐波圖型中半波長之數目。請參看圖3.9，其中有四個原子，而有四個半波，該四原子之系統僅能有四個模式的振動。對於N_x原子之線性排列，當其以最大頻率振動時，將有N_x半波長。因為該頻率相當於第N_x階之諧波，系統將有N_x個在垂直平面上振動的橫向振動模式，圖3.9之

圖面即爲振動平面。

在三度空間的 N 個原子晶體中，晶體的每一個原子均可在三個獨立方向上作橫向振動，此可由圖3.8(a)看出；而依照上述之類似推理，可顯示出共有 $3N$ 個獨立的橫向振動模式。

在線性晶體中，如圖3.8(b)之所示，在任何頻率間隔 $d\nu$ 中均有相同的振動模式密度。然而，在三度空間之排列或晶體中，振動模式是三維度的，駐波型式的多樣性隨頻率之增加而增加。因此，對於三度空間之情形，頻率在 ν 到 $\nu + d\nu$ 間的模式數目爲：

$$f(\nu)\,d\nu = \frac{9N}{\nu_m^3}\nu^2\,d\nu \qquad\qquad 3.30$$

其中 $f(\nu)$ 是密度函數，N 是晶體中原子之數目，ν 是振盪子之振盪頻率，而 ν_m 是最大振動頻率。

圖3.10是Debye密度數 $f(\nu)$ 對 ν 之示意圖。由 $\nu = 0$ 到 $\nu = \nu \backslash! \_ m$ 之曲線下面積等於 $3N$，即振子之總數目。依據量子理論，簡單振子之零點能是 $h\nu/2$。故晶體於絕對零度時之總振動能是

$$E_z = \int_0^{\nu_m} f(\nu)\frac{h\nu}{2}\,d\nu = \frac{9}{8}Nh\nu_m \qquad\qquad 3.31$$

在與靜晶格能之計算值比較時，上式之量一般要加到實驗所得的凝結能(表3.1)。由於零點能的修正大約31％或每莫耳0.59KJ(對於氖而言)，故晶格能 U_0 應是每莫耳2.47KJ，而非每莫耳1.88KJ，如表3.1之所示。當稀有氣體元素之原子序之序增加時，此修正就較不重要，對於Xe而言，它僅約3％而已。

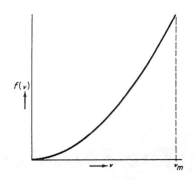

圖3.10　依據Debye之晶體頻譜，最大晶格頻率是 ν_m

7. *Ibid.*

3.11　雙極-四極及四極-四極項(Dipole-Quadrupole and Quadrupole-Quadrupole Terms)

　　Van der Waals吸引能係由固體中原子之電子的運動同步作用所引起。對於初步近似而言，可將此交互作用認為是原子之同步化雙極的發展。所有晶體之雙極作用的總和所得到的吸引能係與距離之六次方成反比。事實上，存在於實際原子的電荷分佈很複雜，簡單的雙極圖像並無法精確描述它。近代量子力學對Van der Waals吸引能的處理一般使用下式(對單一離子而言)：

$$\phi_{(r)} = -\left(\frac{c_1}{r^6} + \frac{c_2}{r^8} + \frac{c_3}{r^{10}}\right)$$ 　　3.32

其中c_1，c_2，c_3是常數。上式第一項是已討論過的雙極-雙極交互作用，第二項與距離之八次方成反比係雙極-四極項(dipole-quadrupole term)，因為它是一原子的雙極與另一原子的四極的交互作用，其能量與距離之八次方成反比。四極係由包含四個電荷的雙重雙極所構成。最後一項與距離之十次方成反比，被稱為四極-四極項(quadrapole-quadrupole term)。一般而言，該項能量很小，其在所有惰氣固體之Van der Waals吸引總能中比1.3％還小。另一方面，雙極-四極項約為總吸引能的16％，顯示出，雖然雙極-雙極項是Van der Waals吸引能中最重要的，但第二項也很重要。

3.12　分子晶體(Molecular Crystals)

　　許多分子係靠Van der Waals力而形成晶體，例如N_2，H_2，及CH_4等，它們是典型的共價分子，分子中每一原子享有價電子而得到閉合之殼層。這些分子間的吸力非常小，約為惰氣晶體的階次。

　　上面所提之分子是非極性分子；它們沒有永久的雙極矩，因此二個氫分子間的吸力來自於二個分子內之電子運動的同步作用，即來自瞬時的雙極-雙極交互作用。另外，亦有極性分子如水(H_2O)者，它們具有永久雙極。一般而言，一對永久雙極間的交互作用甚強於感應雙極間之作用。此導致更強的晶體結合(Van der Waals鍵結)，而具有更高的熔點與沸點。

---

8. *Ibid.*

3.13 離子晶體之波恩理論的修正(Refinements to the Born Theory of Ionic Crystals)

在前節所討論的惰氣及分子固體中,Van der Waals力是凝結能的主要來源。這些力亦存於其它種類之固體中,但因其它原因產生的鍵結較強,故它們僅佔總結合能中的一小比例。對離子晶體而言這是事實,雖然有些晶體如鹵化銀的Van der Waals之貢獻大於10%。在表3.2中可看到鹵化鹼之Van der Waals能僅是總能的一小比例。此表非常有益,因其列了總晶格能的五個分量。第一行是馬德隆能量,或是簡單的Born方程式中的第一項。第二行是排斥能,由閉合離子殼層的重疊所引起。第三及第四行是Van der Waals項:雙極-雙極及雙極-四極。第五行是零點能,即原子在其最低能態的振動能。最後一行是前五行的總和,其應等於晶體在零度絕對溫度及零壓力下的內能。

表3.2 一些鹵化鹼之凝聚能的各分量(每莫耳千卡)

鹵化鹼晶體	馬德隆	排斥	雙-雙	雙-四-極	零點	總和
LiF	285.5	−44.1	3.9	0.6	−3.9	242.0
LiCl	223.5	−26.8	5.8	0.1	−2.4	200.2
LiBr	207.8	−22.5	5.9	0.1	−1.6	189.7
LiI	188.8	−18.3	6.8	0.1	−1.2	176.2
NaCl	204.3	−23.5	5.2	0.1	−1.7	184.4
KCl	183.2	−21.5	7.1	0.1	−1.4	167.5
RbCl	175.8	−19.9	7.9	0.1	−1.2	162.7
CsCl	162.5	−17.7	11.7	0.1	−1.0	155.6

*All values given above are expressed in Kilo calories per mole. From *The Modern Theory of Solids*, by Seitz, F. Copyright 1940, McGraw-Hill Book Company, Inc., New York, p. 88. Used by permission.

3.14 共價及金屬鍵結 (Covalent and Metallic Bonding)

在已討論過之離子及惰氣晶體中,晶體係由具有閉合殼層之電子組態的原子或離子所形成。在這些固體中,電子被認為係緊緊束縛於晶體內之各別原子上。因為此事實，離子與稀有氣體固體較易於以古典物理之定律來解釋。僅當需要更精確計算這些晶體的物理性質時，才需較近代的量子力學的解釋。然而，要研究共價或金屬晶體之鍵結，其基本上就要利用量子或波動力學。這些鍵結與價電子有關，不可把這些價電子看做是永久束縛在固體內之特別原子上。換句話說，在這二種固體中，價電子被原子所共享。在共價晶體中，電子的共享使得每一個原子具有閉合殼層的電子組態。此種晶體的代表是碳的鑽石結構，每一個碳原子提供四個價電子給晶體。鑽石結構之配位數是4，如圖3.11之所示。若碳原子與其四個鄰近原子共享其價電子，而且鄰近原子也以相同數目之價電子回報，則碳原子將有八個價電子而達成氖之電子組態($1s^2$，$2s^2$，$2p^6$)。在此種晶體中，將最鄰近原子所共享之電子對看成是該原子對間的化學鍵，係屬方便之計。另一方面，依照固體的鍵結理論，電子並非固定於某一鍵上，其可來往於鍵間。因此，在價晶體中之價電子也可被認為是屬於晶體全體。這些共價鍵結，或同極(homopolar)的連結非常強，使得固體(如鑽石)之凝結能非常大，因而這些固體一般都很硬，而且熔點也高。

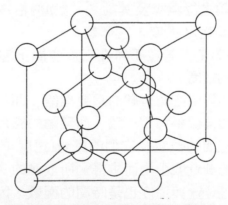

圖3.11 鑽石構造。每一個碳原子有四個最近的鄰近碳原子。請注意：此結構相同於圖3.3的閃鋅礦(ZnS)。但前者僅含有一種原子，而後者有二種。

　　共價鍵也貢獻於許多著名的分子，如氫分子的凝聚。藉由氫分子的基本考慮可發展出鍵結能量的概念。最低原子能態與$1s$殼層有關。在此能態上可佔放二個電子，但它們的自旋方向要相反。因此基態的氦原子其二個電子均在$1s$殼層上，但它們的自旋向量要相反。唯有自旋相反的二個電子才能佔據相同的量子態，此被稱為飽立不共容原理(pauli exclusion principle)。茲設有二個氫原子彼此靠近，則有二種可能發生：二個原子之電子的自旋方向彼此平行，或是自旋彼此相反。首先考慮後者。當原子愈靠愈近時，每一原子之電子開始受到另一原子核之電荷所發生之電場的影響。因為電子之自旋是反向的，每一原子核可將此二電子包容入$1s$之基態。在此情況下，電子在一原子核之附近的機率遠大於在另一原子核之附近，於是氫分子變成一對帶電離子———一個帶正電，另一個帶負電。此結構是不穩的，尤其在氫原子遠遠分開時，因爲形成一對正負氫離子所需之能量達每莫耳$-1237KJ$[9]。氫分子之原子在正常之分開的距離時，離子構造僅存在很短的時間，其約佔總結合能的5％[10]。

一個更重要的電子交換發生於電子同時互換原子核。電子來來回回地交換於原子核之間，其發生速率非常快，被稱爲共振效應(resonance effect)，其約佔氫分子結合能的80％[11]。利用量子力學，可算出氫分子的總結合能，可以看出與電子互換有關的結合能之特性。量子力學顯示出，就平均而言，電子大部份時間係在二個質子之間。由一非常基本之觀點，我們可以認爲氫分子的鍵結來自於帶正電的氫核與核間帶負電之電子的吸引作用。

應注意到，本討論所涉及到的空間與時間的相互關係，其關係到電子之時間平均的位置。這些觀念一般以相空間之名稱來表示。其係包括粒子位置及動量(亦即速度)的座標系統。對一沿著單一方向(x軸)自由運動的粒子而言，在相空間中有二個維度：沿軸之位置，及其動量。對n個沿單一方向運動之粒子而言，在相空間中有$2n$個線性之維度，它們是x_1，x_2，……x_n等粒子的位置，及p_1，p_2，……p_n等粒子的動量。若粒子可在三度空間上運動，則在相空間上有$6n$個自由度及同樣數目的維度。

在統計力學裡有一個與相空間有關的重要理論，即，相空間中位置與動量的平均與對無限長時間的同樣平均相一致。此理論的應用之例可考慮如下，一組粒子的能量是它們在空間的位置及它們的動量(速度)的函數。其平均能量可對有限次之位置及動量的測量取平均而求得。所取測的次數愈多，則愈接近真正的平均值。另一方面，位置與速度也是時間的函數。因此它們的能量也可被認爲是時間的函數，故其平均可得自對一非常長之時間所取的一組讀數。此平均應與在非常短之時間間隔所做的相互一致。

在上述中，已假設二個氫原子之電子的自旋係反向。現在考慮具自旋方向平行之二個氫原子彼此靠近之情形。當任一原子之電子進入另一原子之核電場的作用範圍之內時，電子將發現到平常自己所佔之能階已被佔滿。此情形類似

9. Pauling, L., *The Nature of the Chemical Bond*, p. 22, Cornell University Press, Ithaca, N.Y., 1940.

10. *Ibid.*

11. *Ibid.*

於一電子被帶入惰氣組態之閉合殼層的禁區。於是，正常的電子軌道會被嚴重扭曲，或是另外的第二個電子移到較高之能態，如$2s^1$。無論如何，具相同自旋方向之電子的二個氫原子彼此靠近時，會增加系統的能量。故無法以此方式形成穩定的分子。此顯示於圖3.12中，其中，上面的曲線表示氫分子具有二個平行自旋的在$1s$軌道上的電子。而下面之曲線則表示自旋相反的電子，可以看出，此曲線有一明顯的極小值，顯示出，在此情況下可構成穩定的分子。請注意，圖3.12之曲線表示氫分子在對應之r值時的總能量。除了離子的，及交換的(或共振的)能量之外，另有更複雜的靜電交互作用存在於二個電子及二個質子之間。這些佔據了氫分子的結合能的15％。

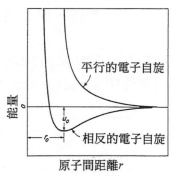

圖3.12　二個氫原子的交互作用能

價電子也貢獻於一般金屬晶體的原子之間。然而，它們此時最好被認為是自由電子，而非形成原子間之鍵結的電子對。金屬與共價固體的差異係屬程度問題，因為共價固體的價電子可由一個鍵移動到另一個鍵，因此有可能運動於整個晶體。已顯示出，利用固體的區帶理論可以解釋共價(或同極)晶體與金屬晶體間的差異。但目前，我們仍假設金屬的價電子可在整個晶格內移動，而共價晶體之價電子形成原子間具方向性之鍵結。此差異所造成之結果是，金屬傾向於以密堆積之晶格(面心立方及六方最密堆積之結構)結晶，其原子間鍵結之方向性不太重要，而共價晶體形成複雜之構造，其原子間之鍵結會提供每一原子具有閉合殼層的電子組態。因此，具有四個價電子的碳結晶或具有四個最鄰近原子的鑽石晶格時，每個碳原子具有八個共用的價電子。同理，砷、銻、鉍，其具有五個價電子，則需與三個鄰近原子共用電子，此得到閉合殼層所需的八個價電子。因此它們結晶時會有三個最鄰近的原子。一般上，共價晶體遵守所謂的$(8-N)$法則，其中，N是價電子之數目，而$(8-N)$是在結構中最鄰近原子的個數。

若金屬內之價電子是自由的，則可得到下面之金屬的初步概念。金屬係由有序排列之正電荷離子所組成，而價電子則以高速在所有方向上運動於其中。

對一段時間而言，電子之此運動相當於負電荷的均勻分佈，故可認為電子氣將此排列拉靠在一起。若缺少此電子氣，則帶正電子之核將彼此排斥而使排列離散。另一方面，若無正電荷之核的排列，電子氣也無法存在，因此電子也會彼此排斥。由於電子氣與正電荷之核間的共同作用才能形成穩定的結構。故構成金屬晶體的鍵結力量可被認為係來自正電荷之核與負電荷之電子雲之間的交互作用。也應注意到，當核心間之距離變小時(由於金屬體積的壓縮)，自由電子的速度會增加而提高其動能，此導致了金屬被壓縮時，其排斥能變大。最簡單的晶體係鹼金屬如鈉與鉀，它們僅有一個價電子運動於分開相當距離的正離子之間，故其離子殼層幾乎不重疊，因此由於殼層重疊所引起的排斥就很小。在這些金屬中，排斥能主要來自於電子之動能，而其它的金屬元素涉及到凝聚能的理論，此處不予以討論。

　　關於晶體的鍵結的其它資料，及重要的相關領域，金屬的電子理論(electron theory of metals)，可參看Hummel[12]及Kittel[13]的書。

問題三

3.1　電荷間力量的一般式是

$$f = k\frac{e_1 e_2}{(r_{12})^2}$$

其中k是常數，單位是力量×距離的平方÷電荷的平方。若以靜電或cgs單位系統表示，則$k = 1$dyne cm^2/(statcoulombs)^2。試證明若以國際單位系統(mks)表示，則$k = 9 \times 10^9$Nm^{2}C。

3.2　(a)若各帶一個電子電量的正離子與負離子之間的吸引力是-3×10^{-9}N，試求它們間的距離？(b)此離子對的庫侖位能是多少？單位採用每莫耳離子對多少焦耳，卡，電子伏特等。請參考附錄D。

3.3　(a)試計算NaCl晶格之Born 方程式中Medelung或吸引之能量(以cgs單位系統)。將答案表示成每莫耳多少千卡，並與表3.2中之數值比較。(b)也將答案表示成每莫耳多少焦耳。

3.4　利用cgs單位，計算NaCl晶格的排斥能。假設Born指數是8.00。B之決定係取Born方程式對r之導數，並假定在r_0時作用在離子上之力等於零(即，庫侖

---

12. Hummel, R. E., *Electronic Properties of Materials*, Springer-Verlag, New York, Inc., New York, 1985.

13. Kittel, C., *Introduction to Solid State Physics*, fifth edition, John Wiley and Sons, Inc., New York, 1976.

力等於排斥力)。

3.5　(a)利用mks單位系統，計算偶極對電子的作用力。假定電子被放在圖3.6之p點處，$r = 0.4$nm，$a = 10^{-3}$nm，$\theta = 0°$。而偶極電荷e_1及$-e_2$等於電子之電量。(b)此力量之方向爲何？(c)若$\theta = 90°$，則力量之大小、方向各爲何？

3.6　試計算偶極與電子間作用力的大小及方向。假定$r = 0.35$nm，$\theta = 45°$，$a = 1.5 \times 10^{-3}$nm，而偶極之電荷等於一電子之電量。

3.7　固態氖晶體的零點能量是590J/mole。依此資料，試估算氖晶格之最大晶格振動頻率ν_m。利用mks之單位系統。

3.8　實際之比熱數據指出純鐵的Debye溫度約425K。而Debye溫度也是晶格之最大振動能$h\nu_m$等於熱能kT時的溫度，即，$h\nu = kT$，依此基礎，以mks單位計算鐵的ν_m值。

第四章

差排導論

(Introduction to Dislocations)

4.1 晶體降伏應力的理論值與觀察值之差異 (The Discrepancy Between the Theoretical and Observed Yield Stresses of Crystals)

應力軸以45°傾斜於鎂單晶之基面的應力-應變曲線如圖4.1所示。在0.7MPa的低拉伸應力時，晶體產生塑性降伏，然後便很容易地被拉長至原晶體的四或五倍。如果去檢視此變形晶體之表面，可發現在試片上有如圖4.2之多多少少有連續狀的橢圓形痕跡。假如在高倍率下檢視這些痕跡，其係呈一系列細階梯狀存在於表面上，其特性如圖4.3所示，外加應力的結果明顯地造成晶體許多平行平面的剪移，更進一步對這些痕跡做結晶分析，可發現其係(0002)基面，亦即該晶體的最密堆積面。(和在第一章中所指的(0001)米勒指標相同，而使用(0002)表示法，主要是強調該基面之間距，係hcp晶格之半高)。當這種變形發生時，稱該晶體發生"滑移"(slip)，而在表面的痕跡則稱之為"滑線"(slip lines)或滑痕(slip traces)，而晶體中發生剪移的平面則稱為"滑移面"(slip plane)。

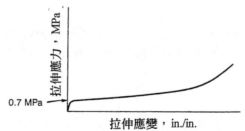

圖4.1 鎂單晶的應力-應變曲線圖

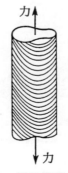

圖4.2 鎂晶體的滑線

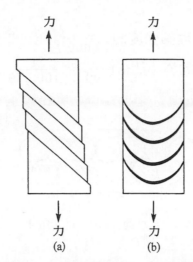

圖4.3 (A)滑線的放大圖(側視圖);(b)滑線的放大圖(正視圖)

比較上,單晶開始產生塑性流變的剪應力,遠小於完美晶體的理論剪強度(以原子間的結合力來計算)。後者之強度可以估算如下:圖4.4表示一假想晶體的兩臨近原子面,向量 τ 表示作用於此二平面以移動平面原子的剪應力。在上層原子要滑移過下層原子時,上層的每個原子都將升到如圖4.5所示之最高位置。在施力連續將原子左移過程中,此最高位置相當於一鞍點(saddle point)。移動一個原子距離的剪應變,需要將圖4.4中的上層原子移到圖4.5的位置,然後才能進到下一個平衡位置。爲達到鞍點,每個原子就必須移動相當於原子半徑的水平距離,該移動量如圖4.6所示。因爲此二平面的距離等於二個原子半徑,所以在鞍點時的剪應變量大約等於1/2,亦即:

$$\gamma \simeq \frac{a}{2a} \simeq \frac{1}{2} \qquad\qquad \textbf{4.1}$$

其中 γ =剪應變。在完全彈性晶體中,剪應力對剪應變的比值等於剪模數:

$$\frac{\tau}{\gamma} = \mu \qquad\qquad \textbf{4.2}$$

其中 γ 爲剪應變, τ 爲剪應力, μ 爲剪模數。剪應變 γ 代 $\frac{1}{2}$,鎂的剪模數 μ 值,爲17.2GPa,則可得鞍點的剪應力值

$$\tau = \frac{17,200}{2} \simeq 9 \times 10^3 \text{ MPa} \qquad\qquad \textbf{4.3}$$

因此,晶體開始剪移的理論應力值與實際晶體的觀察應力比值大約爲:

$$\frac{10^4}{1} = 10,000$$

換句話說，晶體實際上是以理論強度的$\frac{1}{10,000}$值便可塑性變形；其他金屬也一樣，實際晶體只以理論強度的極小比值($\frac{1}{1000}$到$\frac{1}{100,000}$)的力，即可塑性變形。

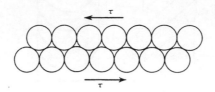

圖4.4　滑移面上原子的最初位置

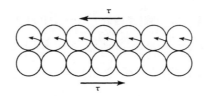

圖4.5　二原子平面做剪移時的鞍點位置

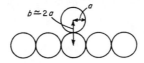

圖4.6　在鞍點時的剪移量約為a/b或1/2

4.2　差排(Dislocations)

　　實際晶體的降伏應力值與計算值之差異，是因為實際晶體中含有缺陷(defects)之故。可經由電子顯微鏡的實際觀察而得知。如圖4.3所示，先假設晶體已變形到形成可以見到滑線程度，再假設可以在此變形晶體中，切下一含有滑移面且可做為電子顯微鏡觀察的薄膜。

　　如果已正確切出含有滑移面之穿透試片，則將可在顯微鏡底下看到如圖4.7(a)所示之影像。在此示意圖中可看到一組起於a-a並終止於b-b的黑線，而虛線則表示滑移面與薄膜表面相交的位置。在圖4.7(a)中要注意的是，該圖係三度空間試片在二度空間的投影，即相當於圖4.7(b)的三度空間圖。照片中黑線從薄膜表面上端經過滑移面而到達薄膜表面底部。這些可在電子顯微鏡底下看得到的黑線，係如第二章所述之晶體缺陷。

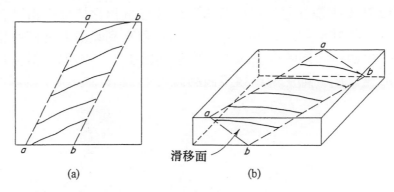

(a)　　　　　　　　　　　(b)

圖4.7　(a)含一截滑動面之電子顯微鏡照片之示意圖；(b)同樣含滑移面之三度
空間截面

　　從以上討論，可得到晶體在進行滑動時，晶格缺陷會在滑移面上聚積的結論。這些缺陷稱之為"差排"(dislocations)。差排的存在，也可經由其他方式證實之，即以適當的浸蝕液，浸蝕試片表面後，會在差排與試片表面的交叉點留下可觀察得到的蝕孔。因為差排本身是缺陷，會使得其與表面交界處容易受到侵蝕，因而形成蝕孔，如圖4.8所示，由差排所形成的蝕孔可在圖5.3及6.3中看得到。

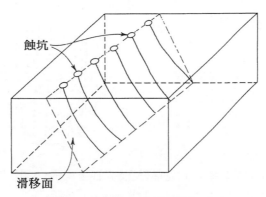

圖4.8　差排也可由蝕孔顯示出來

　　實際電子顯微鏡照片如圖4.9所示，該照片為含差排的滑移面的鋁試片薄膜晶粒的一部份，試片係多晶，在右上角黑色區域即是另一晶粒的一部份，因為它方向不同，所以不像底下較大晶粒會產生強烈繞射效果，因而呈黑色狀。

　　差排能在電子顯微鏡看的到，以及可經由侵蝕呈現出來的事實，符合它們擾亂晶體的假設。差排可看成是滑動面上剪移作用終止的界限。我們再深入看看微量剪移的本質，圖4.10(a)表示一簡單立方晶體，在上、下表面受到 τ 的剪應力，SP 線表示晶體中可能的滑移面之一，假設此外加應力的結果，使得晶體上半部相對於SP下半部往左位移，且假設此剪移量相當於平行滑移面方向上的一個原子間距，其結果如圖4.10(b)所示，圖中可看到晶體右邊滑移面底下，出現一個多餘半平面cd，同時也在晶體中央滑移面上方，出現一個多餘垂直半平面ab，其他的垂直面，則連續貫穿整個晶體。

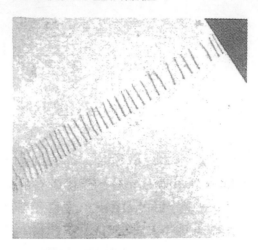

圖4.9　鋁薄膜試片的電子顯微鏡照片，注意差排排列於滑移面的情況和圖4.7相符合(Photograph courtesy of E.J. Jenkins and J. Hren).

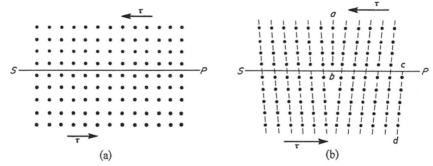

圖4.10　刃差排(a)完美晶體；(b)當晶體在S-P面上剪移一個原子的距離後，刃差排便形成

　　現在讓我們考慮晶體中的多餘半平面ab，於圖4.10(b)中，可明顯看到半平面終止於滑動面的地方，晶體受到嚴重的扭曲，於此亦可推論離此半平面邊刃愈遠時，晶體受到的扭曲也愈小，因為離此邊刃愈遠的原子，排列的也愈接近於完美晶體，因而晶體中的扭曲多集中於此多餘半平面的邊刃部份。此多餘半平面的界限稱之為"刃差排"(edge dislocation)，它是二種基本差排中的一種，另外一種則稱之為"螺旋差排"(screw dislocarion)，稍後再討論。

　　圖4.11是圖4.10刃差排的三度空間示意圖。圖中清楚顯示出和我們在圖4.10中所討論的差排是一條線的觀點相符合。在圖4.11中亦說明另一重要事

實：差排線是滑移面上剪移及未剪移的交界線，這是差排的基本特徵之一。事實上，差排可以定義為：滑移面上區分滑移區和未滑移區的界限。

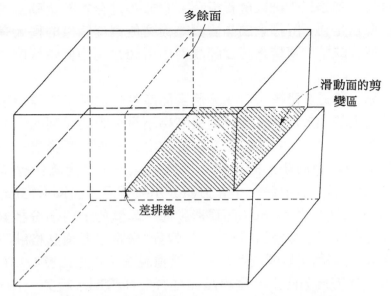

圖4.11　含有一刃差排的晶體透視圖，顯示差排是劃分滑動面上滑動區和未滑動區的界限

圖4.12顯示出在外加剪應力 τ 的作用下，上述差排如何在晶體中移動。外加應力的結果，原子c可能移動到圖4.12(b)中c'的位置。假如如此的話，差排就向左移動一個原子距離。圖上方x平面，現在便可從晶體上到下整個連續，而y平面則突然終止於滑動面上。應力的連續作用，將使得差排重覆地沿著滑移面往左移動，最後結果是，整個晶體在滑移面上受到一個原子距離的剪移，如圖4.12(c)所示。

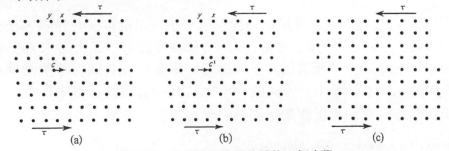

圖4.12　刃差排滑移過晶體的三個步驟

在圖4.12(a)和(b)中，可看出差排移動的每一步，只需在多餘面的附近，讓原子作些微的重排即可，所以，移動一個差排只需很小的力即可，理論計算顯示出，此力是在晶體的低降伏應力的範圍內。

　　在實驗技術達到可觀察差排的程度至少1/4世紀之前，就有人提出差排存在的理論。在1934年，Orowan[1]，Polanyi[2]以及Taylor[3]所提出並視爲現代滑移理論基礎的論文，就是以差排來解釋滑移。對於差排存在於金屬晶體中的早期研究工作，主要也是爲了解釋金屬晶體實際觀察値與理論値的極大差異，並覺得以含有差排型式缺陷的架構是對實際晶體中所觀察到的低降伏應力現象的最佳解釋。

　　單一差排完全移過晶體後，會在晶體表面產生一個原子距離深度的階梯。因爲一個原子的距離小於1nm，所以此種階梯不是肉眼能見到的。要有數百或數千個差排移過同一滑移面才能產生看得見的滑線。稍後將提出一種如何在單一滑移面產生這種數目的差排的機制。不過，首先必須定義什麼叫做螺旋差排。如圖4.13(a)所示，其中每一小立方體表示一個原子，圖4.13(b)爲標示出差排線DC位置的同樣晶體，ABCD面爲滑動面，晶體的上前部份相對於下前部分受到向左方向一個原子距離的剪移，以"螺旋"來定義此種晶格缺陷，乃是因爲晶體晶面沿著差排線DC呈螺旋狀之故。這種說法，可經由圖4.13(a)的x點開始，再經箭頭所指方向先向上，圍繞晶體進行之而證明。繞完一圈後終止於y點，再繼續繞，最後將終止於z點。

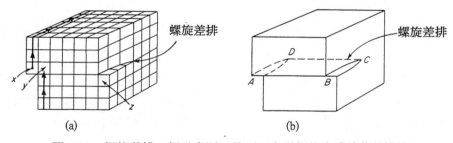

圖4.13　螺旋差排二個示意圖，晶面以左手螺旋方式繞著差排線

　　圖4.13(b)主要說明螺旋差排也是表示滑移區與未滑移區的界限。在此，沿著DC爲主軸的差排線，分開了滑移區ABCD與線後方滑移面上的未滑移區。

　　可使用一疊卡片，或紙張以及一捲透明膠帶來建立起螺旋差排的模型，首先如圖4.14所示，在該疊卡片上切開一半，然後沿著切線，從卡片最上方左半邊到右半邊的下一張，貼上膠帶，如圖右半部所示，再重覆此步驟，直到整疊

　　1. Orowan, E., *Z. Phys.*, **89** 634 (1934).

　　2. Polanyi, *Z. Phys.*, **89** 660 (1934).

　　3. Taylor, G. I., *Proc. Roy. Soc.*, **A145** 362 (1934).

　　4. Nabarro, F. R. N., *Theory of Crystal Dislocations*, p. 5, Oxford University Press, London, 1967.

卡片貼完為止，其結果是會有一完全貫穿整疊卡片的連續螺旋半平面，此即為螺旋差排，可用以下方法檢視之：將左手拇指指向螺旋軸方向，則左手的其餘手指將指出平面的螺旋前進方向。

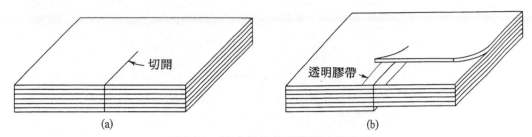

圖**4.14**　建立螺旋差排模型的示意圖

　　如圖4.10(b)所示之刃差排，在滑動面上方具有一半平面，同樣半平面也可能存在於滑移面下方。前者稱之為"正刃差排"(positive edge dislocation)，後者則稱之為"負刃差排"(negative edge dislocation)以區分之。在此要注意的是，二者之區分純屬任意，因為只要將晶體簡單的轉動180°，即可將正刃差排，變成負刃差排。⊥和⊤符號分別用來表正刃和負刃差排，其中水平線即表示滑移面，垂直線表示半平面。螺旋差排也同樣有二種型式，如圖4.13所示，晶面繞著DC線型式，呈現出左螺旋；同樣地，晶面也有可能以右螺旋繞著差排線。刃差排及螺旋差排的二種型式，分別如圖4.15所示；該圖中，亦顯示出這四種差排在相同的外加剪應力(以τ向量表示之)時的移動情形。如前所述，圖4.15顯示出正刃差排在晶格上半平面往左剪移時的往左移動；相反地，負刃差排則往右移動，但卻產生相同的剪移效果。圖中也顯示出右螺旋差排往前移動，左螺旋差排往後移動，也同樣產生相同的剪移效果。

　　前述之例，差排線均假設為以直線通過晶體，如4.2節所解釋，差排不能終止在晶體內部是其基本特性之一，因而如圖4.16所示，刃差排的多餘半平面可以只佔晶體的一部份，但其後半邊b則須形成第二個刃差排，而這二段差排a和b則形成一從晶體前面通到頂面的連續差排。

　　也有可能是一個不完整平面的四個邊都在晶體內，形成一個四邊封閉的刃差排；更甚者，一個差排在一個方向是刃差排到另一個方向改變成螺旋差排，如圖4.17所示。圖4.18則顯示出同樣差排的上視圖，圓圈表示滑移面上層平面原子，而黑點則表示滑移面下層平面原子。注意圖中右下角部份晶格受到一個原子距離的剪移，最後，差排並不須要是純刃或純螺旋，而是可以介於二者之間的。即差排不須一定要直線，也可以是曲線的，如圖4.19所示之例。而像圖4.18所示者，是差排突然由刃差排，轉換成螺旋差排。

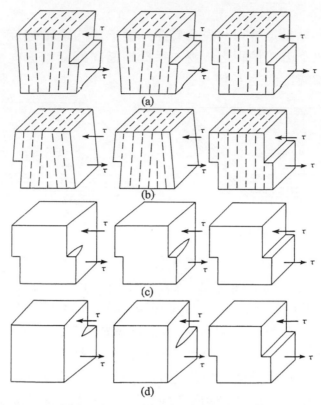

圖4.15 在相同外加應力時，四種基本差排的移動方式(a)正刃，(b)負刃，(c)左螺旋(d)右螺旋

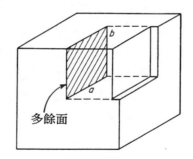

圖4.16 差排可以改變方向，斜線部份係形成a和b段刃差排的多餘半平面

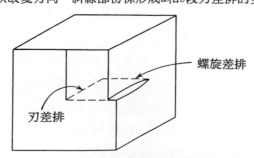

圖4.17 含有螺旋及刃差排雙成份的差排

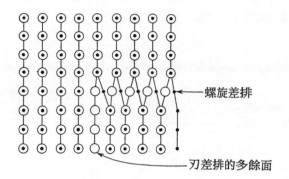

螺旋差排

刃差排的多餘面

圖4.18　經由圖4.17上視所得之差排原子排列示意圖，圓圈表示滑移面上層原子，黑點表示滑移面下層原子

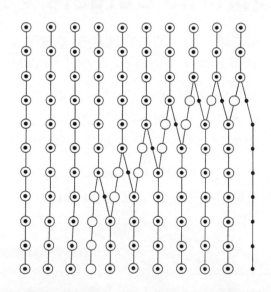

圖4.19　當從滑移面往下看時，差排由螺旋方向改變成刃方向的情形

　　考慮圖4.20中四方形的密閉差排，含有圖4.15所示的四種基本形式差排，a和c段分別是正刃和負刃差排，而b和d段則分別是右和左螺旋差排，在圖4.15中，在其所示的剪應力下，差排a和c將分別移向左邊和右邊，而b和d段則分別移向前面和後面，而此差排環將在此應力下，變得更大及更開。(若應力相反時，此差排環將縮小)。根據前述，可發現，差排環abcd可不一定非方形來擴大不可，只要是封閉曲線，例如是一個圓，在該剪應力下，亦將以同一形式擴大。

　　前面已經提過，差排不能終止於晶體內部，這是因為差排是表示滑移區與未滑移區的界限。如果滑移面上的滑移區沒有接觸到試片表面，如圖4.21所示，則此界限將是連續的，而差排也必須是封閉環了，只有如圖4.16所示，當滑移區延伸到試片表面時，一單一差排才有可能終止之。

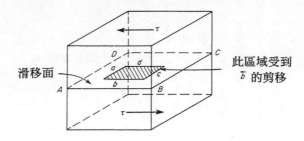

圖4.20 一封閉形差排環，含有(a)正刃，(b)右螺旋，(c)負刃，(d)左螺旋

4.3 卜格向量(The Burgers Vector)

在圖4.20方形$abcd$區域，或如圖4.21彎曲形差排環區域內，都是剪移了一個原子距離，亦即在此區域內，滑移面($ABCD$)上方的單位晶胞相對於滑移面下方的晶格向左滑移了一個原子距離。剪移方向以向量$\vec{b}$表示之，其長度是一個原子距離，如圖4.20所示，差排環外部是未受剪移區域，因此，差排是晶格由未受剪移狀態轉移到受剪移狀態的不連續處。雖然差排在滑移面$ABCD$上的方位有所改變，但差排上的剪移卻是每處都相同的，故滑移向量$\vec{b}$是差排的一重要特性。並將此向量定義爲差排的卜格向量(Burgers vector)。

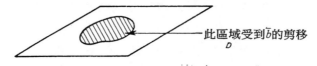

圖4.21 滑移面上，一個彎曲形差排環

卜格向量是差排的重要性質，因爲假使該差排的方位及卜格向量已知的話，該差排就已被完整的定義了。圖4.22是一應用於正刃差排來決定卜格向量的方法[5]。首先必須任意選定此差排的正方向，在此假設它是離開紙面方向，在圖4.22(a)中，將原子-原子間一個接一個連結成一逆時針迴路，可得到一完整的封閉曲線，但是對會有不完整平面的圖4.22(b)環繞著其中差排做同樣的迴

5. There are several conventions for defining the Burgers vector. This gives what is known as the local Burgers vector. For a more detailed discussion of Burgers vectors see J. P. Hirth and J. Lothe, *Theory of Dislocations*, 2nd Edition, John Wiley and Sons, New York, 1982.

路，則起始點不能與終點重合。圖中連接起始點與終點的向量b即為此差排的卜格向量，可在以下條件，利用前述程序來找出任一差排的卜格向量：

1. 迴路要以差排的正方向作右螺旋前進方式來連接。

2. 此迴路在完美晶體中必須是密閉的，在實際晶體中則必須完全環繞著差排。

3. 在不完美晶體中，封閉迴路的向量(從終點連接到起點)即為卜格向量。

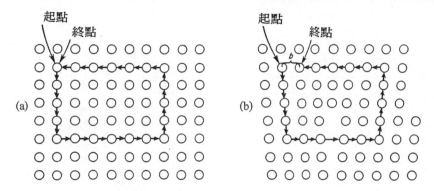

圖**4.22**　刃差排的卜格迴路(a)完美晶體，(b)含差排的晶體

　　以上所述係以一右手迴路環繞著差排線，以形成一從迴路終點到起始(FS)的卜格向量。此向量係在不完美晶體中量得的，故稱之為"局部卜格向量"(local Burgers vector)或更完整地稱之為$RHFS$局部卜格向量，相反地，如果先在含有差排的圖4.22(b)中先做一密封的卜格迴路，即起始點和終止點會重合；然後，對圖4.22(a)中的完美晶體，一步一步地做同樣的迴路的話，其起始點就不會和終止點相重合了，而此時用以連接密封迴路的向量，將不具扭曲變形量，因此稱之為"真卜格向量"(true Burgers vector)。因為局部卜格向量是在含有差排應變的扭曲晶格中量得的，所以和真卜格向量是不相同的，然而，假如擴大環繞差排及完美晶體的卜格迴路的話，這二種型式的卜格向量差異就會變小了。

　　在取卜格迴路時，有一任意數的假設是值得注意的，即必須任意選定差排線的正方向，以據此去選定右迴路或左迴路，並決定出向量是否為從迴路的起點到終點。而反之亦然；但不幸地，在過去並非所有的作者，都用同樣的方法去選定卜格迴路。

　　圖4.23是環繞一左螺旋差排的卜格迴路，圖4.23(a)所示是完美晶體的迴路，圖4.23(b)則以相同迴路轉移到含有螺旋差排晶體上的情形。

　　現在可以總結刃差排與螺旋差排的某些特性如下：

1. 刃差排：

(1)　刃差排線必垂直於其卜格向量。

(2)　刃差排(在其滑移面上)以平行於卜格向量(滑移方向)方向做移動，在→剪應力作用下，正差排⊥移向右方，負差排⊤則移向左方。

2.　螺旋差排：

(1)　螺旋差排必平行於其卜格向量。

(2)　螺旋差排(在其滑移面上)以垂直於卜格向量(滑動方向)的方向移動。

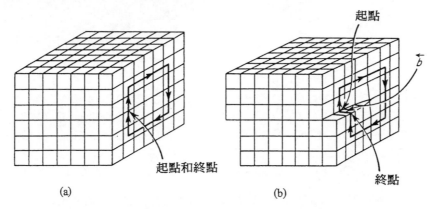

圖4.23　螺旋差排的卜格迴路(a)完美晶體；(b)含有差排的晶體

　　值得記住的關係是：滑動面是同時含卜格向量及差排的一個平面，因而刃差排的滑移面是唯一的，因為其卜格向量和差排線是垂直的，然而，螺旋差排的滑移面則可以是含有該差排的任何平面，因為其卜格向量其差排線是同一方向。故刃差排只能在一個面上滑移，而螺旋差排則可以在平行於原滑移方向的任意方向上移動。

4.4　差排的向量表示法
(Vector Notation for Dislocations)

　　截至目前為止，我們所考慮只是差排的一般概念，但在實際晶體中，因為原子的空間排列相當複雜，差排也變得相當複雜，且經常難以觀察。因而為了方便起見，忽略複雜差排的幾何形式，用卜格向量來定義差排，用向量表示法來表示卜格向量在此也就顯得特別方便，前述已指出，任何晶體中，在最密堆積方向的原子間距離，是晶體結構在滑移中的最小剪移距離，具有這種剪移卜格向量的差排，是在一給定晶體結構中，最具活動力的。以向量來表示時，卜格向量的方向可用密勒指標來表示，而長度則可在密勒指標前加上一適當數字以表示之。以下將考慮幾種具解釋性的例子。

　　圖4.24是立方晶體的單位晶胞，在一簡單立方晶格中，在最密堆積方向上原子間距離等於單位晶胞的邊長，現在將[100]符號，當做是x方向，其距離等於x方向上二個原子間的距離。因此在簡單立方晶體中具有平行x方向卜格向量的差排，就表示成[100]。現在再考慮面心立方向，其最密堆積方向在面對角線上，在此方向之原子間距離等於面對對角線長的一半，如圖4.24面中ob所示之[101]，此符號相當於在x及z方向各具一分量，在y方向則無的一個方向，因此面心立方晶格之差排的卜格向量如果在[101]方向，則應寫為$\frac{1}{2}$[101]，而在體心立方晶格中，其最密堆積方向係體對角線，即為<111>，在此方向中原子間距為此對角線的一半，因此平行於[111]卜格向量的差排就寫為$\frac{1}{2}$[111]。

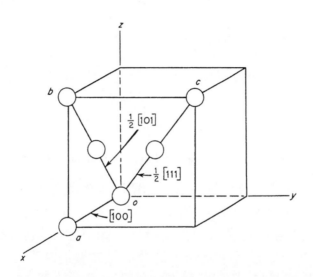

圖4.24　面心立方，體心立方及簡單立方中最密堆積方向的原子間距

4.5　面心立方晶格中的差排(Dislocations in the Face-Centered Cubic Lattice)

　　面心立方晶格中的主滑移面是{111}面，圖4.25係觀察刃差排多餘面的此種{111}面的圖形，較黑的圓表示刃差排多餘面終止之處所在的(111)密集堆積面，而白圓則是另一個跟著的(111)面，注意此面中少了一排呈鋸齒狀彎彎曲曲的原子，即刃差排的所在。現在考慮在漏排原子左邊的平面原子(在漏排白色球原子面上)，當其在水平方向移動b距離，即將差排往左移動一個單位，所

以符號爲$\frac{1}{2}[\bar{1}10]$差排的卜格向量可以用向量b表示之。如果接下去的原子也都做類似的移動，則此差排將繼續左移而通過此晶體，且將可預期到，上半部晶體(紙面上部分)相對於下半部晶體(紙面下部分)向右剪移一個b單位。

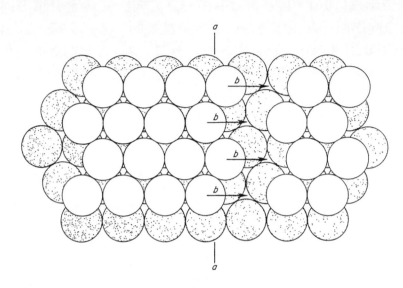

圖4.25 觀察面心立方晶格之滑移面，所看到的完整差排(刃方向)

圖4.25所示之差排，通常都不以前面所討論的簡單形式來運動，現以乒乓球模型來考慮圖4.25所示之圖形，如aa之鋸齒狀平面的移動而言，當以水平方向向右移動b時，將會受到很大的晶格應變，因爲它必須爬高才能跨過位於它底下的黑球，所以一般相信，實際上的情況是如圖4.26所示，原子平面以c所示方向移動，接著第二步，以d所示方向移動到相當於圖4.25中以單一b方向移動所達到的同樣最後位置。

圖4.26所示的原子排列特別重要，因爲它說明了單一差排如何分解爲一對部份差排(partial dislocations)，因而在此鋸齒狀原子單列二旁各有一不完整差排存在。分別以c及d向量表示其卜格向量，可以圖4.26說明此卜格向量的狀況，圖中表示面心立方(111)面與其晶胞的關係，面中的原子位置以虛線圓圈表示，而位於其上的另一層則以有字母B的小圓圈表示，圖4.27的中央則是另一標爲C的小圓圈。完整差排的卜格向量相當於B_1B_2之距離，圖4.26中相同的二個部分差排的卜格向量c和d則分別等於B_1C和CB_2的距離，由前面討論得知完整差排的卜格向量爲$\frac{1}{2}[110]$，B_1C線的方向是$[\bar{1}2\bar{1}]$，表示在x和z方向分別有一個負分量而在y方向有二個分量的向量，此向量的長度剛好是圖4.27中mn距離的二倍。而B_1C則是mn距離的三分之一，所以此差排的卜格向量是$\frac{1}{6}[\bar{1}2\bar{1}]$。同

理，向量CB_2可以表示爲$\frac{1}{6}[\bar{2}11]$。故面心立方的完整差排$\frac{1}{2}[\bar{1}10]$，可以分解爲二個部份差排，如下所示：

$$\tfrac{1}{2}[\bar{1}10] = \tfrac{1}{6}[\bar{1}2\bar{1}] + \tfrac{1}{6}[\bar{2}11]$$
　　　　　　　　　　　　　　　　　　　　　　　　　　　　　　　　4.4

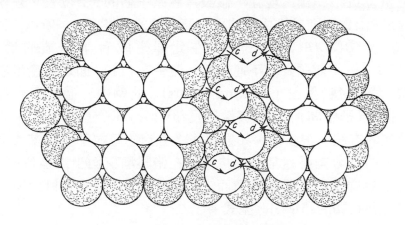

圖4.26　面心立方晶格的部分差排

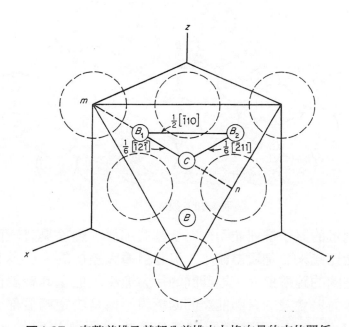

圖4.27　完整差排及其部分差排之卜格向量的方位關係

　　當一完整差排分解爲一對部分差排時，其晶格應變能將會降低，此乃因差排的能量正比於卜格向量的平方(參考方程式4.19及4.20)，而完整差排卜格向量的平方比二個部分差排卜格向量的平方總和要大，因爲圖4.26中二個部分差排呈現相同的晶格應變，所以有一排斥力存在於它們二者之間，而欲把它們拉開，這種排斥力會使得4.26中間的鋸軟狀平面的排數有增加的趨向，如圖4.28所示，完整差排分解成分開狀的部分差排稱之爲'擴大差排'(extended disloc-ation)。圖4.28中須注意的地方是二個部分差排中間原子的堆積位置與差排外邊原子的堆積位置不一樣。現在，假設黑色原子佔的是A位置，差排外邊的白色原子佔的是B位置，則差排中間的白色原子佔的位置是C。所以，面心立方晶原來堆積順序$ABCAABCABC\cdots\cdots$，在此卻變成有不連續的地方，成爲$ABCA\!\!\!\mid CABCA\cdots\cdots$。前頭表示不連續處。發生在$\{111\}$面或最密堆積面的堆積順序不連續，稱之爲"疊差"(stacking faults)，此例中，疊差發生在滑移面上(在黑色與白色原子中間)，且其終端則爲shickley部分差排。在面心立方晶體中，形成疊差的方法有很多種，如果疊差終止於晶體內部，則其邊界將形成部分差排，疊差的部分差排通常是卜格向量在錯誤堆積面上之差排的shickley型式，或者是卜格向量垂直錯誤堆積面之差排的Frank型式。目前所考慮的部分差排是只和滑動有關的shick ley型式。

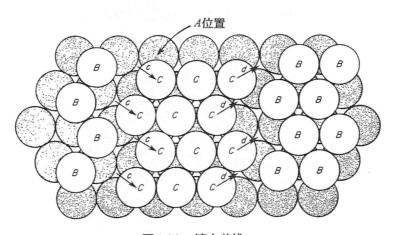

圖4.28 擴大差排

因爲疊差兩邊的原子排列並不像完全晶體那樣，疊差具有表面能，此表面能與晶界表面能比起來，是顯得較小。但它對擴大差排的大小具有重要的影響力。部分差排之間的距離愈大，則其間的斥力愈小，但是其總表面能卻愈大。所以差排的排斥力與疊差的表面能之間的折衷平衡是決定兩個部分間距離的要素。Seeger和Schoeck[6],[7]曾證明出部分差排的距離決定於一無單位變數$\gamma_l c/Gb^2$，其中γ_l是疊差的比表面能，G是滑移面上的剪模數，c是毗鄰滑移面

6. Seeger, A., and Schoeck, G., *Acta Met.* **1** 519 (1953).

7. Seeger, A., *Dislocations and Mechanical Properties of Crystals.* John Wiley and Sons, Inc., New York, 1957.

間的距離，b是卜格向量大小。像鋁之類的面心立方，此變數值大於10^{-2}，而差排間距離只有幾個原子間距離的程度，此類金屬稱之為高疊差能(high stacking fault energy)。當一金屬之$\gamma_1 c/Gb^2 < 10^{-2}$，則稱此金屬具低疊差能。例如銅便是一例。經計算結果[8]，如果銅的擴大差排為刃差排，則其部分差排間距約有12個原子距離的程度，若為螺旋差排，則其間距約為5個原子間距離。

　　擴大差排在晶體中的移動，會由於下列原因而顯得相當複雜。第一，移動的差排碰到其他差排，或第二次相顆粒(second-phase Particles)之類的障礙，其疊差寬度會改變。第二，熱振動也會引起疊差寬度做局部改變，此種改變是時間的函數。假設不考慮這些複雜的效應，則擴大差排可視為具一定寬度的部分差排，它的移動方式是第一個部分差排先移動，而改變了寬度，接著第二個部分差排也移動，而回復疊差原來的寬度。當此二個部分差排都通過晶體的某一給定點後，則此晶體在其滑動面上滑動了一相當於完整差排之卜格向量b的滑移量。

4.6　面心立方金屬中的內置與外置型疊差 (Intrinsic and Extrinsic Stacking Faults in Face-Centered Cubic Metals)

　　Shockley型部分差排移動通過面心立方晶之滑動面會產生$ABCA\,{:}\,CABCA\cdots\cdots$型之疊差，業已證明。在此種疊差平面上方的，仍是正常的堆積順序，這種疊差，Frank稱它做內置疊差(intrinsic stacking fault)。如圖4.29(a)所示，內置型疊差亦可經由在面心立方晶中，移去一部分的最密堆積面而形成。經由此方法就如同在最密堆積面上凝聚一些空孔的效果。雖然以此法形成的缺層與以Shockley型部分差排之滑動所形成的缺層是一樣的，但是環繞此缺層的部分差排卻不一樣。在此處其卜格向量垂直於{111}滑動面，因此是Frank型部分差排，其卜格向量是完整差排的三分之一，因此寫為$\frac{1}{3}<111>$。

---

8. *Ibid.*

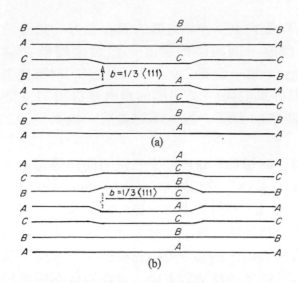

圖4.29 (a)在面心立方晶中移去一部分最密堆積面而形成內置型疊差；(b)在面心立方晶中插入一部分多餘最密堆積面而形成外置型疊差

在最密堆積面中，加進一部分的面而形成$ABCA\mathord{:}C\mathord{:}BCABC\cdots\cdots$疊積順序。此種疊差(如圖4.29(b)所示)，是經由插入一個錯誤疊積順序平面所造成的，稱之為外置型(extrinsic)疊差，或雙疊差(double stacking fault)，如圖4.29(b)所示，其卜格向量亦為$\frac{1}{3}<111>$，外置型疊差可由填隙原子析出於最密堆積面而形成，不過，一般相信這種情形比空孔凝聚而形成內置型疊差的機率要小。Shockley型部分差排也可能形成外置型差排，不過須假設此種滑動必須發生在兩個鄰近的平面上[9]。

4.7 六方晶金屬中的擴大差排 (Extended Dislocations in Hexagonal Metals)

因為六方晶金屬的基面和面心立方金屬的八面體晶面{111}一樣，均屬最密堆積面，故擴大差排亦會在六方晶金屬中發生。在此六方晶系統中，其完整差排分解為基面上的一對部分差排，可表示如下：

$$\tfrac{1}{3}[\bar{1}2\bar{1}0] = \tfrac{1}{3}[01\bar{1}0] + \tfrac{1}{3}[\bar{1}100] \tag{4.5}$$

9. Hirth, J. P., and Lothe, J., *Theory of Dislocations*, 2nd Ed., p. 309, John Wiley and Sons, New York, 1982.

上式所表示的，事實上與前面所述在面心立方晶中的卜格向量相加是一樣的，亦即：

$$\tfrac{1}{2}[\bar{1}10] = \tfrac{1}{6}[\bar{1}2\bar{1}] + \tfrac{1}{6}[\bar{2}11]$$ **4.6**

此二式唯一的不同在於六方晶的密勒指標是使用四個數字，六方晶中擴大差排的疊差與面心立方晶的相類似。其第一個部分差排移動過晶體時，會將疊積順序由$ABABABABAB$……改變成$ABACBCBCBC$……，即第四層相對於第三層做滑動。注意此處$CBCBCB$的順序仍然是完全完整的六方晶順序。疊差出現在第三層與第四層平面之間，即$A\c C$之間。如同在面心立方一樣，第二個部分差排移動過後，此晶體將又回復原來的疊積順序$ABABAB$……。

4.8 刃差排的爬升
(Climb of Edge Dislocations)

差排滑移面可定義爲含差排及其卜格向量的平面。因爲螺旋差排是平行於其卜格向量，所以含此差排的任何平面都可能是滑移面(見圖4.30(a))。相反地，刃差排垂直於其卜格向量，所以只有一個滑移面(見圖4.30(b))。一個螺旋差排可以在垂直於它本身的任何方向移動，但刃差排只能在其單一滑移面上滑移。不過，刃差排還能以另一種基本上不同於滑移的方法來移動。此過程稱之爲爬升(climb)，它是在垂直於滑動面之方向的移動。

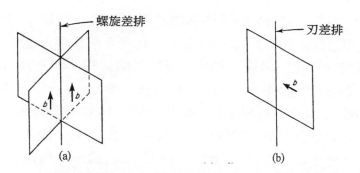

圖4.30 (a)對螺旋差排而言，任何包含差排的平面都是其滑移面。(b)刃差排只有一個滑移面，即含差排線及其卜格向量的平面

圖4.31(a)表示多餘原子面垂直於紙面的刃差排，其中黑球代表多餘面的原子。在圖中，有一空孔或空晶格移動到a原子右邊的位置，而此a原子是多餘面中形成刀刃或邊緣的其中一個原子。此時，如果a原子跳入空孔中，則刃差排將失去一個原子，如圖4.31(b)所示，其中有叉記號的c原子，表示多餘面邊緣

的下一個原子(位於紙面底下)。假使c原子與多餘面邊緣的所有原子都能跳入空孔中,則刃差排就會在垂直於滑移面的方向,爬升一個原子距離,此情況如圖4.31(c)所示,以上例子是多餘面原子變少的差排爬升,稱之為正爬升(positive climb),而負爬升則相當於多餘原子面長大的情況,負爬升的機構如圖4.32(a)及圖4.32(b)所示。

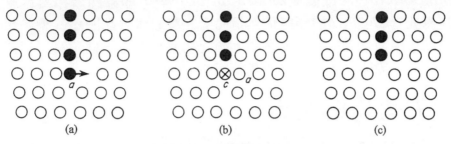

圖4.31 刃差排的正爬升

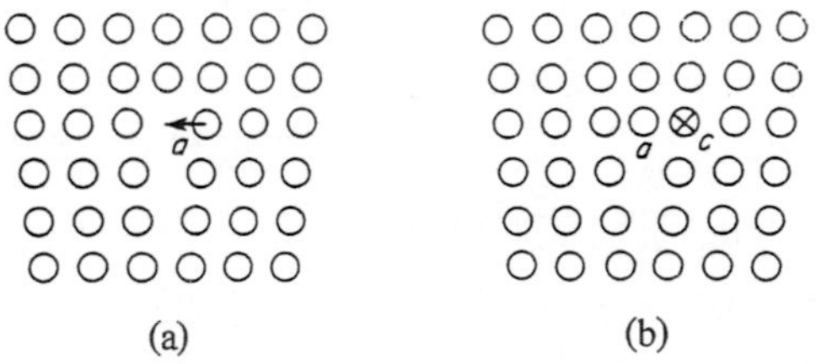

圖4.32 刃差排的負爬升

在此,我們假設圖4.32(a)中a原子移向左邊而進入多餘原子面的位置,在它的右邊留下一個空孔,如圖4.32(b)所示,而此空孔然後進入晶體中。要注意的是,此種差排爬升乃是一個原子接著一個原子的過程,而不是a原子後面的整排原子同時移動的。因而圖4.32(b)中c原子(畫叉者),乃表示原來在a原子後面的一個原子。a原子後面整排原子的移動是一種滑移就不是爬升了。

因為當多餘原子面變小時,就像是從晶體中移去原子一樣,正爬升的效果會使晶體在平行於滑移面的方向(垂直於多餘原子面)縮小,所以正爬升是連帶著壓縮應變而發生的,垂直於多餘原子面的壓縮應力將會促使正爬升的進行。同樣地,垂直於多餘原子面的拉張應力會促進負爬升的進行。所以產生滑移與產生爬升的應力,基本上是不同的,滑移是剪應力作用的結果,而爬升則是正向應力(拉張或壓縮)的結果。

正爬升和負爬升都須藉空孔在晶格中的移動來達成,前者是空孔移向差排,後者則是空孔移離差排。假使空孔的濃度及其跳躍速率很低時,則差排爬升將無法發生。後面我們將看到，低溫時大部分金屬中的空孔都很難移動(室溫時的銅，十一天才跳躍一次)，但在高溫時，它們的移動速率卻很快速，而且其平衡濃度是以10的數次方來增加，所以，當溫度上升時，差排爬升會變成一個很重要的現象，而滑動卻只是稍受溫度的影響而已。

4.9　差排的交叉
(Dislocation Intersections)

金屬中的差排可構成三度空間網狀的線缺陷。在任一給定的滑移面上，都會有相當數量的差排在其上，且沿著此滑移面滑移時將會有許多其他的差排以不同的角度與其交叉，因而，當差排滑移時，它就必須通過其它交錯在此滑動面的差排的阻礙，而做此種交叉是須要能量的，故滑移的難易度，一部分是決定於差排間的交叉狀況。

如圖4.33所示是差排交叉結果的一簡單例子，假設已經有一差排移過滑移面ABCD，以致使此長方晶體的上半部相對於下半部作了相當於其卜格向量長b的剪移，而第二個垂直方向的差排環其滑移面交於二點，如圖4.33所示，為方便起見，假設相交處為刃差排，則此晶體之剪移亦將使此差排環之上下兩半做卜格向量b的剪移。根據差排不能終止在晶格內部的原則，此差排環受到剪移後，並不會被分割成兩半，而是在此二處產生二個長度為b的水平階梯。所以當兩個差排互相切過時，它們都會產生梯形剪移，且此剪移的量剛好等於另一差排之卜格向量的大小。

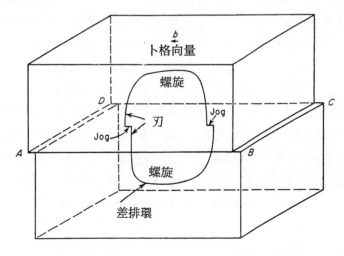

圖4.33　假設已有一個差排移過水平面ABCD，把垂直的差排環切出一對差階(jog)

現在考慮一些由差排交叉所形成的簡單形式的梯階(step)，第一種是梯階位於差排滑移面上，稱之為扭結(kink)，第二種是梯階垂直於差排滑動面，稱之為差階(jog)。第一種如圖4.34所示，其中(a)圖表示刃差排，(b)圖表示螺旋差排的情形，兩者都與其它差排交叉而產生扭結(on)。在刃差排上的扭結，為螺旋差排(其卜格向量平行於on線)，而螺旋差排的扭結則為一刃差排(其卜格向量垂直於on線)。這二種扭結都可藉mn線移到虛線處而消失掉。mn移動則是一種簡單的滑移。因為此種梯階的消失可以降低晶體中的應變能，因而可認為此種梯階會傾向於消失。

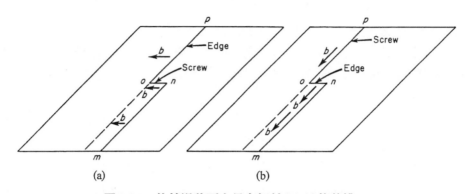

圖4.34　位於滑移面上具有扭結(kink)的差排

如圖4.35(a)及圖4.35(b)所示，分別為刃差排與螺旋差排上梯階垂直於主滑移面的圖形，此種不連續處稱之為差階(jog)。注意圖4.35(b)中，如果差排能在垂直於主滑移面的平面上移動，亦可消除此差階，假如從垂直面來看此梯階差排時，其配置將和圖4.34(b)所示者相同。現在讓我們假設圖4.35中的二個差排均不能在垂直面移動，來考慮此種梯階對於差排在其滑移面上的移動會有何影響。在此，很明顯地圖4.35(a)中含差階的刃差排，包括mn，no及op皆可自由地在梯面以平行於卜格向量b的方向自由移動。這種移動和一般刃差排的移動唯一的不同是，它是有滑移一梯階面，而不是只有單一平面而已。

圖4.35(b)所示是含有差階(jog)的螺旋差排，其情況則不同，其差階為一帶有不完整原子面的刃差排。為方便討論，假設此多餘的不完整原子面是在線no的左端，亦即圖4.35(b)的斜線部份，其高度是一個原子距離。形成此種不完整原子面有兩個主要的方式，第一是可將它看為一排以no為終端的填隙原子(interstitial atoms)，第二可看做是正常連續的結晶面，而在no右面則是一排空孔(vacancies)，後者則如圖4.35(b)所示者。而兩差排交叉產生差階時，是以上述那一種方式出現不完整原子面，則要由此二差排之卜格向量的相對方向來決

定。在此之差階是由兩個螺旋差排交叉所造成的。其他如圖4.34和圖4.35(a)的梯階則是由刃差排與刃差排或是由刃差排與螺旋差排交叉造成的。Read[10]曾詳細討論過這些不同差排交叉的狀況,尤其針對二螺旋差排如何交叉而產生一排空孔或一排間隙原子的問題。當二螺旋差排相交,假如其中有一差排從其交點上移開,則將會有一排點缺陷(空孔或間隙原子)遺留在另一個固定的螺旋差排上。當然得先假設熱效應不會使這些缺陷擴散到晶格中。在圖4.35(b)中,假如差排向左移動時,則將會有一排空孔遺留在另一螺旋差排上。

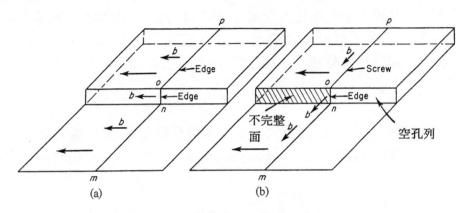

圖4.35 垂直於滑移面具有差階(jog)的差排

雖然含有垂直滑移面差階的刃差排可以沿著梯面滑移,如圖4.35(a)所示,但它和圖4.35(b)所示之梯階螺旋差排是不同的,在此差階(*no*線)是刃差排,其卜格向量是垂直於梯階面,故此刃差排不能在梯階面上滑移,只能靠爬升(climb)才能使差排移動。因此在圖4.35(b)中,若此差排和差排的其餘部分一起向左移動,則需新增加入一排空孔到原來空孔位置上(線*no*的右邊)。另外,若不完整原子面是一排間隙原子,則差階之向右移動,就需要產生間隙原子來加到線*no*的左邊了。

4.10 螺旋差排的應力場(The Stress Field of a Screw Dislocation)

螺旋差排的彈性應變如圖4.36所示,在此種差排中,晶格以螺旋差排繞著差排中心排列,並受剪應變,這種應變對稱於差排中心,而且與差排中心的距離呈反比。圖中圓柱晶體的前面及上面所劃之向量即表示應力場情況。

---

10. Read, W. T., Jr., *Dislocations in Crystals*, McGraw-Hill Book Company, Inc., New York, 1953.

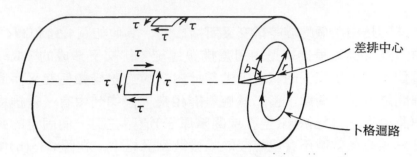

圖4.36　螺旋差排的剪應變

　　應變值隨與差排中心距離增大而變小的事實可如下證明之。考慮圖4.36之圓形卜格路徑，其在平行於差排線的方向上產生了一個等於卜格向量 b 的位移。而晶格應變即等於此位移除以環繞該差排的距離，即

$$\gamma = \frac{b}{2\pi r} \qquad 4.7$$

其中 r 為卜格路徑的半徑，此種應變在晶格中均伴隨著相當的應力場。若此應力場是在均質等向性晶體(homogeneous isotropic bodies)內引起的話，環繞螺旋差排的彈性應力場可表示為：

$$\tau = \mu\gamma = \frac{\mu b}{2\pi r} \qquad 4.8$$

其中 μ 為晶體的剪模數(shear modulus)。這個式子在對差排中心數個原子距離外的應力場做估算時是相當合理的，但對愈靠近差排中心時，將晶體視為均質等方向性就愈來愈不合理了。在靠近差排的地方，原子脫離其原本正常晶格位置的距離就很大，此時應力不再與應變呈正比，而必須考慮個別原子間的作用力。對靠近差排中心的應力作分析是相當困難的，至今尚無圓滿理論可加以說明，只是必須了解到，上式中在零半徑時所求出的無窮大應力是沒有意義的。差排中心真實的應力值並不知道也無法定義。

4.11　刃差排的應力場(The Stress Field of an Edge Dislocation)

　　刃差排附近的應力場遠比螺旋差排者複雜。現在先假設刃差排是存在於一無窮大的彈性等方向材料中，且差排線在 z 軸方向，在此情況下，應力可視為和沿 z 軸方向的位置無關，亦即，應力只是在 xy 平面上位置的函數，而差排是垂直此 xy 平面的。基於此，考慮圖4.37(a)，其中刃差排是在 xy 座標系統的原點，經由彈性理論的輔助，在座標點 x, y 地方的應力可表示如下：

$$\sigma_{xx} = \frac{-\mu b}{2\pi(1-v)} \frac{y(3x^2+y^2)}{(x^2+y^2)^2}$$

$$\sigma_{yy} = \frac{\mu b}{2\pi(1-v)} \frac{y(x^2-y^2)}{(x^2+y^2)^2} \qquad \textbf{4.9}$$

$$\tau_{xy} = \frac{\mu b}{2\pi(1-v)} \frac{x(x^2-y^2)}{(x^2+y^2)^2}$$

其中 σ_{xx} 和 σ_{yy} 分別是在 x 及 y 方向的拉張應力，而 τ_{xy} 則是如圖4.37(b)所示的剪應力。

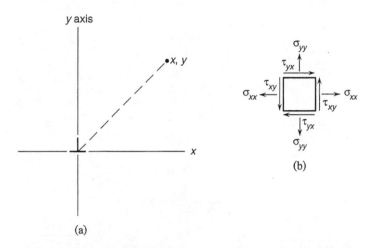

圖**4.37**　(a)位於 z 軸方向的刃差排，(b)在 x, y 點位置的各項應力

　　一般而言，對於任意座標點 x，y 位置，含有正應力及剪應力二種，而且 σ_{xx} 不見得要等於 σ_{yy}，然而對沿著 x 軸的方向點而言，其正應力為零，只有純剪應力狀態。同時也要注意沿著 x 軸的剪應力方向，當位置從差排的右邊移到左邊時，剪應力方向亦會反過來。另外亦可從圖4.38中看到在差排的上下方向，亦即沿 y 軸方向，並沒有剪應力的存在。在此是雙軸向正應力，即 $\sigma_{xx}=\sigma_{yy}$。在差排上方，晶格受到壓縮應力，而下方則受到張應力。而其應力值則只和距離差排長度 r 有關，即和 $1/r$ 成正比。

　　環繞差排的應力場可以用極座標來做更簡單的描述，如圖4.39所示。在此情況下，其應力值為：

$$\sigma_{rr} = \sigma_{\theta\theta} = \frac{-\mu b}{2\pi(1-v)} \cdot \left(\frac{\sin\theta}{r}\right)$$

$$\tau_{r\theta} = \frac{\mu b}{2\pi(1-v)} \cdot \left(\frac{\cos\theta}{r}\right) \qquad \textbf{4.10}$$

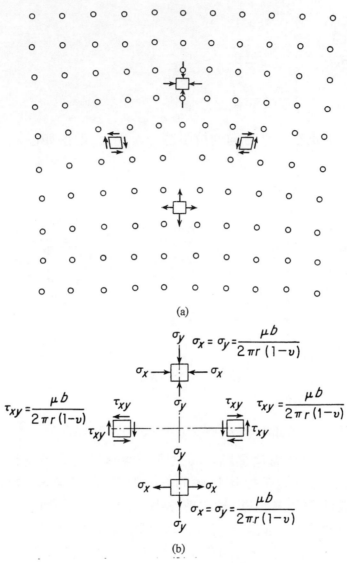

(a)

(b)

圖4.38 刃差排的應力及應變(在方程式中，μ為剪模數單位Pa，b為差排的卜格向量，ν為Poission's ratio，r為距刃差排中心的長度)

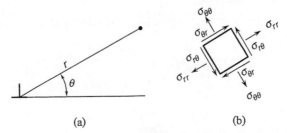

(a)   (b)

圖4.39 (a)極座標中的刃差排，(b)相對應的應力狀況

4.12　作用在差排上的力 (The Force on a Dislocation)

　　當一外加應力施加在晶體時，在差排上所引發的真實力量的概念是相當重要的。首先先看看當一剪應力施加時，在一直線狀螺旋差排上所引發的力量的情況，圖4.40是一左螺旋差排，其中假設該差排距晶體終點及表面甚遠，即表面終點效應可以忽略。差排長度L，相當於晶體寬度。今假想差排沿滑移面移動Δx距離，引起寬度為L，長度為Δx的上半部晶體相對於下半部往左移動了卜格向量b的量。而外界所做的功W相當於大小為$\tau L \Delta x$的應力移動b的距離所做的功，即：

$$W = \tau L \Delta x b \qquad\qquad \textbf{4.11}$$

其中τ為外加剪應力，L為晶體寬度，Δx為差排移動距離。因為差排移動所引起內部的功可以表示為$fL\Delta x$，其中f為差排上單位長度的真實力，L為差排長度，Δx為差排經由真實力(fL)所作用引起移動的距離，對內部功與外界功取等值：即

$$fL\Delta x = \tau L \Delta x b$$

或

$$f = \tau b \qquad\qquad \textbf{4.12}$$

差排單位長度上的力，f，位於滑動面，且垂直差排線，亦即朝向晶體的前面方向。

　　現在再考慮圖4.41中的正刃差排，假設其受到外加剪應力τ，並移動Δy的距離，差排長度及晶體寬度再假設成L，就像在螺旋差排中的說明一樣，作用在刃差排單位長度上的力可以表成下式：

$$f = \tau b \qquad\qquad \textbf{4.13}$$

此力可同樣在滑移面上，且垂直差排線，其中要注意的是，因為同樣差排的刃差排部分與螺旋差排部分互相垂直，因而作用在其上的力也互相垂直。另外也顯示出，如果差排中含有刃差排及螺旋差排的混合型式的話，作用在每一段差排上單位長度的力(f)也和該段差排垂直。因而，如圖4.21所示的差排環，在環中每個地方都受到$f = \tau b$垂直差排的力。

　　其他要考慮的是，刃差排的爬升力量，在此，施加在晶體的應力是正應力(拉張或壓縮)。因而考慮圖4.42，其中所示拉張應力σ是施加在含正刃差排的晶體部分，所給定之拉張應力將使多餘平面變大或進行負爬升。因此，差排線

往下移動。在這種情況時，作用在差排單位長度的力可表示成：

$$f = -\sigma b \qquad \qquad \textbf{4.14}$$

其中f為作用在差排線的力，σ為拉張應力，b為差排的卜格向量。差排的爬升力不只和差排線垂直，也和差排的滑動面垂直。如果外加的是純壓縮應力，其爬升力方向是指向正z方向，而差排將進行正爬升。

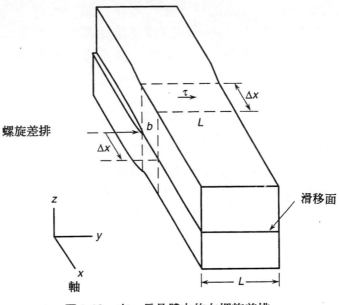

圖4.40 在一長晶體中的左螺旋差排

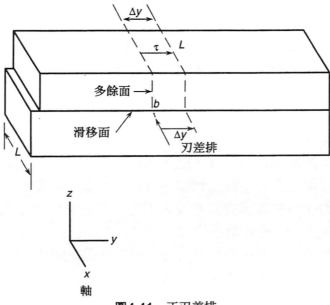

圖4.41 正刃差排

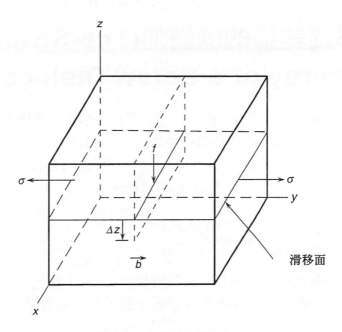

圖4.42 刃差排中的爬升力

　　一般而言，差排是具混合卜格向量，即非純刃差排或純螺旋差排，且差排線可能在任何方向。因而，一般實際上，對通過任一點上的差排線，是取在該點上差排的切線向量來定義該差排的方向，該切線向量寫為 ζ 具有 ζ_x，ζ_y 及 ζ_z 的方向分量。而卜格向量即可進一步的寫成下式：

$$b = b_x i + b_y j + b_z k \tag{4.15}$$

當一在三個方向具有正應力及剪應力的通用應力 Σ，施加在一含有差排的晶體上時，差排上的力可由 Σ 和 ζ 的外積值來給定，即：

$$f = \Sigma X \zeta = \begin{vmatrix} i & j & k \\ \Sigma_x & \Sigma_y & \Sigma_z \\ \zeta_x & \zeta_y & \zeta_z \end{vmatrix} \tag{4.16}$$

其中 f 是差排單位長度的力，而 Σ_x，Σ_y，Σ_z 則可由以下式子給定：

$$\Sigma_x = \sigma_{xx}b_x + \tau_{xy}b_y + \tau_{xz}b_z$$
$$\Sigma_y = \tau_{yx}b_x + \sigma_{yy}b_y + \tau_{yz}b_z \tag{4.17}$$
$$\Sigma_z = \tau_{zx}b_x + \tau_{zy}b_y + \sigma_{xx}b_z$$

因為在4.16式 Σ 和 ζ 外積中，作用在差排的力和差排垂直。差排及其卜格向量及應力間的關係，可寫成下式：

$$F = (b \cdot G)X\zeta \tag{4.18}$$

此式稱之為Peach-Kohler方程式，更詳細的討論可在其他文獻上看到。[11,12]

4.13 螺旋差排的應變能(The Strain Energy of a Screw Dislocation)

差排的另一重要特性是其應變能，正常情況下是表示單位長度的能量，此參數可在一無限長，及甚大的圓柱體中心的螺旋差排而求得。根據線性彈性理論，在螺旋差排應力場的應變能密度為$\tau^2/2\mu$，且應力值τ是方程式4.8中所示的$\mu b/2\pi r$，而螺旋差排單位長度的應變能，即可以下式之積分式來預估之：

$$w_s = \int_{r_0}^{r'} \left(\frac{\mu b}{2\pi r}\right)^2 \left(\frac{1}{2\mu}\right) 2\pi r \, dr = \frac{\mu b^2}{4\pi} \ln \frac{r'}{r_0} \qquad \textbf{4.19}$$

其中w_s是螺旋差排單位長度的能量，μ為剪模數，b為卜格向量，r_0為差排應力有效的內半徑，r則為積分計算用的外界限半徑。積分的體積範圍內則假設厚度為單位量。

r_0和r'的選定必須考慮幾項因素，首先，關於式4.19中的r_0值，當$r_0 \to 0$時，$w \to \infty$，所以有必要限定r_0的最小值，這個結論可從以下事實強化之：在靠近差排中心處，原子的特性變的愈來愈明顯，而晶體只是簡單彈性體的假設也變的愈來愈不正確，而在此區域的應變雖然甚大，但也不會像4.7式中所預估的，當$r_0 = 0$時，應變值為無窮大。基於以上原因，一般可假設線性彈性在$r_0 \sim b$時並不適用，其中b為卜格向量。但是，為了涵蓋差排中心處高應變區域的能量，有人建議[13]取$r_0 = b/\alpha$，其中α為常數，而α值則從2到4都有人提出來，在此，我們取$\alpha = 4$。

方程式4.19中也指出，當$\gamma \to \infty$時，$w \to \infty$，然而不幸的，晶體一般是有一定的差排密度，即使在完全退火的晶體中，也還含有$10^8 cm/cm^3 (10^{12} m/m^3)$的差排密度。在此種情況下，其與隔壁差排的距離$r'$處，即二個差排平均間距的

11. Hirth, J. P., and J. Lothe, *Theory of Dislocations*, 2nd edition, p. 92, John Wiley and Sons, New York, 1982.

12. Weertman, J., and J. R. Weertman, *Elementary Dislocation Theory*, p. 55, Macmillan, New York, 1964.

13. Hirth, J. P. and Lothe, J. *Theory of Dislocations*, 2nd Ed., p. 63, John Wiley and Sons, New York, 1982.

一半處的差排應力場可假設為中性，在晶體中正、反向差排數量如果大約相等時，這種假設是相當合理的。

假設在軟鋼晶體中，含有一無限長的直線螺旋差排陣列，則正反向差排數量相等，若其密度 $\rho = 10^8 \text{m}/\text{m}^3$，差排間距平均大約為 10^{-6}m，因此 $r' = 5 \times 10^{-7}\text{m}$，鐵的剪模數大約為 $8.6 \times 10^{10}\text{Pa}$，卜格向量等於 $2.48 \times 10^{-10}\text{m}$，代入4.19式中，得 $w_s = 3.79 \times 10^{-9}\text{J}/\text{m}$（$3.79 \times 10^{-11}\text{J}/\text{cm}$，$3.79 \times 10^{-4}\text{ergs}/\text{cm}$）。如果將 w_s 乘上差排密度，則在單位體積內所貯存的應變能就大約可估算出來，當 $\rho = 10^8 \text{cm}/\text{cm}^3$，在 1cm^3 的貯存能量大約是 $3.79 \times 10^4 \text{erg}/\text{cm}^3$（$3.79 \times 10^{-3}\text{J}/\text{cm}$）。

4.14　刃差排的應變能(The Strain Energy of an Edge Dislocation)

在一無限長的刃差排中其單位長度的應變能，可利用和式4.19類似的方程式加以推導而求得，其結果是：

$$w_e = \frac{\mu b^2}{4\pi(1-v)} \ln \frac{4r'}{b}$$

4.20

其中 w_e 是刃差排單位長度的應變能，μ 是剪模數，v 是Poisson's ratio，b 是卜格向量，r' 是積分計算體積範圍的外半徑，如同螺旋差排，內徑極限值 r_0，取為 $b/4$。

注意刃差排的應變能和螺旋差排之間有 $1/(1-v)$ 的差異。因為在大部分金屬中 v 大約是1/3，故刃差排的應變能大約比螺旋差排大了大約50％。

問題四

4.1 利用附錄D中的轉換因子，證明1,000psi＝6.9MPa。

4.2 銅的單晶大約在0.62MPa剪應力時降伏，銅的剪模數大約是 7.9×10^6psi，利用這些數據，計算銅的理論剪應力和實際值之間的比值。

4.3 模仿圖4.14所述之技巧，建立左螺旋差排的模型。

4.4 (a)利用RHSF卜格迴路，圖示如何決定一刃差排的真正卜格向量。
(b)是否在本問題(a)中的卜格向量和在圖4.22中RHSF的卜格向量一樣？

4.5 (a)在fcc晶格中，有多少和 $\{111\}\langle 1\bar{1}0 \rangle$ 相當的滑動系統？
(b)寫出每個滑移系統中滑移面及滑移方向的指標。

4.6

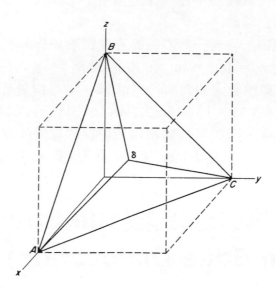

假設上圖中的三角形是在面心立方晶的(111)面上，其邊長等於可在(111)面上
移動之卜格向量的大小，若δ為三角形的中心，線$A\delta$，$C\delta$及$B\delta$則相當於該
晶面上之三種可能的部分差排。

(a)以向量形式，標示出每條線(AB，$A\delta$等)的卜格向量。

(b)以向量相加方式，證明下式：

$$B\delta + \delta C = BC$$

4.7

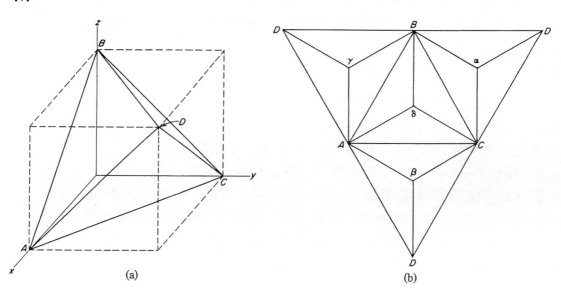

(a)　　　　　　　　　　　　　　　　(b)

上圖圖(a)是一Thompson的三度空間四面體圖，圖(b)則是從D點的三面展開圖，每面的中心分別以α、β、γ，δ表示之，如同習題4.6，BD線之類的線表示完整差排$\frac{1}{2}[110]$，Bγ線之類的則表示部分差排$\frac{1}{6}[21\bar{1}]$，

(a)請寫出CD及DC的密勒指標。

(b)請寫出BD及DB的密勒指標。

(c)證明$BD+DC=BC$。

4.8　列出fcc晶體中可滑移的主要或完整卜格向量。請利用密勒指標或向量表示法表示每個卜格向量。

4.9　在Ti及Zr立方晶體中的一個重要滑移面是$\{11\bar{2}2\}$，在該面上具$\frac{1}{3}<11\bar{2}3>$卜格向量的差排是可動的，試證明$\frac{1}{3}<11\bar{2}3>$卜格向量可以看成是一個基本滑移的卜格向量和一個在C軸的單位卜格向量的和。

4.10　(a)如果在六方最密密堆積金屬的基面上，有一空孔圓盤存在，試問經過此圓盤的基面的堆積順序爲何？

(b)爲何引起此疊差的應變能是相當高能的？

(c)試解釋爲何一相當於Shockley型部分差排在沿基面的簡單剪移，可以消除此一高能疊差而代之以一低能疊差。

(d)在此疊差中，基面上的疊積順序又是如何？

(e)在(d)題中，其結果是唯一的，亦或有多種可能？試說明之。

4.11　(a)試寫一電腦程式，描述螺旋差排隨垂直距離差排長度變化的剪應力值。假設鐵的剪模數爲86Gpa，卜格向量爲0.248nm，並利用此程式求出在距離長度分別爲50，100，150及200nm時的剪應力值。另再繪出應力值τ，和距離r之間的關係圖，利用此圖找出在$\tau=4000$psi時的距離r。該應力是鐵開始滑動的值。

(b)此距離相當於多少倍的卜格向量？

4.12　方程式4.9是在直角座標中刃差排的應力場方程式，試寫一電腦程式以模擬鐵晶體中刃差排的σ_{xx}，σ_{yy}及τ_{xy}值，假設鐵的$\mu=86$GPa，$b=0.248$nm，$\nu=0.3$及$r=40b$。且設定$x=r\cos\theta$及$y=r\sin\theta$。並且簡化此方程式成爲只是θ的函數。並請建立一含有此三種應力成分在0到2π角度範圍中的曲線圖形。

4.13　試以極座標方式，解出習題4.11中刃差排的應力場方程式。

4.14　(a)考慮如圖4.37中，二個無限長的平行正刃差排在簡單x，y二度空間的視圖。其中一條差排位於$x=0$，$y=0$處。因爲是正刃差排，故其滑移面係水平且含x軸。另一條差排也位於水平滑移面上，但在垂直方向距第一條差排10b的距離，其中b是這二條差排的卜格向量。今假設第一條差排是固定的，而第二

條差排則可平行x軸移動。試利用電腦輔助，以x爲函數，繪出二條差排，在x軸方向成分之間的力(單位長度)，F_x。x從-240nm到$+240$nm，且$\mu=86GPa$，$b=0.248$nm，$\nu=0.3$。

(b)討論當可移動差排從$x=-\infty$移動到$x=\infty$時，F_x隨距離變化的特徵。

4.15 差排應變能一般和卜格向量平方成正比，此種關係可從式4.19及4.20檢視之。而這種差排應變能與卜格向量的關係亦稱之爲Frank's rule。因而，如果$b=a[hkl]$，其中b是數值因子，則

$$能量／cm \sim a^2 h^2+k^2+l^2$$

試證明在fcc晶體中，一完整差排分解成二條部分差排時，其能量是降低的。(參見式4.4)。

4.16 hcp鋅晶體的c/a比值是1.886，試求出鋅晶體中，$\frac{1}{3}<11\bar{2}\bar{3}>$卜格向量差排對其基面差排應變能的比值。

4.17 (a)考慮式4.19中螺旋差排單位長度的應變能，假設有一甚大、甚長、直線狀、互相平行、正反向的螺旋差排方陣，其差排應變場的有效外半徑r'可取爲$1/2\sqrt{\rho}$。試利用電腦輔助，以差排密度ρ爲函數，求得一螺旋差排單位長度的應變能，ρ在10^{11}到10^{18}m/m^{3}之間。

(b)相對於差排密度，畫出線能量圖。假設$\mu=86GPa$，$b=0.248$nm。

(c)以ρ爲函數，畫出單位體積的能量圖，假設其值爲ρw，其中w是螺旋差排單位長度的能量。

第五章

差排與塑性變形

(Dislocations

and Plastic

Deformation)

在前一章討論的差排主題主要是⑴差排的幾何結構以及⑵其應力與應變場，本章所關心的是差排與塑性變形的關係。第一部分牽涉到多年前即已提出的機構，解釋為何一個軟的(退火過的)晶體試片在塑性變形時的剪應變量，通常比晶體內部原來存在的差排滑動所能產生的量大上數倍，這顯示在塑性變形時必須產生新的差排。在塑性變形時有很多方式可產生新的差排，Frank-Read差排源就是其中相當重要的一種。

5.1 Frank-Read差排源 (The Frank-Read Source)

設有一正刃差排在圖5.1的$ABCD$平面上，與另外兩條垂直至晶體上表面的刃差排相接，在圖示的剪應力τ作用下，兩條垂直刃差排不會移動，因為差排的移動會使晶體兩個相鄰的部分產生相對位移，外加應力因此位移而作功，垂直差排的移動將使晶體的前部與後部發生剪移，當剪應力作用於晶體的頂部與底部時，不能產生這種位移，若剪應力是作用於晶體前後的水平方向時，垂直區段才會移動。既然xy段是正刃差排，應力τ將使差排向左移動，形成兩端固定於x與y的弧線，如圖5.2中符號a所示。若應力持續作用，會使彎曲的差排繼續擴張到b和c，到c時差排會在m點接觸，由於接觸區段一為左旋差排，一為右旋差排，故兩者會相互抵消(當同一平面上兩相反的差排相遇時，會發生抵消作用，例如正刃差排和負刃差排相遇時，兩個不完整晶面會結合成一個完整晶面)。在接觸點m的相消作用使差排分裂成d的兩個部分，一個是圓形差排環，將繼續擴張至晶體表面以產生一個原子距離的剪移，另一部分是仍在x與y之間的正刃差排，並重覆其產生差排的工作，因此，在同一滑移面上會有許多差排環生成，以產生足夠大的剪移，在晶體表面形成可觀察到的滑移線。此種差排產生源稱為Frank-Read差排源。

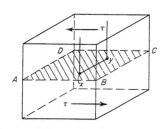

圖**5.1** Frank-Read差排源，在外加應力下，差排xy段可在$ABCD$面上移動，而端點x和y則固定

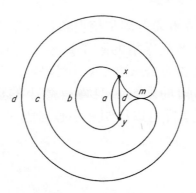

圖**5.2**　Frank-Read差排源產生差排環的數個階段

5.2　差排的孕核
(Nucleation of Dislocations)

　　實驗證據顯示晶體內確實有Frank-Read差排源存在[1]，此種差排源在金屬塑性變形中的重要性仍不清楚，另有證據顯示即使沒有Frank-Read或類似的差排源仍可產生差排[2]。若差排不是由差排源產生的，那麼必定是經由孕核過程產生，就如所有的孕核現象一般，差排以兩種方式生成：均質或非均質。就差排而言，均質孕核(homogeneous nucleation)意指在一完美的晶體中僅靠應力作用而不需其他的動力所生成者；反之，非均質孕核(heterogeneous nucleation)指差排是藉已存在於金屬內的缺陷，如雜質顆粒的幫助而生成者。缺陷可降低生成差排所需的外加應力，使差排更易於生成，差排的均質孕核需要極大的應力，理論上約為晶體剪模數的1/10至1/20[3]，晶體的剪模數通常在7至70GPa，故生成差排所需的應力約為0.7GPa，然而，金屬開始滑移變形時實際的剪應力一般只有70MPa，此項證據證明差排若不是由Frank-Read差排源產生，便是經由非均質孕核生成的。

　　金屬晶體不適於做孕核現象的研究，因為由凝固或其他方法製備的試片，通常都以隨意的網狀形式含有相當高密度的差排，我們的興趣並不在這些網狀差排，而是在新的、獨立的差排環如何生成，原來存在的差排密度太高，會擾亂對差排孕核現象的觀察，而且金屬到達降伏點開始滑動時，通常有許多差排

　　1. Dash, W. C., *Dislocations and Mechanical Properties of Crystals*, p. 57, John Wiley and Sons, Inc., 1957.

　　2. Gilman, J. J., *Jour. Appl. Phys.*, **30** 1584 (1959).

　　3. Kelly, A., Tyson, W. R., and Cottrell, A. H. *Can. Jour. Phys.*, **45** No. 2, Part 3, p. 883 (1967).

同時生成。利用氟化鋰晶體研究差排孕核現象，幾乎可以消除這些實驗上的困難[4]，氟化鋰是一種簡單立方晶結構的離子鹽類，可以製成高度完美的單晶，僅含有很低密度的差排(每立方公分含5×10^4公分)，此外，常溫下的氟化鋰相當硬，以夾具固定時不易扭曲變形，且僅有微小的塑性，故以小應力(5至7 MPa)作用短時間，生成的差排可以控制在小數目內。

圖5.3 水平排列的方形大蝕坑是常溫下生成的差排，排列成彎曲曲線較小而密的蝕坑是製造時即存在的差排(Gilman, J.J., Crystals, p.116,John Wiley and Sons, Inc., New York, 1957.)

　　觀察晶體內差排最簡便的方法，是以蝕刻溶液在差排與晶體表面交會處造成蝕坑。這種方法的爭議在於無法確知蝕刻是否顯示出所有的差排，或是否有其他缺陷造成蝕坑；但對於氟化鋰，蝕坑法似乎相當可靠[5]。已發展出數種蝕刻溶液適用於氟化鋰[6]，有一種尚可辨別原生差排與新生差排，由圖5.3可看出這種溶液的作用，兩排水平走向的方形大蝕坑是新生成的差排，由此也可定出差排滑移面與晶體表面的交界，除此之外，還有兩排相交且緊密排列的小蝕坑，此即低角晶界(low-angle grain boundary)，見第六章)，實際上這種晶界是由很多緊密排列的差排組成的。值得注意的是，此種蝕刻劑在新差排處形成

4. Gilman, J. J., *Jour. Appl. Phys.*, **30** 1584 (1959).

5. *Ibid.*

6. Gilman, J. J., and Johnston, W. G., *Dislocations and Mechanical Properties of Crystals*. John Wiley and Sons, Inc., New York, 1957.

大蝕坑，而在網狀差排處形成小蝕坑，這種蝕坑劑如何能辨別兩種差排的原因仍不明瞭。可能是不純原子傾向於聚集在差排附近而造成的，在低溫時，因固態原子擴散得不夠快，沒有足夠的時間讓它們聚集在差排附近，這種偏析作用很少發生；但在高溫時，不純原子可以很快的移向差排，所以在高溫生成的差排比在常溫生成的差排容易有不純原子偏析在周圍。蝕刻劑具有區分原生差排與新生差排的能力，使得氟化鋰利於研究孕核現象。

　　利用蝕坑觀察氟化鋰內差排的另一好處是，藉著適當的技術，可以追蹤差排在外加應力作用下的移動，這通常需要數次反覆的蝕刻過程，譬如先在試片表面蝕刻出當時差排的位置，因氟化鋰晶體容易沿{001}面劈開，通常是在{001}面觀察成形的蝕坑，在這種表面上形成的蝕坑是具有尖底的倒四角錐狀，假設現在在試片上加一應力，差排會從原蝕坑處移開，第二次蝕刻將會顯現差排的新位置，而且會擴大原來位置上的舊蝕坑，這兩種蝕坑在外觀上會有明顯的差異，與差排相接的蝕坑具有尖底，而舊蝕坑的底部則是平的，如圖5.4。

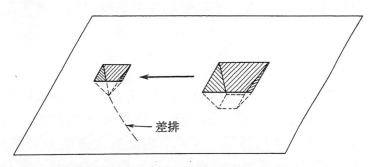

差排

圖5.4　重覆蝕刻顯示氟化鋰晶體中差排的移動(After　Johnston,W.C.,　and Gilman, J. J., Jour. Appl. Phys., 30, 129[1959].)

　　Johnston和Gilman利用這種差排追蹤技術，將一差排移動的距離除以外加應力的作用時間，量測差排在固定外加應力下的移動速度。這部分在5.21節將有進一步的討論。

　　由氟化鋰的研究顯示，這種材料的原生差排通常是固定的，不參與塑性變形的過程，這種網狀差排的不移動性可歸因於不純原子在差排周圍偏析的緣故，在第九章將會有更詳盡的討論。

　　實驗證實[7]即使在氟化鋰晶體上加上很大的應力也不會發生均質孕核，例如使用一乾淨的小玻璃球壓在氟化鋰晶體表面沒有差排的區域，即使剪應力高

_____
7. Gilman, J. J., *Jour. Appl. Phys*., **30** 1584 (1959).

達760MPa，仍不會產生差排，要注意的是，此應力值已大於這種材料一般的
降伏應力值的100倍。限於玻璃球所能承受的應力，即使使用最大應力仍無法
求得氟化鋰晶體差排均質孕核所需的應力值。總之，僅靠應力要使差排孕核顯
然非常困難，因為降伏應力，或使差排開始移動的應力遠低於差排均質孕核所
需的應力，顯然大多數差排的孕核必須是非均質的。Gilman結論說[8]，在氟化
鋰晶體內大部分差排孕核是由小的外在非均質物引起的，其中最重要的可能是
小的雜質顆粒。確實有實驗證據[9]證明差排是在氟化鋰晶體內的夾雜物處形成
的。

5.3　彎曲滑動(Bend Gliding)

多年來就已經知道晶體能塑性彎曲，而且是由滑移造成的。用Frank-Read
或其他的差排源可以解釋晶體的彎曲。

現在令相等力偶(大小為M)作用於晶體兩端，如圖5.5，力偶的作用是在晶
體上產生一均勻的彎曲力矩(M)，在未超過晶體的降伏點之前，是屬於彈性變
形，任何截面上的應力分佈，如aa面，可以表示成

$$\sigma_x = \frac{My}{I}$$ 　　　5.1

此處的y表示與晶體中性軸(中心點截線)的垂直距離，M為彎曲力矩，I為晶體
截面的轉動慣量(圓形截面的晶體為$\pi r^4/4$)，圖5.5(b)說明應力分佈是從上表面
最大壓應力均勻變化至中性軸為零，再到下表面最大張應力。圖5.6表示相同
的晶體，為了簡化圖形，沒有繪出晶體的曲度，假設線mn為一滑移面，並與紙
面垂直，且線mn也是滑移方向，線mn兩側的水平向量表示如圖5.5(b)相同的應
力分佈，在線op上則繪出其剪應力分量(平行於滑移面)，要注意剪應力在越過
中性軸時改變了方向，且在中性軸處為零，在滑移面兩端最大，由於剪應力的
分佈，第一個差排環將在靠近上下表面的Frank-Read或其他差排源上生成，至
於差排環的移動方式，需視差排所在位置是在試片中性軸的上或下方而定，不
過在這兩種情況，所有差排的正刃部分都會移向表面而負刃部分則移向中性軸
(見圖5.7)。負刃差排移向剪應力漸減的區域最後停止移動；反之，正刃差排則
位於高應力區，差排環的左旋和右旋部分亦同，在外加應力作用下，會以移進
或移出紙面的方向運動，可以假定這三個部分(正刃和右旋和左旋)都會移至表
面而消失，例如，由Frank-Read差排源產生的封閉差排環，在此彎曲應力作用

---

8. *Ibid.*
9. *Ibid.*

下，最後都會變成向晶體中性軸移動的負刃差排，若晶體繼續受到彎曲，這些
負刃差排會不斷地沿滑移面移向晶體中心，最後在每個有效滑移面上，會發現
一序列以大致相等間隔排列的差排，其最小間距乃決定於同一滑移面上同類差
排間的斥力大小，圖5.8即說明一般的差排分佈情形，在中性軸附近會有一狹
窄的區域沒有差排，因在適度的彎曲應力作用下，這個區域內的應力不會超過
彈性限度，所以只會產生彈性變形。

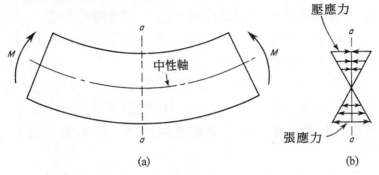

圖**5.5**　(a)晶體兩端受到相同力矩時產生的彈性變形，(b)截面aa上正應力的分
佈情形

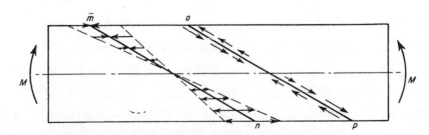

圖**5.6**　相當於圖5.5所示之彈性變形時滑移面上的應力分佈

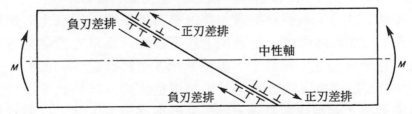

圖**5.7**　應力分佈對差排移動的效應，正刃差排移向表面，負刃差排移向中性軸

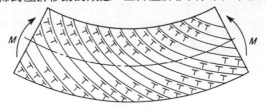

圖**5.8**　在塑性彎曲的晶體中，額外刃差排的分佈情形

現在,滑移面上的每一條負刃差排都代表一個終止於滑移面的多餘原子平面,每個額外平面都位於滑移面的左邊,為了調整這些額外平面(全部都在滑移面的同一邊),滑移面必須呈現曲度而向左下方凸出,使整塊晶體向下凸出而彎曲。

假若從圖5.5至5.8作用在晶體上的力偶是相反的話,沿著滑移面產生的將是額外的正刃差排,滑移面和晶體則會呈現與上述相反的彎曲方向。

以上的討論,是假設晶體在巨觀尺度,且均勻的彎曲變形,然而,所描述的現象並不限於大體積的晶體,在很小的晶體,甚至是極小的區域,也會因累積大量額外的刃差排使晶面彎曲。在金屬晶體中,有許多相關的現象可以用局部的晶格轉動來解釋,每一種情形都是因晶體滑移面上聚積相同符號的刃差排,包括扭結(kinks),彎曲面(bend planes)和變形帶(deformation bands),後者已不在本文詳細討論的範圍,但它們確實常出現,說明塑性彎曲是金屬晶體變形的重要機構。

5.4 旋轉滑移(Rotational Slip)

目前我們已經知道能產生簡單的剪移(如圖4.12)和彎曲(如圖5.8),第三種由差排引起的變形如圖5.9所示,圖中假設晶體為圓柱形,具有一垂直於中軸的滑移面,晶體上半部相對於下半部作逆時針的旋轉,如abcd線在b點與c點間的位移,相當於晶體在滑移面上以法線為軸旋轉,如此的扭轉變形可以滑移面上的螺旋差排解釋,與彎曲變形不同的是,需要不只一組的差排,這表示滑移面上必須包含一個以上的滑移方向,六方最密堆積金屬的基面和面心立方金屬的{111}晶面,均含有三個滑移方向,最適於產生這種變形。

圖5.10和圖5.11可以說明要解釋旋轉滑移為何需要一組以上的螺旋差排,圖的畫法與圖4.18和4.19類似,都是由上往下觀察一簡單立方晶格滑移面的情形,小圓表示在滑移面之上的原子,圓點表示在滑移面之下,圖5.10是一組單排(水平)平行的螺旋差排,由圖可知,差排這種排列方式只能使滑移面上下部分在水平方向剪移,要旋轉則需要一個垂直的剪移分量,圖5.11所示即為可以產生旋轉滑移的雙陣列螺旋差排,要注意的是成90°排列的兩列螺旋差排,在滑移面兩側的應變場(strain field)會相互補償,結果在距滑移面適當距離處的應變場會很小,因此是一種低應變能的排列方式;圖5.10的單列差排則不然,這些差排的應變能會相加,並非低能量結構。

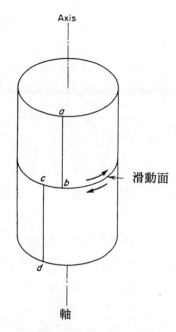

圖5.9　單晶可以在含有數個滑移方向的滑移面上以法線爲軸旋轉

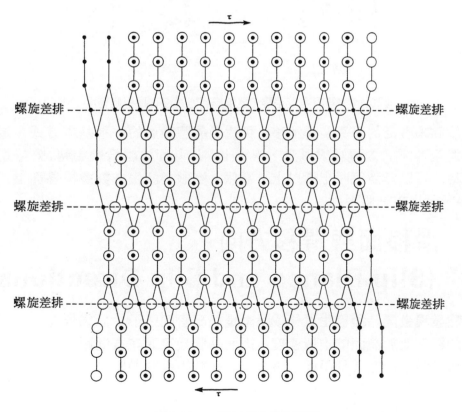

圖5.10　一列平行的螺旋差排

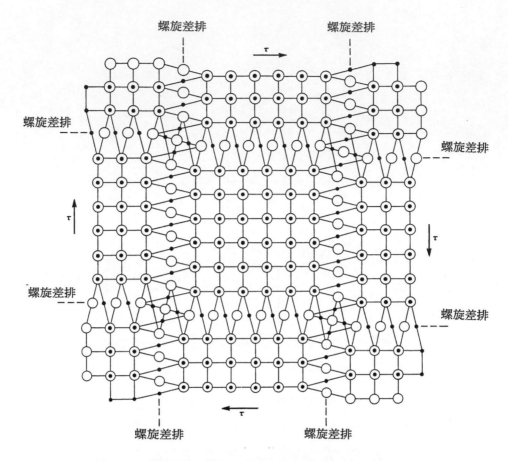

圖5.11　雙陣列旋差排，這種排列方式沒有長程應變場

　　雖然尚未廣泛的研究旋轉滑移，仍代表晶體變形的一種基本方式，這種機構可以達到非常大的滑移變形量，事實上，以基面法線為軸旋轉1公分直徑的鋅晶體時，可以達到每吋十轉以上，當然，變形是發生在許多滑移面上，並非如圖5.9所示只在一個平面。

5.5　滑移面與滑移方向
(Slip Planes and Slip Directions)

　　實驗發現金屬晶體發生滑移或滑動是以高密度原子平面為優先，一般平行晶面的間距正比於晶面的堆積密度，因而晶體最容易在寬間距的平面間剪移，並不意味晶體不能在其他平面上滑移，而是差排沿寬間距平面移動所產生的晶格扭曲較小，所以較容易滑移。

　　滑移不只是傾向發生在優選晶面，滑移方向也具有選擇性，晶體的滑移方向(剪移方向)幾乎限定在緊密堆積方向，即原子一個接一個排成直線的晶格方向，滑移沿著緊密堆積方向的傾向比發生在緊密堆積面的傾向強得多，實際上，可以假定滑移都是發生在緊密堆積方向。

　　可以用差排來解釋實驗上滑移方向限定在緊密堆積方向的事實，當差排移過一個晶體時，晶體等於剪移了一個差排的Burgers向量，差排通過之後，晶體原子的幾何關係必須保持不變，亦即保指晶體的對稱性，要符合這個條件的最小剪移等於緊密堆積方向的原子間距。

　　爲了說得更清楚些，讓我們考慮一個簡單立方結構的硬球模型，圖5.12(a)的mn線爲緊密堆積方向，在圖5.12(b)上半部向右剪移了a，即mn方向的原子間距，當然，剪移並未改變晶體結構；現在，在圖5.12(a)中任意選擇一個非緊密堆積方向如qr，圖5.12(c)說明剪移c(qr方向的原子間距)仍保持原晶格結構，但c大於a($c=1.414a$)，而且c和a分別代表產生這兩種剪移的差排的Burgers向量大小，因此在緊密堆積方向上剪移的差排具有最小的Burgers向量。差排產生的晶格扭曲和應變能是Burgers向量大小的函數，Frank證明應變能與Burgers向量大小的平方成正比，比例中Burgers向量c的差排其應變能是Burgers向量a的兩倍($c^2=(1.414)^2a^2$)。因此，Burgers向量等於緊密堆積方向原子間距的差排應是唯一的，當差排移過晶體時產生的應變能最小且不擾亂晶體結構，事實上，形成具有最低應變能的差排比高應變能的差排的可能性高得多，這也說明了實驗觀察晶體的滑移方向幾乎都是緊密堆積方向。

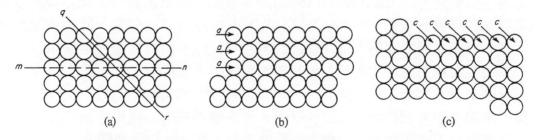

圖5.12 簡單立方晶剪移後仍保持晶格對稱性的兩個方式：(a)剪移前；(b)在緊密堆積方向上剪移；(c)在非緊密堆積方向上剪移

5.6　滑移系統(Slip Systems)

　　一個滑移面和面上一個緊密堆積方向的組合，即定義爲一個可能的滑移模式(slip mode)或滑移系統(slip system)，圖5.13的紙面若定爲一滑移面，則在此緊密堆積面上有三個滑移系統，每一個滑移方向對應一個滑移模式，在此滑移面上所有的模式在結晶學上都相同，而且，在同一族平面[(111)，(1$\bar{1}$1)，($\bar{1}$11)和(11$\bar{1}$)]上所有的滑移系統也都相同，不過，在不同族平面[(111)和(110)]上的滑移系統產生滑移的難易，則會有很大的差異。

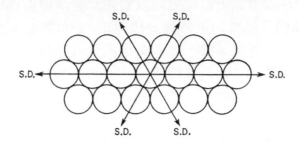

圖5.13　最密堆積平面上的三個滑移方向，在六方緊密堆積和面心立方晶都有這種平面

5.7　臨界分解剪應力 (Critical Resolved Shear Stress)

多晶金屬試片具有降伏應力，必須超過降伏應力才會產生塑性變形，單晶金屬上的應力也必須超過類似的降伏點才會開始塑性變形，既然滑移是由剪應力造成的，晶體的降伏應力最好是以滑移面滑移方向上的分解剪應力表示，此即臨界分解剪應力(critical resolved shear stress)，是使大量差排開始移動以造成足夠可觀應變的應力。大部分晶體試片並不直接以剪力測量，而是用張力，最主要的原因是因為要固定試片直接以剪力測試而不引起彎曲力矩幾乎是不可能的，這些彎曲力矩會在我們不感興趣的滑移面上產生剪應力，若在這些滑移面上滑移不會比待測平面困難的話，試片在夾頭附近同時會有數個滑移面發生滑移，這種變形會在夾頭附近造成彎曲，使變形不均勻，使用單晶作拉伸測試也會有問題，但較不嚴重，只要夾頭設計得好，便可解決這些問題。

現在要推導拉伸應力與滑移面滑移方向上分解剪應力的關係式。

令圖5.14中圓柱形晶體頂部斜面為晶體的滑移面，滑移面法線與滑移方向分別以線p與d表示，滑移面法線與應力軸夾角為θ，滑移方向與應力軸夾角為ϕ，作用於晶體上的軸向張力為F_n。

試片上垂直於張力的截面積與滑移面面積比為兩平面間夾角的餘弦，此夾角與兩平面法線夾角相等，為圖中的θ，故

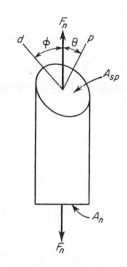

圖**5.14**　量測臨界分解剪應力方程式的圖解

$$\frac{A_n}{A_{sp}} = \cos \theta$$ 　　　**5.2**

或
$$A_{sp} = \frac{A_n}{\cos \theta}$$

此處的A_n為垂直於試片軸的截面積，A_{sp}是滑移面面積，滑移面上的應力等於作用力除以滑移面面積：

$$\sigma_A = \frac{f_n}{A_{sp}} = \frac{f_n}{A_n} \cos \theta$$

　　此處的σ_A是滑移面上平行於作用力f_n方向的應力，這不是作用於滑移方向的剪應力，而是作用在滑移面上的總應力，此應力在滑移方向上的分力才是所求的剪應力，以σ_A乘以$\cos\phi$即可得，ϕ為σ_A與分解剪應力τ的夾角，由此可以寫成

$$\tau = \sigma_A \cos \phi = \frac{f_n}{A_n} \cos \theta \cos \phi$$

此處τ是在滑移面上滑移方向的分解剪應力，最後，既然f_n/A_n為作用力除以垂直作用力的面積，故以正向拉伸應力表示

$$\tau = \sigma \cos \theta \cos \phi$$ 　　　**5.3**

　　由式5.3可以獲得幾個結論，若張力軸垂直滑移面，$\phi = 90°$且剪應力為零，同樣的，若應力軸在滑移面上，θ為90°時，剪應力亦為零，因此，當一平面平行或垂直於拉伸應力軸時，在此平面上不可能發生滑移。當θ和ϕ都等於45°時，可以得到最大的剪應力0.5σ，其他的角度組合，分解剪應力皆小於

拉伸應力的一半。

關於式5.3,重要的是分解剪應力 τ 與拉伸應力 σ 是兩組方向夾角的餘弦函數,即拉伸應力與滑移面法線間夾角 θ 的餘弦,以及滑移方向與拉伸應力的夾角 ϕ 的餘弦,假若在立方晶體中知道這三個方向的方向指標,則可以用下列方程式簡單的算出這些餘弦函數值:

$$\cos \phi = \frac{h_1 \cdot h_2 + k_1 \cdot k_2 + l_1 \cdot l_2}{\sqrt{h_1^2 + k_1^2 + l_1^2} \cdot \sqrt{h_2^2 + k_2^2 + l_2^2}}$$

5.4

其中 h_1,k_1 和 l_1 以及 h_2,k_2 和 l_2 分別是兩個方向的方向指標。

為說明式5.4的用法,假設要求出方向[121]和[$30\bar{1}$]間的夾角,則

$$\cos \phi = \frac{1 \cdot 3 + 2 \cdot 0 - 1 \cdot 1}{\sqrt{1^2 + 2^2 + 1^2} \cdot \sqrt{3^2 + 0 + 1^2}} = \frac{2}{\sqrt{6} \cdot \sqrt{10}}$$

可得 $\cos\phi = 0.258$,而 $\phi = 75.04$。

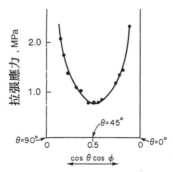

圖5.15 單晶鎂在不同方位的張力降伏點,橫座標是 $\cos\theta\cos\phi$ 函數值,平滑曲線是假設固定的臨界分解剪應力值63psi。(Burke, E.C., and Hibbard, W.R., Jr., Tsans. AIME, 194, 295[1952].)

實驗已經證實了在某些金屬中,結晶平面的臨界分解剪應力與晶體方位無關,假如用許多晶體作拉伸試驗,其中只有滑移面與拉伸應力間的方位夾角不同,利用上述方程式計算降伏時的剪應力,會發現降伏應力是個常數,圖5.15所示是Burk e和Hibbard以純度99.99%的單晶鎂測得的臨界分解剪應力,曲線的縱座標是降伏時的拉伸應力,橫座標則是對應的 $\cos\theta\cos\phi$ 函數值,通過數據所繪的平滑曲線相當於降伏剪應力為0.43MPa,實驗值相當精確的落在曲線上。一些對體心立方金屬的研究[10,11,12]則指出這些金屬的臨界分解剪應力可能

10. Stein, D. F., *Canadian J. Phys.*, **45**, No. 2, Part 3, 1063 (1967).
11. Sherwood, P. J., Guiu, F., Kim, H. C., and Pratt, P. L., *Ibid*, p. 1075.
12. Hull, D., Byron, J. F., and Noble, F. W., *Ibid*, p. 1091.

是晶體方位與應力種類的函數，換句話說，這類晶體的降伏應力會因作用力是張力或壓力而有所不同。

　　對某些金屬，相同組成與前處理的晶體在同族晶面上的臨界分解剪應力是固定的，然而，臨界分解剪應力對組成或操作方式的改變相當敏感，通常金屬純度愈高則降伏應力愈低，由圖5.16中單晶銀與銅的曲線可以看得很清楚，特別是銀的純度由99.999％降到99.93％時，臨界分解剪應力增加到三倍以上。

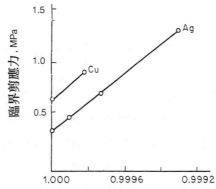

圖**5.16**　晶體臨界分解剪應力隨純度的變化。(After Rosi, F.D., Trans. AIME. 200 1009[1954].)

　　臨界分解剪應力也是溫度的函數，面心立方晶體受溫度的影響可能較小，其他晶系(體心立方、六方晶、菱形晶)則顯示有較大的溫度效應，這些金屬的降伏應力會隨溫度下降而增大，通常溫度降低時，增加率也會變大，圖5.17顯示了數種不同的非面心立方晶金屬的溫度效應。

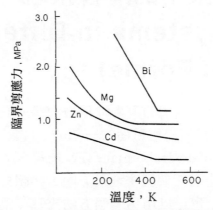

圖**5.17**　臨界分解剪應力的溫度效應，注意此圖的數據比表5.2的日期還早，臨界應力高表示晶體的純度較低。(Schmid, E., and Boas, W., Kristall-plastizitat, Julius Springer,Berlin, 1935.)

5.8 等效滑移系統中的滑移(Slip on Equivalent Slip Systems)

當一個晶體同時擁有數個在結構上等效的滑移系統時,是由有最大分解剪應力的系統開始滑移,若有數個等效系統受到相等的應力作用時,通常這些系統會同時開始發生滑移。

5.9 差排密度(The Dislocation Density)

即使是單晶,變形時生成的差排也只有一小部分會到達表面而消失,這表示當應變持續時,金屬內的差排數會增加,稍後將會說明,殘留的差排數增加時會使金屬強化,換句話說,金屬變形所增加的硬度或強度與差排含量的增加有密切的關係,通常用來表示此量的參數為差排密度 ρ,定義為單位體積內所有差排的總長度,單位是cm/cm^{3}或cm^{-2}。

差排密度通常是利用校正過放大倍率的穿透式電子顯微鏡觀察一已知厚度的金屬箔片,再估計照片中可見的差排長度來決定。另一個方法是計算試片表面在蝕刻後出現的差排蝕坑的數目,如此差排的密度則表示成每平方公分的蝕坑數,即 $\rho = N/cm^2$,此處的 N 為蝕坑的數目。

5.10 不同晶系中的滑移系統 (Slip Systems in Different Crystal Forms)

面心立方晶金屬 面心立方結構的緊密堆積方向是<110>方向,即單位晶胞面的對角線,圖5.13所示為最密堆積面的一部分,在面心立方晶中有四個這種平面,稱為八面體面(octahedral planes),指標為(111),(1$\bar{1}$1),(11$\bar{1}$)和($\bar{1}$11),每一個八面體面上有三個緊密堆積方向,如圖5.13,故八面體滑移系統的數目共有4×3=12個,也可以用另一個方法來算,晶格中有六個<110>方向,每一個緊密堆積方向皆位於兩個八面體面上,故滑移系統的數目有12個。

面心立方結構唯一重要的滑移系統是在八面體面上,這有幾個因素,第一,在最密堆積面上滑移比其他平面容易得多,亦即八面體滑移的臨界分解剪應力比其他形式低,第二,八面體滑移有十二種不同的方式,而且十二種滑移系統在空間中有適當的分佈，因此，要使面心立方晶體變形而沒有任何{111}面在適於滑移的位置幾乎是不可能的。

　　表5.1列出幾種重要的面心立方金屬常溫下的臨界分解剪應力，顯然面心立方金屬接近純態時的臨界分解剪應力非常低。

表5.1　面心立方金屬的臨界分解剪應力

Metal	Purity	Slip System	Critical Resolved Shear Stress MPa
Cu*	99.999	{111} ⟨110⟩	0.63
Ag[†]	99.999	{111} ⟨110⟩	0.37
Au[‡]	99.99	{111} ⟨110⟩	0.91
Al[§]	99.996	{111} ⟨110⟩	1.02

* Rosi, F. D., *Trans. AIME*, 200, 1009 (1954).
[†] daC. Andrade, E. N., and Henderson, C., *Trans. Roy. Soc.* (London), 244, 177 (1951).
[‡] Sachs, G., and Weerts, J., *Zeitschrift für Physik*, **62**, 473 (1930).
[§] Rosi, F. D., and Mathewson, C. W., *Trans. AIME*, **188**, 1159 (1950).

　　由於面心立方晶體具有許多等效滑移系統，在塑性變形時通常會有一個以上的八面體面發生滑移，事實上，即使在簡單的拉伸試驗中，要產生幾個百分率的應變而不會在數個平面上同時發生滑動是非常困難，當數個交錯的滑移面同時發生滑移時，要產生更大變形所需的應力會急速增加，換言之，就是晶體發生應變硬化(strain hardens)，圖5.18所示為面心立方晶兩條典型的拉伸應力-應變曲線，曲線*a*對應的起始應力方位接近晶體的＜100＞方向，如此在晶體內會有數個滑移系統具有幾乎相等的分解剪應力，因而塑性變形是由數個滑移面一起滑移，而且曲線在變形之初即具有陡峭的斜率；相反的，曲線*b*的起始應力方位是位於立體投影三角形(stereographic triangle)的中心，表示在變形開始時，僅有一個滑移面上的應力遠大於其他滑移面。曲線區域1表示只在這個平面上發生滑移，其他的滑移面沒有作用，曲線第一階段的斜率低表示在單一晶面滑移所造成的應變硬化小，曲線*b*的第二階段具有更陡峭的斜率，則表示在幾個百分率的應變之後，再增加應變會使晶體快速的硬化，在此區域不再是單一平面的滑移，而開始在交錯的滑移面上發生多重滑動(multiple glide)，最後到第三階段時，應變硬化率會逐漸減緩，在此區域，應變增加時，差排密度的增加率會減小。

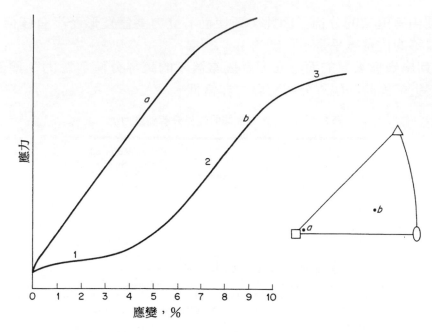

圖5.18 面心立方晶典型的應力-應變曲線。曲線a表示變形開始時即爲多重滑移，曲線b則是在一段時間的單一滑移後再開始多重滑移，立體投影三角形所示爲晶體方位

　　曲線b的第一階段，在單一平面上滑移，稱爲簡易滑動(easy glide)區，影響簡易滑動區的範圍有幾個因素，包括試片的大小與純度，當試片截面直徑很大或金屬純度很高時，簡易滑動區會趨於消失，總之，面心立方晶體的簡易滑動區，或單一滑移，很少超過幾個百分率，實際上，可以假設這些金屬是以數個八面體系統的多重滑動來變形的，特別是多晶的面心立方金屬。

　　純的面心立方金屬的塑性特性如下，在八面體平面滑移所需的臨界分解剪應力低，使這些金屬在低應力即開始產生塑性變形，而滑移面的多重滑移，則會在變形過程造成急速應變硬化。

六方晶金屬　因緊密堆積六方晶的基面和面心立方晶八面體{111}平面具有相同的原子排列，六方晶金屬的基面應該與面心立方晶的八面體面一樣容易發生滑移，在鋅、鎘和鎂三種六方晶金屬上的確是如此，表5.2所列是這些金屬的基面在常溫下測得的臨界分解剪應力，六方晶基面的Miller指標是(0001)，緊密堆積方向或滑移方向爲$<11\bar{2}0>$。

　　表5.2證明這三種六方晶金屬由基面滑移產生塑性變形所需的臨界分解剪應力與面心立方金屬相近。

　　另外兩種重要的六方晶金屬是鈦和鈹，在常溫下其基面滑移的臨界分解剪應力非常高(鈦約爲110MPa[13]，鈹約爲39MPa)[14]，而鈦在稜柱面{10$\bar{1}$0}的緊密堆積方向<11$\bar{2}$0>上的臨界分解剪應力約爲49MPa[15]，所以鈦的優先滑移面爲稜柱面。另一種六方晶金屬鋯，則尚未發現有基面滑移，其滑移主要是{10$\bar{1}$0}<11$\bar{2}$0>滑移系統，此滑移的臨界分解剪應力約爲6.2MPa[16]。問題是如何解釋鎂、鋅和鎘與鈹、鈦和鋯之間在滑移行爲上的差異，這個問題雖然還沒有完整的答案，但下列的討論無疑的與此效應有關。

表5.2　基面滑移的臨界分解剪應力

Metal	Purity	Slip Plane	Slip Direction	Critical Resolved Shear Stress MPa
Zinc*	99.999	(0001)	$\langle 11\bar{2}0\rangle$	0.18
Cadmium†	99.996	(0001)	$\langle 11\bar{2}0\rangle$	0.57
Magnesium‡	99.95	(0001)	$\langle 11\bar{2}0\rangle$	0.43

　*Jillson, D. C., *Trans. AIME*, 188, 1129 (1950).
　†Boas, W., and Schmid, E., *Zeits. für Physik*, 54, 16 (1929).
　‡Burke, E. C., and Hibbard, W. R., Jr., *Trans. AIME*, 194, 295 (1952).

　　第一章的圖1.18爲六方晶的單位晶胞，在圖中，a爲基面上的原子間距，c爲基面間的垂直間距，故c/a爲基面間距的相對度量值，若六方晶金屬原子爲球形，則c/a比值應該都是相同的1.633，然而表5.3所示的值都不相同，從鎘的1.886到鈹的1.586，只有鎂原子最接近球形，$c/a=1.624$，鎘和鋅的基面間距比圓球堆積者大，而鈹、鈦和鋯則較小，顯然基面間距小的六方晶金屬其基面滑移具有非常高的臨界分解剪應力。

表5.3　六方晶金屬的c/a比值

Metal	c/a
Cd	1.886
Zn	1.856
Mg	1.624
Zr	1.590
Ti	1.588
Be	1.586

　13. Anderson, E. A., Jillson, D. C., and Dunbar, S. R., *Trans. AIME*, **197** 1191 (1953).
　14. Tuer, G. R., and Kaufmann, A. R., *The Metal Beryllium*, ASM Publication, Novelty, Ohio (1955) p. 372.
　15. Anderson, E. A., Jillson, D. C., and Dunbar, S. R., *Trans. AIME*, **197** 1191 (1953).
　16. Rapperport, E. J., and Hartley, C. S., *Trans. Metallurgical Society*, *AIME*, **218** 869 (1960).

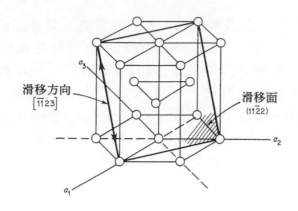

圖5.19　六方晶的{11$\bar{2}$2}＜11$\bar{2}$3＞滑移

　　觀察六方晶金屬鋅和鎘的變形，當基面上的分解剪應力很小時，會在單一的滑移系統上滑移，例如，當拉伸應力軸接近平行於基面時，就會發生這種變形，這種變形的滑移面是{11$\bar{2}$2}，滑移方向是＜11$\bar{2}$3＞，圖5.19所示為此滑移面和滑移方向在六方晶晶胞中的位置。這種變形的重要特徵是＜11$\bar{2}$3＞方向並非六方晶結構的緊密堆積方向，在發現{11$\bar{2}$2}＜11$\bar{2}$3＞滑移之前，所有金屬的滑移方向幾乎全部是緊密堆積方向，這種二階錐面滑移(second-order pyramidal glide)最早是由Bell和 Cahn[17]在鋅晶體上觀察到的，Price利用穿透式電子顯微鏡證實鋅和鎘皆具有這種特性[18,19]，Price不僅確定這種滑移的確存在，更實際出示造成此滑移的差排照片。

六方晶金屬的簡易滑動　鋅、鎘和鎂金屬共同的特點是具有低的臨界分解剪應力和單一的主滑移面、基面。只要滑移面和應力軸有適當的方位排列，則由基面滑移可以產生非常大的應變量。對於這些僅具有單一滑移面的金屬，主滑移面上的多重滑移是不會產生的，因此，其應變硬化率也遠小於面心立方晶體，在拉伸應力-應變曲線的簡易滑動區，不只是幾個百分率，而是可以超過百分之百，事實上，鎂晶體可以拉伸到原來四至六倍長的絲帶狀。

　　這三種六方晶金屬單晶所具有的極大塑性並不適於多晶形態，多晶鎂、鋅或鎘的延性都很低，在前面已經提過單晶的延性大是因為僅在單一晶面上發生滑移的結果，而多晶材料的塑性變形比單晶複雜得多，每個晶粒在變形時都必須適應相鄰晶粒的形狀改變，僅有單一滑移面的多晶金屬沒有足夠的塑性自由度來擴展其變形量。

17. Bell, R. L., and Cahn, R. W., *Proc. Roy. Soc.*, **A239** 494 (1957).
18. Price, P. B., *Phil. Mag.*, **5** 873 (1960).
19. Price, P. B., *Jour. Appl. Phys.*, **32** 1750 (1961).

體立立方晶體　體心立方晶的特性是具有四個緊密堆積方向＜111＞，但是缺少像面心立方晶的八面體面或六方晶的基面之類的緊密堆積平面，圖5.20為體心立方晶格內的最密堆積平面(110)面的硬球模型，此面上有兩個緊密堆積方向[Ī11]與[1Ī1]。

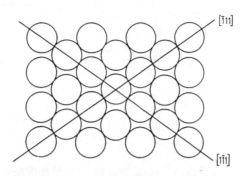

圖**5.20**　體心立方晶格的(110)面

　　體心立方晶的滑移現象的確是發生在晶體的緊密堆積方向，但並非緊密堆積平面上；體心立方晶的滑移方向是緊密堆積方向＜111＞，而滑移面則不固定。體心立方晶的滑移線起伏而不規則，使滑移面的鑑別變得非常困難，體心立方晶的{110}、{112}和{123}面皆被認為是滑移面，但是對單晶鐵的研究顯示，任何包含緊密堆積方向＜111＞的平面都可成為滑移面，而且體心立方金屬的滑移需要高的臨界分解剪應力亦符合其缺少緊密堆積面的情形，常溫下鐵的臨界分解剪應力為28MPa。

5.11　交叉滑移(Cross-Slip)

　　交叉滑移是當晶體內有兩個或以上的滑移面具有共同滑移方向時才會發生的現象，例如六方晶金屬鎂在低溫時可以在基面或稜柱面{10Ī0}發生滑移，這兩組平面具有共同的滑移方向──緊密堆積方向＜11Ī0＞，基面和稜柱面的相對位置如圖5.21(a)和5.21(b)，假設晶體的方位相同(基面平行於上下表面)，第一個圖的晶體在基面上剪移，第二個圖在稜柱面上剪移，第三個圖5.21(c)即是交叉滑移，其滑移面不只一個，是由部分基面與部分稜柱面分段組成的，結果滑移面外形像個階梯。傢俱中的抽屜類似交叉滑移，抽屜的測面與底面在框架中的滑動基本上類似交叉滑移的剪移運動。

　　圖5.22為鎂晶體交叉滑移的照片，照片上的平面相當於圖5.21中晶體的正面，雖然滑移主要發生在稜柱面上，但基面上交叉滑移的部分相當明顯。

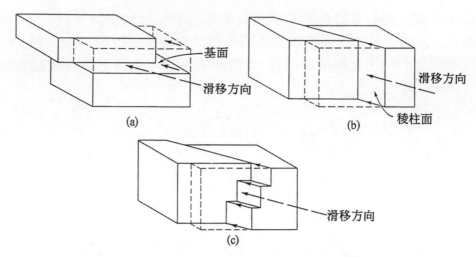

圖5.21　六方晶金屬的交叉滑移：(a)基面滑移，(b)稜柱面滑移，(c)基面與稜柱面的交叉滑移

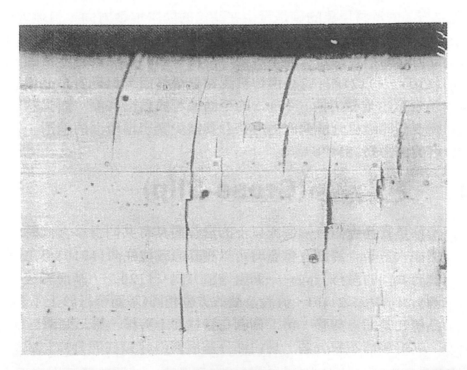

圖5.22　鎂的交叉滑移，垂直的滑移面表示稜柱面{1010}，而水平滑移面為基面(0002)。290×.(Reed-Hill, R.E., and Robertson, W.D., Trans. AIME. 209 496[1957].)

　　發生交叉滑移時，差排產生的變形必須從一個滑移面移到另一個，上面的例子，差排是從稜柱面移到基面再回到稜柱面，唯有旋差排才能從一個滑移面換到另一個滑移面，因刃差排的Burgers向量與差排線垂直，而滑移面必須同時包含這兩者，所以刃差排只能在單一滑移面上移動，旋差排的Burgers向量則與差排線平行，因此能在任何差排所在的平面上運動，圖5.23的示意圖說明旋差排在滑移面上產生階梯的方式。

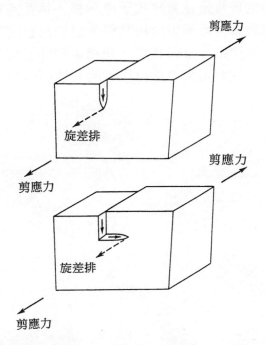

圖5.23　旋差排交叉滑移的運動，上圖差排是在垂直面上移動，下圖則改變滑移面作水平移動

5.12　滑移帶(Slip Bands)

滑移帶是一群密集的滑移線，在低倍率顯微鏡下就像一條大的滑移線。許多金屬的滑移帶呈現起伏而不規則狀，顯示產生這些滑移帶的差排並不限於在單一滑移面上運動，差排由一個滑移面移到另一個滑移面通常是旋差排交叉滑移的結果。

一般需要電子顯微鏡才能鑑別滑移帶內個別的滑移線，但是若觀察的表面幾乎平行於實際作用的滑移帶的滑移面時，有時用光學顯微鏡也可能鑑別出部分組成滑移帶的滑移線。

5.13 雙交叉滑移(Double Cross-Slip)

在研究氟化鋰晶體發現另一個非常重要的現象[20]，移動的差排可以倍增，最適於解釋這種差排倍增現象的機構是雙交叉滑移(double cross-slip)，在5.2節提到過氟化鋰晶體的差排是在雜質粒子處孕核，這些差排的滑移過程是先由小的滑移區域藉著持續應變而發展成滑移帶，這種滑移可以逐漸擴展至覆蓋整個晶體，在圖5.24的照片中，可以看到一些相當窄的滑移帶，以及一些已成長到相當寬度的滑移帶，注意照片中是以成列的蝕坑顯示滑移帶。

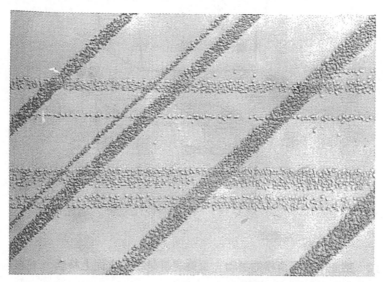

圖**5.24** 氟化鋰在−196℃及0.36％應變所形成的滑移帶。(Johnston,W.G., and Gilman, J.J., Jour. Appl. Phys., 30 129[1959].)

圖5.25說明雙交叉滑移機構的進行過程，原是由Koejhler[21]和Orowan[22]先後提出的。圖(a)假設有一差排環在原滑移面擴張，在圖(b)中差排環中的一段旋差排正因交叉滑移而到交叉滑移面，在圖(c)，交叉滑移的差排最後又回到與主滑移面平行的平面上，現在要注意的是點b到c之間的差排形式類似圖5.1所示的Frank-Read差排源，事實上，這是一個標準的差排源，可以在新的滑移面上生成差排；此外，在原滑移面上的差排環也可以像Frank-Read差排源一樣的作用，這一部分留待讀者自己證明。

20. Johnston, W. G., and Gilman, J. J., *Jour. Appl. Phys.*, **31** 632 (1960).
21. Koehler, J. S., *Phys. Rev.*, **86** 52 (1952).
22. Orowan, E., *Dislocations in Metals*, p. 103, American Institute of Mining, Metal-lurgical and Petroleum Engineers, New York, 1954.

雙交叉滑移機構的重要特徵是，由此生成的Frank-Read差排源會因爲雜質原子沒有足夠的時間聚集在差排處，而比原生差排更容易產生新的差排。

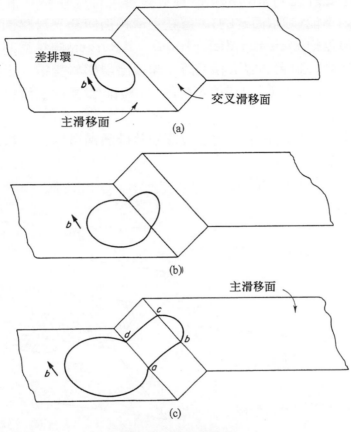

圖5.25　雙交叉滑移

5.14　擴展差排與交叉滑移(Extended Dislocations and Cross-Slip)

面心立方金屬內$\frac{1}{2}<110>$的全差排可以很容易的在兩個八面體面之間交叉滑移，但擴展差排(extended dislocation)則不然，原因如圖5.26所示，在(a)圖中有一$\frac{1}{2}<\bar{1}10>$全差排正由主滑移面(111)交叉滑移至交叉滑移面($11\bar{1}$)，注意這個差排Burgers向量是在兩滑移面交界的方向，圖(b)中有一對應的擴展差排正在主滑移面(111)向下移動，假設在圖5.26(c)中擴展差排的前導部分差排移至交叉滑移面上，因部分差排的Burgers向量是$\frac{1}{6}[\bar{2}11]$，並不在交叉滑移面

$(11\bar{1})$上，故必須改變差排結構，結果產生兩個新的差排，反應如下

$$\tfrac{1}{6}[\bar{2}11] \rightarrow \tfrac{1}{6}[\bar{1}21] + \tfrac{1}{6}[\bar{1}\bar{1}0] \qquad \textbf{5.5}$$

其中Burgers向量$\tfrac{1}{6}[\bar{1}21]$是Shockley部分差排，可以在交叉滑移面上自由移動，另一個差則不能移動(固定的)，留在主滑移面與交叉滑移面的交線上，這種滑移稱為梯棒差排(stair-rod dislocation)，其Burgers向量為$\tfrac{1}{6}[\bar{1}10]$，當疊積缺陷從某個滑移面移到另一個滑移面時，總會出現梯棒差排，上述例子只是其中的一種，注意在圖5.26(c)中梯棒差排的$\tfrac{1}{6}[1\bar{1}0]$向量與兩個滑移面的交線垂，也不在兩個滑移面上。

在擴展差排的交叉滑移中，當後曳部分差排通過滑移面交線時，梯棒差排會消失，反應如下

$$\tfrac{1}{6}[\bar{1}2\bar{1}] + \tfrac{1}{6}[\bar{1}\bar{1}0] = \tfrac{1}{6}[\bar{2}1\bar{1}] \qquad \textbf{5.6}$$

如圖5.26(d)所示。

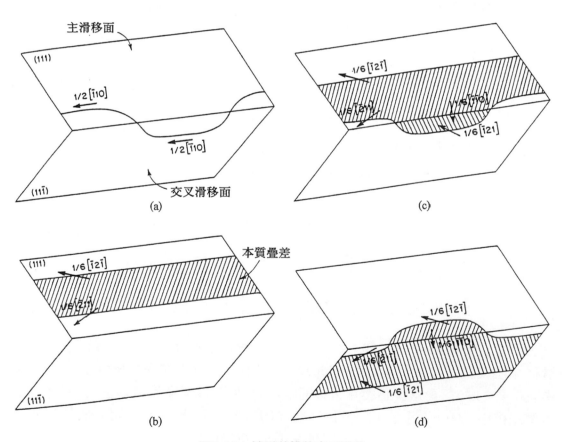

圖5.26　擴展差排的交叉滑移

　　既然擴展差排交叉滑移時需要額外的應變能以生成梯棒差排，因此比全差排要困難得多。

5.15 拉伸和壓縮變形時的晶格旋轉 (Crystal Structure Rotation During Tensile and Compressive Deformation)

　　當單晶受到拉伸或壓縮變形時，晶格通常會發生旋轉，如圖5.27。拉伸時，滑移面和滑移方向傾向平行於應力軸，往往可以藉晶格轉動的結果定出作用的滑移面與滑移方向。圖5.28的標準立體投影中，假設一面心立方晶體受到方向a_1的拉伸應力作用，經過小量的應變後，用反射式Laue照片重定晶體方位，應力軸(在標準立體投影圖)應在新的位置a_2，再作相似的變形後，應力軸應移到第三個方向a_3，正常情況下這三個位置會落在大圓上，大圓軌跡應通過作用的滑移方向，從圖5.28可以看出這個例子的滑移方向是[10$\bar{1}$]，由圖5.29可知這個滑移方向同在(111)和(1$\bar{1}$1)面上，因(111)極與應力軸夾角約45°，而(1$\bar{1}$1)極相對的夾角約90°，可知前者的分解剪應力較大，有效的滑移面應是(111)，通常可以量測試片表面滑移線的方位證明這個事實。

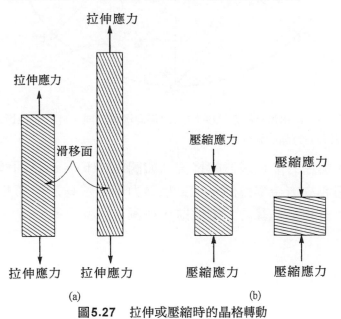

圖**5.27**　拉伸或壓縮時的晶格轉動

注意在圖5.28的例子中，作用的滑移方向是越過應力軸所在的立體投影三角形邊界而最靠近應力軸的＜110＞方向，這個事實可定為面心立方晶拉伸變形時的一般規則。另一個例子，考慮應力軸b位於圖左方的立體投影三角形內且接近$(0\bar{1}0)$極，由上述規則，滑移方向應該是$[0\bar{1}1]$，對應的滑移面應為$(1\bar{1}\bar{1})$。在面心立方晶中，一旦知道滑移方向，就可輕易的定出滑移面，應在應力軸的另一側，而且三個方向約略在同一個大圓上，最後由這個滑移方向和滑移面構成有效的滑移系統，因為這個滑移系統具有最高的分解剪應力。

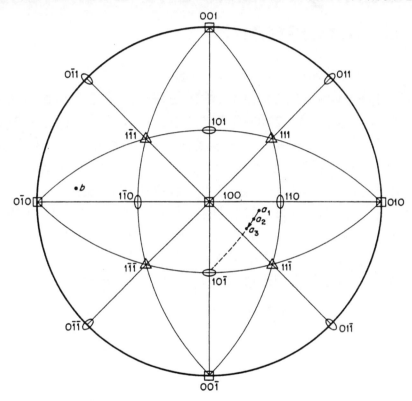

圖5.28 拉伸時晶格旋轉相當於應力軸(a)偏向滑移方向，此立體投影圖所示為面心立方晶的旋轉

現在來考慮壓縮時晶體變形的情況，如圖5.27(b)，滑移面傾向於垂直應力軸，再以單晶面心立方金屬為例，如果把應力軸方位繪於立體投影上，會發現應力軸循著通過滑移面法線的大圓軌跡，如圖5.30所示。

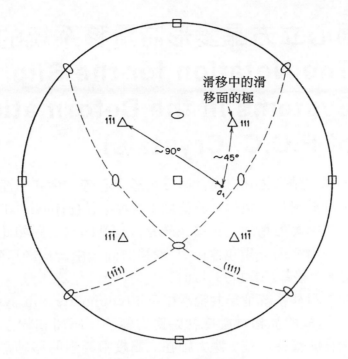

圖5.29　在圖5.28中的應力軸方向距(111)面的極體約45°，距(111)極約90°，這是兩個包含有效滑移方向的滑移面

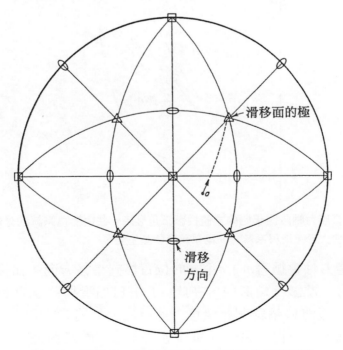

圖5.30　壓縮時，應力軸(a)轉向有效滑移面的極點

5.16 面心立方晶變形時滑移系統的表示法 (The Notation for the Slip Systems in the Deformation of F.C.C. Crystals)

前一節說明應力軸方位在立體投影三角形中心時，會有一組滑移系統因分解剪應力最高而利於滑移，這個系統稱爲主滑移系統(primary slip system)。在圖5.28的例子，初始應力軸的主滑移系統是$(111)[10\bar{1}]$，假如此系統的差排發生交叉滑移，另一滑移面必須包含$[10\bar{1}]$滑移方向，由圖5.29可知是$(1\bar{1}1)$，對應a_1應力軸的交叉滑移系統爲$(1\bar{1}1)[10\bar{1}]$。

另一個重要的滑移系統稱爲共軛滑移系統(conjugate slip system)，這是當晶體因拉伸應力造成的晶格轉動使初始應力轉移出原所在的立體投影三角形時，變成優先滑移的滑移系統，應力軸在立體投影圖上的移動過程如圖5.31，圖中將兩個相關的三角形放大以利觀察。

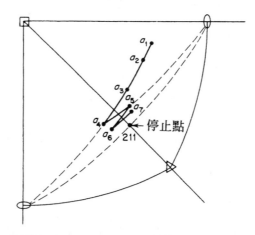

圖5.31 當應力軸離開起始的立體投影三角形時，共軛滑移系統的分解剪應力會大於主滑移系統，使兩系統交替產生變形

前面提過應力軸會循著a_1，a_2和a_3的位置移向滑移方向，而後到達新的位置a_4，這是位於另一投影三角形內，在此$(1\bar{1}\bar{1})[110]$滑移系統具有較大的分解剪應力，因此，共軛滑移系統開始滑移，此時應力軸將會沿著往$[110]$滑移方向的路徑移動。理論上，滑移系統的轉移應該在應力軸剛跨過三角形邊界時就發生，但是總要越過幾度以後共軛滑移系統才會開始作用，超過的角度受許多因

素影響先不在此討論。圖中可以看出共軛滑移系統會使應力軸再度回到原三角形內，例如點a_5，此時主滑移系統再度佔優勢，使應力軸又移向主系統的滑移方向；如此擺盪會重覆數次，最後的結果會到達[211]方向(如圖示)，正好位於通過兩個滑移方向的大圓中點上，這是晶體最後穩定的方位，更進一步的變形也不會改變晶體與應力軸的方位關係。

　　以上的討論是對一給定起始方位軸的晶體定出其主滑移、共軛滑移與交叉滑移系統，這些牽涉到面心立方晶結構三個可能的滑移面，至於第四個，圖5.28中的$(11\bar{1})$面，稱為臨界面(cirtical plane)。

5.17　加工硬化(Work Hardening)

　　圖5.32是多晶純金屬典型的工程應力應變曲線，金屬在過了彈性極限a點開始塑性變形之後，應力仍繼續在增加，流變應力增加表示金屬強度因變形而增加，只要除去試片的負荷，假設是在b點，再重新加上負荷就可證明強度確實增加，試片所受的應力必須達到前次除去負荷時的應力值σ_b，才會開始巨觀的塑性流變。因試片在變形到塑性應變ε_b時，應變應力已從σ_a升高到σ_b，不過若溫度高到使回復(recovery)率很快時，就沒有這個現象。金屬流變時的應力，即流變應力(flow stress)與金屬變形時差排結構的變化有密切的關係。先考慮應力應變不同的表示方式，工程應力應變曲線是以試片原尺寸來表示應力和應變值，這在工程設計時要決定強度與延展性時是非常有用的，但這種表示法卻不易說明金屬加工硬化的本質，此時真應力(true stress)與真應變(true strain)則是較佳的參數，真應力(σ_t)是負荷除以瞬時截面積，

$$\sigma_t = \frac{P}{A} \qquad\qquad 5.7$$

其中P是負荷，A是截面積，假設在塑性流變時體積保持不變，則$A_0 l_0 = Al$，其中的A_0和l_0是初始的截面積和長度，而A和l則是流變開始後任意時間的對應值，由此可得

$$\sigma_t = \frac{P}{A} = \frac{Pl}{A_0 l_0} = \frac{P}{A_0}\frac{(l_0 + \Delta l)}{l_0} = \sigma(1 + \epsilon) \qquad\qquad 5.8$$

其中Δl為試片增加的長度，σ為工程應力，ε為工程應變，方程式簡單的說明真應力等於工程應力乘以一與工程應變的和；真應變則定義如下

$$\epsilon_t = \int_{l_0}^{l} \frac{dl}{l} = \ln\frac{l}{l_0} = \ln(1 + \epsilon) \qquad\qquad 5.9$$

此式表示真實應變為一與工程應變之和的自然對數值。

　　前述真應力與應變的方程式只要試樣均勻的變形即能適用,關於這點,通常假設工程應力應變曲線到達最大應力值(圖5.33的a點)以前是均勻變形,越過此點以後試片開始頸縮,應變會集中在頸縮區域;若只考慮頸縮區域的應力應變行為,則在超越最大負荷點後也可遵循真應力與真應變之間的關係,但必須修正因頸縮產生的凹陷所造成的三軸向應力,且應變要量測頸縮處的直徑,而不是試片標距長,若這些因素都考慮進去,就可以得到圖5.33中上面的應力應變曲線,注意在破斷前真應力一直在增大,圖中的曲線在最大負荷點與破斷點之間似乎是一線近似直線[23],圖5.33的曲線說明在簡單拉伸試驗中,金屬破斷前的真實強度會隨應變增加而增加。

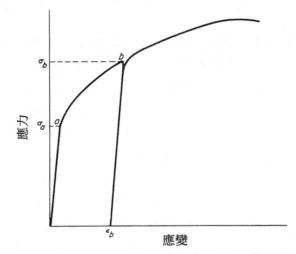

圖5.32　通常試片變形到應變b後除去負荷,要再開始變形

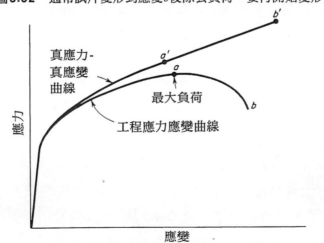

圖5.33　工程應力應變曲線與相對的真應力真應變曲線間的比較

23. Glen, J., *J. of the Iron and Steel Institute,* **186** 21 (1957).

5.18　Considère準則 (Considère's Criterion)

　　Considère[24]提出一個頸縮開始的條件，假設頸縮是在最大負荷點開始，此時

$$dP = Ad\sigma_t + \sigma_t dA = 0 \qquad\qquad \textbf{5.10}$$

此處P是負載，A是截面積，σ_t是真應力，實際上，此式是描述對一應變增量，因試片面積縮減所降低的截面負載能力，與試片因應變硬化而提高強度所增加的負載能力，兩者相等之時，上式可改寫成

$$d\sigma_t = -\sigma_t \frac{dA}{A} \qquad\qquad \textbf{5.11}$$

在塑性變形時，體積保持不變是個合理的假設，因此，

$$dV = d(Al) = ldA + Adl = 0 \qquad\qquad \textbf{5.12}$$

或

$$\frac{dA}{A} = -\frac{dl}{l} \qquad\qquad \textbf{5.13}$$

其中l是試片標距長，dl/l是真應變ε_t，故

$$\frac{d\sigma_t}{d\epsilon_t} = \sigma_t \qquad\qquad \textbf{5.14}$$

這就是頸縮的Considère準則，當真應力真應變曲線的斜率$d\sigma/d\varepsilon$等於此時的真應力σ時，開始發生頸縮，此式有助於說明面心立方晶與體心立方晶金屬之間應力應變曲線的基本差異。

5.19　差排密度與應力的關係 (The Relation Between Dislocation Density and the Stress)

　　由於穿透式電子顯微鏡的發展，使現在可以直接探討金屬變形後的差排結構，這些研究的結果指出大部分的金屬其差排密度與流變應力間存在著簡單的關係，譬如圖5.34假設表示某金屬一般的應力應變曲線，現在有一系列的試片

　　24. Considère, *Ann. ponts et chaussees*, 9, ser 6 p. 574 (1885).

作不同應變量的變形，如線上標示的點，達到應變量後除去負荷，再用電子顯微鏡量測金屬箔的差排密度。圖5.35為一組鈦金屬試片的實驗結果，其中包含三種晶粒大小不同的試片，注意所有的點都在同一直線上，由此可證實應力與差排密度平方根成線性關係的假設，即

$$\sigma = \sigma_0 + k\rho^{1/2} \qquad\qquad 5.15$$

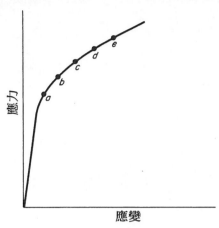

圖5.34　以拉伸試驗測定差排密度對應變的變化，一組拉伸試片沿應力應線曲線作不同的應變，如a至f，試片再製成穿透式電子顯微鏡的箔片

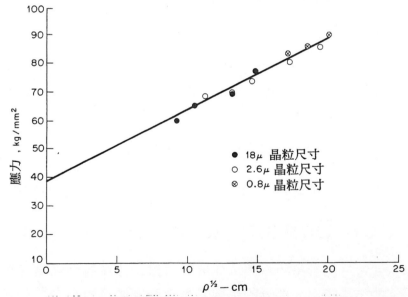

圖5.35　鈦在常溫時變形的流變應力 σ 隨差排密度平方根 $\rho^{1/2}$ 而變，應變率10^{-4} sec^{-1}。(After Jones, R.L., and Conrad,H., TMS-AIME, 245 779[1969].)

此處 ρ 是量得的差排密度，單位是單位體積內公分長，k是常數，σ_0是$\rho^{1/2}$外插到零的應力，此結果成為金屬加工硬化與內部增加的差排密度有直接關連的適

切證據，雖然上式是由多晶試片而得，但在單晶試片上也可以得到這關係，此時以作用於滑移面的分解應力表示會更適宜，而得

$$\tau = \tau_0 + k\rho^{1/2}$$　　　　**5.16**

其中 τ_0 是外插至差排密度為零時的剪應力，事實上，若差排密度為零時金屬不會產生變形，因此，最好將 σ_0 和 τ_0 視為簡便的常數，沒有物理意義。

5.20　Taylor關係式(Taylor's Relation)

1934年Taylor[25]提出一個理論關係式，與實驗觀察所得流變應力與差排密度關係式基本上相同。他所用的模型是假設所有的差排都在平行的滑移面上移動，且彼此相互平行，Serger[26]與其研究群使此模型更完備，簡言之，這是假設若以單位面積上與差排相交的數目表示差排密度，則差排間的平均距離正比於 $\rho^{-1/2}$，如4.10節所示，差排應力場隨 $1/r$ 而變，通常可以寫成

$$\tau \approx \frac{\mu b}{r}$$　　　　**5.17**

此處 μ 是剪模數，b 是Burgers向量，r 是差排的距離，現在考慮在平行的滑移面上有兩條刃差排，若符號相同，則彼此間會有排斥力；若符號相反，則為吸引力。無論如何，差排要在滑移面上持續的滑動必須要克服此一作用力，既然差排的平均間距正比於 $\rho^{-1/2}$，可得

$$\tau = \alpha \mu b \rho^{1/2}$$　　　　**5.18**

或　　　　$$\tau = k\rho^{1/2}$$　　　　**5.19**

其中 k 為比例常數等於 $\alpha \mu b$。

5.21　差排速度
(The Dislocation Velocity)

Johnston和Gilman[27,28]對氟化鋰的研究，使我們增加許多關於差排移動的知識，在5.2節已描述過一些他們的實驗結果。研究氟化鋰晶體主要的優點是能夠控制產生少量的差排，進而可以定量觀察旋差排與刃差排的移動情形，關

25. Taylor, G. I., *Proc. Roy. Soc.*, **A145** 362, 388 (1934).
26. Seeger, A., *Dislocations and Mechanical Properties of Crystals*, p. 243. John Wiley and Sons, New York, 1957.
27. Johnston, W. G., and Gilman, J. J., *Jour. Appl. Phys.*, **30** 129 (1959).
28. Johnston, W. G., *Jour. Appl. Phys.*, **33** 2716 (1962).

於這點，在金屬晶體通常十分困難，因即使很小的變形也會產生相當高的差排密度，使觀察個別差排的運動變得很困難。先前曾提過利用圖5.4的實驗方法，可以將差排移動的距離除以應力作用的時間測量差排速度，即$v = d/t$，其中v是差排速度，d是標示差排起始與終止位置的蝕坑間距，t是應力作用時間，對一組已知條件(即溫度、應力大小與作用時間)，可以量測足夠數量之同型差排移動的平均距離，以獲得該條件下的差排速度。

這些作者有一個有趣的觀察結果，在氟化鋰晶體中刃差排的移動一般比旋差排快50倍，其他則相同。Johnston和Gilman研究定溫下差排速度與應力大小的關係時，發現當差排速度低於0.1cm/sec時，速度的對數值與剪應力的對數值之間相當符合線性關係，即

$$\ln v \propto \ln \tau \qquad\qquad\qquad 5.20$$

意指剪應力與差排速度是乘冪的關係，Johnston和Gilman以下式表示

$$v = \left(\frac{\tau}{D}\right)^m \qquad\qquad\qquad 5.21$$

其中v是差排速度，τ是作用的剪應力，m是差排速度的應力指數，D是使差排速度達到1cm/sec(0.01m/sec)的應力值。

在室溫下測試一些氟化鋰晶體，Johnston和Gilman得到$D = 540\,\text{gm/mm}^2$(530MPa)，$m = 16.5$，舉例而言，室溫下(300K)剪應力τ為2.65MPa可使差排速度達到

$$v = \left(\frac{2.65}{5.30}\right)^{16.5} = 1.1 \times 10^{-5} \text{ cm/s.} \qquad\qquad 5.22$$

這些作者也探討在固定應力作用下，差排速度對絕對溫度的變化，發現速度的對數正比於絕對溫度的倒數

$$\ln v \propto \frac{1}{T} \qquad\qquad\qquad 5.23$$

其中v是差排速度，T是絕對溫度，因此，Johnston和Gilman將速度v對應力與溫度的關係表示成

$$v = f(\sigma)e^{-E/kT} \qquad (+25°C > T > -50°C) \qquad 5.24$$

其中v是差排速度，$f(\sigma)$表示差排速度與應力關係因式，k是波茲曼常數，E是活化能，T是絕對溫度。在第廿三章會給5.24式更好的型態。

5.22 差排運動的不連續性 (The Discontinuous Nature of Dislocation Movement)

　　Johnston和Gilman另一個重要的實驗是，在應力作用下浸蝕氟化鋰晶體，結果生成一列蝕坑，如圖5.36的示意圖，顯示的是一小差排環的運動過程，差排環與表面形成兩個交點，在陣列中央兩個方形平底狀大蝕坑，標示出測試開始時的差排位置，陣列兩端具有較尖細底部的小蝕坑，是最後終止的位置，在起始與終止位置之間有一系列平底狀蝕坑，且愈靠近終止位置的大小愈小，這表示在差排由起點到終點的運動過程中，形成的蝕坑的浸蝕時間愈來愈短，這些蝕坑可以認為是在外力作用期間，差排運動時暫停位置的標示，無疑的，這個實驗證明了差排的運動並非平滑運動，而是分段的，簡言之，差排在快速的移動一段短距離後，停在某一障礙前並等待通過，然後再快速移動到下一個障礙處，目前普遍認為是熱振幫助作用的應力克服這些障礙，使差排移動，因此差排速度較好的表示法是

$$v = \frac{l}{t_f + t_w} \qquad \text{5.25}$$

其中l是障礙間的平均間距，t_f是差排在障礙之間疾行的時間，t_w是差排在障礙處等待獲得足夠熱能以穿越障礙的平均停留時間。

　　依觀察的經驗，強烈顯示t_w遠大於t_f，因而可以略去後者，使

$$v = \frac{l}{t_w} \qquad \text{5.26}$$

通常t_w不只取決於溫度，與應力也有關，此一結果極符合5.21式所示差排速度取決於應力以及5.23式中的溫度兩種關係。

圖5.36 Johnston和Gilman在應力作用下浸蝕氟化鋰結果的示意圖

5.23 Orowan方程式 (The Orowan Equation)

在此要導的是試片中差排速度與外加應變率之間的關係，此式即Orowan方程式。

如圖5.37(a)與5.37(b)所示，當一差排完全通過其滑移面時，晶體的上半部相對於下半部作一Burgers向量的位移，經推導與嚴謹的證明[29]（圖5.37(c)），若差排僅移動一距離Δx，則晶體上表面的剪移量等於$b(\Delta x/x)$，此處x是滑移面全長，易言之，上表面的位移正比於差排通過滑移面的比率，即$b(\Delta A/A)$，此時A是滑移面面積，ΔA是差排通過的面積，因剪應變γ等於位移$b(\Delta A/A)$除以金屬高z，則

$$\Delta\gamma = \frac{b\Delta A}{Az} = \frac{b\Delta A}{V} \qquad 5.27$$

既然Az是晶體的體積，若有n條長度為l的刃差排移動了一平均距離$\Delta\bar{x}$，這關係變成

$$\Delta\gamma = \frac{bnl\Delta\bar{x}}{V} = \rho b\Delta\bar{x} \qquad 5.28$$

其中差排密度ρ即等於nl/V，若是在時間Δt之內，這些差排移動了平均距離$\Delta\bar{x}$，則

$$\frac{\Delta\gamma}{\Delta t} = \dot{\gamma} = \rho b\bar{v} \qquad 5.29$$

其中γ為剪應變率，$\bar{v}$為差排平均速度。

上式雖是由平行刃差排導出的，但是個通式，習慣上ρ表示金屬內全部可移動差排的密度，其平均速度為$\bar{v}$，此外，若ε表示多晶金屬的拉伸應變率，可以假設

$$\dot{\varepsilon} = \frac{1}{2}\dot{\gamma} = \frac{1}{2}\rho b\bar{v} \qquad 5.30$$

此處的1/2是近似Schmid方向因子。

29. Cottrell, A. H., *Dislocations and Plastic Flow in Crystals*, p. 45, Oxford Press, London, 1953.

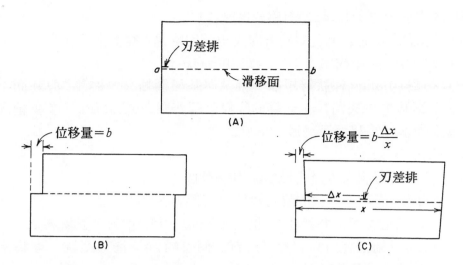

圖5.37 晶體上下半部的相對位移正比於差排在滑移面移動的距離

問題五

5.1 若將圖5.1中晶體上下表面的剪應力 τ 除去,並加在前後兩面,使前面的應力向上,背面向下,是否有任何一段Frank-Read差排會因此應力而移動?試解釋之。

5.2 (a)再參考圖5.1,若一水平拉伸應力作用於晶體的左右兩面上,試描述晶體中差排組態發生的變化。

(b)若(a)中的拉伸應力改為壓縮應力,又如何。

5.3 一面心立方晶的八面體面有三個滑移系統,假設一拉伸應力2MPa沿金晶體[100]方向作用,金的臨界分解剪應力為0.91MPa,試定量證明(111)面上任何滑移系統不會因此應力的作用而產生可量測的滑動。

5.4 在立方晶(100)標準投影圖(圖1.33)上繪出(111)極與對應的大圖平面,在(111)大圓中標示出三個<1$\bar{1}$0>滑移方向,然後繪出[310]方向,若一拉伸應力沿[310]方向作用,對此應力軸方位,(111)[10$\bar{1}$]滑移系統的Schmid因子($\cos\theta\cos\phi$)的大小為何。

5.5 剪應力會使面心立方晶沿{111}面形成變形雙晶,且雙晶剪移方向是<112>。

(a)用5.4式證明[1$\bar{2}$1]和[11$\bar{2}$]方向位於(111)面上。

(b)若拉伸應力作用於[711]方向,試求(111)[$\bar{2}$11],(111)[1$\bar{2}$1]和(111)[11$\bar{2}$]雙晶系統的Schmid因子。

5.6 用5.4式證明立方晶$(\bar{4}22)$面屬於區軸$[111]$。

5.7 (a)試求立方晶$[123]$與$[321]$方向夾角,用附錄A檢查你的答案。
(b)在$<321>$方向族中找出方向夾角85.90°的組合。

5.8 一直徑為10mm圓柱狀鋅單晶,縱軸與基面極軸夾角85°,與基面上最密的$<11\bar{2}0>$滑移方向夾角7°,若鋅的臨界分解剪應力0.20MPa,多少軸向負荷才會使晶體因基面滑移面而變形,單位為
(a)牛頓,(b)公斤力。

5.9 試回答下列有關六方緊密堆積晶體的滑移:
(a)以$\{11\bar{2}2\}$面的極點為轉軸的旋轉滑移有可能發生嗎?
(b)$(11\bar{2}2)[\bar{1}\bar{1}23]$滑移可能會產生彎曲滑動(bend gliding)嗎?試解釋之。

5.10 (a)若應力軸沿著$[0001]$軸且僅有三個$<11\bar{2}0>$滑移系統,理論上是否可能以壓縮方式使鋅晶體變形,試解釋之。
(b)若$(11\bar{2}2)[\bar{1}\bar{1}23]$滑移系統可作用,則晶體是否能夠變形。

5.11 一金屬箔片,在4公分乘4公分且放大倍率為20000X的TEM照片上,量得差排總長為400cm,金屬箔的厚度是300nm,試求其差排密度。

5.12 以Burgers向量(用向量符號)表示能在面心立方晶(111)面與$(1\bar{1}1)$面間交叉滑移的差排。

5.13 在一些六方緊密堆積金屬中觀察到,Burgers向量$\frac{1}{3}<11\bar{2}3>$的差排可在(0001),$\{10\bar{1}0\}$和$\{10\bar{1}1\}$面間交叉滑移,試鑑別Burgers向量$\frac{1}{3}[\bar{1}123]$的差排可移動的平面。

5.14

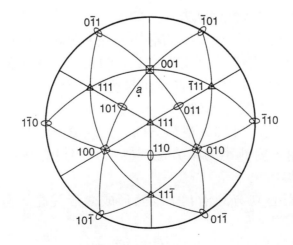

(a)圖示為面心立方晶(111)標準投影圖且繪出標準立體三角形，設圖中點a為拉伸應力軸方位，試在圖中指出在拉伸變形中晶軸變化的路徑。

(b)寫出應力軸最後方位的Miller指標。

5.15　現在考慮點a為壓縮應力軸，試在立體投影圖中表示此軸移動路徑並判斷最後的方位。

5.16　如問題5.14的拉伸變形，試定出其主滑移、共軛滑移和交叉滑移系統，以及臨界面的指標。

5.17　Johnson和Gilman的報告指出氟化鋰晶體受固定1100gm/mm²(10.8MPa)的應力作用，在249.1K時差排速度6×10^{-3}cm/s(6×10^{-5}m/s)，在227.3K時為10^{-6}cm/s(10^{-8}m/s)，他們從數據中發現差排速度與絕對溫為Arrhenius關係，可寫成$v = A \exp(-Q/RT)$，v是差排速度，A是比例常數，Q是有效的活化能，單位J/ml，R是氣體常數(8.314J/mol·K)，T是絕對溫度，用上面的數據，求出在1100gm/mm²的應力下氟化鋰晶體的Q和A值，Q值可用下式求得

$$\ln v_1 - \ln v_2 = Q/R(1/T_2 - 1/T_1)$$

求出Q值後再代回Arrhenius關係式求A值。

5.18　(a)Johnston和Gilman發現在定溫下，差排速度遵守乘冪定律(5.21式)。假設差排速度的指數m為16.5，且速度1cm/s時的應力為5.30MPa，試求差排速度為5.22式5倍所需的應力是多少MPa，(b)也用psi作答。

5.19　拉伸試驗機典型的夾頭速度是0.2in/min。

(a)一標距長2in的典型工程拉伸試片，用這種夾頭速度，其工程應變率是多少？

(b)試估計在差排密度10^{10}cm/cm³的鐵試片中，這種應變率所得到的差排速度是多少，設鐵的Burgers向量0.248nm。

(c)若以很慢的應變率10^{-7}s⁻¹，上述鐵試片內的差排速度是多少？

5.20　一拉伸試片在工程應變0.20時開始頸縮，對應的工程應力值是1000MPa，試求頸縮開始時的加工硬化率。

5.21　一拉伸試驗的試片具有圓柱形標距，直徑10mm且長度40mm，破斷後標距總長50mm，面積縮成90％，斷裂時的負荷是1000N。試計算：

(a)試片伸長量；(b)工程破斷應力；(c)真的破斷應力，忽略在頸縮部分的三軸向修正；(d)頸縮的真應變。

5.22　Hollomon方程式

$$\sigma_t = k\epsilon_t^m$$

其中k和m為能大致趨近應力應變曲線的常數。

(a)設$k=750$MPa且$m=0.6$，若最大負荷點的真應力為552MPa，則最大負荷時的真應變是多少？

(b)比較最大負荷時的m和ε_l。

(c)試證明，在最大負荷點時通常$m=\varepsilon_l$。

5.23　圖5.35中通過數據的曲線斜率約等於$2.55\times10^{-4}\dfrac{kg}{mm^2}\cdot cm$，試計算流變應力由$588$增加至$784$MPa時，相對增加若干差排密度(用Jones和Conrad的鈦的數據)。

第六章
晶界的要素
(Elements of Grain Boundaries)

6.1　晶界(Grain Boundaries)

　　前面的章節主要探討的是純金屬在單晶形態的性質。研究單晶可以瞭解許多基本現象，但基本上單晶只是個實驗工具，很少用於金屬商品，通常這些物品是由無數的微晶粒組成的，圖6.1為一典型的多晶(polycrystalline)試片放大350倍的結晶構造，晶粒的平均直徑約0.05mm，每一晶體是由黑線隔開，此即晶界(grain boundary)，晶界看來都有些寬度，這是為了顯示其存在而以酸性溶液浸蝕表面的結果，一個拋光良好的純金屬多晶試片，若未經浸蝕，在顯微鏡下是一片全白的影像，看不到晶界，因此，晶界的寬度是很小的。

圖6.1　多晶鋯試片的極化光照片，照片中是以不同的色調以及代表晶界的黑線區分個別的晶粒，350X(Photomicrograph by E.R. Buchanan.)

　　在決定金屬的性質時，晶界佔很重要的角色，例如，低溫時的晶界通常相當強，可強化金屬，事實上，受到高度應變的純金屬和大部分的合金，在低溫破斷時，裂隙是通過晶粒內部而非晶界，這種破斷稱為穿晶(transgranular)，然而，在高溫和低應變率下，晶界強度的衰減比晶粒快得多，結果破斷不再穿過晶粒而是沿著晶界，這種破斷稱為沿晶破斷(intergranular fractures)，隨後將討論晶界一些其他的特性。

6.2　小角度晶界的差排模型 (Dislocation Model of a Small-Angle Grain Boundary)

在1940年Bragg和Burgers兩人提出相同結構的晶粒間晶界可視爲差排的陣列，若兩晶粒間的相對方位僅有輕微差異時，可以很容易繪出晶界的差排模型，圖6.2(a)所示即簡單立方晶內這種晶界的例子，右邊的晶粒相對於左邊的晶粒以[100]方向(垂直於紙面的方向)爲軸旋轉，a和b兩點之間的線表示晶界，晶界兩側的晶格在下方朝晶界傾斜，結果靠近晶界的某些晶面終止於晶界而形成正刃差排，晶粒間相對旋轉的角度愈大，則終止於晶界形成差排的晶面愈傾斜，晶界上的差排間距也愈小，因此由晶界上差排的間距即可知晶格之間的傾斜角，關係式很簡單，由圖6.2(b)可得

$$\sin \theta/2 = b/2d \qquad\qquad\qquad\qquad 6.1$$

此處b是晶界上差排的Burgers向量，d是差排間距。若晶格間旋轉的角度很小，可以用θ/2取代sinθ/2，則由簡單刃差排組成的晶界其傾斜角關係式可簡化成

$$\theta = b/d \qquad\qquad\qquad\qquad 6.2$$

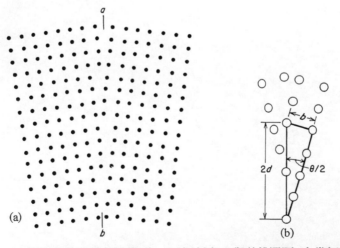

圖6.2　　(a)小角度晶界的差排模型，(b)傾斜角θ與差排間距d之幾何關係

在5.2節已說明過小角度晶界的實驗證據，使用適當的浸蝕液會侵蝕金屬表面差排與表面的交接處，由刃差排所組成的小角度晶界會出現一列列明顯的蝕坑，依據前面討論的結果，蝕坑(差排)的間距可決定晶界兩側晶格相對旋轉

的角度，事實上，由X光繞射測得的晶格旋轉角符合用差排間距預測的值，由此可確定小角度晶界差排模型的正確性，圖6.3即為鎂晶體低角晶界的照片，用穿透式電子顯微鏡也可觀察到低角晶界，圖6.4即為一例。

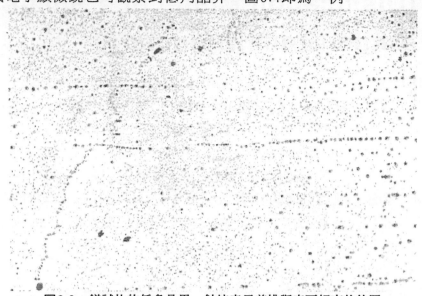

圖6.3 鎂試片的低角晶界，蝕坑表示差排與表面相交的位置

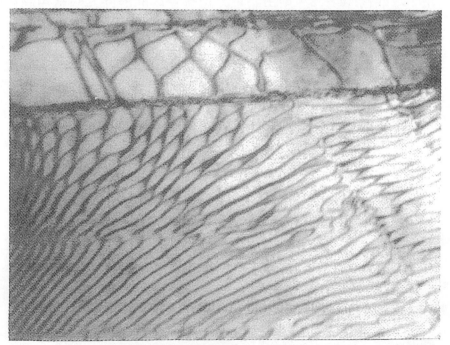

圖6.4 含13.2at％鋁的銅試片在拉伸變形0.7％後以穿透式電子顯微鏡觀察到的低角晶界，此晶界具有傾斜與扭轉兩種特徵，放大倍率：32000X。
(Photograph courtesy of J. Kastenbach and E.J. Jenkins.)

　　圖6.2的晶界只是個特例，其中只考慮兩個晶格依某一共同的晶格方向(立方體邊[100])作一輕微的轉動，這當然不能代表晶界的一般狀況，晶粒間錯角較大所形成的複雜晶界必定牽涉非常複雜的差排陣列，至今仍未找出這些結構的簡單模型。

　　要建立大角度晶界的差排模型之主要困難在於，當晶粒間的錯角變大時，差排會靠得太近，以致於根本無法鑑別。

6.3　晶界的五個自由度
(The Five Degrees of Freedom of a Grain Boundary)

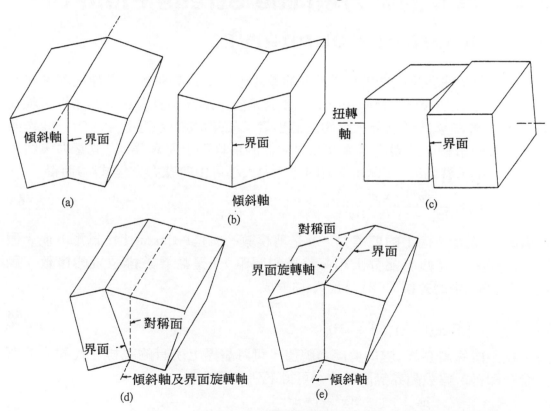

圖6.5　晶界的五個自由度

　　圖6.2的晶界的特點，不只是晶界的方位錯角小，而且僅有一個自由度。實際上，晶界有五個自由度，如圖6.5所示，圖6.2的晶界即是其中的圖例(a)，兩個晶體對稱於一個指出紙面的水平軸相互傾斜，稱為簡單對稱的傾斜晶界

(tilt boundary)。圖例(b)則是具有垂直傾斜軸的對稱傾斜晶界，(c)是另一種不同的排列方式，兩個晶粒以晶界法線爲軸旋轉，不像(a)和(b)的傾斜晶界軸是在晶界上，稱爲扭轉晶界(twist boundary)，這種晶界通常包含有兩組不同的旋差排陣列，就如同先前在5.4節討論的旋轉滑移。

　　剛剛所列的例子是兩個晶體間方位排列的幾個不同的基本方式，每一種情況都假設晶界是位於兩晶體間的對稱位置，除此之外，晶界本身還有兩個自由度，如圖6.5(d)和6.5(e)，說明晶界不一定要處於兩晶體間的對稱位置，可分別以兩個相互垂直的軸旋轉，因此，如圖6.5所示，有三種方式可以讓晶體間相互傾斜或扭轉，而且有兩種調整晶界位置的方式。在多晶金屬內，一般的晶界通常在不同程度上包含了全部的五個自由度，顯然一般的晶界都很複雜。

6.4　晶界的應力場(The Stress Field of a Grain Boundary)

　　如今已知除非是在非常靠近晶界的距離，否則在晶粒或次晶粒內部是沒有晶界的長程應力(long-range stress)，也就是說，晶界不具有長程應力場。現在就用圖6.2的簡單傾斜晶界來說明這個事實，如圖6.6的示意圖中，有一通過某晶界差排的滑移面，現在考慮在晶界右側的滑移面上距離爲x的剪應力，由某一晶界差排，譬如a，在此處造成的剪應力大小可由剪應力方程式4.9而得

$$\tau_{xy} = \frac{\mu b}{2\pi(1-v)} \cdot \frac{x(x^2 - y^2)}{(x^2 + y^2)^2} \qquad\qquad 6.3$$

此處的 τ_{xy} 是滑移面上的剪應力， μ 是剪模數， v 是Poisson比，爲了方便，假設$y = -nd$，d是傾斜晶界上相鄰差排的間距，n是晶界差排位置的序數，因此，在圖6.6中的差排a，$n = 2$且式6.3變成

$$\tau_{xy} = \frac{\mu b}{2\pi(1-v)} \cdot \frac{x(x^2 - 4d^2)}{(x^2 + 4d^2)^2} \qquad\qquad 6.4$$

　　在距離傾斜晶界x處的剪應力總值，可將晶界上所有的差排在此建立的應力合計即得，假設晶界無限延伸，可得下列方程式

$$\tau_{xy} = \frac{\mu b}{2\pi(1-v)} \sum_{n=-\infty}^{n=+\infty} \frac{x[x^2 - (-nd)^2]}{[x^2 + (-nd)^2]^2} \qquad\qquad 6.5$$

在差排理論中，可找到此式的解[1]

$$\tau_{xy} = \frac{\mu b}{2(1-v)} \frac{\pi x}{d^2 (\sinh^2(\pi x/d))} \qquad\qquad 6.6$$

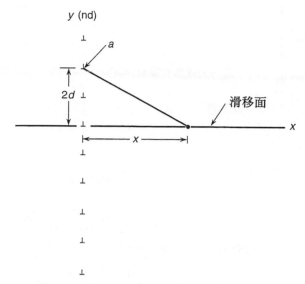

圖6.6 計算簡單傾斜晶界應力之參數示意圖

此處的 τ_{xy} 是滑移面上的剪應力，μ 是剪模數，x 是在滑移面上與晶界的距離，ν 是Poisson比，d 是晶界上差排間距。圖6.7(a)是 τ_{xy} 以 x 為函數作圖，圖中假設是鐵金屬，其 $\mu = 86$GPa，$\nu = 0.3$，且 $b = 0.248$nm，另外也假設晶界上的差排間距 d 是 $22b$，得到是左下方的曲線，注意晶界造成的剪應力隨 x 增加而急速下降，為了說明實際上減少的有多快，另外以晶界與滑移面交界處的差排，繪出單一差排的剪應力分佈，這條曲線位於右上方，可以看出當 x 值很小時，晶界造成的剪應力分佈趨近單一差排的值，在圖6.7(b)將剪應力軸放大十倍，可以更清楚說明晶界應力隨 x 值而急速衰減的情形，在圖上的水平線代表鐵的臨界分解剪應力(CRSS)，單一差排所建立的剪應力在圖示的範圍皆超過鐵的臨界分解剪應力，而晶界的應力場在距離為 $25b$ 時即降到此應力值，而且，當距離大於 $50b$ 時，即可忽略晶界的應力。

1. Hirth, J. P., and Lothe, J., *Theory of Dislocations*, 2nd ed., p. 731, John Wiley and Sons, New York, 1982.

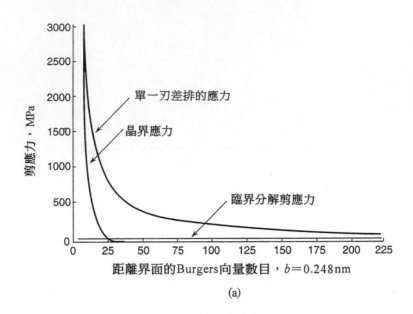

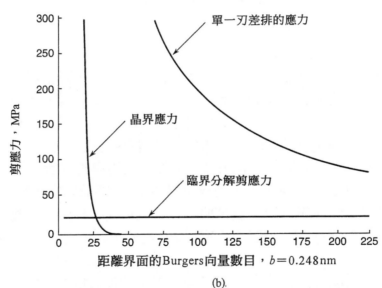

圖 6.7　(a)傾斜晶界和單一刃差排的應力 τ_{xy}，以Burgers向量為距離函數，(b)
同(a)但將應力軸放大 $d=22b$

6.5　晶界能(Grain-Boundary Energy)

　　如第4.13與4.14節所述，因差排附近的原子偏離了正常的平衡位置，無論
是旋差排或是刃差排皆伴隨著應變能，其實任何差排不論是何種型態都有應變
能。既然晶界可視為是由差排組成的，晶界應該也具有應變能，因為晶界是二

維的，能量通常以單位面積來表示。

　　為了說明晶界能的特性，考慮如圖6.2和6.6的簡單傾斜晶界，由方程式6.6開始計算傾斜晶界能，依據Hirth和Lothe[2]的推導，先假設有兩個無限大且相互平行的晶界，一個由正刃差排組成，另一個是負刃差排，而且晶界上每一條正刃差排在其滑移面另一端的晶界上，也存在另一條負刃差排，若晶界間的距離很遠，則形成兩個晶界的比能值(specific energy)應是形成單一晶界的兩倍。

　　現在假設在同一滑移面上有一對正和負刃差排，兩者之間的距離是 $r_0 = b/\alpha$，此處的 α 是差排軸心應變能因子，在這個距離，兩差排的軸心能量(core energy)會相互抵消，然後將兩者分離，分開兩者所作的功應等於兩差排相互作用的能量，接著考慮正刃差排在無限遠的晶界上，並將負刃差排視為單一差排，則晶界對負刃差排單位長度的吸引力為 $\tau_{xy}b$，由此可知，在晶界上的差排，其單位長度的能量等於交互作用總能的一半，可得

$$w_{bd} = \frac{1}{2} \int_{r_0}^{\infty} \tau_{xy} b\, dx \qquad\qquad 6.7$$

其中的 τ_{xy} 同式6.6。令 $\eta = \pi x/d$，且 $\eta_0 = \pi b/\alpha d$，則式6.7成為

$$w_{bd} = \frac{\mu b^2}{4\pi(1-\nu)} \int_{\eta_0}^{\infty} \frac{\eta\, d\eta}{\sinh^2 \eta} \qquad\qquad 6.8$$

將上式乘以單位面積上的差排數 $1/d$，即可得晶界上單位面積的能量 γ_b，故

$$\gamma_b = w_{bd}/d = \frac{\mu b^2}{4\pi(1-\nu)} [\eta_0 \coth \eta_0 - \ln(2\sinh\eta_0)] \qquad\qquad 6.9$$

　　若傾斜晶界的傾斜角小於幾度之間，可以6.2式的 $\theta = b/d$ 代入，此處 b 是Burgers向量，d 是晶界上相鄰差排的間距，如此 η_0 會很小而6.9式可表示成

$$\gamma_b = \frac{\mu b}{4\pi(1-\nu)} \theta(\ln \alpha/2\pi - \ln\theta + 1) \qquad\qquad 6.10$$

其中 γ_b 是晶界單位面積能量，μ 是剪模數，b 是Burgers向量，θ 是晶界傾斜角，α 是差排軸心能量因子，ν 是Poisson比，基本上這就是曾用來繪出圖6.8的Shockley-Read方程式，圖中實線表示Shockley-Read方程式而黑點是實驗值，如今認為圖6.8中在較高 θ 值時實驗值與理論曲線的相關性只是一種巧合，理論上，只有在角度很小時，6.10式的精確度才會在實驗誤差內，現在有興趣的是比較小角度的解6.10式和大角度的解6.9式，如圖6.9，此處仍假設是

　　2.　Hirth, J. P., and Lothe, J., *Theory of Dislocations*, 2nd Ed., p. 740. John Wiley and Sons, New York, 1982.

鐵，$\mu = 68\text{GPa}$，$b = 0.248\text{nm}$，，$\nu = 0.3$，且 $\alpha = 4$，當角度大於0.15弳度(8.6°)時兩條曲線明顯開始分叉。

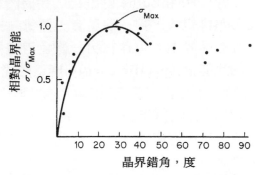

圖6.8 相對晶界能為晶界錯角的函數，實線為理論曲線圓點是Dunn測量矽鐵的實驗數據。(After Dislocations in Crystals, by Read, W.T.,Jr. Copyright 1953. McGraw-Hill Book Co., Inc., New York.)

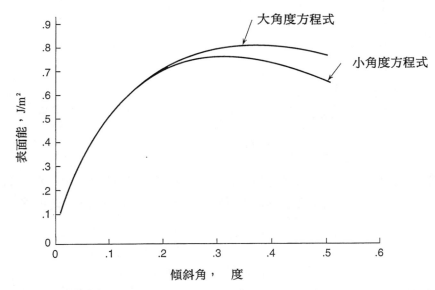

圖6.9 傾斜晶界表面能 γ_b 為傾斜角 θ 的函數，曲線是由小角度與大角度晶界能方程式而得

在 γ_b 對 θ 的方程式6.7中，有一重要的因子是積分下限 r_0 的大小，既然 $r_0 = b/\alpha$，α 為差排軸心應變能因子，故 α 決定 r_0 值。圖6.10清楚的說明 α 的重要性，其中是以大角度方程式(式6.9)繪出的三條曲線，分別對應 α 值為1、2和4，其他的參數與圖6.9相同，$\alpha = 4$ 的曲線具有最高的表面能，而 $\alpha = 1$ 最小。

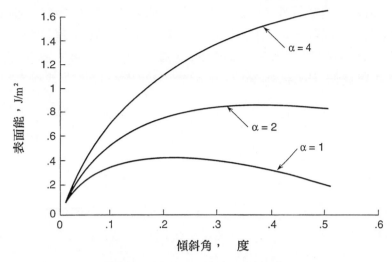

圖6.10　α 在 γ_b 對 θ 曲線上的效應

6.6　低能差排結構(Low-Energy Disloca-tion Structures, LEDS)

　　由前一節的討論，傾斜晶界明顯的具有表面能，一般的晶界也是。因傾斜晶界單純，研究此型晶界可以得知很多晶界的基本特性。雖然傾斜晶界完全是由相同符號與Burgers向量的差排組成的，但已經證明不具有長程剪應力場，因圖6.6的晶界差排在x點建立的剪應力方向與差排所在位置有關，圖6.11是晶界差排提供的 τ_{xy} 值對其序數n作的圖，注意n值小的差排的貢獻是大的正值，當n增大時貢獻變成負值，結果在x點上最後的剪應力 $\tau_{(xy)}$ 變得非常小。

　　接著是晶界在x點的正應力 σ_{xx} 和 σ_{yy}(normal stress)，因 σ_{xx} 與 σ_{yy}(式4.9)具反對稱性(anti-symmetrical)，故傾斜晶界上所有差排貢獻的正應力總和為零，簡言之，在滑移面上的刃差排因$n=0$且$y=nd=0$，故在x點的 σ_{xx} 與 σ_{yy} 自然為零，而其他每一條序數$+n$的差排會被序數$-n$的差排抵消，至此可以斷定傾斜晶界沒有長程應力場。

　　現在考慮當一差排併入傾斜晶界時，對差排應變能的影響。將6.9式乘以d消去晶界上單位長度內的差排數$1/d$，即可得傾斜晶界差排單位長度的能量w_{bd}，把w_{bd}與獨立差排單位長度的能量w_e相比，可得晶界差排與獨立差排的相對能量，由4.14節可知鐵金屬內刃差排單位長度的能量w_e是$5.41J/m^2$(假設內含相等數量的正負刃差排且密度為$10^{12}m/m^2$)，以w_e除w_{bd}，代入鐵的參數可得所求的比值，既然w_{bd}與晶界差排間距有關，最好是考慮w_{bd}/w_e對d的變化(圖6.12)，即使晶界差排間距有500個Burgers向量大小，其能量也比獨立差排降低了25%，這個間距相當於傾斜角只有6.9分，重要的是當d值減小，每一差排的能量也降低，顯示傾斜晶界會吸引刃差排。

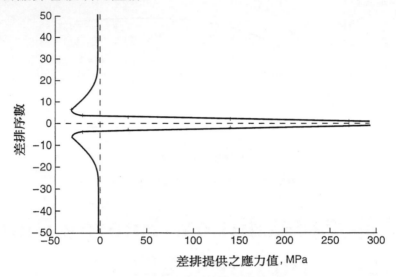

圖6.11　傾斜晶界差排在滑移面x

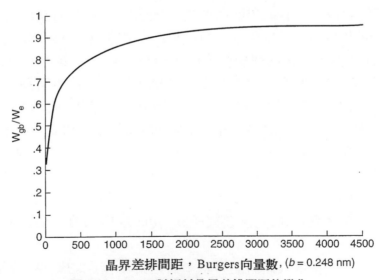

圖6.12　W_{bd}/W_e對傾斜晶界差排間距的變化

　　傾斜晶界只是眾多低應變能差排陣列中的一種，Kuhlmann-Wilsdorf[3,4]提

3. Kuhlmann-Wilsdorf, D., *Mat. Sci. and Eng.*, **86** 53 (1987).
4. Hansen, N., and Kuhlmann-Wilsdorf, D., *Mat. Sci. and Eng.*, **81** 141 (1986).

出這就是低能差排結構(LEDS)，晶界與次晶界通常也歸於此類。1934年差排
首度應用於冶金學時，G.I. Tayler提出一種LEDS型式，是由正刃差排列和負
刃差排交替組成的平衡陣列，任一差排的四條緊鄰差排都與其符號相反，如圖
6.13。圖6.14所示爲幾種其他的LEDS，如圖6.14(a)的簡單雙極夾層(dipolar
mat)是因相反符號差排的應力場有相互屏蔽作用，在相近的滑移面上移動時會
互相鍊鎖在一起而形成的。圖6.14(b)是另一類型，滑移面因扭結而形成的雙極
壁(dipolar wall)，在許多晶體中扭結是一種次要的塑性變形機構，特別是在只
有有限的滑移系統時，要注意扭結帶刃差排的排列方式和圖6.14(a)不同，雙極
壁有如兩個平行的傾斜晶界各自含有相反符號的刃差排。

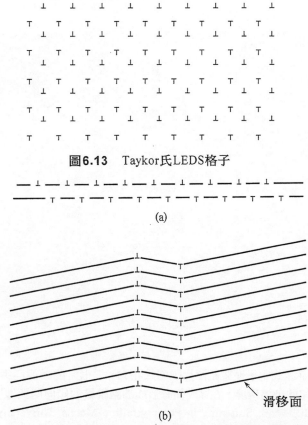

圖6.13　Taykor氏LEDS格子

(a)

(b)

圖6.14　(a)由相反符號的差排在平行的滑移面上成對的移動形成的雙極夾層，
(b)當晶體內形成扭結帶，會產生不同類型的刃差排雙極排列

　　上述的LEDS通常是只有單一滑移系統發生滑移時形成的，當塑性變形包
含若干不同的滑移系統與Burgers向量時，差排會相互糾纏難以辨別，使LEDS
變得非常複雜。由於差排應力場之間相互的屏蔽作用，會明顯降低差排的總應

變能，因此在塑性變形時傾向於形成一些低差排密度的晶胞，以及由差排糾結而成的邊界，圖6.15(b)由電子顯微鏡照片所示的微觀結構就是典型的例子，差排纏結會降低應變能是形成這種結構的驅動力，增加塑性變形同時也會增加差排密度，會使晶胞變小，數量增大。晶胞大小與差排密度之間有一重要的經驗關係式[5]，

$$l = \kappa / \sqrt{\rho} \qquad\qquad 6.11$$

其中l是晶胞平均直徑，k是常數，ρ是差排密度。

　　金屬從液態固化時也會形成LEDS，冷加工過的金屬作退火(annealing)或熱處理對LEDS也會有影響，後者將在第八章(退火)再討論。

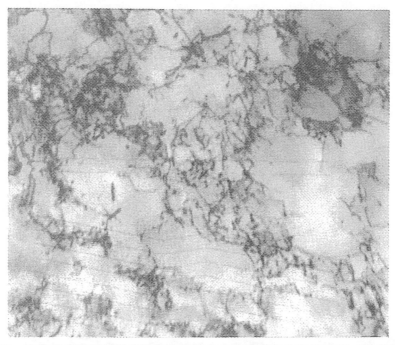

圖6.15　此穿透式電子顯微鏡照片說明鎳在77K變形時的動態回復，注意即使是如此低溫環境，在高應變時形成晶胞組織的傾向明顯增強。(Longo, W.P., Work Softening in Polycrystalline Metals, University of Florida, Thesis, 1970.)

5. Kuhlmann-Wilsdorf, D., *Mat. Sci. and Eng.*, **86** 53 (1987).

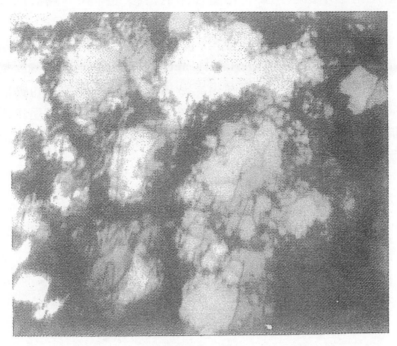

圖**6.15** （續）

6.7　動態回復(Dynamic Recovery)

　　高溫回復的主要作用是將塑性變形產生的差排移至次晶粒或晶胞的邊界，如第八章的圖8.13和8.14。這個過程大多在塑性變形時就已開始，此時稱為動態回復，許多純金屬內的差排形成晶胞狀LEDS的傾向相當強，即使是在很低的溫度。圖6.15是鎳金屬在液態氮溫度(77K)變形後的穿透式電子顯微鏡照片，在較低應變量(9%)時，差排大致上仍均勻分佈，當應變量增大時(26%)，很明顯的形成晶胞組織，此時的晶胞較小。

　　在更高溫時，因差排移動率隨溫度升高而增加，會使動態回復的效應更強，結果在較小的應變即可形成晶胞，此時晶胞壁較窄而更容易界定，且晶胞較大。因此金屬在熱加工變形時，動態回復時常擔任重要的角色。

　　動態回復對應力應變曲線的形態有顯著的影響，因為差排形成LEDS會降低其平均應變能，使材料要產生更大的應變所需的差排更容易孕核，故動態回復傾向於降低加工硬化率。

　　動態回復在金屬內的角色不盡相同，疊差能高的金屬內動態回復進行得很激烈，疊差能很低的金屬則很少見，後者通常是合金，如黃銅(銅加鋅)，在冷加工後的差排結構顯示這些差排仍沿著原來的滑移面排列。圖6.16就有一個鎳鋁合金的例子。

　　金屬發生動態回復的能力與其疊差陷能大小之間的關係，強烈暗示動態回復的主要機構是熱激交叉滑移(thermally activated cross-slip)，此機構將在第廿三章討論。目前，重要的是動態回復與冷加工後退火所發生的動態回復之間的基本差異，在靜態回復時，差排的移動是因差排之間應力交互作用的結果，在動態回復時，造成變形的外加應力也會參與差排間的應力作用，以致於在很低的溫度也可以發現動態回復。

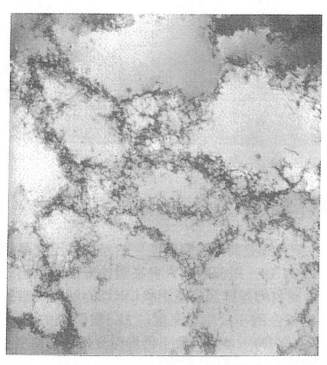

圖6.16　通常合金金屬降低金屬的疊積缺陷能，從這兩張電子顯微鏡照片可以看出對差排結構有顯著的影響(a)純鎳在293K應變3.1%，放大倍率25,000X，(b)鎳——5.5wt%鋁合金在293K應變2.07%，放大倍率37,500X。(Photographs courtesy of J.O. Stiegler. Oak Ridge National Laboratories, Oak Ridge, Tenn.)

圖6.16 （續）

6.8 晶界的表面張力(Surface Tension of the Grain Boundary)

晶界能的單位是erg/cm²或J/m²，此處1erg/cm²＝10^{-3}J/m^2，亦即

$$\gamma_G = \frac{J}{m^2} \qquad\qquad 6.12$$

相當於

$$\gamma_G = \frac{N \cdot m}{m^2} = \frac{N}{m} \qquad\qquad 6.13$$

而N/m是表面張力的單位。通常假定固相晶界與液體表面一樣具有表面能力，晶界的表面張力是重要的冶金學現象。圖6.8的實驗數據顯示晶粒晶間偏差角小於20°時，晶界表面張力是一個遞增函數，角度更大時，則基本上維持常數。

雖然晶界表面張力的絕對值很難量測，但可用一簡單的關係式來估計晶界能的相對值。以圖6.17的三條線表示垂直於紙面的晶界，且交於一線投影於O

點,以O爲原點的三個向量γ_a,γ_b和γ_c分別表示三個晶界表面張力的大小與方向,若向量處於平衡狀態,則下式成立

$$\frac{\gamma_a}{\sin a} = \frac{\gamma_b}{\sin b} = \frac{\gamma_c}{\sin c} \qquad \textbf{6.14}$$

其中a,b,c分別爲晶界的二面角(dihedral angle)。

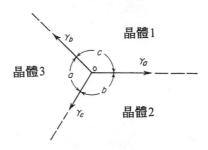

圖6.17 三個晶粒交會處的晶界表面張力

　　既然晶界是晶粒間原子排列不規則的區域,原子穿越或沿晶界運動應相當容易,晶界即可因原子在晶界兩側的交換而移動,因此固態金屬的晶界是不固定的,其移動速率則取決於幾項因素,第一是溫度,熱能可使原子因熱振動而從晶界上的平衡位置移至另一個位置,與原子在晶體內因熱振動擴散至空孔的情形類似,移動速率會因溫度升高而急速增快,然而當原子穿越晶界時,同樣會有相同數目的原子朝反方向運動,使晶界保持在相對固定的位置,事實上,唯有當原子朝某一方向移動的數目大於反方向移動的數目會使晶體總能降低時,晶界才會移動。一種藉晶界移動以降低試片能量的方式是,晶界朝受到變形的晶粒移動而留下沒有變形的區域(見8.9節);另一種使晶界移動的驅動力是晶界本身的能量,金屬可以減少晶界面積而達到更穩定的狀態,要達成這個目的有兩種方法,其一是藉晶界的移動使彎曲的部分拉直,第二是讓某些晶粒消失而其他的晶粒長大,後者會使晶粒的總數減少,稱爲晶粒成長(grain growth)。

　　若金屬在高溫加熱夠長的時間,晶界移動的結果會使表面張力和夾角達到真正的平衡關係(式6.14)。晶粒方向任意排列的純金屬中,小角度晶界很少,可以假定晶界能量是常數(圖6.8),若三個相交於一線的晶界具有相等的表面張力,且達到平衡狀態,則其夾角必相等,圖6.1的照片顯示在三個晶界交會處的夾角多呈120°,若顧及有許多晶界與紙面並不垂直,這結果著實令人訝異,事實上,若能切一截面使所有的晶界與表面垂直,則可以看到實驗與預測值相當一致。在此可以論定,一塊經良好退火的純金屬,即在高溫長時間熱處理,晶界間夾角會非常接近120°。

6.9 異相晶體間的晶界 (Boundaries Between Crystals of Different Phases)

相(phase)的定義是可以作物理性區分的均勻質體。物質的三態(液、固、氣態)即不同的相，故一純金屬，例如銅，可以在不同的溫度範圍，分別以固、液或氣相穩定存在，依此而言，相和態(state)並無差別，然而有許多金屬是同素異形體(allotrpoic)，亦即在不同的溫度範圍，以不同的結晶構造穩定存在，每一種結構對應不同的相，因此，同素異形金屬可擁有三種以上的相。當金屬組成合金時，在某些組成和溫度範圍也會形成其他的晶體結構，每一種結構皆構成不同的相，最後要提的是，固溶體(solid solution，晶體在相同的晶格內存在兩種或以上的原子)也符合相的定義，銅和鎳一起熔融後再緩慢冷卻凝成固態即是固溶體一個很好的例子，晶體中的銅與鎳原子比例與原先液態時完全相同，兩種原子在晶格中所佔的位置也沒有差別。

目前介紹相的概念是為了解釋其他的表面張力現象，探討合金系統中的相留待以後。

單相合金的晶界行為與純金屬類似，經過適當退火後的固溶合金晶體，如銅鎳合金，在顯微鏡下有如純金屬，所有三個晶粒交界處的二面角也是120°。

在雙相合金就可能有兩種晶界：分隔同相的晶界與分隔兩相的晶界，三個同相的晶粒仍可能相交，但也有可能是兩個同相的晶粒與另一相的晶粒相交，這種接合方式如圖6.18，若晶界表面張力處於靜態平衡，則

$$\gamma_{11} = 2\gamma_{12}\cos\frac{\theta}{2}$$ **6.15**

此處的γ_{11}是同相晶界表面張力，γ_{12}是異相晶界表面張力，θ是異相晶界的二面角。

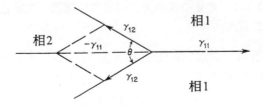

圖6.18　兩個同相晶粒與一個異相晶粒交界的晶界表面張力

將上式解成異相晶界與同相晶界表面張力比，可得

$$\frac{\gamma_{12}}{\gamma_{11}} = \frac{1}{2\cos\frac{\theta}{2}}$$　　　　**6.16**

圖6.19是 γ_{12}/γ_{11} 比值對異相晶界二面角 θ 的函數圖形，注意當異相晶界的表面張力接近同相晶界的一半時，二面角疾速降至零，圖6.20分別以二面角為1°和10°時晶界交會處的情形來說明二面角的重要性，當角度接近零時，第二相會進入第一相之間形成薄膜，此外，若異相晶界表面張力(γ_{12})小於同相表面張力(γ_{11})的1/2時，三力不可能平衡，O點會向左移，也就是說，當異相晶界二面角變成零時，第二相會侵入同相晶界將第一相隔離，即使極微量的第二相也會發生這種作用，例如鉍銅界面的表面張力就低到使二面角為零，只要微量的鉍就會在銅晶粒間形成薄膜，銅是一種高延展性金屬，能承受極大的塑性變形，鉍則不然，事實上鉍是非常脆的金屬，因此當鉍在銅晶粒間形成薄膜時，即使含量低於0.05％，也會使銅在所有的溫度加工時失去延展性。

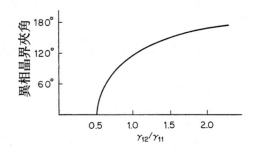

圖6.19　異相晶界與同相晶界表面張力比對異相晶界二面角的影響

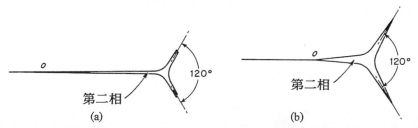

圖6.20　當二面角小時，即使少量的第二相也會分隔第一相的晶粒，(a)二面角1°，(b)二面角10°

許多重要的冶金場合，第二相在主相凝固點溫度以下仍保持液態，這些雜質(少量)對金屬塑性變形的傷害程度是液相與固相間表面張力的函數，若界面能很大，液相傾向於形成不連續的球狀顆粒，僅對金屬的熱加工性有輕微的影響；反之，低界面能會導致液相晶界薄膜，當然對金屬塑性變形有極大傷害。

以鐵中含有少量的硫爲例，硫化鐵在鐵的凝固點以下仍是液相，這個溫度甚至涵蓋一般鋼鐵製品作熱軋的溫度範圍，不幸的，硫化鐵與鐵的界面能非常接近鐵晶體晶界能的一半，液相硫化鐵會形成晶界薄膜，幾乎完全把鐵晶粒隔開，既然液相不具強度，此時的鐵或鋼材會變脆而崩解，不能作熱加工，金屬這種在高溫變脆的現象，稱爲熱脆(hot shot)，這是在熱加工溫度時的性質缺陷。

多年來都是在鋼鐵中添加少量的錳作合金元素以減輕硫會導致熱脆的問題，錳對鋼鐵中的硫具有很強的結合能力而形成小顆粒，且在鋼鐵的韌軋溫度範圍是固相，MnS對熱軋性質的危害要小得很多。

前面是說明二面角爲零時少量的第二相形成沿晶薄膜的情況。關於二面角介於零和60°之間的平衡結構，少量的第二相會沿第一相晶粒的稜邊擴展形成連續的網狀組織，亦即，若無第二相存在，可以沿第一相中三個晶粒交界線通達無阻，由圖6.19，60°二面角對應的表面張力比爲0.582，許多固液相界面的表面張力小於固相界面的0.600，因此，當固相與液相共存時，液相很可能在金屬內部形成連續的網狀組織，既然在液相中擴散比固相中快得多，此一網狀組織即成爲其他元素擴散進金屬內部的快速路徑。

當異相晶界二面角大於60°時，除非第二相成爲主要的相，否則不再形成連續的網狀組織，若只有少量的第二相，通常會沿著第一相的晶界形成不連續的球狀顆粒，如圖6.21。

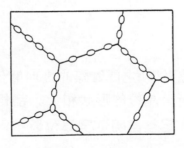

圖**6.21** 當二面角大於60°，少量的第二相通常在第一相的晶界形成小而不連續的顆粒

大約低於1273K時，硫化鐵不再是液相而是固體，固態硫化鐵與固相鐵間的平衡角大於60°，因而傾向於結晶成不連續顆粒而非晶界間連續的薄膜，少量而不連續的第二相顆粒，即使本身很脆，對金屬性質的危害也遠低於連續而脆的晶界薄膜，因此，即使鐵含有足以在熱加工溫度脆化的FeS含量，常溫時仍能保持大部分的延展性。

6.10 晶粒大小(The Grain Size)

多晶純金屬或單相金屬的平均晶粒大小是一個非常重要的結構參數，不幸的，這是個難以精確測定的數值，在多數情況，晶粒的三維形狀就很複雜，即使在顯微鏡下呈現近乎相等大小時，晶粒大小仍涵蓋很寬的範圍。Hull[6]以汞滲入高鋅黃銅(β黃銅)的晶界，讓晶界脆化，使個別的晶粒彼此分開而得到確切的證明，圖6.22的照片即是他所分類的15種晶粒大小中的三種，上面的照片是最小的晶粒，底下是最大的，中間的照片則表示平均的大小，大部分金相結構是觀察平面，在這種表面的線性量測通常不能正確的得到晶粒直徑，這是一個複雜的三度空間量。

雖然有上述的問題，但仍需要一些測量方法以決定多晶材料內結構單位的大小，而且在文獻中已經廣泛的應用平均晶粒大小的概念。

或許要表示微觀結構中的晶粒大小最有用的參數，是用截線法(linear intercept method)測得的$\bar{l}$，這個值稱為平均晶粒截距(mean grain intercept)，是在顯微照片上某一條線截交的晶界之間的平均距離，方法是在照片上放一直邊，譬如說10公分長，計算直邊交會的晶界數目，然後在照片上以任意放置的方式重覆量測數次，再將交點的總數除以計量線的總長，再乘以照片的放大倍率，即可得單位長度截交的晶界平均數$\bar{N_l}$，此值的倒數$\bar{l}$，即一般表示近似晶粒大小的參數，如下

$$\bar{l} = \frac{1}{\bar{N_l}} \qquad 6.17$$

雖然不知道$\bar{l}$與真正平均晶粒直徑d之間實際的幾何關係，仍普遍的用此值表示晶粒直徑。關於這點，若所有晶粒的形狀和大小都相同時，這個關係是存在的。另一方面，計量金相學[7]已經證明[8]$\bar{N_l}$與單位體積內的晶界面積大小有直接關係，關係式為

$$S_v = 2\bar{N_l} \qquad 6.18$$

其中S_v是單位體積中的晶界面積，因此要認清的是，在測定$\bar{l}$時，實際上量測的是單位體積內晶界面積的倒數。

6. Hull, F., Westinghouse Electric Corporation, Research and Development Center, Pittsburgh, Pa. These experimental results were demonstrated at the Quantitative Microscopy Symposium, Gainesville, Fla., Feb., 1961.

7. DeHoff, R. T., and Rhines, F. N., *Quantitative Microscopy*, McGraw-Hill Book Company, New York, 1968.

8. Fullman, R. L., *Trans. AIME*, **197** 447–53 (1953).

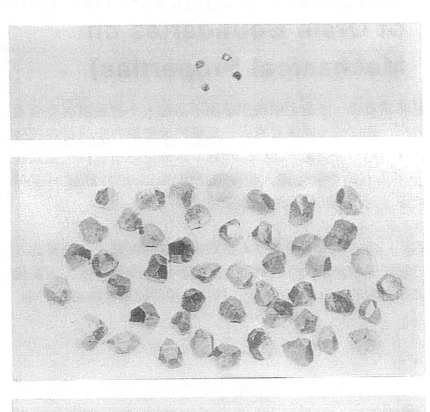

圖6.22　從金相外觀上幾乎相同晶粒大小的 β 黃銅試片取下的晶粒，照片是15 種大小分類中的三種，表示最小，最大以及範圍內的中間大小。(The original photographs are from F. Hull, Westinghouse Electric Company Research Labotatories, Pittsburgh. Copies were furnished courtesy of K. R. Craig.)

6.11 晶界對機械性質的影響(The Effect of Grain Boundaries on Mechanical Properties)

　　除非是非常高溫，多晶金屬幾乎都顯示晶粒大小對硬度與強度有很大的影響，晶粒愈小，硬度或流變應力愈大，此處的流變應力指的是在拉伸試驗時某一固定應變所對應的應力值，圖6.23和圖6.24即可證明，前一個圖是鈦的硬度對晶粒大小平方根的倒數作圖，硬度值是用Vickers 138°鑽石錐壓痕機測得的，依據此圖，可以寫出如下的經驗關係式

$$H = H_o + k_H d^{-1/2}$$

6.19

此處H是硬度，d是平均晶粒直徑，k_H是圖中直線的斜率，H_o是直線在縱軸的截距，相當於假想晶粒無限大時的硬度，這並非單晶的硬度值，因晶體的機械性質通常是非等向性的(non-isotropic)，所以晶體的硬度會隨方位而變。

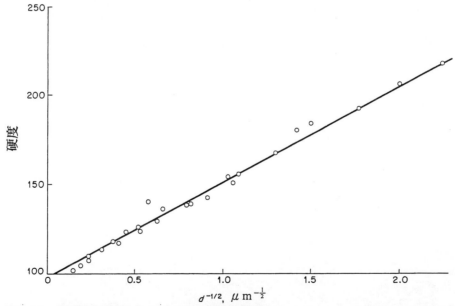

圖6.23 鈦硬度為晶粒大小平方根倒數的函數(From the data of H.Hu and R.S. Cline, TMS-AIME, 242 1013[1968]. THis data has been previously presented in this form by R.W.Armstrong and P.C.Jindal.TMS-AIME, 2142 2513 [1968].)

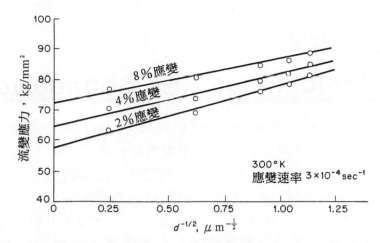

圖6.24 鈦的流變應力是晶粒大小平方根倒數的函數(After Jones,R.L. and Conrad, H., TMS-AIME, 245 779[1969].)

圖6.24是常溫下鈦試片的拉伸試驗值，在三種不同的應變條件(2％，4％，8％)下，流變應力對$d^{-1/2}$作的圖，通過數據的直線對應的線性關係如下：

$$\sigma = \sigma_o + kd^{-1/2} \qquad\qquad\qquad 6.20$$

此處σ是流變應力，σ_o和k相當於前一式的常數H_o和k_H。

流變應力與差排密度平方根的線性關係原先分別是由Hall[9]和Petch[10]兩人提出的，就是所謂的Hall-Petch方程式，這個關係可以用差排理論解釋，假設晶界對滑動的差排是障礙物，會使差排在晶界後的滑移面上堆積，假設堆積的差排數隨晶粒大小與外加應力的增加而增加，而且差排堆積會在相鄰的晶粒產生應力集中的現象，並隨堆積的差排數與外加應力的大小而變，因此，粗晶粒材質在隔鄰的晶粒造成的應力增加值應遠大於細晶材料，這意思就是細晶材料比粗晶材料需要更大的外加應力才能使滑移穿越晶界。

目前雖然普遍接受Hall-Petch關係式，但尚未能完全證明，雖說有許多例子中晶粒大小的數據能使σ和$d^{-1/2}$之間呈明顯的線性關係，如圖6.24，但Baldwin[11]表示，通常此類數據一般的散佈情形，有很多場合以σ對d^{-1}或$d^{-1/3}$作圖時，也能得到一樣的線性關係。

姑且不論σ或H對$d^{-1/2}$的變化是否具有真正的物理意義，圖6.23和6.24已明顯證明硬度和流變應力會受到晶粒大小的影響，例如鈦在2％應變時的拉伸流變應力，由17微米晶粒的448MPa增加到0.8微米晶粒時的565MPa。

9. Hall, E. O., *Pro. Phys. Soc. London*, **B64** 747 (1951).
10. Petch, N. J., *J. Iron and Steel Inst.*, **174** 25 (1953).
11. Baldwin, W.M., Jr., *Acta Met.*, **6** 141 (1958).

6.12 共位晶界 (Coincidence Site Boundaries)

1949年，Kronberg和Wilson[12]在研究銅的二次再結晶時注意到一種重要的晶界型態：共位晶界。在此研究中，首先將銅板作大量的冷軋加工，然後在400°C退火以生成晶粒大小約0.03mm的細晶微結構，此結構具有非常明顯的織構組織(texture)，亦即金屬中幾乎所有的晶粒接近相同的方位排列，此外，晶粒立方晶面({100}面)幾乎平行滾軋面，而且晶粒的<010>方向也趨近於滾軋方向，實際上，這種織構類型常見於面心立方金屬，即為所知的立方織構(cube texture)。當這些薄板在800至1000°C之間熱處理後，會出現一組新的不同方位的大晶粒，這種晶粒成長型式稱為二次再結晶(secondary recrystalliza-tion)。

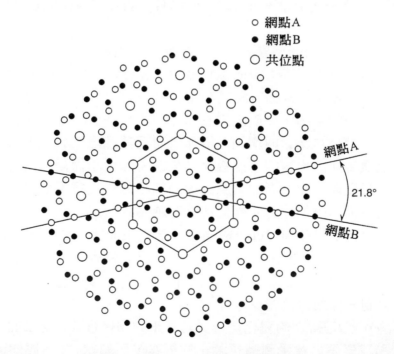

○ 網點A
● 網點B
○ 共位點

網點A
21.8°
網點B

圖6.25 繞過(111)面旋轉22°(即以<111>為軸)所得的共位晶界，大空心圓所示共位點密度的倒數Σ為7°。(After Kronberg and Wilson)

12. Kronberg, M. L., and Wilson, F. H., *Trans. AIME*, **185** 501 (1949).

　　Kronberg和Wilson接著定量比較這些新晶粒與原立方織構的方位關係，發現兩者的關係相當單純，同時也注意到二次再結晶的晶粒方位是由原來晶粒以＜111＞為軸旋轉22°或38°而得，另有少數是以平行於滾軋方向的＜010＞為軸旋轉19°而得。

　　Kronberg和Wilson證明這樣的旋轉在新舊晶體之間會產生一個含有共同原子位置的平面，這些位置稱為共位點(coincidence sites)，以Kronberg和Wilson論文中的一圖為例，如圖6.25，假設面心立方晶以＜111＞為軸旋轉22°，網點A相當於原晶格(111)面的原子排列，空心圓表示原子中心，另一方面，網點B表示二次再結晶晶格的(111)面，如實心圓所示，這兩組網點是以圖中心的[111]極為軸相對旋轉22°，兩組網點的共同位置是以大空心圓表示，注意共位點也可定義成與網點A和B相似但較大的六方晶格，換言之，共位點形成一個數倍於原網點的結構，這種擁有一大片共位點的晶界具有一些重要的性質，例如具有較高的移動率以提供快速的晶粒成長率。

6.13　共位點的密度(The Density of Coincidence Sites)

　　由直接計算，Kronberg和Wilson說明圖6.25的晶界上共位點數目等於網點A或B上原子數的1/7，另外，同時也指出其他不存在共位點的原子，只要相當小的位移，約原子間距的1/3即可到達新的位置。

　　在這種晶界上共同原子的比率通常稱為共位點密度，然而較常用密度的倒數做為描述共位晶界的參數，通常以希臘字母 Σ 表示。故圖6.25的界面 $\Sigma = 7$。

6.14　Ranganathan關係式(The Ranganathan Relations)

　　Ranganathan[13]在1966年發表的論文使共位晶界的理論有很大的進展，論文中指出不僅循環對稱運算會使晶格完全回到自己的位置，例如繞著＜100＞極點旋轉90°或＜111＞極點旋轉120°；繞著其他的軸作特定的旋轉也可能得到部分重合，他導出簡單的基本規則，以定義這些旋轉。

---

13. Ranganathan, S., *Acta Cryst.*, **21** 197 (1966).

　　Ranganathan也指出這些旋轉不僅能在兩個晶體的界面上產生共位網狀組織，也能在三度空間晶格產生共位點，關於這點，只需考慮兩個相同的晶體完全重合，再對相同的軸旋轉，如此圖6.25的共位組織即為此共位晶格的一個截面。

　　共位晶格包含四個基本要素，第一是旋轉軸$[hkl]$；第二是旋轉角θ；第三是共位點在旋轉軸垂直面(hkl)上的座標；第四個Σ，即(HKL)面上共位點密度的倒數。這四個要素彼此並不完全獨立，實際上，Ranganathan即導出以Miller指標與共位點在(hkl)面上的座標$(x，y)$來表示，θ與Σ的方程式，如下

$$\theta = 2\tan^{-1}[(y/x)(N^{1/2})] \tag{6.21}$$

且
$$\Sigma = x^2 + y^2N \tag{6.22}$$

其中
$$N = h^2 + k^2 + l^2 \tag{6.23}$$

6.15 扭轉晶界的實例(Examples Involving Twist Boundaries)

　　現在利用幾個扭轉晶界為例，說明Ranganathan關係式的應用，首先考慮一個簡單立方晶繞立方軸[100]旋轉，如圖6.26所繪的(100)面，圖中的x和y分別是[010]和[001]方向，軸上的單位長度是簡單立方單位晶胞的邊長，將晶格繞[100]旋轉任意角度θ，會使x和y軸到新的位置x'和y'，既然是沿[100]軸旋轉，$h=1$而k和l為0，故$N=1$，若取$x=2$且$y=1$，則可以形成一個共位晶格，此時$\theta = 2\tan^{-1}(1/2)\sqrt{1} = 53.1°$，而$\Sigma = 2^2 + 1^2(1) = 5$，在圖6.26中，對應$x，y$座標的原子是實心圓，$x'/y'$座標的原子是空心圓，共位點則是以較大的空心圓表示，注意共位點亦構成一簡單立方晶格，其晶胞(100)面邊長等於$\sqrt{5}a$，此處的a是原晶格的晶格常數，因此共位晶格的晶胞大小為原晶格的五倍，晶胞大小的比值也等於Σ值。

　　以[100]為轉軸還有其他的可能性發生，當$x=3$且$y=1$時，如圖6.27，此時$\theta = 2\tan^{-1}(1/3)\sqrt{1} = 36.9°$，而$\Sigma = 3^2 + 1^2 \cdot 1 = 10$，但是，關於$\Sigma$值，已經證明在立方晶格的$\Sigma$值只能是奇數，也就是說，$\Sigma$若為偶數，必須除以2的倍數直到得到奇數為止，因此正確的Σ值是10/2或5，這與第一個$x=2$且$y=1$的旋轉是一樣的，注意旋轉53.1°或36.9°都可以得到相同的共位晶格，兩角度的和是90°，這結果是因為<100>立方軸具有四重次對稱(four-fold symmetry)。

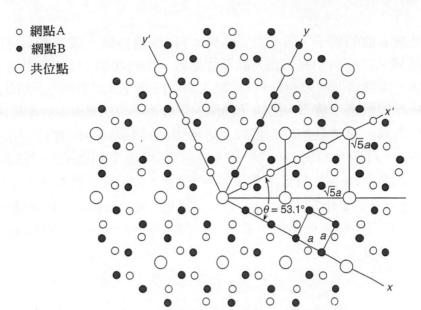

○ 網點A
● 網點B
◯ 共位點

圖6.26　簡單立方晶繞＜100＞軸旋轉53.1°產生Σ＝5的共位晶界，晶界上的共位點也形成單位晶胞邊長是√5a的晶格，晶胞大小為原晶格的五倍

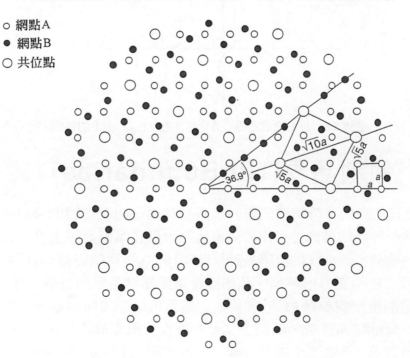

○ 網點A
● 網點B
◯ 共位點

圖6.27　依簡單立方晶的對稱性繞＜100＞軸旋轉36.9°也會產生Σ＝5的共位晶界

現在考慮其他的例子，面心立方晶繞<111>軸旋轉，這是圖6.25Kronberg
和Wilson晶界，在此例中是用正方晶單位晶胞，如此在{111}面的截面是一長方
形如圖6.28，假設x和y軸分別是{111}面上的[011]和[211]方向，則單位晶胞在x
軸的長度是晶體緊密堆積方向的原子間距，等於面心立方的Burgers向量大小b；
在y或[211]方向，單位晶胞的長度較長等於$\sqrt{3}b$，這個x和y的單位可用於式6.21
和6.22。令$x=9$且$y=1$以及$N=1^2+1^2+1^2=3$即可產生如圖6.25由Kronberg和
Wilson以圖解所得的共位晶格，此時$\Sigma=9^2+1^2\cdot3=84$，將84除以12可得奇數
$\Sigma=7$，對應的θ為$2\tan^{-1}(1/9)\sqrt{3}=21.8°$，接近Kronberg和Wilson發表的22°，
另一個旋轉38°產生相同的晶格，$\Sigma=7$，相當於$x=5$且$y=1$，由Ranganathan方
程式可得$\theta=38.2°$。

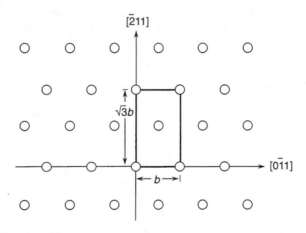

圖6.28 面心立方晶的正方單位晶胞在(111)面上的外形

6.16 傾斜晶界(Tilt Boundaries)

圖6.25至6.27的共位網狀組織表示兩晶體彼此相對旋轉的邊界，所以是扭
轉晶界，共位界面的概念亦可用於傾斜晶界，但在傾斜晶界上共位點的排列模
式有明顯的改變，圖6.26的扭轉晶界是以<100>極為軸旋轉53.1°而得，共位
點形成一個二維的正方形陣列，晶胞面積是原晶格晶胞的五倍，就是$\Sigma=5$，
兩個相同的晶體相對旋轉53.1°後接在一起也可以形成傾斜晶界，如圖6.29，
此時晶界不像扭轉晶界位於紙面上，而是垂直於紙面的水平面，圖中A區的原
子以空心圓表示，B區原子為實心圓，而較大的空心圓表示共位點，假若晶體
的B區在晶界上方，A區在下方，則所有的共位點應位於晶界上，而在晶體的
A與B區繪出共位點的分佈模型只是為了說明共位晶格中共位點的關係。

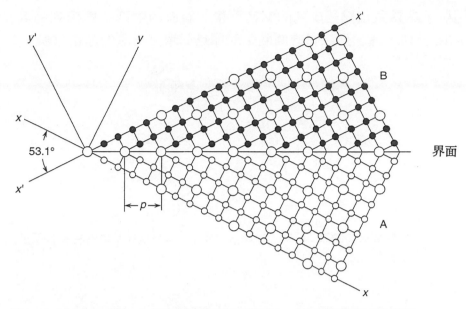

圖6.29　在圖6.25至6.27的共位晶界是扭轉晶界，本圖說明簡單立方晶沿
　　　　＜100＞軸傾斜53.1°形成的共位晶界，Σ也等於5且結構週期p等於共
　　　　位晶格邊長

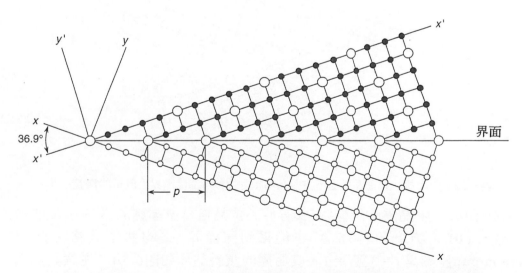

圖6.30　依簡單立方晶＜100＞方向傾斜36.9°亦可產生共位晶界但結構週期p等
　　　　於共位晶單位晶胞對角線長，Σ仍等於5

在A與B兩晶體的晶界是繪成一系列的階梯狀，符合Ranganathan座標$x=2$
且$y=1$，故階梯間距即晶界上共位點的距離等於$\sqrt{x^2+y^2}=\sqrt{5}a$，這個距離p稱為
結構週期(structural periodicity)，如圖6.29由圖面垂直方向可以看出晶界共位

點的間距p。晶界共位點是成列的緊密堆積，圖6.29中沿晶界排列的共位點只是最外面的一列，每一列之間的間隔距離即是簡單立方晶的晶格常數。

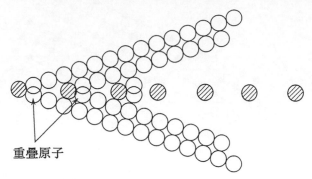

重疊原子

圖**6.31**　若將圖6.30的原子位置，以硬球取代點，會發現在某位點右邊有原子會重疊

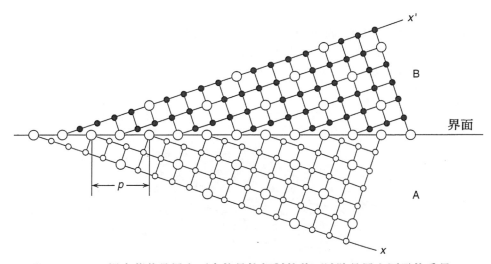

圖**6.32**　Aust提出藉著晶界上下方的晶格相對位移可消除晶界上原子的重疊

　　注意圖6.29中晶界的結構週期p等於共位晶格單位晶胞的邊長。如前節所述，沿$<100>$方向扭轉$36.9°$也能得到同樣$\Sigma=5$的共位晶格，此時的Ranganathan座標是$x=3$且$y=1$，其對應的傾斜晶界如圖6.30，注意其結構週期p是等於共位晶格晶胞的對角線長；而旋轉$53.1°$時，p等於晶胞的邊長。故旋轉$36.9°$與$53.1°$得到的傾斜晶界具有不同的結構週期。

　　在圖6.29和6.30的傾斜晶界中，小圓僅是代表原子的中心位置，若將原子考慮成是硬球，圖中的晶界在每一個共位點的右邊會有一對重疊的原子，圖6.31所示是6.30中$36.9°$的晶界，Aust[14]指出，取走一顆重疊的原子或是如圖

14. Aust, K. T., *Prog. in Mat. Sci.*, p. 27, (1980).

6.32一樣，將晶界上下部分的晶格作相對位移，即可解決原子重疊的問題，後者會使兩個晶體的階緣交替排列，形成所謂的鬆弛共位晶界(relaxed coincidence boundary)，這種晶界的結構週期與圖6.30中原子共用共位點的晶界相同，但具有較低的晶界能。

問題六

6.1 (a)一小角度傾斜晶界之傾斜角為0.1°，若Burgers向量是0.33nm試求晶界上差排之間距。

(b)設差排符合4.20式的條件，即$r' = d/2$，$\mu = 8.6 \times 10^{10}$Pa且$\nu = 0.3$，試求傾斜晶界表面能之近似值，請分別以J/m²與erg/cm²為單位作答。

6.2 根據計量金相學，在微觀結構照片上單位長度直線與晶界交點平均數N_l，與單位體積內的表面積S_v有直接的關係，其關係式為

$$S_v = 2N_l$$

(a)若圖6.1中照片的倍率是350X，試求此微觀結構的N_l值。

(b)假設鋯的晶界能約1J/m²，試求此鋯試片每單位體積中的晶界能為若干J/m²。

6.3 一細晶金屬其平均晶粒截距約為1微米或10^{-6}m，設金屬的晶界能是0.8J/m²，則每單位體積晶界能的近似值為若干，請以J/m³和cal/m³作答。

6.4 (a)考慮圖6.18，若兩鐵晶粒間的晶界能為0.78J/m²，又鐵與一第二相顆粒間晶界能為0.40J/m²，則接點的θ角為多少。

(b)若鐵和第二相間界面能為0.35J/m²，則角度又是多少。

6.5 下列數據取自Joness, R.L. and Conard, H., TMS-AIME,245,779(1969)。一高純度鈦金屬在4%應變下，流變應力σ為晶粒大小的函數，試將σ對$d^{-1/2}$作圖，並求其Hall-Petch參數k和σ_0。k值以 N/m³/²表示。

晶粒大小，μm	應力，σ MPa
1.1	321
2.0	279
3.3	255
28.0	193

6.6 依上題的數據，將σ分別以d^{-1}和$d^{-1/3}$為函數作圖，圖中是否有顯示Baldwin對Hall-Petch關係式的評論的理由。

6.7 (a)關於圖6.25面心立方晶{111}面的共位扭轉晶界，試證明用

Ranganathan關係式取$x=2$且$y=1$也可以得到此$\Sigma=7$的晶界。

(b)在$x=2$和$y=1$所對應的扭轉角為何？

(c)$x=2$和$y=1$能產生如圖6.25中關於$\{111\}$面原子排列對稱性相同的共位晶界是真的嗎？請解釋。

6.8 本題是關於立方晶格$\{210\}$面上的共位晶界，注意其結果是否與簡單，面心或體心立方晶無關，且三種情況都符合，此平面的基本晶胞是$x=a$且$y=\sqrt{5}a$時，取$x=2$和$y=1$可形成一共位晶格，假設是扭轉晶界，求

(a)共位結構的扭轉角θ。

(b)共位點密度的倒數Σ。

(c)繪出兩張$\{210\}$面的單位晶胞結構圖來檢查你的θ和Σ答案，注意這是包含$x=a$且$y=\sqrt{5}a$長方晶胞陣列，其中a是晶體的晶格常數，將其中一張繪於描圖紙上，再將它疊在另一張圖上，藉旋轉以找出共位點。

第七章
空　孔

(Vacancies)

7.1　金屬的熱行爲
(Thermal Behavior of Metals)

　　冶金上很多重要的現象都和溫度有強烈關係，例如加熱一金屬可使其軟化，便是其中一實例。經加工硬化的黃銅，將其置於900K溫度下，幾分鐘後便可回復其加工前的硬度，而在600K下，則要數小時才能回復同樣的硬度，但若在室溫下，則可能須要幾千年的時間。所以實際上，黃銅可以說在室溫下不會軟化或退火。

　　近年來，以理論來解釋此種和溫度相關性的現象已有長足的進步，熱行爲的三門科學：熱力學(thermodynamics)、統計力學(statictical mechanies)以及動力學(kinetic theory)，在這方面都有不同的理論貢獻。

　　熱力學上的定律是根據實驗數據而推導出來的，產生熱力學定律的實驗通常是對含有極多原子數目的物體而做的，因此熱力學並不直接探討個別原子的變化情況，而是處理含有極多原子物體的整體平均性質，其發展出來的數學關係式是用來處理關於溫度、壓力、體積、熵、內能與焓等熱力函數，而不考慮原子作用機構。在熱力學上忽略原子作用機構的做法有其優劣點，它可使得計算上更形容易及精確，但不幸地，對現象發生時的真正原因卻無法加以瞭解，例如一理想氣體的狀態方程式：

$$PV = nRT \hspace{4cm} \textbf{7.1}$$

其中P爲壓力，V爲體積，n爲氣體莫耳數，R爲通用氣體常數，T是絕對溫度。在熱力學上，該方程式是由以下三個實驗定律所導出的：波以耳定律(Boyle's law)、給呂薩克定律(Gay-Lussac law)及亞佛加德羅定律(Avogadro's law)。但對該方程式存在的理由卻沒有解釋。

　　動力學則和熱力學不同，它是從原子和分子的觀點出發，以導出像狀態方程式之類的關係。在大專物理教科書中，可以看到用簡單的動力論以導出7.1方程式的。在其推導過程中，氣體原子是假設成高速而散亂運動的彈性球，其原子間的距離則假設成遠大於原子本身的大小。以這些假設，便可以證明氣體所產生的壓力是等於動量對時間的變化率，這種動量變化是因爲氣體原子碰撞容器壁所引起的，因而也可證明出原子的平均動能與絕對溫度成正比。所以動力論能使我們瞭解溫度和壓力這二個熱力學的含意，而熱力學則沒有。

　　統計力學是第三門熱科學，其將統計學應用到熱行爲的問題上，動力學是以個別原子來解釋熱現象的，但是統計力學並未考慮到熱現象引起原子散亂運動的一種機率問題,因為在絕大部分的實際問題中,是含有大量原子或分子的物體,因此應以整體的行為來看待,就像是人壽保險的統計師在做大量人口的生命統計一樣。

在下一節中,將看見熱力學函數──熵(entropy),當我們用統計力學來解釋時,將會看到它和熱力學不同的實際意義。

值得注意的是,熱力學及統計力學只能應用於平衡方面的問題,而無法預測化學或冶金反應的速率,這方面則是動力學討論的範圍。

一液態金屬與其氣態平衡共存時,當金屬原子離開液態進入氣態的平均個數等於其以相反方向進行的原子數時,即為平衡狀態系統的一個簡單例子。因此,氣相中的原子濃度,亦即蒸氣壓不會隨時間而改變。在這種平衡條件下,熱力學與統計力學均能提供相當有價值的資料,例如平衡蒸氣壓如何隨溫度而變化之類的問題。然而,如果將液態金屬置於一抽真空的容器內時,金屬蒸氣一形成便馬上被抽走,則原子離開液體的速率將大於返回液體的速率,此時系統不再平衡,熱力學及統計力學亦不再適用。這種有關於金屬原子是以多快速率蒸發的問題,則是動力學的範圍。當討論到原子變化的速率時,就得用到動力論了。

7.2 內能(Internal Energy)

在前節中業已討論過三支熱科學之間的關係,這些討論主要的目的在於指出熱力學函數所能提供的物理意義。現在我們來考慮一結晶固體,在以下幾節中,將會用到一個重要熱力函數──內能(internal energy),以符號U表示之,內能是表示系統或材料體所有原子的位能及動能總和的數量。以晶體而言,內能大部分是來自於晶格中原子的振動,而每個原子是假設成在其靜止位置做三度空間(x,y及z方向)的振動。根據Debye原理,原子並非個別的做獨立振動,而是在晶體中以一種隨機彈性波的形式來回振動,其原因是因為它們具有三個振動的自由度,所以晶格振動波可以視為三組分別沿著x,y及z軸進行的獨立波的總和。當晶體溫度升高時,彈性波的振幅增大,內能亦跟著增加,因此,晶格振動的強度是溫度的函數。

7.3 熵(Entropy)

在熱力學上,熵S可以用下列方程式定義之:

$$\Delta S = S_B - S_A = \int_A^B \frac{dQ}{T}\bigg]_{\text{rev}}$$

7.2

其中 $S_A = A$狀態時的熵

$S_B = B$狀態時的熵

$T =$ 絕對溫度

$dQ =$ 系統所增加的熱

並假設A及B之平衡狀態間的積分路徑是可逆的。

熵是一種狀態函數，即只和系統的狀態有關，熵的差$(S_B - S_A)$和A到B所走的路徑無關，如果系統從A改變到B是以不可逆反應進行，則熵的改變值仍然是$S_A - S_B$，但只有在可逆反應時上述7.2式才能成立。因而，要量測系統熵的改變值(從A到B)，我們必須對$d\theta / T$做可逆路徑的積分，對$d\theta / T$做不可逆路徑的積分值並不等於熵的改變值。事實上，在所有熱力學教科書中都說明了對一在A與B之間的不可逆反應而言，有

$$\Delta S = S_B - S_A > \left.\int_A^B \frac{dQ}{T}\right]_{\text{不可逆}}$$ 7.3

將上述兩方程式微分可得

$$dS = \frac{dQ}{T} \qquad \text{(可逆)}$$ 7.4

$$dS > \frac{dQ}{T} \qquad \text{(不可逆)}$$ 7.5

7.4 自發反應(Spontaneous Reations)

水從液體變成固體時，其平衡溫度在一大氣壓時是0℃，即大約是273K。在平衡溫度時，液態水和固態冰可以共存於一隔絕容器(isolated container)中，只要不將熱加入或帶離此系統，冰和水將可永遠共存之。在此冰和水是平衡系統的絕佳範例。現在，若將熱慢慢加入此系統中，部分冰就會溶於液體；或者若將熱從容器中抽走，則水將有部分會結成冰。在另一方向，為改變液體對固體的比例，在液-固系統及其周邊環境間就必須要有一可逆的熱交換，這種在0℃時從液體到固體的轉換，是平衡反應的一實例。

現在來考慮過冷到平衡凝固點(0℃)以下的情況，即使液態水與其環境有熱的隔絕，但凝固反應仍能自然發生，此時部分的水因結冰而放出的凝固熱能把系統中的溫度提高到平衡凝固點，平衡凝固點時的凝固與低於凝固點時的凝固，二者的差別是相當重要的，前者是只有當熱從系統中移去時才會自然發生，而後者則在系統中自然發生。另外，冰在高於平衡凝固點時也會有自然發生的熔解反應，此時若系統是隔絕狀態(當冰在溶化時，熱不能進出系統)，則

熔解熱會將溫度降低到平衡溫度(0℃)爲止。

　　自發反應通常是不可逆的，液態水在－10℃時會變成冰，但逆反應卻是不可能的。冶金上常見到有自發反應發生，這些反應有時候會有相當激烈而有用的結果，因而瞭解自發反應之所以發生的條件以及能有一個判斷此類型反應驅動力的標準是相當重要的。吉氏自由能(Gibbs free energy)即是最能符合此目的的一種判斷準則。

7.5　吉氏自由能(Gibbs Free Energy)

　　吉氏自由能定義如下：

$$G = U + PV - TS \qquad\qquad 7.6$$

其中　　　G＝吉氏自由能
　　　　　U＝內能
　　　　　P＝壓力
　　　　　V＝體積
　　　　　T＝絕對溫度
　　　　　S＝熵

　　在式7.6中$U+PV$值表示在處理定壓系統時的相關數值，通常以特定的符號H表示之，並稱之爲"焓"(enthalpy)。

$$H = U + PV \qquad\qquad 7.7$$

因此7.6式可寫爲：

$$G = H - TS \qquad\qquad 7.8$$

其中G是吉氏自由能，H爲焓，T是以K爲單位的溫度，S爲熵。

　　大部分冶金過程都發生在像凝固時的定壓反應，而且我們主要興趣是在固態及液態上，在冶金反應中，體積的變化量通常都很小，如前述水和其固態(冰)共存的例子即是。令G_2是一莫耳冰的自由能，G_1是一莫耳水的自由能，當一莫耳水變成冰時，其自由能改變量爲：

$$\Delta G = G_2 - G_1 = (H_2 - TS_2) - (H_1 - TS_1) \qquad\qquad 7.9$$

其中H_1及H_2分別是固態及液態的焓，S_2及S_1則分別是其熵，T爲溫度(在反應過程中維持不變)，7.9式亦可寫成：

$$\Delta G = \Delta H - T\Delta S \qquad\qquad 7.10$$

水在其平衡凝固點，T_e，凝固成冰是可逆反應，在此條件下，熵的變化量爲：

$$\Delta S = \int_A^B \frac{dQ}{T_e} \qquad\qquad 7.11$$

在此，可簡化成：

$$\Delta S = \frac{\Delta Q}{T_e} \qquad\qquad 7.12$$

其中ΔQ為水的凝固潛熱，而由熱力學第一定律已知：

$$dU = dW + dQ \qquad\qquad 7.13$$

其中　　　$dU =$ 內能改變量

　　　　　$dW =$ 施在系統的功

　　　　　$dQ =$ 流入系統的熱

第一定律也可以焓替代內能來改寫之，首先對焓取導數，

$$dH = dU + PdV + VdP \qquad\qquad 7.14$$

在定壓時，VdP定義為零，PdV則相當式7.13的dW。然而，在水的凝固時，其唯一外界的功是用在抵抗因水凝結成冰體積膨脹的大氣壓力。但這種功因為很小，故可忽略，今設此值為零，則得

$$dH = dU = \Delta Q \qquad\qquad 7.15$$

將ΔS及ΔQ代入式7.8中，則

$$dG = \Delta Q - T_e \frac{\Delta Q}{T_e} = \Delta Q - \Delta Q = 0 \qquad\qquad 7.16$$

在此可逆反應(在0°C水的凝固)中，自由能的改變量為零。借由熱力學之助，也可證明發生在定溫及定壓時的任何可逆反應，吉氏自由能改變量皆為零。如果現在讓水過冷到低於273°K，並使其在恆溫凝固，則此種變化將是不可逆的，對不可逆反應而言，其

$$\Delta S > \frac{\Delta Q}{T} \qquad\qquad 7.17$$

或者　　　$T\Delta S > \Delta Q$

對這種反應，自由能方程式為：

$$\Delta G = \Delta H - T\Delta S \qquad\qquad 7.18$$

其中ΔH同前例，亦等於ΔQ，因此：

$$\Delta G = \Delta Q - T\Delta S \qquad\qquad 7.19$$

如果$T\Delta S$大於ΔQ，則ΔG必須為負值，對自發反應而言，自由能改變值為負的事實是相當重要的，其代表著系統反應到另一自由能比較低的狀態。不僅本例如此，其他所有自發反應的發生亦是，亦即自發反應會降低系統的自由能。

　　雖然自由能可以告訴我們自發反應會不會發生，但它並不能估算反應的速率，鑽石和石墨——碳的二種相，便是極佳的例子，石墨具有較低的自由能，

因此鑽石必會自發反應成石墨，然而由於其反應速率極慢，所以根本不須去考慮該反應，像這種反應速率的問題將是動力學而非熱力學能處理的問題了。

7.6　熵的統計力學定義(Statistical Mechanical Definition of Entropy)

　　現在來討論熵的意義。將一個箱子隔成二室，每室各裝入不同的單原子分子的理想氣體，Ⅰ室裝氣體A，Ⅱ室裝氣體B，介於二室間的隔板可移開，以便讓氣體經由擴散而混合，如果二種氣體混合前的溫度和壓力相同，則混合將在定溫和定壓下進行，沒有功和熱的進出，因此該氣體系統的內能不變，這和能量守恆定律(熱力學第一定律)是相吻合的，亦即：

$$dH = dQ + dW \qquad \text{7.20}$$
$$dH = 0 \qquad \text{7.21}$$

其中　　$dQ=0=$系統(氣體)所吸之熱
　　　　$dH=$系統(氣體)焓的變化量
　　　　$dW=0=$外界對氣體所作之功

擴散的結果，系統有著基本上的改變，此變化可由須要費相當大的功夫才能把已混合的氣體再分離成原來模樣的事實來印證之。就像在低於273K時水的凝固一樣，氣體的混合是一種不可逆的自發反應。而不可逆反應的自由能是降低的，根據自由能方程式：

$$dG = dH - TdS \qquad \text{7.22}$$

目前已證明$dH=0$，故

$$dG = -TdS \qquad \text{7.23}$$

　　自由能的降低，代表dS必須為正值，換句話說，系統的熵因擴散而增加，此種反應所增加的熵，稱之為混合熵(entropy of mixing)。混合熵只是很多熵中的一種型式而已，不過，所有型式的熵都有一共通性，即當熵增加時，亂度也就跟著增加。

　　在上例中，所考慮的是兩種氣體原子在空間中分佈的混亂度，但是熵也可以和原子運動的混亂度，亦即運動時的速率及方向的混亂度有關。

　　考慮一假想例子：將氣體分子通入一容器中，令所有分子均在同一方向，以同樣速率在容器二壁間做來回運動，由於氣體分子間，及分子與容器壁間的碰撞，使得氣體分子的速率及方向將很快地變成一種散亂的分佈，這種能均勻有序變成散亂運動的不可逆反應，必將使得熵值增加。現在的問題是：何以兩種未相混合的氣體會尋求一種散亂的分佈？其答案是：當把隔板移動後，每一氣體原子就能自由地在二室間運動，而且在任一室中發現任一氣體的機率是相同的，一旦隔板拿開，所有A原子仍在Ⅰ室，B原子仍在Ⅱ室的機率是相當小的。而要在容器內找到原子散亂分佈的機率，則幾乎等於1。

然從低機率狀態(兩種已接觸但未混合)轉變到高機率狀態(散亂混合)，會伴隨著熵的增加，那麼熵與機率之間必存在著密切的關係，此一關係首先由波茲曼(Boltzmann)以數學式子提出：

$$S = k \ln P \qquad\qquad\qquad 7.24$$

其中S是系統在某一狀態時的熵，P爲該狀態存在的機率，k爲波茲曼常數(1.38×10^{-23}joules/K)。

由氣體A與B混合所產生熵的變化值(混合熵)，可以用波茲曼方程式表示之：

$$\Delta S = S_2 - S_1 = k \ln P_2 - k \ln P_1 \qquad\qquad 7.25$$

$$\Delta S = k \ln \frac{P_2}{P_1} \qquad\qquad\qquad 7.26$$

其中　　S_1＝未混合氣體之熵

　　　　S_2＝已混合氣體之熵

　　　　P_1＝未混合狀態之機率

　　　　P_2＝已混合狀態之機率

氣體相接觸而未混合狀態之機率，可計算如下：

令　　　V_A＝氣體A原來所佔有的體積

　　　　V_B＝氣體B原來所佔有的體積

　　　　V＝容器之總體積

若將一個A原子導入一無隔板容器中，則在V_A中發現該原子的機率爲V_A/V，如果導入二個A原子，則同時發現這二個原子均在V_A的機率爲$(V_A/V) \times (V_A/V)$。這個問題類似於投擲一對硬幣的情況，任一硬幣出現人頭的機率皆爲1/2，但同時出現的機率則是$\left(\frac{1}{2}\right) \times \left(\frac{1}{2}\right) = \frac{1}{4}$。同理，加入第三個原子後，發現所有原子都在$V_A$的機率即爲$(V_A/V)^3$。苦$n_A$代表$A$氣體的全部原子數目，則發現所$n_A$原子皆在$V_A/V$的機率便爲$(V_A/V)^{n_A}$，現在如果再加入一個$B$原子到容器中，則發現此原子在$V_B$的機率是$V_B/V$，而同時也發現所有$A$原子皆在$V_A$的機率就是$(V_A/V)^{n_A} \times (V_B/V)$。最後，所有$A$原子都在$V_A$中而所有$B$原子都在$V_B$中的機率爲：

$$P_1 = \left(\frac{V_A}{V}\right)^{n_A} \cdot \left(\frac{V_B}{V}\right)^{n_B} \qquad\qquad 7.27$$

其中 $n_A = A$原子個數

$n_B = B$原子個數

現在我們必須來考慮均勻混合的機率問題，首先必須對均勻混合 (homogeneous mixture)下個定義；在目前極為精確的分析中，是有可能偵測到混合物組成的變動在10^{10}分之一的程度，但對更小的變動則無法偵測到，因此在實驗上，所謂的均勻混合並不是指A對B原子的比例要完全的固定在一常數值，而是指其比例之平均值的差異值，並沒有大到可以被偵測得到的程度。當原子數目很大時，這樣的均勻混合便極可能存在，就像大部份的實際系統中，其原子數目都超過10^{20}(大約為10^{-3}莫耳)。像這樣大數目的統計可以用擲硬幣數人頭的類似狀況來了解它。假設一次擲10個硬幣，我們可以證明出現五個人頭的機率是0.246，出現4個、5個、6個人頭均可的機率為0.666，因此，即使只有10個硬幣，也可得到一近似平均分佈的機率數值。若投擲100個硬幣，則出現40到60個人頭的機率是0.95；將硬幣數目增加10倍，就能使出現人頭的個數更靠近平均值。最後，若將硬幣個數增加到約實際系統的原子個數(10^{20})，則其平均分佈值是5×10^{19}個人頭。而出現人頭的個數在平均值上下10^{10}分之3.5以內的機率是0.999999999997，亦即出現人頭個數介於：

50,000,000,035,000,000,000

及 49,999,999,965,000,000,000

之間的機率是0.999999999997，而出現人頭個數在此區間之外的機率是3×10^{-12}，幾乎為零。

再來考慮含有A與B氣體的容器，丟一枚硬幣時出現人頭的機率，實際上就類似於在容器的其中一半部發現A原子的機率，B原子的情形亦類似。因此可以得到以下結論：當混合的原子數目很大時，將會趨向一種原子均勻分佈於容器中的平均分佈。偏離平均值的機率甚小，亦即在實驗上出現所謂均勻混合的機率是相當高的。為了方便計算，假設此機率為1。

回到混合熵方程式：

$$\Delta S = k \ln \frac{P_2}{P_1}$$

其中 ΔS＝混合熵

k＝波茲曼常數

P_1＝未混合狀態之機率

P_2＝已混合狀態之機率

由上述結論，P_2可視為等於1，則

$$\Delta S = k \ln \frac{1}{P_1} = -k \ln P_1$$

將式7.27中的P_1代入，得

$$\Delta S = -k \ln \left(\frac{V_A}{V}\right)^{n_A} \cdot \left(\frac{V_B}{V}\right)^{n_B}$$

$$= -k \ln \left(\frac{V_A}{V}\right)^{n_A} - k \ln \left(\frac{V_B}{V}\right)^{n_B}$$

$$= -k n_A \ln \left(\frac{V_A}{V}\right) - k n_B \ln \left(\frac{V_B}{V}\right)$$

因為實驗氣體已假設為同溫同壓下之理想氣體，因此氣體所佔體積必須和氣體中原子數目成正比，故可得，

$$\frac{n_A}{n} = \frac{V_A}{V}$$

以及
$$\frac{n_B}{n} = \frac{V_B}{V}$$

其中n是二種氣體的原子總數，又因n_A/n及n_B/n分別是A及B原子在容器中的化學分率，故可設

$$\frac{n_A}{n} = \frac{V_A}{V} = X_A \qquad\qquad 7.28$$

及
$$\frac{n_B}{n} = \frac{V_B}{V} = (1 - X_A) \qquad\qquad 7.29$$

其X_A為A的莫耳分率，而$(1-X_A)$為B的莫耳分率，於是混合熵，可以用濃度表示如下：

$$\Delta S = -kn \left(\frac{n_A}{n}\right) \ln X_A - kn \left(\frac{n_B}{n}\right) \ln (1 - X_A)$$

$$= -kn\, X_A \ln X_A - kn(1 - X_A) \ln (1 - X_A) \qquad\qquad 7.30$$

現在假設有一莫耳氣體，則總原子數n就等於亞佛加厥常數N，且k(波茲曼常數)是一個原子的氣體常數，即

$$k = \frac{R}{N} \qquad\qquad 7.31$$

其中R為通用氣體常數(8.31joule/mole)，N為亞佛加厥常數，故

$$kn = kN = R$$

因此，可得混合熵的最後型式：

$$\Delta S = -R[X_A \ln X_A + (1 - X_A) \ln (1 - X_A)$$

7.32

7.7 空孔(Vacancies)

晶體是不可能完美的，它可能會含有許多缺陷，這些缺陷則可分成數種型式，其中一種最重要的稱之為空孔(vacancy)。空孔原先是為了解釋晶體中的固態擴散而做的假設，因為氣體原子與分子極易運動，故氣體擴散的現象很容易理解，但在晶體中原子如何移動就較難解釋了。在已知事實中，將二種金屬，例如銅與鎳，密接在一起並加熱至高溫，則金屬將會互相擴散，且原子在純金屬中亦會擴散。被提出解釋這種擴散現象的機構有好幾種，但最為大家接受就是空孔機構了。

用空孔來解釋晶體中的擴散是假設空孔在晶格中移動，連帶使得原子在晶格位子間做隨機移轉。空孔擴散的基本原理如圖7.1所示，其中顯示出空孔移動的三個連續步驟，每一步驟，都是因鄰近空孔之晶格位子上的原子跳進空孔所造成的，為使原子跳入空孔，該原子就必須克服空孔鄰近之原子對它的淨吸力，因此跳入空孔必須做功，或謂必須克服能障，而克服能障所須之能量則由晶格的熱振動所提供，溫度愈高，熱振動愈強，克服能障的機會也愈高，所以高溫時，空孔的運動是非常快速的，而擴散速率也隨著溫度的增高而快速提高，以下將導出晶體中空孔平衡濃度與溫度的關係式。

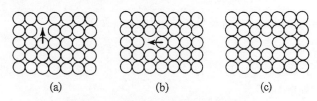

(a)　　　　　　　(b)　　　　　　　(c)

圖7.1 晶體中空孔移動的步驟

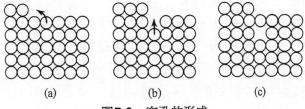

(a)　　　　　　　(b)　　　　　　　(c)

圖7.2 空孔的形成

假設晶體中含有n_o個原子與n_v個空孔，則總共的晶格位子數目是$n_0 + n_v$，亦即包括被佔滿和未被佔的晶格位子的總和。再假設空孔的產生是由於原子從晶體內部移動到晶體之表面的結果，如圖7.2所示，這種型式的空孔稱之爲Schottky缺陷，令形成這種Schottky缺陷所需之功爲w，故含n_v個空孔的晶體，其內能將比沒有空孔的晶體要大$n_v w$。

含空孔的晶體其自由能比不含空孔者要大：

$$G_v = H_v - TS_v \tag{7.33}$$

其中　　G_v＝由空孔所引起的自由能

H_v＝由空孔所引起的焓

S_v＝由空孔所引起的熵

由前述得知

$$H_v = n_v w$$

所以　　$G_v = n_v w - TS_v \tag{7.34}$

由於空孔的存在而使晶體的熵增加，其原因有二，第一，鄰近空孔的原子要比那些完全被其他原子所圍繞的原子來的更不受限制，故可以用一種較不規則，或是較隨機的形式做振動，因此每個空孔對晶體的總熵的增加，皆有一小部分的貢獻。

令一個空孔的振動熵爲s，於是熵的增加量可寫爲$n_v s$，其中n_v爲空孔的總數，在理論上討論空孔時，考慮其振動熵是很重要的，但在目前計算中，因爲其對晶體空孔數目的影響是次要的，所以可以將其忽略。

第二，空孔的存在會有混合熵的出現，前面已導出兩理想氣體之混合熵的方程式爲：

$$S_m = \Delta S = -nk[X_A \ln X_A + (1 - X_A) \ln (1 - X_A)] \tag{7.35}$$

其中　　S_m＝混合熵

n＝總原子數$(n_a + n_B)$

k＝波茲曼常數

X_A＝A原子的分率＝n_A/n

$1 - X_A$＝B原子的分率＝n_B/n

如果我們將考慮的對象從原子換成晶格位子的混合，則上述方程式可直接應用到目前的問題。晶格位子有二種，一種是被原子佔據的，另一種則是沒有被佔據的。如果有n_o個被佔，n_v未被佔，則其未混合狀態即相當於一具有$n_o + n_v$個位子的晶格，被佔與未被佔位子各分成兩邊。如圖7.3(a)所示，相當於容器中氣體的問題一樣，而圖7.3(b)則相當於混合狀態的情況。

現在的問題是要將n_o個原子與n_v個空孔混合在一起，形成總數爲$n_o + n_v$的混合體，因此我們可將下列式子代入混合熵之方程式中：

$$n = n_o + n_v$$

$$X_A = X_v = \frac{n_v}{n_o + n_v}$$

$$(1 - X_A) = X_o = \frac{n_o}{n_o + n_v}$$

其中　　X_v＝空孔濃度

　　　　X_0＝被佔晶格原子的濃度

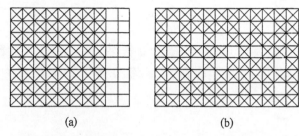

(a)　　　　　　　　　　　　　　(b)

圖7.3　　以箱子模型說明晶體的空孔；(a)空孔和原子在隔離狀態，原子在左，
　　　　空孔在右，(b)混合狀態

代入後，得

$$S_m = -(n_o + n_v)k\left[\frac{n_v}{n_o + n_v}\ln\frac{n_v}{n_o + n_v} + \frac{n_o}{n_o + n_v}\ln\frac{n_o}{n_o + n_v}\right]$$

簡化後得：

$$S_m = k[(n_o + n_v)\ln(n_o + n_v) - n_v \ln n_v - n_o \ln n_o] \qquad \text{7.36}$$

空孔自由能方程式可改寫為：

$$G_v = n_v w - S_m T$$

$$= n_v w - kT[(n_o + n_v)\ln(n_o + n_v) - n_v \ln n_v - n_o \ln n_o] \qquad \text{7.37}$$

如果晶體在平衡狀態，則此自由能必須是在最小值，亦即，晶體中的空孔個數
(n_v)會在此給定的溫度下，尋求一可以讓G_v成為最小的值，因此G_v對n_v的微分值
必須為0，即：

$$\frac{dG_v}{dn_v} = w - kT\left[(n_o + n_v)\frac{1}{(n_o + n_v)} + \ln(n_o + n_v) - n_v\frac{1}{n_v} - \ln n_v - 0\right]$$

$$0 = w + kT\left[\ln\frac{n_v}{n_o + n_v}\right]$$

改為指數表示，則

$$\frac{n_v}{n_o + n_v} = e^{-w/kT} \qquad \text{7.38}$$

通常金屬晶體中空孔個數遠少於原子個數(已被佔據的位子n_o)，因此7.38式可改寫成以n_v/n_o，即晶體中空孔對原子的比數來表示：

$$\frac{n_v}{n_o} = e^{-w/kT} \qquad\qquad 7.39$$

其中　　$w=$形成一個空孔所需之功，J

　　　　$k=$波茲曼常數，J/K

　　　　$T=$絕對溫度，K

　　　　$n_v=$空孔個數

　　　　$n_o=$原子個數

若將上式方程式中指數部分的分子與分母各乘以亞佛加厥常數(6.02×10^{23})，N，則該空孔濃度與溫度間的函數關係並沒改變，若要指數部分以標準熱力學上的記號表示時，則令

$$H_f = Nw$$

$$R = kN$$

$$\frac{n_v}{n_o} = e^{-Nw/NkT} = e^{-H_f/RT}$$

其中　　$H_f=$活化能，即形成一莫耳空孔所需的功，單位為焦耳／莫耳

　　　　$N=$亞佛加厥常數

　　　　$k=$波茲曼常數

　　　　$R=$氣體常數$=8.31$焦耳／moleK

因此

$$\frac{n_v}{n_o} = e^{-H_f/RT} \qquad\qquad 7.40$$

產生一莫耳空孔所須之活化能的實驗值，以銅而言大約是83700焦耳，將此值代入7.40式中，可得知溫度對空孔個數的影響情形，其中R值≈ 8.37jouls/moleK

$$\frac{n_v}{n_o} = e^{-H_f/RT} = e^{-83,700/8.37T} = e^{-10,000/T}$$

在絕對零度時，空孔平衡個數應該是零，即為

$$\frac{n_v}{n_o} = e^{-10,000/0} = e^{-\infty} = 0$$

在大約是室溫的300K時

$$\frac{n_v}{n_o} = e^{-10,000/300} = e^{-33} = 4.45 \times 10^{-15}$$

而在低於熔點6°的1350K時：

$$\frac{n_v}{n_o} = e^{-10,000/1350} = e^{-7.40} = 6.1 \times 10^{-4} \simeq 10^{-3}$$

因此，若溫度剛好低於熔點時，每1000個原子中就大約有一個空孔，乍看之下，此值似乎很小，但兩個空孔間的距離卻只有10個原子大小而已，另外在室溫時，空孔的平衡濃度（4.45×10^{-15}）則相當於二個空孔間的平均距離有100,000個原子大小，由此可看出，溫度對空孔個數有極強烈的影響。

　　有二個問題必須考慮，首先，為什麼在一定溫度下，空孔會有一定的平衡個數，其次，為什麼平衡個數會隨溫度而改變。圖7.4可以回答第一個問題，圖中係G_v，$n_v w$及$-TS$等函數隨空孔個數n_v而改變的情形，且假設溫度是在熔點附近，形成空孔所需之功$n_v w$則隨空孔個數呈線性增加，在低濃度時，$-TS$則隨n_v做快速增加，但當n_v愈來愈大時，溫度$-TS$的變化就愈來愈小。在圖中所示的n_1處時，$n_v w$和$-TS$相等，故其自由能G_v，即（$n_v w - TS$）之值為零，對所有大於n_1的n_v值而言，其自由能為正，小於n_1時則為負，且在自由能為負的部分，當濃度在圖中所示的n_e值時，會出現一極小值，此即為空孔的平衡濃度。

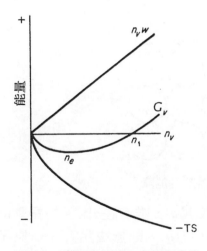

圖7.4　高溫時晶體自由能與空孔個數之關係

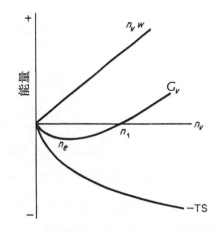

圖7.5　溫度低於圖7.4時的自由能曲線，其空孔平衡個數n_e已較圖7.4者為低

　　圖7.5是和圖7.4類似的另一組曲線，其溫度假定比較低（$T_B < T_A$），溫度的降低並不改變$n_v w$曲線，但卻使（$-TS$）曲線上的座標以T_B/T_A比例下降了，因此造成自由能曲線（G_v）上的n_1及n_e值向左移，所以溫度降低了，由於（$-TS$）熵分量值的減小而使空孔平衡個數變小了。

7.8 空孔運動(Vacancy Motion)

在一給定溫度時，其空孔與原子個數的比值，已知爲：

$$\frac{n_v}{n_o} = e^{-H_f/RT}$$

其中　　n_v＝空孔個數

n_o＝原子個數

H_f＝形成一莫耳所需的功

R＝氣體常數(8.31joules/mole°K)

然而，上式卻沒有指出要達到平衡空孔個數所需的時間，在低溫時所需時間可能很長，高溫時可能很短，既然空孔運動是原子跳入空孔的動作結果，就有必要對主導跳躍的一些基本原則做探討。先前已提及，原子跳入空孔時，必須克服像圖7.6所示之能障，而跳躍所需之能量，則由晶體的熱振動來提供。

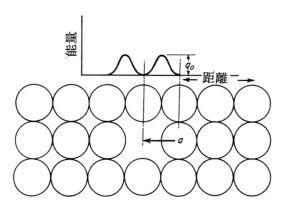

圖7.6　原子跳入空孔所必須克服的能障

如圖7.6所示，其a原子跳入空孔的能障高度爲q_o，唯有在a原子的振動能大於q_o時，才能跳入空孔中，相反地，若振動能小於q_o，則無法跳入，一原子具有大於q_o之能量的機率和$e^{-q_o/kT}$函數成正比關係，即：

$$p = \text{const } e^{-q_o/kT} \tag{7.41}$$

其中p是一原子具有大於或等於q_o之能量的機率，k爲波茲曼常數，T爲絕對溫度，7.41式原先是爲理想氣體原子之能量分佈(maxwell-boltzmann distribution)所導出來的，然而，在描述固態晶體中原子的振動能量分佈上，仍然相當精確。

　　既然上列函數為一原子具有足夠作跳入運動之能量的機率，則跳入機率必正比於此函數，即可寫成下式：

$$r_v = Ae^{-q_o/kT}$$ 　　　　　7.42

其中r_v是每秒鐘原子跳入空孔的個數，A是常數，q_o為每個原子的活化能(能障高度)，k，T意義同前，若將上式指數中之分子與分母同乘以亞佛加厥常數N，6.20×10^{23}，則

$$r_v = Ae^{-H_m/RT}$$ 　　　　　7.43

其中H_m是空孔運動的活化焓，單位是joules/mole，R為氣體常數(8.31J/moleK)。

　　在7.43式中的A常數則和個數因子有關，其中之一是鄰近空孔的原子個數，能跳入空孔的原子個數愈多，跳入的頻率也愈高，第二個因子是原子的振動頻率，振動頻率愈高，則每秒鐘原子臨近空孔的次數也愈多，完成跳入運動的機率也就愈高。

　　現以實際金屬來考慮7.43式，銅的A值約為10^{15}，活化焓$H_m = 121$KJ/mole，代入上述方程式並假定溫度為1350K(稍低於熔點)，則得

$$r_v \simeq 2 \times 10^{10} \text{ jumps/sec}$$

在300K(室溫)則

$$r_v \simeq 10^{-6} \text{ jumps/sec.}$$

　　顯然空孔的運動速率在熔點附近的高溫與在室溫時有很大的差距，在1350K時，空孔每秒大約移動了300億次，而在室溫時，其跳躍的時間間隔為10^6次，即約11天。

　　空孔的跳入速率是相當重要的，在晶體含有平衡空孔個數時，原子每秒平均所作的跳入運動更值得注意，這個數量相當於空孔對原子的比例n_v/n_o乘以每秒鐘原子跳入空孔的次數，即：

$$r_a = \frac{n_v}{n_o} Ae^{-H_m/RT}$$

其中r_a為原子每秒的跳入次數，n_v為空孔個數，n_o為原子個數。另由前面已知

$$\frac{n_v}{n_o} = e^{-H_f/RT}$$ 　　　　　7.44

其中H_f為形成空孔所需之活化焓，因此：

$$r_a = Ae^{-H_m/RT} \times e^{-H_f/RT} = Ae^{-(H_m+H_f)/RT}$$ 　　　　　7.45

　　晶體中原子跳入空孔速率或從一位置移到另一位置的移動速率取決於兩種能量：形成一莫耳空孔所需之功H_f，以及移動一莫耳原子進入空孔所需克服的能障H_m，這兩種能量相加成結果，使得原子跳入速率對溫度非常敏感，舉例來

說，先前業已證明銅在1350K時，空孔對原子的比例約為千分之一，而在300K時卻是5×10^{15}分之一，降低了約10^{12}倍，而在同樣的溫度區間，每秒原子跳入空孔的次數大約降低了10^{16}倍，因此從熔點降到室溫，原子跳入運動的平均速率降低了約10^{28}倍左右，簡單的說，在1350K時，兩個空孔的平均間距為10個原子大小，而原子跳入空孔速率約為每秒300億次，在300K時，空孔間距為100,000個原子大小，且原子以每11天才跳一次的速率進入空孔。

從以上討論可結論如下：某些藉銅原子之擴散而改變的物理性質，在室溫時可視為是不變的。

類似的結論也可用於其他金屬，但變化程度則視金屬種類而定，例如在室溫時，按照上述計算法可得鉛的空孔大約有每秒22次的跳躍頻率，空孔的平均間距則約為100個原子大小，因此在室溫時，鉛的擴散量還是很可觀的。

7.9 插入型原子與雙空孔(Interstitial Atoms and Divacancies)

除空孔外，金屬晶體中最重要的點缺陷就是插入型原子與雙空孔了，首先對插入型原子做一簡單討論。

插入型原子就是填塞在晶體內間隙位置上的原子，例如在正常晶格位置之間的孔隙、間隙等位置，最密堆積面心立方晶格的晶胞中央的孔隙，如圖7.7所示，是插入型原子可以存在的地方，同樣的孔隙也存在於晶胞邊線中央，即二個角落原子間的地方，如圖7.7中所示右前方垂直線中央的位置上。

基本上有二種不同類型的原子能佔住這種間隙位置，第一種類型的原子就像碳、氮、氫、氧之類的小原子，這類型的原子通常只能佔住金屬中一小部分的間隙空位，此時稱這之為插入型固溶體(將於第九章針對此主題做進一步討論)。另一類型插入型原子也就是我們現在要討論的就是：與正常晶格位置上同樣大小的原子，以純銅例子而言，其插入型原子亦為銅原子，圖7.8所示為f.c.c晶體{100}晶面的硬球模型，其中清楚地顯示出填隙空位的實際大小，該位置小的若不極度扭曲晶格，便不可能容下如此大的原子。因此在銅中形成空孔的活化能小於1eV，但形成插入型銅原子的活化能則約為4eV，這種活化能的差異顯示出在銅中要想藉由熱振動來形成插入型原子是相當困難的。只要依照本章前述的公式加以計算空孔對原子比例的平衡值，即可得到證明。

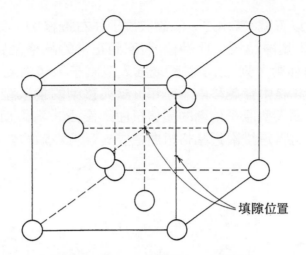

圖7.7 面心立方晶體中的填隙位置

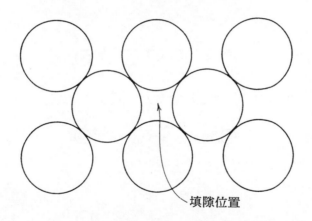

填隙位置

圖7.8 填隙位置的大小遠比溶劑原子來得小

　　雖然這種插入型缺陷在一般金屬中無法達到明顯足夠的濃度,但卻可在輻射損傷(radiation damage)情況下來達成,快速中子與金屬間的碰撞,可以將金屬中的原子從其正常晶格位置上撞離出來,原子從晶格位置移出的結果,當然就形成插入型原子與空孔,據估算[1],每個快速中子大約能產生100～200個插入型原子與空位。

　　雖然要形成上述之插入型原子相當困難,但是一旦形成後就容易移動,其移動能障甚低,以銅為例,估計只有0.1eV[2]左右,其具高度移動性的理由,如圖7.9所示,在圖中假設所觀察的是面心立方晶體的{100}面。圖7.9(a)中斜線

　　1. Cottrell, A. H., *Vacancies and Other Point Defects in Metals and Alloys*, p. 1. The Institute of Metals, London, 1958.

　　2. Huntington, H. B., *Phys. Rev.*, **91**, 1092 (1953).

圓代表插入型原子以符號a表示之，假設該原子往右邊移動，則將迫使b原子如圖7.9(b)所示的進入填隙位置，此過程a將回到正常的晶格位置。若b原子在同方向作更進一步的移動，則c原子將變成插入型原子。藉由此種運動，一插入型原子很容易地在晶格中穿越移動，而每一參與移動的插入型原子則只移動很小段的距離。由於插入型原子周圍的晶格扭曲，使得缺陷移動較爲容易，運動所需能量亦很小，這種差排附近晶格扭曲造成其容易移動的效應是相類似的。

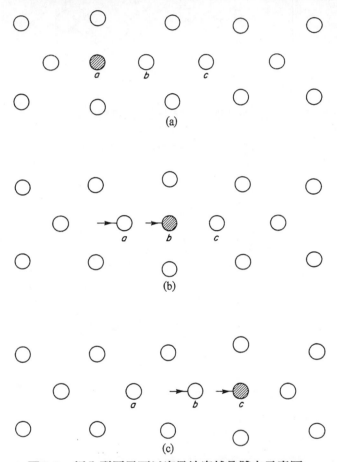

圖7.9　插入型原子可以容易地穿越晶體之示意圖

如果兩個空孔合併成爲一個點缺陷，則稱爲雙空孔(divacancy)，這類型缺陷的結合很難量測及估量，但仍有人[3]對銅計算其結合能約在0.3～0.4eV之間。在金屬中空孔與雙空孔維持平衡時，二者間的比例可經由下式計算[4]之：

3. Seeger, A., and Bross, H., *Z. Physik*, **145** 161 (1956).
4. Cottrell, A. H., *Vacancies and Other Point Defects in Metals and Alloys*, p. 1. The Institute of Metals, London, 1958.

$$\frac{n_{dv}}{n_v} = 1.2ze^{-q_b/kT}$$ **7.46**

其中n_{dv}為雙空孔濃度，z為配位置，q_b為雙空孔的結合能。

問題七

7.1 金的熔點為1063℃，熔解熱為12700j/mole，試求出一莫耳金凝固時的熵變化量，並標示出其正負值。

7.2 當一莫耳金在其凝固點凝固時，內能有否改變？解釋之。

7.3 在"Handbook of Chemistry and Physics"57版(1976-1977)第D-61到D-63頁中，有關元素的熱力性質提及一經驗式，用以計算元素在定壓時焓隨溫度的變化值。該式為：

$$H_T - H_{298} = aT + (1/2)(b \times 10^{-3})T^2$$
$$+ (1/3)(c \times 10^{-6})T^3 - A$$

其中H_T為溫度T時的焓，H_{298}為在參考溫度298K時的焓，a，b，c，A為定壓比熱，C_p數據中所獲得的經驗常數，T為單位K的絕對溫度，以固態金為例，焓的單位表示成J/g.mole，各項常數為$a = 25.69$，$b = -0.732$，$c = 3.85$，$A = 7661$。液態金時$a = 29.29$，$A = -2640$，而b，c則可假設為零，金熔點為1336K，計寫一電腦程式，可求得(a)在一給定溫度時，液態及固態金二者分別在$H_T - H_{298}$之間，ΔH的值；(b)在1036到1336K間，每20°為間隔，液態金及固態金二者分別的相對應熵差值，$\Delta S = \Delta H/T$。

7.4 在"Handbook of Chemistry and Physics"書中亦提及一有關計算熵的經驗式(參考溫度298K)：

$$S_T = a \ln T + (b \times 10^{-3})T + \tfrac{1}{2}(c \times 10^{-6})T^2 - B$$

其中S_T為溫度T時的熵，a，b，c值和7.3題中焓的公式中的常數相同，B為常數，T為絕對溫度。

(a)液、固金的a，b，c值和7.3題相同，固態金的$B = 98.85$，液態金的$B = 112.9$ J/K-gmole，試寫一電腦程式，可求得在1036到1336K，每隔20°，液態金及固態金二者之間的熵差值。

(b)將本題及前題中求得的值，繪成同一張以溫度為函數的關係圖，並說明之。注意在二習題中，在1336K時的溫度ΔS值是相同的。

7.5 考慮一含有可移動隔板，並隔開二個等大小空間的隔絕容器，起先其一隔間為完全真空狀態，另一隔間裝有標準狀態下一莫耳的理想氣體，今將隔板移開，氣體因而可以充滿二個隔間。

(a)氣體溫度是否會改變？解釋之。

(b)計算熵的改變值。

7.6　考慮同前題之隔絕容器，起先其中一隔間裝有一莫耳理想氣體A，另一隔間裝有一莫耳理想氣體B，二者壓力為0.1013MPa，溫度為298K，今假設將隔板移開。

(a)焓的改變量有多大？

(b)計算熵的改變量。

(c)計算吉氏自由能的改變量，改變量是否明顯？解釋之。

7.7　利用適當的電腦程式輔助，計算混合熵(參見7.32式)隨濃度變化之值，濃度X從0到1，並在此範圍中，繪出S_m(J/K-gmole)對X的關係圖。

7.8　計算純銅在700℃時的空孔平衡濃度值。

7.9　在Bradshaw, F.J., and Pearson, S., Phil. Mag., 2 379(1957)文獻中，提及金的莫耳空孔形成活化焓，H_f為0.95eV，

(a)首先將活化焓單位從eV轉變成J/mole，然後計算金在1000K時的空孔平衡濃度。

(b)在1000K時，1mole金中所含空孔個數為多少？

7.10　(a)下表所列六種金屬元素，及其形成一個空孔的焓值和熔點溫度，試求各元素在其熔點溫度時的空孔濃度。試寫一可將表中H_f，H_m值輸入的電腦程式以方便計算。

元素	H_f, eV	熔點，℃
Al	0.76	660
Ag	0.92	961
Cu	0.90	1083
Au	0.95	1063
Ni	1.4	1453
Pt	1.4	1769

(b)有某些證據顯示，空孔濃度及其跳躍速率在熔點附近時，會變得甚大及甚高，以至於巨觀晶體型式不再存在，是否本題目的結果可支持這種觀點？解釋之。

7.11　(a)據估計，銅的自置型插入型原子(self-interstitial atoms)的形成焓約為385000J/mole，試計算銅在1000K，這種自置型插入型原子的平衡濃度。

(b)銅中自置型插入型原子的運動活化焓大約是9640J/mole，試估算這種插入型原子在1000K時的跳躍頻率。

第八章

退　火

(Annealing)

8.1　冷作後所儲存的能量 (Stored Energy of Cold Work)

當一金屬在遠低於其熔點之一半的溫度下塑性變形,它被稱之為冷作(cold work)。但其冷作溫度的上限並沒有明確的定義,它是會隨金屬組成及變形速率,變形量而變化。然而,我們可以粗略地講當在低於熔點一半的溫度的塑性變形,稱之為"冷作"。

冷作時,所施加的能量大部份都以熱能的形式消耗掉,而只有少部份以應變能(strain energy)形式儲存於金屬中,而此應變乃是指變形所產生之晶格缺陷而言。這個應變能的量決定於其變形過程及其它諸多因素:如金屬的組成,變形速率及變形溫度。很多學者都已指出,儲存於金屬的能量的比例可由數個百分比至十幾百分比。圖8.1說明一多晶之99.999%純銅在拉張應變之塑性變形,其冷作儲存能與變形量的關係。由Gordon所提供的數據中,我們可了解到,當變形量變大時,所儲存的應變能增加,但是增加率愈來愈小;故儲存能量所占之比例隨變形量的增加而減少,這可由圖8.1的另一條曲線看出來。

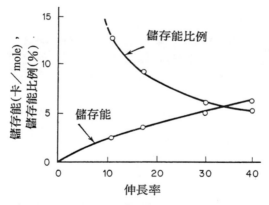

圖**8.1**　高純度銅的冷作儲存能與其所佔比例對拉張伸長率作圖。(From data of Gordon, P., Trans. AIME, 203 1043[1955].)

在圖8.1中的最大儲存能量只有6卡／莫耳,為一純金屬在室溫下經30%拉伸變形所得的應變能,這個量能夠藉著增加變形量,降低變形時溫度或改變組成為合金。因此,已有人提出,金合金(8.2%金-17.4%銀)在液態氮的溫度下，由鑽孔所得的碎屑，所具有之應變能高達200卡／莫耳。[1]

我們都知道冷作會大量增加金屬中的差排數目。一個退火的金屬其差排密度大約是在10^{10}到$10^{12}m^2$的範圍內，然而經過嚴重冷作後，其值可達到10^{16}。因此，冷作可增加金屬中差排密度10,000至1,000,000倍。既然每一個差排就代表一個具有晶格應變的缺陷，所以增加差排密度也會增加其儲存的應變能。

冷作後，金屬塑性變形所增加的點缺陷亦是其應變能來源之一。在4.9節中，曾提到一個創造點缺陷的機構，當兩螺旋差相交時，若其中一個產生滑移(glide)時，可以產生一列密集堆積的空孔或間隙原子(interstial)；視其兩差排的相對burgers向量的形式。但由於形成空孔所需之應變能較形成間隙原子爲小，故在塑性變形中所形成的點缺陷，空孔的數目將會較間隙原子爲多。

8.2　自由能與應變能的關係 (The Relationship of Free Energy to Strain Energy)

塑性變形之金屬與退火之金屬間的自由能差大約等於儲存的應變能。塑性變形雖然也會增加金屬的熵(entropy)，但其效應卻遠小於由應變所增加的內能，因此自由能方程式中的$-T\Delta S$項可予以忽略，而使自由能增加直接等於儲存能。亦即

$$\Delta G = \Delta H - T\Delta S$$

可變爲

$$\Delta G \approx \Delta H \qquad\qquad\qquad 8.1$$

此處ΔG爲冷作的自由能，ΔH爲焓或儲存應變能，S爲由於冷作的增加之熵，T爲絕對溫度。

既然冷作後的金屬其自由能較退火的金屬爲大，故金屬可能會發生自發軟化(spontaneously)。由於冷作後，金屬呈現極複雜的狀態，故不可能經由單一簡單反應回復到退火態，而會藉由許多不同的反應來回復。這些反應包括了原子或空孔的移動，因此具有相當的溫度敏感性。但其反應速率通常可用簡單的指數式來表示，就像前面章節所提到的空孔移動速率亦具有指數形式一樣。故加熱對變形金屬之回復，具有加速的效果。

---

1. Greenfield, P., and Bever, M. B., *Acta Met.*, **4** 433 (1956).

8.3 儲存能的釋出 (The Release of Stored Energy)

我們可藉由研究儲存能之釋出來得知冷作金屬回復至其最初狀態的反應機制。欲達成這個目的,有兩個較重要的基本方法,第一為非等溫退火法 (anisothermal anneal method),將冷作過之金屬從低溫加溫至高溫,測量試片在不同之溫度下所釋放之能量。或也可測量當用相同速率加熱相近之兩試片時,其所需之功率差異。這兩試片,其一為冷作過,而另一則未冷作過的標準試樣,所以在加熱時,冷作過的試片會釋出熱量而導致所需的加熱功率較小。這種功率差的量測將可直接證明冷作金屬會釋放出熱量的事實。圖8.2為一商用純銅(99.97%)之典型的非恆溫退火曲線,圖中值得注意的是在稍高於室溫時,就有些熱量被釋出。底下將說明其原因與最高點的意義。

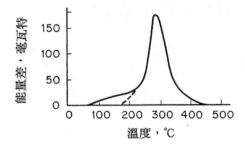

圖8.2 電解銅之非等溫退火曲線。(Clarebrough, H.M., Hargreaves, M.E., and West, G.W., Proc. Roy.Soc., London, 232A, 252[1955].)

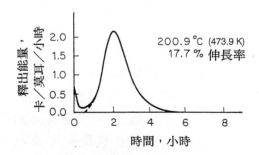

圖8.3 高純度銅的等溫退火曲線。(From data of Gordon, P., Trans. AIME, 203 1043[1955].)

另一個研究能量釋出的方法為等溫退火(isothermal annealing)，測量在固定溫度下所釋出的能量。圖8.3即為藉此法所量得之曲線，利用敏感度高達13mJ/hrs的微熱卡計(microcaloimeter)所測得。

圖8.2和8.3的曲線均出現釋出能量之極大值。當配合金相觀察時，在這個極大值的溫度下，其原來受嚴重變形之晶粒會縮小而消失，取而代之的是新成長的無應變的晶粒，此過程稱之為再結晶(recrystallization)，是原子為了降低能量而重新排列所形成的。

雖然圖8.2與8.3曲線中，主要的能量釋出都是由於再結晶的發生，但在之前已有些許的能量釋出。虛線即是區分再結晶所釋放的能量部份。實線下方與虛線左上方的區域即為非再結晶所釋出的能量。非等溫退火曲線中，在遠低於再結晶溫度，其應變能已放出，而在等溫退火曲線中，其能量也是在退火初即已開始釋出。在退火過程中，發生在再結晶之前的這一部份，稱之為回復(recovery)。在此，我們必須了解到的一點是，於再結晶過程中，回復的反應仍可能發生於尚未轉變為新晶粒的區域，而不會發生在已形成新晶粒的區域。回復的現象將在下一節進一步討論。然而，先要定義退火的第三階段晶粒成長(grain growth)。晶粒成長是指在退火處理中當再結晶已完成後的階段，某些再結晶後的晶粒持續成長而其它晶粒卻縮小而消失。

退火的三階段——回復、再結晶和晶粒成長——現在已定義完成。下面將討論它的一些重要特性。

8.4　回復(Recovery)

當一金屬受到冷作後，其大部份的物理及機械性質都將改變。加工將會增加金屬的強度、硬度、電阻而降低其延展性。進一步使用X光繞射法來研究，X光的反射將顯現出冷作的特性。變形單晶的勞厄繞射圖(Laue pattern)由於晶格之曲度而出現明顯的星茫點(asterism)。同樣地，變形多晶金屬的Debye-Scherrer相片也顯現其繞射線的寬度比起未變形為寬，這是由於多晶金屬受冷作之其殘留應力及變形所造成的結果。

在退火的回復階段，冷作過的金屬其物理，機械性質都將回復至其原來的值。許多年來，在回復階段時，金屬的硬度及其它性質能回復而其顯微結構卻沒有明顯的改變之事實，一直不能被滿意解釋。而且這些物理性質並不以相同的速度進行回復,這更突顯整個回復過程的複雜性。圖8.4是冷作多晶金屬的非等溫退火曲線圖,圖中點c之尖峰位置為再結晶區域;在回復階段時所釋出之能量的比例略大於圖8.2的能量比例。在同一圖中的上方曲線為電阻係數和硬度隨退火溫度變化的情形;其電阻在再結晶之前就已完全回復了;而硬度之主要變化則與基地的再結晶同時發生。

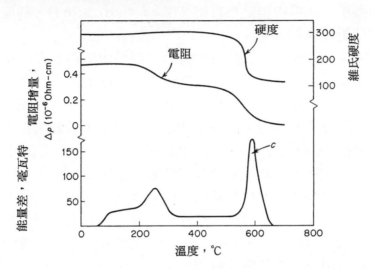

圖8.4　冷作鎳的非等溫退火曲線。上面的曲線是表示退火溫度對金屬硬度與電阻係數的影響。(Clarebrough, H.M., Hargreaves, M.E., and West, G. W., Proc. Roy.Soc., London, 232A, 252[1955].)

8.5　單晶之回復 (Recovery in Single Crystals)

　　冷作狀態的複雜性與加工變形的複雜性有直接的關係。因此,單晶受到簡易滑移(glide)的變形將比受到多重滑移(同時在多個系統滑移),其晶格扭曲情況較為單純。而多晶金屬之晶格扭曲無疑地將更為複雜。

　　假若在一單晶中只發生簡易滑移(只在單一平面上滑移)之變形,則此試片相當可能不需要再結晶就能完全回復至其原來的硬度。事實上,即使將只發生簡易滑移的晶體加熱至熔點,其也不可能會產生再結晶。圖8.5為一單晶鋅在室溫下施以一拉伸應力的應力-應變曲線,其變形是藉著基本滑移(basal slip)進行的。

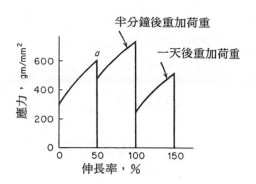

圖8.5　鋅單晶在室溫下降伏強度的回復。(After Schmid, E., and Boas, W., Kristallplastizitat, Julius Springer, Berlin, 1935.)

　　假若將此單晶先加負荷至圖中的點a而後再除去負荷。並在一很短時間內(約半分鐘)再施加負荷上去，則在其應力未達原先所除去之負荷值時，此試片將不會發生塑性降伏。而且，第二次開始發生流變的應力值會比第一次的值稍爲降低。只有當第一次除去負荷與第二次再加負荷之間沒有時間差異時，其第二次的流變應力才會等於第一次負荷時的應力，因此，降伏點的回復會是很快地發生。對於鋅晶體而言，其降伏點在室溫下只要一天的時間就可回復，如圖8.5中之第三次負荷曲線所示。這些應力-應變的曲線說明一個事實：隨著時間的增加，其等溫回復的速率會減慢；圖8.6以變形鋅晶體在不同溫度下的降伏點與回復時間之關係來解釋這個現象。在這個例子中，單晶在223K下受到簡易滑移的變形，然後在圖上所示溫度下作等溫退火。在283K下回復之速率比2363K下時增加很多。這現象也驗證先前溫度對回復速率之觀察結果。事實上，受到簡易滑移之變形鋅晶體，其回復可用一簡單、活化的亞蘭紐斯公式(Arrhenius type law)來表示：

$$\frac{1}{\tau} = Ae^{-Q/RT} \qquad\qquad 8.2$$

此處 τ 爲降伏點回復至一定比例所需要的時間，Q爲活化能，R爲氣體常數，T爲絕對溫度，而A爲一常數。

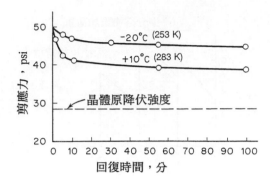

圖8.6　鋅單晶在二種不同溫度下，其降伏強度的回復。(From the data of Drouard, R., Washburn, J., and Parker, E.R.,Trans. AIME, 197 1226〔1953〕.)

假設回復反應在不同溫度下發生而且回復至一相同程度，則

$$Ae^{-Q/RT_1}\tau_1 = Ae^{-Q/RT_2}\tau_2$$

亦即

$$\frac{\tau_1}{\tau_2} = \frac{e^{-Q/RT_2}}{e^{-Q/RT_1}} = e^{-\frac{Q}{R}\left(\frac{1}{T_2}-\frac{1}{T_1}\right)} \tag{8.3}$$

根據Drouard，Washburn and Parker三人的結果，鋅的降伏點回復的活化能，Q值為83,140J/mole。因此，若一變形鋅晶體在0℃回復至其原降伏點之1/4需要5分鐘，則在30℃下欲回復相同的量，則需要

$$\tau_1 = 5e^{-\frac{83,140}{8.314}\left(\frac{1}{273}-\frac{1}{300}\right)} = 0.185 \text{ min}$$

若是在－50℃下，則

$$\tau_1 = 25,000 \text{分或} 17 \text{天}$$

8.6　多邊形化(Polygonization)

　　回復至簡單塑性變形的關係已如前述。這種回復過程可能是由於多餘差排的消除所致。這種消除的過程可藉著具相反符號(如正刃差排與負刃差排，或左螺旋差排與右螺旋差排)的差排的聚集而形成。所以差排之滑動與爬升兩種機構都可能發生。

　　另外一種回復過程稱之為多邊形化(polygonization)。在其最簡單的情況是受塑性而彎曲的晶體。X光束被彎曲晶面所反射，其勞厄繞射圖(Laue pattern)呈現長條狀或星茫狀的點。許多研究者都已證明彎曲晶體在受回復退火(沒有

發生再結晶的退火狀況)後，會顯示出較細的勞厄點，如圖8.7所示，左圖爲彎曲晶體在退火前的勞厄繞射圖，右圖則爲退火後。變形晶體所呈現的長條狀或星茫狀的點在退火後都被一組微細的小點所取代。

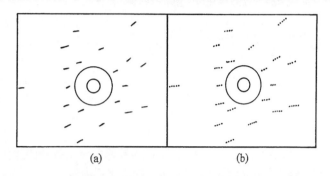

(a)　　　　　　　　　(b)

圖8.7　勞厄繞射示意圖，表示多邊形化如何使星狀的X光繞射分開成一系列的獨立點。在左邊的圖爲一個彎曲單晶，而右邊則是同一晶體在經過一多邊形化的退火處理

在勞厄繞射圖中，每一個點爲一個特定晶面所反射。當一單晶在勞厄式的X光照射下，我們將在底片上得到一系列與晶體特性及方向有關的繞射點。當X光照射到兩個晶體的邊界時，將會得到一雙重的繞射圖。進一步而言，若兩晶體的指向相近，如在低角度晶界或低能量差排邊界，亦即LEDS(看6.6節)時，則這兩個雙重繞射圖幾乎相同，亦即底片上將顯示一組非常靠近的兩點。最後，如果X光束落至許多很細的小晶體上，而這些晶體是以低角度晶界存在時，則其繞射圖形會如圖8.7(b)所示。明顯地，當一彎曲晶體在退火後，其彎曲的晶體會分裂成許多緊密相關的細小完美晶體，這種過程稱爲多邊形化(polygonization)。[2]

多邊形化現象可由圖8.8來說明。左圖爲一塑性彎曲晶體的部份圖，爲了簡化問題，假設其活躍的滑動面是平行於晶體的上表面和下表面。一個塑性彎曲晶體必定在其活躍滑動面上存在多餘的正刃差排，如圖中所示。圖8.8(a)的差排結構具有較高的應變能；而圖8.8(b)則爲其含有LEDS型式的差排的另一種排列方式，其具有較低的應變能。在此，多餘刃差排排列在移動平面的垂直方向，並符合低角度晶界的排列(參考第六章)。當相同符號的刃差排堆積在相同的滑動平面時，它們的應變場是加成的，如圖8.9(a)所示。這裡每個差排的應變場的性質如下：以 C 來代表壓縮而 T 代表伸張。明顯地，在圖8.8(a)中，滑動

2. Orowan, E., *Communication to the Congres de la Société Française de la Metallurgie d'Octobre*, 1947.

面的正上方和正下方將分別受到強拉張和強壓縮應變。然而，假如差排是在滑移面上的垂直排列，如圖8.8(b)所示，則由於相近之差排會互相抵消一部份的應變場，差排正下方之拉張應場將會抵消其底下差排上方的壓縮應變場。如在圖8.9(b)中所示，該現象已在6.4節定量說明過了。

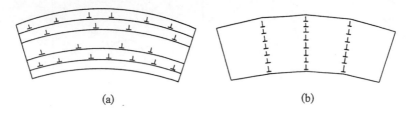

(a)　　　　　　　　　　　　　　(b)

圖8.8　多邊形過程中刃差排的重排。(a)晶體被彎曲後，過剩的差排仍留在活躍的滑移面。(b)經過多邊形化後，差排重新排列

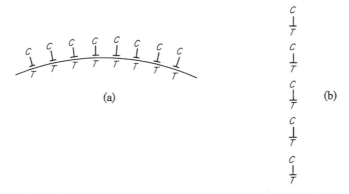

圖8.9　為什麼垂直排列的刃差排比全部排列在同一滑動面上的同樣差排，具有較小的應變能的簡單解釋圖示。符號T和C分別表示每一差排所具有的拉張和壓縮應變

除了會降低應變能外，刃差排重組成低角度晶界也有第二個重要的效應——它還可以消除晶格的曲度。由於多邊形化的結果，低角度晶界間的晶體改變成沒有彎曲晶面和沒有應變的晶體。然而由於低角度晶界將各晶體隔開，故各晶體間仍有稍微不同的指向；以致當X光照射多邊形化之晶體表面時，它將會與許多較小而較完整且完美的晶體具有稍微不同的指向作用，而形成圖8.7(b)的繞射圖形。

通常我們把此種由多邊形化所造成的低角度晶界稱之為次晶界(subboundaries)，由次晶界所分開的晶粒為次晶粒(subgrain)。這些次晶粒組成了金屬的次結構(substructure)。而次晶粒與晶粒最大的不同是，次晶粒位於晶粒之內。最初時，次晶粒的結構被稱為馬賽克結構(mosaic structure)。

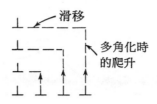

圖8.10　刃差排重新排列時的爬升和滑動

8.7　多邊形化中的差排移動 (Dislocation Movements in Polygonization)

　　刃差排可以在其滑動面上滑動或垂直於滑動面作爬升(climb)。這兩者在多邊形的過程都會發生，如圖8.10所示，這種差排的垂直移動稱爲爬升，而水平移動則稱爲滑動。差排移動的驅動力(driving force)是來自差排的應變能，藉由多邊形化可降低應變能。聚集在滑動面上之差排的應變場是使差排移動成次晶界的有效作用力。此作用力在任何溫度都存在，然而只有在高溫下，差排才能爬升。由於差排的爬升是依賴空孔的移動(爲一活化過程，activated process)才能產生，故多邊形化的速率也隨著溫度上升而快速增加。另一方面，溫度昇高，差排的滑動也更容易，這也會使多邊形化速率增加。由此，我們可看到一件事實是，當溫度增加後，會使臨界分解剪應力(critical resolved shear stress)下降。

　　圖8.12的照片顯示一單晶金屬(3.5%矽-鐵合金)的多邊形化過程，將試片塑性彎曲至一定曲率，然後在不同溫度下做退火。每一個試片在不同溫度下退火一個小時，以便顯現出多邊形化的不同階段。當溫度愈高時，多邊形化的程度就愈完全。這些照片的平面垂直於塑性彎曲的軸，亦即圖8.11中晶體朝前的面。這個面垂直於這個體心立方金屬的$(01\bar{1})$滑動面和次晶界(111)方向所在的晶面。它們的滑動面與次晶界面分別與水平方向夾45°角，而且前者的斜率爲正，而後者之斜率爲負。圖8.12(a)說明在973K退火1小時的結果，圖中每一個黑點代表一個蝕坑(etch pit)，亦即差排與試片表面的交點。注意此圖之上部份已有次晶界的出現，而且在照片的整個區域都可看到包含垂直滑動面之3至4個差排所組成的小群出現。圖8.12(b)爲在更高溫下(1048K)退火所得到之更進一步的多邊形化階段。圖中，所有的差排均位於次晶界或多邊形壁(polygon wall)上。

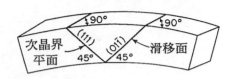

圖8.11 在圖8.12照片中鐵-矽晶體的結晶方向

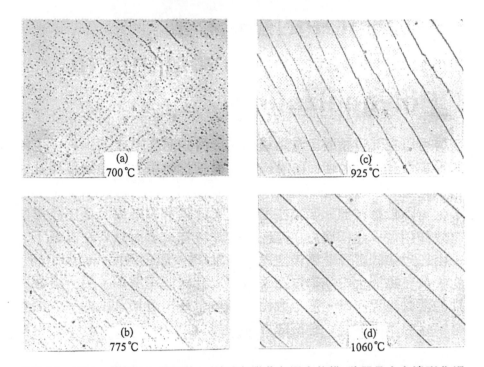

圖8.12 Hibbard和Dunn的照片。顯示在彎曲和退火的鐵-矽單晶之多邊形化過程。全部試片均在所標示溫度下退火1個小時。注意退火溫度愈高,多邊形化愈完全。(From Hibbard, W.R., Jr., and Dunn, C.G., Acta Met., 4306 [1956] and ASM Seminar, Creep and Recovery, 1957. p.52.)

當全部的差排都已從滑移面分解而且排列成低角度晶界時,這並不代表多邊形化過程已經完成。下一步驟是兩個或兩個以上的次晶界合併成一個單一的晶界。其間次晶粒與晶界或低能量晶界的旋轉角度也會跟著成長。在圖8.12(c)中,試片經在1198K退火1小時後,我們可以清楚看到次晶界合併的現象。圖8.12(b)者圖8.13(c)有相同的放大倍率,但後者的次晶界的數目較少。也就是說,次晶界上差排的密度增加,以致再也看不到個別差排的蝕坑。

次晶界的合併是由於合併的晶界所具有的應變能較分開者為小。合併過程中的次晶界的移動並不難解釋,對於由刃差排陣列所組成的晶界而言,在高溫下，其可藉著爬升或滑移來移動差排。在圖8.12(c)的上半部中間地方能夠看到幾個次晶界的交叉。合併的發生被認為是這些y交叉(y-junction)移動的結果。在這個例子中，交叉點朝照片底部移動而且合併分支部份成為一單一的多邊形壁(polygon wall)。

當多邊形壁的距離加大後，合併的速率會隨著時間與溫度降低，而使多邊形化達到幾乎穩定狀態，最後形成如圖8.12(d)之間隔很大且幾乎互相平行的次晶界。

在圖8.12中是一個單晶在簡單的彎曲下的多邊形化過程。對於多晶金屬在受到更複雜的變形時，多邊形化也會發生。但由於底下幾個事實而使得其更複雜：差排在許多交叉的平面上滑動，晶格彎曲曲度更複雜且隨位置改變。此種複雜變形對於多邊形化的影響如圖8.13所示，此圖是一單晶受到冷間滾軋(cold rolling)後在1373K下退火1個小時的次結構，圖中的邊界是次晶界而不是晶界，於此高度多邊形化的單晶中，並沒有發生再結晶。如這樣的次結構，我們均能在一多晶金屬受冷作後，而在會產生多邊形化且不至於再結晶的溫度下的退火試片上觀察到。

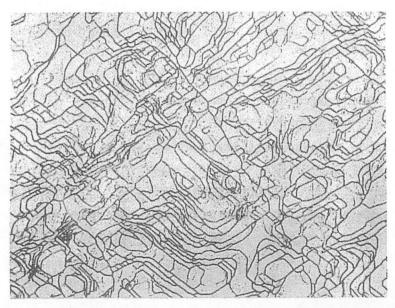

圖8.13　矽-鐵單晶經8%的冷軋在1373K退火1小時後的複雜多邊形化結構。
(From Hibbard, W.R., Jr., and Dunn, C.G., ASM Seminar, Creep and Recovery, 1957. p.52.)

圖8.14 多邊形化後的鐵試片之電子顯微鏡照片。細節看本文。(Leslie, W.C., Michalak, J.T., and Aul, F.W., AIME Conf, Series Vol., Iron and It's Dilute Solid Solutions, p.161. Interscience Publishers, New York, 1963.) Photograph courtesy of J.T. Michalak and the United States Steel Corporation.

　　圖8.14為一穿透式電子顯微鏡照片，它是一鐵-0.8％銅合金，經60％冷軋後在高溫下退火的典型次結構。冷軋後易使次晶界形成於平行滾軋的方向。這個試片是沿著垂直於滾軋面的方向所切割下來的，因此，可以觀察到許多垂直於相片的次晶界。由於從垂直於滾軋面的方向來觀察次結構時，次晶界是傾向平行試片，因而不容易鑑別出來。這些次晶粒方位差(misorientation)的範圍約在±10°左右，故次晶界不再是簡單的低角度晶界。照片中有一個最重要的特性是，經由60％的大應變後，所產生的差排都已幾乎跑到次晶界上，而次晶粒的內部幾乎已沒有差排的存在。當觀察到一群的差排時，這可能是看到晶胞壁了(cell wall)。

8.8　高溫與低溫下的回復過程 (Recovery Processes at High and Low Temperatures)

多邊形化相當複雜，以致於無法像在描述回復過程那樣，用簡單的速率方程式來表示之。由於多邊形，牽涉到差排的爬升，在高溫下才可能有較快的速率。因而對於一變形的多晶金屬而言，要產生多邊形化和消除差排，就需要高溫回復。

在低溫下，其它如動態回復的過程是相當重要的。而對於現行的理論來說，回復是將點缺陷的數目回復至其平衡的數目，而最重要之點缺陷是空孔(vacancy)，它可以在低溫下仍具有移動性。

8.9　再結晶(Recrystallization)

基本上回復與再結晶是不同的現象。在等溫退火中，回復過程的速率總是隨著時間增加而降低，換句話說，開始以較快速度，而隨著消耗驅動力而速度愈來愈慢。另一方面，再結晶的動力學更是不同，它很像是一種成核和成長的過程。和這類型的其它過程一樣，等溫退火的再結晶，開始以緩慢速度進行，而在完成後，達到最大值。回復與再結晶之等溫特性的不同，可以明顯從圖8.3知道，回復是指退火的初期時的最初能量釋放，而再結晶是發生在其之後的第二次能量釋放。

8.10　時間與溫度對再結晶的效應 (The Effect of Time and Temperature on Recrystallization)

研究再結晶過程的一種方式是畫出等溫再結晶曲線，如圖8.15所示。每一條曲線為在其所示的溫度下，其再結晶完成量隨時間變化的情況。此種曲線之數據是將許多同樣經過冷作之試片在一定溫度下不同時間所測得的；試片從爐子中取出後，立即作金相觀察，以決定其再結晶的完成量，並對時間取對數作圖。增加退火溫度對再結晶的影響可由圖8.15中得知。愈高的退火溫度，完成再結晶的時間就愈少。圖8.15中S曲線的形狀與成核和成長的曲線圖很類似。同樣類似的曲線也可在由飽和的固溶體析出第二相時，成核和成長的過程觀察到。(參考在第十六章的圖16.4)

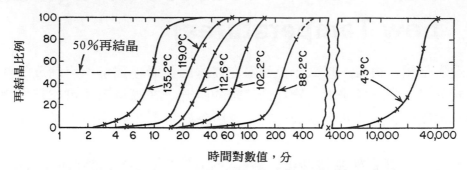

圖8.15　純銅(99.999％lu)經98％的冷軋的等溫再結晶曲線。(From Decker, B. F., and Harker, D., Tuans. AIME, 188 887[1950].)

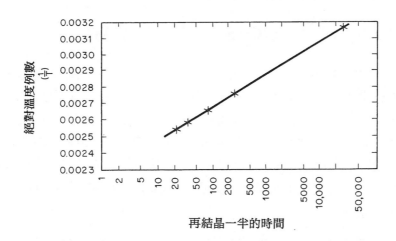

圖8.16　絕對溫度(K)的倒數對純銅的一半再結晶時間作圖。(From Decker, B. F., and Harker, D., Tuans. AIME, 188 887[1950].)

　　圖8.15中的水平虛線是表示完成再結晶的固定比率。若我們任意畫一條完成50％再結晶的線。這線與每一條等溫再結晶曲線的交點即為在該溫度下欲完成一半再結晶，其所需的時間。我們令 τ 代表這個時間，再將 τ 對其對應的絕對溫度的倒數作圖，即圖8.16所示。圖中這些點組成一條直線，也意謂著對這金屬(純銅)而言，其再結晶能以下面的實驗式來表示：

$$\frac{1}{T} = K \log_{10} \frac{1}{\tau} + C \qquad \text{8.4}$$

此處 K(曲線斜率)和 C(曲線與縱座標軸之截距)均為常數。方程式8.4又可表示成

$$\frac{1}{\tau} = Ae^{-Q_r/RT}$$ **8.5**

此處$1/\tau$爲完成50％再結晶時的速率，R爲氣體常數(8.37J/mol-K)，而Q_r則爲再結晶的活化能。

方程式8.5的τ並不只能代表完成一半再結晶的時間。它也能代表完成任何比率再結晶所需的時間，如剛開始形成新晶粒(幾個百分比)或完成再結晶的時間(100％)。

這裡必須指出再結晶活化能，Q_r，與先前討論的空孔移動的活化焓之間的不同。後者能夠直接關係到簡單的物理性質：一個原子躍進空孔的能障高度。而在現在的例子中，Q_r的物理意義並沒有完全被了解。但有一個好的理由令我們相信在再結晶時並不止牽涉到一種過程，所以Q_r並不能以一簡單的過程來說明。因此，考慮再結晶的活化能爲一實驗常數是最好的做法。另一方面，現代的再結晶理論指出在再結晶進行時，其活化能經常不是維持在一定值。在大部份的例子中，隨著再結晶驅動力，也就是冷作的儲存能的消耗，其活化能是連續的改變。此外，雖然再結晶的曲線與成核和成長相似，但這種核種的形成一從古典的觀點來說，原子一個一個加到胚上直到一個穩定的核形成，然後成長爲一個新的再結晶晶粒——是不會產生的。再結晶晶粒的起源點總是在一個與基底有高度方位差的區域。這高度的方位差將給新形成的再結晶晶粒能夠發展出其必要的成長移動。

方程式8.5與一經過簡易滑移的鋅單晶之回復過程的實驗式相同。除了純銅之外，其它許多金屬的再結晶過程，也能用類似的速率實驗式來描述。雖然此式並不能適用於所有金屬之再結晶過程，但它已概略描繪出再結晶之時間與溫度的關係。

8.11 再結晶溫度 (Recrystallization Temperature)

再結晶溫度(recrystallization temperature)是一個常用的冶金名詞，它是指一金屬在一特定的冷作變形下，能在一定時間中(通常是1小時)完成的溫度。當然若以8.5式來看，如果沒有指定時間，則所謂的再結晶溫度就沒有意義。然而，由於再結晶的活化能一般都很大，故爲了要克服這個能障，再結晶一般都要在大於一個最低溫度上才會發生。例如對一金屬之$Q_r = 200,000$J/mol，在600K完成再結晶所需時間爲1小時而言，從8.5式我們可知道，當在低10K的溫度下(590K)完成再結晶所需的時間爲約2小時，因此所以在590K下退火1小時，只能完成部份的再結晶。換句話說，在高於600K的任一溫度下，一小時的退火處理已足以使其完全再結晶。事實上，當昇高10K至610K時，將可使時間縮短至半小時，若再提高至620K時，時間更縮爲15分鐘。對一個實務工程師而言，再結晶對溫度的敏感使得在低於特定溫度下不會再結晶，基於這個理由，我們趨向於將再結晶溫度視爲該金屬的性質，而忽略再結晶的時間因素。

8.12 應變對再結晶的影響 (The Effect of Strain on Recrystallization)

圖8.17中爲兩條類似圖8.16的再結晶速率曲線。它們的不同是在於，圖8.17是鋯而非銅而且是完全再結晶而非再結晶的一半。以一般的作圖(log $1/\tau$ 對 $1/T$)表示其數據，但爲了方便起見，在縱橫座標上以絕對溫度和小時爲單位。這兩條曲線代表受不同的冷加工量。這兩者皆是用型鍛(swaging)的冷加工型式，型鍛是一種使圖柱型試棒受機械變形的方法，它使用機械錘與轉動模使圓棒的直徑均勻縮小。其冷加工量是以圓柱截面積縮小的百分比表示。圖8.17左邊的曲線是爲截面積縮小13％的試片，而右邊則是縮小51％者，此二曲線明白地顯示當冷加工量愈大時，其會促進再結晶的進行。當退火溫度相同時，受到較大的冷作量者，其再結晶會較快。例如，在826K時，兩者需要完成再結晶的時間分別爲1.6與40小時；同樣地，金屬要在1小時完成再結晶，其對於較大與較小變形量者所需的溫度分別爲840K和900K。

仔細觀察圖8.17中的兩條直線斜率之不同，這意謂著再結晶對於溫度的依賴性會隨加工變形量改變，亦即其活化能是變形量的函數。由圖8.18中將能更進一步強調這一點，對相同的金屬(鋯金屬)在截面積變形量在10％至90％之間與活化量的關係。活化能Q會隨變形量而變化的事實，更驗證先前所提到Q的複雜本性。

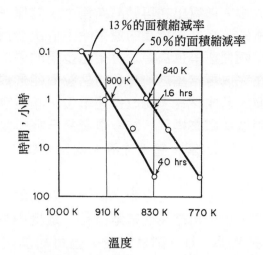

圖8.17 經冷加工的兩個不同變形量之 金屬,其再結晶的溫度對時間的關係。(Treco, R.M., Proc., 1956, AIME Regional Conference on Reactive Metals, p.136.)

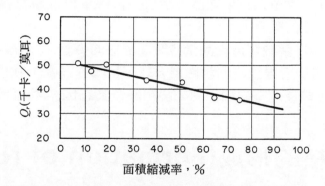

圖8.18 鋯再結晶之活化能與冷作變形量的關係。(Treco, R.M., Proc., 1956, AIME Regional Conference on Reactive Metals, p.136.)

8.13 成核速率與生長速率 (The Rate of Nucleation and the Rate of Nucleus Growth)

前節已經提到許多金屬的再結晶反應可用一簡單的活化方程式表示成:

$$\text{rate} = Ae^{-Qr/RT}$$

8.6

不幸的，這個實驗式並沒有揭露出在再結晶過程中，其原子的機構。這是由於成核與成長的雙重性所致。金屬再結晶的速率除了取決於成核速率外，也與成長的速率有關。而且這兩個速率也決定了再結晶金屬的最終晶粒大小。假若成核快速但生長緩慢，在完成再結晶之前許多的晶粒便能形成，因此，最後的晶粒將是較小。另一方面，若成核速率比成長速率慢，晶粒就會較大。既然再結晶的動力學時常以這兩個速率來描述，許多作者都已在等溫下測定這些速率，以期能對再結晶機構有更多瞭解。這裡先導入兩個參數：N爲成核速率，G爲成長速率。

習慣上定義成核頻率爲在一立方厘米之尙未再結晶的基地中，每秒所形成的晶核數目。這參數是針對未再結晶之基地而言，這是由於已再結晶的區域將不再進行成核。而成長速率，G，則是定義一已再結晶之晶粒的直徑改變速率。實際上，G的測定是在一選定的等溫下，將許多相同的試片進行不同時間的退火，試片被取出至室溫後，作金相試片後，再測量每一試片中最大晶粒的直徑，此直徑對等溫退火時間的變化即爲成長速率G。成核速率也可從同一金相試片中求得，計算單位面積中之晶粒數目，再將單位面積之晶粒數目換算成單位體積中之已再結晶數目。

有幾個以N與G爲參數之再結晶量隨時間關係的方程式[3]已經被導出來(見圖8.15)，但因這些式子所根據的理論頗爲分歧，且限於篇幅，我們不做進一步的討論。然而成核與成長速率的關係用來解釋許多其它因素對再結晶過程的效應是很有用的。

8.14 晶核的形成(Formation of Nuclei)

再結晶發生時，一整個系列新的晶粒將會形成。新晶體會出現在具有高晶體應變能的地方，如滑動線的交叉，變形雙晶(deformation twin)，以及靠近晶界的區域。從以上明顯的知道成核是發生在晶格受到強烈扭曲的地方。從這點看來，我們注意到一件事情：一被彎曲或扭曲的單晶將比再將此彎曲或扭曲加以扳直或扭直的單晶更易再結晶。

由於新晶粒形成在嚴重局部變形的區域，因此其生成的地方是早已被決定了，此種晶核稱爲預成晶核(preformed nuceli)[4]。許多模型已被用來說明晶核

3. Avramic, M. (now M. A. Melvin), *Jour. Chem. Phys.*, **7** 1103 (1939); *ibid.*, **8** 212 (1940); *ibid.*, **9** 177 (1941). Also Johnson, W. A., and Mehl, R. F., *Trans. AIME*, **135** 416 (1939).

4. Cahn, R. W., *Recrystallization, Grain Growth and Texture*, ASM Seminar Series, pp. 99–128, American Society for Metals, Metals Park, Ohio, 1966.

如何形成一個小而沒有應變的體積且再擴張到四周的變形基地。這些模型通常有兩點是共通的，第一，晶體的某地區能成核且當晶核大小超過某一最小值時，其才能進一步成長。例如Detert和Zieb[5]已計算出在一具差排密度為$10^{12}cm^{-2}$的變形金屬中，晶核的直徑必須大於15nm，它才有可能擴張成長。(這晶核的臨界大小之觀念將在第十五與十六章討論)

第二點，新晶核至少有一部份被高角度晶界所圍繞。這是因為低角度晶界的移動率相當慢。除了以上這兩點外，不同的模型中的成核過程的敘述有相當的差異。雖然每一個機構都能被使用，但是當在某特定的情況下，就有某一個機構特別適用，這要視被變形試片的本性而決定之。從以上觀點來看，晶界與三晶粒交叉線即是具有高角度晶界的區域，所以滿足上面所提的成核要求。單晶它缺少晶界與三晶粒的交叉線，以致於它缺少了可成核的活性區域。一個典型可應用在多晶的機構，為Bailey與Hirsch所提出的：假若有一差排的密度差異存在於一受冷作金屬的晶界二邊，則在退火時，較完美之晶粒的一部份就會由於應變能差所產生的驅動而移向較不完美的晶粒，如圖8.19所示。這種晶界的移動將有效地清除差排而產生一個小而不具應變的新晶核。假如圖中的鼓起部份超出其臨界晶核大小，則此晶核即滿足以上的兩個條件而可以繼續成長。

要詳細討論所有已提出的成核模型是不可能的，我們將討論主要應用於單晶上而較不適用於多晶的兩個機構，第一個為Cahn和Beck根據穿透電子顯微鏡的研究結果：在多邊形化(polygonization)後，可能會有次晶粒能夠吃掉其它已多邊形化的基地而成長。

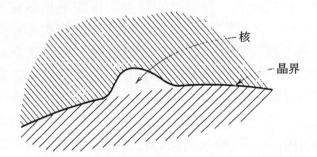

圖8.19 晶界上晶核形成的突起機構(bulge mechanism)。(after Bailey and Hirsch)

5. Detert, K., and Zieb, J., *Trans. AIME*, **233** 51 (1965).

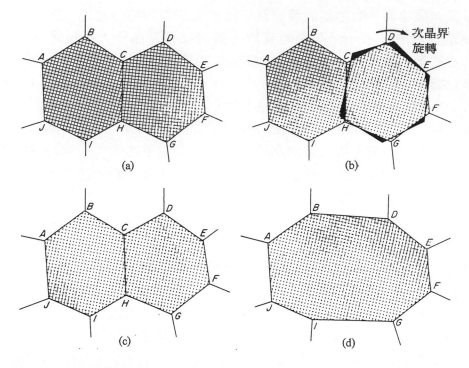

圖8.20　次晶粒旋轉所造成的次晶粒合併。(From Li, J.C.M., J. Appl. Phys., 33 2958(1962).

　　另一個機構為應用於單晶，它牽涉到次晶粒合併的觀念，亦即次晶粒結合而形成一個足以繼續成長的無應變區，根據上面理論的假定[6]，次晶界的消除必將使此二結合的次晶粒間產生一個相對的轉動。這種過程概略的表示在由Li的論文所提出的圖8.20中。在圖8.20(a)中為兩個將合併的次晶粒，其方位並不一致。為了除去次晶界，兩次晶粒必定要相對地旋轉。Li為了簡化起見，他假設這個轉動只發生在其中一個次晶粒，但實際上，這可能發生在兩者上。這個轉動如圖8.20(b)和圖8.20(c)所示。兩次晶粒已合為一個的情形。接著由於表面能的效應，合併次晶粒的上半部和下半部之尖端BCD和GHI將會被拉直以降低表面能，如圖8.20(d)所示。這種次晶粒的合併被認為是能有效地將原先兩次晶粒間的晶界中的差排移動至合併後的次晶界中。一般而言，均假設過程中有牽涉到差排的爬昇與滑動，而爬昇會有空孔運動，故適度的高溫是必要的。這種過程的延伸將使這個小晶粒最後被高角度的晶界所圍繞，若其大小足夠，則將繼續生長進入其周圍的已多邊形化的基地。

────────
6.　Hu, Hsun, *Recovery and Recrystallization of Metals*, AIME Conference Series, pp. 311–362, Interscience Publishers, New York, 1963.

8.15　再結晶的驅動力(Driving Force for Recrystallization)

再結晶的驅動力是來自冷作的儲存能。在這些例子中可看出，在開始再結晶之前，多邊形化已經完成了，所以再結晶的驅動力能夠被認為是那些存在於多邊形壁的差排中。因而次晶界的消除將是再結晶過程的基本部份。

8.16　再結晶粒度(The Recrystallized Grain Size)

再結晶的研究中，再結晶粒度是另一個重要的因素。它是指再結晶完成時的結晶大小，也可說是在晶粒成長尚未有機會發生之前的結晶大小。圖8.21說明再結晶晶粒度與退火前試片變形量之間的關係。這曲線中最重要的一部份是再結晶粒度隨變形量降低而快速成長。然而，太少量的變形，反而不能在合理時間中發生再結晶。這引出臨界冷作量的觀念，其被定義為：在合理的時間中，允許試片發生再結晶的最小冷加工變形量。在圖8.21中，多晶黃銅在拉伸試驗中，這個量大約是3％的伸長量。這個臨界變形是會隨著變形的型式如(拉伸、扭轉、壓擠和滾軋等)而改變，因此如再結晶溫度一樣，也不屬於金屬的性質之一。對一六方晶的單晶金屬而言，若由簡易滑移所導致的變形，其臨界變形量可能會超過幾百個百分比，然而若以扭轉的方式變形，則只要幾個百分比即可發生再結晶。

臨界變形量的觀念是很重要的，因為對於需要再進一步變形的金屬，我們不希望存在有太大的晶粒，尤其是板狀金屬冷作成複雜形狀者。假使金屬的晶粒很小(其直徑小於0.05mm)，則塑性變形將不會使其表面粗糙(假設變形的發生並不是由陸達帶(Lüders bands)的移動)。相反地，假若晶粒的平均直徑足夠大時，冷作 後將會產生一種討厭的粗糙表面，如此的現象時常被鑑定為橘皮效應(orange-peel efffect)，這是由於產生的粗糙表面類似一般橘子的表皮。晶體內之塑性應變的異向性(anistropic nature)乃是橘皮效應的主要成因，而且晶粒愈大時，其變形的非均勻性愈趨明顯。

對於經過冷軋(板狀)或冷抽(線、棒、管)的金屬而言，由於其變形較為均勻，故較容易避免冷作臨界量的問題。但若金屬只在某部份受到冷作，則在受冷作至未冷作區域之間，必存在一臨界變形的區域，於是退火時將在此處產生局部的粗晶成長。

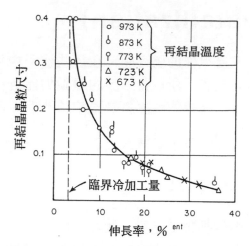

圖8.21　冷作對 α 黃銅再結晶晶粒度的影響。注意再結晶末期的晶粒大小與再結晶溫度無關。(Smart, J. S., and Smith, A.A., Trans. AIME, 152 103 [1943].)

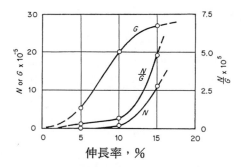

圖8.22　成核速率(N)，成長速率(G)和它們的比(N/G)與退火前變形量的關係。(Data for aluminum annealed at 350℃.)(From Anderson, W.A., and Mehl.R.F., Trans. AIME, 161 140[1945].)

　　另一方面，我們將注意到臨界應變的觀念通常是很有用的，例如在供研究晶體基礎性質實驗之金屬單晶，和使用在研究晶界實驗的雙晶(bi-crystals)與粗晶粒試片的製造等方面。

　　成核速率和成長速率的比值，N/G，時常用在於再結晶的解釋上。假設在等溫再結晶過程中，N和G值為常數值或平均值，則我們可以由它們的比值求出再結晶粒的大小。當這個比值高時，在再結晶完成前很多的晶核將會形成而產生細晶粒；相反地，若比較較低時，亦即成核速率較成長速率為慢，則會產生粗晶。圖8.22為金屬鋁之N，G與N/G和變形量之間的關係。從這些曲線可得知，當退火前的變形量減少時，成核速率將比成長速率降的更快。因此，N/G 的值將隨著變形量的減少而降低，對圖8.22而言，在幾個百分比的伸長時，其值已經幾乎為0。

所以我們能夠下結論說：臨界冷加工量就是剛好能使再結晶形成晶核的加工量。這和晶核在高應變能位置形成的事實是一致的，變形愈嚴重，這種位置就會增加，而應變太小時，則其數目幾乎沒有。

在討論再結晶粒度還有另一個重要因素(在再結晶的末期而晶粒成長之前)，如圖8.21所示：在黃銅的例子中，其再結晶的粒度是與再結晶無關。注意圖中的數據是從五個不同退火溫度得來的，但所有的數據均落於同一曲線上。對許多其它種類的金屬亦有如此的關係存在，因此大致來說，一金屬在結晶後的粒度與再結晶溫度無關。

8.17　再結晶的其它變數(Other Variables in Recrystallization)

我們已經討論再結晶的速率是與下列兩個因素有關：⑴退火的溫度，⑵變形量。

同樣地，我們也知道金屬其再結晶粒度與退火溫度無關而對應變量是敏感的。也還有其它幾個變數是與再結晶過程有關，下面是其中最重要的兩個⑴純度或金屬組成；⑵起始的粒度（變形前）。這些因素將在底下作簡單討論。

8.18　金屬的純度(Purity of the Metal)

相當純的金屬大都有非常快的再結晶速率，這可由溶質原子對再結晶溫度的敏感相依性看出來。甚至只有0.01％的溶質原子時，其再結晶溫度就能夠提高好幾百度。相反的，一個具質譜純度的金屬比商學純度金屬有更低的再結晶溫度。

溶質原子對再結晶速率的效應，在低濃度時尤其更明顯，圖8.23明白說明不同純度之鋁與再結晶溫度的關係。另外，由於溶質原子存在而增加的再結晶溫度之程度也會隨溶質原子種類而不同。表5.1說明在純銅中加入同量(0.01％)之不同元素，其所提高的再結晶溫度亦有所不同。

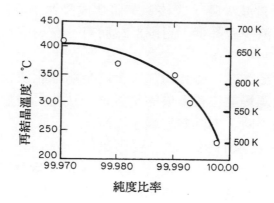

圖8.23 雜質對經80％冷軋的鋁之再結晶溫度的影響。(退火30分鐘)(From Perryman, E.C.W., ASM Seminar, Creep and Recovery. 1957,p.111.)

表8.1 添加0.01原子百分比的不同元素的純銅，其再結晶溫度的增加量

添加元素	再結晶溫度的增加量 K
Ni	0
Co	15
Fe	15
Ag	80
Sn	180
Te	240

*Data of Smart, J. S., and Smith, A. A., *Trans. AIME*, **147** 48 (1942); **166** 144 (1946).

少量的溶質原子之所以對再結晶速率有如此顯著的影響，一般相信是溶質與晶界的作用；這種作用類似差排和溶質原子間的作用。當一外來的原子移動至晶界時，晶界和溶質原子的彈性場(elastic field)都會降低。再結晶之晶核形成和成長都有賴於晶界的移動，這些外來原子出現在晶界的氣氛中會強烈阻止它們的移動，因此也降低了再結晶速率。

8.19 初晶粒度(Initial Grain Size)

當一個多晶的金屬被冷加工時，晶界會中斷晶粒的滑動過程，因此，以平均來看，愈靠近晶界的晶粒部份將比其中間扭曲得更嚴重。所以降低晶粒度會增加晶界的面積，同時也會提高晶格受扭曲的比例和使扭曲部份均勻分佈(指

晶界附近)。這種效應會增加可能成核的位置數目。因此,金屬冷作前的晶粒愈小,其成核速率愈快而且在一定程度的變形下具有更小的再結晶晶粒。

8.20 晶粒成長(Grain Growth)

目前一般都承認,一完全再結晶的金屬要進一步晶粒成長,其驅動力是來自晶界的表面能。當晶粒成長後,它們的數目會減少,而晶界面積減少以致總共的表面能被降低。肥皂泡的成長也是肥皂泡膜表面能降低的結果。由於有許多更複雜的因素將影響金屬晶體的成長,這些因素並沒有出現在肥皂泡的成長中,因此本例只能當作是一相當理想的例子。為了這個理由,我們將在討論更複雜的金屬晶粒成長之前,考慮較簡單的肥皂泡成長。

首先,考慮單一個球形肥皂泡。由於肥皂膜的表面張力的緣故,故其被肥皂泡所包住的氣體壓力大於肥皂泡外的壓力。在基礎的物理課程上,我們已知其壓力差可表示為:

$$\Delta p = \frac{4\gamma}{R} = \frac{8\gamma}{D}$$ **8.7**

其中 γ 是膜的單面表面張力(肥皂膜有兩個表面),R是肥皂泡的半徑而D為其直徑。這個方程式明白地表示:肥皂泡愈小,其內部的壓力愈大。

由於一個彎曲肥皂膜,其內外將存在一個壓力差而導致氣體的擴散,因而產生一個由高氣壓處經膜流至低氣壓處的淨流量。換句話說,原子從內部擴張到泡沫的外面而導致氣泡的縮小和氣泡壁往其曲率中心移動。

現在可進一步討論更複雜的例子:多泡沫的情況。在泡沫中,每一個氣泡都含有彎曲的膜壁而且個個曲率均不同,甚至圍繞同一個氣泡之曲率也不同,這端視其鄰近氣泡的相對大小與形狀(這些因素將被進一步討論)。然而,在所有的例子中,每一個彎曲的膜壁之兩面均存在一個壓力差且在凹面有較高的壓力。由於這個壓力差而促使氣體進行擴散,亦即使膜壁朝向曲率中心方向移動。

讓我們來了解膜壁的移動如何使肥皂泡沫中的氣泡大小成長。為了簡單起見,考慮兩度空間下的泡沫網,這些泡沫的膜壁是垂直於觀察的平面。這類形的泡沫能使用兩片平行且極為靠近的玻璃板來形成。這種簡化大大的降低幾何的複雜度且可以觀察更重要的細胞狀成長。

圖8.24為C.S. Smith研究中的一系列圖片,其展示了形成在小的平板玻璃盒中的二度空間肥皂泡的成長情況。在每一個圖的右下角的數目為表示攪拌產生泡沫後所經過的分鐘數,亦即泡沫胞生長所花的時間。在這些照片中,我們

們能夠發現有三邊形而很小的泡沫胞，如在圖中上面一列第三張照片之九點鐘
位置和下面列的第一張照片之十點鐘位置各有一個。此種泡沫胞的放大圖形如
圖8.25所示。當三個具相同表面張力的膜壁靠在一起時，為了維持平衡的120°
角，此三邊形泡沫胞的膜壁必須有相當的曲度。而且又因此曲度是凹向泡沫胞
之中心，故膜壁會向中心移動以致減少泡沫胞的體積而導致此泡沫胞完全消
失。從上面的照片我們可以看到此種三角形泡沫胞都不再出現。

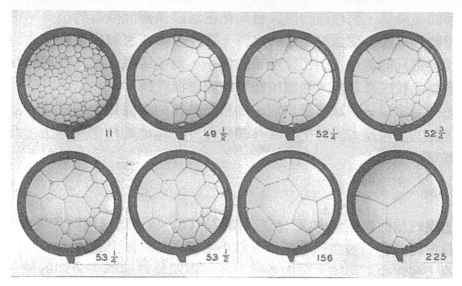

圖8.24 在平坦容器內肥皂泡沫胞的成長。(From Smith, C.S., ASM Seminar.
Metal Interfaces, 1952, p.65.)

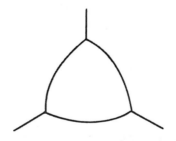

圖8.25 三邊形肥皂泡沫胞的概圖。注意其邊界有明顯的曲率，其曲度是凹向
泡沫胞中心

　　進一步研究圖8.24的照片，若泡沫胞的邊數小於六邊，其膜壁最初都是向
外凸出。而那些有大於六邊的泡沫胞之膜壁都凹向其中心；當面數愈多時這效
果愈明顯。這驗證一個事實，對一個兩度空間的幾何圖，若其是由直線所構成
且內角平均為120°者，即為六角形。對於兩度空間的幾乎結構圖，如圖8.24的

圖形，泡沫胞之膜壁少於六邊的，均不穩定而傾向於縮小，而若膜壁大於六邊者則有長大的趨勢。另一個有趣的事實是：泡沫胞之大小與其邊數會有一定的關係。愈小的泡沫胞有愈少的邊數。因此對具有三邊的泡沫胞會很快的消失就一點也不奇怪了，它們同時有小的尺寸且最少的邊形，這使得它們的膜壁有非常大的曲率且伴隨著高的壓力差，擴散速率和膜壁的移動速率。從照片中我們知道，基本上四邊或五邊的泡沫胞並不是整個消失掉而是首先變成三邊的泡沫胞再迅速消失。

在圖8.24還有一個重要的現象，經過一段時間後每一個泡沫胞的邊數都會改變，可能增加或減少，我們能夠藉著考慮Burke和Turnbull所提出的機構來了解它，如圖8.26所示。由於將泡沫胞B，D和A、C分別隔開的膜壁具有曲率，膜壁將移動而使B、D間的膜壁消失，而在A，C間產生一新界面。這些步驟表示在圖8.26(b)和8.26(c)中。因此我們說泡沫胞B和D各失去一個邊，而A和C各增加一個邊。而上面也已經討論過另一個能改變泡沫胞邊數之機構。當一個三邊形之泡沫胞消失時，其鄰近的每一個泡沫胞都將減少一個邊。

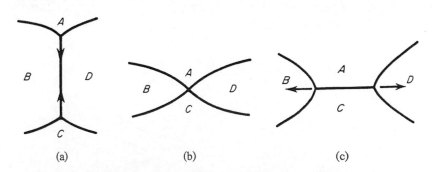

圖8.26 在晶粒成長中，晶粒改變邊數的機構

8.21 幾何結合 (Geometrical Coalescence)

Nielsen[7]已經提出：在回復，再結晶，晶粒成長中，晶粒之幾何結合是一個重要的現象。再結晶過程與晶核形成有關的次晶粒合併已經討論過。但Nielsen的機構並不像由Ha和Li所提出的機構一樣，需要兩次晶粒或晶粒間互相旋轉一個角度。幾何合併僅僅被描述為：兩晶粒相遇，由於其間方位關係使

7. Nielsen, J. P., *Recrystallization, Grain Growth and Texture*, ASM Seminar Series, pp. 141–64, American Society for Metals, Metals Park, Ohio, 1966.

得其所形成之晶界要比普通晶界平均具有更低的表面能 γ_G；在多晶金屬中，如此的晶界就等於一個次晶界。產生這種晶界對顯微結構的效應被系統化地表示在圖8.27。首先，讓我們想像：在金屬的晶粒成長過程中，晶粒A和B相遭遇，這裡假設晶界有如平板玻璃中肥皂泡沫的二度空間特性。在遭遇前，兩晶粒是分開的，如圖8.27(a)所示。假若它們遇見時所製造的晶界是個典型的高角度晶界，則這個晶界表面能 γ_G 將和其它晶界一樣，而形成如圖8.27(c)的晶界組態。相反地，若一個非常低能量的晶界能形成，然後由於晶界ab有較低的 γG 值，沿著ab的有效表面張力將是很小而形成如圖8.27(d)的晶界組態。從這個說明我們能夠了解到：幾乎合併將導致非常大的晶粒突然形成。注意在這個兩度空間的例子中之大晶粒有九個邊。故藉著幾何結合而形成的晶粒都有連續快速成長的可能性。

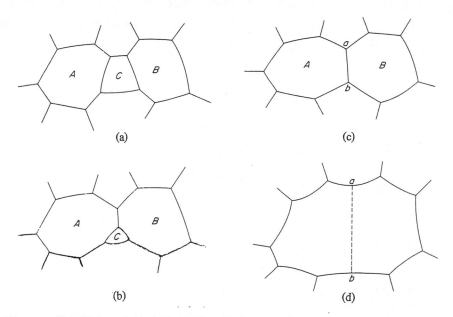

圖8.27 幾何結合。由於晶粒C的消失使晶粒A和B相遇。若A與B有幾乎相同的方位，則ab晶界可視為次晶界，使得A和B晶粒可視為二個單一晶粒

　　幾何結合的發生將對晶粒生成動力學有強烈的影響。在一晶粒方位大致具有散亂性之金屬，幾何結合將較不易發生。相反地，對於高組織的金屬(highly texture metal)，由於晶粒具強烈優選方向(preferred orientation)，晶粒結合就相當重要了。在這種晶粒成長例子中，兩互相遭遇的晶粒具有相同方位的機會必定非常大。而在再結晶之次晶粒成長時，要發生幾何結合的機會也會較大。

8.22 晶界幾何的三度空間改變 (Three-Dimensional Changes in Grain Geometry)

　　金屬之晶粒並不是兩度空開而是三度空間。三度空間晶粒之幾何性質能變化的五個基本機構已經由Rhines[8]所提出。這些機構由DeHoff簡要整理在圖8.28中。在圖8.25之三邊兩度空間晶粒的三度空間形式被表示在圖8.28(a)中。它是個四邊或正四面體晶粒，它的消失而導致損失四個晶界。圖8.28(b)即相當於圖8.26的三度空間情形。注意圖8.26中的*BD*晶界在三度空間中變成了三個晶粒共同的接線(三重線，triple lines)，假若上、下兩晶粒靠近，則此線將消失而為一水平之晶界所取代，最後結果是淨得一晶界面。第三個例子，為圖8.28(c)是剛被提到的逆反應。

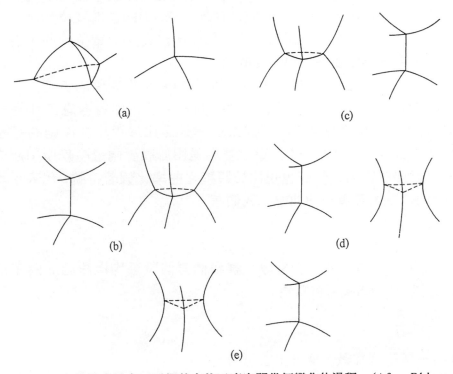

(a)　　　　　　　　　　　　(c)

(b)　　　　　　　　　　　　(d)

(e)

圖8.28　在晶粒成長中，五個基本的三度空間幾何變化的過程。(After Rhines, F.N., and DeHoff, R.T.)

---

8. Rhines, F. N., *Met. Trans.*, **1** 1105–20 (1970).

　　有趣的是圖8.28(d)的機構，它是上一節所討論的幾何結合的三度空間例子。這個例子中，其上下兩晶粒如圖8.28(b)能互相靠近，但被形成的晶界卻是一低能量晶界，所以使兩晶粒能有效結合。最後，圖8.28(e)則為幾何結合的逆反應，由一個晶粒頸縮(neck)而分開成兩個晶粒。

8.23　晶粒成長法則
(The Grain Growth Law)

　　在圖8.24中的晶粒成長圖有另一個有趣的事是：雖然泡沫胞數目隨著時間而減少，但是其泡沫胞排列幾何在所有時間都幾乎相似。假使研究一個更大的泡沫胞試片，這現象將更明顯。在任何成長速率下，對任一瞬間裡的泡沫胞而言，它們均以大約的某一平均值改變其大小，而這平均值隨時間而成長。這個平均晶胞的直徑是表示晶胞集團之晶粒大小的一個很方便的測量方式。因此，當一個人提到泡沫的晶胞大小，他意謂著即是指說此晶胞集團的平均直徑。這宣告對金屬也同樣適用，一般提到晶粒度(grain size)即是指晶粒集團的平均直徑，而晶粒成長是指其平均直徑的成長。然而，已在第六章提到的，想要準確定義金屬中之平均粒度並不是很容易的事。

　　讓我們現在來導出肥皂泡沫胞的平均大小與時間之關係的表示式。在這個推導中，我們將不限制自己只考慮二度空間的例子，而將考慮工作在三度空間。首先假設在任何瞬間中泡沫胞成長速率是正比於平均泡沫胞的膜壁之曲率，並假設是與下列事實相符：膜壁之移動是由於膜壁兩邊壓差所引起之氣體擴散結果，而這個壓力差恰好也正比於膜壁之曲率。假若符號D代表平均泡沫胞的直徑大小，而C為膜壁的曲率，我們有

$$\frac{dD}{dt} = K'c \qquad\qquad 8.8$$

這裡t是時間，而K'是一個比例常數。讓我們再假設平均泡沫胞的曲率反比於它自己的直徑，則8.8式可重寫為

$$\frac{dD}{dt} = \frac{K}{D} \qquad\qquad 8.9$$

這裡K是另一個比例常數，積分上式可得

$$D^2 = Kt + c$$

假設D_0是觀察開始時($t=0$)，則得

$$D^2 - D_0^2 = Kt \qquad\qquad 8.10$$

　　雖然在導出8.10式有作了幾個假設，但從肥皂泡沫胞之成長的實驗測量顯示與上式相當接近[9]。因此，我們可結論說：8.10式對肥皂泡沫胞在表面張力作用下的成長，基本上是正確的。

　　若假設在泡沫胞在成長初期是很小的，則可將D_0^2忽略而得到更簡單的型式

$$D^2 = Kt$$

或

$$D = kt^{1/2} \qquad\qquad\qquad 8.11$$

其中$k=\sqrt{K}$。根據這個關係，泡沫平均直徑是隨時間的平方根而成長的。圖8.29展示這種關係——清楚地，隨時間增加，晶胞的成長速率減小。

　　讓我們考慮金屬中晶粒成長，這裡與肥皂泡沫一樣，其反應的驅動力也是晶界的表面能。金屬的晶界移動在很多方面與肥皂泡沫膜壁的移動完全相似。兩個例子中可看出，界面往其曲率中心移動且其移動速率隨曲率的值變化。另一方面，雖然已知肥皂泡沫胞的成長可用氣體擴散來解釋，但對於金屬如何經過晶界而到達另一晶粒的機構卻了解的很少。

　　一般認為[10]晶界凹面上的原子為較多鄰近原子所圍繞故較凸面上之原子被束縛得較緊，晶界上凹面上的原子由於這較強的束縛而使得凸面的原子跳過晶界而到達凹面的速率要比反方向移動運的原子為快，而且晶界曲率愈大，這種效應愈明顯，使得晶界的移動也愈快。然而，由於缺乏對金屬晶界之瞭解，故原子經過晶界的確實機構一直不知道，而對於一些由金屬中晶粒成長觀察的明顯不合理結果並不能作定量的解釋。

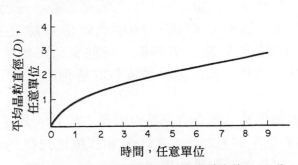

圖8.29　圖形說明理想的晶粒成長定律$D=k.t^{1/2}$

　　雖然缺少一個能解釋純金屬晶粒成長的定量理論，但對於金屬晶粒成長不正常特性卻已有相當認識。不過在考慮這些之前，讓我們首先再一次考慮在肥

　　9. Fullman, R. L., ASM Seminar *Metal Interfaces*, p. 179 (1952).

　　10. Harker, D., and Parker, E. A., *Trans. ASM*, **34** 156 (1945).

皂泡沫胞成長中曾提到的一些因素。假使金屬晶粒成長是假設由於表面能之故,而使原子跨過晶界擴散,則在任何一溫度下,其晶粒成長定律必定會與肥皂泡沫胞的定律型式相同,即

$$D^2 - D_0^2 = Kt \qquad \qquad 8.12$$

而如果原子跨越晶界也被考慮為一種活化過程(activated process),我們可以將8.12式的常數k表示為

$$K = K_0 e^{-Q/RT}$$

這裡Q是過程的實驗熱,T是絕對溫度,R是國際氣體常數。因此晶粒成長定律能夠被寫為溫度與時間的函數,如底下所示:

$$D^2 - D_0^2 = K_0 t e^{-Q/RT} \qquad \qquad 8.13$$

大部份早期的實驗研究都不能證實上式的關係。然而,有一些實驗結果是相當符合靠近8.13式。圖8.30即展示這些實驗的一些部份對黃銅(10%鋅和90%銅)的結果。注意對每一個例子中,當將D^2對時間作圖均可得到直線。讓我們現在重新排列8.13式,即

$$\frac{D^2 - D_0^2}{t} = K_0 e^{-Q/RT}$$

對兩邊取對數,得

$$\log \frac{D^2 - D_0^2}{t} = -\frac{Q}{2.3 RT} + \log K_0 \qquad \qquad 8.14$$

這個關係式告訴我們:$\log(D^2 - D_0^2)/t$將直接隨絕對溫度的倒數$(1/T)$變化而且其線性斜率是$Q/2.3R$。現在我們知道$(d^2 - D_0^2)/t$即為晶粒成長等溫線的斜率,如在圖8.30中的那些直線。圖8.31將圖8.30中的四個直線之直線取對數,即$(\log[D^2 - D_0^2]/t)$與絕對溫度的倒數$(1/T)$作圖。這些資料點相當符合在同一直線上。由此可求取得含10%鋅的黃銅其晶粒成長的活化能Q值為73.6仟焦耳/克原子。

大多數已提出的實驗結果並不完全符合晶粒成長方程式。為了比較這些結果與晶粒成長方程式,讓我們假設D_0^2可以被忽略(和D^2值比起來的話),所以理想的晶粒成長定律能夠被表示成更簡單的型式

$$D = kt^{1/2} \qquad \qquad 8.15$$

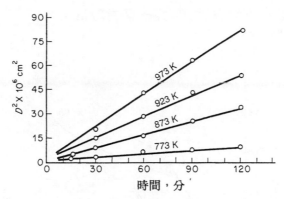

圖8.30　α黃銅(10％Zn-90％Cu)的晶粒成長等溫線。注意晶粒直徑平方(D^2)會直接隨時間變化。(From Feltham, P., and Copley, G.J., Acta Met., 6 539 [1958].)

這裡k等於$\sqrt{K}$，是一個溫度的函數

$$k = \sqrt{K} = \sqrt{K_0 e^{-Q/RT}} = k_0 e^{-Q/2RT} \tag{8.16}$$

這裡$k_0 = \sqrt{k_0}$。

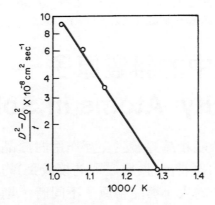

圖8.31　圖8.30等溫線斜率之對數直接隨著絕對溫度倒數變化。(From Feltham, P., and Copley, G.J., Acta Met., 6 539[1958].)

許多等溫晶粒成長實驗數據均符合下面的實驗式形式

$$D = kt^n \tag{8.17}$$

這裡指數n在大部份情況下是小於結晶成長方程式所預測的1/2。更進一步地，假若等溫反應改變，對同一金屬或合金，其n值通常不是個常數。圖8.32為在1951年之前所測得的指數n隨溫度變化的情形。大約來看，指數n為隨溫度增加而增加且漸漸趨近於1/2。而晶粒成長的實驗數據也無法遵守活化定律，晶粒

成長與溫度的關係通常不能證明Q值為一個常數值。

$$k = k_0 e^{-Q/2RT}$$

8.18

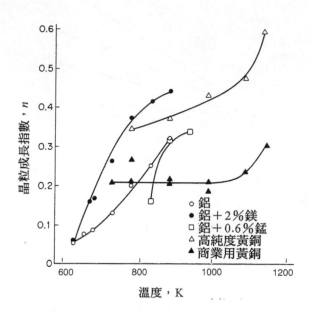

圖8.32　幾個金屬之晶粒成長指數與溫度的關係。(From Fullman, R.L., ASM Seminar Metal Interfaces, 1952, p.179.)

8.24　固溶體中的雜質原子 (Impurity Atoms in Solid Solution)

在晶格中的溶質原子能和晶界發生交互作用對於晶粒成長是相當重要的。這個作用類似先前提到的再結晶(換言之即晶核成長)的要因之一：雜質原子與差排作用。假如外來原子的大小與晶格原子不同時，則每一個外來原子將導入一個彈性應力場。然而晶界是晶格不契合的區域，當外來原子移向晶界附近時，既可降低晶界的應變能也可降低此外來原子之附近晶格的應變能。在這種情況下，我們能夠想像差排氛圍來考慮這種晶界氛圍。這些氛圍能有效阻止晶界的移動之事實已經被實驗證實。圖8.33為銅的晶粒成長指數隨著含小量鋁固溶量變化的情形。當金屬接近100％純度，其晶粒成長指數朝理論值1/2增加。另外，當溫度愈高時(900K)時，其趨近的速率愈快；這個事實與圖8.32曲線的趨勢相符，即增加退火溫度可以使成長指數的值增加。這個晶粒成長指數與溫度的關係能夠被假設為：在高溫下的熱振動破壞了晶界之溶質氛圍。

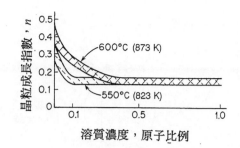

圖8.33 銅中固溶鋁的濃度對晶粒成長指數的變化。(From Weinig, S., and Machlin, E,S., Trans. AIME. 209843[1957].)

　　不同溶質元素對阻止晶粒成長速率的效應都不同。雖然鋅固溶於銅(假設其它雜質不存在)時，其行為遵守晶粒成長定律($n\equiv\frac{1}{2}$)，但當甚至只含氧0.01％時就能有效阻礙銅中的晶粒成長。這個差異可能是由於：不同元素固溶後在晶格製造的應變均不同，擾亂晶格結構愈大的元素，其阻礙晶粒成長的效應也愈大。

8.25 以夾雜物形式存在的雜質(Impurities in the Form of Inclusions)

　　不以固溶形式存在的溶質原子也能夠與晶界產生作用。以第二相夾雜物或顆粒存在的雜質原子能抑制金屬中的晶粒成長的事實，60年前就已了解。這種異物時常被發現在商業合金和所謂的商業級純度金屬中。在大部份的情況下，它們是由很小的氧化物、硫化物或矽化物所組成，在製造過程中被合併進入金屬中。然而，在現在的討論中，它們被考慮為任何細微且分佈整個金屬的第二相顆粒。

　　現在讓我們討論一個簡化的夾雜物與晶界交互作用之理論，是由Zener所提出。圖8.34(a)為一夾雜物位在以垂直線表示的晶界上之概圖。為了方便起見，顆粒已被球狀化。表示在左邊的概圖中，夾雜物與晶界是處在機械平衡的位置。假如晶界移動至右邊，如圖8.34(b)所示，晶界為了盡量維持本身垂直顆粒表面(由於表面張力)而被假設為變成彎曲的形狀。向量 σ 即表示晶界面與夾雜物所接觸的圖線(三度空間中)上的表面張力，此接觸圖線的總長為 $2\pi r\cos\theta$，其中r為圓球半徑，θ 為平衡處之晶界與向量 σ 的夾角。向量 σ 的水平分量 $\sigma\sin\theta$ 與接觸圖線的乘積即為晶界對顆粒的拉力：

$$f = 2\pi r\sigma \cos \theta \sin \theta \qquad \textbf{8.19}$$

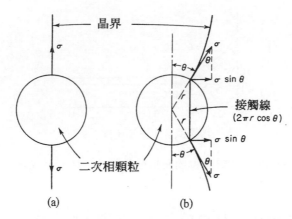

圖8.34   晶界與一第二相異物之間的作用

根據牛頓第二定律，此力亦爲顆粒對晶界的拖曳力，當 θ 角爲45°時其值最大。爲

$$f = \pi r \sigma \qquad \qquad 8.20$$

每一個顆粒的拖曳力是直接隨其半徑而變化。既然顆粒的體積是其半徑的三次方，當夾雜物愈小，且數目愈多時，其妨礙晶界運動的效果愈大。(假設同樣形狀的顆粒)

在很多例子中，第二相顆粒在高溫中傾向溶解或是合併成較大顆粒而使數目減少。這兩者——減少第二相的量和傾向較少較大的顆粒——會去除異物對金屬晶粒成長的阻礙。圖8.35顯示出一個相當好的例子，其中晶粒成長指數的數據是以對數-對數座標作圖。這種類形的數據圖是符合下列方程式的形式：

$$D = k(t)^n \qquad \qquad 8.21$$

其斜率是晶粒成長指數 n。在這個含1.1％鎂的鋁合金，低於898K時第二相($MnAl_6$)可存在，當超過923K時它會溶解於基材，以致形成一個單相固溶體。因此，夾雜物對晶粒成長是很明顯的，在898K以上，晶粒成長很迅速發生，其晶粒成長指數(0.42)很接近理論值0.5。對於923K的曲線上半彎曲部份則是幾何效應的結果，將在下一節做解釋。

金屬中的孔洞(holes or pores)亦與夾雜物一樣有妨礙晶界移動的效果，這可由圖8.36中清楚的了解，它是一力馬合金磁鐵(Remalloy，12％Co，17％Mo，71％Fe)的截面積圖。這試片是由粉末冶金技術所製成，其牽涉到將一金屬粉末緻密體，以低於金屬熔點溫度加熱，這溫度要足夠高以使粉末顆粒互相銲接和擴散。圖中的試片顯示爲一單一均質的固溶體。我們可清楚看到很多的孔洞而且有晶界被其牽絆的現象。例如，在上端很大的晶粒之幾乎水平的晶界

通過三個孔洞，這晶界是往下端移動，注意觀察每一個晶界是如何被孔洞所彎曲。

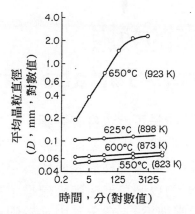

圖8.35　第二相夾雜物對錳鋁合金(1.1％Mn)之晶粒成長的影響。由於出現第二相析出物顆粒(MnAl₆)，在923K以下晶粒成長被嚴重阻礙。(From Beck, P.A., Holzworth, M.L., and Sperry, P., *Trans. AIME*, 180 163 [1949].)

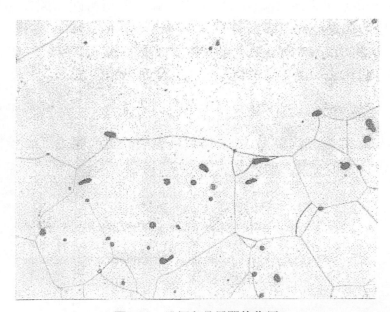

圖8.36　孔洞和晶界間的作用

　　雜質對於晶界的效應能總結如下。在固溶體中的溶質原子能夠形成晶界氛圍，會妨礙正常晶界的表面張力。為了使晶界移動，必須連帶將其氛圍帶走。而另一方面，若溶質原子是以第二相夾雜質型式存在，其也能和晶界作用。在這種情況下，晶界必須拉著自己透過位在路徑上的夾雜物。上面這兩個情況中，均可藉溫度的昇高降低溶質原子的妨礙效應，而使其晶粒成長更近似肥皂泡胞的成長。

8.26 自由表面的效應 (The Free-Surface Effects)

　　試片的幾何形狀對晶粒成長可能也會有影響。在接近金屬自由面之晶界會傾向垂直試片表面，其有降低接近表面之晶界淨曲率的效應。這意謂著晶界曲率變成圓柱形而不是球面狀，通常圓柱形表面比具相同曲率的球面移動速率更慢。對於這種差異，我們能夠以肥皂泡沫胞來類推：對一個圓柱表面兩側的壓力差是$2\gamma/R$，而對球面兩側則為$4\gamma/R$，其中γ爲肥皂泡沫膜的表面張力，而R爲其曲率半徑。

　　Mullins 已經指出另一個關係到與自由表面交界的晶界之重要現象，其對於晶粒成長的重要性可能大於表面晶界的曲率效應，這種現象稱爲熱凹現象(thermal grooving)，它通常與高溫的退火有關，凹槽可能形成在晶界與表面交接的表面。這些溝渠是表面張力直接作用的結果(看圖8.37)。在圖中的點a爲三個表面的交會線：晶界和點a左右兩個自由表面。爲了平衡這三個表面張力的垂直分量，必須形成一夾角爲θ的凹槽；其滿足下列關係：

$$\gamma_b = 2\gamma_{f.s.} \cos\frac{\theta}{2}$$

8.22

其中γ_b是晶界的表面張力，$\gamma_{f.s.}$是兩自由表的表面張力。原子擴散至自由表面上則是在形成凹槽時，原子傳輸出凹槽的最重要因素。

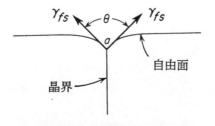

圖8.37 熱凹現象

　　晶界凹槽對晶粒成長是重要的，這是由於它們易固定住晶界的末端(它們與表面的接合處)，尤其是當晶界幾乎垂直自由表面時。此種固定晶界的效應可藉圖8.38的幫助而做定性的解釋。左圖爲晶界附著於凹槽上，而右圖則表示當晶界脫離凹槽而向右移動的情形。晶界脫離凹槽時會增加總表面積，因此，總表面能增加，故必須作功才能達成，因而凹槽限制了晶界的移動。

當金屬試片的平均粒度遠小於試片的尺寸時，熱凹現象或表面晶粒曲率減少對總成長速率只有微小的影響。然而，若晶粒大小接近試片厚度的尺寸，其晶粒成長速率會如預期的變慢。在這方面，已有人從實驗數據[11]估計過：若一金屬板的晶粒大小為其厚度的十分之一時，其成長速度會降低。這種效應能用來解釋圖8.35的923K數據曲線在時間大於625分鐘後的偏離直線現象。用來做這些實驗的試片都是很小的，當平均晶粒大於1.8mm，其晶粒成長會因為自由表面效應而被阻礙。

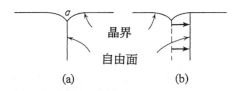

圖8.38 若晶界近乎垂直自由表面，移動晶界遠離它的凹槽會增加其表面能

8.27 晶粒度的限制
(The Limiting Grain Size)

在上一節曾經提到當平均晶粒度接近試片厚度時，試片的尺寸將會影響晶粒成長的速度。在很多例子中，這種情況對晶粒大小會有一上限的效果；換句話說，成長可能會慢慢地減緩而達到此上限而停止成長。在最極端的情況中，這種自由表面效應能夠完全停止晶粒成長。考慮在線材中的情況，而且其中的晶粒已經變成很大以致它們的晶界是與晶體橫交如圖8.39所示。這種晶界沒有曲率故在表面張力作用下不能移動，以致進一步的晶粒成長不可能發生。

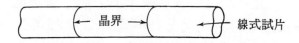

圖8.39 一個穩定的晶界組態例子

第二相夾雜物也會限制金屬晶粒度於一上限。這裡它能被考慮成：一晶界被很多的夾雜物所牽絆時，晶界所具有的曲度不足，以致使表面張力很小而無

---

11. Beck, P. A., *Phil. Mag. Supplement*, **3** 245 (1954).

法克服夾雜物的牽制力。

　金屬晶體與肥皂泡沫胞不同之處是它們具有單一表面，而後者卻有二個表面。故晶界移動之每單位面積的驅動力(Δp是與肥皂胞例子中一樣)表示成下例：

$$\eta = 2\frac{\gamma}{R} \qquad 8.23$$

其中η是單位面積的力，γ是晶界的表面張力而R是晶界之淨曲率半徑。當晶界不再能夠將自己拉離夾雜物時，夾雜物對晶界的牽制力必定等於上面所示的力，而這個牽制力等於單一顆粒的牽制力乘以單位面積之顆粒數，則

$$\eta = 2\frac{\gamma}{R} = n_s \pi r \gamma \qquad 8.24$$

其中n_s是單位面積的夾雜物數目，r為顆粒半徑。讓我們假設夾雜物是均勻分佈在整個金屬中，而其數目大約可估計如下：在一面積為A中的顆粒數目可視為在一面積為A，厚度為顆粒半徑2倍的體積內的顆粒數目，亦即$2Ar$的體積內具有$2n_v Ar$個顆粒，這裡n_v為單位體積的顆粒數。因此，單位面積的顆粒數為$2n_v r$，而n_v又可表示如下：

$$n_v = \frac{\zeta}{\frac{4}{3}\pi r^3} \qquad 8.25$$

其中ζ為第二相的體積分率，$\frac{4}{3}\pi r^3$為單一顆粒的體積。若將最後二個量代入式子中，則晶界移動的驅動力與夾雜物的牽制力之關係，Zeners關係式：

$$\frac{r}{R} = \frac{3}{4}\zeta$$

或

$$R = \frac{4}{3}\frac{r}{\zeta} \qquad 8.26$$

其中r是夾雜物半徑，R是平均晶粒的曲率半徑，而ζ是夾雜物的體積分率。這關係式中假設了顆粒是球形且均勻分佈，雖然二者都不是在金屬的真實的情況。無論如何，它大致給我們夾雜物對晶粒成長的影響。雖然我們能假設晶界的曲率半徑正比於平均晶粒度，這式子表示在異物存在時，其最終的晶粒是直接取決於夾雜物大小。

8.28　優選方位(Preferred Orientation)

　　除了晶界氛圍，第二相夾雜物和自由表面效應外，還有另一因素會影響測量的晶粒成長，它就是結晶結構的優選方位。優選方位是指在同金屬試片中所有的晶粒都具有非常相近的方位。當這種情況發生時，通常其晶粒成長速率會降低。

8.29　二次再結晶(Secondary Recrystallization)

　　在前節中已指出在金屬時常可能有晶粒度的限制，即例如出現夾雜物、尺寸效應，或由於強烈的優先方位時，此時可能會出現二次再結晶的現象。這種二次再結晶的行為很像一次再結晶，其通常藉著提高退火溫度至原先發生晶粒成長之溫度以上而發生。經過成核期，某些金屬在消耗鄰近晶粒後開始成長。其成核過程並不能完全了解，但晶粒結合也能夠製造這種成核的效果。這種成長是相當容易了解的，一旦它開始發生，在消耗其鄰近較小的晶粒下，較大的晶粒很迅速的變成具有很多邊的晶粒。如早先曾提及的，具多邊的晶粒擁有向外凹的晶界，故晶粒將變得更大。二次再結晶是一種表面能效應而使過度擴大的晶粒再成長的過程，而不是如一次再結晶是由於冷作應變能的效應。

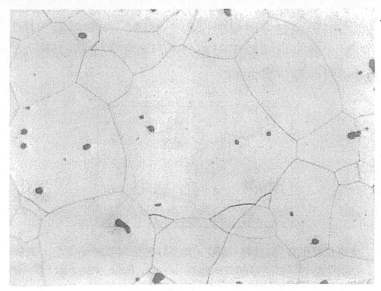

圖8.40　一產生二次再結晶的試片。注意圖中間的晶粒有13邊

　　圖8.40是一個二次再結晶的好例子。在照片的中間，能夠看到一個具13邊的大晶粒，其晶界全是遠離晶體中心而向外凹。此圖的試片與圖8.36的相同。後者也是展示一大晶粒在消耗其鄰近晶粒下而成長(佔據圖的上部份)。

　　非常大的晶粒或甚至單晶，時常能夠藉二次再結晶而再成長，這是因為最後的晶粒數目是取決於二次晶核數。在第一次再結晶後的晶粒成長限制因素：如夾雜物和自由表面已不能控制二次再結晶中的晶粒成長。在後者的情況中，它與一次再結晶一樣，其晶核成長直到整個基地完成再結晶。

8.30　由應變所引起的晶界移動(Strain-Induced Boundary Migration)

　　雖然一般都承認正常的晶粒成長是由於儲存在晶界的表面能所致，然而其也可能是由於冷作而引發在晶格的應變能。應變引發晶界移動不可能在一完全再結晶的金屬發生，除非它再結晶後，再受到因處理試片所引起的變形，或是試片由於在不同位置的結晶速率不同所引發的殘留應變。

　　應變引發的晶界移動與再結晶不同之處是：沒有新晶粒的形成。它是二晶粒間的晶界移動而使其中一晶粒長大而另一消失。當移動發生時，其經過的區域是應變能較低的區域。與表面張力誘導的晶界移動比起來，這種型式的晶界移動通常是遠離其曲率中心。這種移動如圖8.41所示，移動中的晶界被表示成一不規則的曲線形狀。這成長的不規則形式的晶界是由於應變能的結果，可以藉著假設其移動速率是金屬中應變的函數來解釋。在變形愈大的地方其晶界移動愈快。有趣的是，此種由應變所引起之晶界移動的結果是增加了晶界面積，亦即增加了表面能而非減少表面能。

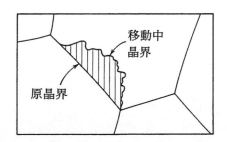

　　圖8.41　應變誘導的晶界遷移的概圖。其晶界為遠離其曲率中心，其與表面張力誘導晶界遷移的移動方向相反。(After Beck, P.A., and Sperry, P.R., Jour. Appl. Phys. 21150[1950].)

應變所引起的晶界移動只有在小量冷作下才會發生。太大的變形量將會產生正常的再結晶。另一方面來說，在薄板試片中如果正常晶粒成長被尺寸效應所限制，則可能會發生這種因應變所引起的晶界移動。

問題八

8.1　在8.1節提到，一個高純度銅試片在室溫下變形30％發現具可恢復的應變能約25J/g・mol。而銅的Burgers向量爲0.256nm，剪模數約5.46×10^{10}Pa。試決定在銅中均勻分佈的右旋和左旋差排陣列之差排密度爲多少時，才會使銅擁有這樣的應變量。

8.2　(a)利用在8.5節中Drouard，Washburn，和Parker鋅單晶的283K數據，決定速率方程式，即8.2式的A值。(b)接著試決定晶體要在5秒回復至它降伏點的1/4的溫度，$b = 3.0$nm。

8.3　在彎曲晶體中的多餘刃差排密度可用一簡單方程式來表示與彎曲區域的曲率半徑的關係。這個表示式即是$r = 1/\beta b$，其中r是曲率半徑，β是多餘的刃差排密度而b是Burgers向量。試計算在β值爲10^{12}m/m³的區域，其局部的半徑爲多少。

8.4　有一個著名的方程式，它把晶體視爲一等方性向的彈性體，在差排理論的發展初期用來預期低角度晶界的表面能。基本上它假設一獨立刃差排對晶界上和離晶界距離爲晶界上差排間距的一半之應變場會爲其上和下面的差排所中和掉。這個式子的導法可在大部份的差排教科書中看到。

$$\Gamma = \frac{\mu b}{4\pi(1-v)}\alpha(A - \ln \alpha)$$

其中Γ是表面能，b是Burgers向量，μ剪模數，α是晶界傾斜的強度，A是個常數爲差排的核心能量，而v是波以松比。(a)寫個電腦程式以傾斜角度α的函數以決定Γ值。使用這程式求出Γ隨α從0.001至1.047強度，以60個刻度變化的情況。假設$\mu = 8.6 \times 10^{10}$Pa，$b = 0.25$nm，$A = 0.5$，而$v = 0.33$。(b)試決定最大的表面能，且將Γ的每個值除以最大值以獲得相對的表面能。並將這些值對α值(度)作圖，並和圖6.8中的曲線比較。

8.5　在回復的後面階段有一個現象是傾斜晶界會合併成單一的傾斜晶界，這伴隨著表面能的降低。計算兩個傾斜角爲0.5°的晶界合併型成一個10°傾斜角所損失的表面能分率。(使用問題8.4的變數)

8.6 在一個鋅單晶回復的研究給定下列數據：

溫度., K	回復50％降伏點所需時間，小時
283	0.007
273	0.022
263	0.079
253	0.306
243	1.326
233	6.521

(a)將這些數據以$\ln(1/\tau)$對$1/T$作圖，其中τ是50％回復的時間而T是絕對溫度。從這個曲線的斜率決定降伏點回復的活化能Q(參考8.2式)。

(b)試決定這式子中的常數值A。

8.7 利用8.6題中的式子，決定一變形的鋅晶體在213K和300K下欲回復至降伏應力50％所需的時間。

8.8 在圖8.15中Decker和Harker的純銅完成再結晶所需時間的數據如下：

溫度, K	再結晶時間，10^3 secs
316	2,300
361	33
375	10
385	7
392	4
408	1.5

(a)使用以上數據試決定再結晶速率方程式，8.5式中的活化能Q和指數項前的常數A。(b)試決定銅的再結晶溫度，亦即在1小時內完成所需的溫度。

(c)銅在室溫下300K，要完成再結晶所花的時間？

8.9 (a)肥皂泡與水的薄膜之表面能約3×10^{-2} j/m²。試計算在一直徑為6cm的肥皂泡沫內部與壓力增加量。

(b)在一些研究中探討快速的冷卻對金屬凝固點的影響，是將液態的金屬滴快速冷卻下來。若這些液滴的直徑大小約為50微米，或0.00005m。考慮具這種直徑大小的金屬液滴其表面能為13.2×10^{-2} j/m²，計算其內部壓力增加的值。

8.10 (a)試寫出一如8.13式之晶粒成長定律的電腦程式，並使用圖8.30中的數據(表示Q的單位為J/mol，R為J/mol·K；D^2和D_0^2為10^{-6}cm²，而t為分鐘)，以使圖8.30的數據能夠再使用。首先，決定K_0的值。令$t=90$，$T=973$，$D_0^2=2$，而$D^2=63$。

(b)接著將由以上求得的K_0值代入8.13式，並寫一個程式能輸入溫度T，而且包含一個(For-Next)的迴路，時間t從0變化到120分，每次間隔30分鐘。目地是為獲得任意溫度下的四個D^2值。利用圖8.30中的973K(700°C)之數據檢查你的程式，然後使用它算出在1000K的D^2值。注意，令$D_0=2$。

8.11 假如一銀的試片，在一種容易在內晶界與試片外表面的交叉線上形成凹槽的條件下做長時間退火，並產生一個角度139.5°的凹槽。若銀的晶界能為0.790J/m²，則固-氣態的表面能為多少？

8.12 在含平均直徑600nm的穩定球狀析出物1%體積分率且厚度為2bm的金屬板中，試利用第一階近似法求其最大的晶粒尺寸。

心得筆記

第九章
固溶體

(Solid Solutions)

9.1 固溶體(Solid Solutions)

當兩種或以上的原子在固態下形成均勻的混合物時，稱之為固溶體。這種溶體是相當普遍的，它和液態、氣態型式類似，組成比例可以在固定限制下變化，而不會自然分離。通常，溶劑(solvent)是指含量較多的原子，而溶質(solute)則是含量較少者。這些溶體通常也是結晶體。

固溶體有二種型式。第一種稱之為置換型固溶體(substitational solid solution)。是一種原子直接取代另一種原子，且溶質原子佔據在正常溶劑原子的位置。圖9.1(a)概略表示兩種原子(銅及鎳)的例子。另一種固溶體示於圖9.1(b)中。在此溶質原子(碳)沒有取代溶劑原子而是進入溶劑原子間的洞或隙縫中。這種固溶體稱之為插入型固溶體(interstitial solid solation)。

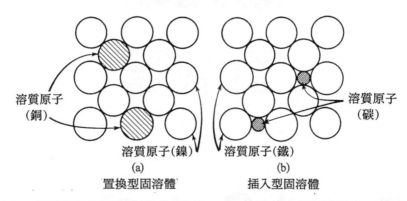

溶質原子
(銅)　　溶質原子(鎳)　　溶質原子(鐵)　　溶質原子
(碳)

(a)　　　　　　　　　(b)

置換型固溶體　　　　插入型固溶體

圖9.1 固溶體的兩種基本型式。注意：在右圖的插入型固溶體中，碳原子位於面心立方鐵原子的間隙內。圖9.2則是位於體心立方鐵原子的間隙內

9.2 中間相(Intermediate Phases)

在許多合金系統中，其結晶結構或相與其基本成份的(純金屬)結構或相並不相同。如果這些結構發生在一個組成範圍時，稱之為固溶體。而當新形成的結晶結構具有簡單整數比時，稱之為介金屬化合物(intermetallic compound)。

中間固溶體與中間化合物不同之處可藉著一真實例子來說明。當銅和鋅形成黃銅合金，該合金可形成多種不同組成的新結構，其中絕大部份是不具商業價值，只有大約在一個鋅原子與一個銅原子的比例下形成的黃銅才有利用價值，這種新形成相的結晶結構為體心立方，然而銅為面心立方，鋅則為六方最密堆積。由於這種體心結構能在一定的組成範圍內存在(在室溫下，含重量百

分比47至50鋅的唯一穩定相)，因此，它不是一種化合物而是一種固溶體。另一方面，當加入鐵中的碳含量超過千分之一時(圖9.3)，可以觀察到一個明確的介金屬化合物。這個化合物有固定的組成(含重量百分比6.67的碳)和複雜的結晶結構(斜方晶，每個單位晶胞含有12個鐵原子及4個碳)，此結構與鐵的結構(體心立方)或碳的結構(石墨)都截然不同。

9.3　插入型固溶體
(Interstitial Solid Solutions)

從圖9.1(b)可知，插入型合金的溶質原子必定很小。Hume-Rothery等人對插入型和置換型合金系統溶解度的條件做過仔細的研究。根據他們的研究結果，若溶質原子直徑小於溶劑原子的直徑0.59倍，則廣泛的插入型固溶體才能發生。四個最重要的插入型溶質原子是碳、氮、氧和氫，它們的直徑都甚小。

原子大小並不是決定是否一個插入型固溶體能形成的唯一因素。小的插入型溶質原子比較容易溶入過渡金屬中。事實上，我們發現碳是不溶解於大部份的非過渡金屬中，所以石墨-黏土坩堝時常被使用來熔煉它們。一些商業重要的過渡金屬如：鐵、釩、鎢、鈦、鉻、釷、鋯、錳、鈾、鎳、銅等。

過渡金屬溶解插入型原子的能力一般相信是由於它們不平常的電子結構所致。所有的過渡元素在最外層或價電子殼層的內部擁有一不完全的電子層。相對的，非過渡金屬在價電層之內均為已填滿的電子層。

插入型原子能夠溶入過渡金屬的程度亦隨金屬特性而異，但通常都是要小型的原子。此外，插入型原子能很容易擴散入溶劑的晶格，而且其對溶劑性質的影響遠遠超過所預期的。在這情況中，擴散並不是藉著空孔機構而是溶質原子在間隙之間的跳躍來進行。

9.4　碳在體心立方鐵中的溶解度
(Solubility of Carbon in
Body-Centered Cubic Iron)

碳在體心立方的鐵的溶解度是很低的。事實上，碳原子在鐵晶體中的數目大約與晶體中的空孔數目相等。因此，導出鐵晶體中碳原子的平衡原子數的方程式是可能的。然而，這兩個例子仍有一重大的不同點，將在以後說明之。現在先考慮鐵-碳的情況。

在圖9.2中標有x的位置是當碳進入鐵晶格時能夠佔據的地方。它們是兩角落原子的中間或是立方體的面心位置,亦即位在兩單位晶胞的體心原子的中間。在鑽石結構中,碳的直徑為0.1541nm。然而,圖9.2(b)顯示鐵的晶格常數(單位晶胞的邊長)是0.2866nm,因此,鐵原子的直徑是0.2481nm,而經另一簡單估算碳原子能佔據孔洞的寬度只有0.0385nm。明顯地,碳原子並不能很容易進入鐵的體心立方晶體中,為了使插入型原子進入晶格就必須做功,並造成每個溶質原子的鄰近晶格嚴重應變。

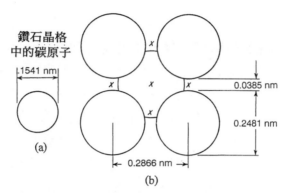

圖9.2　在體心立方單位晶胞內碳原子可能佔據的插入型位置

讓我們將此功記為w_c。假若n_c是在鐵晶體中的碳原子數目,則晶體的內能增加$n_c w_c$(在出現碳原子時)。

插入型原子與空孔一樣,會增加結晶的熵(entropy),這種型式的熵稱為本質熵(intrinsic entropy)。本質熵的產生是由於插入型原子的導入會影響正常的晶格振動模式。溶質原子扭曲了鐵原子的有序陣列而使得晶格的振動更隨意或不規則。從這種原因所增加的總熵為$n_c s_c$,其中s_c為每個碳原子的本質熵。

在導出晶體內空孔平衡數目的式子中,空孔的本質熵$n_v s_v$已被忽略。然而,若將它合併到空孔自由能中,這問題的解就不再困難了。在此,最後的結果將如下式:

$$\frac{n_v}{n_o} = e^{-(w_v - Ts_v)/kT} = e^{-g_v/kT} \qquad 9.1$$

而不是

$$\frac{n_v}{n_o} = e^{-w_v/kT} \qquad 9.2$$

其中　　g_v＝每單一空孔的Gibbs自由能

　　　　n_v＝空孔的數目

　　　　n_o＝原子的數目

　　　　w_v＝形成一空孔所需的功

　　　　T＝絕對溫度K

　　　　k＝波茲曼常數

先前包含本質熵的更準確式子可表示如下：

$$\frac{n_v}{n_o} = e^{s_v/k}e^{-w_v/kT} \qquad\qquad \mathbf{9.3}$$

然而，既然指數s_v/k是個常數，這式子可化爲

$$\frac{n_v}{n_o} = Be^{-w_v/kT} = Be^{-Q_f/RT} \qquad\qquad \mathbf{9.4}$$

其中B是常數，Q_f爲導入一莫耳空孔到晶格中所需的功，R爲氣體常數，T爲絕對溫度。

　　現在回到鐵晶體中的碳原子，注意碳原子和鐵原子的混合而形成固溶體會牽涉一個混合熵。然而，這個混合熵的估計是不同於關於空孔在晶格的混合熵的方式，這是由於空孔和原子互換位置而碳原子並不和鐵原子互換。事實上，就考慮碳原子的移動而言，鐵原子能被假設是維持在固定空間。這是因爲在低於1000K以下，鐵原子跳躍入空孔的速率與碳原子在間隙位置的跳躍速率比較起來是可忽略的。亦即碳原子的混合熵僅僅牽涉到碳原子在間隙位置的分佈。藉由圖9.2的幫助，我們能知道在b.c.c.鐵晶格中每一個鐵原子有三個間隙位置。因此，每單位晶胞內有二個鐵原子，如在1.4節所示，但如果檢查b.c.c.的單位晶胞，將發現像此類的間隙位置有12個。然而每一個位置同時屬於鄰近兩個晶格，所以每單位晶胞有六個。而每個鐵原子只有3個間隙位置。混合熵因此牽涉到n_c個碳原子在$3n_{Fe}$個間隙位置的分佈，其中n_{Fe}是鐵原子的數目。假設碳在鐵的固溶體是稀少的，則混合熵爲

$$S_m = k \cdot \ln \frac{(3n_{Fe})!}{n_c!(3n_{Fe} - n_c)!} \qquad\qquad \mathbf{9.5}$$

藉由Stirling's的近似式：$(\ln(x)! \approx x \cdot \ln(x) + x)$，9.5式可改寫成

$$S_m = k[3n_{Fe}\ln 3n_{Fe} - 3n_{Fe} - n_c \ln n_c + n_c - (3n_{Fe} - n_c)\ln(3n_{Fe} - n_c) + (3n_{Fe} - n_c)] \qquad \mathbf{9.6}$$

　　或

$$S_m = k[3n_{Fe}\ln 3n_{Fe} - n_c \ln n_c - (3n_{Fe} - n_c)\ln(3n_{Fe} - n_c)] \qquad\qquad \mathbf{9.7}$$

ΔG_c爲碳原子與鐵形成固溶體所增加的Gibbs自由能，所以

$$\Delta G_c = n_c g_c - TS_m \qquad\qquad 9.8$$

其中g_c爲一個碳原子的自由能。當G_c最小時的碳濃度可令$\Delta G_c/dn_c = 0$求得。再藉著Stirling's的近似式可得，

$$\Delta G_c/dn_c = g_c + kT[\ln n_c - \ln(3n_{Fe} - n_c)] = 0 \qquad\qquad 9.9$$

則

$$\frac{n_c}{(3n_{Fe} - n_c)} = e^{-g_c/kT} \qquad\qquad 9.10$$

對一個稀薄溶液而言，$n_c << n_{Fe}$，可得

$$C = n_c/n_{Fe} = 3e^{-g_c/kT} = 3e^{s_c/k_e - w_c/kT} \qquad\qquad 9.11$$

其中$g_c = w_c - s_c T$，而w_c和s_c分別爲加一個碳原子到晶格所需的功和其本質熵。式子9.11能夠改寫成下列型式

$$C = Be^{-Q_c/RT} \qquad\qquad 9.12$$

其中$B = e^{s_c/R}$是個常數，$Q_c = N_{g0}$是導入一莫耳碳原子所需的功，$R = 8.37\,J/mol \cdot K$，T是絕對溫度，N是亞佛加厥數，而$s_c = N s_c$。

現在考慮w_c的物理定義，它被定義爲使一個碳原子進入間隙位置所需的功，這種功取決於碳原子的來源，碳原子可能來自石墨晶體或是碳化鐵結晶。這兩種情況中，我們都假設提供碳原子的晶體與鐵有緊密的接觸。其中最重要的碳化鐵，在商業鋼料中大都是鐵與碳化鐵的聚合。雖然石墨比碳化鐵更穩定，但石墨很少出現在鋼中。(碳化鐵是一個介穩定相，當分解成鐵和石墨後會降低自由能，然而，其分解速率在鋼鐵的正常使用溫度範圍是很慢，因而在實用上我們可視Fe_3C爲一穩定相)。

在冶金術語中，碳化鐵稱爲雪明碳鐵(cementite)，而碳在鐵心立方晶體形成的插入型固溶體則稱爲肥粒鐵(ferrite)，這些名詞將使用在本書的下面章節。

根據Chipman[1]的報告，將一莫耳碳原子從雪明碳體移至肥粒鐵之活化能Q_c的實驗值是77,300J/mole。同時Chipman也給定碳原子從石墨至肥粒鐵的值約106,300J/mole。因此，將一個碳原子從石墨中取出置入鐵的間隙所需的功將比從碳化鐵中取出者爲大。當然這會影響在鐵晶格中碳原子的平衡數目。當鐵與石墨達成平衡時其肥粒鐵的碳溶解度會比當鐵與雪明碳鐵平衡時的值爲小，這

---

1. Chipman, J., *Met. Trans.*, **3** 55 (1972).

是由於要從石墨中取出碳原子置入鐵中需要更大的能量之故。溶解度表示式：

$$C_c = Be^{-Q_c/RT} \qquad\qquad 9.13$$

可將Chipman報告中的數據代入，針對肥粒鐵與雪明碳鐵平衡的情況(換句話說，插入型原子是由碳化鐵提供)可得到

$$C_c = 11.2e^{-77,300/RT} \qquad\qquad 9.14$$

其中C_c是碳原子的平衡濃度(n_c/n_{Fe})。這式子可容易化成碳的重量百分比濃度，因此

$$C_c' = 240e^{-77,300/RT} \qquad\qquad 9.15$$

其中$R = 8.314 J/mole \cdot K$。

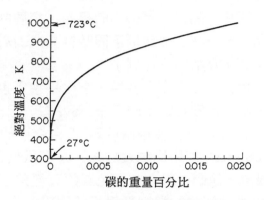

圖9.3　α鐵(體心立方鐵)的碳溶解度

　　圖9.3爲從室溫至727℃(1000K)的碳平衡濃度圖。曲線明白顯示碳在肥粒鐵的溶解度是極小的。在室溫下的平衡值只有8.5×10^{-12}重量百分比。這等於每個原子中有4×10^{-13}個碳原子或每距離3000溶劑原子才有1個溶質原子。圖9.3也顯示碳原子之平衡數目與溫度的關係。在727℃時碳濃度達到0.022％的最大值。在這情形下，每1000個鐵原子只有一個碳原子，或是每兩個碳原子間幾乎有10個鐵原子。

9.5 置換型固溶體和Hume-Rothery法則 (Substitutional Solid Solutions and the Hume-Rothery Rules)

在圖9.1(a)中，銅原子和鎳原子被畫成具同樣直徑。實際上，純銅晶體的原子半徑(0.2551nm)比純鎳中的原子(0.2487nm)大了約2％。這個差異甚小，所以當銅原以進入鎳晶體中，晶格只有很小的扭曲，相同的，鎳進入銅晶體也一樣。因此，這兩個元素能夠在全部比例下同時結晶成面心立方晶格就一點也不令人驚訝。鎳和銅是完全互溶的極佳例子。

銀與銅和鎳一樣，結晶成面心立方結構。它化學性質也與銅類似。然而，在室溫下銅在銀中的溶解度或銀在銅中的僅僅1％左右。因此，銅-鎳系統與銅-銀系統有一基本差異。這種差異主要是由於銅-銀合金中的原子尺寸有較大的差異。銀原子直徑0.2884nm，或約比銅大13％，這個數值很接近首先由Hume-Rothery所提出的極限值，他們指出，當兩金屬的直徑差小於15％時，才會有廣泛的互相溶解度。這種溶解度的準則稱為尺寸因素(size factor)，和溶劑晶格因溶質原子而產生的應變有直接關係。

尺寸因素只是有高溶解度的必要條件而不是充分條件。因此，尚須滿足其它的條件，其中最重要的一項是在電動序表中的相對位置(這個序表可在普通化學的教科書或基礎書本的腐蝕章節發現)。若兩個元素相距很遠，就不會以普通方式形成合金，而會依據化學價電原則形成化合物。亦即較正電性的元素將提供它的價電子給較陰電性的元素，形成離子鍵結的結晶。一最典型的例子是NaCl。相反的，若金屬元素在電動序中互相靠近，這表示它們化學性質相近，則會形成金屬鍵結而是離子鍵。

另外還有兩個因素也很重要，尤其當我們考慮完全互溶系統的情況時。在尺寸因素和電動序因素滿足後，兩種元素還必須具有相同的價數和晶格結構，才會形成互溶合金。

9.6　差排與溶質原子的作用 (Interaction of Dislocations and Solute Atoms)

差排是一種結晶的缺陷，當它出現在晶體中，即意謂著有很多的原子已偏移它正常的位置。這種位移是以差排線爲中心，在晶格中形成複雜的二度空間應變場。

9.7　差排氛圍 (Dislocation Atmospheres)

當晶體中同時有差排和溶質原子時，可能會發生交互作用。特別是置換型溶質與刃差排的作用。若溶質原子直徑大於或小於溶劑原子的直徑，後者的晶格會被變形，較大的溶質原子擴大周圍晶格，而較小的則會收縮晶格。若溶質原子本身在靠近差排中心發現適當的地方，這些扭曲能夠被大量地被消除。因此，當較小的溶質原子取代在靠近刃差排多餘平面的壓縮區域時，將會降低晶體的自由能。(看圖4.38)事實上，藉著計算可顯示出差排的應力場會吸引較小的溶質原子的效果。同樣地，較大的溶質原子會被吸引到刃平面底下的晶格位置，亦即差排的膨脹區。

置換型原子並不會與具近乎純剪應變場的螺旋產生劇烈作用。置換型原子的晶格扭曲可假設爲球狀。圖9.4顯示一對純剪應力相當於兩相等正向應變——一爲拉伸，一爲壓縮。所以這型式的晶格變形將不會與置換型溶質原子的球形應變產生劇烈作用。

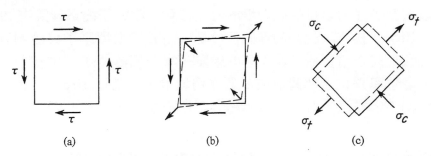

圖9.4　(a)在單位立方體內符合純剪應刀的應力向量。(b)單位立方體的變形符合圖9.4(a)的剪應力，(c)純剪應力可以相當於兩組相等的正向應力，一爲壓縮，一爲拉伸，其與剪應力夾角45°

　　現在考慮間隙原子與差排的作用。既然它們會使晶格膨脹，所以將會與刃差排作用。因此，間隙原子會被吸引往刃差排的膨脹區。另外，對體心立方金屬來說，插入型原子所產生的晶格扭曲不是球形，故會與體心立方晶的螺旋差排作用。如在前面舉出的例子，碳原子為了進入鐵原子間隙的有限空間，會將這些原子推開(看圖9.2)。在體心立方晶格中，碳原子所能佔據的位置不是在晶胞的邊中點就是在晶胞面的中心，因此其所造成的晶格扭曲(膨脹)一定是在＜100＞方向。這種非球形的晶格扭曲將和螺旋差排的剪應變場發生如下的作用：在接近螺旋差排的區域，若差排應變場的主軸拉伸應變方向接近平行晶格的＜111＞方向(看圖9.4)，則沿著此方向的鐵原子間隙會變大，碳原子將自然地跑至這些擴大的間隙上。

　　溶質原子會由於與差排的應變場作用而被吸引。然而溶質原子在這種吸引力作用下移動的速率是被它們在晶格的擴散速率所控制。在高溫下，擴散速率較快，溶質原子很快的集中在差排。若溶質原子相互吸引，則一個第二相結晶相可能在差排處析出。在這種情況下，差排的作用就好像是溶質的巢窟一樣，其流動可假設為在一個方向，即往差排方向流動。這種移動會繼續到晶體中的溶質濃度缺乏(低到與新形成相平衡的那一點為止)。另一方面，若溶質原子不會結合成新相，則會形成一平衡態，進入差排區域與離開的數目相等，而在差排附近建立一靜態平衡的濃度，不過其濃度會比周圍晶格的為高，這種由於差排所引起的過多溶質原子聚集，稱為氛圍(atmosphere)。在氛圍的溶質原子數目是取決於溫度，增加溫度會驅離溶質原子和降低晶體的熵。當溫度夠高時，差排附近的溶質濃度可能會低到與其它區域一樣，此時可認為氛圍不再存在。

9.8　差排氛圍的形成(The Formation of a Dislocation Atmosphere)

　　一個溶質原子在刃差排的應力場的合理移動之動力學簡單理論在1949年為Cottrell和Bilby[2]所提出。他們的理論假設是：由於置換型原子與溶劑原子的大小差異而導致形成以溶質原子為中心的應變。當一個溶質原子位在一差排的應變場中時，溶質與差排之間將形成一個作用能量。依據Cottrell[3]，這個作用能量可以計算如下。首先，假設晶體為等方向性彈性體，依據此理論，溶質原子

　　2. Cottrell, A. H., and Bilby, B. A., *Proc. Phys. Soc.*, **A62** 49 (1949).
　　3. Cottrell, A. H., "Dislocations and Plastic Flow in Crystals," Oxford University Press, London, 1953.

的應變是具球形對稱。其有效的半徑應變表示成

$$\varepsilon = \frac{r' - r}{r}$$ **9.16**

其中r'是溶質原子半徑，而r是溶劑原子半徑。接著體積應變是球的表面積乘以Δr，其中$\Delta r = \varepsilon r$。這求得體積應變為$4\pi\varepsilon r^3$。而作用能量等於體積應變乘上差排對溶質原子的靜液壓應力，這應力等於

$$-\frac{1}{3}(\sigma_{xx} + \sigma_{yy} + \sigma_{zz})$$ **9.17**

其中σ_{xx}，σ_{yy}和σ_{zz}是應力在笛卡爾座標系的三個正交分量(看4.9式)。結果為

$$U = -4/3\pi\varepsilon r^3(\sigma_{xx} + \sigma_{yy} + \sigma_{zz})$$ **9.18**

然而，作用極座標來表示時，將更為方便，參考4.10式。在此座標下，作用能量變成

$$U = \frac{4(1+v)\mu b\varepsilon r^3 \sin\theta}{3(1-v)R}$$ **9.19**

或

$$U = \frac{A \sin\theta}{R}$$ **9.20**

其中θ和R已定義在圖9.5。

$$A = \frac{4(1+v)}{3(1-v)}\mu b\varepsilon r^3.$$ **9.21**

變數A稱為作用常數。

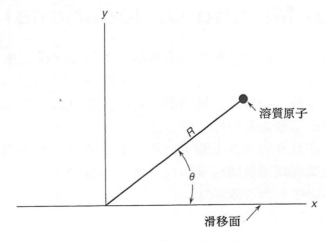

圖**9.5** 定義極座標變數R與θ的圖

9.9 *A*值的評估(The Evaluation of *A*)

現在來估計金屬鐵的作用常數：

$$b = 2.48 \times 10^{-10} \text{ m}$$

$$r = 1.24 \times 10^{-10} \text{ m}$$

$$\mu = 7 \times 10^{11} \text{ Pa} \qquad \qquad 9.22$$

$$\nu = 0.33$$

其中b是Burgers向量，r是溶劑原子半徑，μ是剪模數和ν是帕森比(Poisson's ratio)。將9.22式的值代入9.21式得到$A = 8.8 \times 10^{-29} \varepsilon$ Nm^2。因此，若溶質原子半徑比溶劑鐵原子大10%，A值是8.8×10^{-30}Nm^2。

上面的估計是針對置換型固溶體中溶質原子與刃差排的作用能量。在b.c.c.金屬中的插入型溶質原子與刃差排的作用能也可使用9.20式來估計。然而，由於插入型原子在晶格中的應變不再是球形對稱而是正方晶對稱，這使得A值的估算更複雜。這種形式的固溶體例子就是碳鋼，它正常在b.c.c.鐵晶格中含插入型碳原子。對於這種情況的作用能估計將不在這裡討論。Cottrell和Bilby最初的估計，$A = 3.0 \times 10^{-20}$dyne cm^2(3.0×10^{-29}Nm^2)。然而，Schoeck和Seeger[4]後來又作了更準確的估算$A = 1.84 \times 10^{-29}$Nm^2。

9.10 氛圍對移動之差排的牽制 (The Drag of Atmospheres on Moving Dislocations)

考慮像在鐵體心立方體金屬中的刃差排。差排線上部的壓縮應力使得這區域的碳或氮原子濃度低於整個晶體。同時，差排線下部的拉伸應力卻吸引這些插入型原子。故圍繞刃差排的差排氛圍，會在差排下部含過量濃度的插入型溶質原子而在上部則呈缺乏此種原子的狀態。

當這種差排在足夠的溫度下時，溶質原子變得很容易移動，以致於傾向跟著差排移動。差排在離開氛圍時會形成一個使溶質原子跑回它們平衡分佈位置的應力。這種移動僅是藉著原子從一個間隙跳至另一間隙的熱活化跳躍來進行的。因此，氛圍傾向於落後在差排之後。同時，在氛圍中的原子分佈也會改

---

4. Schoeck, G., and Seeger, A., *Acta Met.*, **7** 469 (1959).

變，這是由於氛圍的結構現在會被其它幾個因素影響。其中最重要可能是：當差排在晶格中移動會使其它的溶質原子進入氛圍中，而同時在差排運動方向的另一端，也必定有一定數目的溶質原子離開氛圍。所以差排經過晶體後，會將原來置於滑動面上部的溶質原子擠到滑動面下部。因此，移動中差排的氛圍是個動態觀念，而它的存在將對於差排移動有很大的影響。

　　讓我們現在來考慮氛圍是如何影響差排的移動。氛圍中的溶質原子與差排間的作用應力使得差排移動變得更困難，差排前進就必須克服這個應力。因此，氛圍對於差排的牽曳應力(drag-stress)即為金屬之流變應力(flow-stress)之最主要的分量之一。這個應力分量是差排速率的函數，其與差排速率的定性關係可以很容易的了解，在差排速率很高和很低時，其牽曳應力必定很小。差排若以極高的速度經過溶質原子，在如此快的速率下，溶質原子並沒有充分的時間重新排列。此時，溶質原子可視為一系列的障礙物，所以溶質的氛圍是不存在的。相反的，若差排靜止時，則差排與氛圍間也沒有淨應力。現在，若給差排一個小速度，則氛圍的中心將落到差排之後，其間的距離會隨著差排速度增加而增加。經由計算的結果指出，距離的增加使得牽曳應力也增加，所以牽曳應力[5]會隨著差排速度而增加。但是在很大的速度下，氛圍本身變得不明顯，所以最後牽曳應力將達到一個最大值。圖9.6(a)即表示牽曳應力與差排速度的關係。

　　接著再考慮溫度對於牽曳應力與差排速度關係的影響。事實上，牽曳應力是一移動的差排欲與一系列的插入型原子維持結合而保持其氛圍存在的結果，所以我們可假設最大的牽曳應力乃是符合差排速度與溶質擴散速率的直接關係。增加溫度也會增加溶質原子的移動速率，所以符合最大牽曳應力的差排速度也必須增加。如圖9.6(b)所示。溫度愈高，臨界速度愈大。然而，其最大之牽曳應力應力 σ_{dm} 仍保持不變，此點與Cottrell及Jaswon的理論相符合。

　　由Orowan方程式可得 $\gamma = \rho b v$ ，故在一定的差排密度下，平均差排速度將正比於應變速度。當在一定差排密度下，可合理假設應變速率與牽曳應力間有如圖9.6(c)的關係。最後，由於應變速率與溫度的交互關係，若應變速率維持一定，我們能得到一類似圖9.6(d)的牽曳應力與溫度的關係，注意圖中之橫座標為溫度遞減的方向。這是由於在非常低溫下的固定應變速率會相當於在固定溫度下的高應變速率，在這兩個情況下，溶質原子的移動速率均趕不上差排的移動。

---

5. Cottrell, A. H., and Jaswon, M. A., *Proc. Roy. Soc.*, **A199** 104 (1949).

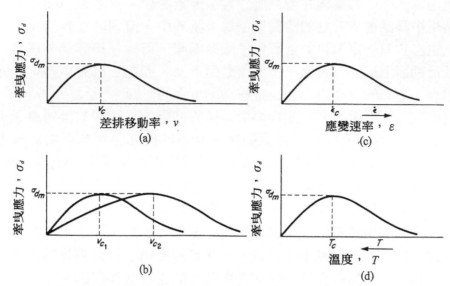

圖 9.6 牽曳應力隨著(a)差排速度，(b)在兩個不同溫度下的差排速度，(c)在固定應變速率，(d)溫度之變化情況

9.11 顯著降伏點與陸達帶 (The Sharp Yield Point and Lüders Bands)

在拉伸變形的應力-應變曲線圖中，能觀察到二種類型的曲線，如圖9.7所示。左圖顯示出一個顯著降伏點，曲線中應力升高至帶有微小變形量的點 a，即上降伏點(upper yield point)，從此點開始，材料開始降伏，亦即使其繼續變形的流變應力同時降低。這個新的降伏應力，點 b 稱為下降伏點(lower yield point)；是一種在幾乎固定應力下的特定塑性變形。接下來金屬開始硬化，而為了使其繼續變形，就必須增加應力。此後，具有降伏點的應力-應變曲線的外觀與沒有降伏點的曲線就只有稍微的不同而已。

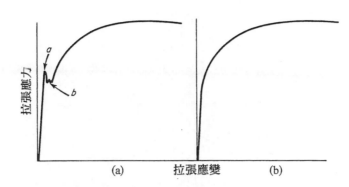

圖9.7　(a)金屬表現明顯降伏點的拉伸應力-應變曲線，(b)不具明顯降伏點之金屬的應力-應變曲線

　　顯著降伏點是個特別重要的效應，這是由於它發生在鐵和低碳鋼中。對壓印(stamp)或抽拉這些薄板材料的汽車零件製造者具有相當的重要性。一旦在特定的區域中開始塑性變形，此區域會變軟而相對受到較大的塑性變形。然後由於變形區與未變形區間的應力集中而使得塑性變形拓展到鄰近已降伏的材料。通常，塑性變形會開始在應力集中的位置，這種位置像不連續的帶，稱為陸達帶(Lüders bands)。一般的拉伸試片(圖9.8)，細條帶狀即為形成陸達帶的應力集中區。這些帶狀的邊緣與應力軸夾角約50°，稱為陸達線(Lüders lines)。陸達帶不能與滑動線(slip line)混為一談。陸達帶的形成可能是幾百個晶粒合作的結果，而每一個晶粒是在自己的滑動面上完成複雜的滑動。一旦在拉伸試片上形成陸達細帶，可藉此移動過整個試片。它也能在拉伸試片的兩端同時形成，甚至在一些特定的情況下，能在試片的任一位置上形成。但無論那一種情況，都是在局部區域開始再拓展到未變形區域，這整個過程是發生在幾乎固定的應力情況下，亦即解釋了應力-應變曲線中下降伏點的水平部份。事實上，下降伏應力能夠視為使陸達帶前進的應力，陸達帶前進的速率會隨著施加應力增加而增加。大部份試驗的機器都是以固定速率變形試片。若有兩個陸達帶通過試片，每個陸達帶前端的速度約為只有單一陸達帶時的一半。這意謂著在同樣變形速率下，移動兩個陸達線前端所需的下降伏應力將比只移動一個陸達帶前端為小，一般而言，增加或減少移動陸達帶前端的數目必定也伴隨著下降伏應力的變動。這解釋了圖9.7中下降伏應力的振動。只有在陸達帶變形覆蓋整個試片後，應力-應變曲線才會開始上升。

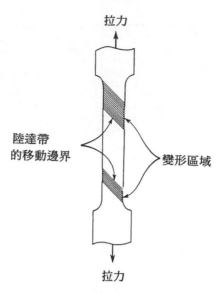

拉力

陸達帶
的移動邊界

變形區域

拉力

圖9.8 在拉伸測試試片上的陸達帶

前面曾提及使用在汽車車體的低碳鋼,若使用含明顯降伏點的金屬將會出現粗糙的表面。這些表面是由於陸達帶不均勻的拓展所致,會在表面留下粗糙的痕跡,通常稱爲伸張應變(stretcher strains)。相反地,當使用沒有明顯降伏點的金屬,在塑性變形開始時,即發生加工硬化(work hardening),而不發生軟化,這使得整個材料均勻變形而產生平滑的表面。

爲了除去陸達現象所造成的有害效應,退火後的鋼板經常先給予一稍微的壓軋,使其厚度約減少1%,而產生大量的陸達帶晶核(Lüders band nuceli),稱爲回火滾軋(temper roll)。當金屬接下來要加工成最後成品時,這些小的陸達帶會成長,但由於其尺寸很小而且互相接近,以致最後的表面粗糙被大量減化。

9.12 顯著降伏點的理論(The Theory of the Sharp Yield Point)

根據Cottrell[6]所提出的理論;認爲發生在某些金屬的顯著降伏點是由於差排與溶質原子的作用。根據這個理論,聚集在差排附近的溶質原子氛圍會阻礙差排運動,因而需要比正常情況下更大的應力來移動差排,亦即讓差排脫離其

6. Cottrell, A. H., *Dislocations and Plastic Flow in Crystals*, p. 140. Oxford University Press, London, 1953.

氛圍。這個應力增加的結果即符合上降伏應力的出現。在最初的Cottrell理論中的下降伏點是要移動已脫離氛圍之差排所需的應力。這裡要注意一點：差排和溶質原子間的作用的降伏要在足夠低的溫度進行，才能使溶質原子的熱移動性夠低，如此，施加的應力才可能把差排拉離其氛圍。

全部的證據都顯示Cottrell假設的正確性：即上降伏點的應力增加是由於差排與溶質原子作用的結果。然而降伏點是否是關係到這個簡單的差排脫離其氛圍的行為仍存疑。最初的Cottrell的理論仍不能圓滿解釋某些實驗數據。

最先由Johnston和Gilman[7,8]所提出來解釋LiF晶體之降伏理論是值得討論的。事實上，這理論假設金屬最初具有很低的差排密度，在塑性變形的開始時，將相對地導致相當大量差排密度增加。為了明白起見，假設金屬中的差排密度將以每1%應變增加大約$10^{12}m/m^3$的差排密度之速率增加。若最初的差排密度僅僅是$10^8 m/m^3$，在經過第一個1%的應變後，其值將增10,000倍，然而，在下一個1%的應變，則只增加2倍，應變持續進行時，差排增加的相對倍數愈來愈小。

Johnston和Gilman的分析表示：在拉伸試驗之初，差排急遽的增加能夠產生降伏。一般的拉伸試驗機都以固定速率進行塑性變形。當差排密度很低時，產生的應變大部份是彈性的，因而應力會迅速昇高，同時差排速度也很快，此時，差排密度也會邊迅速增加。高的差排速度和可移動差排的大量增加最後製造一個不安定點，此時試片仍以試驗機相同速度塑性變形。超過這一點，在相同的應變速率下，負荷必須降低以降低差排速度，這種情況會得到一個結果：負荷首先以較快的速度降低，接著降低的速率愈來愈慢。超過降伏點後，這種連續流變應力的降低將會被加工硬化的效應蓋過。雖然Johnston和Gilman理論並沒有說明陸達變形，但它給降伏現象一種有趣的分析。

在鐵和銅的情況中，室溫的降伏點是由於碳或氮形成插入型固溶體所致。然而一個重要的問題是：需要多少的碳或氮來形成差排的氛圍。這能夠以下列方式作粗略估計。雖然氛圍中的碳原子數目並不能明確的知道，但可以假設其大約是：沿著差排，每個原子間距就有一個碳原子。而在體心立方體中的鐵原子直徑大約是0.25nm。因此，在1cm的差排上，即10^7nm或4×10^7個原子距離。根據以上，可以假設每cm的差排有4×10^7個碳原子。

在退火軟晶體中的差排密度通常為$10^8 cm^{-2}$，而在經過嚴重冷作的晶體則高達$10^{12}cm^{-2}$或是未應變者的10,000倍。在軟的狀態下，在一立方cm中的差排

7. Johnston, W. G., *J. Appl. Phys.*, **33** 2716 (1962).
8. Johnston, W. G. and Gilman, J. J., *J. Appl. Phys.*, **30** 129 (1959).

總長為10^8cm，而每cm有4×10^7碳原子，所以總共的原子數目是4×10^{15}。讓我們把這與同晶體中的鐵原子數目比較。體心立方晶體的單位晶胞長是0.286nm，因此在立方cm中有4.3×10^{22}個單位晶胞。既然體心立方晶體結構每個單位晶胞有2個原子，因此鐵的數目是8.6×10^{22}或大約10^{23}。所以，要形成沿著差排每個原子間距有一個碳原子之氛圍所需的碳原子數目為：

$$\frac{n_c}{n_c + n_{Fe}} \simeq \frac{n_c}{n_{Fe}} = \frac{4 \times 10^{15}}{10^{23}} = 4 \times 10^{-8} \qquad \text{9.23}$$

亦即每一億個原子中有四個碳原子。而在嚴重冷作的晶體中為：

$$\frac{n_c}{n_{Fe}} = 4 \times 10^{-4} \qquad \text{9.24}$$

或約0.04％。以上的例子其重要性是明顯的：為了形成差排氛圍，只要很少的碳(或氮)就足夠了。

9.13　應變時效(Strain Aging)

　　圖9.9(a)為具有顯著降伏點的金屬之應力-應變曲線，其負荷於c點停止，然而移去負荷。在這未負荷期間，應力-應變曲線沿著平行原來曲線彈性部份的直線(線ab)變化。若在一短暫時間後再度加上負荷(幾小時)，試片幾乎彈性變形至點c才再進一步塑性變形，並沒有降伏點被觀察到。另一方面，若試片經過幾個月再測試，在這期間試片於室溫下時效，而降伏點將再度出現，如圖9.9(b)。時效期間會提高試片降伏的應力，而使試片強化和硬化。這種現象稱為應變時效(strain aging)，金屬由於塑性變形後的時效而硬化。在時效應變後再度出現的降伏點也是與差排週圍的氛圍有關。在變形過程中活化的差排源由於時效的結果而動彈不得。且溶質原子必須擴散過晶格而聚集到差排周圍，故降伏點的再度出現是時間的函數。且和擴散一樣是溫度的相關函數，愈高的溫度降伏點再現的速率也愈快。但在較高的溫度下(約400℃以上)，鐵和鋼中就觀察不到降伏點，這是由於高溫下，強烈的熱振動而分散了差排氛圍。

　　降伏點和應變時效的現象，最容易在鐵和低碳鋼中發生。然而，許多其他金屬也可觀察到，包括體心立方、面心立方及六方最密堆積金屬，只是不如鋼鐵中來得明顯罷了。

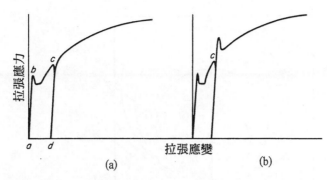

圖9.9　應變時效。(a)在點c負荷被除去，經過一小段時間(小時)再度加上負荷。(b)在點c除去負荷，經過一長時間(幾個月)再度加上負荷

9.14　應變時效的Cottrell-Bilby理論 (The Cottrell-Bilby Theory of Strain Aging)

　　Cottrell-Bilby的應變時效理論是差排理論領域中較早且較成功的例子之一。實際上，這理論並不直接考慮時效應變所增加的流變應力，而是處理差排附近溶質氛圍成長與時間和溫度的關係。他們特別舉固溶碳之b.c.c.鐵中的刃差排為例。如在9.9章中提到的，碳溶質原子和刃差排的作用能量可藉9.20式求得：

$$U = \frac{A \cdot \sin(\theta)}{R} \qquad\qquad \textbf{9.25}$$

其中U是作用能量，A是作用常數，R是從差排到插入型原子間的距離，而θ是R與差排右邊滑移平面的夾角，如圖9.5所示。在U一定時，9.25式會得到一組通過差排線的圖，在圖9.10中顯示一些等位線。其中U為正值的等位線是位在滑移面之上；而U值為負者，則是在滑移面之下。U最大的正、負值相當於圖中最小的圓。

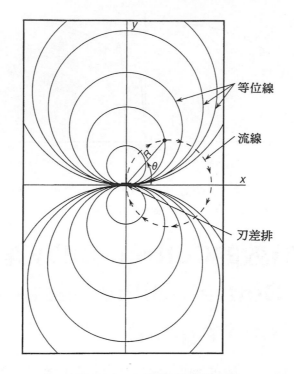

圖9.10　刃差排周圍的等位線

　　從上面，我們知道圖9.10上從一個圓到另一個圓，會有作用能量的變化。碳原子會由於這個能量梯度而得到一個力F，碳原子從而獲得一個飄移速度，藉由Einstein方程式可估算

$$v = (D/kT) \cdot F \qquad\qquad\qquad\qquad 9.26$$

其中v是溶質原子的速度，D是溶質的擴散係數，k是波茲曼常數，而F爲作用在溶質原子的力。擴散係數D的觀念在十一章和十二章會進一步討論。簡單來說，擴散係數是由於熱振動使得原子在鄰近的間隙位置來回跳躍的原子遷移性指標。這些跳躍會由於溫度增加而更加頻繁。在缺乏能量梯度的情況下，其跳躍是以統計上的隨意方式進行，而使得溶質濃度維持統計上的均勻性。換句話說，在任一方向的跳躍都會有其相反方向且相等的跳躍來平衡。然而，一旦存在能量梯度，如刃差排的應力場者，往降低作用能方向的跳躍將變得更頻繁，導致朝降低能量梯度方向會有一溶質淨流量，Einstein方程式可以算出這方面的量。考慮9.26式中各變數的單位，D是m^2/s，$1/kT$是$1/J$而F是J/m。因此，v有的單位是m/s，亦即是速度。最大的能量梯度位於在圖9.10等位線的垂直方

向，即沿著圖中的圓形虛線，它也是碳原子可能的移動方向。Cottrell和Billy[9]估計當虛線圓半徑為r時的能量平均梯度，其大小為

$$dU/dr = F = A/r^2 \qquad\qquad 9.27$$

其中dU/dr是平均能量梯度，F是平均力，A是作用常數，而r是溶質原子沿著圓路徑移動的半徑。因此，沿著它的路徑的原子平均速度約為

$$v \simeq \frac{AD}{kT \cdot r^2} \qquad\qquad 9.28$$

而以這個速度繞完整圈所需的時間為

$$t = \frac{r^3 \cdot kT}{AD} \qquad\qquad 9.29$$

令t為一個溶質原子繞完半徑r_1的路徑所花的時間。則可合理假設：在這段時間內，所有位在半徑r_1圓內的溶質原子已經移動至差排下面的區域，而其它所有半徑大於r_1的圓形流量線將一直活躍且持續提供碳原子至差排線下面的區域。在一小段時間dt內，這些流量線的每個dr長度所增加的溶質原子數目為$[(AD/kT)/r^2]\,dt$，因此在dt內總共的溶質累堆量為

$$2dt \int (AD/kT/r^2)dr \qquad\qquad 9.30$$

注意以上的式子乘上2是為了考慮每流量線在差排左右邊各有一條的事實。為了說明所有活躍的流量線，上面的積分必須從$r = (AD/kT)^{1/3}$積到$r = \infty$。這個下限是藉由解出9.29式中的r所得到的。若將9.30在這兩個極限中積分則可得到$2(AD/kT)^{2/3)(dt/t'')}$，這代表在t至$t + dt$期間，已經提供溶質至差排的面積。

　　Cottrell和Bilby接著計算從空乏區域提供至差排的溶質數目，在假設均勻分佈情況下，他們推論此數目等於在時效過程開始前該區域所含的數目。基於此，他們發現在時間t內會到達的溶質數目為

$$n(t) = n_o 2(AD/kT)^{2/3} \int_0^t \frac{dt}{t} = \alpha n_o (ADt/kT)^{2/3} \qquad\qquad 9.31$$

其中$n(t)$是在時間t內聚集在單位長度差排下的溶質原子數目，n_0是在原來的固溶體中每單位體積的溶質原子數，α是常數，幾乎等於3，A是作用常數，D是溶質原子的擴散係數，k是波茲曼常數，T是絕對溫度，而t是時效時間。

　　假如想知道在時間t內，已偏析至差排的溶質原子分率f，則可由$n(t) \cdot \rho$除以n_0來求得，其中$n(t)$是偏析到每單位長度差排的溶質原子數目，ρ是每單位

　　9. Cottrell, A. H., and Bilby, B. A., *Proc. Phys. Soc.*, **A62** 49 (1949).

體積內差排的總長度，而n_0是每單位體積內溶質原子的起始濃度。因而，

$$f = n(t)\rho/n_o = \alpha\rho(ADt/kT)^{2/3} \qquad 9.32$$

　　注意若溶質原子在等溫下飄移，則在9.32式中右邊的所有變數，除t以外，全都可視爲常數。因此，由9.32式可知：溶質原子到達差排的速率正比於$t^{2/3}$，且已經被短時間的時效實驗所證實。當時效週期加長後，$t^{2/3}$定律時常變的不適用。而描述長時間時效的最好式子是Harper[10]方程式，它是

$$f = 1 - \exp[-\alpha\rho(ADt/kT)^{2/3}]. \qquad 9.33$$

當t是甚小時，換句話說，即指數項很小時。9.33式可簡化爲9.32式，

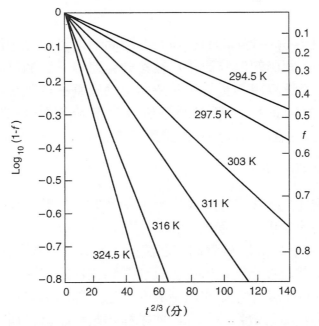

圖9.11　Harper的圖，表示他的方程式能描述溶質流動至差排氛圍的時間變化。試片是含固溶碳的冷作鐵線

　　現在，即使Harper是建立在理論背景的，但通常認爲Harper式爲一實驗式。這是由於其假設已經有問題了。在任何情況下，Harper方程式時常能夠很好地描述溶質流到差排的時間關係，在圖9.11中即清楚顯示Harper的最初結果。在這圖中是將在294.5至324.5K間的6個溫度下所得到的數據以$\log_{10}(1-f)$對$t^{2/3}$線性作圖。這些數據是在含固溶碳且先經冷加工的鐵線中所求得。冷加工是爲了在鐵中形成很多的新差排。然後使用內耗(internal friction)實驗來測量

10. Harper, S., Phys. Rev., **83** 709 (1951).

在時效前在鐵線中固溶的碳原子濃度。他並假設：在時間t內已累積在差排的碳原子已被移出固溶體之外，基於此，固溶體的碳濃度將等於$(1-f)$。

　　注意Cottrell-Bilby和Harper方程式(9.32式和9.33式)均只有考慮溶質至差排的流量，亦即他們沒有直接測量聚集在差排上的溶質原子對流變應力所造成的改變。爲了考慮此點，必須假設流變應力的相對改變量$d\sigma/d\sigma_m$等於f，其中$d\sigma$是流變應力的增量而$d\sigma_m$則是最大的可能增量。這個假設已證明會得到可靠的結果。圖9.12和圖9.13即是使用這個假設所得到的數據點，Szkopiak和Miodownik[11]使用含固溶插入型氧原子的冷作b.c.c.鈮線軸，它類似鐵含碳一樣。圖9.12爲他們以Cottrell-Bilby關係式畫出的數據，而圖9.13則是使用Harper方程式。注意若使用f對$t^{2/3}$作圖，則只有在時效的初期能得到一條合理直線，但若使用Harper方程式的$\log_{10}(1-f)$對$t^{2/3}$作圖則所有的數據都能符合一條好的線性關係。

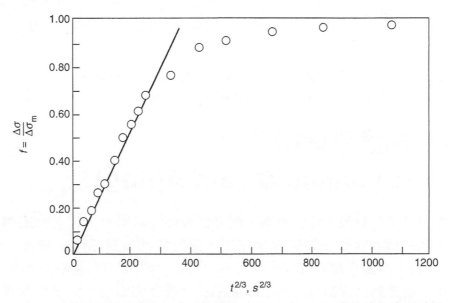

圖9.12　將具固溶氧的金屬　試片的數據以Cottrell-Bilby應變時效方程式作圖。(After Szkopiak, Z.C., and Miodownik, J., J. Nuclear Materials 172 0(1965).

11. Szkopiak, Z. C., and Miodownik, J, *J. Nuclear Materials*, **17** 20 (1965).

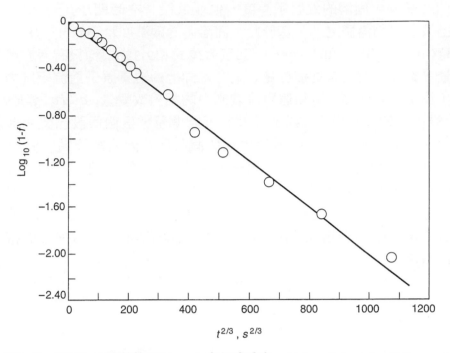

圖9.13 將圖9.12的數據以Harper's方程式重畫。(After Szkopiak, Z.C., and Miodownik, J., J. Nuclear Materials 1720[1965].)

9.15 動態應變時效 (Dynamic Strain Aging)

在前面已提到時效的溫度愈高，則降伏會愈快再出現。在足夠的溫度下，雜質原子和差排會在變形期間發生作用，這現象稱為動態應變時效(dynamic strain aging)。動態應變時效有許多物理的表徵，現在將描述其中一些。

首先，注意動態應變時效傾向於發生在一溫度範圍內，而這個範圍是取決於應變速率。增加應變率會同時昇高動態應變時效的上下限溫度。因此，銅鐵以正常夾頭速度8.4μm/s(0.02in/min)，則動態應變時效在大約376K至620K被觀察到，然而，若以快10^6倍的速率變形，則溫度範圍變為720至920K。

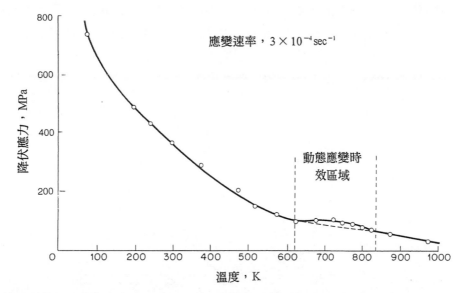

圖9.14　商業性純鈦其降伏應力(0.2%應變)隨時間的變化。注意：在動態應變
時效期間，流變應力幾乎爲常數。Data courtesy of A.T.Santganam.

　　動態應變時效的另一個有趣的現象是當它發生時，金屬的降伏應力(或臨
界分解剪應力，critical resolved shear stress)與溫度無關，如圖9.14所示，金
屬鈦的0.2%降伏應力與溫度的關係。注意600K到約800K左右，其降伏應力幾
乎爲常數。同時，流變應力也幾乎與應變速率無關。對很多金屬而言，其流變
應力與應變速率可用簡單的次方定律來表示

$$\sigma = A(\dot{\varepsilon})^n \qquad \qquad \textbf{9.34}$$

其中A是常數而指數n稱爲應變速率敏感度(strain rate sensitivity)，這個式子又
可寫成

$$\frac{\sigma_2}{\sigma_1} = \left(\frac{\dot{\varepsilon}_2}{\dot{\varepsilon}_1}\right)^n \qquad \qquad \textbf{9.35}$$

兩邊取對數，得

$$n = \frac{\log_e \dfrac{\sigma_2}{\sigma_1}}{\log_e \dfrac{\dot{\varepsilon}_2}{\dot{\varepsilon}_1}} \qquad \qquad \textbf{9.36}$$

　　現代大部份的試驗機都可以在拉伸試驗中很迅速改變應變速率。此時，若
將相對的應變速率與流變應力(僅測量速率改變的前後)值代入這個式子，則能
夠求出n值。對沒有發生動態應變時效的金屬，在應變速率以一簡單比做改變
的情況下，做同樣的測量，則n值會隨絕對溫度呈線性增加。然而，一旦動態

應變時效出現後，n值會在應變時效的溫度範圍內變的很低，這是由於在這期間流變應力變得幾乎與應變速率無關。可藉由圖9.15鋁合金的例子解釋此現象。

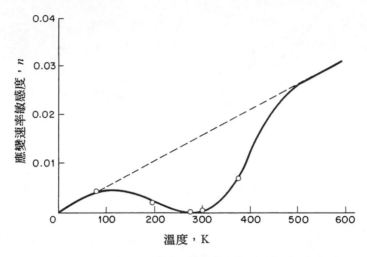

圖9.15 鋁合金在接近室溫下發生劇烈的動態應變時效。注意6061 S-T鋁的應變速率敏感度剛好在低於室溫時，出現最小值

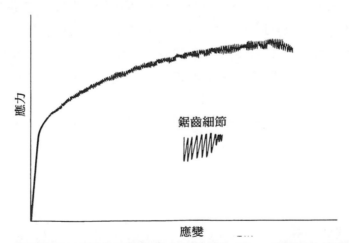

圖9.16 不連續塑性流變是動態應變時效的現象之一。此圖指出可能出現的一種鋸齒狀。After Lubahn, J.D., *Trans. AIME*, 185 702(1949).

在動態應變時效溫度範圍內塑性流變時常變得不安定，這能藉由在應力-應變圖的不規則來證明。這些不連續點可能有幾種型式。在某些情況下，負荷會先急劇上升再下降，而有些則呈現抖動的樣子。然而，如圖9.16所示，真實

的急劇負荷下降時常可觀察到。Portevin和LeChatelier[12]首先對鋁合金中這種
鋸齒狀做過仔細的研究，現在通常稱與這些鋸齒有關的現象為Portevin
LeChatelier效應。

動態應變時效最重要的現象之一是在此期間中，加工硬化速率會變得異常
高，這種現象最初是在含插入型溶質的金屬中發現。同時加工硬化速率也會變
得與溫度無關。圖9.17的商業用鈦來正說明此種效應。在圖中的三條應力-應變
曲線符合在同一溫度下而不同應變速率的結果。注意到以中等速率變形的試
片，其加工硬化的程度比其它速率快20倍和慢10倍的兩個試片高出很多，這例
子建議在特定溫度及特定的應變速率時會產生最大的加工硬化速率，若溫度上
昇或下降，且假使應變速率也隨著調整，則一個類似的最大加工硬化將會出
現。因此，假如溫度昇高，則出現最大加工硬化速率的應變速率亦會昇高。

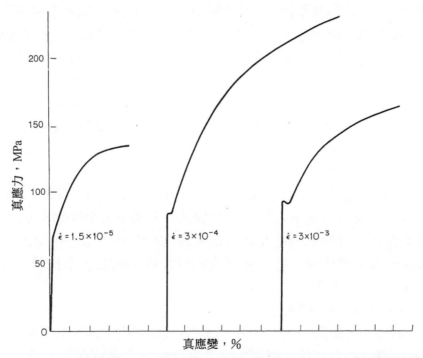

圖9.17　在動態應變時效溫度範圍內，加工硬化速率可能變得與應變速率有
關。圖中為三種鈦試片在700K下不同的應變速率之應力-應變曲線

12. Portevin, A., and LeChatelier, F., *Comp. Rend. Acad. Sci., Paris*, **176** 507 (1923).

最後，動態應變時效的另一個著名的現象是發生在鋼鐵中，稱爲藍脆化
(blue brittleness)。在動態應變時效的溫度範圍的中間區域，可發現此現象，
即在做拉伸測量時，延伸率變得很小或出現延伸率對溫度曲線的最小值。這課
題將在23.13節中討論並考慮它和中間溫度潛變脆化現象(intermediate
temperature creep embrittlement)的不同點。

不同的動態應變時效現象，在所有金屬中出現的程度並非完全相同。然
而，它們正常都會出現，基本上，可以明確地宣告；動態應變時效在金屬中是
個規則而不是例外。

問題九

9.1　在室溫下鐵的穩定結晶結構是b.c.c.，而當溫度超過1183K則變成
f.c.c.。鐵的f.c.c.結晶結構比b.c.c.結構能溶解更大量的碳。其主要理由是：
雖然f.c.c.結構堆積的更緻密，但其正八面體插入型位置的大小卻遠大於碳在b.
c.c.所佔據的位置。如圖1.6(a)所示。在這些位置上最小的間隙相當於沿著<10
0>方向的原子間距，在b.c.c.中亦是如此。試比較f.c.c.和b.c.c.結構中的間
隙。假設在室溫下，f.c.c.鐵中的原子直徑與b.c.c.鐵中的原子直徑相等。

9.2　Chipman所發表的數據提到，當在鐵中碳是由石墨顆粒供應時，碳在α
鐵(b.c.c.鐵)中的溶解度方程式

$$C_{cg} = 27.4 \exp\{-106300/RT)$$

其中C_{cg}是與石墨平衡時的碳濃度重量百分比，R是氣體常數，單位 J/mol·K，
而T是絕對溫度。試以這式子寫出一電腦程式以獲得在溫度300K至1000K間，
每隔50°碳重量百分比隨溫度變化的情況。將之作圖並與圖9.3中的曲線比較。

9.3　當碳是由Fe_3C提供時，有一個方程式可大略算出在沃斯田鐵或f.c.c.立方
型式鐵中的碳溶解原子分率

$$C_{\gamma} = 1.165 \exp\{-28960/RT\}$$

其中Q單位爲J/mol，R爲J/mol·K，而T是K。試寫出一個程式可先求出在特定
溫度下的碳原子分率，再將之轉換成重量百分比。藉著這程式，求出在1000，
1100，1200，1300，1400和1421K下碳在沃斯田鐵的原子分率與重量百分
比。

9.4　在極座標中液均壓力(hydrostatic pressure)(看4.10式和9.17式)可以寫成
下列型式

$$-\tfrac{1}{3}(\sigma_{rr} + \sigma_{\theta\theta} + \sigma_{zz})$$

其中差排應力場的二維特性，$\sigma_{zz} = \nu(\sigma_{rr} + \sigma_{\theta\theta})$。試使用早先給定的刃差排應

力分量式，導出9.9式。

9.5　Szkopiak和Miodownik在J. Nucl. Mat,17 20(1965)中計算含氧的金屬鈮的作用常數A。他們令剪模數 μ 是3.7×10^{10}　Pa，Burgers向量或原子直徑為0.285nm，而 ν 波以松比為0.35。而 ε 當作等於0.0806。試代入這些值使A＝6.81×10^{-30}。

9.6　根據Cottrell和Bilby，即9.29式，

$$t = r^3 \frac{kT}{AD}$$

其中A是作用常數，D是溶質擴散係數，k是波茲曼常數，T是絕對溫度，而r是溶質飄移圓形路徑的半徑——即測量溶質完全繞完路徑所需的時間。這種路徑之一即在圖9.10中的虛線圓。試計算溶質繞完圓半徑$r=8b$，在300，500，700和900K下所需的時間。使用相對於含插入型碳原子之鐵的數據，如下

$A = 1.84 \times 10^{-29} \text{ N·m}^2$

$D = 8 \times 10^{-7} \exp(-82,840/kT) \text{ m}^2/\text{s}$

$k = $波茲曼常數

$T = $溫度K

$b = 0.248$nm

9.7　試決定在一鐵-Fe_3C合金中，600K時9.14式所預估的每立方米中的碳原子平衡數。鐵的原子體積是7.1cm³/克原子。

9.8　有一個鐵碳合金，其每立方米中含1.8×10^{23}個固溶碳原子。假設這材料被變形，然後置入600K下10分鐘。而600K碳在鐵中的擴散係數為4.9×10^{-14}m²/s。假設作用常數$A = 1.84 \times 10^{-24}$而常數 $\alpha = 3$。使用以上數據求出$n(t)$，即在10min的時效期間，聚集在每單位米的差排上之碳原子數目。

9.9　一個稀釋的鐵–碳合金從高溫快速冷卻下來，以致每立方米含約4×10^{23}個固溶碳原子。若其差排密度10^{12}m/m³，今在400K下時效10小時，試決定析出至刃差排的碳原子濃度。注意，碳在400K的擴散係數是1.22×10^{-17}m²/s，且假設作用常數是1.84×10^{-29}且而 $\alpha = 3$。

9.10　Cottrell-Bilby和Harper方程式可以改寫成$f = Gt^{2/3}$和$f = 1 - \exp(-Gt^{2/3})$，其中$G = \alpha \rho (AD/kT)^{2/3}$。對稀釋的鐵-碳合金而言，500K時，$G = 8.44 \times 10^{24}$。試寫一個程式計算從$t = 0$至$t = 36,000$s，每隔600s的析出分率$f$，並根據結果以$f$對$t^{2/3}$作圖，比較兩種析出分率$f$的不同。

MEMO

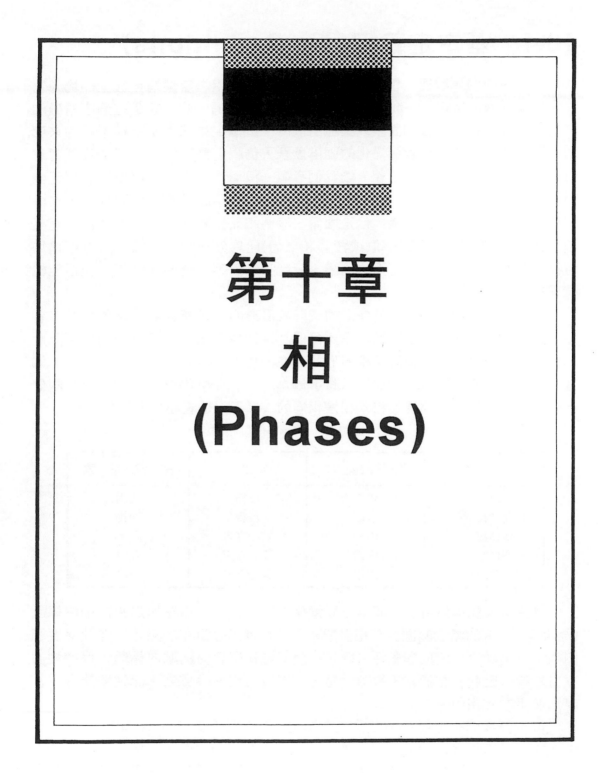

第十章

相

(Phases)

10.1　基本定義(Basic Definitions)

　　在冶金學的領域裡，相的觀念是非常重要的。相之定義是巨觀上的均勻物質體(macroscopically homogeneous body of matter)。此定義是這個字精確的熱力學意義。但在談論到固體或其他溶液時，這個定義就不是那樣嚴謹的來使用，對於其組成隨著位置而變化的固溶體吾人仍視為是一個相。目前我們暫忽略這個事實，而堅持基本定義。讓我們考慮一個簡單系統：一個單一金屬元素組成的所謂單一成份系統，例如銅。固態的銅符合相的定義，而同樣的銅在液態和氣態時也符合這個定義。但是固體、液體和氣體有截然不同的特性，在凝結點(或在沸點)時液體和固體(或液體和氣體)能夠分別共存，因此出現兩種均勻物質體而非一種。結論是銅的固體、液體和氣體等三種形式中任一種都能構成單獨不同的相。

　　某些金屬例如鐵和錫，是多形的或同素異形的，且能結晶成多種結構，各在不同溫度範圍產生安定狀態。在此每個晶體結構定義成一個單獨的相，因此多形的金屬能以超過一種固態相的形式存在。例如，考慮表10.1中之鐵相。鐵有三個單獨分開的固相，分別以希臘字母 α、γ、δ 來代表。事實上只有兩個不同的固態的鐵相，因為 α 和 δ 相是相同的；二者都是體心立方結構。

表10.1　純鐵的相

穩定的溫度範圍°K	物質的型式	相	相　的　符　號
高於3013	氣體	氣相	氣相
1812到3013	液體	液相	液相
1673到1812	固體	體心立方	(δ)
1183到1673	固體	體心立方	(γ)
低於1183	固體	體心立方	(α)

　　過去吾人認為鐵具有一個第三固態相，即 β 相，因為在加熱和冷卻曲線上773到1064°K的溫度範圍內有相變態產生。事實已證明在加熱時，在此溫度範圍內，鐵由鐵磁性變成順磁性。既然在這個磁性變態的區域內晶體仍保持體心立方結構，因此 β 相通常不被認為是一個單獨的相。換言之，磁性變態現在被視為發生在 α 相中。

　　現在讓我們來考慮合金而非純金屬情形。二元合金(binary alloys)係二成份系統，是兩種金屬元素的混合物，三元合金(ternary alloys)係三成份系統：三種金屬元素的混合物。到目前為止，有二個名詞已經被使用了很多次，我們應該加以明確的定義：這二個名詞是系統(system)和成份(component)。系統，就像常使用在熱力學或物理化學中的意義一樣，是一個隔離的物質體。系統中之成份係組成該系統的金屬元素。純銅或純鎳本身是單成份系統，將這二個元素混合而成的合金則為二成份系統。金屬元素不僅可形成冶金系統中的成份，亦有可能是系統中的純化合物成份。物理化學家對於後者較感興趣，但它在冶金學和陶屬學的領域中是很重要的。一個典型二成份系統其成份為化合物的例子，是將普通鹽NaCl和水H_2O混合。另一個常常遇到的重要化合物而被視為一成份的是存在鋼中的碳化鐵。鋼通常是指含有鐵(元素)和鐵碳化物(Fe_3C、碳化鐵，為化合物)的二成份系統。

由數個選擇的成份金屬所混合形成的合金，在氣態時通常而言並沒有實用的重要性。在任何情況下，氣態時都僅呈一單一相，所有氣體混合都形成均勻的溶液。在液態時，有時會發生像鉛加入鐵中的情形一樣，即液體成份間並不互溶而可能形成數個液態相。但大部份具商業價值的合金其液體合金都能相容而形成單一液態溶液。在接下來要討論的相及相圖中，吾人的注意力將集中在液態成份能以任何比例互溶的合金上。

現在來考慮存在合金中固相的本質。某些金屬，例如像上面所提到的鉛-鐵組合，不論在液態或固態時二成份均不互溶。在此情形下，它的二個固相都極接近純金屬的成份。但是在大部份合金中，固相通常是兩種基本型式固溶體之一。第一種稱為終端固溶體(terminal solid solution，基於成份之晶體結構所形成的相)。因此，在銅銀二元合金中的終端固溶體，一方面銅是溶劑而銀是溶質，另一方面銀是溶劑而銅是溶質。第二，在某些二元合金中，由這兩種成份以某種比例所形成的相，其晶體結構不同於成份之晶體結構，這些相稱為中間相(intermediate phase)。許多相都是固溶體，他們沒有固定的組成(成份比)，而是存在於一組成範圍內。黃銅(銅鋅合金)中的所謂 β 相是一個著名的中間相固溶體，它在室溫下，從47％鋅和53％銅到50％鋅和50％銅的範圍內都是穩定的，上述百分比％均為重量百分比。出現在銅鋅合金內的這個中間相並非唯一的。另外有三個其他中間固溶體構成銅鋅合金的所有六個固相；四個中間相和兩個終端相。

某些合金中的中間晶體結構係以化合物形式出現。前面已經討論過的一種金屬間化合物稱為鐵碳化物，即碳化鐵，Fe_3C。

10.2　混合相的物理本質(The Physical Nature of Phase Mixtures)

接下來我們要簡要說明"多相系統"的物理意義。為了說明方便,現考慮一個簡單的二相混合系統。通常,這兩個相不會分開成二個個別和單獨的相,像油浮在水面。相反的,通常冶金學上的二相系統類似於油滴(乳狀液)在水中。談論到這種系統,包圍其他相的相(如水)稱為連續相(continuous phase)或基地相(matrix phase),被包圍的相(油)稱為不連續相(discontinuous phase)或散佈相(dispersed phase)。但應注意的是二相系統的結構可能互相連結,因此兩相是連續的(連續相)。引用第六章提過的例子,在適當條件下,以有限量出現的第二相可能沿著晶粒邊緣形成一個連續網狀結構。控制這種型式結構的因素已經在第六章中描述過了。

在固態時,多相組成之冶金系統是由數種不同型式的晶體混合而成。假如晶體尺寸很小,則表面能效應變得很重要,而在熱力學或能量的計算中就應考量它。但為了簡便起見,在下面的討論中將忽略表面能效應。同時我們也假設所有系統遠離電場和磁場梯度,因此它們對於系統的效應亦可被忽略。

10.3　溶體的熱力學(Thermodynamics of Solutions)

在合金系統中的相通常是溶體——不論是液體、固體或氣體。有時固相的組成範圍相當小,因此被認為是化合物,但他們也可以被看成是溶解度非常狹窄的溶體。在以下即將要討論的內容裡,我們採用後者的觀點,即所有合金相都是溶體。

一般而言,溶體的自由能是它的熱力學性質,或者是和溶體(即系統)熱力狀態有關的變數。對於一單成份系統(一純物質),在已給定的相中,若它的熱力學性質(變數)中的任何兩個已知,則熱力狀態即可被確定且是唯一。這些被歸類為性質之變數是溫度(T)、壓力(P)、體積(V)、焓(H)、熵(S),和自由能(G)。因此,在已知質量和相的單成份系統中,如果兩個變數溫度和壓力已被給定,則系統的體積將有一固定值。同時,其自由能、焓和其他性質均有定值且可被決定。

溶體比純物質有還要多的自由度,它需要恰好超過兩個性質的已知值來定義溶體的狀態。溫度和壓力通常被用來做為所需的變數，而溶體之組成提供剩下的變數。當然，獨立組成變數的個數是比成份之個數少一。如果組成以原子或莫耳分率來表示，我們看以下的例子。在一個三成份系統中，莫耳分率為，

$$N_A = \frac{n_A}{n_A + n_B + n_C}, \qquad N_B = \frac{n_B}{n_A + n_B + n_C}, \qquad N_C = \frac{n_C}{n_A + n_B + n_C} \qquad \text{10.1}$$

式中N_A、N_B和N_C是莫耳分率，而n_A、n_B、n_C分別是成份A、B和C的實際莫耳數。由莫耳分率的定義，我們可得

$$N_A + N_B + N_C = 1 \qquad \text{10.2}$$

由上式可知當其他任何兩個值已知，則另一個莫耳分率的值即可算出。因此在三元系統中只有兩個獨立的莫耳分率。

　　大部份冶金製程均在定溫定壓下進行，在這些條件下，溶體的狀態可視為是組成的函數。同樣地，任何狀態函數(性質)，例如自由能(G)，可以視為僅是組成變數的函數。在三成份系統的情況，溶體的總自由能(G)可寫成：

$$G = G(n_A, n_B, n_C) \ (溫度和壓力固定) \qquad \text{10.3}$$

式中n_A、n_B和n_C分別是成份A、B和C的莫耳數。

　　在定溫定壓下，三成份的單一溶體之自由能的全微分是

$$dG = \frac{\partial G}{\partial n_A} \times dn_A + \frac{\partial G}{\partial n_B} \times dn_B + \frac{\partial G}{\partial n_C} \times dn_C \qquad \text{10.4}$$

式中偏微量如$\dfrac{\partial G}{\partial n_A}$，代表當僅一種成份做無限小變化時，自由能的變化。因此，當成份A有一個非常小的變化量，但溶體內成份B和C的量仍維持常數，故吾人可得，

$$\frac{dG}{dn_A} = \frac{\partial G}{\partial n_A} \qquad \text{10.5}$$

在目前這個情況，偏微量代表溶體的部份莫耳自由能，以符號$\overline{G}_A$、$\overline{G}_B$和$\overline{G}_C$表示，因此方程式10.5也可寫成：

$$dG = \overline{G}_A dn_A + \overline{G}_B dn_B + \overline{G}_C dn_C \qquad \text{10.6}$$

包含有n_A莫耳之成份A，n_B莫耳之成份B，n_C莫耳之成份C的溶體其總自由能可由方程式10.6[1]積分得到。利用下面的方法可以很容易的積分此式。

　　假設開始時溶體不含任何量，而突然同時加入無限小量的三種成份dn_A、dn_B、dn_C而形成溶體。每次我們加入無限小的量，因此對每一種成份而

　　1. Darken, L. S., and Gurry, R. W., *Physical Chemistry of Metals*, McGraw-Hill Book Co., New York, 1953.

言，這個無限小的量和成份的最終莫耳數n_A、n_B和n_C的比值都是一樣的，因此

$$\frac{dn_A}{n_A} = \frac{dn_B}{n_B} = \frac{dn_C}{n_C} \qquad \textbf{10.7}$$

假使溶液是以這種方式形成，則在任何瞬間的組成都和它最後的組成一樣。換言之，組成在所有時間一直是常數，因為部份莫耳自由能僅是溶體(在定溫定壓下)組成的函數，所以在溶體形成的期間他們也是常數。在$\overline{G}_A$、$\overline{G}_B$和$\overline{G}_C$是常數的條件下，由零開始積分下式：

$$dG = \overline{G}_A dn_A + \overline{G}_B dn_B + \overline{G}_C dn_C$$

可得

$$G = n_A \overline{G}_A + n_B \overline{G}_B + n_C \overline{G}_C \qquad \textbf{10.8}$$

式中n_A、n_B和n_C是溶體中三個成份的莫耳數。

將方程式10.8做全微分得，

$$dG = n_A d\overline{G}_A + \overline{G}_A dn_A + n_B d\overline{G}_B + \overline{G}_B dn_B + n_C d\overline{G}_C + \overline{G}_C dn_C$$

但是我們已知自由能之微分為，

$$dG = \overline{G}_A dn_A + \overline{G}_B dn_B + \overline{G}_C dn_C$$

因此，只有當下式成立時，上兩式所提的自由能微分才是對的。

$$n_A d\overline{G}_A + n_B d\overline{G}_B + n_C d\overline{G}_C = 0 \qquad \textbf{10.9}$$

此方程式說明了三成份系統中每個成份的莫耳數和部份莫耳自由能的微分的關係。二成份系統的溶體和超過三成份的溶體亦可導出相似的關係式。對於二成份系統，

$$n_A d\overline{G}_A + n_B d\overline{G}_B = 0$$

對於四成份系統，

$$n_A d\overline{G}_A + n_B d\overline{G}_B + n_C d\overline{G}_C + n_D d\overline{G}_D = 0$$

這些關係式的意義在於說明多相系統於平衡時的現象，將在第10.6節中探討之。

10.4　兩相間的平衡 (Equilibrium Between Two Phases)

現在將討論在平衡時具有兩相之二元(二成份)系統，我們稱之為 α 相之第一相的總自由能為，

$$G^\alpha = n_A^\alpha \bar{G}_A^\alpha + n_B^\alpha \bar{G}_B^\alpha$$

β 相的總自由能為， **10.10**

$$G^\beta = n_A^\beta \bar{G}_A^\beta + n_B^\beta \bar{G}_B^\beta$$

假設一很小量(dn_A)的成份A由 α 相轉換成 β 相。如此轉換的結果， α 相的自由能將減少，而 β 相的自由能增加。此系統總自由能的變化是這兩個變化量的和，以下式表示，

$$dG = dG^\alpha + dG^\beta = \bar{G}_A^\alpha(-dn_A) + \bar{G}_A^\beta(dn_A)$$

或 $\quad dG = (\bar{G}_A^\beta - \bar{G}_A^\alpha)dn_A$ **10.11**

但我們已假設這兩個相是在平衡狀態。這個意思是說此二相系統是在它自由能(此兩溶體的總自由能)最小值的狀態。在此系統內任何無限小的自由能改變量必須等於零，例如少量成份A由一相轉換成另一相即是。因此，

$$dG = (\bar{G}_A^\beta - \bar{G}_A^\alpha)dn_A = 0$$

因為dn_A不等於零，故我們可得到以下重要結論：

$$\bar{G}_A^\alpha = \bar{G}_A^\beta$$ **10.12**

以同樣的方式也可以證得

$$\bar{G}_B^\alpha = \bar{G}_B^\beta$$

上面所得到的是很一般化的結果，並不限制在僅二成份的系統或僅包含二相的系統。事實上，吾人可以證明，具有 μ 個相M個成份的系統在平衡狀態時，對任何成份而言，其部份莫耳自由能在所有相中都相同，即

$$\bar{G}_A^\alpha = \bar{G}_A^\beta = \bar{G}_A^\gamma = \cdots = \bar{G}_A^\mu$$
$$\bar{G}_B^\alpha = \bar{G}_B^\beta = \bar{G}_B^\gamma = \cdots = \bar{G}_B^\mu$$
$$\bar{G}_C^\alpha = \bar{G}_C^\beta = \bar{G}_C^\gamma = \cdots = \bar{G}_C^\mu$$
$$\vdots \qquad \cdots \qquad \vdots$$
$$\bar{G}_M^\alpha = \bar{G}_M^\beta = \bar{G}_M^\gamma = \cdots = \bar{G}_M^\mu$$

10.13

上式中上標代表相(溶體)而下標代表成份。因為任何成份的部份莫耳自由能在

所有相中都是相同的，因此當我們表示成份的部份莫耳自由能時，就不需要在相的上方使用上標。

10.5 在一合金系統中相的個數 (The Number of Phases in an Alloy System)

單成份系統(one-component systems) 爲了完全了解合金系統，因此有必要知道在平衡時決定系統內相個數的條件。在單成份系統的條件是大家熟知的。表10.1所顯示的是在定壓條件下的單成份系統，只有在相變時的溫度下，兩相才能共存：沸點、熔點，固相發生變化時的溫度。在其他溫度下只有一相是安定的。

現在讓我們來探討單成份系統中造成相變化的原因。我們考慮一個特殊的固相變化；這個有趣的相變化是白錫變成灰錫的同素異形轉換。前者，即 β 相，具有體心正方格子的晶體結構，可視爲含有一長軸的體心立方結構。這是錫的一般或商業上的形式，具有真實的金屬光澤。另一個相，即 α 相呈灰色，是在低於286.2K時的平衡相。很幸運地，從實際的或科學的觀點來看，在所有低於286.2K的溫度下，由白錫變態成灰錫是很緩慢的。從實用的觀點來看，幸好當溫度低於平衡溫度時錫不會立刻轉變成灰錫，因爲當變態產生時，由錫所做成的物品將受到破壞。灰錫有一鑽石立方晶體結構，是一種基本地脆性結構，變態時將伴隨著巨大的體積膨脹(約27%)，此一事實將使金屬分裂成一堆粉末。另一方面，由於轉變很慢的這個事實，因而吾人可以研究在一個廣範圍的溫度間，單一元素在兩種不同型式晶體中的性質。在這一方面，吾人已經測得在定壓下從室溫到接近絕對零度時白錫及灰錫的比熱。這些數據被繪成如圖10.1中所示。這些數據資料的重要性在於藉著它吾人可以計算這兩個固相的自由能和溫度的函數關係。讓我們看看如何來計算。

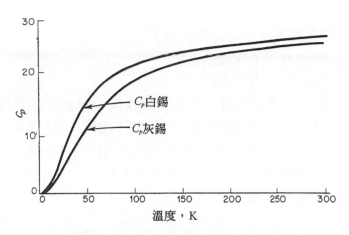

圖10.1　兩種形式固態錫之C_p與溫度關係

純物質的Gibbs自由能的定義是，

$$G = H - TS \qquad\qquad \textbf{10.14}$$

式中　　G＝自由能，單位是焦耳/莫耳

T＝溫度，單位K

H＝焓，單位是焦耳/莫耳

S＝熵，單位是焦耳/莫耳－K

要計算純物質在溫度T時的自由能，還需知道焓H和熵S，這兩個量可由定壓下的比熱C_p求得。在定壓下的可逆過程，系統和它的環境的熱交換等於系統的焓變化量，即

$$q = dH \qquad\qquad \textbf{10.15}$$

式中q代表進出系統的熱的一個小轉換，dH是系統中所伴隨的焓變化量。但是，一莫耳物質的比熱的定義是，

$$q = \int C_p dT$$

式中C_p是定壓下的比熱(一莫耳物質升高1K所需的卡數)。因此

$$dH = C_p dT$$

在絕對零度時，系統的焓設爲零，則在溫度T時，焓爲

$$H = H_0 + \int_0^T C_p dT \qquad\qquad \textbf{10.16}$$

同樣地，對於一可逆過程而言，熵的熱力學定義爲，

$$dS = \frac{dq}{T} = \frac{C_p dT}{T}$$

將此方程式由0K積分到所要求的溫度，得到

$$S = S_0 + \int_0^T \frac{C_p dT}{T} = \int_0^T \frac{C_p dT}{T} \qquad \text{10.17}$$

S_0為絕對零度時的熵，可令等於零，因爲在此溫度，可假設結晶是完美的(純物質沒有混合熵)且晶格係在其基態振動，沒有任何種類的無序產生(此即熱力學第三定律所敘述的：在絕對零度的溫度時，純結晶物質的熵等於零)。

引用前段得到的方程式，我們可以寫出在定壓下，錫的 α 相和 β 相隨溫度和比熱而變化的自由能方程式。

$$G^\alpha = H_0^\alpha + \int_0^T C_p^\alpha dT - T \int_0^T \frac{C_p^\alpha dT}{T}$$

$$G^\beta = H_0^\beta + \int_0^T C_p^\beta dT - T \int_0^T \frac{C_p^\beta dT}{T} \qquad \text{10.18}$$

這些方程式的值可應用圖10.1的曲線藉著圖解積分法求得。結果如圖10.2所示，此二相的自由能在溫度286.2K時相等。溫度低於此值時，灰錫有最低自由能，溫度高於此值時，白錫有最低自由能。因爲具有最低自由能的相就是最穩定的相，由此可知溫度低於286.2K時，灰錫是穩定相，溫度高於此值時，白錫是較穩定的。

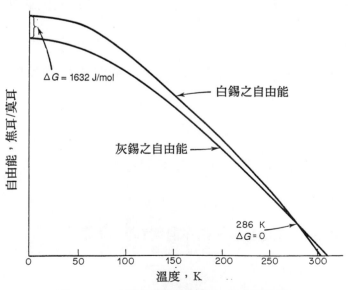

圖10.2　兩種形式錫之溫度—自由能曲線

　　在圖10.2中有一個重要的現象，兩個相的自由能隨著溫度的增加而減少。這是自由能曲線的一般性質，也顯示自由能方程式中TS項的重要性。圖10.3顯示了解釋圖10.2中數據的另一個方法。圖中標明ΔG的曲線代表錫的兩個固相間自由能差，為溫度的函數。這條曲線同時也是圖中另外兩條標為ΔH和$T\Delta S$的曲線差，此處，

$$\Delta H = H_0^\beta + \int_0^T C_p^\beta dT - H_0^\alpha - \int_0^T C_p^\alpha dT$$

而

$$T\Delta S = T\int_0^T \frac{C_p^\beta dT}{T} - T\int_0^T \frac{C_p^\alpha dT}{T}$$

10.19

在變態溫度(286.2K)，ΔT和$T\Delta S$相等，因此ΔG等於零。

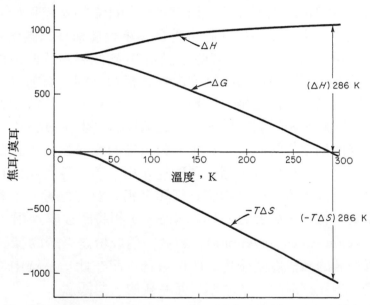

圖10.3　顯示兩固相錫之ΔG、ΔH和$-T\Delta S$之關係的曲線，此關係是$\Delta G = \Delta H - T\Delta S$

　　上述之同素異形變態也可以用下面的方法來說明。在低溫時，具有較低焓的相是較穩定的相，焓的定義為

$$H = U + PV$$

10.20

式中U為內能，P為壓力，而V為體積。在固體時，PV項跟內能比是一很小的值。因此，在低溫時較穩定的相，具有較低的內能，或有較緊的原子束縛。另一方面，$T\Delta S$變得更重要，因此具有較大熵的相變得較穩定。這個相通常具有較鬆的原子束縛，或有較大的原子移動自由度。雖然具有鑽石立方晶格的錫之

α相呈現較低密度，但此結構中之原子間束縛力卻比體心正方晶格的β相之原子間束縛力大。

一般而言，最密堆積的結構代表較緊密結合的相，而較鬆散的結構則具有較大(振動)的熵。依此分類，則高溫穩定相爲體心立方結構(BCC)，而低溫相是最密堆積結構，例如像面心立方結構(FCC)或六方密堆積(HCP)的鋰、鈉、鰓、鈦、鋯、鉿及鉈等元素。

鐵元素是一個同素異形轉換的罕見例子，在低溫時之穩定相爲體心立方結構，在1183K時轉換成面心立方結構。更進一步加熱，在1673K時又轉換成體心立方結構，此爲第二個固態間的變態。

Zener曾經對鐵內的這些同素異形反應提出解釋，介紹如下。鐵的這兩個相對應的固相是面心立方結構的γ相和體心立方結構的α相。但是α相有兩個基本的變態：鐵磁性和順磁性。在低溫時鐵磁性的(BCC)α相是穩定相，在高溫穩定的是順磁性的α相。α相由鐵磁性轉變爲順磁性稱爲二階變態(second-order transformation)，此變態的溫度範圍從773K延伸到高於此溫度的數百度內。因此在低溫時鐵內實際共存的相是鐵磁性α相和γ相，而前者具有最低的內能和熵。α相在低溫時是穩定相，但是相之間自由能差方程式中的熵項隨著溫度升高而增加，因此γ相變成主要的相。這個變態發生在1183K。

大約在γ相變成穩定相的同時，α相也失去它的鐵磁性，因此隨著溫度的進一步增加，互相競逐的相變成γ相和順磁性α相。順磁性α相的內能和熵比鐵磁性α相的大。這個效應大得足夠使α相和γ相互換其位置。γ相現在變成具有最低內能和熵的相，當溫度超過1673K時，γ相將回復成α相。

二成份系統(two-component systems) 超過一個成份之系統的探討將包含溶體系統。最簡單型式的多成份系統是二成份系統，而在此一系統中最不複雜的結構是單一溶體。現在來討論一下單相二元系統的一些觀念。

理想溶體(ideal solutions) 假設溶體係在A和B兩種原子間形成，對於任何A或B原子而言，不論其相鄰的原子是相同種類或不同種類，都顯示無優選性。在此情況下，A原子或B原子無聚集在一起的趨勢，不同種類的原子亦無互相吸引的趨勢。此種溶體稱爲理想溶體(ideal solution)，而其每莫耳之自由能是以N_A莫耳A原子加上N_B莫耳B原子二者自由能的總和，扣除因A原子和B原子混合衍生熵而造成自由能減少的部份來表示，其中N_A和N_B分別爲A原子和B原子之莫耳分率。

$$G = G_A^0 N_A + G_B^0 N_B + T\Delta S_M \qquad \text{10.21}$$

式中　　$G_A^0 =$ 每莫耳純A原子之自由能

$G_B^0 =$ 每莫耳純B原子之自由能

$T =$ 絕對溫度

$\Delta S_M =$ 混合之熵

若將前幾章所導出的混合熵公式即方程式7.35代入方程式10.21，則

$$G = G_A^0 N_A + G_B^0 N_B + RT(N_A \ln N_A + N_B \ln N_B) \tag{10.22}$$

重新組合方程式10.22得

$$G = N_A(G_A^0 + RT \ln N_A) + N_B(G_B^0 + RT \ln N_B) \tag{10.23}$$

通常在化學熱力學領域中表示溶體的性質如自由能，是以下式表之：

$$G = N_A \bar{G}_A + N_B \bar{G}_B \tag{10.24}$$

式中G為每莫耳溶體的自由能，N_A和N_B為溶體內A成份和B成份的莫耳分率，而$\bar{G}_A$和$\bar{G}_B$分別稱為成份A和B的部份莫耳自由能(partial molal free energy)。在前節所討論的理想溶體，部份莫耳自由能等於

$$\bar{G}_A = G_A^0 + RT \ln N_A$$
$$\bar{G}_B = G_B^0 + RT \ln N_B \tag{10.25}$$

這些關係式也可寫成：

$$\Delta \bar{G}_A = \bar{G}_A - G_A^0 = RT \ln N_A$$
$$\Delta \bar{G}_B = \bar{G}_B - G_B^0 = RT \ln N_B \tag{10.26}$$

$\Delta \bar{G}_A$和$\Delta \bar{G}_B$表示當一莫耳A或一莫耳B在定溫下溶解在一個很大量的溶體內時其自由能的增加量。這些自由能的變化為組成的函數，為使溶體的組成保持不變，因此必須限定純A或純B加入到一個巨大容積的溶體內的添加量。

非理想溶體(nonideal solutions)　　通常大部份溶體和固溶體均不是理想溶體，但組成固溶體的兩個原子若是任選或非故意的選擇，則固溶體內的原子不論是相同種類或不同種類都顯示無優選性。若上述情況之一存在，則其自由的變化($\Delta \bar{G}_A$，$\Delta \bar{G}_B$)將比在理想溶體時所預估的還要大或還要小。對於非理想溶體，其莫耳自由能之變化不是由方程式10.26(下式)得之，

$$\Delta \bar{G}_A = RT \ln N_A$$

上式只適用於理想溶體，因此為保留這個簡單關係式的型式，我們定義一個稱為活性的量"a"，如此則對非理想溶體而言，

$$\Delta \bar{G}_A = RT \ln a_A$$
$$\Delta \bar{G}_B = RT \ln a_B \tag{10.27}$$

式中a_A是成份A的活性，a_B是成份B的活性。溶體成份的活性是溶體偏離理想(溶體)時一個有用的指標。這些指標是溶體組成的函數，圖10.4所顯示的是兩種型

式的合金系統的典型活性曲線。在圖10.4(a)和圖10.4(b)中標有N_A和N_B的直線，分別是成份A和B的原子分率。圖10.4(a)所示為一合金系統在任意選取的組成(如標有x的垂直虛線所示)下，活性a_A和a_B大於對應的原子分率N_A和N_B。現在來討論這個正偏差的意義。因為兩個活性均大於相對的莫耳分率，我們必需只考慮一個成份，我們任意選擇B成份。由圖中可知N_B為0.7而a_B為0.8。將這些值代入並解ΔG，可得下面結果：

理想溶體

$$\Delta \bar{G} = RT \ln 0.70 = -0.356\,RT$$

非理想溶體

$$\Delta \bar{G} = RT \ln 0.80 = -0.223\,RT$$

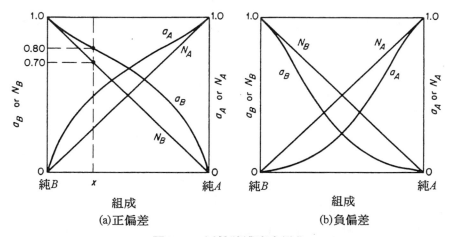

圖**10.4** 活性隨濃度之變化

一個溶體其行為結果像圖10.4中所顯示的那樣，則形形成溶體所造成的自由能減少量，將小於理想溶體形成時自由能減少量。在這種情形下，相同種類原子間的吸引力將大於不同種類原子間的吸引力。一極端例子是兩成份的原子完全不相互溶，在這種情況下，對任何比例的A和B而言，其活性均等於一。圖10.4(b)中的曲線則顯示相反的效應：不同種類原子間吸引力比那些同種類原子間的吸引力強。因此我們活性曲線是以負偏差量偏離莫耳分率線。

由以上討論可見，當溶體中成份之活性與其各別原子分率之活性相比較時，(活性)約略可顯示溶體內原子間相互作用的本質。因為這個理由，常為了方便使用這個量將它稱之為活性係數(activity coefficient)，是活性與其各別原

子分率的比值。含A和B原子之二元溶體的活性係數因此定義為，

$$\gamma_A = \frac{a_A}{N_A} \quad 和 \quad \gamma_B = \frac{a_B}{N_B} \qquad\qquad \textbf{10.28}$$

在第十二章和十三章之擴散中將證明當固溶體有組成梯度時，擴散將使固溶體的組成漸趨於均勻。現在來討論這個效應的熱力學原因。假設有一溶體係屬於理想溶體，其方程式10.25可知一莫耳溶體的自由能為，

$$G = N_A G_A^0 + N_B G_B^0 + RT(N_A \ln N_A + N_B \ln N_B) \qquad\qquad \textbf{10.29}$$

方程式10.29等號右邊的前兩項$(N_A G_A^0 + N_B G_B^0)$代表若兩成份未(或不)混合，兩成份合起來一莫耳時之自由能。在不互溶的鐵-鉛系統，這兩項即代表鐵和鉛合起來一莫耳的自由能。另一項$RT(N_A \ln N_A + N_B \ln N_B)$是混合熵對溶體自由能的貢獻。注意這一項乃直接正比於溫度，故當溫度增加時此項變得愈重要。

為了說明理想溶體之自由能與其組成的關係，讓我們考慮下列的假設數據。兩種假定的純元素A和B，假設在固態時可以完全互溶，其自由能曲線如圖10.5所示。圖中的兩條自由能曲線隨著溫度增加而減少，跟先前所考慮之純錫的兩個固相的自由能曲線一致(圖10.2)。圖10.5的曲線顯示在481K時A成份的自由能(G_A^0)是6280J/mole，B成份的自由能(G_B^0)是8370J/mole。這兩個值分別標在圖10.6的右側及左側。連接這兩點的虛線代表方程式中$N_A G_A^0 + N_B G_B^0 = 6280N_A + 8370N_B$項，或溶體自由能減掉混合熵。最後一項可藉由表10.2中的數據求得，第二欄中$(N_A \ln N_A + N_B \ln N_B)$之值是原子分率$N_A$的函數，溫度500K時$RT(N_A \ln N_A + N_B \ln N_B)$乘積之值列於第三欄。第三欄的數據繪於圖10.6下方的虛線。溶體自由能如圖10.6中的實線所示，為兩條虛線的和。

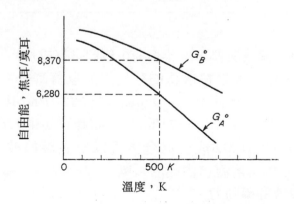

圖10.5 元素的自由能是絕對溫度的不同函數

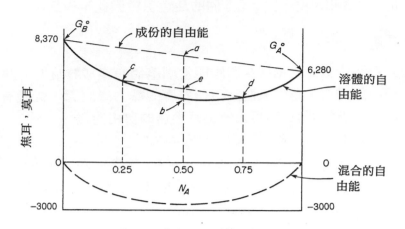

圖10.6　理想溶體的假想自由能

表10.2　混合熵對理想溶體之自由能的貢獻之計算數據

原子分率 N_A	$(N_A \ln N_A + N_B \ln N_B)$	$RT(N_A \ln N_A + N_B \ln N_B)$ 溫度＝500K
0.00	0.000	000 J/mol
0.10	−0.325	−1,351
0.20	−0.500	−2,079
0.30	−0.611	−2,540
0.40	−0.673	−2,798
0.50	−0.690	−2,868
0.60	−0.673	−2,798
0.70	−0.611	−2,540
0.80	−0.500	−2,079
0.90	−0.325	−1,351
1.00	−0.000	000

　　現在我們假設有一個擴散偶，一半含有0.5莫耳純(成份)A，另一半含有0.5莫耳純(成份)B。這一個金屬之擴散偶的平均組成以莫耳分率表示是$N_A = N_B = 0.5$，而在500K時的自由能如圖10.6中的a點，為7325J/mole。等量的A和B混合成均勻固溶體時，其自由能為4457J/mole，如圖10.6中的b點。很明顯地，0.5莫耳的A成分與0.5莫耳的B成份混合後可以使金屬擴散偶的自由能降低2868J，這個值是混合熵對溶體自由能的貢獻。2868J/mole這個值也就是造成擴散偶的成分產生擴散的驅動力。

　　現在將上述兩純元素之擴散偶改由兩個均勻的固溶體組成：一個的組成$N_A = 0.25$，而另一個組成$N_A = 0.75$。在500K時，此擴散偶兩部份的自由能分別標於圖10.6中的c點和d點。假如整個擴散偶的平均組成為0.5，則其自由能如圖中

中之點 e。一個具有相同平均組成的單一均勻固溶體其自由能爲點 b。由此我們再度發現均勻的固溶體具有較低的自由能,且代表在穩定狀態。

　　類似於上述的討論,吾人可證明任何巨觀非均勻組成的溶體,其自由能比均勻溶體的自由能高。若溫度足夠高,能使原子以適當速率移動,則由於擴散的結果會使溶體變得均勻。上述的討論都是基於溶體平均總組成 $N_A = 0.5$ 的情況,其實任何組成(不論是總組成或平均組成)的溶體最後都是這種結果。

10.6　含有兩相的二成分系統 (Two-Component Systems Containing Two Phases)

　　現在讓我們來研究不是單相而是包含兩相的二成分系統,這兩相中的任何一相必須滿足下式的方程式。

$$n_A d\bar{G}_A + n_B d\bar{G}_B = 0 \qquad \text{10.30}$$

若將每一項除以 $n_A + n_B$,我們可以把此關係重新寫成,

$$N_A d\bar{G}_A + N_B d\bar{G}_B = 0 \qquad \text{10.31}$$

式中 $n_A/(n_A+n_B)=N_A$,$n_B/(n_A+n_B)=N_B$。如果我們將這兩個相定爲 α 和 β 相,而對每一相而言,

$$\alpha \text{ 相}：N_A^\alpha d\bar{G}_A + N_B^\alpha d\bar{G}_B = 0$$
$$\beta \text{ 相}：N_A^\beta d\bar{G}_A + N_B^\beta d\bar{G}_B = 0 \qquad \text{10.32}$$

式中部份莫耳自由能的上標被省略,因爲假設平衡時,每個成份的部份莫耳自由能在兩個相中均相等。

　　這一對方程式限制了溶體中成分的莫耳分率的值。這些方程式稱做限制方程式(restrictive equation)。爲了要了解這些限制方程式的功用,讓我們考慮一個例子。

　　想像把等量的銅和銀熔融在一起而形成合金。當二者混合後讓它凝固爲固態,然後重新加熱並在1052K保持足夠長的時間以達到平衡。在加熱結束,假如合金很快速急冷至室溫,我們可以假設在高溫時穩定的相將可維持在常溫而不改變。此合金經金相組織觀察後發現它包含兩個固溶體相的結構,這些相經化學分析,其組成如下:

α 相	β 相
$N_{Ag} = 0.86$	$N_{Ag} = 0.05$
$N_{Cu} = 0.14$	$N_{Cu} = 0.95$

將這些值代入限制方程式得,

$$0.86 d\bar{G}_{Ag} + 0.14 d\bar{G}_{Cu} = 0$$

$$0.05 d\bar{G}_{Ag} + 0.95 d\bar{G}_{Cu} = 0$$

把第一個方程式除以第二個,結果為

$$\frac{0.86 d\bar{G}_{Ag}}{0.05 d\bar{G}_{Ag}} = \frac{-0.14 d\bar{G}_{Cu}}{-0.95 d\bar{G}_{Cu}}$$

或

$$\frac{0.86}{0.05} = \frac{0.14}{0.95}$$

這個不可能的結果暗示著上面的方程式要成立唯一條件,就是$d\bar{G}_{Ag}$和$d\bar{G}_{Cu}$皆等於零。此意思是,在定溫(1052K)和定壓下(一大氣壓),當兩相平衡時其部份莫耳自由能不會改變。此外,因為部份莫耳自由能僅是相組成的函數,如此意味著兩相的組成必須保持不變。不論這兩個相的相對量為何,只要這兩個相存在,則其組成以原子百分比表示時, α 相將包含86%銀和14%銅,而 β 相將包含5%銀和95%銅。

10.7 部份莫耳自由能之圖解法 (Graphical Determinations of Partial-Molal Free Energies)

以圖解法決定單一之二元溶體的部份莫耳自由能如圖10.7所示。此圖所示之莫耳自由能曲線和先前在圖10.6中所示者相同。假設當組成為某一任意值如$N_A = 0.7$,而要決定溶體的兩成分的部份莫耳自由能。通過這一組成的垂直線與自由能曲線相交於x點,因此即可決定溶體的總自由能。假如在自由能曲線的x點畫一條切線,則此切線與圖兩側縱軸(即組成$N_A = 0$和$N_A = 1$)相交的截距,就是部份莫耳自由能。在圖左之截距是$\bar{G}_B$而圖右者為$\bar{G}_A$。這些關係式很容易由

圖中幾何關係得之，為更清楚看出將此圖重繪於10.7(b)中。因此，溶體之自由能為

$$G = \bar{G}_B + N_A(\bar{G}_A - \bar{G}_B)$$

或　　$G = N_A\bar{G}_A + (1 - N_A)\bar{G}_B$

但　　$(1 - N_A) = N_B$

因此 $G = N_A\bar{G}_A + N_B\bar{G}_B$

這些是二元溶體自由能的基本方程式。

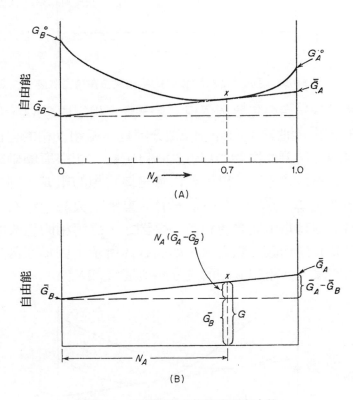

圖10.7　以圖解法求部份莫耳自由能

　　二元兩相混合系統在定壓和定溫下，相之組成是固定的這個事實，可由相的自由能圖加上在平衡時兩相個別成分的部份莫耳自由能的條件(即 $\overline{G_A^\alpha} = \overline{G_A^\beta}$ 和 $\overline{G_B^\alpha} = \overline{G_B^\beta}$)得到證明。圖10.8所示的是二元系統在自由能曲線相交處的溫度時，兩相之假想自由能曲線。曲線相交是在平衡時兩相存在的條件。當然，假如某相的自由能對成分曲線完全在另一相的下方，則自由能較低的曲線總是較穩定，且此系統將僅有一單一平衡相。有一點很重要而要注意的是圖10.8所示的這種型式的自由能曲線是溫度函數。這兩條曲線只有在某一溫度時相交，但在更高或更低溫度時就沒有交點。在第十一章相圖將更詳細討論這些問題。

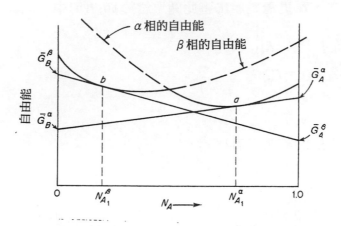

圖10.8　組成分別為$N_{A_1}^{\alpha}$和$N_{A_1}^{\beta}$的兩相無法在平衡狀態

　　現在假設我們有一合金包含兩個相，其一為 α 相組成是$N_{A_1}^{\alpha}$，另一為 β 相組成$N_{A_1}^{\beta}$。在各別的自由能曲線上的a點和b點分別是 α 相和 β 相的自由能。畫切於a點和b點的切線即可得到此兩相的部份莫耳自由能，切線與圖兩縱座標相交之截距即為所求。由圖10.8可以看出，若任意選擇兩相的組成，則兩相成分之部份莫耳自由能不會相等：$\overline{G_A^{\alpha}} \neq \overline{G_A^{\beta}}$，$\overline{G_B^{\alpha}} \neq \overline{G_B^{\beta}}$。事實上只有兩相有相同切線時，其個別成分之部份莫耳自由能才會相等。換言之，這兩相的組成必須符合此兩條自由能曲線與其共同切線交點之值，如圖10.9所示。因為在圖10.9中的兩條曲線只有一共同切線，α 相和 β 相的成分必須是$N_{A_2}^{\alpha}$和$N_{A_2}^{\beta}$。

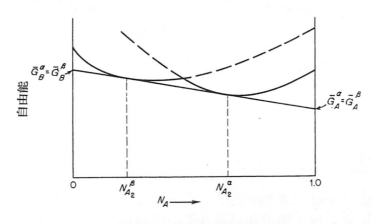

圖10.9　兩相在平衡狀態

10.8　平衡下之二成分三相系統(Two-Component Systems with Three Phases in Equilibrium)

　　在二成分系統，僅在非常嚴格條件下三相平衡才會存在。這個理由不難理解，因為三個相中個別成分的部份莫耳自由能必須相等。就像使用在二相系統之圖解分析的例子，這個意思是說我們必須要能畫一條直線同時跟三相之自由能曲線相切。必需注意的是每個相的自由能曲線隨著溫度變化的方式都不相同，一般只有一個溫度能畫出切於所有(三條)曲線之直線。由此可見，一個二元系統之三相僅在某一個溫度時會平衡。因此，這些相的組成由自由能曲線和共同切線的切點所決定。我們的結論是，一二元系統的三相在定壓下達到平衡時，溫度和每相之組成都是被固定的。

　　此時我們回顧一下，單成份系統內相間之關係，在定壓條件下，僅當在相變化時的溫度，這二相才能達到平衡。二成分系統也有類似之情況，即三相平衡的溫度也是相變化產生時的溫度。這些三相反應中的每個變態反應其合金組成是固定的。在這個組成，單相可轉換成另二相。在某些合金系統，這個單相在高於轉換溫度時是穩定相，低於此溫度時，另二相是穩定的。在其他合金系統則是相反。

　　我們以含有61.9％錫和38.1％鉛(以重量百分比表示)的鉛-錫合金當成三相反應的例子。這個合金在高於456K之溫度形成一簡單的液體溶液，低於456K溫度則形成一個二相混合之安定組織。後者之每一相是終端固溶體，其組成分別為19.2％錫之 α 相和97.5％錫之 β 相。此種反應是由一個液相轉換成二個固相，稱為共晶反應(eutectic reaction)。反應發生的溫度是為共晶溫度，反應發生時之組成是為共晶組成(此例中為61.9％錫和38.1％鉛)。

　　共晶反應只是數種大家所熟知的三相變態中的一種，由表10.3中可以得知。

表10.3 在二元系統中所存在的三相變態種類

變態種類	相 變 態 的 本 質		
	A 相	B 相	C 相
共 晶	液 體 ←→ 固溶體 ＋ 固溶體		
共 析	固溶體 ←→ 固溶體 ＋ 固溶體		
包 晶	液 體 ＋ 固溶體 ←→ 固溶體		
偏 晶	液 體 ←→ 液 體 ＋ 固溶體		

在表10.3中的四個變態方程式，當熱量由系統移走則反應往右進行，當熱量加入系統則向左進行。這些反應將在第十一章中分別討論之。

10.9 相律(The Phase Rule)

現在我們將前面幾節的重點總結一下。為此目的，考慮一單一成分系統的相圖，如圖10.10，其中變數是壓力和溫度。標示為a之點位於氣相範圍內，係代表其狀態由溫度T_a和壓力P_a來決定的氣體。若改變一個或二個變數，可使氣體變化至另一個任意狀態(a')。只要仍留在所示的氣相範圍內，很明顯的它有兩個自由度。亦即溫度和壓力皆可任意改變。這個結論也可應用到其他兩個單相(即液相及固相)區域中。總之，當單成分系統以單相形式出現，它具有二個自由度。這個結論以表列方式列在表10.4中的第一列中。

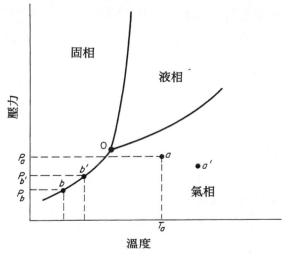

圖10.10 單成份之相圖

表**10.4**　在單成份與二成分系統中的相數和自由度

成份數	相數	自由度
C	P	F
1	1	2 (T, P)
1	2	1 $(T$ or $P)$
1	3	0
2	1	3 $(T, P, N_A$ or $N_B)$
2	2	2 (T, P)
2	3	1 $(T$ or $P)$
2	4	0

　　現在考慮在單成分系統中有兩相的情況。這種情況僅當系統狀態落在沿著圖10.10分開單相區的那三條線上時才會存在。例如，點b代表在溫度T_b和壓力P_b時達到平衡的一固-氣混合態。假使現在溫度變爲T_b'，則壓力必須被正確地改變至P_b'。若非如此，則此二相系統會變爲一單相系統：固相或氣相。因此可結論此系統只有一個自由度，此結論列於表10.4中的第二列。

　　單成分系統的最後可能狀態可由表10.4的第三列來說明，此爲單成分系統包含三相平衡的情形。這種情況只能發生三相(共存)點上，如圖10.10所標示的0點，此種三相平衡僅在某特定溫度和壓力下才會發生，因此沒有自由度。

　　表10.4中接下來所列的是二成分系統的各種可能情況。在二成分單相系統中具有三個自由度。這三個自由度爲溫度、壓力和相的組成。二元系統之二相平衡有二個自由度，此結論與10.6節所敘述的一致，在該節中已證明任意選擇溫度和壓力可使此二相維持在平衡狀態，而相之組成也會被自動地確定。當然，我們可以改變溫度和壓力，但是此種變化會使相的組成隨之改變。

　　接下來考慮在平衡時的二元三相系統。在10.8節中已經說明，假使壓力固定，則只在某一溫度時才會產生三相平衡。改變壓力自然會使溫度變化。因此，這個結果意味著此系統只有一個自由度。

　　最後，二成分四相系統的情況與單成分系統中之三相點是相同的。四相平衡僅在溫度、壓力和所有相的組成於某一單一組合下才可能發生。因此，此系統沒有自由度。

　　這種方式的分析可以擴充到具有更多成分的系統，但是我們利用Gibbs相律可簡單來表示，此相律是以J. Willard Gibbs的名字命名的。這個簡單的關係式可由表10.4中的數據導出。在表中任一橫列，如果將相數P(如第二欄)和自由

度F(如第三欄)相加，其結果總是等於成分數C加一常數2，因此吾人可得

$$P + F = C + 2$$

在決定影響相平衡的因素時，相律常具有很大的價值。

10.10　三元系統(Ternary Systems)

　　二元合金的相結構是在前面我們所討論的主要內容，但三元合金之相在此也將探討之。一般而言，三元合金比二元合金更難了解，因此雖然許多實際問題都包括三個或更多成分，但通常均被迫僅研究二元系統。

　　類似於我們已經在單成分和二成分系統討論過的關係，在某固定溫度下，可能會發生四相的變態，而在整個反應中各相之組成都是固定的。因此，在每一種情況中，整個合金系統係在明確的合金組成下進行這些相變態。這些反應，或是單相轉換成三個其他的相，或是兩相轉換成另外二個不同相。屬於前者之變態類型的典型例子是三元共晶反應，此反應是單一溶液轉換為三個固溶體。

　　上一段中點出了三元合金四相系統和二元合金三相系統間的相似性。同理，三元三相系統類似於二元二相系統。亦即，在定溫和定壓下，三元合金中之三相系統將具有固定的相組成。這個意思並不是說合金的組成只有一個值，而是說相之組成是固定的，這些相或許能具有任何比例。

　　三成分合金系統也可以只含兩個相甚至單一相。要注意的是含有兩個相的三元合金，其相的組成不是固定的。在二元合金中此種(組成是固定的)說法是對的，但在三元系統中卻是不對。

問題十

10.1　列出圖2.27中的各相並鑑別之。

10.2　鋯、鈦和鉿等三元素形成一合金系統，其成分能夠形成單一固溶體，此固溶體乃由元素以任意比例組成。假設像這樣的一個固溶體包括0.50公斤鈦，0.30公斤鋯，和1公斤鉿，試決定每一個成分在合金中的莫耳分率。鈦、鋯和鉿之原子量分別為47.9、91.2和178.6克/莫耳。

10.3　已知一合金包含70%銅和30%鎳(重量百分比)，試決定此合金組成之原子百分比。銅和鎳之原子量分別為63.546和58.71克/莫耳。

10.4　考慮圖10.4中兩合金之活性係數對組成之曲線。在圖10.4(a)中之虛線其組成$N_A = 0.30$。如前面文中所討論，成分B的活性a_B等於0.80，活性a_A為0.50。

假設一莫耳純*A*的自由能為50,000焦耳/莫耳，而純*B*為70,000焦耳/莫耳，溫度在1000K。

(a)計算0.30N_A合金一莫耳時之自由能。

(b)當由純元素形成一莫耳的此種溶體時，試決定自由能的減少量。

10.5　圖10.4(b)中，在組成$N_A = 0.30$時，

$$a_A = 0.10$$
$$a_B = 0.44$$
$$T = 1000 \text{ K}$$
$$G_A^0 = 50,000 \text{ J/mol}$$
$$G_B^0 = 70,000 \text{ J/mol}$$

(a)計算$N_A = 0.30$的溶體每莫耳之自由能。

(b)若一莫耳的理想溶體係由純元素形成，試決定其自由能之減少量。

(c)在圖10.4(a)和10.4(b)中，兩個$N_A = 0.30$之合金的溶體，其自由能之差異具有何種意義？

10.6　(a)假設$G_A^0 = 50,000$焦耳/莫耳，$G_B^0 = 70,000$焦耳/莫耳，計算在1000K時形成一莫耳理想溶體其自由能之減少量。

(b)比較問題10.4和10.5中(b)部份的答案，並解釋二者差異所代表的意義。

10.7　計算問題10.4和10.5中四個活性所對應的活性係數。

10.8　考慮圖10.6所示之理想溶體的假想自由能圖。現在假設一層純金屬*A*連接另一層純金屬*B*而形成偶，此金屬偶中*A*金屬佔總重量之40%，金屬*A*和*B*之原子量分別為80和60克/莫耳。假設此金屬偶保持在500K足夠久的時間，因此由於擴散的結果而得到均勻固溶體。

(a)在擴散退火開始時，此金屬偶之自由能為何？答案以焦耳/莫耳表示。

(b)在擴散退火結束後，此均勻固溶體之自由能為何？答案以焦耳/莫耳表示。

10.9　假設一理想二元固溶體的基本數據如下，$T = 1000K$，$G_A^0 = 7000$焦耳/莫耳，$G_B^0 = 10,000$焦耳/莫耳。畫出此固溶體之自由能對莫耳分率的關係圖(參考圖10.7)，並且決定組成包含$0.4N_A$之固溶體每莫耳的部份莫耳自由能。

10.10　參考圖10.9，取$\overline{G_B^\alpha} = 2100$焦耳/莫耳，$\overline{G_A^\beta} = 1400$焦耳/莫耳，$N_{A2}^\beta = 0.22$，$N_{A2}^\alpha = 0.64$。

(a)試決定莫耳分率為0.22之合金一莫耳時之自由能。

(b)在α相內此組成之分率為何？

(c)試決定組成$N_A = 0.50$一莫耳時之自由能。

(d)後者在α相中之組成多少？

10.11　(a)如10.10節的說明，三元合金具有四相共存的三元共晶點。請描述這四相的本質。在三元合金中當四相共存時有多少自由度？其意義爲何？

(b)三元合金可能也有一個三相區，在此三相區有多少自由度？解釋此自由度數之意義。

(c)在三元合金內可能也有一個單相區。試問它包括多少自由度？

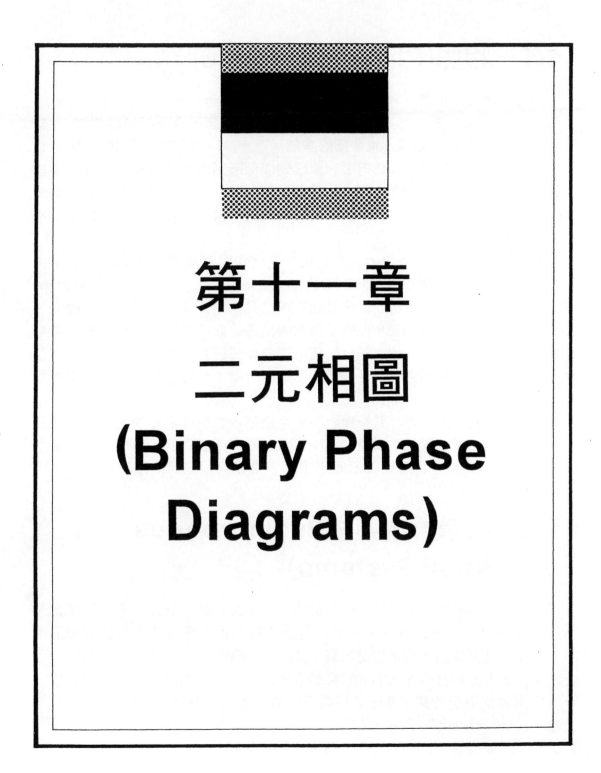

第十一章

二元相圖
(Binary Phase Diagrams)

11.1 相圖(Phase Diagrams)

　　相圖也稱為平衡圖(equilibrium diagram)或組成圖(constitution diagram)，在合金的研究上是一種非常重要的工具。它們定義一合金系統在定壓(大氣壓)情況下各穩定相的區域。這些圖的座標是溫度(縱座標)和組成(橫座標)。這裡所稱的"合金系統"的意思是指由一組已知成份所形成的所有可能合金。系統這個字在此的用法不同於熱力學上的定義，熱力學上的系統是指單一隔離的物質體。一個組成的合金是熱力學系統典型的代表，但一個合金系統是指所有被考慮的組成。

　　只有在平衡的情況下合金系統之相、溫度和組成間關係才能由相圖來表示。這些相圖不能直接應用在非平衡狀態的金屬上。一金屬由高溫淬冷(急冷)到低溫(例如室溫)，其可能擁有好幾個相或準安定相及組成，這些相有較多高溫的特徵。此時，由於熱活化使原子運動的結果，此淬冷的試片可能接近其平衡的低溫態。若是如此，則在試片內相之間關係將符合平衡圖。換言之，在任何已知的溫度下，只有當時間足夠使金屬達到平衡，相圖才能給我們適當的相間關係。

　　在接下來的各節，除非有特別說明，否則系統都被視為在平衡情況下。此外，因為相圖在解實際冶金問題上是相當重要的，所以我們將順應一般的使用法，所有組成以重量百分比表示而不用原子百分比，在此之前皆用原子百分比。

11.2 同形合金系統(Isomorphous Alloy Systems)

　　在以下的討論中，將只考慮二成份或二元合金系統。最簡單的二元系統是異種同形時(isomorphous)，對所有比例的成份而言，只有單一型式的結晶構造。一典型異種同形系統之相圖如圖11.1所示。圖中之二元合金系列是銅-鎳合金。在所有這型的合金系統中，元素結合後僅形成單一的液相和單一的固相。因為氣相通常不予考慮，故整個相圖只包括兩個相。因此，在圖中標示為"液相線"(liquidus)以上的區域是液相的穩定區，而固相線(solidus)之下是固相穩定區。介於液相線和固相線之間是兩相共存的二相區。

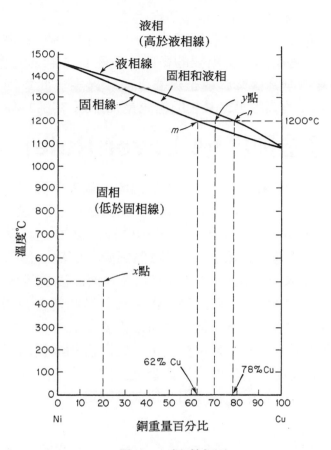

圖11.1 銅-鎳相圖

　　現在來考慮圖11.1中幾個任意指定點的意義。每一點伴隨著一組座標—溫度和組成。由x點畫一條往下垂直線交於橫座標，吾人可發現組成為20％的銅。同樣地，通過x點畫水平線交縱座標於500℃處。x點意指處於500℃[1]下含20％銅和80％鎳的合金。位於固相線以下區域的任一點告訴我們一個事實，即此合金的平衡狀態為固相。此結構意味著係固溶體晶體的一種，每個晶體有相同均質的組成(20％銅和80％鎳)。在顯微鏡下，這樣的結構在外觀上與純金屬相似。但另一方面，一已知組成的金屬將出現不同的性質。它將比個別純金屬強度大且具有較高的電阻，其表面的金屬光澤也不同於純金屬。

　　讓我們將注意力轉回到位於兩相區內的y點，此區域介於液相線與固相線之間，在此情況下y點之溫度是1200℃，其組成是70％銅和30％鎳。此成份70對30的比例是代表整個合金的平均組成。應記住，我們現在處理的是一混合相

---

1. Note: Phase diagram temperatures are normally expressed in °C, rather than in K.

(液相加固相)，故任一相均不會具有此平均組成。

　　要決定所給的混合相中液體和固體的組成，只需通過y點畫一水平線交於液相線和固相線，這些交點就是所要的組成。在圖11.1中，這些交點分別是m點和n點。由m點畫一垂直線交於橫座標軸可得62％銅，此為固相的組成。以同樣的方法，由n點畫垂直線可得液相的組成是78％銅(其餘22％為鎳)。

11.3　槓桿法則(The Lever Rule)

　　應用到二成份或二元相圖中任何二相區內的一個重要關係式稱為槓桿法則(lever rule)。關於槓桿法則，考慮圖11.2，此圖為圖11.1銅-鎳平衡圖中一放大的部份。在新圖中mn線和舊圖中者一樣，均位於1200℃之等溫線。但是平均合金組成已經改變，現假設組成在z點即73％銅處。因為這個新組成仍然位在mn線上，故係在二相區內，在1200℃溫度它也是液固混合相。然而因m和n點在圖11.1和圖11.2中是相同的，因此可得到結論就是此新合金所包含的相之組成，和前面例子中相之組成必須一樣。當組成沿著mn線由y點移z點，液體和固體的相對量也隨之改變。只要溫度保持固定，則固體和液體的組成也是固定不變。這個結論跟我們在第十章所做的熱力學推論完全吻合，在第十章中已證實在定溫和定壓下，二混合相中之各個相的組成是固定的。

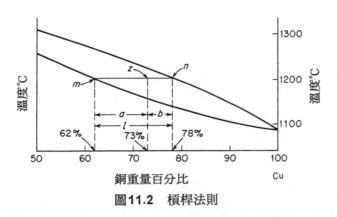

圖11.2　槓桿法則

　　在定溫下(整體的)合金組成的轉變，並不會改變兩混合相中各別相之組成，只改變相的相對量。為了解這是如何發生的，我們來決定一已知組成的合金其液相和固相的相對量。為此目的，我們取相對於z點之合金其平均組成為

73%銅。在100克的這型合金中，銅應為73克，其餘27克為鎳，因此我們得，

> 合金總重量＝100克
> 銅總重量＝73克
> 鋁總重量＝27克

假設w代表合金中固相的重量以克表示，而$(100-w)$為液相重量。在合金之固相中銅的含量等於固相重量乘於固相中銅的百分比(62%)。同樣地，液相中銅的重量等於液相重量乘於液相中銅的百分比(78%)。因此，

> 固相中銅的重量＝$0.62w$
> 液相中銅的重量＝$0.78(100-w)$

合金中銅的總重量必須等於銅在液相和固相中的重量和，即

$$73 = 0.62w + 0.78(100 - w)$$

同項合併，

$$73 - 78 = (0.62 - 0.78)w$$

解w，得固相之重量

$$w = \frac{5}{0.16} = 31.25 \text{ grams}$$

因為此合金的總重是100克，故固相的重量百分比為31.25%，液相相對的其重量百分比為68.75%。

現重新檢查上面所得方程式，

$$73 - 78 = (0.62 - 0.78)w$$

兩邊同除以合金總重量100克，計算後可得

$$0.78 - 0.73 = (0.78 - 0.62)\frac{w}{100}$$

或

$$\frac{w}{100} = \frac{0.78 - 0.73}{0.78 - 0.62}$$

式中$\frac{w}{100}$是固相的重量百分比。

上面的方程式是值得仔細探討的。在這個表示式中的分母是液相和固相的組成差(以銅重量百分比表示)，亦即，正好是m和n點的組成差。而另一方面，分子是液相組成和平均組成的差(n和z點組成差)。因此固相的量(以整個合金的重量百分比表示)為，

$$\text{固相百分比} = \frac{\text{液相組成} - \text{平均組成}}{\text{液相組成} - \text{固相組成}} \qquad \text{11.1}$$

同樣地，也可得到，

$$\text{液相百分比} = \frac{\text{平均組成} - \text{固相組成}}{\text{液相組成} - \text{固相組成}} \qquad \text{11.2}$$

上面的這二個方程式表示應用在特殊問題上的槓桿原理。這些關係式可以用更簡單的形式來表示，若 a，b 和 l 分別代表圖11.2中點 zm、zn 和 nm 間之組成差，因此

$$\text{固相百分比} = \frac{b}{l} \qquad \text{11.3}$$

$$\text{液相百分比} = \frac{a}{l} \qquad \text{11.4}$$

現在對上面的計算資料做一總結。

位於二元相圖中兩相區內的一給定的點，如圖11.2中之 z 點。

1.　求兩相的組成

通過此給定點畫一等溫線(稱節線)。此節線與兩相區邊界的交點即可決定相的組成(在此例中，m 和 n 點分別決定固相和液相的組成)。

2.　求兩相的相對量

決定 a、b、l 等三個距離(以組成百分比為單位)，如圖11.2所示。對應 m 點的相的量等於 b/l(比值)，n 點則為 a/l。仔細注意在左邊的相(m)的量正比於位在平均組成(z 點)右邊的線段長度(b)，而在右邊的相(n)的量正比於 z 點左邊的線段長度(a)。如此，兩相的組成可直接由相圖讀出，但相的相對量則必需靠計算。

11.4　同形合金之平衡加熱或冷卻 (Equilibrium Heating or Cooling of an Isomorphous Alloy)

平衡加熱或冷卻是指溫度以很緩慢的速率變化，因此使得系統在任何時刻均保持平衡狀況。為有效地使系統保持在平衡狀態，到底要以多慢的速率來加熱或冷卻合金，視我們所考慮的金屬和當溫度變化時合金相變化的本質而定。

為符合目前的考量，我們假設所有溫度以足夠緩慢的速率變化，使系統持續地保持在平衡狀態。在第十四章中我們更詳細的去探討凝固過程時，將考慮某些非平衡溫度變化的情況。但是現在我們的注意力將集中在因溫度變化而引起相變化的結果。

首先考慮某一特殊的同形合金系統當其溫度變化而通過凝固範圍時所產生的相變化。為此目的，假設合成分A和B之假想相圖如圖11.3所示。考慮任意合金其組成為70％B和30％A，畫一垂直線通過此組成。這條線的其中兩線段為實線(ab和cd)，而介於b和c點間的第三條線段為虛線。實線部份落在單相區：ab位於固溶體的區域，cd則在液體區域。虛線線段bc位於液相加固相的二相區。在實線部份內的任一點均為單一均質的物質。另一方面，在bc長度內的點代表不是單一均質形式的物質，而是液體和固溶體兩相混合物，兩相各有不同組成。此外，兩相區內的溫度變化時相的組成隨之改變。要完全了解這些變化情形，可以考慮合金由d點冷卻至a點之室溫時所發生的相變化的整個程序。

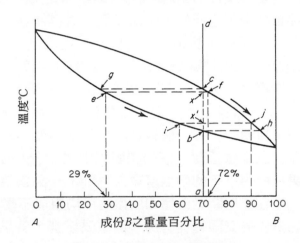

圖11.3 同形合金之平衡冷卻

合金在d點時是一均質液體，一直到c點它仍保持為均質液體。但c點是二相區的邊界，它意味著在此溫度由液體內開始形成固體。因此，合金在c點所對應的溫度開始凝固。相反地，當合金冷至b點時即完全凝固，在低於b點以下的溫度，合金是以單一固溶體相存在。因此，b點相當於凝固過程的終點。在凝固過程中有一個有趣的明顯特徵：合金並不是在固定溫度下凝固，而是跨越一個溫度範圍。由b到c的溫度範圍稱為合金的平衡凝固範圍(equilibrium freezing range)。

利用上一節末所寫下的兩個法則，我們可以很容易分析在c和b點之間的凝

固過程中所發生的相變化現象。假設合金的溫度剛好低於c點的位置。此位置以符號x表於圖11.3中，而在此處

1. 通過x點畫一條等溫線分別與液相線和固相線相交以決定相的組成，

液相的組成(*f*點)爲72%*B*

固相的組成(*e*點)爲29%*B*

2. 由槓桿法則，固相的量爲，

$$\frac{x-f}{e-f} = \frac{70-72}{29-72} = \frac{2}{43} = 4.7\ \%$$

而液相的量爲95.3%。

上面的數據顯示在稍低於凝固開始的溫度，該合金仍然含有大量液體(95.3%)，而其組成(72%*B*)很接近平均組成。另一方面，只有少量固相(4.7%)出現，其組成(29%*B*)和平均組成差異很大。

現在讓我們假設合金很緩慢的由x點冷卻到x′點。如果冷卻過程足夠慢，在整個溫度下降期間都維持著平衡條件，因此我們可以再次應用那兩個法則來決定相的組成和相對量。應用此兩法則，可得固相的組成是60%*B*，液相組成爲90%*B*，而液相和固相的量分別是33%和67%。跟較高溫度(x點)的一些數據相比較，顯示了二個重要事實。第一，在凝固期間溫度下降時，固體的量增加而液體的量減少。此結果爲預料中事。第二，當溫度下降，兩相的組成隨之改變。此項事實並非不證自明的。另一個有趣的事實是兩個相組成的改變都往同一方向(移動)。當溫度愈降愈低時，液相和固相中之成分*B*也愈來愈多。這個明顯地不規則的結果只能由以下的兩個事實來解釋，一爲當溫度下降時相的量也相對的改變，另一是在任何時刻液體和固體的平均組成不變。

關於合金中之固溶體的凝固過程有另一個重要事實，就是當凝固繼續進行時有愈來愈多的固體形成，因此在已經凝固的固體中必須有著連續的組成改變。故，在x點的溫度，固體的組成是29%*B*，但是x′點的溫度其組成是60%*B*。發生此一結果的唯一途徑是經由擴散作用。因爲組成的變化是往增加*B*原子濃度的方向移動，此意味著*B*原子係由液相往固相的中心穩定的擴散，而*A*原子相對的往相反方向擴散。

現在我們可以來分析同形合金的平衡凝固。將液體冷卻時，當達到液相線(圖11.3中c點)就開始產生凝固。最初形成的固相其組成可由一通過c點的等溫線和固相線的交點(g點)決定。當合金慢慢冷卻，固相的組成會沿著固相線往b點移動，而同時液相的組成沿著液相線往h點移動。但是，在冷卻過程的任何瞬間，諸如x或x′點，固相和液相必須位於等恆線的兩端。此外，當凝固過程進

行時，液相和固相的相對量從凝固過程開始時大量液相中只含微量的固相改變到最後完全固化。

上面的討論是有關凝固過程。其相反的過程即熔化，將合金由低溫固相加熱而成液相，也可以容易的去分析。在這種情形，b點代表熔化開始的溫度，h點代表最初形成液相時的組成，而g點是最後熔化的固相的組成。

此時應牢牢記住：對於任何組成的同形合金，其凝固或熔化都在一個溫度範圍內發生。此即，合金的熔點或凝固點不像純金屬那樣會一致。

11.5 由自由能觀點看同形合金系統 (The Isomorphous Alloy System from the Point of View of Free Energy)

在諸如銅-鎳的合金系統，這兩種成份的原子的本質是如此類似，因此可以假設(至少是最重要的近似值)它們所形成的液相及固相皆為理想溶體。所以這兩相的自由能—組成曲線都應該類似於圖10.6中所顯示的特性。現在考慮純鎳在熔點時的情況。純鎳組成在1455℃這個溫度時，液相和固相的自由能相等。但是圖11.1告訴我們，對其他任何組成的銅-鎳合金，在此溫度時液相為穩定相，所以其自由能必低於固相的自由能。兩條自由能曲線間的關係示於圖11.4。注意，這兩條曲線只相交於純鎳組成處。在高於1455℃的任何溫度，這兩條曲線分開因此液相的自由能—組成曲線完全低於固相的曲線。另一方面，將溫度降低到仍高於純銅的凝固點(1084.9℃)，則液相的自由能曲線會向上移往固相的自由能曲線，這兩條曲線在某一中間組成相交，如圖11.4(b)所示。這個圖所表示的是圖11.1和圖11.2中的y點和z點的兩種溶體在相同的溫度(1200℃)時的自由能。圖中兩條自由能曲線之共切線之切點分別在組成62%銅和78%銅處。這些值和圖11.1和圖11.2在1200℃時所指的相的組成相同，此與第十章的結果相同，在該章已證實於二相混合系統中，自由能曲線與共切線之接觸點(切點)決定相的組成。

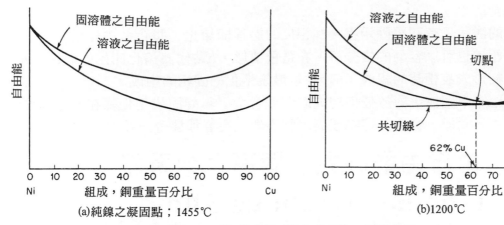

圖11.4 銅-鎳合金系統之自由能—組成曲線

　　藉由考慮當溫度下降時兩條自由能—組成曲線的相對位移,吾人可繪出完整的銅-鎳相圖。誠如上面所提過的,溫度下降時的效應是使液相線升高(相對於固相線)。果真如此,其交點將從在1455℃時的純鎳組成連續地移向在1084.9℃時的純銅組成處,和交點移向高濃度銅組成這個移動同時發生的是共切線和兩條自由能曲線的兩個切點也移向高濃度銅組成(即近純銅)處。低於1084.8℃時這兩條自由能—組成曲線不再相交,而代表固相的(自由能—組成)曲線完全低於液相的曲線。

11.6　最大值和最小值
(Maxima and Minima)

　　銅-鎳相圖是在某一給定溫度下,兩溶體相(液體和固體)之自由能—組成曲線只相交於一個組成處的一典型合金系統。其他已知的合金系統,此二條典線相交於兩個組成處。若是如此,通常可看得到在相圖中之液相線和固相線會形成一極小值或極大值。此可由圖11.5和圖11.6中之圖形得到證明。圖11.5所示的是導致有最小值外形的兩條自由能曲線間的圖形關係。在這種情形下,固相曲線的曲率小於液相曲線者。圖11.5的左圖所顯示的是,隨著溫度的降低,此兩條自由能曲線首先相交於純成份(A和B)的組成處。然後這些交點向內移往圖的中央,最後在某一點相遇。在T_e這溫度時,此兩條曲線相切。溫度繼續下降在T_d時,會使得這兩條自由能曲線分開,且在任何組成之下固相都是唯一穩定相。在此類例子中,我們可以畫出這些自由能曲線的兩條共切線。在任何一給定的溫度，例如T_b，這些切線和自由能曲線的接觸點可決定平衡圖中兩相區的範圍。這些點隨著溫度的變化而移動，由此可畫出如圖11.5右邊的相圖。

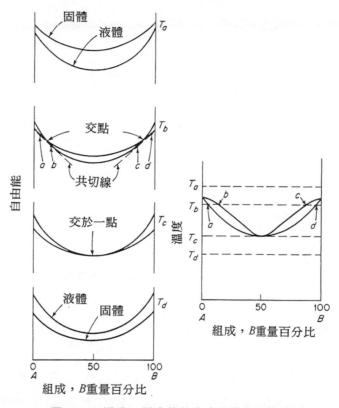

圖11.5 導致一最小值的自由能曲線間關係

　　類似於圖11.5情況的一系列圖示於圖11.6，但在這個情況，吾人假設固溶體的自由能曲線具有較大曲率，故在溫度下降時自由能曲線在T_b溫度首先相遇於單一點。然後此單一交點分開成兩個，結果得形狀如圖11.6右邊的相圖。

　　在圖11.5和11.6中的相圖顯示了一重要的特徵。當兩相區的邊界相交時，他們在一最大值或最小值處相遇，而兩條曲線(液相線和固相線)相切且和等溫線相切於交點處。這些點稱共軛點(congruent points)。共軛點的特性是在此點能夠不改變組成或溫度而產生凝固。即合金在共軛點處的凝固類似於純金屬的凝固。但是得到的固相是一種固溶體而不是純成分。

　　吾人要進一步強調，平衡圖中定義兩相區的範圍的邊界只能在共軛點或純成分的組成處相遇。這些相邊界相遇處的點稱為奇異點(singular point)。在一平衡圖中，除了在奇異點處之外，單相區總是被兩相區分開。

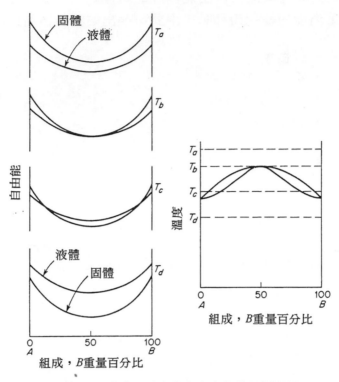

圖11.6　導致一最大值的自由能曲線間關係

　　許多同形相圖顯示共軛點符合了液相線和固相線的最小值。一典型例子示於圖11.7，此為金-鎳合金系統的平衡圖，位於液相線和固相線下那一實線的意義將在11.8節的混合性間隙中考慮。

　　液相線和固相線在最大值處相遇的共軛點通常很難在簡單的同形平衡圖中出現。但是在數個擁有超過一個固相的複雜合金系統中觀察到這種共軛點。這些系統中較簡單的一個是鋰-鎂系統，其相圖如圖11.8所示。最大值是出現在601℃及13％鋰處。

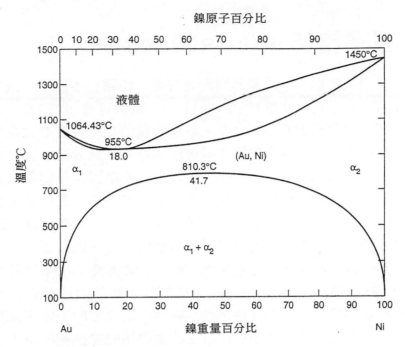

圖11.7　金-鎳相圖(From Binary Alloy Phase Diagrams, Massalsk, T.B.,Editor-in-Chief, ASM International, 1986, p.289. Used by permission.)

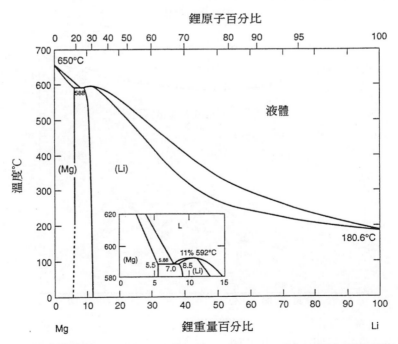

圖11.8　鎂-鋰相圖(From Binary Alloy Phase Diagrams, Massalski, T.B.,Editor-in-Chief, ASM International, 1986, p.1487. Used by permission.)

11.7 超晶格(Superlattices)

　　銅和金也可以凝固形成一連續系列的固溶體,如圖11.9所示。這些固溶體的化學活性呈現一負偏差。此事實示於圖11.10,由圖可看出500℃,合和銅的化學活性兩者皆小於其相對的莫耳分率。活性的負偏差可證實二元系統的成分相互間具有一有限吸引力,或不同原子較會形成鄰居。此效應在這系統中造成一個有趣的結果,金原子和銅原子在晶格位置中交互排列以得到最大數目的金-銅原子鍵及最小數目的銅-銅和金-金鍵而形成有序的結構。在較高溫度時,熱引起原子快速運動使得大量原子聚集在一起而形成穩定的有序結構。兩個相對因素,即不同原子間相互的吸引力及熱運動的破壞影響,因而導致所謂的短程有序結構(short-range order)。在這種情況下,這兩種原子在晶體的格子位置上的排列並非完全是隨意方式,而是金原子有較多數的銅原子做為鄰居。當然,熱運動破壞金和銅原子的週期性排列的效懷會隨溫度的下降而減低,因此在低溫及適當組成時,金和銅原子能以穩定的組態排列在晶體的廣大區域中。此種情況發生時吾人說長程有序的狀態存在,這種結構稱為超晶格(superlattice)或超結構(superstructure)。

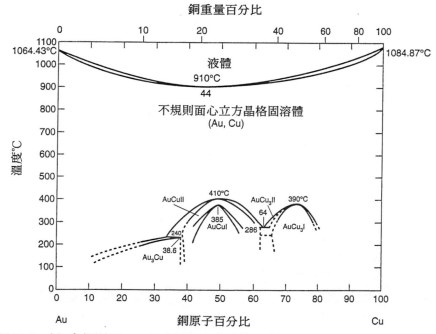

圖11.9　銅-金相圖(From Bullletin of Alloy Phase Diagrams,Vol.8,No.5,by Okamoto, H., Chakrabarti, D.J., Laughlin, D.E., and Massalski,T.B., 1987, p.454. Used by permission.)

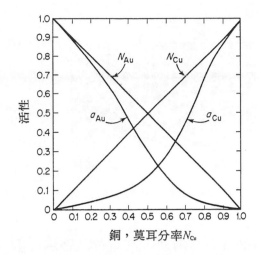

圖11.10 在500℃時，銅和金之固體合金的活性(After Oriani, R.A. Acta Met., 2 .608[1954].)

　　晶體中的有序區域稱為領域(domain)。領域尺寸的最大理論值取決於領域所在的晶體或晶粒的尺寸大小。但通常金屬晶粒將包含許多的領域，晶粒和領域間的關係示於圖11.11。此圖所繪的是假設兩種等量的黑原子(A)和白原子(B)構成兩塊有序晶體。圖的左上方的晶粒包含三個領域，右下方晶粒則包含兩個領域。由虛線所圍成的領域邊界處，A原子面對A原子，而B原子面對B原子。在領域內部，每個A原子和B原子都被不同種類的原子所包圍。在兩個領域的相交處，A原子和B原子的次序相反，實用上稱這種領域為反相領域(antiphase domain)，而這種邊界為反相邊界(antiphase boundary)。於銅-金系統中，在三個基本組成的範圍內可從短程有序結構轉換成長程有序結構。這些範圍之一包括相等數目的金和銅原子組成，另外的範圍是三對一之比值的銅和金或者是金和銅原子的組成。通常每一個超晶格是一個相，在一有限的溫度和組成內是穩定的。在銅-金系統中已被確定有五種不同的超結構：兩個符合CuAu組成，一個符合Au_3Cu組成，而另二個符合$AuCu_3$組成。描繪包圍每個超晶格相的兩相區域邊界會在共軛最大值處相遇。Cu_3Au相的共軛最大值出現在390℃處，而CuAu的最大值則在410℃和385℃處。注意，有關CuAu相，其低溫相是由高溫相冷卻而得的。亦即，當合金組成接近CuAu時，而從靠近固相線的溫度冷卻時，首先從高溫短程有序相(不規則的面心立方結構)轉換成如圖11.9中的AuCuⅡ相(斜方晶，orthorhombic)。繼續冷卻時，AuCuⅡ相轉換成AuCuⅠ(正方晶，tetragonal)。相同地，富金的$AuCu_3$組成在高溫轉換成$AuCu_3$Ⅰ(斜方晶)，而在低溫轉換成$AuCu_3$(面心立方結構)。Au_3Cu相的結構也是面心立方晶格。

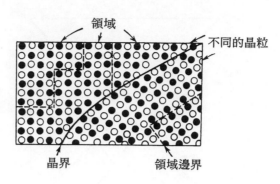

圖11.11 在兩種不同晶粒的有序領域，規則性是基於等數的黑原子(a)和白
原子(b)

　　五種銅-金系統的超晶格中的兩種，其單位晶胞示於圖11.12。左圖所示的
是Cu_3Au I 結構。這是銅原子在面心和金原子在角隅上的面心立方單位晶胞。
吾人很容易證明這種組態符合Cu_3Au的化學計量比值。6個面心銅原子的每個
原子分屬2個單位晶胞，所以每個單位晶胞含有3個銅原子。另一方面，8個角
隅上的原子，每個分屬8個單位晶胞所共有，因此每個單位晶胞含有1個金原
子。由這種單位晶胞組成的完美晶格，其原子比是每個金原子對三個銅原子。
實際上，就如相圖上所顯示的，Cu_3Au結構以及CuAu結構都能存在一組成範
圍內。當組成偏離了嚴格的化學計量比時，這個範圍就略受限制了，因為規律
的完美性和超晶格的穩定性將降低。

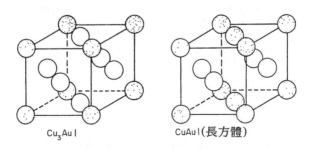

　　　　　　　　Cu₃AuⅠ　　　　　　　　CuAuⅠ(長方體)

圖11.12 銅-金合金中五種已知有序(規則)相中的兩種單位晶胞

　　圖11.12的右圖表示低溫CuAu相(CuAu I 或正方晶相)的單位晶胞。這個結
構也是面心立方晶格的一個修飾結構，金和銅原子交錯的完全填滿(001)平
面。這種相的正方性直接與金原子面和銅原子面的交錯堆積有關。像這樣的結
構在含有相同型式原子的面上有等長的軸，但不和垂直於此面方向的軸等長。
亦即單位晶胞由立方體變形為正方體。CuAuⅡ相有較為複雜的結構，在此將

不做描述，但是它可被視爲是介於在高溫短程有序面心立方結構與低溫有序正方體結構間的中間階段。

在許多的合金系統中都可發現有序相。其中發生在具有相等數目銅和鋅原子的銅-鋅系統中的相已被廣泛的研究。在本章後面將對這個相做簡短的討論。

11.8　混相區(Miscibility Gaps)

金和鎳像銅和鎳及銅和金一樣，也是能以任何比例凝固成固溶體的一合金系統。請看示於圖11.7的相圖。這個系統提供一個完全可溶系統的例子，在此系統，當溫度下降時結構傾向於分凝(segregate)。現在考慮相圖中下部份區域的曲線。在溫度低於810.3℃及曲線內的區域有兩個穩定相 α_1 和 α_2。第一個相 α_1 是以金晶格爲基礎而加鎳在溶體中的相，另一個相 α_2 是鎳中含金之溶體。兩個相都是面心立方結構，但是晶格常數、密度、顏色及其他物理性質都不相同。

兩相區內的兩個穩定相 α_1 和 α_2 構成了所謂的混合性間隙(miscility gap)。在固態形成混合性間隙的必要條件是兩成份必須結晶成相同的晶格形式。

在第十章中已經指出許多合金系統擁有固溶曲線，其溶質之溶解度隨溫度升高而增加。有一個很大的可能是可以考慮混合性間隙的邊界爲高溫時兩條固溶線相遇而成的單一邊界，此邊界隔開了單相區域和兩相區域。

金-鎳系統具有特別重要性，因爲它說明了許多我們即將學習的固態反應。當 A 和 B 原子形成二元合金時，在最近相鄰原子間可能形成兩種形式的原子鍵：同種原子間的鍵(A–A或B–B鍵)，異種原子間的鍵(A–B鍵)。伴隨著每一對原子鍵的化學鍵能，若是相同原子對則寫成 ε_{AA} 或 ε_{BB}，異種原子對寫成 ε_{AB}。當然合金的總能量可以寫成相鄰原子間所有鍵能的總和，此能量愈低，金屬就愈安定。假如異種原子間的鍵能等於同種原子間鍵能的平均值 $\frac{1}{2}(\varepsilon_{AA}+\varepsilon_{BB})$，則這些鍵並沒有什麼不同，此溶體是一種任意固溶體。當 ε_{AB} 低於同種原子間的平均鍵能 $\frac{1}{2}(\varepsilon_{AA}+\varepsilon_{BB})$，則可以期待在高溫時得到短程有序結構，低溫時得到長程有序結構。另一方面，偏析和析出經常伴隨 ε_{AB} 大於 $\frac{1}{2}(\varepsilon_{AA}+\varepsilon_{BB})$} 的情況。

金-鎳合金存有混合性間隙的事實通常被解釋爲金-鎳鍵能大於金-金和鎳-鎳鍵能平均值的證據，因爲這個效應而產生偏析。在高於混合性間隙溫度所做的合金固溶體的熱力學量測顯示金和鎳的活性都呈現正偏差。這個事實也指出了不同種原子對具有較高的鍵能，因此金和鎳原子傾向分離。但是X光繞射量測顯示在高於混合性間隙的溫度時，此固溶體存在一小區域但有限的短程有序結構。此種明顯的矛盾強烈的顯示決定結構形式的因素超過一個。這個簡單的所謂似-化學理論(quasi-chemical theory)，只用原子間鍵能的大小來描述分凝或有序結構，並不足以解釋在金-鎳系統所觀察到的結果。決定發生在固溶體合金中固態反應的本質，必然包括了其他因素。金-鎳系統中的這種不明確結果已被認為主要是由於金和鎳原子尺寸大小的巨大差異造成的[2]。其直徑的差異量大約15%，是Hume-Rothery之溶解度的極限值。當金和鎳原子形成任意固溶體時，原子間的配合性非常差，且晶格受到嚴重的應變。消除伴隨著金和鎳原子不配合性所衍生的應變能的方式之一是假設原子為有序排列。當金和鎳原子在晶體中交錯排列時所產生的應變，要比金或鎳原子聚集在一起所產生的應變小。藉著這種方式可以解釋存在高溫的短程有序結構。如果晶體形成含金較豐和含鎳較豐的相，則晶格的應變能將大大的減低。注意，在這種情況下，吾人假設此兩相由於晶界的關係而形成分開的晶體，而此處我們不討論存在原來固溶體晶體中的金原子或鎳原子的整合聚集(coherent cluster)。整合方式的聚集將升高應變能，而非降低應變能。當然分離相要在沒有聚集的固溶體中成核是一個困難的過程，並且在金-鎳系統的混合性間隙內，相的析出是一種非常慢且耗時的過程，而明顯地僅在基地相的晶界上成核。

　　混合性間隙不僅在固溶體中出現，而且常在相圖的液相區中發現。在後面的章節中將討論一特殊的液相混合性間隙。

11.9　共晶系統(Eutectic Systems)

　　圖11.13之銅-銀相圖可視為共晶系統的代表。這種型式的系統總存有一稱為共晶組成(eutectic composition)的特定合金，其凝固溫度比其他組成者都要低。在接近平衡(緩慢冷卻)的條件下，它在單一溫度下凝固，就像純金屬一樣。但另一方面，此組成的固化反應與純金屬的凝固又非常不同，因為它凝固形成兩種不同固相混合物。因此在共晶溫度，由單一液相同時形成二種固相。由一個相轉換成二種不同相的相變化必須三相在平衡狀態。在第十章，已經證明在定壓下，三相僅能在一無變度點時達到平衡，亦即在定組成(在此情況下是共晶組成)和定溫(共晶溫度)下。共晶溫度和組成在相圖上所決定的點稱為共晶點(eutectic point)，在銅-銀系統此點在28.1%銅和779.4°C。

2. Averbach, B. L., Flinn, P. A., and Cohen, M., *Acta Met.*, **2** 92 (1954).

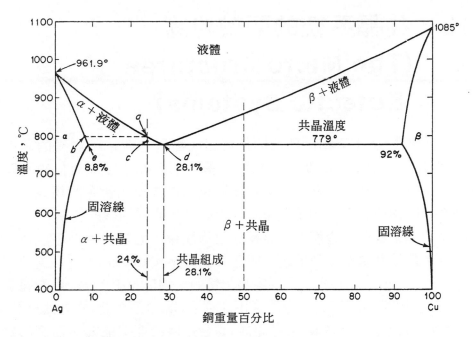

圖11.13 銅-銀相圖(Form Constitution of Binary Alloys, by Hansen, M.,and
Anderko, K.Copyright, 1958. McGraw-Hill Book Co., Inc., New York,
p.18.Uesd by permission.)

　　現在將圖11.7所示的金-鎳平衡圖及其混合性間隙，與圖11.13的銅-銀相圖
做比較。這兩系統的密切關係是很明顯的。銅-銀系統的共晶點相對於混合性
間隙和固相線的交點。因此，銅-銀系統的共晶點等於金-鎳系統的最小值點。
但在金-鎳系統中具有最小值點組成的合金固化時，首先形成單一均勻的固溶
體，然後在繼續冷卻而通過混合性間隙時將分開成兩個固相。另一方面，如銅
-銀系統擁有共晶組成的合金，將直接凝固形成兩相混合物。
　　產生混合性間隙的基本要求是同種原子在固態時傾向於分凝。此對於共晶
系統也是真實的。一個真實的混合性間隙，就像在金-鎳系統中的一樣，只有
當成份金屬具有非常類似的化學性質，及結晶成相同的晶格形式時才會發生，
因為成份在高溫下必須能夠互溶。在共晶系統，成份不必有相同的結構，其化
學性質也不必相似。但是，假如這兩種原子的化學性質差異很大，則在合金系
統中容易形成中間的晶體結構。在如此的系統中仍能得到共晶，但是它們不是
在終端相之間形成，如圖11.13所示。

11.10 共晶系統的顯微組織 (The Microstructures of Eutectic Systems)

　　同形合金系統在平衡和固態時的任何組成都只包含單一均質的固溶體晶體。像這樣的一個結構在顯微鏡下觀察,基本上與純金屬沒有什麼不同。因此,單從它們的顯微組織的探討,通常很難說明這些單相合金的組成。另一方面,共晶系統的兩相合金在顯微鏡下,其組成具有非常明顯的特徵。

　　在討論共晶系統的合金顯微組織及其他特性時,通常以共晶組成爲界分成兩邊來探討。位於共晶點左邊的組成叫亞共晶(hypoeutectic),在右邊的稱爲過共晶(hypereutectic)。如此命名是很容易記憶的,因hypo和hyper爲希臘字首意即"之下"和"之上"之意。因此,用普通由左往右(增加銅含量)的方式來讀銅-銀平衡圖,可發現低於28.1%銅(共晶組成)的合金屬於亞共晶類,而高於28.1%銅的合金屬於過共晶類。

　　圖11.14所示的是24%銅和76%銀的合金的顯微組織。因這組成的銅少於28.1%(共晶組成),所以此合金是亞共晶的。在照片中可見兩種不同的結構:幾乎是連續的灰黑區域,及位於其內的橢圓形白色區域。這兩種白色和灰色區域都有它們自己的特性結構。包含8.8%至28.1%銅的銅-銀合金,當由液相慢慢冷卻時,將出現這兩種結構而其量一直改變。當合金的組成由8.8%變化到28.1%銅時,灰色結構的量將從0增加到100%。圖11.15是同一合金的另一張照片,但放大倍率較高。在低倍率照片中看到的灰黑色結構放大如圖11.15,可看出其中一相的小顆粒聚集在另一相的基地上。此爲銅-銀系統的共晶結構。小顆粒的部份是含銅較豐富的相構成的,連續的白色基地是含銀較豐富的相。形成亞共晶結構的這兩個相以出現較多量的元素爲其特性顏色。含銅較豐的區域是紅色的,而含銀較豐的區域是白色的,因此在已經拋光而尚未浸蝕的試片中,可清楚地分別這兩個相(目前所示的試片,爲了增加對比試片已被浸蝕)。仔細的研究圖11.15顯示大的白色橢圓區域不含銅顆粒,是與共晶區域的白色部份相連續的。

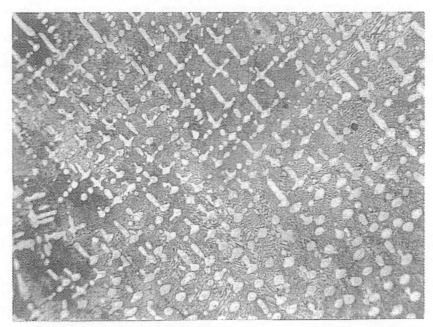

圖**11.14** 銅-銀相圖中約含24％銅之亞共晶組織較亮，橢圓形區域是初晶 α 樹枝
狀組織，而灰色背景則是共晶結構

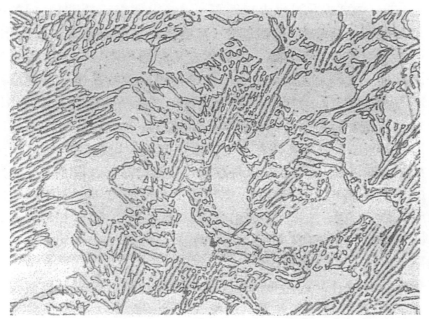

圖**11.15** 以較大倍率顯示圖11.14的顯微組織(白色基地是 α 或富銀相。黑色小
平板是 β 或富銅相。共晶結構因此包含小平板 β 在 α 基地上)

　　由上面的討論可做成結論就是，此合金系統的亞共晶合金擁有包括共晶結構和僅含銀較豐相區域的混合物的顯微組織。有一重要應注意的事是像圖11.14的共晶合金的照片中，那樣明顯的結構外觀不是相本身造成的，而是共晶結構與僅存的單相區域間的對比。習慣上我們把在顯微鏡下可清楚地分辨的微觀結構，叫做結構的構成要素(constituent)。不幸地，要素這個字經常和成份(component)混淆不清。這兩個字實際上有截然不同的意義。一個合金系統的成份是形成此合金的純元素(或化合物)。在目前情況下，它們是純銅和純銀。另一方面，要素是顯微組織中我們可清楚地定義的特徵。它們可以是相，就像圖11.14中的白色區域，或是相的混合，如同圖11.14中的灰色共晶區域。

　　圖11.14中的顯微組織是從液相慢慢冷卻的共晶合金之特徵。將此合金冷加工和退火，並不會改變出現在顯微組織中相的量，但是如此的處理會改變相的形狀和分佈。換言之，圖11.14所顯示的亞共晶銅-銀合金的結構是在鑄造狀態，在這照片中我們所看到的結構卻是共晶合金凝固過程的函數。

　　現在詳細的來討論共晶合金系統的凝固過程。為此目的，我們假設合金由液態緩慢冷卻到稍低於共晶的溫度。在這個溫度下，所有組成將完全固化，但我們不考慮固溶線上顯微組織的效應，在固溶線上相的溶解度隨著溫度的下降而減低。實際上，由於相的溶解度減少而造成顯微組織的變化通常是輕微的，我們將在解釋平衡凝固過程的本質後再做簡短的討論。

　　圖11.13中一垂直線通過組成24％銅。這條線代表示於圖11.14的顯微組織之合金的平均組成。在高於a點的溫度，此合金是在液相狀況。當冷卻到低於a點的溫度使合金狀態進入兩相區，此時穩定相是液相和α固相。後者是銅固溶在銀中的固溶體，此已知組成的合金一開始凝固形成的晶體，其組成幾乎完全是銀(b點)。合金達到共晶溫度前，凝固過程和同形合金相似，其液相和固相分別沿著液相線和固相線移動。含銀較豐的晶體以許多分枝的骨架方式成長，稱為樹枝狀(dendrite)，其本質將在第十四章中解說。目前我們足以指出當合金冷到共晶溫度(c點)稍上方時，它包含許多骨架晶體浮現在液相中。應用前述在一已知溫度時分析兩相合金的法則，很明顯的在此溫度下，液相的組成必須符合共晶組成(d點)。另一方面，固相組成為8.8％(e點)，因為其平均組成約在液相組成對固相組成(d到$e = 28.1 - 8.8$％)的五分之四處($24 - 8.8$％)，藉著槓桿法則，液相對固相的比例大約是4比1。

　　恰在共晶溫度之上，合金是液相和固相的混合物。固相是以樹枝狀形式形成，而被共晶組成的液相所包圍。再進一步冷卻合金，液相在共晶溫度時凝固。如此的凝固過程結果形成共晶結構：在含銀較豐之晶體的樹枝間凝固成兩

固相(在銀基地上有銅顆粒)的混合物。以此種方式形成的結構的橫截面如圖
11.14所示。因為恰在共晶溫度之上時合金有五分之四是液態共晶，因此在合
金完全固化時可望有五分之四的共晶固體。剩下的五分之一的結構是在高於共
晶溫度時之凝固過程所形成的含銀較豐的樹枝狀結構。此部份的結構在圖
11.14中是清晰而呈橢圓的區域，如果我們考慮到照片的平面是代表骨架晶體
的枝臂的橫截面，則結構以此種形狀出現就很容易理解的了。

在圖11.14或11.15所示的亞共晶合金，銀相出現在兩處：在共晶區域，此
處它與銅顆粒同時出現，以及在樹枝狀之枝臂，此處僅有銀相。另一方面，含
銅較豐相僅出現在共晶結構中。一般實際上區別這兩種形式之富銀相是將樹枝
狀富銀區域稱為"初始的"(初晶)。其餘的富銀區域稱為"共晶的"。初始的區域
一般也稱為初共晶要素(proeutectic constituent)，因為他們在高於共晶溫度時
就形成。

所有介於8.8％銅和28.1％銅之間的亞共晶組成，其固化的方式類似於上面
剛剛已經討論過的24％銅組成的固化過程。當然，當合金冷卻而通過共晶溫度
後，共晶結構對初始的 α 相的比例將隨金屬的組成而改變。當我們將組成8.8
％銅移至28.1％銅處，在顯微組織中之共晶結構的量將直接隨銅含量的增加而
增加。當組成是28.1％銅時合金整個是共晶結構，而組成是8.8％銅時合金僅含
初始的 α 晶體。

當組成低於8.8％銅，在平衡條件下所有合金以同形方式凝固成單相(只要
它們不低於固溶線)。當冷卻到溫度低於固溶線，這些組成(0到8.8％銅)變成過
飽和狀態而析出 β 相(富銅)顆粒。這個意思是說理論上它們能夠應用第十六章
所描述的時效硬化和析出過程來處理。應注意的是這個現象不能發展成共晶結
構，共晶結構僅當含有共晶組成的液相固化時才會形成。

現在讓我們的注意力集中在過共晶銅-銀合金。圖11.16所示的是這些組成
之一(50％銅-50％銀)的典型顯微組織。圖11.13中一垂直線通過這指定的組成
表示此合金在相圖中的位置。當過共晶合金(28.1％銅到92％銅)由液態冷卻
時，富銅的 β 相從液體中先形成直到達共晶溫度。液相中銅含量沿著液相線移
向共晶組成使銅逐漸被消耗，當通過共晶溫度後，所得的顯微組織是初始(即
初晶)的 β 相和共晶結構的混合物。初始的 β 相示於圖11.16為橢圓形黑色區
域。此合金的共晶結構和亞共晶合金中的共晶結構是一樣的——皆是銅顆粒在
銀基地上。將此顯微組織和圖11.15中的亞共晶結構做比較，可發現一件非常
有趣的事。在兩者的情形中，銀相是連續相，但銅相卻是不連續的。即，在亞
共晶結構中，共晶的 α 或富銀相和初始的銀樹枝臂是連續的，但在過共晶結構

中，初始的富銅相不會和共晶結構中的銅相連續。除了銅-銀系統外，在其他共晶系統中也發現類似的結果，即一相傾向於包圍另一相。

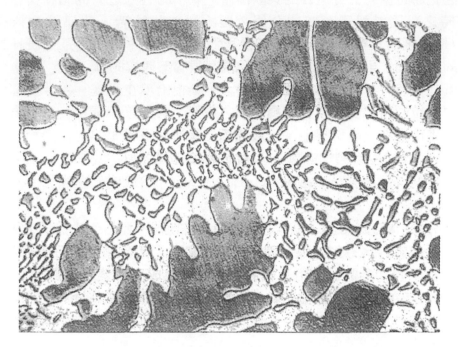

圖11.16　包含初晶 β (黑色大區域)和共晶之過共晶銅-銀組織

在過共晶合金中共晶結構的量直接隨銅濃度的改變而改變，當組成由28.1％銅改變至92％銅，共晶結構的量由100％減少到0％。組成高於92％到100％，所有組成凝固成同形的單一相(β 相或富銅相)的結構，此相冷卻到室溫時，其中的銀將變成過飽和而使得 α 相產生析出。這個效應和前述組成低於8.8％銅的含銀較豐的合金十分類似。

現在來描述組成介於8.8％銅與92％銅之間的合金由共晶溫度冷卻至室溫時的效應。通常，所有這些合金都將包括共晶結構的部份，因此是兩相結構。根據相圖， α 相和 β 相的溶解度皆隨溫度下降而減少，在緩慢冷卻時，兩相趨向純金屬態，其意思是說銅將從含銀較豐相(富銀相)擴散出來，而銀將從含銅較豐相(富銅相)擴散出來。當冷卻的足夠慢，不會有新的顆粒從這些相中形成，因為例如銀原子離開 β 相進入已經存在的 α 相中，要比孕核形成的 α 顆粒還要容易。這些相的溶解度降低(隨著溫度的下降)對於顯微組織外觀的淨效應因此是很小的。

最後我們來討論共晶點的意義。亞共晶組成當從液相冷卻時，首先固化成富銀的晶體，因此共晶點左邊的液相線可視為不同的液相組成開始凝固成 α 相的溫度位置。同樣地，共晶點右邊的液相線代表 β 相從液相中形成的溫度位置。因此，共晶點(相對於溫度和組成)是兩條液相線的交點，在此點上液相可同時轉換成 α 和 β 相。

11.11 包晶變態(The Peritectic Transformation)

共晶反應是從一種液相轉換成兩種固相，是所有可能發生在二元系統的三相反應中的一種。另外常出現的反應是發生在一液相和固相間而形成一新且不同的固相。這個三相變態發生在包晶點(peritectic point)處。

圖11.17所示的是鐵-鎳系統的相圖。包晶點出現在左上角處，這個部份的放大圖如圖11.18所示。

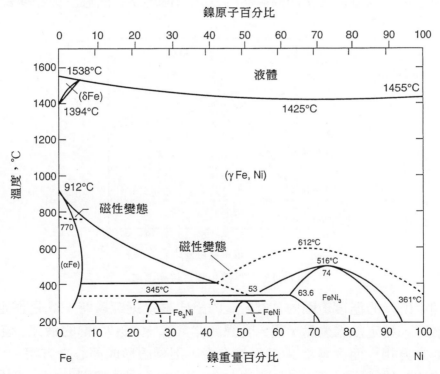

圖11.17 鐵-鎳相圖(From Binary Alloy Phase Diagrams, T.B., Editor-in-Chirf, ASM International, 1986. p.1086. Used by permission.)

在研究包晶反應之前，先來探討此類合金系統的基本特徵。鐵和鎳的視原子直徑幾乎相等(鐵，2.476埃，而鎳2.486埃)。因為鐵和鎳都屬於週期表Ⅷ族，這兩個元素有相近的化性。兩者都結晶出面心立方系統；鎳在任何溫度下都是面心立方結構，但鐵僅在912℃到1394℃範圍內才是。除了鐵在溫度高於1390℃和低於912℃時的穩定晶形是體心立方結構外，這些條件將形成理想的簡單同形系統。因此除了在相圖的左上角和左下角這兩個小的體心立方結構區域外，鐵和鎳合金會呈現面心立方結構將不足為奇的了。

圖11.17也顯示發生在此系統中的超晶格轉換，其組成是基於$FeNi_3$。描述這種面心立方結構之有序-無序轉換的邊界，顯示在相圖右下角處。

鎳添加到鐵中可增加面心立方結構相的穩定性。結果，結晶相的溫度範圍會隨著鎳含量增加而擴張，且分開體心立方結晶區域和面心立方結晶區域的邊界，分別向上和向下傾斜(隨著鎳含量增加)。

參考圖11.18，讓我們只考慮圖中溫度高於1394℃的部份。根據一般術語，出現在這一個溫度範圍的高溫體心立方相稱為δ，面心立方相叫做γ相。

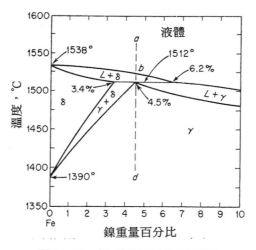

圖11.18　鐵-鎳相圖之包晶區域

在圖中所示的溫度範圍內，當合金的組成很接近純鐵時，δ是穩定相。增加鎳含量時，穩定結構變為γ相。含鎳量非常低(<3.4%鎳)的液態合金直接凝固成體心立方相，而含鎳超過6.2%的合金，則凝固形成面心立方相。

組成在3.4%鎳到6.2%鎳之間的合金代表由δ相轉換到γ相之凝固反應的轉移範圍。這部份相圖的焦點就是包晶點，發生在4.5%鎳(包晶組成)及1512℃(包晶溫度)時。

藉著圖11.18中虛線ad的幫助，吾人能追蹤包晶組成之合金的凝固反應。

當液相的溫度到達b點時，固化即開始。在此點和包晶溫度之間，合金經過液相和δ相的兩相區。因此，固化隨著鎳含量少的體心立方樹枝狀結晶的形成而開始產生，於是液相的鎳含量較豐。在溫度恰好高於包晶溫度(1512℃)，由分析兩相混合物的法則，我們得到：

相的組成

δ相　3.4％鎳

液相　6.2％鎳

每個相的量(由槓桿法則)：

δ相　61％

液相　39％

直接高於包晶溫度時，包晶組成的合金結構包含液相基地上有固相δ相晶體。另一方面，相圖顯示剛好低於包晶溫度，此合金位在一單相區(γ)，此意味著其為一簡單均質固溶體相。冷卻經過包晶溫度時δ相和液相結合而形成γ相。這就是鐵鎳系之包晶變態。在這個特殊系統中，包晶點是液相凝固形成兩種組成相近而結晶形式不同之固相的直接結果，且其中的一相(γ相)在低溫時較穩定，因此取代了另一相。

應注意的是包晶反應就如同共晶一樣，它包含有反應相的固定比：61％δ相(3.4％鎳)與39％液相(6.2％鎳)結合形成γ相(4.5％鎳)。如果一合金在包晶溫度時沒有包含液相對δ相的正確比例，則此反應不能完全且當通過包晶溫度後將殘留一些多出的相。合金之組成在3.4％到4.5％鎳之間，係位於包晶組成的左邊，溫度恰好高於1512℃時含有過多δ相(超過61％)。在通過溫度後，合金進入兩相區：δ相和γ相。同樣地，在包晶點右邊的合金，組成介於4.5％鎳和6.2％鎳之間，在通過包晶溫度後，進入兩相區：γ相和液相。

11.12　偏晶(Monotectics)

偏晶(monotetics)代表另一型的三相變態，是由一個相轉換成不同組成的液相和固相。偏晶變態係伴隨著液態中的混合性間隙。此種型式反應發生在955℃及37.4％鉛的銅-鉛系統中，由圖11.19中可看出。注意此偏晶系和銅-銀共晶系統(圖11.13)間的相似性。在此之液態的混合間隙剛好位於偏晶點的右邊。

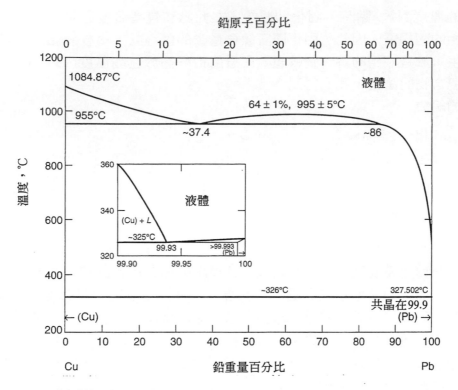

圖11.19 銅-鉛相圖(From Binary Alloy Phase Diagrams, Massalski, T.B.,Editor-in
-Chief, ASM International, 1986, p.946. Used by permission.)

注意，在銅-鉛相圖也擁有一共晶點，其溫度327.5℃及99.9％鉛(0.1％銅)
處。因爲此點很靠近純鉛的組成，因此不太可能將它表示在此種尺度的相圖
中。最後，此系統是一個在固態時元素不混合而由元素構成的代表；在室溫
下，銅在鉛中的溶解度少於0.007％，而鉛在銅中溶解度在0.002％到0.005％
的等級範圍。在此，終端固溶體很接近純元素。

11.13　其他的三相反應(Other Three-Phase Reactions)

到目前爲止我們所探討的液固相間的轉換已包括三種基本的三相反應(共
晶、包晶和偏晶)。因此，它們是伴隨著合金的凝固或溶解過程，除此之外還
有一些重要的三相反應，僅包括固相之間的改變。其中最重要反應發生在共析
(eutectoid)點和包析(peritectoid)點。在共析點處，當合金冷卻時，一固相分解
成兩個不同的固相。而在包析點處，當合金冷卻則產生相反的過程，即兩個固

相結合形成單一固相。一方面在共析和包析反應間具相似性，而另一方面與在共晶和包晶反應間的相似性是十分明顯的。

在鐵-碳系統中有一個非常重要的共析反應，將在稍後做一詳細的討論。

11.14　中間相(Intermediate Phases)

中間相也稱為介金屬相(intermetallic phase)，在相圖中與其說它是例外，不如說是慣例。為了說明某些基本原理，平衡中對這問題常簡化之。除了有序或超晶格相外，沒有顯示其他的中間相。現在來簡要探討合金系統所含的中間相的一些重要特性。

銀-鎂相圖(圖11.20)是研究中間相的有趣相圖，因為它顯示單一相伴隨著中間相的兩種基本方式。此合金系統總共擁有五個固相，其中二個是終端相（α 相—基於銀格子的面心立方結構，δ 相—基於鎂格子的六方密堆積結構）。Ag_3Mg、β' 和 ε 相(都是中間相)在某一組成範圍內都是穩定的，因此是真正固溶體的實例。

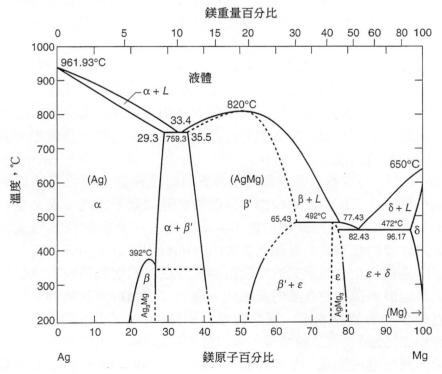

圖11.20 銀-鎂相圖(From Binary Alloy Phase Diagrams, T.B., Editor-in-Chief, ASM International, 1986, p.42. Used by permission.)

圖11.20顯示 β' 相在中央部份，其組成約有相等數目的鎂原子和銀原子，為使此事實明顯可見，此相圖以原子百分比來表示。 β' 相是體心立方結構的超晶格。由於空間格子具相等數目的銀和鎂原子，因此單位晶胞角隅上的原子是一種型式，而在中心的又是另一型式的原子。存在另一不同系統的這種型式結構的例子示於圖11.24中。在目前這合金系統中的 β' 相是蠻有趣的，在溶點時這有序結構是穩定的。為了表示此種結構不是簡單任意的固溶體，我們用 β' 符號表示而不用 β 。

β' 相區域在其上端被一最大值所包圍，該值座標是820℃和50原子％的鎂。因此這個體心立方相由凝固過程中形成時，會通過一個典型的液相線和固相線的最大值。另一方面， ε 相之單相區的上限是終止在492℃和75原子％鎂的一典型包晶點上。在此， ε 相(具有複雜，不完全可分解的一種結晶構造)的形成是包晶反應的結果。

在前段中已經定義兩種在凝固過程中，基本形成方式所形成的中間相——藉著在一共軛最大值的轉換或通過包晶反應。這兩個型式的反應在相圖中是很尋常的，中間相也可以是在固態間發生轉換而形成。在共軛最大值處，超晶格從具有短程有序狀態的固溶體中形成已經被討論過。新的固相也可以在包析點處形成。

現在回到示於圖11.20的銀-鎂系統，圖中除了包晶點和共軛點外，同時也有兩個共晶點。第一個位於759.3℃和33.4原子％鎂處，其對應之反應是液相轉換成 α 和 β' 相的共晶混合物。另一個共晶點是在472℃和82.43原子％鎂處，所得到的共晶結構是 ε 和 δ 相的混合物。請注意在每一種情形，共晶結構都是由不同的相所組成。

銀-鎂系統中的這些中間相是在相當廣的組成範圍內都穩定的固溶體。即在200℃ β' 相的單相區由大約42原子％鎂擴展至52原子％鎂，而 ε 相涵蓋的組成範圍由75原子％鎂到79原子％鎂。另一方面，許多中間相具垂直線的單相區。一般將這樣的相稱為金屬間化合物(intermetallic compound)。

在凝固過程中化合物形式的中間相形成方法和固溶體形成方式是一樣的；它們可在共軛最大值或在包晶點處形成，圖11.21的鎂-鎳系統的平衡圖，也是以原子百分比的方式來表示，圖中顯示共軛點(1147℃和67％鎳)，和包晶點(750℃和33.3％鎳)。在這種情況，類似於銀-鎂系統，也像此系統一樣擁有兩個共晶點。此兩系統間唯一基本的差異是後者(鎂-鎳系統)的相缺乏溶解度。

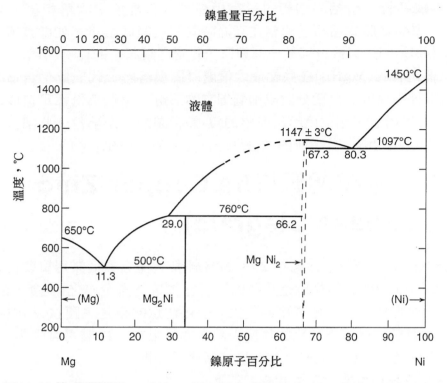

圖**11.21** 鎳-鎂相圖(From Binary Alloy Phase Diagrams, Massalski, T.B.,Editor-in
-Chief, ASM International, 1986, p.1529. Used by permission.)

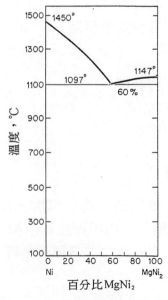

圖**11.22** 鎳-鎂相圖可在化合物MgNi$_2$的組成處將圖分成兩個簡單的圖。上圖就
是Ni-MgNi$_2$圖,而和Ni-Mg圖之左邊部份相對應

在鎂-鎳系統，包括終端相的所有相都具有非常狹窄的單相區。化合物 $MgNi_2$以六方晶格形式結晶。此相在高溫時其組成範圍很小，如虛線所示。其他介金屬相Mg_2Ni是以成份等於一個鎳原子對兩個鎂原子的比例出現。

第一個化合物($MgNi_2$)在共軛最大值處凝固或溶解。代表此化合物的垂直虛線，可以被考慮成將此圖分開成兩個獨立的部份，每個部份都可自成一個相圖，如圖11.22所示，圖中僅示出完整的鎳-鎂相圖的左邊部份。此部份的相圖可視為鎳-$MgNi_2$相圖；此系統的成份是一種元素和一種化合物。

11.15 銅-鋅相圖(The Copper-Zinc Phase Diagram)

銅-鋅系統的平衡圖示於圖11.23。因為銅-鋅合金含有商業用重要合金，如眾所週知的黃銅，因此這相圖是重要的，而它也是貴重金屬之一(金、銀、銅)和鋅或矽合成形成二元平衡圖中的代表。值得注意的事是，圖11.23中是以原子百分比來表示。重量百分比的尺度表示在此圖上方，由圖可發現銅-鋅組成當以重量百分比，或原子百分比表示時二者幾乎一樣。

在銅-鋅系統中共有七個固相歸類如下：

終端相：

　　α：基於銅晶格的面心立方結構

　　η：基於鋅晶格的六方密堆積結構

中間相：

　　β：不規則的體心立方結構

　　β'：有序的體心立方結構

　　γ：低對稱性的立方結構

　　δ：體心立方結構

　　ε：六方密堆積結構

除了α和β'相外，所有單相區的最高溫度上限皆終止於包晶點處。因此，在圖11.23中有五個包晶點。δ相不同於其他相，它在整個700℃到558℃的溫度範圍內都是穩定的。注意δ相區其最低點是終止於共析點處。

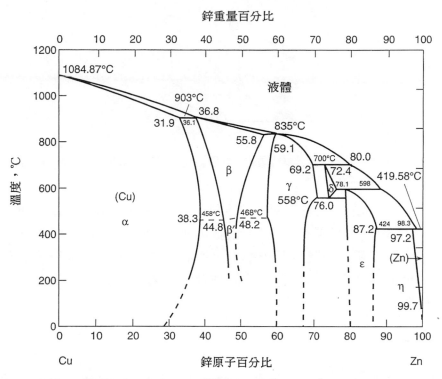

圖11.23 銅-鋅相圖(From Binary Alloy Phase Diagrams, Massalski, T.B.,Editor-in
-Chief, ASM International, 1986, p.981. Used by permission.)

　　此相圖另外一個重要特徵是在體心立方結構相之間(β-β')發生有序-無序
(order-disorder)的轉換。接近室溫時，β'相大約從48％鋅擴展至50％鋅。化
學計量組成CuZn落在β'區域(50％鋅)的邊緣處。因此有序(或規則)的體心立
方結構相是基於大約一個鋅原子對一個銅原子的比例。此點和銅-金有序相
CuAu是相似的，但CuZn相是體心立方結構，而CuAu是基於面心立方晶格。
此種相等數目的兩種原子所形成的有序體心立方晶格，將產生一種原子完全被
另一種不同原子包圍的結構(見圖11.24)。在銀-鎂系統的另一個例子在前面已
提過。這種晶體的原子排列可以想像是每個單位晶胞的角隅上原子是銅原子，
而在晶胞中心的是鋅原子。像這樣的排列符合化學式CuZn是容易證明的：因
爲每個角隅上的原子(銅)的八分之一是屬於此已知的晶胞，而總共有八個角隅
的原子，故對每個晶胞而言，角隅上原子貢獻了一個銅原子。同樣地，在晶胞
中心處的一個鋅原子完全屬於此晶胞。

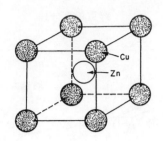

圖11.24 銅-鋅系統 β' 相之單位晶胞。此種結構也在化合物氯化銫中發現，而通常稱為 CsCl 結構

這種轉換如相圖中一條連接454℃到468℃的直線所示。Rhines和Newkirk 的研究指出，β 和 β' 相區被一個兩相區($\beta + \beta'$)隔開，但是這個區域的詳細情形仍沒有完全瞭解，主要是因轉換太迅速而造成實驗上的困難。我們無法藉著試片由兩相區淬冷來研究此轉換的詳細過程，因為任何正常的淬冷都將無法抑制完全轉換成 β'。

問題十一

11.1 一系列點 a、b、c、d 和 e 位在60％成份B的線上，代表一系列的溫度，包含60％B的合金通過這些點由液相凝固成固相。鑑定相或這些相，以及在所示的每一點顯微組織中每一相的量。

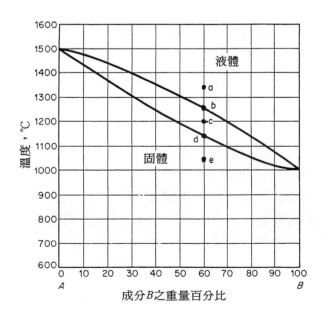

11.2　含60％鎳的金-鎳合金加熱到1100℃，使其達到平衡。當達到平衡時試決定液相和固相的量及其組成。

11.3　(a)一銅-75％銀的合金由液態緩慢冷卻到900℃而達到平衡，估算液相和固相的量及其組成。

(b)繪出此合金在900℃的平衡結構。

(c)現假設此合金緩慢冷卻到剛好低於共晶溫度。在此溫度時相及要素的重量百分比及組成為何。

11.4　(a)標準純銀是含有7.5％銅的銀合金。假如純銀試片由室溫加熱到782℃，而在此溫度達到平衡，試描述所預期的顯微結構。

(b)假如在782℃已達平衡的標準純銀試片，現在以非常緩慢方式冷卻到400℃，則其顯微結構的本質為何？寫出每相的量及組成。

(c)最後假設試片由782℃很快速地冷卻(淬冷)到400℃。描述預期的結構。

11.5　早期用於美國銀幣的合金包含10％銅。

(a)假如想要將這銀幣加熱到782℃，則顯微結構上有何預期的效應產生？

(b)在782℃時是否可成功地對此銀幣金屬做機械加工？解釋理由。

11.6　考慮圖11.18之鐵-鎳包晶反應。

(a)剛好高於包晶溫度(1512℃)時，相的組成及其重量百分比為何？

(b)剛好低於包晶溫度時，回答如(a)中的相同問題。

11.7　已知鎳在鐵中擴散速率於液態時比在固態時大許多，當一包含共晶組成4.5％鎳的合金冷卻經過包晶溫度時，對於獲得平衡顯微結構(即均質的結構)的容易度有何效應產生？

11.8　含64％鉛的鉛合金在沒有攪拌的坩堝中，由1100℃緩慢冷卻到室溫，試回答下列問題：

(a)在1100℃時此合金的本質為何？

(b)現在考慮此合金在剛好高於偏晶溫度955℃上方，在955℃合金包含兩個不同組成的液相。這兩個液相有相同密度嗎？假如沒有，您預期會發生什麼？

(c)液相中的一個擁有偏晶點的組成。當它通過955℃的偏晶溫度時，此液相會發生什麼？當合金冷卻到低於955℃一直到它到達326℃的共晶溫度後，請描述坩堝內合金的物理本質。

11.9　(a)在鐵-鎳合金系統中的包晶溫度時，那些相係在平衡狀態？

(b)在包晶溫度時這些相的部份莫耳自由能之間有何關係存在？

(c)描出在1512℃時這些相的自由能對組成曲線之間必然存在的關係圖。

11.10　繪出對應大約1512℃以上25℃及以下25℃的溫度時，鐵-鎳系統之自由能—組成的二組曲線圖。

心得筆記

第十二章
置換型
固溶體的擴散
(Diffusion in Substitutional Solid Solutions)

金屬中之擴散的研究非常實用，在理論上也非常重要。擴散(diffusion)之意義是原子在溶體中的移動。本章主要研究置換型固溶體的擴散，而下面一章將討論插入型固溶體的原子移動。

12.1 理想溶體的擴散 (Diffusion in an Ideal Solution)

考慮一固溶體，其係由A原子與B原子所組成。設A成分為溶質，而B成分為溶劑，且將該溶體看做是理想的。當然，此即暗指溶質與溶劑原子之間沒有交互作用，或是該二種原子在晶體中之行為就像是它們是同一種化學物一樣。

實驗已顯示面心立方、體心立方，及六方金屬中的原子之能夠在晶格中移動，是因為空位移動所造成。假設躍遷是完全隨機的；亦即，對一空位四周之原子而言，它們的躍遷機會都是一樣，此暗指躍遷率與濃度無關。

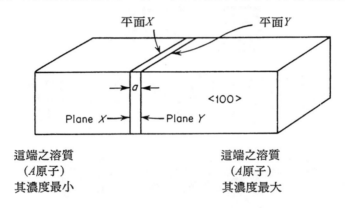

圖12.1 假想的單晶體具有濃度梯度

圖12.1表示一單晶體，由A及B原子所組成，其溶質之組成沿棒長連續變化，但在切面上則為均勻。為簡化計，棒之晶體結構假設為簡單立方，且其<100>方向係沿棒之軸。並假設棒之右端其濃度最大，而左端之濃度最小。茲將宏觀的濃度梯度dn_A/dx應用到原子尺寸上，所以在二個相鄰原子面間的組成差為：

$$(a)\frac{dn_A}{dx}$$

12.1

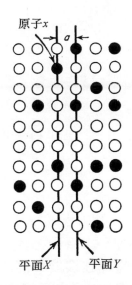

圖12.2　圖12.1之假想晶體之原子的切面圖

其中a是原子間間隔或晶格間隙(參看圖12.2)。若原子在晶格點上的平均停留時間為τ，則原子躍遷的平均頻率等於$1/\tau$。在圖12.2之簡單立方晶格中，任一原子，，如x記號所指的，可往六個不同方向躍遷：右或左，上或下，進入或出來紙面。現在考慮A原子在二個相鄰平面的交換，如圖12.2中X、Y之平面。這二個平面上的A原子雖然有六個可能的躍遷，但只有一個躍遷才能讓它跳到另一個指示的平面上，所以A原子由X跳到Y面的平均頻率是$1/6\tau$。每秒鐘由平面X躍遷到Y平面的原子個數等於X平面上所有原子的個數乘上一個原子由平面X跳到Y平面的平均頻率。平面X之溶質原子的數目等於每單位體積的溶質原子的數目(濃度n_A)乘上平面X上原子的體積(Aa)，所以由平面X到Y平面的溶質原子的通量為

$$J_{X \to Y} = \frac{1}{6\tau}(n_A a) \qquad\qquad 12.2$$

其中　　$J_{x \to y}$＝每單位橫切面由平面X到平面Y的溶質原子的通量

　　　　τ＝溶質原子在晶格點的平均停留時間

　　　　n_A＝每單位體積A原子的數目

　　　　a＝晶體的晶格常數

平面上Y，A原子的濃度可寫為：

$$(n_A)_Y = n_A + (a)\frac{dn_A}{dx} \qquad\qquad 12.3$$

其中n_A是在平面X上的濃度，a是晶格常數或平面X及Y之間的距離。A原子由平

面Y移到X的速率是

$$J_{Y \to X} = \left[n_A + (a)\frac{dn_A}{dx} \right] \frac{a}{6\tau} \qquad \qquad \textbf{12.4}$$

其中，$J_{Y \to X}$表示A原子由平面Y到平面X的通量。因爲溶質原子由右到左的通量不等於由左到右的通量，所以存有一淨通量(以J表示)，其表示式如下：

$$J = J_{X \to Y} - J_{Y \to X} = \frac{a}{6\tau}(n_A) - \left[n_A + (a)\frac{dn_A}{dx} \right] \frac{a}{6\tau} \qquad \textbf{12.5}$$

或是

$$J = -\frac{a^2}{6\tau} \cdot \frac{dn_A}{dx} \qquad \qquad \textbf{12.6}$$

因爲橫截面積被選爲單位面積。注意方程式12.6，當濃度梯度爲正時(在圖12.2中A原子之濃度由左到右漸次增加)，A原子之通量(J)爲負。對於理想溶體的擴散，此結果是普遍的；擴散通量係往濃度梯度的負方向。若考慮B原子的流動，則淨通量將由左到右，此與B成分之濃度由左到右減少相互一致。再得到，通量(本次是B原子)係往濃度梯度的負方向。

現在令

$$D = \frac{a^2}{6\tau} \qquad \qquad \textbf{12.7}$$

則得到

$$J = -D\frac{dn_A}{dx} \qquad \qquad \textbf{12.8}$$

此方程式相同於Adolf Fick在1855年以理論對溶體之擴散所導出的。此方程式被稱爲斐克第一定律(Fick's first law)，其中，J是擴散物質在濃度梯度dn_A/dx的作用下，每秒垂直通過單位面積的量，或是通量。因數D被稱爲擴散係數(diffusivity，或是diffusion coefficient)。

如原來所設想的，斐克第一定律中的擴散係數D在一固定溫度下被假設爲常數。但，只有在含二種氣體的溶體中才由實驗證明，在一固定溫度下其擴散係數趨近於一常數。表12.1是一例子，其係氧與氫的二成份混合物，因爲它們具有較大不同的分子量(16比1)，所以具有較大不同的算術平均速率(4比1)。該表指出，當原子比$n_1/(n_1+n_2)$由0.25變到0.75時，擴散係數(D)的改變小於5個百分比。當氣體溶液之分子量更接近時，擴散係數隨組成的改變會更小，而且更難於偵測出。

不同於氣體溶液，液體及固體溶液的擴散係數很少是常數。擴散係數隨組成而變的典型例子顯示於圖12.3中，其取自Matano的研究。此圖顯示由金分別與鎳、鈀，及鉑所形成之合金其擴散係數的變化情形。特別是金鎳固溶體的擴散係數改變得最大，當組成由20變到80原子百分比時，其擴散係數改變了10倍之多。Au-Pt固溶體的變化較小，但仍然遠大於氣體之D的改變。因此可下結論，金屬固溶體的擴散係數通常不是常數。

表**12.1**　在氧與氫二成份氣體溶液中擴散係數隨組成的變化(取自Deuts ch)

原子比 $\dfrac{n_1}{n_1 + n_2}$	擴散係數 D
0.25	0.767
0.50	0.778
0.75	0.803

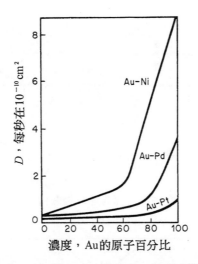

圖**12.3**　在Au-Ni，Au-Pd，及Au-Pt合金中，擴散係數(D)隨組成的變化。(From Matano, C., Proc. Phys. Math. Soc. Japan, 15 405[1933]; Japan Jour. Phys., 8 109 [1933].)

12.2　克肯達耳效應 (The Kirkendall Effect)

　　茲將討論一實驗，用來顯示在雙成份固體溶液中，不同種類之原子具有不同的移動速率。由Smigelskas及Kirkendall所做的實驗[1]係研究銅與鋅原子的擴散，在其組成範圍內鋅溶於銅中，而且合金仍保持銅的面心立方晶體結構(α黃銅的範圍)。在他們的實驗之後，另有許多其它的研究者利用很多不同的二

---

1. Smigelskas, A. D., and Kirkendall, E. O., *Trans. AIME*, **171** 130 (1947).

元合金而得到了類似的結果。圖12.4係克肯達耳擴散偶的示意圖：將二塊不同成份的金屬熔接而成。在圖12.4之中央的熔接面上，併有許多細線(通常是耐高溫金屬，不會溶入所要研究的合金系統中)。這些線可做為研究擴散過程的標記。為方便討論，今假設熔接面二邊的金屬是純金屬A及純金屬B；右邊的是純A而左邊的是純B。因為固體中的擴散遠小於氣體及液體中的，為了使擴散的總量能被測出，必需將試片加熱到接近試片金屬的熔點，並且維持數天之久。待試片冷卻到室溫後，用車床將試棒切片，切片係與熔接面平行。然後對每一片切片做化學分析，並把結果劃成圖以顯示棒之組成隨距離變化的情形，如圖12.5之所示。由圖可易於看出，有B原子由棒之左邊移到右邊，而A原子則反向移動。

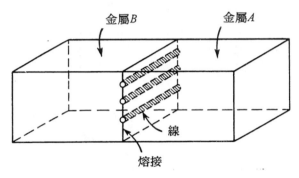

圖12.4 克肯達耳擴散偶

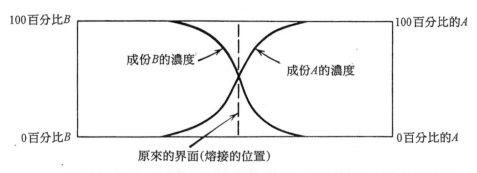

圖12.5 曲線顯示濃度是沿擴散偶之距離的函數。這種曲線被稱為穿透曲線 (penetration curves)

　　如圖12.5所示之曲線在Smigelskas及Kirkendall之實驗被實施之前的許多年就已經被得到。而他們二人之研究的重要特點係在於將標記線併入擴散偶之間。他們所得到的有趣結果是，在擴散過程中線有移動。此移動之情況顯示於圖12.6中，左圖表示等溫處理(退火)前的擴散偶，而右圖則顯示發生擴散後的試棒。由後者可看出線已經向右移動了x距離。此距離雖小，但尚可測量出。

而對於放在不同金屬之熔接面的標記，其移動距離被發現係隨試片保持在擴散溫度的時間的平方根成正比。

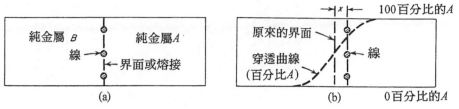

圖**12.6**　標記在克肯達耳擴散偶中的移動

　　在擴散過程(圖12.6)中線會移動，其解釋是，A原子之擴散快於B原子。在本例中，每單位時間通過橫切面(由線界定)之A原子多於B原子，故引起由右向左的淨質量流動通過線。線相對於棒之一端之位置的量測，可顯示出線之移動。

　　Kirkendall效應可用來肯定擴散的空孔機構。有許多機構被提出來解釋原子在晶格中的移動。這些機構可概分為二類：其一是一次只包含一個原子移動的，及一次包含二個或多個原子同時移動的。關於前者，已有利用空孔機構的擴散，及格際原子的擴散(如碳在鐵晶格中，碳由一格際位置躍遷到另一鄰近格際位置)。雖然，格際擴散被認為是解釋小原子通過晶格之正確機構，但一般認為大原子躍入格際位置之擴散機構，就能量而言不易施行。因大原子放入格際位置所引生的晶格扭曲非常大，故需要很大的活化能。對於置換型固溶體之擴散的解釋，以單一原子的移動，及空孔機構最為可能。

　　最簡單的原子同時移動是直接交換，如圖12.7之所示。其中，二個鄰近原子同時躍遷而交換彼此的位置。在此二原子交換位置時，周圍之原子會有向外之位移，經Huntington及Seitz的理論計算，在金屬銅中，此二原子同時交換所需之能量遠大於一原子躍遷入空孔所需之能量。而一般相信，其它金屬也會有類似之結果，故直接交換之機構並非是重要的金屬擴散。

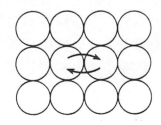

圖**12.7**　直接交換的擴散機構

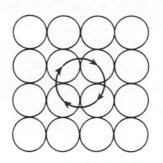

圖12.8　Zener環擴散機構

　　另一解釋置換型固溶體之擴散的可能機構是Zener環機構。其假定熱振動可引起一些原子(在晶體中形成一自然環)同時作同步躍遷，使得環中每一原子繞環前進一步。此機構顯示於圖12.8，其中，環有四個原子，箭頭表示原子躍遷之方向。Zener基於理論之計算，認為四個原子為一環的擴散機構，較易發生於體心立方金屬，因為它們的結構比密堆積金屬(面心立方及六方最密堆積)較開敞。較開敞之結構在躍遷時晶格扭曲較小。其也認為，環機構比直接交換更可行，因為前者在躍遷時，晶格扭曲較小，所需能量也較小。但，反對環機構的主要理由(甚至在體心塑性變形金屬中)是，由許多不同的體心立方金屬所組成的偶對，其擴散實驗顯示有Kirkendall效應。其可能解釋是，原子A和B藉空孔機構之擴散的速率不同所造成。而在環機構，或直接交換之機構中，A原子由左到右的移動速率一定等於B原子由右到左的移動原子。因此，在那些發生 Kirkendall效應的合金系統中，必需排除交換之機構。

　　總之，空孔機構被認為是，面心立方金屬之擴散的正確機構。第一，因為其它所有用來解釋此種金屬原子之移動的機構，均需較大之活化能。第二，在許多由面心立方金屬組成之偶對的擴散實驗，均會發生Kirkendall效應。而在體心立方金屬中，雖然理論計算顯示，環機構之擴散所需的能量小於空孔機構，但體心立方金屬亦有Kirkendall效應，其顯示這種金屬也靠空孔機構擴散。最後，六方金屬之情況並不十分清楚，但擴散實驗之結果亦偏向於空孔機構。關於此方面，應注意到，由於六方晶格的非對稱性，其擴散速率在每個方向並非相同。在基面的擴散速率並不等於在垂直基面之方向的擴散速率。若空孔機構亦可適用於六方晶體，則原子進入相同基面之空孔的速率，將會不等於進入其上或其下之基面之空孔的速率。

12.3　孔隙(Porosity)

　　Kirkendall實驗證明了，二元溶體之不同原子具有不同的擴散速率。實驗顯示，溶點較低的元素其擴散較快。在 α 黃銅(銅與鋅原子的混合)中，鋅原子移動較快。另一方面，由銅與鎳形成的擴散偶顯示，銅移動較鎳快。此一致於銅之溶點低於鎳之溶點的事實。

　　在銅鎳偶對之情況，示於圖12.9，銅原子移向鎳的流率大於鎳原子移向銅的流率。試片右邊會有質量損失，因它得到的原子少於失去的，而左邊會有質量的增加。結果，試片之右邊及左邊會分別收縮及膨脹。對於立方金屬，它們的體積變化是等向性的[2]，但，對於相當大之尺寸的擴散偶而言，發生體積變化之擴散區域僅是總試片的一小部分。垂直焊接界面之方向的收縮或膨脹不受到試片其它部分的牽制，但平行於焊接界面的尺寸改變，則受到擴散區之外的金屬的抵制。此牽制作用的淨效應是雙重的：尺寸的改變基本上是一維的(沿著棒軸之方向，即垂直於焊接面)，而且在擴散區會建立起應力狀態。焊接面右側有質量損失，故呈現二維的拉張應力，而得到質量的左側則處在二維的壓縮應力。這些應力場可能導致塑性流變，而產生結構變化(此通常係內塑性變形或高溫所造成)，次結構的形成，再結晶，及晶粒生長。

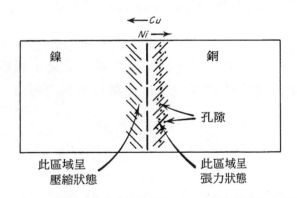

圖12.9　在銅鎳擴散偶中，銅擴散入鎳快於鎳擴散入銅

　　除了上面所述之效應外，為二種原子之擴散速率相差很大(直接關係於空孔之移動)，則會產生另一現象，即，在損失質量之擴散區域會形成孔隙。因為，每當原子躍遷一次，則一空孔就會往反方向移動一步，二種原子之不相等

---

2. Balluffi, R. W., and Seigle, L. I., *Acta Met.*, **3** 170 (1955).

量的流量，必會產生一淨流量的空孔往反向流動。在圖12.9所示之銅鎳擴散偶對中，離開焊接界面右邊之銅原子多於進入此區域的鎳原子，故會有淨的空孔由鎳端移到銅端。此種移動會減少鎳端之空孔的平衡數目，而增加了銅端的數目。但一般相信其過飽和度與不足飽和度是小的。在損失質量的一端已由幾位研究者[3,4]估計過，空孔之過飽和量不超過平衡量的1％。因爲空孔濃度不太受流動情況之影響，而且其數量也是原子數量的一小比例，故空孔必需在得到質量之一端產生，而被損失質量之一端所吸收。爲維持此流量之空孔，有人提出各種不同的空孔源及空孔陷。晶界與外面表面是創造與消滅空孔的可能所在，但現在一般都同意，創造空孔的最重要機構是差排爬升(dislocation climb)，而且差排爬升及孔隙形成則吸收了大部分的空孔，正爬升伴隨空孔的去除，而負爬升則伴隨空孔的產生。

　　由於擴散偶之不等量的質量流動所形成的孔隙，受個幾個因素的影響。一般相信孔隙非均質產生的，即，它們形成在雜質上。對於空孔的發展，存在於孔隙區域中的拉張應力也是一個影響因素。若拉張應力在擴散退火時，被加在試片上的靜液壓力所抵消，則孔隙就不易形成。

12.4　Darken方程式 (Darken's Equations)

　　Kirkendall效應顯示出，由二種金屬組成的擴散偶，其成分原子以不同之速率移動，而且通過由標記所界定之橫切面的原子流量，對於成分原子是不相同的。茲以相當於A及B原子之移動的擴散係數D_A及D_B來考慮，這些量遵從下列之式子：

$$J_A = -D_A \frac{\partial n_A}{\partial x}$$

及

$$J_B = -D_B \frac{\partial n_B}{\partial x}$$

12.9

上式中，J_A及J_B＝A及B原子的流量(每秒通過單位橫切面積的原子數)。

　　　　D_A及D_B＝A及B原子的擴散係數。

　　　　n_A及n_B＝每單位體積中，A及B原子的數目。

3. Barnes, R. S., and Mazey, D. J., *Acta Met.*, **6** 1 (1958).
4. Balluffi, R. W., *Acta Met.*, **2** 194 (1954).

　　擴散係數D_A及D_B被稱為本質擴散係數，而且它們是組成(因此是沿擴散偶之位置)的函數。

　　茲將推導Darken方程式，其可用來以實驗決定本質擴散係數。在推導過程中，有幾個重要的假設。首先假設，在擴散過程中，由於不等量的質量流動所引起的體積膨脹及收縮僅發生於焊接界面的垂直方向上。橫切面積在擴散過程中不會改變，如前所述，當擴散偶之尺寸遠大於擴散區域時，此情況可以成立。其也假設，每單位體積的原子總數保持常數，或是

　　　　$n_A + n_B =$ 常數

此相當於每原子之體積必需與濃度無關，此假設與實驗不合，但此偏離一般可利用計算來補償。下面之推導也依據於，試片在擴散過程中不會產生孔隙之假設。

　　首先考慮Kirkendall標記通過空間的速度。在圖12.10中，離開棒之左端×距離的橫切面(具有單位面積)代表標記在時間t_0時的位置，而在距離x'處的橫切面代表在時間間隔dt之後的位置。同時，座標之原點(棒之左端)被假設離開焊接面足夠遠，使得它的組成不受擴散的影響。Kirkendall標記之速度v可寫成：

$$v = \frac{x - x'}{dt} \tag{12.10}$$

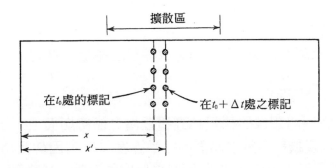

圖12.10　由擴散區外面的一點(棒之一端)來測量標記的移動

　　標記速度之大小等於(但方向相反)，每秒流過標記之物質的體積除以棒之橫切面(標記處)的面積：

$$v = -\frac{體積}{秒} \times \frac{1}{面積}$$

每秒流過標記之物質的體積等於通過標記線之原子的淨通量(每秒原子的淨數目)乘上每原子之體積，或是

$$\frac{體積}{秒} = \frac{J_{net}}{n_A + n_B}$$

上式中，$1/(n_A + n_B)$是每原子(由n_A及n_B所界定)之體積，淨通量等於A及B原子之通量的和，或是

$$J_{net} = J_A + J_B = -D_A \frac{\partial n_A}{\partial x} - D_B \frac{\partial n_B}{\partial x} \qquad \textbf{12.11}$$

將上式代入標記速度的式子，可得

$$v = -\frac{體積}{秒} \times \frac{1}{面積} = +\frac{(D_A \frac{\partial n_A}{\partial x} + D_B \frac{\partial n_B}{\partial x})}{(n_A + n_b)} \qquad \textbf{12.12}$$

或是

$$v = +\frac{\left(D_A \frac{\partial n_A}{\partial x} + D_B \frac{\partial n_B}{\partial x} \right)}{n_A + n_B} \qquad \textbf{12.13}$$

記住$n_A + n_B$是一常數，且，由定義

$$N_A = \frac{n_A}{n_A + n_B}, \qquad N_B = \frac{n_B}{n_A + n_B}$$

$$N_B = 1 - N_A$$

及

$$\frac{\partial N_B}{\partial x} = -\frac{\partial N_A}{\partial x}$$

其中，N_A及N_B是A及B原子的原子分率，故標記之速度可寫成：

$$v = (D_A - D_B)\frac{\partial N_A}{\partial x} \qquad \textbf{12.14}$$

　　原則上可以將一組想像的標記插到擴散偶之任何切面上。因此，式12.14可用來計算任何垂直擴散通量之晶面的移動速度。但，因D_A及D_B一般是組成之函數，故v也是試片橫切面(其v要被測量)之組成的函數。此意謂著，v通常是沿擴散偶之位置的函數。

　　式12.14是我們所要的關係式之一，因為它將二個本質擴散係數關係到標記速度及濃度梯度，$\frac{\partial N_A}{\partial x}$，(此二量可由實驗測出)。但，為了求得二個未知數$D_A$及$D_B$，我們尚需另一個可解的(與12.14式同時解)方程式。此方程式之求得，可考慮在小體積單元內A及B原子之數量的變化率來達成。

　　圖12.11也表示圖12.10之擴散偶，但其距離棒之左端×距離的橫切面(記為mm)係固定在空間；亦即，相對於棒之左端(被假設是在擴散區之外面)保持固定不動。因此，x(mm)之橫切面並非是標記的瞬時位置(如圖12.10之情況)。一

第二(單位)橫切面(nn)也被顯示，它離開棒端之距離是$x+dx$。此二橫切面界定了體積單元$1 \cdot dx$。

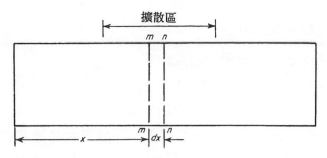

圖12.11 橫切面mm及nn被假定固定在空間，亦即，它們不會相對於棒之左
　　　　邊移動

　　考慮在此體積內A原子數目的變化率。此量等於A原子每秒進入與離開體積之數目的差，或是等於A原子通過在x及$x+dx$處之橫截面之通量的差。因爲固定在晶格上的橫切面會相對於固定在空間(在x及$x \times dx$處)之橫切面移動，A原子通過這些固定於空間之邊界的通量受到二種因素之影響。第一，因爲金屬以速度v移動，故每秒鐘通過x處之橫切面的A原子數目是$n_A v$，其n_A是每單位體積A原子的數目，而v是在一秒內金屬通過x處橫切面的體積。此通量必需加到一般的擴散通量，使得每秒通過x處之邊界的總原子數目是：

$$(J_A)_x = -D_A \frac{\partial n_A}{\partial x} + n_A v$$

A原子通過$x \times dx$處橫切面之通量是：

$$(J_A)_{x+dx} = (J_A)_x + \frac{\partial (J_A)_x}{\partial x} \cdot dx$$

因此，在體積dx內原子數目的變化率是：

$$(J_A)_x - (J_A)_{x+dx} = \frac{\partial}{\partial x}\left[D_A \frac{\partial n_A}{\partial x} - n_A v\right] \cdot dx$$

或是每單位A原子數目的變化率是

$$\frac{(J_A)_x - (J_A)_{x+dx}}{dx} = \frac{\partial n_A}{\partial t} = \frac{\partial}{\partial x}\left[D_A \frac{\partial n_A}{\partial x} - n_A v\right]$$

上式亦可寫成

$$\frac{\partial N_A}{\partial t} = \frac{\partial}{\partial x}\left[D_A \frac{\partial N_A}{\partial x} - N_A v\right]$$

12.15

因爲$n_A + n_B$被假定是常數，且將此量去除式中之每一項，可將每單位體積A原子

數目的單位轉變成原子分率的單位。現在將12.14式代入12.15式，並藉下式

$$N_A = 1 - N_B$$

可得到

$$\frac{\partial N_A}{\partial t} = \frac{\partial}{\partial x}[N_B D_A + N_A D_B]\frac{\partial N_A}{\partial x} \qquad \text{12.16}$$

上式有Fick第二定律的形式，後者一般寫成：

$$\frac{\partial N_A}{\partial t} = \frac{\partial}{\partial x}\tilde{D}\frac{\partial N_A}{\partial x} \qquad \text{12.17}$$

其中，$\tilde{D}$可看做是等於$[N_B D_A + N_A D_B]$。事實上，此關係式正是我們所追求的：

$$\tilde{D} = N_B D_A + N_A D_B \qquad \text{12.18}$$

上式中，$\tilde{D}$，N_A，N_B可由實驗求得。此式是求本質擴散係數D_A及D_B的第二個Darken方程式。

12.5 Fick第二定律(Fick's Second Law)

　　Fick第二定律(12.17式)是研究等溫擴散的基本方程式。此二階偏微方程式在許多擴散的邊界條件下已被推導求解。大部分冶金試片(如示於圖12.5之擴散偶)僅涉及(淨的)一維的原子流動，並且假設試片在擴散方向足夠長(故在擴散過程中，試片端之組成不會改變)。使用這種試片時，測量其擴散係數有二種標準的方法。其一，擴散係數被設為常數。其二，擴散係數是組成的函數。前者被稱為Grube方法，僅能適用於擴散係數隨組成做非常輕微的變化的情況下。但其亦可適用於一些合金系統的擴散，在此系統中，擴散偶係由組成稍為不同的金屬所組成，而其擴散係數隨組成做適度的變化。圖12.4之擴散偶可由$60\%A 40\%B$之合金與$55\%A 45\%B$之合金焊接組成(而非純A與純B所組成)。這種擴散偶的分析正如前面純金屬擴散偶之分析一樣。對於這種小範圍的組成，其擴散係數基本上是常數，實驗之測量可得到此範圍的平均擴散係數。

　　若擴散係數$\tilde{D}$假定為常數，則Fick第二定律變成

$$\frac{\partial N_A}{\partial t} = \frac{\partial}{\partial x}\tilde{D}\frac{\partial N_A}{\partial x} = \tilde{D}\frac{\partial^2 N_A}{\partial x^2} \qquad \text{12.19}$$

對於由元素A及B之合金[其一之組成為N_{A_1}(原子比率)，另一為N_{A_2}]所組成的擴散偶，其解答為：

$$N_A = N_{A_1} + \frac{(N_{A_2} - N_{A_1})}{2}\left[1 - \text{erf}\frac{x}{2\sqrt{\tilde{D}t}}\right] \qquad \text{for } -\infty < x < \infty \qquad \text{12.20}$$

上式中，N_A是距焊接面x距離(cm)處的組成或原子比率，t是時間(秒)，而$\tilde{D}$是擴

散係數，符號erf$x$/2$\sqrt{\tilde{D}t}$是錯誤函數，或是對變數$y = x$/2$\sqrt{\tilde{D}t}$的機率積分。此函數之定義爲：

$$\text{erf}(y) = \frac{2}{\sqrt{\pi}} \int_0^y e^{-y^2} \, dy \qquad\qquad \textbf{12.21}$$

並且其值被列於許多數學表[5]中，如同三角或其它常用的函數。表12.2提供一些變數y的錯誤函數值。應用此表時，當y(或x/2$\sqrt{\tilde{D}t}$中之x)爲負時，錯誤函數值也變爲負值。

表12.2　錯誤函數值

y	erf(y)
0	0
0.2	0.2227
0.4	0.42839
0.477	0.50006
0.6	0.60386
0.8	0.74210
1.0	0.84270
1.4	0.95229
2.0	0.99532
3.0	0.99998

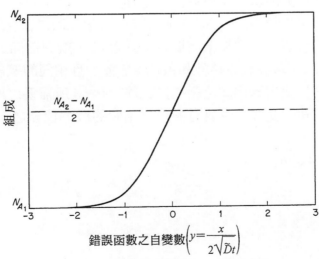

圖12.12　理論的穿透曲線，Grube方法

5. Pierce, B. O., *A Short Table of Integrals.* Ginn and Company, Boston, 1929.

圖12.12顯示理論的穿透曲線(距離對組成之曲線)，其係利用表12.2之數據，將Fick方程式之解對變數$x/2\sqrt{\tilde{D}t}$所劃之圖。請注意，此曲線之求得，係假定$\tilde{D}$為常數，或者僅做輕微的變化(在擴散偶原來之組成N_{A1}到N_{A2}之範圍內)。

圖12.12之曲線顯示，在上述之條件下，濃度是變數$x/2\sqrt{\tilde{D}t}$的單值函數。因此，如果擴散偶保持在固定溫度下一段時間t，使擴散得以進行，則可求得距焊接面任一距離x處之單一組成，進而求得擴散係數$\tilde{D}$。若擴散偶係由元素A及B之合金所組成，其一之組成是N_{A1}，40%A(在焊接面之左側)，而另一之組成是N_{A2}，50%A(在焊接面之右側)。將擴散偶加熱後，淬火到T_1，保持40小時(144000秒)，而後冷卻到室溫，化學分析顯示，在焊接面右邊2×10^{-3}cm處之組成N_A是42.5%A，代入12.20式，

$$0.425 = 0.400 + \frac{(0.500-0.400)}{2}\left[1 - \mathrm{erf}\frac{0.002}{2\sqrt{\tilde{D}(144,000)}}\right]$$

或是

$$\mathrm{erf}\frac{0.001}{\sqrt{144,000\,\tilde{D}}} = 0.500$$

由表12.2，錯誤函數值為0.500(即0.50006)時，自變數$y = x/2\sqrt{\tilde{D}t}$則為0.477，故

$$\tilde{D} = 3.04 \times 10^{-11}, \mathrm{m^2/s}$$

一般而言，Grube方法係基於任何點試片之組成的錯誤函數的計算，而後藉助錯誤函數表，可求得自變數y，反過來則可求出擴散係數之值。

在上面之數值計算中，當擴散時間為40小時時，離焊接面2×10^{-3}m處之組成被假設為42.5%A。現在假設擴散係數$\tilde{D}$為常數，且相同的擴散溫度，則在離焊接面二倍距離處，要得到相同之組成(42.5%A)，其所需要之時間計算如下。因為組成N_A保持相同，此問題應具有與前例相同的機率積分之自變數，亦即

$$\frac{x_1}{2\sqrt{\tilde{D}t_1}} \doteq \frac{x_2}{2\sqrt{\tilde{D}t_2}}$$

或是　　$$\frac{x_1^2}{t_1} = \frac{x_2^2}{t_2}$$ **12.22**

上式中

$x_1 = 2\times10^{-3}$m

$x_2 = 4\times10^{-3}$m

$t_1 = 40$hr

$t_2 =$ 在離焊接面4×10^{-3}m處，其組成要達到42.5%A所需之時間。

　　將這些值代入12.22式，解$t_2 = 160$小時。此式$x_1^2/t_1 = x_2^2/t_2$經常被用來指示，在等溫擴散時距離與時間的關係(縱使$\tilde{D}$並非常數)。在$\tilde{D}$並非常數之情形下，此方程式是個大概但合宜方便之近似。

12.6　Matano方法(The Matano Method)

　　對冶金擴散試片之實驗數據做分析的第二種著名的方法，係由Matano所推導出(在1933年首次推導)。其係基於Fick第二定律之解答(原由Boltzmann於1894年所建議)。在此方法中，擴散係數被認爲是濃度之函數，其需求下列Fick第二定律之解：

$$\frac{\partial N_A}{\partial t} = \frac{\partial}{\partial x} \tilde{D}(N_A) \frac{\partial N_A}{\partial x}$$

　　　　　　12.23

上式之求解比$\tilde{D}$爲常數時之求解困難甚多，決定擴散係數之Matano-Boltzmann方法係利用圖形積分。在對試片做擴散退火爲化學分析之後，求解之第一步驟是，劃濃度對於沿棒之距離(由適合之參考點例如擴散偶之端點來測量)的曲線。爲簡化下面之討論，將假設每單位體積之原子數目$(n_a + n_B)$是常數。第二步驟是，決定二種原子(A及B)之總通量相等的橫切面。此橫切面被稱爲Matano界面，其位於圖12.13中面積M等於面積N之地方。Matano界面之位置係利用圖形積分來決定，但通常在沒有孔隙發生之情形，Matano界面位於原來焊接面的地方(非擴散後焊接面之位置，因爲，如我們已知道的，放在焊接面之標誌在擴散時會移動)。一旦Matano界面被確定了，其可當做x軸之原點。相同於一般符號之習慣用法，在界面右邊的距離取爲正號，而在左邊的取爲負號。在此種座標約定下，Fick方程式之Boltzmann解是：

$$\tilde{D} = -\frac{1}{2t} \frac{\partial x}{\partial N_A} \int_{N_{A_1}}^{N_A} x \, dN_A$$

　　　　　　12.24

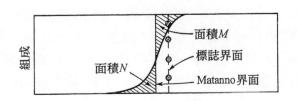

圖12.13　Matano界面位於面積M等於面積N之地方

上式中，t是擴散時間，N_A是離開Matano界面x距離處之濃度(原子單位)，而N_{A_1}

是擴散偶一邊遠離界面處之濃度(其組成是常數,不受擴散過程之影響)。

　　類似解釋Grube方法之方式,我們將隨意假定擴散之數據,並利用Matano方法來解它們。表12.3表示此濃度-距離之數據,其並非實際合金系統的數據,但具有由實際實驗所得到之擴散數據的代表性(以一般廣泛之方式而言)。擴散偶被假定係由純A與純B所形成。

表12.3　假定的擴散數據,用來說明Matano方法

組成原子% 金屬A	離開Matano 界面之 距離
100.00	5.08
93.75	3.14
87.50	1.93
81.25	1.03
75.00	0.51
68.75	0.18
62.50	−0.07
56.25	−0.27
50.00	−0.39
43.75	−0.52
37.50	−0.62
31.25	−0.72
25.00	−0.87
18.75	−1.07
12.50	−1.35
6.25	−1.82
0.00	−2.92

　　圖12.14顯示由表12.3之數據所劃出的穿透曲線。現在考慮Fick第二定律的Boltzmann解:

$$\tilde{D} = -\frac{1}{2t}\frac{\partial x}{\partial N_A}\int_{N_{A_1}}^{N_A} x\,dN_A \qquad 12.25$$

若我們想知道在一特別濃度的擴散係數,例如隨意取為0.375。此濃度相當於圖12.14之C點。為了計算此點之擴散係數,首先需藉助圖12.14來計算二個量,其一是$\frac{\partial x}{\partial N_A}$,穿透曲線$C$點之斜率的倒數。曲線此點之切線示於圖中之$E$線,其斜率是$610\,\mathrm{m}^{-1}$。另一是積分,其積分上下限分別是$N_A = 0.375$,及$N_{A_1} = 0$。所得之積分相當於圖12.14中斜線面積($F$)。利用圖解法(Simpson法則)來計算此面積,得到$4.66 \times 10^{-4}\mathrm{m}$。因此,組成0.375處之擴散係數是:

$$\tilde{D}(0.375) = \frac{1}{2t}\left(\frac{1}{0.375處之斜率}\right) \times (由 N_A = 0 到 N_A = 0.375 之面積)$$

若擴散時間取為50小時(180,000秒)，則擴散係數等於：

$$\tilde{D}(0.375) = \frac{1}{2(180,000)} \times \frac{1}{6.10} \times 4.66 \times 10^{-4} = 2.1 \times 10^{-12} \text{ m}^2/\text{s}$$

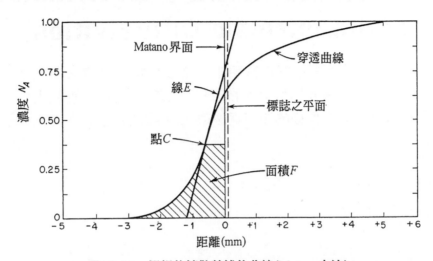

圖**12.14**　假想的擴散數據的曲線(Matano方法)

　　類似上面之計算可用來決定使用任何濃度(不要太靠近端點組成，$N_A = 0$，及 $N_A = 1$)之擴散係數。在任何情形中，必需決定所要濃度之斜率及面積(在穿透曲線、代表Matano界面處之垂線，及組成上下限0到 N_A 之間)。當組成趨近端點組成時，所要面積趨近於零，故當 N_A 接近0或1時，就非常不準確。

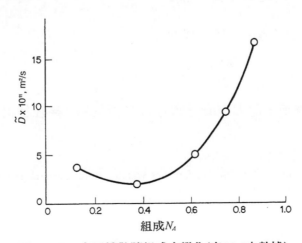

圖**12.15**　交互擴散隨組成之變化(表12.2之數據)

　　圖12.15顯示$\tilde{D}(N_A)$隨濃度N_A之變化情形(圖12.14之數據)，取幾個組成來計算。請注意，當濃度N_A接近1時，可得到較大的$\tilde{D}$值。在濃度範圍之中間，此曲線有一極小值。這種情形的擴散係數-濃度曲線曾經有人報告過[6](對於鋯及鈾的擴散)。但，圖12.3之曲線是到目前報告過的較典型的一種。

12.7　本質擴散係數之決定(Determination of the Intrinsic Diffusivities)

　　茲將利用表12.3之假設數據來說明本質擴散係數之決定。首先我們需推導一式子，其以標誌之位移及擴散時間t來表示標誌之速度v。實驗上已證明，標誌之移動方式係使它們之位移的平方與擴散之時間的比值保持常數。即，

$$\frac{x^2}{t} = k$$

其中，k是常數。因此，標誌之速度是：

$$v = \frac{\partial x}{\partial t} = \frac{k}{2x}$$

但k又等於x^2/t，故

$$v = \frac{x}{2t} \qquad\qquad \textbf{12.26}$$

在圖12.14中，隨意假定的標誌界面之位置係離開Matano界面$x = 0.0001\text{m}$之處。擴散時間t取為50小時(或180,000秒)。這些數據所對應之標誌速度是：

$$v = \frac{0.0001}{2(180,000)} = 2.78 \times 10^{-10} \text{ m/s}$$

在標誌處，$N_A = 0.65$，$N_B = 0.35$，以及

$$\tilde{D}_M = 5.5 \times 10^{-12}; \qquad \frac{\partial N_A}{\partial x} = 244 \text{ m}^{-1}$$

此$\tilde{D}_M$值係由12.15得到，而dM_A/dx是圖12.14之穿透曲線在標誌處之斜率，N_A及

---

6. Adda, Y., and Philbert, J., *La Diffusion dans Les Metaux*. Eindhoven, Holland Bibliothèque Technique Philips, 1957.

N_B是標誌處A及B的原子比率。將上面之數值代入Darken方程式中:

$$\tilde{D} = N_B D_A + N_A D_B$$

$$v = (D_A - D_B)\frac{\partial N_A}{\partial x}$$

而得到 $5.5 \times 10^{-12} = 0.35\,D_A + 0.65\,D_B$

$2.78 \times 10^{-10} = (D_A - D_B)244$

解此聯立方程式,得

$$D_A = 6.24 \times 10^{-12}$$

$$D_B = 5.10 \times 10^{-12}$$

這些值告訴我們,A原子由標誌界面之右邊移到左邊之通量,大約是B原子由左到右之通量的1.2倍。

上面已顯示了,可以由實驗來決定二元擴散系統的本質擴散係數(D_A及D_B)。這些量是有用的,因為它們量測了擴散時各原子的移動速率。但到目前為止,對於由考慮原子之過程來預測本質擴散係數之數值的理論發展,卻很少成功。雖然一般同意,置換型金屬固溶體之擴散是空孔移動之結果,但控制二種不同之原子躍遷入空孔之速率的因素太複雜,而無法完全了解。故,我們在前面對Fick第一定律的推導,所下的幾個簡化假設並不適用於真正的置換型金屬固溶體。第一,其假設溶液是理想的,但我們已知,大部份的金屬溶體是非理想的,而且,在非理想的溶體中,擴散速率會受到"同類原子相聚,或彼此分離"之趨向的影響。第二,其假設躍遷與組成無關,亦即,不論是A原子之躍遷或是B原子之躍遷,它們的速率均一樣,此假設當然不正確,此可由擴散係數隨組成做廣泛改變之事實而得證。

如上所論,置換型原子之擴散的理論解釋是困難的,因為必需考慮許多變數。因此,大部分的擴散研究均指向,較容易說明的簡單系統。總言之,它們包括非常稀薄的置換型固溶體的擴散研究,或是,利用放射性示蹤劑的擴散研究。

12.8 純金屬的自我擴散 (Self-Diffusion in Pure Metals)

在自我擴散之研究中,係研究放射性同位素之溶質在非放射性同位素之相同金屬溶劑中的擴散。在此系統中,二種原子除了質量的微小差異外,其餘的完全一樣。此質量差異之主要影響在於,溶質與溶劑原子相對於晶格靜止點的振動頻率會稍微不一樣,而造成稍為不同的躍遷速率。此差異容易計算出,因為振動頻率正比於質量平方根的倒數,而躍遷率(躍入空孔)正比於振動頻率,故

$$\frac{1}{\tau^*} = \sqrt{\frac{m}{m^*}} \left(\frac{1}{\tau} \right) \qquad\qquad 12.27$$

上式中,$1/\tau$ 及 $1/\tau^*$ 分別是正常的與放射性同位素的躍遷率(τ 及 τ^* 是各原子在晶格位置的平均停留時間,而 m 及 m^* 是各原子的質量,m^* 是放射性同位素)。

除了質量之差異外,溶質與溶劑之化學性完全一樣,故,固溶體是理想的。因此可忽略溶體背離理想性的效應。甚且,質量之修正通常很小,所以,可假設放射性同位素之本質擴散與非放射性相同,此為良好之近似。當本質擴散係數相等時,交互擴散係數會等於本質擴散係數,此可由Darken方程式看出:

$$\tilde{D} = N_B D_A + N_A D_B = (N_A + N_B)D = D$$

其中,$\tilde{D}$ 是交互擴散係數,$D = D_A = D_B$ 是放射性與非放射性同位素之本質擴散係數,$N_A + N_B = 1$(原子比率之定義)。因本質擴散係數不受組成之影響,故交互擴散係數也是一樣。因此,可利用較簡單的Grube方法來決定自我擴散係數。

因為純金屬的自我擴散發生於理想之溶液中,而且其擴散係數與濃度無關,故純金屬的自我擴散係數的測定一般都非常精確。甚且,因為擴散過程發生於相當簡單之系統,故所測得的擴散係數能做理論的說明。我們在推導Fick第一定律所做的假設均實際發生於自我擴散之實驗中,對於簡單立方系統之自我擴散,12.7式是正確的,即

$$D = \frac{a^2}{6\tau}$$

其中,D 是擴散係數,a 是晶格常數,而 τ 是原子停留在晶格位置上的平均時間。雖然只有釙是簡單立方晶體,但對於其它金屬晶格,可導出類似之關係式。例如,面心立方金屬有:

$$D_{\text{F.C.C.}} = \frac{a^2}{12\tau} \qquad\qquad 12.28$$

體心立方金屬有:

$$D_{\text{B.C.C.}} = \frac{a^2}{8\tau} \qquad\qquad 12.29$$

一般而言,對於任何晶格,

$$D = \frac{\alpha a^2}{\tau} \qquad \text{12.30}$$

其中，α 是無單位之常數，決定於結構。

在空孔那一章，已顯示過(7.45式)：

$$r_a = Ae^{-(H_m + H_f)/RT}$$

上式中，r_a是純金屬晶體之原子每秒的躍遷數，其等於$1/\tau$；H_f是形成一莫耳空孔的焓變量或功；H_m是一莫耳原子移入空孔所要克服的能障或焓變量；R是萬有氣體常數(8.31J/mole-K)，而T是絕對溫度(K)。

在上式中，常數A可用$Z\nu$取代：

$$r = Z\nu e^{-H_m/RT}e^{-H_f/RT} \qquad \text{12.31}$$

其中，Z是晶格配位數，ν是晶格振動頻率。此關係式可解釋如下：原子躍入空孔之速率(r_a)與下列各項成比：(1)空孔旁邊之原子數(Z)；(2)原子每秒移向空孔之次數或頻率(ν)；(3)原子有足夠能量躍遷的概率($e^{-H_m/RT}$)；(4)晶格中空孔之濃度($e^{-H_f/RT}$)。12.31式忽略了空孔之形成與移動所造成的熵變量，故更正確之式子是：

$$\frac{1}{\tau} = Z\nu e^{-(\Delta G_m + \Delta G_f)/RT} \qquad \text{12.32}$$

其中，ΔG_m及ΔG_f分別是空孔之形成及移動所造成之自由能變量。它們可表示為：

$$\Delta G_m = \Delta H_m - T\Delta S_m$$
$$\Delta G_f = \Delta H_f - T\Delta S_f$$

其中，ΔS_m是每莫耳躍遷時晶格應變所造成的熵變化，而ΔS_f是引入一莫耳空孔所造成晶格熵的增加量。因此，自我擴散係數是：

$$D = \alpha a^2 Z\nu e^{-(\Delta G_m + \Delta G_f)/RT} \qquad \text{12.33}$$

對於體心立方晶格，α是1/8，Z是8。而對於面心立方晶格，α是1/12，Z是12。故對此二種晶體，

$$D = a^2\nu e^{-(\Delta G_m + \Delta G_f)/RT}$$
$$D = a^2\nu e^{(\Delta S_m + \Delta S_f)/R}e^{-(H_m + H_f)/RT} \qquad \text{12.34}$$

當我們考慮溫度對擴散係數之影響時，將進一步討論上式。目前，應指出，對於此式中的各項因素的理論解釋已得到相當成功，要對這些量做詳細的討論超出本書之範圍，關於這方面，讀者需參考更進一步的論文[7]。

---

7. LeClaire, A. D., *Prog. in Metal Phys.*, **1** 306 (1949); **4** 305 (1953); *Phil. Mag.*, **3** 921 (1958).

12.9 溫度對擴散係數的影響 (Temperature Dependence of the Diffusion Coefficient)

已經討論過，擴散係數是組成的函數，其也是溫度的函數。溫度的影響已清楚地顯示在前節的自我擴散係數之方程式中，

$$D = a^2 v e^{(\Delta S_m + \Delta S_f)/R} e^{-(H_m + H_f)/RT}$$

若令 $\quad D_0 = a^2 v e^{(\Delta S_m + \Delta S_f)/R}$ **12.35**

及 $\quad Q = \Delta H_m + \Delta H_f$ **12.36**

其中，D_0 及 Q 是常數，因為所有組成它們的量都是常數。Q 是擴散的活化能，而 D_0 被稱為頻率因子(frequence factor)。自我擴散係數現在可被寫成：

$$D = D_0 e^{-Q/RT}$$ **12.37**

在此形式中，方程式可直接應用到實驗數據的研究。

對12.37式二邊取一般對數 $\{2.3\log_{10}(x) = \ln(x)\}$，可得

$$\log D = -\frac{Q}{2.3RT} + \log D_0$$ **12.38**

上式有下列之形式：

$$y = mx + b$$

其中，因變數是 $\log D$，自變數是 $1/T$，縱座標交點是 $\log D_0$，而斜率是 $-Q/(2.3R)$。

依上所述，將自我擴散係數之實驗值的對數對絕對溫度之倒數劃圖，若能得到一直線，則顯然地，數據遵從下式：

$$D = D_0 e^{-Q/RT}$$ **12.39**

實驗所得到之直線，其斜率決定了活化能 Q，因為 $m = -Q/2.3R$ 或是 $Q = -2.3R_m$。同時，由線與縱軸之交點 b，可得頻率因子 D_0，因為 $b = \log D_0$ 或是 $D_0 = 10^b$。

上面所述決定活化能及頻率因子的方法，可藉用表12.4中之數據來說明。

表12.4　顯示溫度對自我擴散之影響的假想數據

溫度 K	自我擴散 係數 D	$\dfrac{1}{T}$	$\log D$
700	1.9×10^{-15}	1.43×10^{-3}	-14.72
800	5.0×10^{-14}	1.25×10^{-3}	-13.30
900	6.58×10^{-13}	1.11×10^{-3}	-12.12
1000	5.00×10^{-12}	1.00×10^{-3}	-11.30
1100	2.68×10^{-11}	0.91×10^{-3}	-10.57

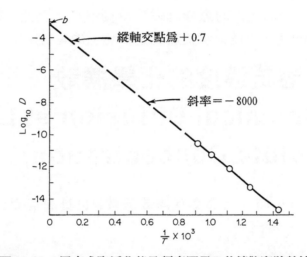

縱軸交點為 + 0.7

斜率 = − 8000

圖**12.16**　用來求取活化能及頻率因子D_0的擴散實驗數據

12.4表之數據劃在12.16之圖上。直線之斜率是−8000，或是

$$m = -\frac{Q}{2.3R} = -8000$$

其中，R是8.314J/mol-K，故可求Q，得

$$Q = 2.3(8.314)8000 = 153,000 \text{ J/mol}$$

實驗曲線之縱軸交點是−3.3，故可得

$$D_0 = 10^b = 10^{-3.3} = 5 \times 10^{-4} \frac{m^2}{s}$$

因此，自我擴散係數是：

$$D = 5 \times 10^{-4} e^{-153,000/RT} \text{ m}^2 \text{ s}^{-1}$$

上面之討論僅涉及溫度對自我擴散係數之影響。但，由實驗上所得到的交互擴散係數，及其成分本質擴散係數D_A及D_B等亦顯示出，相同的溫度關係。

故，一般而言，所有的擴散係數均遵從同一個經驗的活化作用定律。對於自我擴散而言，可得

$$D^* = D_0^* e^{-Q/RT} \tag{12.40}$$

而對於化學擴散

$$\tilde{D} = \tilde{D}_0 e^{-Q/RT} \tag{12.41}$$

及

$$D_A = D_{A_0} e^{-Q_A/RT} \tag{12.42}$$

$$D_B = D_{B_0} e^{-Q_B/RT}$$

上式中 $\tilde{D} = N_B D_A + N_A D_B$。

　　雖然自我擴散之活化能具有原子過程之意義，但對於化學擴散，其溶質濃度高時，Q，Q_A，Q_B 等活化能的意義就變得模糊不清。因此，除了溶質濃度非常低，否則，它們的活化能就只能被認為是實驗上的常數。

12.10　低溶質濃度的化學擴散 (Chemical Diffusion at Low-Solute Concentration)

　　當溶質濃度非常小時，化學交互擴散係數 $\tilde{D}$ 也具有簡單的形式，此可由 Darken 方程式 12.18 式看出：

$$\tilde{D} = N_B D_A + N_A D_B$$

設成分 B 為溶質，且在擴散偶之所有點上 B 之濃度均非常低。則

$$N_A \simeq 1 \qquad N_B \simeq 0$$

及

$$\tilde{D} \simeq D_B \tag{12.43}$$

因此，在溶質之濃度非常低時，化學交互擴散係數約等於溶質的本質擴散係數。

　　若溶質濃度遠小於溶解度限，則溶質原子可被認為是均勻散佈在整個溶劑之晶格上，溶質原子間的交互作用可被忽略，而且各原子(溶質)均有相同的環境。各溶質原子的近旁均是溶劑原子。在這些情況下，可對頻率因子 D_0 及擴散活化能 Q_B 提供一理論的解釋。事實上，對於立方晶體之 D_B 的表示式完全相同於前面所推導的自我擴散係數(參看式 12.34)：

$$D_B = a^2 \nu e^{(\Delta S_{Bm} + \Delta S_{Bf})/R} e^{-(H_{Bm} + H_{Bf})/RT}$$

上式中，ν 是溶質原子在溶劑晶格中的振動頻率，ΔS_{Bm} 是每莫耳溶質原子躍遷入空孔的熵變量，H_{Bm} 是每莫耳溶質原子躍遷的能障，ΔS_{Bf} 是一莫耳空孔在溶質

原子附近生成時所引生的晶格熵增量,而H_{Bf}是一莫耳空孔在溶質原子近旁生成所需的功。請注意,雖然上式之形式相同於自我擴散方程式,但此式右邊各項所具有的意義卻不盡相同。

對於低溶質濃度之化學擴散,其頻率因子D_{B0}及活化能Q_B是:

$$D_{B_0} = a^2 v e^{(\Delta S_{Bm} + \Delta S_{Bf})/R}$$

$$Q_B = H_{Bm} + H_{Bf}$$

12.44

表12.5列了一些溶質(低濃度)在鎳中的擴散實驗數據。本表所示之化學擴散數據,其取得係利用一純鎳板焊接到另一含1%左右之它種元素的鎳合金所組成的擴散偶。所研究之系統其擴散偶均符合低濃度之溶質的條件。

表12.5　在稀薄鎳基置換固溶體中的溶質擴散

溶質	頻率因子 D_{B_0}, m^2/s	活化能 Q_B, J/mol	擴散係數 $D_B = D_{B_0} e^{-Q_B/RT}$ at 1470 K
Mn	7.50×10^{-4}	280,000	8.42×10^{-14}
Al	1.87×10^{-4}	268,000	5.60×10^{-14}
Ti	0.86×10^{-4}	255,000	7.47×10^{-14}
W	11.10×10^{-4}	321,000	0.44×10^{-14}
Ni	1.27×10^{-4}	279,000	1.55×10^{-14}

*Values for Mn, Al, Ti, and W from the data of Swalin and Martin, *Trans. AIME*, **206** 567 (1956).

表12.5之第一行是擴散溶質原子。其中Ni那一行係純鎳的自我擴散。第二行及第三行分別提供了頻率因子D_0及活化能Q_B,而第四行則列了溫度1470K之擴散係數D_b的計算值。

表12.5顯示出,Mn,Al,Ti及W等在稀薄的Ni固溶體中,其擴散係數不同於Ni之自我擴散係數,但相差也不會太大。

12.11 放射性示蹤劑之化學擴散的研究 (The Study of Chemical Diffusion Using Radioactive Tracers)

茲考慮圖12.17之擴散偶,其係由二個相同化學組成之合金所構成,但右手邊之合金中部分B原子具放射性。將擴散偶加熱,令原子擴散,若測整根棒的化學組成,則顯示沒有任何變化。但,其放射性原子將會重新分佈。依下述之方式可測出示蹤劑原子之濃度沿棒軸之變化。在擴散退火之後，試片放入車床車取等厚之薄片(平行於焊接面)。測量放射性輻射強度則可得到每一薄片中B原子(放射性者)之濃度。將這些強度值對棒之位置劃圖，可得到相等於正常的穿透曲線的圖形。在這種試片中，所測得的是B原子在均質的A，B原子之合金中的擴散。因爲試片在化學上是均質的，故每一個地方的組成均相同，因而不會有擴散係數受組成之影響的情形，亦即，可利用Grube方法對穿透曲線做擴散的分析。依此方法所得到的擴散係數類似於自我擴散係數，但所顯示的擴散率係B原子在A、B原子之合金中的擴散，而非在純B原子中。

圖12.17　使用示蹤劑技術之擴散偶的示意圖

　　在某些二元系統中，可以找到成分元素(A及B)二者的放射性同位素，可用來當做示蹤劑，則可在全部的溶解度範圍內測量這二種元素的示蹤劑擴散係數。習慣上以符號$D_A{}^*$及$D_B{}^*$來表示這種量(示蹤劑擴散係數標有星號以別於本質擴散係數D_A及D_B)。係數$D_A{}^*$及$D_B{}^*$像本質擴散係數D_A及D_B一樣是組成的函數，亦即，A或B原子在均質晶體(含此二種原子)中的擴散率不同於在各純成分金屬中的擴散率。現在我們有二種不同的擴散係數，用來描述二種原子在置換固溶體中的擴散過程——示蹤劑及本質的擴散。它們之間應有所關係。的確存在有一種關係，而且首先由Darken[8]推導出，並且已完全由實驗所證實。依據Darken，本質擴散係數與自我擴散係數之間的關係是：

$$D_A = D_A^* \left(1 + N_A \frac{\partial \ln \gamma_A}{\partial N_A}\right)$$

$$D_B = D_B^* \left(1 + N_B \frac{\partial \ln \gamma_B}{\partial N_B}\right)$$

12.45

上式中，D_A及D_B是本質擴散係數，$D_A{}^*$及$D_B{}^*$是示蹤劑擴散係數，γ_A及γ_B是二

---

8. Darken, L. S., *Trans. AIME*, **175** 184 (1948).

種成分各別的活性係數，而N_A及N_B是二種成分各別的原子比例。藉助於Gibbs-Duhem方程式(一個著名的物理化學關係式)，

$$N_A \partial \ln \gamma_A = -N_B \partial \ln \gamma_B \qquad \textbf{12.46}$$

且因$\partial N_A = -\partial N_B$，故可得

$$1 + \frac{N_A \partial \ln \gamma_A}{\partial N_A} = 1 + \frac{(-N_B \partial \ln \gamma_B)}{-\partial N_B} = 1 + \frac{N_B \partial \ln \gamma_B}{\partial N_B} \qquad \textbf{12.47}$$

當提供本質擴散係數的二個因子乘上各別的示蹤劑擴散係數時，事實上會相等。習慣上將此量稱爲熱力學因子(thermodynamic factor)。

現在考慮熱力學因子的意義。在理想溶液中，活性(a_A)等於溶液之濃度N_A，而活性係數γ_A(其係這二量的比值)等於1。因爲1之對數是零，故熱力學因子變成：

$$1 + \frac{N_A \partial \ln \gamma_A}{\partial N_A} = (1 + 0) = 1$$

則本質擴散係數等於示蹤劑擴散係數。示蹤劑擴散係數因此可被視為是原子在理想溶液中之擴散率之量測，而熱力學因子可被認為是對晶體偏離理想性的一種修正。

茲可以示蹤劑擴散係數來表示化學擴散係數，利用Darken方程式(12.18式)：

$$\tilde{D} = N_B D_A + N_A D_B$$

此自我擴散係數來表示本質擴散係數D_A及D_B，可得

$$\tilde{D} = N_B D_A^* \left(1 + N_A \frac{\partial \ln \gamma_A}{\partial N_A}\right) + N_A D_B^* \left(1 + N_B \frac{\partial \ln \gamma_B}{\partial N_A}\right)$$

或是

$$\tilde{D} = (N_B D_A^* + N_A D_B^*)\left(1 + N_A \frac{\partial \ln \gamma_A}{\partial N_B}\right) \qquad \textbf{12.48}$$

因爲二種形式式的熱力學因子是一樣的。

圖12.18到圖12.20顯示金鎳在1173K的擴散實驗數據。在此溫度下，金鎳彼此完全互溶，而形成完全可溶的合金系列。此實驗資料的意義在於，其對Darken關係式提供了實驗上的證明。

在圖12.18中，以示蹤劑擴散係數對組成劃圖，顯示D_A^*及D_B^*之變化很大。請注意，鎳原子在純金中的示蹤劑擴散率比鎳原子在純鎳中的擴散率大約1000倍。圖12.19顯示熱力學因子：

$$\left(1 + N_{Ni} \frac{\partial \ln \gamma_{Ni}}{\partial N_{Ni}}\right) \qquad \textbf{12.49}$$

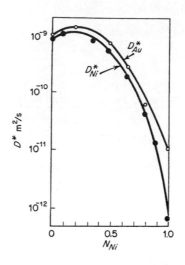

圖**12.18** Au及Ni在金鎳合金中，1173K下的自我擴散係數。(取自Reynolds, J. E., Averbach, B.L., and Cohen, M., Acta Met., 5 29[1957].)

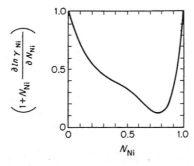

圖**12.19** 1173K之交互擴散的熱力學因子。(取自Reynolds, J.E., Averbach, B.L., and Cohen, M., Acta Met., 5 29[1957].)

是組成的函數(對於1173K之金鎳合金)。圖12.20顯示出交互擴散係數是組成的函數。曲線之一[標號D(計算)]係導自自我擴散係數(圖12.18)及熱力學因子(圖12.19)。另一曲線[標號$\tilde{D}$(觀測)]係利用MATANO方法對測得的化學擴散數據直接分析而得。在計算與觀測之曲線間有很好的一致性。二曲線在高鎳濃度處的輕微偏離可解釋是實驗誤差所造成。

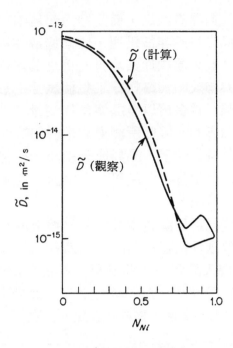

圖12.20 Au-Ni合金在1173K之計算的與觀察到的交互擴散係數。(取自
Reynolds, J.E., Averbach, B.L., and Cohen, M., Acta Met., 5 29[1957].)

12.12 晶界及自由表面的擴散(Diffusion Along Grain Boundaries and Free Surfaces)

　　固體中原子的移動不只限於晶體內部，擴散過程亦發生於金屬°之表面及晶體間之界面。為簡便計，我們前面之討論已忽略了二種型式的擴散。

　　實驗已證明表面與晶界之擴散也遵從活化，或Arhennius形式的定律，故其對溫度關係可寫成：

$$D_s = D_{s_0} e^{-Q_s/RT}$$

$$D_b = D_{b_0} e^{-Q_b/RT}$$

12.50

上式中，D_s及D_b是表面及晶界之擴散係數，D_{s_0}及D_{b_0}是常數(頻率因子)，而Q_s及Q_b是表面及晶界擴散之實驗上的活化能。

　　已經有足夠之證據證明，晶界之擴散比晶體內部快，而表面擴散率均大於前二者。這是可以理解的，因為晶界及外表面具有開啟之結構。原子之移動在金屬自由表面處最容易，晶界處次之，而晶體內部最困難。

　　由於原子在自由表面之移動非常迅速，表面擴散在許多冶金現象上扮演很重要之角色。但，由於一般金屬試片其晶界面積是其表面積的好幾倍，故晶界擴散更重要。甚且，晶界構成的網路貫穿了整個試片。該點時常使晶體或體積擴散的量測發生了大錯誤。當金屬以多晶態試片測量其擴散係數時，其結果應包含了體積及晶界擴散的影響。因此所測得的是視擴散係數D_{ap}，其不等於體積或晶界擴散係數。但在某些條件下，晶界成分很小，視擴散係數就等於體積擴散係數。另一方面，若條件適當，則晶界成分很大，視擴散係數偏離晶體擴散係數很多。現在考慮這些情況。

　　多晶試片的擴散不能視為是晶體擴散與晶界擴散的單純總和。晶界擴散比晶體擴散快很多，但此效應是相互抵消的，因為當溶質原子之濃度在晶界累積起來時，原子會由晶界進入晶體內，此過程之特性可由圖12.21看出。圖中顯示擴散偶係由純金屬A及B所組成。該二成分金屬均為多晶質，但為方便計，僅在右邊劃出晶界。小箭頭表示A原子移向B基質，垂直焊接平面之平行箭頭表示體積擴散。平行晶界之箭頭表示原子沿界面的移動，而垂直界面之箭頭表示由晶界擴散入晶體內。

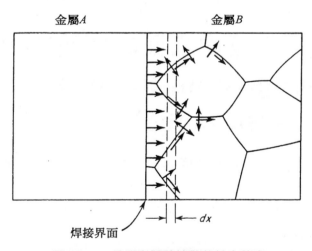

金屬A　　　　　　金屬B

焊接界面

dx

圖12.21　晶界與體積擴散的結合效應

　　在一般擴散實驗中，薄層試片之切取係平行焊接介面而為之(如圖12.21中所示之隔開dx之二垂直虛線)。這些薄片被做化學分析而得到穿透曲線。薄片dx內之A原子濃度係決定於多少A原子靠體積擴散來到這裡，以及多少A原子靠晶界到達此處。此問題相當複雜，但對一定比例的晶界與晶格擴散係數(D_b/D_l)而言，靠晶界及晶格擴散抵達薄片dx的相對A原子數目是晶粒大小的函數。晶粒愈小，可利用的總晶界面積愈大，故晶界在擴散過程中就愈重要。

　　晶界擴散也是溫度的函數。在圖12.22中，有二條銀的自我擴散曲線：右上方之曲線是晶界的數據，左下方的曲線是晶格的數據(單晶)。在 $\log D - 1/T_{Abs}$ 之座標系統，它們均是一直線，對於晶界之自我擴散的直線，其方程式是：

$$D_b = 2.5 \times 10^{-6} e^{-84,500/RT}, \text{m}^2/\text{s}$$

而對於體積或晶格的自我擴散。

$$D_l = 89.5 \times 10^{-6} e^{-192,000/RT}, \text{m}^2/\text{s}$$

注意到，在此例中，晶界之擴散的活化能僅約體積擴散的一半，此事實之意義重大，其原因有二：第一，其顯示出沿晶界之擴散較容易，及第二，其顯示晶界與體積擴散有不同的溫度影響之關係。與晶界擴散相較之下，體積擴散對於溫度之改變更敏感。因此，當溫度上升時，晶格擴散率比晶界擴散率增加得更快。反之，當溫度下降時，晶界之擴散率減少得較慢。其淨結果是，在非常高溫時，晶格擴散大於晶界擴散，而在低溫時，晶界擴散對於總或視擴散係數就更重要。

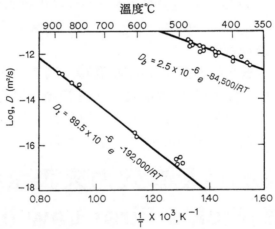

圖**12.22** 銀內的晶格與晶界擴散。(取自data of Hoffman, R.E., and Turnbull, D. J., Jour. Appl. Phys.,22 634 [1951].)

　　上述之事實顯示於圖12.23中，圖12.22之曲線也被重劃於圖12.23中之虛線，而另一曲線(實線)係對應於細多晶銀試片(在擴散退火前晶粒大小是35μm)的自我擴散，此曲線分為二部分，其一之方程式(溫度低於973K)是：

$$D_{ap} = 2.3 \times 10^{-9} e^{-110,000/RT}, \text{m}^2/\text{s}$$

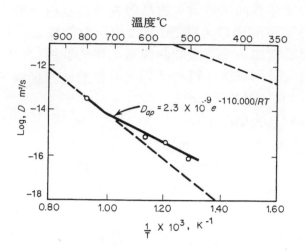

圖12.23 多晶態銀的擴散。(取自data of Hoffman, R.E., and Turnbull, D.J., Jour. Appl. Phys.,22 634 [1951].)

　　而另一部分相同於單晶，或是溫度高於973K之體積擴散。故可下結論：對於35μm晶粒大小的銀試片，溫度高於973K時，體積擴散成分較重要，而低於此溫度時，晶界成分較重要。

　　上面之結果有其一般化的涵意：(a)在高溫時所測量之多晶試片的擴散係數比較能代表晶格的擴散，(b)藉著試片晶粒大小的控制，可提高數據的可靠性。晶粒愈大，晶界對擴散的貢獻就愈小。因此，想利用多晶試片來測定晶格擴散係數，則需使用大晶粒試片且在高溫測定，才能得到精確之數據。

12.13 以移動性及有效力來表示Fick第一定律(Fick's First Law in Terms of a Mobility and an Effective Force)

　　Fick第一定律時常可以不同之變數來表示。茲將考慮一成分在一理想二元溶體中的擴散，來推展一形式的方程式。在本情況下，Fick第一定律(12.8式)可寫成：

$$J_A = -D_A^* \frac{\partial n_A}{\partial x}$$ 　　　　　**12.51**

其中，J_A是A原子每秒通過單位面積之界面的數目，n_A是每單位體積中A原子的數目，而$D_A{}^*$是A在理想溶液中的擴散係數。請注意，此擴散係數相等於放射性示蹤劑在固定化學組成之溶體中所測得的擴散係數(請參看12.11節)，故此式可被表示成：

$$J'_A = -D_A^*(n_A + n_B)\frac{\partial N_A}{\partial x} \qquad \textbf{12.52}$$

其中，$J_A{}'$等於J_a/A，表示A原子每cm^2的通量，$(n_A + n_B) \times N_A$等於n_A(由莫耳比例之定義可知)，而$(n_A + n_B)$被假設爲常數。

利用10.25式，A成分在理想溶體中的部分莫耳自由能是

$$\bar{G}_A = G_A^\circ + RT \ln N_A$$

其中，$G_A{}^\circ$是一莫耳純A在溫度T時的自由能，而N_A是A的莫耳比例。取$\overline{G}_A$對x(沿擴散偶之距離)之導數，並注意到，$\partial G_A{}^\circ/dx$依定義是零，故

$$\frac{\partial \bar{G}_A}{\partial x} = \frac{RT}{N_A}\frac{\partial N_A}{\partial x}$$

對此式解$\partial N_A/\partial x$，並代入Fick方程式，且注意$(n_A + n_B)N_A$等於n_A(每單位體積中A原子的數目)，得到

$$J'_A = -\frac{D_A^*}{RT}n_A\frac{\partial \bar{G}_A}{\partial x} \qquad \textbf{12.53}$$

茲以$B = D_A{}^*/RT$代入而得

$$J'_A = -n_A B\frac{\partial \bar{G}_A}{\partial x} \qquad \textbf{12.54}$$

其中，$J_A{}'$是每M^2之通量，B是稱爲移動率之參數，n_A是A原子之濃度(單位是每m^2之原子數)，而$\partial \overline{G}_A/\partial x$是$A$成分在溶液中之部份莫耳自由能距離$x$的偏導數。$\partial \overline{G}_A/\partial x$及$B$具有值得注意的物理意義。部分莫耳自由能$\overline{G}_A$具有能量之維次，而其對距離$x$之導數可被認爲是，引起沿此方向擴散之有效"力量"。B具有速度除以力量之維次。利用這些維次，12.54可被寫成：

$$\frac{原子數}{\text{m}^2 \times 秒} = \frac{原子數}{\text{m}^3} \times \frac{\text{m}}{秒 \times 力} \times 力$$

雖然上式係由理想溶體擴散之特例的推得，但其結果具有一般性，而可應用到非理想溶體的擴散，其部分莫耳自由能可寫成(參看10.27式)：

$$\bar{G}_A = G_A^\circ + RT \ln a_A$$

其中，a_A是A成分在溶體中的活性。茲考慮此部分莫耳自由能對x(沿擴散偶之距離)的導數。依定義(參看10.28式，活性係數γ_A)，$a_A = \gamma_A N_A$，故

$$\frac{\partial \bar{G}_A}{\partial x} = RT \frac{\partial}{\partial x}(\ln \gamma_A N_A) = RT \frac{\partial}{\partial N_A}(\ln \gamma_A N_A)\frac{\partial N_A}{\partial x}$$

或是

$$\frac{\partial \bar{G}_A}{\partial x} = RT\left(\frac{1}{N_A} + \frac{\partial \ln \gamma_A}{\partial N_A}\right)\frac{\partial N_A}{\partial x} = \frac{RT}{N_A}\left(1 + N_A \frac{\partial \ln \gamma_A}{\partial N_A}\right)\frac{\partial N_A}{\partial x}$$

將此關係式代回方程式

$$J'_A = -\frac{D_A^*}{RT}n_A \frac{\partial \bar{G}_A}{\partial x}$$

並利用$N_A = n_A/(n_a + n_B)$簡化，可得

$$J'_A = -\left(1 + N_A \frac{\partial \ln \gamma_A}{\partial N_A}\right)D_A^* \frac{\partial n_A}{\partial x} \qquad \textbf{12.55}$$

其中，$(1 + N_A \frac{\partial \ln \gamma_A}{\partial N_A})D_A^*$是本質擴散係數$D_A$(如第12.11節之所定義)。因此已推導出Darken關係式$D_A = (1 + N_A \frac{\partial \ln \gamma_A}{\partial N_A})D_A^*$。

12.14　非類質同形合金系統的擴散 (Diffusion in Non-Isomorphic Alloy Systems)

　　將一薄片的銅焊接到一薄片的鎳，並在高溫下退火，則金屬偶將依圖12.12所示之方式變化其組成。換言之，組成將由一端之純鎳到另一端之純銅做平滑且連續地改變。當合金系統僅含單一固相時，將得此種形式的穿透曲線。若合金系統含有許多不同的固相，如銅鋅系統，則其會有不同的穿透曲線。例如，當銅鋅擴散偶在400℃左右退火時，則形成層狀結構。每一層均對應著存在於此溫度下的五個固相之一。為了解釋這些層狀結構的性質，茲考慮一假想合金系統，其相圖示於圖12.24中。此系統有一單中間相，β相，及端邊相α及γ相。由一片純A與一片純B焊接而成，且在溫度下退火的擴散偶，其具有分別對應於α、β及γ相的三個不同的層，如圖12.25所示。其組成-距離曲線具有圖12.25所示之形式。注意到，曲線在二相之界面處，其組成不連續。這些組成的突然改變相等於跨過二相區域($\alpha + \beta$，及$\beta + \gamma$)之組成差。茲考慮α與β相之邊界。請注意，由α相端接近界面時，組成曲線(相當於B成分)，上升到a點。此點之組成相同於圖11.24之相圖中a點的組成。界面之另一

邊，β相之組成由b點表示，其相當於相圖之b點。同理，在β-γ相界面處，組成由c變到d，相當於相圖的c與d點。簡言之，這種形式之合金系統的擴散偶係相圖的等溫切面，其中之單相區域出現一有限寬度，但二相區域則僅由一界面表示。

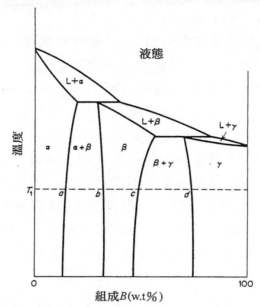

圖12.24 含三種固相之假想合金系統的平衡圖

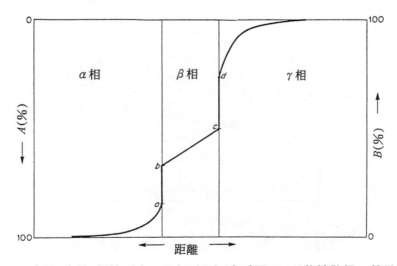

圖12.25 由純A與純B焊接而成，且在T_1退火(參看圖12.14)的擴散偶。其具有層狀結構，每一層對應著平衡圖中的一相。圖中曲線顯示組成(B成分)的變化

　　為何二相區域僅為擴散偶中之一界面，其理由並不難了解。茲需考慮二個
重要的因素。第一，因要發生擴散，故必存在濃度梯度於擴散偶中。更正確而
言，必需存在一活性梯度。若此梯度在擴散偶之任何位置上消失了，則通過此
位置的A或B原子通量就將會停止。依據10.27式，對於B成分可寫下：

$$\Delta \bar{G}_B = \bar{G}_B - G_B^{\circ} = RT \ln a_B \tag{12.56}$$

上式中，$\bar{G}_B$是B成分的部分莫耳自由能。G_B°是每莫耳純B在考慮之溫度下的自
由能，而a_B對距離(沿擴散偶)之變化相當於部分莫耳自由能對距離之改變。
故，僅當部分莫耳自由能隨距離連續減少時，才會發生連續的擴散。圖12.26
顯示假想的三相α，β，及γ在溫度T_1時，其自由能組成曲線。如第10.8節之
所論，二條自由能曲線的共同切線界定了二相區的範圍。此顯示於圖12.26
中，由第10.8節，自由能組成曲線上任一點的切線與圖之端邊的交點給予所考
慮之相的部份莫耳自由能。對這三條自由能曲線劃一系列之切線，且選擇對應
於所要組成之最小的部分莫耳自由能，則可劃出B成分在T_1時橫跨整個相圖的
部分莫耳自由能的變化曲線。這種曲線顯示於圖12.27中。注意到，以純B開
始，B成分之部分莫耳自由能隨濃度之減少而逐漸下降，一直到二相區($\gamma +
\beta$)為止。在此區域中，由圖12.27之$\gamma$及$\beta$能量曲線之共同切線所決定的部分
莫耳自由能係一常數，其等於$\bar{G}_{B_2}$。在$\alpha + \beta$二相區也有類似的等部分莫耳自由
能，其等於$\bar{G}_{B_1}$。

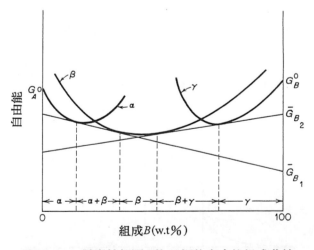

圖12.26 對應於相圖T_1的三相的自由能組成曲線

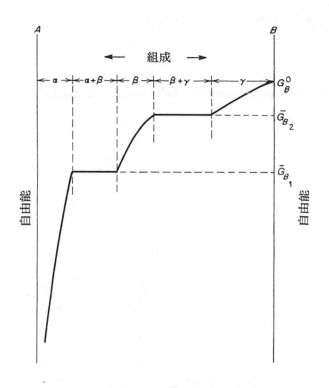

圖12.27　相圖T_1處的$\overline{G}_B$隨組成的變化情形

　　上述之意義容易給予說明。在部分莫耳自由能為常數之區域，若要得到部分莫耳自由能的梯度，其唯一方法是區域之厚度要消失。換言之，二相區在擴散偶中必需呈現為一界面，亦即，厚度為零的區域。若非如此，就不會有淨的擴散通量通過擴散偶。最後，請注意，由圖12.27，在界面處β與γ相的部分莫耳自由能相等，雖然組成差異存在於界面，但自由能並非如此。在界面處，部分莫耳自由能對距離之曲線的斜率會改變，但$\overline{G}_B$是連續的。茲簡要考慮擴散偶中單相層之寬度，有可能使應出現之一相或多相不會出現在擴散偶中。如Buckle所示，銅鋅所組成之擴散偶在380℃退火約半小時，則可得到如圖12.28所示之層結構。但請注意到，β'相層非常薄，放大150倍仍無法看到。擴散層之厚度係決定於其二界面移動的相對速度。這些界面的移動係受到擴散的控制，而類似於第15.7節所述的受擴散控制的平面界面之生長。例如，我們將考慮圖12.25中β相層的生長。在退火開始時，此層之厚度為零，隨著時間之進行，它會成長，但，其成長決定於其邊界之移動的相對速度。因為二邊界的生長控制變數並不相同，故此二邊界之移動速度不會一樣。類似第15.7節所導出的平面生長方程式，對於 β 與相之邊界，可寫下：

$$(n_B^b - n_B^a)Adx_{\alpha\beta} = AD_\alpha\left(\frac{dn_B^a}{dx}\right)dt - AD_\beta\left(\frac{dn_B^b}{dx}\right)dt \qquad \textbf{12.57}$$

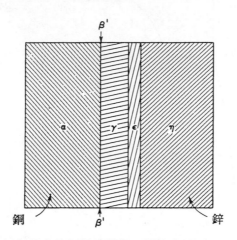

圖12.28 在約380℃短暫退火的銅鋅擴散偶。其沒有顯示出可見的 β' 相層。（取自Buckle, H., Symposium on Solid State Diffusion, p.170. North Holland Publishing Co. Copyright, Presses Universitaires de France, 1959.）

其中，n_B^b 及 n_B^a 是二相在邊界的組成（單位體積的B原子數），dn_B^a/dx 及 dn_B^b/dx 是在 α 與 β 相邊界處的濃度梯度，而 D_α 及 D_β 是對應的擴散係數。方程式之左邊表示要將邊界移動一 $dx_{\alpha\beta}$ 之距離所需要的B原子數。而右手邊表示將給予此量的淨通量。如第15.7節所要討論的，邊界之移動係碳原子擴散入雪明碳鐵的結果。在本例中，需考慮在 β 相中B原子移向界面的通量，以及在 α 相中B原子離開界面的通量。12.57式可被簡化成：

$$\frac{dx_{\alpha\beta}}{dt} = \frac{1}{(n_B^b - n_B^a)}\left[D_\alpha\left(\frac{dn_B^a}{dx}\right) - D_\beta\left(\frac{dn_B^b}{dx}\right)\right] \qquad \textbf{12.58}$$

而對於 β 到 γ 之界面的生長速度可寫成

$$\frac{dx_{\gamma\beta}}{dt} = \frac{1}{(n_B^c - n_B^d)}\left[D_\gamma\left(\frac{dn_B^c}{dx}\right) - D_\beta\left(\frac{dn_B^d}{dx}\right)\right] \qquad \textbf{12.59}$$

請注意，β 相之二界面的生長速度決定於許多變數。它們包括界面處相的濃度，擴散係數，及濃度梯度。因為擴散係數一般是組成的函數，故層之生長問題的解決通常非常困難。而且，也有可能想出不讓相層發展出可見之厚度的生長條件。事實上，選擇適當的擴散係數，可使每一邊界往每一方向移動。

上述之分析已假設了動態平衡的條件，並暗示著這種擴散偶之外層組成不會改變。在有限長度之擴散偶中，情形就十分不同。因此，如果在上面例子中，銅與鋅之層非常薄，而且鋅佔48%，銅佔52%，若退火時間足夠長，試片將僅會有一單相，即是 β' 相，或是對應平均組成的相。

應該提到某些層結構之實例，一個典型例子是鍍鋅鐵。當鋼鐵浸入熔融之鋅內，鋅即擴散入鐵內，而形成層之結構，除了基地金屬(鋼鐵)之外，另含有四個相。這些相的最外面是液體。在冷卻時，此液體經過共晶點，所以最外層基本上是共晶體，熱浸錫板也具有層的合金構造。事實上，在大部分之例子中，若在擴散可以發生的情況下將一金屬鍍到另一金屬上，則將發現層之結構有發展出之趨向。

問題十二

12.1　(a)每立方公尺的銅，其原子數有多少？銅每莫耳是63.54克，每莫耳銅之體積是7.09cm³。

(b)計算每m³之銅原子的數目是多少？銅的晶格常數是0.36153nm，而面心立方晶體每單位胞之內有四個原子。

12.2　將1公分平方之純金屬A的薄片與相同大小之純金屬B焊接成為擴散偶對，在高溫實施擴散退火之後冷卻到室溫。平行焊接介面之方向切取一片片之薄層，給予化學分析，得知，在5000nm之距離，金屬A之原子比(N_A)由0.3變到0.35。若此二純金屬每m³之原子數均為9×10^{28}。首先計算濃度梯度dn_A/dx，若擴散係數是2×10^{-14}m²/s，試求在退火溫度下每秒通過橫切面之A原子數。

12.3　若晶格常數a為0.300nm之簡單立方金屬，其自我擴散係數方程式是

$$D = 10^{-4}e^{-200,000/RT}, \text{m}^2/\text{s},$$

試求在1200K之擴散係數？並利用此值來計算原子停留在晶格位置之平均時間 τ 。

12.4　由實驗得知，薄片之金屬A與金屬B焊接而成的擴散偶，其界面處的Kirkendall標誌，在濃度$N_A = 0.38$及濃度梯度$dn_A/dx = 2.5 \times 10^{2}1$/m時，以$4.5 \times 10^{-12}$m/s之速度移向$A$成份。在此情況下，化學擴散係數$\tilde{D}$是$3.25 \times 10^{-14}$m²/s。試求此二成份之本質擴散係數。

12.5　本題與下一題需利用誤差函數表，但希望利用下面程序來建立這樣的表。誤差函數是在上下限$y = 0$及$y = y$之間對e^{-y^2}積分。一個便利的積分方法是，先對e^{-y^2}展開成級數為

$$e^{-y^2} = 1 - y^2 + y^4/2! - y^6/3! + y^8/4! - y^{10}/5! + \cdots.$$

而後對上式積分，對y由0到0.80而言，下面結果之精確度有5位有效數字：

$$\frac{2}{\sqrt{\pi}}\int_0^y e^{-y^2}dy$$
$$=\frac{2}{\sqrt{\pi}}\left[y-\frac{y^3}{3}+\frac{y^5}{15}-\frac{y^7}{42}+\frac{y^9}{216}-\frac{y^{11}}{1320}+\cdots\right]$$

可對上式寫簡單的計算機程式，而後由$y=0$到$y=0.80$，以0.01之間隔來計算誤差函數。

組成為$N_{A_1}=0.245$與$N_{B_1}=0.755$之二元合金薄板與組合為$N_{A_2}=0.255$及$N_{B_2}=0.745$之類似薄板焊接成為擴散偶對。在1300K擴散退火200小時之後，距離原來焊接界面2×10^{-4}m處之$N_A=0.248$(其原來組成是$N_A=0.245$)，試利用Grube方法求擴散係數。

12.6 利用上題所求的擴散係數及誤差函數，寫下計算機程式以決定距離焊接介面2×10^{-4}m處(其原來組成是$N_A=0.245$)之組成隨時間變化的函數。以2小時之時間間隔來計算其組成，時間內3到70小時。把結果繪成組成對時間的曲線。當時間很長時組成會趨於一極限，其意義是什麼？

12.7 藉助表12.3之數據及圖12.14，並依下列之指示，計算在組成$N_A=0.625$處之交互擴散係數$\tilde{D}$：

(a)劃出穿透曲線在$N_A=0.625$處之切線並求出其斜率$\partial x/\partial N_A$。

(b)利用Simpson法則，圖形積分表12.3中之數據，由$N_A=0$到$N_A=0.625$。

(c)利用上面之結果，令時間$t=50$小時，以Matano方程式來計算D值，並與圖12.15做比較。

12.8 依據12.28式，面心立方金屬之自我擴散係數可表示為$\tilde{D}=a^2/12\tau$，其中a是晶格參數，τ是原子停留在晶格位置的平均時間，利用類似12.1節處理簡單立方晶格之方法來推導此關係式。

12.9 藉助表12.5之數據，計算Ni在1173K之自我擴散係數，並與圖12.18做比較。

12.10 利用圖12.18及12.19之數據，計算在1173K下鎳在50%(原子百分比)Ni之鎳合金中的交互擴散係數$\tilde{D}$。

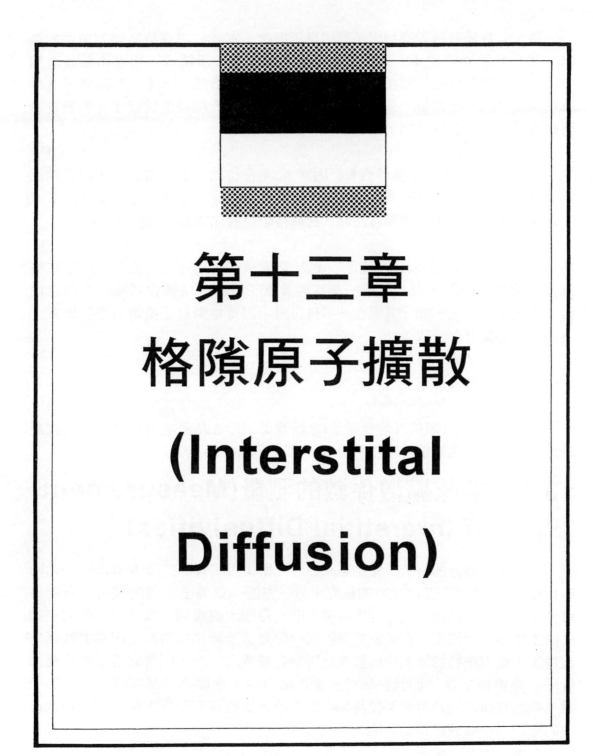

第十三章
格隙原子擴散
(Interstital
Diffusion)

第十二章係考慮置換型固溶體的原子擴散。本章將考慮格隙固溶體中的擴散。在置換型固溶體中，原子之移動係因躍入空孔所造成；而在格隙固溶體中，原子之擴散係由格隙位置躍至另一格隙位置所造成。基本上格隙原子之擴散較簡單，因其不需要空孔之存在。在十二章中已表現過溶質原子在稀薄置換型固溶體中的擴散係數如下式：

$$D = \alpha a^2 Z v e^{-(\Delta G_m + \Delta G_f)/RT}$$ 　　　　13.1

其中a是晶格參數，α是晶體的幾何因素，Z是配位數，ν是溶質原子在置換位置的振動頻率，ΔG_f是形成一莫耳空孔所需之自由能，而ΔG_m是一莫耳溶質原子躍入空孔所需克服的障礙自由能，對於格隙擴散係數亦有類似的表示式：

$$D = \alpha a^2 p v e^{-\Delta G_m/RT}$$ 　　　　13.2

其中，p是最近的格隙位置的數目，α及a之意義如前所述，ν是溶質原子在格隙位置的振動頻率，而ΔG_m是一莫耳溶質原子跳躍於格隙位置間所需的自由能，此式不同於上一式，其僅含一項自由能：因為格隙原子擴散與空孔無關。自由能之變量可表示成：

$$\Delta G = \Delta H - T\Delta S$$ 　　　　13.3

故格隙擴散係數可寫成：

$$D = \alpha a^2 p v e^{+\Delta S_m/R} e^{-\Delta H_m/RT}$$ 　　　　13.4

其中，ΔS_m是晶格(每莫耳溶質原子)之熵變量，而ΔH_m是在格隙位置間之躍遷時將溶質原子帶到鞍點時所需的功(每莫耳溶質原子)。

13.1　格隙擴散係數的測量(Measurement of Interstitial Diffusivities)

格隙原子擴散的研究，特別是高溫時，所使用的實驗技術(Matano，Grube等)相同於置換固溶體之擴散的研究。另一方面，以完全不同的技術來研究格隙原子之擴散，特別在體心立方金屬，已獲得極大的成功。此技術之優點在於其使用於很低之溫度，此係研究擴散之一般方法所無法運用的，因為擴散速率太慢了。此方法將於下節中討論，且將花費較多之時間，因為它是用來研究擴散的一種重要工具，而且在研究冶金之現象中，金屬之內部摩擦係一重要領域。雖然篇幅不允許討論到使用到內部摩擦方法的其它領域，但亦可由擴散研究的應用來發展該技術的優點。

在進入內部摩擦測量之前，應指出，格隙擴散係數的實驗測量顯示出，其擴散係數亦如置換型合金之情況，服從下列之表示式：

$$D = D_0 e^{-Q/RT}$$

13.5

其中D是擴散率或擴散係數，D_0是頻率因素之常數，而Q是擴散所需的活化能。將此式與理論所得之式子比較，可得

且　$Q = \Delta H_m$　　and　　$D_0 = \alpha a^2 pve^{\Delta S_m/R}$

13.6

由實驗上所決定的量Q及D_0與ΔH_m及ΔS_m(後二者係由基本的原子理論算出)非常一致。其原因在於：第一，格隙擴散係數可由較廣之溫度範圍測出，故一般而言它們相對的置換型的值更精確。第二，格隙擴散之過程與空孔無關，故理論上較容易解釋。然而，亦應注意，我們所涉及到的是稀薄格隙固溶體。當溶質濃度較大時，被佔據的格隙位置更多，故溶質原子會交互作用，或者至少會干擾到彼此的躍遷。就如同在置換型固溶體中所發現到的，一般而言格隙擴散係數是組成的函數，如圖13.1之所示。

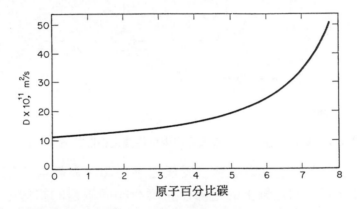

圖13.1　擴散係數也是格隙系統之組成的函數。碳在1127℃之面心立方鐵中的擴散。(取自Wells, C., Batz, W., and Mehl, R.F., Trans. AIME, 188553 [1950].)

13.2　史諾克效應(The Snoek Effect)

　　此內部摩擦方法來研究格隙原子之擴散通常係利用首由Snoek[1]所解釋之效應。在像鐵之體心立方金屬中，像碳或氮之格隙原子所佔之位置不是在邊的中央就是在面的中央(參看圖13.2)。由圖13.2可推論出，此二位置在金相學上是等價的。在x或w處之格隙原子均位於<100>方向上二鐵原子之間(w位置二邊之鐵原子位在此圖所示之單位晶胞的中心及此晶胞之前面晶胞(未顯示)的中心)。前面已述及(第九章圖9.2(b))溶質原子在二鐵原子間的空間小於溶質原子

---

1. Snoek, J., *Jour. Physica*, **6** 591 (1939).

的直徑，故佔據這些位置(如圖13.2中的x)時溶質原子會將溶劑原子a及b推開。位在x或w的原子因此會增加晶體在[100]方向上的長度。相同地，在y或z之原子會增加晶體在[010]或[001]方向上的長度。

為簡便計，我們將格隙位置之軸定義為一方向，當此格隙位置被格隙溶質原子佔據時溶劑原子(位於格隙原子之二邊)會沿此方向擴展。

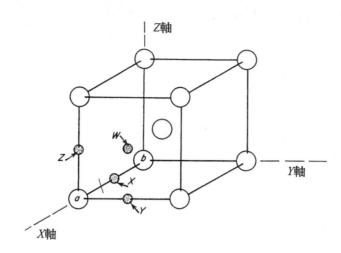

圖13.2 碳原子在體心立方鐵晶格中所佔據之格隙位置的特性

當含有格隙原子之體心立方晶體未受任何應力時，就統計上而言，平行於[100]，[010]及[001]方向之軸上的格隙位置應有相同數目的格隙原子。若有一外力施加到晶體使得平行[100]軸方向有一拉張應力時，則晶格會有一應變使得平行[100]之軸的格隙位置變大，而垂直應力之軸(即[010]及[001])的位置變小。因此，應力會使平行應力之軸上的格隙位置佔有較多的溶質原子。在施加應力之後，這些佔優勢的位置會增加溶質原子的數目，因而破壞了溶質原子平均分佈在這三種位置的相等機率。

當施加應力小時，彈性應變也小(約10^{-5}或更小)，平行拉張應力軸的格隙位置中每單位體積之超額溶質原子數正比於應力，因此，

$$\Delta n_p = Ks_n \qquad \text{13.7}$$

其中，Δn_p是溶質原子在佔優勢之位置所多出的數目，K是比例常數，而S_n是拉張應力。在佔優勢之位置中每一個多出的溶質原子會使試片在拉張應力方向之長度增加一小量。因此金屬之總應變包括二項：正常的彈性應變，ε_{el}，以及由於溶質原子移到平行於應力軸之位置所引起的滯彈性應變，ε_{an}，即

$$\varepsilon = \varepsilon_{el} + \varepsilon_{an} \qquad \text{13.8}$$

　　當突然施加應力時，應變之彈性部分可被認為是立即發展出，而滯彈性應變並不立即出現，它跟時間有關。應力突然施加到晶體上，會使溶質原子的分佈變成不平衡，而將超額的溶質原子 Δn_p 移到平行於應力軸的位置上，平衡的分佈會由於溶質原子的正常熱運動來達成。應力之淨效果會使躍遷到較優勢位置的數目大於由較優勢位置躍遷出之數目。但當平衡達成時，每秒躍遷入及躍遷出的數目會相等。顯然地，在平衡時，在較優勢位置上的超額原子數與滯彈性應變會達到最大值。

　　在較優勢格隙位置上之超額原子數的增加率正比於仍未被佔據的超額位置的數目。因此，在施加應力之瞬間，該增加率最大，因為此時在較優勢位置之超額原子數為零。但當時間前進，且超額原子數達到最大值時，增加率會愈來愈小。正如改變率決定於現有之數目的所有物理問題，指數律控制著格隙原子多出之數目的時間關係，即，

$$\Delta n_p = \Delta n_{p(max)}[1 - e^{-t/\tau_\sigma}] \qquad \text{13.9}$$

其中，Δn_p 是任何時刻超額溶質原子的數目，$\Delta n_{p(max)}$ 是在一張應力下所能達到的最大數目，t 是時間，而 τ_σ 是固定應力時的常數被稱為鬆弛時間(relaxation time)。

　　因為滯彈性應變正比於較優勢位置上超額原子的數目，故其亦可表示為指數關係

$$\varepsilon_{an} = \varepsilon_{an(max)}[1 - e^{-t/\tau_\sigma}] \qquad \text{13.10}$$

其中 ε_{an} 及 $\varepsilon_{an(max)}$ 分別是瞬時的及最大的(平衡值)滯彈性應變。彈性與滯彈性應變間的關係顯示於圖13.3中。

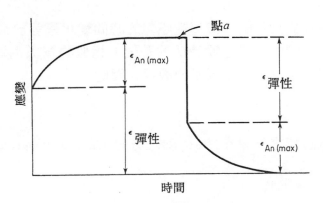

圖**13.3**　彈性與滯彈性應變間的關係。(取自A.S. Nowick.)

在滯彈性應變達到最大值之後，將應力移走所造成之效應亦顯示於圖13.3中。如果應力突然被移走，彈性應變立即恢復，而滯彈性部份則與時間有關。對於應力移走之情況，滯彈性應變服從下式之規律：

$$\varepsilon_{an} = \varepsilon_{an(\max)} e^{-t/\tau_\sigma} \qquad \text{13.11}$$

其中，ε_{an}是任何時刻的滯彈性應變，$\varepsilon_{an(\max)}$是應力移走時的滯彈性應變，而t及τ_σ之意義與前面之方程式相同。

τ_σ之意義可被了解，將t以τ_σ代入方程式13.11中可得

$$\varepsilon_{an} = \varepsilon_{an(\max)} e^{-\tau_\sigma/\tau_\sigma} = \frac{1}{e}\varepsilon_{an(\max)} \qquad \text{13.12}$$

因此鬆弛時間τ_σ是滯彈性應變減少到初值的$1/e$時的時間。如果τ_σ值是大的，應變之鬆弛就較慢，若τ_σ值是小的，則應變很快就鬆弛下來。因此應變之鬆弛率反比於鬆弛時間。其他反比於原子在格隙位置的停留時間τ，因為小的τ相當於大的躍遷率，$1/\tau$，也相當於快迅的應變鬆弛。此二個本質上完全不同的時間觀念(即，鬆弛時間及原子在格隙位置上的停留時間)有直接的關係，而在體心塑性變形晶格之情況，可證明出：

$$\tau = \tfrac{3}{2}\tau_\sigma \qquad \text{13.13}$$

現在將跟隨Nowick[2]來推導上式。為此目的，我們將重寫方程式13.10而改為

$$\varepsilon_{an} = \varepsilon_{an(\max)} - \varepsilon_{an(\max)} e^{-t/\tau_\sigma} \qquad \text{13.14}$$

將上式對時間微分：

$$\frac{d\varepsilon_{an}}{dt} = \frac{\varepsilon_{an(\max)}}{\tau_\sigma} e^{-t/\tau_\sigma} = \frac{\varepsilon_{an(\max)} - \varepsilon_{an}}{\tau_\sigma} \qquad \text{13.15}$$

如前面所述，此方程式顯示出，滯彈性應變的時間變化率等於最大的滯彈性應變(在一應力下)與滯彈性應變之瞬時值的差值。相似的關係也適用於Δn_p，在較優勢位置上每單位體積超額碳原子的數目，因此

$$\frac{d(\Delta n_p)}{dt} = \frac{\Delta n_{p(\max)} - \Delta n_p}{\tau_\sigma} \qquad \text{13.16}$$

若應力被施加於鐵晶體之三個<100>軸之方向，即z軸，則$\Delta n_p = n_z - n/3$，而

2. Nowick, A. S., *Prog. in Metal Phys.*, **4** 1 (1953).

且，$\Delta n_{p(\text{max})} = n_{z(\text{max})} - n/3$。此係假設在設有應力時，碳原子可均勻分佈在三個可能的＜100＞位置上。因此，亦可寫成

$$\frac{dn_z}{dt} = \dot{n}_z = \frac{\left(n_{z(\text{max})} - \frac{n}{3}\right) - \left(n_z - \frac{n}{3}\right)}{\tau_\sigma}$$　　　　**13.17**

n_z 亦可寫成碳原子進入及離開 z 位置之速率的差，即

$$\dot{n}_z = n_x\left(\frac{1}{\tau_{xz}}\right) + n_y\left(\frac{1}{\tau_{yz}}\right) - n_z\left(\frac{1}{\tau_{zx}}\right) - n_z\left(\frac{1}{\tau_{zy}}\right)$$　　　　**13.18**

其中，n_x，n_y 及 n_z 分別是在 x，y，及 z 位置上每單位體積碳原子的數目，而 $1/\tau_{xz}$，$1/\tau_{yz}$，$1/\tau_{zx}$，及 $1/\tau_{zy}$，是碳原子在足碼所示之位置間的躍遷頻率，即，$1/\tau_{xz}$ 是碳原子內 x 到 z 位置的躍遷率，而 $1/\tau_{zx}$ 是反方向的躍遷率。

在施加一固定應力下，其躍遷頻率不同於沒有應力時的情況，此因若施加應力係沿著 z 軸方向，其將降低由 x 或 y 位置躍遷到 z 位置的能障，而將升高反方向的躍遷能障。圖 13.4 顯示原子在 x 及 z 位置間躍遷的情形。由於晶格的對稱性，在 y 及 z 位置間的互換也有一樣的曲線。請注意到，施加應力的結果，x 位置的能階比 z 位置之能階高了 u 量。此使得由 x 躍遷到 z 位置的能障變成 $(q - u/2)$，而由 z 到 x 位置的能障則為 $(q + u/2)$。沒有應力時的躍遷頻率是

$$\frac{1}{\tau} = \frac{1}{\tau_0} e^{-q/kT}$$　　　　**13.19**

利用晶格的對稱性，可得

$$\frac{1}{\tau_{xz}} = \frac{1}{\tau_{yz}} = \frac{1}{2\tau} = \frac{1}{2\tau_0} e^{-q/kT}$$　　　　**13.20**

其中，1/2 因子係由於 x 位置的原子(舉例說明)有一半會跳到 z 位置而另一半則跳到 y 位置所造成。另一方面，若在 z 軸上有應力，則

$$\frac{1}{\tau_{xz}} = \frac{1}{2\tau_0} e^{-(q-u/2)/kT}$$　　　　**13.21**

及

$$\frac{1}{\tau_{zx}} = \frac{1}{2\tau_0} e^{-(q+u/2)/kT}$$　　　　**13.22**

並且由於晶格的稱性

$$\frac{1}{\tau_{yz}} = \frac{1}{2\tau_0} e^{-(q-u/2)/kT}$$　　　　**13.23**

及

$$\frac{1}{\tau_{zy}} = \frac{1}{2\tau_0} e^{-(q+u/2)/kT}$$　　　　**13.24**

將這些關係式代入n_z之方程式，可得

$$\dot{n}_z = (n_x + n_y)\frac{e^{-(q-u/2)/kT}}{2\tau_0} - \frac{2n_z}{2\tau_0}e^{-(q+u/2)/kT}$$ 13.25

或是

$$\dot{n}_z = \frac{e^{-q/kT}}{2\tau_0}[(n_x + n_y)e^{u/2kT} - 2n_z e^{-u/2kT}]$$ 13.26

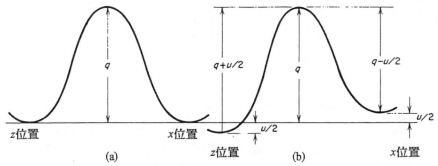

圖13.4 沿著b.c.c.金屬之z軸方向施加應力，對碳原子在x及z位置間躍遷之能障的影響，(a)應力爲零時的能障。(b)施加應力時的能障

因爲u(由於應力所引起的能階差)通常是非常小，因此$u/2 << kT$，故可得

$$e^{u/2kT} = 1 + \frac{u}{2kT} \quad \text{and} \quad e^{-u/2kT} = 1 - \frac{u}{2kT}$$

使得

$$\dot{n}_z = \frac{e^{-q/kT}}{2\tau_0}\left[(n_x + n_y)\left(1 + \frac{u}{2kT}\right) - 2n_z\left(1 - \frac{u}{2kT}\right)\right]$$ 13.27

因爲$n_x + n_y + n_z = n$，n是每cm^3碳原子之總數，而$e^{-q/kT}/\tau_0 = 1/\tau$，是無應力時的躍遷頻率，上式亦可寫成

$$\dot{n}_z = \frac{1}{2\tau}\left[(n - 3n_z) + (n + n_z)\frac{u}{2kT}\right]$$

或是

$$\dot{n}_z = \frac{3}{2\tau}\left[\left(\frac{n + n_z}{3}\right)\frac{u}{2kT} - \left(n_z - \frac{n}{3}\right)\right]$$ 13.28

而且因為n_z是一小量，n_z與$n/3$相差不大，我們可將上式中括弧內第一項取$n_z = \frac{n}{3}$之近似取代

$$\dot{n}_z = \frac{3}{2\tau}\left[\frac{2}{9}\frac{nu}{kT} - \left(n_z - \frac{n}{3}\right)\right]$$ 13.29

茲假設應力施加很長的時間，故$n_z \to n_{z(max)}$，$\dot{n}_z \to 0$，因此當$t \to \infty$，可得

$$\frac{2}{9}\frac{nu}{kT} = \left(n_{z(max)} - \frac{n}{3}\right)$$ 13.30

上式說明了能階差u正比於碳原子在z位置之最後的超額數目。另外，亦可得

$$\dot{n}_z = \frac{3}{2\tau}\left[\left(n_{z(max)}-\frac{n}{3}\right)-\left(n_z-\frac{n}{3}\right)\right]$$ **13.31**

藉由方程式13.17可顯示出

$$\frac{1}{\tau_\sigma}=\frac{3}{2\tau}$$ **13.32**

或是　　$$\tau=\frac{3\tau_\sigma}{2}$$ **13.33**

　　此外，方程式13.32是重要的，因實驗所決定之值(鬆弛時間τ_σ)可直接產生重要的理論上的值(溶質原子在格隙位置停留的平均時間τ)。而且，一旦τ值決定了，就可由下式來直接計算格隙擴散的擴散係數：

$$D=\frac{\alpha a^2}{\tau}$$ **13.34**

此式之型式相同於十二章所討論的置換型擴散。在現在之情況下，a是溶劑的晶格常數，τ是溶質原子在格隙位置停留的平均時間，而α是常數決定於晶格之幾何擴散過程之本性(在本情況，其是溶質原子在格隙位置間的躍遷)。在格隙原子擴散中，常數α是$\frac{1}{24}$(對於體心立方晶格)，而對於面心立方晶格是$\frac{1}{12}$。因為體心立方晶格之格隙擴散已被徹底研究過，故我們將討論這類晶格，其$\alpha=\frac{1}{24}$，$\tau=\frac{3}{2}\tau_\sigma$。因此

$$D=\frac{a^2}{24\tau}=\frac{a^2}{36\tau_\sigma}$$ **13.35**

將實驗測定的鬆弛時間τ_σ代入13.35式中，則可得到擴散係數。

13.3　鬆弛時間的實驗決定 (Experimental Determination of the Relaxation Time)

　　如果鬆弛時間很長(大約幾分到幾小時)，其可利用彈性後效方法來決定。在本情況中，應力被施加到合適之試片且維持到應力之滯彈性成分達到其平衡值。此相當於圖13.3中之a點，達此情形之後，應力迅速被移走，則應變被測量，其為時間之函數。所得之數據相當於圖13.3中右下方之曲線，測量滯彈性

應變降至原來的1/e所需之時間，或是其它更煩瑣之方法[3]可得到鬆弛時間。

　　當鬆弛時間大約數秒時，彈性後效方法並不太適用。此時，決定鬆弛時間所用之合宜且經常被用之方法係顯示於圖13.5之扭擺[4]。線型之試片被夾於二個栓鉗之間，上面之栓鉗固定在儀器上，而下面的栓鉗連接到慣性棒可自由轉動。小鐵塊放在慣性棒之二端，其原因係在於可使擺之振動較平順。為使擺開始運動，首先將其對軸扭轉；使鐵塊接觸二個小電磁鐵而保持在此扭轉位置上，而當磁路之電流切斷時，擺就開始自由振動。一鏡子放在連接下面栓鉗與慣性棒的一棒子上，鏡子之表面可反射一光束到一半透明的尺上，用來追蹤擺的振動。圖13.6係一代表性的擺之振幅隨時間變化的軌跡。請注意到，當時間增加時振幅減小，因為振動能消耗於線內(忽略扭棒之空氣摩擦之效應)。該能量損失可說是由於金屬的內摩擦。金屬之內摩擦有許多來源。我們專注於體心立方金屬之格隙溶質原子所造成的內摩擦。

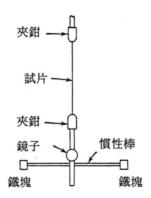

圖13.5 扭擺(取自Ke,T.S., Phys. Rev., 71 553 [1947].)

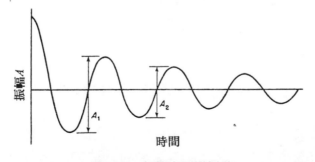

圖13.6 扭擺之阻尼振動

　　3. Nowick, A. S., and Berry, B. S., *Anelastic Relaxation in Crystalline Solids*, Academic Press, New York and London, 1972.

　　4. Ké, T. S., *Phys. Rev.*, **71** 553 (1947).

　　茲考慮三種可能的情形。首先，假設扭擺之週期比起金屬之鬆弛時間而言非常小。於此情況下，線型試片遭受應力作用一循環之時間比起溶質原子在格隙位置停留的平均時間小得很多。換言之，應力交變非常快速，使得溶質原子無法跟上應力的改變。滯彈性應變可被認為是零，而擺係依完全彈性之方式在振動。此情形之應力應變圖(參看圖13.7)是一直線，其斜率等於彈性模數。於滯彈性之研究中，此斜率一般被記為M_U，而被稱為非鬆弛模數(unrelaxed modulus)。此線通過座標原點，與擺振動於靜止之二邊相一致。圖13.7亦可被認為是表示應力之完全振動的應力應變圖。

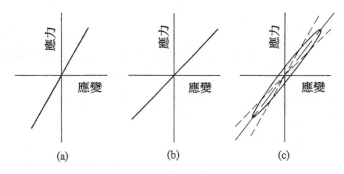

圖13.7　扭擺的應力應變曲線：(a)擺周期很短於鬆弛時間，(b)擺周期很長於鬆弛時間；(c)擺周期約等於鬆弛時間

　　第二種可能是擺周期比鬆弛時間大很多的另一極端。在此情況下，溶質原子很容易跟上應力之交變，而可被認為是經常維持在平衡狀態。任何時間，滯彈性應變均達成相當於瞬時應力值的最大，或平衡值。滯彈性及彈性應變二者均直接隨應力改變，因此，總應變就與應力成線性關係。然而，不同於擺周期很短之情形，在每一應力值之應變現在將有較大之值，其係滯彈性應變之有限值所引起。圖13.7(b)顯示此第二情況的應力應變曲線，其斜率小於圖13.7(a)者，其表示彈性模數(應力對應變之比值)較小。此情況所測得之彈性模數被稱為鬆弛模數(relaxed modulus)，而被記為M_R。

　　第三種情況係一中間情形，扭擺周期約等於鬆弛時間。此時應力循環足夠慢，使得滯彈性應變可被認為是一有限值，但應力變化並未慢到可讓平衡狀態被達成。在此情況下，滯彈性應變不與應力成線性關係，而總應變含有一非線性成分(滯彈性)。一循環之應力的應力應變曲線理被假定成橢圓之型狀(圖13.7(c))，其主軸位於非常短與非常長周期之應力應變曲線的直線之間。此遲滯(hysteresis)迴路的面積具有功的次元，表示在一循環中試片每單位體積的能量損失。在其它二種情形(圖13.7(a)及圖13.7(b))，在應力應變迴路中的面積是

零。因此，每循環的能量損失是振動周期的函數，當周期很長或很短時其值爲
零，而周期是中間情況時則有一有限值。

扭擺每周期之能量損失可直接由擺振幅對時間之圖形來求得。在圖13.6
中，A_1及A_2表示二個相鄰的振動幅度，且假定此二振幅之差很小，此乃經常遇
到之情形。

在一振動系統中，振動能量正比於振幅之平方，所以當擺之振幅爲A_1時，
其振動能與A_1^2成正比，而振幅爲A_2時，其能量正比於A_2^2，故每循環之分率損失
是

$$\frac{\Delta E}{E} = \frac{A_2^2 - A_1^2}{A_1^2}$$

13.36

其中E是擺之能量，ΔE是一循環之能量損失，而A_1及A_2是循環開始與結束時之
振幅。

將方程式13.36右邊因數分解，可得

$$\frac{\Delta E}{E} = \frac{(A_1 - A_2)(A_1 + A_2)}{A_1^2}$$

因已假定A_1與A_2之差很小，所以$A_1 - A_2 = \Delta A$，$A_1 + A_2 = 2A_1$，因此

$$\frac{\Delta E}{E} = \frac{2\Delta A}{A}$$

13.37

上式表示每循環之分率能量損失是每循環分率振幅損失的二倍。後者很容易由
實驗測出。

上面所述之內摩擦測定，$\Delta E/E$，通常被稱爲比制震能(Specifis damping
capacity)。此量通常被工程師用來表示構造材料吸收能量的材質。

對於目前討論的內部摩擦，其更一般化的測量係利用對數減幅
(logarithmic decrement)，後者係相繼二個振幅之比值的自然對數，即

$$\delta = \ln \frac{A_1}{A_2}$$

13.38

上式中，δ是對數減幅，而A_1及A_2是二個相繼的振幅。

如果阻尼是小的，則可寫成[5]：

$$\delta = \frac{1}{2} \frac{\Delta E}{E} = \frac{\Delta A}{A}$$

13.39

---

5. Nowick, A. S., and Berry, B. S., *Anelastic Relaxation in Crystalline Solids*, Academic
Press, New York and London, 1972.

　　另一個表示金屬受到循環應力之內部摩擦的方法係利用應變落後應力之相角 α。該角度之正切可被當做內部能量損失之指標。若阻尼是小的[6]，則可證得：

$$\tan \alpha = \frac{1}{\pi} \ln \frac{A_1}{A_2} = \frac{\delta}{\pi} \qquad \text{13.40}$$

此量 $\tan \alpha$ 一般寫成 Q^{-1}，而被稱爲內部摩擦(internal friction)。此類似於電子系統中的阻尼或能量損失。

　　能量損失(每循環)$\Delta E/E$ 是擺之頻率，或周期的平滑變化函數，其可用數學來描述。若此擺之角頻率 ω 來表示

$$\omega = 2\pi v = \frac{2\pi}{\tau_p} \qquad \text{13.41}$$

上式中，ν 是擺之頻率，其單位是每秒多少循環，而 τ_p 是擺之周期，其單位是秒，該表示式有下列簡單之型式：

$$\frac{\Delta E}{E} = 2\left(\frac{\Delta E}{E}\right)_{\max}\left[\frac{\omega\tau_R}{1 + \omega^2\tau_R^2}\right] \qquad \text{13.42}$$

其中，$\frac{\Delta E}{E}$ 是每循環能量損失之分率，$\left(\frac{\Delta E}{E}\right)_{(\max)}$ 是最大的分率能量損失，ω 是擺之角頻率，τ_R 是格隙擴散 之鬆弛時間。

　　利用扭擺所測得的鬆弛時間 τ_R，與用彈性後效實驗所測得的鬆弛時間 τ_σ，二者不會剛好一樣。然而，該二者有一個簡單關係[7]：

$$\tau_R = \tau_\sigma\left(\frac{M_R}{M_U}\right)^{1/2} \qquad \text{13.43}$$

其中，M_R 是鬆弛模數，而 M_U 是未鬆弛模數。對於碳在 α 鐵中的格隙擴散，M_R 與 M_U 幾乎相等，所以可假定 $\tau_R = \tau_\sigma$，而碳原子在格隙位置停留的平均時間 $\tau = \frac{3}{2}\tau_R$。

　　式13.43之 ω 及 τ_R 是對稱的，故無論是固定 τ_R 而改變 ω，或是固定 ω 而改變 τ_R，均可得到相同的分率能量損失 $\Delta E/E$ 或 δ 的改變。不論那一種情況，如

---

　　6. Nowick, A. S., and Berry, B. S., *Anelastic Relaxation in Crystalline Solids*, Academic Press, New York and London, 1972.

　　7. *Ibid.*

果以 δ 對 $\log\omega$ 或 $\log\tau_R$ 劃圖，其曲線均會對最大能量損失之點呈對稱。圖13.8顯示這種曲線，如圖所示，最大的對稱減幅發生於下式之處：

$$\omega = \frac{1}{\tau_R} \qquad\qquad\qquad\qquad \textbf{13.44}$$

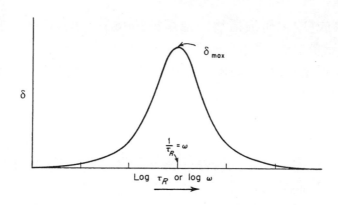

圖13.8 每循環之分率能量提失與 $\log\tau_R$ 或 $\log\omega$ 的理論關係。在 δ_{max} 處，$\frac{1}{\tau_R}$ 等於 ω

13.44式說明了，當擺之角頻率等於鬆弛時間之倒數時，能量損失最大，此事實是重要的，因為其提供了可由實驗來測得的擺之頻率與鬆弛時間之間的關係。

鬆弛時間僅是溫度的函數，而擺之頻率是其幾何的函數。在理論上，決定能量損失之最大點有二個基本的方法：固定溫度(因而固定鬆弛時間)而改變擺之頻率，或是固定擺之頻率而改變溫度。後者被用得較多，因其較方便，在此情況下，可得：

$$D = D_0 e^{-Q/RT} = \frac{a^2}{36\tau_R} \qquad\qquad\qquad \textbf{13.45}$$

解出鬆弛時間，得：

$$\tau_R = \frac{a^2}{36D_0 e^{-Q/RT}} = \tau_{R_0} e^{+Q/RT} \qquad\qquad\qquad \textbf{13.46}$$

上式中，τ_R 是常數，等於 $a^2/36D_0$。由此式，可明顯看出 $\log_{10}\tau_R$ 與絕對溫度 T 之倒數 $1/T$ 成正比。以分率能量損失 $1/T$ 劃圖可得如圖13.9所示之曲線。圖13.9顯示五條這樣的曲線，其材料是含碳之固溶體鐵。每一條曲線係調整扭擺而在不同頻率下操作所得。每一條曲線的最大能量損失發生於不同的溫度。對應於圖13.9之曲線的頻率列於表13.1之第一行，角頻率在第2行，能量損失最大值的

溫度在第3行，溫度之倒數在第4行，而鬆弛時間之對數在第5行，其藉助下式計算而得

$$\tau_R = \frac{1}{\omega} \qquad\qquad \textbf{13.47}$$

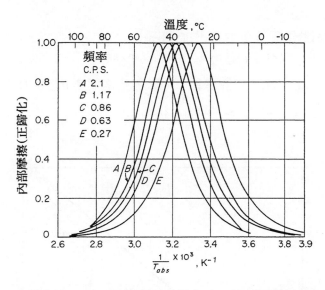

圖13.9　含C之固溶體Fe在五個不同擺之頻率下，其內部摩擦是溫度的函數(取自Wert, C., and Zener, C., Phys. Rev. 76 1169 [1949].)

表13.1　對應於圖13.9所示五條曲線的數據

頻率 cps	角頻率	絕對溫度 T	$\frac{1}{T}, K^{-1}$	$\mathrm{Log}_{10}\,\tau_R$
2.1	13.2	320	3.125×10^{-3}	-1.120
1.17	7.35	314	3.178×10^{-3}	-0.866
0.86	5.39	311	3.22×10^{-3}	-0.731
0.63	3.95	309	3.25×10^{-3}	-0.595
0.27	1.69	300	3.35×10^{-3}	-0.227

(取自Wert, C., and Zener, C., Phys. Rev. 76 1169 [1949].)

利用這些數據以$\log_{10}\tau_R$對$1/T$劃圖，可得到τ_R及Q。此種圖如圖13.10所示，其中線之斜率是

$$m = \frac{Q}{2.3R} = 4320$$

請注意到上式有一因數2.3，其係因對數使用以10為基底的原因。因此活化能Q

等於

$$Q = 8.314(4320) = 82,600 \text{ J/mol}$$ **13.48**

由圖13.10之縱軸交點可得常數 τ_{R_0} 之值，其是

$$\log_{10} \tau_{R_0} = -14.54$$

故　　　$\tau_{R_0} = 2.92 \times 10^{-15} \text{ sec}$

因此，碳原子在格隙位置停留之平均時間是

$$\tau = \frac{3}{2}\tau_R = \frac{3}{2}\tau_{R_0} e^{Q/RT} = (\frac{3}{2})2.92 \times 10^{-15} e^{82,600/RT}$$ **13.49**

而碳在體心立方鐵(α-Fe)之擴散係數，（鐵之晶格常數a是0.286nm），是：

$$D = \frac{a^2}{36\tau_R} = 8.0 \times 10^{-7} e^{-82,600/RT}, \text{ m}^2/\text{s}$$ **13.50**

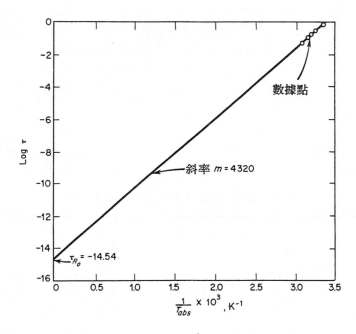

圖13.10 圖13.9之數據中，其$\log \tau$對$\frac{1}{T_{abs}}$之變化情形。（取自Wert, C., and Zener, C., Phys. Rev. 76 1169 [1949].）

13.4　實驗數據(Experimental Data)

　　表13.2列了一些由實驗測得的格隙擴散係數式。表中所列之碳在鐵中的擴散並不相同於前面所述，因為其較後期而較精確。一般而言，應注意到，表中所列之元素其格隙擴散之活化能均較小於其置換擴散的活化能。

表13.2　一些體心立方金屬之格隙擴散的擴散係數式

溶劑金屬	擴散元素 C	N	O
鐵 *!	$2.0 \times 10^{-6}e^{-84,100/RT}$	$1.00 \times 10^{-7}e^{-74,100/RT}$	
釩 †		$50.21 \times 10^{-7}e^{-151,000/RT}$	$26.61 \times 10^{-7}e^{-125,000/RT}$
鉭 †		$5.21 \times 10^{-7}e^{-158,000/RT}$	$10.50 \times 10^{-7}e^{-110,000/RT}$
鈮 †		$25.62 \times 10^{-7}e^{-152,000/RT}$	$7.31 \times 10^{-7}e^{-110,000/RT}$

* Wert, C., *Phys. Rev.*, **79** 601 (1950)
! Wert, C., and Zener, C., *Phys. Rev.*, **76** 1169 (1949)
† Boratto, F., *Univ. of Florida Thesis* (1977)

13.5　固定應變的滯彈性測量(Anelastic Measurements at Constant Strain)

在固定應力下測量，如利用彈性後效(零應力)及振動之技術，後者之扭擺僅是許多技術之一，除此之外，另有第三種基本型式的測量。此係在固定應變之條件下測量應力之鬆弛。在此種型式之實驗中，試片被萬用測試機器(固定變形速率)施加一預定應力，因試片受到應力，其會繼續滯彈性地變形。為討論計，假定測試機器及其握把非常堅硬(彈性地)。在此情形下，試片之端點會固定在空間，使得試片之總應變為常數，或是

$$\varepsilon = \varepsilon_{an} + \varepsilon_{el} = 0 \qquad 13.51$$

因此，當試片之長度因滯彈性增加時，其彈性應變會有一相當之減少。當然，試片之應力會以如圖13.11所示之方式鬆弛掉。此曲線之一般型式類似於彈性後效之曲線，且依隨類似之定律。因此，在固定應變下可測得鬆弛時間，其記為 τ_ε。請注意到，其與固定應力下之鬆弛時間 τ_σ 並不相同。而有下式之關係：

$$\frac{\tau_\sigma}{\tau_\varepsilon} = \frac{M_U}{M_R} \qquad 13.52$$

其中，M_U 是未鬆弛模數，而 M_R 是鬆弛模數。此二鬆弛時間與扭擺所得之時間有下列之關係[8]：

$$\tau_R = (\tau_\sigma \tau_\varepsilon)^{1/2} \qquad 13.53$$

8. Zener, Clarence M., *Elasticity and Anelasticity of Metals*, The University of Chicago Press, Chicago, Ill., 1948.

此顯示了扭擺所測得之 τ_R 是另外二個鬆弛時間的幾何平均。

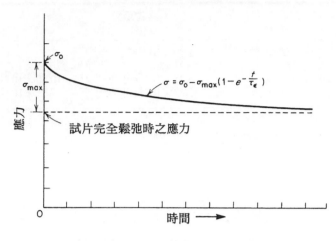

圖13.11　固定應變下應力之鬆弛

問題十三

13.1　對於體心立方晶格之格隙擴散，其擴散式 $D = \alpha a^2 / \tau$ 中 $\alpha = 1/24$，請證明之。

13.2　(a)計算氧原子在300K時停留在鈮之格隙位置的平均時間。由表13.2查出所要之擴散參數，而鈮之晶格參數為0.3301nm。(b)對400K做同樣之計算。

13.3　若用來測量彈性後效之扭擺其鬆弛時間少於1分鐘，則其不實用。依此而論，若要用此裝置來測量氧原子在鐵中的鬆弛時間，則最大溫度是多少？取 $a = 0.28664$nm，並由表13.2中查出鐵之擴散式。

13.4　比較400K時由於氧之存在於固溶體中，釩與鉭之鬆弛時間 τ_σ。釩和鉭的晶格常數分別是0.3029及0.3303nm。

13.5　(a)計算400K時氮原子停留在鉭之格隙位置的平均時間。
(b)在什麼溫度時 τ 會等於1.0秒？

13.6　含有鉭線之扭擺頻率 ν 為0.82Hz。利用此擺所測得之對數減幅 δ 對 $1/T$ 劃圖，其峰值發生於415.5K。利用方程式13.45及 $T = 415.5$K，證明該峰值係由於氧原子在鉭中所造成。

13.7　一扭擺具有內含氮之釩線，其週期是2秒，在350K時，其振幅 A 在100個振動循環內減少了10%，計算：
(a)比制震能。
(b)對數減幅。

(c)tanα，α是應變落後應力之相角。

13.8　寫出計算機程式，用來獲取數據，以便利用13.42式劃對數減幅δ對絕對溫度$1/T$之倒數的圖形，而得到一"鐘形"之Lorentz曲線。在決定數據時，以1.0×10^{-5}變化到2.1×10^{-3}，且假設擺頻率是0.9Hz，而擺線係由內含氮之鈮的固溶髒所做成。藉助於此曲線及13.45式，試計算鬆弛時間τ_R。

第十四章
金屬的固化
(Solidification
of Metals)

大部份商用金屬物品係由液相凝固成最後的形狀(被稱爲鑄件(castings))，或是中間的型式(被稱爲鑄錠(ingots))，後者再被加工成最後的成品。許多金屬物品亦由合金粒子的熱壓去燒結來製成(經由液相-固相的轉變)。因爲最後結果的性質係決定於固化過程的特性，故影響由液相轉變到固相的諸因素就變得非常的重要。在考慮固化主題之前，先簡要討論液態的特性。

14.1 液相(The Liquid Phase)

在所有實際重要的情形中，液態金屬合金均是單一均勻的液相。爲簡化目前的討論，我們將處理一特別情形—僅具單一固相的純金屬元素。圖14.1是單一成分系統的示意相圖。

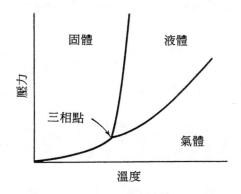

圖14.1 單成份系統的壓力溫度相圖

由前面我們所已討論過的，固體係一晶質相，其中，原子以一確定圖樣排列在空間。晶格之規則性使其易於利用X線繞射，及電子顯微鏡來研究其構造。因此，已得知大量的金屬晶體的原子排列。同時，晶體結構的均勻性使其能夠利用數學來研究其性質。另一方面，氣相是不同於固相的另一極端，其結構幾乎完全無規則性，或混亂。在大部份之情況，金屬氣體之原子可被假定彼此分開很遠，而被看做理想氣體。金屬氣體的物性，如同金屬固體者，可利用數學來分析。

雖然固體晶質相被看做是原子的完全有序排列(忽略差排、空孔等缺陷)，而氣相被當做是混亂無序之狀態(理想氣體)，但並無簡單的圖像來表示液相的結構。主要的麻煩是問題的困難度。液相非但不具有固體的長程秩序，也缺少氣相原子間的交互作用。因此，它根本上是個未定的結構。實際上，在液相中，原子間的平均距離非常接近固體的。其理由是，物質在溶解時其密度變化不大，對於密堆積金屬而言，其僅2到6％[1]。此密度變化可能與構造缺陷形成於液相中有關。另外，金屬溶解時所放出之潛熱相當小，僅為汽化潛熱的1/25到1/40。汽化潛熱係量測將原子變成氣相所需的能量，在氣相中原子分得很開，故無交互作用。故汽化潛熱係原子結合在一起之能量的良好表示，金屬溶解所放出的能量不大，及液相與固相中之原子具有幾乎相等之間距，該二事實導致了此結論：固相與液相中之原子的鍵結是相似的。液態金屬之X光繞射的研究肯定了該結論，篇幅不許我們深入液態金屬的X光繞射的技術領域，但這些研究的結果可說明如下：液態金屬之結構其原子具有短程有序之排列，其配位數約等於固體的。X光的結果也顯示液態金屬不具有長程的秩序。一合理的液態構造可描述如下：原子在短程內之排列類似於晶體，但由於存有許多構造缺陷(其正確性質仍未知)，故沒有晶體的長程秩序。在許多情況下，有人建議液相基本上相同於固相，而在結構中存有大量的構造缺陷，如空孔、格隙原子，或差排等。然而，這種模型並不完全令人滿意，故存在於液相之缺陷的正確性質仍屬未知。原子在液相中有極高的移動率，此修正了液相的靜態模型。測量液體在熔點稍上方的擴散，顯示出液體中原子的移動，比固體在熔點稍下方之移動快了幾個10的次方[2]。液態之快速擴散率無疑係由液相中之構造缺陷所造成，因為液態之本性尚未解開，故無法提出原子在液相中移動的方式圖像。此不同於固體，後者有強烈之證據顯示係空孔的移動。但有一件事是清楚的：原子在液相中擴散之故障非常小。因為液態中之擴散必定與構造缺陷之運動有關，而且其運動非常迅速，故我們可得一結論：液相之結構經常在改變。存於空間任一位置的局部秩序排列連續隨時間改變。此表示了液相與固相間基本的差異。在固相中，靠空孔移動的擴散一般上並不會改變晶體的結構，而在液相中，局部的構造因原子的移動而經常在改變。液相之原子易於移動造成另一重要結果：流動性，或是液體無法承受，甚至非常小的剪切應力，此是液體最大的特徵。

　　一令人驚訝之事實是：大多數之金屬雖然其固體性質非常不同，但他們的液體性質則非常相似[3]。因此，在溶解時，密堆積金屬傾向於稍減小他們的配位數，但像Ga、Bi之類的鬆散堆積金屬，則通常會增加其配位數。最後之結果是液相金屬傾向於具有相同數目的最鄰近原子。同樣地，金屬之液相的電與熱的傳導率也傾向於相同。

―――――

1. Frost, B. R. T., *Prog. in Metal Phys.*, **5** 96 (1954). Pergamon Press, Inc., New York.
2. Nachtrieb, N. H., ASM Seminar (1958), *Liquid Metals and Solidification*, p. 49.
3. Frost, B. R. T., *Op. Cit.*, p. 96.

　　上述之事實顯示了金屬之液相的性質，受到液體之構造缺陷的影響，大於其原子間的鍵結力。另一方面，在固體晶體中，其物性主要係決定於原子間之鍵結力量，因為該力量決定了晶體的種類，及固體的性質。

　　由相之自由能的觀點，及存有固相、液相，及氣相間之變態的理由，來考慮下述。在這些相中，固體結晶相具有最小之內能及最大之秩序，或是最小之熵。液相具有較大之內能(由溶解熱測得)，及較大之熵(對應於其更無規之結構)。最後，氣相具有最高之內能，及最大之熵，或無序。可以類似於錫之二種固相之方式，來劃這三相的自由能曲線，在每一情況下，斜率愈陡(以負號而言)，相的熵就愈大。因此，氣相之自由能隨溫度之增加而快速下降，其次是液相，固相較慢。此三相之自由能也是壓力的函數，故在不同的壓力下，他們彼此間的相對位置也就不一樣。此事實顯示於圖14.3。其中，自由能曲線係對圖14.2(依據圖14.1)之三條等壓線aa、bb，及cc來劃。左圖係對應於等壓線aa，可看出，溫度小於熔點T_m時，固相之自由能最低，但在T_m時，液相之自由能曲線與固相的相交，直到T_b沸點時，液相均較穩定。於沸點時，氣相之自由能曲線與液相的相交，在更高溫度時，氣相最穩定。中間的圖對應於通過三相點的等壓線。沿此等壓線(bb)，三條自由能曲線相交於一點(三相點)，此時三相可共存。小於三相點之溫度時，固相具有最小的自由能，而大於三相點之溫度時，氣相有最低的自由能，在此特殊之壓力下，液相僅在三相點之溫度穩定。最後，圖14.3右圖顯示非常低壓時(cc線)，三條自由能曲線的相對位置。在此情況下，液相之自由能曲線在氣相的上面，故在任何溫度下，液相均不穩定。

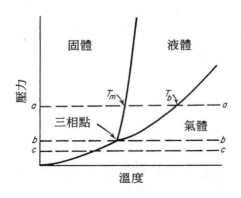

圖14.2　與圖14.1相同，但顯示等壓線，於圖14.3中考慮

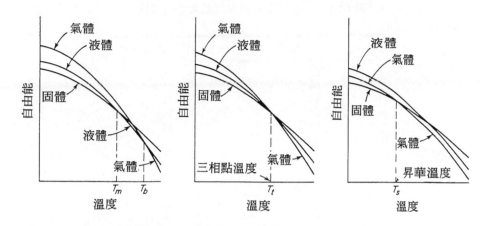

圖14.3　單成份系統在三個不同壓力(對應於圖14.2中之等壓線aa、bb、cc)下各相的自由能曲線

14.2　凝核(Nucleation)

　　金屬之固化係藉凝核與生長而發生，溶解也是如此，但有重要差異，凝固時固相之凝核，比起溶解時液相核之形成，是一困難得多的過程。因此，金屬在液化之前並無明顯的過熱，而金屬的凝固幾乎每次都會發生過冷。甚且，在適當之條件下，在固化開始之前，液態金屬可被冷卻到離開平衡凝固點低很多的溫度。此事實顯示於表14.1中，其中列有一些金屬最大的過冷溫度。表14.1所列之數值不知是否是對應於均質凝核之凝固，因為非均質凝核(晶體係形成於外來之凝核位置上)會減少過冷之大小。甚且，過冷之大小亦受非均質凝核位置之可能存在的影響。我們可下結論：對應於均質凝核的過冷溫度，至少(若不大於)與表14.1所列之值一樣大。

　　固相晶體之均質凝核的不容易，不僅發生於純金屬，對合金而言也是如此，如圖14.4之所示，對所有組成之銅鎳合金可過冷約300℃(300K)。表14.1及圖14.4所示那麼大的過冷，僅在嚴格控制之實驗條件(被設計來阻礙非均質凝核劑之發生)才會發生。在一般之商用金屬，液態溶解物中之雜質粒子或模子表面均會促進核的形成。當核依此方式產生，則過冷度下降且僅有幾度的大小。在討論鑄錠時，將更詳細討論商用金屬之凝核作用。但首先要簡要處理溶解(凝固之反向)之凝核作用。

表14.1　一些純金屬液體的最大過冷溫度

	物質	最大過冷溫度，K
(1)	汞	88
(2)	鎘	110
(3)	鉛	153
(4)	鋁	160
(5)	錫	187
(6)	銀	227
(7)	金	230
(8)	銅	236
(9)	鐵	286
(10)	錳	308
(11)	鎳	365
(12)	鉑	370
(13)	鈮	525

(1 to 5)After Perepezko, J.H., Mat. Sci. Eng., 65 125(1984).

(6 to 13) After Flemings, M.C., and Shiohara, Y., Mat. Sci. Eng.,65 157 (1984)

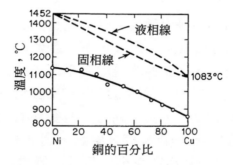

圖14.4　Cu-Ni合金的固化溫度隨成份的變化情形（取自Cech,　R.E.,　and Turnbull, D.,Trans. AIME, 191 242[1956].)

在溶解時，大部份金屬一般不會過熱，已有報告[4,5]指出，Ga有0.1K左右的過熱度。

Hollomon及Turnbull[6]已依溶解之凝核發生於固體之表面的假設，對上述之事實提出解釋。在此情況下，包含液相區之核受到二個完全不同的表面所包圍。一邊是液固界面，而另一邊是氣液界面。此二表面的總表面能通常小於單一固相界面的表面自由能。其理由是，在熔點時，固相與液相接觸，液相通常

4. Volmer, M., and Schmidt, O., *Z. Physik Chem.* B, **35** 467 (1937).

5. Abbaschian, R., and Ravitz, S. F., *Crystal Growth*, **28** 16 (1975).

6. Hollomon, J. H., and Turnbull, D., *Prog. in Metal Phys.*, **4** 333 (1953). Pergamon Press, Inc., New York.

會潤濕固相的表面，使得(大學物理教本中有證明)：

$$\gamma_{gs} > \gamma_{sl} + \gamma_{gl}$$

14.1

其中，γ_{gs}、γ_{sl}及γ_{gl}分別是氣固、液固，及氣液界面的表面張力或表面能。14.1式真正的意義是，與液相核有關的表面能係在幫助而非阻礙核的形成，圖14.5(a)表示早期之液核，而14.5(b)是較後來之液核。如這些圖之所示，液核於表面的擴展，會減少氣固界面的面積，而增加氣液及液固界面的面積。結果使自由能降低，因為若溫度一旦大於平衡溶解溫度，則會引起體積自由能的減少，故可看出甚至很微量的過熱，表面及體積自由能均會促進溶解。另有一因素：擴散率亦隨溫度之上升而增加，因此，溶解反應的速率將隨熱度之增加而增加。

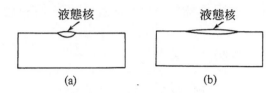

圖**14.5**　熔解時液態核的形成

14.3　金屬玻璃(Metallic Glasses)

　　近年來，已發展出技術，用來對一些液態金屬合金做非常快速的冷卻或淬火，以得到非晶質或玻璃的結構。因為這種金屬玻璃具有非常不尋常且獨特的性質，故金屬玻璃之研究相當有趣，要想了解這些材料，需考慮玻璃態之基本性質。為此目的，我們將考慮商用無機玻璃，其可被認為是無機氧化物之合金。例如，一般瓶子之玻璃含有71%SiO_2、15%Ma_2O、12%CaO及2%之其他氧化物。

　　當上述組成由液態冷卻固化時，可有二種不同之方式，若冷卻率小於某個臨界值，則液體會凝固形成晶質固體。另一方面，若冷卻率大於臨界值，則其通過凝固點時並不結晶，而變成過於液態，然後在更低溫度處，轉變成玻璃。對於一般無機玻璃而言，此臨界冷卻速率(小於它則發生結晶，大於它則形成玻璃)相當小：即$\leq 10^{-1}$K/s，此意謂這種組成很容易得到玻璃結構。另一方面，對於金屬合金而言，要形成玻璃構造十分困難，其需要超過10^5K/s的冷卻速率(一般來說)。

　　在玻璃轉變點時，過冷液體變成玻璃，某些重要性質對溫度所劃的曲線上會出現不連續。例如，圖14.6(a)之上面曲線顯示快速冷卻可以變成玻璃之液體的比容$V(\text{m}^3/\text{mol})$。在原點(表示玻璃轉變點)處,存有一曲折(inflection),或是斜率的改變。另一方面,在下面的曲線,其對應緩慢之冷卻速率可發生結晶作用,在T_{mp}處液體凝固時比容有一突然的下降。請注意到,該冷卻曲線之斜率在結晶後的比結晶前的較小。反之,當溶解物快速冷卻通過凝固點而變成過冷時,曲線之斜率並無變化。當熔融物更慢冷卻凝固時,玻璃的轉變並不伴隨體積的改變。溫度低於玻璃轉變點時,玻璃與晶體之曲線的斜率幾乎相等。由圖14.6(a)可看出,在玻璃與晶體可以共存的所有溫度,玻璃的體積均大於晶體的。甚者,體積的差異及玻璃轉變溫度T_g,均決定於冷卻速度,如圖14.6(b)之所示,體積之差異(可歸因於玻璃之開敞結構)一般都不大,對於矽酸鹽玻璃,其僅幾個百分比而已。對於金屬玻璃則通常是0.5%[7]左右。在玻璃中不存在如晶體般的長程秩序,但一般均承認[8],玻璃構造具有有限的短程秩序。

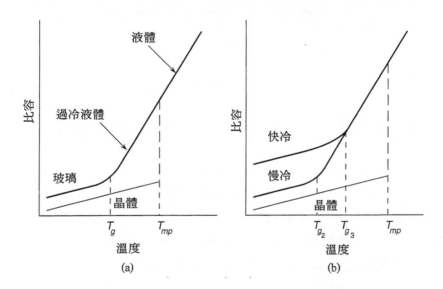

圖14.6 液體玻璃,及晶體之比容對溫度的關係

當溫度下降,過冷液體轉變成玻璃,一般相信這是由於過冷液體之黏滯性的急速增加所引起。雖然液體無法承受剪切應力,但液體受到剪應力時會引起流動,液體之剪切受到摩擦力的抵抗,一般可寫成:

$$\tau = \eta \, d\gamma/dt \qquad\qquad 14.2$$

7. Turnbull, D., *Scripta Met.*, **11** 113 (1977).
8. Gilman, J. H., *Metal Prog.*, **42** (July 1979).

其中，τ 是剪切應力，$d\gamma/dt$是液體的剪切速率，而η是比例常數而被稱爲黏滯係數。古典的黏滯係數單位是poise，其可被視爲：要將分開1cm的二層平行流體以1cm/sec之速度相互運動所需的剪切應力。在國際系統之單位中，動態黏滯係數的單位是帕秒(Pa-s)，1Pa-s等於10poise。

如前所述，當溫度下降時，一般玻璃熔融物的黏滯係數急速上升。藉由實驗的觀察與理論的推導，可得到一近似方程式[9]，其可頗爲精確地描述溫度對黏滯係數的影響，此被稱爲VFT(Vogel-Futcher-Tammann equation)方程式：

$$\log\eta = A + B/(T - T_0) \qquad\qquad \textbf{14.3}$$

其中η是黏滯係數，T是絕對溫度；而A、B、T_0是常數。這些常數之獲得，可在黏滯係數對溫度之曲線上取三點之η及T而計算求得。適合此目的的三點是：

1. 玻璃轉變點(the glass transition point)：在此點之黏滯係數一般數10^{12} Pa-s，玻璃轉變點之溫度可在測膨脹的曲線(即，玻璃試片之長度對溫度所劃的曲線)上的曲折點測得。該曲線類似於圖14.6之曲線，其中玻璃轉變發生於標有T_g的曲折點處。

2. 軟化點(the softing point，littleton point)：此點之量測[9]係利用直徑在1到6.5mm之間（而長度27.9cm的玻璃纖維。此纖維以它的上端被垂直掛在爐內而以5到10K/min之速率被加熱。利用纖維下端之移動來測量其潛變速率。依據實際之量測，已發現到，當纖維之潛變速率是1mm/min時，其η = $10^{5.5}$Pa-s。因此，軟化點之決定，可量測潛變速率達1mm/min時之溫度而獲得，在此溫度時，黏滯係數也被假定等於$10^{5.5}$Pa-s。

3. 凹陷點(the sinking point)：此點係由Dietzel及Bruckner所發展[10]。其係利用直徑0.5mm，長20cm，重0.746克的80%pt-20%Rh的小棒，此棒在此溫度時，經2.0min的時間會縮陷2cm的深度，該溫度對應$10^{3.22}$Pa-s之黏滯係數。基本上，此技術包括此小幅度改變溫度直到所要之凹陷速率被觀測到。

Scholze[11]對一特別玻璃：Jena thermometer Glass 16‴提供了下列之黏滯係數溫度之數據(上述之三固定點)。

9. Scholze, H., *Glas*, p. 125, Springer Verlag, Berlin-Heidelberg-New York, 1977.
10. Dietzel, A., and Bruckner, R., *Glastechn. Ber.*, **30** 73 1957.
11. Scholze, H., *Glas*, p. 125, Springer-Verlag, Berlin-Heidelberg-New York, 1977.

　　將這些數據代入14.3式，可得三個聯立方程式，由此方程式組可求得三個常數，其結果是$A = -2.866$，$B = 3830.3$，及$T_0 = 561.8K$。故對此玻璃而言，式14.3變成：

$$\log \eta = -2.386 + 3830.3/(T - 561.8) \qquad \textbf{14.4}$$

利用此方程式計算得到的$\log \eta$隨溫度T的變化顯示於圖14.7。在圖14.7中亦標示有玻璃轉變、軟化及凹陷諸點的位置。有趣的是，玻璃一般被應用於10^5到$10^{2.5}$Pa-s之間的黏滯係數，或是約在軟化點與凹陷點之間。另外，玻璃通常在玻璃轉變點附近被退火以去除其內應力。

	Temp., K	η, Pa-s
(1) 玻璃轉變點	828	10^{12}
(2) 軟化點	988	$10^{5.5}$
(3) 凹陷點	1246	$10^{3.22}$

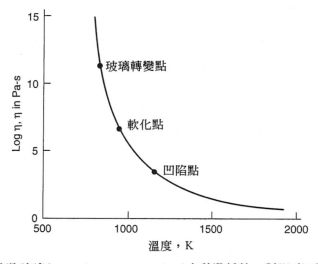

圖**14.7** 特殊玻璃(jena thermomcter glass)之黏滯係數η對溫度T的關係(取自 Sholze,H., Glas, p. 125. Springer Verlag, Berlin-Heidelberg-New York, 1979)

　　如前所述，在玻璃轉變點處，冷卻之材料的物性發生重大改變而成為玻璃。例如，圖14.6顯示，在玻璃轉變點下面，體膨脹係數(或線膨脹)突然下降，圖14.8顯示，晶體在冷卻時，其比熱(C_p)平滑且連續下降。對於相同材料(被冷卻以便得到玻璃)，當它變成過冷液體時，其具有較大的比熱。而且當溫度下降時，過冷液體與晶體之比熱的差異增加，直到玻璃轉變點為止。但在轉變點時，過冷液之C_p下降而約等於晶體的C_p。小於玻璃轉變點之溫度時，玻璃與晶體之比熱約略相等。

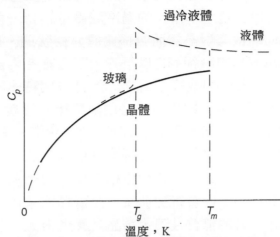

圖14.8　玻璃與晶體之比熱隨溫度變化之情形

　　如上所述，一般相信，當過冷液體變成玻璃時，主要是其黏滯係數的改變。在玻璃點以下，熔融物的黏滯流動非常慢，以致其行為仿若彈性體一樣，且其原子的擴散移動變得如此慢，以致材料變成組態冷凍(configurationally frozen)，如Turnbull[12]之所述者。亦即，在玻璃轉變時的過冷液體之狀態於小於T_g之溫度下，實際上已變成凍結之狀態。

　　黏滯係數事實上與剪切應力之鬆弛率很有關係。因此，若由剪切應力所造成的黏滯流動被突然中斷，則此時所存有的剪切應力，τ，通常會以正比於殘留剪力之速率下降：

$$d\tau/dt = -\tau/t_r \qquad\qquad\qquad\qquad\textbf{14.5}$$

其中，τ是剪切應力，t是時間，而t_r是常數被稱為鬆弛時間(relaxation time)，如原由Maxwell所建議的，t_r與黏滯係數之關係是：

$$\eta = Gt_r \qquad\qquad\qquad\qquad\textbf{14.6}$$

其中，G是剪切模數。

　　一般玻璃的剪切模數是2×10^{10}Pa-s左右。假設該數值在T_g附近之小的溫度變化時，並沒有太大的改變，而在T_g時$\eta = 10^{10}$Pa-s，那麼，在T_g時，t_r應等於50s左右，或約1min。故，依圖14.7之數據，在550K處，剪切應力要1min左右就可有效鬆弛掉。溫度降到500K，依據圖14.7，則η增加到10^{16}Pa-s，而鬆弛

12. Turnbull, D., *Met. Trans. A*, **12A** 695 (1981).

時間約需5×10^5s，或140小時，或約六天。因此，在玻璃轉變溫度以下之溫度時，玻璃鬆弛如此慢，以致在實際目的上可將其視為是彈性的。

總之，大於T_g時，以固定速率冷卻的過冷液體可維持一內部平衡之狀態。但其自由能高於晶體的，故其對晶體而言係屬處介穩狀態。原子之擴散在T_g以下時是如此慢，故過冷液體被冷卻到T_g以下時，不再維持內部之平衡。但應記得，T_g量測一般係在固定的冷卻速率下為之，而且玻璃轉變點通常會受到該冷卻速率的影響。冷卻速率愈慢，則不再維持內部平衡的溫度也愈低；亦即，T_g愈低。實際上，一般係採用標準的速率，4K/s，故T_g會有一固定的參考值。

如前所述，冷卻速率對於材料是否能轉變成玻璃有很重要的關係。正常地存在有一臨界冷卻速率，低於此，則會產生相當程度的結晶，故材料不能視之為玻璃。當然，高於此速率，則會得到玻璃。此臨界速率可用來評估獲得玻璃構造的容易與否。對於一般的無機玻璃，結晶之發生很難，其臨界冷卻速率很慢，約為10^{-1}K/s。

理論上，只要冷卻速率夠快，使得結晶作用不會發生，則任何金屬應能變成玻璃之結構。但不幸的，金屬液體具有非常低的黏滯係數，而結晶非常迅速。依據Turnbull[13]，並無純金屬液體成功淬火成玻璃的報告。另一方面，許多金屬合金已得到金屬玻璃，這些合金大部分具有共晶點附近的組成，他們的共晶溫度都很低。其理由並不難了解，圖14.9是二成分相圖。應記得，為了得到玻璃，必需阻止結晶。在形成相當數目的晶體之前，液體必需被冷卻快速通過凝固區及玻璃轉變溫度。一旦過冷液體到了T_g以下，則理論上就不再發生結晶。依據Turnbull[14]，T_g不太受組成的影響。記住此點，比較圖14.9中及1及2之二組成的凝固。組成1在高溫(圖14.9之aa點)通過液相線。在此溫度下，原子移動率非常快，故容易發生α相的結晶。甚且，因為由a到T_g之距離相當大，故凝固範圍很大。其意謂著，熔融物必需被冷卻通過非常大的溫度範圍，而在此範圍內，α晶體極易形成與生長。另一方面，組成2之液相線的溫度很低，使得晶體生長所能利用到的熱能很小，同時液相線到T_g的溫度範圍很短。實際上來說，其意謂著，該組成可利用較慢的冷卻速率來得到玻璃的構造。另有其他因素[15]影響玻璃之形成。成分原子之體積的差異愈大，愈可阻止結晶，而使玻璃之形成較容易。另一個考慮是成分原子間之鍵結的特性。

---

13. *Ibid.*
14. *Ibid.*
15. Polk, D. E. and Giessen, B. C., *Metallic Glasses*, p. 1, ASM, Metals Park, Ohio, 1976.

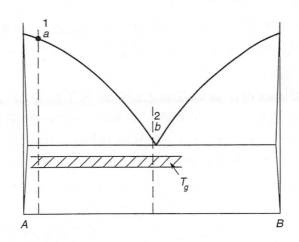

圖14.9　具有深的單一共晶點的二元相圖

　　總之，有限數目的合金組成可利用相當快的冷卻速度($\geq 10^5$k/s)來得到金屬玻璃。若要得知一些早期研究的廣泛描述，請參閱Pol Duwez[16]在1967年的Campbell Memorial Leacture。

　　雖然，金屬玻璃可由過冷液體來形成，如同無機玻璃一樣，而且二者都可被認為是非晶質固體，但金屬玻璃仍具有許多金屬的特性。他們可具有高的導電率，及金屬光澤。因此，由外觀上不易分別金屬玻璃與晶質金屬。

　　在製造金屬玻璃時，因為需要10^5k/s或更高的冷卻速率，故不易製造大件的金屬玻璃。但金屬玻璃粉末、線，及帶則易於製造。例如，Gillman[17]已描述特殊鐵合金的連續鑄造可以7.5到30m/s之速度製得很長的帶。這些帶的厚度在25到130μm之間，寬度在0.08到50mm之間。這組合金係Fe-Be系統，另有填加元素以增強調製過程之性質，或是帶的物理性質。

　　如Gillman[18]之所指出，這些帶之製備方法係將液體合金之狹窄束噴射到旋轉的冷輪上。在適當之條件下，當噴束接觸到滾輪時會擴展開來，而固化成連續的帶。

　　金屬玻璃表現出許多獨特的物性與機械性，例如，具高強度又有高延展性、高抗蝕性，及軟鐵磁性的Fe-Ni-Co金屬玻璃。這些玻璃是最容易磁化的鐵磁性材料之一，而同時具有高飽和磁化強度。至於他們的機械行為，金屬玻璃在他們的玻璃轉變點以上之溫度時，他們可被均質的剪切而變形。在此種流變

16. Duwez, P., *ASM Trans.*, **60** 607 (1967).
17. Gilman, J. J., *Met. Prog.*, **42** 42 (July 1979).
18. *Ibid.*

中，每一原子或分子在變形過程中均會對剪力有所反應。均勻剪切流變是液體的普通變形機構。因此就此而言，金屬玻璃在轉變溫度以上時，其行為極像液體(只要他們不發生結晶)。

　　但低於玻璃轉變溫度時，金屬玻璃之變形非常不均勻[19]，而且係由高度局部化剪切帶之形成所造成。每一剪切帶均伴隨有一廣泛的局部移位。例如，Masumato及Maddin[20]發現之20nm厚之剪切帶在Pb80-Si20之合金中，具有約200nm之剪切移位。因此，多重剪切帶的形成可產生大量的或巨觀的延展性。Pampillo及Chen[21]已顯示出，壓縮Pb75-Cu6-Si16.5的小圓柱棒，由其剪切帶可得到40%的長度收縮。金屬玻璃中之剪切帶被認為是這些材料不會發生加工硬化的原因。一般而言，承受加工硬化的材料，其內之剪切帶僅在低應變時就會側向移入未變形區域。另一方面，金屬玻璃因不會加工硬化，故可沿已存在之剪切帶繼續變形。因為無加工硬化，故金屬玻璃之抗拉強度一般約等於其降伏強度。

　　金屬玻璃另一個吸引人之性質是，其耐蝕性高於多晶材料。其重要原因是金屬玻璃具有優越的化學均質性。另一因素是他們沒有晶界，也沒有像差排之類的缺陷。依同樣之原因，金屬玻璃在酸性溶液中對於孔蝕更有抵抗力[22]。例如，對於含有氯離子之硫酸溶液的孔蝕，Fe70-P13-C7比18Cr-8Ni不銹鋼更具有抵抗力。

14.4　由液相中的晶體生長 (Crystal Growth from the Liquid Phase)

　　有人顯示出，液體與晶質固相間之邊界的移動(溫度梯度垂直於邊界)[23]，可被認為是二種不同原子移動的結果。在界面處，由那些離開液體而進入固體的原子決定附著的速率，而由那些以反方向移動之原子決定分開之速率，附著之速率是否大於分開之速率，決定了固相之量是增加了或是減少了。此觀點相當於把界面的移動看成是二維的擴散問題。其中

$$R_f = R_{f_0}e^{-Q_f/RT}$$
$$R_m = R_{m_0}e^{-Q_m/RT}$$

14.7

19. Grant, N. J., and Giessen, B. C., *Rapidly Quenched Metals, Section I*, p. 371, MIT Press, Cambridge, MA, 1976.
20. Masumato, T., and Maddin, R., *Acta Met.*, **19** 725(1971).
21. Pampillo, C. A., and Chen, H. S., *Mat. Sci. and Eng.*, **13** 181(1974).

上式中，R_f及R_m分別是附著與分開速率，R_{f0}及R_{m0}是常數，Q_f及Q_m是活化能，而R及T有他們平常的意義。

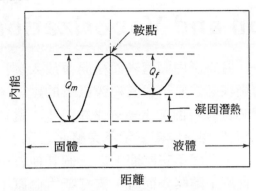

圖14.10　附著與分開之活化能之間的關係

活化能Q_f表示要將原子由液體移送到鞍點所要的能量，如圖14.10之所示。相同地，Q_m表示要將原子由固相移送到鞍點所需之能量。在圖14.10中，鞍點兩邊之位能并他們的差被顯示爲溶解潛熱。固相之原子所具有的能量小於液相的原子。但應注意到前者也具有較小的熵。

附著及分開之速率，R_f及R_m可被表示爲每秒通過邊界的原子，或是邊界之速度，每秒多少公分。常數R_{f0}及R_{m0}決定於一些可評估之因素。Chalmers已對銅做了評估，可由圖14.11看出，其曲線係凝固速率與溶解速率對溫度的關係。請注意到，他們相交於銅之平衡熔點。圖14.11之另一有趣特徵是，在真正熔點的兩邊曲線明顯發散。各速率的差異決定界面移動的實際速率，其意謂著，所觀測到的生長速率或溶解速率隨離開平衡凝固點愈遠則愈大

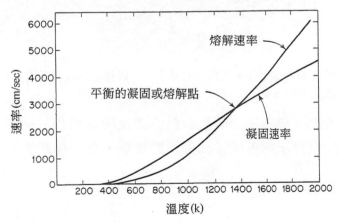

圖14.11 銅之凝固與熔解的速率(取自Chalmers B.,Trans. AIME,200519[1954].)

22. Polk, D. E., and Giessen, B. C., *Metallic Glasses*, p. 30, ASM, Metals Park, Ohio, 1976.

23. Chalmers, B., *Trans. AIME*, **200** 519 (1954).

14.5　溶解熱與蒸發熱(The Heats of Fusion and Vaporization)

　　蒸發熱可被看做是,將原子由固體表面移開並放入蒸汽中所需的能量。換言之,此能量係用來打斷表面之原子與其鄰旁原子的鍵結。一般相信,離開表面而進入蒸汽中的原子係位於表面突出部分之差階上。這種具有差階之突出部份示於圖14.12,其中交叉影線之圓圈表示不完整面之原子。標記A之原子位在不完整面之最上面一列上,其與不完整面上之三個其他原子,並與下面完整面之三個原子相接觸。當此原子離開表面時,需打斷六個原子鍵結。另外,當原子由差階處被移開時,其後面之原子也處在相同狀況之位置上,故原子由差階移開,或進入差階,係一可重覆之過程。單一原子之移開或填入的另一可能係在一密堆積平面上,如圖14.12中所示之B原子。這種原子與平面間只有三個鍵結,故他們蒸發所需的能量少於差階處之原子。但這種事件是不可重覆的。但仍存在另一種可能,即,A處之原子可離開差階,而擴散到B位置,然後再離開表面。此雙重步驟仍需要打斷六個鍵結:離開差階時三個,而離開表面汽化時也三個。此結果相等於由差階之直接汽化者。因此,單一原子之汽化熱一般假定,相等於打斷六個原子鍵結所需之能量。

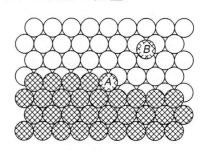

圖14.12 離開晶體表面而進入汽相中的原子,一般被假定處在表面突出部分之差階上,如所示之(A)原子

　　原子由表面汽化,與原子由蒸汽凝結係屬反向之關係。一單一原子可抵達如圖14.12所示之B位置,則形成了三個固體鍵結,而後再擴散到差階上,再形成了三個鍵結。

　　處理由液體到小面界面之固化,類似於由蒸汽中之生長;亦即,將原子由液體移到差階,或將原子沈析在密堆積表面上,而後再表面擴散到差階。但,原子由蒸汽移入固體所形成之鍵結強度,不同於原子由液體移入固體所形成的鍵結強度。後者一般都小很多。此與溶解熱與汽化熱之間的大差異相一致。對於純金屬，溶解熱正常是汽化熱的二十分之一。例如，純汞 在234K之溶解熱是11.8J/gr-mole，而汽化熱是309J/gr-mole。

將原子由表面移走的有關鍵結之打斷，可合理地應用於汽化作用。此時，原子由與鄰近原子緊密接觸之情況，被放入氣相中，在氣相中原子間之交互作用能量可被忽視。另一方面，當原子由固體表面移入熔融液體中時，其圖像並不容易確定。液體中的原子鍵結並未完全了解。而且，由溶解熱不大之事實可看出，其與固體之差異不大。不管此困難，利用為了解釋固體與汽體間之生長或消失而發展出來的觀念，可合理地說明凝固或溶解的過程。因此，金屬之固化主要被假設係沿台面之差階的移動。當原子附著到固體之差階時，形成六個鍵結，而每一鍵結表示溶解熱的六分之一。不同材料之固化間之主要差異，係決定於差階之分佈情形，及液固界面之特性。

14.6 液固界面的本質(The Nature of the Liquid-Solid Interface)

液體與固體間之界面其結構可有很大的變化，主要決定於固化材料的本性及界面處之過冷度。為了減少問題之複雜性，可考慮二個極端情形，其一是模糊界面，另一是原子級的平滑界面。對於模糊界面，由液體到固體的改變係發生於相當數目的原子層，在其中液體之構造逐漸地變成固體的結構。換言之，原子由非晶之液態變成晶質之固態是逐漸的。此種界面非常粗糙地表示於圖14.13(a)中，其中，固體位於圖之左邊，而液體在右邊。此二維圖像顯示出許多緊密相隔的突出部份。在三維圖像中，亦可假設在這些突出部份存有許多緊密相隔的差階。此模型之重要特徵是，此界面具有非常高的液態原子的調適因素。因此，生長可藉著原子連續地填入每一原子位置而發生，並且，界面係沿其本身之垂直方向前進。此種生長機構被稱為連續或正常生長(continuous or normal growth)。圖14.13(b)顯示二維的原子級平坦界面。雖然此界面基本上是密堆積的，但亦可假設其具有少數的含差階的突出部份。這些突出部份平行於界面而擴展，亦即，原子側向地附著到他們上面。後面將描述，除了在突出部份通過之時，此界面保持固定不動。

現在回到常數R_{l0}及R_{m0}之考慮，他們係出現於速率方程式14.7式中，決定這些常數之大小的因素之一被稱為調適因子(accommodation factor)，其係在液相或固相中的原子，在邊界之另一邊發現自己能附著上去之位置的機會。對於由固相移到液相之原子而言，調適因子應與組成液態之原子的性質無關。其原因是，金屬之液相具有非常相像的結構。另一方面，不同的晶質構造面對液相的表面完全不一樣，所以，由液相移向固相的調適因子會隨固體的性質改變。而且，原子由液相到固相的移動，與面向液體之晶面的指標有關。對於要附到晶體上的液相原子而言，晶面的堆積愈疏鬆，附著上去也就愈容易。此可借助圖14.14來解釋，此圖表示一面心立方之結構的{100}及{111}面。對於可用來接納進入晶體之液體原子的孔洞或袋口而言，較不緊密堆積的{100}面大於緊密堆積的{111}面。此種差異會使此二種晶相平面的生長速度變成不一樣(在一定量的過冷度之條件下)：平面的堆積愈不緊密，其生長速度愈快。

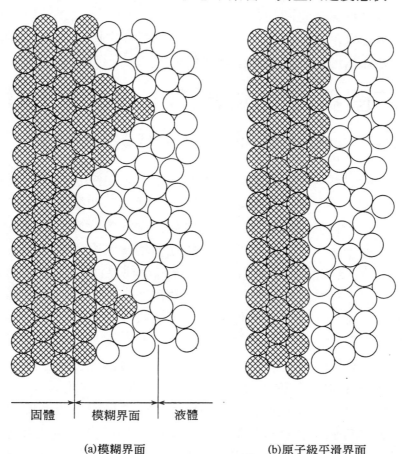

固體   模糊界面   液體

(a)模糊界面   (b)原子級平滑界面

圖14.13 液-固(晶質)界面之二種模型

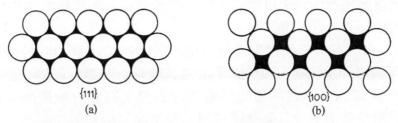

圖14.14 較鬆堆積之平面，如{100}面，比較密堆積之平面，如{111}面更能適
合由液體附著到固體之原子。所示之平面係F.C.C晶格(取自Chalmers,
B.,Trans, AIME,200591[1954])

低原子密度之面生長的較快，此並不意謂著，生長出的晶體會呈現出這樣
的面。相反地，晶體所呈現出的面是緊密堆積，或是生長緩慢的面。其理由很
容易了解，因爲生長快的低密度面容易成長而消失，最後僅剩下那些密堆積的
面。此效應顯示於圖14.15，其中劃有生長中的幾個階段的晶體面。

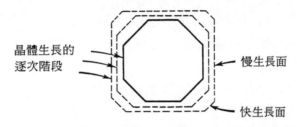

圖14.15　液體中的晶體生長，其傾向於發展出慢生長的面(密堆積)

前已提過，固化時，液固間界面的移動速率是過冷度的函數。另外，界面
之移動也受到界面前溫度梯度之符號的影響。故界面前之溫度梯度是上升，或
是下降，晶體生長之過程也會隨之不同。這二種情形將於下面討論之。

14.7　連續生長(Continuous Growth)

一個理想的模糊液固界面會發生連續生長，其速率隨界面處之過冷度成線
性改變。其推理如下。

原子在純金屬液體中的躍遷率(v_l)與液體擴散係數有關，其可表示爲：

$$v_l = 6D_l/\lambda^2 \qquad\qquad\qquad \textbf{14.8}$$

其中，D_l是液體擴散係數，λ是平均躍遷距離。茲假定D_l可表示成：

$$D_l = \lambda^2 v_0 \exp[-\Delta G_l/RT] \qquad\qquad\qquad \textbf{14.9}$$

其中，v_l是原子振動頻率。故

$$v_l = 6v_0 \exp[-\Delta G_l/RT] \qquad\qquad\qquad \textbf{14.10}$$

其中，ΔG_l是液體擴散的活化自由能。原子由液體躍遷到固體的速率則成為：

$$v_{ls} = v_l/6 = v_0 \exp[-\Delta G_l/RT] \qquad \text{14.11}$$

在推導14.11式時，已假定界面附近的原子遷移和擴散相同於液體內部。此對於擴散界面可能不正確，因為原子之性質應會由液體逐漸變化到固體。換言之，於界面區域內，靠近固體的部份較像固體，而靠近液體的部份較像液體。因此，擴散係數會改變且與位置有關，而不同於D_l。

由固體到液體的原子躍遷速率(v_{sl})牽涉到原子鍵結的破壞，該鍵結係使原子連結在固體表面。換言之，溶解的自由能(ΔG_m)必須加到ΔG_l。因此

$$v_{sl} = v_0 \exp[-(\Delta G_l + \Delta G_m)/RT] \qquad \text{14.12}$$

固體與液體間的原子交換淨速率等於：

$$v_{net} = v_{ls} - v_{sl} = v_0 \exp[-\Delta G_l/RT] \cdot \{1 - \exp[-\Delta G_m/RT]\} \qquad \text{14.13}$$

接近平衡凝固點時，ΔG_m少於RT，故$\Delta G_m/RT$小於1，藉助於14.9式，可將14.13式減化成：

$$v_{net} = v_0[\exp(-\Delta G_l/RT)] \cdot (\Delta G_m/RT) = D_l \Delta G_m/\lambda^2 RT \qquad \text{14.14}$$

茲考慮ΔG_m，在平衡凝固溫度T_m時，$\Delta G_m = 0$，及

$$\Delta G_m = \Delta H - T_m \Delta S = 0 \qquad \text{14.15}$$

其中，ΔH及ΔS是凝固的焓及熵。但如發生過冷，則

$$\Delta G_m = \Delta H - T\Delta S \neq 0 \qquad \text{14.16}$$

其中，T是發生凝固的溫度。令$T = T_m - \Delta T$，故

$$\Delta G_m = \Delta H - T_m \Delta S + \Delta T \Delta S \qquad \text{14.17}$$

因為大部份的塊金屬其凝固溫度非常接近T_m，且ΔH及ΔS與溫度之關係不大，故我們可假定14.17式右手邊之前二項可對消掉(參看14.15式)，而且，$\Delta S = \Delta H_m/T_m$，故可得：

$$\Delta G_m = \Delta H \Delta T/T_m \qquad \text{14.18}$$

將此式代入14.14式，得到：

$$v_{net} = D_l \Delta H \Delta T/(\lambda^2 R T_m^2) \qquad \text{14.19}$$

若假設λ等於固體的晶格參數(a)，且界面的前進速率(V)等於$a \times v_{net}$，則

$$V = av_{net} = \beta D_l \Delta H_m \Delta T/(a R T_m^2) \qquad \text{14.20}$$

上式中，V是生長速率，ΔH_m是凝固焓，D_l是T_m時的液體擴散係數，T_m是平衡凝固點溫度，a是固體的晶格參數，ΔT是過冷量，而係數β係為修正各種的假

設所引入[24]。現在可將14.20式簡化成：

$$V = B\Delta T \tag{14.21}$$

上式顯示模糊界面的固化速率是界面過冷度的線性函數。

14.8　側面生長(Lateral Growth)

　　圖14.13(a)所表示的模糊界面具有許多凸出部份，其上含有差階，液體中之原子可由此附到固體上且得到六個鍵結的溶解熱。這種表面具有很高的調適因子而且生長容易發生。但當表面是原子級平坦(小平面)時，情形就非如此，許多金屬就是這種情形，例如Bi、Ga、Si及Nb$_5$Si$_3$、NbSi$_2$等金屬間化合物。

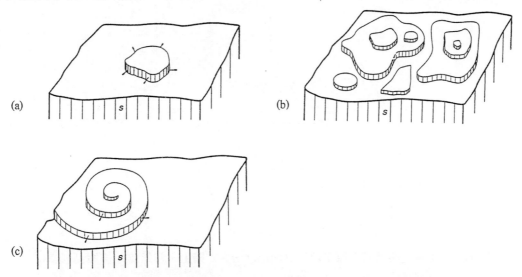

圖**14.16** 側面生長機構之界面過程的示意圖，(a)單核；(b)多核；(c)螺旋生長
(注意，負曲率的簇叢及/或島僅是圖畫的人工製品)

　　一般認爲原子級平坦之界面，其生長主要係藉表面上面之凸出部份的移動。這種型式的生長被稱爲側面生長(lateral growth)。這類表面爲何會有凸出部份的存在，可用幾種方式來解釋。一種解釋牽涉到二維圓盤的表面凝核與生長，如圖14.16(a)及14.16(b)之所示。另一種解釋關係到表面的不連續，其係由於雙晶邊界與表面之交接所引起。但更重要的是，當螺旋差排在晶體表面出現時，會自動產生凸出部份。此可由圖4.13、4.14及14.16(c)中之簡單的螺旋差排模型得知。如圖14.17之所示，當原子填入或離開固體之凸出部份的差階時，這些凸出部份可沿晶體表面移動。圖14.17中凸出部份的一端係固定在螺旋差排，故凸出部份沿表面移動時會產生螺旋形的凸出部份，其中心則位於差

24. Cahn, J. W., Hillig, W. B., and Sears, G. W., *Acta Metallurgica*, **12** 142 (1964).

排線之出現處，如圖14.16(c)之所示。當螺旋凸出部份對螺旋差排轉一圈時，額外平面可被加入或離開晶體，其決定於晶體的大小是增加或是減小。具有螺旋差排的生長螺線對於晶體生長是重要的，其證據來自於下面之事實：大部份塊狀晶體均含有很多生長差排。

　　藉助螺旋差排凸出部份的側面生長，其理論[25]已被發展，並且被預言受到下列方程式之控制：

$$V = B_2(\Delta T)^2 \qquad\qquad \text{14.22}$$

其中，B_2是常數，ΔT是過冷度。

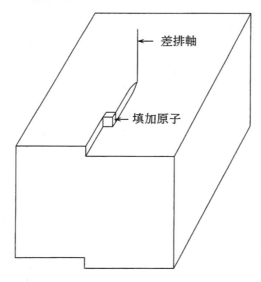

差排軸

填加原子

圖14.17 晶體之生長可藉原子填加到凸出部份之差階上，當螺旋差排與晶體表面交接時可形成此凸出部份

　　對於二維度凝核之側面生長，其生長速率係過冷度之倒數的指數函數[26]。速率方程式決定於：每層形成單一核，或是同時形成許多核。他們的方程式分別是：

$$V = B_3 A \exp(-B_4/\Delta T)$$
$$V = B_5 \exp(-B_4/3\Delta T) \qquad\qquad \text{14.23}$$

其中B_3、B_4及B_5是常數，而A是表面面積。

　　25. Porter, D. A., and Easterling, K. E., *Phase Transformations in Metals and Alloys*, p. 101, Van Nostrand-Reinhold, New York, 1981.

　　26. Peteves, S. D., and Abbaschian, G. J., *J. Crystal Growth*, **79** 775 (1986), and Peteves, S. D., and Abbaschian, R., *Met. Trans. A*, **22A**, 1271 (1991).

14.9　穩定的界面凝固
(Stable Interface Freezing)

　　前面之討論係關於界面之性質及生長之機構(依原子之尺度)，影響界面大尺度之形狀的另一個因素是：界面處之溶解熱的去除。茲假定由界面移向液體時溫度梯度增加，且溫度梯度是線性的，並垂直界面。在這些條件下，界面會保持穩定的平面形狀，且整體向前移動。若最密堆積面(緩慢生長)垂直熱流方向，則在理論上，應會發展出一真正平面的界面。但最密堆積面要真正垂直熱流之方向，其機會非常小，而且，也需考慮到高原子密度之晶面幾乎與界面平行之情況，此即界面不是高密度面的情形。

　　首先考慮第一個情形，其界面傾向發生出一連串之密堆積面階級。這種界面顯示於圖14.18，因為每一個小平面均與熱流方向有一個傾斜度，故整個區域上的溫度並不均勻。因為界面前面之溫度較高，故小平面前進最快的部份會接觸到較熱的液體。對於一給定晶面，其生長速率是過冷度的函數，故小平面無法保持嚴格的晶體表面且以等速率生長。因此，階級顯出彎曲之形狀，各小平面最前面或是較熱之部份對應於較低指標，或較高調適因子之表面，而最遲緩或較冷之部份對應於慢生長，或較低調適因子之表面。依此方式，可得到以等速成長之界面。

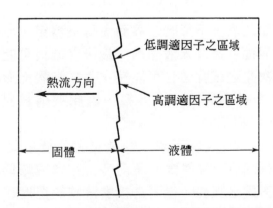

圖14.18　密堆積晶面幾乎平行界面時的穩定界面

　　前節所描述之結構係在密堆積面幾乎平行界面時所得到。而當沒有密堆積面平行界面時，則較簡單之界面(其由散亂之晶面所組成)會較穩定。這種界面類似於當密堆積面真正垂直熱流方向時所得到的，而其不同處是：它並非是密堆積面，而是具無理數之高指標的平面。

14.10 純金屬之樹枝狀生長(Dendritic Growth in Pure Metals)

當液固界面移向過冷液體，若界面前面之溫度較低，則會發生一種非常重要的晶體生長。形成這種溫度梯度的最重要方法之一如下所述。

圖14.19表示包括液固界面之區域，且熱量由界面處向二邊流走；亦即，熱量從固體及過冷之液體二側移走。因為溶解熱在界面處釋放，界面處之溫度一般會高於液體及固體二者。在這些條件下，由界面移向固體時溫度會下降，因為那是熱流的方向。而且進入液體時，溫度也會下降，因為熱量會自然由界面處流向過冷之液體。所得結果之溫度分佈就如圖14.19所示，一般稱之為溫度反轉[27](temperature inversion)。

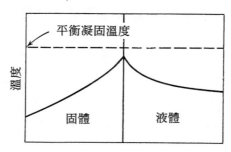

圖14.19 凝固時的溫度反轉(取自Chalmers, B.,Trans. AIME,200 519[1954].)

當界面前面之液體的溫度下降時，界面變得不穩定，而且，若有任何的小擾動，胞體就由一般界面生長進入液體內。最後之結構可能變得十分複雜，在首先之胞體上會形成次生之枝幹，也可能在次生之胞體上形成第三次枝幹。這種分枝之晶體一般具有縮小的松木之外觀，因此被稱為樹枝狀(dendrite)，dendrite係希臘字其意為樹木的。

在固體前面之液體的溫度若下降，則晶體會分枝生長，其原因並不難了解。當界面之一小段(擾動)較旁邊表面超前時，它會與較低溫度之液體接觸。則其生長速度會快於旁邊之表面，後者之接觸液體的溫度較高，故僅會形成一胞體。各胞體之發展會釋放溶解潛熱。這些熱會提高胞體鄰近液體的溫度，而阻礙了胞體旁邊界面之其他突出界面的形成。結果，會形成等距分開的胞體，他們彼此平行生長如圖14.20所示。這些胞體生長的方向被稱為樹枝狀生長方

---

27. Weinberg, F., and Chalmers, B., *Canadian Jour. of Phys.*, **29** 382 (1951); **30** 488 (1952).

向(dendritie growth direction)。樹枝狀生長之方向決定於金屬之結構，如表14.2之所示。

表14.2　一些晶體構造的樹枝狀生長方向

晶 體 構 造	樹枝狀生長方向
面心立方	<100>
體心立方	<100>
六方密堆積	<1010>
體心正方(錫)	<110>

圖14.20 樹枝狀生長之第一階段的示意圖。假設界面處有溫度反轉，亦即，界面前面之液體的溫度下降

　　圖14.20所示之分枝或胞體係第一次或初生。茲考慮如何由初生臂形成第二次分枝。請參考圖14.21，其中aa切面代表一般界面。請注意到，此圖中之樹枝狀生長的方向被假設與一般界面垂直。此係為了簡化說明。一旦胞體形成了，一般界面的生長將會慢下來，因為此處的過冷度較小，而且形成胞體所產生的溶解潛熱使過冷度更低。另一方面，在bb切面處，液體之平均溫度小於aa處。但bb處靠近胞體之液體，其溫度會大於胞體間的溫度($T_A > T_B$)，其係因為胞體所釋出之潛熱所致。因此，不僅在初生胞體前面，而且在初生支幹之垂直方向上，他們均有下降的溫度梯度。這種溫度梯度促使了次生分枝的形成，後者多多少少會規則地等距分佈在初生支幹上，如圖14.22之所示。因為次生分枝與初生分枝均由相同原因所造成，故他們的快速生長方向均是等價的晶體方向。對於立方金屬，樹枝狀臂係沿<100>之方向形成而且互相垂直。另外，如圖14.22所示的情形，在次生支幹上沒有第三次分枝。其乃生長圖樣之幾何問題。在其他的三維度生長的情形，若空間允許生長，則無理由不形成更高次的分枝。在圖14.20到14.22中沒有表示出樹枝狀臂之厚度方向的生長，但臂之生

長其最後結果會使臂靠在一起而形成單一的幾乎均勻的晶體。

　　如上所述，在純金屬凝固時，若界面被允許移向足夠過冷的液體中，則發生樹枝狀生長。但對於純度較低之金屬，幾乎不可能得到足夠的過冷，故全部的凝固過程並非是樹枝狀的，除非將熱由液體不斷移開。若不將熱由液體有效的移走，則因界面有熱釋出，會使溫度很快上升到熔點。在過冷液體凝核之後，溫度快速上升，此被稱為再熾(recalescence)。

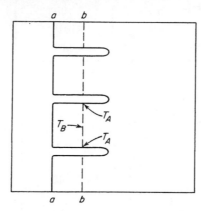

圖14.21 由初生臂上一點移向初生臂間之中點，若其溫度梯度下降，即$T_B < T_A$，則形成次生樹枝狀臂

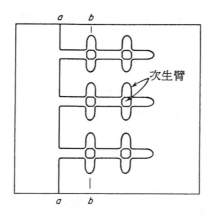

圖14.22 立方晶體之樹枝狀臂係沿<100>方向，因此初生臂與次生臂彼此垂直

　　若沒有外面的冷卻，則純金屬要得到完成的樹枝狀凝固，需要非常大的過冷(約100K左右)。若不由周遭將熱移走，則過冷液體所形成的固體量可由下式估算：

$$f_s = C_p \cdot \Delta T / \Delta H_m \qquad \text{14.24}$$

上式中，f_s是固化量的比率，C_p是固體及液體的平均比熱，ΔH_m是溶解熱，而ΔT是過冷度。

14.11　合金的凝固
(Freezing in Alloys)

　　茲將討論幾個簡單合金系統之凝固例子。圖14.23顯示類質同形合金系統的相圖。於T_1溫度下時，組成(a)之固體與組成(b)之液體平衡。假設圖14.24表示一組成(b)之液體置放於一長管狀模子中，而且熱量由模子之左端移走，使得熱流是線性的且由右到左。在這些條件下，凝固將由液體之左端開始，此小體積元素(dx)表示首先形成之固體，此體積元素之凝固發生於T_1溫度，而固體之組成將是圖14.23中之(a)點。若此層固體以很短之時間凝固，則可忽略固態之擴散，我們可假定其係由界面附近之液體層所形成，而非由全部之液體。因為固體含有較高的A對B原子的比率，生成固體的液體層其A原子較少而B原子較多。當更多的固體形成時，界面前之液體的組成改變更大，而達到穩態情形時，其改變就停了下來。界面附近之液體的組成發生改變之同時，由此液體層所形成之固體其組成也發生變化。因此，若液體之組成對應於圖14.23之d點，則凝固之固體具有c點之組成。剛才所述之凝固過程僅在界面之溫度由T_1降低到T_2時才會發生。當固體附近之液體的組成為e點時，其超額B原子的濃度達到最大。此時，液體可凝固出組成b的固體。當此發生時，可得到穩定狀態，並且由富B原子之液體層中形成之固體會與被引到此層之液體一樣。此時，界面處之溫度是T_3，如圖14.23之所示。圖14.25(a)顯示組成沿模子之變化情形，此圖對應於穩態凝固過程。圖14.25(b)顯示類似情形，但其界面已移到更右邊。請注意，在此二情形中，固體之組成由原來的a值上升到液體原來的b值。在界面處，由固體移向液體時，組成突然升到e值。隨後，液體之組成逐指數下降到原來之b值。在此指數區域內之組成距離曲線的形狀，決定於凝固速率及液體中的原子擴散速率。在上面之討論中，應注意到，液體中沒有對流之發生。若有對流，則在界面之前面不可能存在大的B原子濃度。另有其他因素會影響到界面處液體之組成的變化。但為了我們的目的，我們可假定圖14.25所示之距離組成曲線可代表合金在相同條件下之凝固的情形。描述固體液體中的組成距離曲線的方程式，可在其他地方[28]發現到。

---

28. Tiller, W. A., et al., *Acta Met.*, **1** 428 (1953).

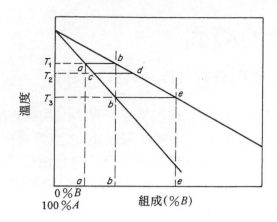

圖14.23 類質同形之二元相圖的一部份

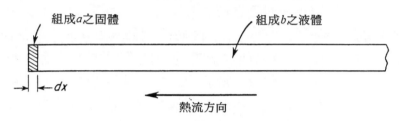

圖14.24 一維度凝固的簡單情形

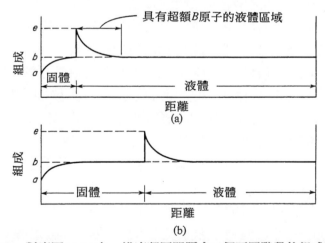

圖14.25 對應圖14.24之一維度凝固問題中二個不同階段的組成距離曲線

14.12　Scheil方程式
(The Scheil Equation)

　　對於一般情形之一維度的凝固問題，已被幾位作者[29,30,31]考慮過。由此得到一重要關係式，Scheil方程式或非平衡槓桿法則。推導過程中有幾個重要的假設。第一，固體中之溶質不擴散；第二，液體中之溶質的擴散很快且完全；第三，界面處之固體與液體呈局部平衡。第一個假設需要當界面前進凝固之固體的組成連續改變，而且在界面通過之後固體要保持此組成改變。另一方面，因為液體的擴散很快，縱使液體之組成在凝固過程中會改變，液體之組成總是均勻的。對於液體與固體之擴散的這些假設，其來自於下述之事實：液體之擴散速率一般大於固體之擴散速率的幾次方，而且，可利用對流混合來進一步促進液體中的質量傳輸。Scheil方程式一般係利用理想的共晶相圖來推導。在圖14.26中，液相線及固相線被假設為直線。對任何溫度T_i，液相線與固相線給予液體與固體的組成。這些組成(於界面處)被假設呈平衡，彼此間有$C_s = kC_l$之關係，C_s及C_l分別是固體及液體中之溶質的重量濃度，k是平衡再分佈係數。最後，假設可忽略液體與固體之莫耳體積的差異。

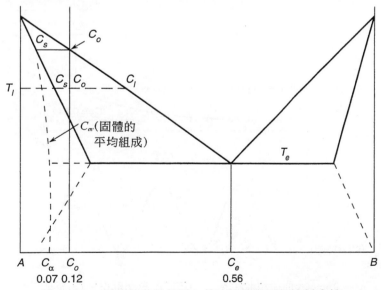

圖14.26　理想的共晶相圖，其液相線與固相線係直線

29. Gulliver, G. M., *Metallic Alloys*, Charles Griffin and Co., Ltd, London, 1922.
30. Scheil, E., *Z. Metallk.*, **34** 70 (1942).
31. Pfann, W. G., *Trans. AIME*, **194** 747 (1952).

　　令f_s表示固體的重量比，而液體之對應比則爲$(1-f_s)$。當一小量固體df_s凝固時，會有$C_s df_s$之溶質，由液體傳輸到固體。但因溶質在固體中的濃度小於液體中的濃度，故液體中之溶質濃度將增加：

$$dC_l = (C_l - C_s)df_s/(1 - f_s) \qquad\qquad \textbf{14.25}$$

利用相圖之$C_s/C_l = k$之關係，可得到：

$$dC_l/C_l = (1 - k)\cdot df_s/(1 - f_s) \qquad\qquad \textbf{14.26}$$

　　將式14.26積分，其開始凝固時的邊界條件爲$f_s = 0$，$C_l = C_o$，可得到

$$C_l = C_o(1 - f_s)^{(k-1)} \qquad\qquad \textbf{14.27}$$

及

$$C_s = kC_o(1 - f_s)^{(k-1)} \qquad\qquad \textbf{14.28}$$

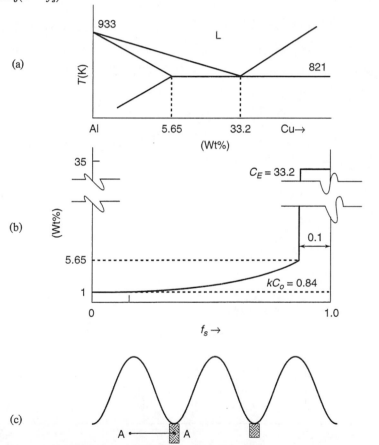

圖**14.27** Al-4.9pct Cu的樹枝狀生長，(a)相圖的有關部份。(b)組成曲線，其係沿(c)之樹枝狀臂上A-A處且由Scheil模型所預測者

　　方程式14.28給了界面處凝固體的濃度C_s。此濃度隨著界面沿模子前進而增加。在凝固過程中，固體之平均組成也會改變。圖14.26之固相線的左邊有

一虛曲線，其表示此平均組成的變化情形。注意到，在此非平衡凝固過程中，固化持續到比平衡凝固低許多的溫度。正常的凝固持續到共晶溫度。當達到共晶溫度時，剩下之液體具有共晶之組成，並且凝固成共晶固體。因此，由非平衡凝固所得之固體通常會在其顯微結構中含有共晶物，在此非平衡凝固中，固體組成C_s隨固化比f_s的變化顯示於圖14.27中。利用14.27式，並令C_l等於C_e（C_e是共晶組成），可計算出共晶量。

應注意到，在大多數固化過程中，偏析之程度一般均小於利用Scheil方程式所算出者。其係因為固態擴散與樹枝尖端之溫度的下降所造成。[32]甚且，實際的再分佈係數不同於由相圖所算出的平衡值，而且與固化速度有關。在足夠快速的固化速率時，k值會等於1，因為溶質原子沒有時間離開界面而為前進之界面所捕獲[33]，因此速度對k值之影響可由下式來估計：

$$k' = (k + \beta R)/(1 + \beta R) \qquad\qquad \textbf{14.29}$$

其中k'是真正的再分佈係數，R是固化速率，k是平衡的再分佈係數，而β是由實驗決定的常數。

14.13　合金的樹枝狀凝固(Dendritic Freezing in Alloys)

樹枝狀凝固是許多合金系統的一般現象。造成樹枝狀生長的驅動力量是過冷，他們一般具有不同的型式。在14.10節所討論的型式被稱為熱過冷(thermal supercooling)，下面將依據Rutter及Chalmers[34]的建議來加以討論。當凝固之固體的組成不同於液體時，將造成組成過冷。

為了方便目前之討論，假設可忽略對流，其他複雜因素，由圖14.25所示之穩態組成之變化可成立。大多數實際之凝固例中，液態金屬被倒入模腔中且由模壁散失而造成凝固。故模壁之溫度最低而移向模子中心時溫度上升，因此，凝固開始於模壁且向內進行。將這些情形考慮進來，我們應注意到液固界面前面之溫度上升的凝固過程。此情況顯示於圖14.28中，其中已假定液體之溫度係隨離開界面之距離成線性比例，此圖之第二條曲線表示液態合金之凝固點，隨離開界面之距離而變的情形。其係液體之組成隨離開界面之距離而改變所造成。在界面處，凝固溫度是T_3，如圖14.23之所示，但離開界面則迅速上升

32. Sarreal, J., and Abbaschian, G. J., *Met. Trans. A.*, **17A** 2036 (1986).
33. Aziz, M. J., *J. Appl. Phys.*, **53** 1158 (1982).
34. Rutter, J. W., and Chalmers, B., *Canadian Jour. of Phys.*, **31** 15 (1953).

而後漸升至T_1，在此溫度液體將開始凝固，如圖14.28之所示，液體之溫度與液體之凝固點相交於二點：界面度及距離界x處。而有關點係在x距離之內，其液體之溫度低於凝固點。在此範圍內，雖然溫度梯度是正的，但卻有過冷現象，此係由於界面前面之液態合金的濃度梯度所造成。

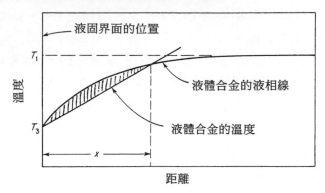

圖**14.28** 在距離(x)內，合金之溫度小於其凝固點，此被稱為組成過冷

當界面前面之液體存有組成過冷時，具有初生或更高次分枝之樹枝狀凝固是否會發生，決定於其過冷的程度。對於商用大鑄件，過冷層(圖14.28中之x距離)通常是厚的，因為界面前面之溫度梯度小，及/或凝固速率小，故樹枝狀凝固是重要的。另一方面，若過冷層較薄，則不可能完全發展樹枝狀的生長，因為過冷層限制了他們生長的深度。在此情況下，界面的不穩定會形成如圖14.29所示之橢圓形的突出表面。這種界面的移動伴隨著狹窄過冷區的向前移動，故其形狀是穩定的。此將導致一個非常有趣的結果。為了維持表面的形狀，凝固必需均勻地發生於全部表面上。但，突出面中心的固體其位於最右邊，其溫度(T_1)高於位於最左邊之尖角的溫度(T_2)。這二處除了有不同之溫度外，其附近液體之組成也不同。尖角處凝固之固體其溶質之濃度高於突出面之中心的固體。此種凝固過程會產生胞狀之結構，其胞壁(圖14.29中之水平線)係為高濃度溶質之區域。圖14.30顯示真正的照片，其垂直胞狀結構之界面。請注意到，此圖係一單晶之表面，其組成不均勻，暗線表示高濃度溶質之區域。

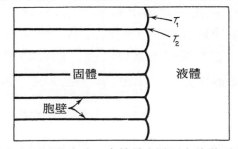

圖**14.29** 當組成過冷之區域狹窄時，由於穩定界面之移動而形成胞狀結構

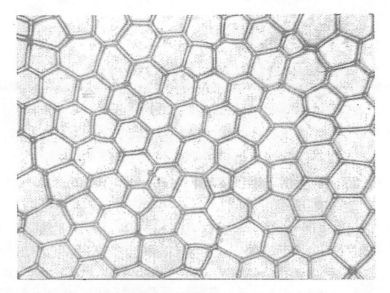

圖14.30 界面垂直方向所看到的錫之胞狀結構100X(Rutter, J.W., ASM Seminar, Liquid Metals and Solidification, 1958, p.243.)

　　上述之胞狀結構值得注意，因為其顯示出在小於晶粒之尺度上，如何形成非均勻溶質的分佈。這種現象一般被稱為微偏析(micro-segregation)。此僅是合金凝固時所發生的偏析中的一種，本章後面將更詳細討論合金鑄造的偏析。

　　由圖14.28可看出，液相線與溫度梯度僅相交於二點；此導致了組成過冷。在此情況下之平面表面是不穩定的，其會形成胞狀或樹枝狀。另一方面，若液體之溫度較液相線上升較快(相當於較陡之溫度梯度)，則平面界面會穩定而不會形成樹枝狀。對於單晶之生長，平面界面是被期待的。在穩態固化過程中，平面界面之穩定的判斷[35]可被寫成：

$$G_L/R = m_l C_o (1-k)/kD_l \qquad\qquad \text{14.30}$$

上式中，G_L是液體的溫度梯度，R是固比速率，m_l是液相線的斜率，C_o是合金組成，k是再分佈係數，而D_l是液體擴散係數。對於大部份的固化過程，可用式14.30來決定界面是否保持穩定。但對某些固化過程，尤其是快速凝固，此判斷標準會導致錯誤之結果。因為組成過冷的判斷忽略了固體中的溫度梯度，及固液界面之能量。對於這些情形，需要利用由Mullins及Sekerka[36]所發展出的形態穩定的判斷，但此處不考慮這些。

35. Chalmers, B., *Principles of Solidification*, John Wiley and Sons, New York, 1964.
36. Mullins, W. W., and Sekerka, R. F., *J. Appl . Phys.*, 444 (1964).

14.14　鑄錠的凝固
(Freezing of Ingots)

　　對於鍛造品，如板及樑係以塑性加工得到最後之形狀，在他們的製造過程中，鑄錠的鑄造是一非常重要的步驟。這些鑄件的大小決定於金屬的種類以及其最後的用途。對於鋼的製造，重達6到8噸的大鑄錠是普遍的。

　　當鑄錠凝固時，會產生三種不同的相，每一相均發展出獨特的晶粒大小、排列，與形狀。基本的結構示於圖14.31。在模壁內一狹窄區域是"激冷區"，其包含等軸的(等尺寸)小晶粒，他們具有隨意的方位。在此區之內部，晶粒變大且拉長，他們的長度平行於熱流之方向(垂直於模壁)。這些晶粒具有非常強烈的較優取向，樹枝狀生長的方向平行於他們的長軸。由於此區晶體的形狀，一般被稱為柱狀區(columnar zone)，最後一區位於鑄錠之中心，他們是最後凝固的金屬。在此區內，晶粒是等軸的且方位不定，但他們的尺寸大於激冷區。

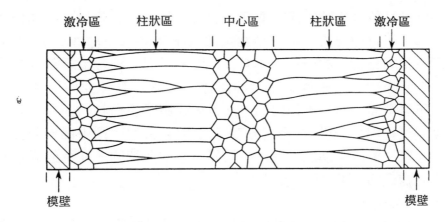

　　　激冷區　　柱狀區　　　中心區　　　柱狀區　　激冷區

　　　模壁　　　　　　　　　　　　　　　　　　　　模壁

圖14.31　大鑄錠的切面，具有三種基本的凝固區

　　茲考慮有助於上述結構之發展的因素[37]。首先以純金屬為例。當液態金屬被倒入模子時，溫度比液體小許多的模壁(通常是室溫)迅速冷卻與他們接觸的液體。使得模壁附近之液體的溫度降至平衡凝固溫度之下，由於液體溫度快速下降，造成很大的過冷度。當凝核(通常是非均質)發生，其速率極快，使得固化之固體具有很小的平均晶粒。因為晶體獨立形成，故他們的方位很散亂。由於晶體的生長受到旁邊同時凝核之晶體的限制，故他們最後的大小很均勻，此

---

37. Walton, D., and Chalmers, B., *Trans. AIME*, **215** 447 (1959).

結構被稱爲等軸的(equiaxed)。

激冷區之晶體係經由凝核與生長而發展。晶核由液體中形成且生長,直到與旁邊之晶粒接觸爲止。柱狀區之形成則以不同之方式,他們的凝核很少,晶體生長佔優勢。在激冷區凝核一旦開始了,其溫度就上升到平衡凝固溫度。此係溶解潛熱釋放出的自然結果。

柱狀區開始於激冷區,且往熱流之方向橫向生長。在純金屬中,這些晶體可依此方式繼續生長到鑄錠之中心。當他們與對面模壁生長出來的晶體相遇時則停止生長。示於圖14.31之中心等軸區不會發生於純金屬之胺錠中。但對於合金之凝固卻是很普通之現象。雖然純金屬之凝固僅發生短暫的樹枝狀生長,但Walton及 Chalmers[38]曾建議,柱狀區之較優取向來自於樹枝狀凝固相。在樹枝狀凝固之剛開始時,界面(激冷區)之晶體中具有幾乎垂直界面之快速樹枝狀生長之方向的晶體,會比附近不同方位之晶體更迅速地長出他們的枝臂。較快速生長之晶體所放出之溶解熱會不利地影響到附近晶體之生長,依此方式,某些晶體被抑制,而某些晶體會繼續生長。結果,只有那些具有幾乎與熱流方向平行的樹枝狀生長方向的晶體存留下來。較優取向之發展的一般性質顯示於圖14.31中。請注意,柱狀晶體之長度變大時,其直徑也會變大,此乃方位較不利之晶體消除之結果。另有其他證據顯示,鑄錠內晶粒之粗化亦來自於其他原因,如由晶界表面能因素所產生的晶界移動。

當純金屬在模子中凝固時,促進樹枝狀生長的過冷可以僅是熱之型式。另一方面,合金除了熱過冷之外,也有可能產生組成過冷。當此發生時,也可觀看到樹枝狀凝固,並且伴隨有較優取向之發展。所得到之較優取向其型式相同於上面之所述,各柱狀晶粒具有與熱流方向平行的樹枝狀生長方向。合金鑄件之樹枝狀生長消除了較不利之方位的晶體,其機構[39]多少不同於純金屬,此處不考慮他們。

合金中組成過冷的一個重要結果是,有利於中心等軸區之發展。當模之相對邊發展出來的固液界面在大鑄錠之中央彼此靠近時,各自的組成過冷區會重疊,此顯示於圖14.32中。在圖表示固化過程的較早階段,而右圖表示區域靠在一起的較後階段。此時,鑄錠中央附近的液體會發生很大的過冷。對於此有二個基本的原因。第一,隨著柱狀區的生長,界面前之液體中的溶質濃度會上升,因此需要界面處之溫度愈來愈低,以繼續固化。第二,當界面更靠近時,

---

38. *Ibid.*
39. *Ibid.*

鑄錠中央之溫度趨近於界面之溫度，此有效地使液體的溫度距離曲線平坦化。當中央等軸區出現於鑄錠中時，其顯示於此區域已發生之組成過冷，而且其也能發展到使鑄件中央之液體能凝核之地步。因此，於此中央區可藉新晶粒之出現與生長來發生結晶作用，而不是藉柱狀區之拉長晶體的繼續生長。

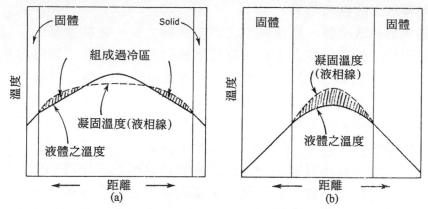

圖**14.32** 形成鑄錠中心等軸區之合金鑄錠的中心，發展出組成過冷

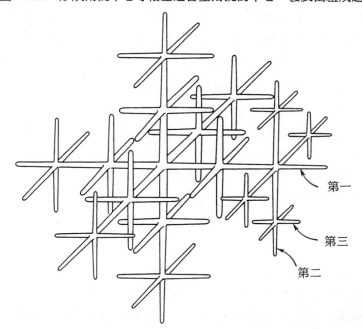

圖**14.33** 三維度的樹枝狀晶體，僅在一組第二枝臂上顯示第三枝臂(圖之最右邊)(取自Grignon {1775}及Tschernoff {1878}.)

關於鑄錠之中央區的形成，另有一點值得注意。當晶核於此區形成時，他們放出的溶解熱會提高附近的溫度。因此，各新晶體均被溫度場所包圍，結果，就開始了其樹枝狀生長。然而，他們係自由地形成於液體中，樹枝狀臂將沿著所有的樹枝狀生長方向長出。對於立方晶體,沿著所有六個<100>方向長出的枝臂顯示於圖14.33中。注意到,在此情況下,第三支臂可由第二支臂上長出。

中心區之樹枝狀生長僅持續到溶解熱破壞了組成過冷為止。當此發生時,樹枝狀臂之間以及鄰近晶體之間的空間會被填滿而完成了凝固過程。

應注意到,組成過冷所造成的晶粒凝粒,僅是鑄錠中央形成等軸晶粒的一個方法而已。另一個方法係晶粒倍增,其將於下節中討論之。

14.15 鑄件的晶粒大小(The Grain Size of Castings)

決定鑄件最後晶粒大小的因素其詳細描述超出我們的範圍。Cole及Bolling[40]已將他們歸納於一論文上,其特別提到得到小晶粒(主要鑄件之等軸中央區)之技術。在正確的條件下,此區可變得很大。想得到非常細晶粒之鑄件有許多重要的理由。例如,超塑性(參考第二十三章)之發生主要是非常細分之結構所造成。

增加鑄件晶粒之數目有二個基本方法。其一是增加基本的凝核速率,而另一是打斷生長中的樹枝臂,以形成更多的晶種。後者被稱為晶粒倍增(grain multiplication)。如模鑄及小冷模之鑄造中,快速的冷卻會增加凝核速率,其亦可提高晶粒倍增,因為這種方式的鑄造伴隨有增強的對流。亦可將催化劑(接種劑)加入溶解液中來提高凝核速率。這些接種劑通常是小的第二相粒子,他們可提高非均質凝核速率。例如,硼及鈦經常被加入鋁合金中去提高凝核。這些元素可被看成是與合金中之鋁反應,而生成可做催化用的粒子。

在減小粒度之二種基本方法中,最常應用的是晶粒倍增。此過程可發生於大部份之鑄造操作中。當樹枝狀臂生長且分枝時,會繼續放出溶解熱。在正確的條件下,這些熱會引起局部的溶解,且使某些樹枝狀臂頸縮而斷離。當此發生時,就形成了小的晶體碎片。液體金屬受對流的攪拌將使這些小晶粒離開液固界面而分佈於整個液體。他們有的會溶解掉,但其他的則生長成新的不定方位的晶體。

可利用人工來增加晶粒倍增。一般上,利用強力的液體流動來打碎液固界面上生長中的樹枝狀臂,並使他們重新分佈於整個溶解液中。強迫振動、交變

40. Cole, G. S., and Bolling, G. F., *Ultrafine Grain Metals*. Ed. Burke, J. J., and Weiss, V., p. 31, Syracuse University Press, Syracuse, N.Y., 1970.

磁場、超音波振盪，及許多其他方法均可用來達成此目的。一個有效方法[41]是將模子旋轉數圈，再改變方向旋轉的來回轉動。此不僅促進樹枝狀臂的斷離，而且也能使他們均勻地分佈於整個液體中。

14.16 偏析(Segregation)

凝固成工業用合金的液體除了為了有益效應，而故意添加入的溶質元素之外，另會有許多雜質元素。後者係經由各種不同之方式進入液體金屬中。金屬在熔煉與精煉過程中，存於礦中的雜質元素通常僅被去除一部份。熔煉與精煉所用之爐中的耐火磚裡襯及爐氣中的氣體也是其他之來源。在後者之情況，元素是以溶解氣體之形式進入液體金屬中。溶入商業用液體金屬之各種元素，經常會彼此反應形成化合物(氧化物、矽酸物、硫化物等)。在許多情況下，這些化合物的密度小於液體，會上升到表面加入到熔渣而浮在液態金屬之表面上。另一方面，小的雜質粒子(化合物)很有可能存於液體中。他們有的會變成非均質凝核的凝核中心。此事實已被利用來控制鑄件之晶粒大小，其係將元素接種於液態金屬中而化合形成凝核的催化劑。當然在固化鑄造中增加凝核中心的數目將會產生更細小的晶粒。

當合金凝固時，一般常規是，無論溶質元素是合金元素抑或雜質，他們在液態中的溶解度會大於固態。此事實通常會使鑄件完成時發生溶質元素的偏析。有二種基本方式來看待溶質的不均勻性。第一，在固化過程中，液體逐漸含更多的溶質，故在最後固化之區域(鑄錠之中間)會有較大的溶質濃度。此項以及類似的長程組成浮動均屬巨觀偏析(macrosegregation)。一般而言，巨觀偏析係指金屬鑄錠之平均組成隨地方不同的變動。這種形式的偏析並非均是由於高熔點成分之選擇性固化所造成。重力效應通常是產生巨觀偏析的一個因素，特別是在中心等軸區之形成時。自由在液體中形成的晶體通常具有不同於液體的密度，故他們不是上升到鑄件之表面，就是沈到底端。茲考慮一個極端例子[42]，其發生於合金系統中的重力引生偏析多少不同於目前所述的固溶體合金。在鉛銻系統中，共晶點在11.1百分比Sb及252℃。當含有多於11.1百分比之Sb(例如20百分比)的合金固化時，幾乎純的銻晶體由液體中形成，直到液體之組成達到共晶組成時。此時，開始凝固共晶混合物，因為銻晶體之密度小於液體，故他們傾向上升到表面。因此緩慢冷卻此合金所得到之結構，其下面部

---

41. *Ibid.*

42. Brick, R. M., and Phillips, A., *Structure and Properties of Alloys.* McGraw-Hill Book Company, Inc., New York, 1949.

份幾乎全是共晶固體,而其上面部份含有初生 α 錫晶體,且在初生晶體間的空隙其部份是共晶固體。

在鑄件中,不僅在長距離會有組成之變化(巨觀偏析),也會在小於晶粒之尺度上存有局部的組成變化,後者被稱為微偏析(microsegregation),且已在前面討論過:由於液固界面及組成過冷狹窄區的移動所造成的胞狀結構,其存有組成的偏析。較經常發生的微偏析(一般被稱為核心偏析[coring]),係由合金樹枝狀固化所產生。長入液態金屬中的起始樹枝狀臂比較純。因此,這些枝臂附近的液體就含有較多的溶質,故當這些液體在枝臂間固化時,就形成高溶質濃度之區域。

在正常情形下之固化,合金鑄件中之樹枝狀偏析或是核心偏析是非常普遍。在適當條件下低至0.01百分比的溶質濃度也會發生此種偏析。但,快速的冷卻可大量減少偏析,且在某些情形甚至可完全避免。當鑄件被切面且被處理做金相觀察時,所曝露之表面通常會切過樹枝狀臂。因為枝臂中心的組成不同於枝臂間的組成,故以合適之金相浸蝕可顯示出樹枝狀臂。圖14.34顯示銅錫合金的樹枝狀偏析。

圖14.34 銅錫合金的核心或樹枝狀偏析。可看到幾種不同的晶粒,注意到各晶體之樹枝狀臂具有不同的方位,200X

14.17　均質化(Homogenization)

　　如果合金之平衡結構是單相的話,則溶質的核心偏析通常可被去除。其係以被稱為均質化退火(homogenizing anneal)的熱處理來達成。在此過程中,將金屬加熱到高溫且停留足夠之時間,使擴散發生來均質化結構。

　　在考慮均質化之動力學之前,再次看看導致核心偏析的固化過程。圖14.35顯示類質同形相圖的一部份。若組成x的金屬在平衡情形下固化,則固體將順著固相線由b點到達c點。此曲線表示任何時刻所形成之固體的組成,以及所有已經形成之固體的平均組成。在一般固化之過程,沒有充份之擴散時間來使結構均質,因而產生了核心偏析。在此情況下,由b到f的固相線僅表示任何溫度所能形成的固體的組成。因為稍早固化的金屬所含A成份總是多於剛剛固化的固體,故固體之平均組成必位於固相線之左邊。一般固化之固體的平均組成會沿著圖14.35之be線(舉例)。同時,因為總會發生一些擴散,故首先形成之固體(樹枝狀臂之中心)的組成會沿著bd線(舉例)改變。

　　請注意到,一般固化之重要特徵之一是,其固化溫度範圍大於平衡固化所需者。故圖14.35中表示一般固化完成之終點。

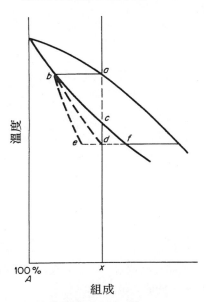

圖14.35　在非平衡固化時,固體的平均組成係沿bd之路徑

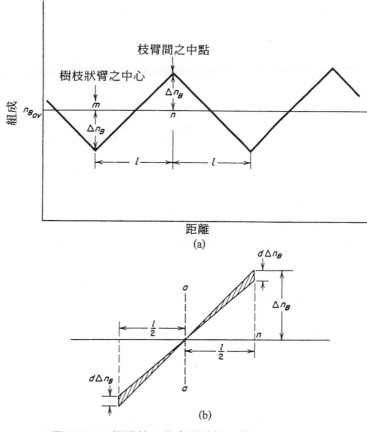

圖14.36 假設核心化金屬試片呈線性濃度梯度

於一般固化之終點時，組成會在圖14.35中由b點到f點之範圍內改變。為了導出方程式，茲假設樹枝狀臂為一組平行板，其組成做線性且週期性地改變，如圖14.36之所示。此圖之水平虛線表示合金的平均組成$n_{B_{av}}$。各樹枝狀臂之中心如m點，其組成小於平均值一Δn_B之量，而樹枝狀臂間之中點如n點，其組成大擦平均值一Δn_B之量。由樹枝狀臂之中心到臂間中點之距離設為l。此量等於樹枝狀臂間隔(即二臂中心間之距離)的一半。

在時間間隔dt時，m點之濃度可假設增加了$d\Delta n_B$，而n點之濃度勢必減少相同的量。為了發生此事，必需在切面aa通過的B原子數目應等於：

$$d(\Delta n_B)\frac{l}{2}A \qquad\qquad 14.31$$

其中，$d(\Delta n_B)l/2$是圖14.36中斜線小三角形的面積，而A是試片的橫切面積，此數量應等於$JAdt$，其中J是通量(atoms/s·m²)。因為濃度梯度被假設為線性且等於$\Delta n_B/(l/2)$，故可寫成：

$$d\Delta n_B \cdot l/2 = J \cdot dt = -D \cdot \Delta n_B/(l/2) \cdot dt \qquad \textbf{14.32}$$

其中D是擴散係數。上式再簡化成：

$$\frac{d(\Delta n_B)}{dt} = -\frac{4D(\Delta n_B)}{l^2} \qquad \textbf{14.33}$$

請注意到，Δn_B改變率正比於Δn_B，其意謂Δn_B係隨時間做指數改變，或是：

$$\Delta n_B = \Delta n_{B_0} e^{-(4D/l^2)t}$$

其中Δn_{B_0}是時間零時之濃度差。$l^2/4D$等於鬆弛時間τ，故

$$\Delta n_B = \Delta n_{B_0} e^{-t/\tau} \qquad \textbf{14.34}$$

若假設濃度隨距離做正弦變化，則其會比線性更好。圖14.37顯示此類的變化，其鬆弛時間[43]為$\tau = l^2/\pi^2 D$而非$l^2/4D$。

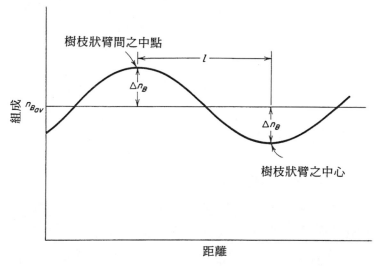

圖**14.37** 核心化金屬試片中假想的正弦濃度曲線

　　如12.3節之所述，鬆弛時間是要使指數函數值下降到原來值之$1/e$所要之時間。對於典型的核心化試片，其樹枝狀臂之間隔約為10^{-4}m或10^{-2}cm。高溫時的擴散係數(參考表12.5)約為10^{-13}m²/s，利用這些數值可得到：

$$\tau = \frac{l^2}{\pi^2 D} = \frac{10^{-8}}{\pi^2 10^{-13}} \approx 10^4 \text{ sec} \approx 3 \text{ hours}$$

此結果明白顯示出，要將較粗之樹枝狀臂結構完全均質化，則需很長的退火時間。

_____

43. Shewmon, P. G., *Transformations in Metals*, p. 41, McGraw-Hill Book Co., New York, 1969.

　　如果只存在單一相，則是否達到完成的均質化並非很重要。但，如果核心偏析產生一第二非平衡相，則就非如此。尤其對於許多析出硬化合金就是如此。例如，考慮含4％Cu之鋁合金，若在固化時維持平衡，則其將變成均質的固溶體。實際上，平衡是永遠不能達到的，金屬變成很嚴重的核心偏析。圖14.38顯示鋁銅相圖中富鋁的一邊。在固化時，合金固體之平均組成將沿著bc線(例如)變化。c點位於共晶等溫線上，當合金冷卻到此溫度時，其仍是固體混合物，及少量液體位於樹枝狀臂之間。此液體具有共晶之組成，且將固化形成包括α及θ相的共晶物。共晶物的量可由14.27式算出，有時候，在共晶物形成且初生相(α相)爲廣泛分佈，間隔很近的樹枝狀臂時，共晶物中之α相會較優地形成於初生樹枝狀臂上。此將使得僅有第二相(θ)能被看到，這種共晶物被稱爲分離型共晶(divorced eutectic)。

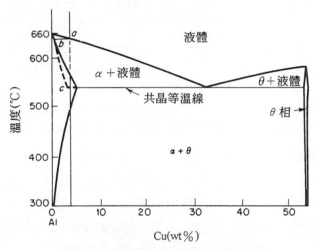

圖14.38　共晶合金系統中的核心偏析

　　在任何情況下，析出硬化合金(如4％Cu之鋁合金)均會因核心偏析而發展出二相結構，這是不利的，其原因有數種，第一，在析出硬化處理時，其捕獲大部份的硬化劑(Cu)而不利於硬化金屬。第二，析出物對於金屬的延展性有害，此將在第二十一章破裂中討論。將這種核心化的析出硬化合金均質化將增加其強度，也增加其延展性。其可由圖14.39中明白顯示出。圖中，商用鋁合金之抗拉及降伏強度，以及伸長率均是第二相體積比的函數。

　　目前已花了很多心血，企圖發展出減小樹枝狀臂之間隔的鑄造技術。因爲均質化之鬆弛時間隨樹枝狀臂間隔的平方而改變。樹枝狀臂愈靠近，愈容易利用均質化處理去除第二相。去除析出硬化合金之第二相所獲得的好處可由圖14.39明白看出。決定樹枝狀臂間隔的最重要因素是冷卻速率。非常快速的冷

卻可產生數微米大小的樹枝狀臂之間隔。對於大部份的合金，樹枝狀臂間隔
(DAS)與冷卻速率(ε)之間的關係[44]是：

$$DAS = k\varepsilon^{-n} \qquad\qquad 14.35$$

其中，k是常數，而n是在1/3到1/2的範圍。減少均質化所需之時間的另一個因
素，此處無法討論。關於他們的資料可參考幾篇論文[45,46]。

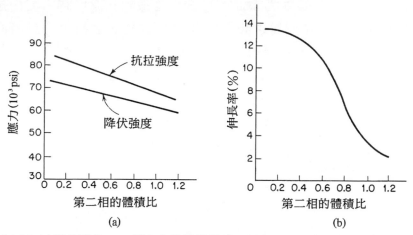

圖14.39 (a)時效硬化7075鋁合金的抗拉強度及降伏應力，是第二相體積比的函
數。(b)時效硬化7075鋁合金的伸長率是第二相體積比的函數

　　對於均質化之間距，最後應提到，要小心選擇均質化退火的溫度。如果僅
加熱到平衡圖之固相線的下面，會發生金屬的部份溶解現象。核心偏析一般會
使部份結構在低於平衡時完全固化之溫度時凝固。若金屬重新加熱到固相線下
面，則部份結構將溶解。在某些情況，由於這個原因會使金屬物品發生嚴重的
損壞。

14.18　反偏析
(Inverse Segregation)

　　在鑄錠之柱狀區的樹枝狀固化有時候會產生被稱為反偏析(inverse
segregation)的現象。對於正常固化之鑄錠，其中心及上面部份(最後固化)所含
有的溶質多於外面的部份(首先固化)。但在某些合金中，其樹枝狀臂間之空隙
在被填滿之前，其樹枝狀臂本身已伸展相當遠。在適當的條件下，樹枝狀臂間

44. Flemings, M. C., *Solidification Processing*, p. 148, McGraw-Hill, New York, 1974.
45. Singh, S. N., and Flemings, M.C., *TMS-AIME*, **245** 1803, 1811 (1969).
46. Bower, T. F., Singh, S. N., and Flemings, M. C., *Met. Trans.*, **1** 191 (1970).

之孔道係一路徑，可讓液體由鑄件之中心回到表面。此現象可被下述之事實所助長；在固化進行時，鑄件整體會由模壁陷縮造成一股吸力，使液體流向表面。其他重要之因素是內部壓力及液體中之對流。前者係鑄錠固化時氣體釋出所造成。發生於錫青銅(銅錫合金)中之"錫汗珠"是一個例子。當液體含有相當大濃度之溶解氫時，其會在凝固快結束時釋放出，迫使富錫之液體由樹枝狀臂間之孔洞流到表面，而在黃青銅顏色之表面上鍍上一層白色合金(含約25%Sn)。

14.19　孔隙(Porosity)

　　除了鑄件各處之不等的冷卻速度所造成的縮裂之外，引起鑄件之孔隙另有二個基本的原因：固化時氣體之釋放及固化時體積之收縮。

　　氣體不同於其他之雜質，他們在金屬中的溶解度極受壓力的影響，與金屬接觸之氣體許多是雙原子的，如O_2、N_2、H_2等，在小的溶解度時，壓力與雙原子氣體之溶解度間有一簡單的關係，被稱為Sievert定律：

$$c_g = k\sqrt{p} \qquad \textbf{14.36}$$

上式中，c_g是氣體的溶解度，p是氣體壓力，而k是常數。圖14.40顯示氫溶於純鎂中的一些實驗的數據。純鎂的熔點是650℃(923K)。請注意到，在熔點以上或以下的數據均呈直線(以c_g對$sqrtp$劃圖)。其意指氫在液態及固態鎂中的溶解均符合Sievert定律。

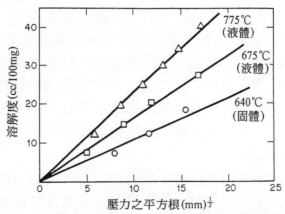

圖14.40 氫在液態及固態鎂的溶解度，其是氫之分壓的函數(Koene, J., and Metcalfe,A.G., Trans. ASM, 51 1072[1959].)

　　氣體在金屬中的溶解度也是溫度的函數，而且，大部份金屬其溶解度隨溫度上升而迅速增加。若最大之溶解度是小的，則通常可將定壓下氣體在金屬中的平衡濃度表示成指數之函數(如碳在鐵中之溶解度的型式)：

$$c_g = Be^{-Q/RT}$$
14.37

上式中，c_g是氣體在金屬中的濃度，乃是常數，Q是將一莫耳氣體原子列入金屬中所需的功，而R及T具有通常之意義。

　　圖14.41顯示氫在大氣壓下在銅內的溶解度，其是溫度的函數。此曲線顯示溶解度不僅隨溫度之上升而迅速增加，而且，在1083℃金屬間液體轉變成固體時溶解度大大減小。

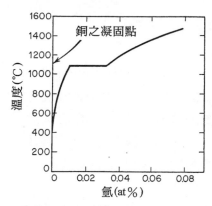

圖14.41 一大氣壓下氫在銅內的溶解度(From Constitution of Binary Alloys,by Hansen, M., and Anderko, K. Copyright, 1958. McGraw-Hill Book Co., Inc., New York, p.587. Used by permission.)

　　茲考慮這些因素對固化過程之關係。大部份之情形中，當金屬固化時，氣體之溶解度大量減少。因此，氣體溶質在固化時會發生偏析，如其他溶質一樣之方式，偏析意指液體之氣體濃度會局部增加。在氣體濃度大於平衡濃度(飽和值)之區域會產生氣泡。但氣泡之均質凝粒需要高度之過飽和，其理由如固體晶體在液體中凝核一樣。在此二種情況中，在舊相與新相之間會形成具有表面能之界面。結果，氣泡通常是非均質地形成，而且，在大部份情況，凝核中心係位於液固之界面上。界面之凝核也因氣體溶質累積於一般界面及樹枝狀臂間(偏析效應所造成)而增加。

　　氣泡形成之一非常重要因素是液體的局部壓力。如前所述，氣體在液體中的平衡濃度決定於壓力。在一具有一給予量之吸收氣體的金屬中，氣泡凝核會因壓力下降而提高，而因壓力增加而被抑阻。因此，若液體金屬在足夠高之壓力下固化，則氣體產生會被阻止。在此方面，在模鑄造中，在非常高壓下液體金屬被強迫進入鋼模而形成準確尺寸公差的金屬小元件，這種鑄造方法可消除氣體孔隙。另一方面，當金屬固化引起收縮時，通常會發生液體壓力的下降。此種情形可發生於，鑄件全部外表面固化時其裡面之液體的壓力會下降，類似之效應亦發生於,複雜鑄件之局部區域,其中小量之液體會被固體所包圍而造成壓力下降。在此二情形中,可能會發展出真空。而且,將促進氣泡的凝核。

氣泡之形成是凝核與生長之現象,其類似於前面所述之其他凝核與生長之現象。尤其,如上所述,界面之形成使其難以凝結氣泡。但,一旦氣泡已形成且長到大於臨界半徑之大小,則其生長就非常容易。此可由下面顯示出。液體中之氣泡類似於肥皂泡,但其含有隔開氣相與液相的單一液氣界面,故可寫出:

$$p_g - p_l = \frac{2\gamma}{r} \qquad \textbf{14.38}$$

上式中,γ 是表面能(dyne/cm),p_g是氣泡內之壓力(dyne/cm²),p_l是液體之壓力(dyne/cm²),而r是氣泡之曲率半徑(cm)。當氣泡長大時,其曲率半徑變大。結果,使得氣泡內壓與液體壓力之差減小。依Sievert定律,其意謂,當氣泡長大時其能與氣體原子濃度減小之周遭液體達成平衡。當氣泡吸收愈多之氣體原子時,其周圍液體會發展出溶質濃度之梯度,而助長了氣泡的繼續生長。濃度向氣泡方向減小會引起氣體原子由液體擴散到氣泡處。

固化時氣泡之形成對最後固體金屬之結構的影響決定於,氣泡是否被固體結構捕獲,及捕獲空孔的形狀。迅速生長的氣泡傾向於使自己脫離界面的上升到鑄件之上表面。若此上表面已固化,則鑄錠之頂部會形成大空孔。若上表面尚未固化,則氣體會消失。一般上,因為在鑄錠頂端形成之氣泡係在較小的壓力下生長,故他們較大且易於逃離。此現象原被來自較深處之氣泡的掃掠行為所助長。

當生長率很低時,氣泡會被周圍形成之固體所捕捉。在此情況下,形成於固體中之孔約呈球形,一般被稱為呼吸孔(blowhole),請參看圖14.42(a)。在某些情況,呼吸孔對於金屬之性質並不特別有害。若呼吸孔形成於表面底下相當距離之處,且金屬受到高度的熱加工,則呼吸孔就無大害。因為表面深處之孔隙,其內表面不會與空氣中之氧接觸而被氧化。若呼吸孔之表面未被氧化,則在熱壓之極大壓力下將呼吸孔壓破而使孔之表面銲接在一起。若接合成功,則呼吸孔被消除,而殘留之氣體重新被固態金屬吸收。反之,若接合未成功,則會形成狹長缺陷,其被稱為接縫(seam)。

蟲蛀孔隙是另一形成於鑄件中的孔缺陷。當氣體以中等速度產生,氣泡長度之生長速度相同於液固界面之移動速度時,就產生長管狀之孔隙。圖14.42(b)顯示蟲蛀孔隙,可看到:孔係往熱流方向延長。蟲蛀孔隙易於非金屬鑄錠中看到；在商用冰室中由含有溶解空氣之水凝固成大塊之冰時，其中央略白之區域通常是蟲蛀孔隙。

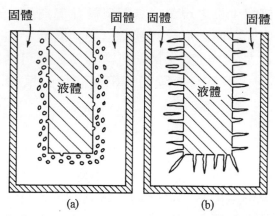

圖14.42 二種形式的氣孔：(a)呼吸孔及(b)蟲蛀孔，它們與微細之樹枝狀孔隙比起來係屬巨大的孔

　　當結合收縮效應及氣體釋放，孔隙會愈小且形狀愈不規則。因此，完全被固體包圍的液體金屬之區域中，會發展出孔隙，且多多少少平行於樹枝狀臂之方向。若孔隙主要是由收縮所形成，則其數目就非常多，且其截面非常小。另一方面，若在孔隙形成時氣體釋出，則孔隙較大且較小。

　　收縮效應會單獨造成另一形式的樹枝狀間孔隙。固化時形成樹枝狀，在樹枝狀臂間會形成小孔道的網路。當液體在網路終端(樹枝之根部)固化時，收縮發生，其吸引液體，若孔道狹長(在樹枝狀結構完全發展時之情況)，液體之流動受到限制，則在樹枝狀臂之根部附近會形成孔隙。

　　考慮氣體放出之主題時，應注意到，受控的氣體放出有時被有效地利用。因此，在此國家所製造的非常大比例的鋼，是在其含有相當多但受控制的氣體時，被倒入鑄成鋼錠。此氣體含量被調整，使得鑄錠凝固時，呼吸孔可被金屬捕獲以補償金屬固化時的收縮。在隨後的製造步驟(熱滾軋)中，呼吸孔可被消除，如前所述。此種型式的鑄錠鑄造大大簡化了大鋼錠之鑄造所伴隨的問題，此被稱為淨面(rimming)。淨面係液態鋼中之高濃度的氧與鋼中之碳結合形成一氧化碳，後者可形成呼吸孔。若鋼中有大量之氧，則其產品會有相當高濃度的氧化物、矽酸物，及類似顆粒。在許多情形中，鋼中的非金屬夾雜物並非特別有害。但，對鋼的要求愈高，非金屬夾雜物對鋼之性質就愈有害處。因此，對於高應力機械用鋼不容許高濃度。另外，含碳量大於0.3％的鋼，很難在滾軋過程接合其呼吸孔，故高品質鋼及含碳量大於0.3％的鋼在鑄造之前，通常要脫氧。這些脫氧鋼在固化時不會有氣體放出，故被稱為淨靜(killed)。淨靜鋼錠最主要要避免的是沿鑄件中心軸形成大收縮孔，後者被稱為縮管(pipe)。正確設計的淨靜鋼錠模必需在固化過程中，能將液體金體導入鑄件之中心區域。此可在鑄件之關鍵位置設置冒口(液態金屬儲藏處)或熱頂(hot tops)。這種方法得到之鑄錠較貴，因為其模子較複雜且成本較高。

14.20　共晶凝固(Eutectic Freezing)

對於具有平面界面之純金屬，在過冷ΔT固化時，其自由能之減少量如14.18式之所示，後者顯示能量之減少與過冷度成線性變化。對於共晶液體之固化，其體積自由能之改變也有類似之方程式。在此情況中，固化時生成二相α及β。其總自由能的改變不只包括體積自由能的改變，也包括二相間的表面能量。因此需要額外的能量消耗。對於一簡單的"板似"層狀共晶物，其邊界面積正比於$2/\lambda$每m^3。其中，λ是共晶物間隔；參看圖14.43。每莫耳的自由能增加量是$2\gamma_{\alpha\beta}V_m/\lambda$，其中，$\gamma_{\alpha\beta}$是$\alpha$-$\beta$界面之表面能，$V_m$是共晶物的莫耳體積。形成固體所需的此額外的自由能需要一額外的固化驅動化。因此，層狀共晶之固化無法發生於平衡凝固溫度T_e。要使固化發生，液體要被冷卻到T_e以下。因此，對一給定層間間隔λ，固化之自由能改變是：

$$\Delta G(\lambda) = -\Delta G(\lambda_\infty) + 2\gamma_{\alpha\beta}V_m/\lambda \qquad 14.39$$

上式中，$\Delta G(\lambda_\infty)$是體積自由能變量，其λ非常大故可忽略界面能。當然，$\Delta G(\lambda_\infty)$是過冷量ΔT_o的函數，可近似表示成：

$$\Delta G(\lambda_\infty) = \Delta H \Delta T_o/T_e \qquad 14.40$$

其中，ΔH是焓變量，ΔT_o是過冷量，而T_e是平衡凝固溫度。故可得，

$$\Delta G(\lambda) = -\Delta H \Delta T_0/T_e + 2\gamma_{\alpha\beta}V_m/\lambda \qquad 14.41$$

將$\Delta G(\lambda)$設為零，解入得：

$$\lambda_{min} = 2\gamma_{\alpha\beta}V_m T_e/\Delta H \Delta T_0 \qquad 14.42$$

上式中，λ_{min}表示可達到的最小層間間隔。對一給定過冷量ΔT_o，若間隔大於λ_{min}，則產生負的自由能變量$\Delta G(\lambda)$。若$\lambda < \lambda_{min}$，則造成正的自由能變量。對於後者，無法發生固化，故理論上λ不能小於λ_{min}。利用14.42式，$\Delta H \Delta T_o/T_e = 2\gamma_{\alpha\beta}V_m/\lambda_{min}$，故可寫下：

$$\Delta G(\lambda) = -\frac{2\gamma_{\alpha\beta}V_m}{\lambda_{min}}\left(1 - \frac{\lambda_{min}}{\lambda}\right)$$

或是

$$\Delta G(\lambda) = -\frac{\Delta H \Delta T_o}{T_e}\left(1 - \frac{\lambda_{min}}{\lambda}\right) = -\Delta G(\lambda_\infty)\left\{1 - \frac{\lambda_{min}}{\lambda}\right\} \qquad 14.43$$

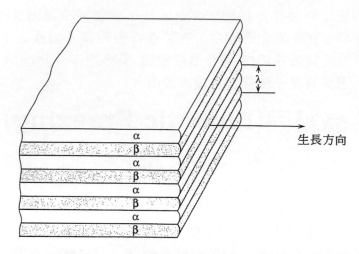

圖**14.43** 簡單的板似層狀共晶物，具有 λ 的臂間間隔

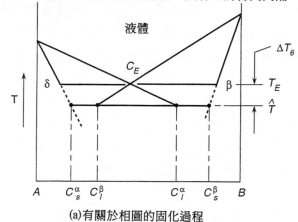

(a)有關於相圖的固化過程

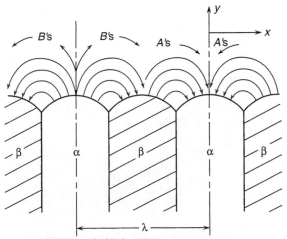

(b)前進的 β 板排出A原子，而 α 板排出B原子

圖**14.44** 有關於偶合層狀共晶物固化的因素

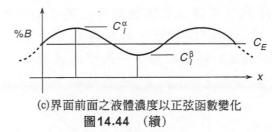

(c)界面前面之液體濃度以正弦函數變化
圖14.44　（續）

如圖14.44之所示，當一偶合層狀共晶物形成時，界面前面之液體的濃度呈正弦函數變化。當 $\lambda = \lambda_{min}$ 時，對於壹給定 ΔT_o，$\Delta G(\lambda) = 0$。因此，若 $\lambda = \lambda_{min}$，則固化過程將無限慢，而且，α 及 β 前面之液體的溶質濃度差 $(C = C_1^{\alpha} - C_1^{\beta})$ 將變得很小。換言之，液固界面之所有液體其溶質濃度均會相同，且等於共晶組成 C_e。另一方面，當 $\lambda = \lambda_{\infty}$ 時，$\Delta G(\lambda)$ 是最大，而且濃度差 ΔC_1 也會最大。依此而論，可假定 $\Delta C_1 \propto \Delta G(\lambda)$ 及，

$$\Delta C_1 = \Delta C_{1_{max}}\left(1 - \frac{\lambda_{min}}{\lambda}\right)$$ **14.44**

一般相信，共晶之生長受控於二相共晶固體前面之液體中的溶質的擴散。此主要係依據下述之假設：液體與 α 及 β 相之間的界面是非常容易移動的。若固體的生長 R 依賴溶質之擴散，則其應正比於 $D \cdot dc/dl$，其中，D 是液體擴散係數，而 dc/dl 是液體中溶質的有效濃度梯度。此問題是複雜的，但亦可得到生長過程的合理模型，其係藉下列之簡化式：

$$R = kD \cdot \Delta C_1/\lambda$$ **14.45**

其中，R 是生長速率，k 是比例常數，D 是平均擴散係數，ΔC_1 是 α 與 β 前面之濃度差，而 λ 是層間間隔如圖14.44所界定者。將14.44式之 ΔC_1 代入14.45式中，且由14.42式，$\lambda_{min} = B/\Delta T_o$，其中 $B = 2\gamma_{\alpha\beta}V_mT_e/\Delta H$，則可得到：

$$R = kD \cdot \Delta C_{1_{max}}(1 - B/\lambda\Delta T_o)/\lambda$$ **14.46**

對於此式，ΔC_1 之估算可將 α 及 β 之液相線外插到共晶溫度以下而得，如圖14.44(a)之所示。依據此圖，可假定 $\Delta C_1 = k_1\Delta T_o$，其中，$k_1$ 是比例常數。將此代入14.46式中，可得：

$$R = \frac{\Delta T_o}{A\lambda}\left\{1 - \frac{B}{\lambda\Delta T_o}\right\}$$ **14.47**

上式中，$A = 1/kk_1D$。對過冷量 ΔT_o 求解，得到：

$$\Delta T_o = AR\lambda + \frac{B}{\lambda}$$ **14.48**

方程式14.48包括三個變數：ΔT_o、λ，及 R，但只有二個是獨立的。故其解尚

需另一個條件。此問題之處理係假設幾個生長速率R的值，然後劃ΔT_o對λ的曲線，如圖14.45之所示。請注意到，各曲線均有一極小值。此外，實驗數據一般暗示著：共晶生長速率傾向於尋求一最小的過冷量。

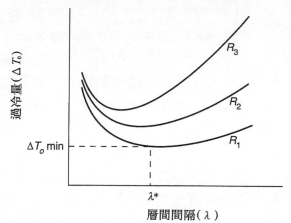

圖14.45 三種不同生長速率R之下冷卻量ΔT_o對層間間隔(λ)的曲線

茲假定生長係發生於最小冷卻量之情形，則$d(\Delta T_o)/d\lambda = 0$，且由14.48式，設$R$為常數，則可得：

$$\frac{d\Delta T_o}{d\lambda} = AR - \frac{B}{\lambda^2} = 0 \qquad \textbf{14.49}$$

或是 $\lambda = (B/AR)^{1/2}$ $\qquad \textbf{14.50}$

將上式之λ代入14.48式中，則可得：

$$\Delta T_o = 2(ABR)^{1/2} \qquad \textbf{14.51}$$

式14.50及14.51是重要的，因為他們預測(1)共晶物之層間間隔隨生長率之平方根成反變；及(2)過冷量隨生長率之平方根成正變。實驗對這些預測的支持被顯示於圖14.46及14.47上。圖14.46係來自Flemings[47]，其顯示λ對$R^{-1/2}$成線性關係，並且使用了幾處來源的錫鉛的實驗數據。另一方面，來自Hunt及Chilton[48]的圖14.47也依據鉛錫的數據，並且顯示ΔT_o隨$R^{1/2}$成正變的一個例子。

47. Flemings, M. C., *Solidification Processing*, p. 101, McGraw-Hill, New York, 1974.
48. Hunt, J. D., and Chilton, J. R., *J. Inst. Metals*, **92** 21 (1963–64).

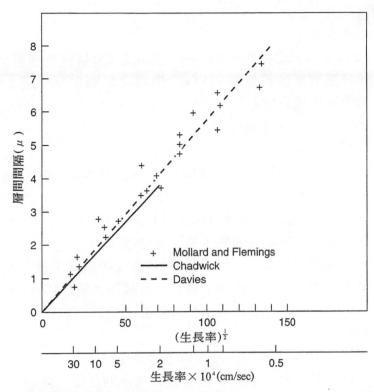

圖**14.46** 層間間隔是生長率的函數；錫鉛複合物，Chadwick及Davies的結果係
對共晶組成。Mollard及Flemings的點係對共晶外之合金(From
Flemimgs, M.C., Solidification Processing, p.101, McGraw-Hill, New
York.)

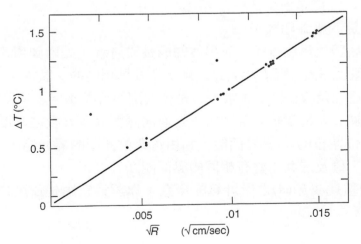

圖**14.47** 錫鉛共晶物之界面的過冷量[From Hunt, J.D., and Chilton, J.R., J.Inst.
Metals, 92 21(1963-64).]

問題十四

14.1 (a)設0.100kg的液態銅被過冷250k，其可絕熱地(沒有熱量散失到周圍)凝核與固化。計算直到溫度再燒到1356k之熔點時會固化多少銅？固態與液態銅在有溫度範圍內之比熱分別是：

$$C_{p_s} = 22.64 + 5.86 \times 10^{-3}T, \text{J/K·mol}$$
$$C_{p_l} = 31.4, \text{J/K·mol}$$

其中T是溫度(K)。銅之溶解熱是13.20kJ/mol，其莫耳重是0.0635kg/mol。

(b)為了絕熱固化全部的樣品，則需多少過冷量？

14.2 (a)考慮面心立方晶體結構及(100)、(110)及(111)等面。依據各面之密堆積程度，在固化時，請排出各面之生長速度的順序。

(b)亦請對體心立方晶格之(100)、(110)及(111)各面排出其生長速度的順序。

14.3 樹枝狀臂間隔(DAS)決定於冷卻率ε，其關係式為DAS$= k\varepsilon^{-n}$，對於Al-4.9%Cu合金，其DAS在冷卻率0.1及60K/s時分別是100及10μm。

(a)決定合金之k及n。

(b)將臂間隔減少到1.0μm，則所需冷卻率是多少？

(c)熔融液旋轉及粉末霧化是二個用來得到快速冷卻的技術，試簡要描述之。

14.4 Al-5%Cu鑄錠被單一方向固化，其條件是：在固體中沒有擴散，在液體中有完全的擴散，界面處呈局部平衡，故Scheil方程式成立。

(a)試計算鑄錠在50%固體時其液體之組成及固體的平均組成各多少？

(b)於此時界面之溫度是多少？

(c)劃固化之鑄錠的組織輪廓。

14.5 某些共晶體生長成棒狀，而另外的成長成層狀，如附圖所示。若一共晶體其α相之重量比是f_α，而β相是f_β，且α及β具相同的。試求：

(a)棒共晶之f_α隨λ及r_α變化之函數，λ是棒間隔而r_α是α棒之半徑。

(b)層共晶之f_α隨λ及S_α變化之函數，λ是層間隔而S_α是α板之厚度。

(c)各共晶每單位體積的α/β界面能，利用每單位面積的界面能。

(d)在多少f_α時？棒及層共晶會有相同的界面能？

(e)對於α之體積比少於(d)之所計算的合金，你認為它應是什麼形狀的共晶結構？試證明之。

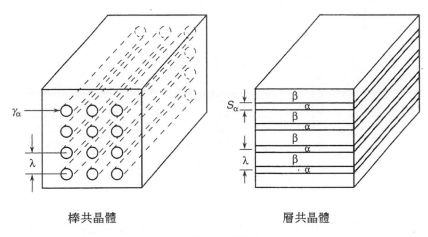

棒共晶體　　　　　　　　　　　層共晶體

問題14.5附圖

14.6　若含2wt％Al的鎳合金被鑄造，其樹枝狀臂間隔是50μ，且臂之中心與二臂間中點的組成差時1％。計算是1400℃做均質化退火，且將組成差減少到原值的十分之一所需要的時間？注意：參考表12.5。

14.7　在析出硬化合金中，核心偏析經常在樹枝狀臂間產生共晶的析出，對於Al-Cu合金，Singh及Flemings[49]已假設此共晶體是分離的(只含θ相)，且已推出一方程式，用來描述均質化的動力學，其類似於課文中對核心化固溶體合金的均質化所做的討論。此應用於接近固溶線的溶解處理的方程式是：

$$g = g_o e^{-\pi^2 Dt/4l_0^2}$$

其中，g是在時間t時θ相的體積比，g_o是在時間為零時θ相的體積比，D是擴散係數，而l_0是樹枝狀臂間隔的一半，如附圖所示(注意：析出物內部之濃度是常數，因其等於θ相的濃度。在α相內，銅之濃度被假設隨距離做正弦變化，而且，在樹枝狀體之中心為最小)。

(a)若D在退火溫度時是$10^{-14}m^2/s$，且θ相原來之體積比是1.0％，試計算在樹枝狀臂間隔為100μ之情形下，要得到0.01％的積體比，需要多少溶解時間？

(b)若樹枝狀臂間隔為10μ，則所需時間為多少？

49. Singh, S. N., and Flemings, M. C., *TMS-AIME*, **245** 1803 (1969).

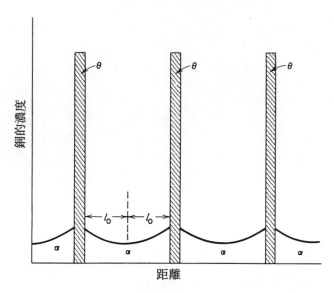

問題**14.7**附圖

14.8　在溶解某些銅合金時要小心，以避免由爐氣中或是由水蒸汽之反應產物中吸收氫氣。氫氣在固化時放出來會造成沒有價值的多孔結構。試計算10cc的銅在一大氣壓之氫氣中熔煉，當其固化時所釋出的氫氣體積是多少？銅之原子體積是7.09cm³/克原子。設可利用理想氣體定律，並請參考14.41圖。

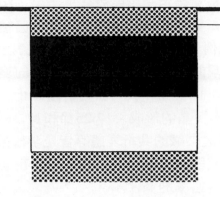

第十五章
孕核與成長動力學
(Nucleation and Growth Kinetics)

　　金屬系統之結構改變經常藉由孕核與成長來產生，相變化既屬三態之一，而在一單相內的結構也只產生簡單的重新排列。前面已經討論過許多例子，而後面幾章中將再探討其他例子。在5.2節中已討論有關差排孕核的問題。廣義來說，在應變期間，差排環的孕核與成長也代表結構的變化。在8.13節探討了再結晶期間的孕核與成長；16.3節和16.4節的析出硬化；14.2節和14.3節的固化；17.4節和17.6節中變形雙晶的形成；17.25節和17.26節的麻田散鐵變態；18.3節和18.4節在鋼中形成波來鐵的共析變態等皆是孕核與成長的例子。

　　因為冶金轉換深受孕核與成長過程的影響，因此在本章中將詳細探討控制核形成，形成的速率及成長速率的條件。

15.1　從氣相中形成液體的孕核 (Nucleation of a Liquid From the Vapor)

　　吾人可考慮的最簡單情況是在氣相中形成液滴。有許多理由說明為何如此。在一般孕核過程中，一個小的新相在另一相中產生。隨之發生的是在此兩相間形成邊界。當新形成顆粒還很小且含很少的原子時，通常很難定義此邊界的本質。幸運地，當顆粒相當小時，控制核形成的條件對這些顆粒的性質並不會很敏感。當顆粒大於所謂臨界顆粒尺寸時才會穩定，小於臨界尺寸就不穩定。小於此臨界尺寸的顆粒稱為胚(embryo)，而大於它的叫做核(nuclei)。當胚成長到接近臨界尺寸時，我們通常可以將顆粒以巨觀方式處理。因此，在此我們可能經常忽略伴隨著這一群很少原子所衍生的複雜性，而從簡單的巨觀觀點來探討孕核問題。值得注意的是，從氣體或液體中形成固體結晶核要比從氣體中形成液滴複雜得多。固體結晶核成長時與顆粒形狀有關。晶體的表面能是其表面方位的函數，具最小表面自由能的晶核有複雜的形狀。因此，晶核成長過程比液滴成長過程複雜得多。在固體，其原子必須要配合固定的晶格形式。處理原子附著在晶體表面的問題，必須考慮這個事實，而且當晶體在很低的驅動力下成長時，其成長是靠原子一層一層的加在晶體表面來進行。

　　探討液體從氣相中孕核的另一個簡化因素也可以應用在晶體，由氣相或液相中孕核，此因素即孕核過程不牽涉到應變能。在固體和固體間的反應，新形成的相常無法與圍繞它的基地吻合，其結果使得核和基地都發生應變。

　　最後，關於氣-液間轉換，氣相本身可用一簡單方式模式化，就是應用理想氣體的觀念和氣體碰撞的運動理論。

　　液滴在氣相中的孕核在此將不會詳細探討。但是，我們將介紹基本原理和主要結果。若要做更深入的研究，讀者可參考一本有關變態的標準教科書[1]。

　　液滴在氣相中形成的方式有兩種。它可以在氣相中一個外來小粒子(如一灰塵顆粒)上形成。在這種情況，藉著外來粒子的出現，使液滴的形成變得很容易，此為異質孕核(heterogeneous nucleation)的典型情況。另一方面，液滴也可以因氣相的原子或分子的濃度變動而形成，此為均質孕核(homogeneous nucleation)。

　　均質孕核通常很難獲得。例如，液體凝固形成固體也是包含孕核與成長。因此非均質孕核與其說是例外，倒不如說是慣例。固體的核在模壁或液體本身的不純物粒子上形成。所以，很純的水不會均質地凝固而是過冷到$-40℃$(233K)等級的溫度才凝固。

　　均質孕核很難獲得是因為當第二相顆粒形成時，顆粒和基地相間產生一表面。如此需正的能量以及相對伴隨著顆粒體積產生時的能量損失。

　　在此，我們可寫出描述液滴形成(如圖15.1所示)的方程式如下：

$$\Delta G = \Delta G_v + \Delta G_\gamma \qquad \textbf{15.1}$$

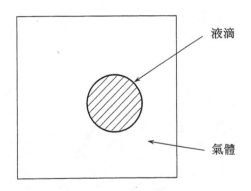

液滴

氣體

圖**15.1**　在氣體上之液滴

式中ΔG是伴隨著液滴形成的自由能，ΔG_v是伴隨著液滴體積的自由能，而ΔG_γ是表面產生時的能量。因為表面能與核的面積有關，而體積能與其體積有關，我們可寫出下列方程式：

$$\Delta G = A_1 r^3 + A_2 r^2 \qquad \textbf{15.2}$$

式中A_1和A_2是常數，而r為液滴半徑。圖15.2為方程式15.2的圖形。在小半徑

　　1. Christian, J. W., *The Theory of Transformation in Metals and Alloys*, Pergamon Press, London, 1965.

時，表面自由能(A_2r^2)大於體積自由能(A_1r^3)，故總能量是正值。因此當情況改變即半徑成長，如此由於大的半徑使得自由能變成負值。半徑r_o稱為臨界半徑(critical radius)。液滴半徑低於此值時，藉著降低其尺寸使得自由能減低，因此半徑小於r_o的液滴傾向於消失。另一方面，液滴半徑大於r_o時，由於半徑尺寸增大也使得自由能減低。因為這個原因，液滴是穩定的而且應該會繼續成長。

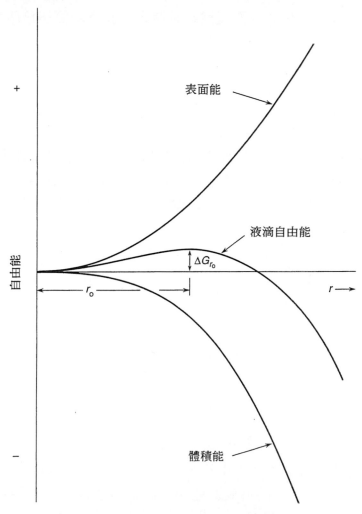

圖15.2 液滴之自由能與其半徑函數關係

均質孕核需要熱變動以產生足以大過r_o尺寸的液滴；否則第二相無法孕核。現在我們也可以將方程式15.2寫成以下的形式：

$$\Delta G = 4/3\pi r^3 \frac{\Delta g^{vl}}{v_l} + 4\pi r^2\gamma \qquad\qquad 15.3$$

　　式中Δg^{vl}是伴隨原子由氣相轉換成液相時，每個原子的化學自由能變化量，v_l是液相中原子的體積，r是液滴的半徑，而γ是比表面自由能(specific surface free energy)。伴隨著圖15.2中最大值處有兩個重要參數。第一個參數是顆粒臨界半徑r_o。將方程式15.3微分並令等於零，同時解r_o即可獲得r_o的關係式如下：

$$r_o = -2\gamma v_l/\Delta g^{vl} \qquad \textbf{15.4}$$

式中代號所代表的意義如前段所述。應注意的是在圖15.2中，Δg^{vl}假設是負的。基於此，r_o將是正值。

　　第二個參數是ΔG_{r_o}。若解方程式15.4中的$\Delta g^{vl}/v_l$並將結果代入方程式15.3中，可得到：

$$\Delta G_{r_o} = 4\pi\gamma r_o^2/3 \qquad \textbf{15.5}$$

式中ΔG_{r_o}是在最大值處核的自由能。

　　方程式15.3也可以用顆粒中原子個數n來改寫，並將n視為獨立變數(即代替顆粒半徑r)。

$$\Delta G_n = \Delta g^{vl}n + \eta\gamma n^{2/3} \qquad \textbf{15.6}$$

式中$n = (4/3)\pi r^3/v_l$，η為形狀因素，若顆粒為球形，則$\eta = (3v_l)^{2/3}$。此方程式中所有項隨著原子個數n變化的情形如圖15.3所示。注意，顆粒的自由能ΔG_n達到一正的最大值後，然後隨之減少最後變成負的。

　　圖15.3中假設氣相是過飽和的。這等於說，假設系統位於圖15.4溫度——壓力圖中的a點處。在此溫度及壓力下，液相是穩定相，且每個原子化學自由能的變化量Δg^{vl}是負的。另一方面，若氣相位於c點，氣相是穩定相且Δg^{vl}是正的，而顆粒的自由能總是正的，且隨著原子個數單獨地增加，如圖15.5所示。因此很明顯的在這種情形下，並沒有使液滴繼續成長而形成大且穩定顆粒的趨勢。但是這並不意味著氣相原子無法聚集在一起而形成非常小的胚的分佈。在氣相時，原子任意的運動造成濃度或密度的局部變動。此種變動可使足夠的原子聚集在一小體積內，而這些原子傾向於排列成具液相特性的結構，而非排列成氣相。這樣的一種變動稱異質相變動(heterophase fluctuation)。這些是胚產生的基本來源。在一穩定相中，如圖15.4中的c點，觀察到含有n個原子的一已知尺寸胚的機率是正比於$e^{-\Delta G/kT}$，此處ΔG_n是伴隨著顆粒形成時自由能的增加量。結果，含有n個原子的顆粒數為，

$$N_n = Ce^{-\Delta G_n/kT} \qquad \textbf{15.7}$$

式中N_n是這些顆粒的個數，ΔG_n是形成一個顆粒所需的自由能，C是隨著n緩慢改變的一個函數，k是波茲曼常數，T為絕對溫度。如果顆粒數遠小於原子總數

N，吾人可取一合理的近似值，可將C假設等於N。因此可得下式

$$N_n = Ne^{-\Delta G_n/kT} \qquad\qquad 15.8$$

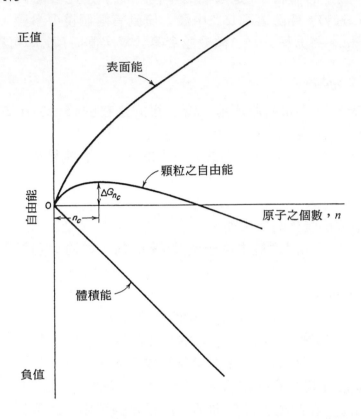

圖15.3 析出顆粒中每個原子之自由能隨顆粒中原子個數變化情形

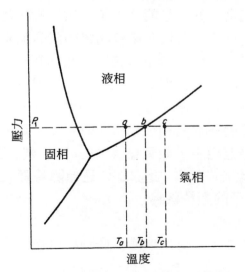

圖15.4 單一成分(溫度-壓力)之相圖

　　現在請注意一下，此式和晶體中空位平衡個數的方程式7.40的相似性。方程式15.8的導出過程和用來獲得空位方程式[2]的方式類似。爲了導出這個方程式，我們必須考慮在氣相和不同尺寸大小的顆粒之間的各原子的混合熵。

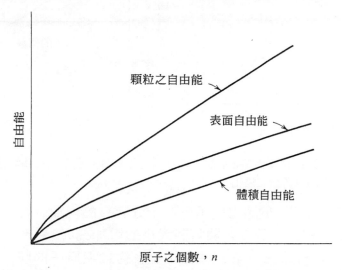

圖**15.5**　相對於圖15.4中c點之溫度和壓力下總表面和體積自由能隨n變化情形

　　現在讓我們來探討當氣相是穩定相時，由方程式15.8所預測的N_n隨n變化情形。爲方便起見，我們考慮氣相和液相非常接近平衡時的情形，因此系統很接近圖15.4中的b點。在這種情況下，由氣相變成液相時每原子的化學自由能變化量是接近於零，因此我們可忽略顆粒的自由能方程式中含$\Delta g''$的那一項，如此則

$$\Delta G_n = \eta \gamma n^{2/3}$$　　　　　　　　　　**15.9**

且

$$N_n = N e^{-\eta \gamma n^{2/3}/kT}$$

後面這個表示式可以將各個參數代入特殊近似值而很容易求得解。以錫爲例做說明。吾人假設表面自由能γ等於0.5焦耳/米^2，沸點是2550°K，而且液態中原子直徑是3埃(埃＝10^{-8}cm)。在此情況，幾何因素η，即$\{(4\pi)^{1/3}(3v_l)^{2/3}\}$，大約是$4.3 \times 10^{-19}$米^2，$\Delta G_n = 2.15 \times 10^{-19} n^{2/3}$焦耳。$\Delta G_n$隨著$n$的相對變化如圖15.6中的左圖所示。右圖是$N_n$隨著$n$變化的情形，在此，假設在系統中原子總數爲一莫耳或大約10^{24}。請注意，右圖是使用半對數座標。但我們可看到，在圖15.6中N_n的變化在圖中所示的區間內超過20個因次。因此要用線性座標系統來表示是非常困難的。

---

2. *Ibid.*

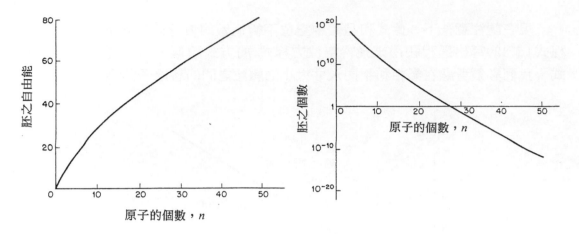

圖15.6 一恰高於金屬沸點之假想金屬蒸氣其每莫耳胚個數和每個胚之自由能
隨胚內原子數之變化

　　基本上圖15.6是定性的，它顯示幾個十分有趣的現象。第一，當胚的尺寸
很小時，其數量非常大。第二，隨著胚大小的增加或n值變大，胚的數量快速
地減少。在圖15.6中的例子，在聚集體中含有約12個原子的胚，其胚數量大約
10^{10}，而含有25個原子的胚大約只有1個。大於這個值的胚其存在的機會小於
1。此圖的重點是在穩定聚集體中，胚能存在於一個寬廣的尺寸範圍內。因
此，這是動態的情況。每個胚都隨著他們加入或失去原子而持續地成長或縮
小。雖然如此，圖15.6的分佈仍意味著是穩定的。此外，我們可以說，並沒有
較大胚成長而形成核的趨勢。

　　現在讓我們考慮圖15.4中相對於a點的過飽和蒸氣。此處系統是介穩狀
態。它想要轉換成液態，但是必須先孕核。基本的問題是要如何像圖15.4對穩
定狀態所描述的那樣，根據顆粒大小來表示其分佈狀況。在此，我們介紹符號
Z_n代表在介穩態中含有n個原子的顆粒數。其意義就如同穩定聚集體中N_n一樣。
吾人知道較大胚必須成長以形成核。此意味著事實上顆粒有一恆定的淨成長速
率。在穩定狀態下，因為任一尺寸大小的胚數都是固定的，因此對同一大小的
胚而言，離開和進入這一等級的胚數是一樣的。在介穩狀態下，對於同一大小
等級的胚而言，在一段時間的範圍內，藉獲得原子而使尺寸增加(成長)的胚數
比因失去原子而使尺寸減少(縮小)的胚數要多。此淨結果是胚穩定的增加，而
其尺寸最後變成核。這意味著N_n隨n變化的關係在此兩種情形中有一基本的差
異，較早的理論是假設在兩者中明一相同的關係式，即

$$Z_n = Ne^{-\Delta G_n/kT} \qquad\qquad\textbf{15.10}$$

對於過飽和蒸氣，ΔG_n隨n變化的關係示於圖15.3。當n大於n_c這個值時顯示ΔG_n會減低，而最後變成負值，此事實意味著只要時間足夠，很大尺寸的顆粒的

數目將趨近無窮大。當然，此說明了整個系統是呈液態。但是，大多數有趣的孕核問題，我們通常是從剛呈過飽和條件的相關始。在目前的情況，此表示蒸氣最初溫度在圖15.4之T_c點然後降到T_a點。這種情形的胚分佈最初是由Volmer和Weber[3]提出，如圖15.7中的實線所示。這條曲線和我們假設ΔG_n(示於圖15.3中)隨著胚大小在臨界尺寸(n_c處)之前的n變化的分佈函數是一樣的。大於n_c這值則假設顆粒迅速的成長，但此已脫離了這個問題的範圍。亦即，當一個臨界尺寸的胚在何時再獲得一個額外原子時，我們就認為一個核形成了。因此，孕核速率正比於臨界尺寸的胚數Z_{n_c}，且蒸氣原子的液化速率和這些胚有關。前者等於$Ne^{-\Delta G_c/kT}$，而後者正比於臨界尺寸之胚的表面積以及一蒸氣原子在每單位面積單位時間液化在這個表面上的機率。因此得

$$I = q_o O_c N e^{-\Delta G_n/kT} \qquad\qquad \textbf{15.11}$$

式中I是每秒產生穩定核的個數，N是在聚集體的原子總數，O_c是臨界胚的面積，q_o是每單位時間單位面積捕獲一蒸氣原子的機率，ΔG_n是伴隨著形成一個臨界尺寸的胚時自由能變化量。q_o可以由氣體動力學理論的碰撞因素$p/(2\pi mkT)^{1/2}$表示，其中p是壓力而m是原子量。

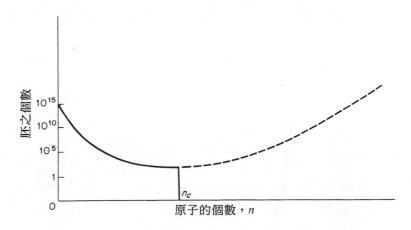

圖15.7　根據Volmer-Weber理論在圖15.4中a點之系統，其胚的個數和胚內原子之個數關係

　　Volmer-Weber理論的基本法則是核形成後就不再須要去考慮核形成以後的事了。當然，已加入核中使核形成的這些原子對其他核的形成，就不再有貢獻了。事實上，這個理論假設不斷的有額外原子加入系統，以補償離開系統的原子。因此這型的理論稱為似一穩定狀態(guasi-steady state)理論。當核數小於原子總數時，這類理論與實驗條件十分相合。

3. Volmer, M., and Weber, A., *Z. Phys. Chem.*, **119** 227 (1926).

15.2 Becker-Döring理論(The Becker-Döring Theory)

　　Volmer-Weber理論是前面所做的討論的基礎，它假設臨界尺寸的核一旦獲得額外原子時，即可成長爲穩定的核。這個假設並不十分正確。一個或甚至數個原子進入臨界核，一定使核變得更穩定。但是此穩定性的增加是很小的。這是因爲在n_c處，自由能達到最大值，同時$d\Delta G_n/dn$通過零。因此，一個核成長到稍大於臨界尺寸與收縮到變得較小的機會幾乎是相等。對於它們二人的孕核理論，Becker和Döring也承認這個事實。它們同時也假設在似穩定狀態，每一種大小的胚數都保持固定，雖然個別的胚也許會成長或收縮。Volmer-Weber理論假設對於很小的胚，含有一定原子的胚數——分佈函數Z_n，等於此理論所預測的胚數，但對於非常大的胚，Z_n假設趨近於零。雖然如此，不同於Volmer-Weber理論，Becker-Döring理論並不假設稍大於n_c時Z_n趨近於零。圖15.8用一簡單圖形說明此兩種理論有關Z_n之假設的差異。最後，有關於Z_n，Becker-Döring理論[4]並不要求在核群界尺寸附近的分佈函數做一正確的說明。

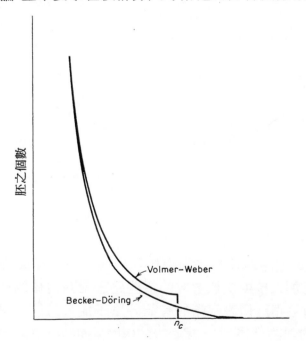

圖**15.8**　Becker-Döring和Volmer-Weber分佈函數之定性比較

---

4. Becker, R., and Döring, W., *Ann. Phys.*, **24** 719 (1935).

　　Becker-Doring理論假設孕核速率必須等於含有n個原子的胚成長爲含有$n+1$個原子的胚之速率，與含有$n+1$個原子的胚收縮成含有n個原子的胚之速率的差。如此即假設Z_n與時間無關。我們可將此關係式表成以下的式子。

$$I = i_{n \to n+1} - i_{n+1 \to n} \tag{15.12}$$

式中I是每米立方每秒形成的核數，$i_{n \to n+1}$是尺寸爲n的胚轉換成尺寸爲$n+1$的胚的速率，$i_{n+1 \to n}$則是前述相反的速率。對於在蒸氣中孕核的液體而言，此關係式可寫成

$$I = q_o O_n Z_n - q_{n+1} O_{n+1} Z_{n+1} \tag{15.13}$$

式中Z_n是含有n個原子的胚數，q_n是每米平方每秒一個原子由氣相躍入液相的機率，O_n是含有n個原子的液滴的表面積，而相對的符號具下標$n+1$者是表示和含有$n+1$個原子的胚有關。應注意的是q_o可假設和n無關，因爲一個蒸氣原子進入液滴的機會，幾乎和液滴的自由能無關，但是一個原子離開液滴回到氣相中就不是這樣了。在這種情形，原子由胚出來的流通量，和液滴自由能以及液滴尺寸大小皆有關。如圖15.2所示，在胚中的一個原子的自由能隨著顆粒尺寸大小的增加而變得更正。這個意思是說原子從一個胚的單位面積上蒸發的速率，將隨著胚的變大而增加。對於含有任何原子數的胚，都可寫出類似於上式的方程式，例如

$$I = q_o O_{n+1} Z_{n+1} - q_{n+2} O_{n+2} Z_{n+2} \tag{15.14}$$

因此很明顯的，將會有一組龐大的有關方程式。藉著適當的假設[5]，可以由這些關係式解得下面孕核速率的表示式，

$$I = \frac{q_o O_c N}{n_c} \left(\frac{\Delta G_{n_c}}{3 \pi k T} \right)^{1/2} e^{-\Delta G_{n_c}/kT} \tag{15.15}$$

式中下標c是表示在胚臨界尺寸時測得的量。應注意的是上式和上一節所給的Volmer-Weber方程式的差異僅是指數的係數項

$$\frac{1}{n_c} \left(\frac{\Delta G_{n_c}}{3 \pi k T} \right)^{1/2}$$

在下一節中將證明凝固的情形，ΔG_n大約是隨著過冷度ΔT的平方而改變，ΔT是轉換溫度與平衡或凝固溫度間的溫差。因素T也出現在上式的分母中。雖然如此，在孕核問題所探討的溫度範圍內，指數的係數隨溫度變化的程度遠小於指數項的變化。此外，孕核速率的實驗數據的精確度並不是很高。因此，基本的Volmer-Weber關係式仍然可以被考慮用來表示孕核速率。Becker-Doring理論的主要好處，是它基於滿足物理定律來處理孕核問題。

---

5. Christian, J. W., *Op. Cit.*

15.3　凝固(Freezing)

現在讓我們探討純金屬的凝固。如果要嚴密的來處理這問題，則必須考慮胚和核的形狀，以及伴隨著原子附著在固體表面的種種問題，這些因素很明顯地並不會強烈影響孕核的速率。因此，我們可以做一個合理的近似假設，即固態胚設為一簡單球形，且原子附著在顆粒表面的所有點上。在這種情形下，孕核速率應和臨界核數N_n以及原子附著到胚的速率有關。與氣-液反應類似，第一個量為$Ne^{-\Delta G_n/kT}$，N是在聚集體中原子的總數，ΔG_n是伴隨著一臨界核形成時自由能的變化量。原子跨越固體和液體間的邊界的跳躍速率，可以表示為原子振動頻率ν，和原子得到一成功跳躍的機率之乘積。原子每次跳躍必須去克服一個能障。我們以Δg_a來代表伴隨著這個能障的自由能大小，則孕核速率為，

$$I = \nu e^{-\Delta g_a/kT}(Ne^{-\Delta G_{nc}/kT}) \tag{15.16}$$

類似於伴隨液滴胚在蒸氣中形成的自由能方程式，我們可寫出下列ΔG_n的方程式，

$$\Delta G_n = n\Delta g^{ls} + \eta\gamma_{ls}n^{2/3} \tag{15.17}$$

式中n是在一個胚內原子的個數，Δg^{ls}是一個原子在液相和固相間之自由能差，η為形狀因素，而γ_{ls}是液-固相邊界的表面自由能。我們可以用熔化熱大約地估計Δg^{ls}。因此在凝固點時

$$\Delta g^{ls} = \Delta h^{ls} - T_0\Delta s^{ls} = 0 \tag{15.18}$$

式中Δh^{ls}和Δs^{ls}是每個原子的熔化熱和熔化熵，T_0是凝固點溫度。解此關係式可得$\Delta s^{ls} = \Delta h^{ls}/T_0$。在接近凝固點時，$\Delta s^{ls}$和$\Delta h^{ls}$都不強烈地隨著溫度而改變，故可視為是常數。因此在接近凝固點時，

$$\Delta g^{ls} = \Delta h^{ls} - \frac{T\Delta h^{ls}}{T_0} = \frac{\Delta h^{ls}\Delta T}{T_0} \tag{15.19}$$

在上式中ΔT是相對於凝固點所量測的溫度增量，因此代表過冷度。

伴隨著核形成的自由能現在可寫成，

$$\Delta G_{n_c} = \frac{4\eta^3\gamma_{ls}^3 T_0^2}{27(\Delta h^{ls})^2\Delta T^2} = \frac{A}{\Delta T^2} \tag{15.20}$$

式中

$$A = \frac{4\eta^3\gamma_{ls}^3 T_0^2}{27(\Delta h^{ls})^2}$$

此式指出形成一臨界胚所需的自由能與過冷度的平方成反比。亦即不僅臨界核的尺寸隨著過冷度的增加而減少，而且形成臨界核所需的自由能也是如此

變化。現在讓我們來研究這些因素對孕核速率的影響。當我們以這個簡化式來表示 ΔG_n 時,則孕核速率變成

$$I = \nu N e^{-(\Delta g_a + A/\Delta T^2)/kT}$$ **15.21**

這個關係式最重要的部份是指數部份,因為它控制孕核速率。如上面所寫的,指數部份包括兩項,與溫度各發生不同的關係。第一項 $\Delta g_a/kT$ 代表邊界對原子躍向核的影響。做一個合理的近似,Δg_a 假設與溫度無關,因此此項與溫度成反比地變化。此種變化的本質示於圖15.9。在圖中,指數項的值是使用對數尺度來表示,而 $\Delta g_a/kT$ 隨溫度下降連續地增加。另一方面,第二項 $A/\Delta T^2 kT$ 的行為是完全不同的。在熔點時,ΔT 為零,此項變成無窮大。這意味著在熔點時,孕核速率必須等於零。溫度降低此項急速下降,最後變成比第一項還小。因為孕核速率是由這二項的和控制著,當它們的和是極小值時孕核速率達最大值。此點由圖中可看出。高於此溫度,孕核速率是由臨界胚形成時所伴隨的能障控制,低於此溫度是由原子跨越液體和固體邊界的跳躍速率所控制。圖15.9是另一個方式的說明,當溫度接近熔點時,指數很快速的上升。這個事實與在接近熔點時均質孕核很難達成的事實是相當一致的。反之,它也符合高純度金屬常易於達到過冷度的這個事實。

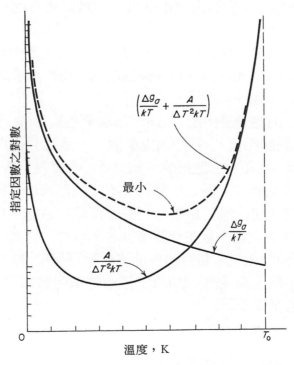

圖15.9 孕核方程式中各指數項隨溫度變化情形

15.4 固態反應 (Solid-State Reactions)

液體與固體或固體與固體間所發生的反應被視爲是存在凝結系統。在前一節中我們已經探討過最簡單型式的凝結系統轉換：純金屬的凝固。在更一般的情況，諸如一新的固相從一單相固溶體中的析出，我們必須考慮由擴散所控制的反應。這種情況是發生在爲了使胚成長，相對低濃度的溶質原子必須在基地中擴散。在1940年Becker[6]提出當擴散發生時，孕核速率必須寫成，

$$I = Ae^{-Q_d/kT}e^{-\Delta G_{nc}/kT} \qquad \textbf{15.22}$$

式中A是常數，Q_d是溶質原子擴散之活化能，ΔG_n是形成臨界核所需的自由能。

在包含固態反應的凝結系統中，應變能經常是一個重要的因素。在固體中一新相的形成通常會產生變形。在後面麻田散鐵變態的章節中將會討論一例子。在那時我們將相信麻田散鐵變態都含有平面應變的變形。此正符合了剪應變平行於麻田散鐵平板的特性平面，而膨脹或收縮應變垂直於此特性平面。在大多數固相-固相變態中，變形大致都是如此。這些變形的結果使得基地和新形成的顆粒都產生應變。

像表面能一樣，應變能也會阻擾核的形成。因此，我們假設應變能正比於胚的體積，以及胚內原子數。如果這個假設成立，則伴隨著胚的自由能變成

$$\Delta G_n = n(\Delta g^{\alpha\beta} + \Delta g_s) + \eta\gamma n^{2/3} \qquad \textbf{15.23}$$

式中Δg_s是每個原子的應變自由能，$\Delta g^{\alpha\beta}$是原子在基地(α相)和在胚(β相)內的自由能差，η是形狀因數，n是胚內原子數，γ是比界面自由能。應注意的是$\Delta g^{\alpha\beta}$是負的，而Δg_s和γ都是正的。如果Δg_s的絕對值大於$\Delta g^{\alpha\beta}$，則ΔG_n值必隨著胚內原子數的增加。在這些條件下不可能形成核。通常而言，整合的胚，其Δg_s可望有最大值。當胚和基地間的介面是整合的，則在平面和跨越分開此二結構介面的方向之間，存在一個完美的配合性。當然，在界面處其結晶形式會產生一個方向的改變。整合的界面之外形可藉助圖15.10，而讓我們有所了解。圖15.10中的上圖代表A和B原子形成的過飽和固溶體。A原子假設是溶劑，而B假設是溶質原子。

---

6. Becker, R., *Proc. Phys. Soc.*, **52** 71 (1940).

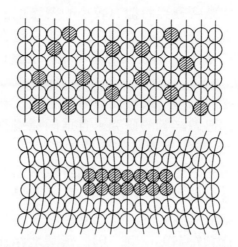

圖15.10 整合性。上面的圖代表B原子(黑圓圈)之過飽和和固溶體在A原子(白圓圈)之基地。下面的圖表示B原子聚集形成整合析出物顆粒

　　為簡化起見，我們假設A在B中或B在A中的固溶限都很小，因此在析出溫度時固溶限都可視為零。同時也假設析出物不是化合物如Fe_3C，而是β相：B原子的結晶構造。在現在這個情況，B原子將互相吸引，因此，析出物顆粒形成的第一個步驟將首先形成B原子的聚集體(cluster)。此聚集體的晶格平面通常與基地的平面是連續的，這個聚集體稱為整合性顆粒(coherent particle)，如圖15.10所示。如果溶質原子和溶劑原子的直徑不相等，則由於核的出現使得基地和核都受到應變。當核尺寸增大時，伴隨核所產生的應變也增大，但其尺寸不會無限地增大。顆粒或有可能脫離基地的晶格，若是如此，則此二相間將形成表面或晶界。像如此一個整合性的消失將大大地降低伴隨析出物顆粒所衍生的應變狀態。但是另一個存在的可能性現在似乎變得越有可能了，這個可能性是當一個非整合或整合性低的新相形成時，伴隨著整合所衍生的應變會消失或減低。這個觀點與在許多合金中所觀察到的多析出物結構的情形是一致的。

　　我們認為最重要的是上面的討論還不是很完全。在固態中的孕核是相當複雜的問題。在此有人提出在基地與第二相間也會存在第三種型式的界面。這是一種半整合界面(semicoherent boundary)。基本上它是一種在邊界含有柵狀差排的整合界面。在一整合邊界上，兩晶體結構間的不配合性非常小，因此可藉彈性應變而得到調整。在半整合界面此不配合性則藉差排來調整。圖6.2所示的低角度晶界提供了這種邊界的一個極簡單的模型。另一個模型是圖17.7中的非整合性的雙晶邊界。因為限於篇幅，我們僅能用假設方式來簡化整個問題的複雜性。在某種轉換中，如果此不配合性相當小，則邊界會呈整合性，然而隨

著不配合程度的增加，半整合邊界將擁有較小的總表面能。由於顆粒尺寸也和問題有關，因此上面的敘述必須做適當的修正。如果整合邊界被半整合邊界所取代，則隨著顆粒尺寸的增大，則顆粒的總非化學能量(應變能加表面能)將減少。

　　此處我們不進一步探討半整合邊界而只考慮整合及非整合邊界，主要是因為這兩種邊界在某些方面已做詳細的研究，且這兩種邊界較易定義。在整合邊界的情形，有人已經證明[7]胚的應變能與顆粒的形狀不太有關係。換言之，伴隨著一球形胚的形成所衍生的應變能，與伴隨著板狀甚至針狀胚所衍生的應變能沒有太大差異。非整合的胚就不是如此了。此時形狀可能很重要了，Nabarro[8]從等向性的觀點來處理此問題時已經證明這個事實。他的計算也包括另一個基本假設：基地比顆粒還要堅硬，因此跟基地相比，顆粒的應變能可被忽略。事實上，Nabarro所考慮的是伴隨在基地上擴張一空穴所衍生的應變能。此種擴張與抽取不可壓縮流體進入孔內的結果類似。這些孔穴的形狀假設相當於各種不同的迴轉橢圓球。他的研究結果繪於圖15.11中，是以迴轉橢圓球的半軸比r_1/r_2當函數。橢圓球三個半軸為r_1、r_2及r_2。如果r_1/r_2比很小，則橢圓球近似圓盤。如果r_1和r_2相等，則為球體；若r_1大於r_2，橢圓球形狀近似於針狀。如圖中所示，空穴是球狀時，應變能最大，圓盤形時應變能最小。因此當圓盤厚度趨近於零時，應變能也趨近於零。

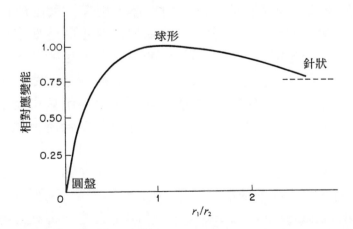

圖**15.11** 非整合核之應變能與其形狀關係(After Nabarro, F.R.N., *Proc.Phys.Soc.*, 52 90[1940].)

---

7. Christian, J. W., *op. cit.*
8. Nabarro, F. R. N., *Proc. Phys. Soc.*, **52** 90 (1940); and *Proc. Roy. Soc.*, **A175** 519 (1940).

在估算非整合性胚的Nabarro結果時，吾人必須瞭解胚是球狀時的總表面能最小。即形狀對於這兩種能量因素的影響是相反的。因為應變能是顆粒體積的函數，而表面能與顆粒表面積有關，我們可期待的是當顆粒尺寸變大時，形成圓盤形的趨勢將變得更重要了。在此要提出的是許多析出物被假設是平板狀時那就更符合Nabarro的預測了。但是，形成平板狀析出物的趨勢也受到其他因素的控制，諸如控制顆粒成長的機構特性。例如，如果原子附著在顆粒的邊緣比附著在它的平面更容易的話，平板狀析出物就容易形成了。

15.5　異質孕核(Heterogeneous Nucleation)

在本質上大部份孕核是異質地發生，就像本書前面幾處所提過的。在前面幾節中我們已經指出均質孕核是一個非常困難的過程。此時吾人將考慮一個簡單問題，以說明為什麼異質孕核是一個比較容易產生的過程。在凝固時，容器或模壁經常提供孕核的優先位置。如果吾人做一些簡化的假設，則這個問題能以定量的基礎來處理。首先，讓我們假設在模壁上所形成的固體胚狀如球形杯，如圖15.12所示。第二，假設杯與模壁接觸表面處的表面力處於似平衡狀態，如圖15.13所示。假設發生在平行於模壁方向上的表面力是平衡的，在垂直於模壁表面方向上的表面張力是不平衡的，此意味著有一淨拉曳力作用在表面。若有足夠時間允許在模壁上產生擴散，則這兩組分量將可達到完全的平衡。平行於模壁方向上的表面力間之關係方程式是，

$$\gamma^{lm} = \gamma^{sm} + \gamma^{ls} \cos \theta$$

15.24

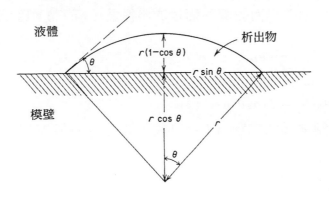

圖15.12　一假想球形杯的胚

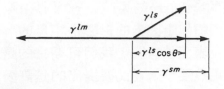

圖15.13　球形胚核所衍生的表面力

式中 γ^{lm}、γ^{sm} 和 γ^{ls} 分別是液體和模壁、固體和模壁，及液體和固體間的表面張力，而 θ 是胚表面與模壁間的接觸角。θ 只是這三個表面張力的函數。此意味著無論顆粒的尺寸有多大，接觸角都是相同的。事實上，這就是說當胚成長時，其形狀仍保持球形杯而不改變。此點被說明於圖15.14中。

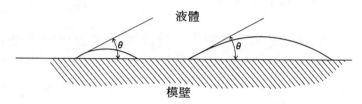

圖15.14　當胚成長時，其形狀是不變的

現在我們可以寫下一個胚的自由能方程式了。在這種情形我們將以球形杯的表面半徑來表示這個方程式，而不用胚中的原子數。此方程式是，

$$\Delta G^{het} = V_c \Delta g_v + A_{ls} \gamma^{ls} + A_{sm}(\gamma^{sm} - \gamma^{lm})$$ 　　　　**15.25**

式中 ΔG^{het} 是伴隨著胚之異質孕核的自由能，V_c 是杯狀胚的體積，A_{ls} 是與液體接觸的杯面積，A_{sm} 是胚與模壁的界面面積，Δg_v 是伴隨凝固過程單位體積的自由能，γ^{ls}、γ^{sm} 和 γ^{lm} 是如上所定義的表面能。注意式中之 A_{sm} 被乘以 γ^{sm} 與 γ^{lm} 的差。這是因為胚與模壁間形成的表面代替等值的液體與模壁間的界面面積。

現在來探討圖15.12，圖所示是從胚中心切開的橫截面。杯的高度等於 $r(1-\cos\theta)$，杯與模壁界面的圓形面積的半徑為 $r(\sin\theta)$。因此我們可以寫出以下的關係式，

$$A_{ls} = 2\pi r^2(1 - \cos\theta)$$

$$A_{sm} = \pi r^2 \sin^2\theta$$ 　　　　**15.26**

$$V_c = 1/3\pi r^3(2 - 3\cos\theta + \cos^3\theta)$$

假如將上面所有關係式和方程式15.24代入胚之自由能方程式，且將式子簡化，可得到，

$$\Delta G^{het} = \frac{4}{3}\pi r^3 \frac{(2 - 3\cos\theta + \cos^3\theta)}{4}\Delta g_v + 4\pi r^2\gamma^{ls}\frac{(2 - 3\cos\theta + \cos^3\theta)}{4}$$

或

$$\Delta G^{het} = (V_{sph}\Delta g_v + A_{sph}\,\gamma^{ls})\frac{(2 - 3\cos\theta + \cos^3\theta)}{4}$$

15.27

式中V_{sph}和A_{sph}分別代表球的體積和面積。在上面最後一式中，等號右邊第一組括號內的量與伴隨著藉由均質孕核形成球形胚的自由能是相等的。因此，在目前這個例子中，我們寫出胚在異質孕核時的自由能，與均質孕核時的自由能間之關係式。此關係式如下

$$\Delta G^{het} = \Delta G^{hom}\frac{(2 - 3\cos\theta + \cos^3\theta)}{4}$$

15.28

式中ΔG^{hom}是球形胚的自由能，此胚的半徑等於異質孕核顆粒的杯半徑。這個式子是敘述說在模壁上異質孕核所需的自由能，直接隨著經一因素修正的均質孕核的自由能變化，此一因素僅是模壁與胚間之接觸角θ的函數。因為這個角度是由問題中三個表面的相對表面能所決定，很明顯的異質孕核的自由能直接與這些表面能有關。又因為方程式15.28對所有r值都成立，故當r等於臨界半徑r_c時，此式也成立。此即

$$\Delta G_c^{het} = \Delta G_c^{hom}\frac{(2 - 3\cos\theta + \cos^3\theta)}{4}$$

15.29

將均質孕核的自由能轉成異質孕核的自由能的因素$\frac{(2-3\cos\theta+\cos^3\theta)}{4}$繪成$\theta$的函數如圖15.15。重要的是，雖然接觸角的值很大，但這個因素仍然很小。當θ等於10度，這個因素約10^{-4}，當θ是30度，它僅約0.02，在90度或在方程式15.29的應用極限的一半時，它仍然僅等於0.5。形成臨界核使自由能大量減少的意義不能被高估。此效應一定非常大。現在讓我們來考慮異質孕核情況的孕核速率方程式。臨界胚的數目由下面方程式可得

$$N^m e^{-\Delta G^{het}/kT}$$

15.30

式中N^m是接觸模壁之液相內的原子數。這是一個合理的假設，因為只有與模壁接觸的原子才能在表面形成胚。注意N^m遠小於在聚集體中的原子數N，這是出現在胚進行均質孕核的方程式中的N。另一方面，方程式15.30中的指數能小到可以補償指數項的差值。類似於我們先前所寫出的孕核速率方程式，現在我們可以寫出異質孕核情況的速率方程式。

$$I = \nu N^m (e^{-\Delta g_a/kT})(e^{-\Delta G_c^{het}/kT})$$

15.31

式中ν是頻率，Δg_a是伴隨著一個原子躍過液相和固體胚間界面的自由能。

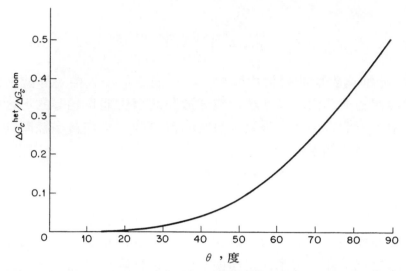

圖15.15 異質孕核與均質孕核之自由能比值隨胚與模壁間接觸角 θ 變化

15.6 成長動力學(Growth Kinetics)

一旦胚超過了臨界尺寸而變成一穩定核時,成長動力學就變得很重要了。在某些情況,成長發生在顆粒形成的極早階段。就像孕核情況時的動力學,在孕核時也有許多情況必須探討成長動力學,在此我們僅考慮兩個很簡單的例子。如此主要的目的是在突顯用於研究成長的方法的本質。首先,須注意的是反應包括大量的變態熱,就像凝固時發生的一樣。此時,成長速率主要是由除去溶解熱的速率來決定。最簡單成長理論是不考慮這個問題的,即變態的反應熱非常的小,因此可以假設反應是恆溫的。某些固態反應或許非常接近於滿足這個條件。例如,考慮鐵中的相變化[9]。鐵的溶解熱是15360焦耳/莫耳,而從 δ 相變成 γ 相的變態熱是690焦耳/莫耳, γ 相轉換成 α 相的變態熱是900焦耳/莫耳。

如果我們只考慮純物質中的固態轉換,且顆粒已充分成長,因此已變成一穩定核。我們進一步假設顆粒是球形,而當原子離開 α 相進入 β 相時,顆粒體積不改變,因此表面能或毛細效應可被忽略。這個意思是說我們將不管應變能。最後,假設成長是連續產生,原子成功地附著在表面是不需一階段一階段加在表面的。一階段一階段成長的角色在最近幾年已引起相當的注意。這個問

9. Darken, L. S., and Gurry, R. W., *Physical Chemistry of Metals*, p. 397. McGraw-Hill Book Company, New York, 1953.

題實在太長了，因此無法在此討論。讀者可參考其他資料[10,11]。通常，當成長的驅動力很小時，此種逐步的成長可能是最重要的。

在上面所敘述的條件下，我們有理由假設，當一個原子跨過邊界由 α 基地相進入 β 析出物相時，其有關之自由能曲線像圖15.16所示的形式。在原子躍過邊界，它必須克服等於 Δg_a 的能障，且當原子加入 β 相時，其自由能低於它在 α 相(基地)中的自由能。在圖中自由能相對的差異以 $\Delta g^{\alpha\beta}$ 來表示。我們假設每個原子的能量差等於原子在 α 相和 β 相間的化學自由能差。

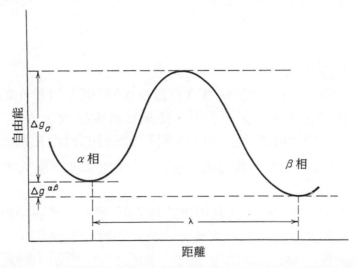

圖15.16　在多型態之純金屬固態相變化時，析出物成長所衍生的能障

現在我們可以寫出一個式子來表示原子由基地轉移到顆粒時的淨速率，等於原子進入和離開顆粒的速率差。此即

$$I = Sve^{-\Delta g_a/kT} - Sve^{-(\Delta g_a + \Delta g^{\beta\alpha})/kT} \qquad \textbf{15.32}$$

式中S是接觸表面的原子數，ν 是原子振動頻率，而I是每秒鐘離開基地進入 β 相的淨原子數目。這個式子可簡化為，

$$I = Sve^{-\Delta g_a/kT}(1 - e^{-\Delta g^{\beta\alpha}/kT}) \qquad \textbf{15.33}$$

現在讓我們假設當原子跳躍時移動一平均距離 λ。所以邊界的速度為，

$$v = \frac{\lambda I}{S} \qquad \textbf{15.34}$$

式中I/S代表面對邊界每個原子每秒的平均跳躍數，λ 是每次跳躍時的距離，現

10. Christian, J. W., *op. cit.*

11. Fine, M. E., *Introduction to Phase Transformations in Condensed Systems*, The Macmillan Company, New York, 1965.

在把I的方程式代入式中,則速度為

$$v = \lambda v e^{-\Delta g_a/kT}(1 - e^{-\Delta g^{\beta\alpha}/kT})$$ **15.35**

現在考慮$\Delta g^{\beta\alpha}$。這個量代表當一個原子躍入核中時,其自由能的減少量,在此我們忽略表面和應變能效應。類似於Δg^{ls},這個自由能可望直接隨著過冷度而變。對於非常小的過冷度,$\Delta g^{\beta\alpha}$將很小,而對於足夠小的過冷度,我們可假設$\Delta g^{\beta\alpha} << kT$。果真如此的話,則可以假設指數項$e^{-\Delta g^{\beta\alpha}}$近似於其展開式的首兩項,即

$$e^{-\Delta g^{\beta\alpha}/kT} \approx 1 - \Delta g^{\beta\alpha}/kT$$ **15.36**

在這些條件之下,成長速度變為

$$v \approx \lambda v \left(\frac{\Delta g^{\beta\alpha}}{kT}\right) e^{-\Delta g_a/kT}$$ **15.37**

因為如上面所指出的,$\Delta g^{\beta\alpha}$大約隨著ΔT(過冷度)而變,對於小的過冷情形,成長速度大約正比於過冷度。另一方面,如果過冷度很大,$\Delta g^{\beta\alpha}$可變得比kT還大。這個現象也由於大的過冷度需使溫度降得很低的值而被助長。此時,指數項將變得很小,故$(1 - e^{\frac{-\Delta g^{\beta\alpha}}{kT}})$這個量可令為1。因此速度方程式可寫成,

$$v \approx \lambda v e^{-\Delta g_a/kT}$$ **15.38**

這個式子顯示當T變得很小時,成長速度將趨近於零。因為在變態溫度時,其成長速度也是零,因此在某中間溫度時,其速度必有一最大值。這個事實已經被β錫冷卻時轉換成α錫的實驗所證實了,如圖15.17所示。剛好低於轉換溫度13°C時,成長速率非常小,但是它隨過冷度的增加而增加;然後當溫度變得非常低時又再度的減小。成長速率和溫度的相依性的趨勢與前面所示的孕核速率的特性是是很似的。

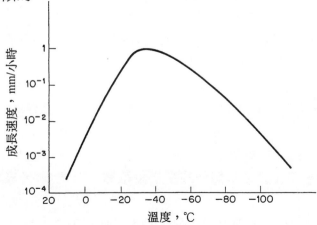

圖**15.17** β錫冷卻時變態成α錫的成長速率。平衡的變態溫度是13°C。(Data of Becker,J.K., *J.Appl.Phys.*, 29 1110[1958].)

15.7　受擴散控制的成長(Diffusion Controlled Growth)

　　在前一節中我們探討單成分的原子藉著簡單的轉換，使新相由另外一相產生的成長。現在我們要處理的情形是轉換不但包括新相的形成，且新相也擁有不同於原來舊相的組成。這種型式反應的簡單例子是從含碳的 α 鐵過飽和固溶體析出碳化鐵顆粒。這個反應已經被Wert[12]使用扭轉單擺量測做了詳細的研究。因爲碳化鐵含6.7％碳，而基地僅含一小部份百分比的碳，很明顯的，爲了使碳化鐵成長，碳原子必須擴散一段很長的距離。

　　根據Wert研究在 α 鐵的稀溶體中析出碳化鐵的結果，Zener[13]提出一套簡單理論說明此種型態的成長。但是爲了現在解說的目的，首先讓我們考慮Zener理論，其中析出物不是球形，而是平板狀，且以垂直於它的表面方向成長。此種一維成長的假設大大地簡化了問題。現在考慮15.18(a)。在圖中，斜線區域代表是厚度已成長爲x的析出物。圖15.18(b)所示爲溶質B的濃度($\frac{原子數}{米^3}$)爲距離的函數之圖形。注意，鐵中析出碳化鐵，在析出物中的溶質濃度高於在基地中的溶質濃度。前者之濃度定爲 n_B^β。同時也假設原子跨過基地和析出物間的邊界的時間小於溶質擴散到析出物的時間。在這個條件下，基地和緊接著析出物的相接處的B濃度可以假設等於平衡濃度。這就是 α 相和 β 相平衡時的B濃度，如圖中的 n_B^α。事實上，我們現在所考慮的是存在於邊界的"局部"平衡。圖中也顯示，遠離界面時，在基地的B濃度上升到 n_B^∞。濃度 n_B^∞ 假設是開始析出之前基地擁有的濃度。接近界面處濃度的下降是原子由基地進入析出物之短程跳躍的結果。

　　現在讓我們假設在一很小的時間增量 dt 內，析出物的邊界向基地移一距離 dx。此移動的結果使 Adx 量的物質由濃度 n_B^α 轉換至濃度 n_B^β。如此則有 $(n_B^\beta - n_B^\alpha)Adx$ 這麼多的B原子必須由基地經界面擴散進入析出物。由Fick第一定律，這原子數也應該等於

$$-Jdt = D\left(\frac{dn_B^\alpha}{dx}\right)dt \tag{15.39}$$

其中J是通量或每秒鐘通過單位面積的B原子數。D是擴散係數，假設與濃度無

12. Wert, C., *J. Appl. Phys.*, **20** 943 (1949).
13. Zener, C., *J. Appl. Phys.*, **20** 950 (1949).

關，$\dfrac{dn_B^\alpha}{dx}$是基地中B成分在界面處的濃度梯度。將這個量寫成方程式，得

$$(n_B^\beta - n_B^\alpha)dx = D\left(\dfrac{dn_B^\alpha}{dx}\right)dt \qquad\qquad \textbf{15.40}$$

解出界面速度v，

$$v = \dfrac{dx}{dt} = \dfrac{D}{(n_B^\beta - n_B^\alpha)}\dfrac{dn_B^\alpha}{dx} \qquad\qquad \textbf{15.41}$$

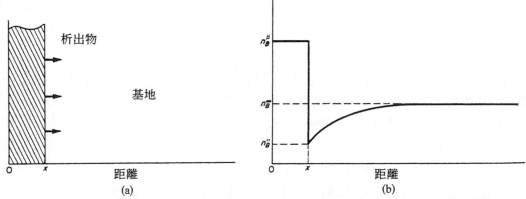

圖15.18 平面析出物在成長受擴散控制的條件下成長。右邊的圖顯示組成隨距離如何變化的情形(示意圖)

　　Zener應用圖15.19中的圖形得到此方程式的近似解。在圖15.18(b)中，在基地邊界右邊的濃度距離曲線(為曲線)，在此圖中被假設是一條直線。由圖中兩個斜線部份的面積必須相等的事實，就可決定出直線的斜率。這是因為邊界左邊的長方形區域代表已進入析出物的B原子，而邊界右邊之三角形面積代表已經離開基地而進入析出物的原子。令這兩個面積相等得，

$$\tfrac{1}{2}\Delta n_B^\alpha \Delta x = (n_B^\beta - n_B^\infty)x \qquad\qquad \textbf{15.42}$$

式中$\Delta n_B^\alpha = n_B^\infty - n_B^\alpha$，得到

$$\Delta x = \dfrac{2(n_B^\beta - n_B^\infty)x}{\Delta n_B^\alpha} \qquad\qquad \textbf{15.43}$$

因此濃度梯度直線的斜率為，

$$\dfrac{\Delta n_B^\alpha}{\Delta x} = \dfrac{(\Delta n_B^\alpha)^2}{2(n_B^\beta - n_B^\infty)x} = \dfrac{(n_B^\infty - n_B^\alpha)^2}{2(n_B^\beta - n_B^\infty)x} \qquad\qquad \textbf{15.44}$$

將這個近似斜率代入速度方程式，得到

$$v = \dfrac{dx}{dt} = \dfrac{D(n_B^\infty - n_B^\alpha)^2}{(n_B^\beta - n_B^\alpha)\cdot(n_B^\beta - n_B^\infty)x} \qquad\qquad \textbf{15.45}$$

積這個微分方程式得到邊界位置為時間函數的關係式如下：

$$x = \alpha_1^* \sqrt{Dt}$$ **15.46**

式中

$$\alpha_1^* = \frac{(n_B^\infty - n_B^\alpha)}{\sqrt{(n_B^\beta - n_B^\alpha)}\sqrt{(n_B^\beta - n_B^\infty)}}$$ **15.47**

參數 α_1^* 的下標1表示這是一維成長的近似解。將方程式15.46微分可得簡化型式的成長速度方程式

$$v = \frac{dx}{dt} = \frac{\alpha_1^*}{2}\sqrt{D/t}$$ **15.48**

這個方程式指出對於一維成長，界面位置隨 $\sqrt{Dt}$ 而變，界面速度隨 $\sqrt{D/t}$ 而變。

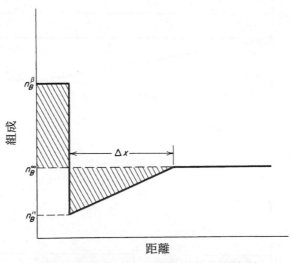

圖15.19　組成——距離之Zener近似法

　　Zener藉著因次分析已經證實這些結果有很普遍的應用，當成長是由上述型式的簡單擴散程序所控制時，界面位置隨著時間的平方根而變，成長速度隨著時間倒數的平方根而變。因此，在三維或球形成長的情況，我們可寫成

$$x = a_3^* \sqrt{Dt}$$ **15.49**

但是，在此種情況，Zener指出參數 a_3^* 某些程度與 α 相中溶質的最初濃度有關。

　　為了較深入認識在擴散控制的成長中，擴散和組成(即濃度)梯度所扮演的角色，讓我們考慮有關鐵-碳平衡圖的Zener一維成長方程式。這個圖重新被繪在圖15.20中，其濃度以原子百分比表示。為了討論的目的，我們將假設可以用原子百分比濃度表示 n_B，而原來Zener方程式中 n_B 是以 $\dfrac{原子數}{米^3}$ 表示。這個假設

將不會影響我們的一般結論。假設含0.08原子％碳的鐵合金加熱到727℃(1000 K)，然後淬冷到400℃(673˚K)。此金屬將處於過飽和狀態且含0.08原子％的碳，或$n_B^{\infty} = 0.0008$。同時由相圖可知平衡濃度n_B^{α}只有0.000011。因為雪明碳鐵含一個碳原子對三個鐵原子的比例，故n_B^{β}等於0.25。將這些值代入α_1^*的方程式15.47中得，

$$\alpha_1^* = \frac{n_B^{\infty} - n_B^{\alpha}}{\sqrt{n_B^{\beta} - n_B^{\alpha}}\sqrt{n_B^{\beta} - n_B^{\infty}}}$$

$$= \frac{0.0008 - 0.00011}{\sqrt{0.25 - 0.000011}\sqrt{0.25 - 0.0008}} \approx 3.2 \times 10^{-3}$$

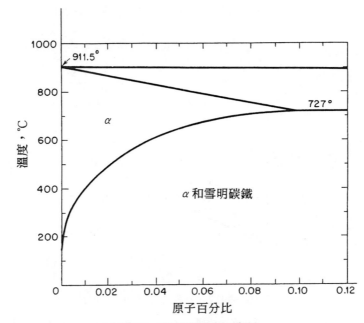

圖15.20　富鐵端的鐵-碳圖

再繼續降低金屬被淬冷的溫度並不會明顯地改變α_1^*值。這是因為在400℃時平衡濃度已經很小，再進一步降低n_B^{α}對於上式中分子只產生很小的影響。另一方面，如13.5節所述，v也和$\sqrt{D}$有關，而碳在鐵中的擴散係數如下，

$$D = D_0 e^{-82,900/RT} \qquad \textbf{15.50}$$

因此我們可得

$$v = \alpha_1^* \left(\frac{D_0}{t}\right)^{1/2} e^{-41,430/RT} \qquad \textbf{15.51}$$

低於400℃，$e^{\frac{-41,430}{RT}}$這一項隨T變得愈小而變得愈重要，且成長速度主要是因碳原子的擴散速率減小而減小。

在高溫時，擴散和濃度梯度所扮演的角色的重要性將對調。例如接近700℃(973°K)，溫度的改變對濃度梯度所造成的效應要強於對$D^{1/2}$所造成的效應。

這些效應的結果使成長速率在某一中間溫度達到最大值。成長速率在高溫時很小，因為濃度梯度幾乎消失，而在低溫時也很小，因為擴散速率的降低。

15.8　析出顆粒成長的干擾 (Interference of Growing Precipitate Particles)

根據前一節所討論的Zener理論，簡單形狀的顆粒的成長速率與$\sqrt{t}$成反比變化。這個意思是說隨著時間增加，邊界移動的速率將減低而最後變得很小。成長速度的減小是由於當顆粒成長時，它會繼續從基地吸收圍繞在它周圍的溶質原子，而使顆粒附近的濃度梯度減低。在這個理論中假設顆粒位於無限延伸的基地中。在實際試片中，許多顆粒將從基地中吸取溶質原子，且他們之間的距離是有限的。在起初，當顆粒開始成長，顆粒之間對溶質原子尚無有效的競爭，此時Zener假設與事實相符。圖15.21(a)所繪的就是兩個平行板狀析出物的情形。但是，隨著不斷的成長，這些顆粒吸取溶質原子的區域將會重疊。果真如此的話，在基地中溶質濃度的最大值將降低於n_B^∞。此結果將會影響顆粒表面的濃度梯度的有效值，而通常也將使成長速率降得更低。這個濃度改變的曲線如圖15.21(b)。

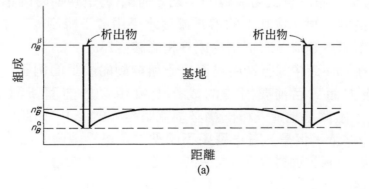

圖**15.21** 當析出物顆粒成長時基地產生耗竭作用，如圖中所顯示的平面析出物顆粒析出時之說明

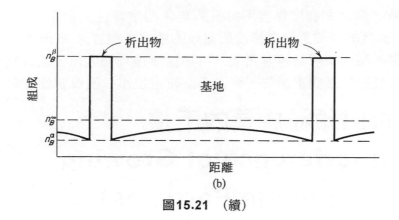

圖15.21 （續）

15.9 受界面控制的成長(Interface Controlled Growth)

在成長的過程中仍有其他基本的可能性。在此，析出物就像上一節一樣，假設其組成與基地不同。但是，此處的成長速率被溶質穿越基地，到達析出物的這一機構所控制。亦即，假設原子躍過界面所需的時間比擴散至界面所需的時間要長許多。在這種情形下，在整個基地上的溶質濃度將保持固定不變。但是，隨著析出物的持續成長，在基地中的溶質濃度必須下降。這個意思是說成長的驅動力也必須下降，因為它直接關係到過飽和度。我們必須注意這種情況和前面已討論過的情況間的差異，前面的討論是說在析出物成長期間析出物和基地間的組成不變。

回到圖15.22，我們再次假設為一維的成長，兩個平板狀析出物示於圖中。圖(a)的部份是假設析出物成長的早期，而圖(b)是晚期時的情況。注意，由於析出物成長的結果，使基地的溶質濃度水平由n_B^∞下降到n_B^i。在此之前，基地中溶質的平衡濃度是n_B^α，而析出物或β相的濃度為n_B^β。

我們已經在15.6節中探討過由界面反應所控制的成長的例子：純金屬的相變態。在某些方面，目前要討論的成長現象類似於前面所討論的。參考圖15.16，B原子離開基地進入析出物必須克服能障(Δg_a)。如此的話，則它的能階降低了$\Delta g_\beta^{\alpha\to\beta}$量。但是，有一重要不同點：在邊界兩側的組成存在著一個差異。即在邊界兩側，面對表面而能跳躍的原子數並不相等。換言之，現在不是只有單一因素S，而是存在兩個因素S_1和S_2。但是，在平衡時，經過邊界兩個方向的跳躍速率必須相等。同時，在邊界兩側的跳躍原子的自由能也要相等。

因此 $\Delta g^{\alpha\beta} = 0$。所以，一個合理的假設是，當反應接近平衡時，$S_1 = S_2$。因這個假設以及前面可忽略應變和表面能的假設，我們可寫出下式的速度方程式，

$$v = \frac{\gamma v \Delta g_B^{\alpha\beta}}{kT} e^{-\Delta g_a/kT}$$ **15.52**

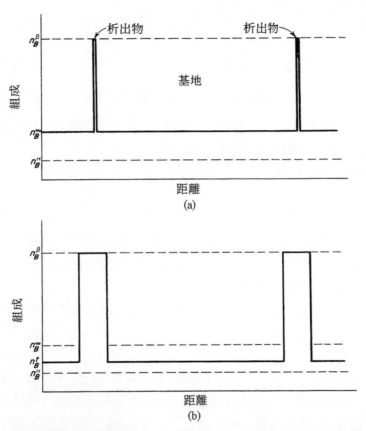

圖**15.22** 在受界面控制的成長裡，原子穿越界面的傳送很慢，因此擴散能有效地去除基地上的濃度梯度

式中 γ 是正比於原子跳躍距離的因素，而v的意義和方程式15.33中的v一樣；$\Delta g_B^{\alpha\beta}$是B原子在 α 相和 β 相中的自由能差；Δg_a是B原子為了加入析出物在界面上時的能障。能量差 $\Delta g_B^{\alpha\beta}$ 假設遠小於kT，現在可用B原子在 α 相和 β 相中的部份莫耳自由能差來估算$\Delta g_B^{\alpha\beta}$。由10.7節中部份莫耳自由能的定義，我們可得到，

$$\Delta g_B^{\alpha\beta} = \frac{1}{N}\{(\bar{G}_B^{\alpha})_t - (\bar{G}_B^{\beta})\}$$ **15.53**

式中N是亞佛加厥數(Avogadros number)。$(\bar{G}_B^{\alpha})_t$是B原子在 α 相中的部份莫耳

自由能。因爲部份莫耳自由能以每莫耳表示，它們之間的差除以N即可獲得每原子之自由能差。在$(\bar{G}_B^\alpha)_t$項中的下標t意味著這一個量隨時間變化。將上面的關係式代入速度方程式中得，

$$v = \frac{\gamma v e^{-\Delta g_a/kT}}{NkT}\{(\bar{G}_B^\alpha)_t - (G_B^\beta)\} \tag{15.54}$$

此式也可寫成

$$v = \frac{\gamma v e^{-\Delta g_a/kT}}{RT}\{(\bar{G}_B^\alpha)_t - (\bar{G}_B^\alpha)_e\} \tag{15.55}$$

式中$(\bar{G}_B^\alpha)_e$是當α相和β相平衡時在α相中B原子的部份莫耳自由能。因爲在平衡時，$(\bar{G}_B^\alpha)=(\bar{G}_B^\beta)$，所以上式是可以代換的。如果$\alpha$相假設是一理想溶體，此方程式可進一步簡化，由方程式10.25可知，

$$\bar{G}_B^\alpha = G_B^0 + RT \ln N_B^\alpha \tag{15.56}$$

代入速度方程式

$$v = \gamma v e^{-\Delta g_a/kT}\{\ln(N_B^\alpha)_t - \ln(N_B^\alpha)_e\} \tag{15.57}$$

式中$(N_B^\alpha)_t$和$(N_B^\alpha)_e$分別在時間t和在平衡時，B成份在α相中的莫耳分率。此外，當α相中B濃度趨近於平衡濃度時，方程式15.57可近似寫成，

$$v = \gamma v e^{-\Delta g_a/kT}\{(N_B^\alpha)_t - (N_B^\alpha)_e\} \tag{15.58}$$

比較由界面所控制的析出物成長速率，與由擴散所控制的成長速率二者的關係是相當有趣的。在一維的情形，由擴散所控制的成長的速度方程式爲，

$$v = \alpha_1^* \sqrt{D/t} \tag{15.59}$$

式中α_1^*是相的組成的函數，但是在極限內，可假設是一常數。比較這兩個速率方程式，我們要強調組成相關項$\{(N_B^\alpha)_t - (N_B^\alpha)_e\}$與$\alpha_1^*$間之基本差異。溶質被消耗前，$\alpha_1^*$可被視爲一常數，但$\{(N_B^\alpha)_t - (N_B^\alpha)_e\}$項不是常數，因爲$(N_B^\alpha)_t$隨析出物成長而減少。此種差異是因爲在由擴散所控制的成長的情況中，在界面處可得到局部平衡。而在由界面所控制的成長的情況並非如此。

再者，應該注意的是在析出反應中，界面控制成長的速率遠小於擴散控制成長的速率。更廣義的說，析出過程包括兩個機構依序地運作。原子爲了能躍入析出物，它必須擴散到界面處。只有當原子躍過界面的平均時間非常長時，界面反應才是成長的主要控制機構。最後，很明顯的這兩種型式的反應速率都隨時間(增加)而減小。在擴散控制速度方程式中，此事實由$v \propto t^{-1/2}$可知。在界面控制速度的方程式中，與時間有關的項爲$(N_B^\alpha)_t$，它隨著溶質離開基地而減小。

15.10　在加熱時發生的相變化 (Transformations That Occur on Heating)

　　到目前為止我們所考慮的相變化僅是在冷卻過程所發生的。但發生在加熱過程的相變化也是重要的。在冷卻和加熱過程發生的相變化的反應動力學有很大的差異。考慮一純金屬的熔化，過熱幾乎是不可能達到的，但在適當溫度下，過冷就可很容易發現到。引起這種特質差異的原因可能是，在外表面或沿著晶界很容易產生異質孕核形成一液滴。圖15.17所示是白錫(β)冷卻產生相變化轉換成灰錫(α)的成長速率，遵循了典型與時間有關的孕核和成長的關係。亦即，在剛好低於轉換溫度時成長速率很小，但是隨著溫度下降，成長速率增大而達到一最大值，然後再度減小。但反向相變化的成長速率，不會顯示這種趨勢，而是隨溫度上升，它會快速且連續地增加，如圖15.23所示。在很低的溫度時，沒有孕核或成長，反應速率變得很小，此因為擴散速率隨著溫度的下降而快速減小。在加熱時，擴散速率是溫度穩定增加的函數。當溫度高於轉換溫度時，孕核速率和成長速率將隨溫度上升而連續地增加。換句話說，在高於轉換溫度時，溫度對擴散速率的效應是溫度被提升時，反應將加速進行。

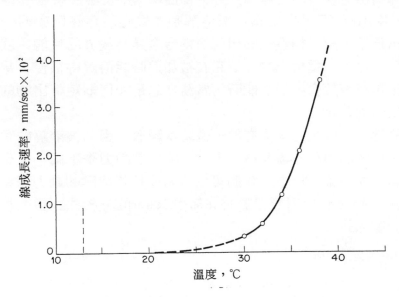

圖15.23　α錫加熱變態成β錫之成長速率(After Burgers, W.G., and Groen, L.J., *Disc. Faraday Soc.*,23 183[1957].)

15.11　析出物的溶解(Dissolution of a Precipitate)

　　伴隨著加熱所產生的另一種反應是析出物的溶解。理論上，這是析出過程的逆反應。但其動力學有些不同，下面我們將做簡要的討論。現在，讓我們先探討這個過程的本質。圖15.24所示的是鋁-銅相圖中含鋁較豐的部份。假設有一合金含有4%銅，在200℃(473°K)接近平衡。這個結構是在幾乎純鋁的基地上有小顆粒 θ，如此的結構示於圖15.25。因為這些顆粒在光學顯微鏡很容易觀察，實際上這金屬是在過時效狀況。為了得到此一結構，必須在200℃下將合金做200小時時效處理。在室溫下，於任何合理時間範圍內做時效處理將不會產生此種結構，因為在室溫的反應速率太慢，因此無法產生平衡組織。由圖15.24可看出，將試片加熱到540℃(813°K)可增加銅在鋁中的溶解度，使銅能完全溶在鋁中。圖15.26是Batz、Tanzilli和Heckel[14]所做的量測結果，顯示此合金在540℃的溶解過程中一些非常有趣的數據。原來的平均顆粒尺寸大於圖15.25中所顯示的，此對於這結果沒有實質的意義。圖15.26的橫座標是顆粒大小以微米表示，縱座標是某一大小等級的顆粒每單位體積的顆粒數。每條實線代表顆粒的尺寸分佈，隨著時間的增加，這些曲線移向左邊且形狀有稍微的改變。此意味著隨著顆粒的溶解，尺寸分佈曲線基本上其形狀並沒有改變。

　　Aaron和Kotler[15]已經指出為什麼溶解動力學應該好好研究的一些實際理由。在某些情況下，第二相顆粒的出現使得合金具有優異的性能，我們想要知道的是要如何來產生一種析出物，使它在被加熱時能溶解得很慢。另一方面，當析出物的出現有害於合金的性能時，當務之急是如何縮短析出物的壽命，以使金屬能更快的均勻化。

　　析出物的溶解和成長的差異在於一個基本觀念。因為被溶解的顆粒原先已經存在，所以溶解的過程不需孕核。因此，雖然其動力學不同，但是基本上是逆成長的問題。在一維分析中，我們可以證明成長和溶解的動力學都受$t^{1/2}$定律所控制。因此，Aaron[16]使用類似於15.6節中Zener的分析法，證明析出物厚度隨時間變化的關係式為，

$$x(t) = x_o - k\sqrt{Dt} \qquad\qquad\qquad \mathbf{15.60}$$

---

14. Batz, D. L., Tanzilli, R. A., and Heckel, R. W., *Met. Trans.*, **1** 1651 (1970).

15. Aaron, H. B., and Kotler, G. R., *Met. Trans.*, **2** 393 (1971).

16. Aaron, H. B., *Materials Sci. J.*, **2** 192 (1968).

式中$x(t)$是在時間t時平板析出物的厚度，x_0是最初的厚度，k是常數，而D是溶質的擴散係數。

在球形析出物的情況，成長和溶解動力學就不是如此簡單的關係了。但這個課題已超出此書的範圍，要進一步的了解，讀者可參考Aaron和Kotler[17]等的評論論文。

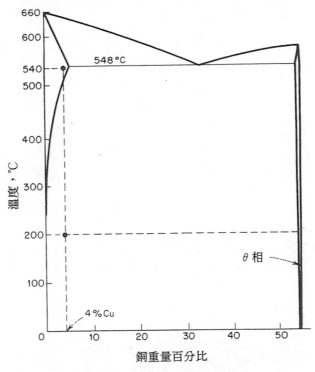

圖**15.24**　近鋁端之鋁-銅相圖

17. Aaron, H. B., and Kotler, G. R., *Met. Trans.*, 2 393 (1971).

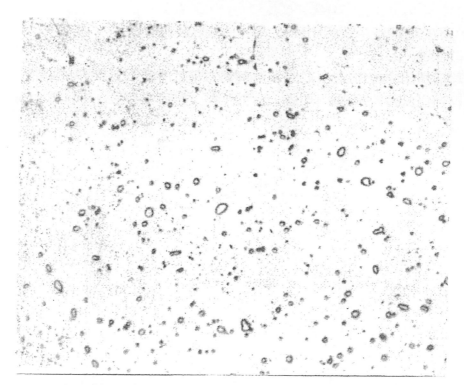

圖15.25 金相照片顯示 θ 或CuAl₂顆粒在鋁-4％銅合金內，放大1500倍(Batz,D.
L., Tanzilli, R.A., and Heckel, R.W.,*Met Trans.*, 1 1651[1970].)
Photograph courtesy of R.W.Heckel.

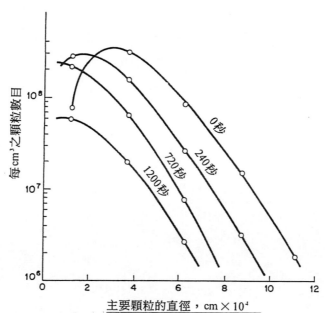

圖15.26 鋁-4％銅合金在540℃固溶溫度時 θ 析出物顆粒隨時間之分佈變化情形
(Batz, D.L.,Tanzilli, R.A.,and Heckel, R.W.,*Met. Trans.*,1 1651[1970].)

問題十五

15.1　一純金屬液的表面能 γ 是600$\frac{達因}{厘米^2}$，此金屬在液態時的一個原子體積為 2.7×10^{-25}厘米^3；而一個原子在氣態和液態中的自由能差 $\Delta g''$為 -2.37焦耳。在這些條件之下，液滴的臨界半徑r_0是多少埃(Å)？液滴自由能 ΔG_n為多少焦耳？

15.2　下面數據是有關鎂在溫度接近其沸點1380°K之資料：液-氣界面之表面能為0.440$\frac{焦耳}{米^2}$；液相之密度為$1.50\times10^3\frac{公斤}{米^3}$；而原子重量是0.02423$\frac{公斤}{莫耳}$。

(a)首先求每個原子的液態體積，求此結果請使用密度及原子重量。

(b)在溫度恰高於沸點時，計算氣相中胚的數量，設每個胚含10個鎂原子。

15.3　應用方程式15.17和15.19，導出課本中之方程式15.20。

15.4　下面是有關純金屬銅的凝固的數據：銅的融點1356°K；其溶解潛熱是$2.117\times10^5\frac{焦耳}{kg}$；原子重量0.06355$\frac{公斤}{莫耳}$；液-固面的表面能是0.177$\frac{焦耳}{米^2}$；密度為8.35$\frac{公斤}{米^3}$。

(a)計算每個原子的溶解熱 Δh^{ls}(焦耳)。

(b)計算在方程式15.5中n和$n^{2/3}$二者的係數。

(c)當過冷是5、50和200度時，決定在臨界核中的原子數。

15.5　應用問題15.3中的數據估計方程式15.20中的常數A，$A=4\eta^3\gamma_{ls}^3T_0^2/27(\Delta h^{ls})^2$（在下面二題中應用方程式15.18）。

15.6　(a)當過冷度是5度時，計算在銅中產生一臨界核所需的自由能 ΔH_{nc}。

(b)ΔG_{nc}大kT幾倍？

(c)在回答(a)和(b)題中問題的答案是否意味著在恰於溶點時，可能產生均質孕核？

15.7　(a)在1256°K時試決定伴隨著一臨界核的自由能 ΔG_{nc}，1256°K相當於100°K的過冷度。

(b)現在如果過冷度增加到264度試計算 ΔG_{nc}，264度是表14.1中最大的過冷度，在銅中發現到此過冷度。

(c)由(a)和(b)部份的結果，討論其發生均質孕核的可能性。

15.8　考慮在凝固時孕核速率。通常假設原子在固體中的震動速率約10^{13}赫茲(Hertz)。假設在銅的情況，一個原子克服能障由液相進入固相時(能障)大約4.8×10^{-20}焦耳。

(a)當過冷度是264度時每莫耳銅的孕核速率為何？

(b)討論(a)中答案的意義。

15.9 根據表14.1,純銀最大過冷度發現是227度。試利用下面數據決定在此過冷度之下銀的均質孕核速率。注意,決定v_s時,使用銀單位晶胞體積除以此金屬單位晶胞內的原子數。在下面數據中之晶格參數是在1233°K量得,

$$a = 4.17 \times 10^{-10} \text{ m} \qquad v = 10^{13} \text{ Hz}$$

$$T_m = 1,234.9 \text{ K} \qquad N_0 = 6.023 \times 10^{23} \text{ atoms/mol}$$

$$\gamma_{ls} = 0.123 \text{ J/m}^2 \qquad \Delta g_a = 6.4 \times 10^{-20} \text{ J}$$

$$\Delta H_{ls} = 11,960 \text{ J/mol}$$

15.10 下圖是銀一假想的胚靠在任意模壁上成長的情形,藉助於此圖。
(a)計算胚與模型的接觸角Θ。
(b)計算可用來將均質孕核所需的自由能轉換成異質孕核所需的自由能之因素的大小。

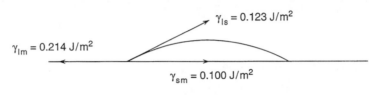

$$\gamma_{ls} = 0.123 \text{ J/m}^2$$
$$\gamma_{lm} = 0.214 \text{ J/m}^2$$
$$\gamma_{sm} = 0.100 \text{ J/m}^2$$

問題15.10之圖形

15.11 在問題8的條件下,
(a)首先決定當銀被過冷20度時其均質孕核速率。
(b)其次決定當銀被過冷20度時,其異質孕核速率,利用問題8的數據決定每米平方每秒鐘在核中之I值。
(c)討論在20度過冷度的凝固過程,其異質和均質孕核速率的差異。
注意:由問題15.10中所假設的接觸角Θ是相對較大的,約大20左右。

15.12 雖然在15.6節中的成長速率方程式忽略幾個重要因素,諸如應變能和表面能,但使用此簡單理論去分析純鐵中由γ相轉換成α相的成長過程是相當有趣的。為此目的,取以下所給的數據並做所指示的運算。假設$\lambda = a$,且Δg_a與溫度無關。

$$a = 2.866 \times 10^{-10} \text{ m}$$

$$v = 10^{13} \text{ Hz}$$

轉換溫度,$T_0 = 1184.5°\text{K}$

$$\Delta H^{\gamma\alpha} = 900 \text{ J/mol}$$

$$\Delta g_a = 2.08 \times 10^{-19} \text{ J}$$

(a)首先取方程式15.35同時計算在此方程式中所有參數,因此可得到v、ΔT和T之間的簡單關係。接下來寫出一簡單電腦程式,以每段10度的區間估計1184.5°K和884.5°K間的v值。

(b)由(a)部份的結果畫圖表示v隨T的變化情形。v以$\dfrac{米}{秒}$的單位表示。

15.13 (a)假設鐵試片包含0.09原子%的碳,在720℃(993°K)時處於平衡狀態,而後快速淬冷到300℃(573°K)。決定一平板狀碳化物由一側析出往外成長10^3nm時所需的時間。

(b)基地碳濃度由0.09原子%的碳降低到相對於n'_a的碳量,以形成一層厚度為10^3nm的雪明碳鐵,則基地到平板狀碳化物一層的寬度為何?

(c)增加平板狀碳化物一側厚度10nm,則需花費多少時間?

MEMO

第十六章
析出硬化
(Precipitation Hardening)

　　碳在體心立方鐵中的平衡濃度與溫度的關係 $C = Be^{-Q/RT}$，並不僅適用於鐵碳系統。對於氮，或氫在鐵中的格隙溶體，或所有其它金屬中三種元素(碳、氮，和氫)的格隙溶體，若其最大溶解度小於一個原子百分比，則亦可看到此類似之關係。此1％之限制通常並不重要，因它們在格隙固溶體中總是非常的稀少。

　　上面之法則亦可用來預期置換型固溶體的最大溶解度。只要高溫時其最大溶解度不超過1％，則此關係式是很精確的。在溶解度超過1％之情況，方程式仍提供了一曲線，可用來近似實驗所測之溶解度的關係。因為有許多二元合金(二成分)其成分金屬具有有限的溶解度，像圖16.1所示之曲線非常普通。此圖恰巧相同於第九章之圖9.3，其顯示碳在 α 鐵中的溶解度。

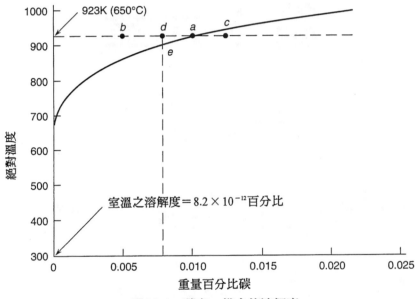

圖**16.1**　碳在 α 鐵中的溶解度

　　像圖16.1所示之溶解度關係曲線具有很實用的意義，因為它們使析出，或時效硬化，很重要的金屬硬化手段，成為可能，此種硬化最常用於商非非鐵合金，特別是鋁及鎂的合金的強化。為簡便計，茲將討論含少量碳的鐵合金的時效硬化過程。此基本原則可擴展應用到其它更一般的合金系統。

16.1 固溶線的意義(The Significance of the Solvus Curve)

圖16.1所示之曲線被稱爲固溶線(solvus lines)。茲將研討此線之含義。爲此目的，考慮一特殊溫度：923K(650℃)。在此溫度下，若肥粒鐵之晶體與雪明碳鐵晶體接觸，如圖16.2之所示。在此系統中，碳原子可能離開固溶體(肥粒鐵)而進入雪明碳鐵。當此發生時，固溶體中的三個鐵原子必需連結雪明碳體晶格以維持鐵碳之嚴格的化學計量化。同樣地，當碳原子離開Fe_3C而進入固溶體時，三個鐵原子必需離開化合物。在目前考慮的非常稀薄的固溶體(約0.01％C)中，與碳同時進入或離開的溶劑原子(鐵)，其濃度變化可被忽視。因此可假定濃度之改變僅是由於碳原子在二相間的移轉。但要注意，當碳進入碳化鐵時，後者之體積成長，但其組成不變。另一方面，當碳進入固溶體(肥粒鐵)時，後者的組成改變。

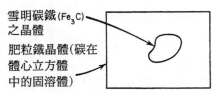

雪明碳鐵(Fe_3C)之晶體

肥粒鐵晶體(碳在體心立方體中的固溶體)

圖16.2 與肥粒鐵晶體接觸的雪明碳鐵晶體

圖16.3顯示肥粒鐵及雪明碳鐵系統之自由能隨肥粒鐵中碳濃度變化的假想曲線。曲線之a點表示自由能最低之組成。其相同於固溶線在923K(650℃)之組成(0.0010％)。在任何給予溫度下，肥粒鐵-雪明碳鐵凝聚體中之肥粒鐵將變到固溶線上對應之組成。若固溶體因任何原因而有圖16.1及16.3中b點之組成，則碳將離開雪明碳鐵，以便增加固溶體之濃度。當然，系統之自由能會因此自發反應而降低。另一方面，如果肥粒鐵之碳過飽和，且具有如c點之組成，則將形成更多的雪明碳鐵。此自發反應也會降低肥粒鐵之碳濃度及系統之自由能。

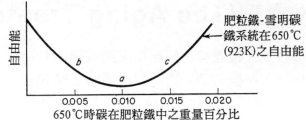

肥粒鐵-雪明碳鐵系統在650℃(923K)之自由能

自由能

b c

a

0.005   0.010   0.015   0.020

650℃時碳在肥粒鐵中之重量百分比

圖16.3 圖16.2之肥粒鐵-雪明碳鐵系統在650℃時，其自由能對肥粒鐵中碳濃度變化的假想曲線

16.2　溶體處理 (The Solution Treatment)

　　茲考慮一特別稀薄之鐵碳合金，其含碳量為0.008％。若此合金在室溫下成平衡，則所有的碳幾乎會形成雪明碳鐵，因為在300K時碳在肥粒鐵中的溶解度僅為8.2×10^{-12}％(參看圖16.1)。若此合金被加熱到923K，圖16.1之d點。在此溫度下，碳在固溶體中之平衡濃度是0.010％，其多於金屬中碳之總量。室溫下穩定的雪明碳鐵在923K時變成不穩定，其會溶解而使碳原子進入固溶體。因為平衡濃度大於合金之總碳量，故若合金維持在高溫足夠久，則雪明碳鐵必完全消失。原本含有二相(雪明碳鐵及肥粒鐵)的合金因此變成單相(肥粒鐵)。然而，將試片維持在923K所得之固溶體不是飽和固溶體，因為其所含之碳濃度小於平衡值。另一方面，其無法降低自由能，及維持肥粒鐵與雪明碳鐵之混合物的平衡濃度，因為並無可利用的額外碳。

　　合金在923K轉變成均勻固溶體之後，再予以快速冷卻，其結果如何？將加熱金屬試片浸入液態冷媒如水之類的，可得到非常快速的冷卻。此種操作一般稱為淬火(quench)，快速之淬火可防止碳原子的擴散，故可假定存在於923K的固溶體於室溫時並未改變。較高溫時稍未飽和之合金現在則呈現極端地過飽和。固溶體中0.008百分比的碳比平衡值8.2×10^{-12}百分比大約大了10^9倍。因此，該合金非常不穩定。這些超量的碳經由析出形成雪明碳鐵，而大大降低了自由能。此現象會自動發生。下節將討論發生這種現象的條件。但應注意到，析出硬化熱處理的第一階段已剛描述如上。一適當之合金被加熱到一溫度，使其第二相(通常是較少量)溶解入較多量的相。此金屬維持在此溫度，直到獲得均勻的固溶體，而後淬火到一較低溫，以產生過飽和之情況。此熱處理循環被稱做溶體處理(solution treatment)。而即將討論的第二階段被稱為時效處理(aging treatment)。

16.3　時效處理(The Aging Treatment)

　　雪明碳鐵經由凝核及生長過程由過飽和之肥粒鐵中析出。首先，其需凝結出雪明碳鐵晶體的核種。凝核之後，由於碳由周圍之肥粒鐵擴散到核種，使得雪明碳鐵生長變大，此稱為生長(growth)。析出不會發生，直到凝核作用開始，但一旦它開始了，固溶體會依二個方式減少它的碳量，其一是已形成之粒子的成長，另一是形成另外的核種。換言之，凝核作用會同時與已形成之粒子的成長繼續進行。圖16.4顯示在一給予溫度下析出的過程，其中，析出量(以最大量之百分比做單位)是時間的函數。因為其自發反應的開始非常快而結束很慢，故時間採用對數單位。一般上，在能檢測出以前需要一段時間t_0之前，析出並不立即開始。此段時間被稱為孕核期(incubation period)，其表示形成穩定之可見核所需的時間。該曲線也顯示出析出過程之完成很慢，其是溶質必需由固溶體中連續流失所造成之效應。

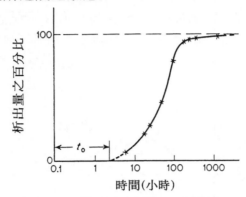

圖16.4　鐵碳合金(0.018％C)在349K由過飽和固溶體之析出，其量隨時間的變化情形。(數據取自Wert, C., ASM Seminar, Thermodynamics in Physical Metallurgy, 1950.)

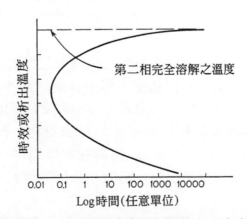

圖16.5　在過飽和合金中析出量達100％之時間

析出之速率隨溫度而變。此定性地顯示於圖16.5中。在非常低溫時，需要長時間來完成析出，因為擴散非常慢。反應的速率受控於原子遷移的速率。溫度在稍低於固溶線之處時(圖16.1之e點)，析出之速率也很慢。因為固溶體之過飽和度很小，而且因析出所造成之自由能的減小也很少。因此，凝核作用緩慢，而析出係受控於核種可以形成的速率。如果核種沒有形成，在這些溫度下所發生的高擴散率也沒有用。在上述二個極端之間的中間溫度下，析出率增加到最大值，使得完成析出的時間變得很短。在此範圍內，適當的擴散與凝核速率使得析出作用變快。

第二相(雪明碳鐵)的析出所造成最重要的效果是使母相(肥粒鐵)變硬。圖16.6顯示了稀薄鐵碳合金之典型的硬化曲線。為得到此種曲線，首先需將許多試片做溶體熱處理，使它們的結構轉變得過飽和固溶體。接著是淬火，將試片放入合適之爐中，維持一中間固定溫度(在室溫之上，但在固溶線溫度之下)，而後，以規律性之時間間隔將試片由爐子移出，並冷卻到室溫，且測其硬度。依此方式取得數據然後劃圖，以顯示時間對硬度之效應。此曲線之重要特徵在於其具有最大值。在一給予溫度下將試片時效太久，會使其硬度下降，此效應稱為過時效(overaging)。

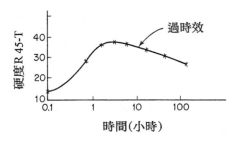

圖16.6　時效處理過程的硬度變化。合金是鐵加上0.015％C，時效溫度90℃。(數據取自Wert, C., ASM Seminar, Thermodynamics in Physical Metallurgy, 1950.)

時效曲線之形狀主要是二個變數的函數：時效之溫度，及金屬之組成。茲考慮第一個變數。圖16.7顯示三條曲線，每一條對應於不同之時效溫度。T_1的曲線表示時效溫度太低。原子的運動太慢，沒有顯著的析出，硬化效果很慢。若時效溫度低於T_1，則所有的析出會停止而無法硬化。航空工業利用了此現象。將鋁合金鉚釘(其硬化溫度為室溫)保持在電冰箱內，直到要用時才拿出來。依此方式，事先經過溶體處理而在過飽和狀態的鉚釘可避免時效，直到它們要被釘入製件時。

T_2溫度對應一最佳溫度，其最大硬化發生於合理的時間內。此溫度大於T_1，但低於T_3時，硬化太快了，因其具有快速的擴散。但軟化效應也被加速，造成較低的最大硬化值。解釋這些效應的機構將於16.9節討論。

茲將考慮影響時效曲線的另一個變數，改變組成的效應。對於低溶質濃度。在溶體處理完後，其過飽和度是小的，而且系統之自由能也僅稍大於平衡濃度的自由能。在此情況下，不易結核第二相，而在等溫的硬化也很慢。甚且，因為總析出量不大，故所得到的最大硬度也小。一般而言，析出量愈少，最大硬度值也愈小。另一方面，增加總溶質濃度，可得到等溫時效的較大的最大硬度值。可利用的溶質愈多，析出量也就愈多，而硬度也就愈大。另外，較高的溶質濃度其得到最大硬度的時間也愈短，因為凝核速率及成長速率均提高了。凝核速率之所以會提高，係因過飽和與平衡態之間的自由能差變大了。而成長速率之所以會提高，係因可用來析出的溶質量增多了。然而，這些效應僅限於溶質在溶體處理時能溶入溶劑之程度。因此，在圖16.1中，碳在1000K(727℃)能溶入鐵中的最大溶解度是0.022%。縱使含碳量超過0.022%，能溶入肥粒鐵中的碳量也無法超過0.022%，所剩下的碳則存於雪明碳鐵中。含碳量超過此最大值(0.022%)的低碳鋼亦能析出硬度，只要溶體處理溫度不超過1000K。圖16.7顯示0.06%C之鋼的時效曲線。

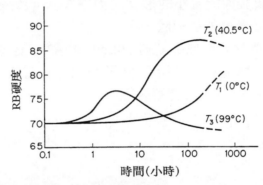

圖16.7　溫度對析出硬度之時效曲線的影響。材料是0.06%C之碳鋼。（取自 Davenport. E.S., and Bain, E. C., Trans. ASM, 231047[1935].）

16.4　析出物的發展 (Development of Precipitates)

在析出時，析出物如何形成及成長，係一很重要的技術上的問題。對於含有一種以上對時效硬化有貢獻的溶質，尤其是商用合金，析出硬化過程變得非常複雜。但是對僅含單一溶質之簡單二元合金系統已完成了許多研究。在這些系統中，有些合金係鋁中添加了銅，銀，或鋅等所形成。首先考慮Al-Cu合金，其溶質原子(銅)之直徑比鋁原子的大了12%左右。另外二種合金，其溶質原子(Ag，Zn)的大小與鋁的大小僅相差了1%左右。

析出硬化的重要特徵(甚至二元系統中)，係析出相剛出現時通常不是其最後的穩定形式。換言之，析出物在達到最後穩定之構造前，經常要經過幾個階段。例如，含4％Cu之Al合金在得到最後的穩定相(θ相，$CuAl_2$)之前，要經過三個不同的中間析出階段。第一階段係形成溶質的局部叢集，一般被稱爲Guinier-Prestonn或 GP帶(zone)。這些帶或叢集在低時效溫度時較易生成，其係小的原子大小的失配，並且有較高的溶質過飽和度。這些叢集或帶的形狀受到失配的量影響很大，失配係溶質原子放入母晶格中所造成。其失配量較小時，如Al-Ag合金中Ag原子與Al原子之大小差不多，二者之直徑相差不大於1％，其GP帶易成球形。Al-16％Ag之合金的近乎球形的GP帶，顯示於圖16.8中。請注意到，這些GP帶在100,000倍之電子顯微鏡相片中清晰可見。另一方面，Al-Cu系統中，Cu與Al原子的大小相差約12％，其失配較大。故當GP帶形成於基質內部時會有較大的晶格應變。結果造成GP帶變成很薄的，平行於{100}Al晶格面的二度空間的平板。在Al-Ag合金中，因GP帶引起的應變能較小，故其叢集傾向採取表面能較小的形狀。而在Al-Cu合金中，應變能較大，故GP帶採取減小體積及應變能的形狀。

　　板狀的Al-CuGP 帶之直徑或長度約 10nm(100Å)，但厚度僅幾 Å，此意謂著Cu-Al合金之GP帶的厚度只有幾層Cu原子的大小。這種GP帶在電子顯微鏡下的觀察比顯示於圖16.8的Al-Ag帶更困難。

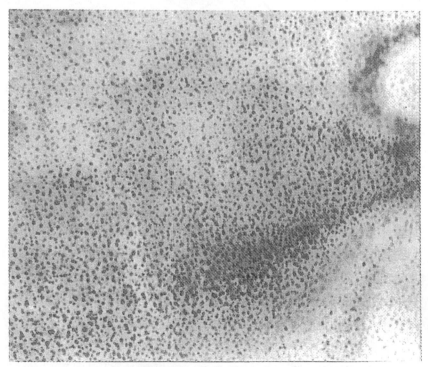

圖**16.8**　Al-16％Ag合金之GP帶。(取自Nicholson, R.B. and Nutting, J., Acta Met., 9 332[1961].Photograph courtesy of R.B. Nicholson.)

如果Al-Cu合金被自然時效，即在室溫下時效，則其硬化均來自於GP帶的形成。時效開始後，這些帶很快就出現，其速率在剛開始時很快，而愈來愈慢。當金屬達成完全時效時，帶的數目會達到一最大值。換言之，Al-Cu合金的室溫時效僅含一個階段，其穩定相(θ相)並未出現。甚且，在低於100℃的時效溫度，Al-Cu合金均僅包含GP帶而已過去，這類的低溫時效被稱為冷時效(cold aging)。因為冷時效時，並未出現平衡相(θ相CuAl$_2$)，這些析出物僅具准穩定的特性。支持此觀點的理由是，將冷時效之鋁合金加熱到200℃(473K)，則GP帶消失而合金軟化。此現象被稱為復原(reversion)。利用復原的軟化作用被應用於一些商用的作業中。

在GP帶之形成過程中，空孔扮演很重要的角色，此不僅對Al-Cu系統為真，其對一般系統而言也是如此[1]。在低溫及中溫下，GP帶剛開始形成的速率非常快，為了迅速形成這些帶，溶質原子的擴散係數必需是由高溫外插到時效溫度之擴散係數的幾個次方的倍數，帶形成的快速可被解釋為，試片由較高之溶體處理溫度淬火時，高溫的空孔平衡濃度被保留在試片內而成為過飽和。如第七章之所示，擴散係數係原子躍入空孔的速率與空孔濃度的乘積，故在時效溫度具有過飽和之空孔，其必會提高擴散之速率。

16.5　Al-Cu合金在100℃(373K)以上之時效(Aging of Al-Cu Alloys at Temperatures Above 100℃ (373K))

如果將Al-Cu合金之時效溫度提高到100℃(373K)或以上，則其析出硬化過程就不僅包含形成GP帶之階段而已。現在將可觀察到幾個中間的階段，乃最後的穩定的θ或CuAl$_2$相。大於100℃的時效其效應明顯地表示於圖16.9中，其中，係一組的鋁合金2014-T4的等溫時效曲線。在此圖中，金屬的降伏應力被劃成時間(小時)的函數。此合金含有4.4％Cu，0.8％Si，0.8％Mn，及0.5％Mg。此合金之主要硬化元素是Cu，雖然它不是嚴格的二元合金，但其時效行為卻類似Al-Cu的二元合金。請注意，此圖之溫度係以華氏刻度表示。也請注

1. Hatch, J. E., Ed., *ALUMINUM Properties and Physical Metallurgy.* p. 141, American Society for Metals, Metals Park, Ohio, 1984.

意，室溫之曲線其硬化僅由於GP帶之形成，時效時間超過了100小時其降伏應力也僅稍微地增加。時效時間達10,000小時，其降伏應力也沒有下降的跡象。另一方面，時效溫度大於212°F(100°C)之曲線，其降伏應力很快上升到最大值，而後很快又降了下來。在室溫以上的時效一般稱為人工時效(artificial aging)。

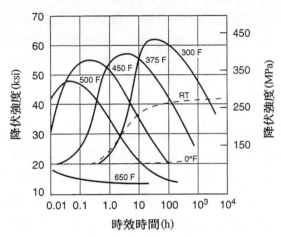

圖16.9　鋁合金2014-T4的等溫時效曲線。(取自Hatch, J.E., Ed., ALUMINUM Properties and Physical Metallurgy, American Society for Metals, Metals Park, Ohio, 1984.)

　　圖16.9之人工時效曲線的一重要特徵是在100°C以上之時效可得到較高之強度(或硬度)。此高強度之獲得可藉由控制金屬在較高時效溫度的時間來達成。請注意到，在這組曲線中，強度的最大增加發生在300°F(149°C)之曲線上，也請注意到，時效溫度愈高，最大值也就愈移向愈短之時間，而且其高度也降了下來。鋁2014合金曲線(圖16.9)顯示出室溫時效與100°C以上之時效的差異，除此之外，亦可由二元Al=Cu合金之等溫時效曲線中，獲取關於時效之中間階段之發展的有用資料。圖16.10顯示4.0%Cu之二元合金在130°C下時效不同時間的曲線。在此圖中，劃出鑽石角錐硬度對時效時間(天)的圖形，時效開始後一直到1小時，曲線往上升，接著是平坦部分，這一段曲線伴隨GP帶的發展。由X光繞射之研究得知，曲線再次上升時，係與新結構的形成有關。起初，此中間結構被稱為GP(2)，後來，因為它具有三維度有序相之特性，故以記號″來確認它，其亦含有位於鋁之{100}面的板狀物，這些板狀物具有幾個原子層的厚度。應注意到，θ''板狀物之大小或直徑大於GP帶。在此特別合金中，它們的直徑至少比GP帶大了4到5倍，如圖16.10之所示，GP帶與θ''結構彼此相互重疊了等溫時效曲線的一小部分。另一中間結構θ'與θ''結構重疊的

部分更多。請注意,當 θ'' 達到其最大量時,可得到此合金的最大硬度(或強度)。θ' 析出物之組成相等或非常接近於穩定的 θ (CuAl₂)相,其晶體結構也是像 θ 相的正方結構。主要差異在於,θ' 析出物部分與鋁基質之晶格相整合,而 θ 析出物則是不整合。圖16.10顯示 θ' 粒子的成長引起硬度的降低。其原因是,當粒子成長時,其數量減少,導致整合應變之強度的下降。最後,隨著時效時間的增長,穩定的且非整合的 θ 相就取代了整合的 θ' 析出物,合金因而軟化了下來。

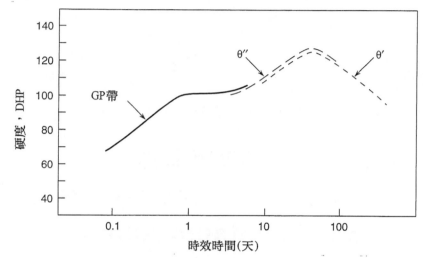

圖16.10 Al-4%Cu在130℃之等溫時效曲線。(取自Silcock, J.M.,Heal, T.J., and Hardy, H.K., J. Inst. Met., 82 239 [1953-4].)

圖16.11顯示Al-Cu析出硬化合金在析出發展過程中的階段。

1. 過飽和的 α 相。
2. GP帶,這是100℃以下最後的析出物。
3. θ'' 中間析出結構。
4. θ' 中間析出結構。
5. 穩定 θ 相,Cu₂Al,(在平衡 α 相之基質中)。

這些結構的相互關係尚未完全了解[2]。亦即,並不永遠都可決定不同的析出結構是否是依序演變而來?或是分別凝核而來?對於中間結構 θ'' 而言,其取代了GP帶,且甚大於GP帶之大小。因此,許多GP帶必需溶解,而釋放出溶質原子,以便形成 θ'' 粒子。故 θ'' 板狀物是否由GP帶所形成?此問題頗爲帶有學術研究性。此外,Guinier早已顯示出,最後穩定 θ 相之形成,依過飽和

---

2. Christian, J. W., *The Theory of Transformations in Metals and Alloys*, p. 650, Pergamon Press, Oxford, 1965.

之程度而定,可由θ′直接轉變而來,也可直接由基質固溶體中凝核而成。而且由Silcock,Heal,及Hardy等人之研究結果,可推論出,在一正確條件下,首先出現的結構可以是GP帶,θ″,或是θ′。此顯示出,這些結構可以獨立地凝聚而成。

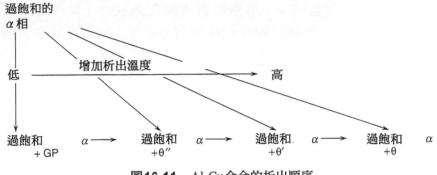

圖16.11 Al-Cu合金的析出順序

16.6 其它鋁合金的析出順序 (Precipitation Sequences in Other Aluminum Alloys)

許多研究者對於Al-Ag系統之研究[3],顯示出,Ag少於20%之合金所出現之階段,其順序是:

(1)過飽和α相→(2)球狀叢集(如圖16.8)→(3)有序的叢集→(4)γ′→(5)穩定的γ相及平衡的α相。

許多其他鋁合金系統的析出順序已被研究。其中大部分是那些與重要的商用析出硬化鋁合金有關的合金系統。包括:(1)Al-Cu-Mg合金,(2)Al-Mg-Si合金,(3)Al-Zn-Mg合金,及(4)Al-Zn-Mg-Cu合金等。有三個是三元系統,另一個是四元系統。因此,研究非常複雜,而且在許多情況下並無確定的結果。故此處不討論它們,這方面之資料可參考一些標準教科書[4,5]。

3. *Ibid.*

4. Hatch, J. E., Ed., *ALUMINUM Properties and Physical Metallurgy*, American Society for Metals, Metals Park, Ohio, 1984.

5. Christian, J. W., *The Theory of Transformations in Metals and Alloys*, p. 649, Pergamon Press, Oxford, 1965.

　　在鋁析出硬化合金中，一般要等到金屬處在過時效之階段時，才能在光學顯微鏡下看到析出粒子。但一些中間階段可用電子顯微鏡來分辨。例如，Al-Ag系統的 GP帶可在圖16.8之電子顯微鏡相片中看到。另一中間結構之例子顯示於圖16.12中。在此例中，在放大35,000倍之電子顯微鏡相片中，可清楚分辨出Al-Ag-Zn合金中的板狀 γ' 結構。γ' 是三個中間析出階段的第二個。橫過某些 γ' 板狀物之暗線，可能是位於顆粒與基質間之界面的差排。

　　如圖16.8及16.12所提之相片為證，穿透電子顯微鏡對於析出現象之研究是一有用之工具。除了可直接觀察很小的析出物之構造外，有時亦可利用選擇區域繞射，來推論析出粒子之晶體結構的性質。此需要顆粒足夠大才能得到繞射圖案。非常小的顆粒無法做此種研究，要對它們分析，最好的技術仍需要依賴x光繞射。因為與析出有關的問題是複雜的，除了上面所提之外，另需其它的技術。包括像硬度、電阻等物性的改變，它們是由各種不同的析出現象所引起。關於電阻方面，電子通過晶體的有序運動(構成了電流)在極小且均勻分佈之析出物(如GP帶)形成時，會嚴重受到干擾。因此，當析出作用開始時，電阻會大大增加。而在所出現象過程中，當平均顆粒大小增加時，電阻就下降。

圖**16.12**　Al-Ag-Zn合金之中間析出物 γ'。放大倍率35,000X(取自S.R. Bates)

　　可對析出現象提供有用資料的另一物理量測是內摩擦(internal friction)，利用扭擺來決定格隙擴散係數說明於十三章。扭擺，或其它更複雜之內摩擦量測裝置，亦可用來量測合金之固溶體中的格隙溶質的濃度，可精確地說，稀薄格隙固溶體合金試片的內摩擦，僅由於溶體之溶質原子所造成。而且，內摩擦之大小(可用參數，像最大對數減幅 δ_{max} 來測量，請參閱圖13.8)係溶質之數量的直接量測。因此，當格隙固溶體合金發生析出時，可追蹤由溶體轉移到析出粒子的溶質的數量，其係量測與轉移量有關的 δ_{max} 之減少而得知。茲考慮一特殊例子，過飽和的肥粒鐵固溶體，其係將合0.01％C之鐵由950K淬火到室溫而得到此試片。當試片在室溫時效時，碳原子會由固溶體中轉換到雪明碳鐵之析出粒子，量測 δ_{max} 之數值可得知碳之轉移量。因為雪明碳鐵的析出僅與肥粒鐵中碳之濃度有關，故與包含於雪明碳鐵中的碳無關。請注意到，Wert早期之數據(用來繪圖16.1)係依此方法而得到。在合金系統中，只要內摩擦方法可用得到的，則此內摩擦方法就是研究析出效應的卓越手段。

16.7　析出物的均質與非均質之凝核作用 (Homogeneous versus Heterogeneous Nucleation of Precipitates)

　　析出粒子就像其它相變化一樣，其凝核可以是均質的或是非均質的。非均質的析出物之凝核大多數關連於差排，差排結(二條或更多之差排的交點)，雜質粒子，及晶界之不連續。另一方面，均質凝核係核種自發的形成，其係基質組成的起伏足夠大而引起第二相之粒子的形成。

　　如十五章之所所述，均質凝核通常不易發生，而非均質凝核則較容易。但一般相信，在連續的晶格中有可能發生GP帶的均質凝核，只要臨界空孔濃度存在就可。換言之，由於空孔-溶質原子叢集的形成，凝核作用與實驗數據(在某溶體溫度與淬火速率之條件下)相一致。有人建議[6]，在低溫下(小於100℃)，GP帶之臨界核的大小很小，使得幾乎沒有孕核之時間。此說明了，為何在這些溫度下，帶的生長速率如此快速，GP帶亦可藉離相轉變(spinodal transformation)來形成，其中，凝核沒有能障。

---

6. Turnbull, D., *Solid State Physics*, **3** 226 (1956).

　　並非所有合金系統均具有析出現象(如析出硬化鋁合金之所表現者)。對這些其它系統而言，固態析出物之凝核作用的傳統理論仍是很重要。此理論過於15.4節。在15.4節中所沒有涉及的內容是溫度對均質凝核過程的影響，均質凝核需要熱起伏來產生大於臨界半徑(參閱15.2圖)r_0的粒子。否則，如十五章之所述，第二相無法凝核。習慣上，將小於臨界半徑($r < r_0$)之核稱為胚種(embryo)。茲考慮穩定核之大小如何隨溫度變化。參考粒子能量方程式，15.23式，做為初步近似，可假定表面能不隨溫度改變。另一方面，體積能則隨溫度改變，因為過飽和度在溫度下降時上升(溶解度則減少)，故體積能在低溫時較大。此效應定性地顯示於圖16.13，其中，臨界半徑隨溫度下降而減小。在稍低於固溶線之溫度時，r_0非常大(近似無限大)。因此，在此溫度時，均質凝核之速率非常小。當溫度下降時，臨界半徑迅速減小，而且，形成臨界胚種的能量也迅速減小。後者係圖16.13之能量曲線最大值的高(ΔG_n，將溫度降低，會使均質凝核更容易。這也可說明，為何冰需要過冷到如此之低溫，才能阻止非均質之凝核。另一方面，對於析出反應，凝核也受到溶質在溶劑晶格中之擴散能力的影響。在非常低溫時，此變成了控制因素，當擴散實質上停止時，析出作用也就隨之停止。

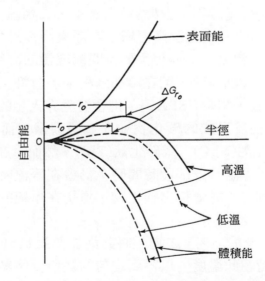

圖16.13　析出溫度對析出粒子之自由能的影響。其係析出粒子半徑的函數

16.8 介入相的析出
(Interphase Precipitation)

茲將討論另一種不同的析出，稱爲介入相析出(interphase precipitation)。在高強度低合金鋼(HSLA)之領域中，它是相當重要的。這些鋼不是簡單的二元合金，，因爲它們至少包含一個可與碳強烈作用的其它成分。這些元素中最重要的是釩、鈦、鈮、鉻、鉬、及鎢等，它們對碳均有很強的親和力，故一般被稱爲碳化物形成劑(carbide formers)。故一般含有碳、釩之低合金，其將優先形成碳化釩，VC，而非碳化鐵，Fe₃C。

爲了了解介入相析出的完整性質，最簡單的是先考慮二元鐵碳圖，其通常係顯示鐵及中間相(通常稱爲雪明碳鐵，cementite，Fe₃C，之介穩相)之間的關係。完整的鐵-雪明碳鐵圖顯示於圖18.1，請注意，圖16.1僅是圖18.1左下角的放大圖。此部分相圖更詳細的情形顯示於圖16.14中。其延展到 γ 相(沃斯田鐵，anstenite，面心立方相)穩定的高溫區域。茲考慮含0.15％C之鐵合金，其被加熱 到圖16.14之。

鐵固溶體。將此合金緩慢冷卻，由b點進入 $\alpha + \gamma$ 二相區，且由c點離開，而後再進入 α (b.c.c.)固溶體相或肥粒鐵區域。在緩慢冷卻過程中，可期待在b到c點之間會發生 γ 到 α 的轉變。此變相需要時間或緩慢的冷卻。若將試片由a點快冷或淬火到d點，且在d點停留，則在冷卻過程中，會抑止 γ 到 α 的變態，而在d點溫度發生等溫變態。對於HSLA鋼，則會發生介入相的析出，此時，已無法應用鐵碳二元圖，因爲形成的碳化物並非雪明碳鐵，而是一種合金碳化物，如碳化釩(VC)，碳化鈮(NbC)，或碳化鈦(TiC)。然而，在這些鋼中，由沃斯田鐵區淬火到肥粒鐵且等溫時效一段時間時，仍會在等溫時效時發生 γ 到 α 的變態。在此種變態之同時，亦會析出碳化物，這是在單純的二元鐵碳合金中不會發生的。

現在考慮含0.15％C及0.75％V之鋼。將此鋼加熱到1150℃左右，使其進入沃斯田鐵區域，並停留在此溫度，以得到均勻的沃斯田鐵結構。接著是快冷或淬火到700到850℃溫度之間，並在此溫度下時效，時效過程中，會發生 γ 相到 α 相的等溫變態。同時也會發生合金碳化物(VC)的析出，此析出物係凝核於肥粒鐵與沃斯田鐵之界面上。沃斯田鐵與肥粒鐵之界面通常係呈平面狀，但也不永遠如此。沃斯田鐵變成肥粒鐵主要係台階沿著邊界移動所造成(請參閱圖16.15)。在一般情況下，這些台階之高度在5到50nm之間，其決定於等溫變態之溫度及試片之組成，當台階移動橫過界面時，金屬就由沃斯田鐵轉變成肥粒鐵，其厚度等於台階之高度。一般相信，對合金碳化物之析出而言，台階前端之移動太快而無法在前端處凝核。但對於 γ-α 界面(其位在移動中之台階前端的後面)而言並非如此。此界面有效維持不變，直到次一個台階橫掃通過，故析出物有時間形成於此介入相之邊界上。它們凝核在界面上且生長入 α 相。當台階前端離開時，析出物繼續生長，故當台階繼續移動時，顆粒尺寸增大。沃斯田鐵變成肥粒鐵是一種重覆的過程，使得變態繼續時，另外的台階會以規則之方式出現，並且移動橫過界面，Honeycombe所提供之示意圖(圖16.15)顯示此過程。而圖16.16顯示，在含0.15％C及0.75％V之低合金鋼中，析出物之規則排列。此試片在1150℃沃斯田鐵化，而後淬火到725℃，並在此溫度時效5分鐘。

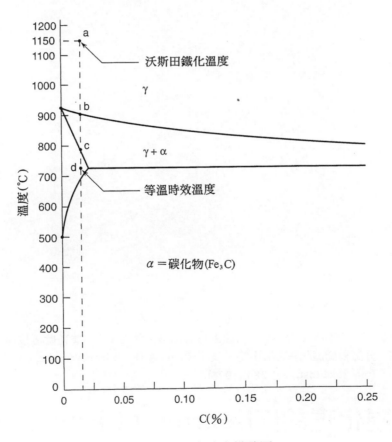

圖16.14　部分之鐵碳圖

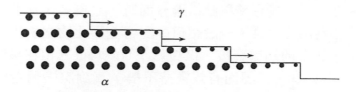

圖16.15 γ及α相之界面處的碳化物，其凝核與生長之機構。(取自 Honeycombe, R.W.K., Met. Trans. A, 7A 915[1976].)

圖16.16 Fe-0.75％V-0.15％C之合金由1150℃淬火到725℃，並在此溫度時效5 分鐘得到碳化釩之析出物。(取自Batte, A.D., 及Honeycombe,R.W.K.,J. Iron Steel Inst., 211 284 [1974].)

16.9　硬化理論(Theories of Hardening)

對於不同階段所得到之析出粒子的結晶性質，今天已比前幾年了解得更多。但對於硬化過程之真正性質仍未完全解決。硬化之機構至少有好幾種，而適用於某一合金之機構，未必適用於另一合金。然而，一般來說，硬度的增加相當於差排之移動的困難度增加。差排必需切過擋在路徑上的析出粒子，或者必需由差排之間穿過。無論那一種情形，要將差排移動通過蝕有析出粒子的晶格時，必需提高應力。圖16.17是Orowan機構之說明。其顯示差排與析出粒子的交互作用，該粒子已長得夠大，能使差排彎曲而通過它們之間。其可適用於時效之較後期，在此機構中，差排被認為繞析出粒子周圍而形成一差排環，差排可像Frank-Reed源一樣地抵消，此抵消作用使差排能繼續移動，並留下一環在粒子四周，差排環之應力場增加了次一個差排移動的阻力。

　　一般相信，析出粒子與差排間之交互作用的一重要因素，是環繞析出粒子四周之應力場。尤其當析出粒子與基質整合時更是重要。

　　過時效是時效延長所造成之軟化(參閱圖16.6)。在某些時效硬化合金中，軟化顯然與析出物之整合性的喪失有關。在任何情況中，軟化可以說與析出粒子的繼續生長有關。只要金屬保持在固定溫度，生長就將會繼續發生。此並非是說所有粒子都會繼續生長，而是有些(較小者)會消失，在時效過程中，粒子的平均大小會增加，但數目會減小。最大硬化發生於最佳的尺寸粒子呈現大數量的時候。而過時效則是因少量的大尺寸的粒子所造成。

　　析出粒子之生長直接有關於，基質與粒子間之界面的表面張力。由於邊界表面能，大析出粒子的自由能(每原子)低於小粒子的，此自由能差係引起小粒子溶解而大粒子生長的驅動力量。茲將推導其關係。

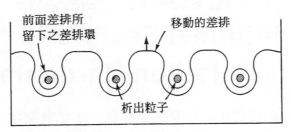

圖16.17　差排通過含有析出粒子的Orowan機構

　　首先，假設析出物為球形，如圖16.18之所示，且忽略小的應變能，則粒子之能量可表示成15.2式，

$$\Delta G = A_1 r^3 + A_2 r^2 \tag{16.1}$$

此是一給予量之析出物的總能。將上式除以粒子之體積，得到每單位體積之析出物的能量：

$$\Delta G' = \frac{\Delta G}{\frac{4}{3}\pi r^3} = A_1' + \frac{A_2'}{r} \tag{16.2}$$

其中，$\Delta G'$是單位體積之能量，而

$$A'_1 = A_1/\tfrac{4}{3}\pi \qquad \text{and} \qquad A'_2 = A_2/\tfrac{4}{3}\pi$$

析出物與原子之能量正比於每單位體積之能量，故

$$\Delta G_a \approx A'_1 + \frac{A'_2}{r} \qquad\qquad \textbf{16.3}$$

其中ΔG_a是每原子之自由能變化量。此量與粒子半徑成反變。半徑愈大，第二相原子之自由能愈負，因此愈穩定。反之，半徑愈小，愈不穩定。在這種情形下，溶質原子傾向離開小粒子而進入基質。同時，溶質原子離開基質而進入較大之粒子。溶質之擴散使得過程繼續發生。

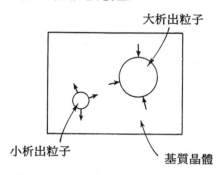

圖16.18 析出粒子之成長粒子表面之小箭頭指示溶質原子流動之方向

16.10 析出硬化之其它因素 (Additional Factors in Precipitation Hardening)

在許多合金中，析出硬化之現象更為複雜，因為其凝核係以均質的與非均質的同時發生。這些合金中之非均質凝核的較佳位置是晶界與滑動面。非均質意謂著更容易凝核，析出在這些位置上更迅速。此導致了均質凝核區與非均質凝核區之間的時效反應時間的差異，而且過時效經常發生於晶界上，其發生時間遠在基質析出能完全發展之前，晶界快速析出的另一影響是，析出粒子之尺寸變大，使得邊界附近之溶質耗盡。於是邊界二邊會有無析出之地帶(參閱圖16.19(a)。若合金被加熱到溶體處理溫度並且緩慢冷卻，則會大大呈現出此效應。在緩慢冷卻時，凝核會開始於固溶線之稍下方，且發生於容易凝核之處所，例如晶界。同時，當溫度接近於固溶線時，凝核作用可忽略，故不會發生均質凝核。在繼續緩慢冷卻過程中，晶界析出物繼續生長，溶質繼續由基質擴

散到析出物。而基質中之溶質濃度繼續減小，使得溶液之飽和度不會變得很大。因此，幾乎所有的溶質均會擴散到晶界之第二相上，基質的一般析出就不會發生。圖16.19(b)顯示緩慢冷卻的晶界析出。

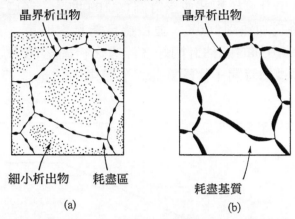

圖**16.19** 晶界之非均質凝核。(a)適度冷卻速率可造成晶界的非均質凝核，及粒中間的均質凝核。(b)非常慢之冷卻可產生只有晶界的析出

　　當金屬由溶體處理溫度快速冷卻時，所發展出的淬火應力經常會引生滑動面的非均質凝核。這些應力藉由滑動的塑性變形而得此釋放，其會在滑動面上留下許多的差排線段，這些差排線就成為非均質凝核的所在。

　　由於在析出物形成時，有時候會發生再結晶，這使得析出現象更複雜，當此發生時，基質再結晶，基質原子會形成新的的晶體。

　　最後，應指出，析出粒子並非永遠都是球形。它們經常是板狀，甚至針狀。在許多情況下，板狀或針狀之析出物會沿著基質晶體之特殊晶面或方向成長。這種析出成長會產生有趣的幾何圖案。它們通常被稱為費德曼組織(Widmanstatten structure)。圖16.20顯示一典型的費德曼組織。

圖**16.20** 費德曼組織的示意圖。短黑線代表板狀析出物，其沿著基質晶體的特殊結晶面

問題十六

16.1 依據9.15式寫出計算機程式並求得圖16.1的曲線。考慮一含0.018%C之鐵合金的薄試片,將它加熱到800K,並保持足夠長之時間,以得到平衡,最後淬火到冰鹽中。(a)由你的圖估計剛好在淬火之後固溶體中之碳量。(b)如果試片保持在冰鹽中很長的時間,你認為此固溶體中的碳量是否相等於剛淬火時的含碳量?

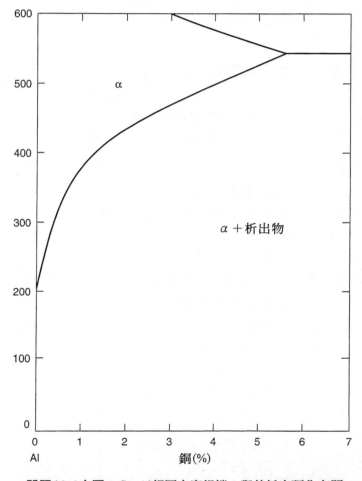

問題**16.4**之圖　Cu-Al相圖之富鋁端,與其析出硬化有關

16.2 高熔點金屬如釩、鈮、和鈦等,其中格隙雜質如氧、氮等的溶解度非常重要,因為它們嚴重影響了這些金屬的機械性質。依據Bunn, P.及Wert. C.,TMS-AIME, 230 936 (1964),氮在鉭中之溶解度(重量百分比)遵從下式:

$$C_w = 2.71 \exp(-22,600/RT)$$

(a)請劃出N在Ta中之溶解度曲線，溫度由300K到2000K。(b)由該曲線及問題16.1之曲線，比較1000K時，碳在鐵中及氮在鉭中的溶解度。

16.3　一含0.016％C之鐵合金的薄試片，先加熱到1000K，等到平衡後慢冷到850K，而後淬火到冰鹽中，並在313K時效100小時，試描述最後之微結構。

16.4　試考慮附圖之鋁銅相圖之鋁端部分。(a)寫出完整的程式，以得到4％Cu之Al合金在4.3K時效之最大硬度值。(b)請解釋在最大硬度時析出物之性質。

16.5　若時效硬化合金之析出粒子為球形，且形成粒子之體積自由能改變量是60MJ/m³。粒子與基質間界面之能量是0.40J/m²。試由15.3式，劃出粒子之自由能隨半徑之變化情形(r由0到3×10^{-8}m)。並藉此圖，決定r_0及ΔG_r。

16.6　若上題之析出物共有1.5％體積百分比，且所有粒子之體積均一樣，其半徑為臨界半徑的二倍。(a)計算每立方公尺中粒子之數目。(b)計算每一立方公尺中所有析出粒子形成時的總自由能變量。

16.7　Orowan機構可用來解釋，當析出物大到不再與基質整合時，析出粒子的硬化效應(參閱圖16.17)。粒子間之差排必需彎曲，使得強度增加。差排之彎曲受到差排之張力的抵抗。Ashby已導出一式子，可用來算出在Orowan模型之條件下要移動差排所需要的應力，對於鐵碳之系統，若假定析出之粒子為球形，則移動差排所需之應力為：(Leslie, W.C., The Physical Metallurgy of Steels, McGrawHill Book Company, New York, 1980. p.198.)

$$\sigma(\text{MPa}) = 5.9 f^{1/2}/X \cdot \ln(X/b)$$

其中σ(MPa)是應力，f是析出物之體積化，X是析出粒子之平均線式交點直徑，b是Burgers向量，在本情況中，$b = 2.5 \times 10^{-4} \mu$m，$X$之單位是$\mu$m。試劃出一曲線，用來顯示應力與粒子直徑$X$之關係(令$f = 0.001$，$X$由0.001到$0.100 \mu$m)。

16.8　在上題中，析出物之體積比被取為0.001。(a)若析出物為雪明碳鐵，且其密度等於肥粒鐵的，試估算鐵中之碳濃度。(b)在1000K時固溶體中之碳量有可能這麼多嗎？換言之，由1000K淬火後在300K稍上方時效，可得到0.001體積比的雪明碳鐵嗎？

16.9　依問題16.7所引述Leslie，在微量合金HSLA鋼中，於插入相析出時所形成之粒子且有5nm之直徑，若微量合金元素是釩，且插入相析出物是碳化釩，V C。(a)要使強度提高200MPa，需要多少體積比的析出物？(b)估算進入析出物之釩的重量百分比。

第十七章
變形孿晶與麻田散體反應 (Deformation Twinning and Martensite Reactions)

我們現在將考慮兩種明顯是無關但實際上卻是非常普遍現象的型式。一種是塑性變形模式的變形或機械孿晶，而另一種是相變化的基本型式之一的麻田散體反應。和滑移一樣，孿晶的發生是施加外力的結果。某些應力對麻田散體轉換的促發有部份的影響，但這只是一個次要的效應。金屬遭受相變化時會發生麻田散體反應，麻田散體反應之推動力是由於兩相間的化學自由能差。

麻田散體反應與孿晶化的相似之處在於孿晶與麻田散體晶體形式間有相類比的關係。在此兩種情況中，原子在母相的有限結晶體積中重新排列成新晶格。在孿晶中，這種重新排列是複製原來的晶體結構，但具有新方向。在麻田散體平板中，不僅生成新方向，而且形成截然不同的晶體結構。例如，當將鋼快速冷卻到室溫形成麻田散體時，原來在高溫穩定的面心立方體轉變成小結晶單元的體心正方的相。另一方面，當在鋅金屬中發生孿晶化時，原有的金屬與所形成的孿晶仍然具有鋅的六方緊密堆積結構。對孿晶化與麻田散體轉變兩者而言，每一秒重新排列的材料體積都會遭受到形狀的變化，而扭曲了週圍的基材。因為形狀上的變化相當類似，所以麻田散體平板和變形孿晶看起來很像，其都是小透鏡狀或板狀。變形孿晶和麻田散體平板的實例示於圖17.1。實際上，相當可能將原來結構的大體積轉變成新結構之基礎之一，但示於圖17.1的平板形狀更為普遍。

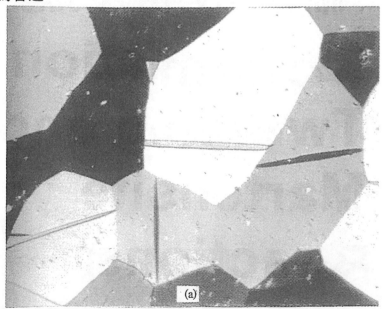

圖**17.1** (a)在多晶鋯試片中的變形孿晶。偏極光的相片(E.R.Buchanan)1500X。
(b)1.5％C-5.10％Ni鋼中的麻田散體平板。(Courtesy of E.C. Baain Laboratory for Fundamental Research, United States Steel Corporation.) 2500X.

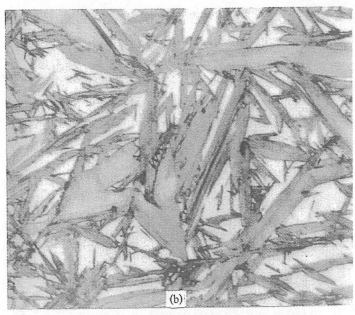

(b)

圖**17.1**　（續）

17.1　變形孿晶化
(Deformation Twinning)

由於變形孿晶化僅改變晶格方向而不改變晶體結構，所以伴隨機械孿晶化的變形較伴隨麻田散體反應的變形簡單。伴隨變形孿晶化的形狀是一種簡單的剪變，如圖17.2(a)所示，為簡化起見，我們假設孿晶穿透整個晶體。孿晶化與滑移間的差異必須小心的驗證，因為兩者都是由於晶格受剪變所引起的，在滑移中，變形發生在個別的晶格平面上，如圖17.2(b)所示的一樣。當測量一個滑移面時，我們發現剪變的量可以比晶格距離大上好幾倍，此取決於差排源放射出的差排數。反過來說，伴隨變形孿晶化的剪變是均勻分佈的分佈在整個體積上而不是局部的不連續滑移面上。與滑移相反，原子相互移動的距離只有原子間距的小部份(分數)。因為由於孿晶化所產生的總剪變變形很小，所以正常的滑移是一相當重要的主要變形模式。雖然如此，在說明許多金屬某些令人困惑的機械性質上，機械孿晶化顯得越來越重要。例如，當有金屬孿晶時，孿晶內的晶格經常排列成有利於外加應力的滑移方向，在某些情況下，含有極多孿晶的金屬較沒有含孿晶的金屬更容易變形。另一方面，如果晶格重新排列被限制於有限的孿晶數內，則發生在狹窄的有限孿晶內的大量變形會引發破裂。孿晶在再結晶現象中亦相當重要。於退火期間,孿晶的交會處是新晶粒成核的優先位置。

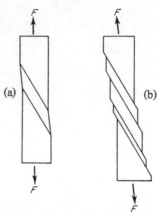

圖17.2 孿晶剪變(a)與滑移剪變(b)間的差異

藉著研究圖17.3的簡單圖形可以更清楚了解孿晶的力學。表示於此圖上孿晶化只是概要的,並沒有提到任何實際晶體的孿晶化。上圖表示假設具有偏平橢圓球的原子所組成的晶體結構。下圖表示已遭受剪變作用並產生孿晶的同一晶體。此孿晶是在變形區內每一原子沿經其中心且垂直紙面的軸旋轉而成的。在兩圖中都有標上a,b,及c的三個原子,以便顯示它們在剪變前後的相對位置。注意,個別原子對於其鄰近原子的移動量相當少。但這並不表示在真實晶體中原子的移動與在圖17.3所示的一樣,可以確定的是在所有的情形中,原子相對於其鄰近原子的移動相當小。圖17.3中的兩個部份顯示了孿晶化的另一個重要特徵:孿晶的晶格是母晶格的鏡像。孿晶和母晶格的方向橫過一被稱為孿晶面(twinning plane)的對稱平面是對稱的。有許多方法可以獲得此一對稱面,其將於下一節中討論。

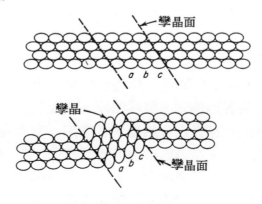

圖17.3 概要的顯示如何由原子的簡單運動而產生孿晶

17.2　孿晶化的結晶學理論
(Formal Crystallographic
Theory of Twinning)

　　Cahn[1]對金屬中孿晶化外型的結晶學理論已作簡要的說明，下面的論述大部份是基於他的論文。

　　讓我們假設在一單晶試片上施一剪應力，如圖17.4左圖所示的一樣，施加應力的結果使晶體產生剪應變。晶體的最後形狀示於第二圖中。此外，假設變形後，已剪變的部份仍具有原晶體的結構與對稱性。換句話說，剪變後此區保有原金屬的結晶學性質，因此單位晶胞的大小與形狀都不改變。根據結晶學理論，在剪變後，若可能發現三個不共面，有理的晶格向量與原來的晶格其有相同的長度及相互間的角度，則此單位晶胞的大小與形狀將不改變。

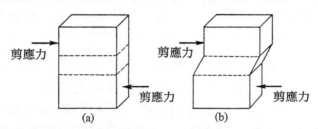

圖**17.4**　(a)顯示一單晶遭受剪應力的位置。(b)顯示由力的作用結果而發生的孿晶化剪變

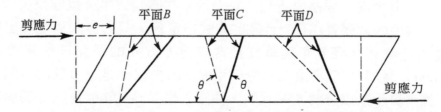

圖**17.5**　由於施加剪應力而遭受剪變變形的小四方體的側面圖。虛線表示晶體的原來形狀，實線是它的最後形狀。此圖說明了由於剪變而使數個平面的形狀發生改變。虛線代表平面的原來位置。這三個平面的方向都與紙面垂直

　　圖17.5顯示一受剪變體的側面圖。上表面相對於下表面向右移動了一個距離 e，垂直於紙面的結晶學平面 B，C，與 D，都被旋轉到一新的位置。在每一

1. Cahn, R. W., *Acta Met.*, **1** 49 (1953).

個情況下，平面的原來位置以虛線表示，而最終位置以實線表示。在受剪變後，尺寸不改變的唯一平面是平面C。平面D變短了而平面B變長了。平面C的形狀未遭受改變的理由是因為其在剪變前後它與基底平面的夾角相同。除了定義剪變區的上表面與下表面的平面外，此平面是唯一的，它是在剪變中唯一形狀不變的平面。

　　圖17.6是一最近三度空間的圖，其顯示了比圖17.5所示的更具一般性方向的數個任意的選擇平面。再度指出剪變前後平面的位置(每一情況下的形狀改變都相當明顯)。

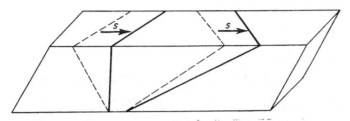

圖17.6　一受了小剪變的四方體的三度空間圖，其顯示了因剪變而造成任意兩平面的畸變。虛線代表平面的原有位置，實線則是受剪變後的平面位置。(在每一情況中以標有S的箭頭來表示剪力的方向

　　從上面的討論，在剪力作用中，僅有兩個結晶學平面在剪力作用下不會改變它們的形狀和大小。第一個平面是定義剪變區的上表面與下表面的平面。此平面含有剪力方向。在孿晶化的剪變情況中，熟知的孿晶平面或第一未畸變平面以符號K_1來表示。另一平面，在圖17.5中的C平面，與K_1交於一條直線，此線垂直於剪力方向，且此平面在發生剪變前後均與K_1夾同一角度。此平面被稱為第二個未畸變平面，結晶學上用K_2來表示。在圖17.7中，以圖來說明K_1與K_2間的關係。其他的數個量亦可以此圖的方式來定義。剪力方向以箭頭記號表示且標以慣用符號η_1。與K_1平面垂直且含有剪力方向的平面被稱為剪力平面(plane shear)。剪力平面與第二未畸變平面K_2的交線亦是一重要的方向。它是以箭頭記號來表示並以符號η_2來代表。注意，相對於K_2的位置η_2在剪變前後有兩個位置。

　　因為所有的其他平面在剪變期間，平面的大小與形狀都受到改變。只有在K_1與K_2平面上向量在孿晶變形時沒有產生畸變。目前基本的問題是尋找位於K_1與K_2上的三個不共面的晶格向量的可能組合，這些向量在剪變後其大小與角度均保持不變。

　　令在圖17.8中的ε是平面K_1上的任一向量；那麼在K_2上僅有一個向量在剪變前後仍然和ε保持相同的角度。這個向量就是η_2，其與K_1和K_2的交線相垂

直。因為 ε 是 K_1 上的任一向量，因此在剪變前後 η_2 必須與位於 K_1 上的所有向量維持相同的角度。最後，若假設 K_1 是一有理平面(因此 K_1 含有有理方向)且 η_2 是一有理方向，則剪變前後的單位晶胞具有相同的大小與形狀將可實現。

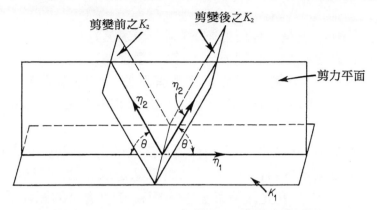

圖**17.7**　K_1，K_2，η_1，η_2 與剪力平面間的空間關係

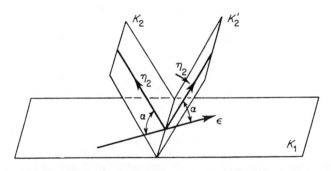

圖**17.8**　在此圖中，相應第一類的剪變，注意，在剪變前後 η_2 與位在 K_2 平面上的任一向量 ε 保持相同的角度。第二未畸變平面的剪變位置以 K_2' 表示

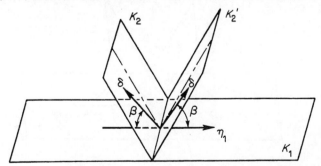

圖**17.9**　此圖表示第二類的剪變，在此狀況下，δ 代表在 K_2 上的任向量，其在剪變前後與 η_1 保持相同的角度。第二未畸變平面的剪變位置以 K_2' 表示

　　相同的方法，很容易就可發現，剪變前後在 K_1 上的 η_1 是唯一能夠與 K_2 上任一向量保持相同角度的向量。此根據的事實是 η_1 也垂直於 K_1 與 K_2 的交線。 δ

(在K_2上的任一向量)和η_1間的關係示於圖17.9。因此,可作如下的結論,於孿晶化期間係保持晶格結構的另一情況是η_1和K_1為有理數。

根據上面的討論,有三種方式可使晶格於剪變後仍可保持其晶體結構與對稱性:

1. K_1是有理平面且η_2是一有理方向。(第一類孿晶)
2. K_2是有理平面且η_1是一有理方向。(第二類孿晶)
3. 所有的四個元素K_1,K_2,η_1及η_2皆為有理數。(化合孿晶)

因孿晶化所發生的晶格旋轉不相同,所以其取決於是生成第一類或第二類孿晶。

在第一類孿晶中,剪變區中的晶格以K_1之垂線為軸旋轉180°便可得到未剪變區的晶格。此效應示於圖17.10。第二類孿晶是以η_1為旋轉軸,旋轉180°。此例說明於圖17.11中,在立體投影圖中,兩種旋轉清楚的圖示於圖17.12。在化合孿晶中,由於對稱性的考慮,兩種旋轉的形式都導致相同的最後方向。

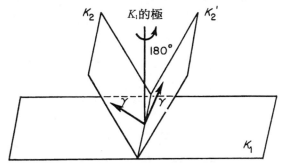

圖**17.10** 第一類孿晶中的晶格旋轉是以孿晶面(K_1)的垂線旋轉180°。注意向量γ的旋轉

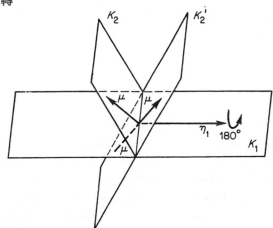

圖**17.11** 在第二類孿晶中,以剪力方向η_1為軸旋轉180°。在此圖中,利用將K_2的剪變區投射在孿晶面(K_1)下面來說明此一旋轉的本質。在此強調向量μ旋轉了180°

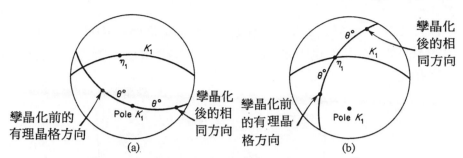

圖**17.12** 比較第一與第二類孿晶中的晶格旋轉。在(a)中，其符合第一類孿晶，
一有理的晶格方向以K_1的極為軸旋轉180°。在(b)中，對第二類孿晶而
言，以η_1為軸旋轉180°

下列是與此理論相關的基本名詞的總結：

    K_1＝孿晶面或第一未剪變平面。

    K_2＝第二未剪變平面。

    η_1＝剪力方向。

    η_2＝由剪力平面與K_2相交線所定義出的方向。

剪力平面是與K_1與K_2相互垂直且包含η_1與η_2方向的平面。

組成平面是分開剪變區與未剪變區的平面，在實際的孿晶中，它經常非常
接近K_1。

γ是剪應變。

發生於另一孿晶內的孿晶稱之為第二階孿晶(second-order twin)

第二類孿晶在金屬中相當稀少，且其僅發生在低對稱的晶體中。Cahn[2]已
證實在鈾中有此類孿晶。它們亦被發現於斜方晶的礦物與鹽類中或低對稱性的
晶體中。在高對稱性的晶體中，如立方或六方緊密堆積晶格，其孿晶一般都屬
於化合孿晶。

從上述之理論，很明顯的孿晶化後的晶格方向可由沿η_1或K_1之垂線旋轉
180°而得到，，其與孿晶化的總類有關。另一方面，剪力的大小與指向可由第
二個未畸變平面K_2來決定。值得注意的是孿晶化中的剪變是單極的，亦即只能
發生在單一方向。此與滑移有相當大的區別。

剪力與第二個未畸變平面間的關係可以由一簡單的實例來加以說明。考慮
六方緊密堆積的情況，在這些金屬中最常存在的孿晶形式是化合孿晶，我們有

    $K_1 = (10\bar{1}2)$ $K_2 = (\bar{1}012)$

    $\eta_1 = [\bar{1}011]$ $\eta_2 = [10\bar{1}1]$

---

2. *Ibid.*

鋅的c/a比是1.856，而鎂是1.624。由於這種差異使得鋅中的基面與{10$\bar{1}$2}面間的夾角是46.98°，而在鎂中是43.15°。圖17.13顯示此種差異如何影響這兩種金屬的攣晶化。

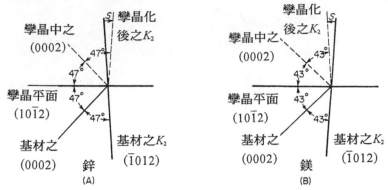

圖**17.13** 鋅與鎂中在{10$\bar{1}$2}攣晶化時剪力指不同的原因，注意於攣晶化之前K_2位於鋅中垂線的左邊，而鎂則在右邊。這兩種金屬由於對稱性條件的要求使得K_2以不同方向旋轉。為簡單起見，圖上的角度都以整數來表示

　　因圖17.13只劃出一部份，所以剪力平面正好是在紙面。對稱性條件要求第二個未變形平面K_2在鋅中順時針旋轉，而在鎂中反時針旋轉。如此便會產生一個效應，對前者而言，於攣晶區內平行於基面方向的晶體變長了，反過來說在鎂中時此種作用剛好相反即平行於基面方向的晶體變短了。圖17.14說明此一事實，即在鋅中拉伸應力平行基面時有利用{10$\bar{1}$2}的攣晶化。在鎂中，有利於攣晶化的剪力指向是在這個方向進行壓縮而不是拉伸。

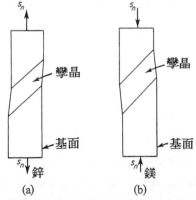

圖**17.14** {10$\bar{1}$2}攣晶的形成，平行於基面方向上的晶體長度在鋅中增加，在鎂中減少。在鋅晶體中施加一平行於基面的拉應力則會產生攣晶，但在鎂中則須壓應力。在這些圖中，母晶格的基面平行於應力軸且垂直於紙面

在所有基本的金屬晶體結構中都已觀察到機械孿晶。包括面心和體心立方晶體。在某些純面心立方的金屬中，只有在非常低溫及非常大的應變才能觀察到變形孿晶。於Blewitt，Coltman，及Redman在1957年於4.2K下觀察到銅的變形孿晶之前，一般相信f.c.c.晶體內可能沒有存在孿晶。但自從那次後，在許多f.c.c.金屬中都已觀察到機械孿晶。面心立方金屬中的孿晶形成於{111}平面且剪力方向是<11$\bar{2}$>。

在體心立方金屬中，孿晶面K_1是{112}，而η_1是<11$\bar{1}$>。體心立方金屬中的孿晶起初亦在低溫下觀察到。其是變形及破壞力學的重要因素。在如四方晶的β-錫，斜方晶的鈾，及斜方六面體的砷，銻及鉍等六方金屬及低對稱性的金屬中孿晶化是相當重要的。

17.3 變形孿晶的鑑定(Identification of Deformation Twins)

若K_1，K_2，η_1及η_2皆為已知，則可完全地定義出孿晶的模式。當所有四個量都被決定後，則新的模式才可被完全的鑑定。

一孿晶的組成平面已被定義成分開剪變區與未剪變區的平面。因此它是孿晶與基材間的可見邊界。在非常窄的孿晶中(圖17.1)，由於當孿晶平面與組成平面共平面時，孿晶晶界的能量最低，所以通常組成平面與孿晶平面K_1的方向幾乎相同。因此，可以藉著測量薄孿晶組成平面的方向來決定K_1。

因為η_1是孿晶的剪力方向，所以可經由當孿晶形成時藉著簡單的測量試片受剪的方向及靠經驗就可推導出η_1。這將在下一節作進一步的探討。

因為η_2是第二個未畸變平面與剪力平面的交線，所以，第二個未畸變平面K_2決定後，也可以得到η_2。第二個未畸變平面從未畸變晶格的位置旋轉到孿晶化後的位置，此孿晶化的過程可決定出孿晶中的剪變大小。此事實說明於圖17.15中，根據此圖，我們有

$$\frac{S/2}{h} = \tan(90° - \theta)$$

或

$$\frac{S}{h} = 2\tan(90° - \theta)$$

式中　　$\theta = K_1$與K_2間的角度。
　　　　$S=$上表面相對於下表面的剪變位移。
　　　　$h=$孿晶的寬度。

現在剪應變定義成

$$\gamma = \frac{S}{h}$$
17.1

因此 $\gamma = 2\tan(90° - \theta) = 2\,\text{ctn}\,\theta$
17.2

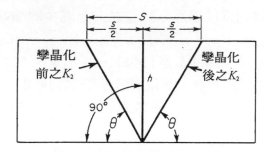

圖17.15 孿晶剪變與第二個未畸變平面間的關係。紙面與剪力平面相同，S是孿晶化的位移，θ 是第一與第二個未畸變平面間的角度

　　因為孿晶的形成所伴隨的剪變作用，使得晶體的表面與孿晶層的交面產生畸變與傾斜(圖17.14)。藉著三角學的幫助，可以精確的測量表面的傾斜，如此便可能決定出剪力的方向，指向及大小。如此K_2及 η_2便可決定了。決定出的K_2及 η_2的準確度取決於決定剪應變的精確度。後者的精確度與表面的傾斜是否能夠真正代表剪應變有關。若孿晶形成後，孿晶內產生塑性變形時，則表面的傾斜反映出此兩種效應。表面的傾斜方向決定出孿晶的剪變指向。(見圖17.14，鋅和鎂中$\{10\bar{1}2\}$孿晶的情形)。

17.4 孿晶的成核(Nucleation of Twins)

　　孿晶的形成乃是由於平行於孿晶面且與孿晶方向 η_1同向的施加應力之剪力分量之作用而得到的。正應力(垂直於孿晶面)在孿晶形成時是不重要的，此結果[3]是根據鋅晶體在靜壓作用下以拉伸的方式產生變形而得到的。在這些實驗中，靜壓力從1大氣壓變化到5000大氣壓時，無法測出形成孿晶時所需拉伸應力的差異。因靜壓力在孿晶面沒有剪應力的分量，但有正應力之分量，所以我們的結論是形成孿晶只需剪應力。在鋅晶體中變形孿晶均質成核所需的理論剪應力已被估計約在40到120kg/mm²之間(56000到168000psi)[4]。形成孿晶的剪應力之實驗量測值較理論值低很多，其範圍由0.5到3.5kg/mm²。這強烈的證實孿晶是異質成核的信念。

　　3. Haasen, P., and Lawson, A. W., Jr., *Zeits. für Metallkunde*, **49** 280 (1958).
　　4. Bell, R. L., and Cahn, R. W., *Proc. Roy. Soc.* (London), **239** 494 (1957).

　　許多的證據建議孿晶化的成核中心是晶格中局部高度應變的位置。此假設已由孿晶主要是在已受滑移變形的金屬中形成而得到證實[5]。因為在某些限制區會防止差排的運動而形成障礙，所以進一步的滑移過程受阻。因為局部應力場(孿晶之成核中心)的形成有許多方法，其取決於試片的幾何形狀及方向，和施加應力的本質，所以孿晶化不像滑移並沒有一般的臨界分解剪應力。這說明了實驗上觀察到孿晶化所需的剪應力的廣大範圍(即在鋅中為 0.5 到 $3.5\,kg/mm^2$)。

　　孿晶化時是否有一臨界分解剪應力存在，我們忽略了一個重要的因素。常規而言，測量孿晶成核是一個別事件，而滑移的臨界分解剪應力卻代表著許多事件的統計平均值。亦即，當晶體藉著滑移開始產生巨觀地變形時，就有非常大量的差排成核並開始移動。若要測量數以千計的小孿晶成核的平均應力，則可能利用在一已知變形狀況下獲得如同滑移中一樣的相對固定應力值。

17.5　孿晶晶界(Twin Boundaries)

　　現在讓我們來考慮孿晶與母晶格間的界面。面心立方體金屬中孿晶晶界的原子排列示於圖 17.16 中。此圖中假設孿晶界面剛好完全平行於孿晶面 K_1，在此結構中，兩晶格(孿晶與母體)在界面上配合得很完美。晶界兩邊的原子具有面心立方晶格的正常原子間距。最密面的堆積順序是

$$\overset{\downarrow}{\underset{\uparrow}{ABCACBACB}}\ldots\ldots\ldots$$

晶界的界面能非常小，在銅的情形中，已被決定出[6]的孿晶晶界界面能是 $0.044J/m^2$，其比銅-銅晶界的表面能[7] $0.646J/m^2$ 小很多。Barrett[8]對六方金屬的 $\{10\bar{1}2\}$ 孿晶及在體心立方金屬的孿晶劃出類似圖 17.16 的圖形。他證實在兩者的情形中，孿晶與母晶格間橫過 K_1 時有一合理的匹配。但在界面兩邊的原子從其正常的晶格位置移了一小距離。因為在孿晶界面的原子鍵受到應變，所以它們具有比面心立方金屬中 $\{111\}$ 晶界還高的界面能。然而，這些能量仍遠小於它們的正常晶界能。變形孿晶形成於不變的低指數平面的事實，可由伴隨著孿晶與母

　　5. *Ibid.*
　　6. Valenzuela, C. G., *TMS-AIME*, **233** 1911 (1965).
　　7. McLean, D., *Grain Boundaries in Metals*, p. 76, Oxford University Press, London, 1957.
　　8. Barrett, C. S., ASM Seminar, *Cold Working of Metals* (1949).

晶格間界面的表面能來說明。一般來說，較高的平面指數，界面的配合度較差，表面能較高，所以變晶形成的機率較低。與變晶面平行的變晶晶界稱爲整合性晶界(coherent boundary)。大多數的變晶開始時是薄且窄的板狀物，隨著它們的成長變得越來越像透鏡狀。所以平均的變晶晶界是非整合性的。

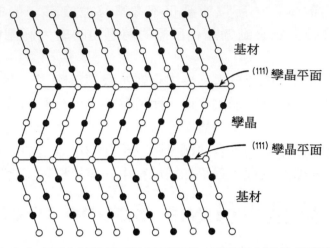

圖**17.16** 面心立方金屬中於變晶面的原子排列。黑圈及白圈代表不同階層(平面)的原子。(After Barrett, C.S., ASM Senminar, Cold Working of Metals, 1949, Cleveland, Ohio, p.65.)

整合性的晶界面通常是在晶界上不存在差排而使兩晶格十分匹配(見圖17.16)。在實際的非整合性晶界上，通常必須接受一排差排藉以調整變晶與母晶格間的不匹配。此說明於圖17.17中，在圖中顯示整合性晶界與非整合性晶界的概要區段。

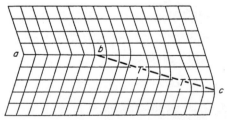

圖**17.17** 整合性變晶晶界*ab*與非整合性變晶晶界*bc*間的差異，注意非整合性晶界上會有差排。(After Siems, R., and Haasen, P., Zeits. fur Metallkunde, 49213〔1958〕.)

17.6　孿晶的成長(Twin Growth)

　　孿晶的形成不僅包括產生了一對表面，而且還包括了經由孿晶四週的晶格來調節孿晶化的剪變。當孿晶成長時，會變得更像透鏡狀且它的表面需要一列的孿晶化差排。如在圖17.17中所考慮的一樣，在非整合性孿晶晶界上差排的移動可導致孿晶的成長。譬如，在圖17.17中的差排向右水平運動將使非整性晶界向右移動，如此會使假設位於此圖下方的孿晶變大。理論上可以將位於透鏡狀孿晶晶界上的孿晶差排列想像成是一螺旋狀的單一差排。此想法概述於圖17.18。此一差排 因規則晶格差排的分解所引起的。

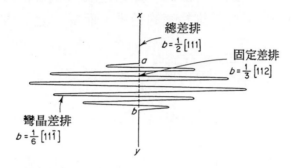

圖17.18 在體心立方晶體中，Cottrell及Bilby的極機構。在[121]平面上的螺旋狀孿晶差排沿差排xy盤旋。(After Cottrell, A.H. and Bilby, B.A., Phil. Mag., 42 573[1951].)

　　在體心立方晶體的情況中，Cottell和Bilby[9]提出$\frac{1}{2}[111]$的總滑移差排可以分解成一個具有$\frac{1}{6}[11\bar{1}]$布格向量的可動孿晶部份差排及一個$\frac{1}{3}[112]$的固定部份差排。此反應可以方程式表示成

$$\frac{1}{2}[111] \rightarrow \frac{1}{3}[112] + \frac{1}{6}[11\bar{1}] \qquad\qquad \textbf{17.3}$$

在圖17.18中，線xy表示$\frac{1}{2}[111]$的總差排，假設其在點ab間分解。兩點間的直虛線代表$\frac{1}{3}[112]$的固定部份差排，而且$b=\frac{1}{6}[11\bar{1}]$的螺旋狀差排是孿晶差排。假設後者位於$(\bar{1}21)$平面上。這整個圖的關鍵是$(\bar{1}21)$平面沿著線xy盤旋。會發生此現象的原因是組成此線的所有差排(亦即，具有布格向量$\frac{1}{2}[111]$的線xa及by，及具有布格向$\frac{1}{3}[112]$的線ab)。具有的布格向量的分量垂直於$(\bar{1}21)$平面且等於此平面的平面間距離。換句話說，考慮到$(\bar{1}21)$平面為限時，線xy是沿此平面盤旋的螺旋差排。

―――――――
9. Cottrell, A. H., and Bilby, B. A., *Phil. Mag.*, **42** 573 (1951).

　　概述於圖17.18中的變晶可以兩種方式成長。變晶差排可增加其盤旋數。此相當於厚度的成長。其他的可能是螺旋本身的擴張，如此會增加變晶層的長度。圖17.18僅表達了Cottrell-Bilby變晶化機構的一部份。在他們的原始論文中，他們亦考慮了原始差排的分解並導致此結果的本質。詳細的分析可參見原始論文[10]。

　　對於敘述一差排如何成核並成長的極機構(pole mechanism)有人有異議[11]。極機構亦已應用於其他晶體結構，有名的實例是Venables[12]所提出的面心立方晶體。

　　若極機構能應用到金屬上，則任何變晶的成長可能是由於許多極機構一起作用的結果。沒有理由認為這是不可能的，此假設有一很好的理由支持；即變晶的巨觀平均大小是因多數滑移差排相交的結果，而每一差排構成一個極。

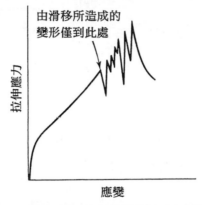

圖17.19 單晶的拉伸應力-應變曲線顯示由於變晶化而造成了不連續的應變增量。(After Schmid and Boas, Kristallplastiztat, Julius Springer, Berlin, 1935.)

　　變晶大小的成長是由於增加其長度及厚度。大體積的變晶材料是由於獨立的成核的變晶區聚集結合而成的。變晶成長的速率是兩個不是完全無關變數的函數。首先是直接影響成長速率的負荷速率。另一個則是變晶成核所需的應力。若變晶在非常低的應力下成核，則成長所需的應力會與成核應力的級數相同。在此情況下，可以形成次微觀的變晶且多少會隨應力的增加而均勻的成長，直到被某些因素阻止為止。另一方面，若變晶的形成是在成核前有極高應

　　10. *Ibid.*

　　11. Christian, J. W., *The Theory of Transformation in Metals and Alloys*, p. 792, Pergamon Press, Oxford, 1965.

　　12. Venables, J. A., *Deformation Twinning*, AIME Conf. Series, vol. 25, p. 77, Gordon and Breach Science Publishers, New York, 1964.

力的情況下，則成長應力會比成核時小很多。當此種情形發生時，孿晶-成核就非常快速率的成長。此種快速的成長會伴隨一些有趣的現象。首先，在快速變形後，在金屬中馬上有震波且可聽得見滴答聲。當一錫棒被彎曲後由於變形孿晶化就會造成可聽得見的爆裂聲。其他的效應可見於受載期間進行孿晶化的晶體試片拉伸測試中。孿晶的快速形成致成拉伸應變的突然增加。在精密的測試機器中，這會導致負載的突然下降，因此應力-應變曲線在孿晶區時會有鋸齒狀的外觀。此種本質的應力-應變曲線示於圖17.19中。

17.7　孿晶化剪變的調節 (Accommodation of the Twinning Shear)

　　孿晶化時在晶格上的剪變小於滑移時，但當孿晶獲得適當的寬度時，剪變變成在巨觀上是可見的。極薄孿晶的剪變可能會被孿晶週圍的基材以彈性地方式所調節。然而，當孿晶成長時，需使周圍的金屬產生塑性變形來調節。若基材無法調節有限大小孿晶的孿晶剪變，則無法獲得調節的點會發展成空洞。一所熟知的實例是發生在鐵中孿晶相交而形成有名的Rose通道。此現象在1868年由Rose最先提出報告。圖17.20顯示出此一通道形成的一種方式。

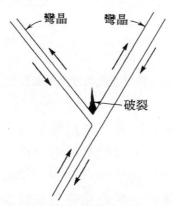

圖**17.20** 在鐵晶體中於孿晶相交處所引發的裂縫。在1868　Rose首先提出相似裂縫的報告。(After Priestner, R., Deformation Twinning, AIME Conf, Series, vol.25, p.321, Gordin and BVreach Science Publishers, New York, 1964.)

　　若孿晶完全位於晶粒內，因它通常是透鏡狀，因此在其末梢處會逐變小成尖邊。此種成長的型式可能與剪變調節過程有關，因為若孿晶成長成楔狀則孿晶化的剪變較易以基材的滑移來調節。然而，孿晶的形狀無庸置疑的亦受在孿晶晶界形成的差排列的本質與影響。孿晶的輪廓愈尖細，位於晶界差排間的分開距離愈大。

　　當成長的孿晶交於自由表面時，孿晶的尖銳前緣邊會消失。若孿晶碰到單一的自由表面，則孿晶形成半透鏡狀(圖17.21)，若孿晶橫過一完整晶體，孿晶的平側會平行於孿晶面K_1(圖17.2(a))。在後者的狀況下，孿晶不需晶格有適量的畸變更可在晶格中得到調節。此一情況不適用於半透鏡狀的孿晶，因其周圍的晶格被迫去調節剪應剪變。在半透鏡狀的情況中，最常發現鄰接到孿晶的調節扭折。圖17.21的圖中顯示出在六方金屬鋅及鎂中簡單調節扭折的本質，其由垂直於基面及孿晶的表面來觀察。在每一種情況中，為了容許母晶格跟著孿晶的剪變，晶體中的基面在接近孿晶都被彎曲或扭折了。

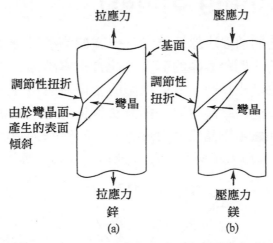

圖**17.21** 在兩種六方金屬中由於半透鏡狀孿晶與表面的相交而造成的表面傾斜與調節性扭折

　　總之，因為孿晶剪變必會被調節，所以通常滑移在孿晶化中扮演一個非常活躍的角色。從廣義的觀點來看，我們必須考慮滑移與孿晶化模式耦合的孿晶變形。若缺乏這種耦合則在如鈦和鋯的金屬中，孿晶化就不是一個有實際意義的塑性變形。一般來說，此暗示著孿晶化會包含滑移，當然，反之不真。

17.8　孿晶化在塑性變形中的重要性 (The Significance of Twinning in Plastic Deformation)

　　孿晶變形的存在及其對機械性質的影響已在差排動力學研究中被忽視。若僅考慮滑移而產生的變形，這是正常的。但是，在許多情況中，滑移和孿晶化是同時發生的且機械性質會受到孿晶化的強烈影響。其實例是如鈦、鋯及鎂的重要h.c.p.金屬及如黃銅、青銅、銅鎳、鈹銅及不銹鋼等重要的商用f.c.c.合金。我們將簡短的討論一特別的例子來說明孿晶化對f.c.c. Cu-Sn青銅合金機械性質的影響。但是，在討論前我們將先簡要的討論幾個其他的題目。

17.9　單晶中由於孿晶化所造成的理論拉伸應變(The Theoretical Tensile Strain Due to Twinning of a Single Crystal)

　　孿晶剪變成孿晶時所產生的理論拉伸應變可以下式來表示，其由Schmid及Baas[13]所提出

$$\varepsilon_t = \sqrt{1 + 2S \sin \chi_o \cos \lambda_o + S^2 \sin^2 \chi_o} - 1 \qquad 17.4$$

式中ε_t是由於孿晶化產生的拉伸應變，S是孿晶剪變，λ_o是拉伸應力軸與孿晶剪變方向間的角度，且X_0是孿晶平面與拉伸軸間的角度。對一孿晶的起始方向而言X_0及λ_o都是45°，方程式17.4簡化成

$$\varepsilon_t = \sqrt{1 + S + S^2/2} - 1 \qquad 17.5$$

為了服從最大可能剪應力的原則，當一晶體中的孿晶完全位於原有方向的平面上時，17.5式可以獲得最大的拉伸應變。從一已知的孿晶化的形式可以利用方程式17.4來粗略的估計最大的應變。表17.1列出重要的金屬之重要孿晶化模式的數據。f.c.c.金屬中{111}的孿晶化，b.c.c.金屬中的{112}的孿晶化，h.c.p.金屬中{11$\bar{2}$1}的孿晶化，在此三種情況中，孿晶化會產生大的拉伸應變：在前

13. Schmid, E., and Boas, W., *Kristallplastizität*, p. 64. Julius Springer, Berlin, 1935.

面兩者是0.40in，而後者是0.35in。此表沒有考慮第二或高階的孿晶化。在原生的孿晶內形成孿晶較不普遍且對拉伸應變之貢獻不重要。

表17.1 數種金屬的孿晶化模型

晶體結構	金屬	彎晶模式	彎晶剪變, S	單晶之最大拉伸應變
面心立方體	All	$\{111\}\langle11\bar{2}\rangle$	0.707	0.40
體心立方體	All	$\{112\}\langle11\bar{1}\rangle$	0.707	0.40
六方緊密堆積	Be	$\{10\bar{1}2\}\langle10\bar{1}1\rangle$	0.19	0.095
	Ti	$\{10\bar{1}2\}\langle10\bar{1}1\rangle$	0.18	0.09
	Ti	$\{10\bar{1}1\}\langle10\bar{1}2\rangle$	0.10	0.05
	Ti	$\{11\bar{2}2\}\langle11\bar{2}3\rangle$	0.22	0.11
	Ti	$\{11\bar{2}4\}\langle22\bar{4}3\rangle$	0.22	0.11
	Zr	$\{10\bar{1}2\}\langle10\bar{1}1\rangle$	0.17	0.085
	Zr	$\{11\bar{2}1\}\langle11\bar{2}6\rangle$	0.63	0.35
	Zr	$\{11\bar{2}2\}\langle11\bar{2}3\rangle$	0.23	0.12
	Mg	$\{10\bar{1}2\}\langle10\bar{1}1\rangle$	0.13	0.065
	Mg	$\{10\bar{1}1\}\langle10\bar{1}2\rangle$	0.14	0.07
	Zn	$\{10\bar{1}2\}\langle10\bar{1}1\rangle$	0.14	0.07
	Cd	$\{10\bar{1}2\}\langle10\bar{1}1\rangle$	0.17	0.085

17.10 主要藉孿晶化變形的金屬的變形 (Deformation in Metals That Deform Primarily by Twinning)

具有25 at.%鈹的鐵合金的變形主要是利用孿晶變形來達成。此合金已被Bolling和Richmod[14]廣泛地的研究，當孿晶化的流動應力(flow stress)較大半的滑移應力小時，這些作者設計出利用連續機械孿晶化可重複的發生變形。他們亦證實在定應變率下，當孿晶化較滑移重要時。隨著溫度的升高降伏應力傾向增加而不是如一般金屬在缺乏動態應變時數下藉滑移來變形的降低情況。第二，在一已知溫度，若應變率增加，則流動應力傾向降低。這是當主要利用滑移發生變形的正常經驗的相反效應。第三的觀察是當孿晶化為主導時，在定應變率下增加溫度或在常溫下降低應變率可增加加工硬化速率。這些是滑移控制變形時的相反效應。

---

14. Bolling, G. F., and Richmond, R. H., *Acta Met.*, **13** 709-57 (1965).

Bolling和Richmod用理論來說明這些效應，其是利用如下的熱力學或能量平衡來趨近，在形成包括數種條件的孿晶時，施加應力而作功。這些中最重要的是孿晶本身的形成能量及包括在基材中伴隨調節孿晶而誘導出的滑移過程的能量。孿晶層的尖邊可考慮成是高應力集中的區域，其作用是可誘導滑移變形。這種滑移變形較大時，較大的能量花費在孿晶的發展且連續塑性變形所需的應力較高。Bolling和Richmod指出任何使滑移更困難或增加滑移的流動應力將會使利用重複孿晶化而發生變形時所觀察到的流動應力降低。利用增加應變率或利用降低溫度等兩種方法會使此情況發生。

17.11 孿晶化對面心立方體的應力-應變曲線的影響(The Effect of Twinning on Face-Centered Cubic Stress-Strain Curves)

長期間相信孿晶化不會發生在f.c.c.金屬中。但是，近年來已廣泛的證明在這些金屬中的變形，孿晶化是一種重要的因素。在它們之中，滑移的臨界分解剪應力通常小於形成孿晶的應力。結果，一f.c.c.金屬通常藉著滑移開始它的塑性變形。加工硬化起因於此滑移變形流動應力的增加，且只有當後者達到孿晶化的應力後才開始孿晶化。

一重要的因素是在f.c.c.金屬中孿晶化的應力與這些金屬的疊差能相當有關。這是因為孿晶晶界的表面能與疊差有密切的關係且形成孿晶的大部份功是用來產生其晶界。如此，低疊差能f.c.c.金屬，通常孿晶成核所需的應力較低。

在f.c.c.金屬中，因疊差能隨著固溶體中溶質濃度的增加而減少，所以孿晶在較高的溶質濃度變得愈來愈重要。因此，在大多數的商用重要及高合金的f.c.c.金屬中，孿晶化是一重要的特徵。這些包括黃銅，青銅，銅鎳，及許多其他者。

在低疊差能的f.c.c.金屬中，可能可以考慮變形孿晶與滑移在競爭以產生塑性變形。但是，孿晶化與滑移在許多重要的方法上不同。譬如，總滑移差排的移動離開後面完美的晶格，於是，由於滑移差排的移動不改變晶體的方向。這在孿晶化中是不正確的，因為當孿晶形成時，孿晶內晶體結構具有的方向與母晶格不同。雖然此方向與基材是孿生的關係。它亦證實某些滑移差排可輕易的從基材通過孿晶或反之亦然，實驗證實且強烈的建議，孿晶晶界的作用通常如一晶界。因此，孿晶常常考慮成藉著外加的晶界來降低晶粒大小。

因爲滑移在兩種變形型式中相當重要，所以孿晶化對金屬塑性的影響，可能最好以孿晶對單獨以滑移所產生的應力-應變行爲如何影響的觀點來考慮。在這方面，孿晶化的最重要方向可能是它對加工硬化率的影響。此在低疊差能的f.c.c.合金中特別正確，其中總差排分解成寬度伸長的差排，而其對加工硬化有強烈的影響。

孿晶化對加工硬化速率的影響有兩個基本方式。當孿晶化開始時，在晶粒內的孿晶起初排列平行於主滑移平面。這是因爲滑移和孿晶平面在f.c.c.晶格中都是{111}，且大多數高應力孿晶面通常與主滑移面相同。在此情況下孿晶對滑移差排的運動沒有重要的影響。結果，在一已知變形的增量，孿晶添加小量貢獻於應變但不是應力。於是，Vohringer[15]建議我們可寫成

$$d\varepsilon/d\sigma = (d\varepsilon_s + d\varepsilon_t)/d\sigma_s \qquad 17.6$$

式中$d\varepsilon/d\sigma$是加工硬化率的倒數，$d\varepsilon_s$是滑移時應變的貢獻，$d\varepsilon_t$是孿晶化時應變的增量，及$d\sigma_s$是由於滑移增量而升高的應力。Vohringer在他的方程式中選擇加工硬化率的倒數而不是加工硬化率$d\sigma/d\varepsilon$，乃是因爲它在表達實驗數據上有一些好處。方程式17.6清楚的隱含著孿晶化開始後，加工硬化率的倒數必需增加(即加工硬化率降低)。這已被實驗數據所證實[16]，此數據可見於圖17.22中，其是一Cu-4.9 at pct Sn試片在室溫298K下變形，以加工硬化率的倒數$d\varepsilon/d\sigma$對真實應力σ作圖。注意，此曲線的斜率在經過標有階段1的區域時會突然地增加，階段1藉由單獨滑移而發生變形。在階段2內孿晶在平行於活化的滑移平面形成。在從階段2轉移到階段3時加工硬化率的倒數之斜率增加，意味著轉移後加工硬化率降低。因加工硬化率降低速率的增加，所以連續變形。雖然如此，流動應力連續上升，最終導致孿晶在孿晶面生成，其相交於主要孿晶或滑移平面。此時，有效的降低晶粒大小時會使加工硬化速率再度增加。孿晶化有效地降低晶粒大小的能力早期由Remy[17]所提出便很有名。注意，因加工硬化的增加實際上相應於它的倒數降低，所以$d\varepsilon/d\sigma$對σ曲線的斜率在階段3時降低。但是，最後連續變形且微結構變得由孿晶所飽和，當動態回復變爲是最重要的因素時，加工硬化率降低且它的倒數$d\varepsilon/d\sigma$增加。此是在圖17.22的階段4。

15. Vohringer, O., *Z. fur Metallkde.*, **67** 518 (1976).

16. Krishnamurthy, S., Qian, K.-W., and Reed-Hill, R. E., *ASTM-STP 839*, p. 41, American Society for Testing and Materials, Philadelphia, 1984.

17. Remy, L., *Acta Met.*, **26** 443 (1978).

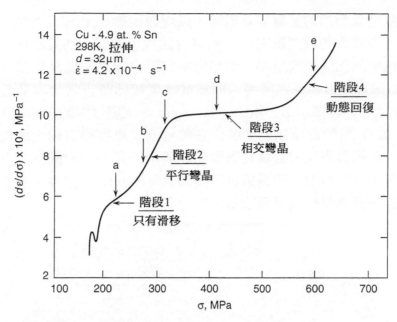

圖17.22 加工硬化率的倒數$d\varepsilon/d\sigma$ 對真實應力σ 的變異。對 Cu-4.9Sn在298K 而言

17.12　F.C.C.金屬孿晶化對延性和強度的有益效應(The Beneficial Effect of Twinning on Both Ductility and Strength in F.C.C. Metals)

　　在階段3時，一但孿晶化開始在多數的孿晶面上形成時，孿晶有效的降低晶粒大小且加工硬化率上升，其發生於僅由滑移所產生的變形之上。換句話，一但孿晶開始在相交的孿晶面形成時，應力-應變曲線斜率的下降不會和僅由簡單滑移所造成的變形一樣快。較高的加工率隱含著沿應力-應變曲線的應力水準上升。一般較高的$d\sigma/d\varepsilon$ 基本上與較大σ 相耦合，此隱含著當在拉伸試樣發生多數孿晶化時，Considdere的準則(見Sec.5.18) $\sigma = \sigma/d\varepsilon$ 已移到較大的應變。因Considere的準則一般定義在最大負載點及均勻應變的範圍內，此意味著當多數孿晶化發生時均勻應變區較大。在圖17.23中，Cu-3.1 at pct Sn試

片在不同的溫度以相同的應變率變形時，以均勻應變 ε_u 和孿晶的體積 V_v 對溫度作圖。注意，在廣大的溫度範圍內，ε_u 隨著試片中孿晶化的量的變化情形的關係非常相近且孿晶化的總量增加，均勻應變亦隨之增加。此種結論亦可如在圖17.24中由 ε_u 對 V_v 作圖而得到證明。因為當溫度較低時正常地孿晶量會增加，如見於圖17.25中，其顯示出一組Cu-3.1 at pct Sn的應力-應變曲線，低疊差能f.c.c.金屬的應力-應變曲線傾向表現出在較低測試溫度時有較大的均勻應變及較大的強度。此組真實應力對真實應變曲線與示於圖23.7的銀試片非常相似。這種相應情況不值得驚訝，因為銀也是具低疊差能的f.c.c.金屬，且在銀單晶中從非常低溫到約室溫都已觀察到孿晶化[18]。

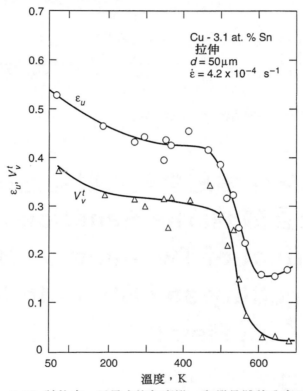

圖17.23 對Cu-3.1Sn試片中，以最大均勻應變 ε_u 和孿晶體積分率 V_v 對溫度的函數作圖

18. Barrett, C. S., and Suzuki, H., *Acta Met.*, **6** 156 (1958).

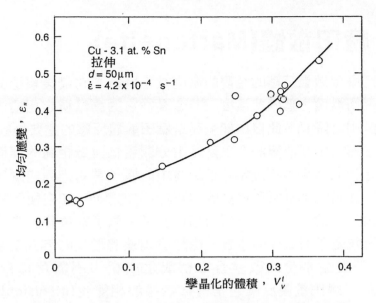

圖**17.24** 此圖顯示均勻應變 ε_u 隨著孿晶化的體積分率 V_v 的增加而增加

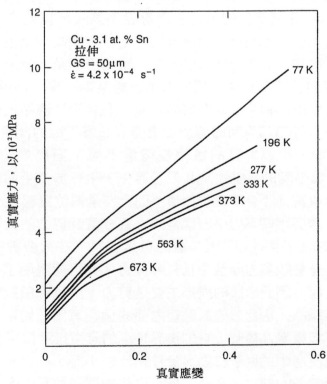

圖**17.25** Cu-3.1Sn的應力應變曲線,證明在f.c.c.金屬中,強度及延性隨著溫度的減低而增加

17.13　麻田散體(Martensite)

　　當能夠進行麻田散體反應的金屬的溫度被下降時，它最後經過分開兩不同相穩定範圍的平衡溫度。低於此溫度，若金屬從它的高溫穩定相變成低溫穩定相時，金屬的自由能降低。此自由能差異是麻田散體反應的主要推動力。

　　在麻田散體轉換中相改變的發生是藉由分開產物與母相間的界面的移動來達成的。隨著界面的移動，在母相晶格結構中的原子重新排列成麻田散體相的晶格。在組成界面區的個別原子移動的本質還不知道，正如在變形孿晶中它們也是未知的。雖然如此，相對於它們的鄰近原子，原子的位移相當小且可能較變形孿晶化更複雜是不容置疑的事實。由於麻田散體形成的方式是當母晶格轉變成生成相時不發生成份的改變且母相或生成相中不需藉擴散來維持反應的進行。於是，麻田散體反應通常稱為無擴散相變化(diffusionless phase transformation)。

　　如同在機械孿晶化中，伴隨麻田散體反應的原子重新排列會產生形狀的變形。因所形成的新晶格具有的對稱性與母相不同，所以此變形必然變得更複雜。在機械孿晶化中，我們已發現畸變是一平行於孿晶平面或孿晶與母晶體間的對稱面的簡單剪變。如先前所提的一樣，孿晶平面是一個未畸變平面；在此平面上的所有方向經孿晶化後它們的大小及角度都不變。慣平面(habit plane)或是通常假設為麻田散體平板未畸變的平面。在麻田散體平板形成中，巨觀形狀的變形相信是平行於慣平面的剪變加上垂直於慣平面的簡單(單軸向)拉伸或壓縮應變而成的。此種本質的應變被稱為不變平面應變(invariant plane strain)，仍維持慣平面的不變性時其最易發生。平行於慣平面的剪力或垂直於慣平面的擴展或收縮都不會改變位於慣平面上向量的位置或大小。

　　伴隨麻田散體反應時不變平面應變的垂直分量及剪力的大小的數據很難量測且相缺乏。表17.2中列出了大多數的可用資料。在大多數的麻田散體轉變中，應變的垂直分量較剪力分量小且更難測得，此可能說明了在表17.2中此分量缺乏數據的原因。因為形狀的變形主要是剪力，所以麻田散體平板基材晶格的變形很像變形孿晶。因此形成於晶體內部的個別麻田散體平板是透鏡狀的，且若麻田散體平板橫過晶體時，它的邊界是平的且平行於慣平面。

　　當麻田散體反應中的原子移動與滑移相比較小時，則從一合金變到另一合金時其大小有相當多的變化。在含有最小可能的原子位移的合金中，最容易研究麻田散體的結晶學特徵及反應動力學。兩個著名的麻田散體變態符合此範疇：金-鎘合金及銦-鉈合金。發生在含有大量原子位移的碳及合金鋼的硬化是重要的麻田散體反應。下一節中我們將考慮原子移動很小(銦-鉈)的合金和另一個原子位移很大的合金(鐵-鎳，70%-30%)的實例。在這方法中我們更了解麻田散體變態中的各種現象。

表17.2　麻田散體轉變中的慣平面與巨觀畸變*

系統	相變化	慣平面	剪變方向	應變的剪變分量	應變的垂直分量
Fe–Ni (30% Ni)	f.c.c. to b.c.c.	(9, 23, 33)	[156] ± 2°	0.20	0.05
Fe–C (1.35% C)	f.c.c. to b.c.t.	(225)	[$\bar{1}12$]	0.19	0.09
Fe–Ni–C (22% Ni, 0.8% C)	f.c.c. to b.c.t.	(3, 10, 15)	[$\bar{1}32$] (approx.)	0.19	
Pure Ti	b.c.c. to h.c.p.	(8, 9, 12)	[$11\bar{1}$] (very approx.)	0.22	
Ti–Mo (11% Mo)	b.c.c. to h.c.p.	4° from [$\bar{3}44$] 4° from (8, 9, 12)	[$14\bar{7}$] (approx).	0.28 ± 0.05	
Au–Cd (47.5% Cd)	b.c.c. to ortho-rhombic	[0.696, −0.686, 0.213]	[0.660, 0.729, 0.183]	0.05	
In–Tl (18–20% Tl)	f.c.c. to f.c.t.	[0.013, 0.993, 1]	[$01\bar{1}$] (approx.)	0.024	

縮寫的意義：b.c.t.＝體心正方結構
f.c.t.＝面心正方結構

17.14　BAIN變形(The BAIN Distortion)

面心立方晶格可考慮成體心四方晶格，見圖17.26，在圖中(上圖)一四方單位晶胞被劃在面心立方結構中。在四方結構中，如立方結構中一樣，結晶軸相互垂直，但某一晶格常數c和另二軸的大小不同。單位晶胞的後兩軸通常以符號a來表示。當考慮正常面心立方體中的體心四方結構時，其c/a之比是1.4。同樣地，體心立方結構可被考慮成具有c/a之比為1的體心正方結構。在1924年，Bain[19]建議藉著壓縮平行於c軸及沿兩a軸拉伸，便可從面心立方體結構獲得體

---
19. Bain, E. C., *Trans. AIME*, **70** 25 (1924).

心立方晶格。藉著沿結晶軸膨脹或收縮而由一晶格轉變成另一晶格的簡單純畸變都屬於Bain變形(Bain distortions)。

上面所指出的Bain變形,將面心立方晶格轉變成體心立方晶格時具有最小的原子移動。然而,這種Bain變形(如我將表示的一樣)並不伴隨未畸變平面,所以伴隨麻田散體變態的不變平面應變無法用Bain變形來說明。但是,Bain變形提供一個在變態時測量原子移動大小的方法。譬如,在表17.2中的鐵-鎳合金(30%Ni),其從面心立方轉變成體心立方時,c軸大約縮短了0.8的因素,而a軸增長了約1.14的因數。另一方面,在銦-鉈合金中,如圖17.27所示,當面心立方合金轉變成面心四方結構時,c(垂直軸)變為$1.0238a_0$,其中a_0是立方的晶格常數,而a軸降低到$0.9881a_0$。明顯地,鐵-鎳變態比銦-鉈(18-20%Tl)變態的變形量大很多。此事實反映於表17.2中,麻田散體變態巨觀剪變的大小分別是0.20及0.024。

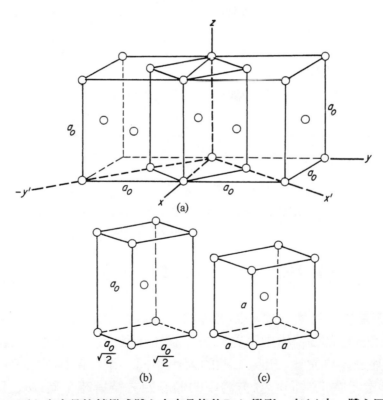

圖17.26 面心立方晶格轉變成體心立方晶格的Bain變形。在(a)中,體心四方晶胞被概述於面心立方結構中,且單獨示於(b)中。Bain的變形使(b)轉成
(c)。(After Wechsler, M.S., Lieberman, D.S., annd Read, T.A., Trans.
AIME, 197 1503 [1953].)

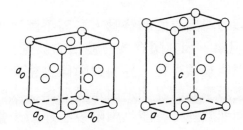

圖17.27 在銦-鉈(18-20％TI)合金中的Bain變形。面心立方轉變成面心四方。在
四方結構中，$c = 1.0238a_0$及$a = 0.9881a_0$，式中a_0是立方晶格常數。(此
圖中大大的誇張了晶格畸變。)

17.15 在銦-鉈合金中的麻田散體轉換 (The Martensite Transformation in an Indium-Thallium Alloy)

我們現在將詳細來考慮銦-鉈合金中的麻田散體的變態，其所觀察到的小
剪變將讓我們更易瞭解所觀察到的現象。研究此合金的單晶將特別有趣。將此
合金小心的退火並未受到彎曲及損傷，它們進行麻田散體反應時包括立方(母
相)與四方(生成相)間單一界面的運動[20],[21]。此變態並不是藉著透鏡狀平板或甚
至是平行側平板的形成而發生的，而是靠單一平面邊界從晶體的一側運動到另
一側。在冷卻時，界面首先出現在試片的某一端，隨著繼續冷卻，界面移經整
個晶體的長度。由於反應伴隨了尺寸的改變，如此便可借助一簡單的膨脹計來
量測出試片的長度是溫度的函數[22]。典型的一組數據示於圖17.28中。注意，冷
卻時試片的長度約在近似345K時開始改變，此意味著在此溫度時開始發生麻
田散體變態。習慣上在所有的麻田散體變態中設定以符號M_s來表示開始變態的
溫度。此曲線亦顯示出直到溫度降到約340K時試片才完成了變態。後者的溫
度以M_f表示，或稱為麻田散體的完成溫度。為了要使界面從試片的一端移向另
一端，需把溫度降低到低於M_s下5K。在M_s和M_f的溫度區間內，其界面或貫平面
不是以穩定或平滑的方式移動，而是以急拉的方式移動。它以非常快速的速度
在垂直於它的方向移動了一段短距離然後停止，直到溫度降至產生足夠的推動
力時才能使它再向前運動。不規則的界面運動無法顯示於圖17.28中的膨脹計

20. Burkart, M. W., and Read, T. A., *Trans. AIME*, **197** 1516 (1953).
21. Basinski, Z. S., and Christian, J. W., *Acta Met.*, **2** 148 (1954).
22. Burkart, M. W., and Read, T. A., *op. cit.*

測。但在顯微鏡下可明顯的看出界面的移動。必需不斷增加驅動力以繼續進行反應則是一個不尋常的現象，因其隱含著有體積的鬆弛存在[23]，或有與金屬變態體積成正比的阻止變態能量項存在。界面與障礙物相交可來說明此效應。現在可以相信麻田散體和變形攣晶的界面是由差排列所組成的。其亦可認為是移動的螺旋差排切過另一個螺旋差排時產生副階或不連續，當差排繼續移動時，便會產生一列空缺或間隙原子。但在晶體中及在界面上差排列的幾何形式並不知道，螺旋差排相交的圖形給我們一個移動界面如何發展出正比於它所經過的移動距離的運動阻力的暫時圖形[24]。界面中的螺旋分量將和其它的螺旋差排相切，相切數與界面所移經的距離成正比：每次相切都會貢獻到制止邊界的總力。

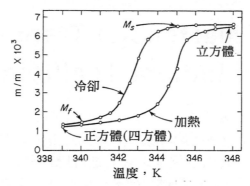

圖17.28　在銦-鉈合金(18%Tl)中，麻田散體的溫度關係。測量轉變時試片長度的改變。(From data of Burkart, M.W., and Read, T.A., Trans.\ AIME, 197 1516 [1953].)

17.16　麻田散體變態的可逆性 (Reversibility of the Martensite Transformation)

　　銦-鉈變態是可逆的，再加熱時，試片不僅轉變成立方相而且轉變成它原有的單晶方向。若再冷卻時，原有的界面再出現且循環可以完全地重現(所提供的試片在週期循環期間，不能加熱到太高的溫度或保持太長的時間)。

23. Chang, L. C., *Jour. Appl. Phys.*, **23** 725 (1952).
24. Basinski, Z. S., and Christian, J. W., *Acta Met.*, **2** 148 (1954).

　　示於圖17.28中的可逆變態，試片可回復到它的原來尺寸。但是，前向變態發生時，在相同的溫度區間不會發生再變態，變態溫度平均約高2K。與溫度有關的變態滯回線是大多數麻田散體的特徵。

17.17　熱滯變態
(Athermal Transformation)

　　在前段所討論的單晶實驗中，我們發現銦-鉈麻田散體變態的發生是因溫度改變而增加反應推動力(自由能)的結果。相應地，變態的過程與時間無關。理論上，試片冷卻愈快，界面移動愈快，在相等的溫度時就有等量的變態。但是，時間對此變態的效應是次級的，負面的，將試片等溫的保持在變態的開始與結束的任一溫度時，會使界面穩定而不再進一步的移動。此效應明示於圖17.29。圖中指出試片的變態曲線在加熱循環時於345K中段且保持在此一溫度6hr。試片保持在此溫度不僅沒有引發額外的變態，而且使界面穩定，為了使界面再度移動，大約需增加近乎1K的推動力。在冷卻時也發生相同的現象，所以其結論是在現存的合金中麻田散體的形成主要是與溫度有關。此種型式的變態被稱為滯溫變態，與發生在定溫變態(等溫變態)完全不同。雖然在某些合金中可觀察到麻田散體的形成是等溫的，但大多數的麻田散體變態主要仍是滯溫的。

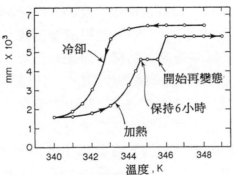

圖**17.29** 在銦-鉈(18％Tl)合金中麻田散體的穩定性。(From data of Burkart, M. W., and Read, T.A., Trans. AIME, 197 1516 [1953].)

17.18　Wechsler，Lieberman,及Read理論(Wechsler，Lieberman，and Read Theory)

　　就如我們所定義的界面一樣，在很窄的限制範圍內，由一種晶體結構變態成另一種結構的原子機構的本質還不知道。雖然如此，Wechsler，Lieberman，and Read[25]已證實麻田散體變態的結晶學特徵可以完全利用下列的三種基本變形來說明：

1.　Bain變形(Bain distortion)，其是從母晶格中形成生成晶格，一般而言，變形不會有伴隨慣平面的未畸變平面。

2.　剪變變形(shear deformation)，其保持了晶格的對稱性(不改變晶體的結構)，且和Bain變形結合而產生一未畸變平面。在大多數的情況下，此未畸變的平面在空間上具有與母晶格和生成晶體不同的方向。

3.　變態晶格的旋轉(rotation of the transformed lattice)，使未畸變平面在空間上於母晶體與生成晶體中具有相同的方向。

　　此理論中沒有企圖對於上面所列的步驟次序給予物理意義，且最好把整個理論視為是分析說明一晶格如何從另一晶格形成。

　　現在將考慮以Wechsler，Lieberman，及Read理論來說明銦-鉈變態。銦-鉈變態的Bain變形示於圖17.27中，為了能更清楚的顯示此效應，圖中把實際上非常小的變形放大了。原來是立方結構，而後來是四方結構，所以Bain變形由沿某一軸(c軸)的伸長(2ε)和沿兩軸的收縮($-\varepsilon$)所組成。簡單的幾何理由顯示此畸變不具不變的平面。首先考慮在圖17.30中劃在立方體前面的一組線。直線ab及cd代表在此面上的方向，它們在變態時長度不會改變。圖左的立方體和圖右的稜柱體中，它們的線長一樣。在此面上的所有其他方向，如ef及gh，其長度在變形時分別增加及變短了。現在假設此畸變實際上具有一個經過此兩個幾何圖前表面的不變平面。一個不變的平面必含有不改變長度的兩直線中的一條。對我們的目的而言，假設所含的直線是ab且此面的軌跡在每一幾何圖的右側是bm，bm是在後表面上的方向，變形時其長度不變。由abm所定義出的平面所具有的特徵是在變形前後，ab及bm兩線段的長度均不變。但是，兩方向間

———
25.　Wechsler, M. S., Lieberman, D. S., and Read, T. A., *Trans. AIME*, **197** 1503 (1953).

的夾角α在變形後明顯地改變了。因此abm平面不是一個不畸變的面,對於一個不畸變的平面而言,不僅必需保持向量大小不變,而且向量間的角度也必須不變。若我們現在考慮Bain變形的對稱性,很明顯的其不具未畸變平面。

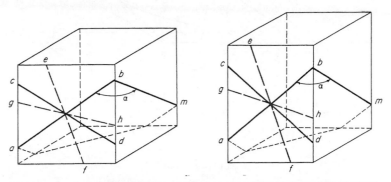

圖**17.30**　在立方體變態成四方體時,Bain變形不具未畸變的平面

　　在上述的Bain變形中未畸變的方向形成了一個錐,其在立方結構及四方結構中的位置示於圖17.31中。注意,錐的頂角在經過立方體到正稜柱體的Bain變形後變小了。在圖17.31的兩圖中的每一個圖中,劃一平面交於Bain錐上有兩條直線op及oq。因為這些線位於Bain錐上所以變形時其長度不變。但是,它們分離的角度改變了。劃的此一平面代表Bain變形前後,變態的慣平面或界面,其非常接近立方結構與四方結構兩者的(011)平面。因為poq角於變態期間改變了,所以此平面在Bain變形終了時不是一個未畸變平面。

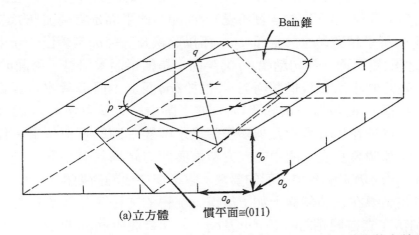

圖**17.31** 在銦-鉈變態中,立方結構與四方結構的Bain錐。為了強調其本質所示的變形都被誇大了

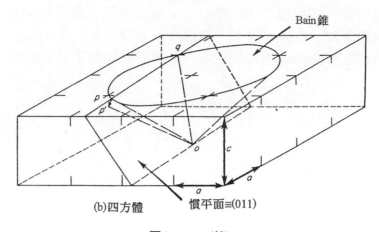

(b)四方體　　慣平面≅(011)

圖17.31 （續）

　　我們現在轉移我們的注意力，特別注意再示於圖17.32的四方體結構，圖中顯示(101)平面亦經過直線qo。讓我們考慮此剪變中的第一個未畸變平面(K_1)(與孿晶中的意義相同)。幾乎與K_1成90°的第二未畸變平面亦劃在此圖中。此平面和(101)及($\bar{1}$01)同屬於一個晶帶且非常靠近後者。此第二個平面包含直線po且是所要求剪變的第二個未畸變平面(K_2)。剪變作用示於圖17.33。剪變作用的結果，點p移到點p'，當op旋轉到op'時其長度不變。但是，可選擇剪變使在原有立方結構中的角poq等於角$p'oq$，現在由$p'oq$所定義出的平面是未畸變平面。兩種變形的結果使向量po和qo的長度及相互間的角度不變，此一事實滿足了"若在平面上的兩(不共線)向量變態後不畸變(長度不變)且兩者間的角度不變，則在此平面上的所有向量都不畸變(且所有的角度不變)，亦即，此平面是零畸變"的定理[26]。實際上，直線$p'o$不是精確地位於平面poq，所以此線及直線oq定義出一新平面，此平面才是真正的慣平面。換句話說，poq平面不是慣平面。但是，平面$p'oq$與poq間的角度是如此的小所以我們將考慮$p'o$位於poq面上，而後者才是真正的慣平面。於是，直線$p'o$的位置被劃於圖17.31的下圖中。此圖中含有$p'oq$和poq的平面現在可以視為是在Bain變形及剪變發生後未畸變平面的近似位置。仔細的比較此圖和上面那個證實在空間中在立方結構與四方結構具有不同方向的圖。因為這個理由，$p'oq$仍未滿足慣平面的要求。它不僅在變態時要未畸變而且必須不能旋轉。現在必須在正方結構上加上旋轉，旋轉的方法是使正方體相中的直線op'及oq分別落在立方體相內的直線op及oq，如此會使平面$p'oq$與poq共位。在圖中沒有盡力的來說明這種旋轉，乃因此討論主要的目的只在說明必需考慮此三個基本步驟(Bain變形、剪變，及旋轉)。

26. Lieberman, D. S., *Acta Met.*, **6** 680 (1958).

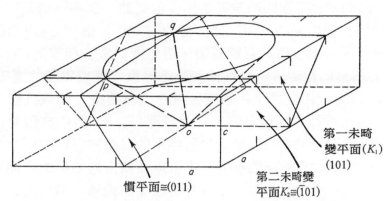

圖**17.32**　在銦-鉈麻田散體變態中，兩個未畸變的平面K_1及K_2

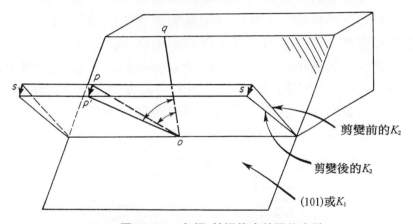

圖**17.33**　在銦-鉈變態中剪變的本質

　　上面說明了在變形的第二個步驟期間需任意剪變的本質上還留下問題。在麻田散體變形中，所需的剪變能以兩種基本方式中的任一種來產生：可以是滑移的結果，也可以是機械孿晶化的結果。假設變形被限制在生成的晶格中，圖17.34顯示此變形如何由滑移來完成。滑移均勻的發生在一群平行於K_1的滑移平面上。在機械孿晶化的情況中，通常會發生產生變形的慣平面所需的剪變(應變)並不等於進行機械孿晶化時生成晶格的剪變(應變)。在目前的實例中，機械孿晶化是由剪變產生而不是滑移。發生在銦-鉈正方晶格中{110}平面上的孿晶化需約0.06的剪變。注意，$K_1(101)$是孿晶平面。在相同的平面上為使角$p'oq$等於角poq所需的剪變是孿晶化剪變的三分之一。很明顯的，若遭受一Bain變形後整個晶格都孿晶化，則它將不可能產生所需的未畸變慣平面。此困難在正方結構中，若孿晶(取孿晶帶的形式平行於孿晶平面)僅是結構中的一部份時，更可解決。因此，若孿晶區的淨寬度是未產生孿晶的三分之一，則將可獲得未畸變所需的巨觀剪變。此示於圖17.35中，而變態結果則示於圖17.36。

區別上面所討論的兩種剪變間的差異是相當重要的。在某一情況下，我們已考慮剪變平行於四方體的孿晶平面。此剪變的方向示於圖17.36所示試片的右表面上，另一種剪變是總變態的巨觀剪變。這是我們取三種變形(Bain變形、剪變，及旋轉)的結果的淨變形，而且代表平行於慣平面或界面的運動。後者(加上垂直於慣平面的畸變)是將試片整體考慮的一種結果。因為巨觀的剪變，使整個試片對於慣平面而言是傾斜的，此示於圖17.36。圖中亦藉助位於試片前表面的向量來顯示剪變的指向。孿晶化所伴生的剪變較巨觀剪變小很多，只有當出現一系列的孿晶平行於表面傾斜時才可以在四方體結構的表面看得出來。圖17.37顯示出一銦-鉈合金中圖解在四方體相上的細孿晶結構的實際照片。最後，必需注意的是發生在四方體區域的孿晶是極為微小的。為了減少慣平面上的畸變，這是必須的。稍為想一下就可發現微觀尺度上的慣平面不是零畸變的平面，對那些區域而言，每一個四方帶會與界面相交(圖17.36)，當四方體結構試圖與晶界另一邊的立方晶相匹配時，晶格便會產生畸變。實際上慣平面只有在巨觀上是零畸變的。在界面上相應任一四方帶的變形可被鄰近的晶帶所補償，它是在孿晶中以聯繫第一晶帶及反向的界面畸變。我們作如下之結論，較細的四方孿晶帶，在界面上較少激烈的畸變。

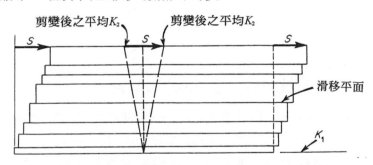

圖17.34　假設變態是藉滑移而產生的麻田散體剪變

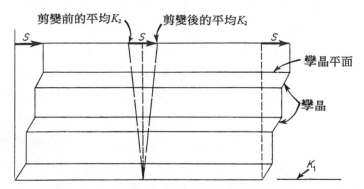

圖17.35 假設變態是藉著變形孿晶化而產生的麻田散體剪變。當僅結構中的一部份產生孿晶且一系列的晶帶平行於孿晶平面時所需的剪變才會發生

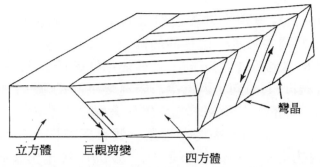

圖**17.36** 在銦-鉈麻田散體的變態中，四方結構孿晶化的本質

圖**17.37** 銦-鉈合金在變態後的孿晶結構(四方體)。(Burkart, M.W., and Read, T. A., Trans. AISM, 197 1516 1953.)

17.19 慣平面的無理本質(Irrational Nature of the Habit Plane)

Wechsler，Lieberman，及Read理論中的美好特徵之一是，它十分清楚地顯示為何麻田散體變態的慣平面通常是無理指數。此種特徵與變形孿晶化中的孿晶平面相當不同，其幾乎都是不變的低有理指數平面。讓我們現來考慮圖

17.32中的直線oq。此線實際上定義成剪變的第一未畸變(K_1)平面(彎晶面)與Bain錐之交線。在此圖中它是一個有理的$[\bar{1}\bar{1}1]$方向。但是,直線op不是一個有理的方向,而是稍為偏離$[1\bar{1}1]$方向。若剪變剛好等於$\{101\}$平面上簡單彎晶化剪變時,它才會與$[1\bar{1}1]$同向,因為第二未畸變平面K_2(圖17.32)必須是$(\bar{1}01)$平面。如我們已討論過的,其所需求的剪變只有彎晶剪變的三分之一,且因此使K_2平面與$(\bar{1}01)$有一小夾角。因為op不是一個有理方向,所以剪變後的它的位置op'也不是有理方向。最後的結果是由op'及oq所決定出來的慣平面也不是一個有理平面[亦即(011)]。但是,在銦-鉈合金中,慣平面偏離有理平面的角度幾乎可以忽略,它偏離(011)平面[27]只有26′,指數是$(0.013,0.993,1)$。當然,用來說明此理論的圖因為特別的目的而使畸變更容易觀察,已被誇大了尺寸。但是,當在變態時發生較大的原子位移時,就有此圖中的畸變大小。於是,在這些合金中的慣平面的指數偏離簡單低指數平面較遠。

17.20 慣平面的多樣性 (Multiplicity of Habit Planes)

現在將說明一個字,其是有關在麻田散體變態中可獲得的方向的多樣性。在大多數的反應中,可能的慣平面的數目相當多。在銦-鉈合金中有24個可能的慣平面,所有的這些慣平面都非常接近$\{110\}$平面(在26′以內)。其意義是六個$\{110\}$平面的每一平面都有四個慣平面的方向非常靠近的聚集在一起。

17.21 現象結晶學的理論狀況 (Status of the Phenomenological Crystallographic)

Wechsler-Lieberman-Read理論是麻田散體變態的現象結晶學理論。此種研究方法在金屬的多數列子中已成功的說明了麻田散體的變態[28]。在這些例子中,當麻田散體平板具有典型地透鏡形狀時,此理論有最好的適用性。必需注意的是透鏡狀通常伴隨著有最小的應變能且與機械彎晶化中所觀察到的相類

27. Burkart, M. W., and Read, T. A., *Trans. AIME.* **197** 1516 (1953).

28. Wayman, C. M., *Solid → Solid Phase Transformations*, in Aaronson, H. I, Loughin, D. E., Sekerka, R. F., and Wayman, C. M., Eds., p. 1125, *Met. Soc. AIME*, Warrendale, Pa., 1981.

似。但是，麻田散體也已觀察到數種其他更複離的形狀。其他的形貌中有一種是在Fe-8Cr-1C合金中所觀察到的切片平板狀(segmented plates)，此合金中經常可以看到從麻田散體平板的主界面延伸出來的"側平板"。在其他的情況中，在麻田散體透鏡中出現主脈，一般相信主脈是變態孿晶的濃度增加區。在Fe-Ni-C合金中仍可從典型的透鏡狀觀察到其他的變異體。在此情況中，麻田散體平板是平行於側邊而不是透鏡形式。這就是所熟知的薄平板狀(thin plate)麻田散體。在某些麻田散體材料中，麻田散體亦可在表面成核而沒有深入的貫穿進入試片，以表面麻田散體(surface martensite)來描述之。Fe-Ni-C合金亦表現出一種亦被描述爲蝶狀麻田散體(butterfly martensite)的形貌。

17.22　鐵-鎳麻田散體變態 (The Iron-Nickel Martensitic Transformation)

在銦-鉈合金中的麻田散體變態，前面已有冗長的討論，討論中也接觸了許多麻田散體變態中的重要觀念。大多數的其他合金進行麻田散體變態時都具有可逆的變態特性。變態的滯溫本質亦是一典型的麻田散體性質，對於穩定現象，慣平面的無理本質，及變形的複雜性也同樣保持其真實性。剩餘行爲之一是現在要考慮的一個伴隨變態而增加變形量的變態效應。爲了這個目的，讓我們回頭注意前述的鐵-鎳合金(70%Fe-30%Ni)[29]。圖17.38顯示此合金的變態與溫度的關係(滯溫特徵)。在此特殊情況中，變態是利用電阻的測量而得知的。此種方式的可行性是因爲生成的體心立方體的電阻比面心立方體的母相低，且混合相的電阻正比於麻田散體形成的量。此圖顯示的滯回效應較發現於銦-鉈合金中的滯回效應大很多。在銦-鉈合金中，逆向變態的發生僅高於前向變態的少許溫度。在鐵-鎳合金中，麻田散體在M_s=243K時開始形成。逆向變態在標爲A_s(沃斯田體開始形成的溫度)的溫度開始，此溫度比M_s高了420K。420K的溫差表示此合金變態成核時所需要的推動力很大。

在鐵-鎳合金中，形成麻田散體平板所伴隨的困難度十分明白的出現在其他的細節：形成平板的大小。這些是極小且是典型的橢球狀或透鏡狀。在稍爲低於M_s的溫度時，在這些合金發生有趣的現象：較大分率(約25%)突然由沃斯田體變態成麻田散體[30]。Machlin及Cohen的報告指出，此變態的發生是如此的

29. Kaufman, L., and Cohen, M., *Trans. AIME*, **206** 1393 (1956).
30. Machlin E. S., and Cohen, M., *Trans. AIME*, **191** 746 (1951).

快速所以會產生一個震波，此震波會突然損壞含有現在冷凍液體中的變態試片
細線的杜爾箱(Dewar flask)。這是反應需極大的推動力的極佳證據。突然形成
的平板(圖17.39)仍然是很小，但其厚度比突變前所形成的平板厚。

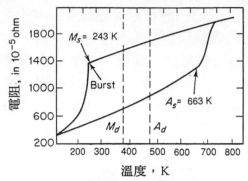

圖**17.38** 在鐵-鎳(29.5％Ni)合金中的麻田散體變態(From Kaufman, L., and
Cohen, M., Trans. AIME, 206 1393 [1956].)

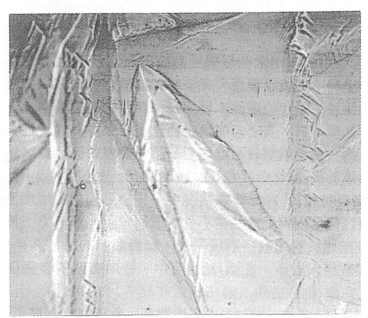

圖**17.39** 鐵-鎳試片中，突變時所形成的麻田散體平板。500X(Courtesy of John
F, Breedis.)

突然現象可看作是一種自動催化效應。在變態的早期階段，此一已形成的
平板會觸發大量額外平板的形成。

在此合金中滯溫變態的過程與銦-鉈合金相當不同。在後者，變態的完成
是靠單一界面移經整個試片的長度，且為了推動界面必需降低溫度。在鐵-鎳
試片中，即使是在單晶的母相中，麻田散體平板還是非常快的形成並成長到最

終的大小。變態的繼續進行僅能靠額外平板的成核，而平板的成核可藉著降低溫度及增加驅動力來完成。

在此合金中，麻田散體平板成長的極限毫無疑問的是與伴隨它成長的應變大小有關。這些應變大到足以導致在麻田散體平板四周的基地發生塑性變形。且此種變形會導致平板與母晶格間失去整合性的報告已被提出[31]。基於此點，有人提出失去整合性時停止成長。

17.23　麻田散鐵的等溫形成(Isothermal Formation of Martensite)

在30％鎳的鐵試片中，已觀察到等溫和滯溫形成的麻田散體[32]。在兩種情況中，反應繼續進行是因為額外平板的成核，而不是經過現有平板的成長。在圖17.40中，顯示等溫麻田散體形成的量隨時間變化的函數曲線。這些曲線亦提供另一個有用的用途，即它們說明了滯溫與等溫變態間的相互關係。每一等溫曲線與縱軸的交點是淬冷到所保持的溫度麻田散體形成的量。

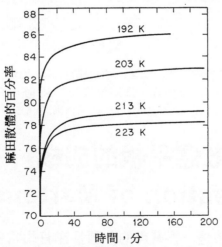

圖**17.40** 直接淬冷到所示的溫度時的等溫變態。注意等溫變態前所形成的滯溫
麻田散體隨著所持溫度的降低而增加

31. *Ibid.*
32. Machlin, E. S., and Cohen, M., *Trans. AIME,* **194** 489 (1952).

17.24　穩定性(Stabilization)

在鐵-鎳合金中亦可觀察到穩定的現象。其機構與在鈾-鉈合金中所觀察到的不同，但效應是一樣的；將試片保持在M_s及M_f間的一個恆溫下，為了使變態再開始需要額外的過冷。在鈾-鉈試片中，穩定性的發生是因為界面移動的停止，然而在鐵-鎳合金中，穩定性則是藉著增加額外平板成核的困難而表現出來的。為了繼續反應，必須額外推動力的增量來使更多的平板成核。於逆向變態期間，即當麻田散體反應而生成沃斯田體時，亦可觀察到穩定性。在此情況中，沒有觀察到等溫反應發生，所以穩定效應很清楚地出現在電阻-溫度曲線中，此曲線示於圖17.41中。

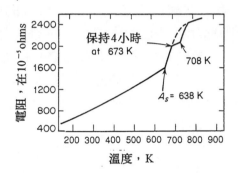

圖**17.41** 在鐵-29.7%Ni中，逆向變態(麻田散體到沃斯田體)期間的穩定性。試片保持在673K　4小時。直到溫度達708K時再度開始發生變態。
(Kaufman, L., and Cohon, M., Trans. AIME, 206 1393 [1956].)

17.25　麻田散體平板的成核 (Nuleation of Martensite Plates)

麻田散體平板的成核是一很有趣的主題且亦有相當多的爭論。有效的實驗證明，相信麻田散體和其它大多數的相變化一樣較易從異質區成核。理論計算亦支持麻田散體成核的異質反應。在這方面，成核事件中所需的能量經直接的計算[33]是8×10^{-16}J。此值是已知麻田散體成核溫度時kT值的10^5倍。因此，因其太大以致於麻田散體不大可能利用異相變動而均質成核。

---

33. Cohen, M., and Wayman, C. M., Proc. Conf: *Treatises in Metallurgy*, Beijing, China, Nov. 13–22, 1981, Tien, J. K., Elliot, J. F., Eds., pp. 445–468, TMS-AIME, Warrendale, Pa., 1981.

　　麻田散體異質成核的晶格缺陷區的真正本質仍然是一個未解的問題。有關這些位置的實驗資料仍然不充分。數年來，這些位置的許多理論模型已被提出，但它們可適用於描述特種合金的麻田散體的行為，而缺乏一般性。常被建議的是差排及晶界可以當作成核的有利位置。在最近的文章中，Kajiwara[34]已描述某些有趣的結果，其傾向於分別差排與晶界在麻田散體成核時的角色。他使用十種不同的鐵合金，其組成形式是Fe-Ni，Fe-Ni-C，及Fe-Cr-C，結論是當差排不是麻田散體成核時的有利位置時，它們存在金屬中可以幫助麻田散體形狀應變的調節。另一方面，若在沃斯田鐵中差排密度太高時，由於高度的加工硬化使得形狀應變的調節變得相當困難，所以麻田散體的成核傾向被壓抑。某些晶界被發現可當作成核位置。但是，這些晶界特別的結晶學本質無法決定。最後，其結論與其他研究者的定性觀察相同，即降低原來沃斯田體的晶粒大小會使M_s溫度較低。沃斯田鐵晶粒大小與麻田散體開始的溫度間的關係可用簡單的理論來說明，降低沃斯田體晶粒大小會使在沃斯田體晶粒中麻田散體的形狀改變的調節變得更困難。因此，成核時需要在較低的溫度以獲得較大的推動力。

　　到目前為止仍然沒有簡單的麻田散體成核理論可利用。這可能是由於麻田散體可以在兩種極端不同的條件下形成的關係。首先，麻田散體可以滯溫形成，此表示它可以在第二次所提供的溫度被降到足以利用這種方式成核的很小範圍下成核。這種成核的方式明顯的不需熱激活。不需藉助熱激活能量而能形成麻田散體的能力，可以由在某些合金中在4K的低溫下麻田散體仍可成核的事實得到證明。此時的熱振動的能量極小。另一方面，麻田散體可以在恆溫下形成。在此情況下，它有一個與時間有關的成核速率，此顯示了熱能亦是麻田散體成核的一個因素。

17.26　麻田散體平板的成長 (Growth of Martensite Plates)

　　麻田散體平板的成長不具有成核的雙重性本質，在此熱激活不是一個影響因素。平板以極快速的速率成長到它的最終大小的事實可以證實這個結論。量測結果證實其成長速率是基材中聲速的三分之一。另外的一個事實是成長速率與溫度無關。若麻田散體平板成長是因為原子從母相躍過一個能障到生成相而發生的，則躍遷速率必需是溫度遞減函數，而且在某些有限的溫度下，麻田散

34. Kajiwara, S., *Met. Trans. A*, **17A** 1693 (1986).

體成長速率明顯的下降。此現象從沒有發生過，即使在4K下，麻田散體仍以極大的速率形成。

17.27 應力的影響(The Effect of Stress)

因為麻田散體平板的形成是在一個有限的體積內發生形狀的變化，所以此種反應將會受外加應力的影響。此種效應完全類比於由應力所形成變形變晶化。但是，因為麻田散體平板的形成包括應變的剪變與垂直分量，所以它與應力的關係較在變晶化的情況中更為複雜。雖然如此，各種不同應力模型對麻田散體形成的影響的理論預測都與實驗十分吻合[35]。我們不準備詳細的討論這些理論，但外施應力可以升高或降低M_s溫度則是相當重要。這可以利用下列也許是過度強調的圖案來加以了解。如圖17.42所示，假設伴隨麻田散體平板形成的巨觀應變是純剪變(垂直分量是零)。則若外施剪應力的指向與此應變相同，則此應力將有助於平板的形成。可預期此反應會降推動力且M_s將會提高。同樣的，若此剪應力向量是反向的(即與應變方向相反)。則平板的形成更為困難而且平板形成的溫度必需再下降。關於後者，值得注意的重點是，簡單的外施剪應力未必能降低M_s，因為慣平面在麻田散體形成時具有多樣性。然而所指的平板可能不利於應力的指向時，在晶體中十分可能有其他的平板與應力方向相同。

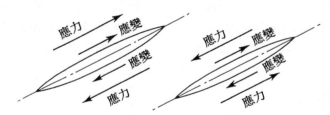

圖17.42 外加應力對麻田散體平板形成的影響

17.28 塑性變形的影響(The Effect of Plastic Deformation)

基材的塑性變形亦會影響麻田散體的形成，其主要是增加內應變的大小而使麻田散體的成核更為容易。結果，當金屬在高於M_s溫度以上受到塑性變形時便會形成麻田散體。但是，隨著溫度的升高，麻田散體的形成量降低，且一般

35. Patel, J. R., and Cohen, Morris, *Acta Met.*, **1** 531 (1953).

實際上把利用變形而可形成麻田散體的最高溫度稱爲M_d溫度。在可逆的麻田散體變態中，塑性變形通常對逆向變態亦有相同的效應。塑性變形會使逆向變態開始的溫度降低。M_d及A_d(因塑性變形而發生沃斯田體開始變態的溫度)以垂直的虛線被示於圖17.38中。注意，塑性變形導致前向和逆向變態的開始溫度大大的接近一在約100K以內。M_s及A_s間的相應差值是420K。

17.29　熱彈性的麻田散體變態 (Thermoelastic Martensite Transformations)

正常的麻田散體平板的形成是在一有限的材料體積內發生形狀的改變。因爲麻田散體平板是與母晶格基材間成整合型的界面，所以在麻田散體顆粒與基材間會建立應變的狀態。母相晶格中的應變被稱爲調節應變(accommodation strain)。此調節應變可能是彈性的或是塑性的或是兩者的綜合。母相中的形狀應變是否是被彈性的調節或是被大量的塑性變形所調節是一個重要的考慮。若基材的應變是彈性的，則母相與麻田散體間的晶界通常能容易和可逆的運動。於是，若麻田散體是因爲降低試片溫度而形成的，則在母相的調節應變是彈性的。當時再加熱試片，材料中的麻田散體平板簡單地收縮回去且消失。接著，若試片再被冷卻時會重新形成麻田散體，其與在第一次淬冷中得到相同的麻田散體平板。因此，這個循環通常能重覆再重覆。

另一方面，若在麻田散體變態期間在基材中引發塑性變形，則麻田散體與母相間的晶界傾向被鎖在因麻田散體成長而產生的差排結構中。在此情況下，重新加熱試片，沃斯田體被迫在麻田散體結構內成核。這意味著從麻田散體變回母相較困難，所以需要頗高的溫度才會開始逆向變態。換句話說，在大塑性調節應變的金屬中，M_s及A_s間的溫度差異通常很大。一個實例出現在圖17.38中，其顯示Fe-29.5% Ni合金利用塑性變形來調節形狀變化的麻田散體變態循環。注意M_s及A_s間的溫差是420K。利用大彈性變形來調節應變的典型金屬是Au-50% Cd。在此，於再受熱時不需成核便可形成沃斯田體；它只是因麻田散體晶界的反向運動而形成的。因此M_s與A_s間的溫差非常小，約只有16K。在Au-50% Cd滯回路內的面積亦比在圖17.38中小很多，此意味著沃斯田體變態到麻田散體又變態回到沃斯田體的整個循環期間的能量損失非常的小。

Kurdjumov在1948年首先預測結構相變態期間的熱彈性行爲。大約11年後，他建議於熱彈性變態期間，不論是麻田散體平板的成長或變小，化學的及非化學的力間將存在平衡；此平衡的本質與溫度有關且隨溫度的變化而改變。Ortin及 Planes[36]最近已論述了熱彈性麻田散體變態的熱力學。根據它的研究途徑及符號，從母相到麻田散體的前向變態平衡條件可寫成

$$\Delta G^{P-M} = -\Delta G_{ch}^{P-M} + \Delta G_{nch}^{P-M} = 0 \qquad\qquad 17.7$$

式中 ΔG^{P-M} 是每莫耳移動平板的Gibbs自由能，ΔG_{ch}^{P-M} 是化學部份的Gibbs自由能，而 ΔG_{nch}^{P-M} 是非化學部份的Gibbs自由能。非化學部份的自由能可由許多部份所組成；其中最重要的是彈性能 ΔG_{el}^{P-M} 及抵抗摩擦力所作的功 E_{fr}^{P-M}。因此，我們有

$$\Delta G_{nch}^{P-M} = \Delta G_{el}^{P-M} + E_{fr}^{P-M} \qquad\qquad 17.8$$

在圖17.8中的彈性及摩擦項是由數個部份所組成的。彈性部份的自由能主要是由於儲存在麻田散體與母相間的界面乃因麻田散體產生時的彈性應變能。依序，摩擦損失包括麻田散體界面移動所做的功，由變態(如疊差及孿晶晶界)所引發的內部缺陷的能量損失，及伴隨變態時發生體積與形狀改變時的部份塑性調節。一般而言，關於熱彈性變態中，這些摩擦損失中最重要的是由於界面的移動所產生的。這些摩擦損失終成熱滯回損失。但是，這種滯回損失較例解於Fe-29.5% Ni合金(其曲線示於圖17.38)中非熱塑性變態的小很多。

從上面的啟發，現在我們可以將前向變態的熱力學平衡方程式寫成下列的形式：

$$-\Delta G_{ch}^{P-M} + \Delta G_{el}^{P-M} + E_{fr}^{P-M} = 0 \qquad\qquad 17.9$$

值得注意的重點是方程式17.9僅考慮到在某一特殊溫度下只有部份變態的試片中，位於單一母相麻田散體晶界的熱力學平衡或局部平衡。在此方程式中，第一項在化學均勻性的材料中，假設是常數，但是後兩項則不是常數。結果，若整個試片不是均勻的變態，則整個試片無同時達到熱力學平衡。在局部的階段中，可以假設在每一溫度下，驅動變態的化學自由能的這一邊與儲存彈性應變能和已完成的不可逆摩擦功的另一邊之間有一個抗衡。此一簡單的意思是在冷卻期間，當到達一已知溫度時，平板的界限移向前一段距離所釋放出的化學能剛好與所生成的彈性能加上因移動摩擦而損失的能量達成平衡。

因方程式17.9應用於在一已知溫度下移動的所有界面，所以對於在某一溫度下試片所進行的變態完全是由試片中所有移動的界面所貢獻而來的，可能可寫成類似的方程式17.9的方程式。受熱時發生逆向變態的期間，麻田散體變回母相，儲存的彈性能回復並幫助逆向反應。現在假設逆向變態期間的溫度高於 T_0，T_0 是產物與麻田散體間的平衡溫度，在此平衡溫度時，麻田散體平板的成

36. Ortin, J. and Planes, A., *Acta. Met.*, **36** 1873 (1988).

核或成長並無困難。當然，這是一個理想狀況而且在T_0時麻田散體理想上必須是可逆且在整個變態循環期間沒有滯回線存在。現在假設在$T > T_0$時逆向變態的平衡狀況可寫成：

$$-\Delta G_{ch}^{M-P} - \Delta G_{el}^{M-P} + E_{fr}^{M-P} = 0 \qquad \textbf{17.10}$$

注意在方程式17.10中化學及彈性自由能都是負值，而摩擦損失是正值。這表示逆向變態時，化學和彈性力扮演克服摩擦力的角色。

17.30　熱彈性合金的彈性變形 (Elastic Deformation of Thermoelastic Alloys)

在許多的非鐵金屬合金中已觀察到熱彈性麻田散體變態。這些合金是Cu-Zn，Ag-Cd，Au-Cd，Cu-Zn，Cu-Zn-Al，及Cu-Al-Ni。通常顯示此行為的Au，Ag，及Cu的合金具有的組成位於這些合金的β相。但是，在鐵合金中亦可觀察到熱彈性麻田散體變態，此具鉑的鐵合金的組成份接近Fe_3Pt。當這些合金承受應力時傾向表現出有趣的行為，且通常在大應變下還是彈性變形。此種行為已在麻田散體相及高於麻田散體開始變態溫度M_s的沃斯田體相中觀察到。

17.31　應力誘導的麻田散體 (Stress-Induced Martensite)

若在高於熱彈性合金的熱M_s溫度以上施加應力時，在大部份的情況下合金會變成麻田散體。此種機械性誘發的麻田散體於應力釋放時會逆向反應回到沃斯田體相。由Schroeder及Wayman所作的圖17.43中顯示一Cu-39.8％ Zn的試片，於$-77℃$(196K)下負載與未負載時所獲得的應力-應變的典型曲線。此合金的熱M_s溫度為149K，所以在196K時此合金高於其熱M_s溫度。注意雖然在圖17.43中的應變實際可以完全的回覆，且其循環變形是彈性的，但應力與應變的關係不是線性的。此種型式的行為被稱為擬彈性。圖17.43中數據的重要特色是可觀察到大量的彈性應變：約9％。圖17.44顯示了應力誘發麻田散體變態時溫度所扮演的角色。此圖中是在M_s及A_s溫度時，試片完成負載與卸載循環時應力對溫度的作圖。注意在M_s及A_s時所需的應力與溫度成線性的變化。溫度愈

高,則變態到麻田散鐵或由應力誘發的麻田散體(SIM)變回母相時所需的起始
應力愈高。

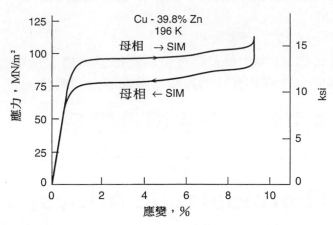

圖**17.43** 一超塑性合金中,高於M_s溫度時負載命和卸載所產生的應力-應變回
路。(From Schroeder, T.A., and Wayman, C.M., Acta Met., 27 405
[1979].)

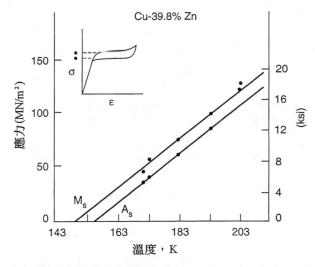

圖**17.44** 在M_s及A_s時溫度對應力的關係。(From Schroeder, T.A., and Wayman, C.
M., Acta Met., 27 405[1979].)

17.32 形狀記憶效應
(The Shape Memory Effect)

若一合金中的母相和麻田散體相內具有序排列時,則在低於M_s下作拉伸測
試時遭受的熱彈性麻田散體變態變形時所獲得應力-應變曲線與概述於圖17.45

中的曲線相同。注意其與示於圖17.43中的不同點是圖17.43的試片變形溫度高於M_s，且應變於卸載時無法回覆。但是，加熱試片到沃斯田體區時會允許回覆且試片可重新得到其原有的形狀。此就是所熟知的形狀記憶效應。現在了解麻田散體可遭受6％到8％的應變能力是合理的。會有如此大的應變乃是由於冷卻到M_s及M_f之間時麻田散體的方向性有24種多重性。於是，對單獨一個沃斯田體晶粒可能轉態成含有24種麻田散體方向的區域。一般而言，這些麻田散體變異體中之一所具有的形狀變形是試片變形時最易產生的；亦即，試片拉伸變形時的最大貢獻者。此方向容許應力可做最大量的功。隨著試片的變形，剩下的23種變異體將轉變成此一優選方向。此種轉變可發生於麻田散體變異體間界面的移動或旋轉一已知變異體的結構變成與變形後最佳排列的變異體同向。因此，實際上，變形是將多種麻田散體的變異體結構轉變成單晶的同等物。受熱時，變形的單晶麻田散體結構變態成單晶的母相。此麻田散體的"未剪變"於恢復母相期間使試片復原到原來的形狀。由Wayman所提的形狀記憶過程的概述示於圖17.46中。

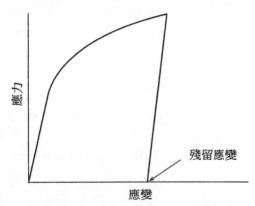

圖17.45 一超塑性合金在麻田散體狀態下變形的負載卸載的應力-應變曲線概略圖

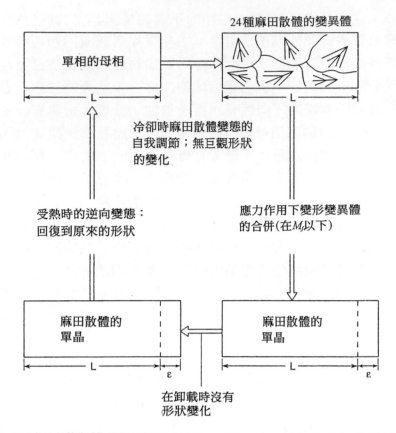

圖17.46 說明形狀記憶過程的概略圖。From Wayman, C.M., Solid→Solid Phase Transformations, Asronson, H.I., Loughin, D.E., Sekerka, R.F., and Wayman, C.M., Eds.,p.1138, Met. Soc. AIME, Warrendale, Pa., 1981.)

問題十七

17.1 利用附錄B及附錄E，對於鎘中{10$\bar{1}$2}孿晶化時，繪製類似於圖17.13的概略圖。

17.2 現在繪製鈦中{10$\bar{1}$1}孿晶化的同等概略圖。

17.3 計算於鎘中{10$\bar{1}$2}孿晶化及鈦中{10$\bar{1}$1}孿晶化所產生的孿晶剪變。

17.4 (a)考慮已在鎂中觀察到的{10$\bar{1}$1}及{10$\bar{1}$3}的孿晶系統。這些孿晶被稱為倒孿晶(reciprocaal twins)。參考附錄E並決定此兩孿晶系統名稱的涵意。(b)決定在鎂中此兩種孿晶型式的孿晶剪變。

17.5 考慮鎂金屬中的{10$\bar{1}$1}和{10$\bar{1}$3}的孿晶系統，你認為會沿鎂晶體基面極的方向施加拉應力或壓應力時才會使它們形成？請說明之。

17.6 附錄E列出體心立方金屬的孿晶化要素，如鐵的孿晶$\{112\}$，$\eta_1 < 11\bar{1}$，$K_2\{11\bar{2}\}$，及$\eta_2 < 111 >$。(a)在體心立方晶體中，有多少不同的$\{112\}$孿晶化平面？(b)陳列出(特別的)b.c.c.中每一$\{112\}$孿晶化模型的孿晶化要素。

17.7 f.c.c.金屬中的孿晶化平面是$\{111\}$。(a)在一個f.c.c.晶體中有多少平面會形成孿晶。(b)在一個f.c.c.晶體中有多少個孿晶化系統。(c)列出個f.c.c.$\{111\}$孿晶的每一個(特別的)孿晶要素。

17.8 在變形不良地f.c.c.及b.c.c.晶體狀況中，可以找到不同孿晶平面的最大值是多少？

17.9 在一個立方體的(100)標準立體投影圖上，劃出$\{111\}$極。假設發生孿晶化時的K_1是(111)，K_2是$(11\bar{1})$，在圖上劃出相應的孿晶化平面的大圓。再則，在立體投影圖上劃出相應於η_1與η_2的方向。在所有所劃的數據上標上適當的米勒指標。

(a)假設是形成第一類型的孿晶，將假設於孿晶上的方向的旋轉數據劃於立體投影圖中。

17.10 假設形成第二類型的孿晶時，重複問題17.9。

17.11 (a)決定出面心立方晶體中孿晶所伴生的剪變大小。(b)將此孿晶剪變與在h.c.p.金屬中孿晶的孿晶剪變作比較。那一種型式的孿晶最易成核？請說明之。

17.12 下圖表示一個具長方橫截面的面心立方晶體。此晶體具有三個孿晶平面且已量得孿晶軌跡與垂直邊的關係，或與晶體中的應力軸的關係。由此獲得的角度示於圖中。依據列在下面的步驟，利用兩表面技巧(two-surface technique)來定向此晶體。

(a)在一張描圖紙上劃出立體投影圖，而此圖上的基本圓是此晶體的前表面且此圓的頂端是應力軸。

(b)於此基本圓上點出相應於前表面的孿晶軌跡方向。

(c)劃出相應於晶體側面的大圓且在圖上點出相應的孿晶軌跡方向。

(d)劃出代表三個孿晶平面的三個大圓，同時點出此三平面的極。

(e)從f.c.c.孿晶結構的幾何形狀決定出立方體方向的極；亦即$\{001\}$。將此點在圖上。

(f)將立體投影圖旋轉成標準的$\{100\}$投影，並確定應力軸亦隨之旋轉。爲了簡化此結果，最後面的步驟最好在第二張描圖紙上執行。

(g)劃出應力軸周圍的標準立體圖的三角形邊界，並由此義出應力軸的方向。

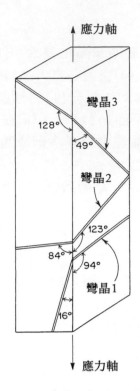

17.13 簡略的劃出相應於圖17.22中數據的應力-應變曲線。

17.14 (a)某些麻田散體變態完全是可逆的;但是,連合溫度誘發的循環的滯回路之大小有相當大的差異。說明為什麼某些滯回路相當大而某些滯回路卻很小。(b)鋼中的麻田散體變態通常是不可逆的。用理論來說明此事實。

17.15 (a)什麼是擬彈性?(b)什麼是形狀記憶效應?(c)應力誘發麻田散體是什麼意思?

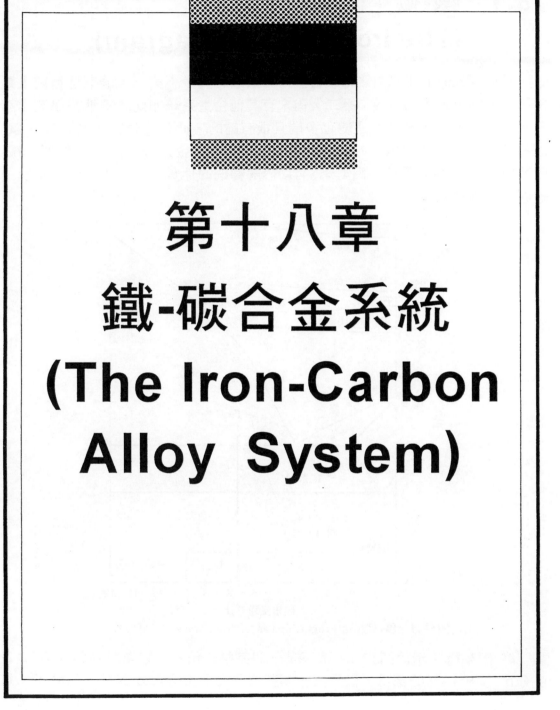

第十八章
鐵-碳合金系統
(The Iron-Carbon
Alloy System)

18.1　鐵-碳平衡圖 (The Iron-Carbon Diagram)

　　我們現在將詳細探討鐵和碳合金。其原因有許多：第一，碳鋼是目前人類使用的總噸位最大的金屬；第二，尚未有其他合金系統如此詳細地被研究；第三，在鋼內的固態相變化是變化多端且很有趣的。此外，也愈來愈清楚，鐵-碳系統的固態反應在很多方面，均與發生在其他合金系統的反應相類似。鐵-碳系統的研究極有價值，不但因為有助於解釋鋼的性質，而且也可做為瞭解一般固態反應的工具。

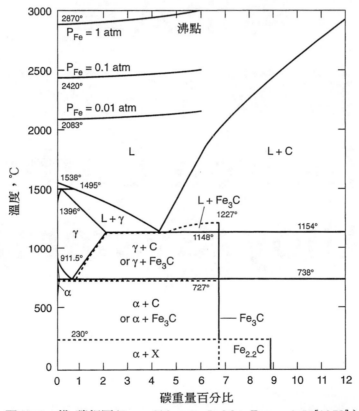

圖18.1　鐵-碳相圖(From Chipman, J., Met. Trans., 3 55[1972].)

　　鐵-碳平衡圖示於圖18.1，這不是一個完整的相圖，它僅畫到碳濃度(重量百分比)少於12％的部份。但此圖已涵蓋到研究鋼和鑄鐵最主要的部份了。這個圖原來是由Chipman[1]提出，而目前已被視為鐵-碳平衡圖的標準[2](只小部份更改)。此圖的圖形是相當複雜的，它不但顯示鐵和碳(石墨)的平衡關係，而且還顯示了鐵和兩種碳化鐵的平衡關係；此兩種碳化鐵是雪明碳鐵(Fe_3C)及海格(Hägg)碳化物($Fe_{2.2}C$)。在圖左上角的部份含有三條近乎水平的線。這三條線代表在三個壓力；1.0、0.1和0.01大氣壓時液相和氣相間的邊界。亦即在每個所示的壓力下，這些線指出沸點是視組成而定。上述兩種碳化物是介穩態。換言之，碳或石墨比碳化物更穩定。但是以實際觀點來看，碳化物的分解不是那麼容易產生，吾人可考慮在平碳鋼中，碳化物不會產生分解形成鐵和石墨。此外，當鋼料由液態慢冷形成固態時，雪明碳鐵通常是最容易孕核的，因此如果溫度高於350℃時，當碳由 α (體心立方結構)或 γ (面心立方結構)固溶體中析出時，最後的析出物幾乎總是雪明碳鐵。應該注意的是雪明碳鐵一旦形成，它是非常穩定的。如在相圖中所示的，在350℃以下海格碳化物(Hägg carbide)是真正較穩定的碳化物。這個結果經由純鐵試片在350℃之滲碳得到證明。含有海格碳化物的鋼料被加熱到500℃以上時，海格碳化物已被證實會轉換成雪明碳鐵。於冷卻過程中在一段合理時間內，雪明碳鐵是否轉換成海格碳化物，目前還不是很清楚。無論如何，我們在鋼中研究上很有理由使用圖18.2所示的簡化相圖。

圖18.2的相圖也不是一個完全的圖，它僅畫到碳濃度(重量百分比)少於6.67％的組成，即Fe_3C或雪明碳鐵之組成。雪明碳鋼是一種溶解度極小的金屬間化合物，而在此組成處，鐵-碳平衡圖可分成兩個獨立的部份。碳濃度大於6.67％的部份商業上重要性不大，通常不予探討。圖18.2之鐵-碳平衡圖有三個無變度點的特徵：在0.17％碳和1495℃的包晶點，4.32％碳和1154℃的共晶點，以及0.77％碳和727℃之共析點。包晶反應發生在溫度很高而碳濃度很低的鋼中(相圖左上角之處)。

包晶變態對鋼在室溫時的結構影響較為次要。所有組成的鋼料，當凝固時會通過包晶反應區而進入單相面心立方結構區。除了由於包晶反應的複雜性所造成的核心偏析效應(凝聚)外，這些合金相當於直接凝固成γ相，或面心立方相的高碳組成(高於0.53％碳)。由於假設在冷卻時有足夠的時間容許合金擴散形成一均勻固溶體，因此我們在探討低溫的相變化時，可不考慮包晶變態。

---

1. Chipman, J., *Met. Trans.*, **3** 55 (1972).
2. Massalski, T. B., Ed. in Chief, *Binary Alloy Phase Diagrams*, American Society for Metals, Metals Park, Ohio, 1986.

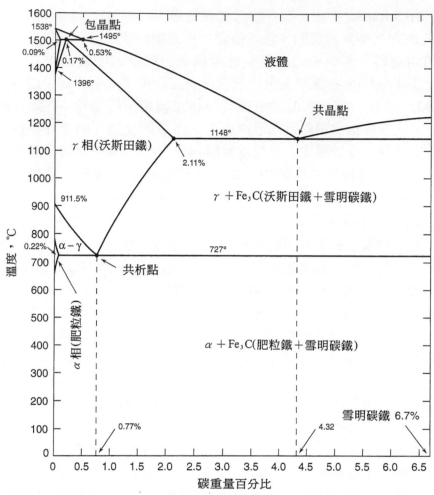

圖18.2　Fe-Fe₃C準安定相圖(After Chipman, J., Met. Trans.,3 55[1972].)

面心立方結構的固溶體或 γ 相，被稱為沃斯田鐵(Austenite)。相圖的研究顯示所有碳含量少於2.11％的組成，由液態冷卻到室溫時都會通過沃斯田鐵區。在此碳含量範圍內的合金大致被歸類為鋼。事實上，大部份碳鋼其碳含量低於1％，生產最多的碳鋼是碳含量介於0.2～0.3％範圍的(使用在建築、橋樑、船舶等的結構鋼)。只有很少數的例子使用碳含量超過1％的鋼(刮鬍刀片、刀叉等)，而且組成不會超過1％以上的十分之一。組成高於2％歸類為鑄鐵。但必須注意的是，商用鑄鐵並不是簡單的鐵和碳的合金，鑄鐵內含有相對大量的其他元素，最普遍的是矽。通常，鑄鐵最好是視為鐵、碳和矽的三元合金。矽的存在可促進鑄鐵中石墨的形成。結果，鑄鐵中包含的碳可以是石墨和雪明碳鐵的形式。這個事實意味著鑄鐵和鋼之間的差異，因為後者只包含雪明碳鐵型式的化合碳。

　　雖然含碳量4.3％的相變化在鑄鐵結構的詳細研究上相當有趣而且有用，但時間上不允許我們考慮這部份的相圖。

　　詳細分析鐵-碳系統的包晶和共晶點的相變化對鋼的研究而言，並非絕對必要。因此，我們將把注意力集中在相圖共析區域的相變化。這個研究並不簡單，因為我們不僅必須考慮在平衡的相變化，而且也必須考慮在非平衡條件下的相變化。由於假設冷卻緩慢，故在鋼內的相變化可藉著平衡圖很精密地預測。另一方面，當相變化不是在平衡條件下發生，譬如說鋼被快速冷卻，則新且不同的介穩相會形成。因為這些結構對於鋼硬化的理論很重要，其形成的動力學及原理就具有相當的重要性。這些問題將在後面探討之。目前我們將考慮沃斯田鐵在慢冷[3]時所發生的反應。

18.2　沃斯田鐵的初析變態 (The Proeutectoid Trans-formations of Austenite)

　　鋼料由沃斯田鐵區緩慢冷卻所得到的顯微結構取決於鋼中原來的碳濃度。如果碳濃度少於0.77％(共析組成)，則顯微結構將包括兩個主要部份：初析肥粒鐵和波來鐵。如果碳濃度等於共析組成，則結構將只包括波來鐵，而如果碳含量大於0.77％，顯微結構將包括初析雪明碳鐵和波來鐵。初析肥粒鐵和初析雪明碳鐵將優先及均質地在沃斯田鐵晶界上孕核。如此產生有兩個基本理由：晶界在能量上包含了有利於孕核的位置，且這些區域的擴散速率較高。當肥粒鐵在沃斯田鐵上形成核時，正常的話它會在晶界兩側產生一個與沃斯田鐵晶粒不同方位的關係。通常，這個核與其相鄰的兩個沃斯田鐵晶粒中的一個將形成一簡單方位關係，稱為Kurdjumov-Sachs關係(K-J)，即

$$\{111\}_\gamma \parallel \{110\}\alpha\,(特性平面)$$
$$\langle 110\rangle_\gamma \parallel \langle 111\rangle\alpha$$

18.1

在此關係式中，α相的$\{110\}$平面和沃斯田鐵的$\{111\}$平面排成一列(即平行)。核與此沃斯田鐵晶粒的邊界滿足了Kurdjumov-Sachs關係，此邊界是一特性平面(habit plane, 又稱慣平面)。在此特性平面上，肥粒鐵核的<111>方向與沃斯田鐵的<110>方向平行。因為此特性平面是一低能量邊界，在核成長期間它不會移動。因此肥粒鐵晶粒會往邊界旁的兩個沃斯田鐵晶粒中的一個內成長。在

---

3. Honeycombe, R. W. K., *Met. Trans. A*, **7A** 915 (1976).

此情況下，肥粒鐵核與其成長所在的沃斯田鐵間的邊界通常是一個高能量或非整合的邊界。因此，常常可觀察得到，當一新相從一邊界往內成長時，此新相可能是以長薄平板狀(或針狀)形式出現。如此產生了一個經常稱為費得曼平板狀結構(Widmannstätten plate structure)的組織。如此的一個結構，在沃斯田鐵轉換成肥粒鐵時通常可以觀察得到。在變態產生之前，其沃斯田鐵晶粒尺寸非常大的鋼料中最容易看得到此種組織。

當變態進行時，費得曼平板或條狀物之長度和厚度會隨之增加。有兩種不同型式的邊界，它真正地分開條狀肥粒鐵和條狀物成長進去的沃斯田鐵；(1)條狀物的平行側邊；(2)條狀物的邊緣或終端。條狀物之側邊通常假設是低能量或整合(或至少半整合)的邊界，因此是不能移動的。另一方面，在條狀物終端的邊界可望是一個非整合之高能量的邊界，與觀察到它的可移動性是相符合的。基於此，吾人可預期條狀物應該只沿著長度方向成長而非厚度方向。但，Aaronson[4]已提出此種條狀物厚度增長問題的解答。此理論假設條狀物厚度增長是微小突出部份或梯階部份沿條狀物的整合面方向橫向移動。圖18.3所繪之示意圖即說明此種成長的形式。圖中A部份顯示鋸齒狀的肥粒鐵晶粒結構以此種方式成長，而B部份顯示鋸齒狀部份因更進一步成長而消失掉。

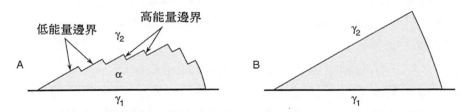

圖18.3 初析肥粒鐵的成長係藉著邊緣沿著低能量 γ - α 邊界移動(After Aaronson, H.I., Decomposition of Austenite by Diffusional Processes, p. 387, Interscience Publishers, New York, 1962.)

碳含量大於0.77%的過共析鋼，初析雪明碳鐵也在沃斯田鐵的晶界上孕核。在此情況下，雪明碳鐵僅在邊界一側形成層狀組織，而在適當條件之情況下，雪明碳鐵會在晶界上形成網狀組織。因此在正常之下，雪明碳鐵僅在邊界旁的兩個晶粒其中一個內成長。雪明碳鐵和沒有雪明碳鐵在其內成長的沃斯田鐵晶粒間也存在著一方位關係，因為雪明碳鐵是正方體，故此方位關係很複雜，在相關文獻[5]中可找到這些資料。

———
4. Aaronson, H. I., *Decomposition of Austenite by Diffusional Processes*, p. 387, Interscience Publishers, New York, 1962.

5. Dippenaar, R. J., and Honeycombe, R. W. K., *Proc. Roy. Soc. Lond. A*, **333** 455 (1973).

18.3 沃斯田鐵變成波來鐵之變態 (The Transformation of Austenite to Pearlite)

當鐵碳合金之碳濃度低於0.77%,在緩慢冷卻時轉換成共析結構即波來鐵(pearlite)。事實上,鋼料幾乎都是以溫度連續地下降的方式來冷卻;因此,退火鋼在加熱爐之動力被關閉之後,留在爐內緩慢冷卻,正常化鋼料是將紅熱鋼料由加熱爐中取出,使它在空氣中冷卻。在連續冷卻過程,反應的本質是隨溫度下降而變化。當冷卻速率重要時,此種變化特別明顯。最後之顯微結構難於分析自不待言。沃斯田鐵狀態的試片在固定溫度產生變態時,較容易去做解說。因為真正的恆溫變態包含相對少量的變態熱量故有可能產生;正常下為每莫耳4.2焦耳熱量,約為溶解潛熱的四分之一(對純鐵而言,$L_F = 15.5$焦耳/莫耳)。此外,由於使用小試片以及反應速率相對緩慢,因此當沃斯田鐵分解時,容許變態熱量足夠快速被移走而避免一點點溫度的上升。

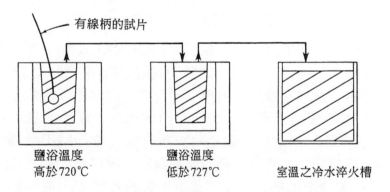

有線柄的試片

| 鹽浴溫度 高於720℃ | 鹽浴溫度 低於727℃ | 室溫之冷水淬火槽 |

圖18.4 決定沃斯田鐵恆溫變態動力學的簡單實驗裝置

圖18.4說明了研究沃斯田鐵恆溫變態的一個簡單的實驗方法。由圖18.5(含共析點之鐵-碳平衡圖的放大部份)可知,共析組成的鋼料在727℃以上,溫度是處於沃斯田鐵狀態。因此,假如一個小爐子中放置一填滿熔融鹽類混合物的坩堝並保持在730℃,共析組成鋼料試片在此鹽液中能維持在沃斯田鐵相,而此溫度剛好是鋼料產生共析反應的稍上方的溫度。這個爐子示於圖18.4之左邊。右邊也有一個含有鹽類浴池的類似爐子,但其溫度低於727℃。在這個的實驗裡,使用銅幣大的扁平圓盤試片可說是相當方便。用一小段耐溫金屬線做成柄以方便將試片由一個爐子移到另一個爐子。此種大小的金屬試片放入液態

鹽浴內時，將迅速達到鹽浴的溫度。因此，如果原來在左邊爐內的試片很快地
被取出而放入右邊爐子，我們可以假設其溫度瞬間由正好高於共析溫度降到正
好低於共析溫度。因低於727℃時，沃斯田鐵不再是穩定狀態，此時它將分解
成其他相。如果此種固態反應在低於共析溫度以下一點點的溫度進行時，則反
應將藉由孕核與成長的方式產生，因此就跟時間有關了。

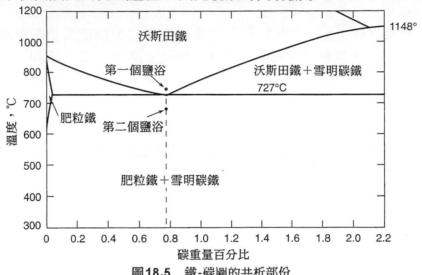

圖18.5　鐵-碳圖的共析部份

　　沃斯田鐵的恆溫分解常藉助於許多試片(通常大約10個)，所有試片同時由
高溫淬冷至低溫。然後各試片在漸增的時間間隔之後(經常以對數尺度量度)，
由第二個浴池移走，並淬冷於冷水浴池中，使其迅速地冷卻至室溫。後面這個
快速冷卻有效地阻止恆溫反應，而使沃斯田鐵仍然未產生變態，在淬火的瞬
間，當試片接近室溫時，未產生變態的沃斯田鐵將進行麻田散鐵(滯溫)的變
態。此種麻田散鐵變態的本質將在稍後詳細探討。現在我們僅需知道它與第十
七章所探討的鐵-鎳合金的變態基本型式是一樣的就行了。很幸運地，鋼中麻
田散鐵與沃斯田鐵高溫反應生成物在光學顯微鏡下會顯示出不同的外觀。依上
述方法所準備的試片，經適當的金相拋光和浸蝕後，即可做金相觀測進而決定
出每種情況下，恆溫變態生成物的相對量。

　　如果沃斯田鐵在正好低於727℃的溫度讓它產生恆溫變態，則其反應生成
物就與鐵-碳平衡圖對非常緩慢的連續冷卻過程所做的預測一樣。查驗圖18.5可
看出，低於共析溫度的穩定相是肥粒鐵和雪明碳鐵，而共析結構是這兩個相的
混合物。此種組織稱為波來鐵，是由交錯的雪明碳鐵平板以及肥粒鐵構成，肥
粒鐵是連續相。波來鐵結構的例子示於圖18.6，波來鐵不是一種相，而是兩個
相——雪明碳鐵和肥粒鐵的混合物。無論如何，它還是一種組成(組織)，因為

在顯微鏡下它有特定的外觀，而且能在由許多組成所構成的結構中很清楚地鑑定出(參看圖18.34)。吾人要更進一步指出，當共析組成的沃斯田鐵在正好低於共析溫度反應形成波來鐵時，此兩相是以一特定比例出現。這個比例可以很容易利用槓桿法則，與肥粒鐵不含碳的假設計算出來，

$$肥粒鐵百分比 = \frac{6.67 - 0.77}{6.67} \approx 88\%$$

$$雪明碳鐵百分比 = \frac{0.77}{6.67} \approx 12\%$$

因爲肥粒鐵和雪明碳鐵的密度大約相等(分別爲7.86和7.4)，層狀肥粒鐵和雪明碳鐵各自寬度約7比1。

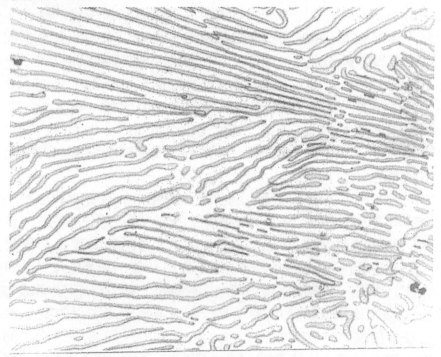

圖18.6　波來鐵包含平板Fe₃C在肥粒鐵基地(Vilella, J.R., Metallographic Technique for Steel, ASM Cleveland, 1938.)2500X

　　沃斯田鐵分解形成波來鐵是藉著孕核和成長產生。孕核是以異質方式產生。如果沃斯田鐵是均質的，孕核幾乎在晶界上。一重要觀察發現波來鐵集群在正常下，只往邊界之兩個沃斯田鐵晶粒其中的一個內部成長。當沃斯田鐵不是均質的，而是有濃度梯度以及含有碳化鐵殘留顆粒，則波來鐵的孕核會在晶界上和沃斯田鐵晶粒中心發生。如果沃斯田鐵反應形成波來鐵之後，再重新沃斯田鐵化一段極短時間，而後又分解成波來鐵的話，就會是這種情形。

要觀察碳鋼中波來鐵集群的真正孕核情況是很困難的。這是因為反應是在高溫之下發生，而當鋼料冷卻到方便觀察的室溫時，其反應已完成了。要完全瞭解孕核過程，我們需先了解沃斯田鐵、肥粒鐵以及在晶界位置上的雪明碳鐵等的方位關係，此晶界位置也就是波來鐵集群的孕核處。簡單地說這個問題是，冷卻到室溫時沃斯田鐵組織完全地被破壞了，因此一旦鋼料回復到室溫，要再決定這三相間切確的方位關係就很困難了。一些研究者已嘗試使用某些高合金鋼來探討這個問題。這些高合金鋼在高溫時可以獲得部份沃斯田鐵轉換成波來鐵的變態，然後冷卻到室溫時可保留沃斯田鐵而不會使它進一步產生變態。Dippenarr和Honrycombe[6]利用碳含量0.79％和錳含量11.9％之合金鋼，以此種方法得到一些重要結果。這些試片在950℃沃斯田鐵化1小時，使其沃斯田鐵晶粒尺寸為50μm。將試片淬火到室溫以完全抑制沃斯田鐵的變態，因此到達常溫時試片中將擁有100％的沃斯田鐵組織。之所以有如此結果是因高濃度的錳使沃斯田鐵變得更安定。一個含0.79％碳的一般碳鋼在淬火時，幾乎完全轉換成麻田散鐵。淬火之後，這些試片重新加熱到400～650℃之間，使其產生恆溫轉換。因為在鋼內含有高濃度的錳，故波來鐵的變態不會完全，在約15到20％的波來鐵變態後即停止。因此，如此就足夠讓他們好好的研究波來鐵集群的孕核以及成長了。也值得一提的是，此種合金鋼的研究結論與在平碳鋼中所觀察到的相當吻合。

由上述的研究結果所得的結論，是在波來鐵集群中的雪明碳鐵和肥粒鐵薄板間有兩種基本的方位關係，一是在兩沃斯田鐵晶粒，另一是在波來鐵集群的晶界。決定一特殊波來鐵集群所存在的這些方位關係的因素是孕核位置的型式，亦即，是否它是在"乾淨"的沃斯田鐵晶界上孕核，或者是在包含有初析雪明碳鐵的位置上孕核。在前面的情形時，肥粒鐵和雪明碳鐵層狀組織的方位與沃斯田鐵晶粒(波來鐵未成長者)有關。此沃斯田鐵晶粒現在以符號γ_1表示。波來鐵與γ_1之沃斯田鐵的方位關係稱為pitch-petch關係，而在波來鐵中的肥粒鐵和γ_1之沃斯田鐵間之關係很接近Kurdjumov-Sachs關係。另一方面，波來鐵中的肥粒鐵和雪明碳鐵二者與沃斯田鐵晶粒(生成波來鐵集群的晶粒)據觀察發現，並沒有簡單的結晶方位關係。為方便計，後面這個沃斯田鐵晶粒以符號γ_2表示。

在波來鐵集群於沃斯田鐵晶界之初析網狀雪明碳鐵上孕核的情形，吾人發現波來鐵中的雪明碳鐵和在邊界層的雪明碳鐵有相同的方位。就如同上面指出的，因晶界雪明碳鐵的方位與γ_1有關，而在波來鐵中的雪明碳鐵也必須跟γ_1有此相同的方位關係。另一方面，波來鐵中的肥粒鐵的方位發現與₁或γ_2都沒

---

6. *Ibid.*

有方位關係。在此情況，只有波來鐵中的雪明碳鐵有一個伴隨 γ_1 的方位，這個方位關係稱為Bagaryatski關係。

　　總之，很明顯的當波來鐵集群在沃斯田鐵晶界中孕核時，它只往伴隨著邊界的兩個晶粒中的一個的內部成長。如果孕核發生在不含初析雪明碳鐵的邊界上，則波來鐵中肥粒鐵和雪明碳鐵的方位，就與沒有生成波來鐵的那一個晶粒有關，即 γ_1，如圖18.7(a)中之圖示。之所以如此的理由是此邊界是在沃斯田鐵晶粒 γ_1 與波來鐵之肥粒鐵和雪明碳鐵薄板間之孕核位置上形成因此此邊界是低移動率的低能量邊界。相反地，在肥粒鐵和雪明碳鐵薄板組織，與 γ_2 沃斯田鐵晶粒另一端所形成的邊界是高移動率的高能量邊界。所以，波來鐵集群只往 γ_2 成長。另一方面，如果波來鐵是在初析雪明碳鐵的邊界層上孕核，它會在雪明碳鐵的帶(band)上形成，此帶跟 γ_1 有一低能量界面，而跟 γ_2 有一高能量界面。亦即，波來鐵中的雪明碳鐵薄板是由初析網(層)狀雪明碳鐵擴展而得，且能成長進入 γ_2 中，如圖18.7(b)示意圖的說明。同時，波來鐵集群中的肥粒鐵薄板無法成長進入 γ_1，因為初析雪明碳鐵將它們與 γ_1 隔開。但是能成長進入 γ_2，因為此肥粒鐵和 γ_2 沃斯田鐵間不會存在有方位關係，因此遠離初析雪明碳鐵之肥粒鐵薄板末端上的沃斯田鐵和肥粒鐵間邊界(即圖18.7(b)中之可移動邊界)應具有高能量。這個研究也證實了一般的結論，即在單一波來鐵集群中的所有肥粒鐵薄板有共同方位，相同地，在波來鐵集群中的所有雪明碳鐵薄板也具有共同方位。

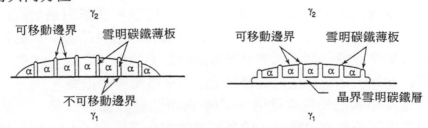

(a)波來鐵在沃斯田鐵晶界上孕核(Pitsch-Petch關係)　　(b)波來鐵在雪明碳鐵晶界層上孕核(Baryatski關係)

圖18.7　兩種波來鐵孕核的主要方式

　　吾人也可推論，藉著肥粒鐵和雪明碳鐵薄板適當的由一邊孕核而產生波來鐵集群的孕核，如圖18.8之圖示。肥粒鐵薄板的孕核會增加沃斯田鐵附近的碳濃度，而利於相鄰雪明碳鐵薄板的孕核。相同地，雪明碳鐵薄板的孕核會降低相鄰於雪明碳鐵之沃斯田鐵的碳濃度，而促進另一層肥粒鐵薄板的孕核。此過程一再重覆，因此當波來鐵集群成長時，薄板的長度以及薄板數量一直增加。

很明顯的，薄板數量也會因肥粒鐵和雪明碳鐵薄板的分枝(branching)而增加。
這個過程如圖18.9中之圖示。

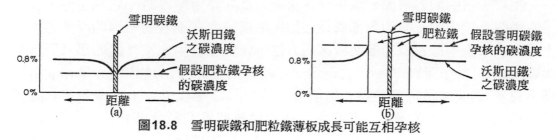

圖18.8　雪明碳鐵和肥粒鐵薄板成長可能互相孕核

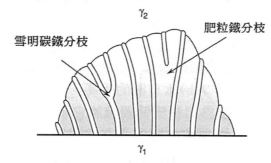

圖18.9　波來鐵薄板的分枝

　　如上述所指示的，Dippenaar和Honeycombe(附註5)使用過共析合金鋼
(0.79％C、11.9％Mn)以研究沃斯田鐵變態成波來鐵的期間相之間關係。使用
此種鋼有個好處就是當鋼料被冷卻回至室溫時，能避免沃斯田鐵變態成麻田散
鐵的反應。Hackney和Shiflet[7]也提出一些非常重要的結果報告，其結果是關於
此種鋼料中波來鐵變態的穿透式電子顯微鏡(TEM)的廣泛研究。他們的研究包
括使用高溫顯微鏡，如此使他們能隨時追蹤波來鐵集群的成長。

　　這些作者提出強烈的證據確信波來鐵-沃斯田鐵界面的成長，包括橫越界
面的階梯或突出部份的側向移動。此種型式的成長係解釋圖18.3中初析肥粒鐵
成長進入沃斯田鐵的情形。在這種波來鐵-沃斯田鐵界面成長中，此種證據是
與突出部份橫越波來鐵中肥粒鐵和雪明碳鐵薄板連續地移動的假設相互吻合。
此強烈意味著波來鐵(進入沃斯田鐵內)中的肥粒鐵和雪明碳鐵相之成長係成對
或互相連接的。換言之，波來鐵之成長乃藉由邊緣成長機構而發生，在此種機
構中，階梯側向掠過整個沃斯田鐵-波來鐵界面。

　　7.　Hackney, S. A., and Shiflet, G. J., *Scripta Met.*, **19** 757 (1985); *Acta Met.*, **35** 1007 and
1019 (1987).

18.4 波來鐵的成長
(The Growth of Pearlite)

　　如上所指出，波來鐵集群的成長以下列幾個方式完成：(1)藉著薄板的疊加；(2)藉著薄板的分枝，及(3)靠著薄板末端往外擴展。因為波來鐵集群在平行於及垂直於薄板方向的成長速率幾乎相等，波來鐵節塊(nodule)經大的擴展後常常是球狀。因此，以顯微鏡在平表面上觀察時，可看到發展完全的波來鐵集群呈圓形。

　　波來鐵集群能不受阻礙的成長到它們與相鄰的集群相碰為止。在這段期間內，成長的速率就如實驗測定的是固定值。此事實說明於圖18.10。這一型曲線的數據，是在固定溫度下使數組試片反應不同長短時間後取得。這些試片經金相觀察，同時量測每一試片裡最大波來鐵節塊的直徑。直徑對反應時間所做成的曲線的斜率等於成長速率V。發生相碰之後，波來鐵節塊僅能在殘餘節塊之間的沃斯田鐵內成長，此構成波來鐵成長的最後階段。

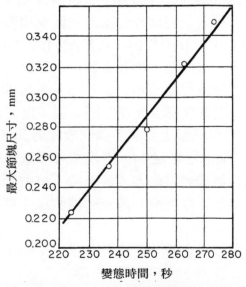

圖18.10 高純度共析鋼在708℃時，顯示波來鐵線性成長速率的數據圖(From Frye, J.H.,Jr., Stansbury, E.E., and McElroy, D.L., Trans. AIME, 197 219 [1953].)

18.5 溫度對波來鐵變態的影響 (The Effect of Tempera-Ture on the Pearlite Transformation)

薄板間之間隔和成長速率(THE INTERLAMELLAR SPACING AND THE RATE OF GROWTH)

在固定溫度下由沃斯田鐵所形成的波來鐵，其薄板間之間隔 λ 接近定值，而且在任一給定的試片中，其 λ 也僅在平均值上下產生些微變化。在談論到波來鐵薄板間之間隔時，通常是根據這個平均值。相對於平均值的實際變化量要遠少於吾人從金相表面的檢視上所做的假設，在金相表面處之薄板間隔變化範圍似乎很寬廣。這是因為表平面與所有波來鐵集群不是以相同角度相交的緣故。真正的間隔只有當薄板垂直於表面時才能觀察得到。一個方便且已廣泛被使用來決定此量的方法，是取金相試片表面能夠觀測得到的最小間隔當成真實間隔的量測值。圖18.11是由Ridley[8]提出，用於說明決定 λ 值之問題的本質。在此圖中，λ 是在表面所量得的間隔，而該表面並不是垂直於波來鐵薄板，$\lambda_\circ$ 則是在垂直於薄板的表面上所量得的間隔。事實上，真實間隔並不是拋光面上所觀測到的最小間隔，因為真實間隔並非單一固定值，而是以一平均真實值 $\lambda_\circ$ 為準產生間隔分佈。圖18.11中晶體上表面的線代表繪於此表面上的任意線。沿此線上的兩個相鄰薄板中心間的距離定為l。平均波來鐵截距 $\bar{l}$ 可將顯微結構上許多已知長度的直線相疊加後而得，以此方式處理時，這些直線與波來鐵薄板在所有方向都相交。計算被這些直線所截的薄板的總數後，將這些線的總長度除以相截的薄板數，即可得平均截距。

藉數個簡單定量顯微關係之助，可證明[9]下式：

$$\bar{l} = 2\bar{\lambda}_\circ \qquad\qquad\qquad 18.2$$

式中 $\bar{l}$ 是平均截距長度，而 $\bar{\lambda}_\circ$ 是(波來鐵)薄板間隔的平均真實值。

沃斯田鐵轉換的溫度對波來鐵薄板間(層間)之間隔有重大影響。反應溫度愈低，$\bar{\lambda}_\circ$ 愈小。波來鐵薄板的間隔有實際的重要性，因為最後結構的硬度視它

8. Ridley, N., *Met. Trans. A*, **15A**, 1019 (1984).
9. *Ibid.*

而定；薄板間隔愈小，金屬愈硬。由沃斯田鐵形成波來鐵的溫度，若恰好低於共析溫度(700℃)，其波來鐵間隔約1.0微米。此結構硬度大約是洛氏C尺度-15(Rockwell C-15)，波來鐵在600℃形成其間隔約0.1微米，而有相對較高硬度，洛氏C尺度-40(Rockwell C-40)。

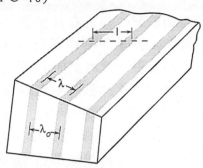

圖18.11 用於波來鐵薄板間隔之參數(From Ridley, N., Met. Trans. A, 15A1019 [1984].)

波來鐵的成長速率或成長速度(V)也是一個有力的溫度函數，可由圖18.12中看出。在恰低於共析點的溫度，成長速率隨著溫度降低而快速增高，在600℃時達到最大值，然後在較低溫時速率再降下來。

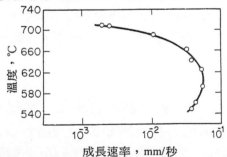

圖18.12 高純度共析組成鐵碳合金之波來鐵成長速率(G)和反應溫度關係(From Frye,J.H., Jr., Stansbury, E.E., and McElroy, D.L., Trans. AIME, 197 219 [1953].)

18.6　波來鐵的強迫加速成長 (Forced-Velocity Growth of Pearlite)

顯示在圖18.10和18.12的數據，是數年前研究沃斯田鐵恆溫變態成波來鐵所得。除了沃斯田鐵變態成波來鐵的恆溫研究外，最近在此研究方面引進另一種技術稱為強迫加速法(forced-velocity method)。在這種方式的典型實驗[10]中所使用的試片,是直徑大約6.4mm之高純度共析組成的鋼棒。試片置於同心裝置的內部,且可以以某一可控制的定速率,沿著試片長度方向移動。此裝置包括一個感應加熱線圈,可將試片1公分長的部份加熱到沃斯田鐵區。同時在加熱區兩端也含有水冷式冷卻圓筒水套,以便在加熱區兩側產生很尖銳的溫度梯度。最後,此裝置亦可使試片之加熱區保持在真空,或者可使氬氣氣氛包圍著它。當這個裝置沿著試片慢慢移動時,試片的加熱區被迫沿著試片方向移動,果真如此,則在加熱區移動的後段之試片截面會由沃斯田鐵轉換成波來鐵。事實上,以固定速度移動而產生波來鐵前部(pearlite front),在加熱區這一端的尖銳溫度梯度會抑制波來鐵前部之前的波來鐵孕核。如同Ridley[11]所指出的,這個過程與共晶合金凝固過程用來產生排列成薄板(層狀)結構的過程相類似。

在恆溫變態中,波來鐵的成長速率是溫度的函數。亦即,溫度是獨立的變數而成長速度是相依變數,因此如果實驗中溫度被給定,則成長速度亦可確定。另一方面,在強迫加速的實驗中,吾人選定一成長速度而決定其變態溫度。強迫加速法和恆溫變態技術之比較如圖18.13所示。此圖顯示波來鐵成長速度對共析和變態溫度差ΔT的關係,取雙對數座標。圖中所有數據是從高純度鐵-碳試片實驗而得。Pearson和Verhoeven的強迫加速法數據落在斜率接近+2的直線上。對於圖18.13之雙對數圖而言,斜率+2強烈地意味著ΔT正比於$V^{1/2}$,我們可寫成:

$$\Delta T = K_1 V^{1/2} \qquad\qquad \text{18.3}$$

式中K_1是常數。方程式18.3相當於共晶合金凝固,從理論上所導出的方程式14.51。沃斯田鐵轉換波來鐵的共析變態類似於共晶合金的凝固,所以這兩者的變態理論是相同的。因此,方程式18.3的實驗關係式證實方程式14.51亦不足為奇了。請注意在這兩個方程式中,變數所使用的不同代號。在方程式18.3中的K_1相當於方程式14.51中的AB,方程式18.3中成長速率或成長速度V,和方程式14.51中的R一樣。如上述所提,圖18.3也包括了一些由恆溫變態研究所獲得的數據。這些數據與波來鐵成長速度低於20$\frac{微米}{秒}$(相當於過冷度ΔT約50K)的強迫加速所得數據十分吻合。速度大於20$\frac{微米}{秒}$時,恆溫數據會往斜率+2的直線兩側分散。Pearson和Verhoeven所提出的這種分散的數據歸因於恆溫實驗中

---

10. Pearson, D. D., and Verhoeven, J. D., *Met. Trans. A*, **15A** 1037 (1984).
11. Ridley, N., *Met. Trans. A*, **15A** 1037 (1984).

中高成長速度之故,在量測成長速度時會衍生一些問題,因爲在總反應時間很短,如大成長速度情況,要很精確地量測變態的時間變數是十分困難的。

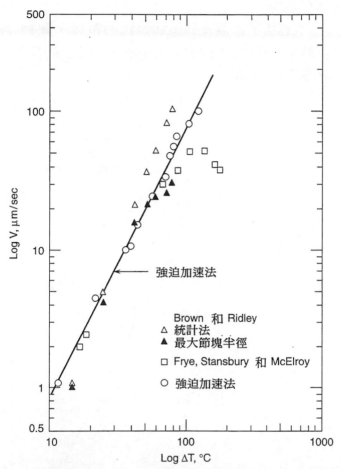

圖**18.13** 成長速度對過冷度大小 ΔT 的對數圖,標有符號"o"的數據是使用強迫
速度實驗技術得到。其他數據是得自恆溫變態實驗

在第十四章固化的共晶凝固那一節中,方程式14.50預測共晶合金的薄板間(層間)之間隔,應隨著成長速度平方根的倒數而變。換言之即

$$\lambda = K_2/V^{1/2}$$ **18.4**

式中 K_2 是常數相當於方程式14.50中的 B/A。當方程式18.4以雙對數表示並繪成 $\log V$ 對 $\log \lambda$ 的圖形時,可獲得斜率爲 -2 的直線。此可由圖18.14得知,圖中繪有四個來源的強迫加速的數據,這數據與方程式18.4十分吻合。

最後,吾人必須指出的是在波來鐵變態中有三個主要變數:(1)過冷度, ΔT;(2)成長速度 V;和(3)薄板間之間隔 λ。這些變數是互有關連的。V 和 ΔT 之間的關係示於圖18.13;λ 和 V_2 間的關係如圖18.14;而 λ 和 ΔT 之間的關係示於圖18.15。圖18.15爲對數座標，表示 λ 與 ΔT以斜率－1呈線性變化。這個關係依照下式：

$$1/\lambda = K_3 \Delta T \qquad\qquad\qquad \textbf{18.5}$$

請注意，在圖18.15中包括了恆溫及強迫加速法的數據。圖18.15中參數之間的關係，也可以很容易由方程式18.3和18.4獲得。若將上述參數代入方程式18.3和18.4中，吾人可得$K_3 = 1/K_1 K_2$。

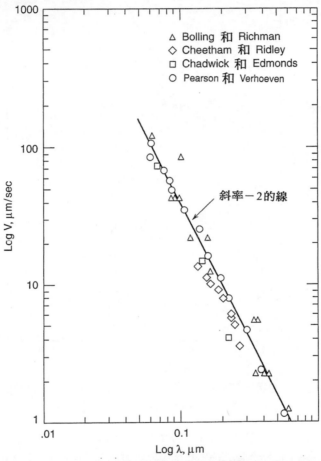

圖18.14 四組波來鐵成長速度對波來鐵薄板間距之數據(From Pearson, D.D. and Verhoeven, J.D., Met. Trans. A., 15A 1037[1984].)

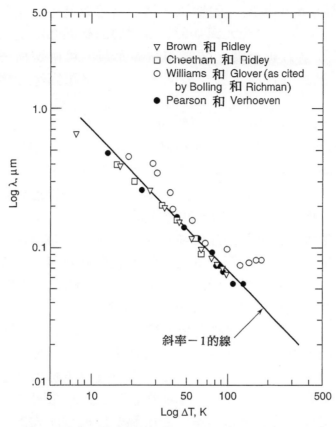

圖**18.15** 強迫加速法數據與恆溫變態數據之 λ 對 Δ*T*比較圖(From Pearson, D.D., and Verhoeven, J.D., Met. Trans. A, 15A 1037[1984].)

18.7　合金元素對波來鐵成長的影響 (The Effects of Alloying Elements on the Growth of Pearlite)

　　大多數商用鋼料都含有合金元素。甚至連鋼分類中的所謂"平碳鋼"都可能含有0.5％～1.0％的錳,以及0.15％～0.30％的矽。這些元素在平碳鋼的存在通常是必要的,因為在生產上較符合經濟性。低合金鋼也是一重要鋼種,它含有添加的合金元素像鈷、鉻、鉬和鎳等,在某些情況下其濃度可能等於或超過數個百分比(％)。此外，在某些低合金鋼內，其錳濃度高於平碳鋼中錳的正常含量，而約5％那樣高的濃度。因爲這些鋼通常可以產生沃斯田鐵轉換成波來鐵的變態，所以有關這些合金元素如何影響變態的相關知識是很重要的。

1. 合金元素能改變共析溫度。像鎳和錳等元素，可使沃斯田鐵傾向於更安定，有降低共析溫度的作用。另一方面，像矽、鉻和鉬等元素會提高共析溫度。

2. 合金元素的出現可改變波來鐵反應的速率。一般而言，唯一尚未令人瞭解爲何延遲波來鐵變態的元素是鈷。所有其他元素通常有延遲變態的作用。因爲矽、鉻和鉬會提高共析溫度，所以含有這些元素的鋼在高溫時，其波來鐵變態比在平碳鋼中波來鐵變態還要早產生。但是，在較低的變態溫度時，含合金元素的鋼其變態速率通常比純碳鋼的變態速率要慢。

3. 各種合金元素可在波來鐵中之肥粒鐵和雪明碳鐵間被分配，而造成波來鐵變態。這個意思是說在 γ 相溶體內的合金元素在變態之後，不會單獨地留在 α 相中。部份合金元素溶入雪明碳鐵內，亦即波來鐵中的雪明碳鐵不是單純的Fe_3C，而可能有些鐵原子會被合金元素的原子所替換。

Tewari和Sharma[12]總結了關於合金元素分配的重要因素。他們指出：

1. 當變態在接近平衡條件下產生時，波來鐵中之肥粒鐵和雪明碳鐵間之合金元素，需藉由熱力學而產生分配。事實上，在溫度恰低於共析溫度，合金元素的重新分佈是成長所必需的。亦即，低的過飽和度或 ΔT 很小時有利於分配的產生。對碳有很強親和力的合金元素是大家所熟知形成碳化物的元素，這些元素對波來鐵中的雪明碳鐵具有很強傾向的分配性。這一類的元素是錳、鉻和鉬。另一方面，像矽、鎳和鈷等元素可望集中在波來鐵中之肥粒鐵內。

2. 如果碳的過飽和度很高，就如同有很大的過冷度和相對快速的變態速率一樣，可能可完全地抑制分配的產生。

3. 在分配產生的溫度區間，波來鐵成長速率是由合金元素沿著晶粒的擴散所控制。另一方面，在低溫分配作用不會產生時，其成長速率是由碳原子的體積擴散所控制。

4. 一般而言，高於某溫度分配作用可能存在，而低於此溫度分配作用可能不存在。此種分配一不分配作用的轉移溫度是合金組成的特徵，任何合金元素的濃度增加都會使此轉移溫度降低。

---

12. Tewari, S. K., and Sharma, R. C., *Met. Trans. A.*, **16A** 597 (1985).

在研究合金元素分配作用的一個有用參數，稱為分配參數(partitioning parameter)。由下列方程式所定義

$$K_\alpha^{cm} = [C_X^{cm}/C_{Fe}^{cm}]/[C_X^\alpha/C_{Fe}^\alpha]$$　　　　　　**18.6**

式中C_X^{cm}和C_{Fe}^{cm}分別是合金元素，和鐵在波來鐵中之雪明碳鐵內的個別重量分率，而C_X^α和C_{Fe}^α是它們在波來鐵中之肥粒鐵內的重量分率。

合金元素對波來鐵的一些影響說明於圖18.16和圖18.17。特別是圖18.16中顯示$1/\lambda$對T的一組圖形，它們分別是四種含有0.4％～1.8％鉻的共析鋼，以及兩種含有1.08％和1.8％錳的共析鋼之$1/\lambda$對T的關係圖。請注意，若增加鉻含量，圖形往右上移動，但增加錳濃度則圖形往相反方向(即左下)移動。此外，虛線代表未加合金的共析鋼，它落在這兩類合金的直線之間。最後，由圖可觀察到所有這些組成的數據十分合理地落在直線上。

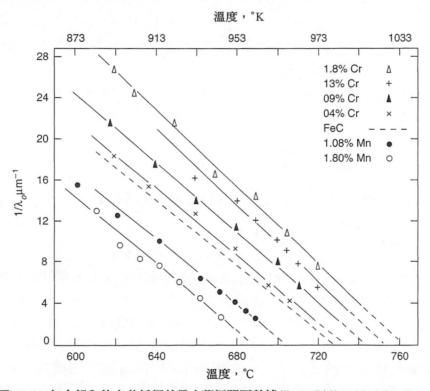

圖18.16 包含錳和鉻之共析鋼其最小薄板間距數據(From Ridley, N., Met. Trans., a., 15A 1019[1984].)

圖18.17是相當有趣的，因為圖中顯示含1％錳之共析鋼，其三個重要波來鐵變態參數與溫度變化關係。在左邊是波來鐵成長速率；在中間的是波來鐵間隔的倒數；而在右邊的是分配參數。在恰好低於共析溫度時，其分配參數很

大，亦即大約是3，當溫度下降時它隨之減小，在大約670℃其值接近1。分配
參數1意味著沒有分配的意思。因此，670℃大約是這種鋼的無分配溫度。

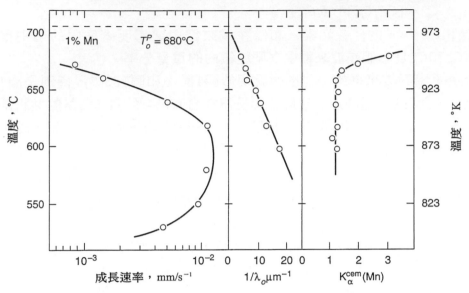

圖**18.17** 1％(wt)Mn之共析鋼其成長速率，最小間距倒數，分配係數隨溫度變化
情形(From Ridley, N., Met. Trans. A., 15A 1019[1984].)

18.8 波來鐵的孕核速率 (The Rate of Nucleation of Pearlite)

　　孕核速率(rate of nucleation)是在單位體積(通常是立方公釐)內每秒形成的
核的個數。如前面所提過的，均質組成的沃斯田鐵其核通常在晶界上異質形
成。不像恆溫成長速率，其恆溫之孕核速率是時間的函數，如圖18.18所示。
為了比較在不同溫度的孕核速率，吾人必須考慮每個溫度的平均孕核速率。平
均N與溫度變化情形示於圖18.19，在相同的圖中成長速率也繪成了溫度的函
數。大部份有關於波來鐵結構變化與溫度的函數關係，可由這些曲線的研究而
得知。

　　讓我們首先探討僅稍低於共析溫度973K(700℃)時的情形。在此溫度，孕
核速率非常小大約是零。另一方面，成長速率，具有每秒10^{-3}到10^{-4}釐米間的
有限值。僅有少數波來鐵核形成，此因為相對高的成長速率，核長成大的波來

鐵節塊(nodule)之故。事實上，節塊長成大於原來沃斯田鐵晶粒的尺寸；此節塊成長而越過沃斯田鐵晶界。

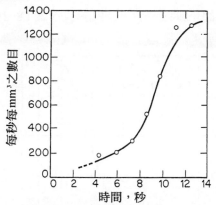

圖**18.18** 共析鋼在680℃變態時，波來鐵孕核速率(N)和時間之函數(Mehl, R.F., and Dube, A., Phase Transformations in Solide, John Wiley and Sons, Inc.,New York, 1951, p.545.)

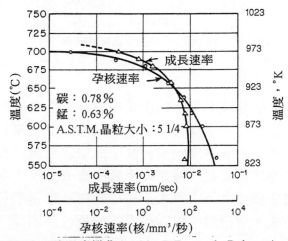

圖**18.19** 共析鋼N和G隨溫度變化(Mehl, R.F., and Dube, A., Phase Transformations in Solids, John Wiley and Sons, Inc., New York, 1951,p.545.)

　　因為在這些高溫狀態，波來鐵核的不足，以及形成的核之間距離較長的關係，雖然這些核實際上在晶界形成，吾人可將它們視為還在整個沃斯田鐵晶粒內任意地形成。現在若假設，第一，孕核速率N是常數(平均孕核速率)；第二，當節塊成長(直到它們互相碰在一起)時仍然保持球狀；第三，成長速率G是常數，Jognson和Mehl[13]已經證實，沃斯田鐵轉換成波來鐵的百分比與溫度的函數關係，可由下面反應方程式表示

---

13. Johnson, W. A., and Mehl, R. F., *Trans. AIME*, **135** 416 (1939).

式中$f(t)$是沃斯田鐵轉換成波來鐵的百分比，N是孕核速率，G是成長速率，而t是時間。由反應曲線所繪出的典型S形的曲線示於圖18.20。

$$f(t) = 1 - e^{(-\pi/3)NG^3t^4} \qquad\qquad \textbf{18.7}$$

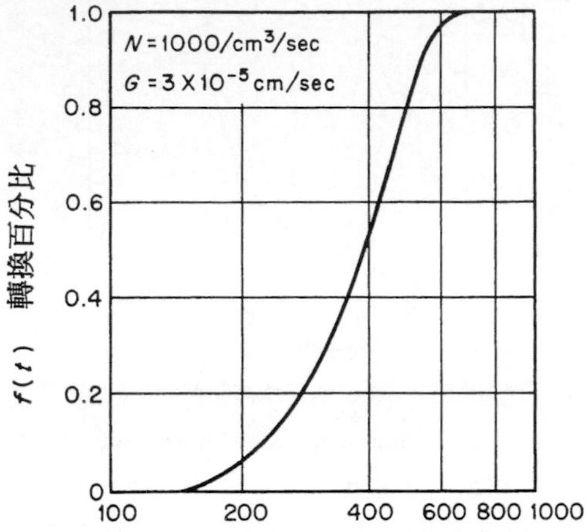

圖**18.20** 由Johnson和Mehl方程式所得到的理論反應曲線(Mehl, R.F., and Dube, A.,Phase Transformations in Solids, John Wiley and Sons, Inc., New York,1951, p.545.)

　　當反應溫度降低，孕核速率以一個比成長速率還快的速率增加，反應溫度降得愈低，會有愈來愈多的波來鐵集群孕核。其中一個結果是在變態的早期，沃斯田鐵的晶界被大量沿著晶界所形成的波來鐵集群包圍。為數眾多的波來鐵節塊往單一沃斯田鐵晶粒內成長，波來鐵節塊不會成長而大到足以消耗多數的沃斯田鐵晶粒。而這些條件之下，吾人不再可能認為它是屬於任意的孕核，而是應該視它為晶界孕核。這個變態以數學模式分析較為困難，但現在已經被做到了[14]。

18.9　時間-溫度-變態曲線 (Time-Temperature-Transformation Curves)

　　重要且具實用特質的資料可由一系列恆溫反應曲線獲得，這些曲線是在某些溫度下所決定的。首先考慮圖18.20的理論曲線。將一系列試片使其恆溫反

---

14. *Ibid.*

應不同時間後確定在每個試片中變態產物的百分比，即可得到此理論曲線的實驗曲線圖將這些數據繪成反應時間的函數圖可得到想要的曲線，其中一個結果示於圖18.21的上方。

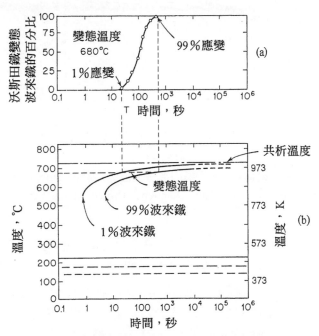

圖18.21 (a)波來鐵恆溫變態的反應曲線；(b)由反應曲線所得到時間-溫度-變態
圖(Adapted from Atlas of Isothermal Transformation Diagrams, United States Steel Corporation, Pittsburgh, 1951.)

　　由這反應曲線可以得到開始變態所需的時間，以及完成變態所需的時間。事實上，藉著觀測得一定量變態產物(通常是1％)的時間可作為變態的起始。變態的結束則取99％沃斯田鐵轉換成波來鐵時的時間。一系列溫度所得到數據圖如圖18.22所示，很明顯地它不是平衡圖，但仍然是相圖的一種。此圖顯示在恆溫變態期間各相與時間的關係。第一個C形曲線左邊的區域相對於沃斯田鐵的結構。此兩曲線第二條的右邊任何一點代表波來鐵結構，因此是兩相(雪明碳鐵和肥粒鐵)的混合物。在兩曲線之間是波來鐵和沃斯田鐵的區域，在這區域，此二組成的相對比例從左邊全部為沃斯田鐵變化，至右邊全部是波來鐵。

　　關於波來鐵變態的重要因素之一是在溫度873K(600℃)附近形成波來鐵所需的時間非常短。當然，此可由圖18.20中的資料得知，在圖中可看出於此溫度時，孕核速率和成長速率皆呈現最大值。

　　圖18.22之時間-溫度-變態(T-T-T)圖僅符合沃斯田鐵轉換成波來鐵的反應。此圖並非沃斯田鐵變態的完整曲線，溫度低於823K(550℃)的部份並未示

出。爲使此研究完整起見，吾人必須考慮其他兩種型式的沃斯田鐵反應：沃斯田鐵變成變韌鐵以及沃斯田鐵變成麻田散鐵。

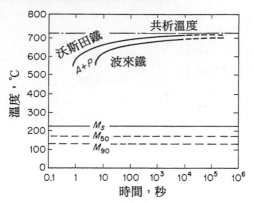

圖18.22 0.79％碳0.76％錳之共析鋼的部份恆溫變態圖(Adapted from Altas of Isothermal Transformation Diagrams, United States Steel Corporation, Pittsburgh, 1951.)

　　變韌鐵反應將在下節中討論，而鋼中麻田散鐵反應將在第十九章探討。關於麻田散鐵反應，在目前探討的共析鋼中，我們可做一敍述，基本上此反應是非熱的變態。在圖18.22中所繪的水平線示出M_s(麻田散鐵起始)溫度，以及在圖中所示的特定溫度時所獲得的麻田散鐵的百分比。鋼料在高溫沒有轉換成波來鐵，則在冷卻後不用說，唯一形成的就是麻田散鐵。

18.10　變韌鐵反應
(The Bainite Reaction)

　　變韌鐵反應或許是所有沃斯田鐵反應[15]中被瞭解最少而爭議最多的。這有許多的理由。變韌鐵本身是在一相當廣的溫度範圍內形成。變韌鐵之顯微組織也是多變化的。過去大家都已公認在高溫(約300～500℃之間)和低溫(約200℃到300℃)所形成的變韌鐵間有顯著的差異。在這兩個溫度範圍內形成的變韌鐵，分別稱爲上變韌鐵(upper bainite)和下變韌鐵(lower bainite)。此外，在每個溫度區間的範圍內，變韌鐵的形態亦有不同。最近已證實在鉻-鎳合金鋼內，上變韌鐵假設有三種基本不同的形態[16]。同樣地，下變韌鐵也有幾種不同的形態。沃斯田鐵轉換成變韌鐵的機構十分複雜，且也存有相當程度的爭議。

15. Mou, Y., and Hsu, T. Y., *Met Trans. A.*, **19A** 1695 (1988).
16. *Ibid.*

在簡單的鐵-碳鋼內，變韌鐵反應特別難於研究，因為變韌鐵變態與沃斯田鐵轉換成波來鐵反應(溫度在773K(500℃)左右)的區域重疊。在此溫度範圍變態的鋼，其結構包括波來鐵和變韌鐵。在某些合金鋼，合適的合金元素存在於置換型固溶體(在沃斯田鐵)內，會使波來鐵和變韌鐵反應產生的溫度範圍因而分開，因此在這些合金鋼內變韌鐵反應較容易研究。由這些研究所獲致的結論，通常可視為變韌鐵反應的特性，且可應用到簡單的鐵-碳合金上。

變韌鐵最令人困惑的性質是它的雙重性。在許多方面，它表現了典型孕核和成長形式的變態特性，就如同波來鐵變態一樣。同時，它也顯現了一樣數量而應歸屬於麻田散鐵形式的反應。就如同波來鐵一樣，變韌鐵變態的反應產物不是單相，而是肥粒鐵和碳化物的混合物。在變韌鐵變態時，原先均勻分佈在沃斯田鐵的碳集中在高含碳量的局部區域(即碳化物顆粒)，其餘的部份是無碳的基地(肥粒鐵)。變韌鐵反應因涉及組成的改變，故需碳的擴散。這方面它與典型麻田散鐵變態有顯著地不同。另外一個不同於麻田散鐵變態的變韌鐵反應特性，是它並不是非熱反應。變韌鐵的形成需要時間，當沃斯田鐵恆溫反應成變韌鐵時，可得典型S形的反應曲線，由圖18.23可看出。此曲線與在簡單孕核和成長變態所獲得的曲線之間的相似性，可藉由它與前面處理波來鐵反應所呈現的結論作一比較而得知。最近得到的一組恆溫反應曲線示於圖18.24中。這些曲線是由Okamoto和Oka[17]使用含量1.10％的高純度過共析鋼在663到422K(390至149℃)之間的5個溫度恆溫反應時所得到的。在每個溫度的反應過程使用膨脹計來追蹤。因為此組成的M_s溫度大約540K，曲線5位於M_s之下而在變韌鐵區域。其他四條曲線位於下變韌鐵區域內，所有這些曲線都符合Johnson-Mehl方程式(方程式18.7)。有趣的是這些作者也在他們研究的過共析鋼中驗證了兩種基本不同的下變韌鐵形態，此更近一步證實了變韌鐵變態的複雜性。

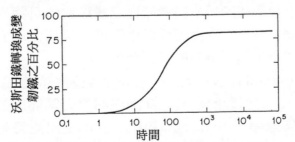

圖**18.23** 變韌鐵恆溫變態可能不會完全的特性圖(After Hehemann, R.F., and Troiano, A.R., Metal Progress, 70, No. 2, 97[1956].)

17. Okamoto, H. and Oka, M. *Met. Trans. A.*, **17A** 1113 (1986).

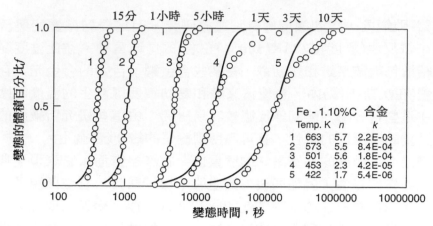

圖18.24 碳含量1.10％碳鋼在各個溫度沃斯回火的恆溫反應曲線（From Okamoto, H., and Oka, M., Met. Trans. A., 17A 1113[1986].）

　　雖然變韌鐵和波來鐵都是肥粒鐵與碳化物的混合物，但變韌鐵形成的機構卻不同於波來鐵者。變韌鐵的反應產物也不是像在波來鐵中所發現到的肥粒鐵和雪明碳鐵平行層狀的交錯排列。就如我們已看到的，波來鐵由於各方向的成長速率幾乎相等，因此傾向於發展成球狀的形式。變韌鐵的情形就不是如此，它成長為平板狀或條狀──一種典型的麻田散鐵特性。當觀察其金相切片時，可發現變韌鐵具有針狀的特性外觀，在許多方面均類似於變形雙晶和麻田散鐵平板。變韌鐵平板的形成也伴隨著表面的扭曲（表面傾斜及調節性扭結），因此許多研究者認為在平板形成過程中會引入晶格剪變。但是，變韌鐵和雪明碳鐵平板間的基本差異在於它們的形成速率。在大部份情況，麻田散鐵平板是在高驅動力的條件下形成，且在不到一秒的時間內長成最後的尺寸，但變韌鐵平板卻是緩慢而連續地成長。變韌鐵平板的成長很明顯地會受伴著此反應之擴散所需的時間而延遲。但是，如果變韌鐵的形成是藉著剪變位移的過程，則吾人必須考慮由於變韌鐵平板形成所衍生的調節性應變釋放的可能性，此為一因素。這些應變有可能在變韌鐵形成的溫度因產生回復而釋放。應變的釋放使得變韌鐵薄板繼續成長，或者可能使另外的薄板產生孕核。

　　Bhadeshia和Edmunds[18]已發表了一篇關於變韌鐵的重要論文，他們使用0.4％碳、3.0％錳、2.12％矽的鋼料。此鋼料的變韌鐵變態很緩慢的產生，因此可全程研究變韌鐵變態。Bhadeshia和Edmonds提出證據證實產生上及下變韌鐵的變態反應是不相同的。圖18.25是這種鋼料的溫度-時間-變態（T-T-T）圖，圖中所看到的兩個分開的"C"曲線可證明此點。這個圖是將合金試片於數

18. Bhadeshia H. K. D. H., and Edmunds, D. V., *Met. Trans. A.*, **10A** 895 (1979).

個固定溫度，使其恆溫反應不同時間後而得。實線部份是在各不同溫度產生5％變態量的時間曲線。在實線兩側的虛線顯示所得到數據產生分散。這些虛線並不是表示其他百分比變態量的界限。

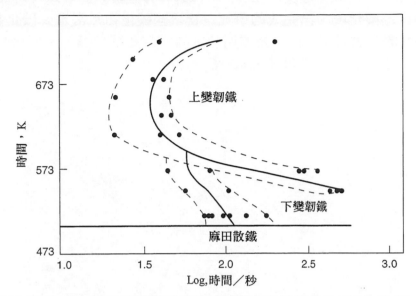

圖**18.25** 矽合金鋼利用膨脹計所決定出的5％變態的T-T-T曲線（From Bhadeshia,H.K.D.H., and Edmonds, D.V., Met. Trans. A, 10A 895 [1979].）

　　上變韌鐵顯微結構正常下係由以包體或束體排列之條狀，或板狀肥粒鐵以及在肥粒鐵間有碳化物的組織組成。因為這種變韌鐵的結構相當微細，所以必須使用電子顯微鏡分解其微結構。圖18.26示出上變韌鐵板狀組織的電子顯微鏡照片，其放大部率為15,000。照片中不規則黑色區域是肥粒鐵部份，在其內部的白色區域是碳化物顆粒。此照片所示的上變韌鐵係在相對高的變態溫度(大約773K)下形成。下變韌鐵之外觀不同於上變韌鐵，其結構通常較粗大而在平板肥粒鐵內有碳化物。圖18.27是此種組織的照片，是在大約523K將試片恆溫變態而得，該組織中的平板肥粒鐵比在圖18.26中所示的更有規則性，且形成針狀結構。同時，另一方面來看，在圖18.26中的碳化物顆粒較粗，且平行於肥粒鐵平板的長徑方向。圖18.27中的碳化物顆粒尺寸較小，且呈現出與平板直軸大約成55°角的交叉條紋[19]。變韌鐵結構隨變態溫度變化的結果，在光學顯微鏡(即在低放大倍率下)看到的是外觀的差異。為說明這一點，圖18.28示出了在兩個不同恆溫溫度所形成的變韌鐵外觀。

19. *Trans. ASTM*, **52** 543 (1952).

現在來談一下有關出現於變韌鐵內的碳化物本質。在溫度高於573K(300
℃)，碳鋼變態成變韌鐵時，其碳化物似乎僅是簡單的雪明碳鐵Fe_3C[20]。已被確
認的是有些時候，在較低溫度(低於573K(300℃))形成的變韌鐵，可能會產生
異於雪明碳鐵的碳化物。已完成的研究證實這些碳化物常常是 ε 碳化物[21]，它
具有六方晶系的晶體結構，而不是雪明碳鐵的斜方晶系結構。 ε 碳化物的碳濃
度大約8.4％，也不同於雪明碳鐵的6.7％。

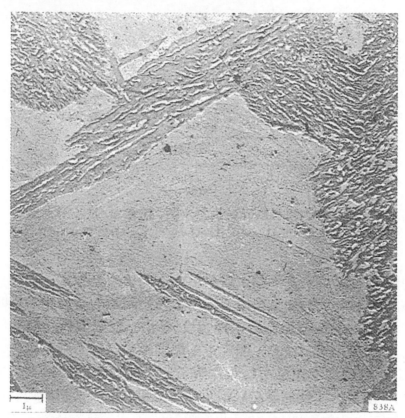

圖18.26 電子顯微鏡在733K觀測到的變韌鐵變態組織。原來放大15,000倍在上
圖減少30％(Trans. ASTM, 52. 540, Fig. 20[1952].[Second Progress
Report of Subcommittee XI of Committee E-4.])

20. Hehemann, R. F., ASM Seminar, *Phase Transformations*, Amer. Soc. for Metals,
Metals Park, Ohio, 1970.
21. *Ibid.*

圖**18.27** 電子顯微鏡在523K觀測到的變韌鐵變態組織。原來放大15,000倍在上
圖減少30％(Trans. ASTM, 50. 444, Fig. 23[1950].[Second Progress
Report of Subcommittee XI of Committee E-4.])

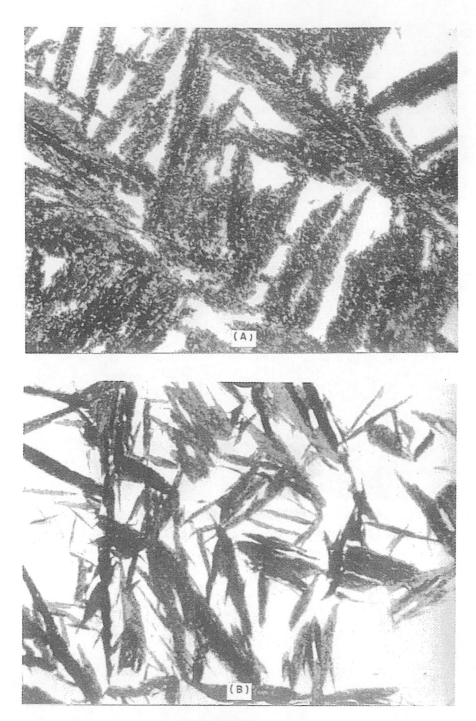

圖18.28 (a)在621K(348℃)形成的變韌鐵；(b)在551K(278℃)形成的變韌鐵
(Photographs courtesy of Edgar C. Bain Laboratory for Fundamental
Research, United States Steel Corporation.)2500X

關於兩種基本型式變韌鐵，即上變韌鐵與下變韌鐵，其中上變韌鐵的慣平面接近{111}$_\gamma$，但下變韌鐵的慣平面是未被確認的。根據Sandvik[22]的研究，變韌鐵有一些是非針狀形式，如粒狀變韌鐵、柱狀變韌鐵以及晶界變韌鐵等同素異形體已被觀測到，這些變韌鐵僅在特殊條件下可被偵測出。因此，吾人可假設兩種主要變韌鐵是上變韌鐵與下變韌鐵。

變韌鐵反應的一個有趣特徵是一直等到沃斯田鐵恆溫反應的溫度降至一稱爲B_s(變韌鐵起始溫度)的特定溫度時，變韌鐵才會形成。高於B_s，除了因有外在作用的應力出現而產生外，沃斯田鐵不會形成變韌鐵。此外，剛好低於B_s的溫度，沃斯田鐵也不會完全變態成變韌鐵。變韌鐵形成的量隨著恆溫反應溫度的降低而增加，如圖18.29示意圖。低於某一低限溫度B_f(變韌鐵完成溫度)，沃斯田鐵即有可能完全變態成變韌鐵。變韌鐵反應與溫度的關聯性很明顯的類似於麻田散鐵反應受溫度影響的情況。B_s和B_f溫度相當於M_s和M_f溫度，而且圖18.29的曲線非常類似於第十七章中說明非熱麻田散鐵變態形成的量與溫度的函數關係。

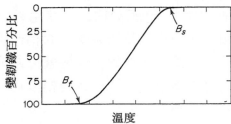

圖18.29 恆溫變態時，溫度對變韌鐵形成量的影響(示意圖)(Hehemann, R.F., and Troiano, A.R., Metal Progress, 70 No. 2, 97[1956].)

對於那些波來鐵和變韌鐵反應不會重疊的合金鋼而言，當鋼料在B_s和B_f間反應而未變態的沃斯田鐵部份，始終保持沃斯田鐵的形式。如果金屬維持在此變態溫度，則這個說法是正確無誤的。但是，如果將它冷卻至室溫，則剩餘的沃斯田鐵，或其中的一部份將產生麻田散鐵變態。在單純鐵-碳合金，其恆溫變態係在波來鐵-變韌鐵重疊的區域進行，因此可以假設未變態成變韌鐵的沃斯田鐵將變成波來鐵。

介於B_s和B_f溫度區間，變韌鐵變態不完全的事實意味著在此溫度範圍內，孕核與成長在所有沃斯田鐵被消耗之前便已停止。因此，只有數目有限的核形成，而成長爲典型的變韌鐵平板。這些平板的成長受到限制並不難理解。變韌鐵平板能夠不斷成長，直到與其他平板或沃斯田鐵晶界相交爲止。另外，因平

22. Sandvik, B. P. J., *Met. Trans. A*, **13A** 777 (1982).

板上肥粒鐵與原來沃斯田鐵之間的整合性消失，而使變韌鐵平板的成長受到限制。另一方面，何以孕核會停止的理由卻不易確定之。

在此，吾人應該提一下變韌鐵變態的雙重本質，亦即，孕核與成長以及麻田散鐵的特徵，有利於其中一項本質的論點，可視爲變韌鐵反應的支配因素。但是變韌鐵變態的結果是爭議已久(半世紀[23])的問題。一方面，某一些學者[24]支持擴散控制的反應模式，此模式視變韌鐵反應是一種非層狀(即非薄板狀)的共析反應，且認爲變韌鐵是一種非層狀波來鐵的類似物。這群學者認爲變韌鐵內的肥粒鐵係藉著邊端沿 α-γ 肥粒鐵平板的邊界產生，受擴散控制的移動而成長。此機構與在18.2節所描述的初析肥粒鐵之費得曼(Widmannstätten)成長的假設是一樣的。這個機構假設肥粒鐵中的碳濃度很低，此意味著沃斯田鐵應含有多量的碳(即富碳)。因此，碳化物可望在沃斯田鐵-肥粒鐵邊界之沃斯田鐵側形成，同時往沃斯田鐵內成長。實驗證據傾向於支持上變韌鐵內碳化物，係在邊界之沃斯田鐵側析出的看法。另一方面，實驗證據也確信下變韌鐵中的碳化物係在肥粒鐵內析出。

變韌鐵變態的另一個看法[25]，認爲變韌鐵係藉由剪力機構而形成。此主要係基於麻田散鐵和變韌鐵間許多形態及結晶學上的相似性。在本節的前面已描述過一些了。一般而言，並不是由這些的相似性就可做成結論，認爲剪力或其替代理論是變韌鐵變態的基本機構。上述的這些相似性與非層狀共析變韌鐵反應的觀念是否一致，仍然有爭議[26]。

18.11 共析鋼完整的T-T-T圖(The Complete T-T-T Diagram of an Eutectoid Steel)

圖18.21的時間-溫度-變態(T-T-T)圖再次顯示於圖18.30。但在後者的圖中，相當於變態起始和結束的曲線被延伸到沃斯田鐵轉換成變韌鐵的溫度範圍內。因爲在一般共析碳鋼中，波來鐵和變韌鐵變態重疊，故從波來鐵反應到變韌鐵反應的轉移就很平滑而連續。大約高於800到900K，沃斯田鐵完全變態成

23. Aaronson, H. I., *Met Trans. A,* **17A** 1095 (1986).
24. Hehemann, R. F., Kinsman, K. R., and Aaronson, H. I., *Met Trans.* **3** 1077 (1972).
25. *Ibid.*
26. *Ibid.*

波來鐵。低於這一溫度到大約700K，波來鐵和變韌鐵兩者均會形成。最後，介於700和483K之間，反應的生成物僅有變韌鐵一種。

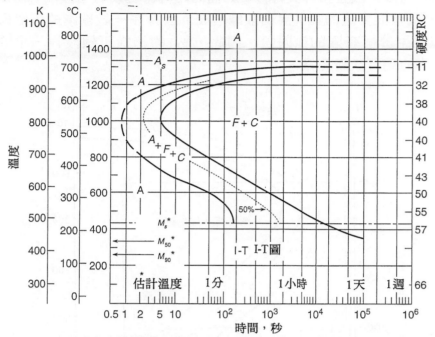

圖18.30 共析鋼完全的恆溫變態圖。注意此鋼並非高純度鐵碳合金，而是商用
鋼(AIDI1080)包含0.79％碳和0.76％錳。錳的影響將在第十九章討
論。在左邊的溫度為℃、℉和°K，恆溫變態試片的硬度在右邊。圖中
A＝沃斯田鐵，F＝肥粒鐵，C＝雪明碳鐵，M＝麻田散鐵(From Atlas
of Isothermal Transformation and Cooling Transformation Diagrams,
American Society for Metals, Metals Park, Ohio, 1977.)

變韌鐵反應的一項有趣的特徵是當反應溫度降低，變韌鐵形成的速率也隨之減小。因此，在稍高於M_s溫度時需要很長時間才能形成變韌鐵。

恆溫變態起始與結束曲線之間的點線，其意義在此應提一下。這條點線代表在任何特定溫度下，一半的沃斯田鐵變態成變韌鐵，或一半的沃斯田鐵變態成波來鐵所需的時間。

讓我們討論某些任意設定的時間-溫度路徑，沿著這些路徑，假設沃斯田鐵化試片被帶至室溫。這些路徑顯示在圖18.31中，用於說明時間-溫度-變態(T-T-T)圖的使用法則之練習。

路徑1

試片快速冷卻至433K，並停留於此溫度20分鐘。由於冷卻速率太快，以致於波來鐵無法在較高溫度時形成；因此鋼料在通過M_s溫度(麻田散鐵開始非熱變態)之前,始終保持沃斯田鐵相。因為433K(160℃)是一半沃斯田鐵變態成麻田散鐵的溫度,故直接淬火時會使50%的結構轉變成麻田散鐵。將試片維持在433K,只有很少量的額外麻田散鐵形成,因為在一般碳鋼的恆溫麻田散鐵變態,僅發生於極有限的範圍內。因此,點1的結構可假設為一半的麻田散鐵,和一半的殘留沃斯田鐵。

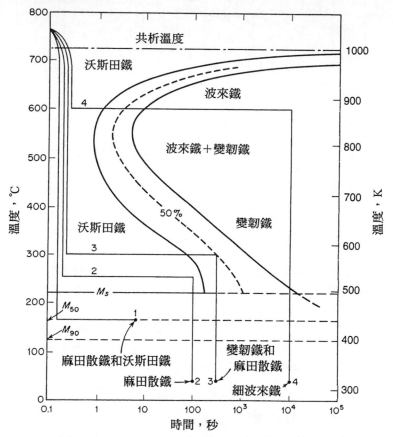

圖18.31 在恆溫變態圖上的任意時間-溫度路徑

路徑2

在此情況,試片在523K(250℃)保溫100秒。這樣的時間不夠久不足於形成變韌鐵,因此由523K二次淬火到室溫,可產生麻田散鐵結構。

路徑3

在573K恆溫維持約500秒,將產生由一半變韌鐵和一半沃斯田鐵組成的結構。由此溫度急速淬冷至室溫所得到的最後結構,是變韌鐵和麻田散鐵的混合組織。

路徑4

在873K(600℃)停留8秒，將使沃斯田鐵幾乎完全(99％)轉變成細波來鐵。此種組成物相當安定，即使在873K(600℃)維持長達10^4秒(2.8小時)的時間也不會產生變化。當冷卻至室溫時，最後結構是細波來鐵。

18.12 緩慢冷卻的亞共析鋼 (Slowly Cooled Hypoeutectoid Steels)

鐵-碳平衡圖的碳鋼區域重新顯示於圖18.32。共析點左邊的合金可隨意設定爲亞共析鋼，而右邊的合金稱爲過共析鋼。在上面的討論裡，我們的注意力主要集中在共析組成的探討。現在我們將討論在共析點左邊，或亞共析點組成的鋼其沃斯田鐵的變態。一典型亞共析組成以線ac表示(圖18.32)。在a點此合金是沃斯田鐵狀態。在極緩慢冷卻下，當溫度到達b點時開始產生變態。此時合金將進入肥粒鐵和沃斯田鐵的兩相區。如此則肥粒鐵開始在沃斯田鐵晶界上異質孕核，如圖18.33(a)所示。繼續緩慢冷卻到c點，肥粒鐵晶粒逐漸長大。因爲肥粒鐵碳含量非常低(C＜0.02％)，當它成長時會有碳從界面處排出而進入沃斯田鐵，因而相對的增加沃斯田鐵的碳含量。當合金冷卻至圖18.33(b)所示的c點時，可得兩相的混合物。注意此時每個沃斯田鐵晶粒被網狀肥粒鐵晶粒所包圍。關於此兩相混合物的相關數據很容易由圖18.32導出。根據槓桿法則，吾人可得：

$$肥粒鐵的量 = \frac{0.77 - 0.52}{0.77 - 0.02} = \frac{1}{3}$$

$$沃斯田鐵的量 = \frac{0.52 - 0.02}{0.77 - 0.02} = \frac{2}{3}$$

結線與單相邊界相交的截距告訴我們肥粒鐵包含0.02％碳，而沃斯田鐵含0.77％碳。因此結構由三分之二的沃斯田鐵和三分之一的肥粒鐵組成，而沃斯田鐵具有共析組成，且正好位於共析溫度之上。此金屬緩慢冷卻通過共析溫度時，剩餘的沃斯田鐵將變態成波來鐵，因此在d點時的結構，包含肥粒鐵和波來鐵的混合物(看圖18.33)。當然，肥粒鐵和波來鐵的比例，與在c點時所得到的肥粒鐵和沃斯田鐵的比例是相同的，即1比2。合金連續冷卻至室溫，其顯微組織不會造成明顯的改變。理論上，由於碳在肥粒鐵內的溶解度隨溫度降低而減小,因此結構應該會有所改變,但是涉及的碳實在非常少,因為在共析溫度時,肥粒鐵能固溶碳的量也僅有0.022%而已。

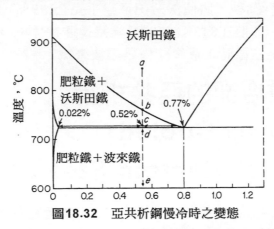

圖**18.32** 亞共析鋼慢冷時之變態

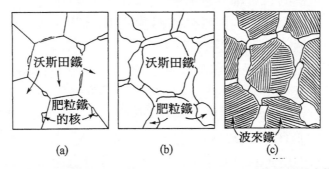

圖**18.33** 亞共析鋼慢冷時在圖18-32中*b*、*c*、*d*點三個階段所形成的相對組織

大多數實用問題中,在使用槓桿法則做演算時,我們可以假設肥粒鐵的碳含量為零。如果這項假設成立,則亞共析鋼組織中的波來鐵部份,直接隨著鋼中碳含量除以共析組成0.77%的比例而變化。因此,含0.2%碳的碳鋼,其組織中約四分之一的波來鐵,而鋼料之組織中如包含一半的波來鐵,則其碳含量約0.4%。數種亞共析鋼緩慢冷卻所得的組織示於圖18.34。

亞共析鋼的結構可用來區分相和組成物的觀念。圖18.34中的任一張照片,很明顯地均有兩種基本的結構:白色的肥粒鐵區和黑色波來鐵區。因此這些試片的組成物是波來鐵和肥粒鐵。然而這些結構的相是肥粒鐵和雪明碳鐵。每壹試片的雪明碳鐵都位於波來鐵區域,而肥粒鐵則同時存在波來鐵與單純的肥粒鐵晶粒內。雖然兩種形式的肥粒鐵間沒有基本上的差異,可是區分一下有時還是方便的。出現在波來鐵中的肥粒鐵稱為共析肥粒鐵(eutectoid ferrite),而另一則稱為初析肥粒鐵(proeutectoid ferrite)。希臘字首"pro"之所以用來稱呼後面一種的肥粒鐵,是因為在冷卻時,它在共析結構(波來鐵)產生之前就形成。

　　鋼內兩相的相對量也可以藉由槓桿法則找出。在此情況，槓桿延伸至相的組成(肥粒鐵0％碳、雪明碳鐵6.7％碳)，而不是組成物的組成(初析肥粒鐵0％碳、波來鐵0.77％碳)。

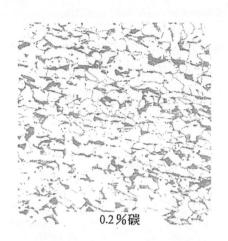

0.2％碳

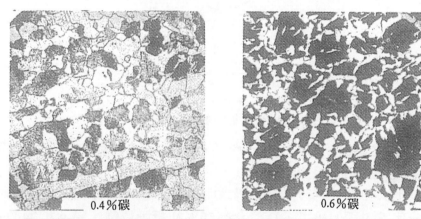

0.4％碳　　　　　　　　0.6％碳

圖**18.34**　亞共析鋼組織：黑色是波來鐵；白色是肥粒鐵。約放大300倍

18.13　緩慢冷卻的過共析鋼 (Slowly Cooled Hypereutectoid Steels)

　　含碳量高於共析點的鋼，其變態方式類似於含碳量低於共析點的鋼。在此情況，初析組成物是雪明碳鐵而不是肥粒鐵，對於一典型組成而言(1.2％碳)(圖18.35)，當溫度沿著gk線降低時，在h和i點之間形成。在i點，結構是雪明

碳鐵(6.7%碳)和沃斯田鐵(0.77%碳)的混合物。槓桿法則計算顯示此結構中的
92.7%是沃斯田鐵,而7.3%是雪明碳鐵。初析雪明碳鐵的析出,使沃斯田鐵的
碳含量降為共析點的組成。結果,當試片的溫度緩慢降低通過共析溫度時,剩
餘的沃斯田鐵轉變成波來鐵。在此情況試片連續冷卻至室溫時,其顯微組織也
不會造成明顯的改變,因此在 j 點所得到結構可視為室溫時所見的代表性組
織,也就是7.3%初析雪明碳鐵和92.7%波來鐵,此兩者是結構的組成物。而相
則是雪明碳鐵和肥粒鐵。這兩相可藉由槓桿法則決定之,計算結果可得總量18
%雪明碳鐵(共析加上初析),和82%肥粒鐵(全部包含於波來鐵內)。

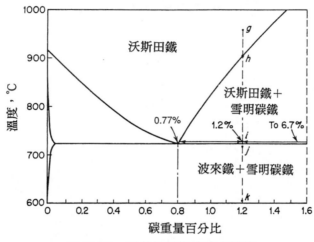

圖18.35 過共析鋼慢冷時之變態

　　典型過共析結構示於圖18.36。過共析顯微組織外觀上常不同於亞共析
者。最重要差異在於初析組成物的量。在上面的例子(1.2%碳之碳鋼,含碳量
高於共析點以上0.43%)僅有7.3%初析雪明碳鐵。在共析點另一邊大約相等距
離的重量百分比處,即0.4%C,結構含有50%初析肥粒鐵。過共析顯微組織的
一個特性是初析組成物(即初析雪明碳鐵)的量很少。圖18.36的照片,是含碳量
1.1%的碳鋼,初析雪明碳鐵以細網狀包圍著波來鐵區域,此可從佔據照片中
心處的大波來鐵集群由邊界所圍繞而得知。在變態之前,每個波來鐵區域為單
一沃斯田鐵晶粒。初析雪明碳鐵因而在沃斯田鐵晶界上異質形成。

　　低碳和高碳鋼結構另一個重要差異,是在鋼中的肥粒鐵是連續相,而雪明
碳鐵是包圍相。因此,初析雪明碳鐵雖顯示出沃斯田鐵的晶界,但仍然是由不
連續平板所組成。反之,初析肥粒鐵常常以許多連續晶粒的形式完全地包圍著
波來鐵區域。

圖18.36 過共析鋼的顯微組織。注意在照片中心雪明碳鐵薄板(網狀)圍繞波來鐵集群

18.14 非共析鋼的恆溫變態圖 (Isothermal Transfor- Mation Diagrams for Noneutectoid Steels)

　　亞共析鋼(0.35％碳)和過共析鋼(1.13％碳)的恆溫變態圖(T-T-T)分別示於圖18.37和18.38。這兩個圖之間與共析鋼者之間的相似性極為明顯,雖然如此,但彼此間還是有重大差別。此項差別在於兩個圖形中出現了mn線,此線是初析組成物的恆溫變態起始線。在每一圖中,這些線皆位於沃斯田鐵恆溫變態成波來鐵之曲線的左上方。注意,這兩條曲線係漸近線,在長時間可視為固定的溫度線,一給定的合金在緩慢冷卻下通過此溫度線,首先會形成初析組成物(分別為肥粒鐵和雪明碳鐵)。

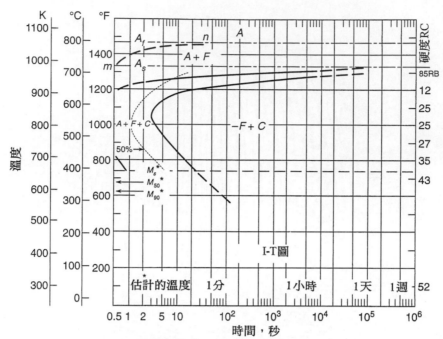

圖18.37 含0.35％碳、0.37％錳之亞共析鋼的恆溫變態圖。注意：A_f線代表肥粒
鐵形成的最高溫度；A_s是共析溫度；M_s是麻田散鐵起始溫度，A、F和C
與圖18.30中所代表意義一樣(From Atlas of Isothermal Transformation
and Continuous Cooling Diagrams, American Society for Metals, Metals
Park, Ohio 44073, 1977.)

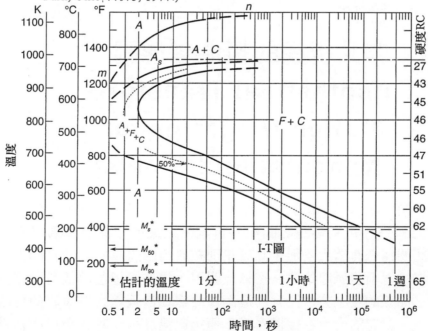

圖18.38 含1.13％碳，0.3％錳之過共析鋼的恆溫變態圖(From Atlas of
Isothermal Transformation and Continuous Cooling Diagrams, American
Society of Metals, Metals Park, Ohio 44073, 1977.)

　　亞共析鋼的恆溫變態圖重新繪於圖18.39。為了說明圖中所示的所有線的完整意義，在圖中繪出數個任意冷卻的路徑。

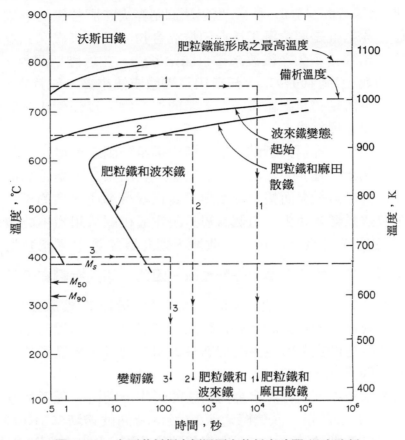

圖18.39 在亞共析鋼之恆溫圖上的任意時間-溫度路徑

　　在每種情況，吾人假設試片於1113K(840℃)沃斯田鐵化，此溫度高於肥粒鐵在此組成時最初形成溫度的40℃。沿著路徑1，假設試片快速淬冷至1023K(750℃)，然後在此溫度保持1小時。在這恆溫處理的第1秒鐘時間內，結構仍然全是沃斯田鐵，但是在第1秒結束，路徑越過肥粒鐵孕核的起始曲線，因而開始形成肥粒鐵。從這點到10,000秒(2.8小時)結束，此結構落在二相之沃斯田鐵-肥粒鐵區域。因為處在此溫度的時間很長，在這溫度形成的肥粒鐵量應接近平衡圖所預測的值。沒有波來鐵會形成，因狀態仍然處於共析溫度[1000K(727℃)]之上。試片淬冷到室溫時則路徑1就完成，而在1023K(750℃)留下的沃斯田鐵應幾乎完全變態成麻田散鐵，因此最後結構可視為肥粒鐵和麻田散鐵組成。

　　路徑2代表試片假設在低於共析溫度下恆溫變態，溫度選定為923K(650℃)。因為在這個溫度範圍由沃斯田鐵形成肥粒鐵的速率極快，即使以非常快速的方式淬火(冷卻時間少於0.5秒)，也無法抑制淬火時肥粒鐵的形成。結果，試片恆溫變態一開始就是肥粒鐵和沃斯田鐵混合物。而波來鐵在此溫度範圍的變態十分快速，以致於不久之後波來鐵也開始形成。在這段期間內，從大約0.5秒(設為變態的起始)到100秒末，沃斯田鐵變態成波來鐵。試片在100秒末可視為已變態完全，而結構是肥粒鐵和波來鐵的混合物。以任何正常的快速冷卻到室溫都不會改變這種結構。

　　上述形式的變態，即亞共析試片被快速冷卻至一固定溫度，並且在此溫度產生變態，如此代表一種非平衡的不可逆變態。其結果之一是得到的肥粒鐵對波來鐵的比值，與非常緩慢而接近平衡變態之連續冷卻所得到的不一樣。在不可逆過程的肥粒鐵量經常較少，這個意思是說在最後顯微組織中的波來鐵量比較多。波來鐵的組成若沒有一相對的改變，則此增加量不可能發生：正常之下，在緩慢冷卻，是 $\frac{1}{8}$ 雪明碳鐵和 $\frac{7}{8}$ 肥粒鐵。因此，亞共析鋼在低於共析點的溫度產生變態時，有抑制初析肥粒鐵的量和降低共析結構(波來鐵)之碳含量的傾向。此時吾人要指出的是對於過共析組成的情況而言，同樣的也有一個相對的效應。低於共析溫度之下所產生的變態有抑制初析雪明碳鐵量的傾向，因而提高了波來鐵的碳濃度。

　　肥粒鐵和波來鐵在前述特殊合金內快速的形成，因而阻礙了變韌鐵顯微組織的形成，如圖18.39所示，僅費時短至0.5秒的時間就達到673K(400℃)的淬火，仍然通過了表示肥粒鐵和波來鐵變態起始的曲線。試片快速冷卻並在673°K(400℃)保持約100秒(路徑3)，其結構因此包含變韌鐵，並混雜著少量的肥粒鐵和波來鐵。最後，直接淬冷到室溫應該可得到包含高百分比麻田散鐵組織的硬化試片，但是無可避免的也會有少量的肥粒鐵和波來鐵出現。

　　類似於上述的分析也能適用於圖18.38所示的過共析鋼。其主要差別在於初析組成物的本質——雪明碳鐵而非肥粒鐵。

問題十八

18.1　方程式18.7之Johnson-Mehl方程式在大部份情況，能很適合地用來描述沃斯田鐵產生波來鐵變態的動力學。此可由圖18.19取數組的 N 和 G 值而得到驗證，圖18.19中的資料是含碳量0.78%的平碳鋼者。在此圖中資料可知，於700℃，$N=6.31\times10^{-4}$ 個核/mm³·sec、$G=3.16\times10^{-4}$ mm/sec。另一方面於550

℃，$N=1000$個核/mm³・sec。將這些N和G值代入方程式18.7及藉助於電腦計算，可得到此鋼料在700℃和500℃的波來鐵反應曲線。繪出如圖18.20之變態百分比對$\log(t)$的圖形。

18.2 (a)使用問題18.1所得到曲線，決定在700℃和550℃時獲得1％和99％波來鐵所需時間。

(b)將得到的這些時間與圖18.21共析平碳鋼之時間-溫度-變態圖(T-T-T)的實驗數據做一比較，試問一樣的合理嗎？

18.3 一簡單碳鋼由沃斯田鐵區域緩慢冷卻之後所得結構，包括40％波來鐵和60％肥粒鐵。

(a)估計此碳鋼之碳濃度。

(b)若此碳鋼加熱到730℃，而在此保溫相當長的時間，請繪述所得到的平衡顯微組織。

(c)若加熱至850℃則此鋼的平衡結構為何？

(d)將所有這些顯微組織繪出圖。

18.4 亞共析鋼緩慢冷卻，正常之下的顯微結構發現是波來鐵集群被肥粒鐵晶粒所包圍。解釋之。

18.5 含碳量0.5％的碳鋼，其顯微結構包含85％波來鐵和15％肥粒鐵。

(a)這些組成物的量是否如同碳鋼由沃斯田鐵區域緩慢冷卻下來所期盼發現的量？

(b)在緩慢冷卻的顯微結構中，波來鐵正常下其肥粒鐵和雪明碳鐵寬度比為7比1。在問題中此寬度比為何？

18.6 過共析鋼緩慢冷卻時，波來鐵集群通常被或多或少的連續晶界上雪明碳鐵所分隔，解釋此種顯微結構如何產生？使用簡單圖形說明您的答案。

18.7 考慮含碳量1.0％的鐵-碳合金。

(a)如果此組成由沃斯田鐵區域緩慢冷卻，則其顯微組織中組成物相對百分比，以及相的相對百分比為何？

(b)現在假設此合金以足夠快的速率冷卻而得到僅含1.2％的初析組成物。在此情況，組成物的百分比以及相的百分比為何？

18.8 藉助於圖18.13、18.14和18.15的已知數據，分別決定方程式18.3、18.4和18.5中常數$K_1 \times K_2 \times K_3 = 1$。

18.9 將K_1、K_2和K_3代入方程式18.3、18.4和18.5中，現在在方程式18.3和18.5中以$(727-T)$代替ΔT，然後繪出下列圖形。

(a)繪出由726到526℃之溫度T(℃)對$\log V$的圖形，V為成長速度。如此在圖

18.19可得到較新式說法的曲線。V之單位使用 μ m/s。

(b)由 $T = 726$ 到 $526°C$，繪出 T 對 $\log \lambda$ 的圖形，λ 為波來鐵的層間(薄板間)間隔。

(c)繪出 $V = 0.1$ 到 100μ m/s 之區間內 λ 對 V 的圖形。λ 以 μ m 之單位表示。

18.10 (a)詳細解釋變韌鐵如何不同於麻田散鐵和波來鐵。

(b)上變韌鐵和下變韌鐵有何不同？

18.11 回答示於圖18.31共析組成鋼料之 T-T-T 圖有關問題；而假設以下述各種冷卻路徑冷卻的試片，是由薄鋼片上切割下來，且在冷卻之前於750°C沃斯田鐵化。描述下列結果所得之顯微組織：

(a)在少於1秒內冷卻至室溫。

(b)在少於1秒內冷卻至160°C，然後在此溫度維持數年時間。

(c)淬冷至550°C然後在此溫度保持1天，然後淬火至室溫。

18.12 含碳量1.13％的高碳鋼，其顯微組織類似於圖18.36所示，將它加熱至730°C使達到平衡。然後淬火到室溫，繪出所得顯微組織圖，並鑑定其組成物。

18.13 假設圖18.32含碳量0.52％之碳鋼緩慢冷卻至 c 點，然後淬冷到450°C，且在此溫度保持1天的時間。描述吾人可得到的顯微組織。試決定組成物的百分比。

18.14 將圖18.39中冷卻路徑1、2和3移至18.38，並決定這些路徑在過共析鋼中所得的顯微組織。

18.15 關於圖18.16中共析鋼的數據：

(a)純鐵-碳合金於660°C其層間(薄板間)間隔為何？

(b)當鋼料含1.8％鉻時，於此溫度其層間間隔小多少？

(c)當鋼料含1.8％錳時，於此溫度其層間間隔大多少？

18.16 描述分配係數(partitioning coefficient)這名詞的意義。

第十九章
鋼之硬化
(The Hardening of Steel)

19.1 連續冷卻變態(Continuous Cooling Transformations)

　　恆溫變態圖是研究溫度對沃斯田鐵變態之影響的一種有價值的工具。即使是單一反應,譬如沃斯田鐵變態成波來鐵,其生成物之外觀就隨著變態溫度而變化。這種容許在某一溫度範圍內變態的試片,因而具有混合的顯微組織,事先若無資料則很難加以分析。在Davenport和Bain[1]從事恆溫變態之最初研究工作之前,基本沃斯田鐵反應還不是很清楚,而有關的知識至少可以說相當混亂不一。但是,描繪在恆溫變態圖上的時間-溫度的關係,全然地僅適用於定溫下進行的變態。很不幸的是商業上的熱處理很少以此種方式處理之。絕大部份的情況是,金屬加熱至沃斯田鐵區域然後連續冷卻至室溫,其冷卻速率隨著處理形式以及試片尺寸和形狀而變化。恆溫變態圖和連續冷卻變態圖間的差異,或許藉由共析組成鋼之此二類圖形加以比較而更易於理解。選擇這個特殊組成是因為它簡單明瞭,相關圖形如圖19.1。不同連續冷卻速率所對應的兩條冷卻曲線也示於圖19.1中。在每一種情況,冷卻曲線都在高於共析溫度以上起始而隨著時間增加,溫度逐漸下降。這些曲線的反轉形狀是由於將時間座標(橫座標)根據對數尺度作圖的結果。在線性的時間尺度下,曲線應該往右凹的,此意味著時間增加時其冷卻速率減小。

　　現在考慮標示1的曲線。在大約6秒末此曲線橫越過代表波來鐵變態開始的曲線。相交處在圖上標為a之點。a點的意義是它表示在650℃(a點的溫度)波來鐵恆溫孕核所需的時間。但是試片沿著線1只有在6秒末了之時達到650℃,而在整個6秒時間內,其溫度應可視為高於650℃。由於溫度高於650℃時開始產生波來鐵變態所需的時間比在650℃時要長,故連續冷卻試片在6秒末了之時不會立即形成波來鐵。大致來說,沿著路徑1冷卻至650℃對波來鐵反應的影響僅比瞬間淬火到這個溫度的影響稍大而已。換言之,變態開始之前需較多的時間。因為對連續冷卻而言,時間的增加也就是溫度的降低,即變態實際開始的點位於a點的右下方(此點的位置可藉助於數個適當的假設估計之[2]),此點位置設為b。同樣的方式,可證明波來鐵變態完成的位置是d點,係落在c點的右下方,c點是連續冷卻曲線橫過恆溫變態終止線的地方。

1. Davenport, E. S., and Bain, E. C., *Trans. AIME*, **90** 117 (1930).
2. Grange, R. A., and Kiefer, J. M., *Trans. ASM*, **29** 85 (1941).

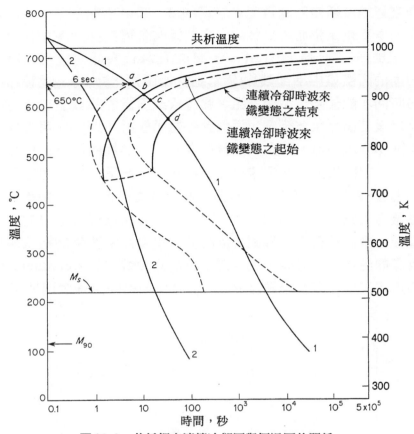

圖19.1　共析鋼之連續冷卻圖與恆溫圖的關係

　　上述的理由定性地解釋了為什麼代表波來鐵變態的起始，和終止的連續冷卻變態曲線，與相對應的恆溫變態曲線有相對的位移。為什麼變韌鐵反應在此種金屬之連續冷卻過程內不會出現也需加以解釋。這並不難理解，主要是波來鐵反應線延伸而超前了變韌鐵變態線。因此，在緩慢或中等冷卻速率下(曲線1)，試片中的沃斯田鐵在冷卻曲線到達變韌鐵變態範圍之前，已完全轉換成波來鐵。既然沃斯田鐵已經完全變態，就不會有變韌鐵形成。另一方面，如曲線2所示，試片待在變韌鐵變態區域內的時間太短，因此並沒有多少量的變韌鐵形成。後面這項結論的基本要素是變韌鐵形成的速率隨溫度的降低而快速地減小。一般在描繪此種特殊合金的連續冷卻變態圖，都假設(一階近似)沿著諸如曲線2路徑的變態會停留在恆溫圖上之變韌鐵和波來鐵變態重疊的區域內。結果，路徑2的顯微結構是波來鐵和麻田散鐵的混合物組成，或許有少量但可忽略不計的變韌鐵存在。當然，由沃斯田鐵轉換而來的麻田散鐵在高溫時不會變態成波來鐵。

　　共析鋼之連續冷卻變態圖再度示於圖19.2。圖中也顯示了一些冷卻曲線。所給的這些曲線不是定量而是定性的，它們說明各種冷卻速率如何產生不同的顯微結構。記號為"完全退火"(full anneal)的曲線代表非常緩慢的冷卻，經常可在電源切斷的高溫爐中冷卻試片(適當地沃斯田鐵化)而得。此種冷卻速率通常要一天的時間才能使鋼料冷至室溫。此時沃斯田鐵變態發生於接近共析點的溫度，因此最後結構是粗波來鐵，近似於平衡變態所預期的。第二條曲線記做為"正常化"(normalizing)，代表其熱處理方式是將試片由沃斯田鐵化高溫爐中拉出，而以某一中間冷速在空氣中冷卻。在此種情況下，冷卻可在數分鐘內完成，而試片則在550℃和600℃之間變態。此種方式得到的組織還是波來鐵，但是組織比完全退火處理得到的細得多。次一條冷卻曲線代表更快的冷卻速率，紅熱試片直接淬冷於油槽中可得到。以此種速率冷卻所產生的顯微結構是波來鐵和麻田散鐵的混合物。最後，圖中最左邊記為"水淬"(water quenching)的曲線代表冷卻速率快故沒有波來鐵能形成，而整個結構完全是麻田散鐵。

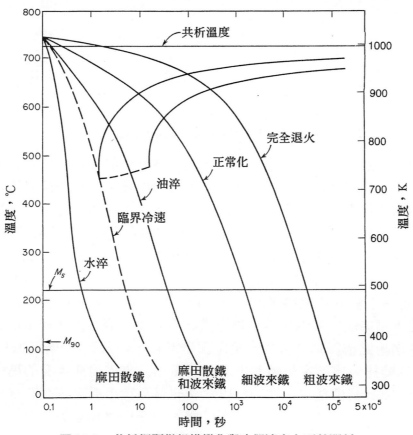

圖19.2　共析鋼顯微組織變化與冷卻速率之函數關係

19.2 硬化能(Hardenability)

圖19.2中有一條以虛線表示的曲線——臨界冷卻速率曲線。任何比這條曲線快的冷卻速率都會產生麻田散鐵結構,而任何較低的冷速則產生含有部份波來鐵的結構。

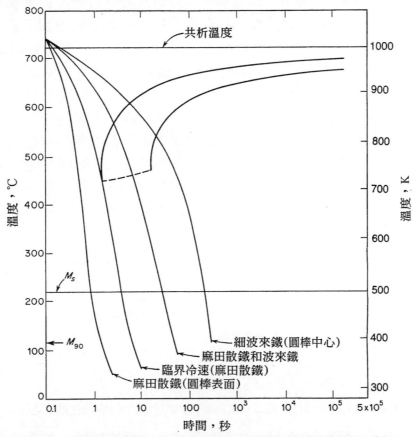

圖19.3 圓柱棒表面與心部冷速差異對最後顯微組織的影響(示意圖)

在任何不是相當小的鋼料試片,其表面和中心冷速不會一樣。冷卻速率的差異通常隨著淬火的激烈程度或冷卻過程的速度而增加。譬如說,相同尺寸的棒材在高溫爐冷卻(完全退火)時,其表面和中心之間的溫差在任何時候都很小。但另一方面,相同的棒材若淬冷於快速冷卻劑例如冰鹽水內的話,則表面和中心的冷卻速率就會顯著不同,因此很可能在棒材的表面和中心處產生全然不同的顯微結構。這個效應說明於圖19.3,圖中所繪的冷卻曲線代表大鋼棒(或許直徑2吋),在一種很快速冷卻的介質中淬冷時,其表面和中心冷卻所遵循的路徑。畫在圖上的另兩條曲線代表臨界冷卻速率,以及產生50%麻田散鐵和50

％波來鐵結構的速率。在此例中重要的是這兩種速率落在鋼棒的表面和中心所代表的極限速率之間。我們可以推斷，此試片的表面是麻田散鐵結構，而中心則爲波來鐵結構。金屬之顯微結構沿著直徑長度方向改變，同時伴隨著相對的硬度變化。這個事實可以很容易的藉研磨切割機將淬火過的棒材切成兩半予以證實。切割時，必須小心注意試片之適當冷卻，才不致於引起金屬過熱而改變顯微結構。切開的圓形截面沿著直徑以等間隔的長度進行數次硬度測試，測得的結果畫成如圖19.4所示的那種型式的硬度曲線。硬度橫截線顯示靠近表面的麻田散鐵結構非常硬(Rockwell C-65)，而接近中心的波來鐵結構則相當軟(Rockwell C-40)。圖中也畫出一條水平線，相對應於含有50％麻田散鐵和50％波來鐵的共析鋼結構的硬度(C-54)。注意，水平線和硬度曲線相交的區域內，其硬度上升最迅速。此意味著離表面而其冷卻速率可產生50％麻田散鐵的距離，能夠由實驗上相當精確的測得。此位置也可以藉著顯微鏡觀察試片之截面金相而予以確定。另外，由於波來鐵的浸蝕顏色較麻田散鐵爲暗，巨觀量測麻田散鐵變成波來鐵結構的位置即可利用顏色上的變化來完成。在任何速率下，相當於一半麻田散鐵和一半波來鐵的位置很容易量出，且還可做爲某一特定淬火方式下鋼的硬化深度的量測準則。

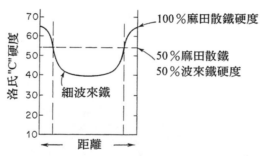

圖19.4 沿著淬火圓柱直徑方向之典型硬度試驗硬度分佈(圓柱截開之後)

　　鋼棒內獲得50％麻田散鐵結構的深度是許多變數的函數，這些變數包括金屬(沃斯田鐵)的組成和晶粒大小，淬火的激烈程度、鋼棒大小。首先讓我們探討鋼棒直徑改變時的效應。假設一些相同鋼種的棒材同樣淬冷於鹽水溶液中，然後剖開以求取硬度曲線。結果如圖19.5之示意圖。檢視這些曲線發現有一個唯一直徑其值1吋，此直徑的鋼棒硬化後，50％波來鐵和50％麻田散鐵的結構正好在中心處。所有直徑較小的鋼棒整個有效地硬化了，而任何直徑較大的鋼棒都包含有波來鐵的軟核心。此特殊的直徑稱爲臨界直徑(critical diameter)。其值的大小視問題中的鋼種及淬火方式而定，它的重要性在於量測鋼料對硬化熱處理的反應能力。上述被討論的特選鋼棒具有中度的硬化能力，或更正確地說是有中度的硬化能。根據圖19.5，其臨界直徑D是1吋。在鋼內加入適當的合金元素能大大地增加其硬化能，且可由臨界直徑的相對增加而顯示出來。因此，鋼的臨界直徑D為其硬化能(硬化的能力)的一種量測指標，但是它也取決於冷卻速率(淬火方式)。為了消除後面這項變數，一般都是將硬化能的量測參照於標準冷卻介質。此標準是所謂的理想淬火(ideal quenching)，那是使用一種假想的冷卻介質，假設能使鋼料表面在瞬間轉為淬火槽的溫度，同時一直維持在此一溫度。對應於理想淬火的臨界直徑，稱為理想臨界直徑(ideal critical diameter)，設為D_I。

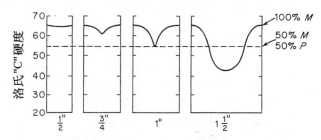

圖19.5　如圖19.4所做的硬度試驗，這一系列鋼棒有相同組成但直徑不同(示意圖)

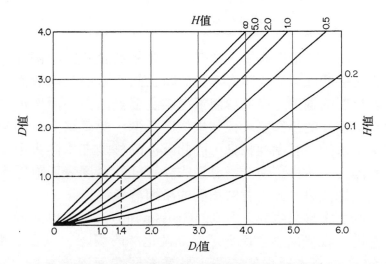

圖19.6　數個不同冷速時臨界直徑D和理想臨界直徑D_I的關係(After Grossman, M.A., Elements of Hardenability, ASM, Cleveland, 1952.)

　　理想淬火介質從表面移走熱量假設與熱量由鋼棒內部流出的一樣快。雖然如此的淬火介質並不存在，但它對鋼的冷卻作用仍然可以計算，並與普通商用的淬火介質，像水、油和鹽水做一比較。這一類的資料常以圖19.6所示的那些曲線形式來表示，圖中理想臨界直徑D_I畫為橫座標，而臨界直徑則畫為縱座標。在此圖上畫著很多不同的曲線，每條曲線均對應一不同的冷卻速率。在每種情況下，其冷卻速率是藉著一個稱為H值的數，或淬火激烈程度來量測。某些商用淬火的H數值列於表19.1上。此圖的用法很容易以上述探討過的例子(圖19.5)來說明，在那一個例子裡，於鹽水中淬火($H=2$)時，所決定出的臨界直徑是1.0吋。沒有攪動的鹽水淬火，其H值是2.0。在此種程度的淬火，其曲線與1.0吋的縱座標相交於D_I值(橫座標)為1.4之處。此問題中鋼的理想臨界直徑或硬化能，$D_I=1.4$吋。

表19.1　某些典型淬火狀況下的淬火程度值

H 值	淬　火　狀　況
0.20	不良的油淬火—沒有攪拌
0.35	好的油淬火—中度攪拌
0.50	非常好的油淬火—好的攪拌
0.70	強烈的油淬火—激烈的攪拌
1.00	不良的水淬火—沒有攪拌
1.50	非常好的水淬火—強烈的攪拌
2.00	鹽水淬火—沒有攪拌
5.00	鹽水淬火—激烈的攪拌
∞	理想淬火

　　表19.1列出在淬火時攪拌的值。當紅熱金屬放置於液態冷卻介質中時，紅熱金屬和液體間之接觸面會形成蒸氣薄膜而阻止熱由金屬流向液體。攪拌，或使試片對液體做相對的運動，有助於將氣泡由金屬表面去除而增加冷卻速率。鹽水、水和油都是很好的冷卻劑，但效果依序減低，此事實與表面蒸氣氣泡之消除有密切關係。水的本質黏性較低，因此氣泡的移動在水淬火中比在油淬火中快。而在鹽水淬火，水中出現的鹽分造成靠近紅熱金屬表面附近產生連續的小爆炸，因而激烈地攪動了淬火材料周圍的冷卻溶液。

　　上面描述過的決定理想臨界直徑D_I的Grossman方法，由於太過於耗時，故並沒有廣泛的應用。我們描述它係為了引介硬化能的觀念，以及定量量測D_I。更方便使用得較廣的測量硬化能方法，是喬米尼端面淬火試驗(Jominy end quench test)。

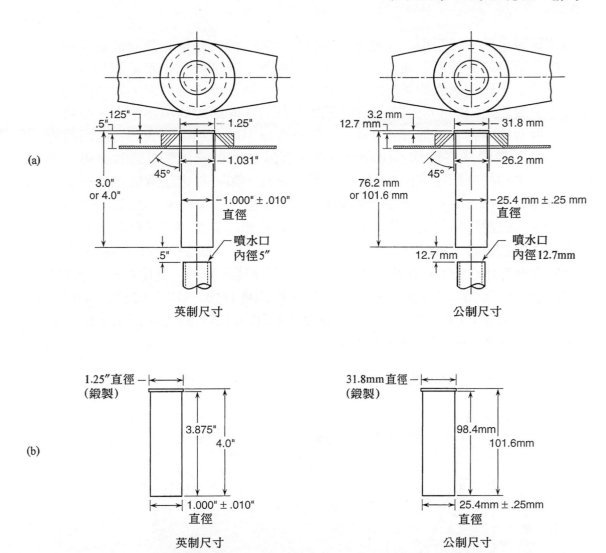

圖**19.7**　Jominy硬化能試驗：(a)顯示淬火時支撐試片的裝置，注意在試片底下
的噴水口使水直接噴在試片底部。(b)顯示Jominy試驗試片之尺寸
(ASTM標準A255)

　　在Jominy試驗法中，只使用單一試片取代了Grossman方法中所需的一系
列試片。標準的Jominy試片是長為4吋，直徑為1吋的圓柱棒。因Jominy試驗的
試片尺寸常以吋來表示而不是mm，本節中將使用吋的單位。在單位轉換時，
每吋等於25.4mm。在做試驗時，試片首先被加熱到適當的沃斯田鐵化溫度，
並且在此溫度保持足夠長的時間，以獲得均勻的沃斯田鐵結構，然後將其置於
淬火架以水流沖擊試片的一端。實驗設備示於圖19.7中。Jominy試驗的好處是
利用單一試片可得到一個範圍的冷卻速率，其冷速變化由一端的快速水淬到另
一端的緩慢的空氣淬火之速率。當圓棒的沃斯田鐵完全變態之後，由圓棒相對

的兩側研磨出兩個淺平面，再沿著圓棒的這兩個表面由尾端到頂端做硬度的測試。如此測得的數據即可繪成Jominy硬化能曲線。典型的例子示於圖19.8中，由圖可看出，硬度最大的是冷卻最快的地方——接近淬火的末端。許多研究工作都致力於測定由Jominy圓棒淬火末端算起的各不同距離的冷卻速率，並將這些數據與圓柱棒材和其他形狀材料內部的冷卻速率結合起來。我們目前所討論的，特別重要的是在理想淬火介質裡淬火鋼棒之大小或直徑之間的關係，此時，鋼棒中心的冷卻速率與Jominy試棒沿著表面上某一特定位置的冷速一樣，這些數據於表19.2中。表19.2的意義與下述事實相關，那就是，如果Jominy試棒含一半麻田散鐵結構的位置已知，即可決定理想臨界直徑D_I。例如，考慮圖19.8的硬化能曲線。由表19.3可看出，含碳量0.65％之碳鋼，含50％麻田散鐵時的硬度應為HRC-52。這個表提供各種不同碳濃度的鋼料，其原始結構為100％麻田散鐵以及50％麻田散鐵結構的硬度。根據圖19.8，HRC-52位在Jominy試棒距離淬火端3/16吋之處，而根據表19.3，鋼的D_I為1.37吋。這個值是在我們先前所提之值1.4吋的實驗誤差範圍內。

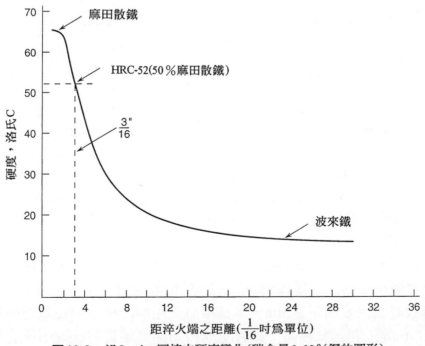

圖**19.8**　沿Jominy圓棒之硬度變化(碳含量0.65％鋼的圖形)

表**19.2**　麻田散鐵和50％麻田散鐵硬度與鋼碳含量之關係 (From 1986 Annual Book of ASTM Standards, Sec. 3, **Standard A 255,** ASTM, Philadelphia, Pa., 1986.)

碳含量、原始硬度、50％麻田散鐵硬度

％碳含量	硬度—HRC 原始100％麻田散鐵	50％麻田散鐵	％碳含量	硬度—HRC 原始100％麻田散鐵	50％麻田散鐵	％碳含量	硬度—HRC 原始100％麻田散鐵	50％麻田散鐵
0.10	38	26	0.30	50	37	0.50	61	47
0.11	39	27	0.31	51	38	0.51	61	47
0.12	40	27	0.32	51	38	0.52	62	48
0.13	40	28	0.33	52	39	0.53	62	48
0.14	41	28	0.34	53	40	0.54	63	48
0.15	41	29	0.35	53	40	0.55	63	49
0.16	42	30	0.36	54	41	0.56	63	49
0.17	42	30	0.37	55	41	0.57	64	50
0.18	43	31	0.38	55	42	0.58	64	50
0.19	44	31	0.39	56	42	0.59	64	51
0.20	44	32	0.40	56	43	0.60	64	51
0.21	45	32	0.41	57	43	0.61	64	51
0.22	45	33	0.42	57	43	0.62	65	51
0.23	46	34	0.43	58	44	0.63	65	52
0.24	46	34	0.44	58	44	0.64	65	52
0.25	47	35	0.45	59	45	0.65	65	52
0.26	48	35	0.46	59	45	0.66	65	52
0.27	49	36	0.47	59	45	0.67	65	53
0.28	49	36	0.48	59	46	0.68	65	53
0.29	50	37	0.49	60	46	0.69	65	53

表19.3 理想臨界直徑，D_l，和沿著Jominy圓棒相當於50％麻田散鐵硬度之距離關係(From 1986 Annual Book of ASTM Standards, Sec. 3, **Standard A 255,** ASTM, Philadelphia, Pa., 1986.)

50％麻田散鐵之Jominy距離對DI(in)					
"J" $\frac{1}{16}$ in.	DI in.	"J" $\frac{1}{16}$ in.	DI in.	"J" $\frac{1}{16}$ in.	DI in.
0.5	0.27	11.5	3.74	22.5	5.46
1.0	0.50	12.0	3.83	23.0	5.51
1.5	0.73	12.5	3.94	23.5	5.57
2.0	0.95	13.0	4.04	24.0	5.63
2.5	1.16	13.5	4.13	24.5	5.69
3.0	1.37	14.0	4.22	25.0	5.74
3.5	1.57	14.5	4.32	25.5	5.80
4.0	1.75	15.0	4.40	26.0	5.86
4.5	1.93	15.5	4.48	26.5	5.91
5.0	2.12	16.0	4.57	27.0	5.96
5.5	2.29	16.5	4.64	27.5	6.02
6.0	2.45	17.0	4.72	28.0	6.06
6.5	2.58	17.5	4.80	28.5	6.12
7.0	2.72	18.0	4.87	29.0	6.16
7.5	2.86	18.5	4.94	29.5	6.20
8.0	2.97	19.0	5.02	30.0	6.25
8.5	3.07	19.5	5.08	30.5	6.29
9.0	3.20	20.0	5.15	31.0	6.33
9.5	3.32	20.5	5.22	31.5	6.37
10.0	3.43	21.0	5.28	32.0	6.42
10.5	3.54	21.5	5.33		
11.0	3.64	22.0	5.39		

19.3 決定鋼硬化能的變數 (The Variables That Determine the Hardenability of a Steel)

　　鋼的硬化能以D_l表示之，它是化學組成和淬火瞬間所含的沃斯田鐵晶粒大小的函數。我們現在將討論這些因素對硬化能的影響，不過首先應提一下硬化能改變的原理。具有高硬化能的金屬，即使冷卻速率相當的慢，沃斯田鐵也能轉換成麻田散鐵而不會形成波來鐵。反之，低硬化能的鋼料需高的冷卻速率才能形成麻田散鐵。在此兩種情況下，限制因素是在高溫時波來鐵形成的速率。任何可將圖19.3連續冷卻變態曲線圖中之波來鐵變態線往右移的變數，都能使鋼料在較低的冷卻速率下獲得麻田散鐵。波來鐵變態鼻端往右移動伴隨著硬化能的增加。由另外觀點來看，我們可以說，任何減緩波來鐵孕核與成長的因素，均能增加鋼的硬化能。

19.4　沃斯田鐵晶粒大小 (Austenitic Grain Size)

　　當鋼鐵金屬被加熱至沃斯田鐵區域以沃斯田鐵化時，被轉換成 γ 相的低溫結構通常是雪明碳鐵和肥粒鐵的集群物(亦即波來鐵，或分解的麻田散鐵)。在此種逆轉換裡，沃斯田鐵晶粒係藉由孕核和成長形成；其核是在雪明碳鐵-肥粒鐵界面上異質形成。因為可用於孕核的界面積很大，出現的沃斯田鐵晶粒數目經常很多。因此，鋼料在加熱產生變態時具有最初小沃斯田鐵晶粒的特徵。但是在沃斯田鐵範圍內，原子熱運動快速足以造成晶粒成長，因此在沃斯田鐵範圍內延長時間，和在高溫下能夠大大地增加最初 γ 晶粒的尺寸大小。

　　金屬冷卻回至室溫前的沃斯田鐵晶粒大小，在決定最後結構的一些物理性質，包括鋼的硬化反應極為重要。在描述後面這項效應之前，讓我們說明一下設定沃斯田鐵晶粒大小的一個廣被接受的方法。ASTM晶粒大小號碼可由下面關係式定義：

$$n = 2^{N-1} \hspace{4cm} \textbf{19.1}$$

式中 n 是放大100倍時觀測到的每平方吋內晶粒個數，而 N 是ASTM晶粒大小的號碼。通常鋼料沃斯田鐵晶粒大小的範圍在1至9之間。在此範圍內每平方吋的晶粒數列於表19.4中。請注意，當晶粒變小時(晶粒數愈多)，晶粒號碼增大。

表**19.4**　ASTM晶粒大小號碼

ASTM晶粒大小 號碼	放大100倍所觀測到 每平方吋的平均晶粒數
1	1
2	2
3	4
4	8
5	16
6	32
7	64
8	128

19.5 沃斯田鐵晶粒大小對硬化能的影響 (The Effect of Austenitic Grain Size on Hardenability)

晶粒大小對硬化能的影響，可基於波來鐵孕核於沃斯田鐵晶界的異質方式加以解釋[3]。雖然波來鐵成長速率G和γ晶粒大小無關，但每秒形成的核總數卻與它們形成的可用面積成正比。例如，ASTM No.7的細晶鋼，其晶界面積是晶粒大小No.3號的粗晶鋼的四倍。波來鐵在細晶鋼的形成，因此要比在粗晶鋼要快得多，如此，細晶鋼具有較低硬化能。

利用粗大沃斯田鐵晶粒來增加鋼的硬化能並不是實際的方式。硬化能固然可增加至預期的值，但其他性質常伴隨不必要的改變，例如脆性的增加和延性的消失。淬火裂痕，或是由於熱衝擊和淬火操作衍生應力造成鋼的破裂現象，在大晶粒試片裡也很普遍。

19.6 碳含量對硬化能的影響 (The Influence of Carbon Content on Hardenability)

鋼之硬化能強烈地受其碳含量的影響。此事實示於圖19.9，是三種不同晶粒大小的碳鋼，其理想臨界直徑隨碳含量變化的圖形。除了顯示硬化能隨碳含量增加而增加外，這些曲線也證實一般鐵碳合金具有很低的硬化能。例如，碳含量約0.8%，小晶粒尺寸(No.8)的共析鋼其理想直徑為7.1mm(0.28吋)。此意味著這種相對高碳含量的鋼棒，能被硬化至中心(理想淬火)的最大理論直徑大約是6.9mm(1/4吋)。因此，任何普通的淬火不致使此種尺寸的鋼棒硬化至中心區域。幸好，通常所謂商用碳鋼總是含有一些錳，有時也有少量其他元素以增加其硬化能。鋼中含錳是因製造上較經濟的關係。如此，上面描述的恆溫變態圖即是含錳的鋼的特性曲線。後者的硬化能明顯地高於一般的鐵碳合金。

因為增加碳含量與硬化能的提高相關連，很明顯的，在碳含量較高的鋼中，波來鐵和初析組成物較難形成。如果每種鋼在硬化能測試之前均完成轉換

3. *Ibid.*

成沃斯田鐵的話，則上面的敘述，不僅對亞共析鋼而言是正確的，而且對碳含量大於共析組成(過共析鋼)者也是正確的。對於過共析鋼而言，實際上其沃斯田鐵化係在雪明碳鐵和沃斯田鐵二相區內實施。果真如此，幾乎所有結構都變成沃斯田鐵，但是仍有少量雪明碳鐵是安定而不溶解的。在冷卻下來時，殘留碳化顆粒將促進波來鐵的孕核，結果使硬化能降低。

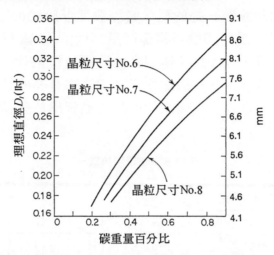

圖19.9　鐵碳合金之理想臨界直徑與碳含量，沃斯田鐵晶粒大小之關係

19.7　合金元素對硬化能的影響 (The Influence of Alloying Elements on Hardenability)

鋼內每一個和每一種合金元素都會影響其硬化能。當然影響程度隨元素而變化。加入鋼內的一般合金元素中，鈷是唯一已知會降低硬化能的。鋼內鈷的出現會增加波來鐵孕核與成長的速率[4]，而含此種元素的鋼比沒含此元素者難予硬化。

其他的合金元素，在可溶解於鐵的範圍內都增加了鋼的硬化能。有許多方法可以描述這些影響。最簡單的方法之一是用經驗性硬化能倍數(multiplying factor)。這些有用參數首先由Grossman[5]提出。這些參數只有當鋼的化學組成，和沃斯田鐵晶粒大小已知的情況下，可算至硬化能的一階近似值。這些因

4. Mehl, R. F., and Hagle, W. C., *Prog. in Metal Physics.*, **6** 74 (1956).
5. Grossman, M. A., *Trans. AIME*, **150** 242 (1942).

數簡要列於表19.5中。在表中，第2列所給的數據和繪在圖19.9的一樣(沃斯田鐵晶粒號碼7)。Grossman硬化能倍數的ASTM表只考慮這個晶粒大小的參數，是基於大部份商用鋼料設計為淬火和回火熱處理時，大概都使用這個大小的晶粒。在這個表中也應注意的是，碳濃度低於0.35％C，碳濃度因數不同於(小於)早先所給的硬化能倍數表。這些因數的改進是由數千個鋼熱處理後的實驗數據經分析而得。此時應該一提的是，當碳濃度低於約0.3％[6]，在決定碳硬化能倍數時會遇上困難。這些因數通常係使用高純度鐵-碳試片來決定。在這些鋼裡其硬化能都非常低，因此為了得到麻田散鐵結構試片必須具有較小截面。同時，這些低硬化能鋼料，其顯微結構與冷卻速率有非常大的關係。一個重要因素也必須考量的是，在淬火期間試片中某些碳析出於差排內，因而降低麻田散鐵的硬度。

表19.5　硬化能倍數*

百分比	碳-晶粒尺寸 #7		錳	矽	鎳	鉻	鉬
0.05	0.026		1.167	1.035	1.018	1.1080	1.15
0.10	0.054		1.333	1.070	1.036	1.2160	1.30
0.15	0.081		1.500	1.105	1.055	1.3240	1.45
0.20	0.108		1.667	1.140	1.073	1.4320	1.60
0.25	0.135		1.833	1.175	1.091	1.54	1.75
0.30	0.162		2.000	1.210	1.109	1.6480	1.90
0.35	0.189		2.167	1.245	1.128	1.7560	2.05
0.40	0.213		2.333	1.280	1.146	1.8640	2.20
0.45	0.226		2.500	1.315	1.164	1.9720	2.35
0.50	0.238		2.667	1.350	1.182	2.0800	2.50
0.55	0.251		2.833	1.385	1.201	2.1880	2.65
0.60	0.262		3.000	1.420	1.219	2.2960	2.80
0.65	0.273		3.167	1.455	1.237	2.4040	2.95
0.70	0.283		3.333	1.490	1.255	2.5120	3.10
0.75	0.293		3.500	1.525	1.273	2.62	3.25
0.80	0.303		3.667	1.560	1.291	2.7280	3.40
0.85	0.312		3.833	1.595	1.309	2.8360	3.55
0.90	0.321		4.000	1.630	1.321	2.9440	3.70
0.95			4.167	1.665	1.345	3.0520	
1.00			4.333	1.700	1.364	3.1600	

*Abstracted from ASTM Standard A255, Table X2.1.

ASTM標準A255的另一重要特性，是它提供一個程序允許在決定理想臨界直徑D_i時，將鋼中的硼濃度考量進來。硼當被加到完全除氧的鋼中，它是一種

6. Siebert, C., Doane, D. V., and Breen, D. H., *The Hardenability of Steels*, p. 72, American Society for Metals, Metals Park, Ohio, 1977.

能夠使硬化能產生提升的元素。即使硼的量少到只0.001％也能對硬化能有強烈的影響。它最大影響顯示在低碳鋼中。高碳鋼則顯示較小的反應。在此有關硼的問題不再進一步探討，需進一步資料請參考ASTM A255[7]。

現在舉一個例子使用Grossman倍數來計算理想臨界直徑D_I，我們考慮碳含量0.40％，而沃斯田鐵晶粒號碼7的鋼料。表19.5指出此碳濃度的碳倍數，或基本直徑(base diameter)是

$$D_I = 0.213 \qquad\qquad \textbf{19.2}$$

現假設此問題中的鋼歸類為美國鋼鐵協會(AISI)系統的AISI 8640鋼。在此情況下，其組成應位在下述範圍內：

碳	0.38至0.43％
錳	0.75至1.00％
矽	0.20至0.35％
鎳	0.40至0.70％
鉻	0.40至0.60％
鉬	0.15至0.25％

為了便於以簡易的說明方式來計算，我們假設在考慮中的鋼包含0.4％碳，以及最大濃度的其他元素。下一個步驟是求出每個元素的倍數，使用相同的方式也找出基本直徑。例如，在百分比那一欄相對1.00％，出現的錳之數字為4.333。基本直徑乘以這個因數，可得到由沃斯田鐵晶粒大小、碳含量，以及錳含量所決定出的鋼之硬化能。同樣的方法，我們能找出其他元素的倍數：

元素百分比	倍　　數
1.00％錳	4.333
0.35％矽	1.245
0.70％鎳	1.255
0.60％鉻	2.296
0.25％	1.75

鋼的總硬化能可將基本直徑乘以每一項因數，求得

$$D_I = 0.213 \times 4.333 \times 1.245 \times 1.255 \times 2.296 \times 1.75$$

$$D_I = 5.79 \qquad\qquad \textbf{19.3}$$

上面數值的重要性值得進一步探討。合金元素添加的總量少於3％能夠產生理想臨界直徑5.79吋的鋼。即使在不良的水淬火($H = 1.0$)中，這種硬化能的鋼也有差不多5吋的臨界直徑。一般相同碳含量的碳鋼(C AISI 1040)，其錳含量範圍為0.60至0.90％之間，假設錳是唯一的基本合金元素且有最大含量，則D_I為

---

7. *1986 Annual Book of ASTM Standards, Sec. 3*, **Standard A255**, ASTM, Philadelphia, Pa., 1986.

0.8吋，而不良水淬火($H=1.0$)的D(臨界直徑)少於1/2吋。合金元素在增進低合金鋼的硬化能上的重要性就相當明顯了。

現在再重新看看上述討論過的低合金鋼內容許的組成極限。我們有興趣計算的是最小組成極限的硬化能，而不是最大值的硬化能。如此計算之後，得到的D_I為2.63吋。很清楚的，商業用鋼的硬化能在很廣的極限範圍內變化，此極限相對於製造上組成變動的範圍。

不同合金元素對硬化能影響的差異很大，此一事實很清楚地表示於表19.5中。沒有任何效應的元素，其硬化能倍數為1。列於表中的元素，鎳的影響最小而錳最大。存在於鋼內的磷和硫等雜質，通常其倍數視為1。

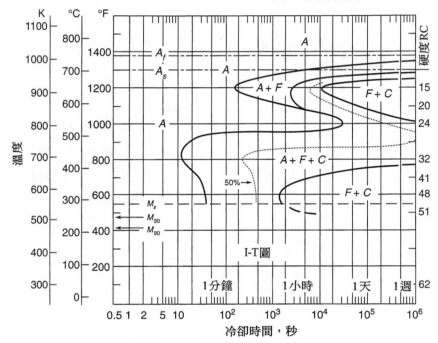

圖19.10 低合金鋼(4340)之恆溫變態圖：0.42％碳、0.78％錳、1.79％鎳、0.80％鉻，和0.33％ 。晶粒尺寸7-8，在1550℉(843℃)沃斯田鐵化(From Atlas of Isothermal and Continuous Cooling Diagrame, American Society for Metals Park, Ohio, 1977.)

合金鋼的硬化能也可由恆溫變態看出。以AISI 4340合金鋼為例。其恆溫變態圖如圖19.10所示。此鋼的硬化能以圖中所示的組成而言為6.55吋。這種鋼的變態圖有一個重要特徵，就是波來鐵和變韌鐵變態兩者皆有鼻端。在上鼻端的圖形顯示，要形成可觀察到的初析肥粒鐵的量，其所需最少時間大約200秒(650℃)，而剛好低於此溫度時，要形成波來鐵其最少時間大於1800秒(30分)。同樣地，在450℃要形成可觀察到的變韌鐵量，其最少時間約超過10

秒。在此變態圖應與先前討論過的平碳鋼的變態圖(第十八章圖18.30、18.37和
18.38)做一比較。其變態產生的速度之差異相當顯著。

AISI 4340鋼之連續冷卻變態曲線示於圖19.11。很明顯的，在圖中任何使
鋼料在少於90秒內冷至室溫的冷卻速率都將產生麻田散鐵結構。此鋼高硬化能
的效應也很清楚地顯示在其對應的Jominy曲線上，如圖19.12所示。由鋼棒淬
火端算起大於2吋的距離處，其結構仍有95％麻田散鐵。

圖19.10的恆溫圖是那些在連續冷卻期間可得變韌鐵的鋼的特性曲線。對
於先前所探討的平碳鋼而言，因爲波來鐵變態區域擴展到變韌鐵區域之上，故
在連續冷卻時不會有可量測到的量的變韌鐵出現。在目前討論的合金鋼，變韌
鐵鼻端超前了波來鐵鼻端，因此在連續冷卻時有可能形成變韌鐵。此合金以不
同冷卻速率所獲得的可能結構示於圖的底部。

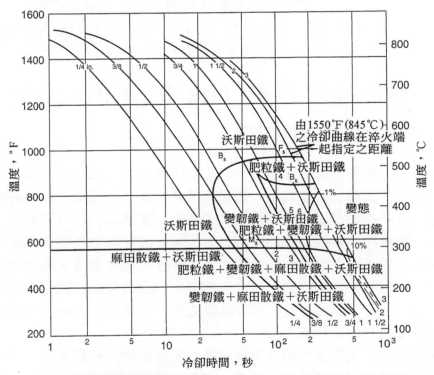

圖19.11 4340鋼之連續冷卻圖(From Heat Treaters Guide, American Society for
Metals, Metals Park, Ohio, 1982.)

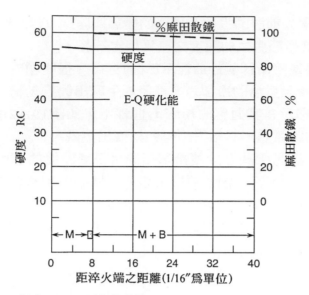

圖**19.12** 4340鋼之Jominy硬化能曲線(Form Atlas of Isothermal and Continuous Cooling Diageams, American Society for Metals, Metals Park,Ohio 1977.)

19.8 硬化能的意義(The Significance of Hardenability)

　　高的硬化能對鋼是否必要？答案是並不完全是。尤其當鋼料銲接時更是如此。含有任何少量添加元素的鋼，很難銲接成功是眾所周知的事。銲接時，兩塊鋼板之間藉著熔融金屬的澆鑄而連接在一起。這種操作自然將銲接處附近的金屬加熱，在銲接中心處兩邊的某個距離，鋼會被升溫到沃斯田鐵區域。如果金屬的硬化能很高，在冷卻到室溫時會形成硬脆的麻田散鐵。圍繞熱影響區四周的冷鋼所呈現的淬火效應使上述情況更顯著，因為熱流快速地由受熱區流入四周的金屬。因為上面的考量，用於橋樑結構、建築物和船舶等的結構鋼，通常都被設計成中等的硬化能。

　　高硬化能在鋼製造上的最後硬化步驟才是需要的。一般相信，如果金屬在硬化處理過程能完全變態成麻田散鐵，則可得到物理性質(強度和延性)的最佳組合。在某些情況下，如果M_f溫度低於室溫，則必需將金屬冷至室溫以下，以便將大部份殘留沃斯田鐵消除。然而，在某一特定鋼件內欲得到麻田散鐵結構最主要的要求是在所需淬火條件下，鋼件要具有足夠高的硬化能以達到硬化效果。不幸的是，硬化能與鋼內合金元素有關，添加合金元素將增加費用。結果，基本問題是經濟上的，因此，工件要儘量避免使用硬化能太高的鋼(費用亦高)。決定所需硬化能的一個重要因素是使所用的淬火速率。當然，較快的淬火速率，則所需的硬化能可較低，但是高的冷卻速率又會衍生嚴重的熱震(熱衝擊)。如此會造成最後物件的淬裂和翹曲，以致於將之廢棄。因此，商業上通常使用油甚至空氣淬火，以減少因快速淬火過程所造成的鋼件破壞。在這些情況下高硬化能鋼所增加費用，可抵償不良物件所造成的損失。

19.9 鋼內之麻田散鐵變態 (The Martensite Transformation in Steel)

在理想情況鋼內麻田散鐵結構是一簡單相，與我們稱為波來鐵和變韌鐵等由肥粒鐵及碳化物集群的組織，有顯著的不同。麻田散鐵的結晶構造是體心長方格子(BCT)，且假設它是介於鐵的正常相——面心立方格子(FCC)，和體心立方格子(BCC)的中間結構。這三個結構間的關係，已在第十七章中討論過。鋼的Bain扭曲示於圖19.13。

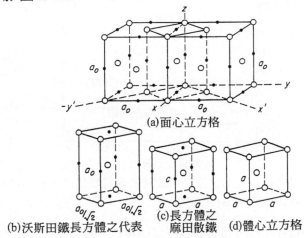

(a)面心立方格

(b)沃斯田鐵長方體之代表　(c)長方體之麻田散鐵　(d)體心立方格

圖19.13 鋼產生麻田散鐵之Bain扭曲，黑點代表碳原子能佔據的位置，只有少部份被填滿

在這些圖中，碳原子占據的位置以黑點表示。然而，我們必須注意的，真正在鋼試片中只有很少百分比的可能位置被填滿。在面心立方結構中，碳原子可能占據的位置與鐵原子一樣多。這個意思是說假如所有位置被填滿，合金將有一個含有50％(原子百分比)碳的組成。但實際觀測到的最大值是9.1原子百分

比(2.11重量百分比)。圖19.13(a)代表面心立方結構的沃斯田鐵。在此結構中碳原子占據在立方體邊線的中點及立方體中心。這些點都是在對等的位置,在任何情況下,每個碳原子將發現本身位於<001>方向上的兩個鐵原子之間。沃斯田鐵是以體心長方結構來考慮其對等位置,如圖19.13(b)所示。注意到在此晶胞中,碳原子位置係在沿著c軸邊線之鐵原子之間,以及在柱狀晶胞兩端的正方形表面的中心。最後,麻田散鐵結構示於圖19.13(c)。此種情況的結構,其晶胞的長方形程度大大地被減低,但是碳原子相對於鄰近鐵原子的位置,仍然和在沃斯田鐵單位晶胞內一樣。最後結構為長方形,只因碳原子原來自沃斯田鐵,因此正常在體心立方格子中的變態過程就不可能進行完全。碳原子可視為將晶格扭曲變成長方體結構,其長方形程度可由圖19.14導出。注意若將晶格常數對沃斯田鐵與麻田散鐵兩者的碳含量做成函數圖,不論何種情況,其晶格參數隨碳含量做線性變化。在麻田散鐵裡隨碳含量增加,c軸參數也跟著增加,而兩a軸的參數卻減少了。同時,沃斯田鐵的立方參數(a_0)隨碳含量的增加而增加。這些關係式可用簡單方程式來表示,式中x是碳濃度。

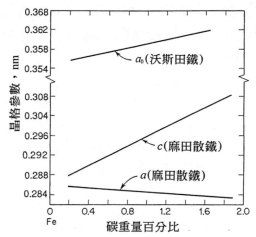

圖**19.14** 沃斯田鐵和麻田散鐵之晶格常數隨碳含量變化之函數(Roberts, C,S., Trans. AIME, 197 203[1953].)

麻田散鐵參數(nm)以下列方程式表之[8](nm)。

$$c = 0.2866 + 0.0166x$$
$$a = 0.2866 + 0.0013x$$

19.4

沃斯田鐵參數(nm)[9]

$$a_0 = 0.3555 + 0.0044x$$

19.5

8. Winchell, P. G., and Cohen, M., *Trans. ASM,* **55** 347 (1962).

9. Roberts, C. S., *Trans. AIME,* **197** 203 (1953).

簡單計算在1.0％碳時之c/a比值可得1.045。此值可與面心立方沃斯田鐵視為長方體晶格時的相對比值做一比較。如前面所提過的，後者的比值是1.414，因此大部份的鋼(碳含量少於1.00％)，麻田散鐵晶格必然比較接近體心立方格子，而不是接近面心立方格子。

圖19.14之晶格參數曲線顯示麻田散鐵的長方形程度隨著碳含量而變。此跟變態的結晶特性的方位有關。根據Wechsler、Leiberman，和Read的麻田散鐵形成理論，生成相的長方形程度的改變，表示Bain扭曲量的差異。也就是說，此意味著剪力和旋轉必需有著尺寸的差異。結果，我們可預期母相和生成相間之特性平面，和方位關係均隨著碳含量而變化。這是實際觀察到的，可由表19.6看出。

表19.6　鋼內之麻田散鐵變態

碳含量	特性平面	方位關係
0–0.4%	$(557)_A$	?
0.5–1.4%	$(225)_A$	$(111)_A\,(101)_M$ $[1\bar{1}0]_A\,[11\bar{1}]_M$
1.5–1.8%	(259)	?

表19.6中最佳數據是碳濃度在0.5％到1.4％之間，幸好它正好包括幾乎所有商業上能硬化成麻田散鐵的重要碳鋼。在這個碳含量的範圍內，麻田散鐵平板的特性平面很接近沃斯田鐵的{225}平面。由於有12個{225}平面，每個特性平面有兩個可能的麻田散鐵相關的雙晶方位，因此沃斯田鐵晶體能形成麻田散鐵平板的可能方式有24種。這些鋼之麻田散鐵和沃斯田鐵之晶格間的相對方位關係稱為Kurdjumov-Sachs關係。此關係敘述麻田散鐵(101)平面平行於原來沃斯田鐵(111)平面，同時，麻田散鐵$[11\bar{1}]$方向平行於沃斯田鐵$[1\bar{1}0]$方向。

在中碳範圍的鋼所形成的麻田散鐵平板，其外觀與鐵-鎳合金中所存者十分類似。因此，這些平板很小且呈透鏡狀。鐵碳合金中的麻田散鐵變態是非熱的(athermal)。但是，少量沃斯田鐵可恆溫轉換成麻田散鐵。顯示非熱麻田散鐵形成是溫度函數的典型曲線示於圖19.15。此曲線與第十七章其他合金在冷卻時所形成的麻田散鐵曲線之相似性很明顯。但是，有一個重要差別應該被觀察得到，那就是沒有逆反應的曲線。此理由十分簡單：鋼內麻田散鐵反應是不可逆的。鐵-碳之麻田散鐵代表極為不穩定的結構，具有比雪明碳鐵和肥粒鐵等較穩定相還要高的自由能。體心立方結構保持平衡時，僅能含有無限少量的碳，碳原子陷在其內時使得晶格產生高的內部應變。因此，即使中溫的再熱都能促進它的分解。麻田散鐵分解現象的研究將在"回火"這一節中討論之。

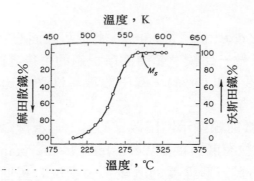

圖19.15 含碳量0.4%之低合金鋼(2340)麻田散鐵形成與溫度關係(Afrer Grange, R.A.,and Stwart, H.M., Tetal AIME, 167 467[1946].)

　　鋼之M_s(麻田散鐵起始)和M_f(麻田散鐵完成)溫度兩者均是碳含量的函數,示於圖19.16。但,M_f溫度通常並沒有一個很清楚地界定。這個意思是說,麻田散鐵理論上其反應即使在絕對零度溫度也無法完成。留下來的沃斯田鐵總量愈少,最後殘留沃斯田鐵的變態也愈來愈困難。如圖19.16所示M_f線之類曲線,是根據金相試片之結構的可視估計,而少量殘留沃斯田鐵在許多小而重疊的麻田散鐵平板組成的結構中很難被測量到。圖19.16所示的M_f溫度因此可解釋爲以可視方法所能決定的反應完成時的溫度。量測淬火鋼內殘留沃斯田鐵的一種技術,是使用定量的X光繞射測量法,此法能測量殘留沃斯田鐵量小至0.3%。這種方法曾被用來決定碳鋼淬火至室溫時之殘留沃斯田鐵的量。其結果示於圖19.17底部之曲線。這個圖也包括M_s溫度對碳濃度的關係,以及顯示低溫形式之麻田散鐵即條狀麻田散鐵之體積分率(%)和碳濃度的關係圖。顯示高溫形式(透鏡狀或雙晶)麻田散鐵的體積分率隨碳濃度變化的相對曲線出現在圖19.22中。注意在圖19.17中,麻田散鐵完成溫度M_f,在接近0.6%C時發生於室溫(20℃)。殘留沃斯田鐵量在這些條件下超過3%。

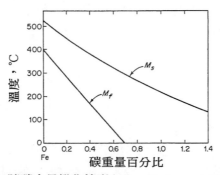

圖19.16 鋼內M_s和M_f隨碳含量變化情形(After Troiano, A.R., and Greninger,A.B., Metal Progress, 50 303[1946].)

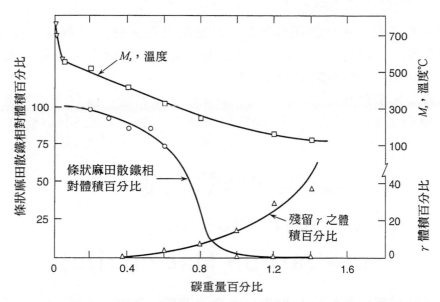

圖**19.17** 碳含量對條狀麻田散鐵相對百分比，M_s溫度和殘留沃斯田鐵之體積百
分比的影響(Adapted from Speich, G.R., and Leslie, W.C., Met. Trans., 3
1043[1972].)

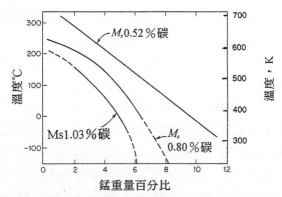

圖**19.18** 三種不同碳含量鋼，其M_s隨錳量變化情形(After Russell, J.V., and
McGuire, F.T., Trans. ASM, 33 103[1944].)

　　置換型合金元素在鋼內也會影響麻田散鐵變態。此可由麻田散鐵和原有沃
斯田鐵間之方位關係及特性平面指標反映出來。但很不幸，關於這些效應的可
用數據非常少。倒是合金元素對M_s溫度的影響較易辨識和量測。舉一個典型的
例子，考慮錳添加到碳鋼中，將使M_s溫度有決定性的下降，此結果示於圖
19.18。這一組曲線最有趣的特徵之一是M_s溫度隨著鋼中錳含量增加而快速的
下降，鋼中也含有1.0%的碳。由於組成超過6%錳時，其M_s遠低於室溫，因此
我們可以假設淬火到室溫所產生的結構，將無限期地在室溫保持為沃斯田鐵狀
態。有名的Hadfield錳鋼(10～14%錳及1～1.4%碳)，就是利用此項事實以產

生具有快速加工硬化的沃斯田鐵結構,和最初具有高強度的鋼(由於固溶體中錳和碳之出現)。這些性質的組合是為了製造高韌性,硬且耐磨的金屬。典型的應用例子是動力鏟煤機的吊桶和齒輪。

其他固溶元素對M_s溫度的影響隨相關元素種類而變。錳有最強效應,接下來是鉻。所有普通元素(置換型)均降低M_s溫度,除了鈷和鋁外(會升高M_s溫度)。

19.10 鐵-碳麻田散鐵的硬度 (The Hardness of Iron-Carbon Martensite)

高純度鐵碳麻田散鐵之硬度與碳濃度的關係示於圖19.19。此圖之數據取自10個不同來源。維氏(Vickers)鑽石錐硬度之尺度,示於圖左邊以DPH表示。最近,此種型式硬度數值較實用的是使用符號HV或維氏硬度。在右邊縱軸也提供相對洛氏 C尺度(Rockwell-C)硬度數值。注意在低碳濃度部份,所有來源的數據均具合理的一致性。然而,當碳含量高於0.6%,則數據顯得極為散亂。碳高於此含量時,麻田散鐵完成溫度降至低於室溫。因此,我們可合理假設高碳部份數據的散亂,可能由於不同量的殘留沃斯田鐵,這些不同量殘留沃斯田鐵是因為圖19.19中各個作者所使用的淬火速率不同造成的。果真如此,則上面範圍的數據應該是麻田散鐵硬度較具代表性的。請注意,此範圍之硬度隨著濃度的增加而連續地升高,與圖19.20一致。但將各數據點去除掉的簡圖示於圖19.20。最後,殘留沃斯田鐵對碳含量高的碳鋼之硬度所產生的影響很清楚地示於圖19.21。此圖顯示碳濃度超過1.0%,碳鋼以鹽水淬火至室溫,其硬度隨碳濃度增加而連續下降,此因殘留沃斯田鐵量相對增加之故。在這個假設的支持下,可由圖19.16中看出,碳濃度高於1.4%時,其M_s溫度趨近於室溫。

麻田散鐵硬度起因於鋼中碳的出現。在此,有一點很重要的就是在合金而非鋼中的麻田散鐵生成物不一定會硬化。由圖19.19也很明顯可知,鋼中需含可觀量的碳(約0.4%)才會造成明顯程度的硬化。為了獲得真正硬化的鋼,兩個必需的因素是:第一、金屬中有適當的碳濃度;第二、要快速冷卻以產生麻田散鐵結構。

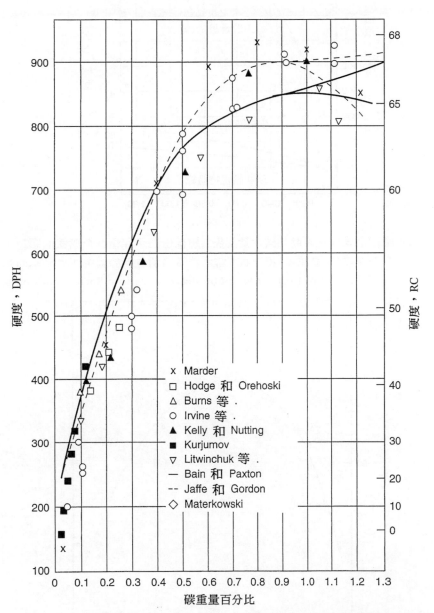

圖19.19 高純度鐵-碳麻田散鐵之硬度與碳含量函數關係的相關實驗數據的摘錄
(References for the sources of the original data may be obtained from the
following source:Krauss, G., Principles of Heat Treatment of Steels,
American Society for Metals, Metals Park, Ohio, 1980.)

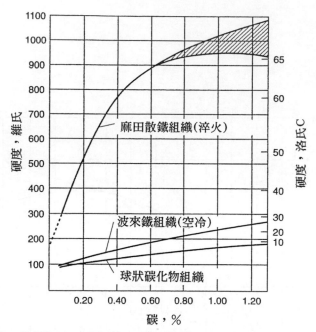

圖19.20 麻田散鐵鋼之硬度和碳含量關係斜線部份顯示殘留沃斯田鐵的顆粒，含波來鐵(加肥粒鐵)和球狀、雪明碳鐵的鋼也示於圖中(From　Krauss, G., Principles of Heat Treatment of Metals, American Society for Metals,

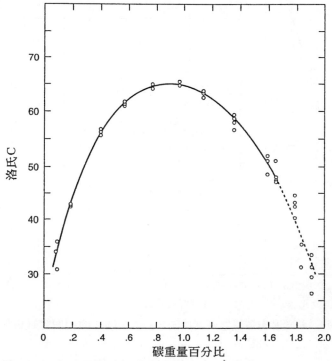

圖19.21 鹽水淬火之鋼其洛氏C硬度和碳含量關係(From　Lipwinchuk,　A., Kayser, F.X.,and Baker, H.H., Jour. Mat. Sci., 11 1200[1976].)

應用穿透式電子顯微鏡的實驗研究，已經很清楚地證實碳鋼中麻田散鐵係藉由兩種反應形成。其中一個反應產生的結構稱爲條狀麻田散鐵(lath martensite)，另一個產生的是透鏡狀麻田散鐵(lenticular martensite)，係內部雙晶化。控制這兩種形式麻田散鐵的相對體積分率(百分比)的主要因素，顯然是變態溫度。較低變態溫度有利於高濃度碳的雙晶化透鏡狀麻田散鐵的形成。由於增加碳濃度通常將降低M_s溫度，較高碳含量之碳鋼，使得雙晶化麻田散鐵占有較大體積百分比。此可由圖19.22得到證實。另一方面，低碳鋼的麻田散鐵主要是條狀的形式。

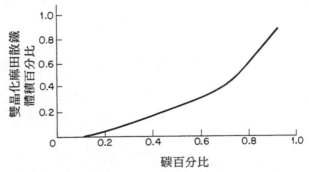

圖**19.22** 雙晶化麻田散鐵體積百分比和碳含量關係之曲線(From　Speich,　G.R.,
TMS-AIME, 245 2553[1969].)

　　條狀麻田散鐵的特徵是其內部具有$10^{15}/m^2$到$16^{16}/m^2$的高密度的差排。這些差排排列於平板狀胞室內。另一方面，雙晶化麻田散鐵正常下不會包含高密度的差排。所觀察到的兩種基本型式的麻田散鐵，與前面所提的條狀麻田散鐵是藉滑移來造成巨觀剪移，而透鏡狀麻田散鐵是藉雙晶而產生的假設是一致的(請看圖17.34和17.35)。兩種型式麻田散鐵間之缺陷濃度的差異，對於碳原子在其內部的各別分佈有重要影響。在條狀麻田散鐵內，碳原子易於擴散並凝聚圍繞著差排。即使在非常快速淬火下，也有足夠時間產生此種擴散。另一方面，在雙晶結構中具有較低密度的差排，故碳原子被迫占據著正常的格隙位置。

　　由圖19.19可看出，純鐵之麻田散鐵硬度大約200HV。經麻田散鐵化之純鐵其高硬度是由於微細晶胞壁，和條狀麻田散鐵條狀邊界之次結構強化的效應。事實上，其硬度歸因於在此結構中之高差排密度。

　　在含碳的鐵金屬內還有一種是因碳而引起的硬化。這種情況，一般相信是碳和差排交互作用而增加其硬度的。此項硬化過程可藉由差排在晶胞壁的凝聚和固溶強化而發生。關於後項的效應，麻田散鐵變態可視爲[10]是異常高濃度的

10. Hirth, J. P., and Cohen, M., *Met Trans.*, **1** 3 (1970).

碳原子陷於固溶體內,因而產生一個巨大硬化分量。

　　關於鋼內麻田散鐵硬度的一個非常重要事實,是所有所謂低合金鋼(合金元素總量約少於5%),其麻田散鐵硬度可假設只與金屬碳濃度有關。因此,如果低合金鋼的碳含量已知,則含有麻田散鐵結構的鋼其近似硬度就可決定(藉助圖19.20的曲線)。

　　含某固定比例麻田散鐵的鋼,譬如說50%,其硬度也差不多是碳含量的函數。圖19.23顯示洛氏C尺度硬度(Rockwell-C)隨鋼(包含50%麻田散鐵結構)之碳含量變化情形。實際上,商業用鋼的硬度經常是落在這條曲線的±4個Rockwell-C硬度單位之內。

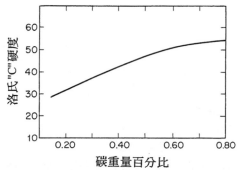

圖19.23 在低合金鋼中50%麻田散鐵組織之平均硬度(After Hodge, J.M., and Orehoski,M.A., AIME TP 1800, 1945.)

19-11　麻田散鐵形成時尺寸的變化 (Dimensional Changes Associated with the Formation of Martensite)

　　當沃斯田鐵轉換成麻田散鐵時,其體積會產生變化,該變化量可藉由Bain扭曲,以及沃斯田鐵和麻田散鐵的晶格參數的考量而計算之。參考方程式19.4和19.5,考慮碳含量1%的碳鋼,其沃斯田鐵晶格參數為,

$$a_0 = 0.3535 + 0.0044(1.0) = 0.3599 \qquad \textbf{19.6}$$

而沃斯田鐵單位晶胞(長方體形)的體積是,

$$V_A = a_0 \cdot \frac{a_0}{\sqrt{2}} \cdot \frac{a_0}{\sqrt{2}} = \frac{(0.3599)^3}{\sqrt{4}} = (0.0233 \ nm^3)$$

麻田散鐵的晶格參數是：

$$a = 0.2866 - 0.0013(1.0) = 0.2853$$

$$c = 0.2866 + 0.0116(1.0) = 0.2982$$

19.7

麻田散鐵單位晶胞體積為，

$$V_M = c \times a \times a = 0.2982(0.2853)^2 = 0.0243 \ nm^3$$

因此體積的變化，

$$\Delta V = V_M - V_A = 0.0243 - 0.0233 = 0.0010 \ nm^3$$

假設麻田散鐵於室溫是由沃斯田鐵形成的，則體積的相對變化量是，

$$\frac{\Delta V}{V_A} = \frac{0.0010}{0.0233} = 4 \ percent$$

當碳含量1％的碳鋼轉換成麻田散鐵，其體積增加大約4.0％，此值可視為一般鋼具代表性的平均值，並不會隨碳含量而有很大的變化。這是因為從c/a比值為1.414的沃斯田鐵轉換成麻田散鐵時，c/a之比值落在1.0到1.090之間，相當於碳含量的最大範圍(0到2％的碳)。

　　因為麻田散鐵平板在單一沃斯田鐵晶體內可有很多的方位，故可以假設在一足夠大的試片內，其體積的膨脹是等向性的。因此，長度變化可用來量測麻田散鐵反應時的變形量。就如在微積分學上所證明的，長度的變化量大約等於相對體積變化量的三分之一，因此，

$$\frac{\Delta l}{l} = \frac{\Delta V}{3V} = \frac{4.0 \ percent}{3} = 1.3 \ percent$$

19.8

19.12　淬火裂痕(Quench Cracks)

　　當鋼料以形成麻田散鐵的方式冷卻時，將產生兩種基本的尺寸變化。第一，由於冷卻所產生的正常熱收縮，但是由此所衍生的卻是從沃斯田鐵轉換麻田散鐵時所造成的膨脹。在正常的狀況下，這些體積變化能產生非常高的內應力。如果這些應力變得足夠大，則可能產生塑性變形，鋼料因而變形或翹曲。雖然塑性變形會有降低淬火應力嚴重性的傾向，但其降低程度視幾個因素而定，且很有可能金屬內部尚有足夠大的殘留應力留在金屬內，使其真正地造成破壞。這種局部的破裂稱為淬火裂痕(quench cracks)。

　　實際鋼淬火形成麻田散鐵時所衍生出來的殘留應力之大概特性，現在將加以討論。基於此目的，我們將探討圓柱形的鋼試片。當淬火時，表面冷卻總比心部快，因而首先產生麻田散鐵變態，因此相對於心部，表面先行硬化。伴隨此種硬化作用的是金屬的降伏強度，或塑性流變應力隨著溫度下降而增加。表

面現在相對於圓棒中心是否處於張力狀態，端視表面硬化後圓棒心部所產生的淨體積變化而定。如果在這個區域因麻田散鐵變態而產生的膨脹大於殘餘的熱收縮，則表面將處於殘留的張應力狀態。當然，中心部份將維持在壓應力狀態，這些應力分佈於描繪於圖19.24。這是一種相反的應力狀態，即表面邊緣為殘留壓應力狀態，而中心部為張應力狀態，此種情形將發生於圓棒表面硬化後，使中心部熱收縮超過麻田散鐵膨脹的時候。這兩種基本應力分佈的最後結果，視圓棒表面和心部的相對冷卻速度而定。當然這又是圓棒尺寸和淬火速率的函數。當這兩個參數的乘積很大時(大的直徑和快的冷速)，雖然中心仍然在很高的溫度下，但表面已硬化了。在這種情況下，熱收縮的量很大，因此它決定圓棒中心部份體積變化的符號。換言之，熱收縮常常超過麻田散鐵變態的膨脹。當表面和心部間冷卻速率的差異只是中等程度(即差異不大)，則表面硬化後，中心溫度只稍高於表面。表面硬化後中心區域的熱收縮因而小於麻田散鐵形成所產生的膨脹。圖19.25之圖形顯示表面和心部應力變化為此兩區域冷卻速率差異之函數。注意圖19.25的曲線實際上是軸向應力。然而，表面切線應力大約等於軸向應力[11]。

　　淬火裂痕之所以產生是由於張應力的結果。圖19.25顯示，一開始中心和表面冷卻速率相等，隨之差異漸增，因而在表面造成殘留的張應力。事實上，許多鋼試片落在這個表面為張應力狀態的範圍內。很重要的一點是在整個大試片直徑範圍內，表面張應力大小隨冷速差異的增大而增加。對於一固定冷卻速率而言，這等於說增大直徑就增加殘留應力的大小。但是，如直徑相當大時，其表面可能得到殘留壓縮應力。

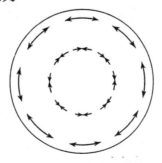

圖19.24 經淬火之圓柱其切線應力圖(當淬火後表面留下張應力狀態，而心部為壓應力)

　　11. Holloman, J. H., and Jaffe, L. D., *Ferrous Metallurgical Design*. John Wiley and Sons, Inc., New York, 1947.

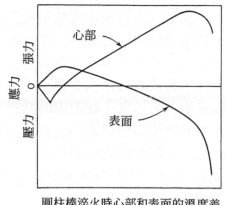

圖**19.25** 由Scott計算得到的一假想**鋼**棒淬火形成麻田散鐵之殘留軸向應力
(Scott, H., Origin of Quenching Cracks, Sci. Papers Bur. Standards, 20
399[1925].)

　　幾個因素有助於決定殘留應力的大小。在前節已經證明當鋼在室溫變態成
麻田散鐵時，將產生大約1.3％的膨脹量。實際上，在淬火過程，沃斯田鐵在
室溫不會完全變態成麻田散鐵，而是起自M_s溫度的整個範圍內。另外也是事
實，即變態發生的溫度愈高，則因麻田散鐵形成時所引起的膨脹愈小。這是由
於沃斯田鐵和麻田散鐵晶格參數相對改變的結果。M_s溫度高的鋼料，其比容積
變化較小，結果，形成淬火裂痕的傾向降低。相反地，高碳鋼以及包含那些會
降低M_s的合金元素者，就較容易受到淬火裂痕。除了降低M_s外，高碳含量的鋼
也因爲碳使硬度或脆性增加而增高了破裂的危險性。

　　鋼淬火之後，維持在室溫至100℃範圍的時間長短也會影響到淬火裂痕的
形成：時間愈長，裂痕就愈容易形成。此種現象已經提出好幾個不同解釋法。
最引人注意的是牽涉到殘留沃斯田鐵恆溫變態成麻田散鐵。恆溫麻田散鐵的形
成將已嚴重應變的金屬，添加了額外的體積應變量，因此增加破裂形成的可能
性。

19.13　回火(Tempering)

　　實施簡單硬化淬火的鋼通常是沃斯田鐵和麻田散鐵的混合組織，而以後一
種組成爲主。這兩種結構若留在室溫將呈不穩定而緩慢分解掉，至少部份是如
此；即殘留沃斯田鐵轉換成麻田散鐵，而麻田散鐵將產生不久後會描述到的反
應。因爲兩種反應都牽涉到比容積的改變，硬化過的鋼其尺寸的變化是置於室
溫時間長短的函數。更重要的事實是，幾乎完全是麻田散鐵的結構極脆，置於

室溫時效後也很容易產生淬火裂痕。這些因素獲致的結論是具有單純麻田散鐵的結構少有使用價值，而一種稱為回火(tempering)的簡單熱處理，總是常用於改善淬火鋼的物理性質。在此種熱處理，鋼升溫至低於共析溫度的值，而在此溫度保持一固定長的時間，然後再將其冷卻至室溫。回火明顯的用意在允許充分擴散過程以產生尺寸上較安定，且本質上較不脆的結構。

麻田散鐵分解過程的一些基本現象已經經過證實。現在依序列出其發生的順序[12]及趨勢。但是，許多現象有某些程度的重疊。

1. 碳原子在麻田散鐵內重新分佈。此大約發生在室溫和100℃之間。這種碳原子重新分佈以幾個方式存在：
   (1) 碳原子凝聚於晶格缺陷上，諸如差排和雙晶晶界。
   (2) 碳原子的聚集並以數個方式[13,14]產生，包括離相分解(spinodal decomposition)和有序化。
2. 過渡性碳化物的析出。最一般性而已證實的過渡碳化物是 ε 碳化物。但是，在很多情況下，此種碳化物不好分辨，有時涉及如(ε/η)碳化物，亦即 ε 或 η 碳化物。兩者主要差異是 ε 碳化物為h.c.p.，而 η 碳化物是斜方體(請看表19.7)。過渡碳化物析出後離開鐵基地仍然含有碳原子，而這些碳原子凝集至差排。
3. 殘留沃斯田鐵分解成肥粒鐵和雪明碳鐵的混合物。這結構常被稱為變韌鐵或二次變韌鐵(secondary bainite)。
4. 過渡碳化物轉換且將碳凝聚形成小桿狀的雪明碳鐵顆粒。
5. 桿狀雪明碳鐵產生球狀化以減小顆粒之表面能。
6. 肥粒鐵結構之回復。
7. 肥粒鐵結構之再結晶。
8. 雪明碳鐵的Ostwald凝集。在此過程，較大雪明碳鐵顆粒成長而將較小顆粒者消耗掉。藉著碳原子經由鐵基地之擴散作用，可進一步降低表面能。

舊時習慣上談論回火都分為三階段。第一階段是過渡碳化物的析出。亦即如上面 2.所敘述的現象。第二階段是殘留沃斯田鐵的分解，即上面的 3.。最後，第三階段相對於上面 4.之雪明碳鐵形成。回火三階段分類的困難在於當時間增加時，會出現另一階段反應。因為如此，許多作者已傾向使用階段註解方

12. Cheng, L., Brakman, C. M., Korevaar, B. M., and Mittemeijer, E. J., *Met. Trans. A*, **19A** 2415 (1988).
13. Olson, G. B., and Cohen, M., *Met. Trans. A*, **14A** 1057 (1983).
14. Ren, S. B., and Wang, S. T., *Met. Trans. A*, **19A** 2427 (1988).

式，以解釋與原先三階段觀念不一致的地方。這是當研讀到有關回火主題的論文時應注意的。

表19.7　麻田散鐵回火可能出現的相之結晶資料(From Cheng, L., Brakman, C. M.,Korevaar, B.M., and Mittemeijer, E.J., Met. Trans. A., 19A 2415 [1988].)

相	結構	晶格參數 (Å)	單位晶 胞鐵原 子個數
麻田散鐵	b.c.t.	$a = 0.28664 - 0.0013$ wt % C $c = 0.28664 + 0.0116$ wt % C	2
肥粒鐵	b.c.c.	$a = 0.28664$	2
沃斯田鐵	f.c.c.	$a = 0.3555 + 0.0044$ wt % C	4
ε -碳化物	hex.	$a = 0.2735$ $c = 0.4335$	2
η -碳化物	斜方體	$a = 0.4704; b = 0.4318$ $c = 0.2830$	4
雪明碳鐵	斜方體	$a = 0.45234; b = 0.50883$ $c = 0.67426$	12

　　爲完全瞭解麻田散鐵回火的主題，吾人應該記住有兩種不同形式的麻田散鐵：主要在低碳鋼中形成的條狀麻田散鐵，以及在高碳鋼中主要形式的透鏡狀麻田散鐵。如圖19.17所看到的，條狀麻田散鐵是碳含量約少於0.5％的鋼中主要形態特徵。由圖19.23，碳含量高於0.9％主要是透鏡狀麻田散鐵。碳含量在0.5％和0.9％之間的中間範圍，吾人發現是包括兩種形式麻田散鐵的混合結構。因爲高碳和低碳麻田散鐵回火所衍生的差異，因此可能最好將高碳鋼和低碳鋼的回火分開來探討。記住這一點，我們首先探討碳含量1.13％之高純度，高碳鋼的回火。最近已經對此一鋼種的回火做了廣泛的分析[15]。從圖19.16可看出，這種鋼的M_f溫度低於室溫。因此，可觀察到此鋼料由沃斯田鐵範圍的溫度(842℃)鹽水淬火到室溫，所得的結構包含了15％的殘留沃斯田鐵。然而，接著將之淬入液態氮(77°K或−196℃)將可減少殘留沃斯田鐵的體積百分比至6％。現在將探討的數據是取自兩次(鹽水和液態氮)淬火處理的試片。這些試片的回火反應將使用熱量和膨脹(長度變化)的量測來研究探討。另外，輔助的項目是微小硬度的量測。微分描繪熱量計(DSC)用以獲得熱的數據，而熱機分析儀用來量測長度變化的數據。這些儀器最近已做了改善[16,17]，使它們在恆速率

15. Mittemeijer, E. J., van Gent, A., and van den Schaaf, *Met. Trans. A*, **17A** 1441 (1986).

16. *Ibid.*

17. Meisel, L. V., and Cote, P. J., *Acta Mettal.*, **31** 1053 (1983).

(isochronal)情況下研究回火反應的動力學更具有價值；亦即試片係以固定速率退火(加熱)。這種退火也稱為非恆溫退火(non-isothermal annealing)。應該一提的是此種非恆溫的檢驗，可用某些恆溫實驗輔助之。

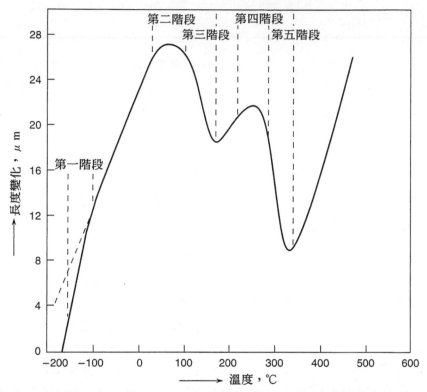

圖**19.26** 碳含量1.13％碳鋼由842℃鹽水淬火到室溫，然後在6分鐘內淬入液態氮-196℃，二次淬火後10.5mm長的試片以定速10℃/分鐘加熱到450℃，然後量測其長度變化之膨脹曲線(Abstracted from Cheng, L., Brakman, C.M., Korevaar, B.M., and Mittemeijer,E.J., Met. Trans. A, 19 A 2415[1988].)

　　圖19.26所顯示的是使用二次淬火試片以每分鐘10℃的速率，由液態氮溫度－196℃(77°K)加熱至450℃時的恆溫速率膨脹曲線。在探討此曲線時，應注意鋼本身的正常熱膨脹，在沒有回火熱反應之下，其曲線近乎線性，但當溫度升高時曲線會很陡峭地上升。在圖19.26中介於標示為第一階段和第二階段間的曲線部份，代表沒有明顯回火反應的溫度區間。因此，其曲線斜率僅由鋼試片正常熱膨脹所造成的。像標定第一至第五階段的五個溫度區間，其斜率所發生的偏差代表該區域內因麻田散鐵回火反應，使試片也產生了長度的改變。因此，在這些區域內實驗曲線的斜率，是由試片的熱膨脹以及熱反應所衍生的

長度變化等兩者所決定。由圖19.26可看出，第一階段的斜率比單獨熱膨脹所造成者要來得陡峭。在此區域回火反應造成試片的膨脹，如此可得結論，此膨脹是因為二次淬火到−196℃使得殘留沃斯田鐵部份變態所造成的結果。同時從圖19.26也可得結論，那就是在第二、三和五階段發生相對大的收縮量。

　　碳含量1.13％碳鋼經二次淬火所得之相對的差熱分析(DTA)曲線示於圖19.27。在此情況，類似於完全回火的試片以每分鐘20℃之速率加熱，即依照二次淬火麻田散鐵試片的方式，然後紀錄兩個試片間溫度的差異。此溫度之差異然後對溫度繪成圖。在這一個實驗裡，當麻田散鐵進行回火反應時會釋放熱量，因而造成兩個試片間有一個溫度差。圖19.27中波形的實線代表試片間的溫度差，而實線底下的虛線表示實驗曲線可分解成一組的波峰，每個代表回火的階段。這四個階段與圖19.26之膨脹曲線有密切關聯性。由於圖19.27的數據僅涵蓋室溫到450℃間之區間，第一階段沒有被描繪出來。在圖中定為第*X*階段的另一個波峰被觀測到。此波峰的基本特性現在將予以探討。

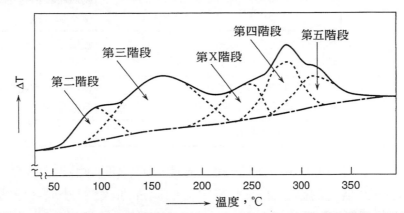

圖**19.27** 如圖19.26之試片的差熱分析(DTA)曲線。在此情況加熱速率20℃/分鐘，紀錄的數據是室溫和450℃之間。△*T*是麻田散鐵試片和安定參考試片間的溫差(ABstraced from Cheng, L., Brakman, C.M., Korevaar, B. M., and Mittemeijer, E.J., Met. Trans. A, 19A 2415[1988].)

　　各個回火過程所衍生的活化能，可由各階段對加熱速率有關數據的關連性推論出來。而此必須有一些恆速率退火實驗，以每分鐘5和40℃間之加熱速率實施之。做這些實驗的過程在原始論文[18,19]中皆有論及。所有以恆速率和恆溫方式所獲得的膨脹、熱量，及硬度數據的分析結果，資料表示於表19.8中。注意

18. Mittemeijer, E. J., Cheng, L., van der Schaaf, P. J., Brakman, C. M., and Korevaar, B. M., *Met. Trans. A*, **19A** 925 (1988).
19. Cheng, L., Brakman, C. M., Korevaar, B. M., and Mittemeijer, E. J., *Met. Trans. A*, **19A** 2415 (1988).

在表中，第X階段(圖19.27)被認爲可能是由於Häggs碳化物析出的結果。如此即顯示有另一種型式的過渡碳化物形成，它出現的溫度不同於(ε/η)碳化物的析出物。

表19.8 碳含量1.13％的碳鋼麻田散鐵回火的階段

階段	溫度區間℃	過　　　程	活化能焦耳／莫耳	速率控制機構
1	-180到-100	殘留沃斯田鐵轉換成麻田散鐵的變態		無擴散變態
2	低於$+100$	藉著(a)凝聚至晶格缺陷和(b)碳原子的凝聚使碳原子重新分佈	～80	碳原子的體擴散
3	80到100	(ε/η)過溫碳化物的析出	～120	鐵原子沿著差排產生管狀擴散以調整過渡碳化物顆粒和鐵基地間的體積不配合性
4	240到320	剩餘的殘留沃斯田鐵分解成肥粒鐵和雪明碳鐵	～30	碳原子在沃斯田鐵內的體擴散
5	260到350	凝聚的碳和過渡碳化物轉換成雪明碳鐵	～200	鐵原子的體和管狀的組合擴散
X	200到270	Häggs碳化物的析出		

最後，關於高碳鋼回火現象的研究，考慮圖19.28，此圖顯示經二次淬火試片的硬度與回火溫度的函數關係，其中每個試片回火爲1小時。注意，在室溫和100℃之間，試片硬度增加大約150HV0.3(HV0.3是指以0.3kg的荷重做鑽石錐的硬度量測)。隨著溫度的增加其硬度隨之增加，歸因於在恰好室溫以上時，碳原子凝聚在麻田散鐵內以及100℃下(ε/η)碳化物的析出。關於過渡碳化物的一重要因素，是這些碳化物的尺寸極爲細小，就如同我們所預期的它們會在低溫範圍內形成。然而，藉助於電子顯微鏡[20]的鑑定，這些碳化物其孕核的優選位置，似乎是在麻田散鐵內部的次晶粒晶界上。這些次晶粒的平均直徑大約1.0到0.1μm，而(ε/η)碳化物次晶界網狀組織的厚度小於20nm。這些碳化物造成硬度的增加並不令人驚訝。

---

20. Lement, B. S., Averbach, B. L., and Cohen, M., *Trans. ASM*, **46** 851 (1954).

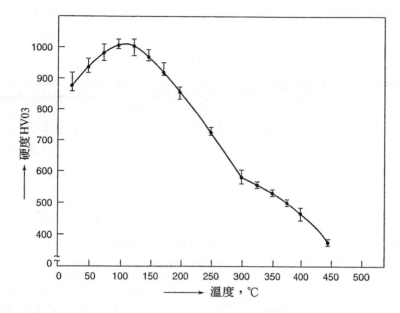

圖19.28 碳含量1.13％碳鋼在鹽水中淬火然後在液態氮內淬火後，回火溫度與硬度關係(From Cheng, L., Brakman, C.M., Korevaar, B.M., and Mittemeijer, E.J., Met. Trans. A. 19A 2415[1988].)

19.14　低碳鋼的回火(Tempering of a Low-Carbon Steel)

　　高碳鋼回火期間所發生的幾個過程，在正常下不會出現在低碳鋼的回火裡。由圖19.16可看出，含碳量0.6％以下的鋼，其麻田散鐵完成溫度M_f在室溫以上。這個意思是說，這些鋼由沃斯田鐵區域淬火之後，其殘留沃斯田鐵量應該較少。此事實可由圖19.17得到證實，該圖顯示碳含量低於0.4％時，殘留沃斯田鐵的體積百分比接近零。因此表中第三階段是因殘留沃斯田鐵的分解，而形成肥粒鐵和雪明碳鐵，但此階段在含碳量低於約0.4％的鋼中應該不會產生。

　　同樣也有很大的傾向排除，或抑制表19.8的第三階段，此階段發生過渡碳化物(ε/η)的析出。這是因為低碳鋼在淬火期間，大部份碳原子能夠凝聚到差排上，而這些凝聚的碳原子似乎對差排有很強束縛力，以致於無法形成過渡碳化物顆粒。低碳鋼在淬火期間，所有或大部份碳原子能夠凝聚的這事實已經由Speich[21]使用電阻量測而清楚地證實了。不論碳原子是在固溶體內或凝聚在差

---

21. Speich, G. R., *Trans. TMS-AIME*, **245** 2553 (1969).

排上，鋼的電阻是碳濃度的函數。但是，當碳原子溶在固溶體內時，電阻隨碳濃度增加的比較大。這個結果示於圖19.29中的兩條虛線，圖是以電阻對鋼的碳含量繪製而成的。注意，由計算而得的線標示為無凝聚(no segregation)，比標示為完全凝聚(complete segregation)者陡峭。實驗數據也以實線方式繪在圖中，到達0.2％C前此曲線很接近完全凝聚線。根據Speich的計算，在碳濃度低於0.2％C時，大約有90％的碳會產生凝聚。高於0.2％C，實驗數據曲線變得幾乎等於無凝聚曲線。因此，可得結論是鋼內碳含量少於0.2％，則麻田散鐵的碳幾乎完全凝聚。此外，因為實驗數據的圖形假設碳含量高於0.2％的無凝聚線之斜率是有效的，故吾人確信經淬火過的低碳鋼中在此差排的濃度時將含有飽和的碳原子。此一結果使得碳含量大於0.2％的低碳鋼，其用於成為過渡碳化物析出的碳量大約0.2％，此量少於鋼的真正碳含量。

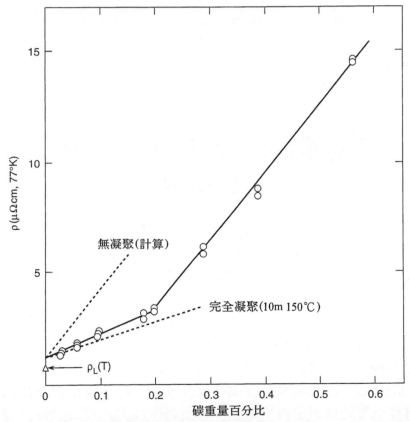

圖**19.29** 鐵碳麻田散鐵淬火時藉著電阻量測以偵測碳的凝聚(From Speich, G.R., Trans. TMS-AIME, 245 2553[1969].)

列於表19.8的回火各階段將出現在碳含量少於0.2％的鋼中，包含碳凝聚的第二階段在淬火期間實際上會產生，然而它卻不是回火的真正一個階段。過渡碳化物析出的第三階段因碳原子的凝聚而被有效地抑制。殘留沃斯田鐵分解成肥粒鐵和雪明碳鐵的第四階段，因沒有殘留沃斯田鐵而消失掉。如此僅剩第五階段，即凝聚的碳形成小桿狀雪明碳鐵顆粒，而在較高溫度之下，雪明碳鐵顆粒產生稱為球狀化的現象，且藉著Oatwald凝集而成長，其肥粒鐵基地並發生回復及再結晶。

關於在高溫產生的回火現象，Speich指出桿狀顆粒在接近400℃時會分解，而被球狀Fe$_3$C顆粒所替代。Fe$_3$C顆粒在條狀邊界及原有沃斯田鐵晶界上孕核，但也可能產生一般的孕核情況。

就如同在肥粒鐵基地所產生的反應，在500到600℃間首先所發生的，包括在條狀邊界上差排的回復。如此會產生一低差排密度的針狀肥粒鐵組織。再進一步加熱到600到700℃，針狀肥粒鐵晶粒然後再結晶形成等軸肥粒鐵組織。在較高碳濃度的情況，此種再結晶產生的困難度較高，因為在肥粒鐵邊界碳化物顆粒的鎖住作用。

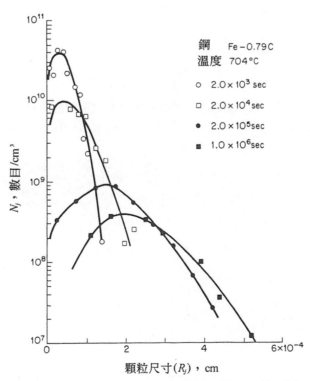

圖19.30 共析鋼在704℃球化，每單位體積顆粒數目，N_j和平均顆粒尺寸，R_j的關係(From, Vedula, K.M., and Heckel, R.W., Met. Trans., 1 9[1970].)

　　在一般碳鋼的回火最後結果是等軸肥粒鐵晶粒的聚合，晶粒內包涵了多數球化碳化鐵的顆粒。在Ostwald凝集階段球化碳化物顆粒成長。此過程藉由擴散方式完成，如此的結果是因較大之顆粒比較小，顆粒所擁有的自由能為低。最近有關碳化物顆粒在低碳合金中的成長動力學之研究[22]指出，其成長速率是受擴散的控制。但是，這個問題是很複雜的，就如同成長的有效擴散常數是介於碳擴散的擴散係數，和鐵在肥粒鐵內擴散的擴散係數之間的這事實所顯示的。圖19.30表示了關於研究析出物成長的某些問題。注意，析出物顆粒具有一定範圍的顆粒尺寸大小，增加退火的時間，雖然平均顆粒尺寸成長，以致顆粒數目減少(圖19.31)，可是顆粒尺寸大小的範圍還是增加。圖19.32展示了一系列極佳的照片。這些是鋼試片回火過程碳化物合併時，其組織的電子顯微鏡照片。

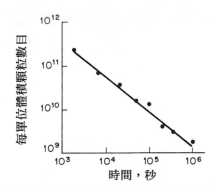

圖**19.31** 如圖19.30中的鋼，每單位體積顆粒的總數目與球化時間的關係(From Vedula,K.M., and Heckel. R.W., Met Trans., 1, 9[1970].)

22.　Vedula, K. M., and Heckel, R. W., *Met. Trans.*, 1 9 (1970).

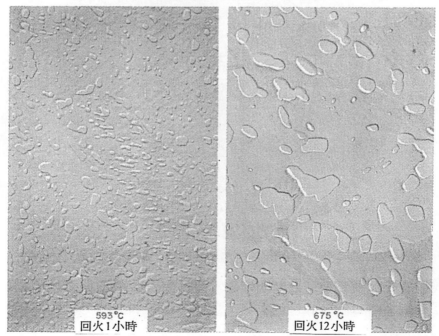

圖**19.32** 碳含量0.75％的鋼其回火麻田散鐵的組織。電子顯微鏡15,000倍(From Turkalo, A.M., and Low, J.R., Jr., Trans. AIME, 212 750[1958].)

19.15 球狀化雪明碳鐵 (Spheroidized Cementite)

球狀化雪明碳鐵(spheroidized cementite)這名稱是當顆粒雪明碳鐵變得足夠大,而能在光學顯微鏡看得到時,用以描述含此球狀雪明碳鐵埋入肥粒鐵基地的組織。如果回火第三階段是在恰好低於共析溫度(727℃)實施,則此種組織很容易在適度回火時間內得到。球化雪明碳鐵組織的典型照片(以光學顯微鏡拍攝)示於圖19.33。這組織也許是所有肥粒鐵和雪明碳鐵集群中最穩定的。麻田散鐵、變韌鐵甚至波來鐵均能轉換成這種顯微組織,只要將金屬在恰低於共析溫度下保持足夠久的時間即可。當然,當一開始的組織是波來鐵的話,其球化雪明碳鐵的形成就最為緩慢了,而波來鐵結構愈粗,球化愈困難這也是事實。

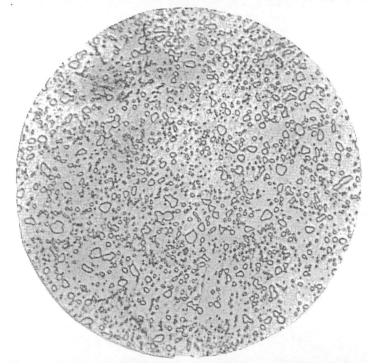

圖19.33 碳含量1.1％碳鋼的球狀化雪明碳鐵。光學顯微鏡放大1000倍

高碳鋼軟化尤其需要球狀雪明碳鐵,因為包含此種顯微結構的鋼比較容易切削,而熱處理時也比較有好的結果。因此,標示有"退火過"的高碳鋼幾乎都具有球化的組織。

19.16　回火對物理性質的影響 (The Effect of Tempering on Physical Properties)

　　回火時顯微組織的變化，大大地改變了鋼的物理性質。現在來探討一下回火鋼的硬度。此性質的變化是回火時間和回火溫度二者的函數。如圖19.34和19.35的曲線，其硬度(回火熱處理後在室溫量測)繪成回火溫度的函數，其中特別在每個回火溫度設定在固定的回火時間(1小時)。中碳和高碳鋼的曲線示於圖19.34，而在每一種情況下，回火之前，使用的試片被冷凍至－196℃。如此處理的目的是要使淬火後金屬的殘留沃斯田鐵減低至可忽略的微量，因此，圖19.34所繪的結果能真正代表回火麻田散鐵的效應。如果試片中還包含少量的殘留沃斯田鐵，則由於沃斯田鐵變態成麻田散鐵或變韌鐵，必將引入一個額外的硬化分量。這個常可在硬度對回火溫度曲線上觀測到，且只要恰高於室溫，其硬度就顯現上升的現象。

　　當高碳鋼(1.4%)的回火溫度大約到達93℃時，可觀察出其硬度有少許的增加(不是由於殘留沃斯田鐵)。無疑地這跟(ε/η)碳化物的析出有關。在低碳鋼(0.4%)中就不會觀察到類似的增加，因為在此組成下，只能析出非常微量的(ε/η)碳化物。應該一提的是雖然ε碳化物的析出無疑地對鋼的硬化有所貢獻，但可預期的，碳在麻田散鐵內被消耗也貢獻了軟化的分量。因此，所觀察的硬度正反應了這兩個效應的結果。但當雪明碳鐵形成時(第三階段)所衍生的反應變得有點明顯時，則試片將產生一相當程度的軟化。硬度大約在200℃開始明顯下降可證明此點。在此階段的早期部份，ε碳化物的溶入以及碳由麻田散鐵(低碳形式)內移走都會軟化金屬。不過，在同時，雪明碳鐵析出物會對硬化效應有所貢獻。

　　當鋼得到一簡單肥粒鐵和雪明碳鐵結構後，雪明碳鐵的成長或合併將造成進一步的軟化。此種由於顆粒大小的成長和雪明碳鐵顆粒數減少所引起的軟化將持續不斷，而當愈接近共析溫度(727℃)軟化愈迅速。事實上，這意味著在固定回火時間之下，回火溫度愈接近共析溫度，回火麻田散鐵的硬度將愈低。圖19.34的曲線只繪出回火溫度低於375℃的部份。高於此溫度到727℃，我們可預期三條曲線上的硬度將持續下降，其斜率約略和200℃到375℃溫度範圍內所出現的一樣。圖19.35是錄自Speich[23]的研究結果。它顯示回火對低碳到中碳鋼的硬度(DPH)影響,補充的數據在圖19.34。除此之外,這個圖也描述了回火期間所發生的種種反應。

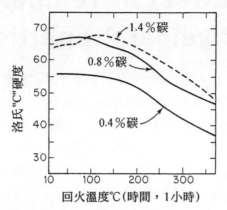

圖**19.34** 回火溫度對不同碳含量的鋼的硬度影響(Lement, B.S., Averbach B.L., and Cohen, M., Trans. ASM, 46 851[1954].)

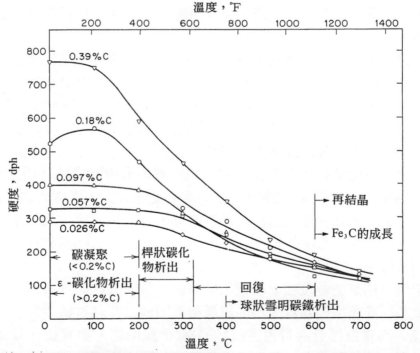

圖**19.35** 低和中鐵碳麻田散鐵於100℃到700℃回火1小時的硬度(From Speich, G.R.,TMS-AIME, 245 2553[1969].)

23. Speich, G. R., *TMS-AIME*, **245** 2553 (1969).

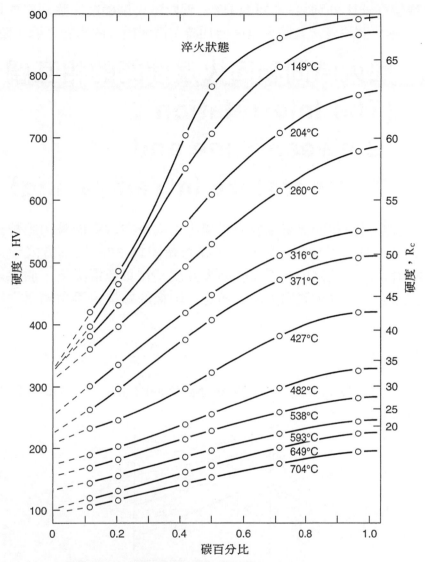

圖**19.36** 碳鋼之回火麻田散鐵硬度(Abstracted from Grange, R.A., Hribal, C.R., and Porter, L.F., Met. Trans. A, 8A 1775[1977].)

　　在碳鋼中，回火麻田散鐵的硬度如何隨碳濃度和回火溫度變化的種種說明示於圖19.36。圖中的數據對於碳含量較高的碳鋼是使用小而薄(2.5mm厚)的試片所得，對於碳含量較低碳鋼是使用相似但厚度減半的試片而得。小尺寸試片當被淬火時，可得迅速的冷卻速率。所有試片在927℃沃斯田鐵化10分鐘，然後鹽水淬火。之後，在指定的溫度回火1小時，除較高碳濃度的試片外，所有試片淬火都產生100％的麻田散鐵結構。碳含量0.5、0.72和0.98％時，試片中殘留沃斯田鐵的體積百分比分別爲3、7和13％。碳對淬火鋼硬度的強烈影響很清楚地示於圖19.36中。請注意,當回火溫度增加時,碳對硬度的影響迅速下降。

19.17 回火時間和回火溫度間的相互關係 (The Interrelation Between Time and Temperature in Tempering)

時間和溫度對鋼料回火有相對的影響,尤其是在雪明碳鐵和肥粒鐵集群的這階段,此項事實很早就爲人所知了。這可藉圖19.37的簡單方式予以證實,圖中各曲線對應於所設定的各不同的回火溫度。在每種情況下,曲線顯示在指定的回火溫度之下,硬度視回火時間而定。同樣的數據也可用簡單速率方程式表示其關係,

$$\frac{1}{t} = Ae^{-Q/RT} \qquad\qquad 19.9$$

式中t是得到一定硬度的時間,Q是實驗過程量得的活化能,A是常數,R和T與前面用過的意義一樣。

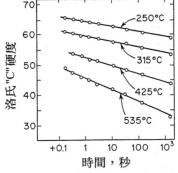

圖19.37 時間和溫度對回火鋼(0.82％碳,0.75％錳)硬度的影響(After Bain, E. C.,Functions of the Alloying Elements in Steel, ASM. Cleveland,1939.)

19.18 二次硬化 (Secondary Hardening)

大多數鋼料不是以波來鐵形式使用,就是以碳化物顆粒埋入肥粒鐵基地的集群所組成的淬火和回火結構使用。在任何一種情況下,均包含兩相肥粒鐵和

碳化物結構。當合金元素加入鋼內，則這些元素會進入肥粒鐵或碳化物裡，量的多寡視所加元素種類而定。然而，有些元素並不會在碳化物中被發現。這些元素包括：鋁、銅、矽、磷、鎳和鋯。其他的元素均可在肥粒鐵和碳化物中發現。以下依照形成碳化物傾向的順序列出數個此類的元素：錳、鉻、鎢、鉬、釩，和鈦(錳最小而鈦最大)。

　　大部份合金元素在鋼被加熱時，都有增加鋼對軟化抵抗的傾向，也就是說，在一定回火時間和溫度之下經回火後，合金鋼將比相同碳含量的碳鋼具有較大的硬度。這個效應對於含有相當量的碳化物形成元素的鋼而言，尤其重要。當這些元素在低於540℃以下溫度回火時，其回火反應傾向於形成Fe_3C爲基礎的雪明碳鐵顆粒，或更精確地說是$(Fe,M)_3C$，其中M代表鋼內任何置換型原子。通常，合金元素存在於雪明碳鐵顆粒內，和整個顆粒存在於鋼內的比值大約相等。但是，當回火溫度超過540℃，相當多量的合金碳化物會析出。這些新碳化物的析出，通常不會正好符合$(Fe,M)_3C$形式，但此種析出會誘發一種相信是由整合作用[24,25]所引起的新硬化形式。一般碳鋼和含有大量碳化物形成元素的鋼之間回火曲線的比較示於圖19.38。

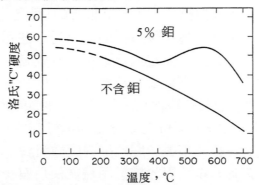

圖**19.38** 碳含量0.35％的鋼之二次硬化(After　Bain,　E.C.,　Functions　of　the
Alloying Elements in Steels, ASM, Cleveland, 1939.)

　　合金碳化物於低回火溫度不容易形成，無疑地和置換型元素在此回火溫度時擴散速率太低，以致於無法使它們形成碳化物有關。雪明碳鐵之所以能形成是因爲低於540℃溫度時，碳的擴散速率仍然很大。雪明碳鐵的形成僅視碳的擴散而定。

　　爲了使鋼具有高的回火抵抗而使用碳化物形成元素，其理由最好以所謂高速鋼爲例予以說明。這些鋼是工具鋼，其原始目的是用於車床的刀具，以及其

　　24.　Payson, P., *Trans. ASM*, **51** 60 (1959).
　　25.　Seal, A. K., and Honeycombe, R. W. K., *Jour. of the Iron and Steel Inst.* (London),
188 9 (1958).

他機器在切削運轉時切削刀刃常產生高熱時。此類型的鋼即使在紅熱狀態下很長的一段時間,仍然保有其硬度。典型高速鋼組成以組成定名為18-4-1為代表,它包括大約18%鎢、4%鉻、1%釩,此外另有大約0.65%的碳。

19.19　高強度低合金(HSLA)鋼 (High-Strength Low Alloy(HSLA) Steels)

　　本章前面幾節主要是探討有關鋼的淬火與回火。這一類熱處理對於設計做為切削工具、彈簧,和滾珠軸承的高碳鋼,以及用於運轉的機械零件之中碳鋼特別重要。這些組件正常下尺寸不會太大,但通常生產較為昂貴,這是因為在生產過程中經常包括切削形成,以及鍛造過程。昂貴合金鋼以及改善性質之淬火回火熱處理的應用,反而較為經濟。然而,尚有另外一類非常重要的鋼。這些鋼以相當大的噸位來生產,且有漸使用在結構如建築物、橋樑,和船舶的構件上的趨勢。很清楚地,大型鋼構件如用於結構上的I型樑角鋼,和板材等做淬火及回火是不符合經濟性的。另外一個負面的考量是這些用於淬火和回火處理之結構用鋼,正常情況是低碳鋼,而這些低碳鋼具有較低硬化能。因此,這一類材料的熱處理不會像在中碳和高碳鋼中那樣有效。因為有許多結構用鋼是銲接而成,低的硬化能是真正想要的特性。這些已在19.8節的第一個部份討論過。

　　過去,用於結構用途的鋼大部份是碳含量約0.2%的低碳的一般碳鋼。像此種鋼通常熱軋後將具有單純波來鐵和肥粒鐵的顯微組織,其組織中大約有80%是肥粒鐵形式。但是最近幾年,對於結構用鋼之使用有一個強烈的要求,就是它要比一般平碳結構鋼有較高強度、較大韌性、較佳延性,以及較好銲接特性。這需求主要來自造船、天然氣,及產油工業,這些工業需有較好的鋼用以建造大型船舶、油及天然氣輸送管路,以及鑽油平台。用於結構上的這些平碳鋼必須考量許多非常複雜的問題。如此才導致所謂高強度低合金鋼或HSLA鋼的開發。這些鋼就像一般平碳結構鋼一樣,通常係在熱軋情況下完成後使用。另一個開發HSLA鋼的動機,是源自於汽車製造工業,其需求是減少汽車的重量,以使燃料更有效率。此部份可藉著減少汽車本體所使用的鋼板厚度來達成。然而,厚度的減少也需強度的增加始可。

　　用於增加HSLA鋼強度最重要的方法包括晶粒細化法,換言之,即減少晶粒尺寸。如第六章所討論的,金屬的強度為其晶粒尺寸的函數。此函數關係常以6.20式的Hall-petch方程式來表示，此式敘述金屬的強度隨著晶粒尺寸平方根的倒數呈線性增加。第六章的圖6.23和6.24顯示實驗數據符合Hall-petch關係式。

在一般碳鋼中要得到細晶的肥粒鐵結構是非常困難的，因為肥粒鐵晶粒大小視沃斯田鐵晶粒尺寸而定。一般而言，沃斯田鐵晶粒愈小，則肥粒鐵晶粒也愈小。之所以如此，是因為當沃斯田鐵晶粒尺寸減小，沃斯田鐵晶界每單位體積的表面積增加；此表面愈大，則肥粒鐵晶粒孕核位置的數目愈大。另一個重要事實是，當沃斯田鐵在轉換成肥粒鐵時，若沃斯田鐵係在未再結晶或變形狀態，則肥粒鐵晶粒能孕核的位置數目愈大。在熱軋平碳結構鋼中，其沃斯田鐵的再結晶可降到大約760℃[26]時才發生。因為此溫度只高於共析溫度以上30℃，對於鋼而言實施熱軋此溫度是太低了，因為當變形溫度愈低時，其熱軋成形愈困難。因此，熱軋完成溫度通常可視為高於760℃，如此在沃斯田鐵結構中所形成的肥粒鐵，可產生再結晶和晶粒成長。

在典型熱軋平碳結構鋼裡，肥粒鐵晶粒尺寸可能約在20到30μm附近。HSLA鋼受到控制軋延的製程，可能可獲得大約5μm[27]的晶粒大小。一般而言，碳含量0.2%的平碳結構鋼其降伏強度大約220MPa(32,000psi)，而最大抗拉強度380MPa(55,000psi)，HSLA鋼其降伏強度介於290到550MPa之間(42,000到80,000psi)，而最大抗拉強度介於415到700MPa之間(60,000到107,000psi)。大部份HSLA鋼有較大強度，是由於鋼中有較細的肥粒鐵晶粒所致。

減小肥粒鐵晶粒大小的一個主要因素是添加少量很強的碳化物形成元素到HSLA鋼中。這些元素中最重要的是鈮，它對鋼的性質有一重大影響，即使少量至0.05%。因為這些控制晶粒大小的添加物被加入僅有少量，因此，一般實際上稱這些含有添加少量元素的鋼為微合金鋼(microalloyed steel)，雖然這些鋼可能包含相對高濃度的傳統合金元素。這些控制晶粒大小的元素，其主要的效應是大大地增加沃斯田鐵熱軋時再結晶所需的時間。此可由圖19.39證實，圖中所示的是四種鋼類在945℃的再結晶動力學。圖中每種鋼在容許再結晶之前，係在945℃時受一50%的熱軋變形量。在圖中最左邊的曲線係含有0.09%碳和1.90%錳所獲得的曲線。此鋼在大約10秒內完全再結晶。往右的下一條曲線，標示著0.0wt%釩(V)，是與第一曲線一樣有相同碳和錳含量的鋼，此外多加了0.03%鈮時所得到。注意此少量的鈮大大地延遲了再結晶過程，因此要獲

26. Leslie, W. C., *The Physical Metallurgy of Steels*, p. 191, McGraw-Hill Book Company, New York, 1980.

27. Michael, J. R., Speer, J. G., and Hansen, S. S., *Met. Trans. A*, **18A** 481 (1987).

得90%比例的再結晶所需時間為10,000秒。在圖右下角最後兩條曲線，顯示另外兩種含有一些釩(如圖19.39所示)，並加入0.03％鈮(Nb)的鋼種之再結晶動力學。總之，圖19.39所顯示的是鈮對於沃斯田鐵再結晶動力學有很強的效應。同時也證實釩和鈮一致能進一步延遲再結晶。這些微合金元素減慢再結晶的能力是由於它們傾向析出顆粒析出物(碳化物、氮化物，和碳氮化物)的緣故，這些顆粒能與沃斯田鐵晶界相互作用，就如同圖18.36中孔洞與晶界間作用的方式一樣。在鈮的情況，其主要析出物正常下是鈮的碳氮化物，NbCN。這些析出物顆粒能限制沃斯田鐵的再結晶以及晶粒成長。但是，此處存在有一特定溫度，高於此溫度，每一型析出物溶入而微合金元素重新進入溶體中。正好高於此(溶體)溫度，沃斯田鐵晶粒會遭受粗化作用[28]。因此，鋼中有0.05％鈮，在1150°C時幾乎所有鈮係在溶體內。

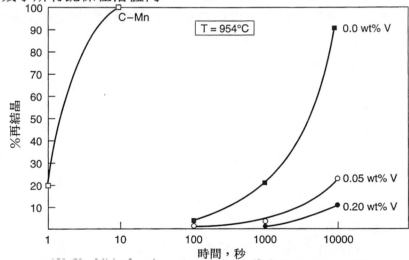

圖19.39 四種碳含量0.1％，錳2.0％之鋼料的再結晶動力曲線。標示"C-Mn"曲線之試片表示不加微合金，標為"0.0wt％V"含0.03％Nb，其他兩條曲線相對於0.03％Nb和不同 V量，由曲線上指示(From Michael, J.R., Speer, J.G., and Hansen, S.S., Met. Trans. A, 18A, 481[1987].)

　　晶粒尺寸5 μm的顯微組織之產生是很複雜的，它涵括了一個控制的軋延過程，此過程係在不同溫度範圍內實施數個熱軋步驟。在此並不允許我們對這過程做完全地描述。但是，在此過程中有一重要因素，就是在828°C溫度時的最後一個熱軋步驟，在此溫度沃斯田鐵不會產生再結晶，因此，當沃斯田鐵轉換成肥粒鐵時，沃斯田鐵晶粒係在變形或加工狀態。因為沃斯田鐵晶粒在軋延變形時被壓平，因此沃斯田鐵晶界總面積增加，結果使肥粒鐵孕核位置的數目

28. Cuddy, L. J., *Met. Trans. A*, **15A** 87 (1984).

增加。如此，反而造成肥粒鐵晶粒尺寸再次減小。此結論由圖19.40得到證實，此圖係以肥粒鐵晶粒直徑對每單位體積之表面積，S_v繪製而成。圖19.40中的數據是使用兩個試片得到的，一個是肥粒鐵於已產生再結晶的沃斯田鐵內孕核(空心圓圈)，另一個試片其肥粒鐵係在變形的沃斯田鐵內孕核(實心圓圈)。請注意，最小肥粒鐵的晶粒尺寸伴隨著包含變形沃斯田鐵的試片而生。

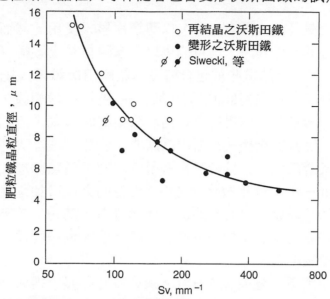

圖19.40 肥粒鐵晶粒大小與沃斯田鐵每單位體積晶界面積的關係，再結晶試片所得的數據標為o，變形試片者為(From Cuddy, L.J., Met. Trans. A, 15 A 87[1984].)

　　雖然，晶粒的細化或許是用於增加HSLA鋼強度最重要的機構，卻不是唯一的方法。強度的改善也可藉著析出硬化來達成。微合金元素也可在肥粒鐵內產生其他的析出物。肥粒鐵內的析出物比出現在沃斯田鐵內者細，而在沃斯田鐵變態成肥粒鐵時，在肥粒鐵-沃斯田鐵邊界的界面相析出的結果，會使肥粒鐵內析出物較大，此主題已在第十六章16.8節中討論過。然而，這些硬化析出物也可能在肥粒鐵晶粒內部孕核。這一型的析出結果使微合金元素在肥粒鐵內的固溶率，低於在沃斯田鐵者。誠如第十六章所指出的，析出物傾向於以層狀或片狀形成而位於 α-γ 的界面，由沃斯田鐵成長為肥粒鐵時會以逐步方式形成。這些析出物的形成包括鈮原子(或其他微合金元素)，經由肥粒鐵的擴散，這些元素在肥粒鐵的擴散速率相信比在沃斯田鐵內要快上好幾倍的大小。

　　有許多方法可用來改善HSLA鋼的強度和其他想要的性質。這些方法之一是添加合金元素，而藉著固溶強化以增加肥粒鐵基地的強度。因此，AISI1020鋼是一般碳鋼，但它包含了0.30到0.6%的錳。在許多HSLA鋼中，其錳的含量是此值的二或三倍以上。另一方面,碳含量可能低於AISI1020者。這通常是為了想要增加HSLA鋼的銲接性和成形性。在第九章討論過的應變時效,其過程可增加鋼之以結構中的差排密度,此種過程也可做為HSLA鋼的強化機構。

19.20 雙相鋼(Dual-Phase Steels)

雙相鋼基本上是HSLA鋼的一類,以薄鋼片形式使用。然而在可成形之高強度鋼片想要具有低的價錢時,則可能可以在低碳材料上獲得雙相結構。雙相(dual phase)這名詞源自於這些鋼包含有島嶼狀麻田散鐵埋入肥粒鐵基地的事實。這一類組織是將鋼加熱到800℃的沃斯田鐵-肥粒鐵兩相區,然後再淬火至室溫。這過程不同於正常用於得完全麻田散鐵結構的方式,因為鋼並沒有被加熱至沃斯田鐵區,使其完全變成沃斯田鐵狀態。當然,被淬火的結構係包括肥粒鐵以及富碳的沃斯田鐵。對於給雙相鋼所實施的這種熱處理,稱為臨界間退火(intercritical anneal)。雙相鋼淬火之後在低溫回火以增加延展性。雙相鋼絕佳的特性是低的降伏強度,以及高的加工硬化速率。高的加工硬化速率的意義是鋼的強度隨著變形而快速增加。高的加工硬化速率也被視為是包含硬相在軟基地的典型混合顯微結構。

目前為止雙相鋼最大益處係在HSLA鋼範疇的發展。這大部份是因為它們在汽車本體上的使用。因此,任何需要高強度鋼片的應用,或許即可發現雙相鋼有益的性質。雙相結構可在薄片材料裡得到,此薄片材料係以熱軋或冷軋情況供應。典型雙相HSLA鋼其組成包含0.12%碳、1.7%Mn、0.58%矽,和0.04%釩[29]。當然,釩做為微合金強化元素,研究已經發現[30],HSLA雙相鋼通常除了包括肥粒鐵和麻田散鐵外,尚有2到9[31]%的殘留沃斯田鐵。此外,也發現[32]在拉伸試驗前面數%的應變時,殘留沃斯田鐵顆粒會增加加工硬化的速率。這是應變誘發殘留沃斯田鐵變態為麻田散鐵的結果。

29. Speich, G. R., Schwoeble, A. J., and Huffman, G. P., *Met. Trans. A*, **14A** 1079 (1983).
30. Yi, J. J., Yu, K. J., Kim, I. S., and Kim, S. J., *Met. Trans. A*, **14A** 1479 (1983).
31. Joeng, W. C., and Kim, C. H., *Met. Trans. A*, **18A** 933 (1987).
32. Yi, J. J., Yu, K. J., Kim, I. S., and Kim, S. J., *Met. Trans. A*, **14A** 1479 (1983).
33. Leslie, W. C., *The Physical Metallurgy of Steels*, p. 191, McGraw-Hill Book Company, New York, 1980.

19.21　HSLA鋼中非金屬介在物的控制 (The Control of Non-Metallic Inclusions in HSLA Steels)

在典型金屬內正常下都可發現一些埋入的小顆粒，這些金屬中的顆粒係在製造的幾個步驟裡留下來的。這些介在物基本上是非金屬的特性，它們主要包括氧化物、硫化物，和矽化物等。因為硫是鐵礦中被發現最基本的元素之一，鋼是由鐵礦冶煉而得，且硫很難由鋼中去除，因此，大部份商用鋼均含有0.04至0.05％的硫。硫在鋼中正常是以硫化錳MnS出現。硫化物和氧化物從HSLA鋼中去除，是目前一個重要的考量。非金屬介在物對這些鋼的韌性和成形性會造成有害的影響。此外，它們也會使鋼的性質產生非等方性。熱軋所衍生的變形是本質上的非等方向。軋延會增加軋延方向板的長度但厚度減小，因為板的寬度沒有激烈地變化。這一類的變形對介在物形狀有相當的影響，因為介在物在熱軋溫度經常是塑性狀態。其結果是介在物傾向於被伸展成所謂的帶狀物(stringers)。換言之，它們在軋延方向變長了。這些被伸長的介在物對非等方性金屬的疲勞性質影響，將在第二十二章疲勞這一節中討論之。總之，非金屬介在物基本上在鋼中是不想要的，例如在HSLA鋼內是設計成在臨界條件下使用。介在物對金屬的延性、韌性和疲勞性質均有害。此外，它們經常造成這些機械性質很大的非等方向。

由上面討論的結果，設計用於除硫和除氧HSLA的熱處理，和可熱處理的鋼種在鋼鐵工業變得很普遍。根據Leslie[33]，最好的除硫和除氧處理是在鋼液用鋁去氧後而未注入鋼錠前，將鎂和鈣(以石灰形式，碳化鈣或塗鈣鐵線)投入鋼液中。鈣和鎂傾向於跟金屬中的氧和硫結合，形成安定的含鎂和鈣的固體氧化物和硫化物。因為它們比液態金屬輕，所以浮在金屬表面而進入溶渣。於是可能使鋼產生熱量，在此情況，鋼內硫少於0.005％而氧少於0.002％。注意，此一處理後，硫濃度大約僅是大部份鋼中所發現的十分之一。除氧和除硫後留在鋼內的介在物數目，可望大大地降低。此種處理之後，更進一步的好處是介在物也傾向形成等軸，如此的結果，使鋼的機械性質更有等方性。

問題十九

19.1 (a)碳含量0.65％沃斯田鐵晶粒號碼7的未合金化鋼，試決定理想臨界直徑，D_I。

(b)上述鋼的硬度爲何，當(1)100％的麻田散鐵組織時；(2)50％麻田散鐵組織時。答案以Rockwell-C(HRC)表示。

(c)沿Joming鋼棒多少距離才能找到50％麻田散鐵組織的硬度？

19.2 現假設一平碳鋼其沃斯田鐵晶粒號碼7，碳含量0.65％，錳含量0.75％。

(a)求100％和50％麻田散鐵組織時HRC值。

(b)決定此鋼的D_I。

(c)沿著Jominy鋼棒多少距離遠處可望找到相對50％麻田散鐵的HRC。

19.3 問題19.2中的碳鋼在適當地沃斯田鐵化和良好油淬後，鋼棒中心含50％的麻田散鐵結構，則該鋼棒直徑多少？

19.4 美國鋼鐵協會(AISI)鋼的規格僅要求其合金元素濃度要落在特定範圍內。舉例來說，考慮AISI4135的鋼，其規格要求碳含量0.32到0.38％之間，錳含量0.6到1.00％、矽含量從0.2到0.35％、鉻含量由0.75到1.2％，而鉬含量0.15到0.25％。計算AISI4140鋼(晶粒號碼7)僅包括上述每種合金元素的最小含量的D_I。

19.5 決定AISI4135鋼，當它含有各合金元素最大含量時之D_I。注意：鉻含量1.2％時硬化能倍數3.592。

19.6 問題19.4和19.5的答案分別爲$D_I=2.2$和8.1。我們看看這答案如何反映在它們各別的Jominy曲線。此可藉助於列在ASTM255的表列式距離硬度分配因子說明之。有了這些因子就有可能決定出沿著Jominy圓棒上，各不同距離的硬度，若已知D_I以及由淬火端算起$\frac{1}{16}$吋的起始硬度。這個起始硬度定爲IH，正常下假設等於100％麻田散鐵組織的硬度，而可以由鋼的碳濃度得之。沿著Jominy圓棒一已知距離的硬度，可將IH值除以距離硬度分配因子(相對於問題中之距離)而計算得之。鋼之$D_I=2.2$和$D_I=7.0$的距離硬度分配因子列於下表：

Jominy距離硬度分配因子(1/16吋)

D_I, in.	2	3	4	5	6	7	8	9	10	12	14	16	18	20	24	28	32
2.2	1.00	1.07	1.23	1.43	1.66	1.73	1.82	1.90	1.98	2.20	2.30	2.39	2.47	2.56	2.74	2.90	3.03
7.0	1.00	1.00	1.00	1.00	1.00	1.00	1.00	1.00	1.00	1.00	1.01	1.03	1.04	1.05	1.08	1.13	1.15

(a)決定兩個*IH*值。

(b)將*IH*值除以他們各別的距離硬度分配因子以求得兩組的Jominy硬度值，並繪出兩組的Jominy曲線。

19.7　考慮AISI4135鋼其所含的合金元素，均是其合金範圍的平均值。

(a)決定其理想臨界直徑。

(b)此材料在不良油淬火下，淬火後其中心可得50％麻田散鐵-50％波來鐵，試決定此圓棒的最大直徑。

(c)現假設圓棒在鹽水中淬火，請做相同的計算。

19.8　在某些情況下，金屬的晶粒大小可能是μm的十分之幾，金屬的晶粒大小0.2μm則大約是ASTM晶粒號碼多少？

19.9　(a)當碳含量0.6％的碳鋼反應形成100％麻田散鐵，試決定其相對體積變化量。

(b)線性尺寸相對變化量為何？

(c)假設楊氏模數206,850MPa，為了得到相當於(b)中的應變，則必須要作用多少應力到此鋼時始可能達到。

(d)鐵在室溫之可壓縮性為：

$$\frac{\Delta V}{V \Delta P} = 5.773 \times 10^{-6} \text{ per MPa}$$

為了減少碳含量0.6％鋼試片的體積，使得此減少量等於沃斯田鐵轉換成麻田散鐵的膨脹量，則要減少此體積量時，其壓力要增加多少試決定之。

19.10　假設您有直徑2吋的共析組織碳鋼的圓棒，如問題19.2所描述的，它有很粗的波來鐵組織。請描述將粗波來鐵結構改變成相對細的球狀雪明碳鐵結構的過程。

19.11　(a)描述回火時麻田散鐵分解的各個反應。

(b)描述鋼之回火現象如何隨碳含量變化。

19.12　方程式19.9敘述回火時間和溫度間的相互關係。藉助於圖19.38的數據，決定方程式19.9大約活化能Q。為得到此結果，在圖19.37中畫一些水平直線。這些線代表固定硬度值。這些線的其中之一與在一固定溫度通過數據所得線之一相交，即可得到在所指示溫度的時間，而得到方程式中的硬度。

心得筆記

第二十章
特選之非鐵
合金系統
(Selected
Nonferrous
Alloy Systems)

20.1 商業用純銅 (Commercially Pure Copper)

在所有的金屬中，銅具有優良的導電及導熱性質，僅有銀對電及熱的傳導性質能優於它。因而在良好的熱或電傳導的需求下，廣泛地選用銅是無庸置疑的。表20.1列出了在室溫下銅的電傳導係數及熱傳導係數，並與其他的金屬做比較。一個重要的考量是即使僅有些微的雜質皆會劣化金屬的熱電傳導性質，因為任何金屬晶格內部的不規則性將會引致電子的散射(scattering)，而且縮短其平均自由路徑(mean free path)。因而當我們使用線材或其他形狀的銅於電傳導時，銅的純度必須小心控制。圖20.1顯示數種合金元素對銅的傳導性的影響。幾乎所有的合金元素添加，皆會降低銅的傳導性質，其中以添加銀的影響最小。基於這個緣故，當欲硬化應用於電傳導的銅材時，往往添加銀元素於內，但所費不貲。在融解並純化銅時，硫是最佳的去氧化劑，然而不幸地，硫雜質會極度地劣化銅的傳導性質。選用應用於熱或電傳導的商業用純銅時，有三種主要的選擇形式：(1)電解精煉銅(electrolytic tough-pitch copper)；(2)去氧低硫銅(deoxidized low-phosphorus copper)；(3)電子級無氧銅(oxygen-free electron copper,OFCH)。電解精煉銅往往應用於汽車冷卻器、機械襯墊、水壺或壓力容器，其中的銅含量高於99％。其中往往慎重地添加0.02～0.05％的氧，將可溶性雜質氧化成非溶性的氧化物顆粒已便除去(例如固溶在內的鐵會形成Fe_3O_4的析出物)。因為在1339K時氧在銅內的最大溶解度為0.004重量百分率，因此在銅固化時，殘餘的氧會形成氧化亞銅(Cu_2O)散佈在交互樹枝狀結構區域間(interdendritic regions)。這可由圖20.2(a)中看出。經由後續的加工及退火處理，這些氧化物顆粒有強化基材(matrix)的作用。無論如何，由圖20.2顯示，這些經由校準排列(alignment)在晶界邊緣的氧化物顆粒，也會引致銅的脆化。

去氧低硫銅往往含有0.01～0.04％的硫，從圖20.1中可看出這種材料相對於純銅而言，其傳導性質降低了15％左右，因而其多應用於管件而非用於電機設備。

電子級無氧銅的銅含量高於99.99％，而最大氧含量僅及0.001重量百分比，這種應用於電機用途的材料，是在一氧化碳氣氛爐中融解鑄造，其導電性幾乎與電解精煉銅相當，但是在冷加工時其具有較佳的加工性。

表**20.1**　銅及其他商業用純金屬在293K時的電阻係數及熱傳導係數

（金屬100）	電阻係數 at 293 K, $\mu\Omega$cm	熱傳導係數 Wm^{-1}k^{-1}	相對導電度 （銅＝100）	相對 熱傳導係數 （銅 ＝ 100）
銀	1.63	419	104	106
銅	1.694	397	100	100
金	2.2	316	77	80
鋁	2.67	238	63	60
鈹	3.3	194	51	49
鎂	4.2	155	40	39
鎢	5.4	174	31	44
鋅	5.96	120	28	30
鎳	6.9	89	24	22
鐵	10.1	78	17	20
鉑	10.58	73	16	18
錫	12.6	73	13	18
鉛	20.6	35	8.2	8.8
鈦	54	22	3.1	5.5
鉍	117	9	1.4	2.2

Adapted from Brandes, E. A., Ed., *Smithells Metals Reference Book*, Sixth Edition, Butterworths, 1983. (Used by permission.)

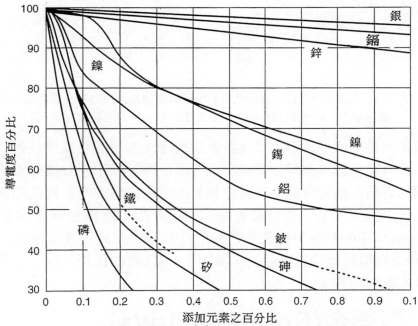

圖**20.1**　合金元素對銅的傳導性質的影響(From Mendenhall, J.H., Ed., "Understanding Copper Alloys," Olin Brass Corporation, East Alton, IL, 1977. Used by permission.)

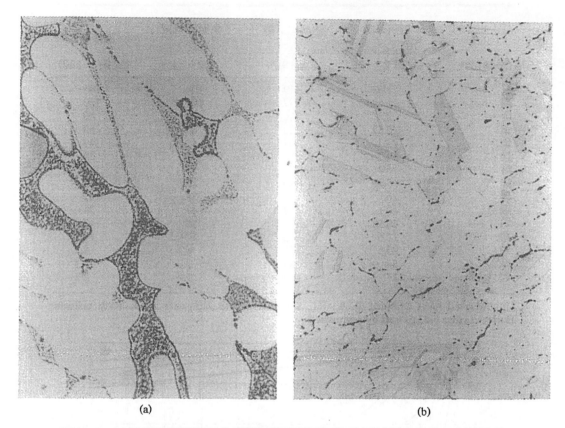

(a)   (b)

圖20.2 (a)初鑄電解精煉銅的微觀結構顯現了氧化物顆粒散佈在交互樹枝狀結
構區域內；(b)相同材料經過熱加工及退火

　　經由添加微量的合金元素，可得許多型式特殊應用的商業用純銅。例如可
選用冷加工後的電子級無氧銅於電機設備，即可滿足其所需強度的要求。無論
如何，純銅的再結晶溫度極低，可經由添加0.03～0.05重量百分比的銀，來提
昇其再結晶溫度至600K，而僅降低1％的導電性。此種被稱做銀軸承合金
(silver-bearing alloy)的材料廣波地被應用於製造電動馬達及整流器上。此外
添加0.3％砷的純銅能增強抗腐蝕性，而加入0.6％碲的純銅，稱之為易切銅，
其具有優良的車削性質。

20.2 銅合金(Copper Alloys)

　　銅鋅合金，亦即是俗稱的黃銅，是一種應用最廣泛的銅基合金。黃銅的鋅
含量可在3～45％之間，並添加其他的微量元素，如鉛、錫、鋁等來達到所需

求的色澤、強度、延性、加工性、抗蝕性及可成形性。黃銅的應用十分廣泛，舉凡錢幣、珠寶、彈殼、鉸鏈、電子接頭、電極、軸承、齒輪及彈簧皆可應用黃銅材料。表20.2列出了一般黃銅及其他銅合金的組成。注意當鋅含量達到30％時稱之為 α 黃銅，而當鋅含量超過38％時，稱之為 $\alpha + \beta$ 黃銅。α 黃銅多為一種單相固溶體，而當含鋅量增加時，它將包含部份 β 相於其內。

表20.2　一般銅基合金的組成

銅合金序號	先前的商業名稱	組成百分比或範圍					
		Cu	Pb	Fe	Sn	Zn	其他元素
C23000	紅銅	84.0–86.0	0.05	0.05	—	Rem.	—
C24000	低黃銅	78.5–81.5	0.05	0.05	—	Rem.	—
C26000	彈筒黃銅	68.5–71.5	0.07	0.05	—	Rem.	—
C27000	黃銅	63.0–68.5	0.10	0.07	—	Rem.	—
C28000	孟慈合金	59.0–63.0	0.30	0.07	—	Rem.	—
C33500	低鉛黃銅	62.5–66.5	0.3–0.8	0.10	—	Rem.	—
C34000	中鉛黃銅	62.5–66.5	0.8–1.4	0.10	—	Rem.	—
C34200	高鉛黃銅	62.5–66.5	1.5–2.5	0.10	—	Rem.	—
C36000	易切黃銅	60.0–63.0	2.5–3.7	0.35	—	Rem.	—
C46400	海軍黃銅	59.0–62.0	0.20	0.10	0.5–1.0	Rem.	—
C51800	磷青黃銅	Rem.	0.02	—	4.0–6.0	—	0.1–0.35 P, 0.01 Al
C61300	鋁青銅	86.5–93.8	—	3.50	0.2–5.0	—	6.0–8.0 Al
C65100	低矽青銅B	96.0	0.05	0.80	—	1.5	0.8–2.0 Si, 0.7 Mn
C65500	高矽青銅A	94.8	0.05	0.80	—	1.5	2.3–3.8 Si, 0.5–1.3 Mn

Adopted from *Standards Handbook*, Part 7—Alloy Data, revised 1978, Copper Development Association, Inc.

　　普遍而言，黃銅的價格十分低廉，其價格隨鋅含量增加而增高。因此黃黃銅(yellow brass)及高黃銅(high brass)應用於一般用途。從另一方面而言，低黃銅(low brass)應用於高級的腐蝕防治，例如水管等。純就抗腐蝕性而言，紅黃銅(red brass)的表現更佳。三七黃銅(cortridge brass)，含30％的鋅，及其他的深抽黃銅(deep drawing brass)多在低雜質的要求下製成。而另一方面孟茲合金(Muntz metal)包含 α 及 β 兩相，多以擠型(extrusion)的製造方式應用。

　　至於青銅是包含了銅、錫、鋅的複雜合金。在傳統上多種組成的銅鋅合金，當錫的含量少於鋅時稱之黃銅，而當銅錫合金含少量鋅則稱之青銅。但有些合金不含錫或僅含少量錫亦被冠以青銅的名稱，如在鑄造合金的目錄中包含了鋁青銅(aluminum bronze)，含5～15％的鋁；矽青銅(silicon bronze)，含0.5

％以上的矽；鎳青銅(nickel bronze)，含10％以上的鎳；鉛青銅(lead bronze)，含30％以上的鉛，以及鈹青銅(beryllium bronze)，含大約2％左右的鈹。

　　銅鋅相圖在富銅的一端有退化的特性，因而鋅在銅內的溶解度會自包析溫度(Peritectic temperature)(903℃)的31.9％，昇至450℃時的38.3％，而在室溫時降至28％。銅-鋅相圖列於圖11.23。

　　鋅在銅內具有極大的溶解度，是因為兩者的原子尺寸只有4％的差異。f.c.c.的銅結構中原子半徑為0.1277nm，而h.c.p.的鋅結構中原子半徑為0.1332nm。

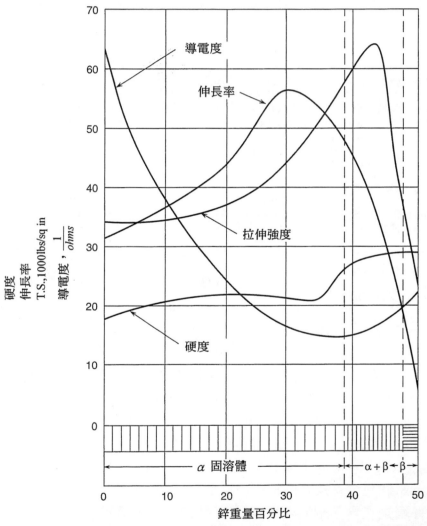

圖20.3　鋅含量對銅的拉伸強度、延展性(拉伸變形量)以及導電性的影響(From Mendenhall, J.H., Ed., Understanding Copper Alloys, Olin Bress Company,East Alton, IL, 1977.)

在室溫時 α 黃銅是一種固溶體，初鑄的黃銅合金包含了核心固溶樹枝狀結構(cored solid-solution dendrites)，也就是樹枝狀結構的核心較邊緣而言有較少的鋅含量。經由退火，因核心結構所引致的微偏析(micro-segregation)能被消除。當此合金經塑性變形或因鑄造冷卻後所造成的殘餘應力，皆會在退火時產生再結晶現象。再結晶結構往往包含了退火雙晶(annealing twins)，它往往以具直線邊緣的窄帶(narrow)的形態出現。

α 黃銅在室溫時有極佳的延展性，它能經由不同的製造程序製造出複雜的形狀，例如深抽(deep drawing)、冷軋(cold rolling)或沖壓(stamping)。一般而言，黃銅的機械性質要大於其他的銅材。固溶合金相較於其他的商業純銅，有較高的拉伸強度及較佳的破壞延性。從圖20.3中可看出鋅含量對黃銅的拉伸強度、硬度和伸長量的影響，同時本圖也指出了傳導性和鋅含量的關係。黃銅的拉伸強度隨鋅含量的增加而增加，然而導電性(導熱性在此圖中並未列出)卻呈現相反的趨勢。而在圖20.4中可看出拉伸強度與晶粒大小有關。這種現象在稍早描述過，因為晶界不僅限制了滑移，而且能增強加工硬化的效果。而當晶粒較小時相對而言，其單位體積中的晶界面積也較大。

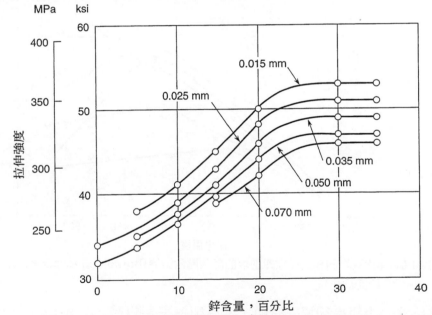

圖20.4 晶粒大小及鋅含量對黃銅之拉伸強度的影響(From Mendenhall, J.H., Ed.,Understanding Copper Alloys, Olin Brass Company, East Alton, IL, 1977.)

β 相黃銅是體心立方結構，其組成集中在CuZn附近。其化合物的均質性(homogeneity)範圍當溫度自800℃漸減時會隨之漸減。在800℃時其均質性範圍在39～55％的鋅之間，而當500℃時其均質性範圍落在45～49％之間。當溫度降低到470℃以下時，β相黃銅會歷經一種有序化(ordering)過程。

長程有序化的β相是b.c.c.的超晶格(superlattice)結構，在其間每一個鋅原子皆被八個銅原子緊密包圍。

如同在11.15節中的討論，β及β'相的差異僅是前者為非有序化的體心結構，而後者為有序化結構。

有序化-非有序化間的轉換是相當快速的，即使是快速淬火也不能抑制這種行為。基於這個原因，在室溫下仍欲保持這種非有序化的結構是不可能的。有序化相經常包含著許多晶域(domain)，而這些晶域皆由反相晶域邊界(antiphase domain boundary)所區隔。當由非有序化結構轉變為有序化結構時，其過程是在許多散佈的有序化區域中成核及成長。在CuZn系統中有兩種可區辨的有序化結構。其中一種型式是鋅佔據體心立方結構的中央部份，而銅落在邊角。而另一種型式是銅佔據中央部份，而鋅落在邊角。而當這兩種相同時出現時，其間以反相晶域邊界(antiphase-domain-boundary)區隔之。

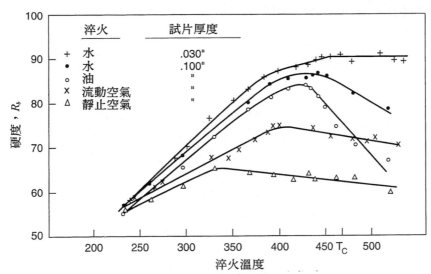

圖20.5　淬火速率對淬火後立即量取的降伏點的影響(Brown, M., Acta Met., 7, 210[1959].)

晶域尺寸大小與冷卻速率有關，當冷卻速率甚慢時，β區域內將有十分粗大的晶域，反之當冷卻速率較快時，將會形成較細小的晶域。圖20.5顯示了冷卻速率對Cu-48％Zn淬火後硬度的影響，由此可看出有序化合金的淬火後硬度不僅只與冷卻速率有關，也與淬火溫度有關連。在某個淬火溫度下欲得最大強度的合金，亦是淬火速率的函數。有序化合金淬火的強度與反相晶域的大小有關，當晶域愈細微，則其硬度愈大。在另一方面Brown[1]將這種淬火強化的現象歸因於CuZn內，因非有序化-有序化的快速轉變所生成的空孔(vacancy)所引致。這些空孔也有可能是因長程有序化(long-range ordering)時差排間交互作用所生成。

20.3　銅鈹合金(Copper Beryllium)

在許多的銅合金系統中，由於超過溶解度的過量添加元素會在冷卻過程中，以二次相析出物生成。而銅鈹合金就是一個例子。如圖20.6所示，在620℃(839K)時，鈹在銅內的溶解限為1.6%。而在300℃(573K)時降至0.5%以下。結果當合金內的鈹含量低於最大溶解度的1.6%時，在高溫為單一相，但在室溫時則形成雙相。其中的一相為 α 相，而另一相為 γ 相的CuBe之介金屬化合物(intermetallic compound)。這種介金屬化合物會以析出相顆粒存在於母相中。如同鋁銅或銅鋁合金，銅鈹合金可經由時效反應來硬化。例如當含1%的鈹之銅鈹合金加熱至900K時，將只有單一相存在，快速淬火至室溫，則 γ 相的生成將被抑制，而合金將包含過飽和的鈹於銅中。如果將其加熱至600K，平衡的 γ 相顆粒最後會在 α 相中生成。無論如何，就如同其他的析出硬化或時效硬化程序一樣，平衡相的出現前會經歷GP zones及介穩態的 γ' 相析出。如同在第十六章中析出硬化的討論，需注意的是在許多合金中，例如鋁銅合金，平衡 θ 相出現前必歷經GP zones及兩個介穩相(θ''和θ')的過程。而在銅鈹系統中析出程序為：(1)圓盤形GP zones；(2) γ' 及(3) γ (CuBe)。由於析出硬化的結果，合金獲致可觀的強化。舉例來說，當包含1.9%鈹的合金在618K(345℃)，4小時的時效後[2]，其硬度可達到42 Rockwell-C。這種強度幾乎同於某些硬化鋼。如同16.5節的討論，小心地控制析出時間和溫度將可獲致最大強度。高溫且長時間的時效處理，將會使得析出物粗大並使該合金的硬度降低。基於高強度的需求，微小且整合的析出物和每相間有緊密的鍵結是必需的。此處也指出特定的銅鈹合金，另具有一種吸引人的特性是值得注意的。正如同發生在銅鋁、銅錫、銅鋅系統中，這些合金皆會經歷麻田散體相變化的過程[3]。

---

1. Brown, M., *Acta Met.*, **7** 210 (1959).

2. Brooks, C. R., *Nonferrous Alloys*, p. 321, American Society for Metals, Metals Park, Ohio, 1984.

3. Ganin, E., Weiss, B. Z., and Komen, Y., *Met. Trans. A*, **17A** 1885 (1986).

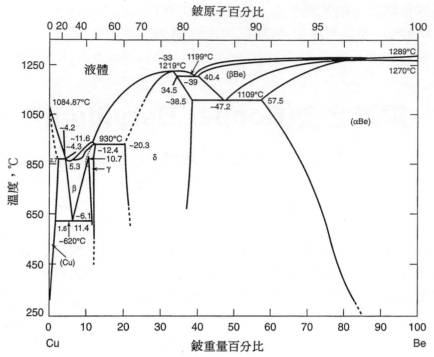

圖20.6 銅鈹相圖(Chakrabarti, D.J., Laughlin, D.E., and Tanner, L.E., Bulletin of Alloy Phase Diagrams, 8 288[1987].)

20.4　其他銅合金 (Other Copper Alloys)

　　其他的合金元素,例如錫、鋁或鎳也往往被添加進銅中,以獲致較高的拉伸強度或硬度、耐磨耗性、特殊的耐腐蝕性,或者是上述性質的組合。詳細的討論可參考其他文獻[4,5,6]。銅合金中二次相的出現並非皆能加強拉伸強度或硬度,這種現象可在一些合金中發現。舉例來說,特定含鉛之銅合金含有軟的富鉛顆粒,這些相對而言具有較大顆粒尺寸、非整合性邊界的顆粒非但不能使合金的硬度提高,反而會使得所有的強度性質皆會劣化。無論如何,含鉛的銅合金能增強切削性,對銅基合金而言,這是一個重要的加工參數。

　　4. Brooks, C. R., *Nonferrous Alloys*, p. 321, American Society for Metals, Metals Park, Ohio, 1984.

　　5. Mendenhall, J. H., Ed., *Understanding Copper Alloys*, Olin Corporation, 1977.

　　6. Wilkins, R. A., and Bunn, E. S., *Copper and Copper Base Alloys*, McGraw-Hill Book Company, New York, 1943.

20.5　鋁合金(Aluminum Alloys)

　　鋁及鋁合金擁有許多吸引人的特性，包括質輕、高的熱傳導及電傳導係數，非磁性、高反射性、高抗腐蝕性、不變色、合理的高強度及好的延展性，而且易於加工。然而，鋁最重要的特性在於它的低密度，相對於鋼或銅合金而言，鋁的密度僅及三分之一。因而特定的鋁合金對高強度鋼而言，具有最佳的強度-重量比。

　　在許多添加於鋁的合金元素中，最廣泛使用的有銅、矽、鎂、鋅及錳。這些應用於許多組合，在許多例子中，同時添加數種元素以製成時效應化、鑄造硬化及加工硬化等類的合金，圖列於20.7。所有時效應化合金中包含的合金元素皆在高溫下固溶於內，而在較低溫度下析出。一個時效硬化合金的例子是鋁銅合金，先前在第十六章中討論過。許多鑄造合金內含有矽，矽能增強鋁合金的流動性，使易於填滿模具且在鑄造時能降低熱鑄裂及縮孔的現象。加工硬化合金往往添加錳及鎂，它們會形成介金屬相散佈在合金內，或以固溶強化的形式存在。

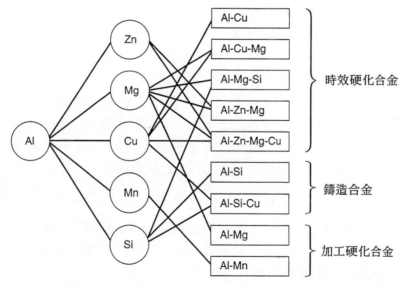

圖20.7　主要的鋁合金系統(From Hatch, J.E., Ed. Aluminum: Properties and Physical Metallurgy, American Society for Materials, Materials Park, Ohio, 1984.)

20.6 鋁鋰合金 (Aluminum-Lithium Alloys)

　　長久以來冶金學家始終在挑戰發展輕且強的合金這個艱困的問題，鋁鋰合金是一個倍受矚目的系統。在許多的合金添加元素中，鋰是唯一(鈹除外)能同時增加鋁的彈性模數(elastic modulus)，且降低密度的元素。每一重量百分比的鋰添加於鋁內能降低3％的鋁密度，且增加近乎6％的彈性模數。這兩個性質使得鋁鋰合金的研發極受重視。然而鋁鋰合金也有低延展性及低破裂勒性的缺點。稍後會討論，鋁鋰合金的低延展性是由於局部應變所引致的析出空乏區(precipitate-free zone, PFZ)，或源自可剪變的整合性析出物。因而近來的合金發展乃著眼於調節合金結構的排列方式，以求改變變形機構(deformation mechanism)。而最有效的從事方法乃是添加分散膠體成形元素(dispersoid forming element)，例如錳、鉻、鐵及鋯等元素。分散膠體成形合金最早是利用粉末冶金的方式來製造，它能讓分散膠體以細微均質地分佈在母相內。粉末冶金的技術是藉由液態金屬霧化來製造合金粉末，再藉熱壓或熱擠型的方式製成鑄錠。雖然藉此可增加鋁鋰合金的延展性。但無庸置疑地，添加這些分散膠體成形元素，將會使鋁鋰合金原本引人專注的低密度特性降低。

　　鋰在鋁內有相當的溶解度，在共晶溫度809K(536℃)時，有最大值5.2％重量百分比(2.14％原子百分比)。圖20.8為富鋁部份的鋁鋰相圖。當鋁鋰合金自單相區緩慢冷卻下來時，它會分解成穩定的 α 及 δ 兩相，後者是介金屬化合物相(AlLi)。無論如何，當鋁鋰合金淬火至低溫，分解過程會連續析出 δ' 顆粒微量地散佈在母相中。鋁鋰合金的時效硬化程序可寫成：

$$過飽和 \alpha 相 \rightarrow \delta'(Al_3Li) \rightarrow \delta'(AlLi) \qquad \textbf{20.1}$$

介穩相 δ' 的組成為Al_3Li，是一種有序並與$L1_2$超晶格整合的析出物，這種面心立方結構類似於Cu_3Au，在面心結構的單位晶胞中，鋰位於邊角而鋁原子占據面心位置。球狀的 δ' 顆粒和母相間呈立方指向的關係。析出物和母相間因不匹配所引致的應變少於0.2％，而析出物和母相間的界面能也被提出為2.5×10^2 J/m^2及$24\times10^2 J/m^2$ [7,8]。若持續時效，可觀察到個別的 δ' 顆粒可成長至0.3 μm，而沒有破壞介面間的整合性。能得如此大的尺寸而沒有失去整合性，是因為 δ' 顆粒和母相間的不匹配應變(misfit strain)相當小的緣故。

7. Williams, D. B., and Edington, J. W., *Met. Sci. Jour.*, **9** 529 (1975).
8. Cocco, G., Gagherazzi, G., and Schiffini, L., *Jour. Appl. Cryst.*, **10** 325 (1977).

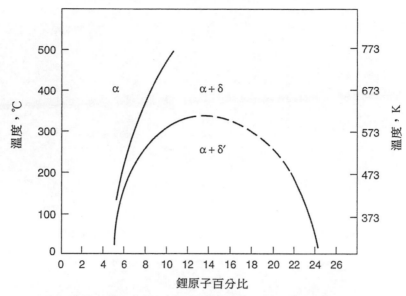

圖20.8　鋁鋰相圖明示出 δ' 的介穩可溶性間隙(metastable miscibility gap)(From Sanders, T.H.,Jr., and Starke, E.A., Aluminum-Lithium Alloys,p.63, Minerals, Metals, and Materials Society, Warrendale, Ohio, 1981.)

　　圖20.9顯示多元鋁鋰合金，包含3％的鋰，5.5％的鎂及0.2％的鋯中時效時間對 δ' 析出顆粒的影響。這些析出物在多元合金中的行為，與在二元合金中類似。δ' 析出物的生長、大小及分佈皆遵循著Lifshitz-Wagner的理論，包括析出物粗化的動力學及顯現平均顆粒半徑隨 $t^{2/3}$(t在此是時間)而改變。

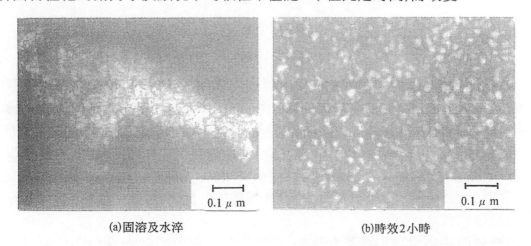

(a)固溶及水淬　　　　　　　　　　　　　(b)時效2小時

圖20.9　電子顯微鏡照片顯示在200℃(473K) δ' 相的析出時效行為(From Abelin,S.P., and Abbaschian, G.J., Mechanical Behavior of Rapidly Solidified Materials, Sastry, S.M.L., and MacDonald, B.A., Eds., p.167, Minerals,Metals, and Materials Society, Warrendale, Ohio, 1985.)

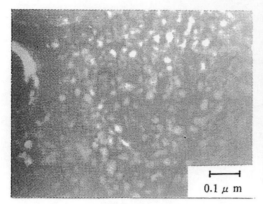

(c)時效5小時	(d)時效30小時

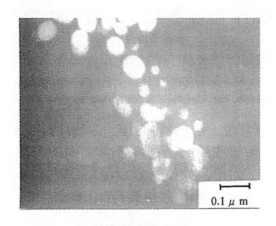

(e)時效50小時

圖20.9 （續）

　　δ'析出物生成的正確機構仍未被確定，可能的形成機構包括均質成核 (homogeneous nucleation)或離相分解(spinodal decomposition)。有些實驗證據顯示間段淬火(step quenching)能消除過多的空孔，並不會影響δ'析出，在低的時效溫度下，晶界和差排也有相同的現象。在另一方面Noble和Thompson[9]提出，當鋰含量為2％時，δ'的形成有一段潛伏期(incubation time)，而當鋰含量超過2％時，潛伏期不會出現。這個趨勢支持離相分解的機構，但是決定性的證據尚未被發現。

　　過時效的鋁鋰合金引致了介穩相δ'的分解，而半整合的δ相開始成核生長。此相被觀察到以非均質孕核的方式出現在母相及晶界上，並且與δ'相無關。在鋁鋰合金中，有序化的整合δ'顆粒將引致特有的破壞機構，而與其微觀

9. Thompson, G. E., and Noble, B., *Met. Sci. Jour.*, **6** 114 (1971).

結構的狀態有關。一般而言，時效硬化的強度與析出物的大小及分佈，以及其
與差排的作用有關，此對鋁鋰合金而言亦是正確的。對鋁及大多數的鋁合金而
言，塑性變形皆是藉由差排在{111}最密堆積面上沿<110>最密堆積方向運動。
鋁鋰合金有三種被識別的破壞模式而圖示於圖20.10(a)，其皆與析出物受剪力有
關。當機械荷重施加於具有序化的整合 δ' 顆粒的結構時，將會引致差排穿過析
出物。而當差排穿過未受剪變的析出物晶格時會引起晶格排列的紊亂，這種現
象稱為析出物的反相邊界(antiphase boundary, APB)。由於APB所伴隨的額外能
量將會妨礙差排的移動，對晶格而言具有強化效果。無論如何當析出物受一差
排的剪變，則位於同一平面上的第二差排將會接著穿越以恢復受第一差排打亂
的晶格秩序，因而在這些合金中差排的運動有成對的趨勢。此種差排對我們稱
之為超差排(super dislocation)[10,11]。當超差排行經後，析出物在滑移平面上的淨
截面積將會由一定比例的Burgers向量引致縮減。如前所敘，由於析出物在滑移
平面上的面積有效地縮減，因而會降低後續差排移動所需的能量。也就是當一
個滑移發生後，接下來在此平面上滑移會變的簡單。結果劇烈的平面滑移會使
得差排在晶界堆積，最後使晶界破壞，這種機構稱之為局部應變集中(strain
localization)。對一些出硬化的鋁合金系統，包括鋁鋰合金，上述的析出物剪變
引起的局部應變集中只是引致低延展性的一個原因。第二種破壞機構，如圖20.1
0(b)所示，是由於在靠近晶粒邊界所形成的析出空乏區(PFZ)所引起的。相對母
相而言，這些析出空乏區較軟，容易成為變形集中的位置，而形成快速加工硬
化的區域，這些區域將引出後續的沿晶脆性破裂(brittle intergranular failure)，
因而許多研究皆著眼於析出空乏區的形成[12]。由這些研究提出了兩個PFZ的形成
機構，一為空孔的耗盡，另一為溶質的耗盡。

　　空孔耗盡PFZ的形成可解釋為如果溶質濃度在母相中假設是均勻的，則在
晶界上不會發生溶質的偏析。在這個例子中，當合金自固溶溫度淬火下來，則
靠近晶界附近的空孔濃度梯度如圖20.11(a)所示，這是因為晶界是空孔的匯源
(sink)。空孔在晶界附近的濃度梯度也同時受固溶溫度及淬火程度的影響。當
淬火速率降低，則空孔濃度梯度也隨之降低。而對固溶溫度而言，愈高的固溶
溫度，淬火後會得到愈陡峭的空孔濃度梯度。如同在16.4節中的討論，空孔在
GP　zone及整合析出物的形成中，扮演著極重要的角色。事實上在許多例子
中，對許多析出物的形成而言，空孔濃度的過飽和是絕對必需的。十分明顯

10. *Ibid.*
11. Tamura, M., Mori, T., and Nakamura, T., *Trans. Jap. Inst. Met.*, **14** 355 (1973).
12. Starke, E. A., Jr., *J. of Met.*, **22** 54 (1970).

地，當給予一系列的時效條件，若空孔濃度低於臨界值，則析出物的成核及成長將會被限制，而在晶界附近會形成析出空乏區。

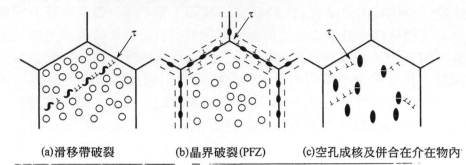

(a)滑移帶破裂　　　(b)晶界破裂(PFZ)　　(c)空孔成核及併合在介在物內

圖20.10 拉伸變形及裂縫成核的機構簡圖(From Gysler, A., Crooks, R., and Sanders,E.A., Jr., Aluminum-Lithium Alloys, p.264, Minerals, Metals, and Materials Society, Warrendale, Ohio, 1981.)

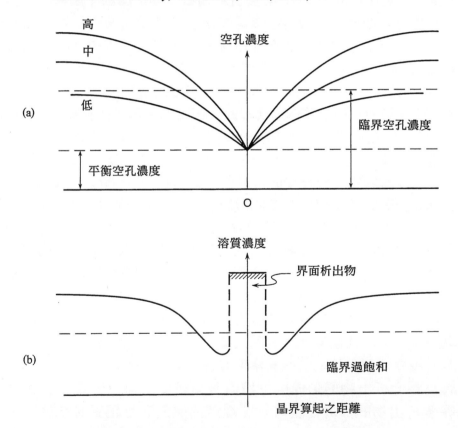

圖20.11　在晶界附近的空孔及溶質濃度分佈的簡圖

析出空乏區同樣會因析出物在晶界附近以異質成核的方式析出，而引致晶界附近的溶質不足而形成(參見16.10節)。在晶界以異質成核的方式形成穩定的

δ 相(Al-Li)是可能的，倘若將合金溫度冷卻至固溶線下。如以上的結果，將靠近晶界附近的溶質濃度圖示於圖20.11(b)。析出空乏區的大小及濃度梯度與時效溫度與時間有關。在較低溫度做時效處理，其析出空乏區的寬度會比高溫時效處理者為窄。當靠近晶界附近的空孔或溶質的濃度低於臨界值時，在此區域析出物的均質成核是不可能發生的。結果因鈹耗盡而引起沿晶界附近 δ′相的析出空乏區中，含有相當大顆粒的平衡 δ 相。因此而生成為微結構，有時被歸屬於項鏈結構(necklace structure)。因為析出空乏區相較於含有析出物顆粒的母相而言是較軟的，因而會成為較大變形的優先區域，也就是所謂的應變集中區域。它會造成在三晶粒接觸點有較大的應力集中，且會引起延展性的降低而引起較早的破壞。

　　鋁鋰合金的第三種破壞機構顯示於圖20.10(c)，在這種情形中，由於硬的非整合分散膠體(dispersoid)介入會以雜質的形態構成晶粒精製者或組成相，此將會引起微孔(microvoid)的成核及合併而造成差排的移動。舉例來說，如果添加鎂於鋁鋰合金中，將會提昇降伏應力、拉伸強度以及延性，而鎂在內的含量需未超過4％重量百分比[13]。因添加鎂而生成的顆粒將會因阻止差排的移動而增加強度，但同時也提供了微孔成核的位置。此助長了第三種破壞機構。添加較高含量的錳會在晶粒邊緣生成析出顆粒而引起沿晶破裂，這個問題引起母相內的應變局部集中，可藉由添加適合的合金元素及熱處理來改善。一般的目的去改變合金中差排剪移(shearing)析出物的變形，是經由使差排環聚(looping)或使差排從析出物旁經過。有些添加元素能強化母相，在這些不同的元素中，鎂、銅、鋯是最常被使用的。圖20.12顯示了經由添加不同合金元素，而使Al-Li-X合金的延展性及降伏強度改變的效應，其中X代表所添加的合金元素。表20.3列出一種商用鋁鋰合金，及其他鋁基合金在航太工業上應用性質的比較。添加鎂能藉由母相的固溶強化，而使鋁鋰合金的強度增強，且亦藉由增加 δ″ 的析出達成強化。在時效處理後的鋁鋰鎂合金，經由添加一重量百分比的鎂，可增加50MPa的降伏強度，但鎂含量需在2％以下。而添加鎂超過2％，則每增加1％的鎂能增加20MPa的降伏強度，這個效應與鋁鎂合金類似。前述的後者是因為添加鎂會降低鋰在母相內的固溶度，且增加了 δ′相的析出。鎂的添加量超過2％時將會形成穩定的Al_2LiMg相[14]，其結構是晶格常數為1.99nm的面心立方結構。Al_2LiMg析出相是以<110>方向生長的桿狀組織，其與 α 母相間的生長指向關係為：

$$(110)_{Al_2LiMg} \| (110)_\alpha; \qquad (110)_{Al_2LiMg} \| (111)_\alpha$$

20.2

---

13. Dinsdale, K., Harris, S. J., and Noble, B., *Aluminum Lithium Alloys*, p. 101, *TMS-AIME*, Warrendale, PA, 1981.

14. Thompson, G. E., and Noble, B., *Jour. Inst. Met.*, **101** 111 (1973).

　　因而Al_2LiMg與母相間爲半整合且顯現出差排堆積的現象。由固溶體中生成 Al_2LiMg的程序如下：

$$過飽和\ \alpha\ 相 \rightarrow \delta' \rightarrow Al_2LiMg \qquad\qquad 20.3$$

　　Al_2LiMg相同時也會以異質成核的方式在母相或晶界析出，此意味著其生成與中間析出相(intermediate precipitate) δ'無關。

　　鋯原先在鋁鋰合金中是做爲晶粒細化劑，它會形成一種介金屬化合物Al_2Zr，其結構爲正方(tetragohal)的DO_{23}結構，在高溫時這種介金屬化合物十分安定，能抑制本身晶粒的粗化，因此它不能藉由後續的製程來影響或處理。亦有研究指出鋯的添加會降低鋰和鎂在鋁中的溶解度[15]。

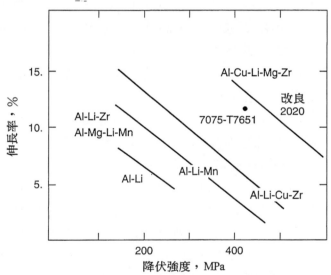

圖**20.12** 對不同的Al-Li-X合金之強度/延展性關係圖(Starke, E.A., Jr., Sanders, T.A.,Jr., and Palmer, I.G., J. of Metals, Vol. 33, No.8, 24 1981.)

---

15. Mondolfo, C. S., *Aluminum Alloys*, Butterworth, Inc., Boston, Mass., 1976.

表20.3　鋁合金經最佳時效處理後之傳統機械性質的比較

合金及退火	大約公稱組成	抗拉強度 Mpa	降伏強度 Mpa	伸長率	平均拉伸和壓縮模數 10³ Mpa	剪強度 Mpa	忍受(疲勞)極限 (500×10⁶轉) Mpa
X2020-T6	Al-4.5 Cu-1. Li-0.5 Mn-0.2 Cd	579	531	3	77.2	338	159
2024-T86	Al-4.4 Cu-1.5 Mg-0.6 Mn	517	490	6	73.1	310	124
7075-T6	Al-1.6 Cu-5.6 Zn-2.5 Mg-0.2 Cr	572	503	11	71.7	331	152
7079-T6	Al-0.6 Cu-4.3 Zn-3.3 Mg-0.2 Cr	538	469	14	71.7	310	152
7178-T6	Al-2.0 Cu-6.8 Zn-2.7 Mg-0.23 Cr	607	538	11	71.7	359	152

From Balmuth, E. S., Schmidt, R., in "Aluminum-Lithium Alloys," edited by T. H. Sanders, Jr. and E. A. Starke, Jr.

20.7 鈦合金(Titanium Alloys)

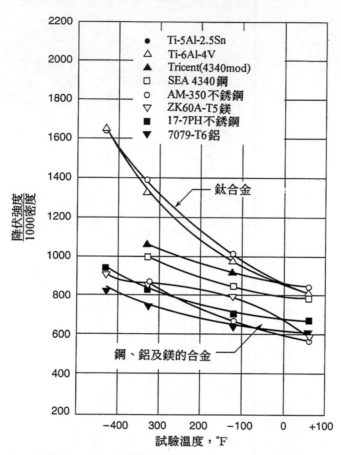

圖20.13 鈦合金與其他合金之降伏強度／密度比例對溫度的關係比較(摘自 Metals Handbook, 8th Ed., Vol.1, American Society for Metals, Metals Park, OH,1961.)

　　鈦及其合金由於有較低的密度,且強度高並具抗腐蝕性,因此被廣泛的應用在航空及化學工業中,做為結構材料。鈦的密度為4.5Mg/m³,相較下遠低於鋼鐵及超合金的密度(約為7.8Mg/m³),因而可以大幅降低飛機機身的重量,提高噴射引擎推力與荷重的比例。例如圖20.13所示,鈦合金降伏強度對密度的比例遠高於鋼鐵、鋁及鎂的合金,因此使得鈦合金,而非鐵或鎳基的合金,在航空應用中被廣泛的使用。此外,其高融點(2093K)使得鈦也被列為耐火金屬(refractory metal),因而在許多高溫應用中也常會考慮使用鈦。然而受限於鈦的化學特性,鈦合金通常無法用於過高的溫度。在低溫時,鈦會鈍化(passivate),所以對大多數的無機酸及氯化物而言活性很低;而高溫下鈦會快速氧速氧化，空氣中的氧吸附於其中形成填隙原子，使得其性質大幅改變。值得注意的是，若在大氣中加熱鈦，不僅造成氧化，也會使氧及氮在鈦的表面固溶，造成表面固溶硬化，而"空氣污染層"的厚度，則決定於溫度及固溶時間。由於空氣污染層會降低材料的疲勞強度及延性，所以一般在使用之前需事先加工，或以其他的方式將這層物質去除。純鈦在1158K會有一個同素異形(allotropic)的相變，從六方緊密堆積結構變成體心立方結構。高溫b.c.c.結構稱為 β 相，在1200K時其晶格常數為0.332nm，密度約為4.35MG/m³；低溫h.c.p.結構稱為 α 相，$a=0.29503$nm，$c=0.468312$nm，而$c/a=1.5873$。室溫時 α 相的密度為4.507Mg/m³。

　　純鈦由 β 轉變成 α 的過程非常容易發生，即使快速淬火也無法抑制此變化，因此，一般咸信其轉變過程是與擴散無關的麻田散體轉換，而非擴散控制機構。圖20.14提出一種由b.c.c.轉變成h.c.p.的機構，將角ABC從70°32'變為60°以形成六方晶格，這可利用在b.c.c.結構的(112)面，<111>方向上施加剪應力來達成；之後將晶格邊稜壓縮或拉伸，配合中央原子的位移，就可以形成h.c.p.結構。

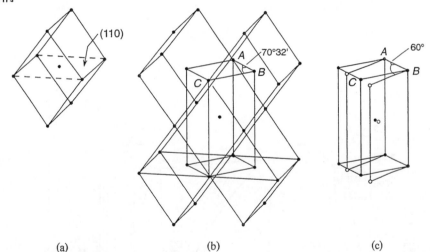

　　　　　　(a)　　　　　　　　　　　　(b)　　　　　　　　　　　　(c)

圖20.14 β 鈦變為 α 鈦的非擴散性轉換。(a) β 鈦的b.c.c.晶胞；(b)一組(a)中的晶胞，其中隱含h.c.p.晶胞；(c)(b)中之晶胞受剪力變成 α 鈦h.c.p.(摘自 Brick, R.M.,Pense, A.W., and Gordon, R.B., Structure and Properties of Alloys, 4th Ed., McGraw-Hill, New York, 1977.)

　　鈦的同素異形轉變，對合金元素的性質及量非常敏感。某些合金添加元素會提高轉換溫度，稱為 α 穩定劑；另外有些元素則會降低轉換溫度，稱為 β 穩定劑。α 穩定劑中最重要的有碳、氧、氮及鋁，其相圖如圖20.15所示。碳、氧、氮會很快的被熱的鈦金屬吸收，自然地在商業級的鈦中就含有這些元素，

而其存在使得 α 鈦硬化，並因形成溶體而強化。鋁則在 α 及 β 相中的溶解度都很高，因此對兩種相都有強化作用。

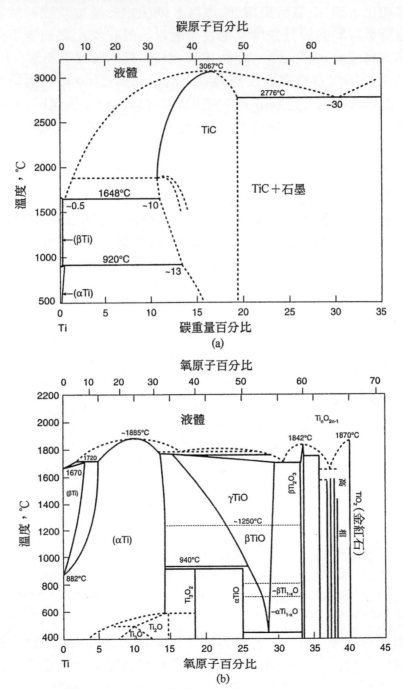

圖20.15 添加特定 α 相穩定劑之鈦的相圖（摘自 Massalski, T.B., Binary Alloy Phase Diagrams, *ASM*, 1986.）

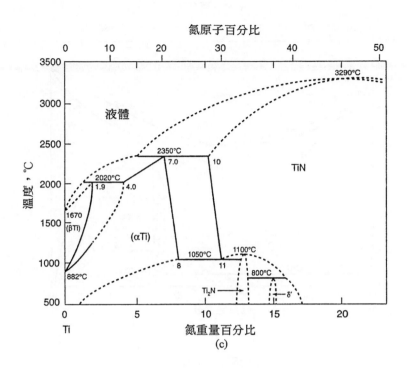

(c)

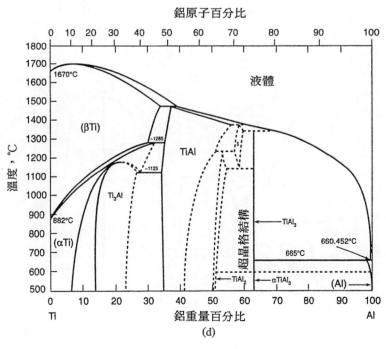

(d)

圖20.15 （續）

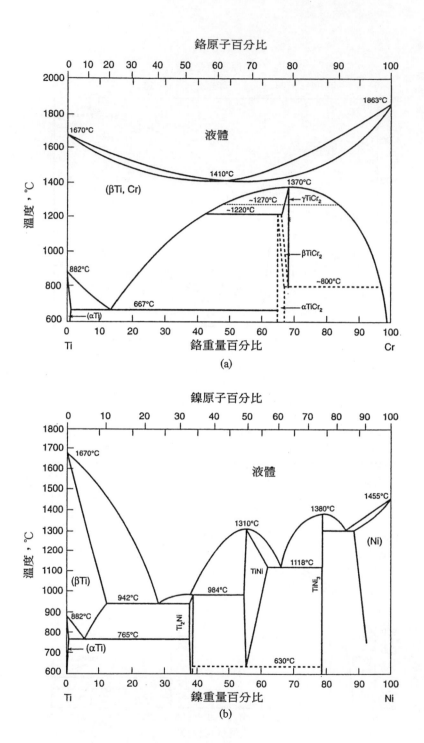

圖20.16 添加特定 β 相穩定劑之鈦的相圖(摘自Massalski, T.B., Binary Alloy Phase Diagrams, ASM, 1986.)

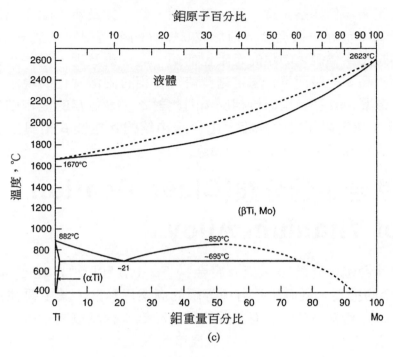

(c)

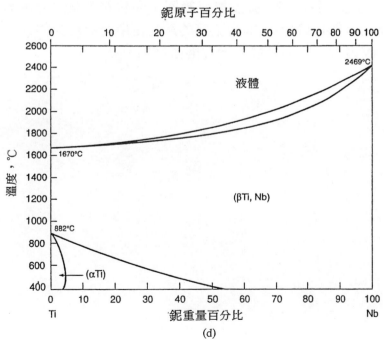

(d)

圖**20.16** （續）

　　添加後會降低轉換溫度,而使 β 相較穩定的元素,大致可分爲兩類:(1)造成共析轉變的元素,例如鉻、鐵、銅、氮、鈀、鈷、鎂及氫;(2)在高溫時與 β 有相同晶格結構,而在一般溫度下則形成 $\alpha + \beta$ 的平衡相的元素。圖20.16列舉了幾種此兩類元素爲例。(2)類的元素包括鉬、鉭、釩及鈮,這些元素在 α 相中的溶解度都不高。一般而言 β 穩定劑會使得 β 相有固溶硬化的現象,但對 α 相則沒有多少影響, α 穩定劑則恰相反,因此對 α 、 β 並存的雙相結構,可以同時加入 α 及 β 穩定劑而強化兩相。由於鋯和鉿的 α 相及 β 相與鈦有相同結構,故稱爲鈦的姐妹元素(sister elements)。

20.8　鈦合金的分類(Classification of Titanium Alloys)

　　商業用的鈦合金可分爲"α 或近 α 合金"、"$\alpha + \beta$"以及"β"等合金,表20.4列出部份合金的摘要,同時標示各種等級的商業用純鈦。其中要注意的是純鈦的等級是依雜質含量來分的,而主要的是氧和鐵;純度較高的等級所含的格隙雜質較少,強度、硬度,以及相轉換溫度也較純度低的等級爲低,就如表20.4所列的,非合金級鈦的降伏強度變化範圍,因雜質及格隙元素含量不同,可以從170MPa改變到485MPa。非合金級的鈦約占所有鈦製品的30%,而應用最廣的Ti-6Al-4V占45%,而其餘的合金則占25%。

表20.4　商業級和半商業級鈦，以及鈦合金之成份、特性

名稱	拉伸強度(最小值) MPa	ksi	0.2%降伏強度(最小值) MPa	ksi	最大雜質含量，wt% N(max)	C(max)	H(max)	Fe(max)	O(max)	公稱組成，wt% Al	Sn	Zr	Mo	其他
未加合金級														
ASTM Grade 1	240	35	170	25	0.03	0.10	0.015	0.20	0.18	…	…	…	…	…
ASTM Grade 2	340	50	280	40	0.03	0.10	0.015	0.30	0.25	…	…	…	…	…
ASTM Grade 3	450	65	380	55	0.05	0.10	0.015	0.30	0.35	…	…	…	…	…
ASTM Grade 4	550	80	480	70	0.05	0.10	0.015	0.50	0.40	…	…	…	…	…
ASTM Grade 7	340	50	280	40	0.03	0.10	0.015	0.30	0.25	…	…	…	…	0.2Pd
α 和近 α 合金														
Ti Code 12	480	70	380	55	0.03	0.10	0.015	0.30	0.25	…	…	…	0.3	0.8Ni
Ti-5Al-2.5Sn	790	115	760	110	0.05	0.08	0.02	0.50	0.20	5	2.5	…	…	…
Ti-5Al-2.5Sn-ELI	690	100	620	90	0.07	0.08	0.0125	0.25	0.12	5	2.5	…	…	…
Ti-8Al-1Mo-1V	900	130	830	120	0.05	0.08	0.015	0.30	0.12	8	…	…	1	1V
Ti-6Al-2Sn-4Zr-2Mo	900	130	830	120	0.05	0.05	0.0125	0.25	0.15	6	2	4	2	…
Ti-6Al-2Nb-1Ta-0.8Mo	790	115	690	100	0.02	0.03	0.0125	0.12	0.10	6	…	…	1	2Nb, 1Ta
Ti-2.25Al-11Sn-5Zr-1Mo	1000	145	900	130	0.04	0.04	0.008	0.12	0.17	2.25	11.0	5.0	1.0	0.2Si
Ti-5Al-5Sn-2Zr-2Mo(a)	900	130	830	120	0.03	0.05	0.0125	0.15	0.13	5	5	2	2	0.25 Si
α - β 合金														
Ti-6Al-4V(b)	900	130	830	120	0.05	0.10	0.0125	0.30	0.20	6.0	…	…	…	4.0V
Ti-6Al-4V-ELI(b)	830	120	760	110	0.05	0.08	0.0125	0.25	0.13	6.0	…	…	…	4.0V
Ti-6Al-6V-2Sn(b)	1030	150	970	140	0.04	0.05	0.015	1.0	0.20	6.0	2.0	…	…	0.75Cu, 6.0V
Ti-8Mn(b)	860	125	760	110	0.05	0.08	0.015	0.50	0.20	…	…	…	…	8.0Mn
Ti-7Al-4Mo(b)	1030	150	970	140	0.05	0.10	0.013	0.30	0.20	7.0	…	…	4.0	…
Ti-6Al-2Sn-4Zr-6Mo(c)	1170	170	1100	160	0.04	0.04	0.0125	0.15	0.15	6.0	2.0	4.0	6.0	…
Ti-5Al-2Sn-2Zr-4Mo-4Cr(a)(c)	1125	163	1055	153	0.04	0.05	0.0125	0.30	0.13	5.0	2.0	2.0	4.0	4.0Cr
Ti-6Al-2Sn-2Zr-2Mo-2Cr(a)(b)	1030	150	970	140	0.03	0.05	0.0125	0.25	0.14	5.7	2.0	2.0	2.0	2.0Cr, 0.25Si
Ti-10V-2Fe-3Al(a)(c)	1170	170	1100	160	0.05	0.05	0.015	2.5	0.16	3.0	…	…	…	10.0V
Ti-3Al-2.5V(d)	620	90	520	75	0.015	0.05	0.015	0.30	0.12	3.0	…	…	…	2.5V
β 合金														
Ti-13V-11Cr-3Al(c)	1170	170	1100	160	0.05	0.05	0.025	0.35	0.17	3.0	…	…	…	11.0Cr, 13.0V
Ti-8Mo-8V-2Fe-3Al(a)(c)	1170	170	1100	160	0.05	0.05	0.015	2.5	0.17	3.0	…	…	8.0	8.0V
Ti-3Al-8V-6Cr-4Mo-4Zr(a)(b)	900	130	830	120	0.03	0.05	0.020	0.25	0.12	3.0	…	4.0	4.0	6.0Cr, 8.0V
Ti-11.5Mo-6Zr-4.5Sn(b)	690	100	620	90	0.05	0.10	0.020	0.35	0.18	…	4.5	6.0	11.5	…

(a)半商業級合金；機械性質及組成可以調整。(b)為退火後之機械性質。(c)為固溶處理及時效後之機械性質；強度可以固溶處理及時效來增加。(c)為固溶處理及時效後之機械性質；其性質可能對截面大小及處理程序非常敏感。(d)主要做為管材合金；可以利用冷抽來增加強度。

(From, *Metals Handbook*, 9th Ed., Vol. 3, American Society for Metals, Metals Park, OH, 1980, p. 357)

20.9 α合金(The Alpha Alloys)

α合金中可能單獨或同時含有鋁、錫等α穩定劑，在普通的溫度下為 h.c.p.結構。由圖20.17可以知道，在鈦中加入鋁，會使得鈦因固溶硬化效應而強化，但同時也使得延性降低；然而加入錫同樣會使α鈦強化，但卻不會大幅降低其延性。在許多情形下，鋁及錫會同時添加，例如商業用的Ti-5Al-2.5Sn合金。一般而言，α鈦屬於具有高強度、韌性、抗潛變，且易銲接的金屬，但是與其他鈦合金不同是，它不能以熱處理的方式硬化，通常將其退火或再結晶，以去除因冷加工而造成的殘餘應力。

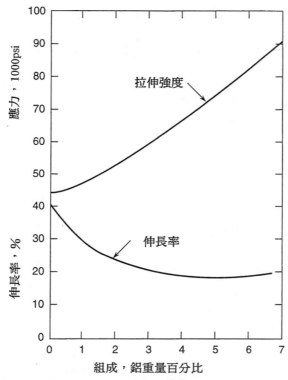

圖20.17 鋁在α鈦固溶體中的硬化作用(摘自Brick, R.M., Pense, A.W., and Gordon,R.B., Structure and Properties of Alloys, 4th Ed., McGraw-Hill, New York, 1977.)

α合金有超微量的格隙雜質(extra low levels interstial, ELI級)，例如Ti-5Al-2.5Sn-ELI，如此才能在低溫下維持其延展性和韌性，由於b.c.c.結構不具有韌脆轉換特性，此種α合金一直被應用於低溫的環境。有些α合金含有少量

的 β 穩定劑，例如Ti-4Al-1Mo-IV，其中會殘餘些許 β 相，僅管如此，由於其中主要結構爲 α 相，故其行爲表現仍較類似 α 合金，而非 α-β 合金。

20.10　β 合金(The Beta Alloys)

β 合金中可能含有一種，或多種所謂的 β 穩定劑，如鉬、釩，或鉻，這類的合金有高硬化能力及鍛造能力，但卻有明顯的韌脆轉換現象，因而不適用於低溫。

在固溶處理的條件下，β 合金具有良好的延展性、韌性，以及極佳的可塑性，而 β 合金比 α 合金好的一點，是 β 合金可以做時效硬化，使得部份介穩態的 β 相變成 α 相，此過程通常在700到900°K進行，在殘餘的 β 相中形成細小且分散的 α 相。

20.11　α-β 合金
(The Alpha-Beta Alloys)

α-β 合金中含有 α 及 β 穩定劑，因此在室溫下其中混合有 α 及 β 相。

這種雙相的結構使得此類合金的強度，較 α 或 β 合金高出許多，此外，α-β 合金更可經由熱處理而使其強度再提高，例如將合金由 α+β 區淬火，之後在適當的溫度下處理一段時間。典型合金的熱處理循環過程圖示於圖20.18，要注意的是最高溫度在 α+β 雙相區內，即圖中 a 所標示的溫度，這和一般的時效硬化過程是不同的。以Al-Cu爲例，其最高溫度位於單相區，在淬火之前是形成單相的固溶體；但 α-β 合金若加熱到單純只有 β 相的區域(如圖20.18中 b 點)，則最後會形成晶粒非常大的 β 相，接下來的時效硬化會作用在 β 的晶界上，且爲不均勻的分佈，因而減低合金的延展性。

若此種合金由 β 區緩慢冷卻，Widmanstatten板狀的 α 會於980℃左右在晶界開始成核，h.c.p.結構板狀物的基底面會平行於b.c.c.母材的 {110} 面，前面已經描述過純鈦的麻田散體相變，而這種方向關係與麻田散鐵相變的結果相似。圖20.19以圖示Ti-6Al-4V合金中Widmanstatten板形成的過程，圖左是相圖的一部份，爲含有6％的鋁的合金的類等值圖；在連續冷卻的過程中，板狀物厚度增加的速率小於其平板面成長的速率，而其板面與母材晶格幾乎完全密合(matching)，但沿邊緣方向的成長則非常快速，造成最後形成留下的 β 相被夾在 α 相間的微結構。

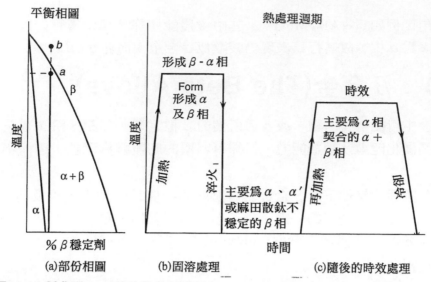

圖20.18 對典型 α-β 鈦的熱處理(摘自Brick, R.M., Gordon, R.B., and Phillips, A., Structure and Properties of Alloys, 3rd Ed., McGraw-Hill, Inc.,New York, 1965.)

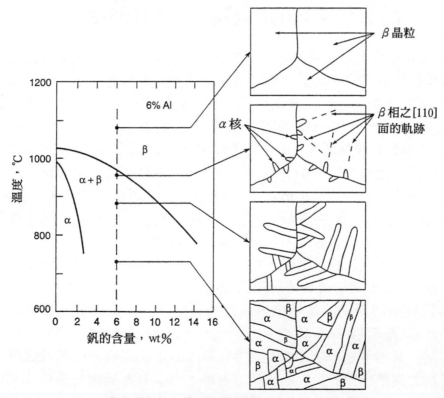

圖20.19 Ti-6Al-4V合金由高於 β 轉換溫度緩慢冷卻,形成之Widmanstatten結構圖示。最後形成的微結構爲板狀之 α 相(白色),各板之間夾有 β 相(暗色)(摘自Brooks, C.R., Nonferrous Alloys, American Society for Metals, 1984.)

　　而另一方面，將合金加熱到雙相區時，α 相會抑制 β 相，使其晶粒無法進一步成長；在將合金淬火時，β 相轉變為 α 相的反應被抑制，之後加熱至時效溫度時才開始反應。而 α 析出顆粒在時效時形成的方式，有可能與前節 β 合金的反應方式相似。

　　在此要留意的是在淬火的過程中，β 可能會以麻田散體型的反應而分解，根據淬火溫度及合金成份的不同，其自發轉換的生成物可能是 α' 或 α''。α' 的結構尚待確定，有可能是面心立方、面心正方[16]，或h.c.p.[17]；同樣地，α'' 被認為可能是六方晶[18]或斜方晶[19]的結構。

　　在鐵基合金中，麻田散鐵相在麻田散鐵起始溫度，M_s，開始出現，在 α-β 合金中亦同，而 M_s 決定於合金的組成，如圖20.20所示。若加入足夠的 β 穩定劑，使 M_s 降到室溫以下，則在淬火後會形成介穩態的 β 相；而相反的，若 M_s 在室溫之上，則淬火會造成材料部份，或完全轉變成其中一種麻田散體相。

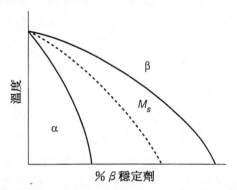

圖**20.20** 此相圖中顯示添加 β 穩定劑之鈦合金，麻田散鐵起始溫度對穩定劑含量之關係(摘自Brooks, C.R., Nonferrous Alloys, American Society for Metals,Metals Park, OH, 1984.)

　　形成鈦的麻田散體相，多少會對合金有些硬化作用，但是要大幅增加材料的強度，需將淬火過的合金進行時效處理。在時效處理的過程中，α' 或 α 會分解成為 α 及 β 相，而部份殘餘的介穩態 β 相也會分解，形成與 β 母材契合的 α 相析出物。

　　然而在做時效熱處理的過程裡，可能會出現另一種相，稱為 ω 相，這種相的出現，會使得合金變脆，這是我們所不希望見到的結果[20]。ω 相的結構及其

16. Brooks, C. R., *Nonferrous Alloys*, p. 363, American Society for Metals, 1982.
17. Collings, E. W., *Titanium Alloys*, p. 90, American Society for Metals, 1984.
18. Brooks, C. R., *op. cit.*
19. Collings, E. W., *op. cit.*
20. *Ibid.*

形成的始末仍未被完全了解，只曉得其析出是一種非熱(athermal)反應，若將特定成份的鈦合金由高溫快速淬火，則可析出此相，但對無數合金而言，能析出 ω 相的成份範圍相當窄。ω 相的結構因溶質濃度不同而可能為六方晶或四方晶。

20.12　超合金(Superalloys)

軍用及商用飛機所用的氣體渦輪機，或一些工業用的渦輪機，對所用材料的要求非常嚴苛。氣體渦輪機是利用大氣，先吸進空氣並將其壓縮，之後混入燃料，點火使此混合氣體燃燒形成高熱氣體，利用其推動渦輪葉片產生動力，而與高熱氣體接觸的部份可能會有高溫氧化、熱腐蝕、潛變、高週期疲勞，以及熱疲勞等問題發生。通常這些部份的組件是用鎳、鈷，及鐵基超合金製造，而除了氣體渦輪機之外，超合金也被用在太空載具、核反應器、潛水艇，及石化設備中，而許多高溫應用中也常使用超合金。在所有的超合金中，鎳基的超合金又是最常被使用的。在這一節裡，我們將討論這類合金的物冶行為，而更進一步的分析探討則可參考其他的資料[21,22,23]。

典型鎳基合金的成份表列於表20.5。合金的抗氧化及抗熱腐蝕性，主要決定於鉻，而鉻也會導致合金的固溶強化。而鉬、鋁、鈮、鈦及其他合金添加元素，除了特定的作用外，也都會造成固溶硬化，然而合金的強度主要決定於鋁及鈦，這兩種元素會造成合金的析出硬化，其析出物的化學式為 $Ni_3(Al，Ti)$，為有序化的化合物，稱作 γ' 相，而母材則稱為 γ 相。γ' 及 γ 相均為f.c.c.結構，但兩者的晶格常數不同，這種差異造成了整合性應變，當差排移動到 γ' 相時便受到阻礙，因而造成析出硬化效應。因此影響合金機械性質的因素中，便包括 γ' 相的大小、數量、形態，以及因晶格不匹配所引致的彈性應變。

另一增加合金強度及高溫穩定性的因素，為碳化物的存在與否，而碳化物相可能是 $M_{23}C_6$、M_6C 或 MC，其中M可能是鉻、鈦、鉬或鎢。碳化物的形成對合金潛變性質有很大的影響，但影響程度則會因合金組成、碳化物大小、分佈情形，及形成過程而改變。而各種碳化物形成的相對比例，也會受溫度及處理程序的影響。如圖20.21所示，MC在合金固化時形成，但在低溫做時效時則會

21. Sims, C. T., and Hagel, W. C., *The Superalloys*, John Wiley and Sons, Inc., New York, 1972.

22. Sahm, P. R., and Speidel, M. O., *High Temperature Materials in Gas Turbines*, Elsevier Scientific Publishing Company, New York, 1974.

23. Brooks, C. R., *Nonferrous Alloys*, American Society for Metals, Metals Park, Ohio, 1982.

消失；而$M_{23}C_6$在875℃以下是穩定態，但高於此溫度則否。這兩種碳化物間的反應可以寫成下式：

$$MC + \gamma \rightarrow M_{23}C_6 + \gamma' \qquad\qquad \textbf{20.4}$$

表**20.5**　超合金的組成

合金	組成，重量百分比										
	C	Cr	Ni	Fe	Co	Ti	Al	B	Mo	Cb	Others
鎳基											
Waspaloy[a]	0.05	19.5	balance	...	13.5	3.00	1.30	0.005	4.3	...	0.05Zr
Astroloy	0.05	15.0	balance	...	15.0	3.50	4.40	0.030	5.25	...	...
IN100	0.18	10.0	balance	...	15.0	5.00	5.50	0.015	3.0	...	1.0V, 0.05Zr
René 95[b]	0.15	14.0	balance	...	8.0	2.50	3.50	0.010	3.5	3.50	3.5W, 0.05Zr
Pyromet 31[c]	0.05	22.7	balance	15.0	...	2.30	1.30	0.005	2.0	0.85	...
鎳-鐵基											
Alloy 901	0.05	13.5	42.7	34.0	...	2.5	0.25	0.015	6.1	...	...
Alloy 718	0.04	19.0	52.5	balance	...	0.90	0.50	0.005	3.05	5.30	...
Alloy 706	0.02	16.0	40.0	balance	...	1.70	0.30	0.004	...	2.75	...
Pyromet CTX-1	0.03	...	37.7	balance	16.0	1.75	1.00	0.008	...	3.00	...
Pyromet CTX-2	0.03	...	37.7	balance	16.0	1.75	1.00	0.008	...	3.00	0.75Hf
鐵基											
A-286	0.05	15.0	26.0	balance	...	2.00	0.20	0.005	1.25	...	0.30V

(a)Waspaloy為美國技術公司(United Technologies Corp.)已註冊之商標。
(b)Rene 為通用電子公司(General Electric Corp.)已註冊之商標。
(c)Pyromet為卡本特技術公司(Carpenter Technology Corp.)已註冊之商標。
(摘自MiCon 78, Optimization of Processing, Properties and Sevice Performance Through Microstructural Control, **ASTM STP 672,**American Society for Tecting and Materials, Philadelphia, 1979.)

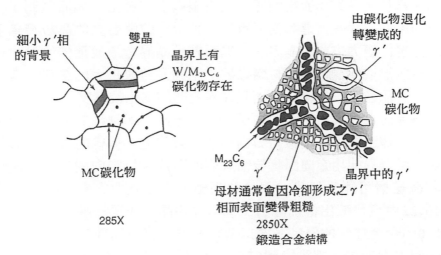

圖**20.21** 鎳基超合金之結構示意圖，上方爲鍛造之結構，下方爲鑄造之結構(摘自Sims, C.T., and Hagel, W.C., The Superalloys, John Wiley and Sons, Inc., New York, 1972.)

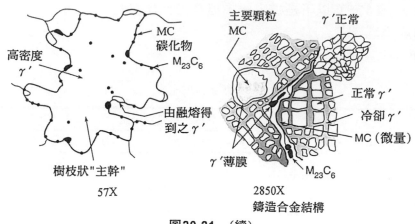

57X

2850X
鑄造合金結構

圖20.21 （續）

20.13 潛變強度(Creep Strength)

渦輪葉片一般而言會受到大約140MN/m²(≈20,000psi)縱向的應力，且在螺旋槳部份的溫度高達650到1000℃；葉片底部則恰是另一種環境，拉伸應力高達280到560MN/m²，但溫度不超過760℃。因此葉片不僅要有足夠的強度來承受如此高的應力，也必需具備一定的抗潛變能力。有關潛變的部份將在第二十三章23.17節中進一步討論，包含熱激發的塑性變形。

要得到較高的潛變強度，可以調整合金成份，使得析出γ'的量最多，然而這種方式通常也會導致延展性變差，造成破裂提前發生，因而限制了傳統合金的發展空間。而要大幅增進其潛變行為，可以從改變合金的晶粒結構著手，特別是消除垂直於應力方向的晶界。一般而言，晶界會造成潛變的發生，最後形成晶界滑移並形成空洞，導致材料破壞；因此晶粒較粗大的材料，在潛變行為上的表現優於晶粒細小的材料，而且在高溫時結構也較為安全。

對渦輪葉片而言，其所受應力主要在一個方向，即轉軸放射方向上，因此其潛變行為可以經由消除垂直應力方向的晶界來改進。傳統的鑄造方式無法達到這個要求，所以只能用定向固化技術來製做葉片。以定向固化方式製作出來的合金，其微結構可能為柱狀，讓晶粒長軸平行於應力方向；或者是單一晶粒。在圖20.22中可比較出傳統鑄造，或形成柱晶，或單一晶粒三種不同結構之(Mar-M200)合金性質的優劣。在以傳統的方式鑄造物件時，熱大概以同樣的速率由三個方向散失，然後降到較低的溫度(如圖20.23(a))，在這種狀況下成核是任意發生的，再固化成長形成等軸向的晶粒，而每一個晶粒通常是由一群樹枝集團成長所形成。但若熱僅從一個方向散失，例如沿葉片軸向，且從底部散失，則晶粒只會順著熱流方向成長，就如圖20.23(b)所示，如此便形成長軸與葉片軸方向相同的柱狀晶。若開始時只生成一個晶粒，或是有許多晶粒，但只有一個繼續成長，如圖20.23(c)所示，則整個葉片就是一顆晶粒，內含一個樹枝群族，而枝臂間可能有二次相析出，這種結構稱為單一晶粒。

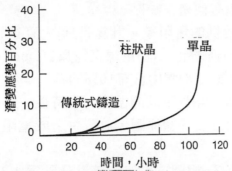

圖20.22 1255K，207MN/m²下MAR-M200以傳統鑄造方式，或形成柱狀晶、單一晶粒之潛變性質比較(摘自Sahm, P.R., and Speidel, M.O., High Temperature Materials in Gas Turbines, Elsevier Scientific Publishing Company, New York, 1974.)

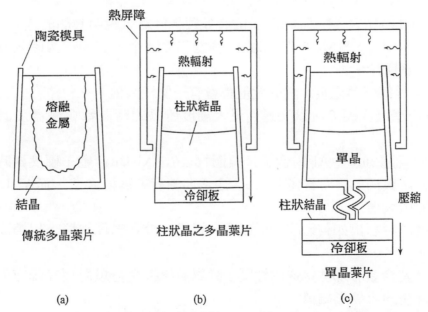

圖20.23 製作單一晶粒之高溫渦輪葉片技術(摘自 Kear, B.H., Scientific American, October, 1986.)

問題二十

20.1 列舉出銅主要的特性,並解釋為什麼銅適合做為汽車反應器、烹飪器皿,及電線材料。對每一項應用,再列舉一種可以與銅抗衡的材料,並說明銅與你所列舉的材料相較下有何優、缺點。

20.2 利用表20.1中所提供的電阻率,計算長1m,直徑1m的銅線的電阻。而其電阻在下列改變後又有何變化。(a)電線直徑為1/2mm。(b)電線改以純鐵來做。(c)銅中含有0.5%的銀。(d)銅中含有10%的鋅。

20.3 冷加工過的無氧銅加熱到不同的溫度一小時後,淬火至室溫,請畫出在室溫下電阻及硬度對退火溫度的關係圖,並解說造成電阻及硬度變化的驅動力和機構。

20.4 根據圖11.23的Cu-Zn相圖,畫出含鋅量分別為(1)30at.%;(1)35at.%、(3)50at.%的黃銅在(a)800℃;(b)500℃;(c)25℃下的微結構。假設合金冷卻過程中均維持平衡態,標示出其中的相及組成。圖中各相之比例應盡量符合實際情況。

20.5 銅-鈹合金中的鈹含量就算低於1.6wt%,也可能有時效硬化的強化情形。比較Cu-1%Be及Al-4%Cu兩者的時效硬化行為,說明其間的差異。

20.6 Al-3%Li-5.5%Mg-0.2%Zr為一過飽和的合金,其硬度對時效時間及溫度的關係如圖所示。

(a)說明為何對每一個溫度,其硬度值都會有一個極大值。

(b)解釋為什麼最大硬度,以及達到最大硬度所需的時間都會隨溫度減低而增加。

20.7 說明習題20.6中Al-Li合金,與圖16.10之Al-Cu合金,硬度對時效時間及溫度關係之異同。解釋為何Al-Cu合金之曲線有二個極大值,而Al-Li合金中則僅有一個極大值。

20.8 說明晶界析出如何造成無析出帶。提出一份熱處理程序,以消除或減少晶界析出。

20.9 鈦及其合金有那些特殊的性質?列舉各種特性可以應用在那方面。並說明純鈦有那些同素異形結構。

20.10 為什麼一般相信鈦的同素異形結構的轉換是一種與擴散無關的麻田散體型反應。

20.11 為什麼某些鈦合金的添加元素稱為 α 穩定劑,而有些卻稱為 β 穩定劑?為什麼鋯和鉿被稱做是鈦的姐妹元素?

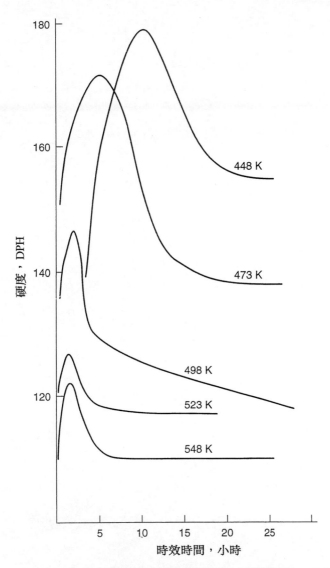

問題20.6　Al-Li-Mg-Zr合金硬度對時效時間及溫度之關係圖(S. Abeln and G.J. Abbaschian)(Mechanical Behavior of Rapidly Solidified Materials, Sastry, S.M.L., and MacDonald, B.A., Eds., p.167, Minerals, Metals, and Materials Society, Warrendale, Ohio, 1985.)

20.12　β 穩定劑如何造成鈦的強化？

20.13　α 穩定劑如何造成鈦的強化？

第二十一章
破　裂
(Fracture)

破裂可視為是塑性變形過程的最後結果，塑性變形而導致的破裂有許多種方式，僅考慮單晶破裂的一些方式便可看出一些端倪。

21.1 藉易滑移而導致的破裂 (Failure by Easy Glide)

讓我們考慮藉著基面的易滑移而產生塑性變形的六方金屬(Zn，Cd，及Mg)。在這些金屬中，單晶的應力-應變曲線取決於測試的溫度，如圖21.1(a)所示的鎂單晶一樣。在低溫時(291K)應力-應變曲線的斜率的上升非常快，而在較高的溫度(523K)時應力-應變曲線的斜率較小。金屬的應變硬化速率在低溫時比在高溫時大很多。此差異無疑地是由於動態回復所致，高溫測試期間所發生的軟化比在低溫測試期間快很多。此結論藉由增加測試速率與降低溫度對應力-應變曲線有相同的影響的事實而得到進一步的證明(圖21.1(b))。

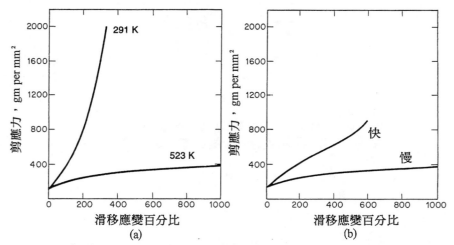

圖21.1 鎂晶體的應力-應變曲線。(a)溫度對應力-應變曲線的影響。(b)應變率的效應。標示"快"的曲線代表應變率較標示"慢"的曲線快100倍(From Schmid, E., and Boas, W., Kristallplaaastizitat, Julius Springer, Berlin, 1953)

從上述討論，可以推論出在較高溫度及非常低溫應變率時，基面滑移如果有伴隨應變硬化也非常小。因此一旦沿這些最容易活化差排源的滑移帶開始變形時，其便可持續進行且不會增加滑移的阻力。在此過程中產生粗而寬的分離滑移帶，如圖21.2(a)所示的一樣。滑移帶與表面相切而形成的凹痕是在它們發展過程中的一個因素。在這些凹痕處的應力集中會幫助發展中的滑移過程。最後，隨著在滑移帶中發生愈來愈多的變形，滑移帶的橫截面積愈來愈小。如此會使有效的剪應力升高,因此增加滑移維持並限制在運作滑移帶內的傾向。

諸如機械孿晶化或非基面的滑移等可提供其他塑性變形的過程,在無法變形的後半階段發生時,則晶體十分可能如在圖21.2所示的一樣,沿著粗滑移帶的某一個完全剪切成兩部份。沿滑移帶剪切成兩部份是單晶失效(failure)的一種可能模式。

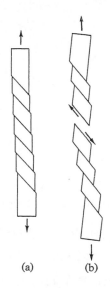

(a)　　　　(b)

圖21.2 (a)高溫及低應變率可激發少數滑移帶上的廣大滑移。(b)沿這些滑移帶所發生的剪變破裂

21.2 頸縮韌斷(多重滑移)(Rupture by Necking (Multiple Glide))

除了某些六方金屬之外,單晶中的單一滑移是一種例外而不是通則。在立方金屬中,在相當小的變形後,易滑移便消失而變成兩個或更多系統的多重滑移。在單晶的拉伸測試中,當變形是經由數個滑移系統的滑移而發生時,金屬的應變硬化率對破裂機構有相當重要的影響。在測試的初期時通常會發生標距長度某些部份的變形速率較其餘部份稍快。在此區的橫截面積變得較試片其餘的部份來得小些,相對應的剪應力則增加。若滑移面的硬化率隨增加的應變之增加不大時,則在此減少截面上的連續滑移將較試片的其他部份更容易發生。以此方式會在標距長度內形成頸縮。頸縮發展的各種步驟大略地描繪於假設是雙重滑移狀況的圖21.3中。於圖21.3(a)中所指示的滑移平面假設與紙面垂直,且其滑移方向位於紙面上。頸縮則示於圖21.3(b)中,試片的最終形狀則示於圖

21.3(c)中。由此可知頸縮連續成長的結果會造成鑿刃式(chisel-egde type)的失效。在金屬晶體中可以經常觀察到此類型的失效。

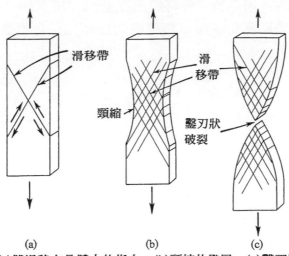

圖21.3 (a)雙滑移在晶體中的指向。(b)頸縮的發展。(c)鑿刃狀的破裂

　　金屬晶體變形的期間若超過兩個以上的滑移系統發生運作時便會形成頸縮，最後的破裂是發生於頸縮區的橫截面被拉成點狀而不是被拉成鑿刃狀。

　　但不能由此推斷多重滑移總是簡單的鑿刃狀或點狀破裂。晶體原來的方向是決定破裂特徵一項重要因素。很可能在金屬受到變形時，晶體中的晶格因變形而重新指向，所以除了開始變形時被活化的滑移系統外，其他的滑移系統也會變得活躍起來。例如，多重滑移所產生的頸縮十分可能因單一平面的剪變而發生破裂。

21.3　孿晶化的影響
(The Effect of Twinning)

　　一般而言，儘管機械孿晶化所伴生的剪變很小，但孿晶化總會伴隨孿晶中晶格方向的重新改變。如此會使新的滑移系統位於相對於應力軸更易滑移的位置，所以在孿晶內部比在孿晶外的母相內更容易發生塑性變形。譬如，當鋅或鎘晶體受拉伸而產生應變時，晶體的基面轉向應力軸。如圖21.4所示的一樣。旋轉的效應會降低基面上的剪應力分量。為了使晶體繼續變形，拉力必須增加。最後達某一點時金屬在$\{10\bar{1}2\}$平面上產生變形孿晶。當發生孿晶時，孿晶中的基面是在較易滑移的位置。因為孿晶內部第二基面的滑移的結果，最後發生破裂。

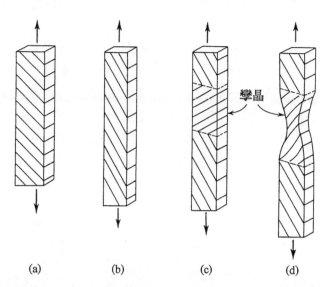

圖21.4　由於孿晶化而使晶格方向重排可能會誘發破裂。(a)鋅或鎘晶體。(b)由
於滑移而使晶格旋轉。(c)孿晶的形成。(d)在孿晶中變形最後導致破裂

　　如上述的破裂方式是經由滑移而引起大量塑性變形而產生的，其與一般經
由裂紋的擴展而產生破裂的概念不同。因此，最好將上述金屬失效的形式稱爲
韌斷(rup tures)而不是破裂。

21.4　劈裂(Cleavage)

　　在某些情況下，可能沿低指標平面將晶體分成兩段。讓我們假設在圖21.5
(a)中的是單晶鋅塊。現在想像一楔形刀刃，如圖所指示的方式沿基面的軌跡擺
好，而且刀刃受到小鎚強烈的敲擊。若此運作的執行溫度非常低時，晶體將沿
著基面裂開或劈開成兩部份(見圖21.5(b))。此種作用被稱爲劈裂，而發生劈裂
的平面就是所熟知的晶體之劈裂面(cleavage plane)。當然，在鋅的情況下，其
基面是(0001)。

　　鋅晶體能在室溫下被劈開，但有些困難，而且劈裂面通常是異常地畸型。
當降低嘗試劈裂的溫度時，鋅晶體變得更容易裂開。在液態氮氣的溫度(77K)
時，可以容易地獲得非常好的劈裂。事實上，若小心地讓晶體發生劈裂，則在
此溫度下無畸變的鋅晶體會快速的劈開。因其表面很完美所以變得無法利用光
學顯微鏡在表面聚焦。

　　關於鋅晶體劈裂的一項有趣的事實是，即使是彎曲或畸變的晶體還是沿基
面產生破裂。如圖21.6所示，若將晶體先彎曲然後劈開，則破裂面將顯示出基
面的曲度。此一事實經常用於研究塑性變形現象(使用鋅晶體)，以了解晶體內

部的畸變。

因為鋅晶體中基面的劈裂是一熟知的現象，所以一般相信其他的六方金屬會和鋅一樣在基面發生劈裂。但是，除了已在(0001)及$\{11\bar{2}0\}$平面觀察到劈裂的鈹外，這不是一般的情況。鎂不易在基面產生劈裂，也不會在任何其他平面發生劈裂。也沒有任何有關鎘晶體劈裂的文獻資料。在面心立方體金屬中也沒有任何觀察到真正劈裂的證據。最常觀察到劈裂的一種重要金屬是體心立方金屬，雖然鹼金屬(鈉、鉀等)是體心立方金屬，但顯然不會發生劈裂。立方晶格中形成的劈裂面通常是$\{100\}$，雖然也有實例指出沿$\{110\}$面的劈裂較有可能[2]。

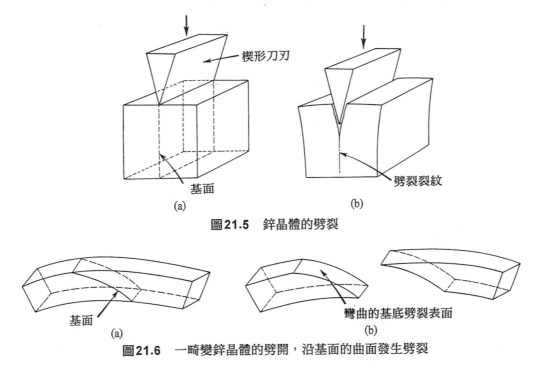

圖**21.5** 鋅晶體的劈裂

圖**21.6** 一畸變鋅晶體的劈開，沿基面的曲面發生劈裂

儘管大多數的重要商用金屬不會遭受劈裂，但因鐵是體心立方金屬且會產生劈裂的事實，所以它仍然是一重要的課題。鋼的低溫脆裂可直接歸因於此項事實。當多晶的鐵或鋼因穿晶劈裂而發生破裂時，破裂傳播過程所耗費的能量很小，所以極類似發生於玻璃或其他脆性等向性的彈性固體的破裂。

已完成的單晶劈裂機構的基礎研究很少。由Gilman及其同仁所完成的最完整的多晶劈裂的研究不是金屬晶體，而是離子鹽LiF晶體。氟化鋰工作的某些發現將於下面來討論。

1. Kaufman, A. R., *The Metal Beryllium*, p. 367. American Society for Metals, Cleveland, Ohio, 1955.
2. Barret, C. S., and Bakish, R., *Trans. AIME*, **212** 122 (1958).

21.5　劈裂裂紋的成核(The Nucleation of Cleavage Cracks)

　　玻璃在室溫時可看成是無法塑性變形的材料。同樣的事物對金屬而言不真，因為即使趨近於絕對零度時，金屬還能夠經由滑移或孿晶化而產生變形。當金屬以脆性劈裂失效時，在破裂前幾乎總是可觀察到某些塑性變形。這已經由金屬不會因預估的Griffith裂紋而破裂的事實得到說明，但是劈裂裂紋經由塑性變形的過程可能會成核。此觀點可由劈裂有時會在退火過的多晶試片內部發生的事實而得到證實；在這些試片中，施加應力前便有小裂紋存在的可能性。在已退火完全的金屬中，裂紋將會自己密合且消失。

　　儘管在鑿刀和鎚子的作用下，金屬晶體中十分可能成核劈裂破裂，這種趨近法告訴我們，金屬試片在正常的負載情況下不會有破裂胚核的形成。更有趣的是在單晶的拉伸試片中裂紋是如何開始的。已使用鋅和鐵晶體做過許多這類的研究。

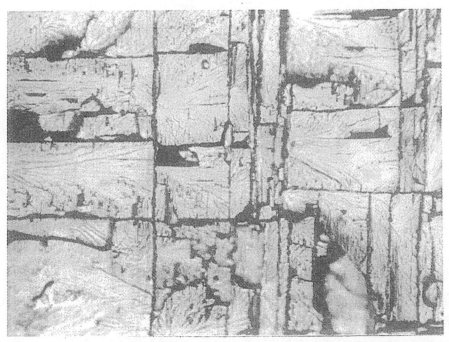

圖**21.7**　鐵晶體的劈裂破斷面(Biggs, W.D., and Pratt, P.L., Acta Met., 6 694 [1958].)

縱使金屬可能以完全脆性的方式失效,鐵單晶的破裂表面從不是完美的劈裂。因此,即使在可顯示詳細的表面狀況之相對低倍的微觀觀察時,表面在巨觀下是平的平面。典型的劈裂破裂表面示於圖21.7中,此圖中,正方區塊圖案是導致於機械孿晶與劈裂面相交的結果。此種情形是,破裂前緣受到在其前面形成的孿晶所阻礙而使裂紋非連續性的移經試片,為了保持移動,裂紋會在孿晶的遠側連續地重新成核。

當在高於173K作拉伸測試時,退火過的鐵單晶中的所有方向是完全延性的。失效是藉由本章開始時概述過的滑移機構來發生的。當溫度降到低於173K時,破裂的本質變得與方向有關,所以在90K時,經由脆性失效的晶體佔大部份。其餘的仍然經滑移而以延性的方式失效。試片應力軸接近劈裂的方向<100>。

在分析鐵的脆性破裂時,考慮溫度對臨界分解剪應力(圖21.8)的影響是相當重要的。在如鐵的體心立方金屬中,對滑移而言,臨界分解剪應力受溫度的影響相當大,從室溫到77K的溫度區間,應力的變化幾乎有八倍。劈裂與孿晶化都需要成核,所以在低溫下鐵塑性變形時所需的高應力水平有助於這些成核的過程。

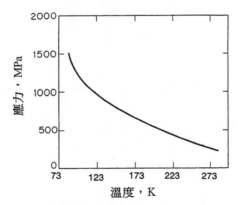

圖21.8 鐵單晶中臨界分解剪應力與溫度的關係。數據相當於上降似點的應力
(Biggs, W.D., and Pratt, P.L., Acta Met., 6 694[1958].)

多年來,關於多晶金屬中劈裂裂紋如何形成的觀點有些改變。原來的觀點是認為劈裂的成核可能是由於滑移差排間的交互作用,有許多機構被建議來說明這是如何發生的,其中Zener於1948[3]首先提出其模型。其他在鐵中產生劈裂的差排機構在1958[4]由Cottrell所提出。然而,同時通常認鋼中劈裂裂紋的起源

3. Zener, C., Fracturing of Metals, p. 3, ASM Seminar, 1948.
4. Cottrell, A. H., *Trans. AIME*, **212** 192 (1958).

是試片承受負載時產生塑性變形而使碳化物開裂而來的。早期地證明顯示[5]晶界碳化的開裂對劈裂裂紋的起始應負責任。同時亦顯示當在相同晶界碳化物上有兩個裂紋時，只有碳化物較厚的部份可以擴展到基地內，當作劈裂裂紋。此已由碳化物中裂紋的長度是否可擴展傳播是相當重要的事實而得到說明，具較大裂紋的碳化物可滿足傳播的條件而較小的裂紋則不會。在球化的雪明碳體結構中劈裂裂紋乃因球狀的碳化物顆粒的開裂而引起的[6]。根據這些及其它的觀察，劈裂裂紋起源於破裂的介在物的觀念現在已完全被接受了。

21.6　劈裂裂紋的傳播(Propagation of Cleavage Cracks)

在彈性固體中(冷玻璃)，裂紋擴展時所釋放出的應變能被轉變成裂紋表面的表面能及裂紋兩側材料移動的動能。

對結晶的材料劈裂裂紋的擴展而言，必需考慮另外的能量項。此項與伴隨著裂紋經晶體內運動時所產生的塑性變形有關。低溫和高應變率會升高金屬的降伏點及壓低塑性變形，因此，伴隨塑性變形所產生的能量項於較低溫下的測試及較高速的裂紋移動時變得較不重要。在下幾節中將討論這些效應的某些實驗情況。

伴隨移動裂紋的塑性變形最容易在裂紋的正前端發生。在此區域內的金屬是在極高的單軸向拉伸應力狀態下，其應力軸垂直於裂紋面。此種簡單拉伸應力的型式相當於與拉伸應力軸成45°平面上的一組剪應力。如圖21.9所示。因為這些剪應力相當大，所以相當可能在裂紋前端相對於剪應力較易滑移的平面上成核成差排。

Gilman及其同仁[7]發表過一些處理劈裂破裂期間塑性變形的有趣結果，其使用類似於MgO的離子立方固體的單晶氟化鋰，晶體內的差排可以很容易利用可信賴的腐蝕技巧顯露出來。在此材料中已觀察到當裂紋移動緩慢或停止時，差排可在接近裂紋的地方成核。實際上，有一極限速度，在此速度之下時差排成核，高於此速度時，沒有發現塑性變形的證據。劈裂的LiF晶體的表面示於圖21.10中。在此一特別情況中，裂紋緩慢下來後再加速。劈裂之後，將破裂表面侵蝕，這會在差排與表面的每一個交點形成腐蝕坑。在圖21.10中，一長

5. McMahon, C. J., and Cohen, M., *Acta Met.*, **13** 591 (1965).
6. Knott, J. F., *Fracture*, **1** 61 (1967).
7. Gilman, J. J., Knudsen, C., and Walsh, W. P., *Jour. Appl. Phys.*, **29** 601 (1958).

列的緊密腐蝕坑代表當裂紋的速度降低到形成差排的臨界速度以下時，在裂紋前端所形成的差排。

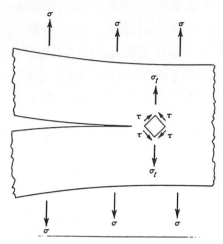

圖21.9　當一外加拉伸應力(σ)施於一含有裂紋的彈性體時，裂紋正前端的材料受到一非常大的拉伸應力(σ_t)。此應力相當於與裂紋平面成45°的平面上之剪應力(τ)

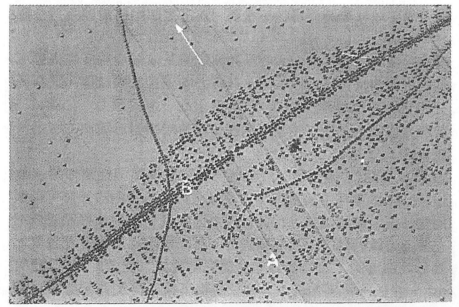

圖21.10　在LiF中，因劈裂-破裂速度的暫時性降低而形成差排。(Gilman, J.J., Knudsen, C., and Walsh, W.P., Jour Appl. Phys.,29 601 [1658].)

在LiF的研究上，有一個有趣的特色是在此材料內裂紋移動的最大速度經實際測量是聲速的0.31[8]。此值與彈性材料破裂的理論值0.38比較起來十分吻合。

現在考慮塑性變形對劈裂破裂擴展的影響。當於裂紋移動的期間發生滑移時，能量被成核或移動的差排所吸收。此能量來自推動裂紋所消耗的彈性應變能。若克服塑性變形所需的功太大時，裂紋會減速且停止，其隱含著結晶材料劈裂時，裂紋可以自由移動前需達到一極小的速度。若速度太慢，則很多的能量將被滑移的形式所吸收。塑性變形項可能是使某些金屬不會產生劈裂的最重要因素之一。就此方面而言，要特別記住的是具有許多相等滑移系統的面心立方金屬還未觀察到劈裂。

除了差排的形成與成長所伴生的能量外，還有另一種方式使差排從移動的裂紋中吸收能量。差排線被裂紋切過時會伴隨能量損失。當交截的差排是螺旋方向時尤其正確。當一劈裂破裂經過一螺旋差排時，破裂表面所獲的台階高度等於差排的布格向量。此台階發展的本質示於圖21.11中。隨著裂紋的繼續傳播，其與差排交截所獲得台階傾向合攏起來。由同號差排所形成的台階結合時會形成更大的台階，而異號差排所形成的台階結合時會彼此抵消。

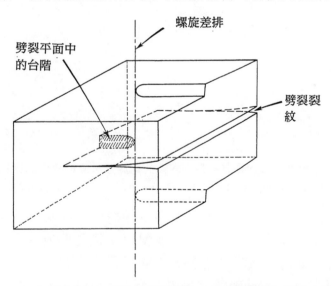

圖21.11　當劈裂破裂與一螺旋差排相交時，會在劈裂面上形成一個台階

當然，由單一螺旋差排在劈裂面上所產生的台階太小，所以無法看見。但是，若裂紋與大量的同號螺旋差排相交截時，經由結合在一起後所發展出的台

---

8. *Ibid.*

階，則大到可以輕易的看見。晶體成長時，LiF晶體通常含有扭轉分量的低角度晶界。此晶界含有緊密相間的螺旋差排，而所有差排的符號都一樣，當一劈裂面橫過這些邊界的其中一個時，在劈裂面上會發展成大尺寸的台階。一個極佳的實例示於圖21.12中。注意圖中的台階如何持續的聚集以形成更深的台階。在劈裂表面所形成的台階的圖案被稱為河流圖案(river pattern)。一般而言，河流圖案的走向垂直於裂紋的前端，所以通常可以順著河流圖案往回追溯找出劈裂裂紋的起源點。

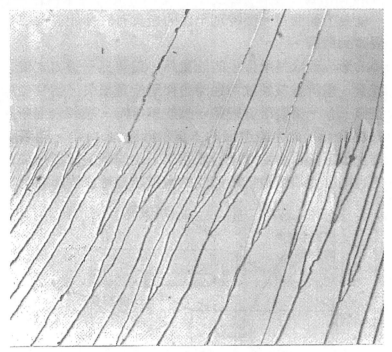

圖21.12 由於劈裂裂紋與含有一系列同號的螺旋差排的低角度晶界相交截而產生的劈裂台階。(Gilman, J.J., Trans. AIME, 212 310 [1958].) 250X

　　脆性破裂表面上的河流圖案有許多發生的原因，不必一定是裂紋與螺旋差排相切的產生方式。因此，若使用鎚子或鑿刀所撞生的劈裂裂紋並不是嚴格的平行於劈裂平面，則為了調節方位差破裂面必須含有台階。河流圖案亦可在玻璃的破裂表現觀察到。因玻璃通常是非晶質(amorphons)，裂紋無法沿一結晶平面發展且差排通常不存在。

　　為何破裂較難沿有台階的表面移動的原因有好幾個。第一，含有大量台階的劈裂面具有較大的面積，因此具有較大的表面能項。第二，裂紋的前進不僅伴隨著晶體沿劈裂平面斷片的分開，而且需負起表面台階或小峭壁(cliff)的連續成長。除非有第二個劈裂面或滑移面幾乎垂直於主劈裂面的表面，否則為了形成台階的表面會使金屬有些塑性的撕裂量存在。如此就會有大量的能量消耗於此。

21.7 晶界的效應
(The Effect of Grain Boundaries)

如上節中所示，小角度的扭轉晶界(在單晶中)因在劈裂面上引入台階所以劈裂裂紋的運動較為困難。多晶金屬中的晶界亦會阻礙裂紋的移動，因為在變形的多晶拉伸試片中發現劈裂裂紋不會大於晶粒的直徑，因此似乎由此可證明晶界的效應相當大。此種微小裂紋示於圖21.13中的多晶鐵試片中。

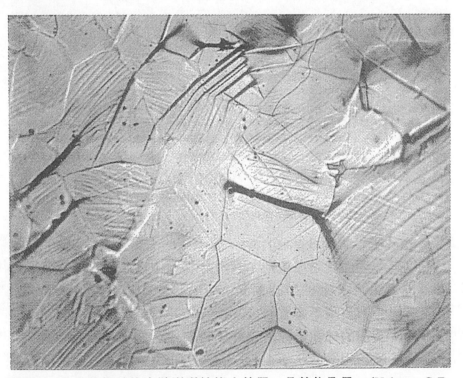

圖**21.13** 多晶的鐵試片中劈裂裂紋停止於單一晶粒的晶界。(Hahn, G.T., Averbach, B.L., Owen, W.S., amd Cohen, M., Fracture, p.91,The Technology Press and John Wiley and Sons,Inc., New York,1959. 200X

首先考慮鄰晶體間的方向差大於數度，但仍然不是很大的情況，在此情況下，兩晶體中的劈裂面雖然近乎排成一致，但彼此間會一個有限的角度。在這些情況下，破裂面無法平滑地通過晶界，且可能發生在不同的平面上成核成一系列平行的劈裂面。最終的結果是破裂表面在原來的晶界上發展成一系列的台階。典型的列子見於圖21.14中。

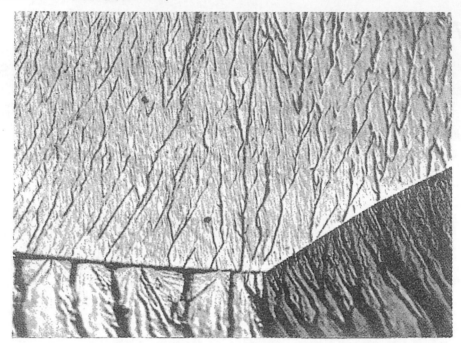

圖21.14 當一劈裂裂紋從一晶體移轉另一晶體時，會發展成大的劈裂台階。試片是3％的矽鐵合金，在78K劈開，裂紋的傳播方向是由上到下。
(Low, J.R., Fracture, p.68, The Technology Press and John Wiley and Sons, Inc., New York, 1959.) 250X

一般而言，在平常的多晶試片中，晶粒間的方位差比在圖21.14中的晶體來得大，所以破裂表面更是不規則。對多晶試片中破裂表面上河流圖案的研究結果顯示[9]，破裂以不尋常的方式擴展，有時移動的方向剛好與平常移動的平均方向相反。同時亦發現不連續的裂紋擴展，其意味著失效不僅僅是由單一裂紋前端的移動所造成的，而是先形成許多裂紋片斷然後相互接合而造成的。因為各個片斷無法位於相同的水平，所以破裂表面片斷間通常會伴隨塑性撕裂。

21.8　應力狀態的效應
(The Effect of the State of Stress)

高拉伸應力有利於劈裂裂紋的成核與擴展。另一方面，滑移則需剪應力。然而，當變形是經由滑移而發生時，則所施加的應力傾向被釋放。換句話說，

9. Low, J. R., Jr., *Fracture*, p. 68. The Technology Press and John Wiley and Sons, Inc., New York, 1959.

　　當金屬容易經滑移而產生變形時，就很難達到大應力。從這些考量我們可以得到的結論是任何應力系統都能產生有利於劈裂的大拉伸應力與小剪應力的組合。很明顯的金屬試片中應力狀態的本質是破裂過程中的一項重要考量因素。

　　在簡單的單向拉伸中，應力可視為相當於一組和拉伸應力軸成45°方向的剪應力。此關係示於圖21.15(a)及21.15(b)中，其中拉伸應力一個是假設水平的，另一個則是垂直的。若兩個拉伸應力(在此圖中互成90°)同時施於同一試片，則剪應力的分量將彼此反向。以二度空間的情況來說，很明顯的在雙軸拉伸狀態下，材料內的剪應力降低。若一第三拉伸應力施加於垂直前述兩應力的平面上時，且所有的應力假設相同，則將會發生靜力拉伸，不論什麼時候，材料無剪應力的作用。例如受壓的液體產生靜態壓縮的同等狀態是大家所熟知的。

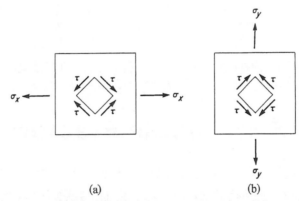

圖21.15　互成直角的拉伸應力產生彼此方向相反的剪應力分量

　　從上述的討論可得到的結論是不論何時，一金屬試片在雙軸或三軸應力狀態下受測試時，滑移所需的剪應力將被壓抑。因為這個緣故，我們可獲得高水平的拉伸應力且可促進劈裂的脆性破裂。相反地，若一金屬試片浸在有壓力的流體中拉伸時，則上述的情況將完全改觀。在此情況下，施加的拉應力將被兩壓縮應力所彌補，且其剪應力分量與所施加拉應力的剪應力分量同向。在此情況下較有利於經滑移而產生的變形，以此方式實際上在多晶試片中可獲得非常高的延性。

　　在圓柱體的拉伸測試試片的中腹環繞一簡單的V型凹痕，是一種可容易獲得近似三軸向拉應力的方法。圖21.16代表這樣的試片。當受拉伸負載時，凹痕的縮小截面處將是降伏的第一個位置。隨著此區域的伸長(在施加應力的方向)，它的自然趨勢是水平平面的縮小。但是，這會受凹痕上下未降伏的金屬所反抗。因此，位於凹痕處橫截面的金屬會受到三個拉應力：包括垂直施加應力和互相垂直的兩個感應的水平應力。

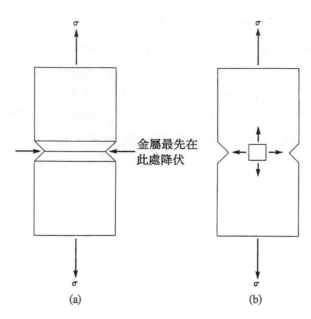

圖21.16 一具有凹痕的拉伸試片最先在凹痕發生降伏,在凹痕處的橫截面會發
展成三軸向拉伸狀懽。(a)三度空間的視圖,(b)顯示應力分佈的橫截面

21.9 延性破裂(Ductile Fractures)

　　如何明確的區別脆性和延性破裂間的不同則是令人相當的困惑。這主要是
因為傾向利用導致最後破裂行為的整個變形過程的觀點來思考的緣故。"脆性"
這個名詞總是與伴隨最小的塑性變形的事實連在一起,而"延性"這個名詞則意
含大量的塑性變形。但是,金屬可先有大量的巨觀變形後再以劈裂方式失效
(基本上是脆性過程)。相同的方式,金屬十分可能具有可忽略的巨觀應變但卻
以延性機構失效。在後面的這種情況,破裂通常發生在某些變形量極高的局部
區域。因此,從破裂問題的觀點而言,最好從裂紋擴展的實際作用來區分"延
性破裂"與"脆性破裂"。因此,脆性破裂(brittle fracture)是裂紋移動時,鄰接
裂紋的金屬的塑性變形很小。相反地,延性裂紋(ductile crack)是因為在裂紋
尖端處金屬強烈的局部塑性變形擴展的結果。當然,延性與脆性失效間沒有明
顯的分野。但此兩種失效的極端方式卻相當容易區別。一完全脆性劈裂破裂將
顯出明顯的平面反光刻面,而完全延性破裂表現出粗糙的暗灰表面。後者的理
由是延性破裂表面具有粗糙,不規則外形。大部份的表面與破裂的平均表面成
陡然的傾斜。圖21.17顯示經由延性破裂的橫截面,它亦說明了延性破裂的特
徵。

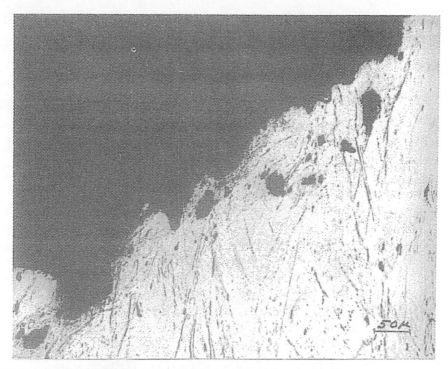

圖**21.17** 延性破裂表面的不規則外形。(Rogers, H.C., TMS-AIME, 218 498 [1960].)

　　大部份多晶形式的延性材料的失效是發生杯錐狀(cup-and-cone)破裂。以此種方式失效的典型試片外觀示於圖21.18中。此種形式的破裂與拉伸試片中頸縮的形成相近。如圖21.19所指示的，破裂是從巨觀上垂直於施加拉應力軸平面上的頸縮區的中心開始的。隨著變形的進行，裂紋橫向擴展到試片的邊緣，完全的破裂是沿著與拉伸應力軸大約成45°角的表面迅速地發生。在完美的實例中，最後的步驟在一半的試片上留下圓形的唇緣，而在另一半的表面上留下斜面。因此，一半具有淺杯的外觀，而另一半則是平頂錐。

　　Rogers[10]已證實在拉伸測試試片的頸縮區，於金屬中接近橫截面中心的地方，在發現可見裂紋前便會形成小孔洞(cavities)。這些孔洞的密度與變形量有強烈的相關性，且隨著變形量的增加而增加。因此，Rogers觀察他的銅試片，結果顯示，頸縮區內每cm^3的孔洞數比在標距內但遠離頸縮區的地方要大10^3倍。在外力作用下，這些孔洞聚集成長，最後導致延性破裂的形成。此種實際的情況示於圖21.20中。在大部份的商用金屬中，內部孔洞可能在非金屬介在物的地方形成，此一情況已有很好的證明。介在物成核成孔洞的方式也許只是推測，，但某些硬脆介在物將會阻礙其周圍基材的自然塑性流動。相信介在物

10. Rogers, H. C., *TMS-AIME*, **218** 498 (1960).

在延性破裂的成核扮演很重要的角色，可由極純的金屬較純度稍低的金屬更具
延性的事實而得到支持。在拉伸測試中非常純的金屬於破裂前經常可被拉成幾
乎是一點。

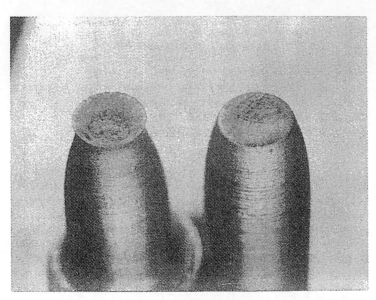

圖21.18　杯錐狀的破裂

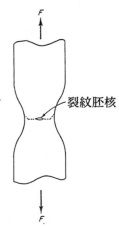

圖21.19 杯錐狀破裂，裂紋在試片的中心形成並放射狀地擴展。最後的完全破
裂在與拉伸軸成45°角的錐形表面上發生

　　一旦示於圖21.20之類的裂紋發展出來後，其就可以空孔-薄片機構(void-
sheet mechanism)傳播。此機構的作用如下。裂紋尖端的應力集中使得與應力
軸成30°到40°的剪變帶產生塑性變形。剪變帶與裂紋間的關係示於圖21.21

(a)。因為帶內的變形非常強烈,所以帶內被空孔所填滿。Rogers利用空孔薄板(void sheets)來描述此時的剪變帶。隨著在這些帶中空孔的成長,最後它們相互衝突而結合。結果空孔薄板分成兩半且裂紋向前推進,如在21.21(b)所指的一樣。裂紋順著空孔薄板而移動,因而改變了裂紋末端的位置,因此形成新剪變帶,如此圖中所示的一樣。此時,理論上裂紋可沿這兩個新帶滑移,其中之一可以分裂原始帶而延伸,另一個則往反方向傾斜。但是,若裂紋繼續在其原來的前進方向移動,則它將移離試片的頸縮中心的橫截面區且進入應力減弱區。另一方面,若它移向其他的剪變帶方向,它會移回到最大應力集中區,這是通常發生的情況。重複此過程可使裂紋擴展並橫過整個試片的橫截面。在延性材料中,最後的破裂可以數種方法發生:其中之一就是產生杯錐狀,而另一種是雙杯狀。當最後破裂發生後形成了典型的杯錐狀失效時,就像鐵、黃銅,或鋁合金一樣,則其杯緣的剪唇區可能是由空孔薄板機構所造成的。隨著中心的破裂朝向表面前進,可承受負載的試片橫截面則不斷的減少。最後當剪變帶延伸到表面的情況時,這些剪變帶猛然分離結果產生剪唇區。此種情況說明於圖21.22。

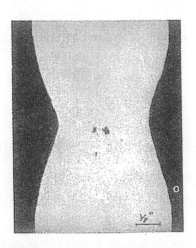

圖21.20 位於銅拉伸測試試片中心的孔洞。在中心處的兩個大孔隙由裂紋接合
(Rogers, H.C., TMS-AIME, 218 498 [1960].)

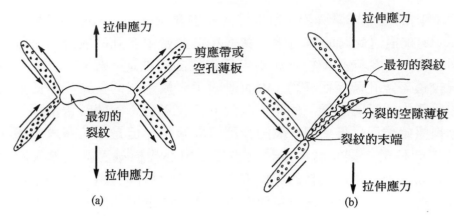

圖21.21 延性破裂中空孔薄板機構。(a)由空孔聚集而生成小裂紋,小裂紋末端
的應力集中誘發在其末端處剪應變帶。這些帶中的高應變集中使得孔
洞在此帶內成核。(b)當空孔薄板分開時裂紋前進

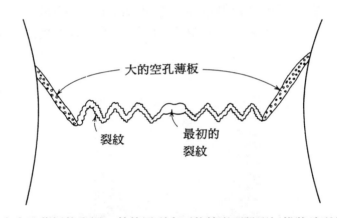

圖21.22 大空孔薄板的發展,其伸展到表面的情形可說明杯錐狀破裂的唇緣

　　由空孔薄板機構所造成的破裂有一個有趣的形貌,其所產生的破裂表面具
有獨特的外觀。低倍率時表面具有粗糙、鬆軟而多孔的組織構造(texture)。但
是,在較高的倍率時,當利用掃描式電子顯微觀察時,可觀察到破裂表面的真
實狀態。其照片示於圖21.23。這張照片的重要特徵是在表面上發現均勻而又
有序排列的杯狀物。每一個杯狀物相當於空孔薄板的空洞。杯狀物全部指向單
一方向的事實是剪變帶中發生變形的直接結果。如指示於圖21.24(a)的一樣,
近乎平行於拉伸應力軸方向的孔洞有被拉長的傾向。當空孔薄板分開時,兩個
破裂面都將含有杯狀物,但兩邊的指向相反,如圖21.24(b)所示的一樣。嚴密
地檢視圖21.23將會發現某些杯形的底部具有開口的小孔。這代表著表面之下
的其他小孔彼此相互連接。這些次表面的小孔在圖21.17中清晰可見,它是利

用空孔薄板機構切過試片的橫截面而失效的。應力軸位於垂直方向，注意破裂表面的傾斜是空孔薄板的特徵。

　　Rogers[11]曾提出一個十分有趣的延性裂紋擴展機構，此機構依據的觀念如下。前面已說明過凹痕表面的塑性應變速率比遠離凹痕一段距離的地方大。例如，在圖21.25中，a點的金屬流變較b點快。其應變率的差異可能相當大，主要取決於凹痕的尖銳程度。我們得到的結論是拉伸測試期間，位於凹痕表面的晶體所受到的變形較試片內部的晶體快很多。Rogers建議這些晶體的變形像單晶，先變細成鑿刃狀後再刃斷。延性裂紋的移動因此可想像成連續的拉開凹痕表面處的晶體，延性裂紋擴展的機構描繪於圖21.26中。

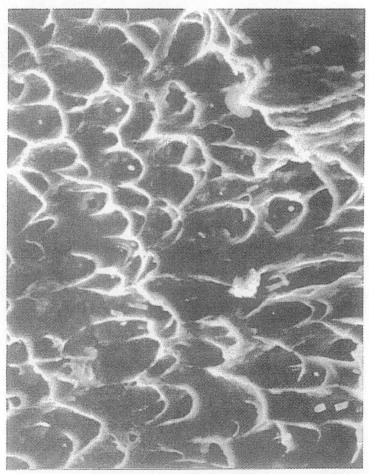

圖**21.23** 經由空孔薄板機構失效的沃斯田鐵不銹鋼試片(304)之破裂表面的掃描式電子顯微鏡相片。注意杯狀物的排列方向。放大28000X

---

11. Rogers, H. C., *Acta Met.*, **7** 750 (1959).

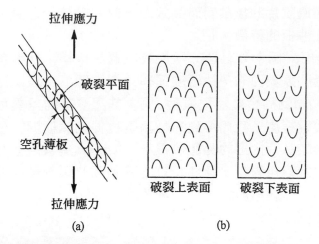

圖21.24 空孔薄板中的孔洞被拉長的方向盼略平行於拉伸應力軸。(b)空孔薄板分開時，在兩個破裂的表面產生指向相反的杯狀物。(After Rogers, H. C., TMS-AIME, 218 498 [1960].)

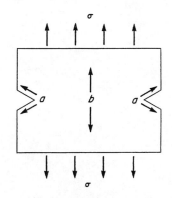

圖21.25　凹痕根部(點a)的應變率比拉伸試片內部的點b大

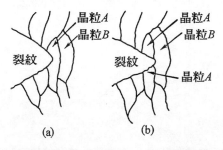

圖21.26 根據Rogers所提的延性破裂的擴展。(b)代表時間上晚於(a)。注意在所指的時間內晶粒A已被拉開了。(After Rogers, H.C., Acta Met, 7 750 [1959].)

　　上述裂紋擴展的方式對任何延性裂紋的擴展都適用，不論是外部凹痕(或頸縮)的向內移動或是開始於空孔的內部裂紋的向外移動都適用。它亦可說明雙杯錐狀破裂的拉破裂的最後階段。此類型的破裂描繪於圖21.27中且在某些延性金屬如銅、鋁、銀、及及鎳中可觀察到[12]。此型式的失效，裂紋也是在試片的中心產生且經由空孔薄板機構擴展直到只剩一圈薄金屬為止。然後是經由晶粒的進一步滑開而失效，而不是經由空孔薄板機構。結果是形成雙杯狀而不是一組杯與錐。

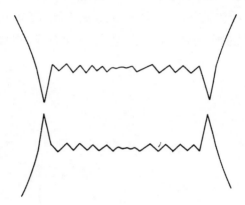

圖21.27 雙杯狀破裂。此種失效的形式可在許多純面心立方體金屬中觀察到。
(After Rogers, H.C., TMS-AIME, 218 498 [1960].)

21.10 沿晶脆性破裂(Intercrystalline Brittle Fracture)

　　劈裂破裂不是發生在金屬中脆性破裂的唯一形式。脆性破裂也可以沿晶界發生破裂。在某些例子裡，因晶界第二相薄膜的硬脆，像銅晶界中的鉍薄膜，而造成此種形式的破裂。有些情況則不是因實際析出物所造成的，而是溶質聚集於金屬的晶界所引起的。為何這種聚集的溶質會降低在晶界處的結合力則不清楚。

21.11 藍脆性(Blue Brittleness)

　　鋼中的藍脆性多年來就已知道的現象。其名字來自於它發生的溫度範圍(高於室溫數百度攝氏)內，在鋼試片的表面上形成一藍色氧化膜。"藍脆性"的

12. Rogers, H. C., *TMS-AIME*, **218** 498 (1960).

名詞有稍微誤稱，因在正常的感覺中金屬並未變成脆性，實際發生的是在藍脆溫度下拉伸測試時鋼所承受的伸長量最小。顯示於圖21.28中的是商用的純鈦的情形。但是，在藍脆溫度時，拉伸試片的面積減縮量並沒有顯示出明顯的最低值。此意味著破裂不是脆性的。

　　藍脆性現象與動態應變時效(見圖9.15節)相關，差排與雜質原子間的相互作用導致拉伸試片在相對較小的應變便開始發生頸縮，一旦頸縮開始，頸縮區的應變變得高度集中。兩種效應的作用都會降低所獲得的伸長率。此現象與晶格中雜質原子的關係明示於圖21.29中。此曲線顯示高純度鈦試片的伸長率是溫度的函數。注意商用的純鈦在相應曲線上可觀察到的極小值幾乎消失不見了。

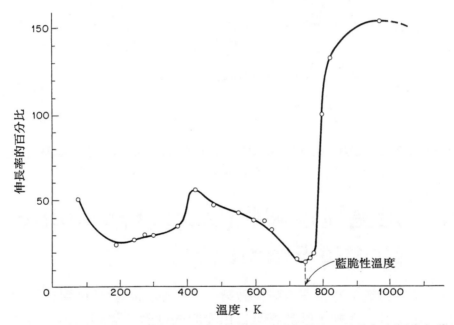

圖21.28 "藍脆性"代表在藍脆性溫度時拉伸伸長率的損失。此現象在銅中相當
　　　　清楚，但也發生在其他金屬，此曲線表示商用純鈦的效應，應變率是3
　　　　$\times 10^{-4}sec^{-1}$。(From the data of A.T. Santhanam.)

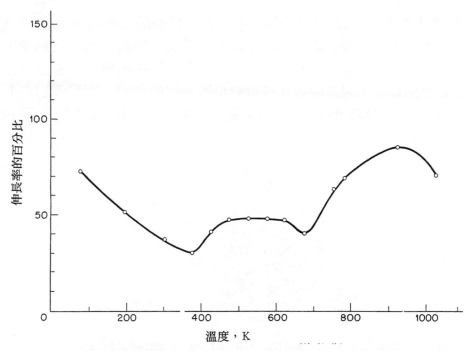

圖21.29 藍脆性與動態應變時效有關，在高純度的鈦中，如此曲線所示，最低的伸長率幾乎消失。應變率$3 \times 10^{-4} sec^{-1}$。(From the data of Anand Garde.)

12.12　疲勞失效(Fatigue Failures)

　　發生在機械零件上的失效幾乎都是疲勞破裂。當金屬遭受多次相同負載的應用時，發生破裂的應力比在拉伸測試時失效所需的應力低很多。於交變應力下的金屬失效稱為疲勞(fatigue)。

21.13　疲勞失效的巨觀特徵 (The Macroscopic Character of Fatigue Failure)

　　疲勞破裂總是從小裂紋開始的，在重覆應力的作用下，裂紋成長。隨著裂紋的擴展，試片承受負載的橫截面積逐漸減少，結果截面上的應力上升。最後，當所剩餘的橫截面不再有足夠強承受負載時，裂紋突然快速的成長最後猛然的斷裂。此種破裂發展的方式，使得疲勞破裂的表面分成兩個截然不同的外觀區，如圖21.30所示。大部份的情況下，裂紋成長緩慢的區域其表面具有拋光或磨光過的外觀。此種組織結構的由來是因為試片每經一應力週期時前後變形而使得金屬的裂紋表面相互磨亮而得到的。在最後的階段中，當試片最後破裂時，沒有磨擦動作而且此時發展成粗糙和不規則的表面。因為後面的面積通常具有粒狀外觀，以致於經常對疲勞破裂作出錯誤的結論，亦即，金屬在使用時結晶因而變脆。

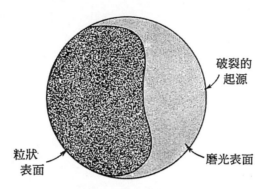

圖21.30 疲勞破裂的表面通常顯示出兩個具有不同形貌特徵的區域，一處是平滑的或光亮的，其相當於疲勞裂紋的慢速擴展，另一個是粗糙或粒狀的，屬於因超載而失效的金屬

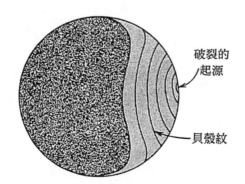

圖21.31 遭受振幅隨時間變化的應力循環而疲勞破裂的機械元件，其光亮區易顯示出貝殼紋

　　在機械元件中，應力循環的振幅不全都一樣的大小。例如，考慮汽車推動軸，在快速加速的週期時，循環應力較汽車穩定移動時大很多。在可變動的應力振幅作用下，低應力時裂紋停止成長，應力連續上升時裂紋再繼續成長。這種快速成長的週期與慢速週期或無成長的交替變化改變了裂紋表面的磨擦程度，結果表面可獲得一"貝殼"的外觀(見圖21.31)。通常在破裂表面的環形紋是以破裂源為中心，使其可能決定出。存有貝殼紋的金屬物體的破裂表面是失效

部份以疲勞機構破裂的良好證據。另一個證據是破裂表面存在光亮且平滑的區域。最後，疲勞破裂幾乎都有一項特徵，就是離立即破裂表面一小段距離處巨觀上沒有塑性變形。在這一方面與典型的脆性破裂相似，而且若破裂的機械元件顯示出破裂前發生大量的塑性流變，它通常表示是因為暫時的超載所產生的失效而不是因為均勻的重複負載所引起的。

21.14　旋轉樑疲勞測試(The Rotating-Beam Fatigue Test)

量度疲勞有許多測試的方法其和對金屬施加重複應力的方法一樣多。一試片可以先拉伸而伸長然後將應力方向反轉使試片處於壓縮狀態。扭轉試片中扭轉方向的交替變化是另一種重複應力的型態。反覆彎曲就可獲得一簡單的交變應力。在某些例子中，可利用複合應力負荷來研究疲勞，其意圖是讓金屬遭受近似於機械元件實際使用狀況。在許多情況下，因為機械元件與結構體遭受的負載並非是完全反覆的應力，所以測試時通常先給試片一個穩定的負荷，如拉伸，然後在穩定的負荷上再疊加額外的交變應力。

旋轉樑是最常使用的疲勞試片的型式。它最大的好處之一是它相當的簡單。

圖21.32顯示一種旋轉樑疲勞測試機器的基本組件的概要圖。它主要的元件是能以10,000rpm運轉的小型高速電子馬達。此種速率明顯的降低獲得所需數據的時間，但對數據準確性的影響不大。與馬達鄰接的是大的軸承，其目的是減輕馬達施加於試片的大彎曲力矩。試片適當地裝於夾頭上。一個夾頭連接到馬達的推動軸，另一個夾頭則連接到旋轉的槓桿臂，後者的末端是小軸承，其用於施加使槓桿臂向下的力，此力的運用使小圓形橫截面的試片處於彎曲的狀態，所以試片的上表面是拉伸而下表面是壓縮。試片隨著馬達的作用而旋轉，試片表面上的任一已知位置會在最大拉伸應力態及最大壓縮態之間交替改變。

執行測試時，在一已知應力下測量試片破裂時所需的週期數。當然，此應力是因彎曲力距而在試片表面發展出來的最大本質應力，其可由在槓桿臂末端懸掛重量而產生。此應力可由施加重量的大小，槓桿臂的長度，及試片在其最小橫截面的直徑輕易的算得。若所施加的最大彎曲拉伸應力只稍小於簡單拉伸測試時試片斷裂的應力時，疲勞測試機於試片破裂前將只運轉幾個循環而已。連續降低應力會大大地增加試片的壽命，所以在繪製破裂測試結果圖時，通常是以最大彎曲應力對破裂的循環數作圖，後面的變數使用對數刻度。圖21.33顯示鋼製的疲勞試片通常所獲得的曲線型式。因為低於某一應力下試片不會破裂，所以此種型式的曲線相當重要。此一特殊應力稱為疲勞(或忍受)極限[fatigue(or endurance)Limit]，SN(應力-循環數)曲線轉成並延續與N軸平行。這是一種重要的效應，因其暗示若鋼只承受低於它的疲勞極限的應力時，不論所施加的應力循環多少次，它都不會失效。

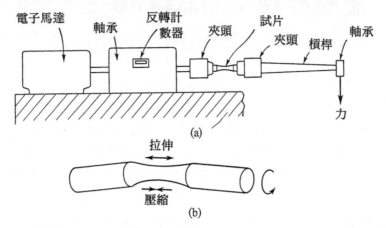

圖21.32 (a)旋轉樑疲勞測試機械的一種方式。(b)疲勞測試試片。旋轉時試片彎曲。在縮小的中間部份上的任一點，拉伸與壓縮應力態交替變化

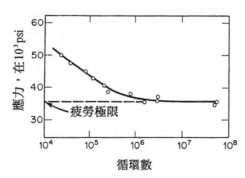

圖21.33 鋼的典型S–N曲線。但是，各數據點通常具有比此圖觀察到的分散性還大。(From Prevention of Fatigue of Metals, p.46, The Staff of the Battelle Memorial Institute, John Wiley and Sons, Inc., New York,1941.)

　　鋼的疲勞極限和它的最終拉伸強度間顯現出良好的關連性。這兩個量的比稱為忍受比(endurance ratio)，某些數值通常落在0.4到0.5的範圍內。因為某些鋼的降伏強度通常接近最終拉伸強度的一半，所以忍受極限和降伏應力通常似乎相等。但是，不能因此推論這兩個量相等，因為這兩個量之間沒有良好的關連性。

　　不像鋼，大部份的非鐵金屬不會顯現忍受極限。這些金屬的 SN 曲線通常具有如圖21.34所顯示的外觀，隨著應力的降低，曲線連續穩定的降低，雖然下降速率逐漸減少。一般談及非鐵金屬抵抗疲勞失效的能力通常會指定金屬將承受多少應力週期。在指定應力的交替數，通常是 10^7，結束時將導致破裂的應力稱為金屬的疲勞強度(fatige strength)。如圖21.34所示。

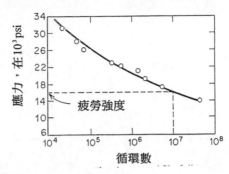

圖21.34 非鐵金屬的典型 $S-N$ 曲線(鋁合金)。(From Prevention of Fatigue of Metals, p.48, The Staff of the Battelle Memorial Institute, John Wiley and Sons, Inc., New York,1941.)

21.15　交變應力的參數 (Alternating Stress Parameters)

　　在圖21.32中的旋轉樑機器可產生正弦波應力於疲勞試片的表面，如圖21.35(a)所示。注意於循環期間最大拉伸(正的)應力 σ_{max} 等於最大壓縮(負的)應力 σ_{min}。因此平均或中間應力 σ_m 是零。實際上，這種交變應力的型式可在汽車以定速或定負載的車軸或車槓碰到。但是，許多工程組件通常遭遇到平均應力不是零的交變應力。為了方便起見，通常將這些應力考慮成兩個部份：一個是平均或是穩態應力 σ_m，另一個是交變應力 σ_a。實例可發現於圖21.35中，其中 σ_m 取正，所以它位於零應力軸之上。平均應力也可能是負的，但它不像正的那樣有意義。注意交變應力 σ_a 被定義成

$$\sigma_a = (\sigma_{max} - \sigma_{min})/2 = \Delta\sigma/2 \qquad \textbf{21.1}$$

式中 σ_{max} 是循環中的最大應力，σ_{min} 是最小的應力，$\Delta\sigma$ 是交變應力的範圍。

　　兩個應力的代數比經常用於疲勞的研究且定義成如下的關係

$$R = \sigma_{min}/\sigma_{max} \qquad \textbf{21.2}$$

及

$$A = \sigma_a/\sigma_m \qquad \textbf{21.3}$$

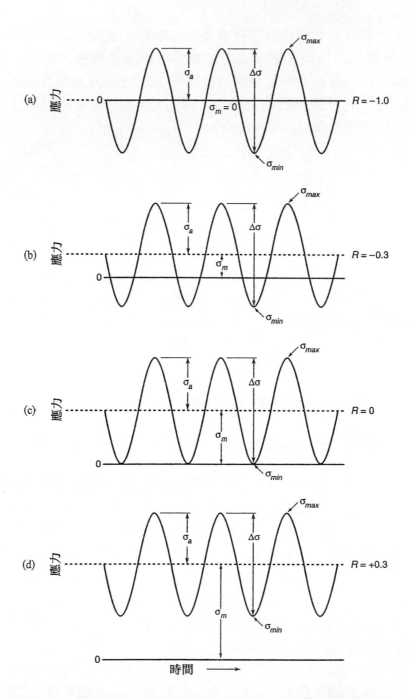

圖21.35 對恆定值的應力範圍而言，數種 σ_m 值對循環應力的影響

式中R是循環中最小應力對最大應力之比，A是交變應力對平均應力之比。必需注意的是計算R比值時，壓應力被考慮成負值。

　　金屬的忍受極限傾向隨著R比值的增加而升高。此情況清楚的示於圖21.36中，圖中所劃的四種$S-N$曲線相應於圖21.35中R比值是－1.0，－0.3，0，及＋0.3的曲線。這些圖是假設恆應力幅。因為R與忍受極限間的相互關係，所以在平均應力非零的情況下，組件的設計必需認真地考慮R比值。

　　有趣的是幾乎是一世紀以前，Goodman觀察到材料可抵抗應力而不會失效的極限應力範圍與平均應力σ_m間的關係，因由定義$\sigma_m = \Delta\sigma/2$，所以這也意味著交變應力$\sigma_a$與平均應力$\sigma_m$間的有關係。實際上，材料的這兩個參數與它的疲勞極限和最終拉伸應力的關係有一熟知的經驗方程式[13,14]：

$$\sigma_a = \sigma_e[1 - (\sigma_m/\sigma_u)^\alpha] \qquad \textbf{21.4}$$

式中σ_e完全反覆循負載狀況下的疲勞極限，如圖21.35(a)所示，σ_u是最終拉伸應力，且$\alpha = 1$時稱為Goodman方式(Goodman approach)。但是，Gerber提出$\alpha = 2$。如見於圖21.37中的一樣，Goodman關係是線性的，Gerber是拋物線的。方程式21.4的Goodman型式較常用[15]。

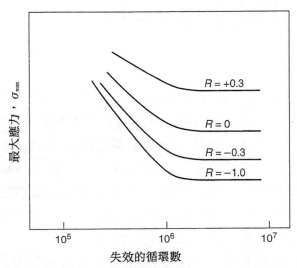

圖21.36 R對$S-N$曲線的影響。注意隨著R愈來愈正，忍受限增大。(From Dieter, G.E., Mechanical Metallurgy, 2nd Ed., p.436, McGraw-Hill, Inc., New York, 1976.)

13. Dieter, G. E., *Mechanical Metallurgy*, 2nd Ed., p. 435–438, McGraw-Hill, Inc., New York, 1976.

　　14. Viswanathan, R., *Damage mechanisms and Life Assessment of High-Temperature Components*, p. 113, ASM International, Metals Park, Ohio, 1989.

　　15. Dieter, G. E., *op. cit.*

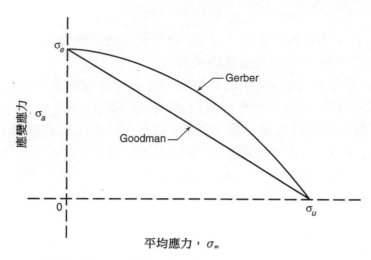

圖21.37　交變應力對平均應力的依存關係，Goodman及Gerber構想的關係圖

21.16　疲勞失效的微觀形貌 (The Microscopic Aspects of Fatigue Failure)

　　習慣上將疲勞過程分成三個階級：裂紋起始，裂紋成長，及最終猛然的失效。我們現在將考慮裂紋起始。

　　一般幾乎都同意疲勞失效是從疲勞試片的表面開始的。不管測試是在旋轉樑機器上，(其最大應力總是在表面上)，或是在拉壓機器上(其授予簡單的拉伸-壓縮應力循環)都一樣真實。而且，疲勞破裂可由很小的微觀裂紋開始，相應地，即使微小的應力上升也非常敏感。這些考慮顯示得十分明顯，只有受測的金屬試片的表面無缺陷時，結果才具有代表性。壓印或研磨記號於表面會使疲勞裂紋更易形成且導致明顯低疲勞極限或疲勞強度。對作記號的疲勞試片做測試時的基本條件是將試片的表面小心的進行拋光。

　　考慮疲勞問題時，試片在4K下測試已觀察到疲勞失效的重要事實，在此極低溫下，熱能對疲勞破裂不會有任何一點貢獻。因此其結論是沒有熱激活還是會產生疲勞失效。這意味著雖然擴散過程可能被包含於某些疲勞的情況，但形成疲勞裂紋時則並非必須有擴散過程。

　　滑移和孿晶化是塑性變形的方法，相信它們不需熱激活便可發生，而且覺得其與疲勞失效機構有相當強的關係。因為存在微小的應力提升者會促進疲勞失效的發生，因此疲勞機構的研究最好使用具有最小量非金屬介在物的金屬或合金(非金屬介在物的角色現在將簡要的討論)。大部份金屬在溫度接近室溫時，滑移似乎是疲勞的重要因素，在極低溫時，鋼或鐵的試片中機械孿晶可能較重要。

許多差排機構已被提出來[16,17]說明實驗上觀察到的疲勞現象。但是，這些機構中沒有一種是完全滿足的，因而不考慮它們。反之，可將目前可利用的實驗資料作簡要的討論。

在多晶金屬中，滑移帶(密接及重疊的滑移線群)形成於破裂之前，其已在試片中被觀察到。這些滑移帶的本質與金屬中的單一滑移或多重滑移不同。圖21.38顯示特別的低碳鋼(0.09％C)的情況，滑移帶在約使試片破裂所需週期數的1/100時首先變成可見。圖中還可看到在大N值時，代表首先出現滑移線的曲線位於試片破裂的$S-N$曲線的下方。所以在應力甚低於疲勞極限時滑移因此可以在這種金屬中發生。此結果亦可在其他的金屬中觀察到，但不是一般的效應，也有金屬的滑移線只出現在應力等於或高於疲勞極限。

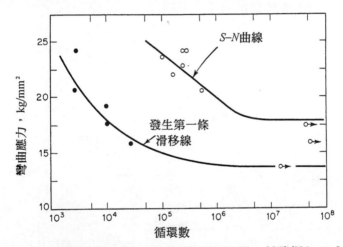

圖**21.38** 遠在疲勞試片破裂之前滑移線變得顯而易見。低碳鋼(0.09％C)平坦試片受彎曲應力時的數據。(After Hempel, M.R., Fracture, p.376, The Technology Press and John Wiley and Sons, Inc., New York, 1959.)

疲勞測試期間，滑移線首先出現在晶體試片中具有最高分解剪應力的滑移平面。隨著時間的前進及應力循環數的增加，滑移帶的數目與大小增加，滑移帶的數目與寬度也是施加應力振幅的函數；較高的應力得到較大值。

在疲勞中，應變的方向再三的反覆變化，出現在表面的滑移線反映了此一事實。當應變是一單一基本方向時，出現在晶體表面的滑移台階具有相對簡單

16. Cottrell, A. H., and Hull, D., *Proc. Roy. Soc.* (London), **A242** 211 (1957).
17. Mott, N. F., *Acta Met.*, **6** 195 (1958).

的形貌。若只有一個單一滑移面被活化時尤其真實。這些滑移帶的本質指示於圖21.39(a)中。另一方面，在循環負載下，滑移帶傾向集合成一束或條紋之排列。這些排列條紋的表面形貌更複雜，概述於圖21.39(b)。這些排列條紋的基本成份是由現通稱爲永久滑移帶(persistent slip bands)或PSBs所組成的。依據Ma及Laird[18]的研究，銅單晶中典型的PSB含有約5,000滑移平面且其層狀的形狀穿越整個晶體。它們也陳述PSBs是單晶在承受低及中應變振幅循環時可以形成疲勞裂紋的唯一地方，因爲這些地方是高度應變集中區，此陳述已完全被接受。此外，雖然在多晶中PSBs不是唯一可能裂紋成核的地方，但因PSBs發生局部應變所以在強度高的合金中是提供成核位置的重要地方，在銅中，具有最大局部應變的PSBs形成裂紋並導致失效的情形已被進一步的觀察到[19]。由於它們的觀察是在銅單晶方向上的單一滑移，所以Ma及Laird亦觀察到PSB層的塑性應變振幅約較四週的基材大100倍。因此，應變水平會在PSB-基材的界面存在一突然的改變。結果，在它們的試片中最長的裂紋經常發現在這些界面。這不是孤立觀察，因其已被其他的作者[20]所確認。

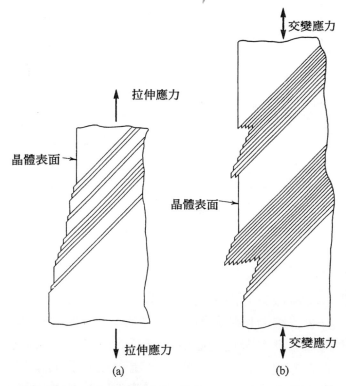

圖21.39　滑移帶與表面相交處表面輪廓的差異，(a)單一方向的變形，(b)交變變形

18. Ma, B.-T., and Laird, C., *Acta metall.*, **37** 325 (1989).
19. Cheng, A. S., and Laird, C., *Fat. Eng. Mat. Struct.*, **4** 331 (1981).
20. Ma. B.-T., and Laird, C., *op. cit.*

　　含有PSBs的排列條紋的表面形貌較示於圖21.39(a)的簡單拉伸負載更爲複雜。在Ma及Laird的銅單晶中，所觀察到的排列條紋含有基材與PSBs的交變層。此意味著示於圖21.39(b)的滑移帶是由一組PSBs與在PSBs間的基材所組成的。如此的排列條紋通常稱爲巨觀PSBs(macro-PSBs)。注意可形成背脊(突出(protrusions))與裂隙(侵蝕(encroachments))且它們中的任一個都可能成核成疲勞裂紋。無論是突出區或侵蝕區在特別試片中或已知試片的特別晶粒中形成都是晶體方向的主要函數。若排列條紋的剪力方向幾乎與表面垂直，則較有利於形成突出區或侵蝕區。但是，若滑移方向平行於表面，它們通常無法發展。

圖21.40 在銅單晶中一永久滑移帶的突出部份，塑性應變振幅是2×10^{-3}，3,000循環數的測試條件。(From Ma, B.-T., and Laird, C., Acta metall., 37 325 [1989].)

　　疲勞期間差排移動的結果之一是小的局部變形，其被稱爲擠出區(extrusions)，可以在PSBs中出現。如圖21.40所見的一樣，擠出區是金屬的小帶狀物，它很明顯的從金屬表面突出。第二張相片顯示出許多擠出區，其出現於圖21.41中。因為擠出區通常伴隨滑移束中的裂紋，它在裂紋起始時很重要。擠出區的反面是狹窄的裂隙被稱為擠入區(intrusions)。在擠入區的裂紋開始可見於圖21.42。這些表面的混亂(擠出區與擠入區)所具有的深度或高度約為10 μ m的數量級。

圖21.41 在銅單晶中具有擠出區與擠入區疊加的某些PSB突出區。晶體的測試條件是塑性應變振幅2×10⁻³，轉120,000循環數。(From　Ma，B.-T.，and Laird, C., Acta metall., 37 325 [1989].)

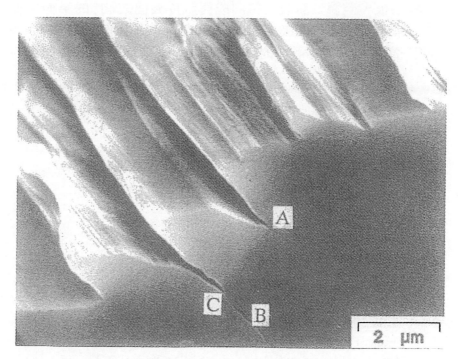

圖21.42 含有擠入區A和B的PSB之全部截面，注意裂紋已在B處開始了。(From Neumann, p., Physial Metallurgy, P.1554, Elsevier,Amsterdam, 1983.)

21.17 疲勞裂紋的成長 (Fatigue Crack Growth)

　　隨著循環次數的增加，表面凹槽加深且裂隙及擠入區具有裂紋的本性。此時，裂紋成長過程的階段 I 已開始了。破裂的起始在試片的疲勞壽命的早期便已開始。在某些有利用情況下，階段 I 的裂紋成長可以持續一段很長的疲勞壽命的分率。若試片具有優選方向，則鄰近晶粒的滑移平面幾乎相等，滑移帶裂紋可能延伸而越過晶粒。低施加應力及在單一滑移平面上的滑移變形有利於階段 I 的成長。另一方面，多重滑移的情況有利於階段 II 的成長。從實用的觀點來看，階段 I 較階段 II 不重要。必須注意的是裂紋的起始除了會在滑移面發生外，也可能在晶界或次晶界處形成裂紋。但是，滑移帶的起始是最重要的。

　　階段 I 是沿滑移面成長，而階段 II 的成長沒有這種結晶學特徵。此情況下，破裂順從破裂機構的條件。因此，若施加的應力有利於平面-應變變形，階段 II 的破裂表面將沿著垂直於主施加拉伸應力的平面成長。另一方面，具有

裂紋成長的薄平板，破裂表面傾向轉向成與試片表面成45°的平面。從階段 I
轉成階段 II 通常是由滑移平面裂紋碰到了如晶界的障礙物所誘發的。圖21.43
描述並說明了從階段 I 及階段 II 的裂紋成長，接著最後的突然失效的破裂過
程。

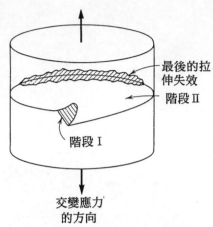

最後的拉
伸失效

階段 II

階段 I

交變應力
的方向

圖21.43 此圖說明了在疲勞破裂中，階段 I 與階段 II 裂紋成長過程間的關係
(From Forsyth, P.J.E., The Phtsical Basis of Metal Fatigue, p.90,
American Elsevier Pub. Company, Inc., New York,1969.)

　　階段 I 及 II 的裂紋成長速率間有一很大的差別。階段 I 的成長速率非常
低，約每週0.1mm，而階段 II 是每週成數微米的數量級。兩個階段的數值差異
約為10,000倍。因為階段 I 的破裂傾向沿著結晶學的滑移平面，所以它的表面
通常較階段 II 的表面的畸變少很多。在後者的情況中，由於階段 II 的事實，破
裂面可顯示出山脊，疲勞裂紋一步一步的成長；每一前進的增量相當於負載的
一個循環。基本上，在循環拉伸部份期間，裂紋移向前進，然後在壓縮部份是
停止前進。循環成長圖案包括數種因素，由示於圖21.35(a)的對稱拉伸與壓縮
負載圖案的情況就很容易了解，其中 $\sigma_m = 0$ 且 $R = -1.0$。此圖顯示正弦波形；
但是，它剛好也是圖21.44中的其他波形之一。許多情況下，在循環拉伸部份
期間，裂紋面彼此被拉離開且使裂紋尖端前進。這會在前進的裂尖端的四週及
前面區域伴隨塑性流動。此種塑性流動傾向鈍化裂紋尖端；即，在其末端打開
裂紋，其作用是限制它前進的速率。此過程一直持續到拉伸負載達其最大值。
接下來，負載開始下降，當它下降時，裂紋的前向移動停止。接著負載從拉伸
改變到壓縮。隨著壓縮負載的增加，裂紋面相互靠近，且因為裂紋尖端四週的
材料產生逆向塑性流動，所以裂紋末端的鈍化區傾向摺疊。這會有效地使裂紋
尖端尖銳，當負載進入下一循環的拉伸相時，尖銳的裂紋末端會幫助裂紋的重
新成核。此整個過程重複。

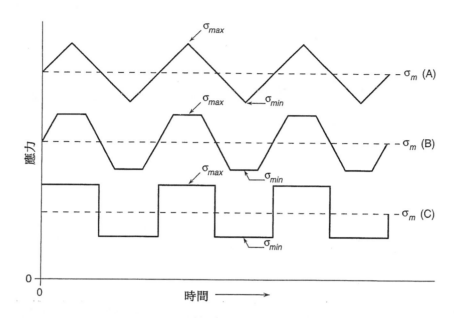

圖**21.44** 一閉回路伺服水壓萬有測試機器能對疲勞試片施加許多不同的負載循環。三種顯示於此：(a)三角形波，(b)梯形波，(c)四方波

　　有大量的努力致力於測量疲勞裂紋的成長速率。疲勞裂紋在薄試片中極易成長，在文獻上有大量的數據顯示成長速率與施加的應力和裂紋長度的平方根有關。通常此關係取冪次定律的形式，而其指數則接近4。以經驗方程式的形式來陳述的話，此關係是

$$dc/dN = A(\sigma\sqrt{c})^4 \qquad\qquad \textbf{21.5}$$

式中N是循環次數，c是雙末端裂紋的半裂紋長度，σ是最大總體應力，A是常數，此主題在第二十二章破壞力學的22.34節有更深入的討論。

21.18　非金屬介在物的影響(The Effect of Nonmetallic Inclusions)

　　非金屬介在物降低了金屬的疲勞強度。此一事實說明於圖21.45中，圖中敘述一高強度中碳合金鋼，AISI(4340)的三條S-N曲線。用來獲得三條曲線的每一鋼試片都熱處理成相同的強度(最終拉伸強度1,590MPa)。上面與中間的曲線是真空熔煉的鋼，而下面的曲線是空氣中熔煉的鋼。真空熔煉的金屬中的介在物較大氣熔煉鋼的介在物小而且少很多。這是因為大氣熔煉的鋼會吸進氣體元素，增加介在物的數量，注意大氣熔煉的鋼的疲勞限較低。

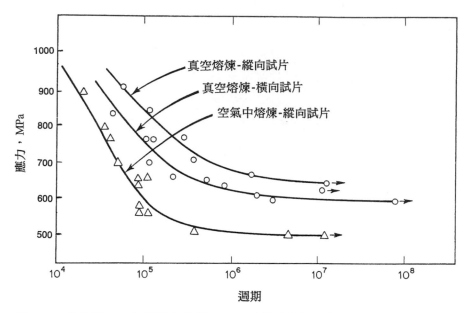

圖21.45 非金屬介在物對低合金鋼(4340)疲勞強度的影響。所有的試片都熱處
理或相同的最終位伸強度(1590MPa)。(Aksoy, A.M., Trans. ASM, 49 5
14 [1957])

中間的曲線代表的數據是由真空熔煉的試片取熱滾軋方向的橫向方向而得
到的。其他兩條曲線是沿平行於熱滾軋方向的長軸所切得的試片。將中間的曲
線與上方的曲線比較得知當試片是由滾軋方向的橫向切得時，疲勞極限或疲勞
強度較低。此種現象的原因可能如下所示。

當金屬在紅熱區滾軋製造時，介在物傾向變形並在滾軋方向被拉長。從垂
直於滾軋方向上切下的試片，其介在物的長軸位於垂直於彎曲應力的平面上。
另一方面，在縱向試片中，介在物的長軸平行於彎曲應力。在前一種情形中，
介在物垂直於應力的橫截面要比後一種情形來得大，此種垂直於應力的介在物
面積的差異相信是橫向試片疲勞強度降低的最大因素。

具有高濃度的非金屬介在物，或第二相顆粒的金屬之微觀檢視時，證實小
裂紋容易在介在物處形成[21]。這些裂紋幾乎在開始測試時及遠在可見到滑移線
之前就可觀察到。介在物不僅可成核成裂紋而且還可幫助裂紋傳播，因為裂紋
很容易的由這一個介在物跳到另一個。

21. Hempel, M. R., *Fracture*, p. 376, The Technology Press and John Wiley and Sons, Inc., New York, 1959.

21.19 鋼的微結構對疲勞的影響 (The Effect of Steel Microstructure on Fatigue)

在前面曾指出，具有淬火並回火(球狀雪明碳鐵)結構的鋼所具有的脆性破裂轉換溫度較具有相同強度的波來體結構的鋼低。淬火並回火結構的疲勞性質也較波來體結構優越。五十年前就已證實，具有回火麻田散體結構的鋼，其疲勞極限對最終拉伸強度[22](忍受比)之比約0.60，而沃斯田體或波來體結構約0.40。

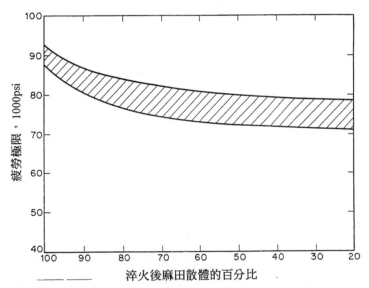

圖**21.46** 疲勞極限對已淬火並回火到相同硬度(HRC36)試片中麻田散體的百分比作圖。注意為了指出實驗數據的分散將曲線劃成帶狀。(Borik, F., Chapman, R.D., and Jominy, W.E., Trans. ASM, 50 242[1958].

近年來有更多的研究證實，淬火時所獲得的麻田散體的量在決定鋼的疲勞性質時非常重要。圖21.46顯示了由淬火許多不同的合金鋼所得到的結果。所有的試片都有相同的碳含量而且在數個不同的冷卻速率淬火以獲得在淬火金屬中各種不同麻田散體的百分比，然後將每個試片回火到相同的硬度(HRC36)，接著決定其疲勞極限。疲勞極限與淬火後所獲得麻田散體的量的關係示於圖21.46中。儘管非麻田散體結構小到百分之十時，疲勞極限仍會下降是值得注

---

22. Caz, F., and Persoz, L., *La Fatigue Des Metaux*, 2nd ed., Chap. V, Dunod, Paris, 1943.

意的，這種下降趨勢構成另一種重要的理由，即為何機器零件中的鋼在回火前總要先熱處理以儘可能獲得幾乎是100％的麻田散體結構。

21.20　低週疲勞(Low-Cycle Fatigue)

　　近年來，對相對小量的循環後便失效的疲勞測試的興趣增加，這些是因為某些工程組件，如汽車自行發動器中的彈簧，可能不必遭受到大於數萬個循環數量的壽命。換句話說，它不需設計遭受到10^7這麼多的循環數。設計這樣的零件，以它期望壽命的觀點來設計時可以降低其重量與成本。另一考慮是暴露在熱循環的大量的重要工程組件，這包括壓力容器的核反應器，熱交換器管，及蒸汽和氣體渦輪轉子及葉片。於加熱與冷卻循環期間，這些組件遭受到大的熱膨脹和收縮。在許多情況下，這些組件的熱膨脹與收縮被嚴格地限制，所以它們在加熱與冷卻循環期間遭受到大的循環應變。因這些循環的數量通常相對地很小，所以熱循環所伴生的問題可以用小總循環數的失效來研究。最後，近年來，重新關心已發展成的疲勞裂紋的成核成長的控制因素，在這方面，已發現的證據[23][24]支持發生在高應力且少數循環的疲勞失效和低應力且多數量循環的疲勞失效具有相同機構的觀點。同時，一般認為疲勞裂紋在整個疲勞試片的壽命的前百分之三到十之間形成的。但是，在成核和起始(階段 I)之後的裂紋成長，在少數循環失效和大的循環數失效的試片中花在階段 II 的時間分率，兩者間有基本的差異。在低週疲勞中，較大的疲勞壽命分率是花在階段 II 的裂紋成長。在高週疲勞中則相反為真，即大的疲勞壽命分率是花在階段 I。這意味著當疲勞失效是發生在低應力循環時，研究裂紋的成核與成長更為有效。這可增添研究低週疲勞(LCF)的額外動機。一般的定義是，研究少於10^4週的疲勞統稱為低週疲勞(LCF)(low-cycle fatigue)的範疇，而需要大於10^4週的則落在高週疲勞(HCF)(high-cycle fatigue)的分類中。

　　促成現在對低週疲勞有興趣的原因是近年來發展的萬能測試機器的型式非常適合這類的測試：閉回路伺服靜壓測試機器(closed-loop servohydraulic testing machine)。此裝置可以用許多不同循環負載的方式加載於試片上，包括壓-拉方式，其圓柱型的試片被拉時受拉伸應力和壓時受壓縮應力的交替作用。不像旋轉樑疲勞測試機無法有效地限製而產生簡單的正弦週期。如顯於圖21.44的一樣，波形可以是正弦波，三角波，梯形波，或四方波。除此之外，

　　23. Viswanathan, R., *Damage Mechanisms and Life Assessment of High-Temperature Components*, p. 113, ASM International, Metals Park, Ohio, 1989.

　　24. Skelton, R. P., *Trans. Indian Inst. Metals*, **35** 519 (1982).

此儀器亦容易改變平均應力 σ_m 的值。典型的閉回路伺服靜壓測試機器可在80 Hz的最大頻率運作，80Hz等於每分鐘4800轉，或近乎旋轉樑儀器最大頻率的一半。低週疲勞實驗通常不需80Hz的頻率，因為在此高頻率下產生 10^4 週只需約2分鐘。發表於文獻的典型實驗LCF的結果通常是在頻率為20Hz或更少之下得到的。

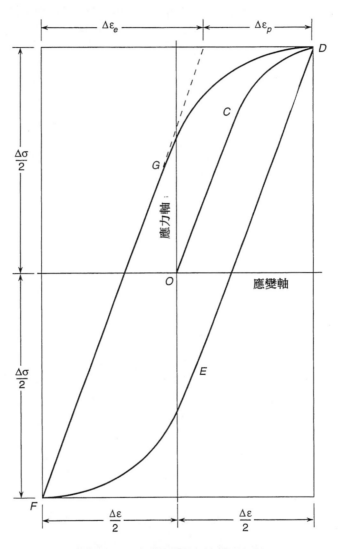

圖21.47　概略的應力-應變滯回線

　　在低週疲勞測試中，試片所受的負載通常遠高於它們的降伏應力。例如，如在21.4節指出的一樣，鋼的疲勞極限與降伏應力粗略相等，而低週疲勞通常在遠高於疲勞限的應力執行。LCF測試中的高應力表示在交變應力循環期間必會發展成暫時的塑性應變。此意味著單一循環期間，應力-應變曲線沿著有限寬度的滯回線進行，如描繪於圖21.47中的一樣。迴路的發展如下，在起初加載時，試片彈性變形且從點 O 到點 C 的降伏應力都是線性的。之後，隨試片的塑性變形應力-應變行徑變成曲線。在點 D 時，停止試片的拉伸負載且試片的變形被反轉。在此循環部份的開始，應力線性下降直到到達點 E 爲止，點 E 相應於壓縮之降伏應力。注意此壓縮降伏應力小於拉伸時之初始降伏應力。這是被稱爲包辛格效應(Bauschinger effect)的反映；即一試片在某一方向單軸向負載後，反方向負載的降伏應力通常小於初始的降伏應力。反向的循環部份在點 F 時被終止。重新加載，應力-應變曲線沿著路徑 FGD 完成滯回線。注意回線近乎對稱的。但是，增加循環的次數回路的形狀會逐漸地改變。若試片遭受負載循環的應力範圍 $\Delta\sigma$ 保持一定，然後應變範圍 $\Delta\varepsilon$ 的大小可能會成長或減低。但是，正常的LCF的測試是在定應變的情況下執行的。這可以容易地在伺服靜力閉回路機器上完成。注意應變範圍 $\Delta\varepsilon$ 由兩個部份所組成：(1)彈性應變分量 $\Delta\varepsilon_e$，及(2)塑性應變分量 $\Delta\varepsilon_p$。這兩個應變分量劃於圖21.47的頂端。若應變範圍保持固定，則應力範圍可能隨著週期次數的增加而增加或減少。但是，在試片承受近似100週後，$\Delta\sigma$ 通常趨近於一個近似常數值或穩定值，其取決於施加於試片上的循環應變範圍。穩態 $\Delta\sigma$ 和 $\Delta\varepsilon$ 間的函數關係的實例示於圖21.48中，其顯示鑄造的鎳基超合金在空氣中於三種不同溫度下測試所獲得LCF的數據圖[25]，這些數據所對應的 $\Delta\sigma$ 和 $\Delta\varepsilon_p$ 是每一試片已遭受100週後所測得的。循環的負載包括控制總應變振幅及完全可反轉的三角波形。注意在所有三個溫度下，兩個都是對數坐標上數據圖是線性的。這隱含著在 $\Delta\sigma$ 和 $\Delta\varepsilon_p$ 間存在冪次的關係，或我們可寫成

$$\Delta\sigma = A(\Delta\varepsilon_p)^n \qquad\qquad\qquad \textbf{21.6}$$

式中 A 是強度係數且 n 是循環的應變硬化指數。在圖21.48中1033K數據點的情況下，已決定出 $A=2.340$MPa，及 $n=0.46$。若將它們代入方程式21.6，可獲得

$$\Delta\sigma = 2,340\Delta\varepsilon_p^{0.46} \qquad\qquad\qquad \textbf{21.7}$$

此所產生的曲線示於圖21.49中，此循環曲線與拉伸應力-應變曲線相當。但是，必需注意的是，在此情況下應變是塑性應變而不是總(彈性加塑性)應變。此外，若比較如圖21.49中的循環應力-應變曲線與在相似的溫度條件溫度下所

25. Hwang, S. K., Lee, H. N., and Yoon, B. H., *Met. Trans. A*, **20A** 2793 (1989).

獲得的拉伸應力-應變曲線時，將可發現兩曲線的重要差異[26]。

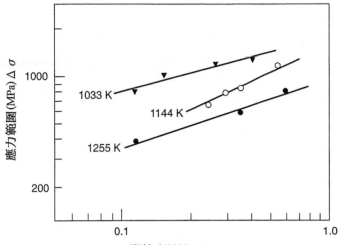

圖**21.48** 顯示應力範圍Δσ(穩能)與塑性應變範圍，Δε$_p$變化的實例。(From Hwang, S.K., Lee, H.N., and Yoon, B.H., Met. Trans. A, 20A2793 [1989].)

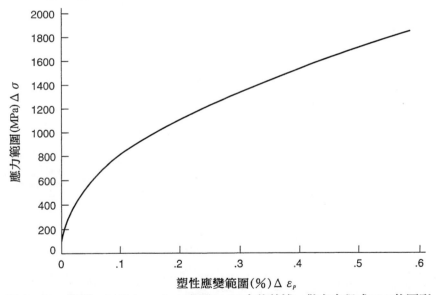

圖**21.49** 使用1033KΔσ-Δε$_p$在圖21.48中的數據，做出方程式21.6的圖形

---

26. Viswanathan, R., *Damage Mechanisms and Life Assessment of High-Temperature Components*, p. 120, ASM International, Metals Park, Ohio, 1989.

21.21 可菲-曼森方程式 (The Coffin-Manson Equation)

Coffin-Manson方程式是大家所熟知的LCF失效循環次數N_f(稱爲疲勞壽命(fatigu life))與塑性應變範圍$\Delta \varepsilon_p$間冪次定律的關係。此事實的結果是這兩個參數在LOG-LOG座標上劃成線性圖。此種圖的三種例子示於圖21.50中。此情況是使用α-β Ti-Mn合金[27]所獲得的數據。三條曲線相應於三組試片,其改變α相的晶粒大小。此圖是依據Coffin-Manson所提的方程式作圖而成的,方程式如下:

$$\Delta\varepsilon_p = C(N_f)^{\beta} \tag{21.8}$$

式中C及β是材料常數,通常由實驗決定。注意常數β正常是負數。

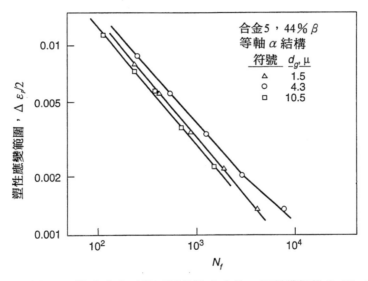

圖21.50 使用α-β鈦合金中三種不同晶粒大小的α相所獲得的Coffin-Manson圖(From Saleh, Y., Margolin, H., Met. Trans. A,13A 1275 [1982].)

循環應變的彈性分量$\Delta \varepsilon_e$與疲勞壽命N_f間的關係類似於方程式21.7,因爲這兩個參數作圖也傾向產生直線。這可見於圖21.51,其乃是使用鎳基超合金Inconel-617的試片在1033K下所獲得的數據。因此,我們可以寫成

$$\Delta\varepsilon_e = D(N_f)^{\gamma} \tag{21.9}$$

式中D和γ亦是材料的常數。觀察圖21.51,作者以循環應變振幅(應變範圍的

27. Saleh, Y., and Margolin, H., *Met. Trans. A*, **13A** 1275 (1982).

一半)對$2N_f$作圖，$2N_f$是失效時負載交變的次數，而不是達失效的循環次數N_f。這不會影響方程式21.7和21.8中基本的函數關係。除此之外，圖21.51中不僅是彈性應變振幅對達失效時的交變次數作圖，而且也以塑性及總應變振幅對達失效時的交變次數作圖。注意在此情況，當總應變振幅對$2N_f$(或N_f)作圖時不會產生直線。此乃因ε_t是ε_e和ε_p之總合，其關係如下：

$$\Delta\varepsilon_t = D(N_f)^{\gamma} + C(N_f)^{\beta}$$
21.10

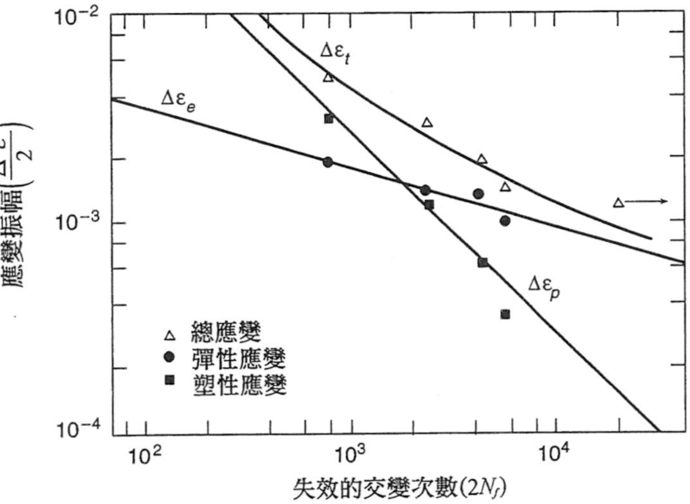

圖**21.51** Inconel-617 (54％Ni，22％Cr，12.5％Cr，9％Mn，1％Al及0.07％C)在1033K時的應變-疲勞壽命關係圖。(From Burke, M.A., and Beck C.G., Met. Trans. A, 15A 661[1984].)

21.22　某些實際的疲勞型態(Certain Practical Aspects of Fatigue)

　　大部份實際工程結構的疲勞失效是因爲巨觀的應力增高者無意中併入物體所造成的結果。物體表面的任何尖銳邊緣或銳角遭受重復應力時都是疲勞失效的潛在危險的點。若尖銳邊緣所處的位置位於應力循環的拉伸狀態時特別真實。一個爲大家所熟知的粗心的疲勞失效例子是在葉片中間蓋有製造商名稱的飛機金屬螺旋槳。蓋印所產生凹槽是應力增高者，會導致提早疲勞失效。切入轉子的栓孔常常是疲勞損害的來源。甚至金屬零件上所鑽的孔，在其尖唇都可提供應力增高處。螺栓中螺紋底部的v型凹痕是另一種疲勞裂紋的來源。

　　因爲疲勞失效源於金屬試片的表面，所以強化表面通常可以改善疲勞壽命。可利用各種不同的方法來達成表面硬化的目的。經常使用的方法是珠擊

(shot-peening)，其就是用鋼珠撞擊金屬轉子或其他物體的表面。此種表面層的冷加工會留下可改善疲勞性質的殘留壓應力。利用滲碳或滲氮的表面硬化都可用來強化遭受重複應力的金屬表面。

問題二十一

21.1 (a)列出發生在單晶中不同的破裂型式。(b)現在考慮多晶金屬。指出晶界如何增加破裂的可能性。

21.2 溫度低於室溫時，鋅金屬可能承受非常大的塑性應變。這在多晶鋅中不真，多晶的鋅在較低的任意溫度時顯示出非常低的延性。依據鋅的機械性質來說明此一事項。

21.3 S.S. Brenner, (Jour. Appl. Phys., 27 1484 [1955]，發表過鐵的單晶鬚晶具有13,130MPa的拉伸強度，假設鐵的鬚晶具有＜100＞方向；即晶體的＜100＞方向沿其中心軸。(a)當獲得最終拉伸應力時，試計算在最高的應力{110}＜111＞的滑移系統的剪應力大小。有多少個滑移系統。(b)在{110}平面上沿＜110＞方向的剪變模數 μ 是59,810MPa，試計算 τ_{max}/μ 之比。(c)根據理論計算，晶體的最大剪力強度是 $\mu/10$ 到 $\mu/30$ 間。理論預測值與此問題(b)中所得的值相比較的情形為何？(d)現在假設滑移平面之一是理想的方向，因為 φ 和 θ 在分解剪應力方程式中等於45度，計算 τ_{max}/μ。(e)依據這些計算，在鐵鬚晶中有關發生滑移有什麼結論？此可以表示有關任何鐵晶體鬚晶中晶體結構的完整性嗎？

21.4 (a)目前相信金屬中的介在物傾向會促進劈裂和延性破裂。請說明之。(b)介在物的形狀如何影響疲勞試片的破裂？(c)一般多軸應力狀態如何影響破裂。

21.5 (a)增加應變率有利於鐵中的劈裂和攣晶化，用理論來說明此陳述。(b)描述拉伸試片中杯錐狀破裂的發展。

21.6 一疲勞試片被循環負載如下，⑴試片從零負載開始以1,500MPa/s之速率拉伸1秒；⑵然後保持在最大負載1秒；⑶再以一1,500MPa/s的速率卸載1秒鐘。然將此循環重覆。(a)劃出數個循環以表示循環負載的圖形。(b)決定出 σ_m，σ_a，R，及 A。

21.7 (a)對具有1,250MPa的最終拉伸強度及400MPa的疲勞極限(假設完全反覆負載)的鋼而言，劃出Goodman及Gerber線。(b)若此鋼負載於具有交變應力 $\sigma_a=150$MPa的正弦波下，假如利用Goodman直線，試片不失效而能承受的最大應力是多少？

21.8　根據Hwang等人所提的數據，方程式21.6的常數相應於圖21.48中1235 K的數據$A = 1920$MPa及$n = 0.31$。以圖21.49的方式劃出應力範圍隨塑性應變範圍的函數關係圖。

21.9　利用Saleh及Margolin於圖21.50中1.5μ徑的α晶粒大小的數據，來決定出Coffin Manson方程式中的常數β及C。

21.10　藉助Coffin-Manson方程式來評估問題21.9，以$\Delta\varepsilon_p$對$\log N_f$座標作圖劃出Saleh和Margolin數據的曲線。

21.11　圖21.51顯示應變振幅，$\Delta\varepsilon_e/2$，$\Delta\varepsilon_p$和$\Delta\varepsilon_t$對達失效時交變次數$2N_f$在雙對數座標上所作的圖。決定出三種應變振幅隨$2N_f$變化的函數關係方程式，其相當於方程式21.8，21.9及21.10。

21.12　利用計算機和雙對數座標將在問題21.11所獲得的方程式劃在同一張紙上，將你的圖與圖21.51比較，然後檢查你在問題21.11中所獲得結果。

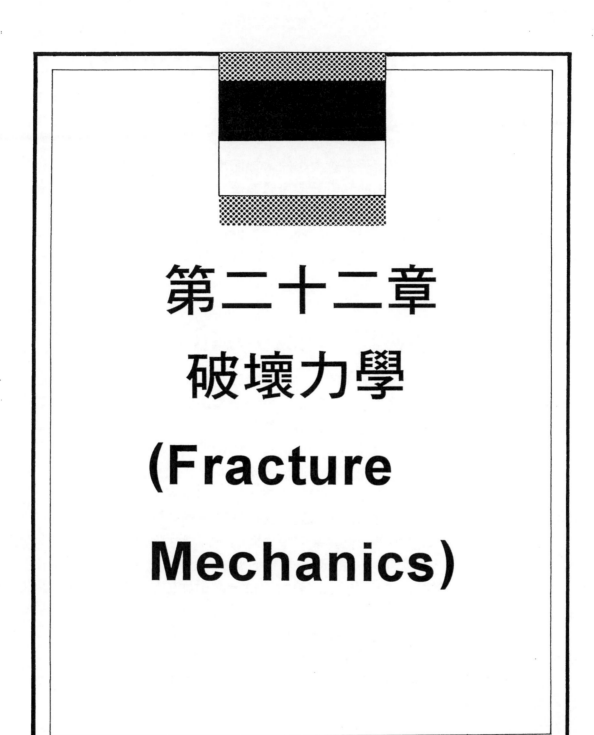

第二十二章

破壞力學

(Fracture Mechanics)

22.1 破壞力學(Fracture Mechanics)

近年來許多結構的設計不再只是簡單的依據最終應力或降伏應力的數據。這是因為工程的結構體通常含有不可避免的或固有的瑕疵,此瑕疵的形式是預存的裂紋或可發展成裂紋的結構不連續處。這些小裂紋通常在使用時於遭受應力的情況下成長;成長速率隨著裂紋大小的增加而增加,在裂紋成長到一臨界大小時,材料突然的失效。因此,設計使用於輕重且高應力的飛機、輪船、高速火車、壓力容器反應器,及火箭引擎的金屬的設計者目前需具有裂紋大小,裂紋前端的應力增強,給定材料對開裂的阻力,零件的尺寸,及裂紋的成長速率間相互關係的基本知識。這些特色包容於現被稱為破壞力學(fracture mechanics)的大量測範圍內。早期破壞力學的開始大都是研究玻璃的破裂。此一主題將在下一節處理。

22.2 玻璃的破裂(Fracture in Glass)

許多有關劈裂破裂的機構可由研究如玻璃的彈性材料而得到。由於塑性變形發生於裂紋的前端及周圍的事實,使得晶體中劈裂破裂通常很複雜。在高裂紋成長速率及低溫的情況下,塑性變形傾向被壓抑,而且晶體的劈裂破裂相當於脆性材料的破裂,例如,冷玻璃即是。但是,兩者間有一重要的區別。劈裂傾向發生於低指標的特殊結晶學平面,而玻璃是非晶質,此種情況沒有意義。

雖然已證實玻璃在室溫下會產生塑性變形,但此變形量於脆性破裂期間無需置疑是相當小。因此,我們可以假設此類材料在破裂的瞬間是彈性變形。

讓我們假設圖22.1代表著一個真實的彈性固體(破裂時沒有塑性流變的任何物種),處於拉伸應力狀態下,力量是f,垂直面mn是破裂面。現在,若固體中無瑕疵,則破裂的發生必需破壞橫過破裂面上每一面對面的原子間的鍵結。兩垂直列的圓代表原子,原子對間的鍵結由短的水平直線代表。約略而言,可將這些水平線想成是彈簧並允許原子對相互靠近或遠離,其取決於所施的外力是壓縮或拉伸。若施力很小,則原子的位移將與力量(應力)成線性的變化。

讓我們以符號x代表因施加應力而導致平均原子間距離的變化。此應變現在可寫成

$$\varepsilon = \frac{x}{d} \qquad\qquad \textbf{22.1}$$

且對小應變而言

$$\sigma = E\varepsilon = \frac{Ex}{d} \qquad\qquad \textbf{22.2}$$

式中σ是取垂直於破裂面的應力，ε是應變，E是楊氏(Young's)模數，及d是無應力時平面間的距離(圖22.1)。

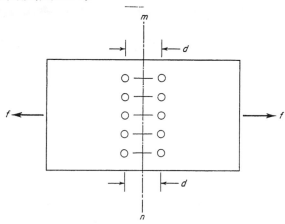

圖22.1　兩垂直的圓圈列代表晶體中的一對晶格平面。破裂面如線mn所指者

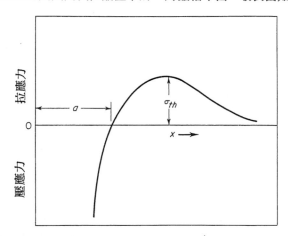

圖22.2　固體中結合力與原子間距離的關係函數。(After Orowan, E., Reports on Porg. in Physics, 12 185[1948-1949].)

　　然而，對大的位移而言，位移與施加應力的關係不再是線性了。當原子受力靠近時，大的排斥力起作用以致壓應力隨著變形量的增加而愈來愈快速的上升。由於拉伸應力的作用而產生的大正位移也會導致偏離線性，但此情況下，隨著位移的增加，有效的回復力降低而不是上升。這些效應概述於應力與位移的關係曲線上(見圖22.2)。注意當原子鍵結被伸長時，回復應力上升到極大值後再下降。最大的應力值以σ_{th}表示，σ_{th}可認是理論的破裂應力。此時的應力達到一不穩定點，超過不穩定點後於降低應力時會增加應變，在正常負荷的拉伸試片中,此種情況會導致破裂。

在研究破裂時,圖22.2曲線的有趣部份位於零應力軸之上。在此區域內的曲線可近似表示成簡單的正弦函數形式,

$$\sigma = \sigma_{th} \sin \frac{2\pi x}{\lambda}$$ **22.3**

式中 σ 是施加應力, σ_{th} 是破裂瞬間的應力,x 是平均原子間距離的改變或位移,且當應力等於 σ_{th} 時 x 的值是 $\lambda/4$。於是,試片達破裂點時每單位破裂表面的功 W 是

$$W = \int_{o}^{\lambda/2} \sigma_{th} \sin \frac{2\pi x}{\lambda} \cdot dx = \frac{\sigma_{th}\lambda}{\pi}$$ **22.4**

從表示應力對位移 x 關係的方程式22.2,我們有

$$\frac{d\sigma}{dx} = \frac{d}{dx} \sigma_{th} \sin \frac{2\pi x}{\lambda} = \frac{2\pi}{\lambda} \sigma_{th} \cos \frac{2\pi x}{\lambda}$$

且對小的 x 值而言,$\cos 2\pi x/\lambda = 1$,因此

$$\frac{d\sigma}{dx} = \frac{2\pi}{\lambda} \sigma_{th}$$

但在小位移時

$$\sigma = E \frac{x}{d}$$

或 $$\frac{d\sigma}{dx} = \frac{E}{d}$$

因此 $$\frac{2\pi}{\lambda} \sigma_{th} = \frac{E}{d}$$

在此方程式中解出 λ/π 並代入方程式22.4中,可得

$$W = \frac{2\sigma_{th}^2 d}{E} \text{J/m}^2$$ **22.5**

當破裂發生時,此應變能的因素可假設轉變成產生新表面所需的表面能。換句話說

$$\frac{2\sigma_{th}}{E} = 2\gamma$$ **22.6**

或者 $$\sigma_{th} = \sqrt{\frac{\gamma E}{d}}$$ **22.7**

式中 γ 是表面能(表面張力),E 是楊氏模數,且 a 是零應力時橫過破裂平面原子

間平均的距離。

　　對等向性彈性固體而言，方程式22.7預測出極高的理論破裂應力。譬如，在許多固體中，d約0.3nm，楊氏模數約10^{10}Pa，且γ約為1N/m，將這些值代入方程式22.7中計算：

$$\sigma_{th} = \sqrt{\frac{1 \times 10^{10}}{0.3 \times 10^{-9}}} = 5.8 \text{ GPa} \simeq 10^6 \text{ PSI} \qquad \textbf{22.8}$$

只有在很少的情況才會發現此大小數量級的拉伸強度。兩個有名的例子是剛抽製的玻璃纖維[1]及雲母片都不能在其尖銳處施加應力[2]。

22.3　葛立費思理論(The Griffith Theory)

　　通常在窗玻璃所觀察到的強度小於其理論強度的百分之一。此種平常觀察到的強度與理論強度間的矛盾導致，Griffith假設此低觀察強度的結果乃是由於在低強度玻璃中存有小裂紋或瑕疵。因為裂紋的末端具有應力提升作用的能力，所以Griffith假設在裂紋尖端可獲得理論值的應力。根據這個觀念當在裂紋末端的應力超過理論的應力時，便會發生破裂。當此種情況發生時，裂紋猛然的擴展。

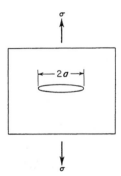

圖**22.3**　Giffith裂紋

　　在計算裂紋尖端的應力時，我將使用Orowan[3]的趨近法，而不使用Griffith的趨近法。然而，兩者皆考慮一平板含有穿越橫截面的橢圓裂紋。此一裂紋示於圖22.3中，圖中可觀察到裂紋的長度是$2a$且應力軸與橢圓的主軸垂直。具有如圖所指的拉應力方向時，此種橢圓孔型式四周的應力與應變已由Inglis[4]計算

　　1. Griffith, A. A., *Phil. Trans. Roy. Soc.*, **a221** 163 (1924).
　　2. Orowan, E., *Zeits. für Phys.*, **82** 235 (1933).
　　3. Orowan, E., *Reports on Prog. in Phys.*, **12** 185 (1948–49).
　　4. Inglis, C. E., *Trans. Inst. Naval Arch.*, **55** 219 (1913).

出。根據這些計算，在裂紋尖端的應力 σ_e 是

$$\sigma_e = 2\sigma \left(\frac{a}{\rho}\right)^{1/2}$$ **22.9**

式中 $2a$ 是橢圓孔主軸的長度，σ 是平均施加的應力，及 ρ 是橢圓末端的曲率半徑。

我們由方程式22.7可知

$$\sigma_{th} = \left(\gamma \frac{E}{d}\right)^{1/2}$$ **22.10**

若破裂被擴展時，σ_e 必需等於 σ_{th}，而且

$$2\sigma \left(\frac{a}{\rho}\right)^{1/2} = \left(\frac{\gamma E}{d}\right)^{1/2}$$ **22.11**

現在可將此關係解出 σ，產生

$$\sigma_f = \left[\frac{\gamma E}{4a}\left(\frac{\rho}{d}\right)\right]^{1/2}$$ **22.12**

式中 σ 是裂紋會擴展的平均施加應力，γ 是比表面能，$2a$ 是裂紋長度，ρ 是裂紋尖端的曲率半徑，及 E 是楊氏模數。此關係是脆性破裂Griffith準則Orowan的敘述。它與Griffith的原來關係只有一些小差異(小的數值因子)。注意隨著裂紋長度的增加，維持裂紋移動的應力降低。此意味著一但裂紋開始移動可能會加速到高速移動。

22.4　玻璃中的葛立費思裂紋 (Griffith Cracks in Glass)

已有大量的努力企圖證明Griffith裂紋的存在。不幸的是，瑕疵或裂紋的本性的詳細知識和它們與玻璃強度間的關係只有部份了解。Griffith裂紋的證明通常是不直接的，然而，這顯示降低玻璃強度的裂紋可能位於表面，表面裂紋長度值為 a 的裂紋相當於內部裂紋的長度為 $2a$。

Griffith原來的研究是在玻璃纖維中執行的，並強而有力的證實了他的理論。當將剛抽製成的蘇打玻璃纖維作彎曲測試時，所獲得的拉伸應力高達6.2 GPa，此值非常接近玻璃的理論強度(≈ 6.9GPa)。另外破裂的古典實驗Orowan也有研究[5]，它證實雲母片的拉伸強度可增十倍，雲母平常具有的拉伸強度是

5. Orowan, E., *Zeits. für Phys.*, **82** 235 (1933).

207到276MPa(30,000到40,000psi)。Orowan假設此低強度是由於平板的邊緣有裂紋存在的緣故。另外若是劈裂表面則此平板的平直表面將沒有瑕疵且沒有缺陷。在測試此假設時,他製作了拉伸測試夾,夾子的寬度小於平板的寬度。以此方式負載雲母試片,則在雲母的邊緣不會有應力。此實驗的結果觀察到大於276MPa的拉伸強度。

22.5 裂紋的速度(Crack Velocities)

當彈性材料受應力時,在材料中會儲存潛能。由簡單的彈性理論得知此應變能的大小是:

$$應變能 = \frac{\sigma^2}{2E} J/m^3 \qquad \textbf{22.13}$$

式中 E 是楊氏模數及 σ 是外施應力。根據Inglis對單位厚度平板中橢圓型裂紋四周的應力和應變的解,因裂紋的存在而降低總應變能的量,

$$應變能的降低量 = -\frac{a^2 \sigma^2}{E} \qquad \textbf{22.14}$$

換句話說,隨著裂紋長度($2a$)的增加,愈來愈多的能量被利用來擴展裂紋。這能量的一部份耗費在形成裂紋的表面,在單位厚度的玻璃平板中此量是 $4\gamma a$,其中 γ 是比表面能及 $2a$ 是裂紋長度。剩餘的能量則轉成動能。隨著裂紋末端的向前移動,在裂紋兩側的材料以有限的速度彼此移開,此種裂紋末端附近的材料移動會伴生動能。因此,在任一瞬間我們有

獲得的動能＝損失的應變能－獲得的表面能

或是

$$\frac{d}{dt}(動能) = \frac{d}{dt}\left(\frac{\pi a^2 \sigma^2}{E} - 4\gamma c\right) \qquad \textbf{22.15}$$

此關係已被解答[6,7]且其解的形式是

$$v_c = kv_l\left(1 - \frac{a_o}{a}\right)^{1/2} \qquad \textbf{22.16}$$

式中 v_c 是裂紋的速度, v_l 是固體中聲音之縱速, a_0 是Griffith臨界的半長度, a 是任一瞬間的裂紋半長度,且 k 是無因次常數。

上述的方程式顯示,當裂紋從臨界裂紋長度擴展時會獲得速度。它也顯示當裂紋長度成長至非常大時,速度趨於一最大值。依據所假設的裂紋形狀,應

---

6. Mott, N. F., *Engineering*, **165** 16 (1948).

7. Anderson, O. L., *Fracture*, p. 331. The Technology Press and John Wiley and Sons, Inc., New York, 1959.

力分佈[8]，和蒲松比的值就可以算出上述方程式中的常數，計算值是0.38，此意味著在彈性固體中裂紋的計算極限速率是相同材料聲速的0.38。裂紋速度被聲速所限制的事實不足為奇，鄰接裂紋的材料所發生的位置只能是由一個原子以彈性音波的速度傳輸到另一個原子。

22.6　葛立費思方程式 (The Griffith Equation)

　　我們現在將考慮破裂應力的葛立費思推導，他的推導是以熱力學為基礎。Griffith認為當裂紋可以猛然的傳播時，乃是所獲得的表面能必需等於應變能的損失。譬如，再考慮平板中橢圓的狹縫且利用方程式22.14中的應變能，我們可得

$$\frac{\partial}{\partial c}\left(\frac{\pi\sigma_f^2 a^2}{E}\right) = \frac{\partial}{\partial c}(4a\gamma) \tag{22.17}$$

或

$$\frac{2\pi\sigma_f^2 a}{E} = 4\gamma \tag{22.18}$$

且

$$\sigma_f = \left[\frac{2\gamma E}{\pi a}\right]^{1/2} \tag{22.19}$$

　　將此關係與早先由考慮裂紋末端應力集中所推得的關係式，即

$$\sigma_f = \left[\frac{\gamma E}{4a}\left(\frac{\rho}{d}\right)\right]^{1/2} \tag{22.20}$$

作比較。

　　現在通常認為這個關係式代表裂紋不穩定擴展的不同準則，兩者都能滿足。當裂紋根部的曲率半徑 $\rho = (8/\pi)d \approx 3d$ 時，兩方程式得到相同的破裂應力。對非常尖銳的裂紋($\rho < 3d$)而言，應變能準則(Griffith的關係式)將控制裂紋的成長，而 $\rho > 3d$ 的裂紋而言，裂紋末端的應力集中(Orowan的關係式)將決定裂紋能否不穩定移動。

　　在方程式22.20的Griffith關係式特別適用於含有平而橢圓的裂紋的平板。具有不同幾何形狀的材料中的其他形式裂紋之計算和基於更精確的原子考慮的計算都已完成，所有這些計算的結果普遍的證實了下列的函數關係：

$$\sigma_f \approx \left(\frac{\gamma E}{a}\right)^{1/2} \tag{22.21}$$

因此，上式可視為關於脆性破裂的一般的意義關係式。

---

8. Roberts, D. K., and Wells, A. A., *Engineering*, **178** 820 (1955).

22.7 與多晶金屬有關的葛立費思方程式 (The Griffith Equation in Relation to a Polycrystalline Metal)

　　21.7節證實劈裂破裂在多晶材料比在單晶材料中更難傳播。但是，這不能認爲是脆性劈裂破裂不易移經多晶材料的證據。不過，它限制了劈裂裂紋可以成長的初始大小，所以裂紋形成後只能成長到一個晶粒的直徑大小或數個晶粒的直徑大小。因裂紋較難穿越大角度晶界所以這些微裂紋的進一步成長被阻止了。不過，在非常高的應力之下，可以想像得到的是裂紋將猛然的擴展。發生此一現象的條件非常重要，因爲微裂紋的擴展會導致脆性破裂。以近似值而言，我們可認爲微裂紋的長度等於晶粒直徑。裂紋擴展的Griffith準則，方程式22.21

$$\sigma_f = \left[\frac{2\gamma E}{\pi a}\right]^{1/2}$$ **22.22**

現在可以應用上，只要我們假設比表面γ以對應的有效表面能γ_e取代就可以了。後面這個量不僅考慮真正的表面能，而且也考慮強迫裂紋經多晶群時所耗費的塑性變形能。對一已知條件而言，Griffith準則變成

$$\sigma_f = \left[\frac{4\gamma_e E}{\pi d_g}\right]^{1/2}$$ **22.23**

式中γ_e是有效的比表面能，d_g是平均的晶粒大小，σ_f是施加的應力，及E是楊氏模數。此關係式預測經由脆性劈裂而失效的多晶金屬的強度隨平均直徑的平方根的倒數而改變。此種性質的實驗方程式已在鋅和鐵[9][10]中被報導過。隨著直徑愈變愈大時，終將到達一臨界直徑。當晶粒高於臨界直徑時，擴展微裂紋所需的應力變得比晶體內部裂紋成核或形成應力還小。當此種情形發生時，可以想像得到的是最早形成的裂紋便會導致試片的失效。在裂紋成長到與晶粒直徑同等大小時，此時裂紋大到足夠穿過晶界且繼續成長。大於臨界直徑時，破裂的應力由晶體中裂紋成核所需的應力所控制，低於臨界直徑時，破裂應力由裂紋傳播經多晶群所需的應力所控制。因爲金屬中的劈裂裂紋不到降伏點時不會成核，所以在裂紋直徑大於臨界直徑時，破裂幾乎與降伏同時發生。Gilman已

9. Low, J. R., Jr., *Trans. ASM*, **46A** 163 (1954).
10. Greenwood, G. W., and Quarrell, A. G., *Jour. Inst. of Metals*, **82** 551 (1954).

將上述的結論總結並以簡單的概圖的形式來表示(見圖22.4)。注意此圖是利用晶粒直徑的平方根的倒數劃成的。

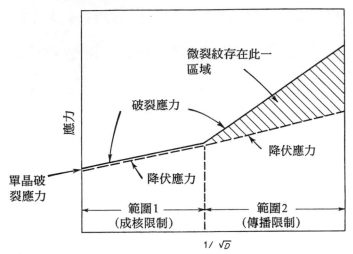

圖**22.4** 顯示晶粒大小 D 對多晶金屬的降伏和破裂應力的影響。(After Gilman, J.J., Trans. AIME, 212 783 [1957].)

　　圖22.5所示的概要應力-應變曲線是相應於圖22.4的兩個區域。圖22.5(a)是成核受限時破裂的曲線形狀,當破裂是傳播受限時的曲線以圖22.5(b)表示,注意在第二情況時有一小但清楚的塑性應變。圖22.4則相應於可能脆性破裂的相對低溫。在較高溫度時,因為滑移更容易發生,所以所有的破裂傾向變成延性,在此種情況下,應力-應變曲線將具有圖22.5(c)的外觀。

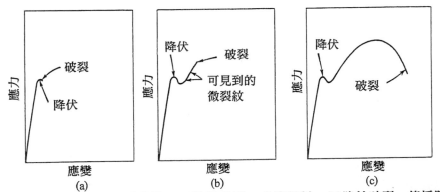

圖**22.5** 拉伸應力-應變曲線。(a)脆性破裂,成核限制。(b)脆性破裂,傳播限制。(c)延性破裂

22.8 破裂的主要模型
(The Primary Modes of Fracture)

了解有三種基本的破裂模式是相當重要。這些示於圖22.6。模式Ⅰ破裂相當於裂紋表面的位移垂直於裂紋表面的破裂。這是典型的拉伸破裂的型式。第二種模式是裂紋表面在垂直於裂紋前緣邊的方向相互剪切;在模式Ⅲ,剪切作用是平行於裂紋的前緣邊。

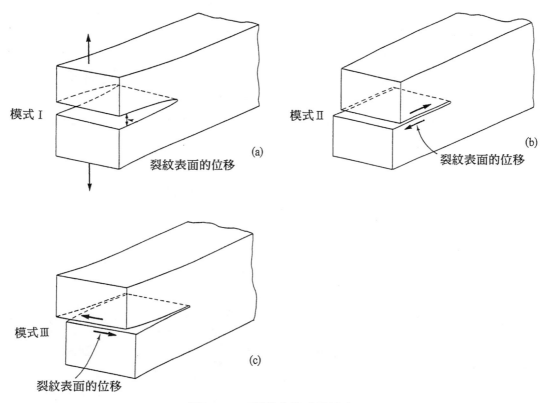

圖22.6 三種基本的破裂模式

在實際金屬平板或薄片中,破裂受裂紋前端所發生塑性變形程度的不同的事實所影響。因此,不再可能假設裂紋在無限寬度的平板中移動。這些考慮因素中最重要的因素是平板厚度。在厚板中,平行於裂紋前緣的金屬廣大深度傾向限制平行於裂紋前緣的塑性流變。另一方面,在薄平板中的裂紋無法感受到這種限制。結果,因剪切作用發生於與平板平面傾斜成45°的平面上,所以穿過薄板的裂紋會引發或導致平板產生頸縮,如圖22.7所示。平行於裂紋前緣方向的變形鬆弛了相應的應力分量 σ_z。結果，施加應力 σ 傾向在裂紋前端發展成平面應力的狀態。另一方面，在厚的平板中，平行於裂紋的方向金屬無力變形導致在平行於裂紋邊發展成第三個應力分量 σ_z，在此情況下，裂紋前端的材料於三軸應力的條件下變形，如圖22.8所示，而且變形被限制於平板的平面上的剪變。因此，習慣上的陳述是厚板中裂紋的移動處於平面應變的情況下。當裂紋在厚板中移動且裂紋前端的應變作用發展成平面應變狀態時，傾向發生模式Ⅰ的破裂(見圖22.6)。產生這種正常破裂的型式的實際微觀破裂機構可能有數種包括劈裂的型式，如鋼在低溫一樣。另一種可能性是韌斷，韌斷的發生是因為在裂紋前端的材料空孔張開，成長及聚集而來的。如在21.9節所討論的一樣，在杯錐狀破裂的拉伸試片中，中心平坦的破裂表面通常是後面的形態。另一方面，當薄平板時，破裂在平面應力的條件下發生，破裂傾向由剪切模式發生，而其破裂表面約與應力軸成45°。此種失效的形式也是空孔形成和聚集的結果，示於圖22.9中。拉伸試片杯錐狀破裂的傾斜表面通常是此種型式。

　　對中間厚度的平板而言，破裂發生的傾向是平面應力和平面應變的混合型式。破裂表面的最終形狀示於圖22.10所示。中心平坦的破裂表面相應於在平面應變下失效。此表面的任一邊將有與中心平坦區域成傾斜45°的兩個剪唇區。隨著裂紋的前進，中心平坦區域傾向超前兩個傾斜表面，中心破裂表面的領先結果導致負載由兩個較薄的部份承受且在平面應力的條件下變形，這些表面隨後以模式Ⅲ剪力破裂。

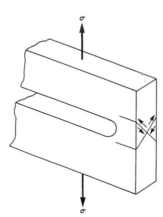

圖22.7 在薄板中，裂紋前進所遇到的金屬傾向以平面應力方式變形，而且在與平板表面成45°的平面上產生剪切

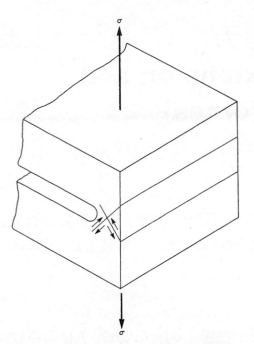

圖22.8 在厚平板中，金屬在裂紋前進傾
向利用平面應變變形且在與破裂
平面成45°的平面上產生剪切

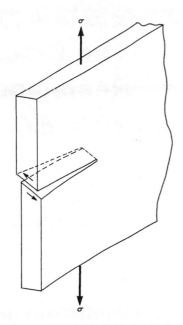

圖22.9 薄平板中的模式Ⅲ破裂時

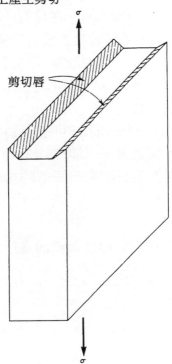

剪切唇

圖22.10 中間厚度平板中的混合型破裂。中央平坦的表面相應於模式 I 的平面
應變破裂，剪唇區相應於模式Ⅲ的破裂

22.9 裂紋擴展力及阻力 (The Crack Extension and Resistance Forces)

利用方程式22.18我們有

$$\frac{2\pi\sigma_f^2 a}{E} = 4\gamma \qquad\qquad \textbf{22.24}$$

式中σ_f是破裂應力，a是裂紋長度的一半，E是楊氏模數，及γ是表面能。此關係式相應於長度的$2a$的雙端裂紋(double-ended crack)。對長度為a的單端裂紋可簡化成

$$\frac{\pi\sigma_f^2 a}{E} = 2\gamma \qquad\qquad \textbf{22.25}$$

此種表示式的兩側具有不同的概念基礎。左側$\pi\sigma_f^2 a/E$代表為了移動裂紋所釋放出的應變能的速率。它被稱為能量釋放率(energy release rate)且具有每單位平板厚度每單位裂紋前進之能量因次。此種參數一般可接受的符號是G，也被稱為裂紋擴展力(crack extension force)。在目前的情況，G通常寫成G_{Ic}以表示模式 I 破裂的能量釋放率臨界值G等於裂紋成長所需的能量。右手邊的表示式2γ代表在彈性固體中每單位平板厚度裂紋擴展(使裂紋成長)的能量。一般被稱為裂紋阻止力(crack resistance force)且以R表示。總之，當臨界能量釋放率G_{Ic}等於裂紋阻止力R時裂紋成長。

在彈性固體中，因為R等於2γ所以R可被視為常數，其中γ是表面能。它亦代表前進的裂紋所耗費的能量速率，即$R=dw/da$。但是，在實際的金屬中，裂紋擴展所需的功不僅包括產生裂紋表面所需的功也包括發生於裂紋移動時的塑性變形功。因此，在此情況

$$R = dW/da = 2(\gamma + \gamma_p) \qquad\qquad \textbf{22.26}$$

式中γ是表面能且γ_p是每單位平板厚度裂紋前進所耗費的塑性功。

22.10　固定夾頭下的裂紋成長對定負荷下的裂紋成長(Crack Growth Under Fixed Grips Versus Growth Under Constant Load)

　　方程式22.25是使平板原先受載到裂紋可以成長，而當裂紋開始成長時夾頭固定以使平板上下邊不能移動的假設下導出來的。因此，外力或負載P在裂紋成長期間不作任何的功。換句話說，$Pdv=0$，其中v是位移。使裂紋成長的能量因此是來自儲存在平板中的彈性應變能。另一個基本情況是裂紋可以成長後，當裂紋成長時施加於平板的負荷保持恆定。此兩種情況間的差異以圖的方式說明於圖22.11和22.22中。然而，在考慮這些圖之前，必須考慮裂紋成長期間的能量轉移方程式。

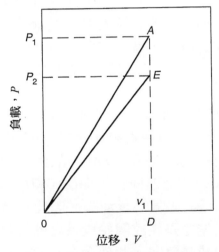

圖22.11　固定夾頭情況下，裂紋成長對負載位移的影響圖

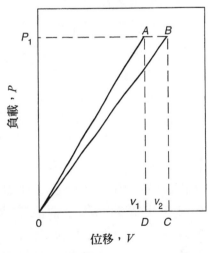

圖22.12　定荷重下，裂紋成長對負載位移的影響圖

　　讓U是儲存於平板中的彈性應變能，F負載P所做的外界功，及W是形成裂紋所需的功。然後，對單位厚度的平板，裂紋成長的條件是

$$G = d(F - U)/da = dW/da \qquad 22.27$$

式中$d(F-U)/da$是能量釋放率，dW/da是裂紋阻止力。在夾頭固定裂紋成長的條件下，v是常數及負載P無法移動所以沒有外界功。因此$F=0$且方程式22.27簡化成

$$-dU/da = dW/da \qquad 22.28$$

在方程式22.27中的因子被說明並圖示於圖22.11中，在此概圖中，原來平板的彈性負載以線OA來代表。當負荷達到P_1時，裂紋開始移動，並假設機器被停止以來使夾頭固定在此處。後者的負載期間平板中所儲存的應變能以三角形OAD的面積來表示而且是$1/2P_1v_1$。若裂紋在其兩個末端各成長了da，則平板的剛性將降低所以負載降到P_2或圖中的點E。但是，注意位移仍然保持在v_1的定值。現在平板中的應變能已變爲等於三角形OEA的面積或$1/2P_2v_1$。此應變能小於裂紋成長前的損失的彈性應變能以小面積OAE或$1/2P_1v_1 - 1/2P_2v_1 = 1/2\Delta Pv_1$來表示。在另一個情況是裂紋於擴展增加期間負載保持一定，位移的增加如圖22.12所示。當負載保持一定時增加位移需要作額外的功，此功等於$P_1(v_2-v_1) = P-1\Delta v$，亦等於圖中$ABCD$四方形的面積。在此情況下，實際上平板中的應變能增加而不是固定夾頭狀況中的降低。增加的量是$1/2P_1v_2 - 1/2P_1v_1$或$1/2P_1\Delta v$並以面積OAB的幾何圖形代表。於是，用來產生額外裂紋表面的應變能是由額外的功所提供，且等於額外功的二分之一。另外二分之一的功則增加了儲存於平板中的能量。

總之，若在固定夾頭的情況使裂紋擴展，則產生新裂紋表面的能量是來自儲存於平板中的應變能。另一方面，於定施加負載下，當裂紋開始移動時外加負載做功，所做的功的一半被儲存在平板中，而另一半則被用來形成裂紋表面。這些結論也可以表示成如下的數學式。

參考方程式22.27，於固定夾頭之下裂紋的成長期間沒有作功，所以$dF/da = 0$且$G_v = -dU/da$。因爲$dU/da = -1/2v_1dP/da$，所以我們有$G_v = 1/2v_1dP/da$。關於負載固定的情況，$G = d(F-U)/da = Pdv - 1/2Pdv = 1/2Pdv$，然而，如在圖22.11和22.12中所見的一樣，相應於G_v及G_p的三角形面積，即OAE和OAB，不僅具有幾乎相等的面積，而且當$da \to 0$時面積的差異必會消失。因此，當da趨近於零時G_v和G_p的大小變成相同。因此，其結論是裂紋開始成長時的能量釋放率大小基本上與裂紋是在定位移或定負荷下成長無關。此外，在兩者的情況中，G相應於應變能之改變。

22.11　關於平面應變裂紋成長的葛立費思方程式(The Griffith Equation for Plane-Strain Crack Growth)

早先在22.6節中推導Griffith方程式時是假設裂紋尖端在平面應力的條件下。若裂紋於平面應變之下擴展則此方程式必需稍加修改。平面應變會發生於單軸負荷在足夠厚度的平板的中央部份。平面應變之下，平行於裂紋邊緣的應變 ε_z 可視成等於零，而應力方向上的應變 ε_y 可容易地證明等於 $(1 - \nu^2)\sigma/E$，其中 E 是楊氏模數。每單位體積相應的應變能 $\sigma\varepsilon/2$ 因此是 $(1 - \nu^2)\sigma^2/2E$。在此情況下，Griffith方程式變成

$$G_{I_c} = (1 - \nu^2)\pi\sigma^2 a/E = 2\gamma_p = R \qquad\qquad \textbf{22.29}$$

22.12　裂紋的應力場 (The Stress Field of a Crack)

當然，在裂紋附近的應力場與破裂的型式有關，亦即，相應於模式 I，II，或 III 的破裂。應力場的基本方程式由Irwin[11]使用Wsetergaard[12]所發展出來的方法導出來的。這些方程式是以在圖22.13中的直角座標系統為基礎，其中假設裂紋的前緣邊沿 z 軸，裂紋前進的方向沿 x 軸，且應力軸是沿 y 軸。

Irwin方程式以極座標 r 和 θ 的方式來表示更為方便，其中 r 是在 $x-y$ 平面上從裂紋尖端到空間中某一點的距離，θ 是 r 和 x 軸間的夾角。在模式 I 裂紋的情況下，方程式是

$$\sigma_x = \sigma(a/2r)^{1/2}\cos(\theta/2)[1 - \sin(\theta/2)\cos(3\theta/2)]$$

$$\sigma_y = \sigma(a/2r)^{1/2}\cos(\theta/2)[1 + \sin(\theta/2)\cos(3\theta/2)]$$

$$\sigma_z = 0, \quad 對平面應力的裂紋成長而言$$

$$\sigma_z = \nu(\sigma_x + \sigma_y), \quad 對平面應變的裂紋成長而言 \qquad\qquad \textbf{22.30}$$

$$\tau_{xy} = \sigma(a/2r)^{1/2}\sin(\theta/2)\cos(\theta/2)\cos(3\theta/2)$$

$$\tau_{yz} = \tau_{xz} = 0$$

----

11. Irwin, G. R., *Trans. ASME, Jour. Appl. Mech.*, **24** (1959).
12. Westergaard, *Trans. ASME, Jour. Appl. Mech.*, **61**, A49–A53, (1939).

方程式22.30僅在裂紋尖端四週的有限區域內適用。如上所寫的方程式僅是以一列系中的第一項來代表。接近裂紋前端時這些初始項已可以合理的描述實際的應力場。但在離前端較遠的距離處，必需使用額外的項。這些第一項無法適切的描述在距裂紋前端較遠距離處的應力場，我可以很容易的藉著考慮方程式22.30中 σ_y 的表示式來判斷，方程式22.30預測於無限大時 $\sigma_y = 0$，但是，邊界條件在無限大時需要 $\sigma_y = \sigma$。

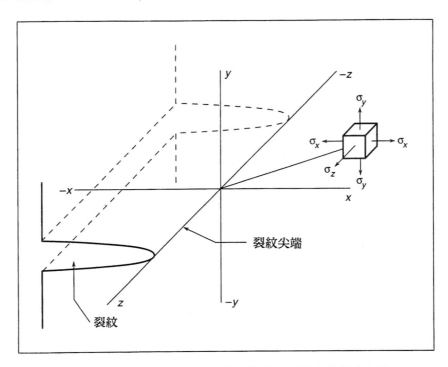

圖22.13　Irwin以直角座標系統來描述一裂紋尖端的應力場

22.13　應力強度因子 (The Stress Intensity Factor)

在描述模式裂紋前端附近應力場的方程式22.30中的每一個式子中，有一個值得注意的事實，它們出現了施加應力 σ 和半裂紋長度的平方根 $\sqrt{a}$ 之乘積；即 $\sigma\sqrt{a}$。這兩個因子決定了裂紋前端附近利用極坐標 r 及 θ 描述的所有點的應力水平。因爲這樣，它是破裂力學中普遍習慣使用的一個參數，被稱爲應力強度因子(stress intensity factor)，它包含 $\sigma\sqrt{a}$ 之乘積，在模式 I 裂紋的情況下，應力強度因子定義成

$$K_I = \sigma\sqrt{\pi a} \qquad\qquad 22.31$$

式中下標 I 表示 K_I 是模式 I 的應力強度因子。

現在模式 I 應力場方程式可以重新寫成下列的形式：

$$\sigma_x = K_I/(2\pi r)^{1/2} \cdot \cos(\theta/2)[1 - \sin(\theta/2)\sin(3\theta/2)]$$
$$\sigma_y = K_I/(2\pi r)^{1/2} \cdot \cos(\theta/2)[1 + \sin(\theta/2)\sin(3\theta/2)] \qquad 22.32$$
$$\tau_{xy} = K_I/(2\pi r)^{1/2} \cdot \sin(\theta/2)\cos(\theta/2)\cos(3\theta/2)$$

22.14　應力強度因子與裂紋擴展力的關係 (Relation of the Stress Intensity Factor to the Crack Extension Force)

若施加的應力上升到臨界值 σ_c，則在固定的半裂紋長度 a 下需要快速的裂紋擴展時，可獲得一臨界的應力強度因子

$$K_{Ic} = \sigma_c\sqrt{\pi a} \qquad\qquad 22.33$$

此臨界應力強度因子被稱為平面應變破裂韌性(plane-strain fracture toughness)。此參數代表一個材料的性質，因為應力強度在一已知材料的平板遭受拉伸負荷且在平面應變情況下將會破裂，K_{Ic} 與 K_I 間存在的基本差異，是因為後者不是一個材料的性質，因它只是一個代表在任何材料中描述在尖銳裂紋尖端附近應力的參數。

在受拉伸負荷的平板且平板薄到足夠以平面應力破裂時，模式 I 的破裂韌性可以是

$$K_{Ic} = \sigma_c\sqrt{\pi a} \qquad\qquad 22.34$$

可以預測得到，臨界應力強度因子與臨界裂紋擴展力間有極密切的關係。因此，對拉伸負荷而言，在平面應力的條件下有

$$K_{Ic}^2/E = G_{Ic} = (\sigma_c^2\pi a)/E \qquad\qquad 22.35$$

及對平面應變

$$K_{Ic}^2(1 - v^2)/E = G_{Ic} = (\sigma_c^2\pi a)(1 - v^2)/E \qquad\qquad 22.36$$

22.15　裂紋側面位移方程式(The Crack Flank Displacement Equation)

　　利用線性彈性理論[13]可發展出另一個重要的關係式，其是一個利用所施加的應力來計算裂紋側面及兩側彼此的相對位移的方程式。在一塊非常寬的平板中含有長度為$2a$的中央裂紋，且裂紋穿過整個厚度，當此平板是在平面應力的條件時，此方程式可寫成

$$v = \frac{2\sigma}{E}(a^2 - x^2)^{1/2}$$ **22.37**

　　如圖22.14所見的一樣，其中v是從裂紋的水平中心線到裂紋側面的距離，x是由裂紋中心算起的平面距離，σ是外施應力，且E是楊氏模數。對平面應變而言，相應於裂紋側面的方程式是

$$v = (1 - v^2)\frac{2\sigma}{E}(a^2 - x^2)^{1/2}$$ **22.38**

式中v是蒲松比(Poission's ration)。裂紋側面彼此間的總位移通常以δ表示，而$\delta = 2v$。

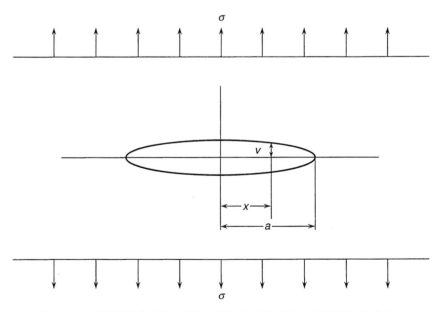

圖22.14　從裂紋中心線到任一裂紋表面的位移，以符號v來表示

---

　　13. Ewalds, H. L., and Wanhill, R. J. H., *Fracture Mechanics*, p. 36, Edward Arnold Ltd., London, 1984.

22.16　金屬的裂紋(Fracture in Metals)

　　由於外施的應力會在材料的裂紋尖端發展成應力場，所以通常會在材料的裂紋前端附近誘發塑性流變。譬如，考慮一非常寬的平板其中心的裂紋穿越整個厚度，且承受如圖22.15中的負載一樣。若平板足夠厚且遭受塑性變形的區域的延伸有限，則在平板中心部份的 ε_z 將非常小，因此其變形是依據平面應變。但是，在裂紋的兩端及前後，應力狀態將是平面應力。這是因為在自由表面，σ_z 的應力分率平行於裂紋前端且與平板表面垂直，所以必須是零。在極薄的平板中，兩平面應力實際上是重疊的，如圖22.9所示，所以薄板傾向以剪變方式破裂(模式Ⅲ)。然而，裂紋實際上是以模式Ⅰ的方向開始移動，隨後很快的轉移到更穩定的剪變或剪變模式平面。另一方面，厚平板將以模式Ⅰ的破裂方式或在其中心的垂直面破裂，但在接近自由表面處形成相應於平面應力條件下的剪變唇。隨著平板厚度的增加，在表面的平面應力區域對破裂韌性之影響愈來愈不重要。因此，對一已知材料而言，高於某一有限厚度的破裂韌性非常相近於平面應變破裂。

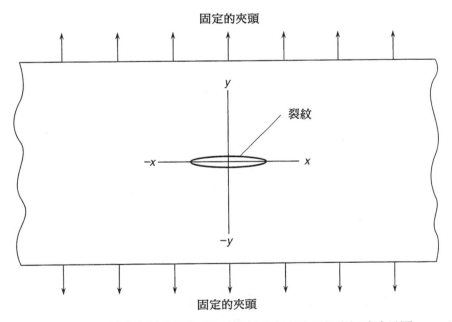

圖22.15 一含有位於中心且穿越整個厚度裂紋之無限寬平板之概略表示圖

22.17　塑性限制因子 (The Plastic Constraint Factor)

　　現在考慮兩個基本的應力狀態，平面應力和平面應變，它們會因所施加的應力 σ 而存在於貫穿厚度的裂紋的附近。特別重要的是在破裂平面上應力的種類，此破裂平面在 $x=z$ 的平面且僅位於裂紋的前頭。此平面上的角度 θ 為零。對平面應變而言。我們可以藉助方程式22.30而推得

$$\sigma_x = \sigma_y \qquad 且 \qquad \sigma_z = v(\sigma_x + \sigma_y) \qquad\qquad \textbf{22.39}$$

注意，在平面應變中預測有一三軸向應力存在，此三軸應力對降伏應力的影響可藉助von Misese的降伏準則(von Mises yield criterion)來估計。

$$2\sigma_{ys}^2 = [(\sigma_x - \sigma_y)^2 + (\sigma_y - \sigma_z)^2 + (\sigma_z - \sigma_x)^2] \qquad\qquad \textbf{22.40}$$

式中 σ_{ys} 是單軸向降伏應力，藉助方程式22.32中的關係並假設 $\nu = 1/3$，我們可獲得 $\sigma_{ys} = \sigma_y/3$ 或

$$\sigma_y/\sigma_{ys} = 3 \qquad\qquad \textbf{22.41}$$

σ_y / σ_{ys} 被稱為塑性限制因子(p.c.f.)(plastic constraint factor)。

　　在平面應力條件下的裂紋成長，$\sigma_z = 0$ 而 σ_x 仍然等於 σ_y，所以von Mises降伏準則預測

$$\sigma_y/\sigma_{ys} = 1 \qquad\qquad \textbf{22.42}$$

　　從上述得知，很明顯的事實是從基礎理論預測平面應變的塑性限制因子是3。然而，平面應變p.c.f.的實測值遠低於3。p.c.f.通常落在1.5與2之間，這可能是由於裂紋的前緣邊 σ_x 垂直於裂紋表面且因此在裂紋邊緣時必需是零的事實所造成的，這將會鬆弛限制的嚴謹性。在這一方面，Irwin[14]依據更嚴謹的分析來推導得平面應變的塑性限制因子等於1.68或近似 $\sqrt{3}$。

22.18　裂紋前端的塑性區大小 (The Plastic Zone Size Ahead of a Crack)

　　塑性限制因子在估算裂紋前進時塑性變形區域的大小是相當重要的。實際上裂紋前端的塑性區是可延伸到破裂平面上方及下方的耳狀物，其具有三度空

---

14. Irwin, G. P., *Proc. 7th Sagamore Conf.*, p. IV–63, 1960.

間的特徵，如圖22.16所示。對我們的目的而言，在破裂$(x-z)$平面上塑性區的大小可很方便的被測量出，要估算破裂平面上塑性區大小的第一的近似值可使用σ_y對r作圖，其中r是於$x-z$平面上距裂紋邊緣的距離，注意在破裂平面上$\theta=0$，此圖所得的曲線如圖22.17所示，它有當$r\to0$，$\sigma_y\to\infty$的事實的特點。但是，因為應力一等於或超過降伏應力時金屬就發生塑性變形，所以在$r=0$處的應力無法達到無限大。此一事實允許我們可以如下述的方式來估算破裂平面上塑性區的大小。在平面應變狀態下，根據Irwin的理論，有效的降伏應力必將等於單軸向降伏應力的$\sqrt{3}$倍。在平面應力時有效的降伏應力必將等於單軸向降伏應力。σ_y隨r的變化因此可以修正成如圖22.18(a)及22.18(b)所示的一樣。所生成塑性區的寬度r_p可使用表示於方程式22.32的σ_y來計算，並假設$\theta=0$，即$\sigma_y=K_I/(2\pi r_p)^{1/2}$及$\sigma_y=\sqrt{3}\,\sigma_{ys}$。解出$r_p$，對平面應變而言

$$r_p=K_I^2/6\pi\sigma_{ys}^2 \qquad\qquad \textbf{22.43}$$

對平面應力而言$\sigma_y=\sigma_{ys}$所以

$$r_p=K_I^2/2\pi\sigma_{ys}^2 \qquad\qquad \textbf{22.44}$$

　　依據上面所述很明顯可以看出平面應變的塑性區比平面應力的塑性區小3的因子。實際上，依上式所計算出的塑性區太小，因為在圖22.16的斜線部份之上從σ_y到σ_{ys}會有應力鬆弛存在，例如在平面應變的情況下，代表平板承受負載的能力降低。但是，事實上此應力鬆弛可由超過r_p處應力水平的上升來補足，其所造成的σ_y對r_p曲線也示於圖22.19中，此曲線位於原來曲線的右邊。在這條新曲線上σ_y仍將鬆弛到σ_{ys}，所以必需假設增加塑性區的大小。已證實所增加的塑性區大小亦是r_p，所以整個塑性區的大小是$2r_p$。

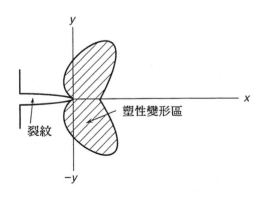

圖22.16 平板中心及垂直於裂紋前端附近的橫截面，塑性變形區通常具有如圖
中所示的形狀

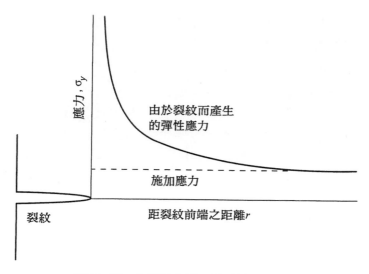

圖22.17 在裂紋前端 σ_y 隨 r 的變化情形

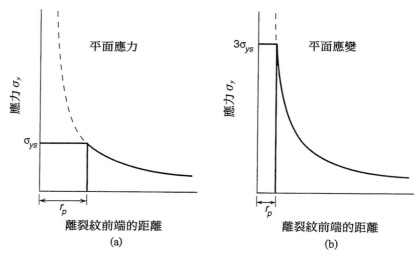

圖22.18 這些曲線顯示在假設應力 σ_y 不能超過降伏應力 σ_{ys} 時裂紋前端的應力分佈情況。(a)平面應力。(b)平面應變

　　在圖22.19中 σ_y 對 r_p 之曲線的向右移可視成相當於裂紋前端移動了 r_p 的有效距離。這個意思是，為了計算目的，將位於中心處的雙末端裂紋的有效裂紋長度視為 $2(a+r_p)$ 而對位於平板邊緣的單末端的裂紋長度是 $a+r_p$。

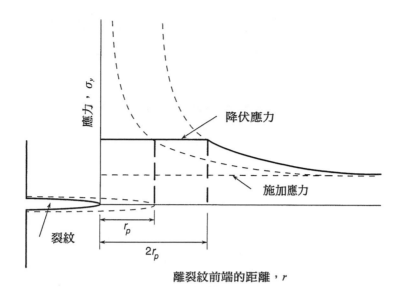

圖**22.19**　Irwin對塑性區大小的修正及因此修正而引起 σ_y 的變化

22.19　平板厚度對破裂韌性的影響 (The Effect of Plate Thickness on Fracture Toughness)

　　如在圖22.8和22.9中所指的一樣，一已知材料基本的破裂模式會隨著平板厚度的改變而改變。因為平面應變較平面應力含有較高的塑性限制，所以在平面應變下的破裂韌性會比平面應力下的破裂韌性低，破裂韌性隨平板厚度的典型變化概述於圖22.20中。在此圖中，B_1 表示在以平面應變或垂直破裂為主要特色的平板厚度，所以測得的有效破裂韌性等於 $K_{\mathrm{I}c}$。在此厚度時，中央的垂直破裂夠大，所以在破裂末端的剪變破裂無法明顯地影響破裂韌性。對厚度大於 B_1 的所有平板，破裂韌性將等於 $K_{\mathrm{I}c}$，所以大於 B_1 的破裂韌性劃成水平的直線。

　　對小於 B_1 的任一厚度，平板前後表面附近的剪變破裂在決定破裂韌性 K_c 的大小時變成重要的因素。所以，低於 B_1 時，K_c 隨著相對於兩個剪唇區的遭受平面應變破裂的中心區的大小之減少而升高，因為剪唇區的大小傾向與平板厚度無關。在厚度 B_0 時顯示出最大的破裂韌性。K_c 的相對值通常拿來代表真實的平面應力破裂韌性[15]。低於 B_0 的厚度，薄板傾向展示出簡單的剪力破裂，雖然起初的裂紋以正應力的模式開始前進，但是，很快就改成剪力模式，如圖22.21

15.　Broek, D., *Elementary Engineering Fracture Mechanics*, p. 108, Martinus Nijhoff Publishers, The Hague, The Netherlands, 1984.

所示。在低於B_0的厚度範圍內，由實驗所決定出的破裂韌性可以是常數也可以隨著B的趨近於需而下降。這兩種低於B_0的可能性都以虛線表示。

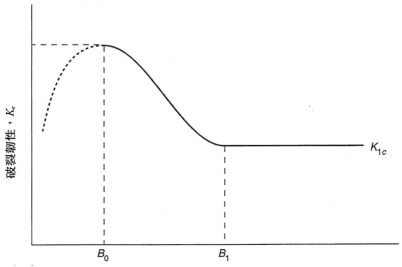

圖22.20 圖解顯示破裂韌性與平板厚度的關係

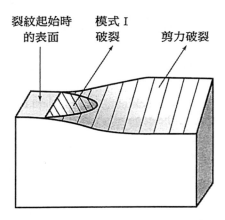

圖22.21 薄平板通常是剪力破裂(模式Ⅲ)。但是，起初出現在裂紋開始前進的是正應力破裂(模式Ⅰ)

22.20　有限試片寬度對應力強度因子的影響(The Effect of a Finite Specimen Width on the Stress Intensity Factor)

　　為了數學上方便的緣故，到目前為止只考慮無限長的平板。但是，在實驗上為了決定裂紋對金屬行為的影響，必需使用有限寬度的平板，這樣必然對應力強度因子和破裂韌性有重要的影響。譬如，寬度W的平板含有位於中央而長度為$2a$的裂紋而且如圖22.22一樣的承受負載，Fedderson[16]已證實其應力強度因子可極近似的表示成

$$K_I = \sigma\sqrt{\pi a}\sqrt{\sec \pi a/W}$$ 　　　　　　22.45

其中，a是半裂紋長度，且W是試片的寬度。注意若W非常大，K_I的Fedderson值下降到無限寬度平板的K_I值。某些具有其他幾何形狀的裂紋平板之額外實例的應力強度因子方程式將在下一節敘述，其是描述ASTM標準平面應變破裂韌性的測試試片。

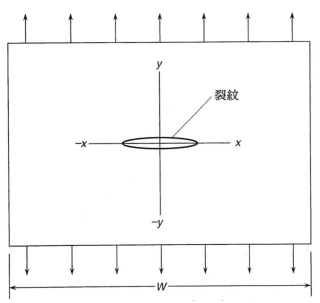

圖22.22　一有限寬W的平板中含有貫穿整個厚度的中央裂紋

---

16. Fedderson, G. E., *Discussion*, *ASTM STP* **410**, p. 77, 1967.

22.21　ASTM平面應變破裂力學的測試法 (The ASTM Plane Strain Fracture Mechanics Tests)

　　破裂力學的主要目標是決定相當於材料常數的破裂參數，這些參數僅與材料中的破裂應力場有關，諸如降伏應力或最終應力等機械性質的參數。換句話說，這些常數可有信心的用於不同形狀和大小的結構設計。模式 I 破裂韌性 K_{1c} 在某些限制下接近滿足此一目的。因此，美國測試與材料學會(American Society for Testing and Materials)已出版平面應變破裂韌性的標準測試法，此測試置於標題ASTM E 399之下。在此標準中考慮了兩種基本型式的試片。第一種是三點負荷凹痕樑試片(three-point loaded notched beam specimen)，其示於圖22.23中。另一種是在圖22.24中的緊湊拉伸試片(compact tensile specimen)。三點樑試片具有四方形的橫截面且在其下面的端點利用兩個滾筒來支撐，在其頂側的中心加載。在試片底部的中心用機器製成一裂紋的起始者凹痕，所以於測試期間，凹痕在負載施加的點對面。裂紋起始的凹痕之末端乃利用先前所引入的疲勞裂痕使其變得尖銳。目前而言，疲勞裂紋可能是實驗室中能產生最尖銳的凹痕。疲勞裂紋需延伸超過距離由機械製成的凹痕之末端至少$0.05W$的距離，其中W是試片的寬度。這種位於超越機械加工裂紋區的裂紋末端會對由機械製造而來的裂紋起始凹痕的幾何形狀產生影響，在ASTM E 399中我們可以發現，關於疲勞裂紋的幾何形狀有許多其他的限制。因為疲勞裂紋的末端會伴隨塑性區，所以保持此區對研究破裂所伴生塑性區的發展的影響儘量小是相當重要的，因此，用來產生疲勞裂紋的最大負荷的大小必需所有限制(詳細情形見ASTM E 399)。

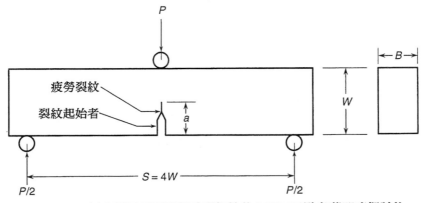

圖22.23　用來測量平面應變破裂韌性的ASTM三點負荷凹痕樑試片

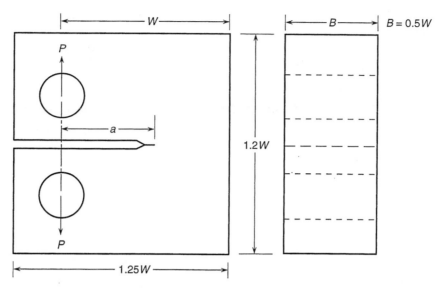

圖**22.24**　用於測量平面應變破裂韌性的ASTM的緊湊拉伸試片

22.22　ASTM平面應變破裂測試試片的尺寸限制(Dimensional Restrictions on the ASTM Plane Strain Fracture Test Specimens)

　　平面應變破裂力學的測量是以線性彈性破裂力學(LEFM)的假設為基礎。例如，由線性彈性理論導出的應力場方程式(方程式22.30)於平面應變破裂期間保持不變。平面應變破裂期間的塑性區大小通常看成很小所以裂紋的基本彈性應力場在整個範圍的大部份不會明顯的被攪亂。此效應意味著發生平面應變時，塑性區的大小相對於試片的尺寸必須很小。先前已證實參數 $r_p = (K_{1c}/\sigma_{ys})^2/6\pi$ 是敘述平面應變下前進裂紋前端塑性區大小的量測。注意，K_{2c}/σ_{ys} 愈小塑性區的尺寸愈小。結果降伏應力的大小在破裂上具有重要的地位。較大的降伏應力傾向得到較小的塑性區尺寸。

　　設計用來量測平面應變破裂韌性的試片的重要因素是試片的厚度，試片必需足夠厚才會使試片遭受到平面應變破裂。通常有一個最小的厚度，低於此厚度破裂時將沒有平面應變的特徵。在E99標準中的需求是

$$B \geq 2.5(K_{1c}/\sigma_{ys})^2 \qquad \textbf{22.46}$$

式中 B 是試片的厚度。因為方程式22.43中有 $(K_{1c}/\sigma_{ys})^2 = 6\pi r_p$，所以此規定相當

於是平板厚度至少較r_p大47倍。

同時也發現，對實際上K_{Ic}的決定而言，試片中的塑性區尺寸也比裂紋長度a小。Brown和Strawly[17]的早期工作(在ASTM標準E399之下)證實當裂紋長度小於$2.5(K_{Ic}/\sigma_{ys})^2$時，實驗決定出之$K_{Ic}$值會太高。

最後，繫帶或試片破裂時裂紋移動貫穿的材料長度$(W-a)$的尺寸之決定，其亦需較塑性區大，比塑性區大的量約與平板厚度及裂紋長度a較塑性區大的量相同。這些尺寸的規定量如下：

$$B \geq 2.5(K_{Ic}/\sigma_{ys})^2$$
$$a \geq 2.5(K_{Ic}/\sigma_{ys})^2 \qquad \text{22.47}$$
$$W \geq 5.0(K_{Ic}/\sigma_{ys})^2$$

為了測量K_{Ic}，很明顯地這些尺寸規定要早先的K_{Ic}知識。實際上的做法是先估計K_{Ic}的大小，然後以此估計為依據，製備滿足方程式22.47所規定的試片大小。此種估算可根據以前從類似材料所獲得的知識，或利用ASTM E 399中所給的表，此表示於表22.1中，表22.1是參照材料降伏應力對楊氏模式比的函數給出已知材料的試片最小厚度及裂紋長度的推荐值。

表22.1 材料的降伏強度對楊氏模數之比值，利用此值來選擇一個嘗試的試片大小以產生明確的K_{Ic}測量。(From AASTM Standardn E 399, 1986 Annual Book of ASTM Standards, Amerocan Society for Testinf and Materials, Philadelphia,PA.)

σ_{ys}/E	試片最小厚度及裂紋長度的推荐值	
	in.	mm
0.0050 to 0.0057	3	75
0.0057 to 0.0062	2.5	63
0.0062 to 0.0065	2	50
0.0065 to 0.0068	1.75	44
0.0068 to 0.0071	1.5	38
0.0071 to 0.0075	1.25	32
0.0075 to 0.0080	1	25
0.0080 to 0.0085	0.75	20
0.0085 to 0.0100	0.50	12.5
0.0100 或更大	0.25	6.5

注意因為表22.1是關於K_{Ic}之量測，所以它只包含高強度合金的σ_{ys}/E之比。例如，它只顧慮到降伏應力位於2,000到1,000MPa(290,000到145,000psi)

17. Brown, W. F., Jr., and Strawley, J. E., *Plane Strain Crack Toughness Testing of High Strength Metallic Materials*, ASTM STP 410, ASTM, Philadelphia, 1966.

間的鋼和降伏應力位於758和379MPa(110,000到55,000psi)間的鋁合金。

若讓$a/W = \Upsilon$，則ASTM彎曲試片所敘述的應力強度因子的方程式是

$$K = \frac{PS}{BW^{3/2}} \times \frac{3\Upsilon^{1/2}[1.99 - \Upsilon(1 - \Upsilon)(2.15 - 3.93\Upsilon + 2.7\Upsilon^2)]}{2(1 + 2\Upsilon)(1 - \Upsilon)^{3/2}}$$ **22.48**

式中P是以磅為單位的負荷，S是樑的間距，B是試片的厚度，a是裂紋長度，及w是試片寬度，後面三個變數是以英吋(in)為單位。如此得到的應力強度因子是以psi·in$^{1/2}$為單位。若要求使用SI單位，則P是牛頓(NT)單位，尺寸是以mm為單位，由方程式22.48算出的K值必需乘以1.107×10^{-3}以得到以MPa·m$^{1/2}$為單位的應力強度因子。對緊湊拉伸試片的相當方程式是

$$K = \frac{P}{BW^{1/2}} \times \frac{(2 + \Upsilon)[0.886 + 4.64\Upsilon - 13.32\Upsilon^2 + 14.72\Upsilon^3 - 5.6\Upsilon^4]}{(1 - \Upsilon)^{3/2}}$$ **22.49**

在方程式22.48中和在方程式22.48中一樣，Υ假設是等於裂紋長度對試片寬度之比；亦即a/W。

根據K_{Ic}的估算和符合方程式22.47規範的嘗試試片尺寸由機械加工製成後，必需將其測試以獲得試片的負荷-位移曲線。此曲線可藉助簡單的雙懸樑夾式引伸計來獲得，將引伸計插入接近試片外端的裂紋起始溝槽的表面中。因為此設備在其兩臂含有電阻式應變計，所以當試片在負荷作用下因彎曲而發生的溝槽面的分離可由此設備記錄下來。數種圖解的負載-位移曲線說明於圖22.25中。在考慮這些負載-位移曲線時，了解有許多因素對位移有貢獻是相當重要的。因此考慮22.26所顯示的試片，此試片很像緊湊拉伸試片，它含有一邊緣的裂紋且利用力量P負載於含裂紋之兩側。起初，隨著負載的上升試片彈性變形，這將導致裂紋面的分離。因此，貢獻到裂紋面位移的因素之一是試片的彈性變形。此位移可簡單的表示成$v_e = CP$，其中v_e是彈性的位移，C是含有裂紋長度a的試片之柔度，P是負載。此結果是負荷與裂紋開裂位移(C.O.D.)(crack opening displacement)間成線性的關係，C.O.D.通常以v表示，此線性關係示於圖22.27中負載-位移曲線中由原點到點A直線部分。超過A點，隨著疲勞裂紋正前方因應力放大作用而發生降伏並發展成塑性區的影響，使曲線變成非線性，此局部的塑性變形允許裂紋面進一步的分開，因此增加了對C.O.D.的第二種貢獻，最後在某些點如圖22.27中的B點，裂紋開始成長。裂紋的小量增加會導致試片剛性的降低而且它是裂紋面間分開的第三種來源，注意超過點B隨著負載的上升v快速增加。

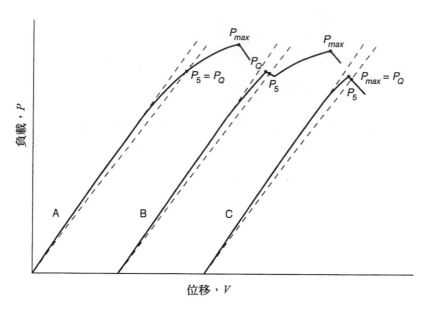

圖22.25 在平面應變測試中所碰到三種重要型式的負荷-位移曲線

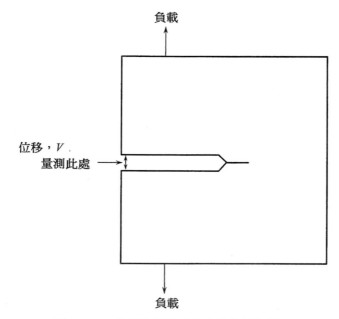

圖22.26 在緊湊拉伸試片中位移量的測量

　　有兩條虛線劃於圖22.27中，線OD代表負載-位移曲線的原來彈性斜率，而線OE是以線OD斜率的95％為斜率所劃成的。換句話說，它的斜率比彈性斜率少5％。用線OE定義出的負荷值以P_5表示。線OE與$P-v$曲線間的交點決定出曲線中的P_5，P_5被用來當作尋找負荷的指南，以P_Q表示，在此點假設已發生約2％

的裂紋成長量。P_Q與方程式22.48或22.49一同使用可以獲得應力強度因子的臨時值K_Q。然後將此臨時的應力強度因子代入尺寸要求方程式(方程式22.47)來決定起初的試片尺寸是否能產生符合尺寸要求的試片。若可以則K_Q可以符合有效力的K_{Ic}。關於從$P-v$曲線上實際的決定出P_Q，ASTM E 399標準之敘述如下：對像圖22.27中的曲線而言，負荷在達到P_5以前，每一處之負載都低於P_5，然後$P_5 = P_Q$。圖22.27中的$P-v$曲線類似於圖22.25中的曲線(a)。但是，有兩個其他的基本曲線在圖22.25中。兩者都顯示在負荷-位移曲線中於達到P_5前有一極大值存在，在這些情況中，P_Q是在這些極大值的負荷。關於圖22.25中的(b)曲線，含有P_Q和P_5的短而近乎水平的線段是"突進"(opo-in)的特徵。通常，在突進時，在平板試片的中心處發生裂紋突然快速的前進，但是，因爲此時完全破裂需要剪變唇破裂的發展，所以不是完全破裂。剪唇破裂必需額外的負載所以如此曲線所示的一樣，負荷可以上升到P_{max}。圖22.25中的曲線(c)是在P_{max}時裂紋開始快速成長的試片代表。

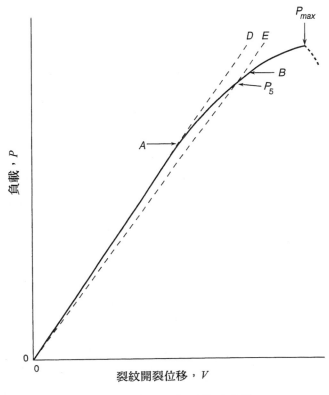

圖22.27　圖22.25中(a)誇大敘述

最後，要確定在P_Q附近實際上有實質的裂紋成長，ASTM標準要求P_{max}/P_Q之比不能大於1.1。

22.23 *R*曲線(The *R* Curve)

已顯示於22.11節中，平面應變的Griffith方程式是

$$(1 - v^2)\pi\sigma_c^2 a/E = 2\gamma_p \qquad \textbf{22.50}$$

此外，必需指出的是Griffith方程式的左側可看成是臨界裂紋的推動力G_c，而且右側當作裂紋的阻力R。在平面應變中，因為$2\gamma_p$與a無關所以R通常與裂紋長度a無關。因此，對平面應變而言，以R對a作圖會產生一水平直線，如圖22.28所示的一樣。另一方面，裂紋推動力G是a和σ的函數。這種G對σ和a的雙重關係可利作圖方式來處理，以G對a劃成曲線，每一條曲線都假設具有不同的σ的固定值。對具有定負荷重的平面應變而言，這會產生一組收斂於原點的直線(見圖22.28)。在G曲線與R直線交叉的每一點都滿足臨界的破裂條件$G_{Ic} = R$。

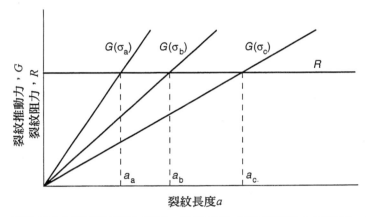

圖22.28 裂紋阻力R對裂紋長度a作圖。注意R與a無關且劃成水平直線。圖中也顯示假設數個定應力下裂紋擴展力的變異情形，(σ_a)，$G(\sigma_b)$及$G(\sigma_c)$

在圖22.8中，R與G對a作圖。這是表示R曲線的原始方法。但是，現在傾向建立如圖22.29的圖，以參數K_G及K_R對a作圖而不是G及R。K_G可視為相應於一已知G值的應力強度；即，$K_G = [EG/(1 - v^2)]^{1/2} = \sigma\sqrt{\pi a}$。另一方面，$K_R$被稱為裂紋阻止強度(crack resostance intensity)且具有與K_G相同的因次，K_R可由方程式22.50的右側導出而且是$\sqrt{2\gamma_p}$的函數；亦即，$K_R = [2\gamma_p E/(1 - v^2)]^{1/2}$。如在圖22.29中所見的一樣，因為$K_G$與$\sqrt{a}$成正比，所以$K_G$對$a$的曲線是向下凹且凹向右方。此種情形是考慮非常寬的平板中的平面應變，但是，典型的實驗試片具有有限的尺寸，所以應力強度因子與a的關係更複雜；例如，見方程式22.48及22.49。此K_G對a曲線的形狀也有相對應的效應且通常致成K_G對a曲線的相反曲率；亦即，曲線變成向上凹。

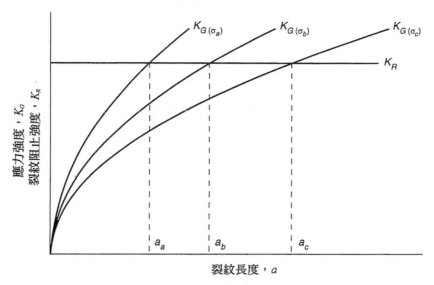

圖22.29　在圖22.28中以K_G及K_R取代G及R曲線的另一種作圖方式

22.24 平面應力的*R*曲線 (Plane Stress *R* Curves)

　　平面應變試驗已順利地被標準化，所以可以製作有用的K_{1C}測量，但是，在平常的工程結構中典型的工程材料的厚度對承受平面應變破裂的金屬而言太薄。因此，平面應力試驗有明顯增加其重要性的可能。平面應力試驗的形式之一是包含R曲線。

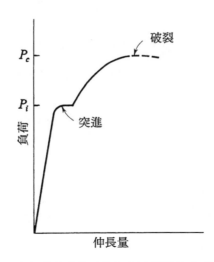

圖22.30　以混合型式破裂而失效的平板試片之負載伸長曲線

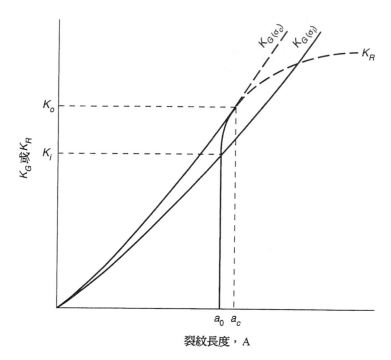

圖22.31 會以平面應力或平面應力與平面應變的結合發生破裂時，裂紋阻止強
度K_R變成裂紋長度的函數

在平面應力或中間平面應力及平面應變區的破裂，R曲線是最有用的，一般意味著裂紋可在應力σ_i開始成長，但需要增加應力才能進一步的成長。在沒有達到一臨界壓力σ_c前，不會發生快速、猛然的裂紋成長。在此區域中的典型負載-位移曲線示於圖22.30中。在此情況中，突進(pop-in)相對應於假設在負載P_i時發生初始小的快速裂紋成長。P_i與P_c間，在增加負載的情況下裂紋成長。此意味著裂紋阻力R及相關的裂紋阻止強度。K_R必需在P_i及P_c間增加。因此，在足夠薄以致爲平面應力的平板中之裂紋成長開始是在上升的裂紋阻止強度K_R下裂紋移動的因子。K_R對a的曲線不再如在平面應變中的水平直線一樣。平面應力或平面應力與平面應變混合破裂的K_R曲線劃於圖22.31中。此圖中有兩條顯示應力強度因子K_G隨裂紋長度A變化的曲線之重疊。沿著這兩條K_G曲線，負載保持一定。在有$K_{G(\sigma_i)}$記號的曲線，負載是P_i且在此負載下裂紋首先開始移動，而對$K_{G(\sigma_c)}$的曲線而言，在負載P_c下，開始猛然的破裂。注意K_R曲線開始在a_0，而a_0是開始試驗時的裂紋長度。起初它垂直地上升；但是，很快地達到負載Pi後，上升變得較慢且曲線具有正斜率的有限曲線。在圖22.31中$K_{G(\sigma_i)}$曲線與K_R曲線之交點定義了裂紋成長的開始。此時，裂紋長度仍然是a_0且負載是P_i則裂紋成長受限，很快就停止成長。進一步的成長需要較高的負載或較高的

K_G。在沒有達到$K_{G(\sigma_c)}$前不會快速的連續成長。但是，若負載連續的由P_i上升到P_c則發生裂紋緩慢的成長。這已由在圖22.31中裂紋長度在此區間由a_0增加到a_c的事實得到證明。注意在$K_{G(\sigma_c)}$曲線與K_R曲線間的相交處，兩條曲線是相互相切的。因此快速裂紋成長或不穩定的要求是不僅必需$K_G=K_R$，而且還要應力強度隨a的增加率必需等於裂紋阻止強度隨a的增加率；即，$dK_G/da=dK_R/da$。換句話說，在負載P_c以下，應力強度隨著裂紋長度的增加而增加的量小於相對應的裂紋阻止強度的上升，所以沒有增加負載，裂紋無法成長。

22.25　*R*曲線的決定 (*R* Curve Determinations)

美國測試與材料學會(ASEM)推荐[18]數種用來決定R曲線的試片。這些是(1)緊湊試片以CS表示，其與用於平面應變測試的緊湊拉伸試片相類似；(2)從中央有兩末端的裂紋的平板切成的試片，CCT，及(3)裂紋線以楔劈開於受載試片中，$CWLL$。最後的試片與前兩者的受載方式不同，因為一楔形物被插入裂紋平面以迫使在試驗開始時裂紋面的分開。於測試期間楔形物被留在原地，且因楔狀會在裂紋前端產生應力場面導致裂紋面的位移，結果致成裂紋隨時間而成長。此種裂紋成長被稱為位移控制(displacement controlled)。在此試片中，最大應力強度因子發生在試驗的開始，且隨著裂紋的成長應力強度下降。相反的其他兩種是負載控制(load controlled)的情況或拉伸試片，其中應力強度隨裂紋的成長而上升。對目前的目的而言，只有緊湊試片將作進一步之討論。

與平面應變破裂韌性試驗相反，在平面應力試驗中，關於試片厚度B沒有固定或一定的規定。但是，實際上，B更符合人意地選擇等於材料使用狀況下的平板厚度。起初裂紋長度a_0通常是落在0.35與0.45W間，其中W是試片的寬度。

決定一條R曲線，必需獲得數對應力強度因子K及裂紋長度a的值。這可由增加有限步驟的負荷來完成。每次增加後，裂紋長度重測前需有段時間以允許裂紋成長到穩定狀態。一般推荐八到十的負載增量以獲得滿意的R曲線。假設是使用緊湊試片(CS)，則應力強度因子K可利用使用於平面應變試驗的緊湊拉伸試片的K方程式；見方程式22.49。用在此方程式的裂紋長度是有效裂紋長度，$a_{eff}=(a_0+\Delta a+r_p)$，式中$a_0$是在裂紋起始末端包括疲勞裂紋的初始裂紋長度，$\Delta a$是裂紋長度的增量，$r_p$是塑性區的半徑$[1/(2\pi)][K/\sigma ys]^2$。$R$曲線數

18. Standard Practice for *R*-Curve Determination, *1986 Annual Book of Standards*, Designation E 561-86, ASTM, Philadelphia, PA.

據可利用K和a當作座來作圖或是簡單的利用K對$\Delta a(da)$來作圖如圖22.32中一樣。

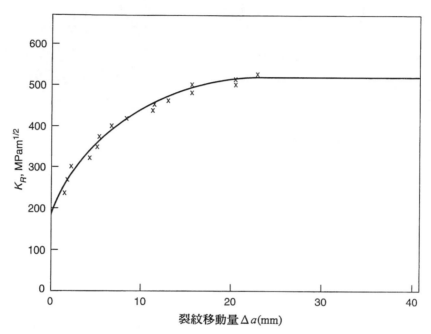

圖22.32 K_R對裂紋長度的增量Δa作圖。(Data of Novak, S.R., ASTM STP 591, American Society for Testing and Materials, Philadephia, Pa., 1976.)

22.26 R曲線和初始裂紋長度關係的不變式(The Invariance of the R Curve with Respect to the Intial Crack Length)

實驗上已決定出R曲線傾向與它的原有裂紋長度a_0無關,下面嘗試證明此項論點。通常,在正應力模式或平面應變下,裂紋在平板的中心開始擴展,在負載P_i時基本上與a_0無關。同時,在P_i以上R曲線的形成也傾向與a_0無關。此意味著當將數個相對應於具有不同初始裂紋長度的試片的R曲線劃在一起時,將出現如圖22.33所示的一樣。

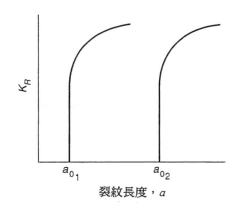

圖22.33　K_R對 Δa曲線的形狀傾向與初始的裂級長度無關

22.27　慣穿厚度的降伏準(The Through Thickness Yielding Criterion)

　　另一種熟知的破裂力學關係是貫穿厚度的降伏準則[19](through thickness yielding criterion)。此種實驗的關係表明若平板厚度B等於或小於 $K_I c$，則降伏將發生在平板的整個厚度。慣穿厚度準則可用來當作獲得平面應力破裂的試驗條件。因此，它具有實際上的重要性。若一已知材料的平板具有符合貫穿厚度降伏準則的厚度B，則由平面應變而發生的低能量脆性破裂將不是問題，因此，由平面應變所生的破裂將不是問題而且貫穿厚度降伏準則慣用於篩選材料和避免使用時發生低能量破裂的可能性。

22.28　普遍的降伏(General Yielding)

　　材料可能因為具有延性而使得裂紋開始前進時在試片中發生廣大的降伏。因此，當含有裂紋的試片承受負荷時，在裂紋處可承受負載而發生降伏的淨橫截面如圖22.34(a)所指的一樣。在此情況下，塑性區夠大所以它可擴展並橫越含有裂紋的整個橫截面。發生此種情況的條件相當簡單，就是作用在含有裂紋淨橫截面的應力等於或超過降伏應力即可；亦即，$\sigma_{net} \geq \sigma_{ys}$，式中 $\sigma_{net} = \sigma_{ys}[W/(W-a)]$。另外，在極延性的金屬中，整個試片會發生如圖22.34(b)中所建議降伏。對發生擴大降伏的情況而言，沒有簡單的彈性理論可應用來解決此破裂的問題；因此，這些情況已超過了破裂力學的領域。

---

19. Rolfe, S. T., and Brown, J. M., *Fracture and Fatigue Control in Structures*, p. 387, Prentice-Hall, Inc., Englewood Cliffs, N.J., 1977.

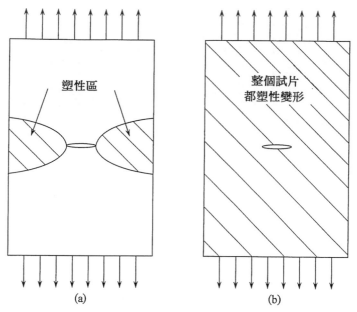

圖22.34 對破裂力學的分析而言，兩個塑性區太大的實例。(a)塑性區延伸到平板的側面，(b)普遍的降伏

22.29 彈塑性破裂力學(Elastic-Plastic Fracture Mechanics)

決定平面應變破裂韌性的基礎是線性彈性破壞力學(LEFM)。在高強度合金中，平面應變-平面應力之混合或平面應力的破裂還是可以利用LEFM來研究。但是，大部份低強度金屬具有如此高的韌性所以對它們而言決定出K_{Ic}值是不實際的，因為所需的試片厚度約為1米或更多。同時，因為材料具有太高的塑變形所以不能測量K_c。例如，測量一條R曲線的要求之一是裂紋前頭承受負載沒有裂紋的紐帶部份(亦即$W-a$)必須首先產生彈性變形，這些材料在實際結構中所使用的厚度無法滿足這種條件。所有這些表示要有不同於線性彈性破壞力學的方法來研究破裂問題。此種研究的方法發現是彈性-塑性破壞力學(EPFM)，此領域的主要研究方法包括了J積分和裂紋開端位移。

22.30　能量釋放率 (The Rate of Energy Release)

考慮一單位厚度的平板，在其中心含有貫穿厚度的裂紋且受到的負載為力量P，如圖22.35所示。裂紋成長的條件可以表示成下列的方程式

$$\frac{d(U - F - U_\gamma)}{da} = 0 \qquad\qquad \textbf{22.51}$$

式中U是在含有初始裂紋的平板中所儲存的彈性能，F是施加外力P所作的功。U_γ是產生裂紋表面所需的能量，及$2a$是裂紋長度。此方程式可重寫成

$$\frac{d(F - U)}{da} = \frac{dU_\gamma}{da} \qquad\qquad \textbf{22.52}$$

其中左側現在是裂紋擴展力或稱為能量釋放率G，而右側等於裂紋阻力R(見22.11節)。因此能量釋放率G是兩個導數間的差。

$$G = \frac{dF}{da} - \frac{dU}{da} \qquad\qquad \textbf{22.53}$$

第一項導數是裂紋長度改變時所做的外界功率，它於是等於Pdv/da，其中p是負載及dv是由於裂紋長度增加da的增量時夾頭的位移。第二項導數是裂紋長度改變時內能的變化率。現在假設承受負載的平板在未達臨界負載時，裂紋長度不會發生改變，當負載達到臨界負載時裂紋開始移動，且位移v與負載P成正比，因負載所產生的平板內部應變能必將等於$Pv/2$。當裂紋開始移動時，此量$(Pv/2)$增量改變，因此將等於$Pdv/2 + vdP/2$，所以能量釋放率的方程式變成

$$G = \frac{Pdv}{da} - \frac{Pdv}{2da} - \frac{vdP}{2da} = \frac{Pdv}{2da} - \frac{vdP}{2da} \qquad\qquad \textbf{22.54}$$

若將柔度(compliance)定義成$C = dv/dP$，則若v與負載P成線性變化時，可以寫成$v = CP$。一般而言，柔度等於Pv圖的斜率的倒數也為真。因此，若以CP取代方程式22.54中的v，我們有

$$G = \frac{P^2 dC}{2da} + \frac{CPdP}{2da} - \frac{CPdP}{2da} = \frac{P^2 dC}{2da} \qquad\qquad \textbf{22.55}$$

裂紋成長可在兩種極端情況下發生：(1)定負載，及(2)定位移(固定夾頭)。

1.　定P。若負載是一定則$dP/da = 0$，且因此

$$G = \frac{Pdv}{da} - \frac{Pdv}{2da} \qquad\qquad \textbf{22.56}$$

方程式22.56右邊的第一項代表dF/da或是當使裂紋前進一增量時，由外加的定負荷P所做的功率。第二項等於由於裂紋前進產生新裂紋表面所需的應變能速率。注意，由外力所做的功的速率剛好是用來增加裂紋表面的應變能率的兩倍。因此兩項間的差異相應於平板中應變能的淨增加，而且絕對值的大小等於用來形成新表面的應變能。於是，由定負載所做的功不僅可用來產生裂紋表面而且可增加儲存的應變能。在此情況我們可寫成$dF/da = 2dU/da$且

$$G = 2dU/da - dU/da = +dU/da \qquad \text{22.57}$$

2. 對定位移而言，$dF/da = 0$，所以由方程式22.53可得

$$G = -dU/da \qquad \text{22.58}$$

觀察方程式22.57和22.58，G等於有關裂紋長度內部儲存能的導數(dU/da)。但是，有符號的差異。對定負載下裂紋前進而言，導數是正的，當固定夾頭時所發生的擴展，導數是負的。

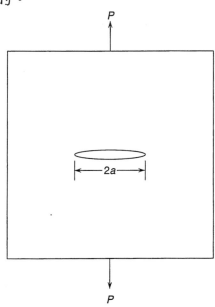

圖22.35　位於中央處有貫穿厚度的平板

22.31 以柔度來決定應力強度因子的方法 (The Compliance as a Means of Determining Stress Intensity Factors)

　　注意在式22.55中的dP/da項相互抵消，所以由於裂紋長度增加而產生的能量釋放率G與負載的改變無關。方程式22.55是一個重要的關係式，因爲它使G能量釋率與dC/da柔度隨裂紋長度的變化率生成關係。因此，它提供了決定G能量釋放率的可能性。又因爲平面應力時$K=[GE]^{1/2}$，平面應變時$K_I=[GE/(1-\nu^2)]^{1/2}$，所以此方程式亦容許應力強度因子被決定dC/da的函數。計算dC/da的適當數據可藉助數個相應於含有不同初始裂紋長度的試片的$P-v$圖來獲得。除了初始裂紋長度不同外，試片必需相同。一組$P-v$線示於圖22.36中。這些線的斜率可對初始裂紋長度作圖，如圖22.37所示，以獲得C對a的曲線。後者曲線的斜率給出dC/da，其可用在下列的關係式

$$K_I = [(E'P^2/2)(dC/da)]^{1/2} \qquad \textbf{22.59}$$

其中對平面應力而言$E'=E$且對平面應變而言$E'=E/(1-\nu^2)$，及E是楊氏模數。

　　隨著柔度技巧的應用，考慮示於圖22.38的雙懸臂樑試片，如證實於材料強度課程中的一樣，距樑支撐端的一段距離l處遭受外力P時，懸臂樑的偏折Δy是

$$\Delta y = Pl^3/3EI \qquad \textbf{22.60}$$

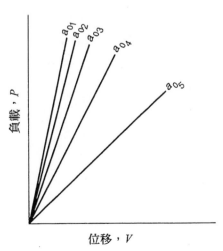

圖**22.36** 一組彈性的負荷-位移曲線。每一條曲線相應於不同初始裂紋長度的試片

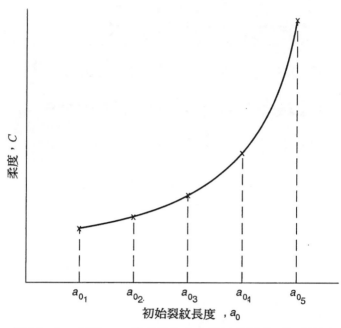

圖22.37 由圖22.36的曲線決定出的柔度劃成a_0的函數圖

其中E是楊氏模數，I是樑的橫截面的慣力矩。在雙懸臂樑的情況下，$v = 2\Delta y$，$l = a$，且$I = Bh^3/12$，所以

$$v = \frac{2Pa^3}{3EBh^3/12} = \frac{8Pa^3}{EBh^3} \qquad \text{22.61}$$

接著從式22.61，dC/da是

$$dC/da = d(v/P)/da = 24a^2/EBh^3 \qquad \text{22.62}$$

且由式22.55可得

$$G = \frac{P^2}{2} \cdot \frac{dC}{da} = \frac{12P^2a^2}{EB^2h^3} \qquad \text{22.63}$$

藉助式22.35和22.36可進一步的推導[20]在平面應力的負載下模式 I 的情況。

$$K_{\mathrm{I}} = \frac{2\sqrt{3}Pa}{Bh^{3/2}} \qquad \text{22.64}$$

對平面應變的情況

$$K_{\mathrm{I}} = \frac{2\sqrt{3}}{\sqrt{1-v^2}} \cdot \frac{Pa}{Bh^{3/2}} \qquad \text{22.65}$$

20. Broek, D., *Elementary Fracture Mechanics*, p. 129, Martinus Nijhoff Publishers, The Hague, The Netherlands, 1984.

關於這些由雙懸臂樑試片推導得的方程式，必需指出的是它只是個近似方程式，因爲它沒有計算可能發生的某些剪變變形的事實及兩個樑不是連到固定的支點而是連到在裂紋末端的彈性鉸鏈。

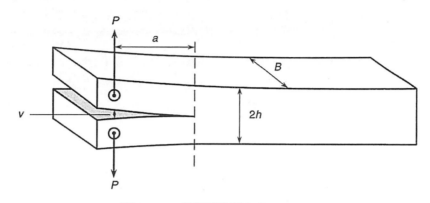

圖22.38 雙懸臂樑試片的示意圖

22.32 J 積分(The J Integral)

只要破裂是發生在平面應變條件下，就可能使用線性彈性破壞力學並計算有意義的G_{1c}或K_{1c}值，因爲當塑性區尺寸比試片尺寸小時，塑性區的尺寸與彈性應力場相比也是相當小。但是，隨著塑性區相對尺寸的增加，它可變得夠大而嚴重的歪曲彈性應力場的有效分率。此時，線性彈性應力場不再能夠真確的描述試片中的應力狀態。此種原因使得Rice再提出一個被稱爲J積分(J integral)的參數，其與裂紋擴展力G有相當密切的關係。因此，當由經驗中得知是平面應變的條件時，J積分(J integral)具有與G相同的值。因此J積分概括等於裂紋擴展力，此力企圖使用於彈性-塑性裂紋之成長，此裂紋移動所伴生的塑性區大到足夠扭曲方程式22.32所預測的應力場的重要分率。換句話說，J積分應用到無法利用簡單的線性的彈性破壞力學處理的破裂。但是，J積分不是設計來處理非常大的塑性的問題，如當普遍的塑性崩潰或甚至塑性區尺寸擴展而覆蓋含有裂紋試片橫截面的主要部份的情況。

在彈性-塑性條件下，裂紋成長的不穩定條件仍然以方程式22.51爲基礎，除此之外我們現在有

$$J = d(F - U)/da \qquad \textbf{22.66}$$

式中F是外力所做的功，U是內應變能，及a是半長度。此方程式也可重寫成

$$J = -d(U - F)/da = -dV/da \qquad \textbf{22.67}$$

式中$V = U - F$被定義成系統的潛能。因此，J等於有關裂紋改變時負的潛能改

變率。方程式22.67只考慮應用到試片中裂紋開始移動的負載點。因此它可用在裂紋將開始移動的條件下的研究，而且它通常不適合於裂紋已開始擴展後裂紋成長的研究。

　　J積分使用的事實是平板中的裂紋成長可被處理成巨觀上是兩度空間的問題，因此能量轉移的問題可利用線積分來處理，也可以證實J積分是與用來計算J的週圍路徑無關。因此，計算時所沿的積分路徑通常取遠離裂紋尖端附近的塑性區，如建議於圖22.39中的一樣。選擇遠離裂紋尖端附近塑性畸變的應力場區域的路徑的好處是它可以只取彈性的負荷與位移。結果，彈性塑性能量釋放率以J來代表，可由已知的"彈性"負荷及位移來計算。

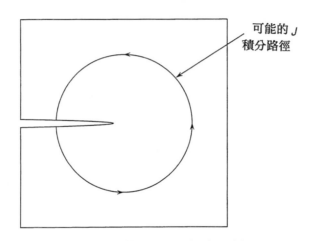

圖22.39　J積分中典型的積分路徑

　　Rice以簡單項來定義J積分的方程式

$$J = \int_{\xi} [Wdy - T(\partial u/\partial x)dx]$$ **22.68**

式中 ζ 是裂紋尖端四週的輪廓線，取反時針方向，如圖22.39中所示，W是應變能密度(即 $\int_0^{\varepsilon} \sigma d\varepsilon$)，T是牽引向量，其垂直於路徑 ζ 的ds元素(即 $T_i = \sigma_{ij} n_{ij}$)，及u是位移向量。此種方程式的推導可見於其他數篇文章[21,22]。比較式22.68中的右側項與式22.66的右側項是相當有趣的。此顯示 $\int_{\varepsilon} Wdy$ 必等於 $-dU/da$，而 $-\int_{\varepsilon} T(\partial u/\partial x)dx$ 必需等於dF/da。此被證明於J積分定義方程式的推導過程中[23]。

　　21. Ewalds, H. L., and Wanhill, R. J. H., *Fracture Mechanics*, p. 120, Edward Arnold (Publishers), London, 1984.

　　22. Rice, J. R., *Jour. Appl. Mech.*, **35** 379 (1968).

　　23. Broek, D. *op. cit.*

　　若積分是取沿裂紋四週的封閉的路徑，則很容易證明J積分是零，如圖22.40所示。此事實允許我們很容易的推導出J值與所選擇的路徑無關。因此考慮圖22.41中的總路徑$ABCDA$，對此總封閉路徑，J積分是零。由線段BC及AD代表裂紋側的貢獻，因此沿BC與AD時dy及T是零，所以裂紋側的貢獻也是零。因此，讓ζ_1代表路徑AB，ζ_2代表路徑CD，則我們將有$J_{\zeta_1}+J_{\zeta_2}=0$。但是，注意沿$\zeta_1$的積分是反時鐘方向，而沿$\zeta_2$是順時鐘。此相對於符號的差異，所以兩個積分都是同方向，我們將有$J_{\zeta_1}=J_{\zeta_2}$，這就是我們所要的證明。

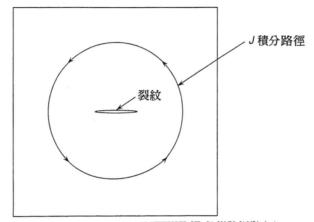

圖22.40　若積分路徑是沿一封閉的輪廓線，則J積分的值是零

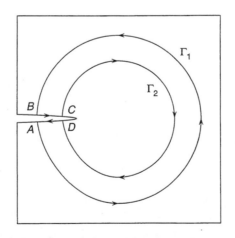

圖22.41　沿路徑AB的J積分等於沿路徑CD的J積分

　　明顯地J積分的定義相當複雜，且很難看出J積分的基本性質。但是對某些簡單幾何形狀的試片而言，已假設[24]J積分等於初始裂紋稍微有差異的兩試片承

24. Broek, D., *Elementary Engineering Fracture Mechanics*, 3rd ed., p. 132, Martinus Nijhoff Publishers, The Hague, The Netherlands, 1982.

受負荷時所獲得的潛能差。因此

$$J = dV/da \qquad\qquad \textbf{22.69}$$

式中dV是兩試片的潛能差及da是相應於它們的裂紋長度的差異。實際上，dV/da由圖來計算，首先在相同的座標上，劃出兩試片的負載-位移曲線，再由此圖計算而得出dV/da，如圖22.42(a)所示。此圖應用於固定夾頭的裂紋成長，因此類似圖22.11，圖22.11是應用於平面應變條件下，使用線性彈性理論的裂紋成長。如早先的圖所示的一樣，假設具有初始裂紋長度a_0的試片受載到P_1時，裂紋長度由a_0成長到$a_0 + da$。當裂紋位移v保持常數時，裂紋長度的增加假設會使負載鬆弛到P_2。兩個$P-v$曲線間的斜線面積代表能量差dV。當此量除以裂紋長度的差da時便可得到J。

相對應於恆負載的情況則說明於圖22.42(b)。

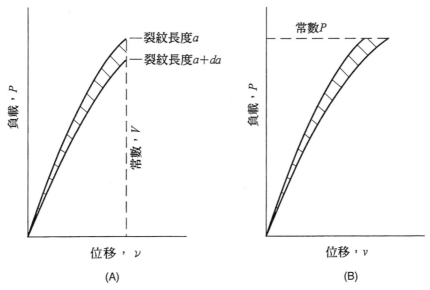

圖22.42 對含有稍微不同起始裂紋長度的平板之非線性彈性負載位移曲線(a)固定夾頭。(b)定負載

22.33　裂紋開裂位移(The Crack Opening Displacement)

1961Well[25]引用裂紋開裂位移的方法來做破裂分析。他提出當裂紋末端的塑性應變大小達到一臨界值時會發生裂紋成長，其與所考慮的材料有關。Well

25. Wells, A. A., *Unstable Crack Propagation in Metals, Cleavage and Fast Fracture*, The Crack Propagation Symposium, p. 210, Cranfield, 1961.

亦建議此臨界應變可用來當作破裂準則。

Well的論點主要是設計用於彈性-塑性破裂。然而，爲了說明此種基本原理，我們可以使用線性彈性破裂力學。在這一方面我們考慮圖22.14，其描繪具有貫穿厚度裂紋的單位厚度大平板。在金屬中裂紋的末端通常會產生某些塑性變形。此塑性變形作用會增加裂紋開端位移。Irwin[26]已提出此塑性變形區可被考慮成有效的裂紋長度的增加，在每一末端的增加量等於塑性區的半徑r_p。換句話說，裂紋長度必需使用式22.37中的$(2a+2r_p)$所以平面應力的情況下裂紋側的位移變成

$$2v = \delta = \frac{4\sigma}{E}[(a+r_p)^2 - x^2]^{1/2} \qquad \textbf{22.70}$$

其中δ是裂紋開端位移，σ是施加的應力，a是自然的裂紋長度，r_p是塑性區的半徑，取x是離裂紋中心的量測距離。我們有興趣的局部位置是測量裂紋尖端$x=a$的塑性位移。將a代入方程式22.70中的x可得

$$\delta_t = \frac{4\sigma}{E}[2ar_p + r_p^2]^{1/2} \qquad \textbf{22.71}$$

其中δ_t是裂紋尖端的裂紋開裂位移。現在因爲$r_p \ll a$，所以式22.71中r_p^2可從此方程式中省略；若如此做且以$\sigma^2 a/2(\sigma_{ys})^2$取代$r_p$，則$\delta$的表示式變成

$$\delta_t = \frac{4\sigma^2 a}{E\sigma_{ys}} = \frac{4K_{\mathrm{I}}^2}{\pi E\sigma_{ys}} \qquad \textbf{22.72}$$

其中K_{I}是模式 I 的應力強度因子，σ_{ys}是降伏應力。

Dugfale[27]依據較Irwin更嚴格的分析而提出在裂紋末端塑性區尺寸的另一種表示式。Dugdale塑性區尺寸導致對裂紋尖端開裂位移以下式來表示

$$\delta_t = \frac{8\sigma_{ys}}{\pi E} - a \ln \sec(\pi\sigma/2\sigma_{ys}) \qquad \textbf{22.73}$$

$\ln \sec(\pi\sigma/2\sigma_{ys})$可展開成$(\pi\sigma/2\sigma_{ys})$的冪級數。級數的第一項是$(\pi\sigma/2\sigma_{ys})^2/2$。若$\sigma < 3/4\,\sigma_{ys}$，則$\ln \sec$的函數可被近似成第一項且$\delta_t$變成

$$\delta_t = \frac{\sigma^2 \pi a}{E\sigma_{ys}} = \frac{K_{\mathrm{I}}^2}{E\sigma_{ys}} \qquad \textbf{22.74}$$

此裂紋尖端開裂位移的方程式與Irwin所給的式22.71差別不大，但是此關係式用途更廣，因它是以更嚴謹的式22.73爲基礎。

---

26. Irwin, G. R., *Proc. 7th Sagamore Conf.*, p. IV-63 (1960).

27. Dugdale, D. S., *Jour. Mech. Phys. Solids.*, **8** 100 (1960).

此時，我們要指出文獻中的 δ（在圖22.14中，距裂紋中心任一距離x處裂紋開裂位移）通常是以COD表示而不是 δ。同時，在原來裂紋末端的位移 δ 被稱為裂紋尖端開裂位移或$CTOD$。正如所預測的一樣，$CTOD$是一個很難直接評定的參數。大多數使用於此目的的實驗技巧因牽涉太多以致無法在此介紹，不過，在標準破裂力學教科書[28,29]中有它們的概述。一個量測裂紋尖端開裂位移 δ 的間接技術的簡單例子如下，若我們假設在式22.71中$r_p \ll a$，所以r_p^2可以忽略，然後解出r_p，我們有$r_p = \delta_t^2 E^2/32\sigma^2 a$，將此$r_p$的表示式代入裂紋開裂位移表示式式22.70中，可得

$$\delta = \frac{4\sigma}{E}\sqrt{a^2 - x^2 + E^2\delta_t^2/16\sigma^2} \qquad \textbf{22.75}$$

式22.73使裂紋尖端開裂位移 δ，或是$CTOD$的量測變成可能，δ_t可利用可測量的量，裂紋開裂位移 δ 或COD來計算。當然後者最方便的量測位置是在裂紋的中心$x=0$。

22.34 疲勞裂紋的成長 (Fatigue Crack Growth)

在破裂力學中，疲勞破裂成長最重要的區域是圖22.43中的a_d到a_c，其中a_d表示使用非破壞檢測(NDI)技術可檢測的最小裂紋長度，而a_c代表突然失效前的最大裂紋長度。此圖是一疲勞試片使用定應力振幅的應力循環作用下所劃出的疲勞裂紋長度a對疲勞循環次數N的圖形。

正如在圖22.43所見到的一樣，較大的裂紋長度會使裂紋成長速率變得更大。因為物理方法無法檢測出比非破壞性檢測檢測出的a_d更小的裂紋，因此對設計目的而言必須假設已存在a_d大小的固有裂紋。因此，有一增加NDI技術解析度的誘因，因為這增加結構有用的疲勞壽命的範圍。雖然在恆定應力振幅的循環中，最大應力值 σ_{max} 和循環的應力範圍($\sigma_{max} - \sigma_{min}$)於疲勞測試期間可以維持一定，但對同樣狀況下的應力強度因子則不為真，因為應力強度因子是$a^{1/2}$的函數；亦即，$K_{max} = \sigma_{max}(\pi a)^{1/2}$及$K_{min} = \sigma_{min}(\pi a)^{1/2}$。正如所預測一樣，這對裂紋成長速率$da/dN$有重要的影響，$da/dN$是每一疲勞循環時疲勞裂紋長度的增量。疲勞裂紋成長速率對應力強度的關係普遍以da/dN對應力強度範圍 $\Delta K = (K_{max} -$

28. Ewalds, H. L., and Wanhill, R. J. H., *Fracture Mechanics*, Edward Arnold (Publishers), London, 1984

29. Broek, D., *Elementary Engineering Fracture Mechanics*, Martinus Nijhoff Publishers, The Hague, The Netherlands, 1982.

$K_{min} = (\sigma_{max} - \sigma_{min}) [\pi a]^{1/2}$利用雙對數座標作圖來表示。此類的概略圖示於圖22.44中，此圖是由具有降伏強度470MPa的ASTM A533 B1鋼於室溫下所獲得數據作成的。R值或$\sigma_{min}/\sigma_{max}$是0.1；亦即，在每一疲勞循環中$\sigma_{max}$大$\sigma_{min}$10倍。正如在圖22.44所觀察到的一樣，此種型式的曲線因具有S形狀所以可分成三個不同的區域。在第一個區域，裂紋成長速率隨ΔK快速增加。在此區間的裂紋成長速率開始便以垂直的斜率上升的事實暗示著存在一門檻值(threshold value)ΔK_{th}，應力強度因子範圍低於ΔK_{th}時疲勞裂紋不會傳播。在區域I中快速增加的裂紋成長裂紋在進入區域II時降低。在此範圍中，數據通常傾向在廣大的ΔK值的區間劃成直線。區域II最終以 $\log(da/dN)$對$\log(\Delta K)$的斜率再度上升的方式轉變成區域III。此da/dN隨ΔK的增加而快速增加的原因如下，第一是因為K_{max}趨近於臨界應力強度因子K_c，第二是能承受負載的橫截面面積降低到無法再支撐負載。

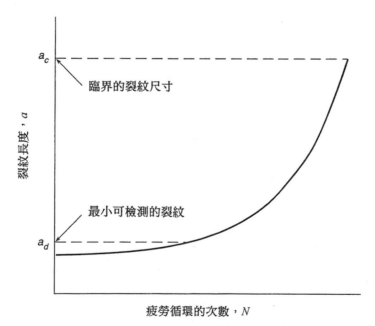

圖22.43　疲勞裂紋的成長隨疲勞循環次數N變化的函數圖

　　區域II一般最重要，因為它相應於試片的有用疲勞壽命。在此區間因為$\log(da/dN)$隨$\log(\Delta K)$的變化是線性的，所以da/dN和ΔK間可寫成冪次定律，即所謂的Paris方程式，此是

$$da/dN = C(\Delta K)^n \qquad\qquad \textbf{22.76}$$

其中C和n是常數。

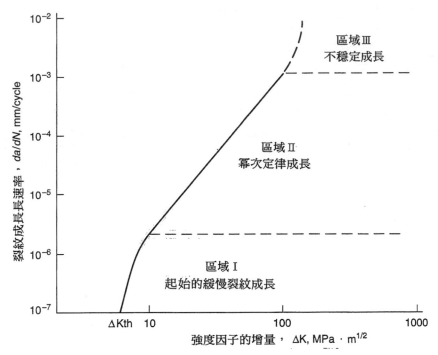

圖22.44 裂紋成長速率da/dN隨應力強度增量ΔK變化的函數，劃在雙對數座標上

　　某些區域 II $\log(da/dN)$對$\log(\Delta K)$數據的典型圖示於圖22.45中，此圖是B54360結構鋼試片在室溫下疲勞測試所得到的。此數據是利用R值由0變化到0.85所得到的。注意所有這些數據都很接近的落在一條直線上，其方程式是

$$da/dN = 5.01 \times 10^{-12}(\Delta K)^{3.1} \tag{22.77}$$

其中a是米(m)為單位及ΔK是以$MPa m^{1/2}$為單位。這些數據證實在此鋼中da/dN對ΔK的關係與R比值無關。一般而言，此結果並不總是正確，所以其結論是da/dN可以是ΔK和R的函數。

　　除了Paris方程式外，由Forman所提出有關疲勞裂紋成長速率對應力強度因子範圍的另一方程式是

$$\frac{da}{dN} = \frac{C(\Delta K)^n}{(1-R)K_c - \Delta K} \tag{22.78}$$

其中R是應力比，K_c是臨界應力強度因子。後面的方程式可用來描述區域 II 和區域 III。

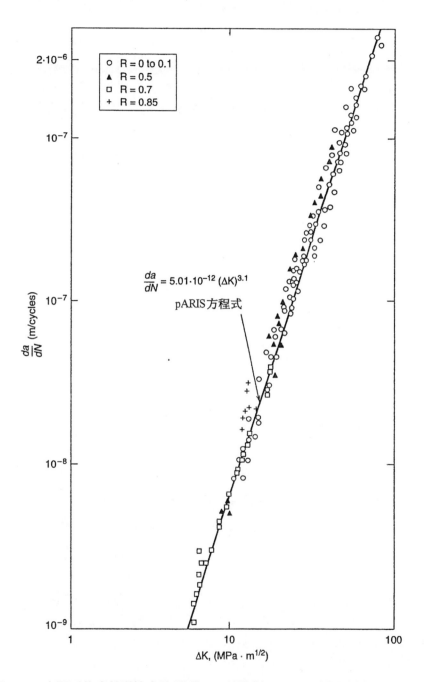

圖22.45 室溫下的疲勞裂紋成長(階段2)。結構鋼BS4360。循環頻率1到10Hz。R是應力比,其等於 $\sigma_{min}/\sigma_{max}$。(From Barsom, J.M., ASTM STP 536, American Society for Testing and Materials, Philadelphia, PA< 1973.)

22.35　應力腐蝕(Stress Corrosion)

在疲勞中，當材料遭受到應力循環的次數增加時，小裂紋會隨時間的增加而成長，而此應力循環的最大應力強度因子K_{max}通常遠低於靜態的臨界應力強度因子K_c。在此種型式的測試中，隨著疲勞循環次數的增加，裂紋長度隨時間穩定的成長。若一金屬處於不利的或腐蝕的環境中，在靜應力的作用下，起始的次臨界裂紋也會發生類似的持續成長。在此情況下，裂紋的成長是由於裂紋前端的應力集中及化學脆性綜合作用的結果。特殊的脆性可涉及許多不同反應的型式，包括：化學的、電化學的、反應物種的吸收，及反應物種的質量傳送。在許多場合，化學脆性通常被考慮成是被裂紋前端應力強度因子所助長的。

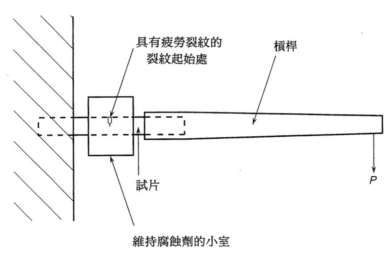

圖22.46　在平坦的負載下測量裂紋成長用的實驗懸臂樑排列

以上述為基礎，一般同意應力腐蝕破裂可以藉應力強度因子的趨近法來分析。論證此行為的基本方法是測試承受許多不同固定值的靜態負載的預破裂試片並測量每一試片所需要破裂的時間。對此目的而言可使用預破裂懸臂樑的試片，一實驗的排列繪於圖22.46中。若許多試片在相對應於不同的初始應力強度因子K的各種不同負載下測試時，通常所獲得的結果型式示於圖22.47中，其中是以破裂所需的時間取對數對初始的應力強度因子作圖。此情形如圖中右邊的曲線所示。其他的曲線顯示孕育時間或裂紋開始成長所需的時間。因此，在劃經應力強度因子K'的水平線上，線段由(a)到(b)代表由裂紋的初始尺寸成長到$K_I = K_{Ic}$時裂紋快速成長並導致完全破裂時所需的時間。圖22.47顯示出有一應力強度因子的最低限制或門檻值，以K_{Ith}表示，低於此值不會發生裂紋成長。在某些材料和某些環境中，K_{Ith}可代表真實的門檻，但不是在所有的情況都為真。在許多事件中，K_{Ith}與材料，材料先前變形的歷史和環境的本質有關。它的真正值要精確的決定也很困難。在裂紋於活性的腐蝕環境中成長的情況下，K_{Ith}被稱為K_{Iscc}以表示應力腐蝕破裂的門檻應力。對暴露於腐蝕環境的材料而言，在設計用途時使用K_{Iscc}而不是K_{Ic}。

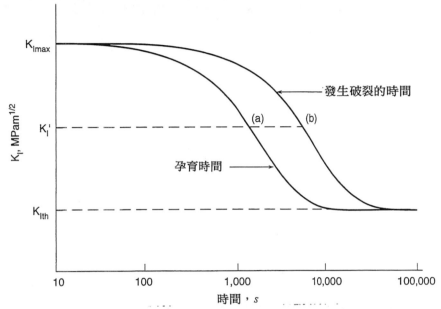

圖22.47 破裂所需的時間對施加初始應力強度因子的作圖。也劃出可測量的初始破裂所需的孕育時間

22.36 裂紋成長速率與應力腐蝕破裂中K值的關係(The Crack Growth Rate Dependence on K in Stress Corrosion Cracking)

在應力腐蝕破裂中，顯示破裂成長速率da/dt及應力強度因子K_I間的關係曲線通常具有示於圖22.48的形式特徵。此曲線與圖22.44中的疲勞裂紋成長速率曲線相似。但是，有一些重要的差異，在應力腐蝕的情況下，縱座標利用裂紋長度對時間t的導數來表示，而在疲勞曲線中，是a對疲勞循環的次數N之導數。有一相當重要而必需注意的地方是應力腐蝕裂紋成長速率曲線的階段II是水平的。這意味著中間階段的裂紋成長速率實質上與應力強度因子無關。在此

種情況下的成長速率主要取決於發生在裂紋尖端的化學和質量擴散反應而不是在此局部區域的應力放大的大小。另一方面，在階段I及III時，裂紋成長速率隨K_I值的增加而快速地增加。但是，這些只是代表轉移的階段。譬如，在階段I中，於門檻應力強度K_{Ith}時裂紋開始非常緩慢的成長。但是，直到達到階段II的恆定裂紋成長速率時，成長速率隨著K_I的增加而非常快速地增加。階段III可視成因應力強度因子趨近於K_{Ic}時而產生的。當然此結果會使裂紋成長速率增加而且最後導致試片的破裂。

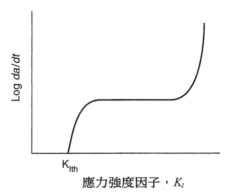

圖22.48 顯示破裂成長速率da/dN對K_I的概要曲線，此曲線常常可在某些型式的應力腐蝕觀察到

22.37 緩慢應變率的脆化(Slow Strain Rate Embrittlement)

固溶體中的氫所導致的鋼脆性可利用在裂紋尖端的化學脆性和應力集中之交互作用的簡單形式來加以說明。數年前Troiano和他的同事[30]已詳細的研究了此類的脆化。他們在接近室溫時於靜負載下測試具有凹痕的圓柱型高強度鋼之拉伸試片。雖然這些試片已有凹痕，但它們不含疲勞裂紋。因此，它們與最近實驗所使用的預裂紋試片不同。測試時，將氫氣充入試片中，所以試片可視成已含有固溶體的氫。將所測得之破裂時間以類似於圖22.47中的方式作圖，但圖中的縱座標以施加在試片上的負荷來表示而不是應力強度因子。注意Troiano數據也包括孕育時間和破裂時間。切開試片的橫截面做金相檢視發現在孕育期的末端於凹痕的前端有張開的小孔。然後在凹痕與孔洞間的紐帶產生撕裂並生產小裂紋，此小裂紋是一新尖銳凹痕其作用非當類似疲勞裂紋起始處

30. Troiano, A. R., *Trans. ASM*, **52** 54 (1960).

(fatigue crack starter)。隨著時間的增加，在新凹痕之前方將形成第二組孔洞，接著第二個紐帶失效，裂紋前進，此過程重複進行導致一逐步但規則的前進裂紋。Troiano以下列的方法來說明此一現象。施加的負荷會在原凹痕的前端處產生三軸態的拉伸應力。因此三軸應力的作用會使凹痕前端的晶格膨脹，氫氣被吸引到此局部區。氫原子漂移到此應力集中區的速率與氫原子的遷移率有關，其是此區域之應力梯度與氫在鋼中擴散係數的函數。當氫聚集於三軸應力區而達到一臨界值時，Troiano推斷此時會形成孔洞，因此，在這些試片中的孕育時間相應於試片中原凹痕前端獲得臨界氫濃度所需的時間。

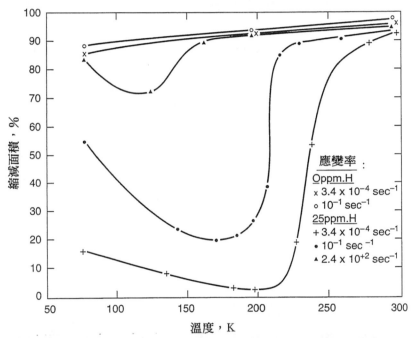

圖22.49　鈮的氫脆化，以拉伸試片的面積縮減率隨測試溫度的變化函數之作圖來表示。(From Hardie, D., and McIntyre, P., Met. Trans., 4 1247[1973].)

　　此種因氫而產生的脆化也已使用傳統的拉伸測試試片來研究。在此情況下，脆化是以試片在固定的正應變率下變形時所獲的縮減面積隨測試溫度變化的函數曲線來評估。此種型態的某些曲線可見於圖22.49中；這些曲線是使用含有兩種氫濃度0ppmH及25ppmH的鈮試片所獲得的。注意具有0ppmH的試片在從300到70K的整個溫度範圍內顯示出非常高的面積減縮率(98到85％)。此部份數據的重要特色是面積減縮率幾乎與應變率無關；應變率從$3.4 \times 10^{-4} s^{-1}$改變到$10^{-1} s^{-1}$時對延性的影響很小。另一方面，在低溫時，氫濃度增加到25ppm時延性會產生明顯的極小值，且延性隨應變率的降低而激烈的上升。這可由圖22.49中三個較低的曲線清楚看出。總之，圖22.49中的數據顯示此種形式的氫脆隨著氫濃度的增加與應變率的降低而上升。隨應變率的降低而導致脆化激烈上升的現象稱爲緩慢應變率脆化(slow strain rate embrittlement)。

　　緩慢應變率脆化與裂紋前端的應力場和可動間隙型原子的擴散間的反應有關。也有其他的間隙型原子所產生的緩慢應變率脆化，這些包括氧和氮(與氧時更爲重要)。此現象在某些如鐵、鈮[31,32,33]、釩及鉭的體心立方金屬中更爲明顯。因爲氧及氮在這些金屬中的擴散係數較氫在這些金屬中的擴散係數大，所以由氧和氮在遠高於室溫時所產生的緩慢應變速率脆化現象通常更爲重要，而與氫傾向在室溫或更低溫所引起的脆化大不相同。

22.38　衝擊測試(The Impact Test)

　　在拉伸測試或其他試片中，凹痕最引人注目的效應是升高了發生劈裂破裂時的溫度。被設計用來評估鋼從脆性轉成延性破裂的方法有無數個。但是，在這些方法中因爲V型凹痕Charpy衝擊測試簡單且普遍被人接受所以其最爲突出。典型試片的形狀和尺寸示於圖22.50中。可以看出它是由在側面邊長爲1cm的正方橫截面的鋼棒所組成。一V型凹痕切過其中的一面。做測試時(圖22.51)，試片以簡單樑的方式支住其兩端，然後以硬鈍的刀刃在凹痕的正後處撞擊。此種加應力的模式的主要效應是使凹痕根部的金屬處於三軸態的拉伸狀況下。衝擊測試的負荷速率較正常的拉伸測試快非常多，大約快10^7倍之多。此種應變率是由鑲於重擺錘的打擊中心的刀刃由固定高度落下的結果。因爲擺錘總是由同樣的距離落下，所以當擺錘撞擊到試片時含有固定之能量，此能量通常約200ft-lb(271J)。破裂的試片會從擺錘上移去部份之能量，此能量可在測試機器上由擺錘撞斷試片後的上升高度量得。Charpy衝擊試片於破裂時所耗費的能量可於測試中的量得量。若完全是韌性破裂，則所耗費的能量將很高，若完全是脆性破裂，則消耗的能量將很低。

　　衝擊測試提供我們一個追蹤鋼的破裂模式隨溫度變化的簡單方法。描述由延性轉移到脆性行爲的代表性曲線示於圖22.52中。它的重要特色之一是轉變並非是突然的，而是發生在一溫度範圍內。在破裂後若檢視衝擊試片的破裂表

　　31. Donoso, J. R., and Reed-Hill, R. E., *Met. Trans. A*, **7A** 961 (1976).

　　32. Reed-Hill, R. E., *Hydrogen Effects in Metals*, p. 873, in Bernstein, I. M., and Thompson, A. W., Eds., The Metallurgical Society of AIME, Warrendale, PA, 1981.

　　33. Watson, P. G., and Reed-Hill, R. E., *Time Dependent Fracture*, Proc. of the Eleventh Canadian Fracture Conference, Ottawa, Canada, June 1984, Martinus Nijhoff Publishers, Bordrecht/Lancaste, 1985.

面通常會發現以延性方式破壞的橫截面的量與破壞試片時所消耗的能量間有一合理的相關性。因此由延性轉移到脆性的行為亦可由檢測衝擊試片的表面來追蹤。完全延性的試片展示粗糙或纖維狀的表面，而脆性破壞的試片含有不規則排列的光亮小刻面，每一小刻面相當於一劈裂晶體的表面。在這些部份延性及部份脆性破裂的試片中，會在橫截面的中心發現脆性或光亮的區域。圖22.53顯示了某些衝擊試驗試片的典型橫截面。注意，完全延性試片的照片顯示此試片於發生破裂時有非常大的畸變。在完全脆性試片中，破裂的橫截面幾乎是完整的四方形，此證實了發生此種破裂時塑性變形可忽略。

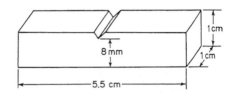

圖22.50 V型凹痕的charpy衝擊測試試片

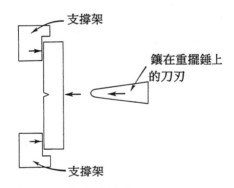

圖22.51 施加衝擊負載到charpy試片的方法

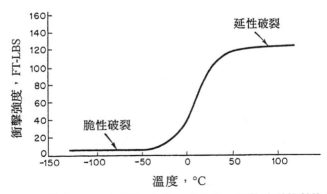

圖22.52 代表charpy衝擊測試中，由延性到脆性破裂的轉換曲線

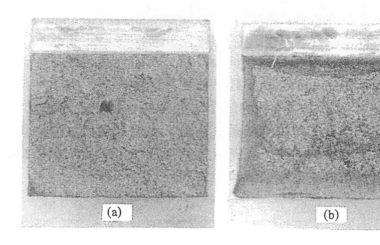

圖22.53 曲型的 V 型凹痕破裂表面：(a)完全的脆性破裂；(b)部份延性，部份脆
性；(c)完全延性

22.39 衝擊試驗的重要性(The Significance of the Impact Test)

自從焊接船和其他大型結構體都經常遇到脆性破裂後，脆性破裂在工程結構上就一直是深受關切的課題。焊接船的船殼實際上是一個連續的鋼，在此結構中開始傳播的裂紋會穿過整個船隻並將其分成兩半，此種失效的本質已發生過許多次了。同樣的，焊接的氣管也是一大型的連續鋼件。已知此管子的脆性

破裂以高速橫行長達半英里[34]。輪船的中脆性破裂已有相當廣泛的研究。一般
而言，研究顯示裂紋都起始於某些凹痕或應力提升處。這些可能都源自於錯誤
的設計或結構體的意外事件，譬如電弧觸擊；電弧觸擊是焊接者開啓電弧之後
會在鋼材上留下一凹痕的地方。再進一步的觀察發現脆性破裂幾乎都是發生在
深冬的低溫環境下。最後，船殼的破裂是因大浪沖擊所導致的應力態所造成
的。但是，船停泊在船塢時也有發生輪船失效的記錄。在後者的情況可以早上
炎熱太陽的曝曬而使甲板熱膨脹並得到裂紋傳播所需的應力來說明。

　　Charpy衝擊測試的重要性在於它能在同樣溫度範圍內重現如在實際的工程
結構上所觀察到鋼的延性-脆性轉換。在普通的拉伸試驗中，鐵或鋼的延-脆轉
換發生在較低溫。此一事實很早就知道了，如在圖22.54所見的數據在1935年
就發表了。這些曲線適用於某些特殊之組成，它是利用衝擊測試所吸收的能
量，拉伸試驗中的伸長量，及扭轉測試中的扭轉角度(直到失效)來測量延-脆轉
換。在每一種情況下，所有量測的性質都隨著破裂時脆性程度的增加而降低。
在衝擊測試中所測得的轉換溫度至少比扭轉測試所測的高100℃。在扭轉測試
中之所以無法獲得延性-脆性轉換乃因實行測量時的溫度不過低。

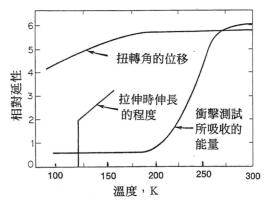

圖**22.54** 三種測試型式所測得的鋼之延性-脆性轉換溫度：此三種型式分別是衝
　　　　擊、拉伸，及扭轉。(After Heindlhpfer, K., Trans. AIME, 116 232
　　　　[1935].)

　　圖22.54中很清楚的強調了應力態在脆性破裂中的重要性。在簡單的扭轉
測試中，最大的剪應力等於最大的拉伸應力。在簡單的拉伸試驗中，最大剪應
力是最大拉應力的一半，而最後在衝擊測試中，因有凹痕存在，所以剪應力只
有最大拉應力的小分率。在一已知的負載時，拉伸應力與剪應力之比值愈高，
則轉移溫度愈高。

---

34. Shank, M. E., *ASTM Special Technical Publication No. 158* (1953), p. 45.

Charpy衝擊試驗已經廣泛地用來測量一些變數對脆性到延性轉換的影響。如在圖22.52所見的一樣，在平常的鐵屬金屬中沒有一突然變脆的單一溫度；轉換多少會在一個溫度範圍內發生。然則，爲了方便起見，通常還是將其看成金屬的轉移溫度。然而，因爲此項目因有許多不同的表示方法，所以必須小心地定義。一種是取衝擊試片破裂時具有一半脆性和一半延性破裂表面的溫度。第二種定義轉移溫度的方式是使用平均能量準則：吸收的能量下降到試片完全延性破裂與完全脆性破裂時所需的能量差的一半時的溫度。以固定的能量，通常是15或20ft-lb，來破壞Charpy試片時的溫度也廣泛地用來當作轉移溫度的基礎。後兩種準則說明於圖22.55中。

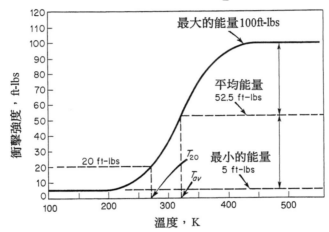

圖22.55 轉移溫度可以數種方式來定義，其中兩種顯示於此。T_{20}是使用20ft-lb準則時的轉移溫度，而T_{av}是平均能量準則的轉移溫度。(注意1ft-lb ＝ 1.36J)

影響鋼的轉移溫度的變數相當多，其中最重要的是微結構。微結構影響的實例示於圖22.56中，圖中比較了相同鋼材經兩種不同熱處理後的衝擊強度對溫度的曲線。兩種熱處理都賦予金屬相同的硬度。其中之一是鋼先淬火後再回火以產生球狀雪明碳鐵，另一種是鋼先正常化(空冷)然後回火以產生波來鐵。此兩種結構的差別非常的明顯，對球狀雪明碳鐵結構而言轉移溫度要比波來鐵結構約低300°F左右，這就是爲何(韌性是一個重要因素)機械零件都要熱處理成球狀雪明碳鐵結構的證明。

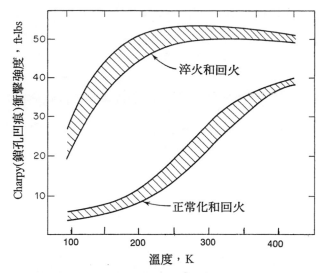

圖22.56 兩種不同熱處理對中碳合金鋼(4340)的低溫衝擊強度的影響。在鋼中兩種熱處理產生相同的硬度,但轉移溫度有相當大的不同,數據繪成帶狀顯示出實際測量的分散性。(After Society Automotive Engineers, INc., Low Temperature Properties of Ferrous Materials, Special Publication [SP-65].)(注意:1ft-lb = 1J.)

22.40 有關衝擊試驗的結論 (Conclusion Concerning the Impact Test)

　　雖然衝擊測試已證明非常有用而且能展示存在鋼中的延性到脆性破裂的轉換,此結果是由破裂所需的能量及破裂的形貌所獲得的。這些不易應用到結構的設計問題上。因此目前透過破壞力學來獲得工程參數是一非常好的方法,如賦予施加應力與可用材料中原有裂紋可能大小間的關係。

22.41 回火脆性(Temper Brittleness)

　　當某些低合金鋼淬火後(產生麻田散鐵結構)回火到450°C到500°C(723到773K)的範圍內並緩慢的冷卻時,它們變得易遭受到沿晶脆性破裂的形式。此現象的原因不明,但一般認為是源自於某些元素的偏析,其可能是以碳化物的形式在晶界偏析。然而,碳化物的析出並未得到證實而晶界的偏析可能會產生脆化。當使用Charpy衝擊試驗來決定脆性鋼的轉移溫度並和非脆性條件的鋼比較時,回火脆性的效應就變得十分明顯。後一種狀態的金屬可由回火溫度直接淬火來得到。脆性和非脆性鋼的衝擊強度之表示曲線示於圖22.57中。已知在這些合金鋼中的回火脆性的傾向可藉著加入小量的M_o而減低下來。這就構成了在許多低合金鋼的化學組成中加入此種合金元素的主要理由。

　　圖22.57中的曲線與顯示回火麻田散鐵和波來鐵結構的轉移溫度特性間的差異的圖22.56相似。無論如何,波來鐵結構在拉伸試驗時具有低衝擊韌性及低延性,而回火脆性僅是較低的衝擊強度[35]。

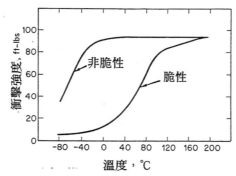

圖22.57 回火脆性對低合金鋼(3135)的衝擊性質的影響。(After Hollomon, J.H., Jaffe, L.D., McCarthy, D.E., and Norton, M, R., Trans. ASM, 38 807 [1947].)

問題二十二

22.1 (a)利用方程式22.7來決定鐵的理論拉伸應力,假設$E = 2.07 \times 10^{11}$Pa,$\gamma = 2$J/m²,且$a = 0.413$mm,注意a是兩個立體平面間的距離。(b)此值與問題21.3中鐵鬚晶所觀察到的拉伸強度相比較的情形爲何?

22.2 銅的楊氏模數是16×10^6psi,表面能是1725ergs/cm²,晶格常數是3.1653Å。(a)假設破裂發生於緊密堆積的八面體平面,計算平面間的距離a。(b)將上面的所有參數轉變成SI單位。(c)決定出銅的理論拉伸強度,以MPa爲單位。

22.3 (a)假設鐵晶體內部中具有1μm長且垂直於晶軸的橢圓形裂紋,在何種應力(以MPa爲單位)下晶體會破裂?使用Griffith破裂方程式及使用問題22.1中的鐵的數據。(b)現在以psi爲單位來表示你的答案。

22.4 當在問題22.3中的裂紋已成長到10μm時,其移動速度將是聲速的多少分率?

22.5 (a)在問題22.3中,裂紋末端的曲率半徑ρ爲多少時可滿足Orowan脆性

---

35. Lorig, C. H., *ASTM Special Technical Publication No. 158* **147** (1953).

破裂的準則？(b)現在假設裂紋尖端的曲率半徑大於由此問題(a)部份決定出的4倍，計算Orowan破裂之應力。(c)由問題22.3(a)或問題22.5(b)中所決定出的兩個應力，那一種才是實際破裂應力？請說明。

22.6　(a)一多晶鋼材的拉伸試片具有$2\mu m$的晶粒大小及1.38×10^9Pa的破裂應力。2.07×10^{11}Pa，決定出有效的表面能γ_e。(b)若晶粒大小是$0.5\mu m$，γ_e是多少？(c)現在考慮破裂應力是1.72×10^9，晶粒大小是$0.5\mu m$，計算γ_e。

22.7　(a)假設γ是$2J/m^2$，對問題22.6的每一部份而言，決定當裂紋前進時形成每cm^2裂紋表面的塑性功ε_p。(b)對這三種情況的每一種而言，相對應的裂紋阻力R是什麼？

22.8　(a)裂紋擴展力G的因次是什麼？(b)裂紋阻力的因次是什麼？(c)考慮厚度為1cm，在中心位置含有橢圓形的裂紋，長度為1mm的寬鋁合金平板。此合金的降伏應力是420MPa，但是，平板上的負荷是拉伸作用且垂直於裂紋長度，如圖22.14所示，在300MPa的應力下裂紋開始擴展，合金的楊氏模數是75GPa。假設裂紋是在固定夾頭的條件下成長，評估在裂紋開始成長的瞬間之裂紋擴展力G。(d)決定出相對應的裂紋阻力。

22.9　若前一問題中的平板是負載於平面應變的條件下。(a)若裂紋在300MPa時開始移動，裂紋擴展力是多少？(b)相對應的裂紋阻力是多少？

22.10　一施加應力σ 100MPa施加到類似於問題22.8中的鋁平板中，此平板所含的裂紋長度是2×10^{-4}m，對(a)$\Theta=0$度，(b)$\Theta=30$度而言，藉助式22.30，於$r=10$到1000nm間，劃出模式Ⅰ應力場方程式的σ_x和σ_y。

22.11　一鋁合金平板的楊氏模數是70GPa且中心位置有一貫穿厚度的裂紋長10mm。平板的受載方式如圖22.14所示，若此合金的平面應變破裂韌性是63MPa・$m^{1/2}$且蒲松比是0.33，試決定：(a)當平板的厚度厚到足夠以平面應變失效時，裂紋開始成長的臨界應力σ。(b)當平板薄到於平面應力下失效時，裂紋將開始成長的臨界應力。(c)平面應變下失效的裂紋阻力。(d)平面應力下失效的裂紋阻力。(e)兩種破裂型式的γ_p，以J/m^2為單位來回答。

22.12　現在考慮在鋼板中位於中心處2cm長的裂紋之裂紋側面的位移，此平板無限長，受載方式如圖22.14中一樣。若平板過厚且以平面應變的方式變形，其蒲松比是0.3：(a)若施加應力為零，則由裂紋側面位移方程式所預測出的位移有多大？有關假設裂紋的初始形狀是什麼；即，是否具有如表示於圖22.14中的橢圓形橫截面。(b)施加500MPa的應力下，決定出v。(c)於平面應力條件下，500MPa的應力下的v有多大？

22.13　(a)對鋁合金7475-T61而言，$K_2=95$MPa・$m^{1/2}$，$\sigma_{ys}=517$MPa，且$E=$

75GPa，假設初始的裂紋長度是2cm，試決定平面應變的塑性區大小r_p。(b)由於塑性區的存在，修正裂紋長度並決定出使裂紋成長所需的臨界(施加)應力。(c)對7475-T61合金而言，決定出平面應力下的塑性區尺寸。

22.14 在方程式22.45中的$\sqrt{\sec(\pi a/w)}$因子是一修正因子，當應用到無限寬度平板的模式 I 破裂之應力強度因子(見式22.33)時，可以得到有限寬度平板的應力強度因子。(a)考慮具有寬度W的平板，如說明於圖22.22中的一樣，當平板寬度W由0.05m變化到1.6m時，劃出應力強度因子的大小隨平板寬度W變化的百分率。假設裂紋長度是10cm。(b)修正量達10％的平板寬度是多少？(c)在何種平板寬度下，可忽略修正量？

22.15 考慮一高強度鋼($\sigma_{ys} = 1,725$MPa)，將其做成$B = 16$m m，$a = 16$mm及$W = 32$mm尺寸的緊湊拉伸試驗試片(見圖22.24)。(a)當試片受載到1,100,000N時，決定出應力強度因子。(b)若受載到1,100,000N時，負載位移曲線沒有經過一極大值，且利用示於圖22.27中的技巧可決定出有2％的裂紋成長，則由此問題的(a)部份所求出應力強度因子是一有效的K_{Ic}測量嗎？

22.16 考慮一雙懸臂樑的鋼試片，如圖22.38中所示一樣，其$a = 1$cm，$B = 2$cm，$h = 1$cm，且楊氏模數是2.07×10^{11}Pa並承受50,000N力的負載，計算：(a)位移v；(b)柔度；(c)裂紋擴展力；(d)平面應力強度因子。

22.17 (a)什麼是J積分？(b)在何種情況下使用J積分？

22.18 考慮具有楊氏模數為2.07×10^{11}Pa，降伏應力為1,400MPa，及貫穿厚度的裂紋6cm長之鋼平板試片，施加700MPa的應力，假設利用平面應力來使平板變形。(a)決定在裂紋末端的塑性區大小。(b)若在裂紋中心的裂紋張開位移是0.453mm，當施加700MPa的應力時，裂紋尖端的張開位移是多少？

22.19 圖22.45中的數據遵循Paris方程式

$$da/dN = 5.01 \times 10^{-12}(\Delta K)^{3.1} \qquad \text{22.79}$$

將圖22.45中的數據延伸裂紋成長速率da/dN的範圍，由10^{-9}到3×10^{-6}。假設疲勞循環中的應力比等於零且$\sigma_{max} - \sigma_{min} = 400$MPa。(a)當成長速率是$10^{-9}$m/cycle時，決定出裂紋的長度$a$。(b)當成長速率是$3 \times 10^{-6}$m/cycle時，決定出裂紋的長度。

第二十三章

熱激活的塑性變形
(Thermally Activated Plastic Deformation)

23.1　流變應力的雙重性 (The Dual Nature of the Flow Stress)

　　如在5.19節所示的一樣，金屬的差排密度隨著塑性應變而增加。差排密度的增加伴隨著流變應力的增加，亦即，需要增加應力使金屬進一步的變形。換句話說，隨著金屬變形的進行，金屬產生加工硬化，而加工硬化伴隨差排密度的增加。然而，就如現在即將論述的，在一已知應變下差排密度通常是變形溫度的函數，所以金屬強度的增加不僅與應變的大小有關，而且與應變時的溫度有關。在大部份的情況下，金屬在一固定應變量後所接受的加工硬化量，隨著溫度的增加而降低。但是，若是外施應變很小，如在單晶的臨界分解剪應力，則加工硬化將很小且溫度變化對加工硬化會小到可以忽略不計，尤其是應力以 τ/μ 的參數來表示時特別明顯，其中 μ 是剪變模數。剪變模數通常隨著溫度的降低而增高，且在流變應力也有同樣的效應，因爲與差排有關的應力總是正比於剪變模數。爲了除去在考慮流變應力時溫度對彈性常數的影響，所以推荐以參數 τ/μ 來表示單晶的數據(在多晶試片的情況則以 σ/E 表示，E 是楊氏模數)。若現在我們對一已知金屬描繪出金屬的拉伸降伏應力除以 E 的曲線，通常可獲得示於如圖23.1型式的曲線。此曲線顯示降伏應力隨著溫度的降低而上升。在所述的情況下，因爲差排密度對流變應力的貢獻是一有效的常數，圖23.1的曲線清楚的指出流變應力必須有第二個基本分量與溫度有關。基於這樣的論證，實際上一般將純金屬的流變應力考慮由兩個基本的分量所組成。

$$\tau = \tau^* + \tau_\mu \qquad\qquad \textbf{23.1}$$

或是　　　$$\sigma = \sigma^* + \sigma_E \qquad\qquad \textbf{23.2}$$

其中 τ^* 和 σ^* 是與溫度有關的分量，而 τ_μ 和 σ_E 則是反映存在金屬內差排結構的效應。後兩者分量的下標 μ 或 E 是指出他們與溫度關係，主要是來自於模數與溫度的關係。應力的此部份經常被稱作滯熱流變應力分量(athermal flow stress compont)，其暗示它除了與模數有關外，完全與溫度無關。然而此觀點只是近似正確而已，因爲任何可以改變差排結構的因素，如回復，都會改變 τ_μ 或 σ_E。舉例來說，增加溫度傾向造成回復效應，而回復會改變差排結構。

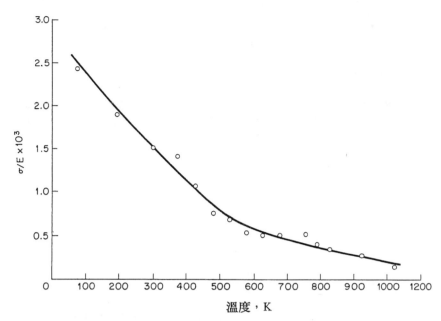

圖23.1 對高純度鈦而言，σ/E隨溫度的變化圖，應變率$3\times10^{-4}sec^{-1}$。Anand Garde的數據

23.2 流變應力分量的本質 (The Nature of the Flow Stress Components)

現在讓我們更詳細來考慮純金屬兩流變應力分量間的差異，金屬中由差排應力場間的作用而產生的加工硬化分量，主要是發生於幾近平行的差排間。從5.9節我們知道差排間的平均分離距離正比於$\rho^{-1/2}$，而且在變形的金屬中，量測到的差排密度通常是$10^4m/m^3$的數量級。此意味著差排的平均距離約10^{-7}m或約300個原子間距。因此，於原子尺度下，加工硬化成份包括差排遠離場源經應力場的移動。此效應很少受到晶格熱振動的影響。因此稱τ_μ為流變應力的長程分量將更爲適切。另一方面，流變應力的熱分量τ^*則涉及熱激活。一般而言，此分量與差排越過具有更局部應變場的障礙物的移動有關。典型的例子是差排與差排間的相切。在此情況下，相信熱振動能有效的幫助外施的應力來克服障礙。因流動應力的熱分量涉及短程的交互作用，所以通常就稱爲短程分量(short-range coompont)，或稱爲熱分量(thermal compont)。

23.3 合金對流變應力分量的影響 (The Effect of Alloying on the Flow Stress Components)

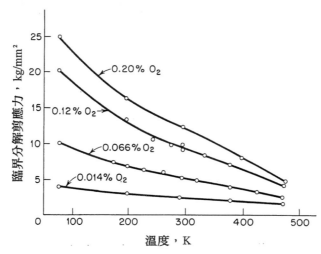

圖23.2 氧對鋯晶體臨界分解剪應力與溫度關係間之影響。氧濃度以重量百分比來計算(FromSoo, P., and Higgins, G.T., Acta Met., 16 177[1968].)

　　純金屬的合金化會影響流變應力的長程和短程分量。一溶質元素可以改變兩個分量。但是，從現有數據的趨向指出，在如鋯及鈦的h.c.p.金屬中，插入型元素對短程分量較對長程分量有較強效應的傾向。此證據示於圖23.2中，圖23.2顯示含不同間隙物(氧)量之數種等效的鋯之臨界分解剪應力，隨溫度變化的函數。注意隨著間隙型元素濃度的增加，降伏應力受溫度影響的程序增加。在體心立方金屬中，間隙型元素的角色是一爭論的對象[1]。這些金屬的基本問題通常是間隙型原子在這些金屬中的低溶解度。例如，很難將鐵純化到使間隙物對流變應力分量的影響做出決定性的測試。另一方面，置換式的固體溶質對長程分量具有較大的影響。置換式溶質對鈦的流變應力之影響的實例示於圖23.3中。在此情況下，溶質的效應是增加流變應力，其在所有溫度下的增量約略相同。此圖中亦顯示一相應於析出硬化狀態金屬的第三條曲線，注意在所有溫度下析出硬化亦使流變應力上升約略相同的量。一般而言，析出硬化都是如此，亦即，在流變應力上傾向附加一與溫度無關的分量。當然，若溫度上升到使析出物變得不穩定且進行聚集時，因析出硬化而增加的流變應力會大大地消

1. Christian, J. W., *Second International Conf. on the Strength of Metals and Alloys*, p. 31, American Society for Metals, Metals Park, OH, 1970.

失。值得注意的是合金化對長程分量的效應，基本上超過且高於加工硬化的效應，這很清楚的示於圖23.4中。注意在退火與時效硬化的情況下，百分之八的合金呈現幾乎相同的加工硬化反應。

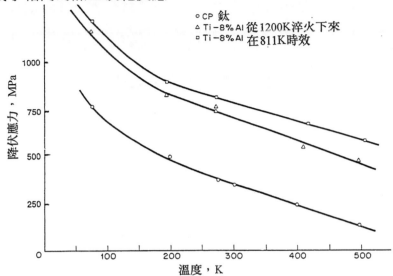

圖23.3 當鈦與百分之8的鋁混成合金時，對流變應力的主要效應是增加滯熱分量(From Evans, K.R., TMS-AIME, 242 648[1968].)

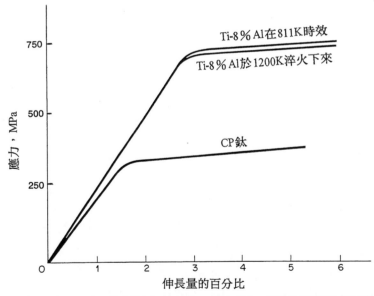

圖23.4 當鈦與百分之8的鋁混合合金時，基本的加工硬化速率幾乎不變(From Evans,K.R., TMS-AIME, 242 648[1968].)

23.4　流變應力分量在面心立方與體心立方金屬中的相對角色(The Relative Roles of the Flow Stress Components in Face-Centered Cubic and Body-Centered Cubic Metals)

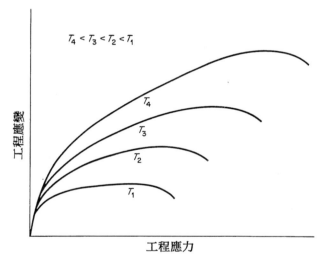

圖23.5　高疊差能的面心立方金屬的工程應力-應變曲線。注意伸長率隨溫度的降低而增加

　　圖23.5與23.6顯示兩組描繪工程應力-應變的曲線，一組是中度至高度疊差能的純面心立方金屬的特性。另一組是純體心立方金屬的特性。兩組都顯示測試是在一溫度範圍內進行的。兩組曲線間的重要差異點，是在面心立方金屬的情況中，隨溫度的下降伸長率或拉伸延性增加。而在體心立方金屬中卻是減少。此種行為上的差異主要可利用Considere's準則來說明。在面心立方金屬中，流變應力(σ*)的活化分量很小，且只有與溫度有很小的關係。注意如圖23.5中所示一樣，降伏應力隨溫度的減少僅有些微的增加。此外，高疊差能的f.c.c.金屬易受高程度的動態回復，其強度隨測試溫度的增加而增加。此種作用

賦予這些金屬一個與溫度有強烈關係的加工硬化速率，其隨溫度的增加而減少。換句話說，在一特定的應變下，真實應力-真實應變曲線的斜率 $d\sigma_t/d\varepsilon_t$ 隨溫度的增加而降低。因為所有的應力-應變曲線是在近乎相同的應力水平(降伏應力)時開始的，所以為了滿足流變應力 σ_t 等於應力-應變曲線的斜率 $d\sigma_t/d\varepsilon_t$ 的條件，因此隨著溫度的降低就需有逐漸加大的應變。此意味著隨溫度的降低頸縮移向更大的應變。這使得溫度越低時均勻應變(在頸縮前完成)，和破裂前的總應變量愈大。圖23.7顯示銀試片的一組真實應力-真實應變曲線，其與上述所考慮的情形極為吻合。這些曲線僅繪製到頸縮開始前的應變。注意曲線末端斜率的大小，與頸縮開始時相應的流變應力的水平之間有良好的對應性。

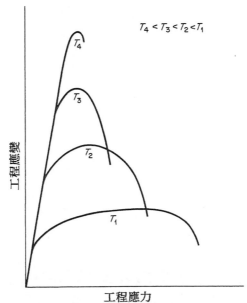

$$T_4 < T_3 < T_2 < T_1$$

圖23.6　面心立方金屬的工程應力-應變曲線。此情況下，伸長率隨溫度的升高而降低。通常，此類曲線亦會顯示出明顯的降火點，為了簡化表示而予以刪除

　　與面心立方金屬剛好相反，商業用的純體心立方金屬，可由一與溫度相關性非常強的流變應力分量來描述。注意在圖23.6中降伏應力隨溫度的降低而快速的增加。此意味著低溫下幾乎純的b.c.c.金屬流變應力的一般水平，較前述討論的f.c.c.金屬來得高。這樣的基本結果是在b.c.c.金屬中隨著變形溫度的降低能滿足Considere's準則的應變會越來越小。在圖23.6中的曲線的一個有趣特色是許多b.c.c.金屬，實際上在頸縮開始後會表現出合理的延性量。此特色可由應力-應變曲線中工程流變應力隨應變的增加而下降的部份表示，所有此種的應變都發生在頸縮處。此種試片通常會顯示出高減縮面積，而且他們基本上不是脆性的破裂。至於在低溫時所觀察到的比較小之伸長率，主要是因為高水

平的流變應力引起頸縮的提早發生，同時加工硬化率不夠高以致不足以補償高流變應力。

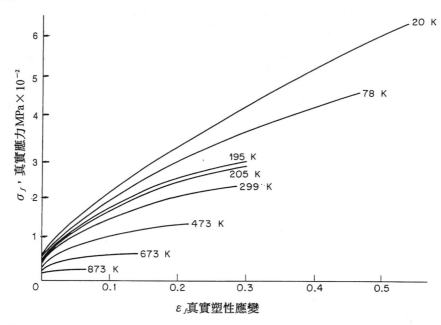

圖23.7　17μ晶粒大小的銀試片的真實應力-真實應變曲線(From Carrekeer, R. P.,Jr.,Trans, AIME, 209 112[1959].)

在上面的論述中，並沒有考慮b.c.c.金屬劈裂和以脆性方式失效的傾向。此在決定伸長程度時會是一個重要因素。

23.5　超塑性(Superplasticity)

在某些情況下，金屬會表現出一種被稱爲超塑性(superplasticity)的效應。當這種效應發生時，拉伸測試試片的伸長量會變得格外地大，而且可能有百分之一千左右。所有的此種應變幾乎都發生在頸縮階段的期間，所以超塑性主要是一種頸縮現象。然而，有一點值得注意的是，在一般拉伸測試中，頸縮傾向高度地局部性，如圖23.8(a)所示的一樣；但當金屬超塑性變形時，頸縮遍及整個標距部份，如圖23.8(b)中所描繪一樣。一擴展或擴大頸縮(diffuse neck)形成的主要條件是流變應力與應變率間有強烈的相關性，此種原因並不難理解。當一明顯定義的頸縮形成時，可假設所有的應變都集中於頸縮，而頸縮上部和下部的所有橫截面會有效地停止變形。反過來說，在擴展的頸縮中，標距內的所有橫截面於頸縮時都會變形，但是，應變率沿標距部份的不同而不同，而且是標截面面積的反函數。標距長度中心的最小標截面之變形，較接近兩側的橫截面快。然而，因在兩局部區域之橫截面的負荷P都相同，所以在具有較小面積之中心橫截面的施加應力大於鄰近的兩側。雖然如此，動態平衡可以藉由兩局部區的應變率間的差來保持平衡。此時，標距部份中心處之較快應變率增高了在此點的金屬之流變應力，以補償此局部區的較大外施應力。

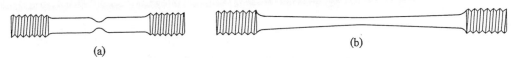

圖23.8　(a)一定義明確的明顯頸縮。(b)一擴展或擴大的頸縮，如在超塑性中所觀察到的一樣

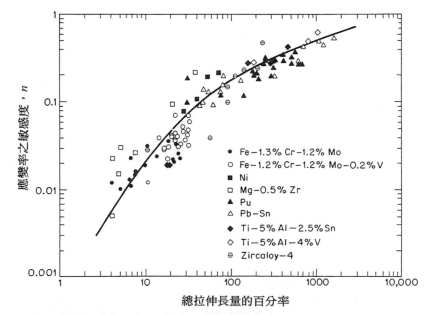

圖23.9　應變率敏感度與拉伸時試片變形的伸長量間的關係(From Woodford, D. A.,Trans. ASM, 62 291[1969].)

在許多實驗的條件下會有利於超塑性，通常高溫時可觀察到此種現象。超塑性亦是應變率的函數，在一已知溫度下，只有在某些應變率的範圍內才會觀察到超塑性。最後，超塑性主要與具有極細結構的金屬有相關性。此極細結構意指一極細的晶粒(<10μ)，或諸如分得極細地共晶結構之兩相結構。

在上述的條件下，變形變得相當簡單。高溫時，動態回復變得很強以致加工硬化非常小且可忽略。同時，流變應力的熱激活分量可近似於如稍早在9.15節中所述的冪次定律。

$$\sigma = B(\dot{\varepsilon})^n \qquad\qquad\qquad\qquad\qquad\qquad\qquad\qquad \textbf{23.3}$$

式中σ是流變應力，$\dot{\varepsilon}$是應變率，B是常數，指數n稱為應變速率敏感度(strain rate sensitivity)。n值愈大，流變應力對應變率的改變愈敏感。一般水平晶粒大小的大部份金屬中，n由溫度為絕對零度的零增加到接近熔點的0.2。在表現出超塑性反應的材料中，n通常在0.3到0.8之間。實驗量測已證實n與拉伸測試中的伸長率有極密切的相應性，伸長量增加，n值便增加。此很清楚的示於圖23.9中。

23.6 與時間有關的應變的本質 (The Nature of the Time Dependent Strain)

流變應力含有相應於熱激活的分量的事實隱含著當溫度與應力維持一定時，塑性變形仍會發生。事實上這是正確的，而在這些狀況下發生的變形，就是所熟知的潛變(creep)。潛變變形(定應力)可能發生於高於絕對溫度的所有溫度下。然而，因潛變與熱激發有關，所以在一已知的應力水平下的應變率對溫度極為敏感。結果，溫度愈高，潛變現象會變得更為重要。在鋼材應用到橋樑、輪船，或其他大型結構物時，潛變通常不是重要的考慮，而這些項目的設計(使用在環境溫度)主要是以彈性理論為基礎。然而，使用於高溫(高於755K)的鋼物件設計時，需考慮負荷下緩慢變形的事實。一個極佳的實例是用來製造汽油的石油裂解蒸餾室中的鋼管，其不僅承受高溫也承受高應力(壓力)。通常實際上都以數年的期望壽命來設計這些管子。年限一到，擴大的管壁不再有能力支撐負荷，此時可將管子拆除並換上新管。

有兩個與潛變現象有關的經驗事實是相當重要的，一個是當應力與溫度,恆定時塑性流變可以簡單地發生；另一個則是流變或應變率($\dot{\varepsilon}$)對溫度極端敏感。它常以下述方程式的形式來表示，

$$\dot{\varepsilon} = Ae^{-q/kT} \qquad\qquad 23.4$$

式中A及q是常數，而k和T具有其平常的意義。

已證實多晶金屬的變形可藉由下列三種機構來進行：就是晶界(多晶)上或鄰接晶處的(1)滑移；(2)爬升，及(3)剪變。第四種變形的方法已由Nabarro[2]及Herring[3]所提出，其是建立在多晶材料晶粒內部的空位擴散上。若物質可藉由

---

2. Nabarro, F. R. N., *Proceedings of Conference on Strength of Solids* (1948), Physical Society, London, p. 75.

3. Herring, C., *Jour. Appl. Phys.*, **21** 437 (1950).

自擴散由受淨壓應力的晶界被攜帶到受淨拉伸應力的晶界處時，便會產生塑性流變，其指示於圖23.10中。注意在此圖中，假設巨觀應力使水平晶界處於拉伸應力，而垂直晶界處於壓應力下。在一已知的機構中，晶界自應可考慮成空位的來源，亦可考慮成空位的陷井，且潛變變形的速率取決於金屬晶粒的大小。Herring[4]已算出此機構應變率的變化，與晶粒直徑的平方成反比。他亦建議此種塑性流變的形式若存在的話，應只在非常高溫與非常小的應力下才顯得重要。這些情況多少會在粉體金屬壓胚的燒結過程中發生，此過程中因表面張力所引起的應力，會導致金屬顆粒的流動並使顆粒結合。在大多數高溫下金屬的實際工程應用中，Nabarro-Herring機構對其他潛變機構而言只是次要的，此乃因為通常的運作溫度太低而平常運作的應力太高的緣故。

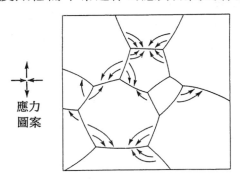

圖23.10 擴散潛變的概略圖示，若物質由遭受壓應力的晶界(垂直晶界)被攜到受拉應力的晶界(水平晶界)時，自擴散將導致塑性流變(Afrer Herring, C., Jour. Appl. Phys., 21 437[1950].)

在低應力、高溫度下的潛變，晶界擴散亦相信是一可行的因素。在此情況下，原子從受壓應力的晶界沿晶界流到受拉應力的晶界，此種形式的潛變稱為Coble潛變(Coble creep)。

若我們忽略Nabarro-Herring或Coble擴散潛變，則除了可能的晶界剪變外，在金屬中沒有遭受變形孿晶化的潛變變形，主要是取決於差排的移動。此外，雖然晶粒間的相對滑移機構仍未有完整的定義，但正如我們即將看到的，有證據顯示，晶界的剪變受晶粒內的塑性變形所控制。很明顯的從此現象知道要了解潛變變形的問題，在大部份的情況下，變成障礙物與差排相遇的鑑定，而且變成分析熱能可以協助差排克服這些障礙物的方式。

定義潛變機構的問題仍未完成，即使在單晶也是一樣。目前，能做的最好方法似乎是設法獲得，並了解問題的本質及困難性。在這一方面，讓我們簡要

------

4. *Ibid.*

的回顧，首先從一般的觀點，然後再利用特殊的機構來說明。一般相信熱能可以某些可能的方式來活化或協助差排的移動。

在某些較簡單的情況下，熱能與應力間的交互作用可以下述的方式來考慮。在缺乏應力時，假設有一種變形機構在溫度的影響下能局部性的作用。在考慮此種作用本性時，最好能記住熱振動隨機本性。由於此種不規則性，在晶體中只有相當有限的鄰接原子始終以近乎相同的方式振動。所以僅涉及相對少量的原子之熱能激活變形機構，就變成潛變理論的基本法則。因此熱能不可能造成長差排線段的移動，而僅能活化非常有限的差排反應，一簡單的實例說明是差排的爬升，差排爬升時在刃差排的差階(jog)處增添或除去一單原子時，會導致垂直於差排的額外平面的方向上之晶格的小量收縮或膨脹。

讓我們想像假使為了讓潛變機構運作，則必須克服示於圖23.11(a)中的能障型式。此圖中的點A及C代表相應於一次變形機構單一運作時的最小自由能，從A移到C時可假設晶體在特殊方向上遭受一小單位的應變。從C到A的反向移動則是在反方向上賦予一單位的應變。

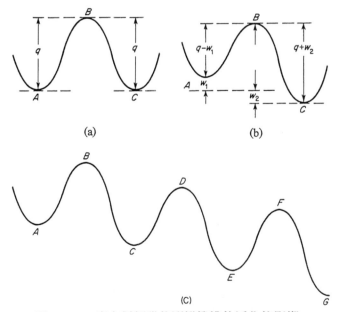

圖23.11   應力對假設的潛變機構的活化能影響

現在假設在一已知應力下，機構由A作用到C且應變產生在應力方向上，所以是執行正功。基本上，此可認為有效地降低從A到C方向的能障高度，但若從C變化到A則能隙上升了(見圖23.11(b))。在即將發展的方程式中，能障及應力對能障的影響應利用自由能來表示。雖然理論上這是正確的研究方法，但為了方便起見，潛變理論並不如此敘述。一般而言，活化過程的熵函數是未知的，而且通常認爲較不重要[5]。由於這些緣故，熵將被忽略不計，而且將假設能隙可利克服障礙(活化能)的功來表示。

由於應力作用而使機構由狀態A運作到活化狀態B時的能量變化爲w_1，而由活化態B運作到狀態C時的能量變化爲w_2，則由A到C的狀態變化的能隙是$q-w_1$，且由C變化到A的能障是$q+w_2$，其中q是無應力時的能隙高度。所以機構由A運作到C及從C到A時的各別頻率分別是，

$$(A \text{ to } C) \qquad v_1 = v_0 e^{-(q-w_1)/kT} \qquad\qquad \textbf{23.5}$$
$$(C \text{ to } A) \qquad v_2 = v_0 e^{-(q+w_2)/kT}$$

式中v_1及v_2是機構的個別頻率，v_0爲常數，並假設機構的兩個方向有同樣的值，k是波滋曼(Boltzmann)常數，T是絕對溫度。

讓我們假設，一旦變形機構超越能隙而從A到C後，它亦可能從同樣的方向上再次運作並越過類似的障礙，而從狀態D到狀態E，然後繼續以此種相同的方式越過一系列的障礙，如示於圖23.11(c)中的一樣。在能障系列中，變形機構總會在應力方向上或反向上越過障礙中選擇一種。兩種方向運作機構的個別頻率，已由方程式23.5得知。一般而言，應力方向上應變的頻率較反向應力的應變頻率來得大。若有大量的相同機構以此種相同的方式運作時，則潛變應變的淨速率$\dot{\varepsilon}$應正比於前向頻率與逆向頻率間的差。於是

$$\dot{\varepsilon} \approx v_1 - v_2 \approx v_0 (e^{-(q-w_1)/kT} - e^{-(q+w_2)/kT}) \qquad \textbf{23.6}$$

或 $\qquad \dot{\varepsilon} = Ae^{-q/kT}(e^{+w_1/kT} - e^{-w_2/kT})$

式中A是包含v_0的常數。讓我們進一步的假設$w_1 = w_2 = w$，由雙曲正弦函數的定義，

$$\sinh x = \frac{e^x - e^{-x}}{2} \qquad\qquad \textbf{23.7}$$

可得 $\qquad \dot{\varepsilon} = Ae^{-q/kT} \cdot 2\sinh\frac{w}{kT} \qquad\qquad \textbf{23.8}$

這是一個有趣的方程式，因爲它以相似於經常在潛變測試中所得的經驗式來表示潛變率。在此以指數因子，

$$e^{-q/kT} \qquad\qquad \textbf{23.9}$$

來表達與溫度的關係，而以幅數爲應力的函數之雙曲正弦函數來表示與應力的關係，其w值取決於應力的大小。最簡單的假設是W直接隨著應力τ^*而變化，

$$w = v\tau^* \qquad\qquad \textbf{23.10}$$

---

5. Schoeck, G., ASM Seminar (1957), *Creep and Recovery*, p. 199.

式中v是與機構本質有關的常數，且稱爲活化體積(activation volume)。在此情況下，應變率變成，

$$\dot\varepsilon = Ae^{-q/kT} \cdot 2\sinh\frac{v\tau^*}{kT}$$
23.11

對一非常小的外施應力而言，雙曲正弦函數可以其幅數來取代，結果使應變率變成直接正比於應力。

$$\dot\varepsilon = Ae^{-q/kT}\frac{2v\tau^*}{kT}$$
23.12

另外，若q比kT大，且應力也很大時，則與正向頻率v_1相比較時，變形機構的反向頻率v_2將可忽略，所以機構可看成僅在正向上才有作用。在此情況下，應變率直接正比於v_1且我們可將其寫成

$$\dot\varepsilon = Ae^{-(q-w)/kT} = Ae^{-q/kT}e^{w/kT}$$
23.13

若我們再次假設w與應力間有直接的關係，則會導致應變率與應力間有指數的關係。

$$\dot\varepsilon = Ae^{-q/kT}e^{v\tau^*/kT}$$
23.14

方程式23.14所依據的假設特別重要，因爲在典型的差排反應中，其能障通常是$1eV$的大小或更大，因此大於在室溫近似$\frac{1}{40}eV$或在$1173K$爲$\frac{1}{10}eV$的熱能。此外，大部份的基礎潛變研究僅在相當高的應力下實行測試。

也許更大的重要性是諸如差排相互交截機構的某些熱活化差排機構會涉及彼此分離很遠的能障。在此種情況下，差排超越障礙後可移動一長距離，直到差排遇到下一個必須等待熱活化障礙爲止。在此種型式障礙間的移動中，因外施應力所做功以致使能量距離間的關係，看起來像示於圖23.12中所概述的一樣。結果，從A到B方向的差排移動頻率大於從B到A，所以差排可視爲僅在一方向能有效地移動：即從A到B。使用在此情況的適當應變率方程式是23.14。

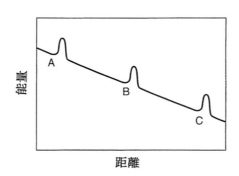

圖23.12　通常，能隙會對抗已相當分開的差排之運動

23.7 潛變機構(Creep Mechanisms)

我們現在將考慮一些於金屬潛變期間，具有意義且已被提出的機構。

差排源的活化(activation of dislocation sources)　現在已公認差排是金屬於塑性變形的過程所形成的。因於任何形式的差排源形成差排環時需作功，所以熱能便有可能有助於外施應力來克服此能障。無論這是否是一項重要效應仍有待驗證。目前所出現的大部份差排是異質成核於不純物的顆粒上。在此情況下，熱能所扮演的角色將很難評估。另一方面，有人已建議在Frank-Read差排源上，差排環的形成涉及太多原子的整體移動，以致無法利用隨機熱振動來協助其移動[6]。

皮爾斯應力的克服(overcoming the Peierls stress)　目前我們將考慮熱能如何協助差排移經晶體的實例。正如第四章中所說明的，差排以逐步的方式來移動。譬如，考慮一刃方向的差排，如圖23.13所示，圖中劃出前向移動的額外平面移經一原子距離的三個中間階段。當差排由階段a移到c時，差排需歷經高能之階段b，因此差排經過如圖23.11(a)所示的典型能障。此種差排的連續運動會涉及越過一系列相似的能障。基於前面已注意到的理由，熱能與應力無法一起作功來活化一大段的刃差排來克服能障而移動。然而，熱振動會導致小段差排向前移動一個單位，而在差排上留下雙紐結(kink)，如圖23.14(a)所示的一樣。此圖中的刃差排可看成是將圖23.13由下往上看而得到的。此紐結差排的末端外施應力下可輕易的往右及左邊移動，正如圖23.14(b)所指示的一樣，結果將使整個差排向前移一原子距離。熱能的效應是幫助最初紐結的形成，然後在外施應力下紐結擴展，因此使差排前進並剪切了晶體。

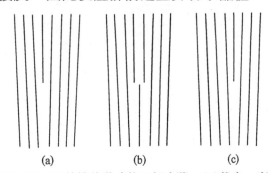

圖**23.13**　刃差排移動時的三個步驟。(b)代表一高能態

---

6. *Ibid.*

剪應力

圖23.14 刃差排的熱激活移動。熱能協助應力形成紐結，然後在應力作用下擴展

  晶格中維持差排於低能量位置的力稱為Peierls力(Peierls force)，上述的機構是數種克服此力的方式之一。Peierls力對實際金屬晶體的熱激活塑性變形是否重要仍在爭論中。在理論基礎上原先提出的Peierls應力因太小而顯得不重要[7]。也有人主張只有當差排平行於緊密堆積的結晶學方向時，Peierls應力才顯得重要。因此當差排與緊密堆積方向形成一小角度時，差排將由一系列相連的紐結所組成[8]，如圖23.15(a)中所示的一樣。此種形狀的差排假設是兩個相反因素析中的結果。首先，當差排位於沿緊密堆積方向時能量較低；第二，每一差排具有一有效的線張力，而傾向使其長度趨於一最小值。後者試圖將差排拉直成圖23.15(b)中的形狀，而前者傾向使差排變為圖23.15(c)的形式。當然，最終的形狀如圖23.15(a)，雖然預期熱振動對其運動會有很小的效應，但由於最終形狀具有紐結，所以在一外施剪應力下能以圖23.14中的方式容易地移動。再者，若差排與緊密堆積方向形成大角度，則紐結會重疊，結果將使差排將有效地被拉直。在此情況下，由於差排所在的任何點不是能量的最小值，所以差排移動受熱能的影響將很小。

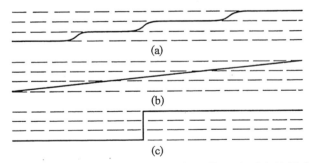

圖23.15 幾乎平行於緊密堆積晶格方向的差排形狀。水平虛線代表緊密堆積晶格平面(From Dislocations in Crystals, by Read, W.T., Jr. Copyright 1953,McGraw-Hill Book Co.,Inc., New York, Used by permission.)

---

  7. Cottrell, A. H., *Dislocations and Plastic Flow in Crystals.* Oxford University Press, London, 1953.

  8. Read, W. T., Jr., *Dislocations in Crystals.* McGraw-Hill Book Company, Inc., New York, 1953.

儘管有上述的異議，但在某些金屬中，極低溫時實驗證實Peierls型式的應力是控制差排移動因素的有利觀點。在低溫時面心立方金屬的內磨耗量測顯示出一能量吸收的尖峰-Bordoni尖峰[9]，此尖峰已依據描述於上一段的差排紐結熱活化的型式來說明[10,11]。這些計算預測Peierls應力約爲$10^{-4}G$的大小，其中G是晶體的剪變模數。如此使Peierls應力約等於1到2MPa，因此值約是面心立方金屬在低溫時臨界分解剪應力的大小，所以此值大到足以影響差排的移動。然而，Conrad[12]討論過Peierls應力機構是否能夠說明銅的實驗數據的問題，而且指出此機構的運作不能完全確定。

差排的交截(dislocation intersection)　在定應力和溫度下，控制差排經晶體移動的更可能因素是差排彼此間的交截。所有實際晶體都含有隨塑性變形的增加，而變得更複雜的固有差排網。此差排網已合宜稱爲差排林(forest of dislocations)。因爲差排林的緣故，使得任何滑移差排以不同角度越過其滑移平面，而與其他差排交截前無法走得太遠。交截過程之所以重要的原因有二，一是逼使差排通過另一差排的應力場會涉及小量的功，第二是由於交截使得問題中的差排可獲得差階，如此就可藉助熱能使差排移經晶格。

在不同金屬中，驅使一差排經另一差排所需的功估計約從數個電子伏特變化到小於一電子伏特[13](一電子伏特約等於每莫耳96,200焦耳)。熱能(在300K是$\frac{1}{40}eV$或在1200K時是$\frac{1}{10}eV$)需有足夠的能力協助外加應力，驅使一差排通過另一差排。依據Cottrell's[14]原有的提議，差排遇到另一差排會出現如圖23.16(a)的情形一樣。

現在假設移動中的差排在外施剪應力τ的作用下，移經標有a的林差排(forest dislocation)。差排交截期間所移經的距離，Cottrell假設等於布格向量

9. Bordoni, P. G., *Jour. Acoust. Soc. Amer.*, **26** 495 (1954).
10. Seeger, A., *Phil. Mag.*, **1** 651 (1956).
11. Seeger, A., Donth, H., and Pfaff, F., *Trans. Faraday Society*. Submitted.
12. Conrad, H., *Acta Met.*, **6** 339 (1958).
13. Seeger, A., *Report of a Conf. on Defects in Crystalline Solids*, p. 391, The Physical Society, London (1954).
14. Cottrell, A. H., *Dislocations and Plastic Flow in Crystals*. Oxford University Press, London, 1953.

b。作用於每單位長度差排的力是 τb。因此,在交截期間移動的差排的長度可認爲是差排間的距離(l),如此作用於此段的力是 τbl,而且因差排移動了距離 b,所以此力於交截期間所作的功是 $\tau b^2 l$。於是類比我們前面的推導應變率可寫成,

$$\dot{\varepsilon} = Ae^{-(q_0 - \tau b^2 l)/kT}$$ **23.15**

其中 $\dot{\varepsilon}$ 是應變率,A爲常數,q_0是交截時的能障,b是布格向量,l是差排間的距離,k是Boltzman常數,T是絕對溫度,τ是外施應力。

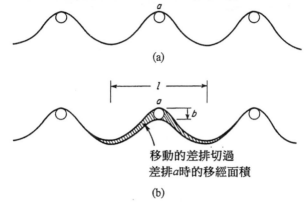

(a)

(b)

移動的差排切過
差排a時的移經面積

圖23.16 涉及差排交截的簡化幾何要素表示圖(After Cottrell, A.H., Dislocations and Plastic Flow in Crystals, Oxford University Press, London, 1953.)

Cottroll[15]最初地想法是阻止一差排經另一差排的能障q_0,應等於交截時形成紐結(或差階)時所產生的功。他估計此功應等於 $\alpha \mu b^3$,所以存在一外施應力時的淨活化能將爲

$$q = \alpha\mu b^3 - \tau b^2 l$$ **23.16**

其中 α 是常數,μ 是剪模數,b 是布格向量,l是林差排間的距離,及 τ 是外施剪應力。此方程式中 $\alpha \mu b^3$ 及$b^2 l$爲常數,即與應力無關。結果方程式23.16可寫成普遍而實用的形式。

$$q = q_0 - v\tau$$ **23.17**

其中$q_0 = \alpha \mu b^3$ 及$v = b^2 l$。在Cottrell提出最初的構想數年後,Seeger[16]建議在能量方程式中,應以作用於差排的有效應力 τ^* 來取代外施應力 τ。因此此方程式變成

$$q = q_0 - v\tau^*$$ **23.18**

15. Cottrell, A. H., *Jour. Mech. Phys. Solids*, **1** 53 (1952).

16. Seeger, A., *Dislocations and Mechanical Properties of Crystals*, Fisher, J. C., Johnston, W. G., Thomson, R., and Vreeland T., Jr., Eds.), p. 243, John Wiley, New York, 1957.

其中$\tau^* = \tau - \tau_\mu$，τ是外加應力，而τ_μ是內應力。

具有差階的差排移動(moverment of dislocations with jogs)　差排交截的第二個效應是於差排上形成差階(jogs)。當差排是螺旋取向時，此種差階特別重要，因爲此差階具有刃差排取向，如圖23.17中所示。此型式的差階可沿差排滑移而移動，但需藉著爬升才能在螺旋差排的滑移方向上移動。因差階的符號與移動有關，所以差階若在螺旋差排的運動方向移動，則將會導致在差階後方產生一列間隙型原子或一列空位。由於形成空位的能量遠小於形成一間隙型原子，一般認爲具有差階的螺旋差排的移動將僅產生空位。

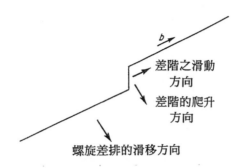

差階之滑動
方向

差階的爬升
方向

螺旋差排的滑移方向

圖23.17　　含有差階的螺旋差排的移動

熱能能以兩種方式來協助具有差階而產生空位的差排移動。首先，假設差階的後方沒有空位，然後當差階向前移動一單位時便會產生一空位。此過程相應的功可以活化能q_f來表示。當差排後方形成一空位時，前者會對後者產生背應力(back stress)，此應力傾向限制它進一步的移動。然而，若空位擴散進入晶格中，則差階將可自由移動到另一階段。由於此原因，所以差階的運動將包括形成空位的能量，及空位移開的能量$(q_f + q_m)$；當然，這兩個的值的和是自擴散活化能，q_d。

具有產生空位差階的差排，移動時的應變率方程式可由使用於差排交截的類似方法導出。若單一差階向前移動一個單位時，約等於差階間的距離的差排線段(x)，前進一等於布格向量b的距離。因此應力所做的功是$(\tau^* bx)b$，其中τ^*是有效剪應力，x是差階間的距離，及b是布格向量。所以源自於產生空位差階的移動之金屬潛變率可表示成，

$$\dot{\varepsilon} = Ae^{-(q_d - \tau^* b^2 x)/kT} \qquad\qquad \textbf{23.19}$$

上述Mott方程式已由他用來說明面心立方金屬的潛變現象。

差排滑移(dislocation climb)　接著我們將簡要的考慮在恆應力和定溫度下，差排爬升在金屬塑性流變中所扮演的角色。高溫時，實驗決定出的潛變活化能通常等於自擴散活化能，如圖23.18所示的一樣。

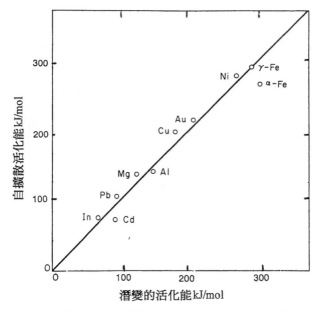

圖23.18　許多金屬中潛變活化能與自擴散活化能間的比較

　　在前節中，曾討論過潛變機構中的潛變活化能等於自擴散活化能，由於刃差排的簡單爬升與空位向刃差排擴散(正爬升)，或遠離刃差排擴散(負爬升)有關，所以起因於爬升的潛變變形亦將涉及自擴散活化能。然而，尚有一額外的因素必須加以考慮，根據最近的理論，空位通常不是附在刃差排的額外平面的直線部份，而是附在刃差排的差階。差階可由額外平面藉助熱活化而形成，或由於差排之交截而形成。在前一種的情況中，所觀察到的潛變率所顯示出的活化能，包括自擴散活化能及差排上差階形成的活化能，或

$$q = q_d + q_j \qquad\qquad\qquad \textbf{23.20}$$

其中q是潛變的活化能，q_d是自擴散活化能，q_j是差階形成的活化能。然而，若是形成差階的能量相當高，則藉由熱活化所形成的差階數將相當少。然而在任何適量的塑性變形之後，由於差排相互交截所產生的差階數量，將比因熱活化而形成的量會多好幾倍。若此數目夠大，則可假設空位遇上差階所需的時間，將比空位擴散到差排所需的時間少。在這些情況下，差階的熱形成能可忽略，且可將潛變的活化能(由於差排的爬升所引起的)假設等於自擴散活化能[17]。

　　於潛變期間爬升的最重要功能可能是幫助差排克服障礙物而繼續滑移。換句話說，變形主要是藉助滑移來完成的，但滑移量的控制因子是差排經障礙物的爬升。圖23.19顯示出一種可能的機構。在第一種圖中顯示出一固定差排，

---

17. Schoeck, G., ASM Seminar (1957), *Creep and Recovery*, p. 199.

妨礙了在其滑移面的其他差排的運動，結果在固定差排的前方形成堆積。前端
受阻的差排可利用爬升而越過固定差排，以使經滑移而產生的變形繼續發生，
如圖23.19(b)所示的一樣。在第二種情況中(圖23.20)，在平行於滑移面的異號
差排因爬升而相互接近，因此降低金屬中差排的密度，並降低作用於差排源的
背應力(back stress)。此將允許其他差排環的形成及長大。最後，第三種情況
說明於圖23.21(a)中，其顯示出圍繞析出物或介在物的差排環。正如稍早所討
論的，根據Orowan(16.9節)的理論，當差排移經不連貫的顆粒時，會環繞此顆
粒而形成差排環。然而，越來越多圍繞析出物顆粒的差排環的持續發展，會妨
礙後繼差排經晶格的移動。圖23.21(b)中，差排環的刃差排分量可往上移動，
並越過顆粒而彼此互消，而差排環的剩餘部份，基本上是螺旋分量，可藉助滑
移而瓦解。

圖23.19 (a)於固定差排處的差排堆積。(b)前導的滑移差排利用爬升而越過固定
差排，以允許所有的滑移差排繼續向前

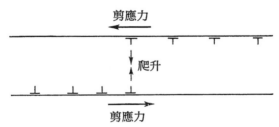

圖23.20 異號差排的相消將允許滑移持續進行

圖23.21 爬升越過析出物顆粒。(a)留置於析出物顆粒四周的殘留差排環會妨礙
其他滑移差排的移動。(b)差排環藉由環的刃差排分量的爬升和螺旋差
排分量的滑移而崩潰

Weertman[18]已利用差排爬升而越過障礙物而滑移的觀念來推導潛變率的理論方程式。假設障礙物是固定差排且應力很小，則此方程式可簡化成

$$\dot{\varepsilon} = A(\sigma)^{\alpha} e^{-q_d/kT}$$ **23.21**

其中A和α是常數，α約等於4，σ是外施的正應力，q_d是自擴散活化能，k及T如他們的一般意義。有趣的是此應力關係式與先前的方程式不同。此種應力關係實隨上於低應力及高溫下的鋁潛變中已觀察過[19,20,21]。然而，在較高應力下，應變率的經驗方程式是[22]，

$$\dot{\varepsilon} = A e^{\beta\sigma} e^{-q_d/kT}$$ **23.22**

式中β是常數。此種指數關係式沒有理論上的說明[23]，其僅個別應用於高應力和高溫下的鋁潛變。

差排氛圍的移動(movement of dislocation atmospheres) 除了極高純度的金屬外，溶質氛圍可能會形成於差排的周圍。於外施應力下，這些氛圍對差排運動的影響已在9.10節中詳細的討論過。由於氛圍的存在，差排移動的速率與相應視觀察到的潛變試片的應變率，應正比於溶質原子的擴散速率，且在固定應力[24]下可寫成下列的方程式：

$$\dot{\varepsilon} \approx D \approx D_0 e^{-q_s/kT}$$ **23.23**

其中$\dot{\varepsilon}$是應變率，D是溶質原子擴散時之擴散係數，D_0及q_s分別是頻率因子及活化能。注意，上述的活化能是對溶質原子的擴散而言，而不是母材(matrix)原子的自擴散活化能。亦有人提出[25]差排受大氣之阻礙時將有黏滯的行為。此意味著在一已知溫度下，差排移動的速率與潛變率將直接隨應力而變化，亦即

$$\dot{\varepsilon} \approx \sigma D_o e^{-q_s/kT}$$ **23.24**

或 $$\dot{\varepsilon} = A\sigma e^{-q_s/kT}$$ **23.25**

式中A是包括頻率因子D_0的常數，σ是外加的正應力。此機構的重要性已於9.10節討論過。

活化的交滑移(activated cross-slip) 應用於面心立方金屬的特殊機構，也許也適用於涉及交滑移熱活化的其他晶體結構的金屬潛變。

18. Weertman, J., *Jour. Appl. Phys.*, **26** 1213 (1955).
19. Weertman, J., *Jour. Appl. Phys.*, **26** 1213 (1955).
20. *Ibid.*
21. Dorn, J. E., *Jour. of the Mechanics and Physics of Solids*, **3** 85 (1954).
22. *Ibid.*
23. Schoeck, G., ASM Seminar (1957), *Creep and Recovery*, p. 199.
24. Cottrell, A. H., *Dislocations and Plastic Flow in Crystals*. Oxford University Press, London, 1953.
25. *Ibid.*

螺旋差排的一般特性是能夠在以螺旋差排的差排線爲晶帶軸的晶帶上的任一平面上移動。由螺旋差排所產生的滑移面交換所導致的現象，就是所熟知的交滑移(cross-slip)。在面心立方金屬中，交滑移通常包含螺旋分量於一對{111}平面間的移動。然而，當一螺旋差排分解成一對由疊差層所連接的部份差排時，交滑移通常不會發生。部份差排由一{111}滑移平面移到另一使原子處於高能位置的平面時，在能量的考量上是不可能的。然而，在面心立方金屬可能發生交滑移的方法，已由Schoeck及Seeger[26]做過理論上的處理。機構的定性描述如下。

首先，擴展差排(extended dislocation)遭受到收縮；即部份差排合併形成一長爲 l 的全差排，如圖23.22(a)中所示。這是假設藉熱活化而發生的。然後收縮的差排在交滑移平面擴展或分裂成部份差排(圖23.22(b))。最後，因在交滑移平面上存有極大的分解剪應力，使得擴展差排在交滑移平面以滑移來移動(圖23.22(c))。

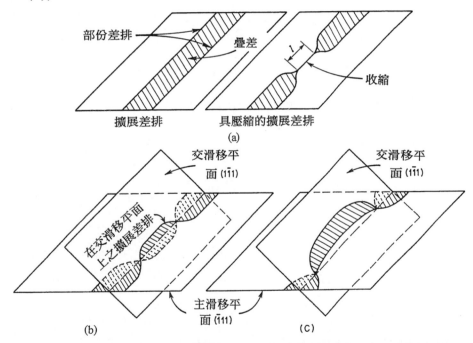

圖**23.22** 擴展螺旋差排的交滑移步驟。(a)在主滑移平面上擴展螺旋差排受到熱活化的收縮。(b)收縮的差排在交滑移平面上分開成一對部份差排。(c)應力作用下，在交滑移平面上差排的移動(After Schoeck, G., and Seeger, A., Defects in Crystalline Solids, p.340. The Physical Society, London, [1955].)

26. Schoeck, G., and Seeger, A., *Defects in Crystalline Solids*, p. 340. The Physical Society, London, 1955.

在交滑移平面上可移動的差排有一臨界長度值。低於此值時，差排不穩定且會瓦解而重回其原來的滑移平面。而此臨界長度取決於交滑移平面上的應力。在交滑移平面上的分解剪應力愈高，差排的瓦解就愈困難。因此，應力愈高臨界長度愈小。換句話說，交滑移平面上的應力愈大，則發生交滑移所需的熱活化收縮尺寸愈小。由於形成收縮的功隨著收縮的變小而降低，所以應力愈大交滑移的活化能愈小。當交滑移平面上剪應力等於相關金屬的臨界分解剪應力時(對Al而言是1MPa，對Cu而言是1.4MPa)。交滑移活化能的計算值，鋁為$1.05eV$而銅為$10eV$。銅有較高的活化能意味著銅中的交滑移較鋁不普遍，或銅中的廣大交滑移需較高的溫度及應力。銅中有較高的活化能的原因與此金屬具有較低的疊差能，及相應較寬的疊差寬度有關。較寬的疊差比窄的疊差收縮時需更多的功，此就可以說明銅與鋁間活化能的不同。

剛才前面所討論的交滑移機構相信是包含於面心立方金屬回復時之主要差排機構(見8.9節)。在其他型式晶格中，此機構也可能是重要的。

23.8 選擇活化能來表達應變率方程式 (An Alternative Activation Energy Expression for the Strain-Rate Equation)

自Cottrell[27]及Seeger[28]於差排交截機構的早期工作以來，對此機構而言，活化能的形式

$$q = q_0 - v\tau^* \qquad\qquad \textbf{23.26}$$

已廣用於熱活化的應變率方程式。然而，實驗的量測證明q_0與v是應力的函數，此事實與Cottrell[29]的原來假設間有嚴重的矛盾。因此在原來的模型中隱含著問題。

結果，差排交截機構在1970年由Craig Hartley[30]重新定量地再檢驗，他考慮滑動與障礙(林差排)差排間局部地相互作用應力，這些應力在原來的Cottrell模型中未被考慮。然而，在正確的條件下，他們所產生的有效能障比生成差階

27. Cottrell, A. H., *Jour. Mech. Phys. Solids*, **1** 53 (1952).
28. Seeger, A., *Dislocations and Mechanical Properties of Crystals*, in Fisher, J. C., Johnston, W. G., Thompson, R., and Vreeland, T., Jr., Eds., p. 243, John Wiley, New York, 1957.
29. Cottrell, A. H., *Jour. Mech. Phys. Solids*, **1** 53 (1952).
30. Hartley, C. S., *Sec. Int. Conf. Strength of Metals and Alloys, ASM*, p. 429, Metals Park, Ohio, 1970.

(或紐結)所伴生的能障高出很多，因此種差異夠大使得Hartley在他的計算中未
考慮紐結能量。

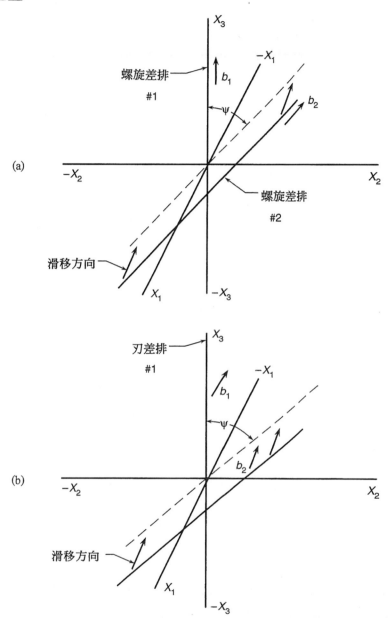

圖**23.23** Hartley所考慮的差排交截。(a)一對螺旋差排。(b)具有相同布格向量的
兩個刃差排。此圖中，X_1、X_2及X_3是三個正交的座標軸。此圖的兩部份
中，第一個差排位於沿垂直的X_3軸。第二個差排垂直於X_1且沿此軸移
動。當第二差排移經X_2-X_3平面時，兩個交截的差排彼此間的角度甩 Ψ
(After Hartley, C.S., Sec. Int. Conf. Strength of Metals and Alloys, p.42
9,American Society for Metals, Metals Park, OH, 1970.)

使用由Hartley及Hirth[31]早期分析一般傾斜差排間相互作用應力的結果,其決定研究於交截期間扮演重要角色的相互作用應力的兩種情況,這些說明於圖23.23中。其中之一包括一對螺旋差排間的交截,而另一個則是涉及兩個具有相同布格向量刃差排間的交截。對這兩種交截而言,Hatrley推導出若有效應力τ^*很小時,在一已知溫度下活化能可表示成

$$q = -q_0 \cdot \ln \tau^*/\tau_0^* \tag{23.27}$$

其中q是差排交截的活化能,q_0是常數,τ^*是有效應力,及τ_0^*是在0K時的有效應力。

若在圖23.23中的交截型式可真實地控制應變率時,則Hartley的結果具有特殊的意義,此乃因其可提供三個差排反應,其理論已由活化能隨有效應力的對數之變化推導出。除了Hartley差排交截機構外,Schoeck及Seeger[32](及Wolf[33])熱活化交滑移機構,及Seeger[34]機構都可看作是Peierls應力的克服。所以此種型式的活化能出現於三種不同差排反應的理論中,或許就不用大驚小怪了,正如Hartley所指出的,此種活化能的型式於應力作用在經障礙的移動差排元素時,與距離成反向變化(反比)。

對q與τ^*的對數間的關係之其他支持者,在許多年以前的文獻便出現了,文章是由Yokobori[35]在1952年所發表的,此種型式的活化能表示式,是由處理並分析Markoff隨機抽樣過程的結果推導出的。他亦證實此活化能導出$\ln \tau^*$與絕對溫度T間的線性關係。

若以$q = -q_0 \cdot \ln \tau^*/\tau_0^*$來取代熱活化應變率方程式中的活化能時,則可得到

$$\dot{\varepsilon} = A \cdot e^{\frac{q_0 \cdot \ln \tau^*/\tau_0^*}{kT}} \tag{23.28}$$

將其重新整理並簡化變成

$$\dot{\varepsilon} = A \cdot (\tau^*/\tau_0^*)^{q_0/kT} \tag{23.29}$$

此方程式亦可寫成下列的型式

$$\dot{\varepsilon}_2/\dot{\varepsilon}_1 = (\tau_2^*/\tau_1^*)^{m^*} \tag{23.30}$$

其中$m^* = q_0/kT$,τ_2^*是於應變率ε_2時之有效應力,及τ_1^*是當應變率是ε_1時的有

31. Hartley, C. S., and Hirth, J. P., *Acta Met.*, **13** 79 (1965).
32. Schoeck, G., and Seeger, A., *Defects in Crystalline Solids*, p. 340, Phys. Soc., London, 1955.
33. Wolf, H., *Z. Naturforsch.*, **15a** 180 (1960).
34. Seeger, A., *Phil. Mag.*, **1** 651 (1956).
35. Yokobori, T., *Phys. Rev.*, **88** 1423 (1952).

效應力。因此活化能等於 $-q_0 \ln \tau^*/\tau_0$ 可直接導出應力與應變率間的簡單冪次定律。它亦可導出其他的重要關係。爲證明此關係式，我們可以利用

$$\dot{\varepsilon} = A(\tau^*/\tau_0^*)^{q^0/kT}$$ **23.31**

型式的應變率方程式爲起點，其中 A 及 τ_0^* 是常數。若數據是在定應變率下獲得的，則 T 及 τ^* 將是僅有的變數。將方程式的兩邊取對數可導出，

$$\ln \tau^* = \ln \tau_0^* + BT$$ **23.32**

其中 $B = [ln(\dot{\varepsilon}/A)] \cdot (k/q_0)$ 是一常數，且 τ_0^* 是 0K 時之有效應力。這就是上面所提及的對數有效應力與絕對溫度間的Yokobori線性關係。

認可前述所列舉的應力與應變率間的冪次關係，及對數應力與絕對溫度 (於定應變下)間的線性關係，是使用有效應力 τ^* 爲依據。在許多情況中，由於存在大的內部應力分量使得外施應力並不等於有效的應力。若內應力大時，我們不能預期使用外施應力的數據可恰好滿足這些方程式。

另一方面，一退火的單晶純金屬或有非常大晶粒的多晶純金屬，因其內應力夠小，所以外施應力幾乎等於有效應力。此種試片，若在小應變測量流變應力時，則可能證明我們正在談論的方程式。在較大應變時，將會有一限量的內應力，且 τ 將不等於 τ^*。若機械性質是於發生動態應變時效的溫度下量測時，則這些方程式亦預期會失效。當動態應變時效發生時，由差排動力學理論所建立的基本觀念就不適用了。亦即，變形不再由單一速率控制的機構所控制。此時，當差排等待熱激活來克服障礙而控制應變率時，差排是被釘住的。在這些情況下，差排的移動需要額外的應力分量來克服釘札，而且變形不再被視爲僅由基本的機構所控制。

23.9　超過一種機構同時運作的潛變 (Creep When More Than One Mechanism Is Operating)

通常很難想像金屬變形是僅由單一潛變機構運作方式的潛變條件下發生的。譬如，若差排交截，則交截機構和由交截所產生的差階的移動，都可能必需考慮在內。同時，Peiels應力曾扮演一定的角色，而且，若金屬固溶體中含有元素的話，則必需考慮差排氛圍的移動。除此之外，若金屬是面心立方體，則還會涉及活化的交滑移。然而，於某些測試條件下，一種或其他各種機構會控制潛變率，且基本的研究主要是努力尋找於特定變形情況下，控制潛變率的

特殊機構。不過，這通常不是一件容易的工作，因為不同的潛變機構，其應力與潛變率間和溫度與潛變率間，經常顯示出不同的函數關係。

　　為了簡單及解說目的起見，讓我們假設將特定金屬的潛變僅與兩種機構有關，而且我們想要決定於定應力下，最終之潛變率是如何隨溫度的變化。同時，因潛變率與金屬結構有關，讓我們假設所有的潛變試片於測量潛變率的瞬間，具有相同的結構。大體而言，此種條件至少可藉一些相同的試片於相同溫度及應力下，預先變形到相同的總應變量而得到。於此種初期變形之後，每一試片的溫度可突然變化到某些其他預定的值，而且試片在此新溫度下可進行進一步的變形。在此種溫度改變的期間，假定應力可維持在其原先的值。無論如何，溫度的變化將導致潛變率的改變，其大小將只是溫度的函數。

　　假設我們只考慮兩種簡單的機構，且其潛變率可由下列方程式來表示：

$$\dot{\varepsilon}_1 = A_1 e^{-q_1/kT}$$
$$\dot{\varepsilon}_2 = A_2 e^{-q_2/kT}$$

23.33

其中 $\dot{\varepsilon}_1$ 及 $\dot{\varepsilon}_2$ 為潛變率，q_1 及 q_2 是活化能，且 A_1 及 A_2 為常數(於定應力和結構時)。

　　我們可利用兩種最簡單的方法來描繪一對潛變機構的聯合運作：(1)平行作用，亦即彼此無關或(2)串聯作用，所以第一種機構必需於第二種機構動作前運作。在(1)中，淨應變率等於各速率的總和，而(2)中，則當機構之運作是一個接另一個時，其淨應變率等於總應變除以兩機構所需的總時間，或

$$\dot{\varepsilon}_t = \frac{\varepsilon_1 + \varepsilon_2}{\tau_1 + \tau_2}$$

23.34

其中 $\dot{\varepsilon}_t$ 是淨應變率，ε_1 及 ε_2 是相對於各機構單獨運作所獲得之單位應變，且 τ_1 及 τ_2 是各機構運作間的平均時間間隔。方程式23.34清楚的顯示當潛變機構是串聯時，速率較慢或較長遲滯周期的機構控制了潛變速率。另一方面，當機構是平行運作時，速率較快的將是支配因素，因此

$$\dot{\varepsilon}_t = \dot{\varepsilon}_1 + \dot{\varepsilon}_2$$

23.35

其中 $\dot{\varepsilon}_1$ 及 $\dot{\varepsilon}_2$ 是各機構的個別潛變率。

　　文獻上經常見到潛變率問題的陳述是：機構串聯時，由較慢的速率控制；機構是平行時，由較快的機構控制。然而，任何兩種機構的應變率的相對大小，是某組特別實驗條件的函數的事實經常無法詳細說明。溫度、壓力，或結構的變化可能大大的改變兩種機構相對重要性。下面的則是考慮平行(獨立)機構的例子。

　　根據彼此無關機構的假設，我們所觀察到的潛變率 $\dot{\varepsilon}_t$ 是等於個別潛變率的和，或

$$\dot{\varepsilon}_t = \dot{\varepsilon}_1 + \dot{\varepsilon}_2 \qquad\qquad 23.36$$

現在我們以10的冪次重寫指數，同時Q_1和Q_2的活化能以焦耳每莫耳(J/mole)來表示：

$$\dot{\varepsilon}_t = A_1 10^{-Q_1/2.3RT} + A_2 10^{-Q_2/2.3RT} \qquad\qquad 23.37$$

或，由於$R = 8.37$焦耳/莫耳・K(J/mole・K)

$$\dot{\varepsilon}_t = A_1 10^{-Q_1/19.25T} + A_2 10^{-Q_2/19.25T} \qquad\qquad 23.38$$

又為了方便起見，讓$Q_1 = 2Q_2 = 192,500$J/mole。由在實際晶體中所觀察到活化能來看，這些是合理的假設。依此我們可得，

$$\dot{\varepsilon}_t = A_1 10^{-10,000/T} + A_2 10^{-5000/T} \qquad\qquad 23.39$$

若A_1等於或小於A_2，則在所有溫度下，相當於第二機構的右邊項，都將此相當於第一機構的項來得大。在此種情況下，所量測到應變率似乎就是第二機構的速率，且可以說第二機構控制了潛變率。

其次考慮另一種情況，A_1遠大於A_2。具較大活化能的項現在具有較大的係數。在此種條件下，控制潛變率的機構可能隨溫度而改變。例如，讓我們選擇A_1等於10^{+5}，A_2等於10^{-15}。使用這些假設而得到兩種應變率隨溫度變化的情形示於圖23.24中，圖中是以應變率的對數對絕對溫度的倒數作圖。此圖指出在250K時會有機構的改變。低於250K時，具較低活化能的機構具有較高的速率，而高於250K時具較高活化能的機構有較高之潛變率。關於圖23.24，值得注意的重點是若相加兩條實線就可獲得總應變率$\dot{\varepsilon}_t$，所得的曲線與由相交在250K的兩個實線所定義出的曲線差別甚小。此乃因我們所處的指數函數隨$1/T$快速變化的緣故。好比說，在250K時個別的應變率$\dot{\varepsilon}_1$及$\dot{\varepsilon}_2$都等於10^{-35}，其和是2×10^{-35}，或$10^{-34.7}$劃在對數尺的圖上是-34.7的點，對圖上的尺度而言，此點與$\log_{10} \dot{\varepsilon}_1$或$\log_{10} \dot{\varepsilon}_2$的值$-35$相差並不明顯，在其他的任一溫度下，將可發現總應變率更是接近圖23.24中實線所代表的應變率。

類似於在上一段所討論的控制機構的轉移經常可在多晶擴散的研究中觀察到。高溫時，具較高活化能的體擴散控制了擴散速率，低溫時，具較低活化能的表面擴散控制擴散速率。關於這方面，有趣的是高溫時晶界擴散較體擴散不重要，是因為能參與體擴散的原子比能參與晶界擴散的來得多。正如上述所假設的潛變情況，兩種擴散型式的效應的和，經常顯現劃於圖23.24中虛線的擴散數據。最後，關於潛變控制機構的改變，必需假設晶體中的差排能進行較高活化能反應的方式，較能進行較低活化能反應的方式多。更正確的說法也許應該是若兩種型式中所有可能的差排機構同時作用時，則由所有高活化能的機構所造成的淨應變較由低活化能機構所造成的高很多。

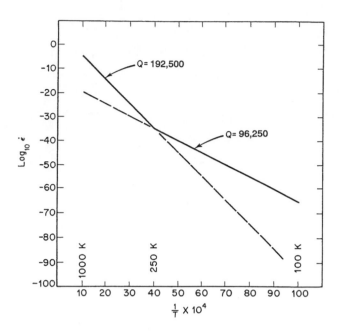

圖23.24　對兩種不同假想機構而言，潛變率隨溫度變化的函數

　　讓我們考慮圖23.24中的曲線，將其視為代表由實驗決定出的潛變數據所劃成的。在表面值同時不知道機構的情況下，這些數據指出潛變的活化能在250K時會有突然的改變，有幾分如同圖23.25中所示的方式。實際晶體中由實驗所決定出的潛變活化能，有時會顯示出此種突然的改變。鋁金屬的活化能已被有系統且徹底的研究過，這些研究的某些結果，如由Dorn及其同仁[36]所完成的，示於圖23.26中。這些數據代表於小心控制的條件下，使單晶試片僅能在八面體平面{111}<110>的方向上滑移所做的潛變研究。有趣的是觀察到三個不同的不連續活化能，其值分別是14,200、117,000，及149,000焦耳/莫耳，其所對應的溫度區間是0到400K、600到750K，及800K到融點。在鋁中對應於最高溫度範圍的最大活化能，非常接近自擴散的活化能。因此項理由的緣故，這些單晶試片於高溫時控制潛變速率的機構，可歸因於差排之爬升。在中間溫度範圍的117,000J/mole的活化能值，接近鋁中活化交滑移的活化能計算值。在此溫度範圍的潛變試片亦展示出顯示高度交滑移的活性的滑移線，由此可進一步的相信在中間溫度時的主要控制機構是交滑移。在非常低溫時所觀察到14,000J/mole的活化能，還未找出特殊機構來說明。Peierls應力和差排交截有人建議可能是此溫度範圍內的控制機構。

　　36. Lytton, J. L., Shepard, L. A., and Dorn, J. E., *Trans. AIME*, **212** 220 (1958).

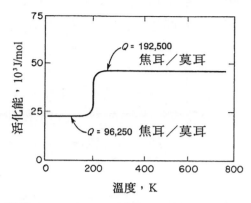

圖23.25 利用圖23.24中的假想數據劃成的活化能對溫度間的作圖

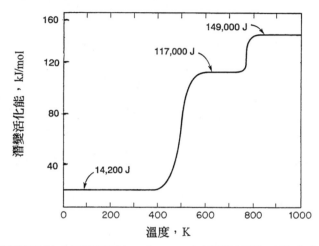

圖23.26 純鋁單晶於八面體平面{111}<110>上經簡單滑移而變形時之潛變活化能(After Lytton, J.L., Shepard, L.A., and Dorn, J.E., Trans. AIME, 212 220[1958].)

23.10　速率控制機構的其他觀點 (Another View of the Rate Controlling Mechanism)

　　儘管圖23.26中的數據支持並相信在不同溫度範圍內,不同的速率控制機構可支配流變應力,但此結論不必然能證明。根據下列事實可能會有另一種觀點,此事實是定應變率下所測量到的活化能,通常隨絕對溫度而線性增加,但當於定應力下測量時則與溫度無關。而圖23.26中的數據則由這兩種觀察所組成的。由潛變數據所決定出的活化能，是保持應力下改變潛變溫度而得到的。然而，由於實驗上和測量非常小應變率上的困難，使得這些量測被限制於有限的應變率範圍內。因此，為了量測在較低溫時的活化能，應力必需增加到足夠的量使得應變率能再度落在測量範圍內。當然，較高的應力是由較小的活化能所組成的。換句話說，若圖23.26中的三個平坦區的中心被考慮成近似相應於相同的試片應變率，則此圖中的數據與活化能隨溫度線性增加現象就不會相互矛盾。

23.11　利用應力-應變數據來決定活化體積與活化能的實驗(Experimental Determination of the Activation Volume and the Activation Energy Using Stress-Strain Data)

在定溫假設$dQ \approx dH$，式中Q是活化能，而H是焓活化能，對活化體積可取的定義方程式為

$$v = -(dQ/d\tau^*)_T \qquad\qquad 23.40$$

其是取定溫下的導數。現在若應變率由方程式$\dot{\varepsilon} = A \exp(-Q/RT)$所支配，則解答$Q$時，可在定溫下取$Q$對有效應力$\tau^*$的導數時可得出

$$\frac{dQ}{d\tau^*} = -\frac{RTd\ln\dot{\varepsilon}}{d\tau^*} \qquad\qquad 23.41$$

方程式23.41是測量活化體積受歡迎的技巧的起源，一拉伸試片於定應變率$\dot{\varepsilon}_1$下遭受變形，而突然改變到$\dot{\varepsilon}_2$的應變率時，量測到流變應力的增量則可利用方程式

$$v = \frac{RT\ln\dot{\varepsilon}_2/\dot{\varepsilon}_1}{d\tau} \qquad\qquad 23.42$$

來計算活化體積。在最後的關係式中以$d\tau$取代$d\tau^*$是經由應變率快速變化期間，τ_μ的變化將小到可以忽略的假設所得到的。必需進一步注意的是於方程式23.40和23.42中的活化體積，是每莫耳的熱活化事件。此乃因在這些方程式中

以每莫耳的活化能Q取代每事件的能量q。因此$v_e = v/N$，其中v_e是每一事件的活化能，而N是Avogadro數。

決定活化能的基本程序是由Conrad及Wiedersich[37]所發展出來的，他們引入方程式，

$$Q = -vT(d\tau^*/dT)_\varepsilon \qquad \textbf{23.43}$$

其中Q是活化能，v是活化體積，T是絕對溫度，及$(d\tau^*/dT)_\varepsilon$是有效流變應力τ^*(於應變ε為定值時所量測的)，隨絕對溫度T的函數變化曲線所決定出的實驗斜率，其中所有的數據都在相同的應變率下測量的。

為計算對應於某一溫度T_a下的Q值，首先必須進行於此溫度下改變應變率的實驗，以決定出在T_a時的v值。然後，從τ^*隨T變化的實驗曲線決定出曲線在T_a的斜率。活化體積、溫度T_a及在T_a時的斜率之乘積的負值，就可得出所需的活化能Q。

23.12　晶界剪變
(Grain-Boundary Shear)

大家都熟知多晶材料中的金屬晶粒能彼此相對的移動。在理想狀況下，此種變形的形式可局限於和晶界鄰接的非常狹窄區域，所以流變被認為實際上是產生於沿晶界的表面。剪變的方向則落在邊界上具最大分解剪應力的方向上。再者，多晶金屬中的晶界剪變已發現並不是連續的；亦即，負載下流變並不是平滑和連續的，而是間歇性的和不規則的；而且沿晶界不同點的位置發生的程度也不同，同時在某一點上隨時間的變化量也不同。因此晶界變形後會停止移動，且在稍後的時間又會再次移動。然而，變形經常發生於與晶界銜接的晶粒內一段有限的距離[38]。一般而言，測試溫度越高，此效應會變得愈大。

利用在潛變試片的表面上刻格柵或線網，便可輕易的描述晶界的剪變。然而，必需利用適當的全相技術來預先準備試片的表面，使得金屬的晶粒結構顯現出來。在有利於晶界剪變的條件下進行試片試驗，則橫越晶界的方格線受到剪變，如示於圖23.27中的雙晶一樣。從量測垂直於表面方向的晶粒相對位移量，亦可估算出多晶試片中晶界剪變的大小。建立在表面量度的兩方法會有缺點，雖然他們可以得到在表面合理而正確的剪變狀況，但他們告訴我們很少有

37. Conrad, H., and Wiedersich, H., *Acta Met.*, **8** 128 (1960).
38. Rhines, F. N., Bond, W. E., and Kissel, M. A., *Trans. ASM*, **48** 169 (1956).

關發生在試片內部晶粒的訊息。Rachinger[39]曾使用於變形期間,以晶粒形狀的變化為指標,試圖估算試片中心晶界滑移的大小。若沒有晶界滑移而且所有變形都藉晶粒內部的滑移而發生時,則一般的晶粒將受到相同的相對伸長與收縮。另一方面,若所有變形是藉由晶粒間彼此的相對剪變與旋轉而發生時,則一般晶粒將保持其最初的形狀。加工鋁且使試片在573K時緩慢變形(每小時百分之0.1),他觀察到在將近5%的應變後,晶粒形狀無明顯的改變,所以他推論晶界滑移(在測試狀況下),對總應變量的貢獻約在百分之90到95左右。這是一項有趣的觀察,但不能當作內部晶界剪變分量大小的一般說明,因為Rachinger的結果可能由預測出較低的晶界分量來說明。

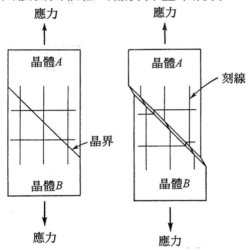

圖23.27 晶界剪變可利用刻於試片表面的方格線的剪變位移顯現出來

除了Rachinger的結果外,大部份有關總應變的晶界分量的量測都來自表面的測量,這些報告[40]中的晶界分量通常從小百分比到高至總應變的30%。偶而表面量測會指出一接近於Rachinger量測的晶界分量。簡言之,目前的情況似乎是認為在高溫時,晶界剪變是一項重要的變形機構,但其重要性則尚未做完全的評估。

在特殊金屬中,晶界剪變的大小是許多變數-溫度、應變、應力等-的函數,而與這些變數的函數關係則是未充份建立。而一有關晶界分量與總應變間的關係則相當一致。在許多情況下,已觀察到[41]晶界剪應變對總剪變($\varepsilon_{gb} / \varepsilon_l$)間的比,於調整潛變測試期間近似為定值。

39. Rachinger, W. A., *Jour. Inst. of Metals*, **81** 33 (1952).
40. Gifkins, R. C., *Fracture*, p. 579. Technology Press and John Wiley and Sons, Inc., New York, 1959.
41. *Ibid.*

Rhines、Band，and Kissel[42]已報導過由晶界剪變直接提供的實驗結果。依據他們的報告，晶界剪變不應視爲一晶粒在其他晶粒上的簡單滑動，而是應視爲發生於晶界兩旁材料之塑性變形。關於這方面，他們指出晶界剪變直到金屬受熱到發生回復的溫度範圍時，才會變成一重要的變形機構。而且，已普遍公認多晶材料的變形中，最大的塑性畸變區通常發生於緊鄰晶界的區域。回復通常最先發生於應變能區最大的地方。因此，於高溫變形的期間，可預期緊鄰晶界的區域因回復效應而進行軟化的作用，將遠早於晶粒的中心處。這種緊鄰晶的金屬軟化允許額外的變形發生於此區域，就是通稱爲晶界剪變。

23.13 晶粒間破裂(Intercrystalline Fracture)

低溫時(低於絕對熔點的一半)金屬通常是經由晶粒內部的破裂而失效，亦即是穿晶破裂。因此在這些溫度下晶粒間的破裂是個例外，而且通常和某些結構的不規則性有關，例如，存在於晶粒間的脆性薄膜或晶界弱化所形成的腐蝕，高溫時，晶粒間的破裂或沿著晶界所進行的破裂，是一種通則而不是例外，所以在低溫時以正常的穿晶破裂而失效的金屬，於高溫時就有沿晶界破裂而失效的傾向。這些晶粒間的破裂與晶界剪變有極密切的關係。

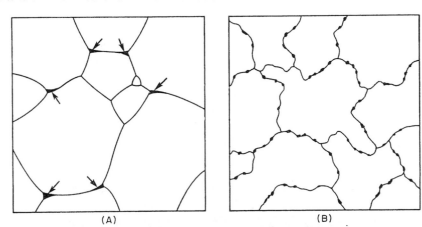

圖23.28 金屬中開始產生晶粒間破裂的兩種方法

在高溫晶粒間破裂的開端時會有極爲不同的光景，其與金屬及測試狀況有關。然而，有兩種明確且常常碰到的定義，這些現象概要的示於圖23.28，示

42. Rhines, F. N., Bond, W. E., and Kissel, M. A., *Trans. ASM*, **48** 169 (1956).

於左圖的是在晶粒的角隅(三晶粒相交的邊)形成空洞,示於右圖的是小橢圓體孔洞位於晶界。這兩類早期的破裂不一定單獨形成,有可能在適當的條件下,同時出現在同一試片上。試片的完全韌裂(rupture)通常視為是小開口的聚集與成長而造成的。這可能是開始產生空洞的剪變機構連續運作的結果,或是空隙的聚集而產生的結果。

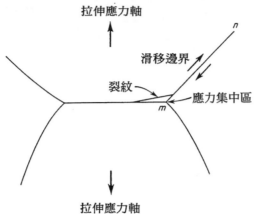

圖23.29 Zener提出的楔形孔隙形成的方法,沿晶界mn的滑移消除了沿晶界的剪應力而使應力集中於晶粒的角隅

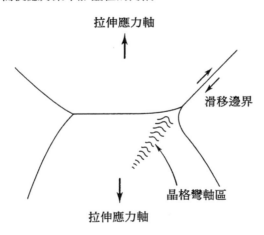

圖23.30 在晶粒角隅的應力集中可藉由滑移晶界前方晶粒內的塑性變形而消除

在晶粒邊界由形成楔形孔隙的機構於數年前就已由Zener[43]所提出。他建議若晶界受到剪應力而發生剪變時(圖23.29),則足量的高應力集中會在鬆弛的晶界(位於晶粒角隅)末端造成微裂紋的形成。除非應力集中超過晶界的結合強度

43. Zener, C., *Elasticity and Anelasticity of Metals.* The University of Chicago Press, Chicago, Ill., 1948.

(cohesive strength)，否則空孔無法以此種方式成核。若在晶界末端的應力集中，由晶界前方的晶粒之塑性流變而緩和時，裂紋也不會發生。緩和應力集中的方法之一示於圖23.30中，此時，於晶界前方的晶粒內的適當方向平面的滑移所造成的晶格彎曲，可以調節沿晶界的剪應變。這種現象的型式已常常於潛變試片的表面觀察到，於滑移邊界前方的晶粒內，在表面所造成的隆起稱爲褶曲(fold)[44]。雙褶曲的實例示於圖23.31中。另外在晶界角隅防止裂紋開口的另一機構是於應力集中上升到孔隙形成前，邊界便從受應力區遷離。

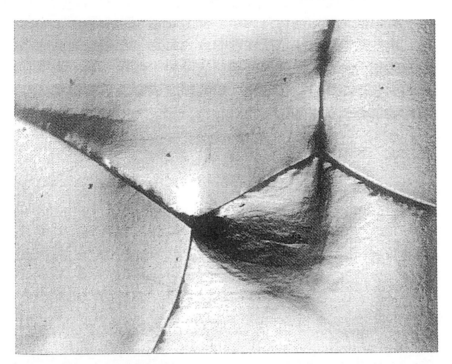

圖23.31 百分之20鋅-鋁潛變試片於500°F及2300psi的測試下表面所產生的雙褶曲75X(Chang, H.C., and Grant, H.J., Trans. AIME, 206 544[1956].)

現在考慮沿晶界所形成的小橢圓形破裂，這些相信是由於位在晶界的不連續性所造成的，圖23.32顯示一已討論過的孔隙型式的形成機構。於此假設晶界有一預存的差階，此差階妨礙了沿晶界的正常剪變變形。沿晶界的位移導致在差階產生應力集中，如圖23.32(a)所指的一樣，其結果會發展出一個裂紋，如圖23.32(b)所示。正如在晶粒角隅楔形開口的情形一樣，這些孔隙的形成可藉晶粒內的塑性流變來緩和應力集中，或藉晶界遷離應力集中區而阻止。注意晶界遷移也是應力鬆弛的一種形式。

---

44. Chang, R. C., and Grant, N. J., *Trans. AIME*, **194** 619 (1952).

圖23.32　沿晶界形成孔隙的一種方法

　　傾向增加晶粒內部(相對於晶界)的剪變阻力，及使晶界遷移更為困難的任何因素，都會傾向提升晶界破裂。一般而言，晶粒內部的滑移可藉加工硬化、固溶體硬化、析出硬化等而變得更困難。析出硬化和固溶體硬化能大大地限制晶界的遷移。這些效應的大小依所處理的合金而定。在某些適度的高溫時，很可能許多因素的結合會導致使晶界的破裂佔優勢，然後，進一步增加溫度時，晶粒與晶界間的強度平衡發生了改變，導致轉變成穿晶破裂機構。穿晶破裂的重現通常都伴隨著延性的增加。

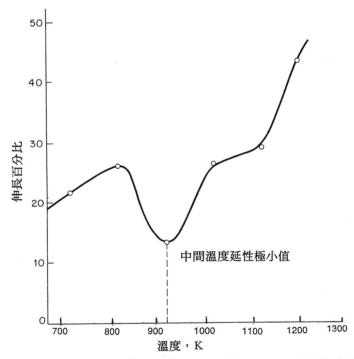

圖23.33　蒙鎳金屬中的中間溫度延性極小值。此伸長極小值與粒間破裂有關，且伴隨相應的面積收縮極小值。試片於平均負荷速率600lbs/sec時快速地變形(From data of Rhines, F.N., and Wray, P.J., TRANS. ASM, 54 117[1961].)

　　穿晶破裂的傾向僅發生於有限的溫度區間內，已由Rhines及Wray[45]在拉伸長量對溫度作圖中產生一延性的極小值而獲得證明。他們已將此定為中間溫度延性極小值(intermediate temperature ductility minimum)。圖23.33顯示他們對蒙鎳合金(正常的組成是65％Ni、35％Cu)的實驗數據。注意此曲線與顯示於圖21.29中的藍脆性相似。但是，兩者破裂的機構並不相同。在中間溫度延性極小值的情形時，粒間破裂會大大地降低面積的縮小，所以此效應事實上是一種脆裂；藍脆現象通常伴隨頸縮，所以於藍脆溫度時總有相當大的面積收縮。

23.14　晶界孔洞及潛變脆性 (Grain-Boundary Cavities and Creep Embrittlement)

　　如上所述，早期的工作者使用光學顯微鏡來觀察中間溫度脆性破裂型式發展的早期階段，其破裂的型式可由沿晶界的孔隙，及在晶界三叉線的W型裂紋的外觀而顯現出來。兩者早期的失效證明通常可在相同的試片觀察到。然而，通常在較高的潛變或較高的應力較有利於W型裂紋，而較低的潛變速率或應力較有利於晶界孔洞。因此，值得注意的是孔隙傾向出現於主要沿與拉伸應力軸的晶界上。涉及沿晶界剪變的孔洞及W型裂紋也已提出合理的機構。然而，現在出現強而有力的證明是中間溫度延性極小值，與在非常小的應變開始出現微觀孔洞，並隨著連續變形而成長與增加數目有關。最後孔洞開始連結以致於使裂紋沿晶界發展，孔洞聚集而連續成長，最終導致試片的破裂。目前固有的觀點是W型裂紋整個過程的簡單情況的結果，亦即，他們是藉由在三叉線的孔洞聚集而形成的[46,47]。

23.15　潛變期間孔洞的成長(Cavity Growth During Creep)

　　圖23.34中的相片表示並證實晶間破裂與晶界上孔洞的發展與成長有關。此照片由Stiegler等人[48]所提出，其顯示小且可能是最近形成的孔洞和較大的孔

45. Rhines, F. N., and Wray, P. J., *Trans. ASM*, **54** 117 (1961).
46. Stiegler, J. D., Farrell, K., Loh, B. T. M., and McCoy, H. E., *Trans. ASM*, **60** 494 (1967).
47. Fields, R. J., and Ashby, M. F., *Scripta Met.*, **14** 791 (1980).
48. Stiegler, et al., *op. cit.*

洞已成長在一起，而沿晶界表面形成裂紋的粒間破裂的鎢試片。試片首先在1923K時使用48MPa(7000psi)的應力下產生潛變變形，然後冷卻到鎢的粒間脆性的室溫，此溫度習慣於用來顯露晶界的形態。

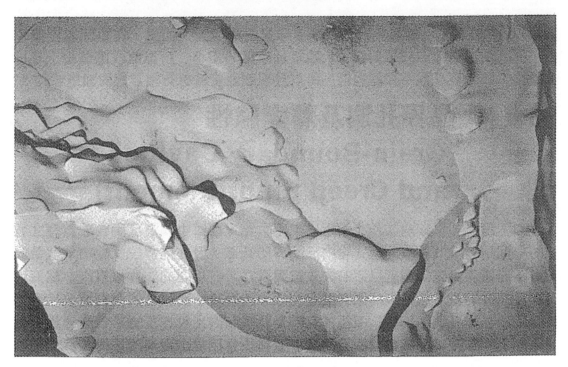

圖23.34 鎢潛變試片在48MPa應力下，1923K變形時，在晶界上顯示出潛變孔洞的電子顯微鏡相片(From Steigler, J.O., Farrell, K./Loh, B.T.M., and McCoy, H.E., Trans. ASM, 60 494(1967), American Society for Metals, Metals Park, OH.)

　　Stiegler及其同事的結果後來由Fields及Ashby[49]使用銅試片在1073K作潛變變形後，利用掃描式電子顯微鏡的研究而得到支持。值得注目的是，此顯示楔型角隅的表面是韌窩狀(dimpled)，且由小孔洞相互連結所形成的裂紋之外觀所組成。

　　由於沿晶界發生孔洞現象在商業上具重要性，其已是應考慮的科學主題，一般而言，此領域的工作有兩種軌跡：其中一種是孔洞成長的研究，另一種是孔洞的成核。

　　根據擴散理論，Balluffi及Seigle[50]早期假設在晶界成核的孔洞，或空隙可

49. Fields, R. J., and Ashby, M. F., *op cit.*
50. Balluffi, R. W., and Seigle, L. L., *Acta Met.*, **5** 449 (1957).

藉空位從晶界移動到孔洞而成長，此乃因為擴散路徑短且晶界與空隙間的交線，將是平面和孔洞表面間空位轉移容易完成的位置。他們亦指出因化勢(chemical potential)的作用，使得空孔的成長是晶界方向的函數，而且垂直於拉伸應力軸的晶界的成長最大。在外施拉伸應力 σ 下，在橫向晶界的空位濃度由 $\exp[\sigma\Omega/kT]$ 因子所控制，其中 Ω 是空位的原子體積，而 k 和 T 具有他們平常的意義。然而，假設是球狀孔洞，則孔洞表面的表面張力產生試圖聚集孔洞的有效壓力等於 $2\gamma/r$，其中 γ 是孔洞表面的表面張力，而 r 是孔洞半徑，因此，除非 $\sigma > 2\gamma/r$，否則孔洞無法成長。另一方面，對於已成形的較大孔洞，σ 通常遠大於 $2\gamma/r$，且可把表面張力項忽略。

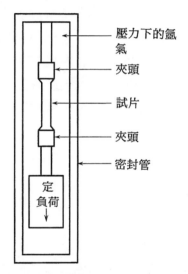

壓力下的氬氣

夾頭

試片

夾頭

密封管

定負荷

圖23.35　概略的說明在外施靜壓 p 下用來做潛變測試的裝置

　　有關在孔洞成長時空位重要性的有價值資訊，已由在惰性氣體的靜壓下執行潛變試驗的幫助而獲得。在此種型式的典型實驗中，具直接受載的潛變試片置於偶而使用氬氣施加壓力，而且密封的耐火金屬圓柱中。實驗的排列概略地示於圖23.35中。然後將潛變測試的圓柱置於管狀爐內，以獲得所需的潛變溫度。在此測試中，理論上預測[51]在垂直於拉伸應力的晶界上的空位濃度，將以因子 $\exp[(\sigma-p)\Omega/kT]$ 增加，其中 p 是壓力，式中建議若 p 等於 σ 時空位的成長會消失，這已由在 p 等於 σ 時進行潛變測試而得到實驗上的證明[52,53]。在這些實驗中，藉著量測試片密度隨潛變時間的相對變化，而決定出空隙體積隨潛變時

51. Ratcliffe, R. T., and Greenwood, G. W., *Phil. Mag.*, **12** 59 (1965).
52. *Ibid.*
53. Hull, D., and Rimmer, D. E., *Phil. Mag.*, **4** 673 (1959).

間變化的函數。有關的實例可參見Ratcliffe及Greenwood的論文[54]。圖23.36則取自他們的發表論文，在圖23.36中的上圖中顯示兩個鎂試片的潛變曲線。左邊的曲線對應於無壓力下潛變試片在300℃(573K)及700psi(5MPa)的應力 σ 時的變形，而右圖變形在同樣的應力和溫度下，但遭受等於施加應力的壓力。注意壓力大大地增加到發生破裂的潛變壽命與應變。圖23.36中的下圖繪出對應的試片密度變化。在零外施壓力下的試片變形中，密度幾乎是從試片的開始改變(下降)，且測試的繼續進行下降速率持續增加。此隱含著有效地孔洞現象起始於測試的開端，且隨變形的增加而增加得更明顯。另一方面，注意在壓力等於外施應力的試片變形，直到快破裂時都沒有顯示在密度上有任何改變，其意義是除了在測試的極末段時，在試片中沒有量測到孔洞現象。

在Ratcliffe及Greenwood的論文中，亦含有數種其他有意義的特色，尤其是他們觀察到若將等於拉伸潛變應力的靜壓施加到已部份變形的試片時，在先前所形成的孔洞會停止成長。他們由此推論出變形機構對孔洞的成長沒有貢獻，換句話說，增加孔洞大小的塑性斯裂不會發生。此強化了由吸收空位而使孔洞成長的結論。

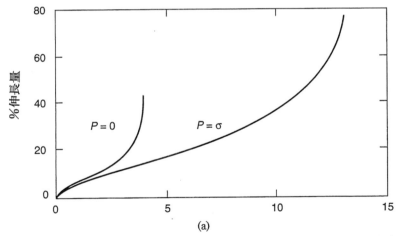

圖23.36 (a)外施靜應力對遭受5MPa拉伸應力的鎂試片潛變的影響。注意當靜應力 p 等於拉應力 σ 時，試片的潛變壽命大大的增加。(b)當試片遭受靜應力時，試片的密度(因此也是空位濃度)改變率相當低(From Ratcliffe, R.T., and Greenwood, G.W., Phil, Mag., 12 59[1965].)

---

54. Ratcliffe, R. T., and Greenwood, G. W., *op. cit.*

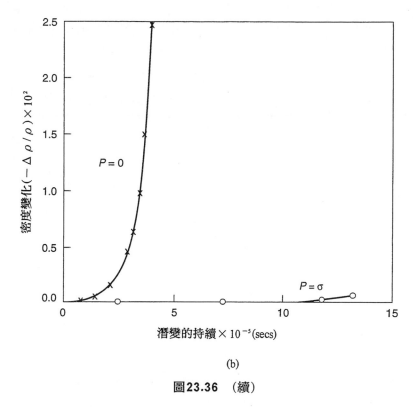

(b)

圖23.36　（續）

　　另一方面，他們發現當靜壓於潛變早期階段施加且後來再除去時，孔洞現象隨著壓力的去除而消失的速率不受早期變形的影響。此現象建議，發生於變形期間的潛變變化不會影響孔洞成核位置的建立。

　　最後，由孔洞現象隨應變增加而增加的速率來分析，Ratcliffe及Greenwood的結論是於變形期間孔隙成核的數目必須增加。換句話說，依據孔洞固定數量的簡單成長不能說明他們的實驗結果。

23.16　潛變期間的孔洞孕核(Cavity Nucleation During Creep)

　　孔洞孕核的主題尚未完全了解，實驗的證明顯示孔洞形成於晶界而不是晶粒內部，此外，他們較喜愛出現在垂直於拉伸應力軸的晶界上。因此，孔洞孕核主要不會發生在遭受最大程度的晶界剪變的邊界上。然而，孔洞孕核的一個重要因素可能是由於在中間溫度時，預期發生於晶界附近的空位過飽和，此種實際上的可能性已由數個早期的作者[55,56]所建議。

55. Balluffi, R. W., and Seigle, L. L., *Acta Met.*, **3** 170 (1955).
56. Machlin, E. S., *Trans. Met. Soc. AIME*, **206** 106 (1956).

最近，Tang及Plumtree[57]對此主題重新思考，他已計算出AISI304不銹鋼中，接近晶界過量的空位濃度隨溫度和應變率變化的函數。基本上，他們的論點如下，在溫度接近$0.5T_m$時，其中T_m是熔點，塑性流變傾向集中於沿晶界的窄帶內。晶界剪變是一種可見的形態。作者假設此區的厚度w約爲1或2個次晶粒的直徑或約爲$0.5\,\mu$m。然後他們使用

$$\dot\varepsilon_b/\dot\varepsilon_a = fd/2wd \qquad 23.44$$

來計算此帶內應變率對平均應變率之比。其中$\dot\varepsilon_b$是接近晶界的應變率，$\dot\varepsilon_a$是平均應變率，f是由於晶界剪變所產生總應變的分率，w是進行增進塑性流變速率的帶寬。若f取0.3，d取$50\,\mu$m，及w取$0.5\,\mu$m，則此比值等於15。注意此意含著接近晶界的應變率較平均應變率大一個級數。

一般都接受空位可由塑性變形時產生，而且這些空位的濃度C_{pl}隨應變的變化情形可以用

$$C_{pl} = K\varepsilon^m \qquad 23.45$$

的方程式來表示，其中K及m是常數。Tang及Plumtree假設$K=10^{-4}$及$m=1.0$，所以$C_{pl}=10^{-4}\varepsilon$。

在潛變脆性範圍內，因溫度過高所以必需考慮空位的損失，所以空位的損失與產生的穩態濃度C_{ex}可表成

$$C_{ex} = dC_{pl}/dt\cdot\tau = 10^{-4}\dot\varepsilon\tau \qquad 23.46$$

其中τ是空位的壽命，亦即是空位發現沉沒源的平均時間。後者可利用擴散距離對擴散時間的方程式來估算；$\tau=L^2/D$，其中L是距離，D是空位的體擴散系數。假設L約爲次晶粒直徑的一半（$0.25\,\mu$m）並使用適當的D值，Tang及Plumtree所計算的C_{ex}隨溫度變化的函數示於圖23.37中。

在圖23.37中亦劃出在橫向晶界處空位平衡濃度C_{gb}隨溫度變化的函數。後者與外施應力有關，且大於無應力作用金屬的熱平衡濃度C_0，並可以如下表示

$$C_{gb} = C_0 \exp \sigma\Omega/kT \qquad 23.47$$

其中C_0是熱平衡時的空位濃度，σ是外施應力，及Ω是空位的原子體積。

注意在圖23.37中，低於$0.5T_m$時，由於鄰接晶界局部應變所產生的過量空位濃度C_{ex}遠超過由於施加100MPa應力時，在橫向邊界的預期空位濃度C_{gb}。此意味著在此溫度的範圍內，在晶界處有非常高的空位飽和。Tang和Plumtree提出此種過飽和會產生如外施應力的化學應力，此化學應力將提升在晶界處的孔洞孕核。另外，此空位的過飽和將會導致靠近晶界的刃差排進行正爬移。此現

57. Tang, N. Y., and Plumtree, A., *Scripta Met.*, **18** 1045 (1984).

象將會降低空位濃度的作用，但更重要的是它將會在空位消失區內產生拉伸應力態。因此，不論是考慮隨空位過飽和而產生的化學應力，或考慮結合差排爬升而產生的機械拉伸應力態，都有很好的理由相信孔洞的孕核將更容易。在任一事件中，大到足以使孔洞均質孕核的淨效應無法出現，因此，在晶界上存在某些異質孕核的形式似乎仍然需要。

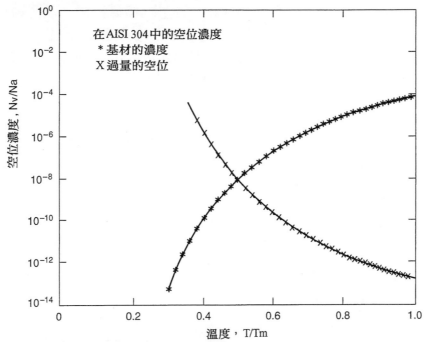

圖23.37 AISI304鋼中晶界附近的空位濃度。圖中顯兩種曲線，有"基材濃度"符號的曲線代表在100MPa的外施應力下，在橫向晶界的平衡濃度C_{gb}。另一標有"過量空位"的曲線提供由於鄰近邊界局部應變所產生的過量空位。注意低於0.5Tm時遠大於平衡濃度(From Tang, N.Y., and Plumtree, A., Scripta Met., 18 1045[1984].)

23.17　潛變曲線(The Creep Curve)

　　平常潛變試驗是於定溫、定負荷的拉伸試驗狀況下，量測應變隨時間變化的函數。若潛變測試的執行目的是為了決定出潛變機構，則通常必需改變或減少測試期間的負載，以補償試片變形時橫截面的收縮，而使金屬保持在固定壓力下。大部份的潛變測試並不是在定應力時執行的，而是在恆定或固定應力下運作的。這些測試的主要目的是獲得工程設計的數據。靜態負荷測試較易進行，因為只要使用簡單的負荷配備即可，而定應力的裝置可能需更多的儀器。定負荷測試在工程目的上常被接受的原因有二；第一，因大部份的工程數據涉及的潛變速率非常緩慢，所以在平常潛變測試的期間試片橫截面的減少有限，且在整個試驗期間的應力幾乎為常數。第二，定負荷測試與普通工程實用上以瞬時負荷除以試片，原來的橫截面積的應力與劃成的短時間的拉伸測試數據一致。

通常定負荷潛變測試所得的曲線含有如圖23.38中所定的三個基本的階段。這些階段發生於潛變測試進行的期間，且不包括負荷加到試片時所出現的瞬間應變。後者的應變由線oa來表示，在測試開始的階段Ⅰ是斜率減少的區域。而階段Ⅱ是潛變曲線幾乎保持恆定斜率的部份。接著階段Ⅱ的階段Ⅲ代表曲線斜率快速上升，直到試片破裂的最後部份。

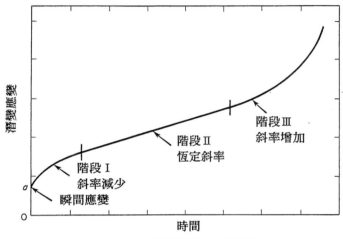

圖23.38　潛變曲線的三個階段

在測試的開端時(階段Ⅰ)，應變率從一個非常大的初始值快速地下降，此指出金屬變形時發生的結構變化會阻礙正常流變過程的事實。這些變化主要以差排的數目、型式，及排列方式發生。簡言之，在潛變測試的開端時，應變硬化降低了流變速率。為了發展對涉及潛變測試現象的基本了解，必需指出，軟化反應與金屬於變形期間自然硬化的傾向同時發生，且企圖阻止或消除應變硬化。軟化過程的典型例子是回復和再結晶。

現在讓我們假設我們特別關心定負荷潛變測試，此測試中軟化反應僅扮演配角，所以可被忽略，而且當失效發生時會是穿晶而不是沿晶。如此的潛變測試可在相對低的溫度下(低於正常的回復與再結晶範圍)用許多金屬來執行。在整個此種型式的測試期間，金屬將持續增加硬度，但需注意的是在同時試片的橫截面會持續的降低，結果試片遭受應變。由於試片上的負荷是固定的，所以標距區內的應力必會上升。因為金屬的潛變率是應力的敏感函數，所以應力的上升通常會導致對應的潛變率上升。潛變時有兩個相反的因子同時運作：(1)應變硬化，其傾向於降低潛變率。(2)應力上升，其傾向增加潛變速率。於測試的部份期間，斜率會變成常數(第二階段潛變)，此期間這些因素間可假設已近乎達成平衡。然而此平衡無法無限的持續進行，尤其是當試片開始進行頸縮時。最後會達到因應力上升而克服應變硬化，而導致的潛變速率增加。此時，階段Ⅲ開始且流變過程變得較劇烈，並加速變形直到試片破裂為止。

　　上述的分析是假設試片的構成材料是冶金穩定時所預測出的，其意是說於測試過程中沒有遭受軟化反應。正如Lubahn及Felgar[58]所強調的，結構穩定的材料於定負荷測試中第二階段的潛變率通常不具實質上的意義。若相對應的測試是在定應力的情況下進行時，則潛變曲線中明顯的直線部份將會消失。此可參見圖23.39。注意此圖中的定應力潛變曲線顯示一持續減少的斜率，其意味著不斷地降低應變率，或連續增加應變硬化的量。實際上，結構穩定的材料的定應力潛變曲線從不會達到潛變的第二階段。

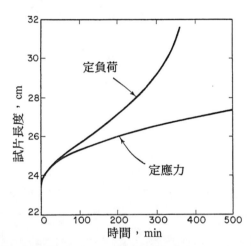

圖**23.39** 定負荷潛變測試與定應力潛變測試間的比較，試片為具有相同初始長度及負荷的鉛線(After Andrade, E.N. dAC., Proc. Roy. Soc., 84 1 [1910].)

　　在此點好好的考慮結構穩定材料觀念的重要性。在此種材料中，因排除回復過程，所以差排的密度及其他晶格缺陷通常將隨著應變的增加而增加。結果，可預期差排的移動會逐漸變得越來越困難，而且雖然熱活化仍允許流變的發生，流變的速率將降低。

58. Lubahn, J. D., and Felgar, R. P., *Plasticity and Creep of Metals.* John Wiley and Sons, Inc., New York, 1961.

　　理論上，定應力潛變測試將比定負荷測試更有意義。然而，有一重要的因素多少限制了它的應用性——此項因素與頸縮問題有關。只要試片是進行均勻伸長，則作用在標距內的所有橫截面的應力都相同。當發生頸縮時，在所有橫截面上的應力就不再相同。若負荷降低以保持頸縮區的應力於初始值，則沿標距長度內其他所有點的應力將較低。在這些情況下，於整個標距長度內所量測到的應變不再代表應變。此外，因頸縮的作用可視為應力集中者，所以在頸縮點的應變亦不再與外施應力有簡單的關係。一般而言，可推論出定應力測試的應用性基本上限制在測試時均勻拉伸的部份。

　　現在讓我們來考慮發生於變形期間的冶金反應對潛變測試的影響。其中大部份，例如回復，再結晶，及析出硬化合金的過時效都有增加潛變的傾向。然而，如合金於變形期間析出第二相的情況一樣，可能會具有降低潛變率的反應。

　　為了方便起見，讓我們假設某一試片於變形期間僅遭受到一種反應，那就是回復。然後，在典型的定負荷測試中，應變硬化不僅因增加應力而伴生試片橫截的降低，並導致流變速率增加的阻擾，而且也會因回復而軟化。現在第二階段潛變速率代表這三個因素間的有效平衡。還有，認可發生回復的溫度範圍內，晶界的剪變及晶粒間破裂則極易發生是相當重要的。當破裂是由此模式開始時，其效應相當於頸縮時能承受負荷的橫截面減少了。一般而言，這將加速潛變率且會助長第三階段。關於此方面，突然發生的再結晶，因假設其可快速消除應變硬化，其亦可誘發潛變的第三階段。

　　在任何特定的定負荷潛變實驗中，潛變的三階段的重要性或大小會依據上面所列舉的因素而變。潛變曲線的形狀的變化可利用溫度，和初始外施應力為變數來考量，此兩種變數以類似的方式來改變潛變曲線形狀的傾向。譬如，圖23.40顯示出在相同溫度下，不同應力時所量測出的一系列潛變曲線，而圖23.41顯示一組對應於不同溫度，但承受同樣應力的潛變曲線。這些圖清楚的顯示高應力和高溫度會減少首要階段的範圍，並且實際上消除了第二階段，以致於潛變率的加速幾乎都是從測試的開端開始的。在中間應力(圖23.40)時，或中間溫度(圖23.41)時，首要及第二階段潛變的定義會變得更清楚。接下來，圖23.41和圖23.40分別對應最低溫度及應力的曲線，其顯示出長而定義明確的第二階段的部份。因此於非常緩慢的潛變率的條件下，潛變的第二階段就變得最明顯。最後，圖23.40及圖23.41中的曲線顯示出大多數潛變現象的另一重要特徵，即潛變測試的壽命愈長，金屬遭受到的總伸長量愈小。

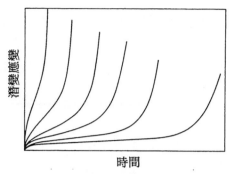

圖23.40　於各種不同應力，但同一溫度下，一材料的潛變曲線(Griffiths, W.T., Jour. Roy. Aero. Soc., 52 1 [1948].)

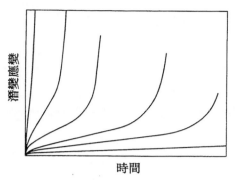

圖23.41　相同應力但不同溫度下，某一材料的潛變曲線(Griffiths, W.T., Jour. Roy. Aero. Soc., 52 1[1948].)

23.18　動態退火(Dynamic Annealing)

　　在高於約$0.5T_m$的溫度時，於變形期間會發生回復和再結晶，其中T_m是熔點。當這些退火或軟化現象發生於高溫應變期間時，他們被稱為動態回復(dynamic recovery)及動態再結晶(dynamic recrystallization)。

　　動態回復及再結晶於潛變實驗中是一種重要的效應。因此潛變應變率及有效流變應力σ^*間，通常會存在一簡單的冪次定律，或

$$\dot\varepsilon = B(\sigma^*)^n \qquad\qquad \textbf{23.48}$$

其中B及n為常數，$\sigma^* = \sigma - \sigma_j$，$\sigma$是外施的真正應力，而$\sigma_j$是真實的內應力。通常，若結構穩定，則$\sigma$將隨應變的增加而增加，其意味著$\sigma^*$隨應變之增加而減少，而且使得$\dot\varepsilon$將持續減少。理論上，若$\sigma_j$等於外施應力時，則$\dot\varepsilon$會變成零。當然，動態回復和動態再結晶的作用會阻止$\sigma_j$變成等於$\sigma$。

23.19　循環或週期潛變 (Cyclic or Periodic Creep)

　　在高溫變形中將簡單地含蓋動態回復的主題。然而，現在顯示出動態再結晶對潛變曲線的形狀，具有重要的影響。現在許多作者都假設當差排密度上升到一臨界值ρ_{cr}時，於高溫變形期間會開始發生動態再結晶。當獲得ρ_{cr}時，會形成穩定的再結晶核粒，且能非常快速的成長，因此，在與涉及總潛變實驗相比的非常短的週期內，試片被退火或軟化了。換句話說，實際上σ_j的值變成近似等於它在開始測試的值，而σ^*及ε亦上升到近似他們原有的值。這效應對

潛變曲線形狀的影響示於圖23.42中。因連續潛變變形會使差排密度再度上升，所以當差排密度達到臨界值時，動態再結晶將再度發生，且潛變曲線會經另一循環，此循環的頸縮突然地增加然後再慢下來。此種循環潛變現象，就是一般所熟知的循環或週期潛變(cyclic or periodic creep)。

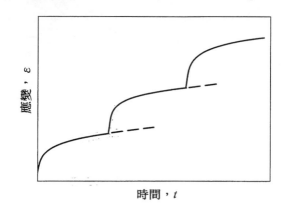

圖23.42　於變形期間遭受動態回復試片的周期拉伸潛變曲線

23.20　與熱加工有關之動態退火 (Dynamic Annealing in Relation to Hot Working)

　　動態退火中的主要門路不是來自潛變的範圍而是來自熱加工，因此，與動態退火有關的現象之研究大部份都是以拉伸、壓縮或扭轉的應力-應變數據為基礎，而不是潛變數據。由於扭轉試驗於剪應力對剪應變測量時可允許測到非常大的應變，所以扭轉試驗已廣用於高溫中的研究。此在非常大的延性溫度範圍內是相當重要的。對此目的而言，拉伸和壓縮測試會分別受頸縮與脹大(barreling)的影響而受限。然而，在扭轉測試中，應變於整個固體圓柱試片的橫截面內不為常數。雖然如此，正如Luton及Sollar[59]所指出的，在扭轉測試中流變應力的量測，主要由位於緊鄰試片表面的標距部份所決定。因此，所量測的應力-應變曲線可以僅考慮發生於標距區內的結構變化。

　　諸如鋁及鐵合金等金屬於較高應變率及溫度測試時回復非常快，所以動態回復可能是僅有的軟化機構；亦即，不會發生動態再結晶。在此種情況下，扭轉應力-應變曲線通常將會出現如示於圖23.43中的一樣。注意應力-應變曲線顯

59. Luton, M. J., and Sellars, C. M., *Acta Met.*, **17** 1033 (1969).

示起初非常快速的上升，之後曲線的斜率會持續的下降，直到獲得圖中被稱為
τ_s的應力為止，其為固定或不動值。

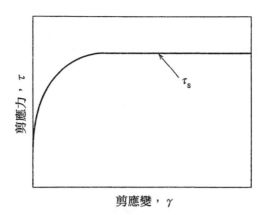

圖23.43　一回復非常快速的金屬的典型高溫扭轉剪應力-應變曲線

　　相反地，在回復相當困難的金屬中，如具有中到低疊差能的金屬，會發生
動態再結晶，在此情況下，扭轉的應力-應變曲線可假設沒有數種不同的型式，
其中最有意義的示於圖23.44(a)及23.44(b)中。由於動態回復於開始再結晶前發
生，所以這些應力-應變曲線的起初形式，將類似於如圖23.43中僅由回復而產生
軟化的試片。然而，當再結晶起始時，軟化更為劇烈且負荷下降。其中一種情
況是曲線持續下降到如示於圖23.44(b)中的一最後穩態值，另一種情況則示於圖
23.44(a)中，起始的負荷下降跟隨著負荷上升與下降的震盪順序。Luton及
Sellars[60]已使用現象學來研究此兩種行為型式間的合理差異。雖然有人指出[61]他們
的分析是定性的，且也許過份的簡化，但還是可以簡單地說明此兩種應力-應變
行為型式間的差異。在兩者的情況中，假設金屬雖然是在定剪應變率下變形，
但遭受到週期性的再結晶。Luton及Sellars指出於金相研究中已顯示，靠近扭轉
試片的表面在一應力尖峰附近會在結構中出現新晶粒。然後他們建議到達尖峰
的應變與再結晶所需的臨界應變 ε_c 有極密切的關係，而且每一次於再結晶的晶
粒中獲得臨界應變時再結晶將重複的發生。同時，一但再結晶開始後，將需要
有定限的應變 ε_x 以得到有效且完全的再結晶(亦即，98％的再結晶)結構。然後
這些作者指出在圖23.44(a)和圖23.44(b)應力-應變曲線間的差異，是由 ε_x 是否小
於或大於 ε_c 而定。因此，若 $\varepsilon_x < \varepsilon_c$，則某一再結晶循環將會於下一循環開始前
完成，此會導致示於圖23.44(a)中的週期應力-應變曲線。另一方面，若 ε

60. *Ibid.*
61. Sundstrom, R. and Lagneborg, R., *Acta Met.*, **23** 387 (1975).

$_x > \varepsilon_c$，則再結晶的第一個波於下一個波開始前，將沒有足夠的時間來完成，結果再結晶的循環將會重疊且得到一平滑的應力-應變曲線。位於兩圖中在應變軸正上方的插圖說明了在再結晶行為中的此種差異。在兩者的情況中，一些再結晶循環顯示再結晶微結構的百分率隨應變變化的函數曲線。

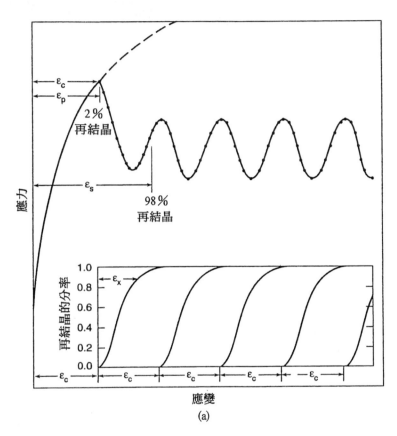

圖23.44 (a)當金屬變形後回復困難時，高溫扭轉剪應力-應變曲線的型式之一。
(b)另一種型式，見附隨的原文(From Luton, M.J., and Sellars, C.M., Acta Met., 171033[1969].)

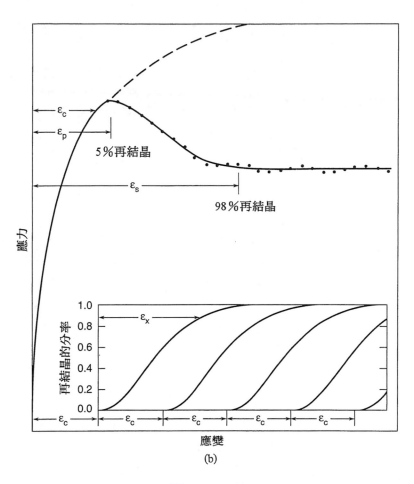

圖23.44　（續）

23.21 涉及動態回復的應力-應變曲線的理論(A Theory of the Stress-Strain Curve Involving Dynamic Recovery)

　　文獻中有數個涉及動態再結晶且更嚴謹分析[62,63]的高溫應力-應變曲線可資利用。然而，這些一般沒有提供有關在高溫時塑性流變及動態退火的資料。因此，如Hertel[64]所指出的一樣，商業實用上在高溫很少達到需要產生動態再結晶的變形。此意味著高溫應力-應變曲線中最有意義的部份是唯一的軟化機構的動態回復。在這個基礎上，他在假設動態回復是唯一的軟化機構下發展出高溫應力-應變曲線的理論。

　　在此理論中，假設於高溫變形期間差排密度隨時間的變化率$d\rho/dt$是

$$\frac{d\rho}{dt} = a'\dot{\gamma} - K_{\dot{E}}\rho^2 \qquad\qquad \textbf{23.49}$$

式中$\dot{\gamma}$是剪應變速率，ρ是差排密度，而a'及K_E爲常數。在方程式23.49右手邊的第一項指出，差排密度的增加速率乃由於應變率的增加，而第二項對應著由於動態回復使差排密度的速率降低。注意，後面項假設與差排密度的平方有關，此乃因動態回復可視爲是涉及異號差排對的相互抵消，因其隱含著第二類的反應，因此將正比於在任一已知時間現存的差排數的平方。在定應變率的假設下整合方程式23.49，其表示應變將正比於時間，亦即

$$\gamma = \dot{\gamma}t \qquad\qquad \textbf{23.50}$$

而剪應力已由大家所熟知的關係式

$$\tau = \alpha\mu b\rho^{1/2} \qquad\qquad \textbf{23.51}$$

來表示，其中α是一無因次常數，μ是剪模數，b是布格向量，ρ是差排密度。其亦假設在扭轉測試開始時差排密度爲零；$\rho_0 = 0$。所以可獲得應力和應變間的關係是

$$\tau^2 = [a\dot{\gamma}/K_E]^{1/2} \tanh\{[aK_E/\dot{\gamma}]^{1/2}\gamma\} \qquad\qquad \textbf{23.52}$$

62. *Ibid.*
63. Ortner, B., and Stuwe, H. P., *Z. Metallkde.*, **67** 672 (1976).
64. Hertel, J., *Z. Metallkde.*, **71** 673 (1980).

其中 τ 是扭轉剪應力，γ 是剪應變，$\dot{\gamma}$ 是剪應變速率，a 及 K_E 為常數，其接近方程式23.49中的 a' 及 K_E'，

$$a = (\alpha\mu b)^2 a' \quad \text{and} \quad K_E = K_{\dot{E}}/(\alpha\mu b)^2 \qquad\qquad 23.53$$

而 a 及 K_E 可輕易利用Hertel的應力-應變方程式，與實驗的扭轉應力-應變曲線的合適性來計算。對百分之0.14碳的結構用鋼在1073及1373K間，和剪應變率於 10^{-3} 及 10^1s^{-1} 間測試的數據已完成。此結果相當有趣，因其證實 a 及 K_E 與溫度及應變率有關，且能產出有關控制差排滑移機構及因動態回復而損失的資訊。總之，塑性變形所觀察到的視活化能(apparent activation energy)與報告於冷變形文獻中的相似，而且建議出的貼切機構可能是差排的交截。另一方面，被觀察到的動態回復活化能取決於應變率，此結果可由高溫動態回復與刃差排的爬升有關及取決於空位的供應的結論來說明。

應變率和回復活化能的依賴關係可容易地利用擴散方程式來說明，

$$D = D_0 \exp[-(Q_m + Q_f)/RT] \qquad\qquad 23.54$$

式中 D 是擴散係數，D_0 是頻率因子，Q_m 是空位跳躍的能量，及 Q_f 是形成空位所需的功。此方程式亦可寫成

$$D = D_0 C_v \exp[-Q_m/RT] \qquad\qquad 23.55$$

式中 C_v 是空位濃度，當無塑性變形時將等於 $\exp[-Q_f]$ 的熱平衡濃度。

一般同意在正確條件下塑性變形的結果，會增加上述與熱平衡有關的空位濃度，如此總濃度會超過由於熱能所產生的濃度有許多級(order)的大小。然而，當此種過飽和發生時，擴散活化能將等於 Q_m。

在高溫時，亦必需考慮空位會具有足夠高的移動率，且能容易的發現沉沒源並消失的事實。因此，在非常低的應變率時，藉塑性流變而產生的空位淨速率將不只降低而已，而且在沉沒源損失的空位將更大。在十分慢的應變率時，空位濃度將趨近於熱平衡值，而且相應地擴散活化能將是 $Q_m + Q_f$。然而，在非常高的應變率時，產生大的空位濃度導致活化能等於 Q_m。在中間應變率時，亦可期望觀察到 Q 的中間值。Hertel的結果[65]與此分析的一致性良好。

---

65. *Ibid.*

23.22 潛變數據的實際應用 (Practical Applications of Creep Data)

　　工程上使用在高溫的金屬常常要求此材料能在適度的應力下長期的使用，同時由這些材料所製成的零件須維持精密的尺寸容忍度。舉例來說，設計在非常高溫應用的蒸氣渦輪葉片期望能持續約十一年近似100,000小時，所以材料的潛變率不能超過每米每小時10⁻⁸米。在此種自然的應用中，當然，我們處理的是接近圖23.40或23.41中底端所顯示的潛變曲線的型式。於此潛變的第二階段延長到長時間，且第二階段的斜率具有實質上的意義。此區域內的斜率普通以每1000hr的潛變百分比來表示，或以某些類似的單位來表示。由於一般不可能將潛變測試延長到十一年這麼長的期間，所以平常實際上為了估算在較長時間區內的預期變形量(在一已知應力與溫度下)，都是外插由較短測試所得到的數據。圖23.45說明了用來獲得所需資料的基本方法。此圖中，假設潛變測試可運作到1000hr，且所劃的數據證實可獲得一恆定的斜率。在此恆定斜率區域內的任一點，總潛變應可由方程式來表示

$$\varepsilon = \varepsilon_0 + \varepsilon' t$$

式中 ε_0 被定義成在圖中延伸第二階段潛變線的縱座標截距，ε'是此線的斜率，t是時間。若假設潛變第二階段可持續到材料在其實際應用上的預期壽命時(在我們的解說的問題中是十一年)，則對某一特定時間區間內在特定的溫度的潛變應變及應力，可直接從上述的方程式獲得。此種自然的外插不是沒有危險，因可能期間(十一年)結束前，金屬已遭受到無法預料的結構改變。當然，這將誘發潛變的第三階段並導致過早破裂。外插的大小愈大或用來獲得原來潛變數據的測試週期愈短則此種風險愈大。基於此種原因，普通實用上測試試片至少要1000hr，且在某些情況下長達10,000hr。由於對單一材料而言，在一溫度必須進行5到8次測試，所以編纂工程目的用的數據代價極高。此通常將定義出在此溫度時應力對潛變率的影響。類似的系統則在一些不同測試溫度下實行以界定溫度的角色。研究一單一合金，因此需包括多到30到40個試片，而每一試片佔用了一潛變裝置單元約6週(1000hr)的期間。

　　上述所討論的潛變數據的型式所涉的測試試片的實驗，為他們的預期壽命的一小部份。從測試中所獲得資料的主要項目是第二階段潛變率。另一種常常

用來獲得具有工程意義數據的潛變測試是應力-韌斷測試(stress-rupture test)。此情況中，試片在定負荷及溫度下變形到完全破裂，且所獲得的主要資料項目是韌斷的時間。在這一系列測試中，每組試片承受不同的負荷。一組在相同溫度下韌斷的試片之假想數據示於圖23.46中。注意此圖在對數-對數圖上有兩條相交的直線。右邊的直線對應於較低負荷及長時間韌斷的試片，而在左邊的直線則對應於較高的負荷及較短時間韌斷的試片。導致應力-韌斷曲線的斜率有轉折點的最普遍原因，是測試條件的改變時破裂機構隨之轉移。此點說明於圖中，但必需注意的是應力降低時機構的改變並非突然地發生。對應於轉折點附近的試片通常顯示混合破裂，部份沿晶與部份穿晶。最後，應注意到短時間(高應變率)的測試有利於穿晶破裂，而長時間(慢應變率)測試則提升沿晶破裂。這與先前已談過有關應力對沿晶破裂的影響一致；低應力及慢應變率有利於沿晶破裂。

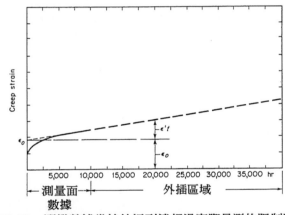

圖23.45　潛變數據常被外插到遠超過實際量測的限制區域

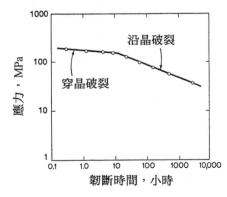

圖23.46 典型的應力-韌斷圖，其所示的數據來自在相同溫度不同負荷下測試的一組試片

與圖23.46中所說的破裂機構的轉移相連的是試片延性的相對改變。穿晶破裂經常有試片頸縮及常常具少許總伸長量的失效。破裂本質與延性的差異概略的說明於圖23.47中。然而,必需指出若試片的擴散裂紋發生於遠離實際韌斷的點時,則穿晶方式破裂的試片仍會顯示相當大的伸長量。

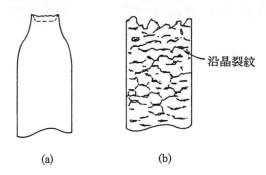

沿晶裂紋

(a)   (b)

圖23.47 (a)穿晶與(b)沿晶破裂間的差異。穿晶或延性破裂通常伴隨著頸縮與杯錐狀破裂,而沿晶破裂的特徵則是零件沿晶界的結構解體

沿晶破裂的另一重要特徵可由圖23.46推導出,即,此種型式的破裂大大地降低金屬的有效壽命。因此,若將在圖23.46中對應於具穿晶破裂的韌斷試片的線外插到轉折點的右邊時,則可獲得對不發生沿晶破裂有效力的應力,與韌斷時間之間的關係。此外插直線(圖23.48)顯示,在一已知應力下,外插穿晶破裂的韌斷時間,比實際觀察到的沿晶破裂的時間長很多。

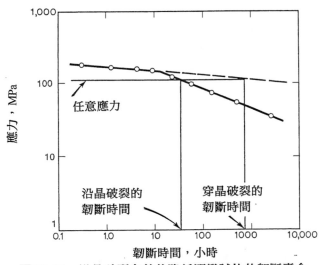

圖23.48 沿晶破裂有效的降低潛變試片的韌斷壽命

應力-韌斷數據常常以類似於上述討論潛變數據的方式來外插,以決定一已知材料的總壽命(當所需的壽命非常長時)。此種外插的型式亦有危險,因示

於圖23.46中的曲線型式的不可預期轉折點，可能會發生於量測數據完成和材料的預期壽命之間的某處。

23.23　抗潛變合金
(Creep-Resistant Alloys)

大多數成功的商業高溫合金都是複合合金，因爲已發現通常在高溫使用時，合金較純金屬具有更好的優越全能性質。詳細討論這些材料將超過本書的範圍。典型的組成成份可在手冊[66]中得到。

發展抗潛變合金的問題基本上是雙重的，當回復或軟化效應極小化時，晶粒與晶界對流變的阻力將會增加。大多數商業合金所使用的溫度範圍內，塑性變形可視爲受晶粒內差排的運動所控制。因此，大多數所熟知的硬化方法都適用於抗潛變合金。這些方法包括固溶體硬化、析出硬化，及冷加工硬化。

一般而言，商業上抗熱合金是以固溶體基地爲基礎。由於固溶體中的元素會使差排經晶格的移動更爲困難，所以此基地通常較純金屬更具抗潛變性。最基本的強化機構可能是與差排四週形成的溶質原子氛圍有關。在大部份的情況中，基材晶粒藉析出硬化而進一步的強化。在低溫時，當顆粒尺寸非常小且顆粒以非常大的數目廣泛地分布於整個晶格時，析出物會更有效地干擾差排的運動。商用合金中的析出物通常是碳化物、氮化物、氧化物，或中間金屬化合物。最後，基材的預先塑性變形是另一個材料增加基材高溫強度的重要方法。這種增加抗潛變的冷加工不必要在室溫下完成，但必須在低於發生金屬再結晶的溫度下進行。在中間高溫時的加工硬化通常稱爲溫加工(warm-working)。已證實至少在某些合金中，最好的結果是其加工硬化量限制在約百分之15到20的變形量。過度加工將導致較低的再結晶溫度，及於潛變測試期間有較大的軟化傾向。

所有上述三種所注意的硬化機構(固溶體、析出，及加工硬化)溫度上升時並不穩定。因此利用他們來增加金屬抗潛變爲目的時，僅能限於強化機構穩定的溫度範圍內。

在固溶體硬化中，增加溫度會增加差排氛圍中溶質原子的擴散速率，同時會有驅散氛圍原子的傾向。這兩種效應使差排的移動更爲容易。當然，再結晶可完全消除冷加工(溫加工)的效應，因而增加了在某一應力與溫度下的潛變

66. See *ASM Metals Handbook.*

率。即使金屬在測試開始以前並沒有加工硬化，於潛變測試進行期間發生再結晶時，可認為對潛變強度是有害的。再結晶是一種軟化現象，同時將會消除於測試進行期間所發生的加工硬化。一般而言，我們的結論是可提升基材再結晶溫度的合金元素，將有助於高溫強度。

藉由細而分散的析出物強化之抗潛變合金，同樣會遭受到發生於任何正常析出硬化合金的相同軟化過程。將合金加熱到太高的溫度會導致析出物的再溶解。相反地，在較低溫時，析出物會發生過時效。在這兩種情況中，金屬的潛變阻力都將明顯地降低。某些抗潛變合金有一種有趣的現象，此現象就是原有的析出物溶回固溶時仍會有第二種析出物形成。若此第二種析出物形成時具有適當的顆粒大小及整合性，此合金可能是被強化而不是弱化。此一種析出物的溶解而形成另一種析出物的現象，與發生於高速工具鋼中二次硬化的現象型式相同。在此後者的情況中，早期已證明是鋼在低溫回火時所形成的雪明碳鐵顆粒在較高溫度時溶解，同時會發生複雜的合金碳化物的析出。這些後來的析出物提供金屬極為優異的高溫強度。

在增加合金的潛變阻力時，不能忽略晶界的效應。若金屬中接近晶界處無法同時和晶粒內部一樣受到強化時，則會助長晶粒間的破裂，同時伴隨延性及強度的消失。高強度抗潛變合金，由於晶粒內的強度的改善較晶界強度來得大，所以傾向具有有限的延性。然而，在某些情況下，已可能控制合金的組成，並以此方法使晶界剪變的阻抗和晶粒滑移的阻抗的增加一樣。具有高潛變阻抗的某些合金相應地會顯示很好的延性。

23.24　合金系統(Alloy Systems)

當金屬的溫度上升時，熱振動會變得愈來愈強，而且原子會藉空位擴散或藉跳過晶界，從一個晶粒跳到另一晶粒的方式而增加離開晶格位置的傾向。熱振動導致原子移動的有效程度，與維持原子在其晶格位置的鍵結強度成反比。鍵結愈強，需愈高的溫度來克服鍵結。在純金屬中熔點是其原子鍵結強度的大略量度。同樣的方式，純金屬的再結晶溫度可做為某一限制溫度的近似量測。低於此溫度，原子的移動通常很緩慢，以致不會有明顯的潛變變形。不必驚訝純金屬的再結晶溫度與熔點彼此幾乎有正比的關係，再結晶溫度通常落在絕對熔點的0.35到0.45之間。因此，純金屬的高溫使用，大致可定義在其再結晶溫度，即位於純金屬絕對熔點的0.35到0.45之間。

依據上一節中所概述的法則，純金屬的合金化可使我們提高他們使用的有效溫度。一合金中最大使用溫度的量測，可任意定在合金剛好可承受10,000psi

的應力100小時而不破裂的能力。依據此準則,表23.1列出某些合金。雖然此可用度的量測沒有絕對的意義,但其提供在某些純金屬中估算合金有效程度的近似方法。注意在表23.1中,最好的結果已分別在具有78%和74%的鎳和鈮合金中獲得,其以絕對熔點的百分率來測量。這些金屬的合金大多使用在800到1350K的溫度範圍,但高於此範圍,就不得不考慮耐火金屬(具非常高的熔點)的合金,即鈮、鉬和鎢。

表23.1　某些熱合金可用的最高溫度*

基底金屬	熔點	最佳合金可用強度的溫度	絕對熔點的百分比
	輕合金		
	K	K	%
Mg	922	620	67
Al	933	560	60
Ti	1940	930	48
	超合金		
Fe (麻田散鐵)	1811	1010	56
Fe (沃斯田鐵)	1817	1150	64
Ni	1726	1340	78
Nb	1768	1300	74
	耐火合金		
Cb	2741	1480	54
Mo	2890	1730	60
W	3683	1670	45

* From Jahncke, L. P., and Frank, R. G., *Met. Prog.*, **74** 77 (Nov. 1958).

　　耐火金屬使用於高溫時會有一些嚴重的難題。第一,他們很難製作成工程組件。這至少部份是由於它的非常高熔點的緣故,這是最初令人感興趣的原因。高熔點隱含著高結晶的溫度,因此高熱加工溫度。所以這金屬的熱加工非常困難。由於他們亦是體心立方,所以在低溫時,一般而言與鐵一樣具有脆性的傾向。此限制了他們容易冷加工的能力。最後,遺憾的是,在高溫時他們最大的問題是有非常高的氧化速率。尤其是鉬有非常高的氧化物蒸氣壓,所以當在高溫形成氧化物時,即刻從表面蒸發,導致金屬的快速消耗。一些方法已被用來試圖控制耐火金屬的氧化問題。其中之一是藉助合金法,另一種是利用抗氧化塗層的使用來保護金屬的表面。最受矚目的塗層形式之一是與金屬表面形成鍵結的陶瓷層。有關在高應力下適合在高溫使用的特殊商業合金的進一步資料,見20.12節中的"超合金"。

問題二十三

23.1 考慮基本的應變率方程式

$$\dot{\varepsilon} = A exp(-Q/Rt) \cdot 2\, sinh(w/RT) \tag{1}$$

(a)以w/RT的小值而言，可使用較簡單的方程式

$$\dot{\varepsilon} = A exp(-Q/RT) \cdot 2w/RT \tag{2}$$

決定出w/RT的最大值，使用後者的方程式將會有1％或更小的誤差。
(b)對大的w/RT值而言可使用

$$\dot{\varepsilon} = A exp(-Q/Rt) \cdot exp(w/RT) \tag{3}$$

其可導致1％誤差的w/RT的極小值是多少？

23.2 (a)計算在300K時RT的值以J/mole為單位。(b)假設是1％的最大誤差及300K的溫度，在以J/mole為單位的情況下，可使用方程式(2)取代方程式(1)(問題23.1)決定出w的大小。(c)同樣地，以J/mole為w的單位，使用方程式(3)來取代方程式(1)來計算w的值，假設最大的容許誤差是1％及500K的溫度。

23.3 假設在問題23.1中應變率方程式中，$w = v_e \tau *$，其中v_e是活化體積(百分比)及$\tau *$是有效應力。(a)使用Stein, D.F.及Low, J., Appl. Phys. 31 362(196)的數據，來計算$v_e \tau *$，他們提出$\tau *$為255MPa及v_e對在300K的鐵試片時是6b^3。(b)討論有關將Stein及Low的數據使用在問題23.1中三個方程式中每一個的適用性。

23.4 在373K時拉伸測試應變率的變化是從10^{-4}增加到$10^{-2}s^{-1}$。應變率剛變化前的流變應力是275MPa及剛變化後是289MPa。計算每一事件的活化能體積v_e，假設$b = 0.248$nm並以b^3表示你的答案。

23.5 (a)退火的純鈮試片的應變率敏感度($\Delta \sigma / d ln \varepsilon$)及降伏應力和絕對溫度的函數圖，以Fries, J.F., Cizeron, C.,及Lacombe, P., *Jour.Less Common Met.*, 33 117(1973)的數據示於圖(a)及(b)。計算在230K時計算活化能Q及活化體積v。注意以此問題的目的而言可取$v = RT d ln \varepsilon / \Delta \sigma$，其中$d ln \varepsilon / \Delta \sigma$是應變率敏感度(示於圖(b))的倒數，且$Q = -vT(\partial \sigma / \partial T)_\varepsilon$。(b)決定$v_e$的值及以$b^3$來表示你的答案。

23.6 關於問題23.5中的圖(a)，回答下列問題。(a)從0到300K以60K為區間量測總應力，且在每一情況下將所量測的總應力減掉107MPa的內應力(注意於此溫度區間，鈦的彈性模數幾乎與溫度無關，所以內應力可視成與溫度無關)。(b)假設速率控制過程的活化能可以$Q = Q_0 ln \sigma_0 * / \sigma *$來表示，其中$Q_0$是$2.48 \times 10^4$J/mole，$\sigma_0 *$為0K時的有效應力，及$\sigma *$為在溫度$T$時的有效應力。現在計算六個

所指的溫度中的每一個Q。(c)以Q對T作圖將會產生一條直線。(d)藉助此圖的幫助決定在230K時的Q,並與在問題23.5中此溫度下所獲得的Q相比較。

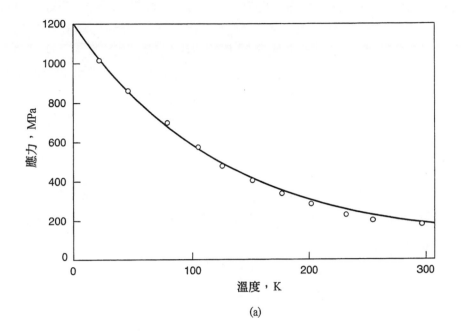

(a)

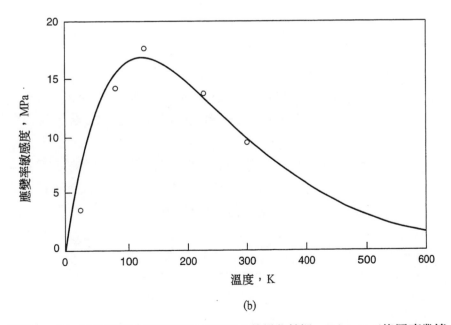

(b)

問題**23.5**(a)2%流變應力隨溫度由20到297K的變化情況。Fries et al使用商業純試片。(b)應變率敏感度隨溫度的變化情形,數據點是Fries et al等利用商業純試片所獲得的

23.7 方程式23.4定義出活化體積。假設活化能可由方程式23.27所提供，即 $q = q_0 \ln \tau_0^*/\tau^*$ (或 $Q = Q_0 \ln \sigma_0^*/\sigma$) 且若活化能可由方程式23.27來表示，則活化體積是有效應力 $(v = Q_0/\tau^*)$ 的反函數，且與最初假設的應力有關。現在利用此方程式來計算在230K的 v 及 v_e，並與你在問題23.5中所獲得結果來比較。

23.8 (a)使用方程式23.7的活化能及問題23.5中的圖(a)的數據，來決定在230K的活化能。假設 $Q_0 = 2.48 \times 10^4$ J/mole 及 $\sigma_E = 107$ MPa，其中 σ_E 是內應力。(b)比較 v 值與使用方程式23.42在問題23.5中所獲得的值。

23.9 在問題23.5中圖(a)的數據取 $1.1 \times 10^{-3} s^{-1}$ 的應變率。假設方程式23.4的熱活化應變率方程式可寫成

$$\dot{\varepsilon} = \dot{\varepsilon}_0 \exp(-Q_0 \ln(\sigma_0^*/\sigma^*)/RT)$$

的形式，式中 $Q_0 = 224,800$ J/mole 及 $\sigma_0^* = 1093$ MPa。利用問題23.5中圖(a)的曲線來測量在100K時之 σ^*，同時以數值來取代 $\dot{\varepsilon}$，σ^* 及 T 並帶入上述方程式來解出前一指數的常數 $\dot{\varepsilon}$。

23.10 問題23.9中的計算將產生下列的應變率方程式：

$$\dot{\varepsilon} = 6.92 \times 10^6 \exp(-2.48 \times 10^4 \ln(1093/\sigma^*)/RT).$$

將此方程式寫成冪次定律；即 $\dot{\varepsilon}/\dot{\varepsilon}_0 = (\sigma^*/\sigma_0^*)^{Q/RT}$，並利用計算機來劃出應變率為 1.1×10^{-3} 時 σ^* 對 T 的值。

23.11 利用問題23.10中的冪次定律方程式，從0到300K在應變率為 10^{-4} 及 10^4 時，在單一圖上劃出 $\ln \sigma^*$ 對 T 的曲線。

23.12 (a)在銅晶體中計算空位的原子體積。(b)若在銅中形成一莫耳空位所需的功是83,000J/mole，則此金屬在700K時空位的平衡數是多少？(c)若在700K施加一100MPa的拉伸應力到銅試片時，在橫向晶界處空位濃度將以何種因子增加？

23.13 理論上建議在橫向邊界空孔會成長並變得穩定，而由於空孔基材界面的表面張力的緣故，所施加的應力必需超過聚集的應力。決定銅試片在700K遭受120MPa的拉應力時，穩定空孔成長的受限直徑。

附　　錄

(Appendices)

附錄A 立方晶系統中結晶面之間的夾角*(以度爲單位)(Angles Between Crystallographic Planes in the Cubic System*(in Degrees))

HKL	hkl					
100	100	0.00	90.00			
	110	45.00	90.00			
	111	54.74				
	210	26.56	63.43	90.00		
	211	35.26	65.90			
	221	48.19	70.53			
	310	18.43	71.56	90.00		
	311	25.24	72.45			
	320	33.69	56.31	90.00		
	321	36.70	57.69	74.50		
110	110	0.00	60.00	90.00		
	111	35.26	90.00			
	210	18.43	50.77	71.56		
	211	30.00	54.74	73.22	90.00	
	221	19.47	45.00	76.37	90.00	
	310	26.56	47.87	63.43	77.08	
	311	31.48	64.76	90.00		
	320	11.31	53.96	66.91	78.69	
	321	19.11	40.89	55.46	67.79	79.11
111	111	0.00	70.53			
	210	39.23	75.04			
	211	19.47	61.87	90.00		
	221	15.79	54.74	78.90		
	310	43.09	68.58			
	311	29.50	58.52	79.98		
	320	36.81	80.78			
	321	22.21	51.89	72.02	90.00	

HKL	hkl								
210	210	0.00	36.87	53.13	66.42	78.46	90.00		
	211	24.09	43.09	56.79	79.48	90.00			
	221	26.56	41.81	53.40	63.43	72.65	90.00		
	310	8.13	31.95	45.00	64.90	73.57	81.87		
	311	19.29	47.61	66.14	82.25				
	320	7.12	29.74	41.91	60.25	68.15	75.64	82.87	
	321	17.02	33.21	53.30	61.44	68.99	83.14	90.00	
211	211	0.00	33.56	48.19	60.00	70.53	80.40		
	221	17.72	35.26	47.12	65.90	74.21	82.18		
	310	25.35	40.21	58.91	75.04	82.58			
	311	10.02	42.39	60.50	75.75	90.00			
	320	25.06	37.57	55.52	63.07	83.50			
	321	10.89	29.20	40.20	49.11	56.94	70.89	77.40	83.74
		90.00							
221	221	0.00	27.27	38.94	63.51	83.62	90.00		
	310	32.51	42.45	58.19	65.06	83.95			
	311	25.24	45.29	59.83	72.45	84.23			
	320	22.41	42.30	49.67	68.30	79.34	84.70		
	321	11.49	27.02	36.70	57.69	63.55	74.50	79.74	84.89
310	310	0.00	25.84	36.87	53.13	72.54	84.26		
	311	17.55	40.29	55.10	67.58	79.01	90.00		
	320	15.26	37.87	52.12	58.25	74.74	79.90		
	321	21.62	32.31	40.48	47.46	53.73	59.53	65.00	75.31
		85.15	90.00						
311	311	0.00	35.10	50.48	62.96	84.78			
	320	23.09	41.18	54.17	65.28	75.47	85.20		
	321	14.76	36.31	49.86	61.09	71.20	80.72		
320	320	0.00	22.62	46.19	62.51	67.38	72.08		
	321	15.50	27.19	35.38	48.15	53.63	58.74	68.24	72.75
		77.15	85.75	90.00					
321	321	0.00	21.79	31.00	38.21	44.41	49.99	64.62	69.07
		73.40	85.90						

* 摘自：　IMD Special Report Series, No. 8, "Angles Between Planes in Cubic Crystals," R. J. Peavler and J. L. Lenusky, The Metallurgical Society, *AIME*, 29 W. 39 St., New York, N.Y.

附錄B 六方晶體元素之晶面間的夾角*
(Angles Between Crystallographic Planes for Hexagonal Elements)*

HKIL	hkil	Be	Ti	Zr	Mg	Zn	Cd
		$c/a =$ 1.5847	1.5873	1.5893	1.6235	1.8563	1.8859
0001	10$\bar{1}$8	12.88	12.90	12.92	13.19	15.00	15.23
	10$\bar{1}$7	14.65	14.67	14.69	14.99	17.03	17.28
	10$\bar{1}$6	16.96	16.99	17.01	17.35	19.66	19.95
	10$\bar{1}$5	20.10	20.13	20.15	20.55	23.21	23.53
	10$\bar{1}$4	24.58	24.62	24.65	25.11	28.19	28.56
	20$\bar{2}$7	27.60	27.64	27.67	28.17	31.48	31.89
	10$\bar{1}$3	31.38	31.42	31.45	32.00	35.55	35.98
	20$\bar{2}$5	36.20	36.25	36.29	36.87	40.61	41.06
	10$\bar{1}$2	42.46	42.50	42.54	43.15	46.98	47.43
	20$\bar{2}$3	50.66	50.70	50.74	51.31	55.02	55.44
	10$\bar{1}$1	61.34	61.38	61.41	61.92	64.99	65.33
	20$\bar{2}$1	74.72	74.74	74.76	75.07	76.87	77.07
	10$\bar{1}$0	90.00	90.00	90.00	90.00	90.00	90.00
	21$\bar{3}$2	67.55	67.59	67.61	68.04	70.57	70.86
	21$\bar{3}$1	78.33	78.35	78.36	78.60	80.00	80.15
	21$\bar{3}$0	90.00	90.00	90.00	90.00	90.00	90.00
	11$\bar{2}$8	21.61	21.64	21.71	22.09	24.89	25.24
	11$\bar{2}$6	27.85	27.88	27.91	28.42	31.75	32.16
	11$\bar{2}$4	38.39	38.44	38.47	39.07	42.87	43.32
	11$\bar{2}$2	57.75	57.79	57.82	58.37	61.69	62.07
	11$\bar{2}$1	72.50	72.52	72.54	72.93	72.92	75.18
	11$\bar{2}$0	90.00	90.00	90.00	90.00	90.00	90.00
10$\bar{1}$0	21$\bar{3}$0	19.11	19.11	19.11	19.11	19.11	19.11
	11$\bar{2}$0	30.00	30.00	30.00	30.00	30.00	30.00
	01$\bar{1}$0	60.00	60.00	60.00	60.00	60.00	60.00

* Taylor, A., and Leber, S., *Trans., AIME*, **200**, 190 (1954).

附錄C 立方結構之反射面的指標 (Indices of the Reflecting Planes for Cubic Structures)

簡單 立方	體心立方	面心立方
{100}	—	—
{110}	{110}	—
{111}	—	{111}
{200}	{200}	{200}
{210}	—	—
{211}	{211}	—
{220}	{220}	{220}
{221}	—	—
{300}	—	—
{310}	{310}	—
{311}	—	{311}
{222}	{222}	{222}
{320}	—	—
{321}	{321}	—
{400}	{400}	{400}
{322}	—	—
{410}	—	—
{330}	{330}	—
{411}	{411}	—
{331}	—	{331}
{420}	{420}	{420}
{421}	—	—
{332}	{332}	—

附錄D 換算因子與常數(Conversion Factors and Constants)

換 算 因 子	
電子伏特—耳格	$1eV = 1.60 \times 10^{-12} erg$
電子伏特—焦耳	$1eV = 1.6 \times 10^{-19} J$
卡—焦耳	$1cal = 4.184 J$
焦耳—耳格	$1joule = 10^7 erg$
庫倫—Statcoulombs	$1C = 3.00 \times 10^9 statcoulombs$
psi—gm/mm²	$1psi = 0.703 gm/mm^2$
psi—巴斯卡	$1psi = 6,895 Pa$
psi—MPa	$1000psi = 6.895 MPa$
達因—牛頓	$1dyne = 10^{-5} N$

常 數		
常 數	符 號	數 值
亞佛加厥常數	N	$6.02 \times 10^{-23}/mol$
波茲曼常數	$k = R/N_A$	$1.381 \times 10^{-23} J/^\circ K$
氣體常數	R	$8.314 J/mole\,^\circ K$
		$1.987 cal/mol\,^\circ K$
普朗克常數	h	$6.626 \times 10^{-34} J/Hz$
基本電荷	e	$1.602 \times 10^{-19} C$
電子靜質量	m_e	$9.11 \times 10^{-31} kg$
真空中光速	c	$2.998 \times 10^8 m/s$
重力加速度	g	$9.81 m/s$
		$32.17 ft/s$

附錄E　幾種較重要的雙晶模式之雙晶要素 (Twinning Elements of Several of the More Important Twinning Modes)

金屬種類	K_1	η_1	K_2	η_2	發生之元素
體心立方	$\{112\}$	$\langle 11\bar{1}\rangle$	$\{11\bar{2}\}$	$\langle 111\rangle$	
面心立方	$\{111\}$	$\langle 11\bar{2}\rangle$	$\{11\bar{1}\}$	$\langle 112\rangle$	
六方密集	$\{10\bar{1}1\}$	$\langle 10\bar{1}\bar{2}\rangle$	$\{10\bar{1}3\}$	$\langle 30\bar{3}2\rangle$	Mg, Ti
	$\{10\bar{1}2\}$	$\langle 10\bar{1}\bar{1}\rangle$	$\{10\bar{1}2\}$	$\langle 10\bar{1}\bar{1}\rangle$	Be, Cd, Hf, Mg, Ti, Zn, Zr
	$\{10\bar{1}3\}$	$\langle 30\bar{3}\bar{2}\rangle$	$\{10\bar{1}1\}$	$\langle 10\bar{1}2\rangle$	Mg
	$\{11\bar{2}1\}$	$\langle 11\bar{2}\bar{6}\rangle$	(0002)	$\langle 11\bar{2}0\rangle$	Hf, Ti, Zr
	$\{11\bar{2}2\}$	$\langle 11\bar{2}\bar{3}\rangle$	$\{11\bar{2}4\}$	$\langle 22\bar{4}3\rangle$	Ti, Zr

附錄F   各種材料之本質疊差能γ_I，雙晶界能γ_T，晶界能γ_G，晶體-蒸氣表面能γ(單位：耳格／平方厘米) (Selected Values of Intrinsic Stacking-Fault Energy$_{\gamma_I}$, Twin-Boundary Energy$_{\gamma_T}$, Grain-Boundary Energy$_{\gamma_G}$, and Crystal-Vapor Surface Energy$_\gamma$ for Various Materials in Ergs/cm^2.*

金屬	γ_I	γ_T	γ_G	γ
Ag	17[1,*]		790[8]	1,140[4]
Al	~200[2]	120[2]	625[8]	
Au	55[1,*]	~10[10]	364[8]	1,485[4]
Cu	73[1,*]	44[9]	646[5]	1,725[4]
Fe		190[4]	780[8]	1,950[8]
Ni	~400[1,3]		690[8]	1,725[8]
Pd	180[3]			
Pt	~95[3]	196[6]	1,000[6]	3,000[6]
Rh	~750[3]			
Th	115[3]			
W				2,900[7]

1. T. Jøssang and J. P. Hirth, *Phil. Mag.*, **13** 657 (1966).
2. R. L. Fullman, *J. Appl. Phys.*, **22** 448 (1951).
3. I. L. Dillamore and R. E. Smallman, *Phil. Mag.*, **12** 191 (1965).
4. D. McLean, "Grain Boundaries in Metals," Oxford University Press, Fair Lawn, N.J., 1957, p. 76.
5. N. A. Gjostein and F. N. Rhines, *Acta Met.*, **7** 319 (1959).
6. M. McLean and H. Mykura, *Surface Science*, **5** 466 (1966).
7. J. P. Barbour et al., *Phys. Rev.*, **117** 1452 (1960).
8. M. C. Inman and H. R. Tipler, *Met. Reviews*, **8** 105 (1963).
9. C. G. Valenzuela, *Trans. Met. Soc. AIME*, **233** 1911 (1965).
10. T. E. Mitchell, *Prog. Appl. Mat. Res.*, **6** 117 (1964).

*節錄自：Hirth, J. P. and Lothe, J., *Theory of Dislocations*, p. 764, McGraw-Hill Book Company, New York, 1968. Used by permission.

附錄G　單位的國際系統(The International System of Units)

在1972年元月Metallurgical Transactions期刊宣稱往後在該期刊上發表的文章都必須使用國際單位，有關這些單位的內容發表*於Metallurgical Transactions**, Vol.3, pp.356-358，如下：

1. 基本單位與符號：國際系統的基本單位的名稱及符號收錄於表1中。

表1　SI基本單位

量　　　度	名　　稱	符　　號
長　　度	米	m
質　　量	公斤	kg
時　　間	秒	s
電　　流	安培	A
熱力溫度		K
光強度(luminous intensity)	燭光(candela)	cd
物質數量	莫耳	mol

2. 導出單位：導出單位係利用基本單位間的乘、除並以代數型表示之的單位，一些導出單位有其自己的特別名稱和符號，並可取代一些基本單位而用以表示其他導出單位。

導出單位因此可依其類別分成三種，分別示於表2，3和4。

表2　以基本單位所表示之SI導出單位

量　　度	單位	
	名　　　稱	符　　號
面　　積	平方米	m^2
體　　積	立方米	m^3
速　　度	米每秒	m/s
加速度	米每平方秒	m/s^2
波　　數	1每米	m^{-1}
密　　度	公斤每平方米	kg/m^3
濃　　度	莫耳每平方米	mol/m^3
活　　性	1每秒	s^{-1}
比體積	立方米每公斤	m^3/kg
明視度	燭光每平方米	cd/m^2

表3　具特別名稱之SI導出單位

量　　度	單　　位			
	名稱	符號	以其他單位表示	以SI基本單位表示
頻率	赫茲	Hz		s^{-1}
力	牛頓	N		$m \cdot kg \cdot s^{-2}$
壓力	巴斯卡	Pa	N/m^2	$m^{-1} \cdot kg \cdot s^{-2}$
能量，功，熱量	焦耳	J	$N \cdot m$	$m^2 \cdot kg \cdot s^{-2}$
功率	瓦特	W	J/s	$m^2 \cdot kg \cdot s^{-3}$
電量	庫侖	C	$A \cdot s$	$s \cdot A$
電位差	伏特	V	W/A	$m^2 \cdot kg \cdot s^{-3} \cdot A^{-1}$
電容	法拉	F	C/V	$m^{-2} \cdot kg^{-1} \cdot s^4 \cdot A^2$
電阻	歐姆	Ω	V/A	$m^2 \cdot kg \cdot s^{-3} \cdot A^{-2}$
電導	siemens	S	A/V	$m^{-2} \cdot kg^{-1} \cdot s^3 \cdot A^2$
磁通	weber	Wb	$V \cdot s$	$m^2 \cdot kg \cdot s^{-2} \cdot A^{-1}$
磁通密度	tesla	T	Wb/m	$kg \cdot s^{-2} \cdot A^{-1}$
磁感係數(inductance)	henry	H	Wb/A	$m^2 \cdot kg \cdot s^{-2} \cdot A^{-2}$
光通量(luminous flux)	lumen	lm		$cd \cdot sr$
照明度(illuminance)	lux	lx		$m^{-2} \cdot cd \cdot sr$

表4　以特別名稱所表示之SI導出單位

量　　度	SI　單　位		
	名　　　稱	符　　號	以SI基本單位表示
動力黏性	巴斯卡·秒	$Pa \cdot s$	$m^{-1} \cdot kg \cdot s^{-1}$
力矩	米·牛頓	$N \cdot m$	$m^2 \cdot kg \cdot s^{-2}$
表面張力	牛頓每米	N/m	$kg \cdot s^{-2}$
熱流密度	瓦特每平方米	W/m^2	$kg \cdot s^{-3}$
熵	焦耳每kelvin	J/K	$m^2 \cdot kg \cdot s^{-2} \cdot k^{-1}$
比熵	焦耳每公斤kelvin	$J/(kg \cdot K)$	$m^2 \cdot s^{-2} \cdot k^{-1}$
比能	焦耳每公斤	J/kg	$m^2 \cdot s^{-2}$
熱導係數	瓦特每米kelvin	$W/(m \cdot K)$	$m \cdot kg \cdot s^{-3} \cdot k^{-1}$
能量密度	焦耳每立方米	J/m^3	$m^{-1} \cdot kg \cdot s^{-2}$
電場強度	伏特每米	V/m	$m \cdot kg \cdot s^{-3} \cdot A^{-1}$
電荷密度	庫侖每立方米	C/m^3	$m^{-3} \cdot s \cdot A$
通電量密度	庫侖每立方米	C/m^2	$m^{-2} \cdot s \cdot A$
電容率	法拉每米	F/m	$m^{-3} \cdot kg^{-1} \cdot s^4 \cdot A^2$
電流密度	安培每立方米	A/m^2	
磁場強度	安培每米	A/m	
導磁率	每米	H/m	$m \cdot kg \cdot s^{-2} \cdot A^{-2}$
莫耳能	焦耳每莫耳	J/mol	$m^2 \cdot kg \cdot s^{-2} \cdot mol^{-1}$
莫耳熵	焦耳每莫耳·kelvin	$J/(mol \cdot K)$	$m^2 \cdot kg \cdot s^{-2} \cdot K^{-1} \cdot mol^{-1}$

　　註：無單位量的值，如折射率、相對導磁率等係用純數目來表示之，這些值相當於是兩個同樣SI單位的比值，故亦是SI單位。

表5　SI輔助單位

量　度	SI　單　位	
	名　稱	符號
plane angle	radian	rad
solid angle	steradian	sr

表6　含有輔助單位之SI導出單位

量　　　度	SI　單　位	
	名　稱	符　號
角速度	radian每秒	rad/s
角加速度	radian每平方秒	rad/s²
輻射強度	瓦特每steradian	W/sr
輻射密度(radiance)	瓦特每平方米steradian	$W \cdot m^{-2} \cdot sr^{-1}$

3.　SI單位之十進倍數與分數

表7　SI字首

因素	字　首	符　號	符　號	字　首	符　號
10^{12}	tera	T	10^{-1}	deci	d
10^{9}	giga	G	10^{-2}	centi	c
10^{6}	mega	M	10^{-3}	milli	m
10^{3}	kilo	k	10^{-6}	micro	μ
10^{2}	hecto	h	10^{-9}	nano	n
10^{1}	deka	da	10^{-12}	pico	p
			10^{-15}	femto	f
			10^{-18}	atto	a

4. 國際系統所用之其他單位

表8　國際系統所用之單位

名　稱	符　號	在SI單位中的值
分	min	$1min=60s$
時	h	$1h=60min$
日	d	$1d=24h=86400s$
度	°	$1°=(\pi/108)rad$
分	′	$1′=(1/60)°=(\pi/10800)rad$
秒	″	$1″=(1/60)′=(\pi/648000)rad$
升	l	$1l=1dm^3=10^{-3}m^3$
噸	t	$1t=10^3kg$

表9　國際系統在特殊場合所用之單位

名　稱	符　號
電子伏特	eV
原子質量單位	u
astronomical unit	AU
parsec	Pc

表10　國際系統偶而使用之單位

名　稱	符　號	在SI單位中的值
nautical mile		1 nautical mile$=1852m$
knot		1 nautical mile per hour$=(1852/3600)m/s$
angstrom	Å	$1Å=0.1nm=10^{-10}m$
are	a	$1a=1dam^2=10^2m^2$
hectare	ha	$1ha=1hm^2=10^4m^2$
barn	b	$1b=100fm^2=10^{-28}m^2$
bar	bar	$1bar=0.1MPa=10^5Pa$
標準大氣壓	atm	$1atm=101,325Pa$
gal	Gal	$1Gal=1cm/s^2=10^{-2}m/s^2$
curie	Ci	$1Ci=3.7\times10^{10}s^{-1}$
rontgen	R	$1R=2.58\times10^{-4}C/kg$
rad	rad	$1rad=10^{-2}J/kg$

5.　國際系統不採用的單位

表11　具有特別名稱的CGS單位

名　稱	符　號	在SI單位中的值
耳　格	erg	$1erg=10^{-7}J$
達　因	dyn	$1dyn=10^{-5}N1$
poise	p	$P=1dyn \cdot s/cm^2=0.1Pa \cdot s$
stokes	St	$1St=1cm^2/s=10^{-4}m^2/s$
高　斯	Gs，G	$1Gs$ corresponds to $10^{-4}T$
oersted	Oe	$1Oe$ corresponds to $\dfrac{1000}{4\pi}A/m$
maxwell	Mx	$1Mx$ corresponds to $10^{-8}Wb$
stilb	sb	$1stilb=1cd/cm^2=10^4cd/m^2$
phot	ph	$1ph=10^4lx$

表12　其他不採用的單位

名　　稱	在SI單位中的值
fermi	$1\ fermi=1fm=10^{-15}m$
metric carat	$1\ metric\ carat=200mg=2\times10^{-4}kg$
torr	$1\ torr=\dfrac{101325}{760}Pa$
kilogram-force(kgf)	$1\ kgf=9.806\ 65N$
calorie(cal)	$1\ cal=4.186\ 8J$
micron(μ)	$1\ \mu=1\mu m=10^{-6}m$
X單位	
stere(st)	$1\ st=1m^3$
gamma(γ)	$1\ \gamma=1nT=10^{-9}T$
γ	$1\ \gamma=1\mu g=10^{-9}kg$
λ	$1\ \lambda=1\mu l=10^{-6}l$

重要符號表(List of Important Symbols)

a	晶體的晶格常數	l	距離
a	半裂紋長度	m	質量
a_A, a_B	活度	n	晶粒成長指數
b	布格向量	n	數目
c	六方與正方晶體中的C軸常數	n	應變率敏感性
		n_x, n_y, n_z	量子數
c	半裂紋長度	p	壓力
d	晶體內平面間的距離	p	動量
		q	活化能
d	直徑，晶粒直徑	r	半徑或距離
e	電子電荷	r	速率
f	力	r	回復量
f	變態分率	s	熵
f	每原子之自由能	t	時間
h	蒲朗克常數	v	位移
$\hbar$	蒲朗克常數除以2π	v	速度
		w	重量
	米勒指標	x	距離
	波數$2\pi/\lambda$	z	原子數
k	波茲曼常數		

A	面積	K_1	孿晶中的第一末畸變平面
A	柯垂耳－比利方程式中的交互作用常數	K_2	孿晶中的第二末畸變平面
A	馬德蘭數		
A	振幅	L	長度
$Å$	埃卓位	M	彎曲動量
B	磁通量密度	M	每單位體積之磁動量
B	遷移率		
B_s	變韌鐵變態的開始溫度	M_f	麻田散體變態的完成溫度
		M_s	麻田散體變態的開始溫度
B_f	變韌鐵變態的完成溫度		
		N	數目
		N	亞佛加厥數
C	成份	N	孕核速率
C	濃度	N_1	每公分交截的晶界數
C_p	定壓下之比熱		
		$N_A, N_B,$ etc.	莫耳或原子分率
D	晶粒直徑	P	負荷
D	擴散系數 $(\tilde{D}, D^*)$	P	壓力
		P	概率
E	電場強度	P	相數
E	能量	Q	每莫耳之活化能
E	楊氏模數	Q	每莫耳之熱量
F	外能	R	萬有氣體常數
F	自由度	R	速率
F	力	R	半徑
G	裂紋擴展力	S	熵
G	吉佈氏自由能	S	距離
G_c	臨界裂紋擴展力	T	溫度(通常是絕對溫度)
G_{I_c}	模式 I 的臨界裂紋擴展力	U	晶格或結晶能
H	磁場強度	U	儲存之彈性應變能
H	焓	V	勢能
I	慣量	V	體積
I	孕核率	W	總能量
J	通量	W	功
K	應力強度因子	Y	距離
K_c	破裂韌性	Z	配位數
K_{I_c}	模式 I 的破裂韌性		
$K_{I_{scc}}$	應力腐蝕破裂的門檻應力		

希臘字母符號表(List of Greek Letter Symbols)

　　希臘字母以 α 開頭，用於表示合金系統中各種固態相，角度也用希臘字母表示之。

　　除上外，希臘字母也用做以下用途：

符號	意義	符號	意義
α (alpha)	極化	μ	剪模數
γ (gamma)	活性系數	μ	微米(10^{-6} m)
γ	表面能	μ_B	波耳磁子
γ	剪應變	ν (nu)	頻率
δ (delta)	裂紋端位移	ν	蒲松比
		ρ (rho)	差排密度
ε (epsilon)	應變	ρ	電阻系數
ε_t	真實應變	ρ	曲率半徑
$\varepsilon_{AA}, \varepsilon_{AB}$, etc.	原子間的鍵能	σ (sigma)	應力
		σ_t	真實應力
ζ (zeta)	體積分率	τ (tau)	週期鬆弛時間
η (eta)	形狀因子	τ	剪應力
η	黏度	$\tau_\sigma, \tau_\varepsilon$	定應力和定應變下之鬆弛時間
η_1	孿晶中之剪力方向		
η_2	孿晶中第四個孿生元素		
		ϕ (phi)	勢能
θ (theta)	入射角	χ (chi)	磁化率
λ (lambda)	距離	ψ (psi)	波函數
λ	波長	ω (omega)	角頻率
μ (mu)	偶極距		

中英文對照

(Glossary)

A

Accommodation of the twinning shear　孿晶化剪變的調節

Accommodation strain, mavtensite 調節應變，麻田散體

Activated cross-slip　活化的交滑移

Actication of　活化的

  dislocation intersections　差排交截

  dislocation jogs　差排差階

  dislocation movement　差排移動

  dislocation sources　差排源

  motion of screw dislocations with jogs　具差階螺旋差排的移動

Activation energy　活化能

  conrad-Wiedersich equation Conrad-Wiedersich方程式

  creep, dislocation climb controlled　潛變，差排爬升控制

  creep in alumiun　鋁中的潛變

  creep vs. self-diffuion　潛變對自擴散

  diffusion at low solute concentrations　在低溶解度的擴散

  diffusion of carbon in alpha iron α 鐵中碳的擴散

  free surface diffsion　自由表面擴散

  freezing　極冷的

  grain boundary diffusion　晶粒邊界擴散

  grain growth　晶粒成長

  intersitital diffusion　間隙擴散

  melting　熔解

  movement of vacancies　空孔移動

  recovery　回復

  recrystallization　再結晶

  self-diffusion　自擴散

  tempering of steels　鋼的回火

  transfer of carbon atoms from cementite to alpha iron　碳原子從雪明碳鐵到 α -鐵的轉移

  transfer of carbon atoms from graphite to alpha iron　碳原子從石墨到 α -鐵的轉移

Activation volume　活化體積

  experimental determination of 實驗確定

Activity coefficients　活化係數

  curves, positive and negative deviations of　曲線，正和負偏差的

Anstenite, isothermal transformation 沃斯田體，恆溫轉換

transformation to lath martensite 平板麻田散體轉換

proeutectoid transformation of 預共析轉換

retained 維持

Anstenite grain size 沃斯田鐵晶粒大小

effect on hardenability 硬化能的影響

relation to quench creaks 關於淬裂

Austenite to bainite transformation 沃斯田鐵至變韌鐵變態

Austenite to Martensite transformation 沃斯田鐵至麻田散鐵變態

Austenite to pearline transformation 沃斯田鐵至波來鐵變態

Austenite steel, Hadfield's manganese 沃斯田鋼，哈德菲高錳鋼

Arogadno's number 亞佛加德羅數

B

Back ereflection, Laue technique 背反射，勞氏技巧

Bagaryatski relation Bagaryatski關係

Bain cone Bain圓錐

Bain distortion Bain扭曲

indium, thallium 銦，鉈

iron-nickel 鐵-鎳

lack of invarient plane, steel 缺乏不變平面，鋼

Bainite 變韌體

carbides in 碳化物

dual nature of 雙重性質

finish temperature 完成溫度

formatioon on continuous cooling 在連續冷卻形成

growth of 成長

habit plane 晶廦面

lower 減低

start temperature, B_s 開始溫度

upper 上升

Bainite transformation in steel 鋼中變韌鐵變態

deformation assciated with 與變形相關

temperature dependence of 與溫度有關

Base diameter, hardenability 基本直徑，硬化能

Bauscchinger effect 包辛格效應

Becker-Doring theory Becker-

Becker-Doring theory　Becker-
　　Doring理論(成核)

Bend gliding　彎曲滑動

Bending of cystals　晶體的彎曲

Beta to beta' tranformation in brass
　　β黃銅轉換成β'黃銅

Binary alloys　二元合金

Binary systems　二元系統

　　three-phase transformations　三
　　相轉換

Bismuth embrittlement of copper
　　銅的鉍脆性

Blowholes　氣洞

Blue brittlemess　藍脆化

Body-centered cubic metals,
　　cleavage of　體心立方金屬，劈裂

Body-centered cubic structure　體
　　心立方結構

Boltzmann's constant　Boltzman常
　　數

Boltzmann's equation　Boltzman方
　　程式

Boltzmann's solution of Fick's
　　second law　Fick第二定律的
　　Boltzman溶液

Bonds, atomic, covalent,
　　homopolar,ionic, metallic　鍵，
　　原子，共價，同極的，離子化，金

屬的

Bron exponent　Born指數

Born theory of ionic crystals　離子
　　晶體之伯恩理論

　　refinement to　精緻化

Bragg angle　布拉格角

Bragg law　布拉格定律

Brass　黃銅

　　alpha　α

　　alpha plus bata　$\alpha + \beta$

　　bata　β

　　hardness as a function of
　　　　quenching rate of bata brass
　　　　硬度是β黃銅的淬火速率的函數

　　effect of zinc concentration on
　　　　brass properties　鋅濃度對黃銅
　　　　性質的影響

　　muntz metal　muntz金屬

　　tensile strength dependence on
　　　　Zinc concentration and grain
　　　　size　拉伸強度取決於鋅的成份
　　　　濃度和晶粒大小

　　yellow or high brass　黃或高黃銅

Brittle fracture　脆性破斷

　　appearance of surface　表面的外
　　　　觀

　　cleavage　劈裂

　　compared to ductile fracture　與

化物

propagation　傳播

Cleavage plane　劈裂面

　　body-centered cubic metals　體心
　　立方金屬

　　zinc　鋅

Cleavage surface, distortion of　劈
　　裂表面，扭曲

　　river pattern on　河流圖案

Climb of edge dislocation　刃差排
　　的爬升

　　in polygonization　多邊形化

　　positive and negative　正和負

Cobalt efffect on hardenability　鈷
　　對硬化能的影響

Coffin-Manson equation　Coffin-
　　Manson方程式

Coherency, effect on hardness　整
　　合性對硬度的影響

Coherent particle　整合性顆粒

Cohesion of solids　固體凝結

Cohesive energy　凝結能

Cohesive forces as function of
　　interatomic distances　凝結力為
　　原子間距離的函數

Coincident site boundances　共點邊
　　界

　　Raganathan relations

　　Raganathan關係

　　tilt, twist　傾斜，扭曲

Cold working　冷加工

　　stored energy of　儲存能

Colummar zone of an ingot,
　　freezing of　鑄錠中的圓柱狀區，
　　冷凝

Complicance　柔性

Component　組成

Compound twin　化合孿晶

Compounds　化合物

Compresability　壓縮性

Congruent points　一致點

Conjugate slip system　共軛滑移系
　　統

Conrad-Wiedersich equation
　　Conrad-Wiedersich方程式

Considere's criterion　考慮的準則

Constitutional supercooling　組成
　　份過冷

Continuous cooling transformation
　　of steel　鋼之連續冷卻轉換

Control of grain size during
　　freezing　冷凝期間晶粒大小控制

Coordination number　配位數

　　body-centered cubic　體心立方體

　　close-packet hexagonal　密排六
　　方體

tests 試驗

thermal activation, theory of 熱活性，理論

use of refractory metals 耐火金屬的使用

Creep curve 潛變曲線

  effect of stress 應力影響

  effect of temperature 溫度影響

Creep resistant alloys 抗潛變合金

Creep strength of superalloys 超合金潛變強度

Creep test 潛變試驗

  constant load versus contant stress 恆載對恆應力

  effect of metallurgical reactions on 冶金反應之影響

  strncturally stable material 結構穩定材料

  three stages of 三階段

Crack velocity equation 裂縫速率方程式

Critical cooling rate of steel 鋼之臨界冷卻速率

Critical deformation in recrystalloza-tion 再結晶的臨界變形

Critical diameter 臨界直徑

Critical radius of nucleus 核之臨界半徑

to form liquid droplet in a vapor 蒸氣形成液滴

  precipitation 析出

Critical plane 臨界平面

Critical resolved shear stress 臨界分解剪應力

  composition dependence of 組成依據

  face-centered cubic metals 面心立方金屬

  hexagonal metals 六方金屬

  relationship to cleavage in iron 關於鐵之劈裂

  temperature dependence of 取決於溫度

Cross slip 交滑移

  activated 活化

  double 雙的

  effect of extended dislocations on 擴展差排之影響

  in aluminum and copper 鋁和銅

  system, f.c.c single crystals 系統，f.c.c單晶

Crystals 晶體

  binding 接合

  Born theory of ionic Born離子理論

  classofications 分類

解濃度

mechanisms　機構

net flow of atoms　原子淨流

net flow of vacancies　空位淨流

non-isomorphic alloy systems　非同型合金系統

penetration curre　滲透曲線

porosity in copper-nickel　銅-鎳中的多孔性

radioactive isotopes　放射性同位素

self-diffuaion　自擴散

solid state　固態

state of strain produced by　應變產生階段

substitutional solid solutions　置換型固溶體

thermodynamic factor　熱力學因素

Diffusion coefficient　擴散係數

carbon in body-centered cubic iron　碳在體心立方鐵

computation if, from relaxation time　計算，從弛緩時間

experiment data for interstitial diffusion　間隙擴散的實驗數據

in binary gas solutions　在二元氣態溶液

in gold alloys with nickel, palladium and platinum　具鎳，鉑，及白金的金合金

intrinsic, temperature dependence, tracer　本質，與溫度有關，追蹤劑

Diffusion controlled growth　擴散控制成長

Diffusion creep　擴散潛變

Nabarro-Herning, coble Nabarro-Herring，庫伯

Diffusionless phase transformations　無擴散相變態

Diffusivity　擴散係數

Digonal axes, hexagonal crystals　分離軸，六方晶體

grain boundary　晶體邊界

Dimensional changes in steel during tempering　鋼回火期間的尺寸變化

Dipolr, electrical, field of induced, moment　偶極，電的，誘導場，力矩

Dipole-quadrupole interations　偶極，四偶極相互作用

Dislocation climb　差排爬升

in creep, overcoming obstacles to slip　潛變，克服障礙滑移

Dislocation velocity　差排速率

Divacancies　雙空孔

Divorced eutectic　粒狀共晶

Domains　磁區

Double cantilever fracture specimen　雙懸臂破斷試樣

Double cross slip　雙交叉滑移

Drag of dislocation atmospheres on moving dislocations　差排氛圍對移動差排的拖曳

Driving force　推動力

  bubble growth in a soap froth　肥皂泡沫中氣泡成長

  diffusion grain growth　擴散，晶粒成長

  martensite reaction　麻田散反應

  mechanical twinning　機械孿晶化

  recrystallization　再結晶

Dual phase steels　雙相鋼

Ductile fracture　延性破裂

  appearance of surface, blue brittle　表面外觀，藍脆性

  compared to brittle fracture　與脆性破裂比較

  cup-and-cone in a tensile specimen　拉抻試樣之杯錐狀

  double cup-and-cone failure　雙杯錐狀失效

  void sheet mechanism　孔帶機構

Ductile to brittle fracture transition　延脆破裂轉換

  transition temperature, definition, relation to stress state　轉換溫度，定義，關於應力狀態

Dynamic annealing　動態退火

  in relation to hot working　對於熱作

Dynamic recovery　動態回復

  during stress strain curve　應力應變曲線

Dynamic strain-aging　動態應變時效

  blue brittleness　藍脆性

  abnormal work hardening due to　異常加工硬化

  Porterin-Lechatelier effect　Porterin-Le Chatelier影響

  serrated stress-strain curves　鋸齒狀應力-應變曲變

  strain-rate sensitivity minimum　最小應變速率敏感度

E

Easy glide　易滑動

  face-centered cubic metals

martensite transformation　麻田散體轉換

size of martensite plates　麻田散體平板之大小

stablolzation of martensite　麻田散體之穩定性

Irreversible reaction　不可逆反應

Isomorphous alloy, freezing and melting points　同型合金，冷凝及熔化點

Isomorphous binary alloy systems　同型二元合金系

Isothermal amnealing　等溫退火

Isothermal transformation austenite, experomental method　等溫轉換，沃斯田體，實驗方法

J

J integral　J積分

Jogs in doslocations　差排差階

Johnson and Mehl equation　Johnson and Mehl方程式

Jominy endquench test　喬米尼端面淬火試驗

computation of D_2　D_2計算

K

Killed steel　全靜鋼

Kinetic theory　動力理論

Kinks in disoccetions　差排扭結

Kirkendall diffusion couple　Kirkendell擴散組

Kirkendall effect　Kirkendall效應

Kurdjumov-sachs recation　Kurdjumov-Sachs反應

L

Lamellae branching on pearlite　波來鐵之層狀分支

Latent heat of fusion　熔解潛熱

Latent heat of vaporization　蒸發潛熱

Lateral growth in solidification　凝固側邊成長

Lattice vibtations　格子振動

Lattice constants　格子常數

Lattice parameters　格子參數

austensite, cementite, epsilon carbide, martensite　沃斯田鐵，雪明碳鐵，ε-碳化物，麻田散體

Lattic esites occupied by carbon atoms in iron　鐵中碳原子佔據格子位置

Lattice strueutres　格子結構

body-centered cubic　體心立方體

crsium chloride　氯化銫

close-packed hexagonal　密排六方

dimond　鑽石

face-centered cubic　面心立方體

sodium chloride　氯化鈉

superlattices　超晶格

Laue photographis, asterism　勞氏照像，三點記號

Lane, X-ray diffraction techniques　勞式，X-光繞射技術

Lead-antimony system　鉛-銻系

Low energy dislocation structure　低能差排結構

Liquid phase　液相

bonding of atoms　原子鍵

fluidity of, nucleation　流動，孕核

Liquidus line　液相線

Lithium floride　氟化鋰

　cleaage　劈裂

　double cross-slip mecharism in　雙交滑移機構

　nucleation and obserration of dislocation　差排之觀測和孕核

Logarithmic decrement　對數減少

Long-range order　長程排列

Low angle graon boundary　低角度晶界

Luders bands　陸達帶

M

Macroscopilally homogereous body of matter　物質之巨觀均質體

Macrostructure　巨觀結構

Magnesium, solubility of hydrogen in　鎂，氫之溶解度

Magnesium-lithium phase diagram　鎂-鋰相圖

Magnesium-nickel phase diagram　鎂-鎳相圖

Magnesium-Silver phase diagram　鎂-銀相圖

Manganese effect on martensite transformation in steel　錳對鋼中麻田散鐵變態之影響

Martensite　麻田散體

　accommodation strain　調節應變

　burst formaation　突變形成

　50% Martensite, hardness　50%麻田散體，硬度

　50% Martensite-50% pearlite criterion　50%麻田散體-50%波來鐵準則

　finish temperature　完成溫度

　habitplanes　晶癖面

　hardness in steel　鋼之硬度

spacing and the pearlite growth velocity　於層間距離和波來鐵成長速度

widths of cementite and ferrite lamellae　雪明碳鐵和肥粒鐵層寬度

Peierl's stress　皮爾斯應力

Penetration curve, diffusion　滲透曲線，擴散

Peritectic composition and temperature　包晶組成和溫度

Pertiectic transformation　包晶變態
iron-carbon system, iron-nickel system　鐵-碳系，鐵-鎳系

Peritectoid point　包析點

Poritectoid reaction　包析反應

Phase angle between stress and straon　應力-應變間的相角

Phase diagrams　相圖
aluminum-titanium　鋁-鈦
binary　二元
beryllium-copper　鈹-銅
copper-gold　銅-金
carbon-titanium　碳-鈦
chromium-titanium　鉻-鈦
copper-lead　銅-鉛
copper-nickel　銅-鎳
copper-zine　銅-鋅

gold-nickel　金-鎳
iron-carbon　鐵-碳
isomorphous　同型
magnesium-lithium　鎂-鋰
molybdenum-titanium　鉬-鈦
nickel-magnesium　鎳-鎂
nickel-titanium　鎳-鈦
niobium-titanium　鈮-鈦
one component system　單組成系
silver-magnesium　銀-鎂

Phase rule　相律
continuous and discontinuous　連續和不連續
difference between ohases and constituents　相和組成間的不同
factors controlling number　控制因子的數目
factors involved in phase change　涉及相變化的因素
gaseous　氣態

Phase transformations on heating　加熱時之相變態

Pipe　導管

Plane, basal, octahedral, of shear prism　面，基底，八面體，剪力稜

Plastic deformation　塑性變形

六方金屬之稜柱滑移

Proeutectic　預共晶

Pseudoelasticity　擬彈性

Q

Quadrupole, electrical　四極化，電子

Quench, ideal, oil, water　淬火，氣，油，水

Quench cracks　淬裂

  relation to austenite grain size　關於沃斯田體晶粒大小

Quenching residual stresses　淬火，殘留應力

Queenching action of various media　不同介質對淬火之作用

R

R curves　*R*曲線

Radioactive isotopes in diffusion studies　放射同位素作擴散研究

Rate of freezing　凝固速率

Rate of growth　成長速率

  melting　熔化

  nucleation on recrysstalloization　再結晶孕核

  nucleus growth in recrystallization　再結晶核成長

recovery　回復

twin growth　孿晶成長

Ratio of nucleation rate to growth rate in recrystallization　再結晶成長速率和孕核速率比

Recovery　回復

  after easy glide　易滑移後

  dynamic　動態

  in single crystals, polygonization　單晶，多邊形化

Recovery processes, high and low temperatures　回復過程，高溫和低溫

Recrystallization　再結晶

  ativation energy　活化能

  driving force for　推動力

  during creep　潛變期間

  effect of initial grain size　初期晶粒大小的影響

  effect of metal purity　金屬純度的影響

  effect of strain　應變的影響

  effect of time and temperature　時間和溫度的影響

  in single crystals, preformed nuclei　單晶，預形成核

Recrystallization temperature　再結晶溫度

Segreqation, inverse　偏析，逆轉
　　macrosegragation　巨觀偏析
　　tin sweat　錫汗
Selected area diffraction　擇區繞射
Self diffusion　自擴散
　　activation energy, coefficient,
　　　temperature dependence　活化
　　能，係數；與溫度有關
Shape memory effect　形狀記憶效
　　應
Sharp yield point　明顯降伏點
Shear, martensite transformation
　　剪力，麻田散體變態
Shecr failure by slip　滑移剪力失效
Shear strength of crystals　晶體剪
　　強度
Shockley-Read equation, law angle
　　grain boundary Shockely-Read
　　方程式，低角度晶粒
Shoit-range flow stress component
　　　短程流變應力分量
Short-range order　短程有序排列
Sievert's law　Sievert's定律
Silver, self-diffusion　銀，自擴散
Silver-magnesium phase diagram
　　銀-錳相圖
Single crystals, growth of　單晶，
　　成長

Singular point　奇點
Sinks for vacancies　空孔減少
Slip　滑移
　　bending of cryatals due to　結晶
　　鍵結
　　in martensite transformations　麻
　　田散體變態
　　in polygonization　多角化
　　on equicalent slip systems　相當
　　滑移系統
　　on intersecting slip planes　滑移
　　面之交截
Slip bands, direction　滑移帶，方
　　向
　　not along closest packed direction
　　　非沿密排堆積方向
Slip lines, systems　滑移線，系統
Slow strain rate embrittlement　低
　　應變速率脆性
　　dead-loaded notched cylinder
　　　tests　靜負載凹口圓柱試驗
　　Troiano's interpretation of
　　　Troiano's解釋
　　as exemplified by plots of tensile
　　　reduction in area vs temp data
　　由拉伸面積之降低對溫度數據來
　　作圖之例解
S-N curve　S-N曲線

Snoek Snoek效應

Soap bubble froth 肥皂泡沫

Sodium-chloride lattice 氯化鈉格子

Solid solutions, β-brass 固溶體，β-黃銅

   intermediate, interstitial, substitutional 中間的，間隙，置換

   superaturated, terminal 過飽和，終點

Solid state reactions in condensed systems 於冷凝系之固態反應

Solidification 凝固

Solidus line, Solubility 固相線，溶解度

   hydrogen in copper 銅中氫

   hydrogen in magnesium 錳中氫

   interstitial solid solutions 插入式固溶體

Solution treatment 固溶處理

Sources of vacancies 空位源

Specific damping capacity 特別振動容量

Specimen size 試樣尺寸

   effect on grain growth 對晶粒成長之影響

Spheroidized cemertite 球狀之雪明碳鐵

fatique properties 疲勞性質

low transition temperature 低轉換溫度

Spontaneous reactions 自發反應

Stability of graphite and cementite 石墨和雪明碳鐵穩定性

Stable interface freezing 穩定介面凝固

Stacking faults 疊差

   extrinsic or double 非本質或雙重

   intrinsic 本質的

Stacking fault energy 疊差能

Stacking sequence 堆疊順序

   close packed planes 密堆積面

   face-centered cubic metal 面心立方金屬

   hexagonal metals 六方金屬

Stair-rod dislocation 條狀差排

Standard stereographic projections 標準立體投影圖

State functions 狀態函數

Statistical mechanics 統計力學

   definition of entropy 熵之定義

Steady state freezing 穩定態冷凝

Steel 鋼

   annealed high carbon 退火之高碳

碳

appearance of martensite plates
麻田散體平板之外觀

athermal martensite　非熱麻田散
體

Bain distortion　Bain扭曲

bainite　變韌缺

carbide forming elements　碳化
物形成元素

continuous coolong transforma-
tions　連續冷卻變態

critical cooling rate　臨界冷卻速
率

dimensional changes during
tempering　回火期間尺寸改變

dual phase　雙相

effect of manganese on martensite
transformation　錳對麻田散體
變態的影響

Hadfield manganese　Hadfied錳

hardness of Martensite　麻田散體
硬度

high speed　高速

isothermal teansformation　等溫
變態

martensite finish temperature　麻
田散體完成溫度

martensite habit planes　麻田散

體之晶癖面

martensite lattice parameters　麻
田散體之格子參數

martensite start temperature　麻
田散體起始溫度

martensite transformation　麻田
散體變態

microalloyed　微合金

non-carbide forming elements
非碳化物形成元素

Secondary hardeming　二次硬化

Sharp yield point　明顯之降伏點

S-N (fatigue) curves　S-N(疲勞)曲
線

tempening　回火

tetragonality of martensite　麻田
散體正方性

variables determining hardena-
bility　決定硬化能的變數

warping　翹曲

Stereographic projection　立體投影
圖

Standard projection　標準投影圖

Stereigraphic triangle, for cubic
crystals　立體三角，立方晶體

Stored energy of cold work　冷作之
儲存能

Strain aging　應變時效

gold-copper system　金-銅系

iron-nickel system　鐵-鎳系

Superplasticity　超塑性

Super structures　超結構

Soap films　皂泡薄膜

thermodynamics　熱力學

T

Taylor's relation　Taylor's反應

Temper brittleness　回火脆性

molu bdenum effect on reducing　鉬對減低回火脆性之影響

Temper ropll　回火滾軋

Temperature gradients in freezing

falling　冷凝下降溫度斜率

rising　上升

Temperature inversion　溫度反轉

Tempering, activation energy of

steels　回火，鋼的活化能

effect on physical properties　對物理性質之影響

interrelation between time and temperature　時間和溫度間關係

softening of steel　鋼軟化

Tensile strength　拉伸強度

correlation with fatigue limit　關於疲勞限

Ternary alloys　三元合金

Teernary system　三元系

Texture　組織結構

Theoretical fracture stress　理論破裂應力

Thermal activation　熱活化

Thermal behavior of metals　金屬熱行爲

Thermal component of the flow stress　流變應力之熱分量

Thermal contraction and expansion of steel　鋼熱收縮與膨脹

Thermal energy, interaction with stress　熱能，與應力之作用

Thermal grooves, effect on grain growth　熱槽，影響晶粒成長

Thermalelastic martansile transformations　熱彈性麻田散變態

Thermodynamic factor　熱力學因素

Thermodynamic properties　熱力學性質

Thermodynamic state　熱力學狀態

Thermodynamics of solutions　溶液熱力學

Three phase reactions　三相反應

Tie line　連結線

Tilt boundary　傾斜邊界

Time-temperature-transformation

U

V

Vacancies　空孔
　association with jogs　關於差階
　creation by dislocation jogs　由
　　差排差階所產生
　creation by dislocation movement
　　由差排滑移所產生
　entropy associated with　熵關於
　equilibrium concentration　平衡
　　濃度
　free energy　自由能
　interal energy　內能
　jumping of atoms into　原子跳動
　sources and sinks　來源和沉澱源
Van der Waal's binding　凡得瓦爾
　鍵
Van der Waal's crystals　凡得瓦爾
　晶體
Void-sheet mechanism　空位薄板機
　構
Voids due to diffusion　由於擴散產
　生孔隙
Volmer-Weber theory　Volmer-
　Weber理論

W

Water guench　水淬火

Wave length of an electron　電子
　的波長
Wechsler, Lieberman, and Read
　theory of martensite transforma-
　tions, wechsler Lieberman及
　Read之麻田散體變態理論
White tin　白錫
Widmanstattem structure　費得曼結
　構
Work hardening　加工硬化
Work to form a vacancy　加工形成
　空位
Work to form one mole of vacancies
　加工形成一莫耳空位
　porosity　多孔性
Wulff net　Wulff網

X

X-rays　X-光
　characteristic, diffractometer,
　　scattering　特徵，繞射，散播
X-ray diffraction　X-光繞射
　data index　資料索引
　Laue techniques　勞氏技術
　powder method　粉末法
　rotating crystal technique　旋轉
　　晶體技術

Y

Yield point　降伏點
　　relation strain aging　相應應變時
　　效
　　sharp, upper　尖端，上的
Yield stress　降伏應力
　　relation to brittle fracture stress
　　關於脆性破裂應力

Z

Zener, diffusion controlled growth
　　theory　Zener，擴散控制成長理
論
　　ring mecganism in diffusion　擴
　　散環形機構
　　theory of interaction between
　　grain boundaries and inclusions
　　　晶界與介在物間之相互作用理
論
Zero point energy　零點能
Zinc　鋅
　　cleavage plane　劈裂面
　　recovery, single crystal　回復，
　　單晶體
Zinc blende lattice　閃鋅礦格子
Zone axis　區軸
Zone of Planes　平面區

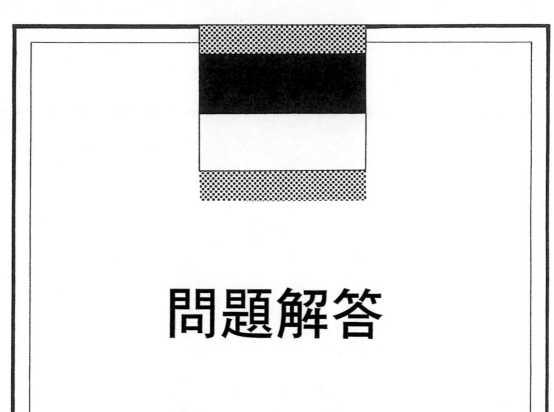

問題解答

(Questions Solution)

問題一解答

1.1 答：(a)[111]　(b)[120]　(c)[436]

1.2 答：(a)[001]　(b)[101]　(c)[2$\bar{1}$4]

1.3 答：(1289)

1.4 答：(2$\bar{1}$2)

1.5 答：(111)

1.6 答：(a)(111)　(b)(11$\bar{1}$)　(c)(1$\bar{1}$1)　(d)($\bar{1}$11)

1.7 答：(a)(01$\bar{1}$1)　(b)(01$\bar{1}$2)

1.8 答：($\bar{1}$2$\bar{1}$1)和($\bar{1}$2$\bar{1}$2)

1.9 答：(a)$\dfrac{1}{3}[\bar{1}\bar{1}20]+[0001]=\dfrac{1}{3}[\bar{1}\bar{1}23]$

(b)$\dfrac{1}{3}[2\bar{1}\bar{1}0]+[0001]=\dfrac{1}{3}[2\bar{1}\bar{1}3]$

(c)$[\bar{1}010]+[0001]=[\bar{1}011]$

1.10 答：

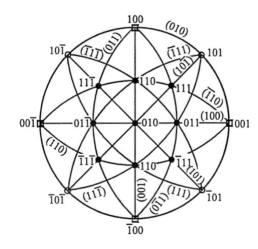

1.11　答：

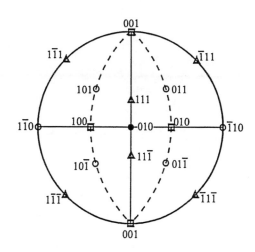

問題二解答

2.1　答： $d_{110} = 0.1167\text{nm}$

2.2　答：

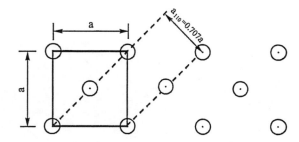

2.3　答：

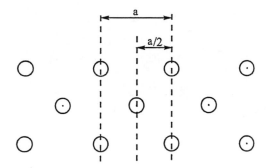

2.4 答：(a)$\lambda_{a/2} = \lambda/2$ (b)相消性干涉

2.5 答：$d_{111} = 0.2087\text{nm}$ $d_{222} = 0.1044\text{nm}$

$d_{200} = 0.1808\text{nm}$ $d_{400} = 0.0904\text{nm}$

$d_{220} = 0.1278\text{nm}$ $d_{331} = 0.0829\text{nm}$

$d_{311} = 0.1090\text{nm}$ $d_{420} = 0.0808\text{nm}$

2.6 答：(a)$\theta = 22.5°$

(b)(310)，($3\bar{1}0$)，(301)，($30\bar{1}$)，(410)，($4\bar{1}0$)，(401)，($40\bar{1}$)

2.7 答：$S_{111} = 34.4\text{mm}$ $S_{200} = 38.8\text{mm}$

$S_{220} = 56.4\text{mm}$ $S_{311} = 67.7\text{mm}$

2.8 答：(a)$v = 1.68 \times 10^8 \text{ms}^{-1}$ (b)$\lambda = 4.33 \times 10^{-3}\text{m}$ (c)$\theta = 0.816°$

2.9 答：

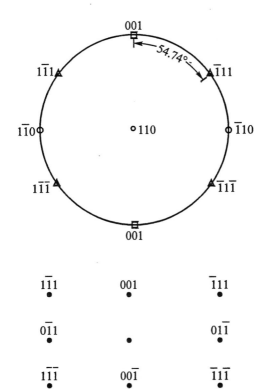

2.10 答：(a)$M = 20,000X$ (b)$D = 20\mu\text{m}$ (c)1000 nm

問題三解答

3.1　答：$1 \text{ statcoulomb} = \dfrac{10^{-9}}{3} C$

3.2　答：(a)$r_{12} = 2.77 \times 10^{-10}$m　(b)$\phi = 502,200$ J/mole

3.3　答：$U_M = 206$ kcal/mole $= 860$ kJ/mole

3.4　答：23.5 kcal/mole

3.5　答：(a)$F_r = -7.20 \times 10^{-12}$N，$F_\theta = 0$

　　　(b)向左

　　　(c)$F_r = 0$，$F_\theta = 3.6 \times 10^{-12}$N

3.6　答：$F_r = -1.14 \times 10^{-11}$N，$F_\theta = -0.57 \times 10^{-11}$N

3.7　答：$v_m = 1.313 \times 10^{12}$Hz

3.8　答：$v_m = 8.86 \times 10^{12}$Hz

問題四解答

4.1　答：$1 \text{ psi} = \dfrac{1 \text{ lbf}}{\text{in}^2}$，1 lb $= 4.45$ N

4.2　答：$\dfrac{\tau_{th}}{\tau_{exp}} = 44,020$

4.4　答：(a)

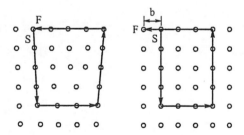

　　　(b)相反

4.5　答：$(111)[1\bar{1}0]$　　$(\bar{1}11)[110]$　　$(1\bar{1}1)[110]$　　$(11\bar{1})[1\bar{1}0]$

　　　$(111)[0\bar{1}1]$　　$(\bar{1}11)[0\bar{1}1]$　　$(1\bar{1}1)[011]$　　$(11\bar{1})[011]$

　　　$(111)[\bar{1}01]$　　$(\bar{1}11)[101]$　　$(1\bar{1}1)[10\bar{1}]$　　$(11\bar{1})[101]$

4.6 答：(a)$\overline{AB}$；$[\overline{1}01]$ $\overline{BC}$；$[01\overline{1}]$ $\overline{CA}$；$[1\overline{1}0]$

$\overline{A\delta}$；$\frac{1}{3}[\overline{2}11]$ $\overline{B\delta}$；$\frac{1}{3}[11\overline{2}]$ $\overline{C\delta}$；$\frac{1}{3}[1\overline{2}1]$

(b)$\overline{B\delta}+\overline{\delta C}=[01\overline{1}]$

4.7 答：(a)$\overline{CD}=\frac{1}{2}[101]$； $\overline{DC}=\frac{1}{2}[\overline{1}0\overline{1}]$

(b)$\overline{BD}=\frac{1}{2}[110]$； $\overline{DB}=\frac{1}{2}[\overline{1}\overline{1}0]$

(c)$\frac{1}{2}[01\overline{1}]=\overline{BC}$

4.8 答：$\frac{1}{2}[110]$，$\frac{1}{2}[1\overline{1}0]$，$\frac{1}{2}[101]$，$\frac{1}{2}[10\overline{1}]$，$\frac{1}{2}[011]$，$\frac{1}{2}[01\overline{1}]$

4.9 答：$[000\overline{1}]=\frac{1}{3}[000\overline{3}]$

4.10 答：(a)

(b)上層原子在下層正上方

(c)分解差排使原子移動

(d)   第一種可能   (e)   第二種可能

    B → B   B → B

    A → A   A → A

    B → B   B → B

    A → A   A → A

    A → B   A → C

    B → C   B → A

    A → B   A → C

    B → C   B → A

4.11 **答：** $(a)\tau=\dfrac{3.394\times10^{-6}}{r}$ MPa　　(b)496

4.12 **答：** $\sigma_{xx}=-488.8\sin\theta\,(3\cos^2\theta+\sin^2\theta)$

$\sigma_{yy}=488.8\sin\theta\,(\cos^2\theta-\sin^2\theta)$

$\tau_{xy}=488.8\cos\theta\,(\cos^2\theta-\sin^2\theta)$

4.13 **答：** $\sigma_{rr}=\sigma_{\theta\theta}=488.8\sin\theta$ ， $\sigma_{r\theta}=488.8\cos\theta$

4.14 **答：** (a)

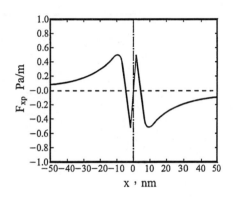

(b)平衡位置 $X=\pm10b$

4.15 **答：** $\dfrac{1}{2}>\dfrac{1}{3}$

4.16 **答：** $\dfrac{4.56}{1}$

4.17 **答：** $(a)w_s=4.21\times10^{-10}\ln\dfrac{8.06\times10^9}{\sqrt{\rho}}$

(b)

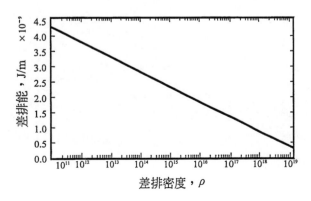

(c)

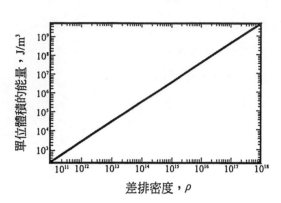

問題五解答

5.1 答：否

5.2 答：(a)差排擴增　(b)反向運動

5.3 答：$0.817 < \tau_{cr}$

5.4 答：(a)

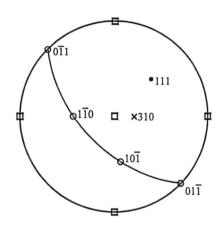

(b)0.49

5.5 答：(a)$[1\bar{2}1]\cdot[111]=0$，$[11\bar{2}]\cdot[111]=0$

(b)$(111)[\bar{2}11] \to -0.499$，$(111)[1\bar{2}1] \to 0.250$，$(111)[11\bar{2}] \to 0.250$

5.6 答：$[111]\cdot[\bar{4}22]=0$

5.7 答：(a)$\lambda=44.42$度　(b)$\lambda=85.90$度

5.8 　**答：** (a)$p=181.4$N　(b)$p=18.49$公斤力

5.9 　**答：** (a)不可能　(b)可能

5.10 　**答：** (a)不可能　(b)可以

5.11 　**答：** $p=1.67\times10^{14}\dfrac{\text{m}}{\text{m}^2}$

5.12 　**答：** $[10\bar{1}]$

5.13 　**答：** $(1\bar{1}00)$，$(10\bar{1}1)$，$(11\bar{2}2)$

5.14 　**答：** (a)

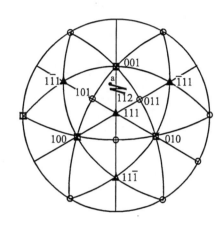

　　　　　　　(b)[112]

5.15 　**答：**

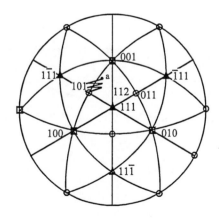

5.16 　**答：** (a)主滑移系統$(1\bar{1}1)[011]$　(b)共軛滑移系統$(\bar{1}11)[101]$
　　　　　　(c)交叉滑移系統$(11\bar{1})[011]$　(d)臨界面(111)

5.17 答：$Q = 1.879 \times 10^5$ J per mole，$A = 1.517 \times 10^{35}$ m·s⁻¹

5.18 答：$\tau = 2.925$ MPa

5.19 答：(a)$\dfrac{d\epsilon}{dt} = 0.00167$ s⁻¹

(b)$v = 6.734 \times 10^{-12}$ m·s⁻¹

(c)$v_1 = 4.032 \times 10^{-12}$ m·s⁻¹²

5.20 答：$\sigma_t = 1200$ MPa

5.21 答：(a)$\dfrac{dl}{l} = 0.25$　(b)$\sigma_f = 12.73$ MPa　(c)$\sigma_t = 63.69$ MPa　(d)$\sigma_t = 1.609$

5.22 答：(a)$\epsilon_t = 0.6$　(b)$\epsilon_t = m$　(c)$\dfrac{d\sigma_t}{d\epsilon_t} = \sigma_t$

5.23 答：$\dfrac{\rho_2}{\rho_1} = 3.82$

問題六解答

6.1 答：(a)$d = 1.89 \cdot 10^{-7}$m　(b)$\gamma = 39.7$ ergs/cm²

6.2 答：(a)$N_t = 350$/cm　(b)0.07 J/cm³

6.3 答：$W = 1.6$ J/cm² = 0.38 cal/cm³

6.4 答：(a)$\theta = 25.67°$　(b)$\theta = 0°$

6.5 答：(a)

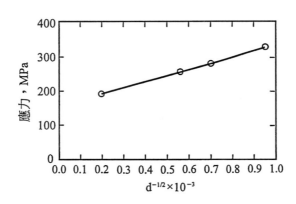

(b)$k = 0.168 \times 10^6$Nm⁻³ᐟ²，$\sigma = 161 + 0.168d^{-1/2}$

6.6 　**答：**(a)

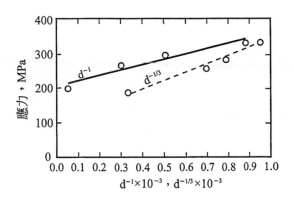

(b)是

6.7 　**答：**(a)$N=3$　(b)$\theta=81.8°$　(c){111}是六軸對稱

6.8 　**答：**(a)$\theta=96.4°$　(b)$\Sigma=9$

(c)

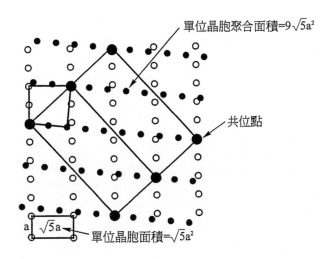

問題七解答

7.1 答：$\Delta S = -9.51$ J/K mole

7.2 答：有改變

7.3 答：固態 $H_T - H_{298} = 25.69T + \dfrac{1}{2}(-0.732 \times 10^{-3})T^2$
$$+ \dfrac{1}{3}(3.85 \times 10^{-6})T^3 - 7661 \text{ J/mole}$$
液態 $H_T - H_{298} = 29.29T - 2640$ J/mole

7.4 答：(a)$\Delta S = 3.60\ln T - 0.732T + \dfrac{1}{2}(3.85 \times 10^{-6})T^2 - 13.95$

(b)

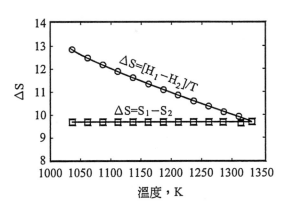

7.5 答：(a)不變　(b)$\Delta S = -5.76$ J/mole·K

7.6 答：(a)$\Delta U = 0$　(b)$\Delta S_m = 11.53$ J/K　(c)$\Delta G = -3,436$ J

7.7 答：

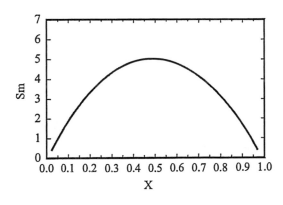

7.8 答：$\dfrac{n_v}{n_0} = 3.21 \times 10^{-5}$

7.9 答：(a)$\dfrac{n_v}{n_0} = 1.7 \times 10^{-5}$　(b)$n_v = 1.02 \times 10^{19}$

7.10 答：(a)$\dfrac{n_v}{n_0} = \exp\left(\dfrac{H_f(96500)}{8.314(T+273)}\right)$　(b)是

7.11 答：(a)$\dfrac{n_{si}}{n_{0Cu}} = 7.74 \times 10^{-21}$　(b)$r_{si} = 3.1 \times 10^{14}$（每秒跳動的頻率）

問題八解答

8.1 答：1.5×10^{15}

8.2 答：(a)$A = 2.7 \times 10^{13} \text{s}^{-1}$　(b)$T = 307$秒

8.3 答：$r = 0.3$ cm

8.4 答：(a)$\Gamma = 2.554\alpha(0.5 - \ln\alpha)$　(b)$\Gamma_{max} = 1.5$ J/m^2

8.5 答：$\dfrac{\Delta\Gamma}{\Gamma} = 0.132$

8.6 答：(a)$Q = 74,830$ J/mole　(b)$A = 9.16 \times 10^{15} \text{s}^{-1}$

8.7 答：在 213K 時 $\tau = 245$s；在 300K 時 $\tau = 1.17 \times 10^{-3}$s

8.8 答：(a)$Q = 85,720$ J/mol，$A = 6.29 \times 10^7 \text{s}^{-1}$

　　　　(b)$T = 394$ K　(c)$\tau = 155$天

8.9 答：(a)$\Delta p = 4$ Pa　(b)$\Delta p = 1.06 \times 10^4$ Pa

8.10 答：(a)$K_0 = 6,059(\cdot 10^{-6} \text{m}^2\text{s}^{-1})$　(b)$D^2 = 6,059t \exp\left(\dfrac{73,600}{8.314T}\right)$

8.11 答：$\gamma_{f.s.} = 0.491$ J/m^2

8.12 答：$D = 80 \times 10^{-6}$m

問題九解答

9.1 答：$d = 1.03 \times 10^{-10}$m

9.2 答：

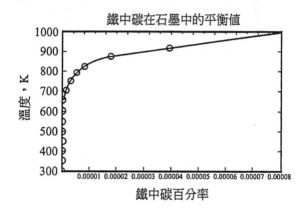

鐵中碳在石墨中的平衡值

溫度，K（縱軸）

鐵中碳百分率（橫軸）

9.3 答：轉換係數 $\dfrac{12}{55.84}$

9.4 答：$\sigma_{rr} = \sigma_{\theta\theta} = -\dfrac{\mu b \sin(\theta)}{2\pi(1-v)}$

9.5 答：$A = 6.81 \times 10^{-30}$Pa·m^4

9.6 答：

K	t
300	$3.668 \cdot 10^3$ sec
500	0.01 sec
700	$4.898 \cdot 10^{-5}$ sec
900	$2.663 \cdot 10^{-6}$ sec

9.7 答：$n_c = 1.769 \times 10^{23}$ atoms

9.8 答：$n_t = 8.767 \times 10^{10}$ m^{-1}

9.9 答：$f = 0.039$

9.10 **答**：

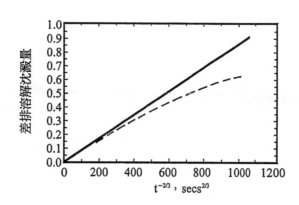

問題十解答

10.1 **答**：(a)Nb₃Si₃　(b)Nb₃Si　(c)Nb rich

10.1 **答**：(a)Nb_3Si_3　(b)Nb_3Si　(c)Nb rich

10.2 **答**：$N_{Zr}=0.32$，$N_{Ti}=0.36$，$N_{Hf}=0.32$

10.3 **答**：$N_{Cu}=0.683$，$N_{Ni}=0.317$

10.4 **答**：(a)$G_s=60{,}970$ J/mole　(b)$\Delta G=-3{,}030$ J/mole

10.5 **答**：(a)$G_s=53{,}480$ J/mole　(b)$-10{,}600$ J/mole　(c)AB相吸

10.6 **答**：(a)$G_s=58{,}920$　(b)10.4→排斥，10.5→吸引，理想→無交互作用

10.7 **答**：問題 10.4(a) → $\gamma_A=1.67$，$\gamma_B=2.67$
問題 10.5(b) → $\gamma_A=0.33$，$\gamma_B=1.47$

10.8 **答**：(a)$G_c=6{,}970$ J/mole　(b)$G_s=4334$ J/mole

10.9 **答**：

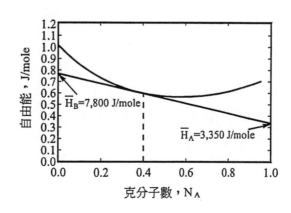

10.10 **答：** (a)$G_{0.22}=1,946$ J/mole　(b)0%　(c)$G_{0.5}=1,750$ J/mole　(d)66.7%

10.11 **答：** (a)$F=1$　(b)$F=2$　(c)$F=4$

問題十一解答

11.1 **答：** (a) $a\rightarrow$液態　(b) $b\rightarrow$液態　(c) $c\rightarrow$44%固態，56%液態　(d) $d\rightarrow$固態
(e) $e\rightarrow$固態

11.2 **答：** 固態量＝71，液態量＝29

11.3 **答：** (a)固態量＝42，固態量＝58

(b)

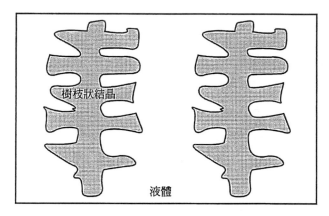

(c)成份：Primary β dendrites＝73%，Eutectic solid＝27%

相：α phase in the eutectic＝77%，β phase in the eutectic＝23%

11.4 **答：** (a)α固溶體　(b)$\alpha=93.4\%$，$\beta=0.066\%$　(c)$\alpha=93.4\%$，$\beta=0.066\%$

11.5 **答：** (a)晶界液化　(b)晶界脆裂

11.6 **答：** (a)δ固體＝61%，液體＝39%　(b)100%γ相

11.7 **答：** 非均質結構

11.8 **答：** (a)單相溶液　(b)$D_{II}>D_I$，L_I45%，L_{II}55%
(c)溶液 I 變成固態銅及溶液 II　(d)液體→共晶

11.9 **答：** (a)$\delta\rightarrow$3.4%Ni，$\gamma\rightarrow$4.5%Ni，溶液→6.2%Ni
(b)$\overline{G}_{Fe}^{\delta}=\overline{G}_{Fe}^{\gamma}=\overline{G}_{Fe}^{liq}$ 和 $\overline{G}_{Ni}^{\delta}=\overline{G}_{Ni}^{\gamma}=\overline{G}_{Ni}^{liq}$

(c)

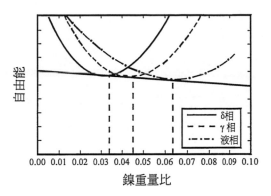

11.10 答： 1537℃：

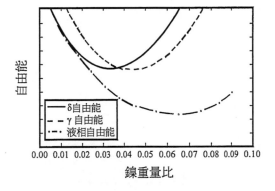

1487℃：

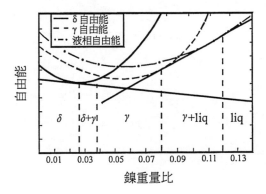

問題十二解答

12.1 答：(a)$n_{Cu}=8.49\times10^{28}$atoms/m³　(b)$n_{Cu}=8.47\times10^{28}$atoms/m³

12.2 答：$\dfrac{dn_A}{dx}=9\times10^{32}$atoms/m²，$J=1.8\times10^{14}$atoms/cm²s

12.3 答：$D=1.97\times10^{-13}$m²/s，$\tau=7.61\times10^{-8}$s

12.4 答：$D_A=3.93\times10^{-14}$m²/s，$D_B=2.13\times10^{-13}$m²/s

12.5 答：$\widetilde{D}=1.01\times10^{-13}$m²/s

12.6 答：$N_A=0.245+0.05\left[1+\text{erf}\left(\dfrac{-5.244}{\sqrt{t}}\right)\right]$

12.7 答：(a)$\dfrac{dx}{dN_A}=3.7\times10^{-3}$m⁻¹　(c)$\widetilde{D}=5.8\times10^{-12}$m²/s

12.8 答：$J_{x\to y}=\dfrac{1}{3\tau}n_a\left(\dfrac{a}{2}\right)$，$J_{y\to x}=\dfrac{1}{3\tau}\left(n_a+\dfrac{dn_a}{dx}\right)\dfrac{a}{2}$

12.9 答：$D=4.78\times10^{-17}$m²/s

12.10 答：$\widetilde{D}=2.97\times10^{-14}$m²/s

問題十三解答

13.1 答：$J_{x\to y}=\dfrac{1}{6\tau}n_i\dfrac{a}{2}$，$J_{x\to y}=\dfrac{1}{6\tau}\left(n_i+\dfrac{a}{2}\dfrac{dn_i}{dx}\right)\dfrac{a}{2}$

13.2 答：(a)$\tau=88{,}503$ s　(b)$\tau=1{,}439$ s

13.3 答：$T=254$ K

13.4 答：釩：$\tau_\sigma=20.2$ s，鉭：$\tau_\sigma=0.667$ s

13.5 答：(a)$s\simeq1000$小時　(b)$T=587$ K

13.6 答：$D=D_0e^{-Q/RT}=\dfrac{a^2}{36\tau_R}$

13.7 答：(a)2×10^{-3}　(b)$\delta=1\times10^{-3}$　(c)$\alpha=3.2\times10^{-4}$

13.8 答：$\dfrac{\delta}{\delta_{\max}}=2\left(\dfrac{\omega\tau_R}{1+\omega^2\tau_R^2}\right)$，$\tau_R=0.176$ s

問題十四解答

14.1 答：(a)0.578 kg　(b)$T = 811$ K

14.2 答：$d_{220} = 0.354a$，$d_{200} = 0.500a$，$d_{111} = 0.577a$

$d_{222} = 0.354a$，$d_{200} = 0.500a$，$d_{110} = 0.707a$

14.3 答：(a)$n = 0.360$，$k = 4.365 \times 10^{-5}$　(b)$\epsilon = 3.09 \times 10^{10}$K/s

(c)粉末由①轉盤甩出②噴嘴噴出

14.4 答：(a)$C_l = 8.88\%$　(b)904 K

(c)θ in the eutectic $= 58.2$，θ in the alloy $= 0.061$ or 6.1%

(d)

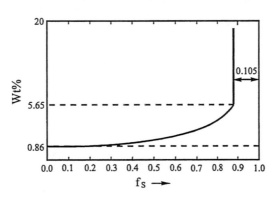

14.5 答：(a)$f_a = \dfrac{\pi r_a^2}{\lambda^2}$　(b)$f_a = \dfrac{S_a}{\lambda}$　(c)$\Gamma_r = \gamma_{\alpha/\beta}\left[2\pi r_a\left(\dfrac{1}{\lambda^2}\right)\right]$，$\Gamma_l = \gamma_{\alpha/\beta}\left(\dfrac{2}{\lambda}\right)$　(d)$f_a = 0.318$

(e)棒狀

14.6 答：$r = 79$ s

14.7 答：(a)4.67×10^5 s　(b)4.67×10^3 s

14.8 答：5.555 cm^3

問題十五解答

15.1 答：$r_0 = 1.37$ nm，$\Delta G_n = 4.717 \times 10^{-12}$ J

15.2 答：(a)2.691×10^{-29} m³　(b)3,696 胚

15.3 答：$\dfrac{d\Delta G_n}{dn} = \Delta g^{ls} + \dfrac{2}{3}\eta\gamma_{ls}n^{-1/3} = 0$

15.4 答：(a)-2.234×10^{-20} J/atom

(b)$n = -\dfrac{2.234 \times 10^{-20}\Delta T}{T_0}$，$n^{2/3} = 4.64 \times 10^{-20}$

(c)當 $\Delta T = 5$K 時 → 5.3×10^7 個原子數

$\Delta T = 150$K 時 → 1.96×10^3 個原子數

$\Delta T = 200$K 時 → 8.28×10^2 個原子數

15.5 答：$A = 5.28 \times 10^{-14}$

15.6 答：(a)2.11×10^{-15}J　(b)1.13×10^{15}　(c)否

15.7 答：(a)$\Delta G_{n_c} = 5.28 \times 10^{-18}$J

(b)$\Delta G_{n_c} = 7.58 \times 10^{-19}$J

(c)100K：無明顯成核數，264K：均質成核

15.8 答：(a)$I = 3.807 \times 10^{13}$nuclei/mols　(b)成核率明顯

15.9 答：$I = 3.68 \times 10^9$nuclei/mole

15.10 答：(a)$\theta = 22.05°$　(b)因子 $= 3.9 \times 10^{-3}$

15.11 答：(a)$I = 6.023 \times 10^{-36}\exp(-5,904)$

(b)$I^{het} = 3.26 \times 10^{20}$nuclei/m²s

(c)過冷度小 → 非均質成核

15.12 答：(a)$v = 226\dfrac{\Delta T}{T}\exp\left(-\dfrac{1.56\times10^4}{T}\right)$

(b)

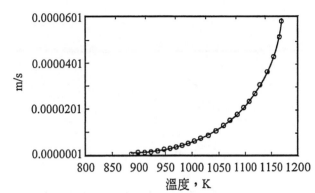

15.13 答：(a)$t = 497$小時　(b)$y = 2.78\times10^5$nm　(c)$t = 1.79\times10^2$s

問題十六解答

16.1 答：(a)0.00225 ％ C　(b)否

16.2 答：(a)

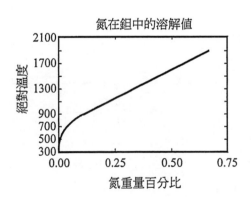

(b)氮 ＞ 碳

16.3　**答：** 析出碳微粒

16.4　**答：** (a)溶解處理(均質固溶)→淬火→時效　(b)θ'及θ''微粒析出於α鋁

16.5　**答：**

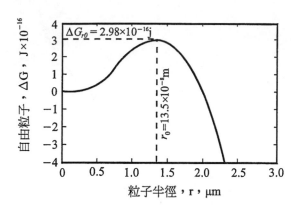

16.6　**答：** (a)$n = 1.819 \times 10^{20}$particles　(b)$G_{total} = -2.33 \times 10^{5}$J

16.7　**答：**

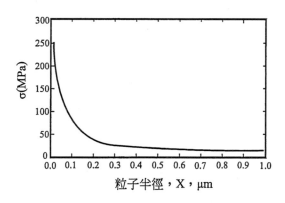

16.8　**答：** (a)0.06683wt％ c　(b)0.02wt％ c。可以，但須溶解 0.006683 的碳。

16.9　**答：** (a)$f = 0.0032$　(b)0.32wt％

問題十七解答

17.1 **答:**

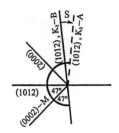

17.2 **答:**

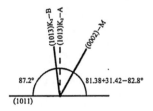

17.3 **答:** (a) $-0.17 \rightarrow \{10\bar{1}2\}$, $-0.088 \rightarrow \{10\bar{1}1\}$

17.4 **答:** (a)

K_1	η_1	K_2	η_2
$\{10\bar{1}1\}$	$<10\bar{1}2>$	$\{10\bar{1}3\}$	$<30\bar{3}2>$
$\{10\bar{1}3\}$	$<30\bar{3}2>$	$\{10\bar{1}1\}$	$<10\bar{1}2>$

(b)$s = 0.124$

17.5 **答:** 是

17.6 **答:** (a)12 個

(b)

K_1	η_1	K_2	η_2
(112)	[11$\bar{1}$]	(11$\bar{2}$)	[111]
(11$\bar{2}$)	[111]	(112)	[11$\bar{1}$]
(1$\bar{1}$2)	[1$\bar{1}\bar{1}$]	(1$\bar{1}\bar{2}$)	[1$\bar{1}$1]
(1$\bar{1}\bar{2}$)	[1$\bar{1}$1]	(1$\bar{1}$2)	[1$\bar{1}\bar{1}$]
(121)	[1$\bar{1}$1]	(1$\bar{2}$1)	[111]

$(1\bar{2}1)$	$[111]$	(121)	$[1\bar{1}1]$
$(12\bar{1})$	$[1\bar{1}\bar{1}]$	$(1\bar{2}\bar{1})$	$[11\bar{1}]$
$(1\bar{2}\bar{1})$	$[11\bar{1}]$	$(12\bar{1})$	$[1\bar{1}\bar{1}]$
(211)	$[\bar{1}11]$	$(\bar{2}11)$	$[111]$
$(\bar{2}11)$	$[111]$	(211)	$[\bar{1}11]$
$(21\bar{1})$	$[\bar{1}1\bar{1}]$	$(\bar{2}1\bar{1})$	$[111]$
$(\bar{2}1\bar{1})$	$[111]$	$(21\bar{1})$	$[\bar{1}1\bar{1}]$

17.7 **答** : (a)4 個　(b)12

(c)

K_1	η_1	K_2	η_2
(111)	$[11\bar{2}]$	$(11\bar{1})$	$[112]$
(111)	$[1\bar{2}1]$	$(1\bar{1}1)$	$[121]$
(111)	$[\bar{2}11]$	$(\bar{1}11)$	$[211]$
$(11\bar{1})$	$[112]$	(111)	$[11\bar{2}]$
$(11\bar{1})$	$[\bar{1}21]$	$(\bar{1}11)$	$[\bar{1}21]$
$(11\bar{1})$	$[2\bar{1}1]$	$(1\bar{1}1)$	$[2\bar{1}1]$
$(1\bar{1}1)$	$[121]$	(111)	$[1\bar{2}1]$
$(1\bar{1}1)$	$[21\bar{1}]$	$(11\bar{1})$	$[21\bar{1}]$
$(1\bar{1}1)$	$[1\bar{1}2]$	$(\bar{1}11)$	$[1\bar{1}2]$
$(\bar{1}11)$	$[211]$	(111)	$[\bar{2}11]$
$(\bar{1}11)$	$[12\bar{1}]$	$(11\bar{1})$	$[12\bar{1}]$
$(\bar{1}11)$	$[1\bar{1}2]$	$(1\bar{1}1)$	$[1\bar{1}2]$

17.8 **答** : f.c.c.=4　b.c.c.=12

17.9 答：

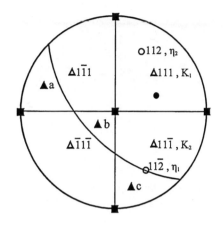

17.10 答：η_1旋轉

17.11 答：(a)$s = 0.707$　(b)hcp

17.12 答：(a)～(c)

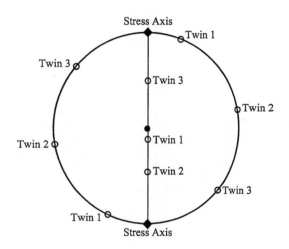

(d)~(e)

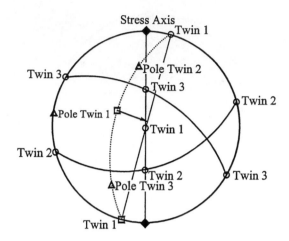

(f)

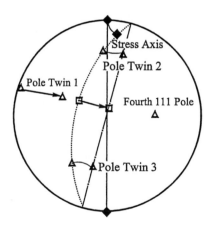

(g)

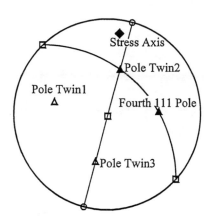

17.13 答:

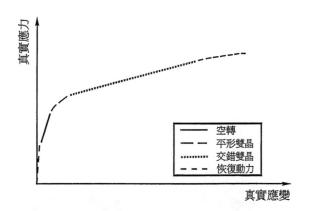

17.14 答: (a)變態能量小,則滯回路小　(b)須急冷淬火

17.15 答: (a)應力、應變非線性　(b)變形行為可逆　(c)由應力趨動

問題十八解答

18.1　答：

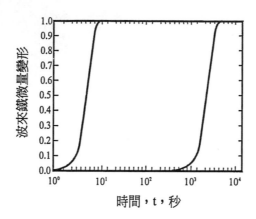

18.2　答： (a)700℃ $\begin{cases} 0.01\% \to 90\,s \\ 0.99\% \to 3800\,s \end{cases}$ ，550℃ $\begin{cases} 0.01\% \to 2\,s \\ 0.99\% \to 8.5\,s \end{cases}$ (b)合理

18.3　答： (a)0.31 %　(b)波來→γ　(c)γ相

(d)室溫，波來+α：

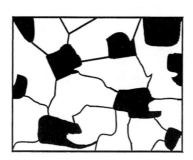

730℃，α+γ：

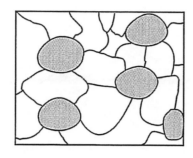

850℃，γ：

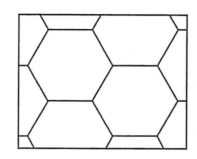

18.4 **答：**碳的擴散現象

18.5 **答：**(a)否　(b)1/10

18.6 **答：**

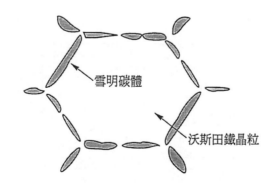

雪明碳體

沃斯田鐵晶粒

18.7 **答：**(a)成份 $\begin{cases} 初析雪明碳 3.9\% \\ 波來 96.1\% \end{cases}$，相 $\begin{cases} 雪明碳 15\% \\ 肥粒鐵 85\% \end{cases}$

18.8 **答：**$K_1 = 10.54$，$K_2 = 0.632$，$K_3 = 0.154$

18.9 **答:** (a)

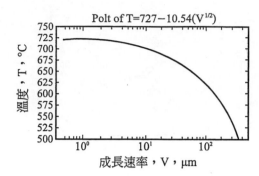

(b)

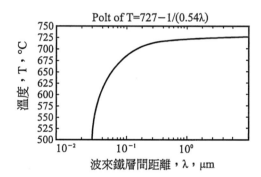

(c)

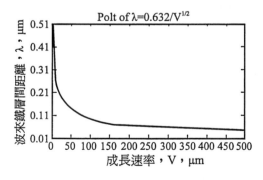

18.10 答： (a)變韌鐵之成份與波來鐵同樣是肥粒鐵和碳化物之混合物，其相變化涉及組成改變，需要碳的擴散，而且不屬於非熱反應，此與麻田散鐵不同；但成長特性卻與麻田散鐵同樣具有平板狀或條狀外觀，這與波來鐵的層狀結構不同。

(b)上變韌→板狀肥粒鐵，下變韌→針狀結構。

18.11 答： (a)麻田散鐵　(b)沃斯田鐵＋部份變韌鐵　(c)細波來鐵
(d)粗波來鐵＋部份上變韌鐵

18.12 答： 灰色為雪明碳鐵

18.13 答： 變韌鐵 68%，初析肥粒鐵 32%

18.14 答： 路徑 1→初析肥粒鐵包圍麻田散鐵
路徑 2→波來鐵＋少量初析肥粒鐵
路徑 3→變韌鐵＋部份肥粒鐵、波來鐵

18.15 答： (a)$\lambda = 0.091\ \mu m$　(b)$0.053\ \mu m$　(c)$\lambda = 0.125\ \mu m$

18.16 答： 波來鐵中合金元素及鐵的重量化

問題十九解答

19.1 答：(a)D_I = 0.273 inches (b)(HRC)65→100 %，HRC = 52→50 % (c)0.5 mm

19.2 答：(a)100 % → HRC 65，50 % → HRC 52 (b)D_I = 0.956 inches (c)2/16 in

19.3 答：D = 0.3 in

19.4 答：D_I = 2.25 in

19.5 答：D_I = 6.88 in

19.6 答：(a)D_I = 2.2 吋 → HRC 51，D_I = 7.0 吋 → HRC 55

(b)

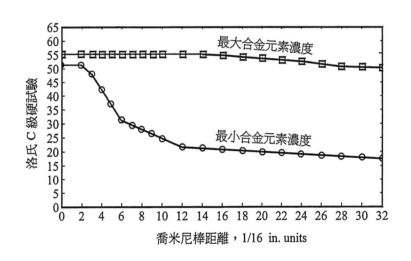

喬米尼棒距離，1/16 in. units

19.7 答：(a)D_I = 4.11 吋 (b)D = 1.75 吋 (c)D = 4.9 吋

19.8 答：N = 28.27

19.9 答：(a)$\frac{\Delta V}{V_A}$ = 4.4 % (b)$\frac{\Delta l}{l}$ = 0.0147 (c)σ = 3,037 MPa (d)dP = 76,200 MPa

19.10 答：淬火→共析溫度以下退火

19.11 答：(a)課本表 19.8 即為麻田散鐵回火分解的五階段反應

(b)麻田散鐵形態不同

19.12 答：$Q \approx$ 250,000 J/mole

問題二十解答

20.1 答：高導電性、高導熱性、高強度、防蝕易鑄造、易成形、易加工

20.2 答：(a)$R=0.0864\ \Omega$　(b)$R=0.1286\ \Omega$　(c)$R=0.0222\ \Omega$　(d)$R=0.0432\ \Omega$

20.3 答：回復→再結晶→晶粒成長

20.4 答：(a)800℃ 時：(1)α　(2)$\alpha+\beta$　(3)β

　　　　(b)500℃ 時：(1)α　(2)α　(3)$\beta+\gamma$

　　　　(c)25℃ 時：(1)α　(2)$\alpha+\beta'$　(3)β'

20.5 答：$GP\rightarrow\theta''\rightarrow\theta'\rightarrow\theta\rightarrow Al_2Cu$

　　　　$GP\rightarrow\gamma'\rightarrow\gamma\rightarrow CuBe$

20.6 答：(a)過時效　(b)大晶粒形成

20.7 答：$GP\rightarrow\theta''\rightarrow\theta'\rightarrow\theta\rightarrow Al_2Cu$

　　　　$GP\rightarrow\gamma'\rightarrow\gamma\rightarrow CuBe$

20.8 答：熱處理擴散

20.9 答：(a)高熔點、高強度、防蝕

　　　　(b)航空、軍事

　　　　(c)882℃ $\uparrow$ bcc，882℃ $\downarrow$ hcp

20.10 答：轉移時間很短、沒有成份變化

20.11 答：(a)$\begin{cases} \alpha穩定劑提高\alpha\rightarrow\beta相變溫度 \\ \beta穩定劑降低\alpha\rightarrow\beta相變溫度 \end{cases}$

　　　　(b)同樣具高溫 bcc，低溫 hcp 特性，且完全固溶

20.12 答：析出第二相強化

20.13 答：細晶粒強化

問題二十一解答

21.1 **答**：(a)①劈裂②滑移③多重滑移④雙晶

(b)雜質聚集

21.2 **答**：晶界脆裂

21.3 **答**：(a)$\tau = 5,360\,\text{MPa}$，8個滑移系統

(b)$\dfrac{\tau}{\mu} = 0.090$　(c)接近上限

(d)$\tau = 5,650\,\text{MPa}$　(e)用理論值

21.4 **答**：(a)介在物誘生高應力

(b)介在物與應變軸平行→應力小→無害→垂直→應力大→有害

(c)等軸張力促使脆性破裂

21.5 **答**：(a)增加流變應力　(b)略

21.6 **答**：(a)

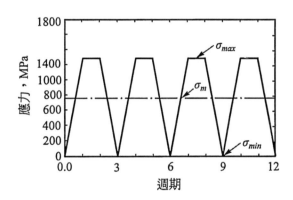

(b)$\sigma_m = 750\,\text{MPa}$，$\sigma_a = 750\,\text{MPa}$，$R = 0$，$A = 1$

21.7 **答**：(a)

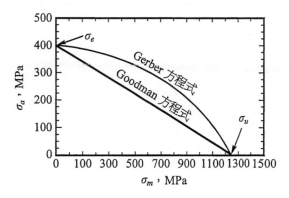

(b)$\sigma_{max} = 931.25$ MPa

21.8 **答**：

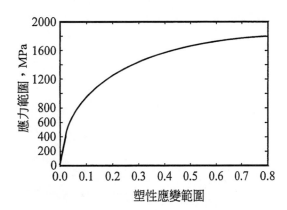

21.9 **答**：$\beta = 0.633$，$C = 0.2522$

21.10 答：

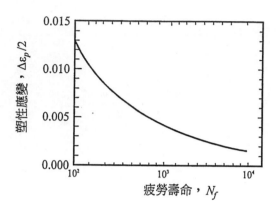

21.11 答：方程式 21.8 → $\Delta\epsilon_p/2 = 2.273(2N_f)^{-0.970}$

方程式 21.9 → $\Delta\epsilon_e/2 = 0.0142(2N_f)^{-0.297}$

方程式 21.10 → $\Delta\epsilon_t = 2.273(2N_f)^{-0.970} + 0.0142(2N_f)^{-0.297}$

21.12 答：

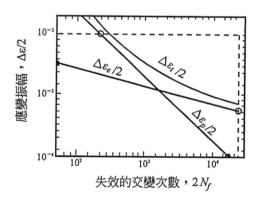

問題二十二解答

22.1 答：(a)$\sigma_{th} = 5.38 \times 10^4$MPa　(b)24%

22.2 答：(a)$a_{hkl} = 1.827 \times 10^{-8}$cm　(b)$a_{hkl} = 1.827 \times 10^{-10}$m，$\sigma = 1.10 \times 10^5$MPa，

$\gamma = 1.725$J/m^2　(c)$\sigma_{th} = 3.22 \times 10^7$MPa

22.3 答：(a)$\sigma_f = 726$ MPa　(b)105,300 psi

22.4 答：95%

22.5 答：(a)$\rho = 3.64 \times 10^{-10}$m　(b)$\sigma_f = 1,456$ MPa　(c)較小者

22.6　答：(a)$\gamma_e = 14.45$ J/m²　(b)$\gamma_e = 3.61$ J/m²　(c)$\gamma_e = 5.61$ J/m²

22.7　答：(a)問題 22.6(a) = 12.45 J/m²，問題 22.6(b) = 1.61 J/m²

　　　　　問題 22.6(c) = 3.61 J/m²

　　　　(b)問題 23.6(a) = 28.9 J/m²，問題 23.6(b) = 3.22 J/m²

　　　　　問題 23.6(c) = 11.22 J/m²

22.8　答：(a)(N·m)/m²或 J/m²　(b)J/m²　(c)$G = 1.89 \times 10^3$ J/m²　(d)$R = 1.89 \times 10^3$J/m²

22.9　答：(a)1.89×10^3 J/m²　(b)$R = 1.72 \times 10^3$J/m²

22.10 答：

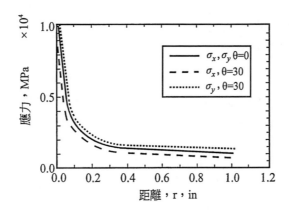

22.11 答：(a)$\sigma_c = 503$ MPa　(b)503 MPa　(c)$R = 50{,}500$ J/m²　(d)$R = 56{,}700$ J/m²

　　　　(e)$\gamma_p = 25{,}250$ J/m²

22.12 答：(a)$x = 0$，不是　(b)$v = 8.8\,\mu$m　(c)$v = 9.7\,\mu$m

22.13 答：(a)$r_p = 1.79$ mm　(b)$\sigma_c = 493$ MPa　(c)$r_p = 5.37$ mm

22.14 答：(a)

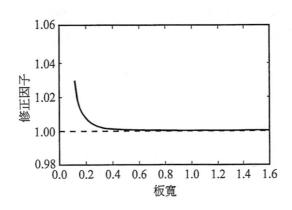

(b)$W=2.63$ cm　(c)$W=0.6$ m

22.15 答：(a)$K_I=3,712$ MPam$^{1/2}$　(b)否

22.16 答：(a)$v=7.73\times10^{-4}$ m　(b)$C=1.55\times10^{-8}$ m/N　(c)$G=24,150$ J/m^2

　　　　(d)$K_I=245$ MPam$^{1/2}$

22.17 答：(a)為簡化分析的線積分　(b)塑性應變

22.18 答：(a)$r_p=0.00375$ m　(b)$\delta_t=0.201$ mm

22.19 答：(a)$a=0.0606$ mm　(b)$a=10.6$ mm

問題二十三解答

23.1 答：(a)0.244　(b)2.3

23.2 答：(a)$RT=2,494$ J/mole　(b)$w=611$ J/mole　(c)$w=9,561$ J/mole

23.3 答：(a)$v_e\tau^*=14,030$ J/mole　(b)適用

23.4 答：$v_e=1.69\times10^{-27}$ m$^3=110\,b^3$

23.5 答：(a)$v=1.5\times10^{-4}$ m^3，$Q=45,900$ J/mole　(b)$v_e=107\,b^3$

23.6 答：

Temp，K	σ	σ^*	ln (σ_0^*/σ^*)	Q，J/mole
0	1200	1093	0.000	0
60	790	683	0.470	11,700
120	524	417	0.964	23,900
180	360	253	1.463	36,300
240	260	153	1.966	48,800
300	200	93	2.464	61,100

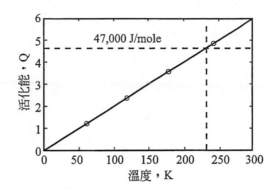

23.7　**答**：$v_e = 4.73 \times 10^{-28}\,\mathrm{m}^3$，$v = 2.85 \times 10^{-4}\,\mathrm{m}^3$

23.8　**答**：(a)$Q = 45,700$ MPa　(b)問題 23.5 = 45,000 MPa

23.9　**答**：$\dot{\epsilon}_0 = 6.92 \times 10^6\,\mathrm{s}^{-1}$

23.10　**答**：

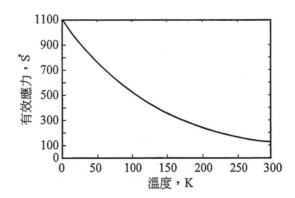

23.11 答：

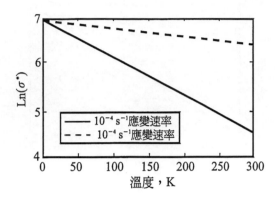

23.12 答： (a)$\Omega = 1.18 \times 10^{-29}\,m^3$　(b)$\dfrac{n_v}{n_0} = 4.10 \times 10^{-7}$　(c)1.13 因子

23.13 答： $D = 0.069\,\mu m$

國家圖書館出版品預行編目資料

物理冶金 / Robert E. Reed-Hill,Reza Abbaschian
　原著；劉偉隆等編譯. -- 二版 . -- 臺北市：全華,
　民 88

　　面 ： 公分

譯自 Physical metallurgy principles,3rd ed.

　　ISBN　957-21-2672-5(平裝)

　1.冶金

454.1　　　　　　　　　　　　　　　88013034

物理冶金(第三版)(修訂版)
(PHYSICAL METALLURGY PRINCIPLES)
(THIRD EDITION)

原　　著　Robert E. Reed-Hill,Reza Abbaschian

編　　譯　劉偉隆.林淳杰.曾春風.陳文照

執行編輯　陳淑芳

發 行 人　陳本源

出 版 者　全華科技圖書股份有限公司

地　　址　104 台北市龍江路 76 巷 20 號 2 樓

電　　話　(02) 2507-1300　(總機)

傳　　眞　(02) 2506-2993

郵政帳號　0100836-1 號

印 刷 者　宏懋打字印刷股份有限公司

圖書編號　0268701

二版四刷　2004 年 8 月

定　　價　新台幣 790 元

ＩＳＢＮ　957-21-2672-5　(平裝)

全華科技圖書
www.chwa.com.tw
book@ms1.chwa.com.tw

全華科技網 OpenTech
www.opentech.com.tw

歡迎加入 全華會員

● 會員獨享

會員享購書折扣、紅利積點、生日禮金、不定期優惠活動...等。

● 如何加入會員

掃 QRcode 或填安講者回函卡直接傳真 (02) 2262-0900 或寄回，將由專人協助登入會員資料，待收到 E-MAIL 通知後即可成為會員。

如何購買 全華書籍

1. 網路購書

全華網路書店「http://www.opentech.com.tw」，加入會員購書更便利，並享有紅利積點回饋等各式優惠。

2. 實體門市

歡迎至全華門市（新北市土城區忠義路 21 號）或各大書局選購。

3. 來電訂購

(1) 訂購專線：(02) 2262-5666 轉 321-324
(2) 傳真專線：(02) 6637-3696
(3) 郵局劃撥（帳號：0100836-1 戶名：全華圖書股份有限公司）
※ 購書未滿 990 元者，酌收運費 80 元。

OpenTech .com.tw 全華網路書店

全華網路書店 www.opentech.com.tw
E-mail: service@chwa.com.tw

※ 本會員制如有變更則以最新修訂制度為準，造成不便請見諒。

讀者回函卡

掃 QRcode 線上填寫 ▶▶

姓名：　　　　　　　　生日：西元　　　　年　　　月　　　日　性別：□男 □女

電話：（　　　）　　　　　　　手機：

e-mail：（必填）

註：數字零，請用 Φ 表示，數字1與英文 L 請另註明並書寫端正，謝謝。

通訊處：□□□□□

學歷：□高中・職　□專科　□大學　□碩士　□博士

職業：□工程師　□教師　□學生　□軍・公　□其他

學校/公司：　　　　　　　　　科系/部門：

· 需求書類：

□ A. 電子 □ B. 電機 □ C. 資訊 □ D. 機械 □ E. 汽車 □ F. 工管 □ G. 土木 □ H. 化工 □ I. 設計
□ J. 商管 □ K. 日文 □ L. 美容 □ M. 休閒 □ N. 餐飲 □ O. 其他

· 本次購買圖書為：　　　　　　　　　　　　　　　書號：

· 您對本書的評價：

封面設計：□非常滿意　□滿意　□尚可　□需改善，請說明
內容表達：□非常滿意　□滿意　□尚可　□需改善，請說明
版面編排：□非常滿意　□滿意　□尚可　□需改善，請說明
印刷品質：□非常滿意　□滿意　□尚可　□需改善，請說明
書籍定價：□非常滿意　□滿意　□尚可　□需改善，請說明
整體評價：請說明

· 您在何處購買本書？

□書局　□網路書店　□書展　□團購　□其他

· 您購買本書的原因？（可複選）

□個人需要　□公司採購　□親友推薦　□老師指定用書　□其他

· 您希望全華以何種方式提供出版訊息及特惠活動？

□電子報　□DM　□廣告（媒體名稱）

· 您是否上過全華網路書店？（www.opentech.com.tw）

□是　□否　您的建議

· 您希望全華出版哪方面書籍？

· 您希望全華加強哪些服務？

感謝您提供寶貴意見，全華將秉持服務的熱忱，出版更多好書，以饗讀者。

填寫日期：　　　／　　　／

2020.09 修訂

勘　誤　表

書號	頁數	行數	書名	作者
			錯誤或不當之詞句	建議修改之詞句

我有話要說： （其它之批評與建議，如封面、編排、內容、印刷品質等・・・）